中文版

艺境

Illustrator 矢量图形设计与制作

全视频实战228例

郭鑫◎编著

清華大学出版社
北京

内 容 简 介

本书是一本全方位、多角度讲解如何使用Illustrator进行矢量图形设计的案例式教材。全书共设置228个精美、实用的案例，按照“技术+行业应用”统一进行划分，清晰、有序，可以方便零基础的读者由浅入深地学习，从而循序渐进地提升Illustrator图形设计能力。

本书包括15章，第1章主要讲解软件的入门操作，是最简单、最需要完全掌握的基础章节；第2～7章主要讲解按照技术门类划分的高级案例的具体操作，并有针对性地揭示了矢量图形设计中的常用技巧；第8～15章主要讲解完整的大型项目案例，是专门为读者设置的大型综合实例，使读者的实操能力得以提升。

本书不仅可以作为大中专院校和培训机构及相关专业的学习教材，还可以作为图形设计爱好者的自学参考资料。

图书在版编目(CIP)数据

中文版Illustrator矢量图形设计与制作全视频实战228例 / 郭鑫编著. —北京：清华大学出版社，2019（2021.12重印）（艺境）

ISBN 978-7-302-51513-5

Ⅰ. ①中… Ⅱ. ①郭… Ⅲ. ①图像处理软件 Ⅳ. ①TP391.412

中国版本图书馆CIP数据核字（2018）第256565号

责任编辑：韩宜波
封面设计：杨玉兰
责任校对：周剑云
责任印制：宋 林

出版发行：清华大学出版社
网 址：http://www.tup.com.cn，http://www.wqbook.com
地 址：北京清华大学学研大厦A座 **邮 编：**100084
社 总 机：010-62770175 **邮 购：**010-62786544
投稿与读者服务：010-62776969，c-service@tup.tsinghua.edu.cn
质 量 反 馈：010-62772015，zhiliang@tup.tsinghua.edu.cn
印 装 者：涿州汇美亿浓印刷有限公司
经 销：全国新华书店
开 本：210mm×260mm **印 张：**24 **字 数：**766千字
版 次：2019年1月第1版 **印 次：**2021年12月第4次印刷
定 价：99.00元

产品编号：072506-01

前言

Illustrator是由Adobe公司开发的一款优秀的图形制作软件，被广泛应用于平面设计、印刷出版、广告设计、书籍排版、插画绘图、网页设计、图形创意设计等行业。基于Illustrator在图形设计行业的应用度之高，我们选择了图形设计中最为实用的228个案例编写了本书，基本涵盖了图形设计需要应用到的Illustrator基础操作和常用技术。

与同类书籍介绍大量软件操作的编写方式相比，本书最大的特点是更加注重以案例为核心，按照“技术+行业”相结合划分，既讲解了基础入门操作和常用技术，又讲解了大型综合行业案例的制作。

本书共分为15章，具体安排如下。

第1章为Illustrator基础操作，介绍Illustrator的基本操作。

第2章为绘制简单图形，主要讲解形状绘图工具、线条绘图工具等基础的绘图工具的使用方法。

第3章为高级绘图，主要学习变形工具组、符号工具组、图表工具及剪切蒙版等可以对图形进行复杂编辑操作的工具的使用。

第4章为填充与描边设置，主要学习不同的填充方式及描边的设置。

第5章为文字，主要讲解使用“文字工具”制作各种类型的文字。

第6章为透明度与混合模式，主要讲解“透明度”面板中的功能。

第7章为效果，主要讲解“效果”菜单中各种命令的使用方法。

第8～15章为综合案例，其中包括标志设计、卡片设计、海报设计、书籍画册设计、包装设计、网页设计、UI设计、VI设计与导视系统等实用设计类型。

本书特色如下。

内容丰富。除了安排228个精美案例外，还在书中设置了大量“要点速查”，以便读者参考学习理论参数。

章节合理。第1章主要讲解软件的入门操作——超简单；第2～7章主要讲解按照技术门类划分的高级案例的具体操作——超实用；第8～15章主要讲解完整的大型项目案例——超精美。

实用性强。精选228个实用强的案例，可应对图形设计行业的不同设计工作。

流程方便。本书案例设置了操作思路、案例效果、操作步骤等模块，使读者在学习案例之前就可以非常清晰地了解如何进行学习。

本书是采用Illustrator CC 2017版本进行编写，请各位读者使用该版本或相近版本进行练习。如果使用过低的版本，可能会造成源文件打开时发生个别内容无法正确显示的问题。

本书由郭鑫编著，其他参与编写的人员还有齐琦、荆爽、林钰森、王萍、董辅川、杨宗香、孙晓军、李芳等。

由于编者水平有限，书中难免存在错误和不妥之处，敬请广大读者批评指正。

本书提供了案例的素材文件、源文件以及最终文件，扫一扫下面的二维码，推送到自己的邮箱后下载获取。

第1～8章

第9～15章

编　者

第1章 Illustrator基础操作

第2章 绘制简单图形

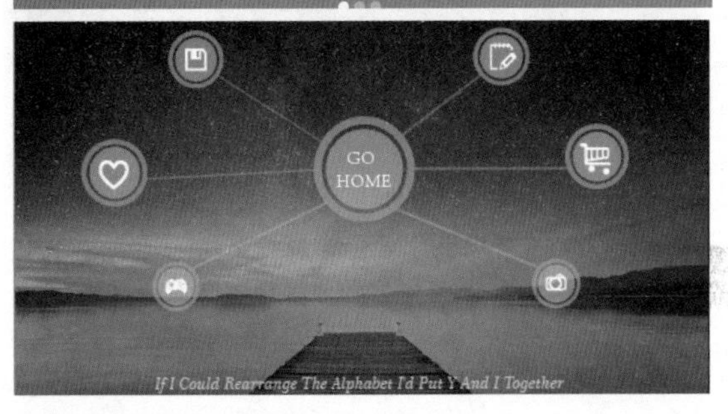

第3章 高级绘图

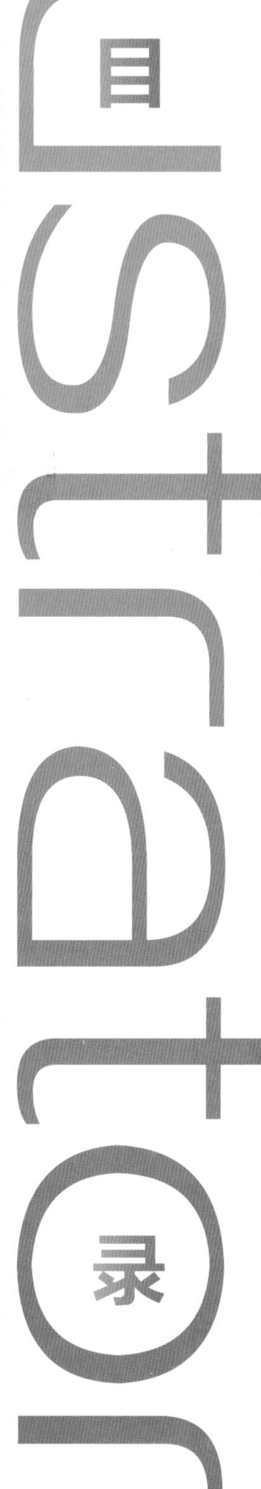

第4章 填充与描边设置

第5章 文字

第6章 透明度与混合模式

第7章　效果

第8章　标志设计

DOOR
SMILE

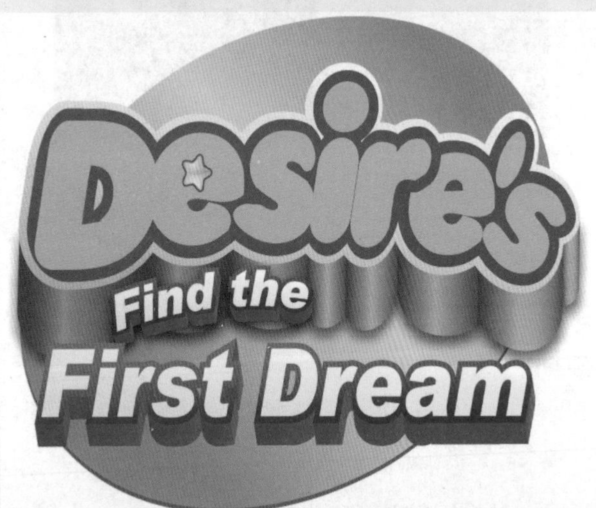
Desire's
Find the
First Dream

SMART
STYLE
PRETTY

第9章　卡片设计

VIP
The Relentless Pursuit Of Perfection
NO.8888888888

GRACE

Dana Evangeline

FREEDOM
COACH MICHELLE
THE LONGEST JOURNEY BEGINS WITH THE FIRST STEP

第10章 海报设计

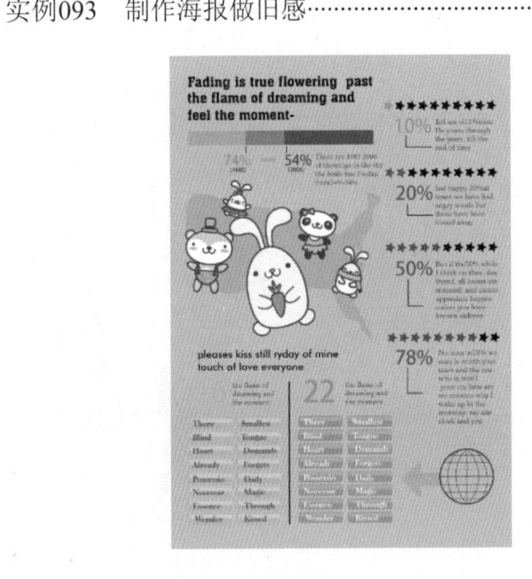
Fading is true flowering past the flame of dreaming and feel the moment-
10%
74%
54%
20%
50%
78%
pleases kiss still ryday of mine touch of love everyone
22

PURE
ROMANTIC
THE SOURCE OF BEAUTY
FASHION SCENE
COLORED>>

INFINITE HAPPINESS
CHIC
Exalted and Beautiful
SEASON
2018-2-90
FM4:00
Dream what you want to dream; go where you want to go; be what you want to be

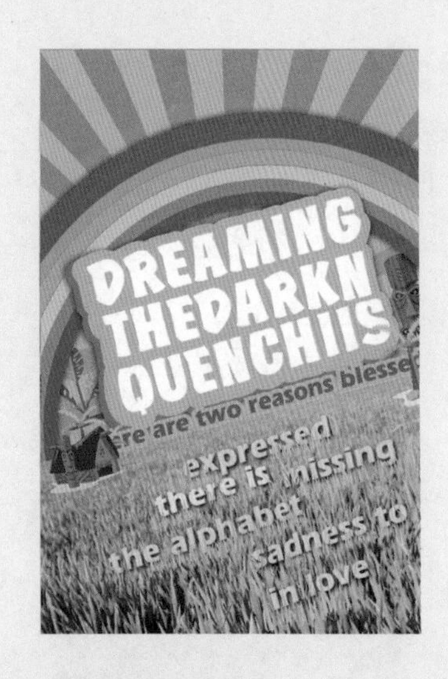
DREAMING
THEDARKN
QUENCHIIS
re are two reasons blesse
expressed
there is missing
the alphabet
sadness to
in love

SUN
shine
Fresh feeling
8:00-18:00

investigate
inspire
WHATS
INNOVATION

第11章　书籍画册设计

WHENEVER YOU GO, I GO YOUR WAY.
25
THE SOURCE
OF BEAUTY
BRIGHT COLORED

NEW LIFE
The soul
cannot live
without love
If you weeped for the missing sunset,
you would miss all the shining stars
NEW LIFE

CULTURED
The arc DE triomphe in Paris, now the world's largest a round arches, Paris and even the entire France's most iconic landmarks. Arc DE triomphe is a memorial to celebrate the 1805 French emperor napoleon Bonaparte austerlitz victory of the war.
CALM AND
UNHURRIED
CHARACTERISTIC
PURE
AND FRESHBRIGHT COLORED
people will always the first arc DE triomphe in Paris, which is enough to prove that the position of the arc DE triomphe. The arc DE triomphe in Paris is a representative of the imperial style buildings, in the Roman triumphal arch for example, bigger scale, more concise structure style.

学海航标
数学

第12章　包装设计

Pasu
The Spirit of Seduction&Apple Bananaa
stage 2
banana
INFINITE HAPPINESS:
FASHION CHIC:
SATISFACTORY:
Spirit refers
PASU

orange
fresh juice

韵
MAKE OF YUE YUN MOON CAKE

第13章　网页设计

60 hours
9/23(pm.8:00)-9/30
Beauty
Sweet
Wearing in accordance with nature
We all have moments of desperation.
But if we can face them head on,
that's when we find out just how
strong we really are.
Personal style
Fresh feeling
Free style
Own time
Comfortable
Fashion
Beautiful
Personal
Seduction

Rationality
FASH SLIM AND GRAN SCENE
ENCHANTING

第14章　UI设计

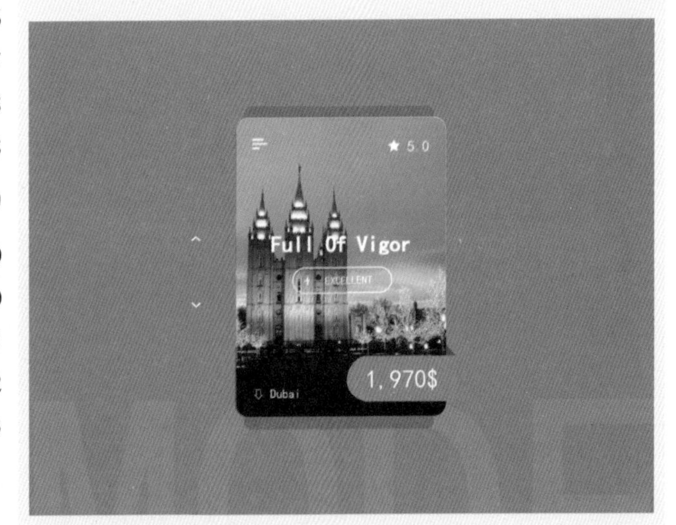

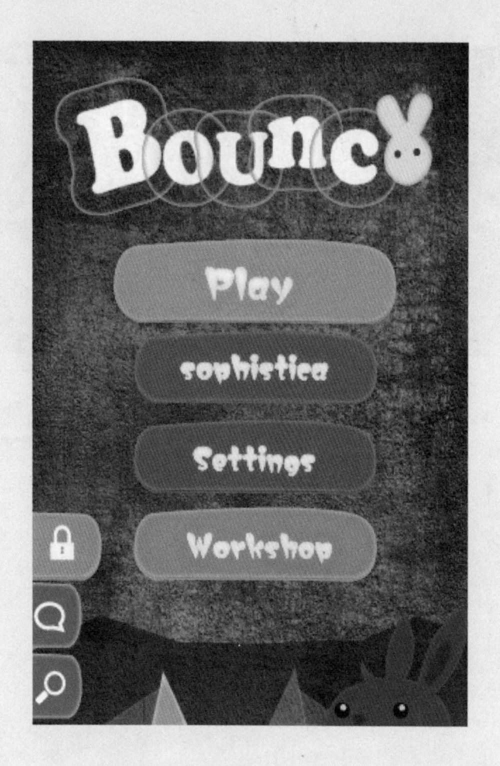

第15章　VI与导视系统设计

第1章

Illustrator基础操作

Illustrator是由Adobe公司开发的一款优秀的图形制作软件。本章主要了解Illustrator的操作界面，学习Illustrator的基础操作，为后面进行绘图工作打下基础。

- 使用“新建”“置入”“存储”等命令
- 打开已有的文档

/ 佳 / 作 / 欣 / 赏 /

实例001 认识Illustrator的各个部分

文件路径	第 1 章 \ 认识 Illustrator 的各个部分
难易指数	★★★★★
技术掌握	● 打开 Illustrator ● 认识 Illustrator 的各个部分 ● 掌握菜单栏、工具箱、控制栏、面板、文档窗口的使用方法

扫码深度学习

操作思路

在学习Illustrator的各项功能之前，首先认识一下Illustrator操作界面中的各个部分。Illustrator的操作界面并不复杂，主要包括菜单栏、控制栏、工具箱、文档窗口、状态栏及面板。本案例主要尝试使用各个部分。

操作步骤

01 成功安装Illustrator CC之后，单击桌面左下角的“开始”按钮，打开程序菜单，选择Adobe Illustrator启动选项。如果桌面上有Illustrator CC的快捷方式，也可以双击桌面上的快捷方式图标，启动Illustrator CC，如图1-1所示；如果要退出Illustrator，可以像退出其他应用程序一样，单击操作界面右上角的关闭按钮 ；也可以执行“文件>退出”命令。Illustrator操作界面如图1-2所示（为了显示出完整的操作区，可以先在Illustrator中打开一个文档）。

图1-1

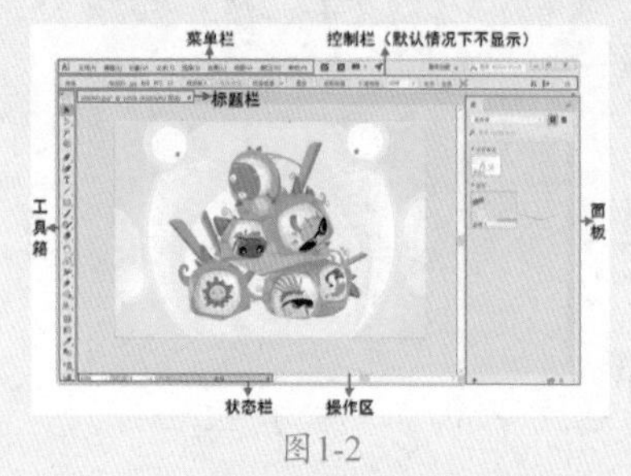

图1-2

02 Illustrator的菜单栏中包含多个菜单项，每个菜单项又包含多个命令，部分命令还有相应的子菜单命令。执行菜单命令的方法十分简单，只要单击菜单项，然后从弹出的菜单中选择相应的命令，即可执行该菜单命令，执行子菜单的方法类似，如图1-3所示。

03 将鼠标指针移动到工具箱中某工具图标上停留片刻，将会出现该工具的名称和操作快捷键，其中，工具图标的右下角带有三角形图标的，表示这是一个工具组，每个工具组中又包含多个工具。在工具组上单击鼠标右键，即可弹出隐藏的工具，如图1-4所示。用鼠标左键单击工具箱中的某一个工具图标，即可选择该工具。

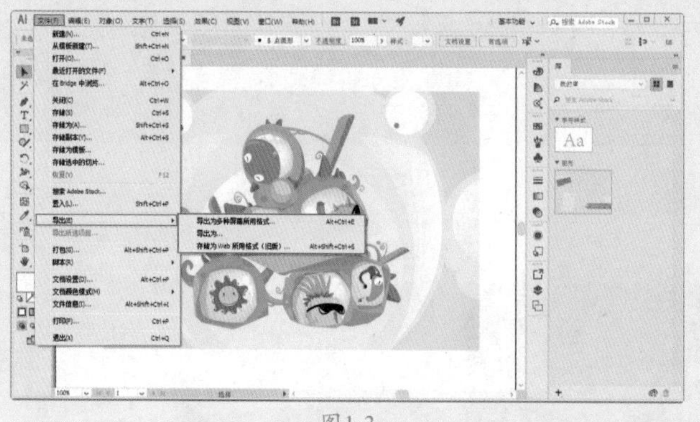

图1-3

图1-4

04 文档窗口是Illustrator中最主要的区域，主要是用来显示和编辑图形。文档窗口由标题栏、操作区、状态栏组成。打开一个文档后，Illustrator会自动创建一个标题栏。在标题栏中会显示这个文档的名称、格式、窗口缩放比例及颜色模式等信息，单击标题栏中的 按钮，可以关闭当前文档，如图1-5所示。

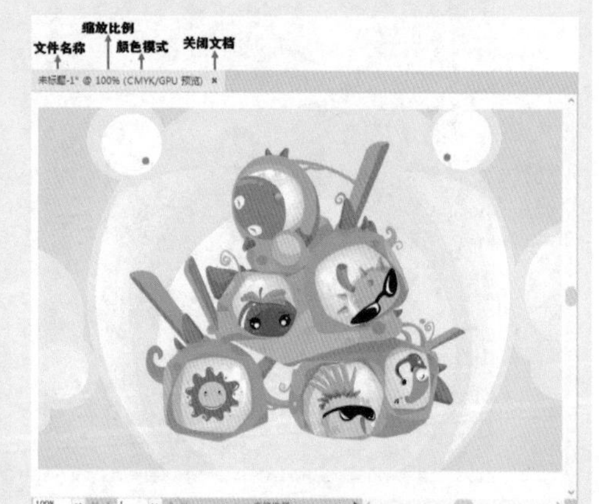

图1-5

05 默认状态下，在操作界面的右侧会显示多个面板或面板的图标，如图1-6所示。面板的主要功能是配合图形的编辑、对操作进行控制及设置参数等。如果想要打开某个面板，可以单击“窗口”菜单项，然后选择该面板对应的命令，即可调出相应的面板，如图1-7所示。

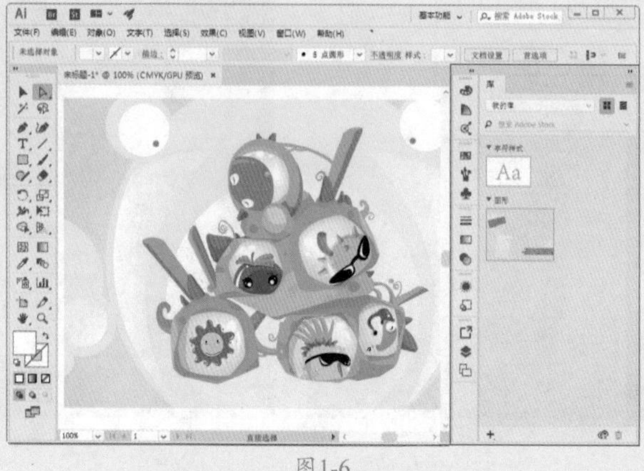

图1-6

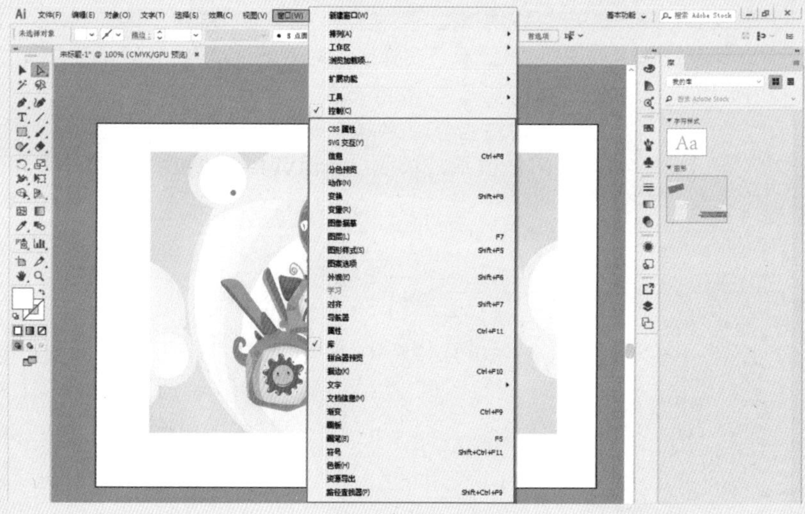

图1-7

> **提示　使用不同的工作区**
>
> 在Illustrator中提供了多种可以更换的工作区，不同的工作区其界面显示的面板不同。使用在“窗口>工作区”子菜单命令，可以切换不同的工作区。

实例002　使用“新建”“置入”“存储”命令制作甜美广告

文件路径	第1章\使用“新建”“置入”“存储”命令制作甜美广告	 扫码深度学习
难易指数	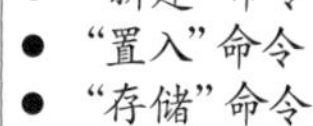	
技术掌握	● “新建”命令 ● “置入”命令 ● “存储”命令	

操作思路

本案例讲解的是制作一件作品的完整流程，同时讲解了新建、置入等基础操作。本案例虽然简单，但涉及的知识点较多，这些知识点很基础却很重要。

案例效果

案例效果如图1-8所示。

图1-8

操作步骤

01 执行“文件>新建”命令，弹出“新建文档”对话框 。在对话框顶部选择“打印”选项卡，在左侧“空白文档预设”列表框中选择“A4”纸张，在右侧单击“横向”按钮，设置“颜色模式”为“CMYK颜色”，单击“创建”按钮，如图1-9所示。创建新的文档，如图1-10所示。

图1-9

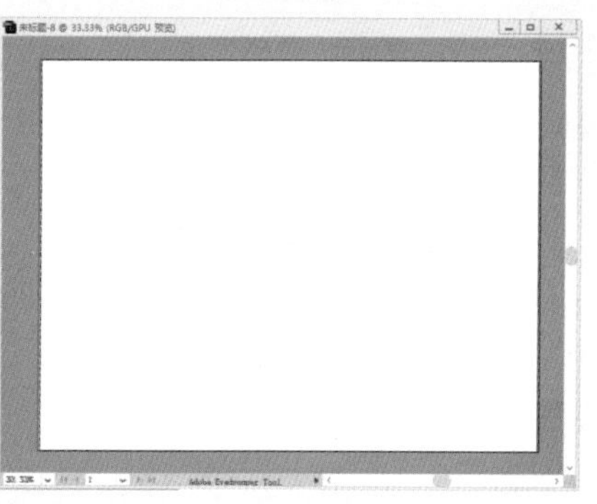

图1-10

02 执行“文件>置入”命令，在弹出的“置入”对话框中选择素材“1.jpg”，单击“置入”按钮，如图1-11所示，选中的素材会被置入到文档中。单击控制栏中的“嵌入”按钮，如图1-12所示。将鼠标指针放在置入的素材的定界框一角处，按住鼠标左键拖动鼠标指针，将素材放大到完整画面大小，效果如图1-13所示。

图1-11

03 将素材“2.png”置入到文档中，单击控制栏中的“嵌入”按钮，效果如图1-14所示。使用同样的方法置入另外的素材，并将其放置在合适位置，效果如图1-15所示。

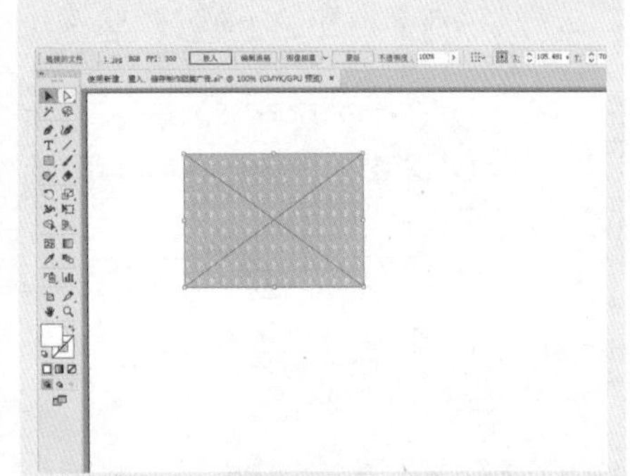

图1-12

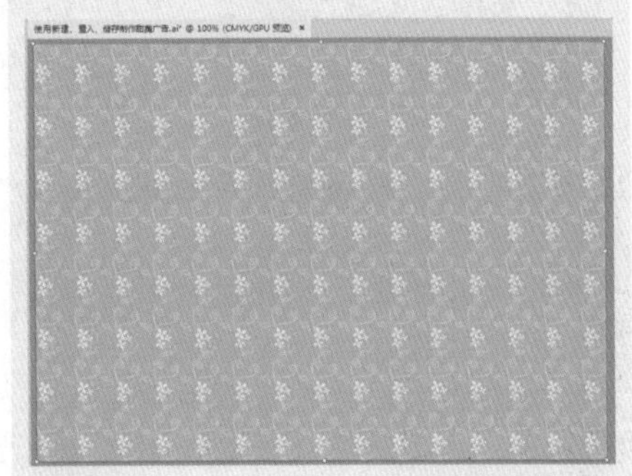

图1-13

图1-14

图1-15

04 作品制作完成后需要保存，执行“文件>存储”命令或者按快捷键Ctrl+S，弹出“另存为”对话框，在该对话框中选择合适的存储位置，然后在“文件名”文本框中输入合适的文档名称，单击“保存类型”下拉按钮，在其下拉列表中选择“*.AI”格式。AI格式是Illustrator默认的存储格式，可以保存Illustrator文档中的全部对象及其他特殊内容，方便以后对文档进行进一步编辑。单击“保存”按钮，完成保存操作，如图1-16所示。在弹出的对话框中单击“确定”按钮，如图1-17所示。

图1-16

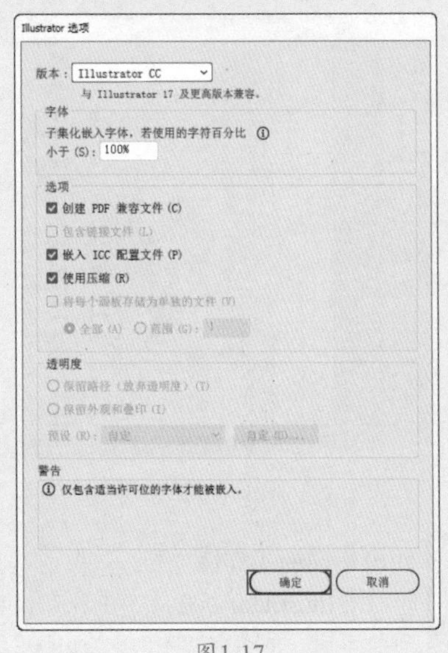

图1-17

05 默认情况下，AI格式的文档是无法进行预览的，通常会存储为JPG格式的文档用于预览。执行“文件>导出>导出为”命令，弹出“导出”对话框，在该对话框中设置“保存类型”为“*.JPG”，然后单击“导出”按钮，如图1-18所示。在弹出的“JPEG选项”对话框中设置合适的图像品质，然后单击“确定”按钮，完成保存的操作，如图1-19所示。

图1-18

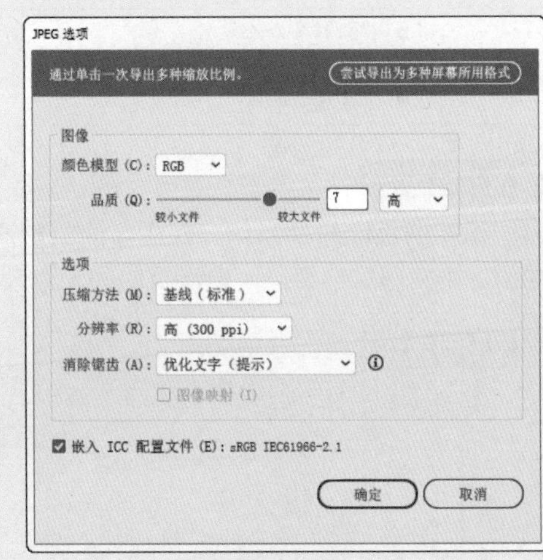

图1-19

提示 常用的文档格式

“.png”是一种可以存储透明像素的文档格式。“.gif”是一种可以带有动画效果的文档格式，也是通常所说的制作动图时所用的格式。“.tif”由于其具有可以保存分层信息且图片质量无压缩的优势，可以存储用于打印的文档。

06 通常一件作品制作完成后需要进行打印输出，执行“文件>打印”命令，在弹出的“打印”对话框中进行设置，设置完成后，单击“打印”按钮进行打印，如图1-20所示。

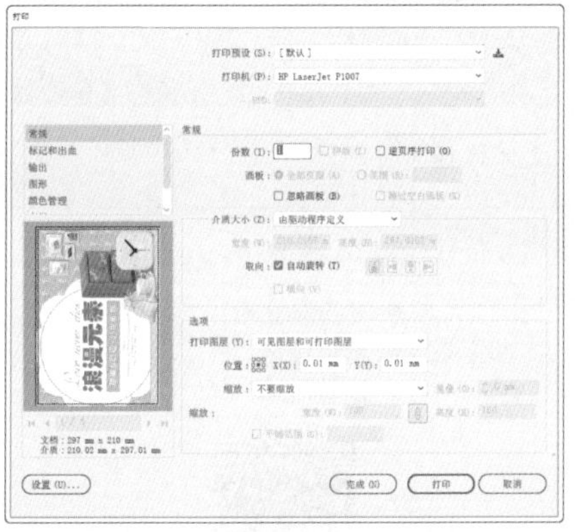

图1-20

实例003　打开已有的文档

文件路径	第1章\打开已有的文档
难易指数	★★★★★
技术掌握	“打开”命令

扫码深度学习

操作思路

当想要处理一个已经过存储但尚未制作完成的文档时，就需要在Illustrator中打开已有的文档，本案例就来讲解如何打开已有的文档。

案例效果

案例效果如图1-21所示。

图1-21

操作步骤

01 执行“文件>打开”命令，弹出“打开”对话框。在“打开”对话框中定位到需要打开的文档所在的位置，然后选择该文档，单击“打开”按钮，如图1-22所示，在Illustrator中即可打开选中的文档，如图1-23所示。

图1-22　　图1-23

02 也可以直接打开图像文档，执行“文件>打开”命令，选择JPG格式的文档，单击“打开”按钮，如图1-24所示，即可打开该文档，如图1-25所示。

图1-24　　图1-25

实例004　调整文档的显示比例与显示区域

文件路径	第1章\调整文档的显示比例与显示区域
难易指数	★★★★★
技术掌握	● 缩放工具 ● 抓手工具

扫码深度学习

操作思路

当想要将画面中的某个区域放大显示时，就需要使用“缩放工具”。如果显示比例过大，就会出现无法显示全部画面内容的情况，这时需要使用“抓手工具”平移画面中的内容，以方便在窗口中查看。

案例效果

案例对比效果如图1-26～图1-28所示。

图1-26

图1-27

图1-28

操作步骤

01 在Illustrator中打开素材文档，如图1-29所示。

图1-29

02 选择工具箱中的“缩放工具”，然后将鼠标指针移动至画面中，当鼠标指针变为一个中心带有加号的放大镜时，在画面中单击，即可放大显示比例，如图1-30所示。如果要缩小显示比例，可以按住Alt键，这时鼠标指针会变为中心带有减号的缩小镜，单击要缩小的区域的中心，每单击一次，显示比例便会缩小至上一个预设的百分比，如图1-31所示。

图1-30

图1-31

> **提示 快速调整文档显示比例的方法**
>
> 若要快速放大文档的显示比例，可以按住Alt键向前滚动鼠标中轮；若要快速缩小文档的显示比例，可以按住Alt键向后滚动鼠标中轮。

03 当显示比例放大到一定程度后，窗口会无法显示全部画面内容，如果要查看被隐藏的区域，就需要平移画面内容。选择工具箱中的“抓手工具”或者按住Space键，当鼠标指针变为后，按住鼠标左键拖动鼠标指针，即可进行画面内容的平移，如图1-32所示。

图1-32

实例005 对齐与分布以整齐排列对象

文件路径	第1章\对齐与分布以整齐排列对象
难易指数	★★★★★
技术掌握	● 对齐与分布 ● 复制对象 ● 移动对象

扫码深度学习

操作思路

本案例主要使用对齐功能与分布功能，使复制出的对象能够有序地分布在画面中。

案例效果

案例效果如图1-33所示。

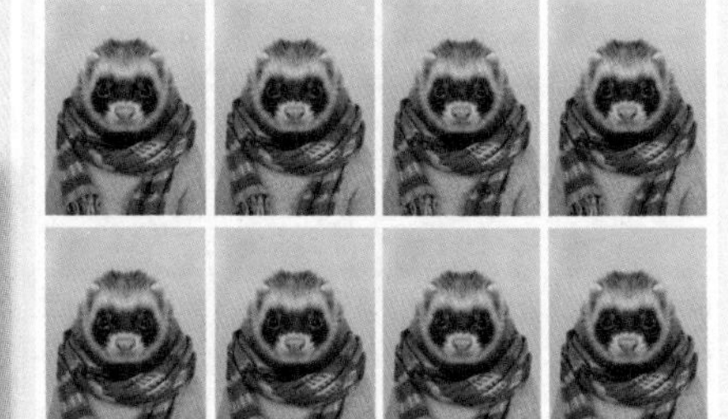

图1-33

操作步骤

01 新建一个文档，置入需要的素材，效果如图1-34所示。使用“选择工具”选择对象，执行“编辑>复制”命令或者按快捷键Ctrl+C进行复制，然后执行“编辑>粘贴”命令或者按快捷键Ctrl+V进行粘贴。将素材移动到合适的位置，效果如图1-35所示。继续复制两个对象，效果如图1-36所示。

02 选中需要对齐的对象，在控制栏中有一排对齐按钮，单击相应的按钮即可进行对齐操作。在这里单击“垂直居中对齐”按钮，效果如图1-37所示。如果在控制栏中没有显示对齐按钮，可以单击控制栏中的按钮 对齐 ，在弹出的面板中选择合适的对齐方式，如图1-38所示。

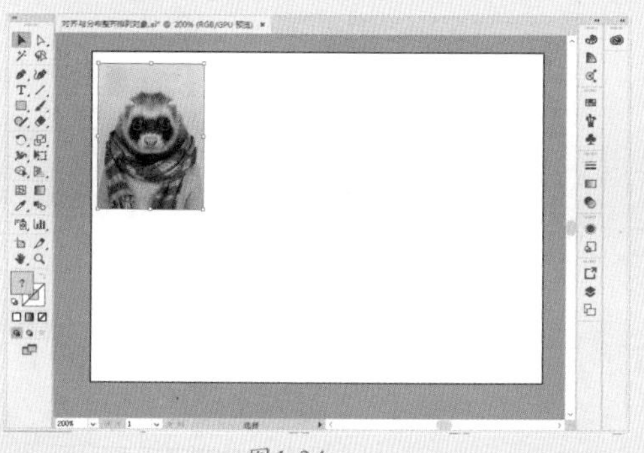

图1-34

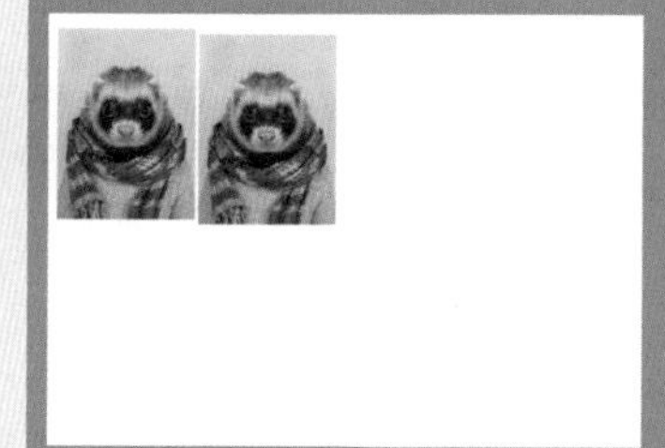

图1-35

图1-36

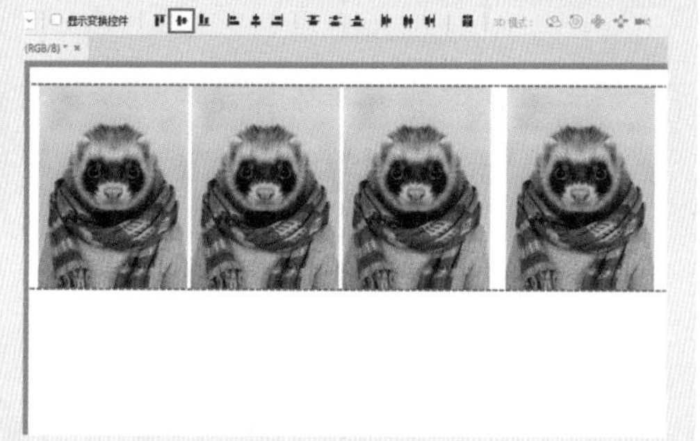

图1-37

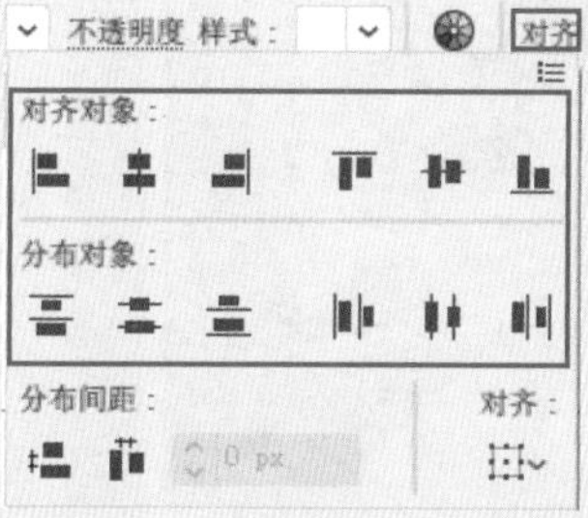

图1-38

03 此时对象虽然已经对齐，但是各个对象之间的距离是不相等的。可以在选中对象后，在控制栏中设置合适的分布方式，如单击“水平居中分布”按钮，效果如图1-39所示。

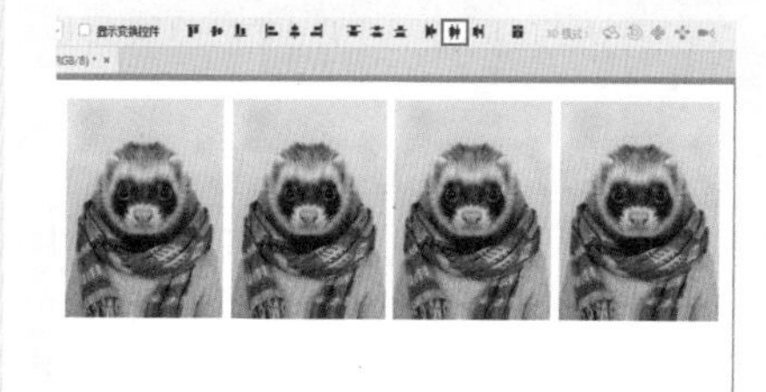

图1-39

04 在加选四个对象的状态下，将其复制一份，然后向下移动。在向下移动时可以按住Shift键，以保证移动的方向是垂直的，效果如图1-40所示。

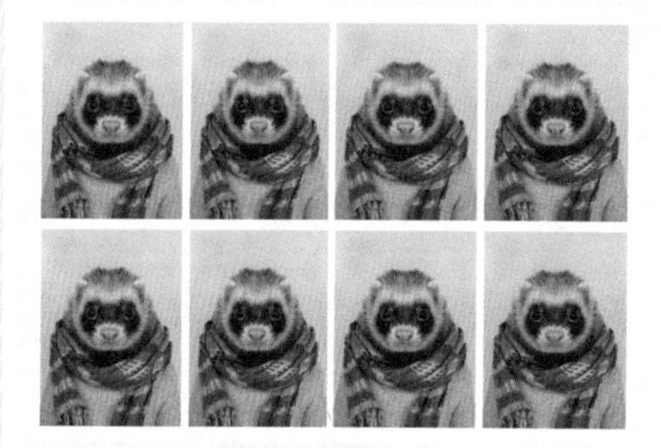

图1-40

第2章

绘制简单图形

Illustrator提供了能够绘制简单图形的绘图工具。例如，能够绘制长方形或正方形的“矩形工具”，能够绘制椭圆形和正圆形的“椭圆工具”，还有能够绘制星形的“星形工具”。这些工具的使用方法非常简单，也非常相似。本章案例还会使用到“钢笔工具”“刻刀工具”“铅笔工具”“橡皮擦工具”等。

- 熟练掌握“直线段工具”的使用方法
- 熟练掌握“矩形工具”“圆角矩形工具”“椭圆工具”“多边形工具”的使用方法
- 能够绘制精确尺寸的线段、弧线、矩形、圆形、多边形等常见图形

/ 佳 / 作 / 欣 / 赏 /

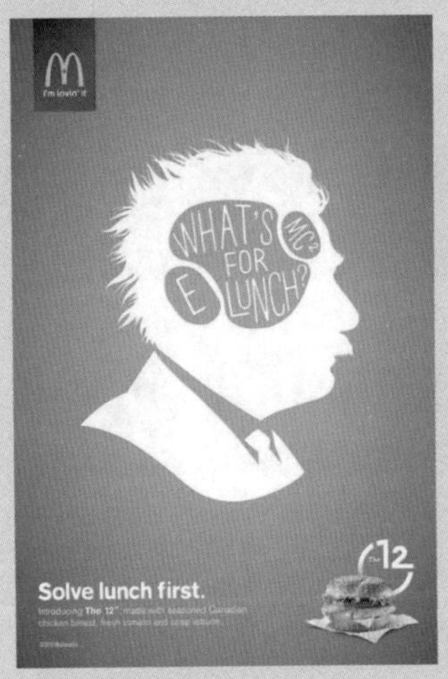

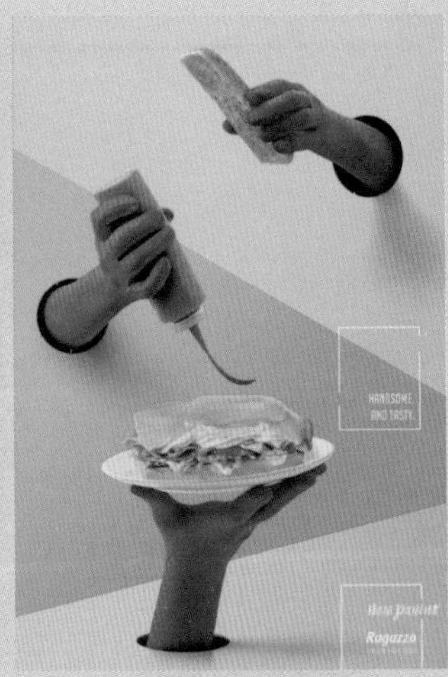

实例006 使用矩形工具制作美食版面

文件路径	第2章\使用矩形工具制作美食版面
难易指数	★★★★★
技术掌握	● 矩形工具 ● 文字工具 ● 选择工具

扫码深度学习

操作思路

“矩形工具”可被用于绘制长方形和正方形，在设计作品时应用非常广泛，是一款常用的绘图工具。本案例使用“矩形工具”将画面划分为几个版块，使整个版面看起来规整有序。

案例效果

案例效果如图2-1所示。

图2-1

操作步骤

01 执行“文件>新建”命令，弹出“新建文档”对话框。在对话框顶部选择“打印”选项卡，在左侧“空白文档预设”列表框中选择“A4”纸张；在右侧单击“纵向”按钮，设置“颜色模式”为“CMYK颜色”，单击“创建”按钮，如图2-2所示，创建新的文档。

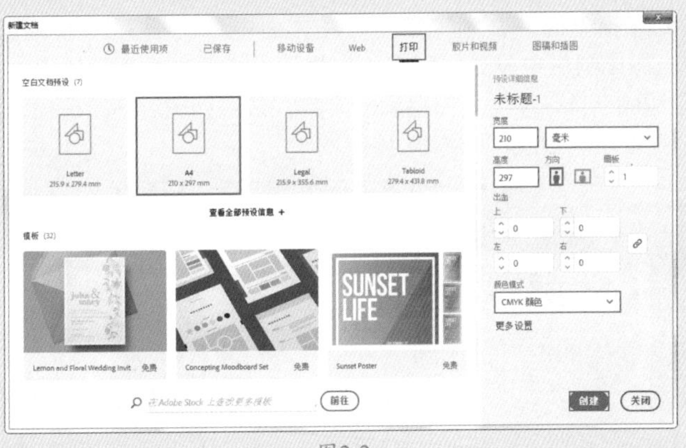

图2-2

02 选择工具箱中的“矩形工具”，在控制栏中设置“填充”为白色，“描边”为黑色，描边“粗细”为1pt。在使用“矩形工具”的状态下，按住鼠标左键并拖动鼠标指针，在画面中适当的位置绘制一个合适大小的矩形，效果如图2-3所示。

03 选择工具箱中的“矩形工具”，在控制栏中设置“描边”为无，在工具箱的底部设置“填充类型”为“颜色”，然后双击“填色”按钮，在弹出的“拾色器”对话框中设置颜色为黄色，单击“确定”按钮，如图2-4所示。按住鼠标左键并拖动鼠标指针，在画面的左侧绘制一个矩形，效果如图2-5所示。

04 使用同样的方法，在画面中的其他位置绘制黄色的矩形，效果如图2-6所示。

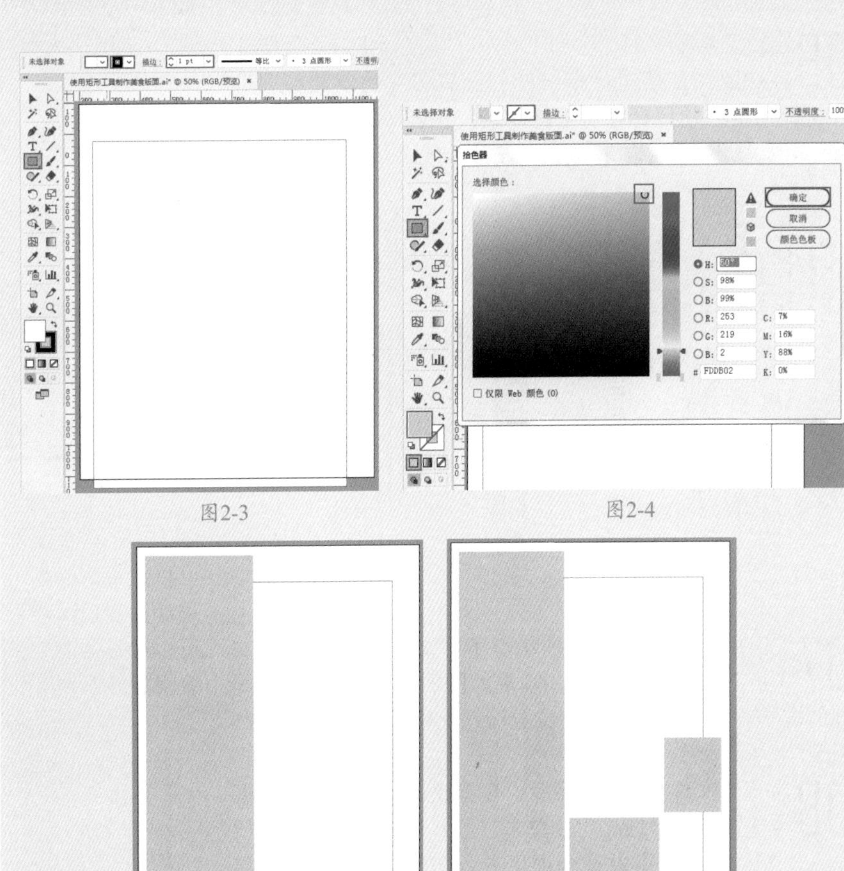

图2-3 图2-4

图2-5 图2-6

05 选择工具箱中的“文字工具”，在画面中单击插入光标，在控制栏中设置“填充”为黄色，“描边”为无，选择合适的字体、字号，然后输入文字，效果如图2-7所示，按快捷键Ctrl+Enter确认输入操作。

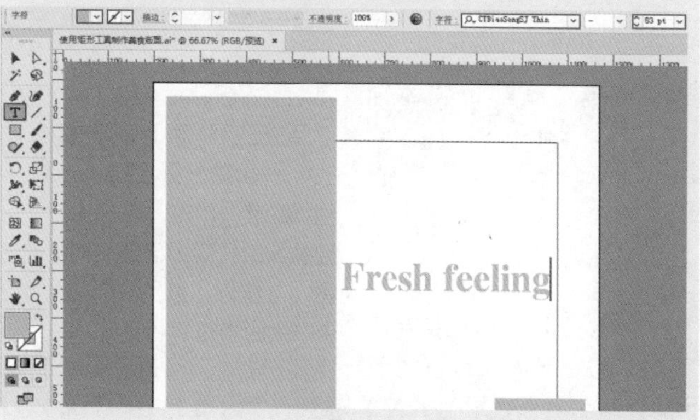

图2-7

> **提示 如何关闭自动出现文字填充的功能**
>
> 执行“编辑>首选项>文字”命令，在弹出的对话框中取消“用占位符文字填充新文字对象”复选框的选中状态。下次使用“文字工具”输入文字时，就不会再出现其他字符了。

06 选择工具箱中的“选择工具”，将鼠标指针定位到定界框以外，当鼠标指针变为带有弧度的双箭头时，按住Shift键拖动鼠标指针进行旋转，这样可以方便地旋转90°，如图2-8所示。释放鼠标左键，效果如图2-9所示。

图2-8　图2-9

07 在使用“选择工具”的状态下，选择文字，并将文字移动到适当的位置，效果如图2-10所示。使用同样的方法，在画面中的其他位置输入文字，效果如图2-11所示。

08 执行“文件>置入”命令，在弹出的“置入”对话框中选择素材“1.jpg”，单击“置入”按钮，如图2-12所示。按住鼠标左键并在画面下方合适的位置拖动鼠标指针，控制置入对象的大小，释放鼠标左键完成置入操作。在控制栏中单击“嵌入”按钮，将素材嵌入到文档中，效果如图2-13所示。

图2-10　图2-11

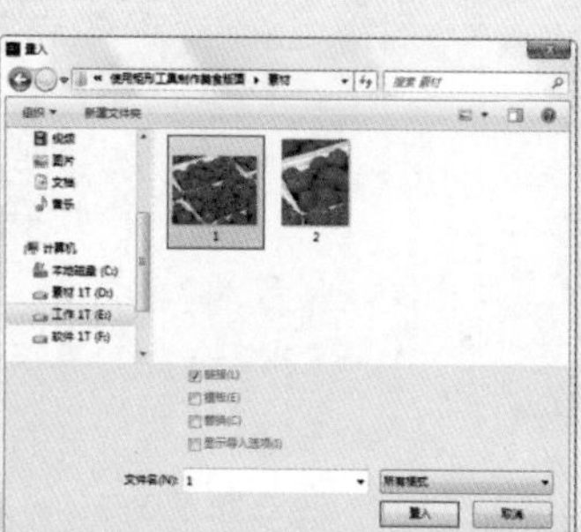
图2-12

图2-13

09 使用同样的方法，在画面的右下角置入素材“2.jpg”，最终完成效果如图2-14所示。

图2-14

要点速查：“矩形工具”的使用方法

在绘制的过程中，按住Shift 键拖动鼠标指针，可以绘制正方形，效果如图2-15所示。按住 Alt键拖动鼠标指针，可以绘制以鼠标指针落点为中心点向四周延伸的矩形，效果如图2-16所示。同时按住Shift键和Alt键拖动鼠标指针，可以绘制以鼠标指针落点为中心点向四周延伸的正方形，效果如图2-17所示。

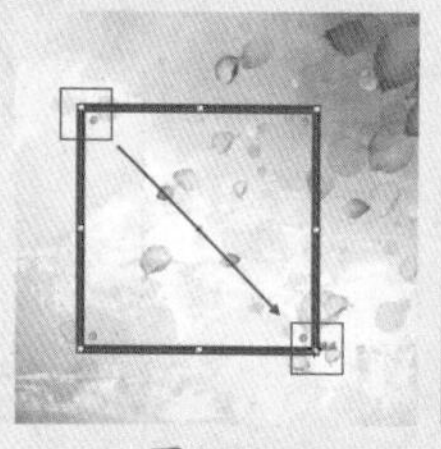
图2-15

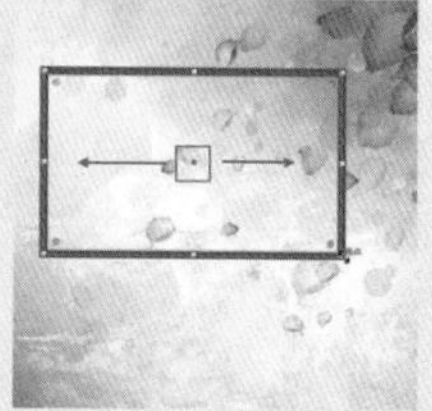
图2-16

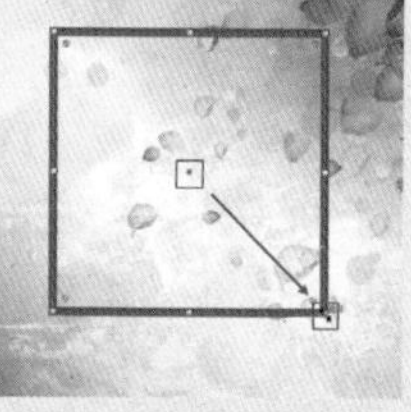
图2-17

提示 绘制“正”图形的方法是通用的

绘制正方形的方法，对于绘图工具组中的“椭圆工具”“圆角矩形工具”同样适用。也就是说，想要绘制正圆形、正圆角矩形，都可以配合Shift键。

实例007 使用圆角矩形工具制作滚动图

文件路径	第 2 章 \ 使用圆角矩形工具制作滚动图
难易指数	★★★★★
技术掌握	● 圆角矩形工具 ● 星形工具

扫码深度学习

操作思路

“圆角矩形工具”在设计作品时应用非常广泛。圆角矩形不似矩形那样锐利、棱角分明，而是给人一种圆润、柔和的感觉，更具亲和力。本案例利用“圆角矩形工具”制作滚动图效果。

案例效果

案例效果如图2-18所示。

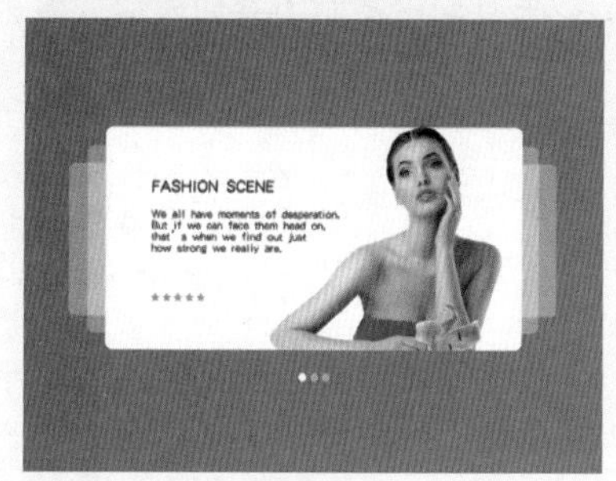

图2-18

操作步骤

01 执行“文件>新建”命令，弹出“新建文档”对话框。在对话框顶部选择“打印”选项卡，在左侧“空白文档预设”列表框中选择“A4”纸张；在右侧单击“横向”按钮，设置“颜色模式”为“CMY颜色”，单击“创建”按钮，如图2-19所示，创建新的文档。

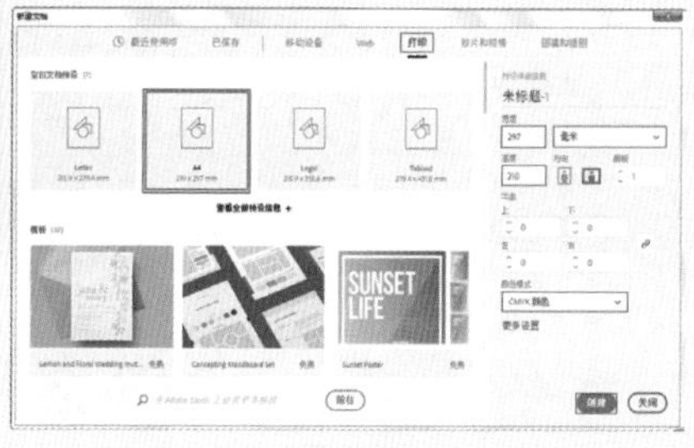

图2-19

02 下面绘制一个填充橘黄色渐变的矩形。选择工具箱中的“矩形工具”，在工具箱的底部单击“填色”按钮，使之置于前面，双击工具箱中的“渐变工具”按钮，在弹出的“渐变”面板中设置“类型”为“线性”，编辑一个橘黄色系的渐变，如图2-20所示。在“渐变”面板中单击“描边”按钮，使之置于前面，设置“类型”为“线性”，编辑一个由灰色到黑色的渐变，如图2-21所示。

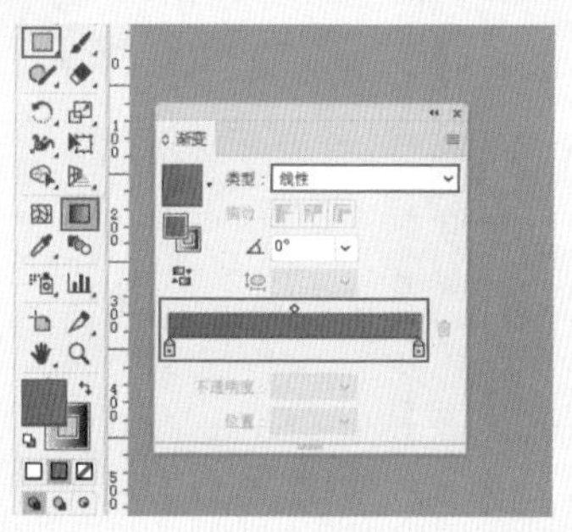

图2-20

图2-21

03 在使用“矩形工具”的状态下，按住鼠标左键并拖动鼠标指针，在画面中绘制一个与画板等大的矩形，效果如图2-22所示。释放鼠标左键，效果如图2-23所示。

04 选择工具箱中的“圆角矩形工具”，在控制栏中设置“填充”为亮灰色，“描边”为无，在画面中单击，在弹出的“圆角矩形”对话框中设置“宽度”为620px，“高度”为250px，“圆角半径”为10px，单击“确定”按钮，如图2-24所示。将绘制好的圆角矩形移动到合适位置，效果如图2-25所示。

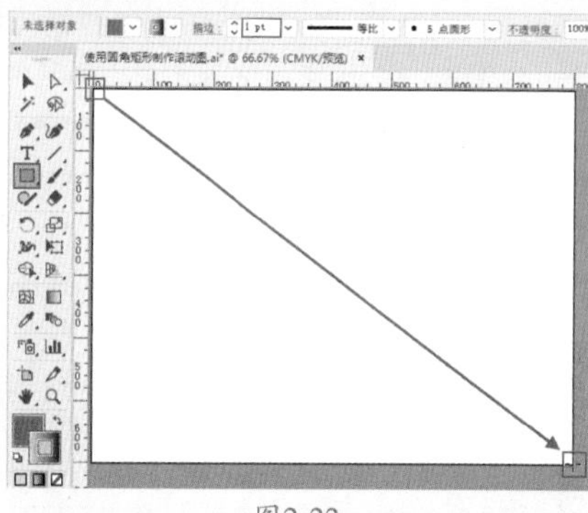

图2-22

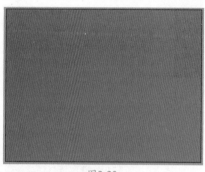

图2-23

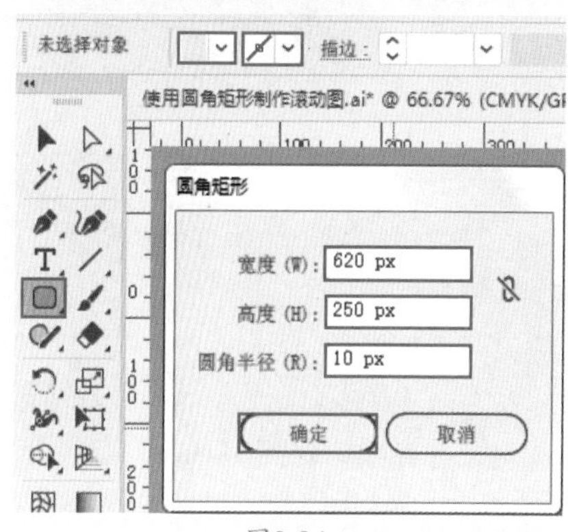

图2-24

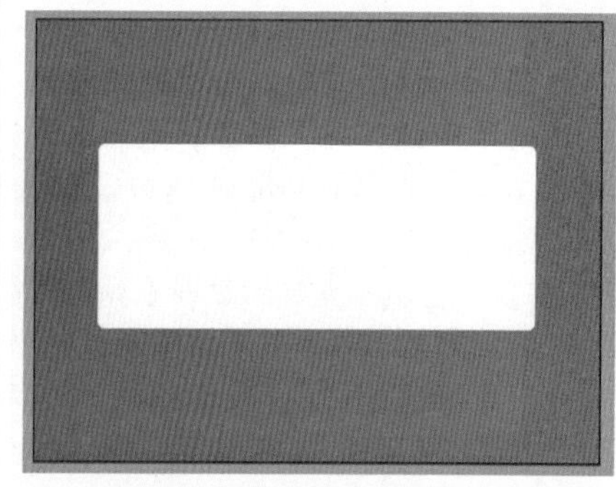

图2-25

提示

绘制圆角矩形的小技巧

拖动鼠标指针的同时按住←键和→键，可以设置是否绘制圆角矩形。

按住Shift键拖动鼠标指针，可以绘制正圆角矩形。

按住Alt键拖动鼠标指针，可以绘制以鼠标指针落点为中心点向四周延伸的圆角矩形。

同时按住Shift键和Alt键并拖动鼠标指针，可以绘制以鼠标指针落点为中心点向四周延伸的正圆角矩形。

05 选择圆角矩形，单击控制栏中的“不透明度”按钮，在弹出的下拉面板中设置“混合模式”为“正常”，“不透明度”为40%，如图2-26所示，效果如图2-27所示。

06 使用同样的方法，在画面中绘制多个圆角矩形，最前方的圆角矩形的“不透明度”为100%，效果如图2-28所示。

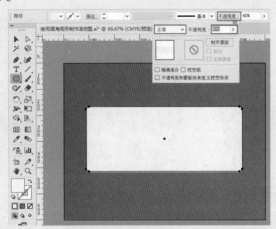

图2-26

图2-27

图2-28

07 选择工具箱中的“文字工具”，在画面中单击插入光标，在控制栏中设置“填充”为深灰色，“描边”为无，设置合适的字体、字号，然后输入文字，按快捷键Ctrl+Enter确认输入操作，效果如图2-29所示。使用同样的方法，在画面中适当的位置输入其他文字，效果如图2-30所示。

08 选择工具箱中的“星形工具”，在工具箱的底部设置“填色”为橘黄色，“描边”为无，然后在画面中单击，在弹出的“星形”对话框中设置“半径1”为6px，“半径2”为3px，“角点数”为5，单击“确定”按钮，如图2-31所示，效果如图2-32所示。

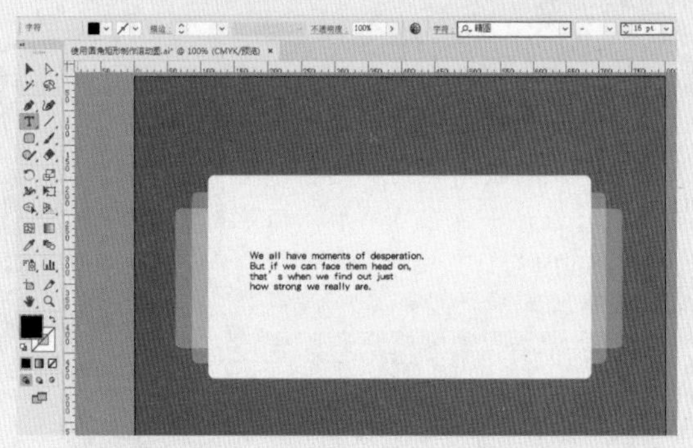

图2-29

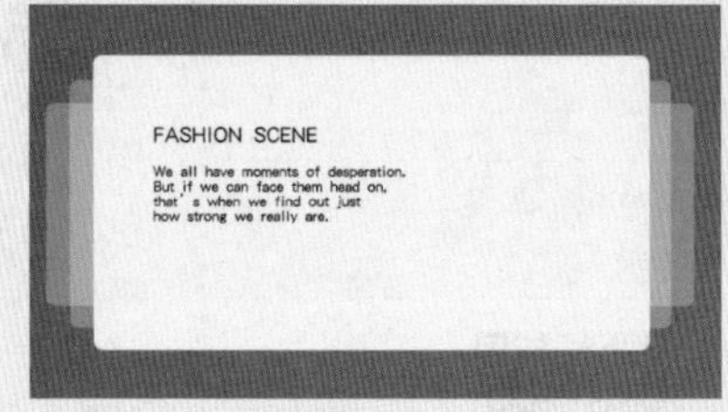

图2-30

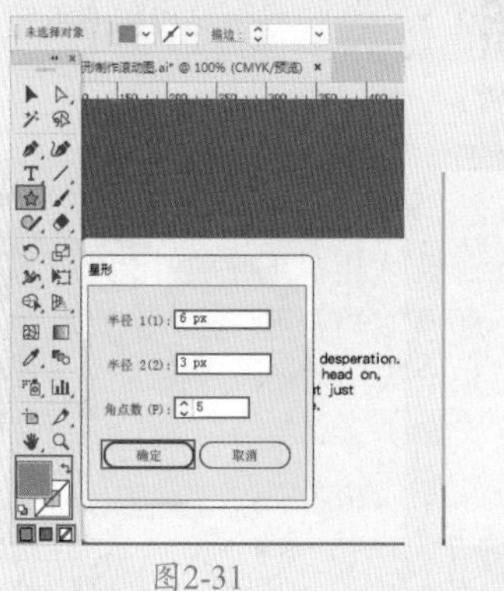

图2-31

图2-32

09 使用“选择工具”选择星形，然后同时按住Shift键和Alt键向右拖动星形，进行平移并复制，效果如图2-33所示。使用同样的方法，在画面中复制出其他星形，效果如图2-34所示。

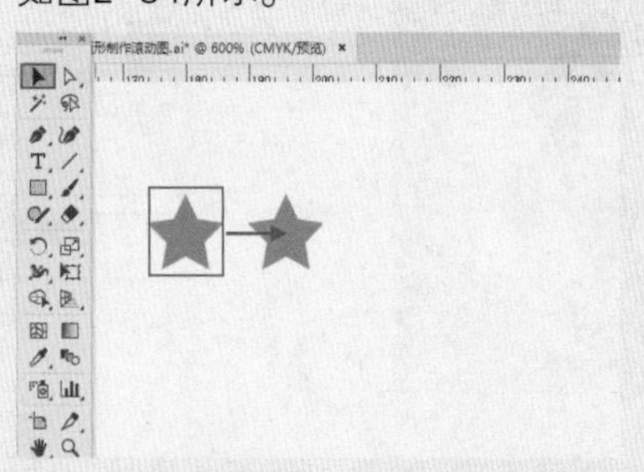

图2-33

图2-34

10 选择工具箱中的“椭圆工具”，在工具箱的底部设置“填色”为白色，“描边”为无，在画面中单击，在弹出的“椭圆”对话框中设置“宽度”为10px，“高度”为10px，单击“确定”按钮，如图2-35所示，效果如图2-36所示。

11 使用同样的方法，在画面中绘制其他两个正圆形，在控制栏中设置“不透明度”为50%，效果如图2-37所示。

图2-35

图2-36

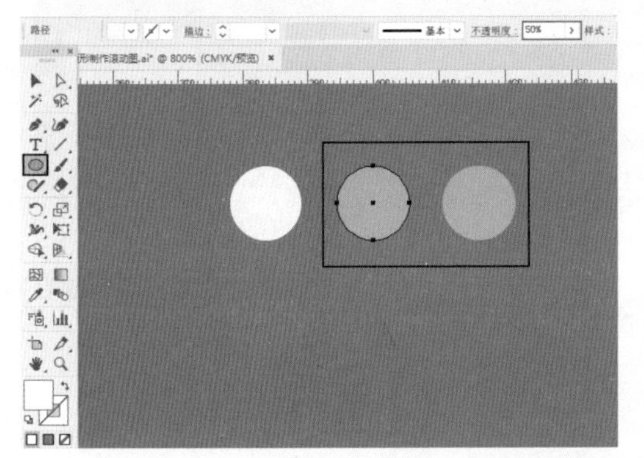

图2-37

12 执行“文件>置入”命令，置入素材“1.png”，在控制栏中单击“嵌入”按钮，将素材嵌入到文档中，如图2-38所示，最终完成效果如图2-39所示。

图2-38

图2-39

要点速查：绘制精确尺寸的圆角矩形

想要绘制特定参数的圆角矩形，可以使用“圆角矩形工具”在要绘制圆角矩形的一个角点位置单击，此时会弹出“圆角矩形”对话框，如图2-40所示。在对话框中进行相应设置，单击“确定”按钮，即可创建精确的圆角矩形，效果如图2-41所示。

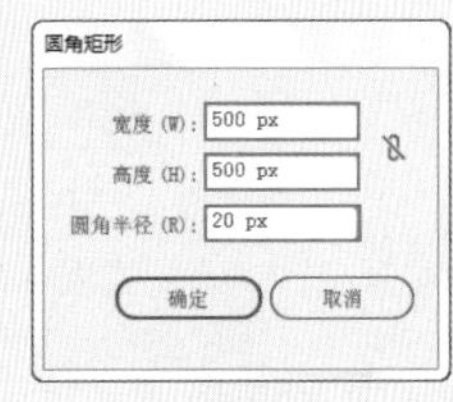

图2-40

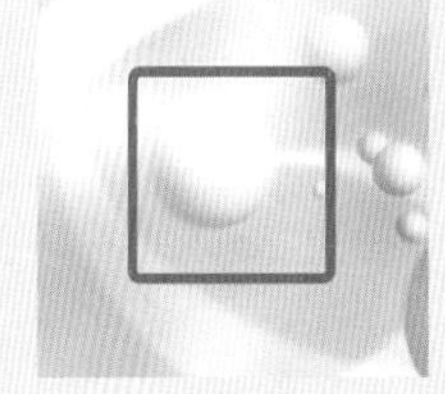

图2-41

- 宽度：在文本框中输入相应的数值，可以定义绘制的矩形网格对象的宽度。
- 高度：在文本框中输入相应的数值，可以定义绘制的矩形网格对象的高度。
- 圆角半径：输入的半径数值越大，得到的圆角矩形的圆角弧度越大；反之，输入的半径数值越小，得到的圆角矩形的圆角弧度越小；当输入的数值为0时，得到的是矩形。效果如图2-42所示。

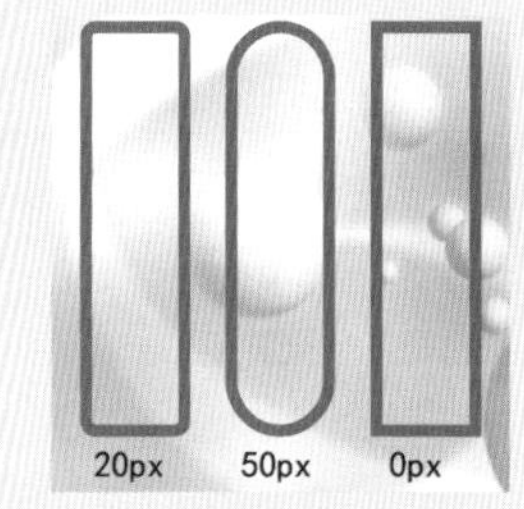

图2-42

实例008 使用椭圆工具制作流程图

文件路径	第 2 章 \ 使用椭圆工具制作流程图	 扫码深度学习
难易指数	★★★★★	
技术掌握	椭圆工具	

操作思路

使用“椭圆工具”可以绘制出椭圆形和正圆形。在设计作品中，圆形既可以作为一个点，也可以作为一个面。圆形的排列与组合不同，给人的感觉也不同。在本案例中利用“椭圆工具”在画面中绘制多个正圆形。

案例效果

案例效果如图2-43所示。

图2-43

操作步骤

01 执行“文件>新建”命令或按快捷键Ctrl+N，在弹出的“新建文档”对话框中设置“宽度”为790像素，“高度”为508像素，单击“横向”按钮，单击“创建”按钮，如图2–44所示。

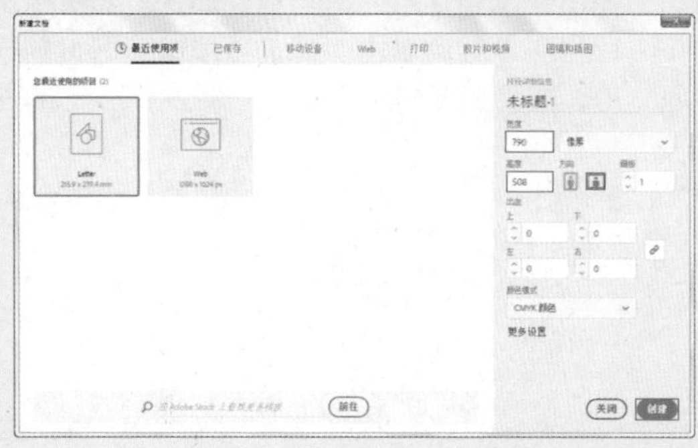

图2-44

02 执行“文件>置入”命令，在弹出的“置入”对话框中选择素材“1.jpg”，单击“置入”按钮，如图2–45所示。按住鼠标左键拖动鼠标指针，调整置入对象的大小，释放鼠标左键完成置入操作。单击控制栏中的“嵌入”按钮，效果如图2–46所示。

图2-45

图2-46

03 选择工具箱中的“椭圆工具”，在控制栏中设置“填充”为灰色，“描边”为无，然后在按住Shift键的同时按住鼠标左键进行拖动，绘制一个正圆形，在控制栏中设置“不透明度”为70%，如图2–47所示。

04 选择工具箱中的“选择工具”，选择正圆形，按快捷键Ctrl+C进行复制，然后按快捷键Ctrl+F将其粘贴在前面。同时按住Shift键和Alt键拖动鼠标指针，将其以中心为基点等比放大，效果如图2–48所示。在控制栏中设置“填充”为无，“描边”为灰色，描边“粗细”为8pt，“不透明度”为70%，如图2–49所示。加选两个正圆形，单击鼠标右键，在弹出的快捷菜单中选择“编组”命令，如图2–50所示。

图2-47

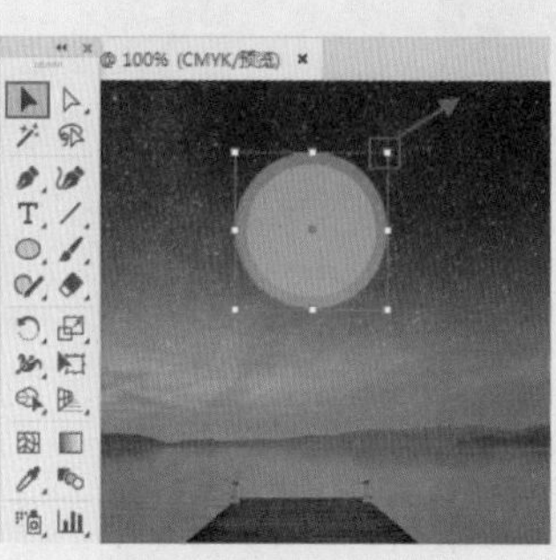

图2-48

图2-49

图2-50

提示

将图形的描边进行扩展

描边在缩放的过程中会受到影响，因此，需要将其进行扩展。选择带有描边的图形，执行“对象>扩展”命令，在弹出的“扩展”对话框中勾选“描边”复选框，单击“确定”按钮，如图2-51所示。描边被扩展为图形，效果如图2-52所示。

图2-51

图2-52

05 选中半透明图形，按快捷键Ctrl+C进行复制，然后按快捷键

Ctrl+V进行粘贴并将复制得到的图形移动到的左下方，效果如图2-53所示。选中该图形，按住Shift拖动控制点进行等比缩放，如图2-54所示。使用同样的方法，复制其他半透明图形，效果如图2-55所示。

图2-53

图2-54

图2-55

06 选择工具箱中的“直线段工具”，在控制栏中设置“填充”为无，“描边”为灰色，描边“粗细”为3pt，然后按住鼠标左键拖动鼠标指针，在两个正圆形图案之间绘制一段直线，效果如图2-56所示。选择直线，在控制栏中设置其“不透明度”为40%，效果如图2-57所示。使用同样的方法，绘制其他直线，效果如图2-58所示。

07 选择工具箱中的“文字工具”，在中间的正圆形内单击，在单击的位置会显示占位符，如图2-59所示，将占位符删除。在控制栏中设置合适的字体，设置字号为21pt，“填充”为白色，输入文字，效果如图2-60所示。

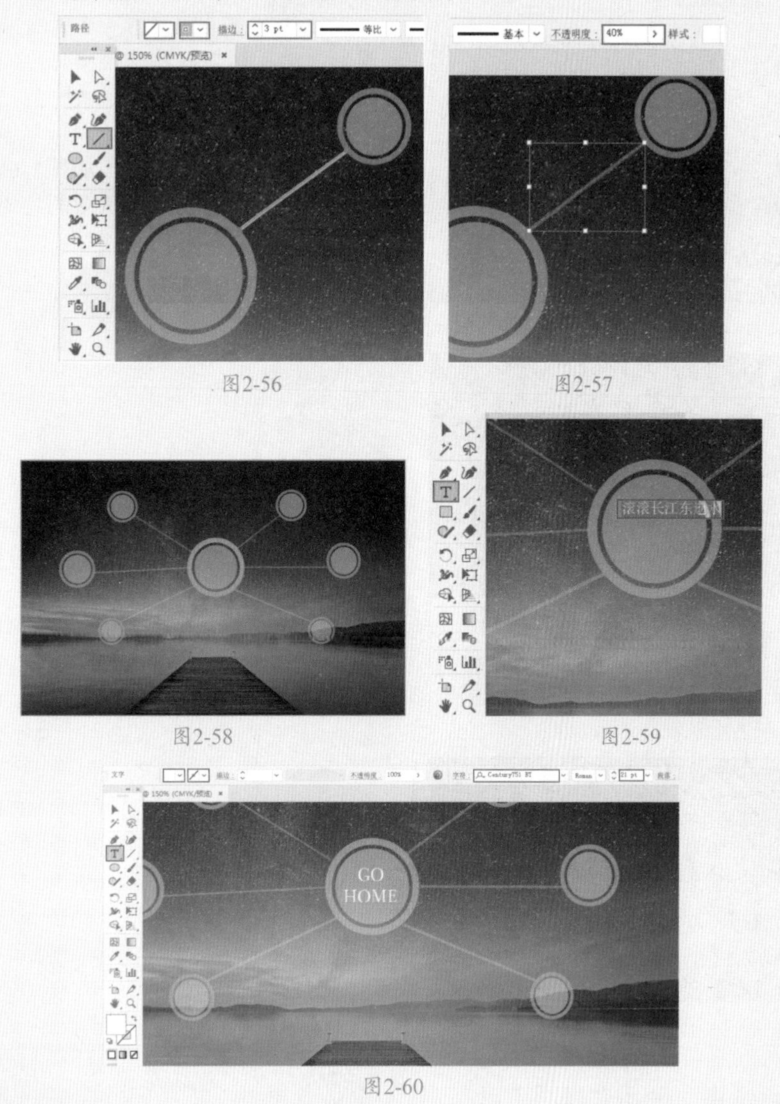

图2-56　图2-57

图2-58　图2-59

图2-60

08 执行“窗口>符号库>网页图标”命令，弹出“网页图标”面板，选择面板中的“存储”符号，按住鼠标左键将其拖动至画面中，如图2-61所示。

09 在控制栏中单击“断开链接”按钮，如图2-62所示。选择符号，在控制栏中设置“填充”为白色。对图标进行适当的缩放，将其位置调整到正圆形内，效果如图2-63所示。使用同样的方法，为其他正圆形添加网页图标，效果如图2-64所示。

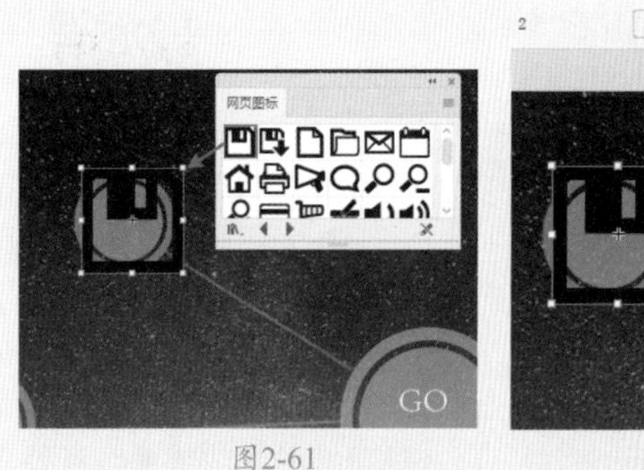

图2-61

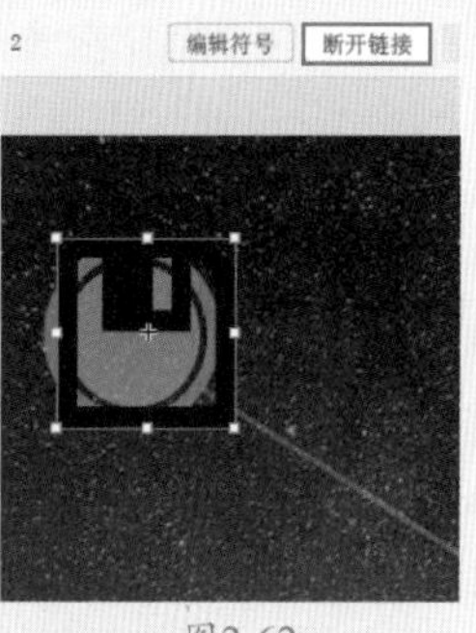

图2-62

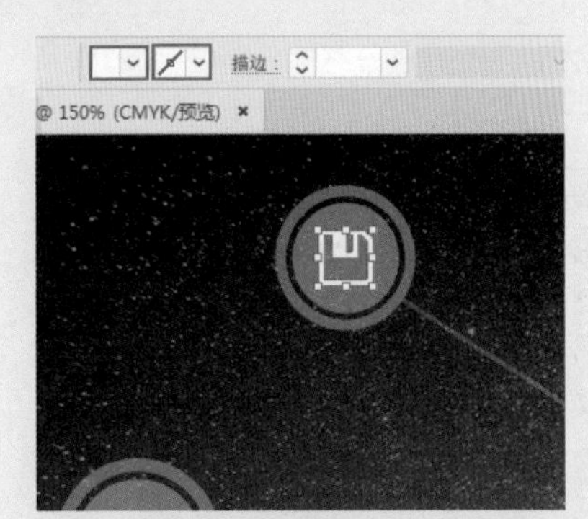

图2-63

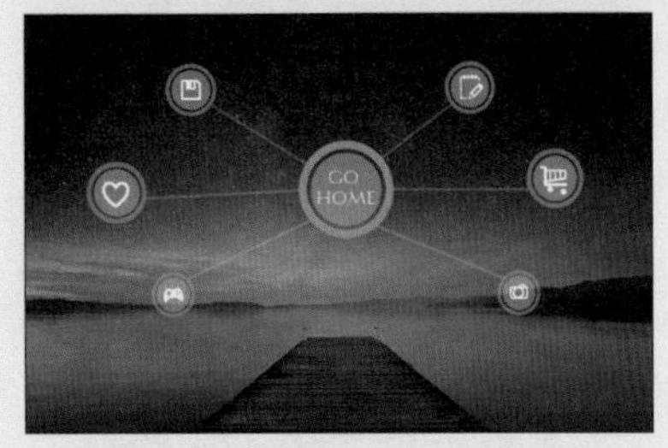

图2-64

10 继续使用“文字工具”在画面的下方输入文字，最终完成效果如图2-65所示。

图2-65

要点速查：使用“椭圆工具”

1. 绘制精确尺寸的椭圆

想要绘制特定参数的椭圆形，可以使用工具箱中的“椭圆工具”在要绘制椭圆形的位置单击，此时会弹出“椭圆”对话框，在对话框中进行相应设置，单击“确定”按钮，如图2-66所示，创建的精确尺寸的椭圆形效果如图2-67所示。

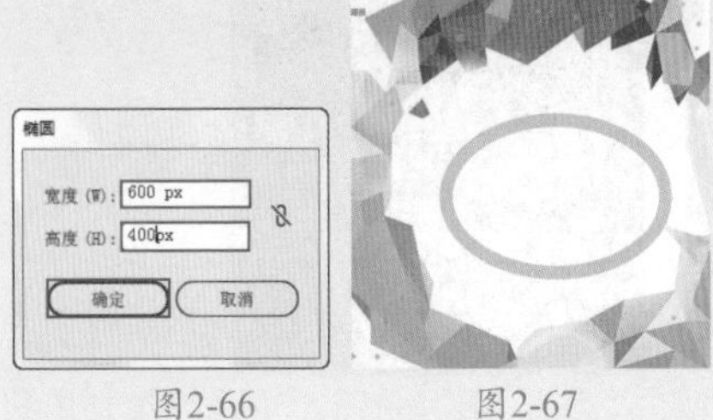

图2-66　　图2-67

2. 绘制饼图

使用“椭圆工具”选择绘制的圆形，将鼠标指针移动至圆形控制点处，当鼠标指针变为形状后，按住鼠标左键拖动鼠标指针，可以制作饼图，调整饼图的角度，如图2-68所示。释放鼠标左键完成饼图的绘制，效果如图2-69所示。

图2-68

图2-69

实例009　使用钢笔工具制作人像海报

文件路径	第2章\使用钢笔工具制作人像海报
难易指数	★★★★★
技术掌握	● 钢笔工具 ● “置入”命令 ● 文字工具

扫码深度学习

操作思路

“钢笔工具”是一款常用的绘图工具。熟练使用该工具，可以绘制各种精准的直线或曲线路径。在本案例中通过使用“钢笔工具”绘制几何图形，制作人像海报。

案例效果

案例效果如图2-70所示。

图2-70

操作步骤

01 执行“文件>新建”命令，弹出“新建文档”对话框。在对话框顶部选择“打印”选项卡，在左侧“空白文档预设”列表框中选择“A4”纸张，在右侧单击“纵向”按钮，设置“颜色模式”为“CMYK颜色”，单击“创建”按钮，如图2-71所示，创建新的文档。

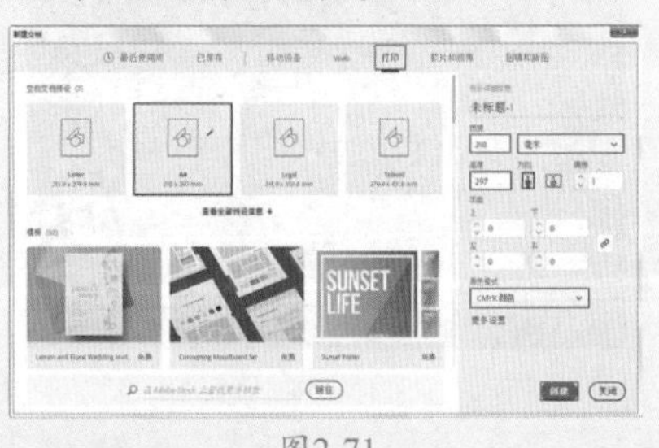

图2-71

02 执行“文件>置入”命令，在弹出的“置入”对话框中选择素材“1.png”，单击“置入”按钮，如图2-72所示。按住鼠标左键并拖动鼠标指针，在画面中控制置入对象的大小，释放鼠标左键完成置入操作。在控制栏中单击“嵌入”按钮，将素材嵌入到文档中，效果如图2-73所示。

03 选择工具箱中的“钢笔工具”，在控制栏中设置“描边”为无，然后双击“填色”按钮，在弹出的“拾色器”对话框中设置适当的颜色，单击“确定”按钮，如图2-74所示。在使用“钢笔工具”的状态下，在画面的右侧绘制一个三角形，效果如图2-75所示。

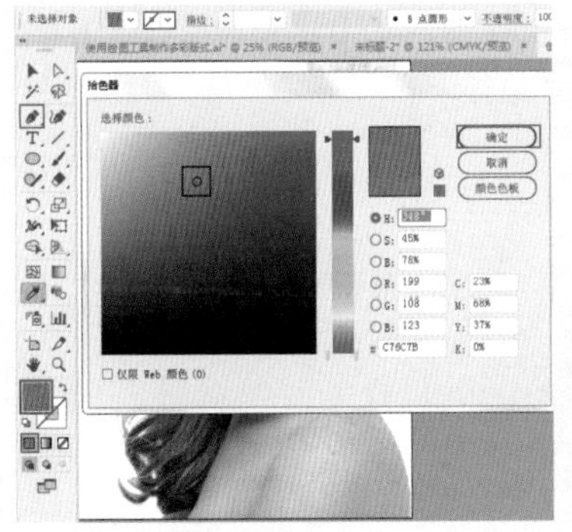

图2-72

图2-73

图2-74

图2-75

绘制水平或垂直路径的方法

在使用“钢笔工具”的状态下，按住Shift键可以绘制水平、垂直或以45°角为增量的直线。

04 使用同样的方法，在画面中适当的位置绘制多个几何图形，效果如图2-76所示。

05 选择工具箱中的“钢笔工具”，在控制栏中设置“填充”为白色，“描边”为无，在画面的左上角绘制一个白色的四边形，效果如图2-77所示。

图2-76

图2-77

06 选择工具箱中的“文字工具”，在画面中单击插入光标，在控制栏中设置“填充”为深灰色，“描边”为深灰色，描边“粗细”为2pt，选择合适的字体、字号，然后输入文字，效果如图2-78所示。在使用“文字工具”的状态下，选中部分文字，在控制栏中设置文字的“填充”为粉色，“描边”为粉色，按快捷键Ctrl+Enter确认输入操作，效果如图2-79所示。

07 使用工具箱中的“选择工具”选中文字，将鼠标指针定位到定界框以外，当鼠标指针变为带有弧度的双箭头时，按住鼠标左键拖动进行旋转，效果如图2-80所示。使用同样的方法，在白色四边形的右侧输入其他文字，效果如图2-81所示。

08 继续在画面的其他位置添加几何图形和文字，效果如图2-82所示。

图2-78

图2-79

图2-80

图2-81

图2-82

要点速查：认识“钢笔工具”

在钢笔工具组上单击鼠标右键，在弹出的工具列表中选择“钢笔工具”，然后在画面中单击，即可绘制出路径上的第一个锚点，在控制栏中会显示出“钢笔工具”的设置选项。该设置选项主要针对已绘制好的路径上的锚点进行转换、删除，或对路径进行断开或连接等的操作，如图2-83所示。

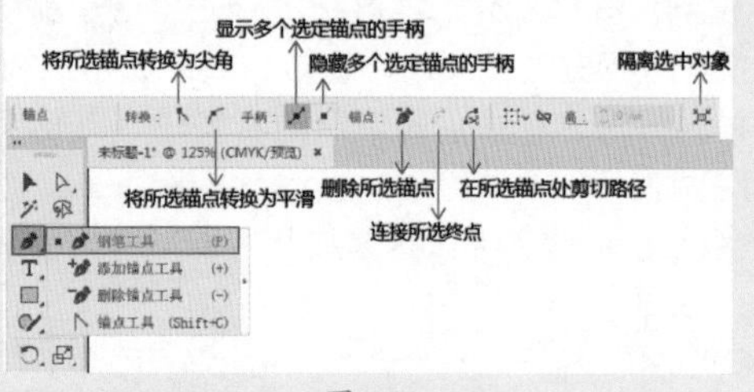

图2-83

- 将所选锚点转换为尖角：选中平滑锚点，单击该按钮，即可将其转换为尖角锚点，如图2-84和图2-85所示。

图2-84

图2-85

- 将所选锚点转换为平滑：选中尖角锚点，单击该按钮，即可将其转换为平滑锚点，如图2-86和图2-87所示。

图2-86

图2-87

- 显示多个选定锚点的手柄：单击该按钮，被选中的多个锚点的手柄都将处于显示状态，如图2-88所示。
- 隐藏多个选定锚点的手柄：单击该按钮，被选中的多个锚点的手柄都将处于隐藏状态，如图2-89所示。

图2-88

图2-89

- 删除所选锚点：单击该按钮，即可删除选中的锚点，如图2-90和图2-91所示。

图2-90

图2-91

- 连接所选终点：在开放路径中，选中不相连的两个端点，单击该按钮，即可在两点之间建立路径进行连接，如图2-92和图2-93所示。

图2-92

图2-93

- 在所选锚点处剪切路径：选中锚点，单击该按钮，即可将所选锚点分割为两个锚点，并且两个锚点之间不相连，同时路径会断开，如图2-94和图2-95所示。

图2-94

图2-95

- 隔离选中对象：在包含选中对象的情况下，单击该按钮，即可在隔离模式下编辑对象。

实例010 使用铅笔工具绘制线条装饰

文件路径	第2章\使用铅笔工具绘制线条装饰
难易指数	★★★★★
技术掌握	● 矩形工具 ● 文字工具 ● 钢笔工具 ● 星形工具 ● 铅笔工具 ● 平滑工具

扫码深度学习

操作思路

在本案例中，首先使用“矩形工具”绘制与画板等大的矩形并填充为灰色，使用“文字工具”在画面中适当的位置输入文字，并使用“钢笔工具”绘制文字周围的装饰图形，然后使用“星形工具”在画面中绘制不同大小的星形元素，使用“铅笔工具”在文字的外侧绘制不规则的边框，并使用“平滑工具”对边框的平滑度进行调整，最后将素材添加到文档中。

案例效果

案例效果如图2-96所示。

图2-96

操作步骤

01 执行“文件>新建”命令，弹出“新建文档”对话框。在对话框顶部选择“打印”选项卡，在左侧“空白文档预设”列表框中选择“A4”纸张；在右侧单击“纵向”按钮，设置“颜色模式”为“CMYK颜色”，单击“创建”按钮，如图2-97所示，创建新的文档。

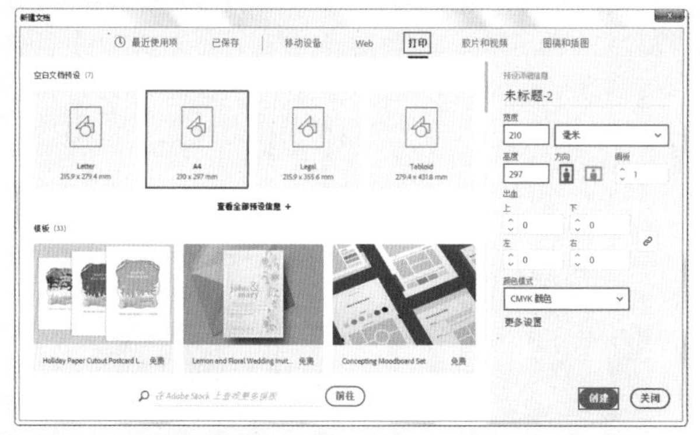

图2-97

02 选择工具箱中的“矩形工具”，在工具箱的底部设置“描边”为无，双击“填色”按钮，在弹出的“拾色器”对话框中设置颜色为灰色，单击“确定”按钮，如图2-98所示。在使用“矩形工具”的状态下，按住鼠标左键从画面的左上角拖动鼠标指针至右下角，绘制一个与画板等大的矩形，效果如图2-99所示。

图2-98

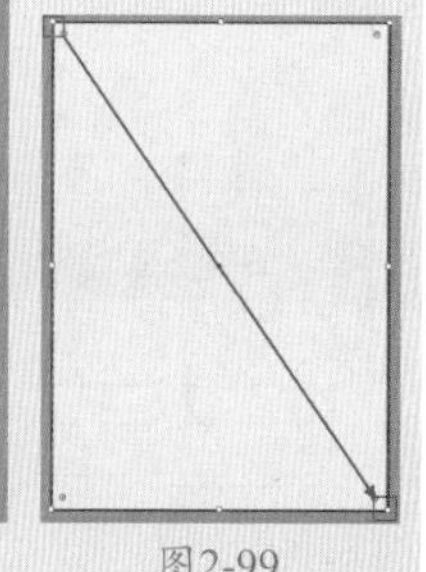

图2-99

03 选择工具箱中的“文字工具”，在画面的上方单击插入光标，在控制栏中设置“填充”为黑色，“描边”为无，选择合适的字体、字号，设置“段落”为“居中对齐”，在画面中输入文字，按快捷键Ctrl+Enter确认输入操作，效果如图2-100所示。

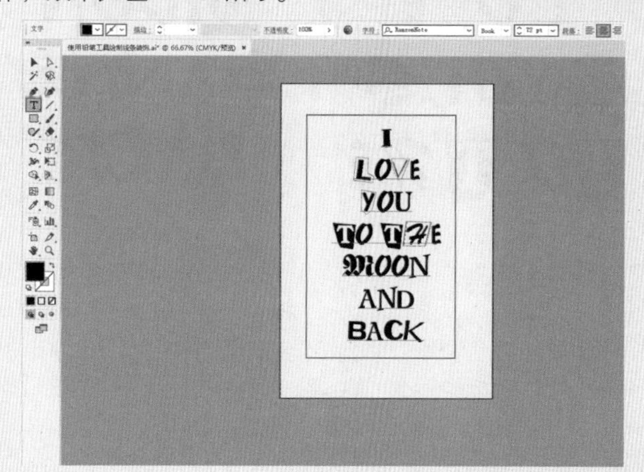

图2-100

04 选择工具箱中的“钢笔工具”，在控制栏中设置“填充”为黑色，“描边”为无，在画面中适当的位置绘制一个图形，效果如图2-101所示。使用同样的方法，在该图形的下方再次绘制两个图形，效果如图2-102所示。

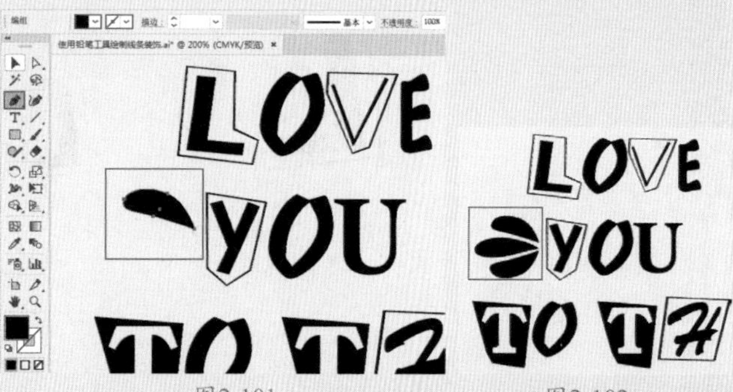

图2-101　　图2-102

05 选择工具箱中的“选择工具”，按住Shift键加选刚刚绘制的三个图形，然后单击鼠标右键，在弹出的快捷菜单中选择“编组”命令。在该组被选中的状态下，执行“对象>变换>对称”命令，在弹出的“镜像”对话框中选中“垂直”单选按钮，单击“复制”按钮，如图2-103所示，效果如图2-104所示。

图2-103

图2-104

06 在使用“选择工具”的状态下，按住Shift键将复制出的图形组平移到画面的右侧，效果如图2-105所示。使用同样的方法，在画面下方适当的位置绘制一组图形并将其复制一份放置在画面的右侧，效果如图2-106所示。

图2-105

图2-106

07 选择工具箱中的“星形工具”，在工具箱的底部设置“填色”为橘黄色，“描边”为橘红色，在控制栏中设置描边“粗细”为2pt，在画面中单击，在弹出的“星形”对话框中设置“半径1”为4mm，“半径2”为2mm，“角数点”为5，单击“确定”按钮，如图2-107所示，效果如图2-108所示。

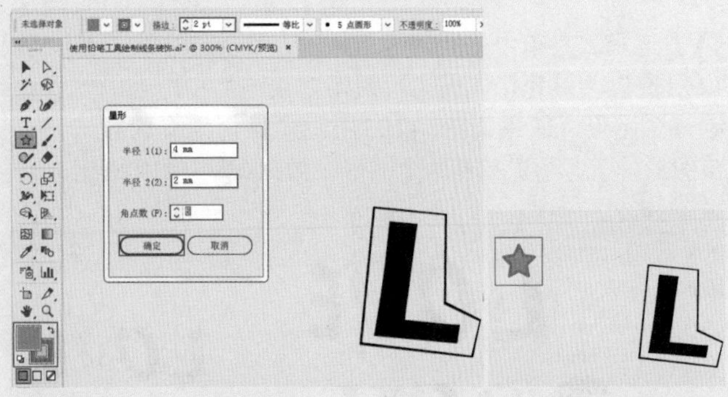

图2-107　　图2-108

08 继续使用“星形工具”，按住鼠标左键在画面中拖动鼠标指针，绘制大小不一的星形，效果如图2-109所示。

09 选择工具箱中的“铅笔工具”，在控制栏中设置“填充”为无，“描边”为黑色，单击“描边”按钮，在弹出的下拉面板中设置“粗细”为1pt，选中“虚线”复选框，设置参数为14pt，如图2-110所示。设置完成后，使用“铅笔工具”在画面中绘制不规则的边框，效果如图2-111所示。

图2-109

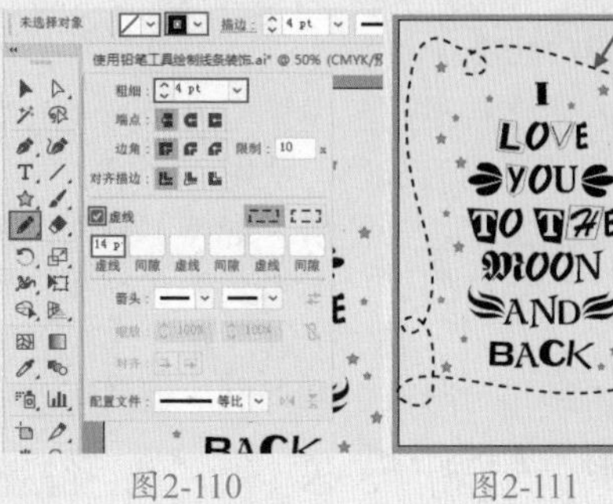

图2-110　　图2-111

10 在不规则边框被选中的状态下，选择工具箱中的“平滑工具”，按住鼠标左键沿着边框的边缘拖动鼠标指针，调整边框的平滑度，效果如图2-112所示。

11 执行“文件>打开”命令，打开素材“1.png”，将其中的素材选中，按快捷键Ctrl+C进行复制，返回刚刚操作的文档中，按快捷键Ctrl+V进行粘贴，然后将素材调整到合适位置，最终完成效果如图2-113所示。

图2-112

图2-113

要点速查：使用“铅笔工具”改变路径形状

默认情况下，“铅笔工具”会自动启用“编辑所选路径”选项，此时使用“铅笔工具”可以直接更改路径的形状，如图2-114所示。将鼠标指针定位在要重新绘制的路径上，当鼠标指针形状由✎*变为✎时，表示鼠标指针与路径非常接近。按住鼠标左键并拖动鼠标指针进行绘制，即可改变路径的形状，如图2-115所示。

图2-114

图2-115

使用“铅笔工具”还可以快速地连接两条不相连的路径，如图2-116所示。首先选择两条路径，选择工具箱中的“铅笔工具”，将鼠标指针定位到其中一条路径的某一端点上，按住鼠标左键拖动鼠标指针到另一条路径的端点上，释放鼠标左键，即可将两条路径连接为一条路径，如图2-117所示，效果如图2-118所示。

图2-116　　图2-117　　图2-118

实例011　使用刻刀工具制作卡片

文件路径	第2章\使用刻刀工具制作卡片	扫码深度学习
难易指数	★★★★★	
技术掌握	● 矩形工具 ● 刻刀工具 ● 文字工具	

操作思路

使用“刻刀工具”可以以任意的分割线将一个对象分割为多个构成部分的表面，其分割的方式是基于鼠标指针移动的位置。在本案例中，通过使用“刻刀工具”切割卡片，然后填充深浅不同的颜色，使卡片的效果看起来更加立体。

案例效果

案例效果如图2-119所示。

图2-119

操作步骤

01 执行“文件>新建”命令或按快捷键Ctrl+N，弹出“新建文档”对话框。在对话框顶部选择“打印”选项卡，在左侧“空白文档预设”列表框中选择“A4”纸张；在右侧单击“横向”按钮，设置“颜色模式”为“CMYK颜色”，单击“创建”按钮，如图2-120所示，创建新的文档。

02 选择工具箱中的“矩形工具”，在控制栏中设置“填充”为浅灰色，“描边”为无，按住鼠标左键从画面的左上角拖动鼠标指针至右下角，如图2-121所示，释放鼠标左键完成矩形的绘制，效果如图2-122所示。

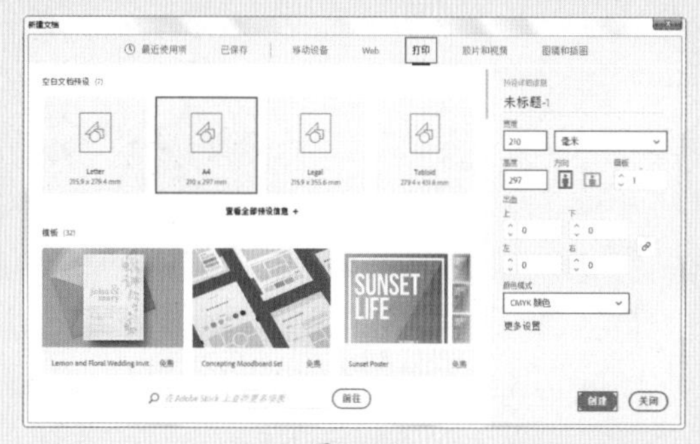

图2-120

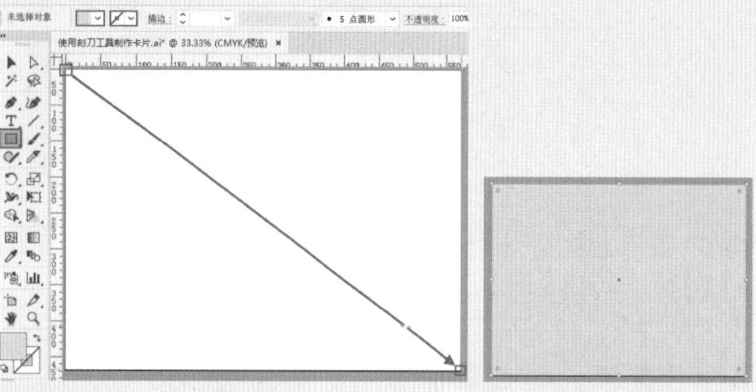

图2-121　　图2-122

03 选择工具箱中的“矩形工具”，在控制栏中设置“描边”为无，然后双击“填色”按钮，在弹出的“拾色器”对话框中设置颜色为青灰色，单击“确定”按钮，如图2-123所示。按住鼠标左键在画面中适当的位置拖动鼠标指针，绘制一个矩形，效果如图2-124所示。

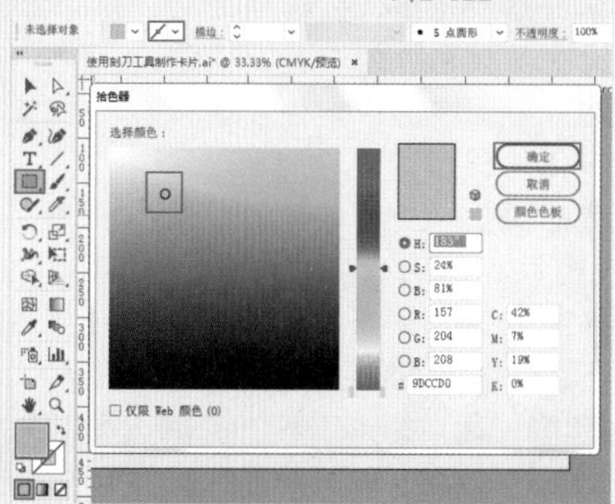

图2-123

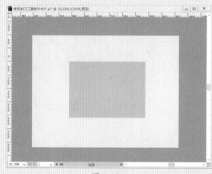

图2-124

04 选中青灰色矩形，选择工具箱中的“刻刀工具”，按住鼠标左键的同时按住Alt键，在矩形外部拖动鼠标指针至矩形另外一侧的外部，如图2-125所示。释放鼠标左键，得到两个独立的图形，效果如图2-126所示。

05 选中上面的三角形，使用“刻刀工具”再次进行分割，如图2-127所示。选中分割出的三角形，修改其填充颜色为深青灰色，效果如图2-128所示。

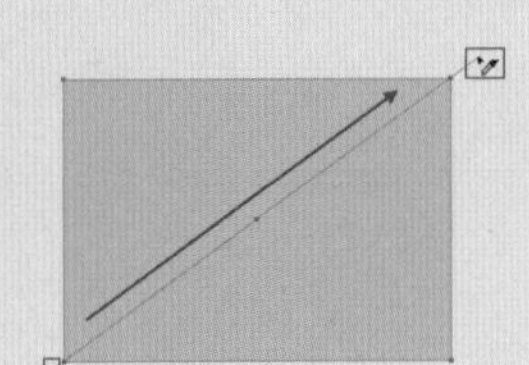

图2-125

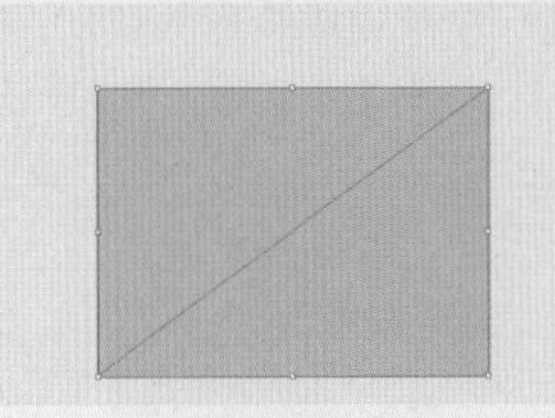

图2-126

图2-127

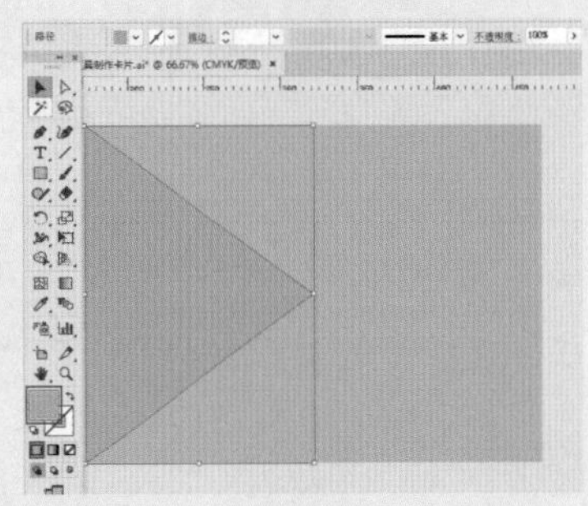

图2-128

06 使用上述方法分割其他图形，并修改合适的填充颜色，效果如图2-129所示。

07 选择工具箱中的“文字工具”，在画面中单击插入光标，在控制栏中设置“填充”为白色，“描边”为无，选择一种合适的字体，设置字号为48pt，然后输入文字，按快捷键Ctrl+Enter确认输入操作，效果如图2-130所示。使用同样的方法，输入其他文字，设置合适的字体、字号和颜色，如图2-131所示。

图2-129

08 使用“矩形工具”绘制一个矩形，并将其移动到合适的位置，效果如图2-132所示。

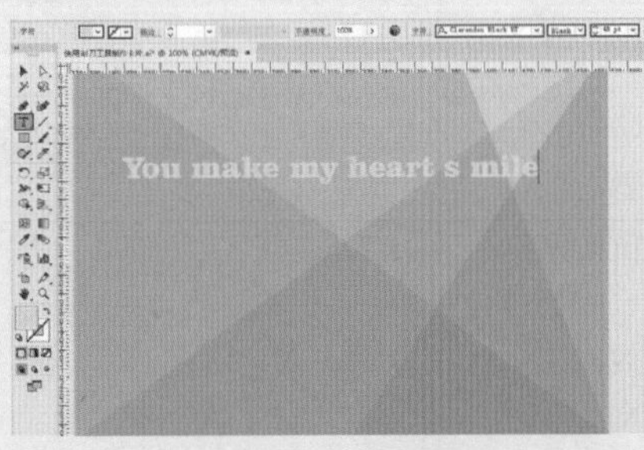

图2-130

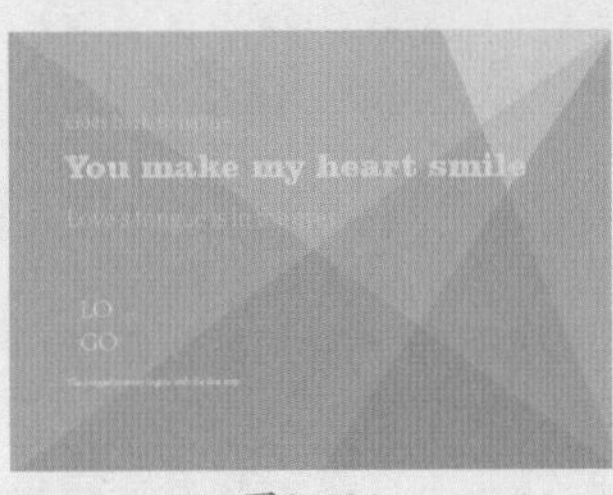

图2-131

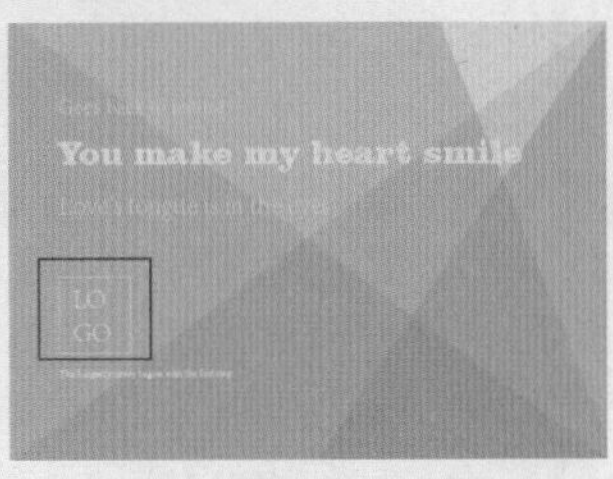

图2-132

09 使用“矩形工具”绘制一个暗青色的矩形，效果如图2-133所示。保持该矩形的选中状态，单击鼠标右键，在弹出的快捷菜单中多次选择“排序>后移一层”命令，将其移动至青灰色矩形后方，作为阴影，此时效果如图2-134所示。

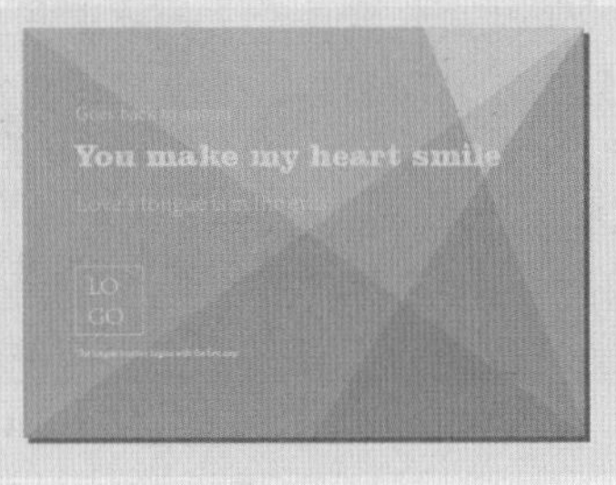

图2-133　　图2-134

10 使用工具箱中的“选择工具”选择所有对象，单击鼠标右键，在弹出的快捷菜单中选择“编组”命令，如图2-135所示。在按住鼠标左键的同时，按住Alt键拖动鼠标指针进行移动并复制，然后将其进行旋转，最终完成效果如图2-136所示。

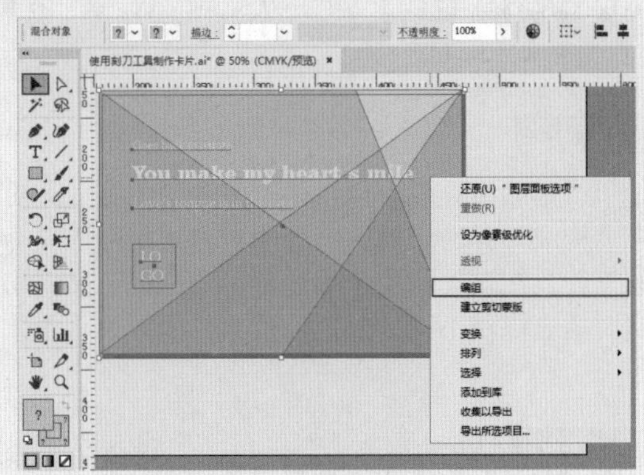

图2-135

图2-136

要点速查：“矩形工具”的使用方法

1. 分割全部对象

使用鼠标右键单击“橡皮擦工具组”按钮，在弹出的工具列表中选择“刻刀工具”。如果此时画面中没有选择任何对象，则直接使用“刻刀工具”在对象上进行拖动，即可将鼠标指针移动范围以内的所有对象进行分割，如图2-137所示。此时对象被分割为两个部分，如图2-138所示。

2. 分割选中对象

如果有特定的对象需要分割，则使用工具箱中的“刻刀工具”将要进行分割的对象选中，沿着要进行分割的路径拖动鼠标指针，被选中的对象被分割为两个部分，与之重合的其他对象没有被分割，如图2-139和图2-140所示。

图2-137

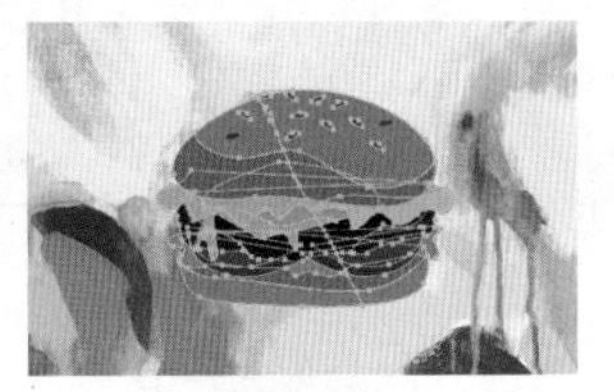
图2-138

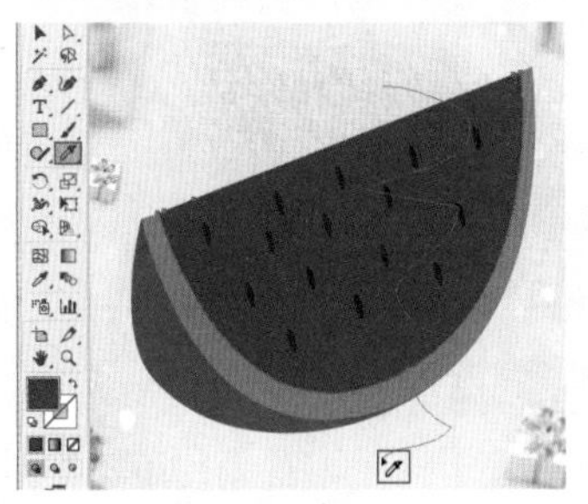
图2-139

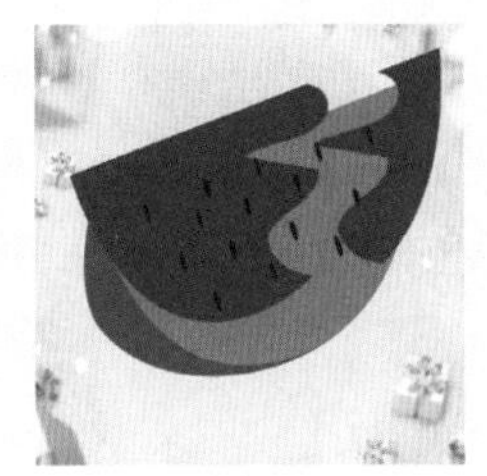
图2-140

3. 以直线分割对象

使用“刻刀工具”的同时，按住Alt键，可以以直线分割对象，如图2-141所示。同时按住Shift键与Alt键，可以以水平直线、垂直直线或斜45°的直线分割对象，如图2-142所示。

图2-141

图2-142

实例012　使用刻刀工具制作海豚标志

文件路径	第2章\使用刻刀工具制作海豚标志	 扫码深度学习
难易指数	★★★★★	
技术掌握	● 刻刀工具 ● 钢笔工具	

操作思路

在本案例中，使用“刻刀工具”将绘制好的图形进行分割，得到多个不规则图形，并进行颜色的调整，最终制作出海豚标志。

案例效果

案例效果如图2-143所示。

图2-143

操作步骤

01 执行“文件>新建”命令，在弹出的“新建文档”对话框中单击“自定”按钮，设置“宽度”为400毫米，“高度”为260毫米，单击“创建”按钮，如图2-144所示，创建一个空白文档，如图2-145所示。

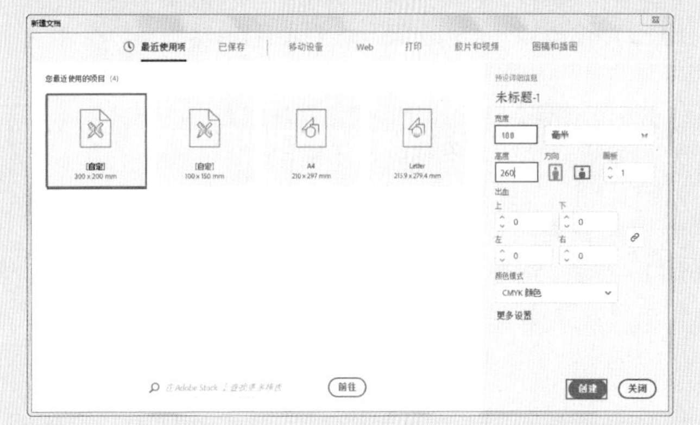

图2-144

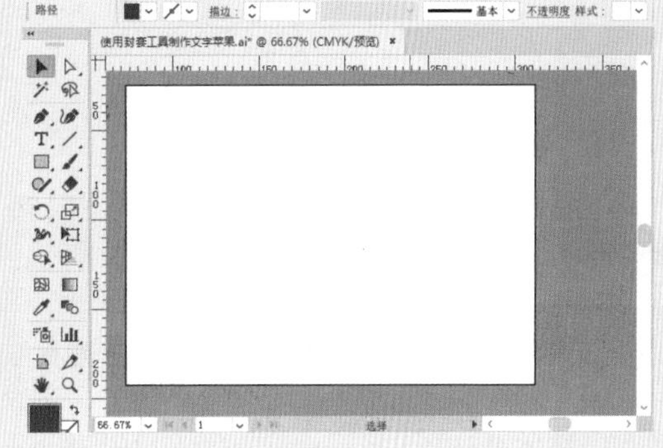
图2-145

02 执行“文件>置入”命令，置入背景素材“1.jpg”，调整其大小，使其与画板等大，单击控制栏中的“嵌入”按钮，将其进行嵌入，效果如图2-146所示。

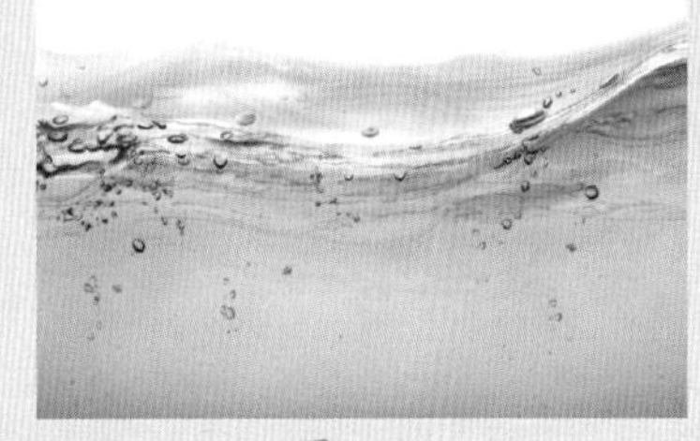
图2-146

03 选择工具箱中的“钢笔工具”，在控制栏中设置“填充”为无，“描边”为黑色，在画面中间的位置绘制一个海豚形状，效果如图2-147所示。

04 选中海豚形状，在控制栏中设置“填充”为青色，效果如图2-148所示。

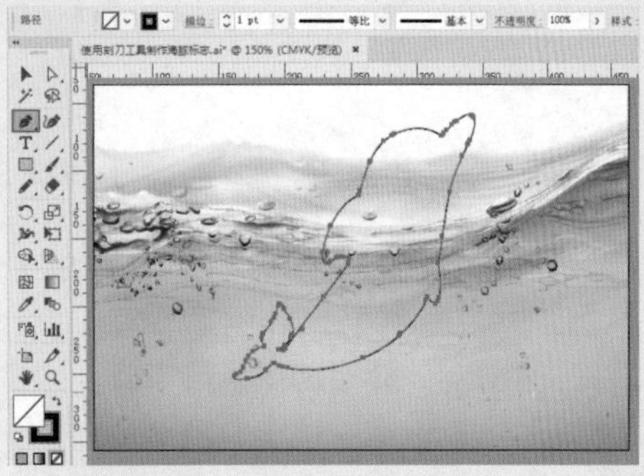
图2-147

图2-148

05 在保持海豚形状的选中状态下，选择工具箱中的“刻刀工具”，在按住Alt键的同时按住鼠标左键拖动鼠标指针，将海豚形状分割，如图2-149所示。使用同样的方法，分割海豚形状的其他部分，效果如图2-150所示。

图2-149

06 选择海豚头顶的形状，在工具箱的底部设置“描边”为无，双击“填色”按钮，在弹出的“拾色器”对话框中设置颜色为蓝色，单击“确定”按钮，如图2-151所示。使用同样的方法，设置海豚身体其他位置的颜色，效果如图2-152所示。

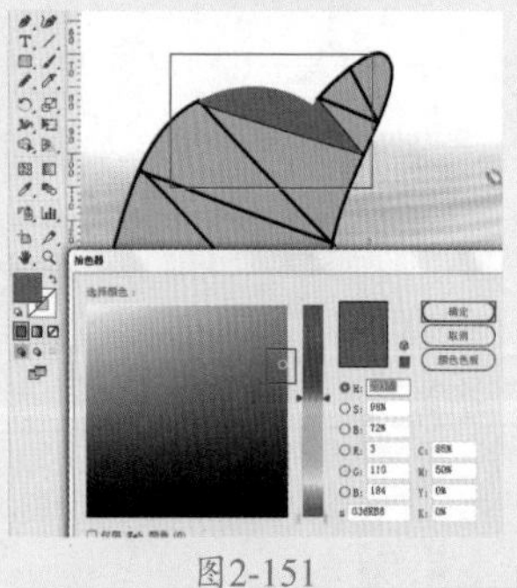
图2-150

图2-151

图2-152

07 选择工具箱中的“文字工具”，在海豚下方单击插入光标，然后在控制栏中设置“填充”为深青色，“描边”为无，设置合适的字体、字号，然后输入文字，按快捷键Ctrl+Enter确认文字输入操作，如图2-153所示。在控制栏中设置文字的“不透明度”为60%，最终完成效果如图2-154所示。

图2-153

图2-154

实例013　使用橡皮擦工具制作图形化版面

文件路径	第2章\使用橡皮擦工具制作图形化版面
难易指数	★★★★★
技术掌握	● 矩形工具 ● 橡皮擦工具 ● 文字工具 ● 符号库

扫码深度学习

操作思路

在本案例中，首先使用“矩形工具”绘制一个正方形，再使用“橡皮擦工具”擦去正方形的对角线，得到四个三角形；然后将这四个三角形拉长，制作出图形拼贴的效果，最后使用“文字工具”输入文字，并在画面的上方添加符号。

案例效果

案例效果如图2-155所示。

图2-155

操作步骤

01 执行“文件>新建”命令，弹出“新建文档”对话框。在对话框顶部选择“打印”选项卡，在左侧“空白文档预设”列表框中选择“A4”纸张；在右侧单击“纵向”按钮，设置“颜色模式”为“CMYK颜色”，单击“创建”按钮，如图2-156所示，创建新的文档。选择工具箱中的“矩形工具”，在控制栏中设置“描边”为无，双击工具箱底部的“填色”按钮，在弹出的“拾色器”对话框中设置颜色为浅灰色，单击“确定”按钮，如图2-157所示。

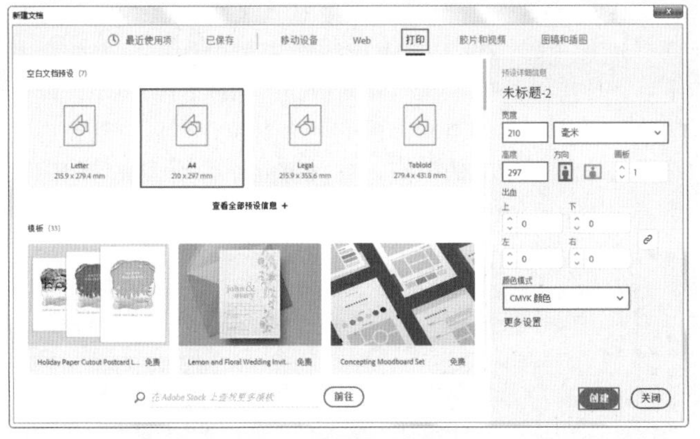
图2-156

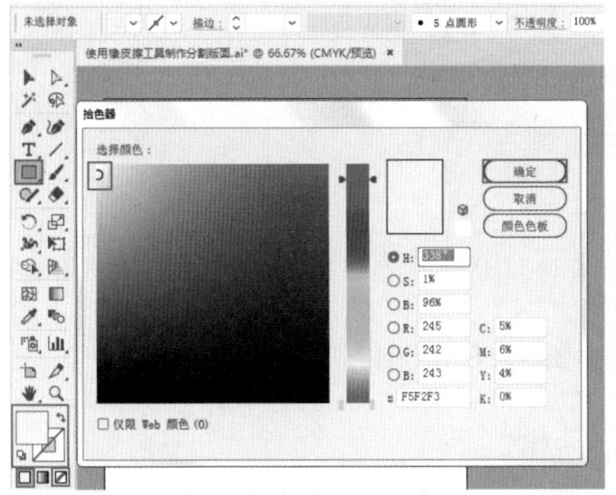
图2-157

02 按住鼠标左键以画面的左上角拖动鼠标指针至右下角，绘制一个与画板等大的矩形，效果如图2-158所示。继续使用“矩形工具”，按住Shift键拖动鼠标指针绘制一个正方形，然后将其填充为黄色，效果如图2-159所示。

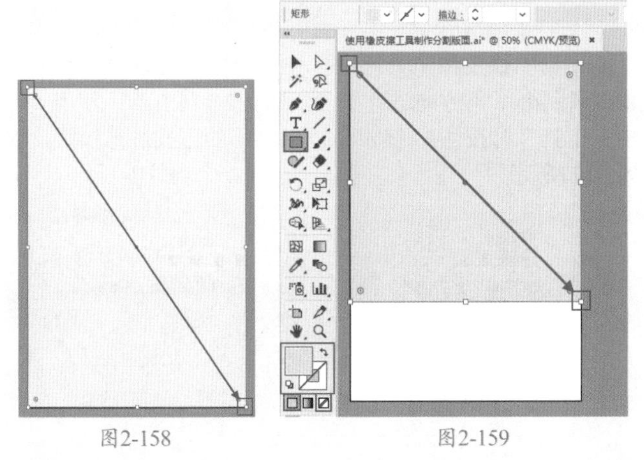
图2-158　　图2-159

03 双击工具箱中的“橡皮擦工具”按钮，在弹出的“橡皮擦工具选项”对话框中设置“角度”为0°，“圆度”为100%，“大小”为50pt，单击“确定”按钮，如图2-160所示。在使用“橡皮擦工具”的状态下，按住Shift键从正方形的左上角向右下角拖动鼠标指针，如图2-161所示。

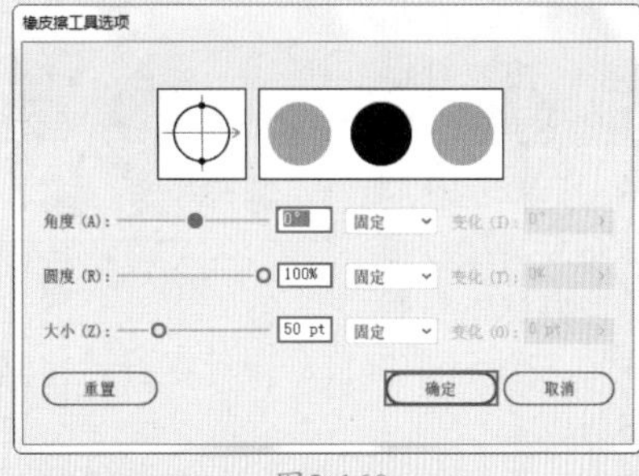
图2-160

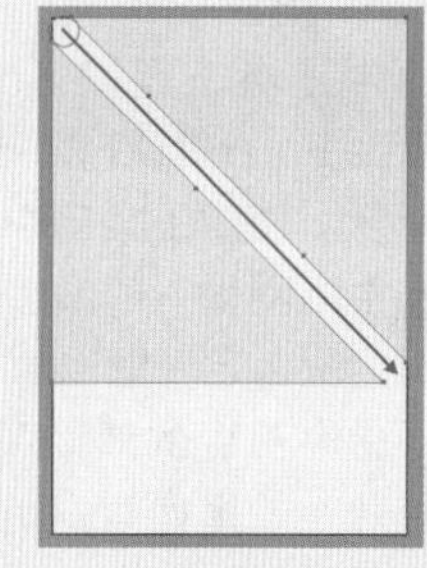
图2-161

04 接着使用同样的方法，按住Shift键从正方形的右上角拖动鼠标指针至左下角，如图2-162所示。选中三角形，依次更改颜色，效果如图2-163所示。

05 选择工具箱中的“选择工具”，按住Shift键加选画面中的四个三角形，然后单击鼠标右键，在弹出的快捷菜单中选择“编组”命令。将鼠标指针定位到矩形下方中间的控制点处，按住鼠标左键向下拖动鼠标指针，将图形组拉长，效果如图2-164所示。

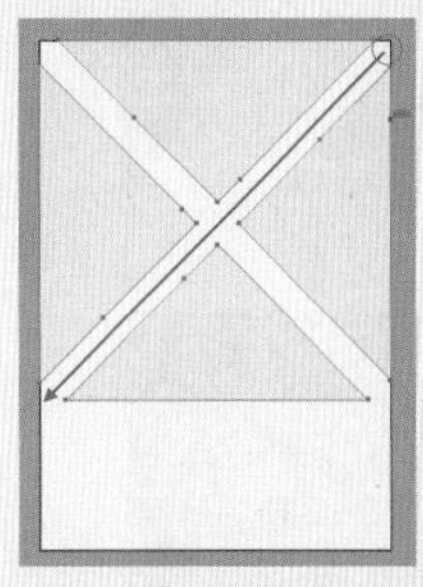
图2-162

图2-163

图2-164

06 选择工具箱中的“文字工具”，在画面的左上方单击插入光标，在控制栏中设置“填充”为黑色，“描边”为无，选择合适的字体、字号，设置“段落”为“左对齐”，在画面中输入文字，按快捷键Ctrl+Enter确认输入操作，如图2-165所示。使用同样的方法，在其他位置继续输入文字，效果如图2-166所示。

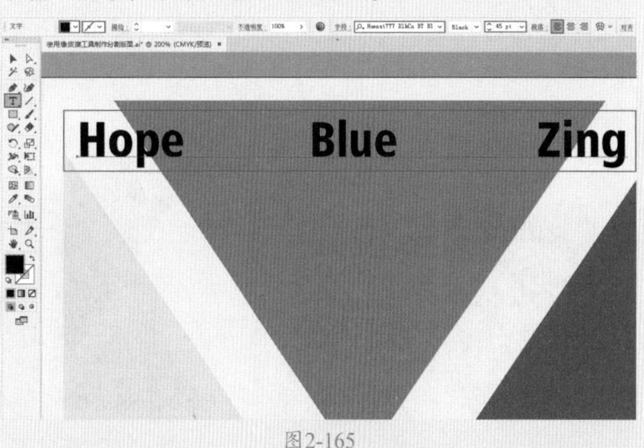

图2-165

07 使用“文字工具”在画面的左侧单击插入光标，在控制栏中设置“填充”为黑色，“描边”为无，选择合适的字体、字号，设置“段落”为“居中对齐”，在画面中适当位置输入文字，按快捷键Ctrl+Enter确认输入操作，如图2-167所示。使用工具箱中的“选择工具”选中刚刚输入的文字，然后将鼠标指针定位到定界框以外，当鼠标指针变为带有弧度的双箭头时，按住Shift键拖动鼠标指针，将其旋转，效果如图2-168所示。

图2-166

08 使用同样的方法，在画面的右侧输入文字并将其旋转，效果如图2-169所示。

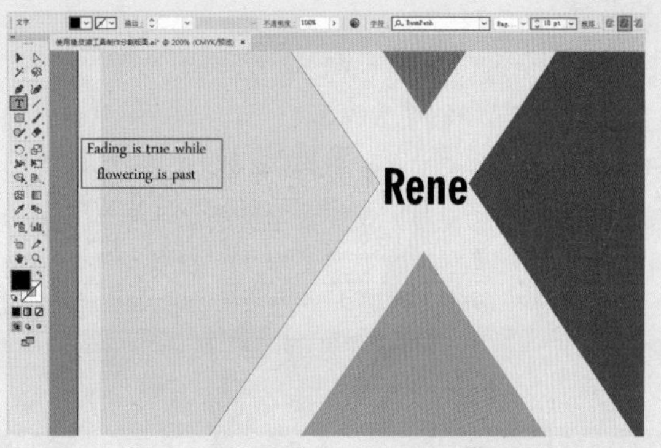

图2-167

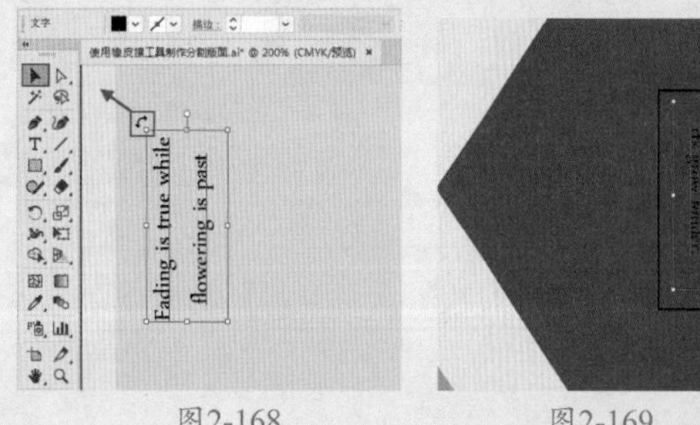

图2-168

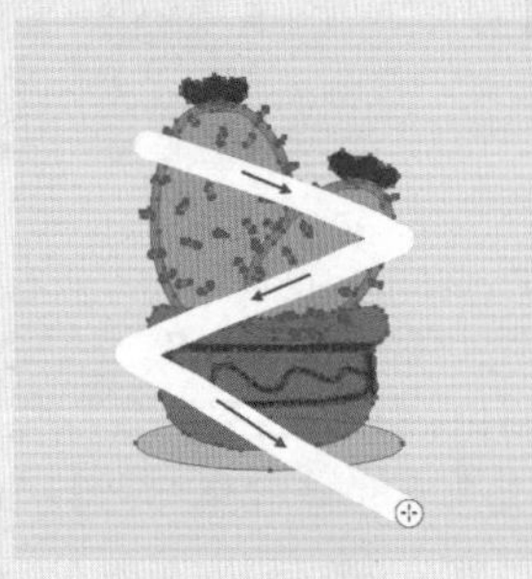
图2-169

09 执行“窗口>符号库>网页图标”命令，在弹出的“网页图标”面板中选择“视频”符号，按住鼠标左键将其拖动到画面中适当的位置，在控制栏中单击“断开链接”按钮，效果如图2-170所示。将符号选中，然后按住Shift键拖动控制点，将其等比缩放，最终完成效果如图2-171所示。

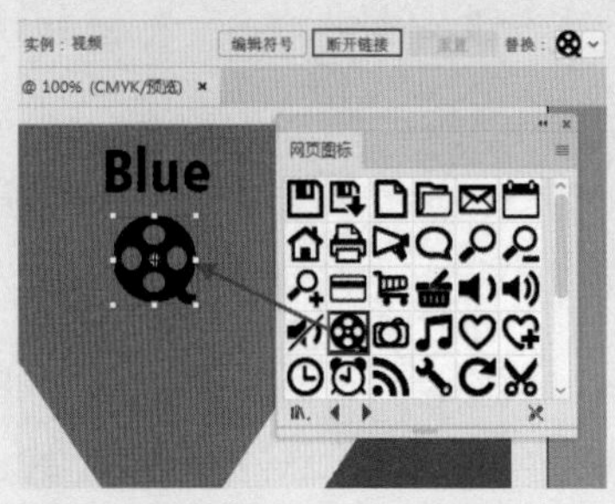

图2-170

图2-171

要点速查：使用“橡皮擦工具”

1. 未选中任何对象时擦除

双击工具箱中的“橡皮擦工具”按钮，在弹出的“橡皮擦工具选项”对话框中对“大小”“圆度”“角度”进行设置。设置完成后，在未选中任何对象的状态下，在要擦除的地方拖动鼠标指针，如图2-172所示，即可擦除鼠标指针移动范围以内的所有对象，然后自动在擦除路径的末尾生成新的节点，并且擦除路径处于被选中的状态，如图2-173所示。

图2-172

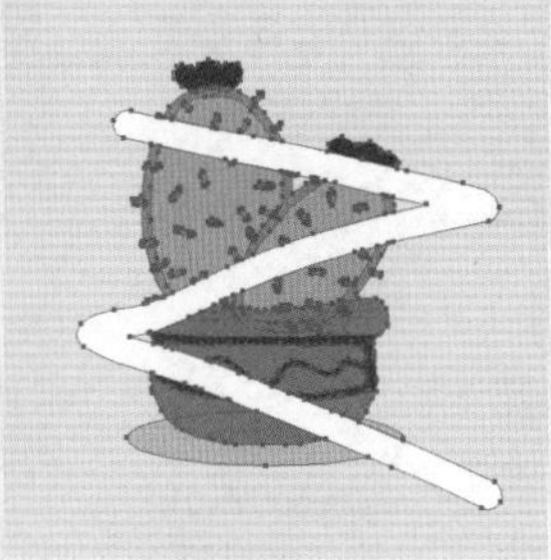

图2-173

2. 选中对象时擦除

如果画面中有部分对象处于被选中的状态，则使用“橡皮擦工具”只能擦除鼠标指针移动范围以内的被选中对象，如图2-174和图2-175所示。

图2-174

图2-175

3. 特殊擦除效果

使用“橡皮擦工具”时按住Shift键，可以沿水平、垂直或者斜45°角方向进行擦除，如图2-176所示；使用“橡皮擦工具”时按住Alt键，可以以矩形的方式进行擦除，如图2-177所示。

图2-176

图2-177

4. 设置“橡皮擦工具”的属性

双击工具箱中的“橡皮擦工具”按钮，弹出“橡皮擦工具选项”对话框。根据需要在对话框中进行相应的设置，然后单击“确定”按钮，如图2-178所示。

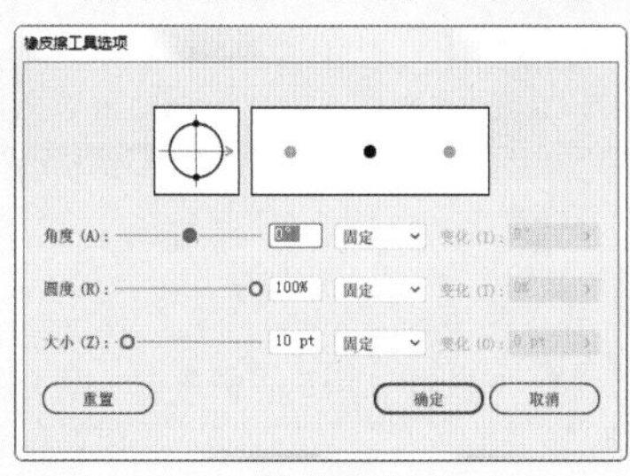

图2-178

- 角度：用于设置橡皮擦的角度。当“圆度”数值为100%时，调整“角度”数值没有效果；而当设置适当的“圆度”数值后，橡皮擦变为椭圆形，可以通过调整“角度”数值得到倾斜的擦除效果，如图2-179和图2-180所示。

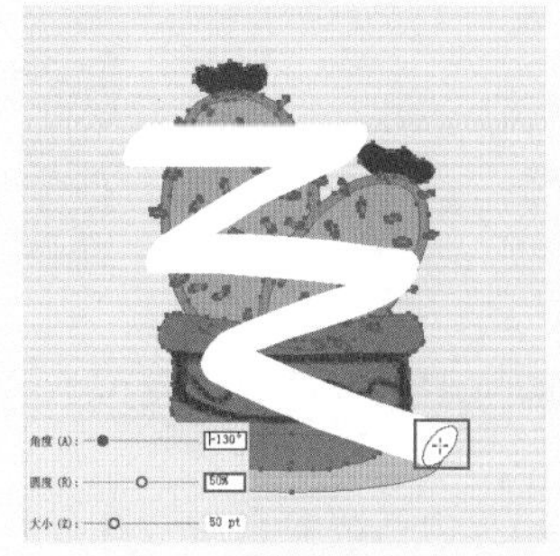

图2-179

图2-180

- 圆度：用于控制橡皮擦的压扁程度。数值越大，越接近正圆形；数值小，则为椭圆形，如图2-181和图2-182所示。

图2-181

图2-182

- 大小：用于设置橡皮擦直径的大小。数值越大，擦除的范围越大，如图2-183和图2-184所示。

图2-183

图2-184

实例014 使用绘图工具制作多彩版式

文件路径	第2章\使用绘图工具制作多彩版式
难易指数	★★★★★
技术掌握	● 渐变工具 ● 圆角矩形工具 ● 矩形工具 ● 椭圆工具 ● 星形工具 ● 多边形工具 ● 文字工具

扫码深度学习

操作思路

在本案例中，使用“渐变工具”和“矩形工具”制作渐变的背景，使用“圆角矩形工具”和“矩形工具”制作画面下方的图案；使用“文字工具”在画面的右侧输入文字并为其填充内发光效果，使其看上去更加立体；使用绘图工具组内的工具制作包含多个图案的背景效果；最后将素材置入到文档中，并添加适当的投影效果。

案例效果

案例效果如图2-185所示。

图2-185

操作步骤

01 执行“文件>新建”命令，弹出“新建文档”对话框。在对话框顶部选择“打印”选项卡，在左侧“空白文档预设”列表框中选择“A4”纸张；在右侧单击“横向”按钮，设置“颜色模式”为“CMYK颜色”，单击“创建”按钮，如图2–186所示，创建新的文档。

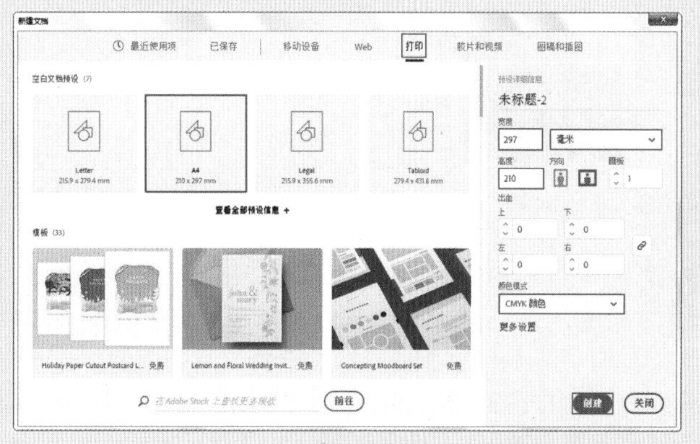

图2-186

02 选择工具箱中的“矩形工具”，按住鼠标左键拖动鼠标指针绘制一个与画板等大的矩形。选中该矩形，单击工具箱底部的“填色”按钮，然后双击工具箱中的“渐变工具”按钮，在弹出的“渐变”面板中设置“类型”为“径向”，在面板底部编辑一个白色到蓝色的渐变，如图2-187所示。选择工具箱中的“渐变工具”，按住鼠标左键在矩形上拖动鼠标指针调整渐变效果，如图2-188所示。

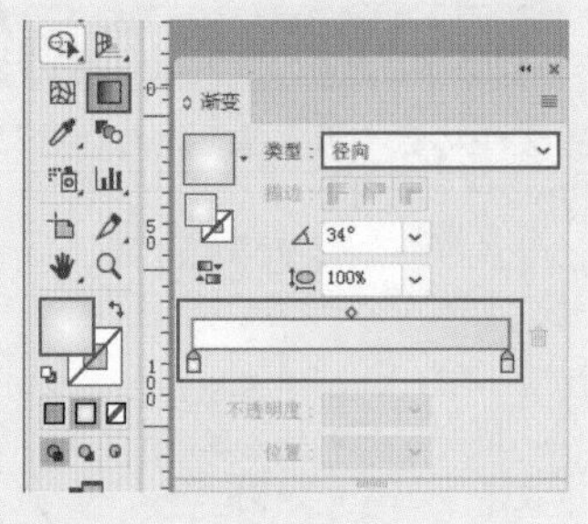

图2-187

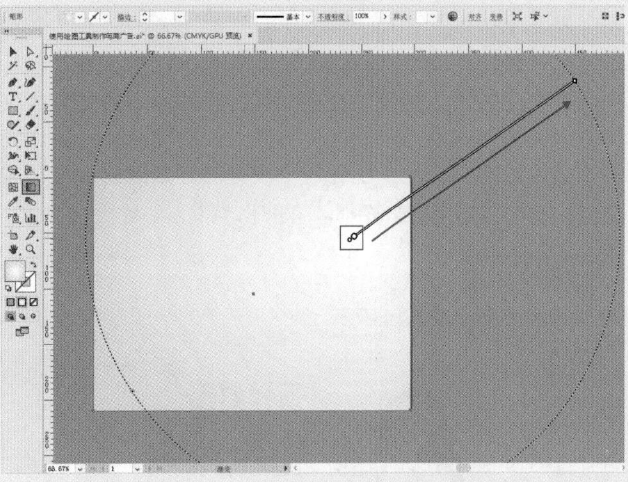

图2-188

03 选择工具箱中的“圆角矩形工具”，在工具箱的底部单击“描边”按钮，设置“填充类型”为无，双击“填色”按钮，在弹出的“拾色器”对话框中设置颜色为浅蓝色，单击“确定”按钮，如图2-189所示。在使用“圆角矩形工具”的状态下，按住鼠标左键拖动鼠标指针绘制一个圆角矩形。若对圆角矩形的半径不满意，可以使用“选择工具”拖动控制点调整圆角半径，如图2-190所示。

图2-189

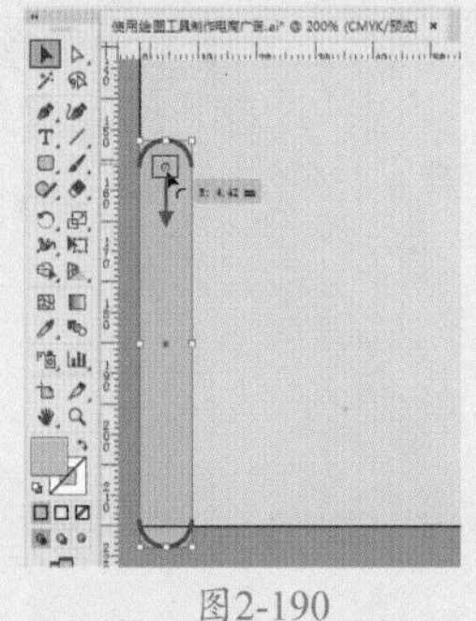

图2-190

04 选择工具箱中的“矩形工具”，设置“填色”为较深的蓝色，“描边”为无，在圆角矩形的左侧绘制一个矩形，效果如图2-191所示。选择工具箱中的“选择工具”，同时按住Shift键和Alt键向右拖动鼠标指针，将矩形平移并复制，效果如图2-192所示。

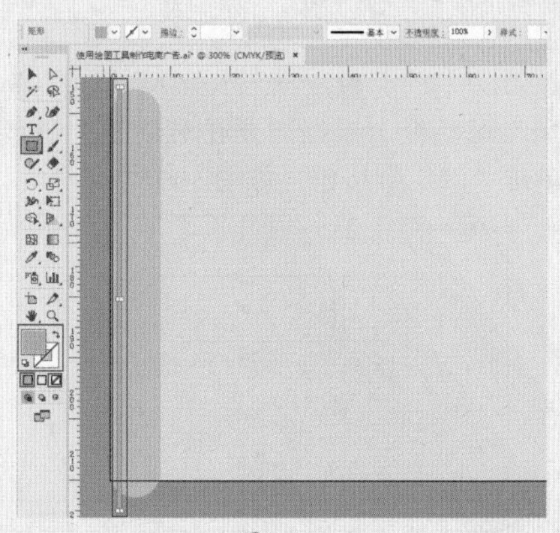

图2-191

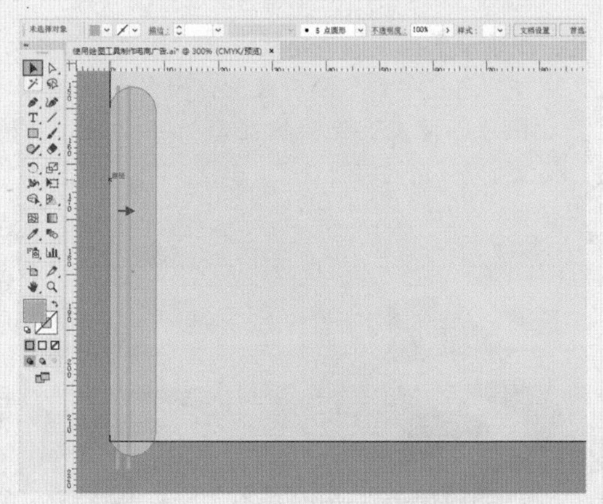

图2-192

05 按快捷键Ctrl+D，将矩形再次复制两份，效果如图2-193所示。

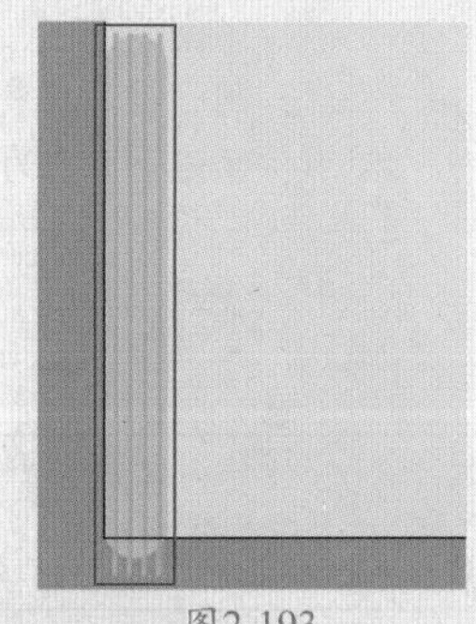

图2-193

06 选中圆角矩形，按快捷键Ctrl+C将其复制，然后在画面中的空白位置单击以取消图形的选择，然后按快捷键Ctrl+F将圆角矩形粘贴到画面的前面，如图2-194所示。使用“选择工具”按住Shift键加选复制出来的圆角矩形和矩形组，单击鼠标右键，在弹出的快捷菜单中选择“建立剪切蒙版”命令，效果如图2-195所示。

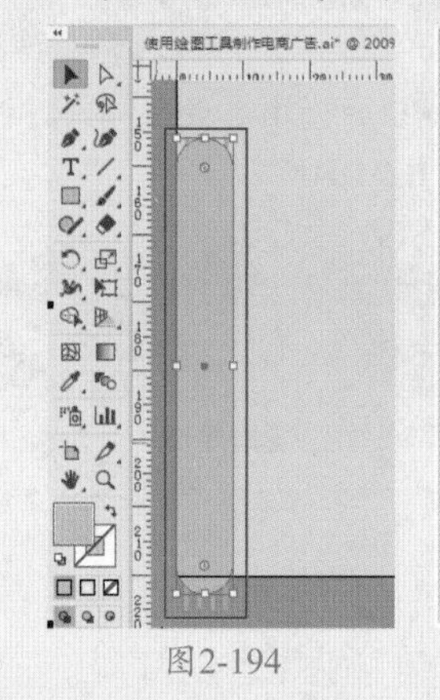

图2-194

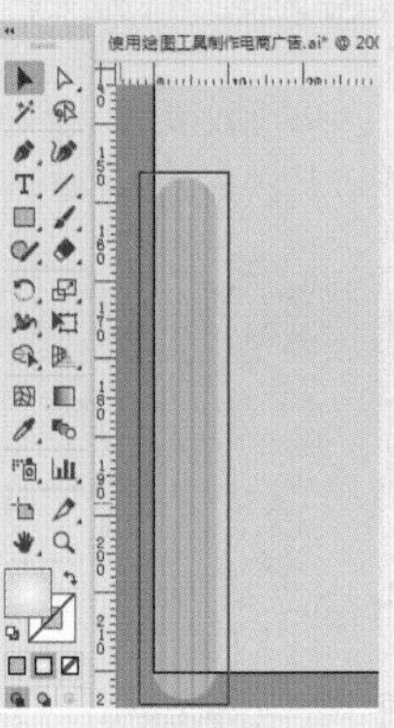

图2-195

07加选矩形组和圆角矩形，单击鼠标右键，在弹出的快捷菜单中选择“编组”命令。选中该图形，同时按住Shift键和Alt键向右拖动鼠标指针，将图形组平移并复制，如图2-196所示。多次按快捷键Ctrl+D，将其复制出多份，效果如图2-197所示。加选画面下方的所有图形组，单击鼠标右键，在弹出的快捷菜单中选择“编组”命令。

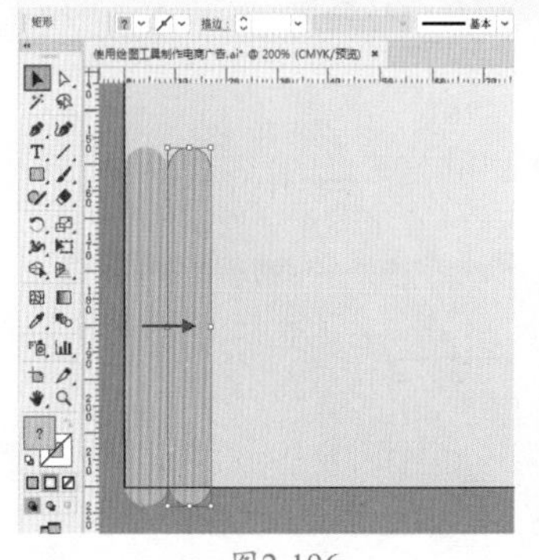

图2-196

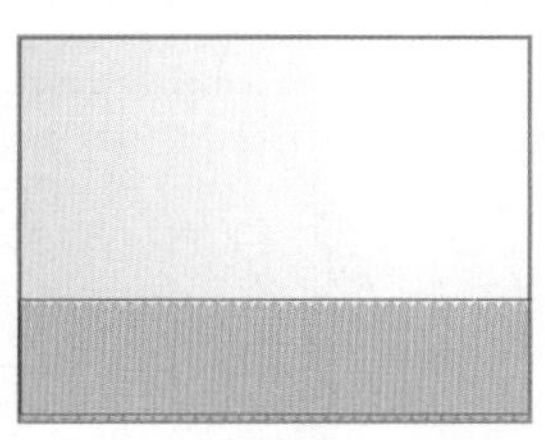

图2-197

08选择工具箱中的“文字工具”，在画面的右上方单击插入光标，在工具箱的底部设置“填色”为黄色，“描边”为无，在控制栏中选择合适的字体、字号，然后在画面中输入文字，按快捷键Ctrl+Enter确认输入操作，如图2-198所示。使用工具箱中的“选择工具”选中文字，按快捷键Ctrl+C将其复制，然后按快捷键Ctrl+B将其粘贴在原文字的后面，在粘贴出的文字被选中的状态下，将文字向右下方进行拖动，并将文字的颜色改为棕色，效果如图2-199所示。

图2-198

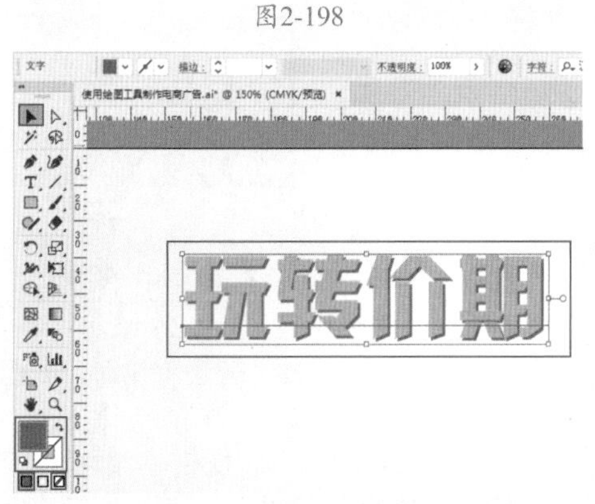

图2-199

09使用同样的方法，在之前文字的下方再次输入文字，并将其复制一份放置在后面，用于制作文字的立体效果，效果如图2-200所示。

图2-200

10选择工具箱中的“矩形工具”，在工具箱的底部设置“填色”为蓝色，“描边”为无，在两排文字的中间位置绘制一个矩形，效果如图2-201所示。

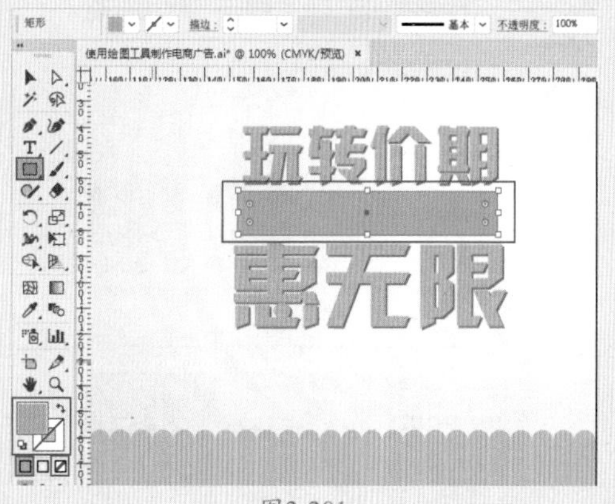

图2-201

11在蓝色矩形被选中的状态下，执行“效果>风格化>内发光”命令，在弹出的“内发光”对话框中设置“模式”为“滤色”，颜色为白色，“不透明度”为75%，“模糊”为1.8mm，选中“边缘”单选按钮，然后单击“确定”按钮，如图2-202所示，此时效果如图2-203所示。

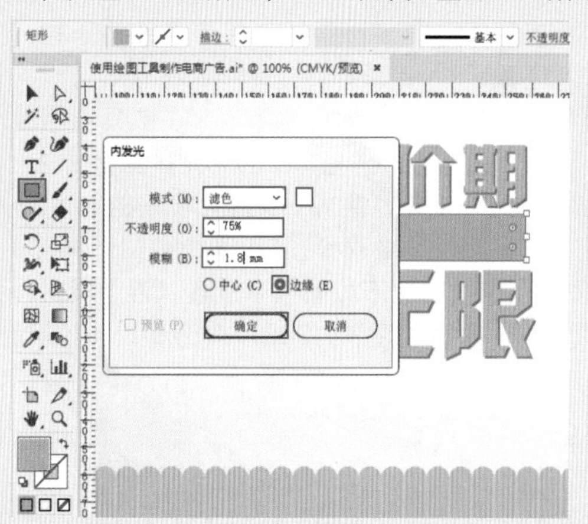

图2-202

12再次选择工具箱中的“矩形工具”，在工具箱的底部设置“填色”为无，“描边”为蓝色，在控制栏中设置描边“粗细”为1pt，在蓝色矩形的外侧绘制一个矩形边框，效果如图2-204所示。选择工具箱中的“文字工具”，在蓝色矩形中输入文字，效果

图2-203

如图2-205所示。

图2-204

图2-205

13 选择工具箱中的“矩形工具”，在工具箱的底部设置“填色”为淡蓝色，“描边”为无，在文字的左侧绘制一个细长的矩形，效果如图2-206所示。使用工具箱中的“选择工具”选中刚刚绘制的矩形，同时按住Shift键和Alt键向右拖动鼠标指针，将其平移并复制，效果如图2-207所示。

14 选择工具箱中的“椭圆工具”，在工具箱的底部设置“填色”为蓝色，“描边”为无，在画面的左上方按住Shift键拖动鼠标指针，绘制一个正圆形，效果如图2-208所示。在该正圆形被选中的状态下，单击控制栏中的“不透明度”按钮，在弹出的下拉面板中设置“混合模式”为“正片叠底”，“不透明度”为80%，如图2-209所示。

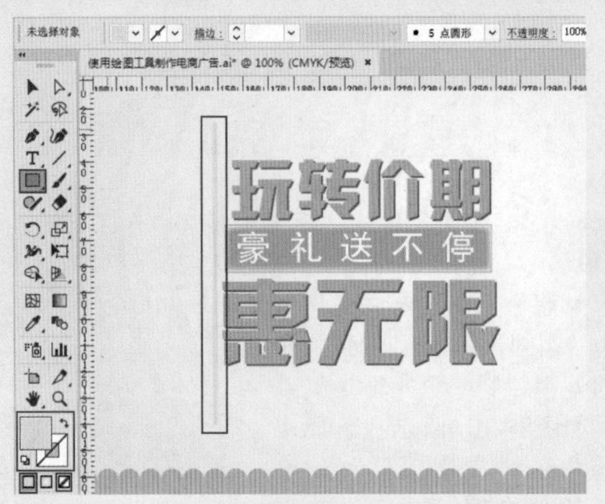

图2-206

图2-207

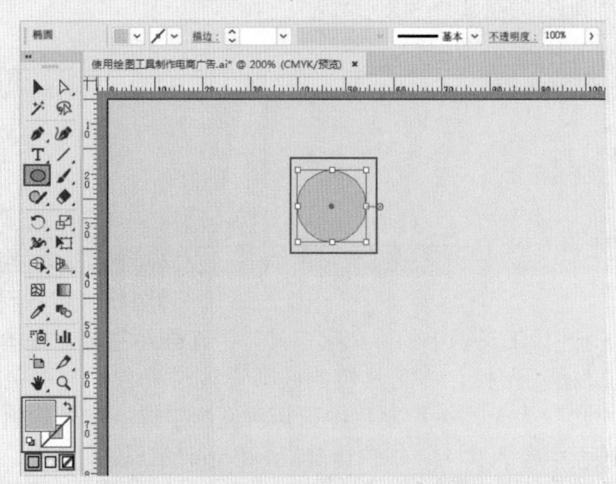

图2-208

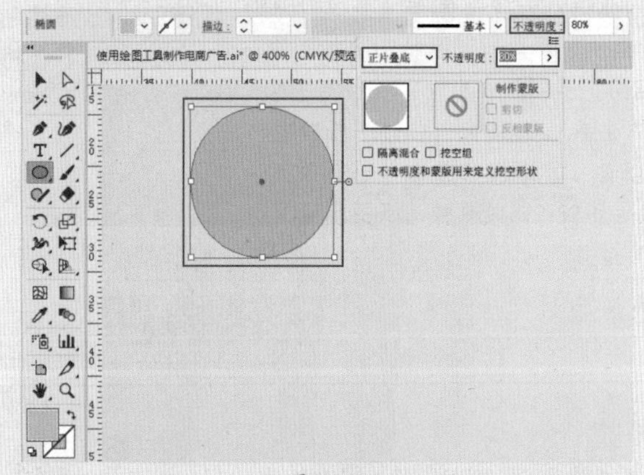

图2-209

15 使用同样的方法，在画面中绘制多个正圆形，并调整合适的混合模式和不透明度，效果如图2-210所示。

图2-210

16 选择工具箱中的“星形工具”，在工具箱的底部设置“填色”为蓝色，“描边”为无，然后在画面中单击，在弹出的“星形”对话框中设置“半径1”为2mm，“半径2”为6mm，“角数点”为5，单击“确定”按钮，如图2-211所示，效果如图2-212所示。

17 在星形被选中的状态下，选择工具箱中的“选择工具”，按住Alt键拖动鼠标指针，将星形复制出两份，

放置在画面中适当的位置，效果如图2-213所示。

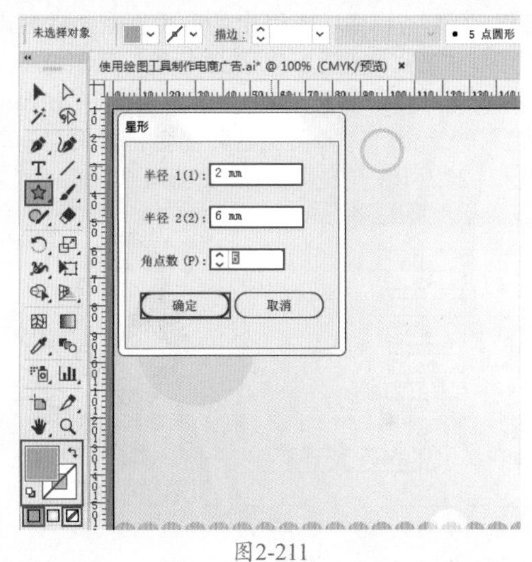

图2-211

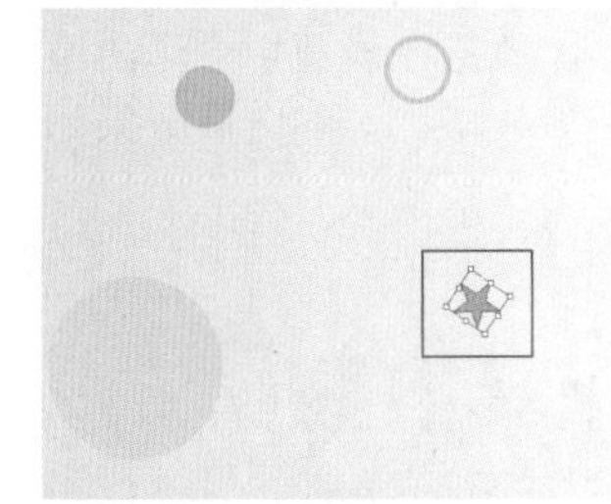

图2-212

图2-213

18 选择工具箱中的“多边形工具”，在工具箱的底部设置“填色”为蓝色，“描边”为无，然后在画面中单击，在弹出的“多边形”对话框中设置“半径”为15mm，“边数”为3，单击“确定”按钮确认操作，如图2-214所示，效果如图2-215所示。

19 使用工具箱中的“选择工具”将该三角形移动到画面的右侧，效果如图2-216所示。将鼠标指针定位到定界框以外，当鼠标指针变为带有弧度的双箭头时，按住鼠标左键拖动鼠标指针，将其进行旋转，效果如图2-217所示。

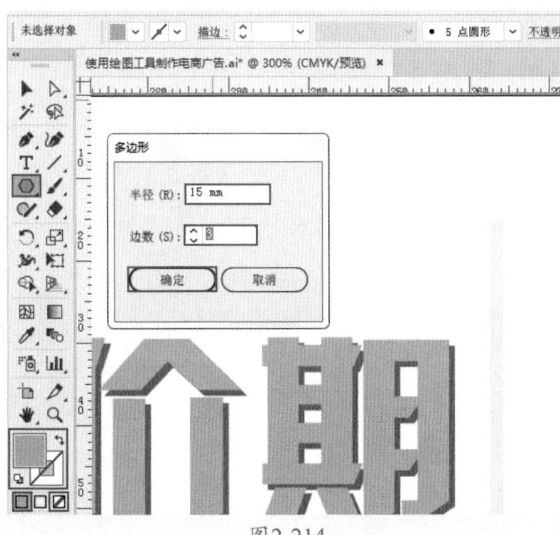

图2-214

20 使用同样的方法，在画面中适当的位置再次绘制两个三角形，并调整合适的混合模式和不透明度，效果如图2-218所示。选择工具箱中的“文字工具”，在右侧三角形中输入文字，效果如图2-219所示。

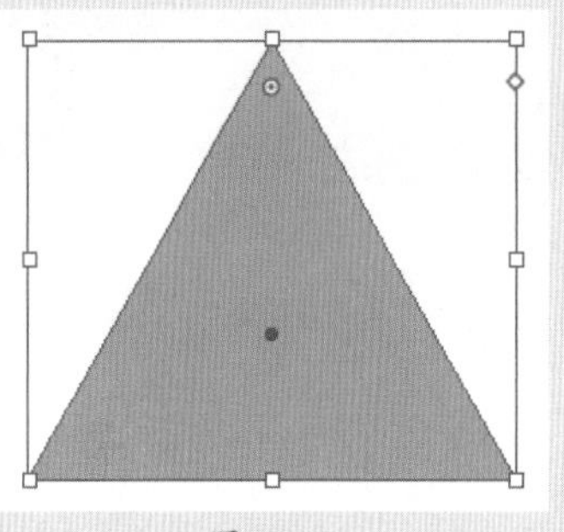

图2-215

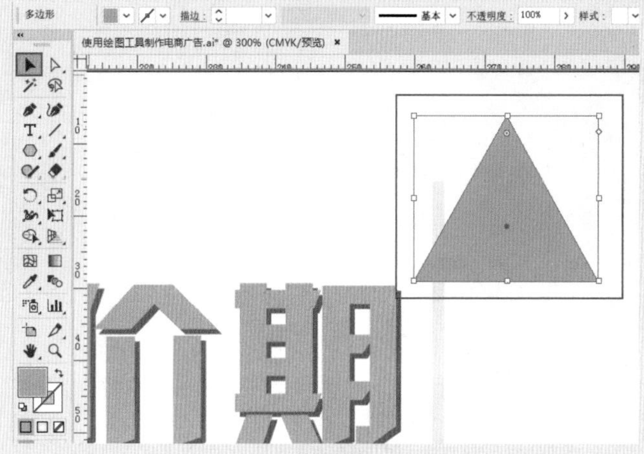

图2-216

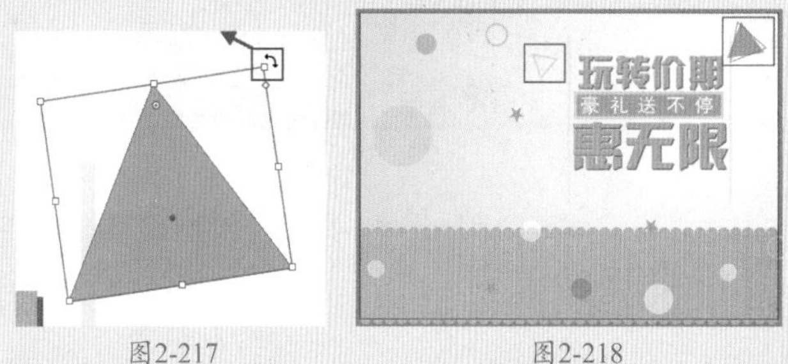

图2-217　图2-218

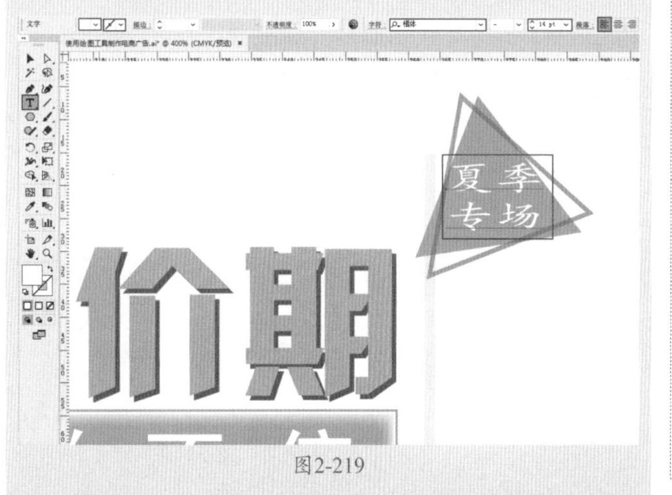

图2-219

21 执行“文件>置入”命令，在弹出的“置入”对话框中选择素材“1.png”，单击“置入”按钮，如图2-220所示。按住鼠标左键在画面左侧合适的位置拖动鼠标指针，控制置入对象的大小，释放鼠标左键完成置入操作。在控制栏中单击“嵌入”按钮，将素材嵌入到文档中，如图2-221所示。

图2-220

图2-221

22 在素材“1.png”被选中的状态下，执行“效果>风格化>投影”命令，在弹出的“投影”对话框中设置“模式”为“正片叠底”，“不透明度”为30%，“X位移”为2mm，“Y位移”为2mm，“模糊”为1mm，选中“颜色”单选按钮，设置颜色为黑色，单击“确定”按钮，如图2-222所示，效果如图2-223所示。

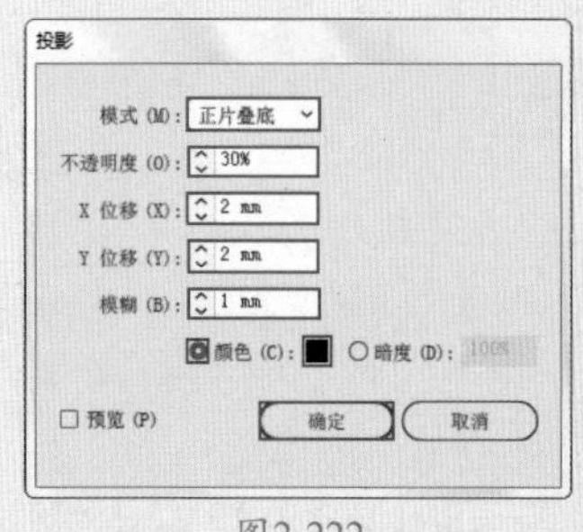

图2-222

图2-223

23 使用同样的方法，将素材“2.png”“3.png”“4.png”置入并嵌入到文档中，放置在画面中合适的位置，并为每个素材添加不同的投影效果，最终完成效果如图2-224所示。

图2-224

第3章

高级绘图

本章概述

在本章中主要学习如何使用变形工具组、符号工具组、图表工具组中的工具，这些工具常被用于图形的绘制与编辑。在本章中还会学习如何使用剪切蒙版，这个功能的应用非常广泛，常被用于制作不规则的图形，是很重要的知识点。

本章重点

- ◆ 掌握变形工具组中工具的使用方法
- ◆ 掌握符号工具组中工具的使用方法
- ◆ 掌握剪切蒙版的使用方法
- ◆ 掌握“混合工具”的使用方法
- ◆ 掌握图表工具组中工具的使用方法

/ 佳 / 作 / 欣 / 赏 /

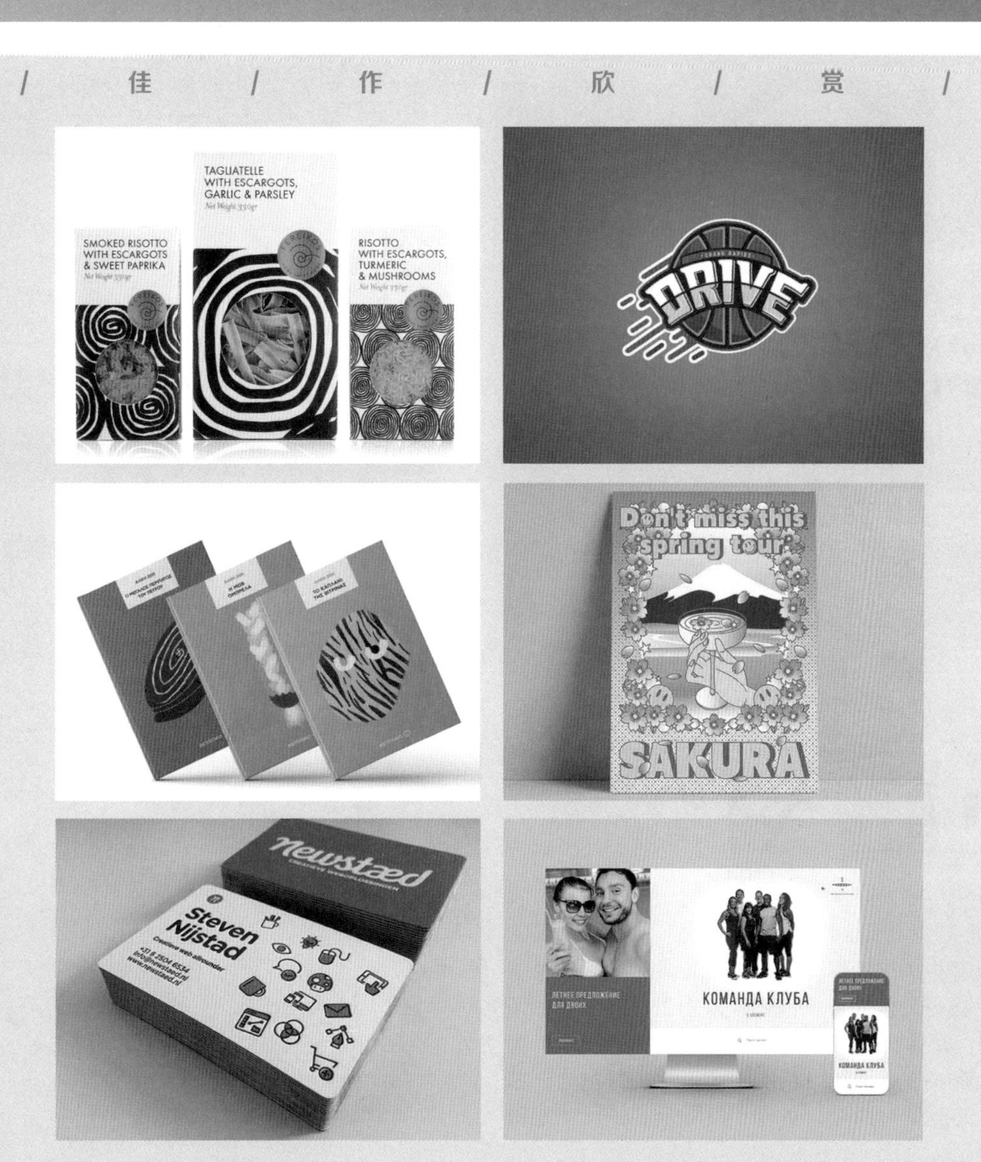

实例015 使用宽度工具制作矢量花纹

文件路径	第3章\使用宽度工具制作矢量花纹	 扫码深度学习
难易指数	★★★★★	
技术掌握	● 宽度工具 ● 钢笔工具 ● 文字工具	

操作思路

在本案例中，首先使用“矩形工具”“渐变工具”制作画面的背景，使用“椭圆工具”“宽度工具”“钢笔工具”制作画面中心的圆环及圆环周围的曲线，再次使用“钢笔工具”和“宽度工具”在圆环上绘制缠绕的藤蔓，最后使用“文字工具”在圆环内部输入文字。

案例效果

案例效果如图3-1所示。

图3-1

操作步骤

01 执行“文件>新建”命令，弹出“新建文档”对话框。在对话框顶部选择“打印”选项卡；在左侧“空白文档预设”列表框中选择“A4”纸张；在右侧单击“横向”按钮，设置“颜色模式”为“CMYK颜色”，单击“创建”按钮，如图3-2所示，创建新的文档。

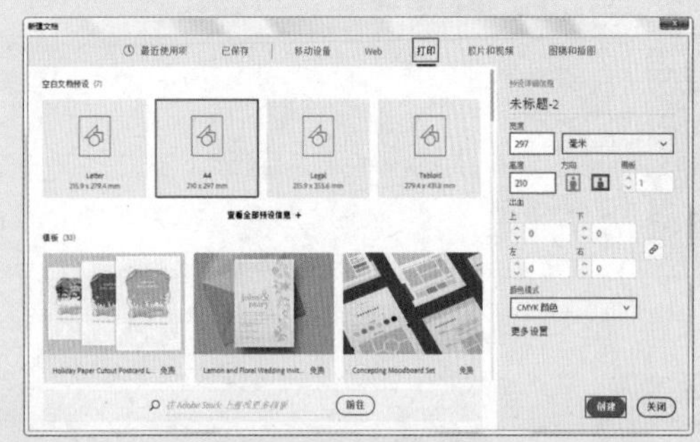

图3-2

02 选择工具箱中的“矩形工具”，在工具箱的底部单击“填色”按钮，使之置于前面；双击工具箱中的“渐变工具”按钮，在弹出的“渐变”面板中设置“类型”为“径向”，编辑一个白色到绿色的渐变，单击“描边”按钮，设置“填充类型”为无，如图3-3所示。使用“矩形工具”绘制一个与画板等大的矩形，如图3-4所示。

图3-3

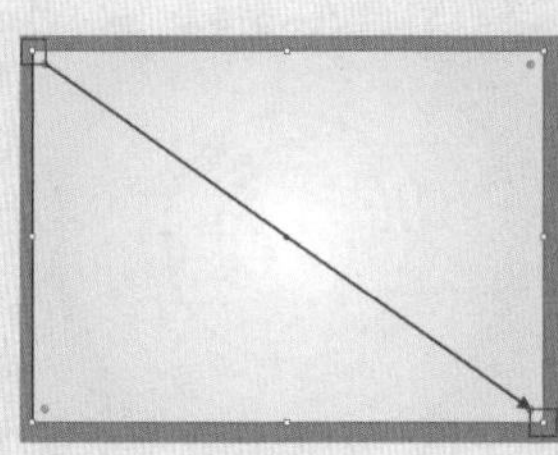

图3-4

03 选择工具箱中的“椭圆工具”，在画面的中心位置按住Shift键拖动鼠标指针绘制一个正圆形。选中该正圆形，在控制栏中设置“填充”为无，描边“粗细”为23pt，单击工具箱底部的“描边”按钮，使之置于前面，然后在“渐变”面板中编辑一个绿色系的渐变，得到圆环，效果如图3-5所示。

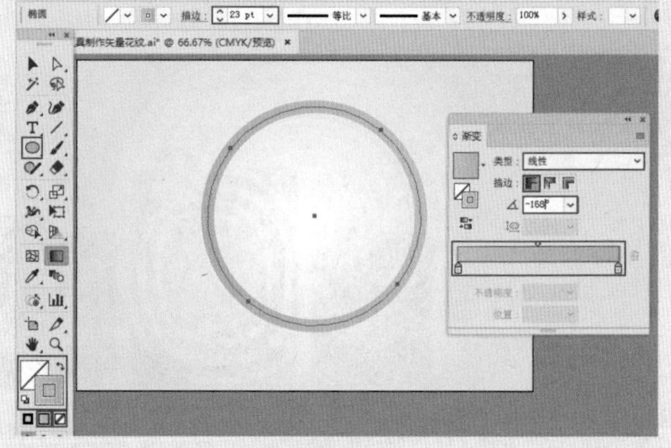

图3-5

04 在圆环被选中的状态下，选择工具箱中的“宽度工具”，按住鼠标左键在圆环边缘向内拖动鼠标指针，如图3-6所示，此时圆环效果如图3-7所示。

05 使用同样的方法继续绘制圆环，并使用“宽度工具”改变圆环的宽度，效果如图3-8所示。

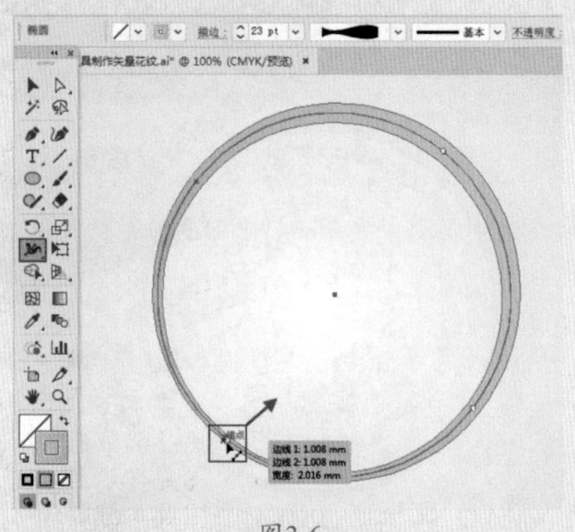

图3-6

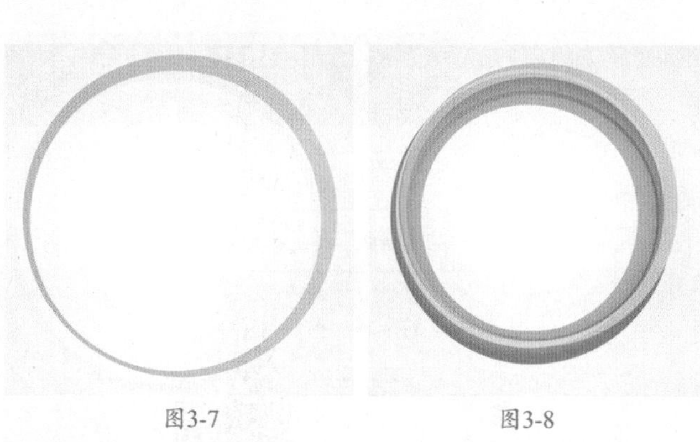

图3-7　　图3-8

06 选择工具箱中的“钢笔工具”，在控制栏中设置“填充”为无，“描边”为草绿色，描边“粗细”为1pt，在画面的右侧绘制一条曲线，效果如图3-9所示。使用同样的方法，继续在右侧绘制曲线，也可以将已经绘制完成的曲线进行复制并适当变形，效果如图3-10所示。

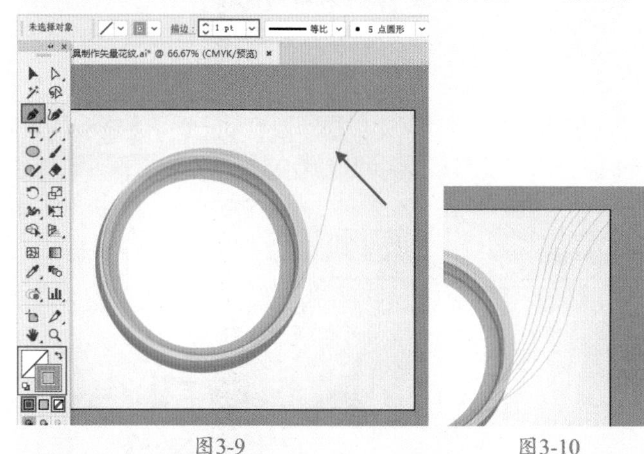

图3-9　　图3-10

07 选择工具箱中的“选择工具”，按住Shift键加选右侧所有的曲线，然后单击鼠标右键，在弹出的快捷菜单中选择“编组”命令。执行“对象>变换>对称”命令，在弹出的“镜像”对话框中选中“垂直”单选按钮，单击“复制”按钮，如图3-11所示，此时效果如图3-12所示。

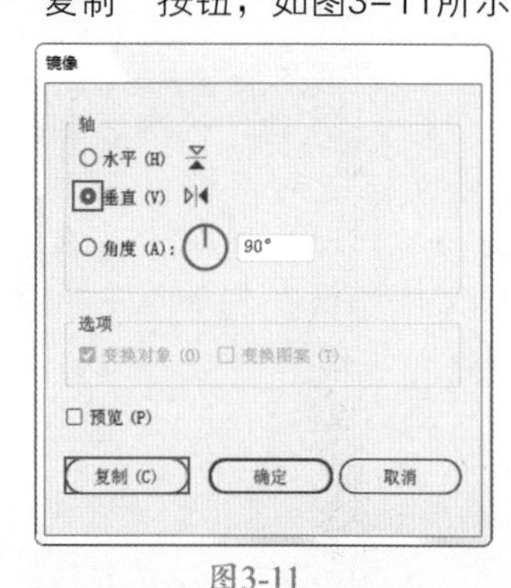

图3-11　　图3-12

08 使用“选择工具”将复制的曲线移动到画面的左下方，然后将其旋转，效果如图3-13所示。继续使用“选择工具”，将鼠标指针定位到定界框右上角的控制点，按住鼠标左键向右下方拖动鼠标指针，将曲线变形，效果如图3-14所示。

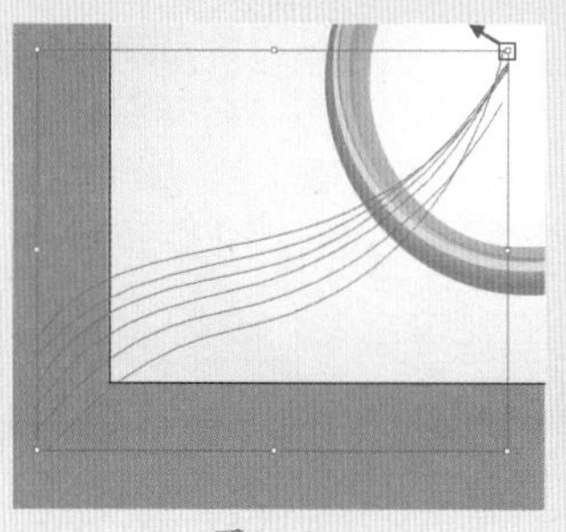

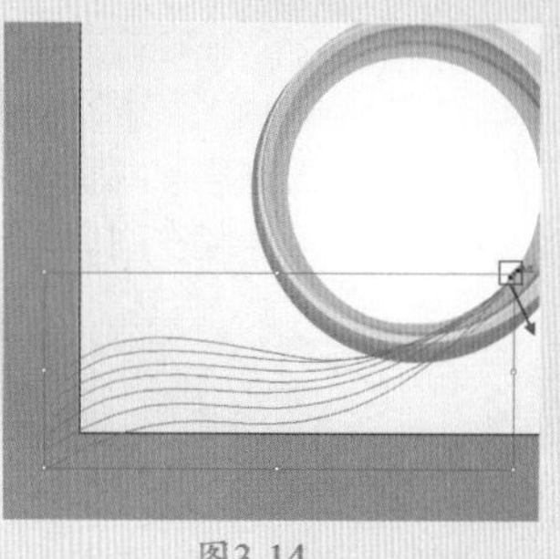

图3-13　　图3-14

09 加选两个曲线组，多次执行“对象>排列>后移一层”命令，将曲线组移动到圆环的后面，效果如图3-15所示。

10 执行“文件>打开”命令，在弹出的“打开”对话框中选择素材“1.ai”，单击“打开”按钮，如图3-16所示，此时效果如图3-17所示。

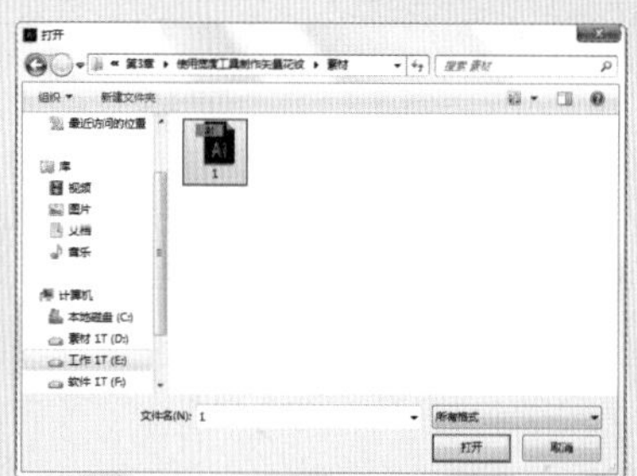

图3-15　　图3-16

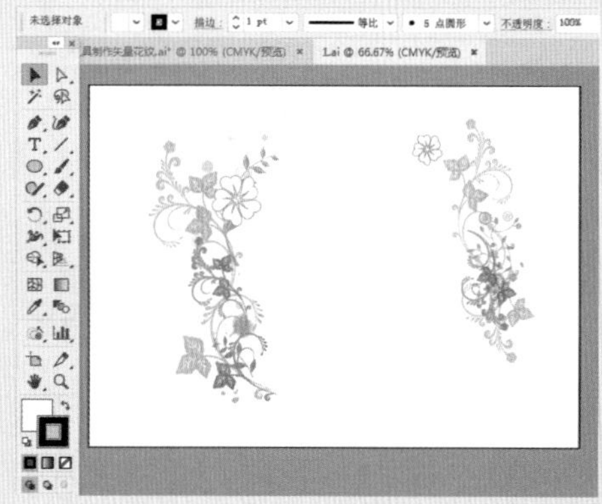

图3-17

11 选中花纹图形，按快捷键Ctrl+C将其复制，返回刚刚操作的文档中，按快捷键Ctrl+V将其粘贴在画面中并放置在合适的位置，效果如图3-18所示。选中花纹图形，执行“对象>排列>后移一层”命令，将其向后放置，效果如图3-19所示。

图3-18　　图3-19

12 选择工具箱中的“文字工具”，在圆环内单击插入光标，在工具箱的底部设置“填色”为浅绿色，“描边”为无，在控制栏中选择合适的字体、字号，然后输入文字，按快捷键Ctrl+Enter确认输入操作，如图3-20所示。使用同样的方法，继续在圆环内输入文字，效果如图3-21所示。

图3-20

图3-21

13 选择工具箱中的“钢笔工具”，单击工具箱底部的“填色”按钮，使之置于前面，然后在“渐变”面板中编辑一个绿色系的径向渐变，设置“填色”为无，如图3-22所示。在圆环的左侧绘制一段曲线路径，效果如图3-23所示。

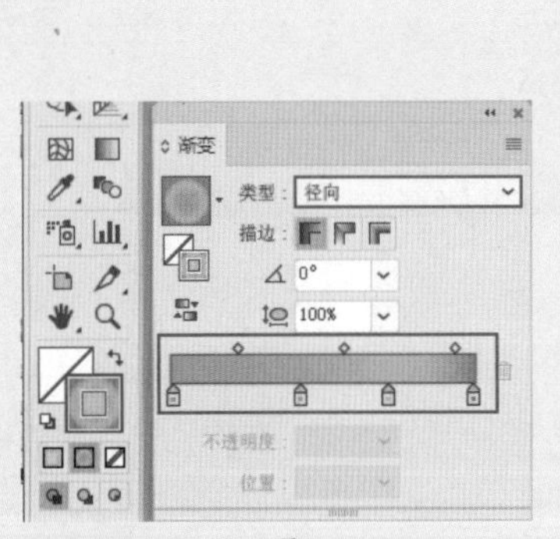

图3-22

图3-23

14 在路径被选中的状态下，选择工具箱中的“宽度工具”，按住鼠标左键在路径上拖动鼠标指针，更改路径的宽度，效果如图3-24所示。使用同样的方法，继续在圆环的左侧绘制路径，并使用“宽度工具”改变路径的宽度，最终完成效果如图3-25所示。

图3-24

图3-25

实例016 使用变形工具制作旅行广告

文件路径	第3章\使用变形工具制作旅行广告
难易指数	★★★★★
技术掌握	● 变形工具 ● 倾斜工具 ● 钢笔工具

扫码深度学习

操作思路

使用“变形工具”可以将已经绘制好的图形进行变形。在本案例中，通过使用“变形工具”将矩形变成波浪线，使画面整体看上去更加生动、形象。

案例效果

案例效果如图3-26所示。

图3-26

操作步骤

01 执行“文件>新建”命令，弹出“新建文档”对话框。在对话框顶部选择“打印”选项卡，在左侧“空白文档预设”列表框中选择“A4”纸张；在右侧单击“横向”按钮，设置“颜色模式”为“CMYK颜色”，单击“创建”按钮，如图3-27所示，创建新文档。

02 选择工具箱中的“钢笔工具”，双击“填色”按钮，在弹出的“拾色器”对话框中设置颜色为浅蓝色，单击“确定”按钮。设置“描边”为无，如图3-28所示。在画面中绘制一个四边形，效果如图3-29所示。

03 使用同样的方法，在画面中绘制其他四边形，效果如图3-30所示。

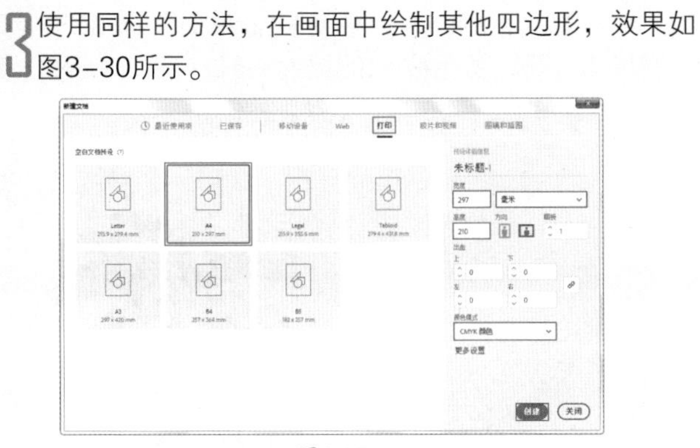

图3-27

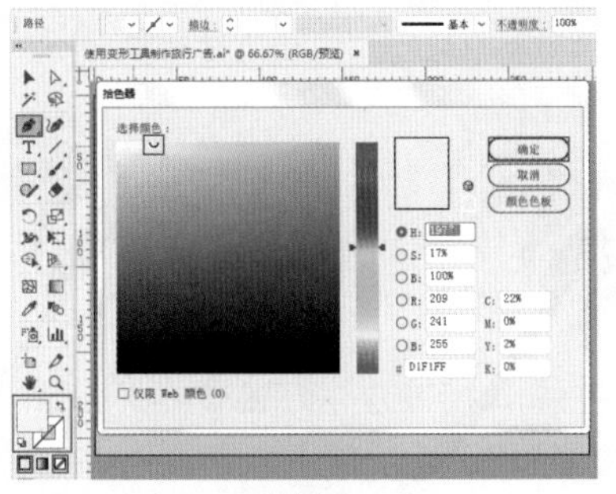

图3-28

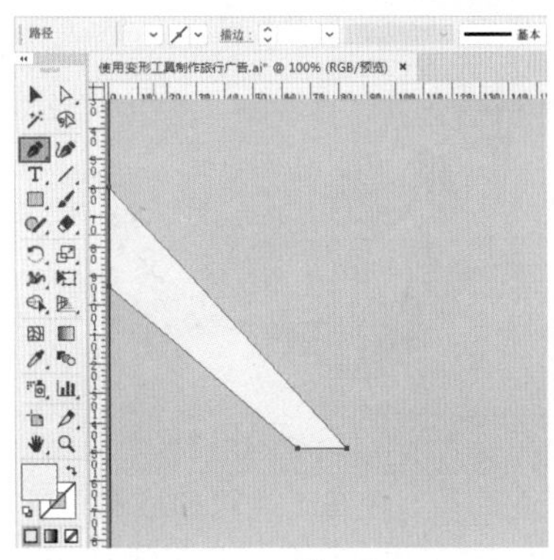

图3-29　　图3-30

04 选择工具箱中的“椭圆工具”，在工具箱的底部设置“填色”为黄色，“描边”为白色，在控制栏中设置描边“粗细”为5pt，按住Shift键拖动鼠标指针，在画面中绘制一个正圆形，效果如图3-31所示。

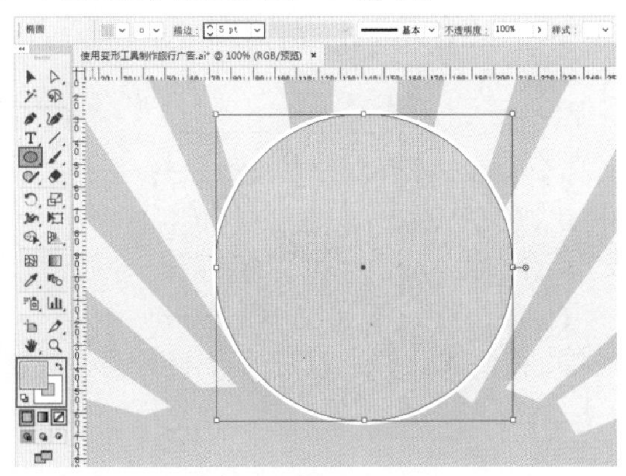

图3-31

05 选中刚刚绘制的正圆形，然后执行“效果>风格化>内发光”命令，在弹出的“内发光”对话框中设置“模式”为“滤色”，颜色为白色，“不透明度”为75%，“模糊”为1.8mm，选中“边缘”单选按钮，单击“确定”按钮，如图3-32所示，此时效果如图3-33所示。

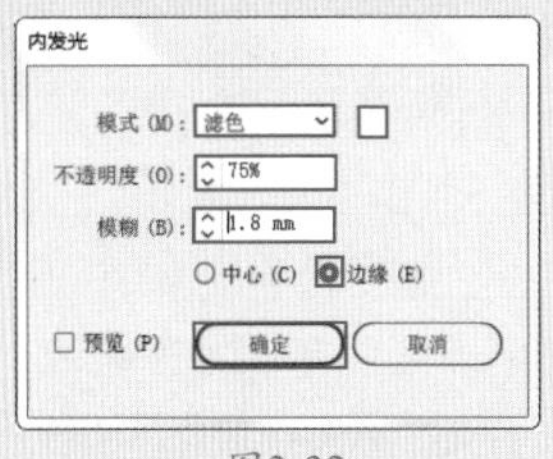

图3-32　　图3-33

06 选择工具箱中的“矩形工具”，在控制栏中设置“填充”为白色，“描边”为无，在画面的底部绘制一个白色的矩形，效果如图3-34所示。选中这个白色的矩形，在工具箱中选择“变形工具”，在白色矩形上按住鼠标左键拖动鼠标指针，将其进行变形，效果如图3-35所示。

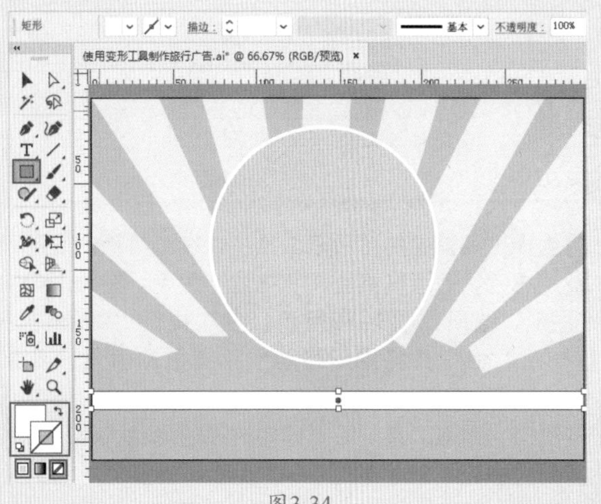

图3-34

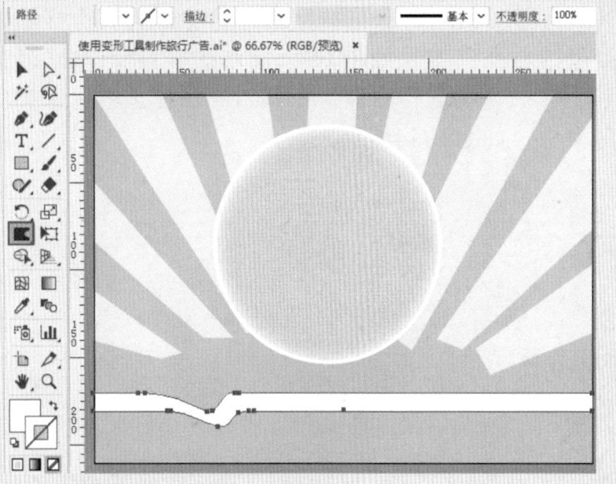

图3-35

07 使用同样的方法，继续拖动鼠标指针进行变形，效果如图3-36所示。再次使用同样的方法，在刚刚绘制的图形的下方进行绘制，效果如图3-37所示。

图3-36

图3-37

提示

“变形工具”的设置

双击工具箱中的“变形工具”按钮，弹出“变形工具选项”对话框，在该对话框中可以对画笔的“宽度”“高度”“角度”等参数进行调整，如图3-38所示。

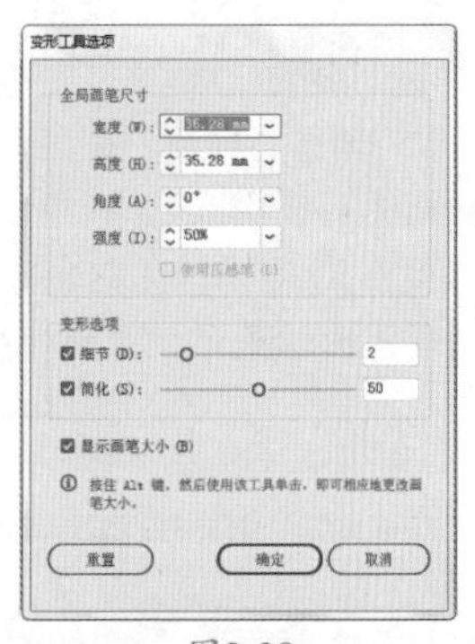

图3-38

08 选择工具箱中的“钢笔工具”，在工具箱的底部设置“填色”为淡橘黄色，“描边”为无。在画面中绘制一个图形，效果如图3-39所示。多次执行“对象>排列>后移一层”命令，将图形移动到正圆形的后面，效果如图3-40所示。

09 使用“钢笔工具”绘制椰树树冠的形状，然后将其填充为绿色，效果如图3-41所示。继续使用“钢笔工具”绘制树干，并填充为褐色，效果如图3-42所示。

10 执行“对象>排列>后移一层”命令，将树干移动到树冠的后面，效果如图3-43所示。按住Shift键选中树冠和树干，单击鼠标右键，在弹出的快捷菜单中选择“编组”命令，如图3-44所示。

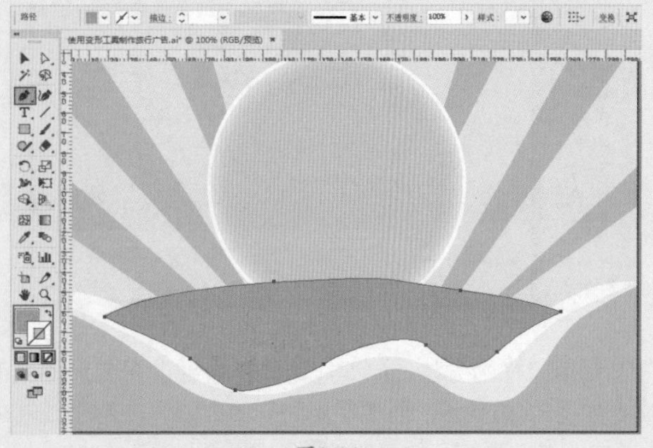
图3-39

11 在选中椰树的状态下，按住Alt键拖动鼠标指针，移动复制出多份，然后按住Shift键将复制得到的椰树进行缩放，并放置在合适的位置，效果如图3-45所示。

图3-40　图3-41

图3-42

图3-43

图3-44

图3-45

12 选择工具箱中的“钢笔工具”，在工具箱的底部设置“填色”为白色，“描边”为无，在画面中绘制云朵的形状，效果如图3-46所示。按快捷键Ctrl+C对云朵进行复制，按快捷键Ctrl+V对云朵进行粘贴，将得到的云朵移动到画面中的相应位置，并针对个别云朵执行“对象>排列>后移一层”命令，效果如图3-47所示。

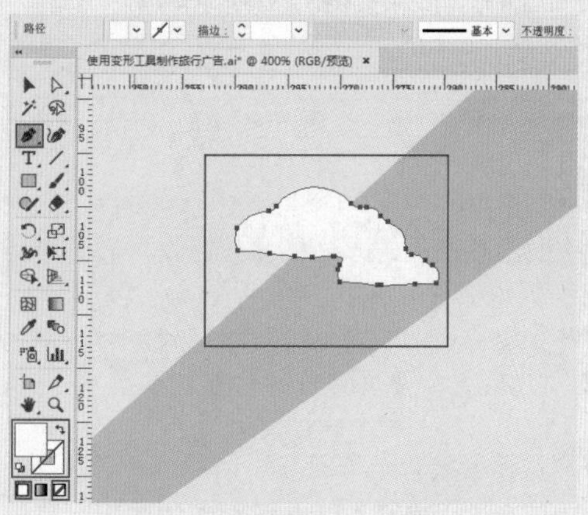
图3-46

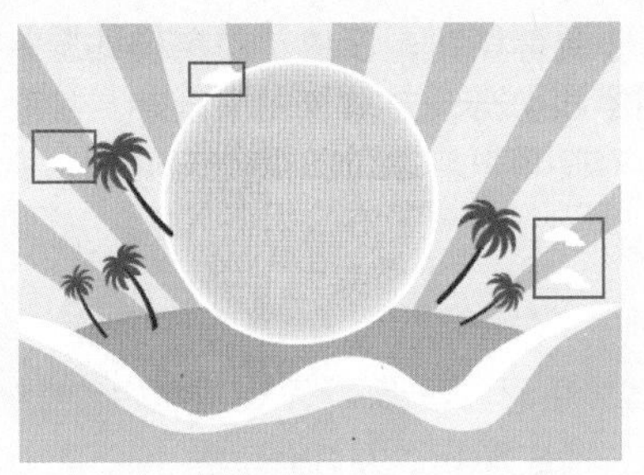

图3-47

13 选择工具箱中的“钢笔工具”，在工具箱的底部设置“填色”为红色，“描边”为无，在黄色正圆形上绘制一个不规则的图形，效果如图3-48所示。使用同样的方法，在画面中绘制不同形状的图形，将其作为文字的底色，效果如图3-49所示。

图3-48

14 选择工具箱中的“文字工具”，在红色图形上单击插入光标，在工具箱的底部设置“填色”为白色、“描边”为红色，在控制栏中设置描边“粗细”为2pt并设置合适的字体、字号，在画面中输入文字，按快捷键Ctrl+Enter确认输入操作，效果如图3-50所示。

图3-49

图3-50

15 选中文字，执行“效果>风格化>投影”命令，在弹出的“投影”对话框中设置“模式”为“正片叠底”，“不透明度”为60%，“X位移”为0mm，“Y位移”为0mm，“模糊”为0.8mm，选中“颜色”单选按钮，设置颜色为黑色，单击“确定”按钮，如图3-51所示，效果如图3-52所示。

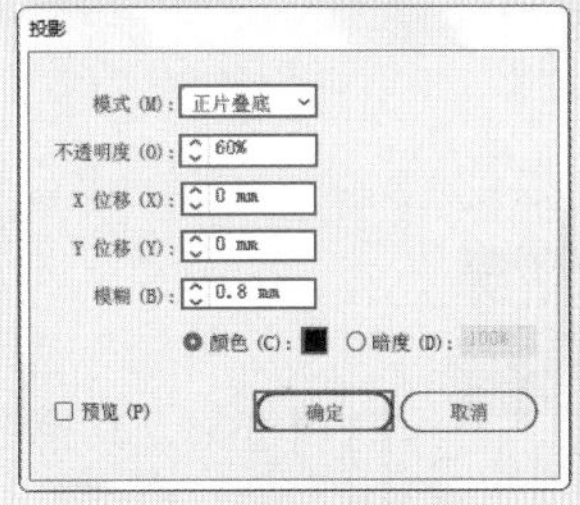

图3-51

图3-52

16 使用“选择工具”选中文字，选择“倾斜工具”，在文字右侧按住鼠标左键拖动鼠标指针，使文字产生与底色相同的倾斜角度。使用同样的方法，在画面中输入其他文字，效果如图3-53所示。

图3-53

提示 **倾斜版面的优点**

在本案例中，文字采用倾斜的排列方式，这样的版面设计能够营造出动感，给人一种活跃、不稳定的心理感受。倾斜版面通常被应用在比较活泼、年轻或悬疑主题的设计中，如图3-54和图3-55所示。

图3-54

图3-55

17 执行“文件>打开”命令，打开素材“1.ai”，选中其中的图形，按快捷键Ctrl+C进行复制，返回刚刚操作的文档中，按快捷键Ctrl+V进行粘贴，最终完成效果如图3-56所示。

图3-56

实例017 使用晶格化工具制作标签

文件路径	第3章\使用晶格化工具制作标签
难易指数	★★★★★
技术掌握	● 剪切蒙版 ● 晶格化工具

扫码深度学习

操作思路

在本案例中，首先使用“矩形工具”和“椭圆工具”绘制图形，然后执行“建立剪切蒙版”命令将素材多余的部分隐藏，并使用“晶格化工具”改变椭圆的形状，最后使用“文字工具”在画面中输入适当的文字。

案例效果

案例效果如图3-57所示。

图3-57

操作步骤

01 执行“文件>新建”命令，弹出“新建文档”对话框。在对话框顶部选择“打印”选项卡，在左侧“空白文档预设”列表框中选择“A4”纸张；在右侧单击“横向”按钮，设置“颜色模式”为“CMYK颜色”，单击“创建”按钮，如图3-58所示，创建新的文档。

图3-58

02 选择工具箱中的“矩形工具”，双击工具箱底部的“填色”按钮，在弹出的“拾色器”对话框中设置颜色为蓝色，单击“确定”按钮。在控制栏中设置“描边”为无，如图3-59所示。在选择“矩形工具”的状态下，按住鼠标左键拖动鼠标指针，绘制一个与画板等大的矩形，效果如图3-60所示。

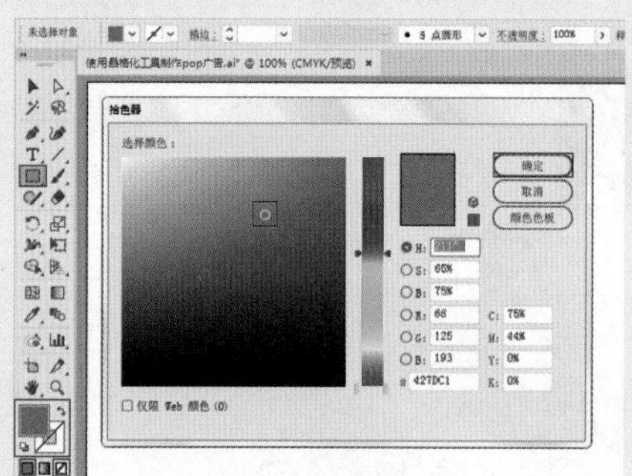
图3-59

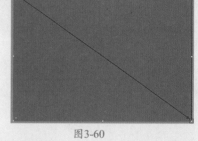
图3-60

03 选择工具箱中的“椭圆工具”，在工具箱的底部设置“填色”为黄色，“描边”为黑色，在控制栏中设置描边“粗细”为2pt，按住鼠标左键在画面的中心位置拖动鼠标指针，绘制一个椭圆形，效果如图3-61所示。

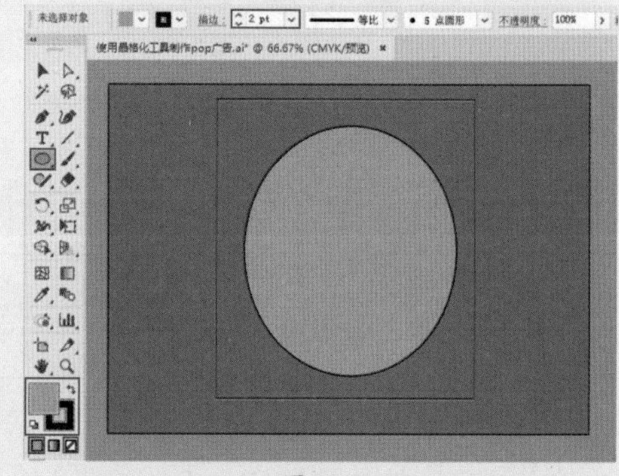
图3-61

04 执行“文件>打开”命令，打开素材“1.ai”，效果如图3-62所示。选中图形，按快捷键Ctrl+C进行复制，返回刚刚操作的文档中，按快捷键Ctrl+V进行粘贴，效果如图3-63所示。

图3-62

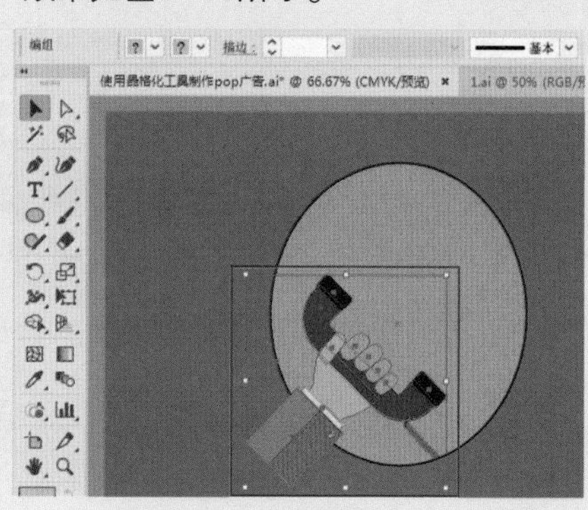
图3-63

05 使用工具箱中的“选择工具”选中刚刚绘制的椭圆形，按快捷键Ctrl+C进行复制，按快捷键Ctrl+V进行粘贴，并将复制得到的椭圆形移动到素材圆形上，如图3-64所示。在使用“选择工具”的状态下，按住Shift键加选复制出的椭圆形和素材圆形，然后单击鼠标右键，在弹出的快捷菜单中选择“建立剪切蒙版”命令，效果如图3-65所示。

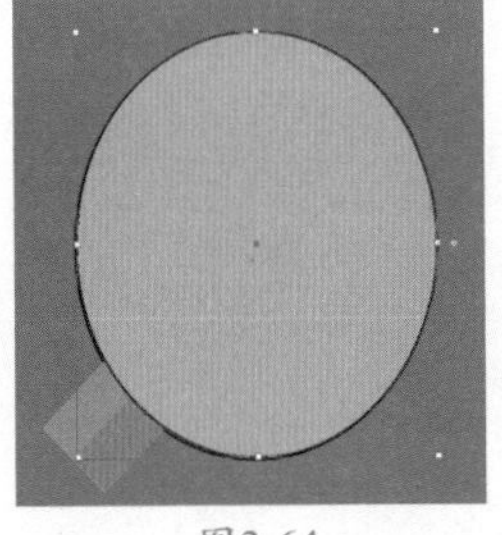
图3-64

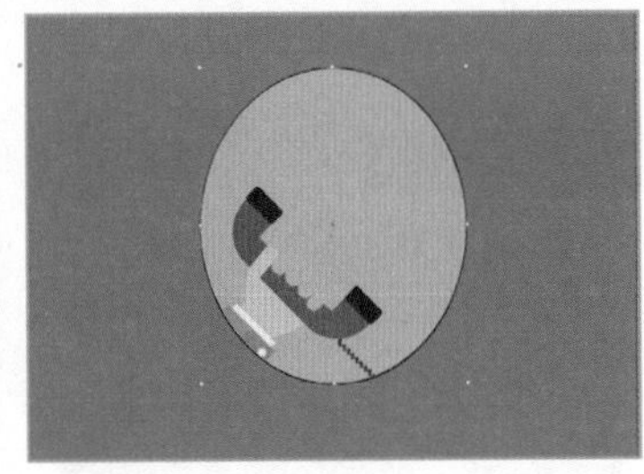
图3-65

06 再次使用“矩形工具”绘制一个与画板等大的矩形。选中该矩形，执行“窗口>色板库>图案>基本图形>基本图形_点”命令，在弹出的“基本图形_点”面板中选择“10 dpi 40%”图形，如图3-66所示，此时矩形效果如图3-67所示。

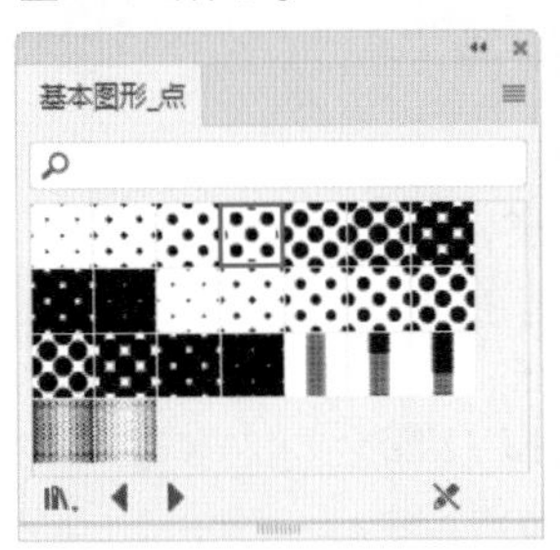

图3-66

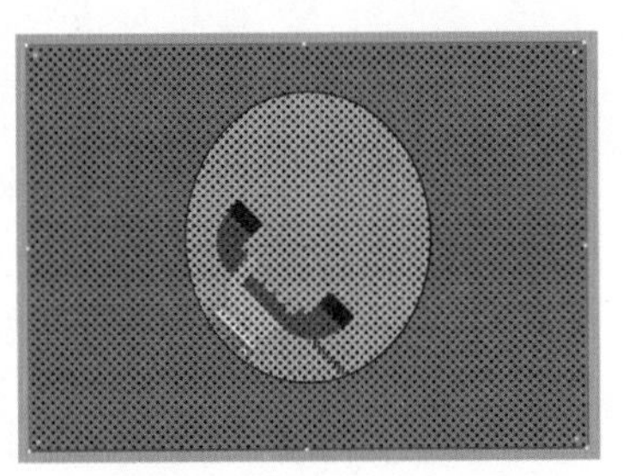
图3-67

07 继续选中该矩形，单击控制栏中的“不透明度”按钮，在弹出的下拉面板中设置“混合模式”为“滤色”，“不透明度”为20%，效果如图3-68所示。

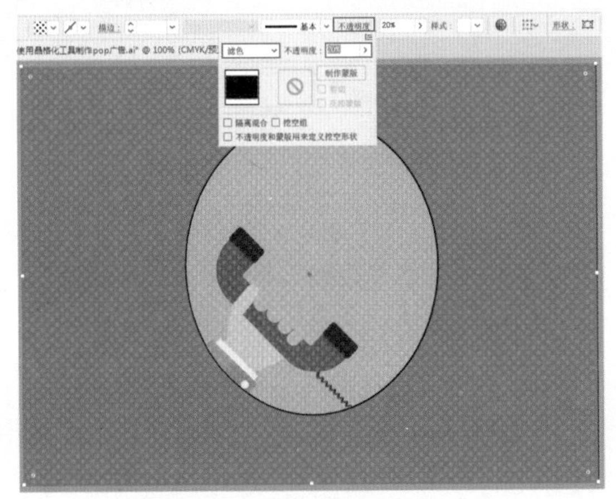
图3-68

08 选择工具箱中的“椭圆工具”，在工具箱的底部设置“填色”为蓝色，“描边”为黑色，在控制栏中设置描边“粗细”为3pt，按住鼠标左键在画面中拖动鼠标指针，绘制一个椭圆形效果，如图3-69所示。

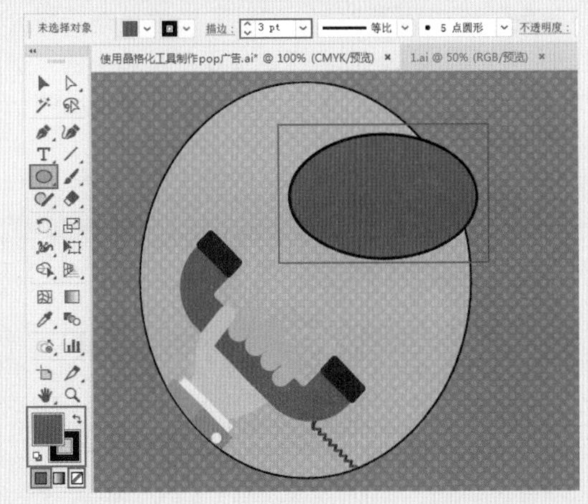
图3-69

09 在蓝色椭圆形被选中的状态下，选择工具箱中的“晶格化工具”，按住鼠标左键在椭圆形的内部向外拖动鼠标指针，如图3-70所示，释放鼠标左键，效果如图3-71所示。

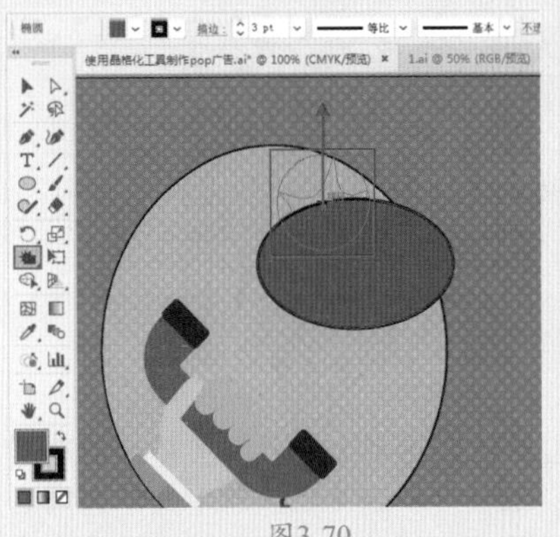
图3-70

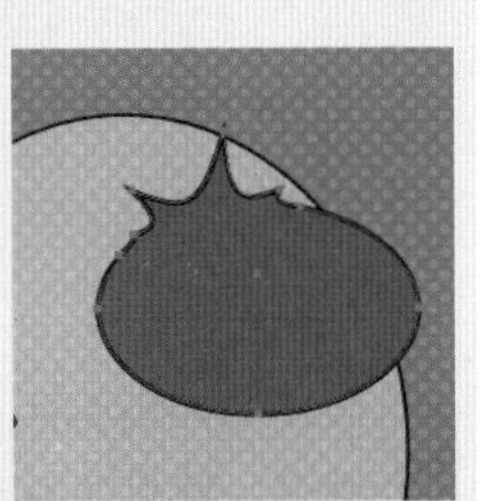
图3-71

10 使用同样的方法，多次对椭圆形进行变形，效果如图3-72所示。使用工具箱中的“选择工具”选中该图形，将鼠标指针定位到定界框的四角处，当鼠标指针变为带有弧度的双箭头时，按住鼠标左键拖动鼠标指针，将其旋转，效果如图3-73所示。

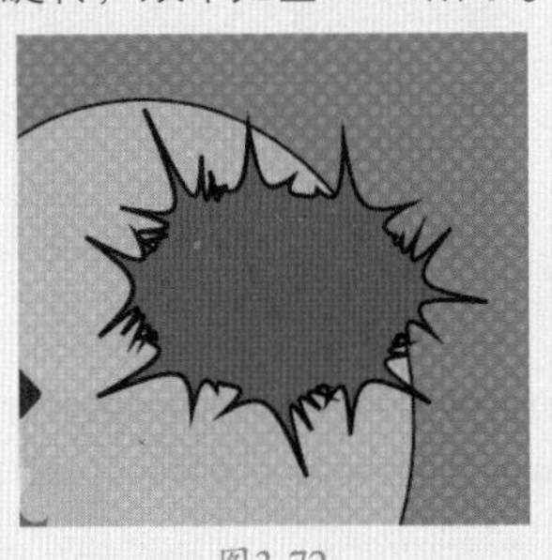
图3-72

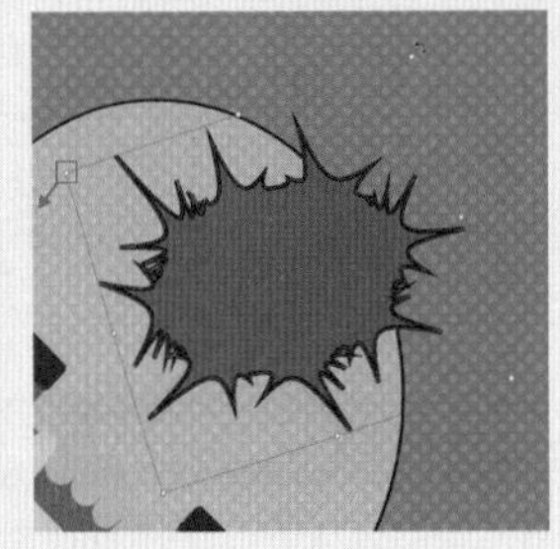
图3-73

11 选择工具箱中的“文字工具”，在椭圆形上单击插入光标，在控制栏中设置“填充”为白色，“描边”为无，选择合适的字体、字号，然后输入文字，按快捷键Ctrl+Enter确认输入操作。如图3-74所示。使用工具箱中的“选择工具”选择文字，按快捷键Ctrl+C将其复制，按快捷键Ctrl+B将其粘贴在原文字的后面，将复制得到的文字的“填色”设置为黑色，“描边”设置为无，将其向右下方移动，效果如图3-75所示。使用工具箱中的“选择工具”加选黑白文字，然后单击鼠标右键，在弹出的快捷菜单中选择“编组”命令。

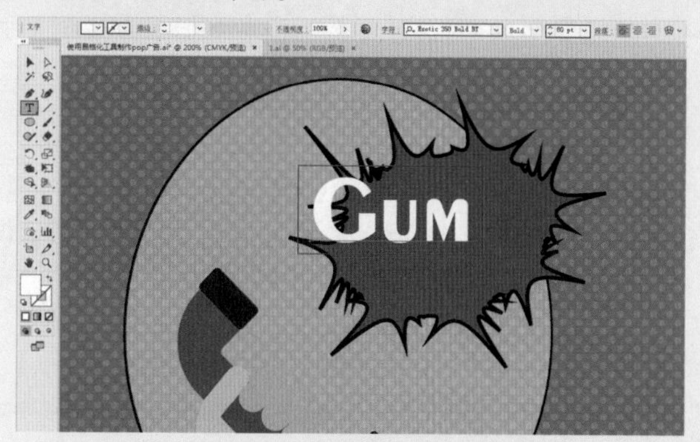

图3-74

图3-75

12 使用同样的方法，继续在图形上输入文字并分别进行编组，效果如图3-76所示。选择工具箱中的“选择工具”，拖动鼠标指针分别将每组文字进行旋转，最终完成效果如图3-77所示。

图3-76

图3-77

实例018 使用剪切蒙版制作海报

文件路径	第3章\使用剪切蒙版制作海报
难易指数	★★★★★
技术掌握	● 矩形工具 ● 剪切蒙版 ● 钢笔工具 ● 文字工具

扫码深度学习

操作思路

剪切蒙版是十分常用的功能，是以一个图形为容器，限定另一个图形的显示范围。剪切蒙版的应用范围非常广泛，例如，一件作品完成之后，如果有超出画板之外的内容，可以使用剪切蒙版将多出画板的内容进行隐藏；或者制作带有图案的文字，利用文字作为容器，将图案放置在其中，使之只显示文字内部的图案。在本案例中，以人物的形状作为容器，使用剪切蒙版将背景的样式显现出来。

案例效果

案例效果如图3-78所示。

图3-78

操作步骤

01 执行“文件>新建”命令，弹出“新建文档”对话框。在对话框顶部选择“打印”选项卡，在左侧“空白文档预设”列表框中选择“A4”纸张；在右侧单击“纵向”按钮，设置“颜色模式”为“CMYK颜色”，单击“创建”按钮，如图3-79所示，创建新的文档。

图3-79

02 选择工具箱中的“矩形工具”，在工具箱的底部双击“填色”按钮，在弹出的“拾色器”对话框中设置适当的颜色，单击“确定”按钮。设置“描边”为无，如图3-80所示。选择“矩形工具”，按住鼠标左键拖动鼠标指针，绘制一个与画板等大的矩形，效果如图3-81所示。

03 执行“效果>纹理>纹理化”命令，在弹出的“纹理化”对话框中设置“纹理”为“画布”，“凸现”为“7”，“光照”为“上”，单击“确定”按钮，如图3-82所示，效果如图3-83所示。

04选择工具箱中的“矩形工具”，在工具箱的底部设置“填色”为无，“描边”为灰色，在控制栏中设置描边“粗细”为5pt，按住鼠标左键拖动鼠标指针在画面中绘制一个灰色的边框，效果如图3-84所示。

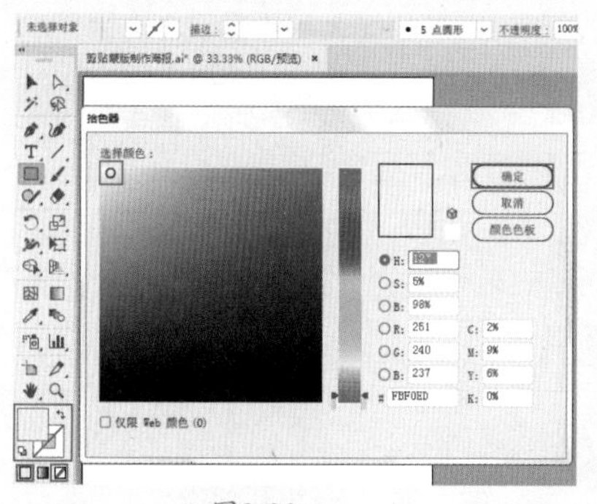
图3-80

图3-81

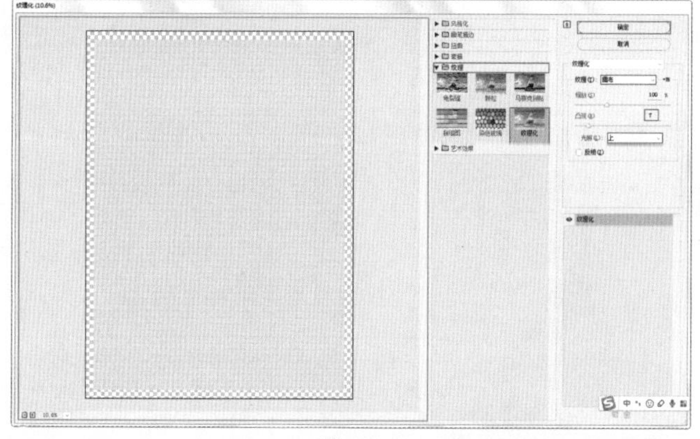
图3-82

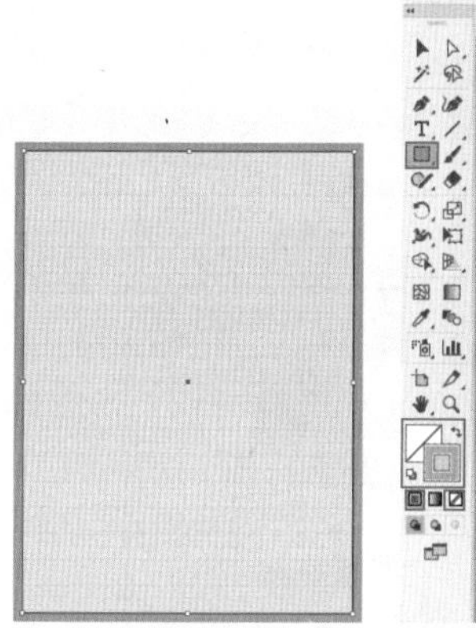
图3-83

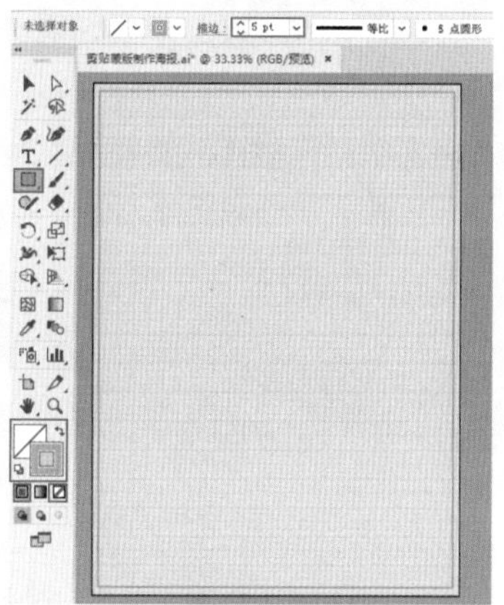
图3-84

05执行“文件>置入”命令，在弹出的“置入”对话框中选择素材“1.jpg”，单击“置入”按钮，如图3-85所示。按住鼠标左键拖动鼠标指针，在画面中控制置入对象的大小，释放鼠标左键完成置入操作。在控制栏中单击“嵌入”按钮，将素材嵌入到文档中，如图3-86所示。

06选择工具箱中的“钢笔工具”，在工具箱的底部设置“填色”为无，“描边”为无，在素材“1.jpg”中绘制一个人物的形状，效果如图3-87所示。按住Shift键选中素材“1.jpg”与人物的形状，如图3-88所示。

图3-85

图3-86

图3-87

图3-88

07在画面中单击鼠标右键，在弹出的快捷菜单中选择“建立剪切蒙版”命令，如图3-89所示，效果如图3-90所示。

图3-89

图3-90

提示 对多个图形创建剪切蒙版

要从两个或多个对象重叠的区域创建剪切路径，需要先将这些对象进行编组。

08执行“文件>置入”命令，在弹出的“置入”对话框中选择素材“2.ai”，单击“置入”按钮，如图3-91所示，效果如图3-92所示。

图3-91

图3-92

09 选中素材“2.ai”中的图形，效果如图3-93所示，按快捷键Ctrl+C进行复制，返回刚刚操作的文档中，按快捷键Ctrl+V进行粘贴，效果如图3-94所示。

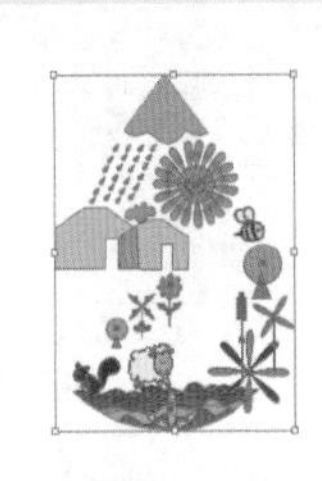

图3-93

图3-94

10 选择工具箱中的“文字工具”，在画面中单击插入光标，在工具箱的底部设置“填充类型”为“颜色”，然后双击“填色”按钮，在弹出的“拾色器”对话框中设置适当的颜色，单击“确定”按钮，单击“描边”按钮，设置“填充类型”为无，如图3-95所示。在控制栏中设置合适的字体、字号，然后输入文字，按快捷键Ctrl+Enter确认输入操作，效果如图3-96所示。

图3-95

图3-96

11 使用同样的方法，在画面中其他位置输入文字，效果如图3-97所示。

12 选择工具箱中的“钢笔工具”，在工具箱底部设置“填色”为深褐色，“描边”为无，在画面的左上角绘制一个五边形，效果如图3-98所示。

图3-97

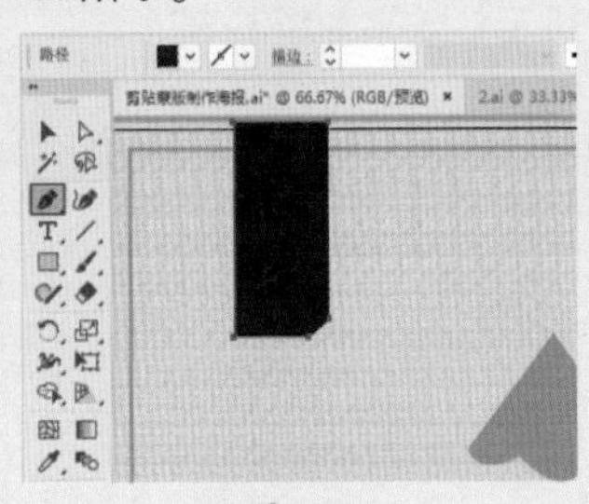

图3-98

13 选择工具箱中的“文字工具”，在五边形中单击插入光标，在工具箱的底部设置合适的“填色”，设置“描边”为无，在控制栏中设置合适的字体、字号，设置“段落”为“居中对齐”，然后输入文字，按快捷键Ctrl+Enter确认输入操作，效果如图3-99所示。使用同样的方法，在画面的右侧输入文字，效果如图3-100所示。

图3-99

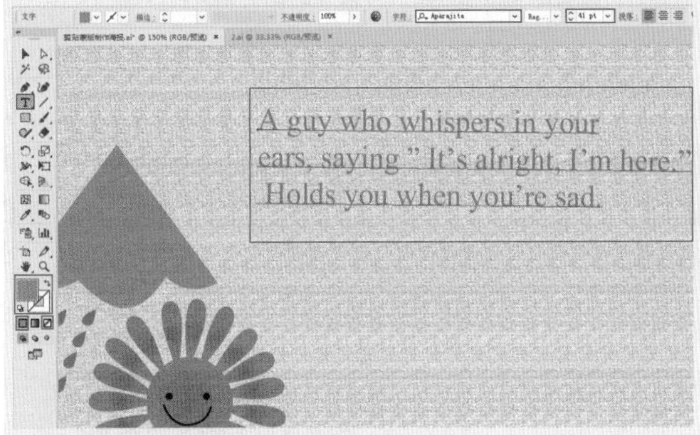

图3-100

14 将文字进行旋转，效果如图3-101所示。继续使用“文字工具”在画面中输入文字，最终完成效果如图3-102所示。

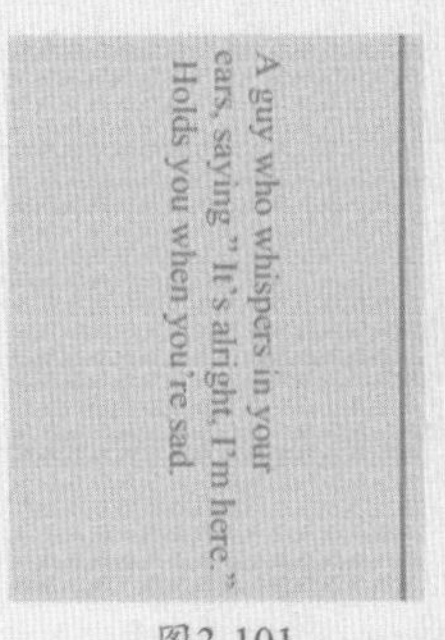

图3-101

图3-102

要点速查：隐藏超出画板部分的内容

在制图的过程中，图形超出画板以外的情况还是很常见的。在作品完成之后，出于美观的目的都会对作品进行一定的整理，其中就包括隐藏超出画板部分的内容，这时可以使用剪切蒙版完成这一操作。首先选择制作好的作品进行编组；然后绘制一个与画板等大的矩形，颜色不限；最后加选作品和矩形，按快捷键Ctrl+7即可快速创建剪切蒙版，使超出画板部分的内容被隐藏。

实例019 使用封套扭曲制作文字苹果

文件路径	第3章\使用封套扭曲制作文字苹果
难易指数	★★★★★
技术掌握	● 文字工具 ● 封套扭曲

扫码深度学习

操作思路

在本案例中，主要使用"封套扭曲"这一功能，通过"用顶层建立"和"用网格建立"两种方式进行封套扭曲。

案例效果

案例效果如图3-103所示。

图3-103

操作步骤

01 执行"文件>新建"命令，在弹出的"新建文档"对话框中单击"自定"按钮，设置"宽度"为300毫米，"高度"为200毫米，单击"创建"按钮，如图3-104所示，创建一个空白文档，效果如图3-105所示。

图3-104

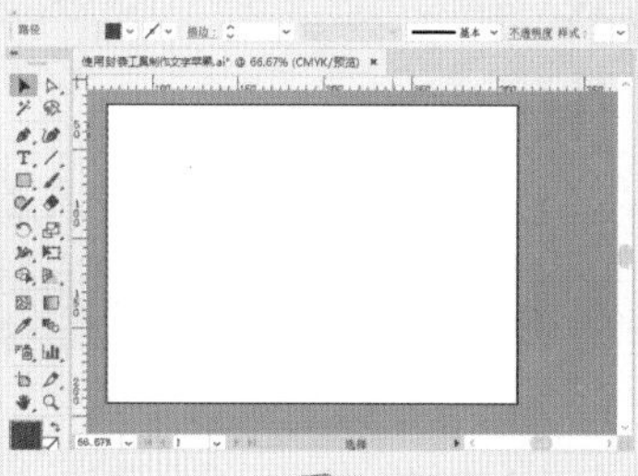

图3-105

02 选择工具箱中的"矩形工具"，按住鼠标左键在画面中从左上角向右下角拖动鼠标指针，绘制一个与画板等大的矩形，如图3-106所示。在选中矩形的状态下，在工具箱的底部双击"填色"按钮，在弹出的"拾色器"对话框中设置颜色为棕红色，单击"确定"按钮，效果如图3-107所示。选中矩形，按快捷键Ctrl+2锁定该矩形。

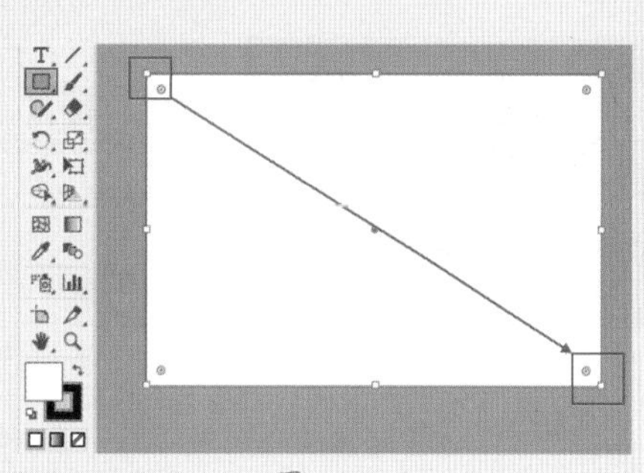

图3-106

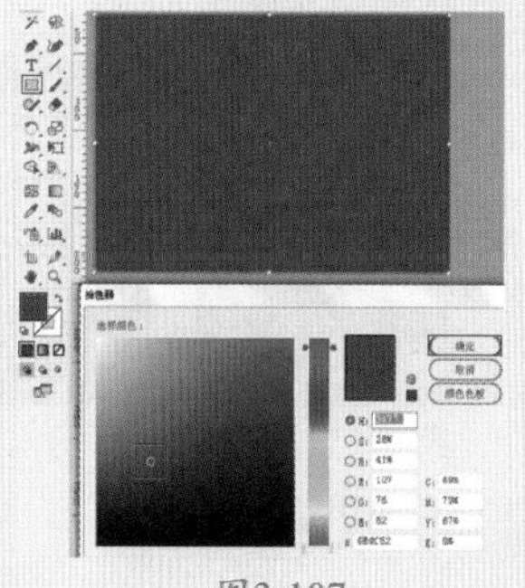

图3-107

03 选择工具箱中的"文字工具"，在画面中单击插入光标，在控制栏中设置"填充"为姜黄色，"描边"为无，设置合适的字体、字号，然后输入文字，按快捷键Ctrl+Enter确认输入操作，效果如图3-108所示。继续输入文字，然后进行旋转，并将其移动到合适位置，效果如图3-109所示。

图3-108

图3-109

04 继续使用同样的方法，制作其他的文字，效果如图3-110所示。选中画面中的所有文字，按快捷键Ctrl+G进行编组。选择工具箱中的"钢笔工具"，在文字上绘制一个苹果的形状，效果如图3-111所示。

图3-110

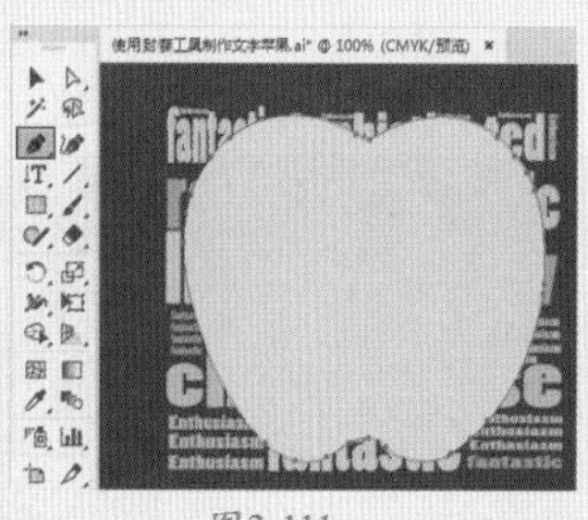

图3-111

05 按住Shift键加选苹果形状和文字，执行“对象>封套扭曲>用顶层建立”命令，效果如图3-112所示。

06 制作叶子部分。使用“文字工具”输入文字，并调整文字颜色，效果如图3-113所示。按住Shift键加选文字，按快捷键Ctrl+G将其进行编组。将鼠标指针放置到文字左上方的控制点处，当鼠标指针变成带有弧度的双箭头时，按住鼠标左键拖动鼠标指针，将文字旋转至合适的方向，如图3-114所示。

07 在选中绿色文字组的状态下，执行“对象>封套扭曲>用网格建立”命令，在弹出的“封套网格”对话框中设置“行数”为2，“列数”为2，单击“确定”按钮，如图3-115所示。选择工具箱中的“直接选择工具”，单击网格点，拖动控制柄对网格进行变形，如图3-116所示。将网格调整为叶子的形状，效果如图3-117所示。

图3-112

图3-113

图3-114

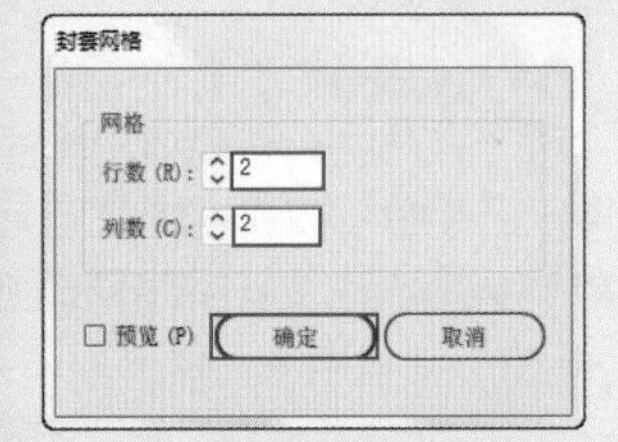

图3-115

图3-116

图3-117

08 选中制作好的叶子，按快捷键Ctrl+C进行复制，按快捷键Ctrl+V进行粘贴，将得到的叶子进行旋转并调整其位置，如图3-118所示，最终完成效果如图3-119所示。

图3-118

图3-119

要点速查：编辑封套中的内容

默认情况下选择封套对象时，可以直接进行编辑的是封套部分。如果需要对被扭曲的对象进行编辑，就要选择被扭曲的对象，单击控制栏中的“编辑内容”按钮，显示该对象，如图3-120所示，然后对该对象进行编辑，如图3-121所示。

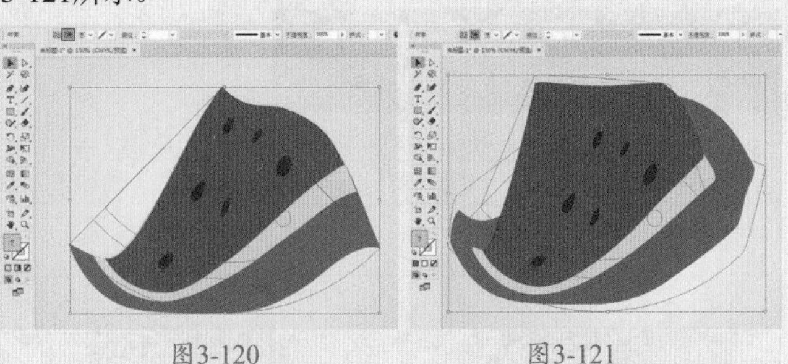
图3-120　图3-121

实例020　使用符号工具组制作节日海报

文件路径	第3章\使用符号工具组制作节日海报	 扫码深度学习
难易指数	★★★★★	
技术掌握	● 符号工具组 ● 椭圆工具 ● 文字工具	

操作思路

符号是一种特殊的图形对象，常被用于制作大量重复的图形元素。如果使用常规的图形对象进行制作，不仅需要通过复制、粘贴得到大量重复的对象，还需要对各个对象进行旋转、缩放、颜色调整等操作，才能够实现大量重复的对象不规则分布的效果，非常麻烦，而且可能会造成文档过大的情况。符号对象是以链接的形式存在于文档中，链接的源头在符号面板中，即使符号对象数量众多，也不会带来特别大的负担。在本案例中，通过使用符号工具组在画面中创建多种不同的图形效果，使画面整体看上去更加丰富、有趣。

案例效果

案例效果如图3-122所示。

图3-122

操作步骤

01 执行“文件>新建”命令，弹出“新建文档”对话框。在对话框顶部选择“打印”选项卡，在左侧“空白文档预设”列表框中选择“A4”纸张；在右侧单击“纵向”按钮，设置“颜色模式”为“CMYK颜色”，单击“创建”按钮，如图3-123所示，创建新的文档。

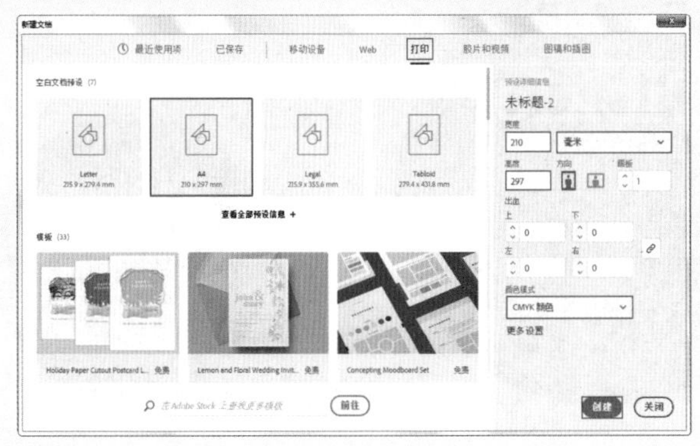

图3-123

02 选择工具箱中的“矩形工具”，在工具箱的底部单击“填色”按钮，使其置于前面，执行“窗口>色板库>图案>基本图形>基本图形-纹理”命令，在弹出的“基本图形-纹理”面板中选择“随机V”图形，如图3-124所示。按住鼠标左键从画面的左上角拖动鼠标指针至右下角，绘制一个与画板等大的矩形，如图3-125所示。

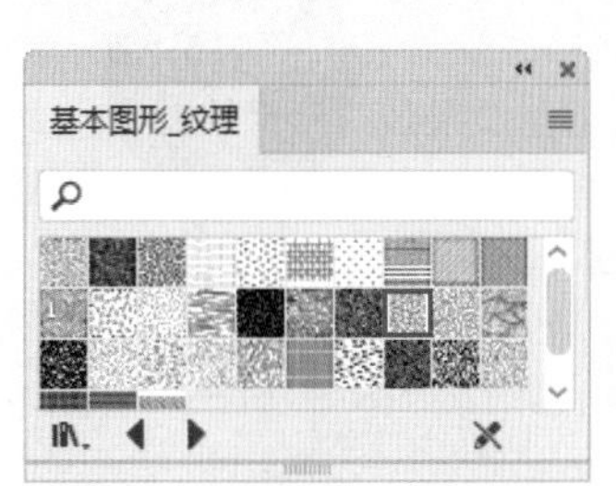

图3-124

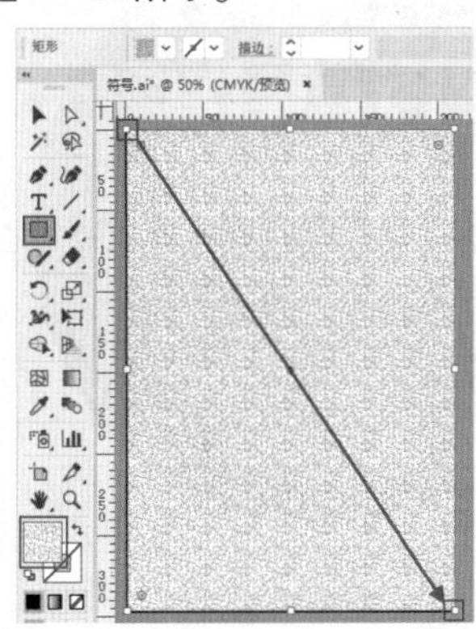

图3-125

03 在矩形被选中的状态下，在控制栏中设置“不透明度”为20%，效果如图3-126所示。

04 选择工具箱中的“符号喷枪工具”，执行“窗口>符号库>庆祝”命令，在弹出的“庆祝”面板中选择一个合适的符号，如图3-127所示。按住鼠标左键拖动鼠标指针，在画面中添加多个符号，效果如图3-128所示。

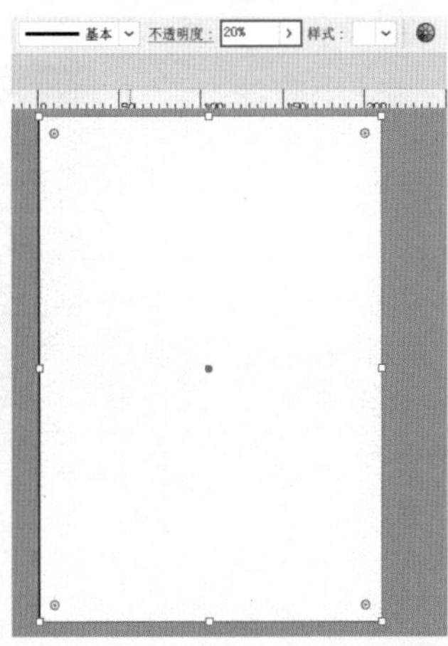

图3-126

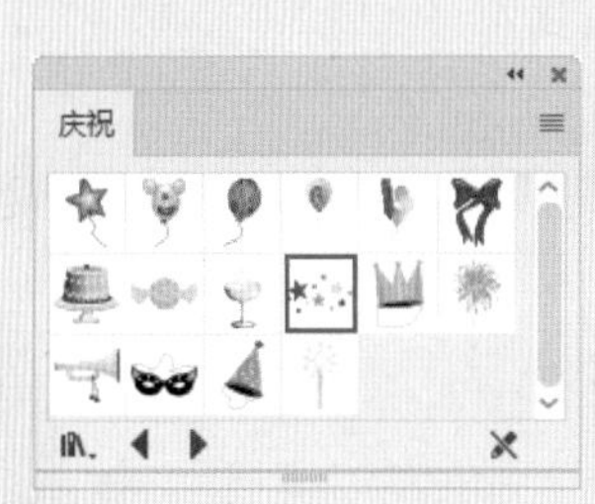

图3-127

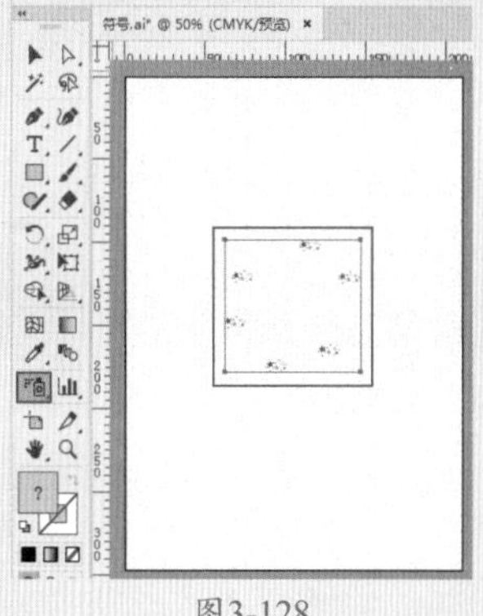

图3-128

05 选择工具箱中的“符号缩放器工具”，按住鼠标左键在画面中的部分符号上拖动鼠标指针，将其放大，效果如图3-129所示；也可以按住Alt键，同时按住鼠标左键，在部分符号上拖动鼠标指针将符号缩小，效果如图3-130所示。

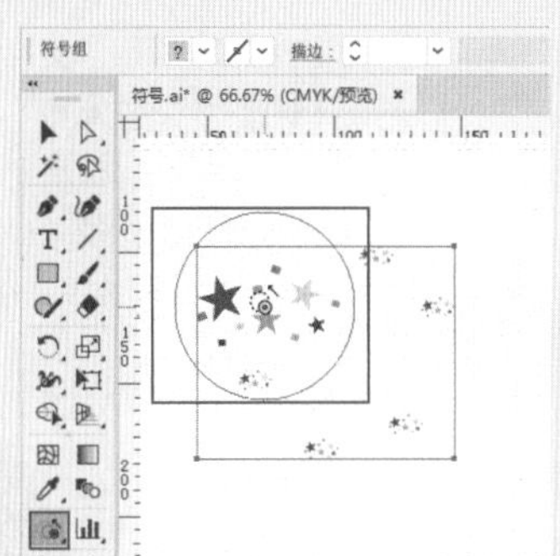

图3-129

图3-130

06 选择工具箱中的“符号滤色器工具”，按住鼠标左键在需要滤色的位置拖动鼠标指针，释放鼠标左键完成操作，效果如图3-131所示。使用同样的方法，继续对个别符号进行调整，效果如图3-132所示。

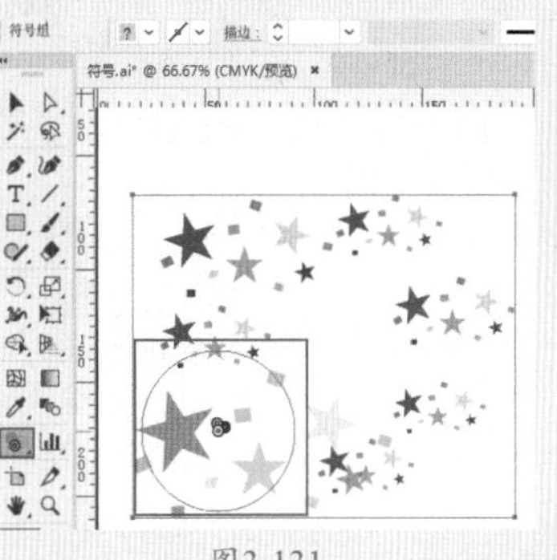

图3-131

图3-132

07 选择工具箱中的“符号着色器工具”，在控制栏中设置“填充”为黑色，“描边”为无，在符号上单击，改变符号的颜色，效果如图3-133所示。使用同样的方法，继续改变符号的颜色，效果如图3-134所示。

08 再次使用“符号喷枪工具”在画面中添加多个符号，然后使用“符号缩放器工具”将符号进行放大，效果如图3-135所示。

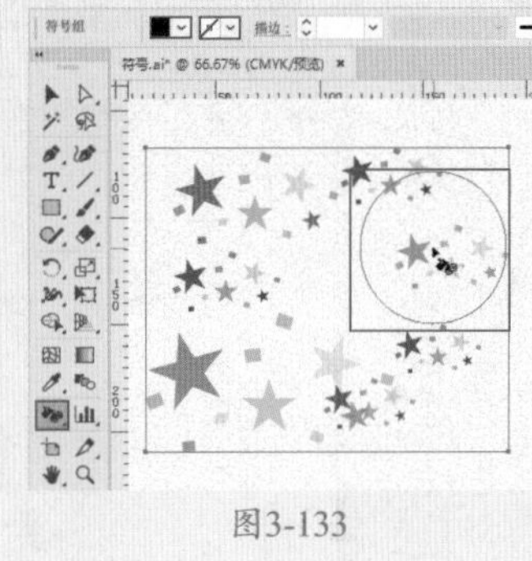

图3-133

图3-134

图3-135

09 选择工具箱中的“椭圆工具”，在控制栏中设置“填充”为深灰色，“描边”为无，按住Shift键，同时按住鼠标左键拖动鼠标指针，在画面的中心位置绘制一个黑色的正圆形，效果如图3-136所示。

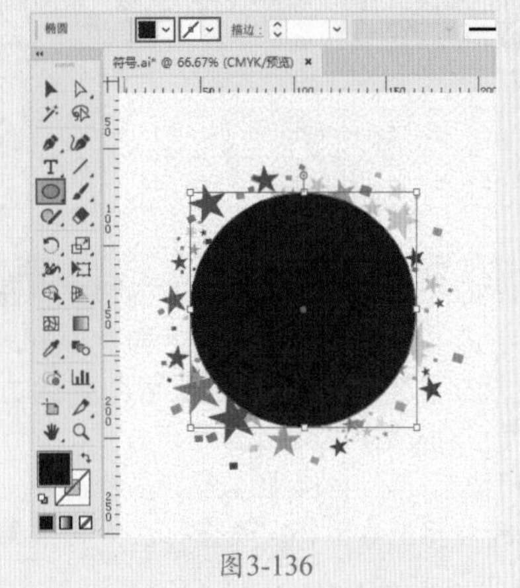

图3-136

10 选择工具箱中的“文字工具”，在黑色正圆形中单击插入光标，在控制栏中设置“填充”为白色，“描边”为无，选择合适的字体、字号，然后输入文字，按快捷键Ctrl+Enter确认输入操作，如图3-137所示。使用同样的方法，在该文字的下方再次输入文字，效果如图3-138所示。

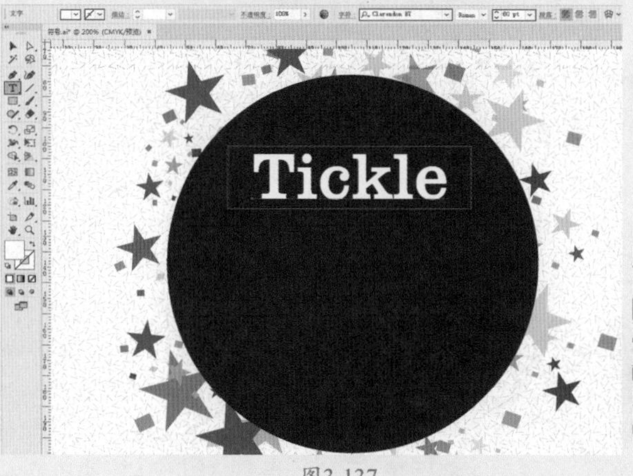

图3-137

Tickle
Butterfly

图3-138

11 继续使用“文字工具”，按住鼠标左键在黑色正圆的底部拖动鼠标指针，绘制一个文本框，在控制栏中设置“填充”为白色，“描边”为无，选择合适的字体、字号，设置“段落”为“居中对齐”，在画面中输入文字，效果如图3-139所示。继续使用“文字工具”，在画面中其他适当的位置输入文字，效果如图3-140所示。

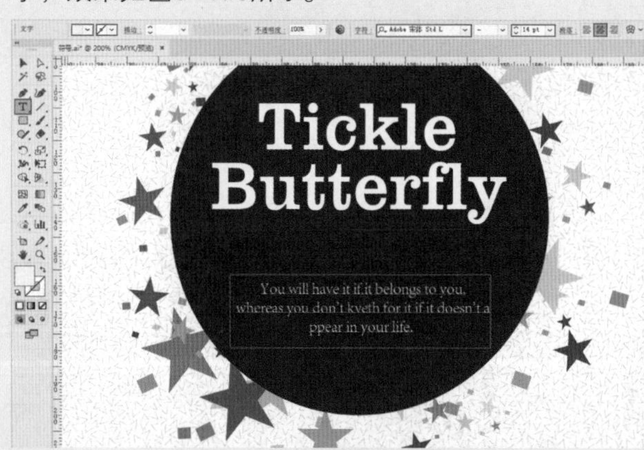

图3-139

GFT
30 Bubble
Tickle
Butterfly
Good luck

图3-140

12 选择工具箱中的“矩形工具”，在控制栏中设置“填充”为白色，“描边”为无，按住鼠标左键拖动鼠标指针，在正圆形的中心位置绘制一个矩形，效果如图3-141所示。

13 在“庆祝”符号面板中选择“王冠”符号，按住鼠标左键将“王冠”符号拖动到矩形上，在控制栏中单击“断开链接”按钮，如图3-142所示。将符号进行适当的旋转，效果如图3-143所示。

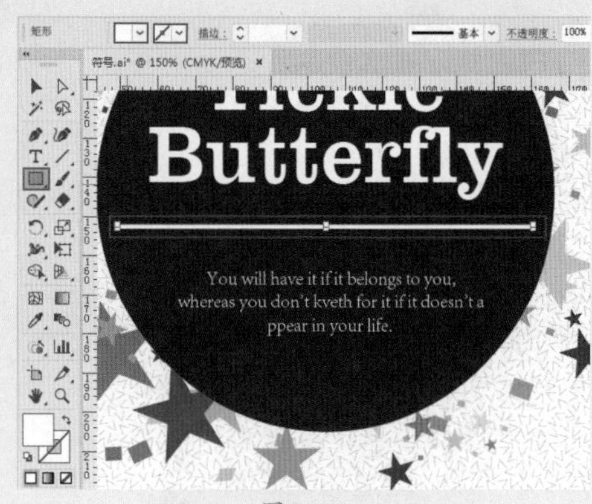

图3-141

图3-142

图3-143

14 在“王冠”符号被选中的状态下，单击鼠标右键，在弹出的快捷菜单中选择“取消编组”命令，然后单击符号下方的曲线，按Delete键将其删除，如图3-144所示，最终完成效果如图3-145所示。

图3-144

图3-145

要点速查：认识符号工具组

符号工具组中包含八种工具，使用鼠标右键单击“符号工具组”按钮，可以看到工具列表中的工具，如图3-146所示。这些工具不仅被用于将符号置入到画面中，还被用于调整符号的间距、大小、颜色、样式等。

- 符号喷枪工具 (Shift+S)
- 符号移位器工具
- 符号紧缩器工具
- 符号缩放器工具
- 符号旋转器工具
- 符号着色器工具
- 符号滤色器工具
- 符号样式器工具

图3-146

- 符号喷枪工具：使用该工具，能够快捷地将所选符号批量置入到画板中。
- 符号移位器工具：使用该工具，能够更改画板中已存在的符号的位置和堆叠顺序。
- 符号紧缩器工具：使用该工具，能够调整画板中已存在的符号的分布密度，使符号更集中或更分散。
- 符号缩放器工具：使用该工具，可以调整画板中已存在的符号的大小。
- 符号旋转器工具：使用该工具，能够旋转画板中已存在的符号。
- 符号着色器工具：使用该工具，可以为画板中的选中符号进行着色。
- 符号滤色器工具：使用该工具，可以改变画板中选中符号的透明度。
- 符号样式器工具：使用该工具，配合“图形样式”面板，可以为画板中已存在的符号添加或删除图形样式。

实例021 使用混合工具制作连续的图形

文件路径	第3章\使用混合工具制作连续的图形
难易指数	★★★★★
技术掌握	● 混合工具 ● 文字工具 ● 钢笔工具

扫码深度学习

操作思路

使用“混合工具”可以在多个图形之间生成一系列的中间对象，从而实现从一种颜色过渡到另一种颜色，或者从一种形状过渡到另一种形状的效果。在混合过程中，不仅可以创建图形的混合，还可以对颜色进行混合。使用“混合工具”能够制作出非常奇幻的效果，如长阴影、3D效果等。在本案例中，使用“混合工具”制作背景连续的图形样式。

案例效果

案例效果如图3-147所示。

图3-147

操作步骤

01 执行“文件>新建”命令，弹出“新建文档”对话框。在对话框顶部选择“打印”选项卡，在左侧“空白文档预设”列表框中选择“A4”纸张；在右侧单击“纵向”按钮，设置“颜色模式”为“CMYK颜色”，单击“创建”按钮，如图3-148所示，创建新的文档。

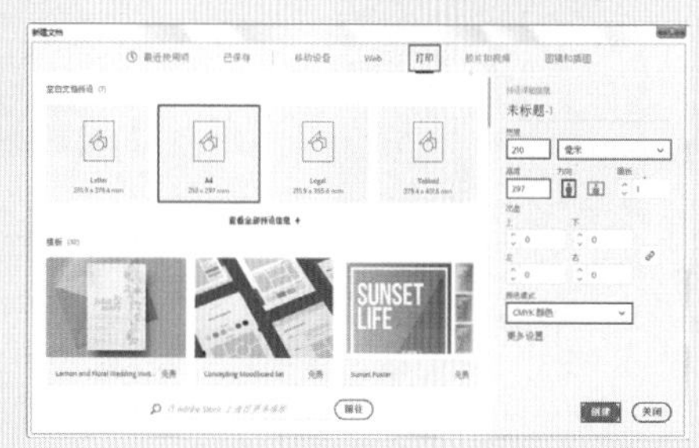

图3-148

02 选择工具箱中的“矩形工具”，在工具箱的底部设置“填充类型”为“颜色”，然后双击“填色”按钮，在弹出的“拾色器”对话框中设置颜色为红色，单击“确定”按钮。设置“描边”为无，如图3-149所示。在使用“矩形工具”的状态下，按住鼠标左键在画面中拖动鼠标指针绘制一个矩形，效果如图3-150所示。

图3-149

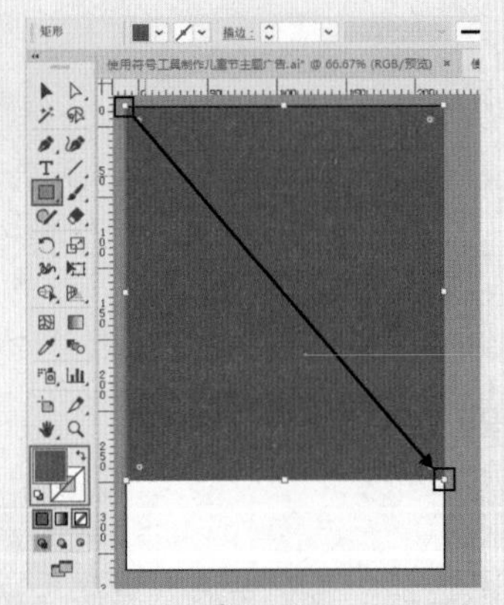

图3-150

03 使用同样的方法，在画面的下方绘制一个黄色的矩形，效果如图3-151所示。

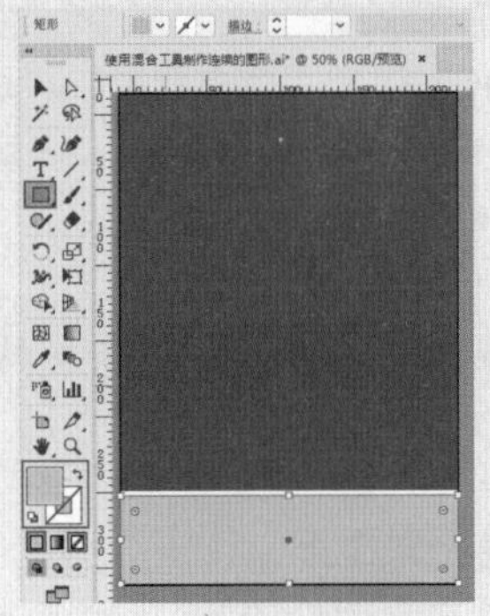

图3-151

04 选择工具箱中的“钢笔工具”，在控制栏中设置“填充”为白色，“描边”为无，在画面中绘制一个四边形，效果如图3-152所示。选择工具箱中的“文字工具”，在画面中单击插入光标，然后在工具箱的底部设置“填色”为黄色，“描边”为无，在控制栏中设置合适的字体、字号，然后输入文字，按快捷键Ctrl+Enter确认输入操作，效果如图3-153所示。

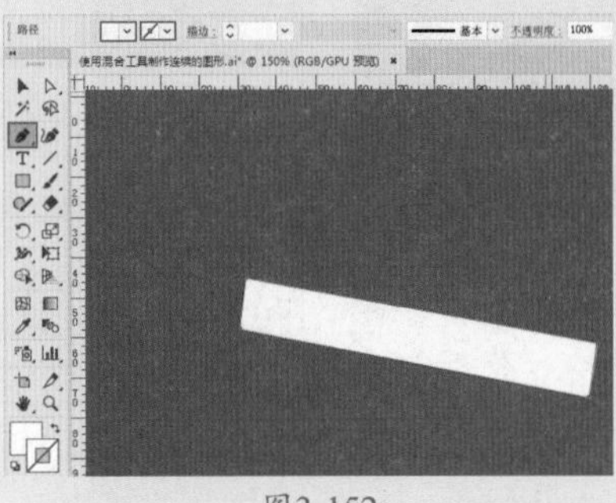

图3-152　图3-153

05 将文字进行旋转，效果如图3-154所示。选择工具箱中的“钢笔工具”，在控制栏中设置“填充”为无，“描边”为黄色，描边“粗细”为1pt，绘制一个黄色的四边形，效果如图3-155所示。

图3-154

图3-155

06 选择工具箱中的“钢笔工具”，在工具箱的底部设置“填色”为黄色，“描边”为无，在白色四边形的上面绘制一个黄色的四边形，效果如图3-156所示。选中黄色四边形，按住Alt键将其向右下方拖动，进行移动并复制。继续选中该四边形，在控制栏中设置“不透明度”为40%，效果如图3-157所示。

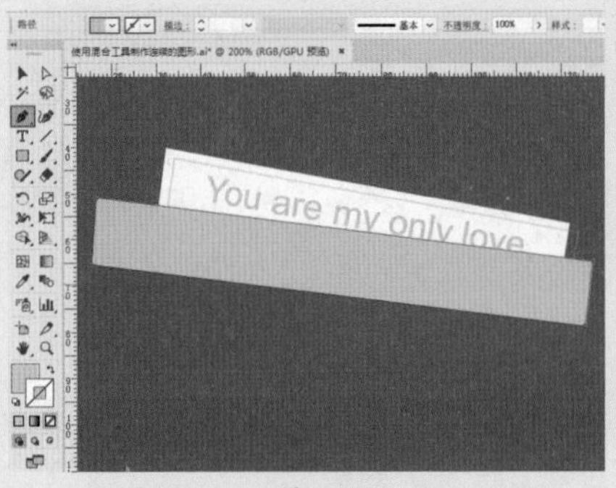

图3-156

图3-157

07 选择工具箱中的“文字工具”，在黄色四边形中输入文字并调整文字至适当的角度，效果如图3-158所示。在使用“文字工具”的状态下，在画面中适当的位置输入其他文字，效果如图3-159所示。

图3-158

图3-159

08 选择工具箱中的“椭圆工具”，在控制栏中设置“填充”为白色，“描边”为无，按住Shift键的同时按住鼠标左键拖动鼠标指针，在画面的上方绘制一个正圆形，效果如图3-160所示。选中该正圆形，同时按住Shift键和Alt键向右拖动鼠标指针，进行平移并复制，如图3-161所示。

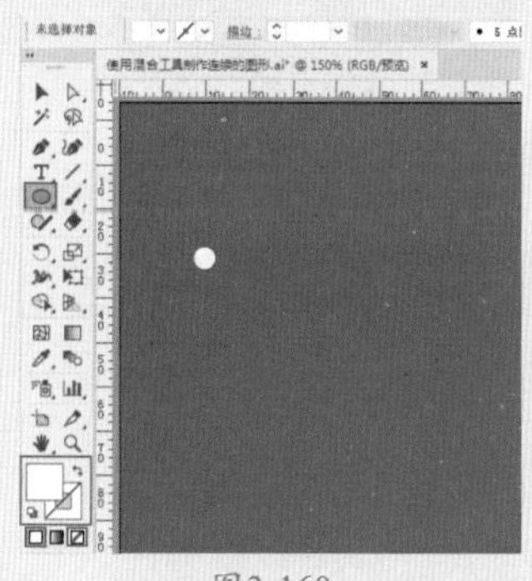

图3-160

图3-161

09 双击工具箱中的“混合工具”按钮，在弹出的“混合选项”对话框中设置“间距”为“指定的步数”，参数为20，“取向”为“对齐页面”，单击“确定”按钮，如图3-162所示。在使用“混合工具”的状态下，单击左右两个正圆形，得到一连串调和对象，效果如图3-163所示。

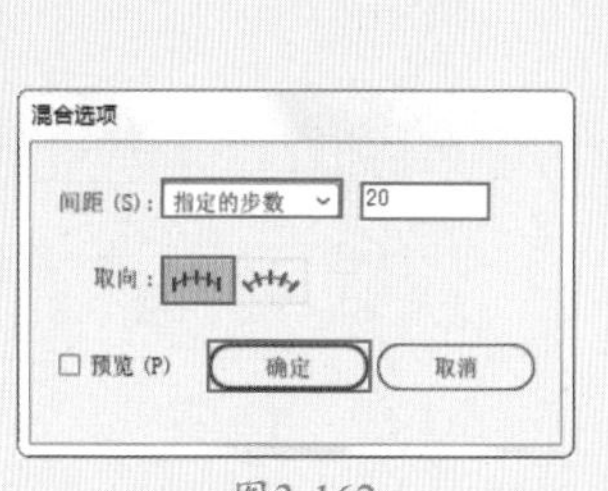

图3-162

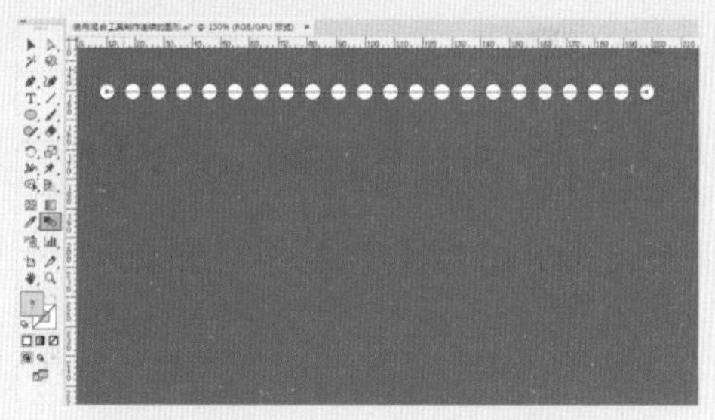

图3-163

10 选中调和对象，同时按住Shift键和Alt键向下拖动鼠标指针，进行平移并复制，效果如图3-164所示。多次按快捷键Ctrl+D，将调和对象进行平移并复制，效果如图3-165所示。

图3-164

图3-165

11 选中第四行的正圆形，执行“对象>混合>扩展”命令，然后单击鼠标右键，在弹出的快捷菜单中选择“取消编组”命令，选中最右侧的五个正圆形，如图3-166所示，按Delete键将选中的部分删除，效果如图3-167所示。

图3-166

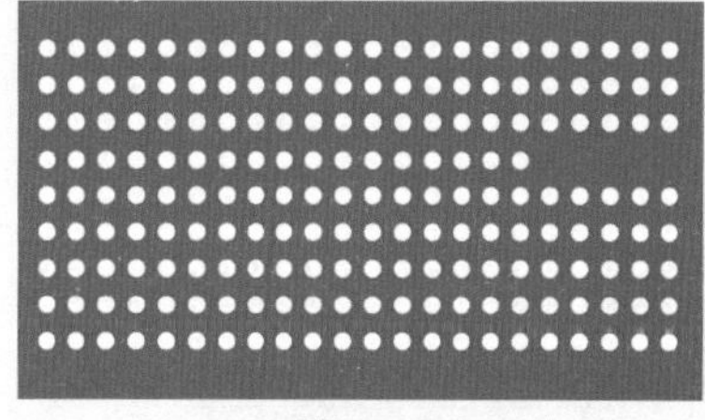

图3-167

12 按住Shift键选中最下方的两行正圆形，在按住鼠标左键的同时按住Shift键和Alt键，将其向上拖动，进行平移并复制，释放鼠标左键，效果如图3-168所示。使用“文字工具”在第四行的右侧输入文字，效果如图3-169所示。

图3-168

图3-169

13 执行“文件>置入”命令，在弹出的“置入”对话框中选择素材“1.png”，单击“置入”按钮，如图3–170所示。按住鼠标左键拖动鼠标指针，在画面中调整置入对象的大小，释放鼠标左键完成置入操作。在控制栏中单击“嵌入”按钮，将素材嵌入到文档中，最终完成效果如图3–171所示。

图3-170

图3-171

要点速查：认识“混合选项”对话框

双击工具箱中的“混合工具”按钮，弹出“混合选项”对话框，如图3-172所示。

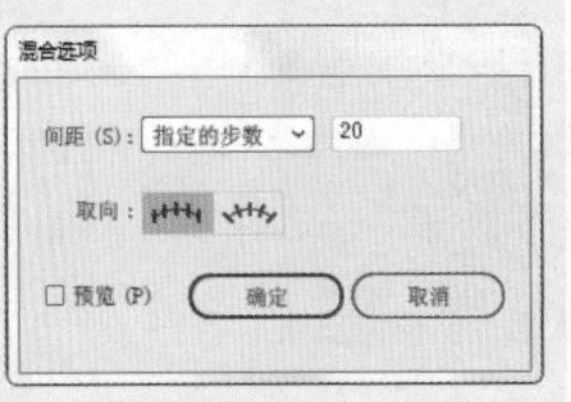

图3-172

- 间距：用于定义对象之间的混合方式，提供了三种混合方式，分别是“平滑颜色”“指定的步数”“指定的距离”。
- 平滑颜色：自动计算混合的步骤数。如果对象是使用不同颜色进行的填色或描边，则计算出的步骤数是为实现平滑颜色过渡而取的最佳步骤数。如果对象包含相同的颜色、渐变或图案，则步骤数将根据两对象定界框边缘之间的最长距离计算得。
- 指定的步数：用来控制在混合开始与混合结束之间的步骤数。
- 指定的距离：用来控制混合步骤之间的距离。“指定的距离”是指从一个对象的边缘起到另一个对象相对应的边缘之间的距离。
- 取向：用于设置混合对象的方向。选择“对齐页面”，使混合垂直于页面的 x轴；选择“对齐路径”，使混合垂直于路径。

实例022　使用图表工具制作扁平化信息图

文件路径	第3章\使用图表工具制作扁平化信息图	 扫码深度学习
难易指数	★★★★★	
技术掌握	● 饼图工具 ● 文字工具 ● 矩形工具	

操作思路

使用“饼图工具”创建的饼图是以“饼形”扇区的形式表示单数据在全部数据中所占的比例。在数据可视化的操作中，饼图的应用是非常广泛的。饼图能够有效地对信息进行展示，使观者能够清楚地看出各部分与总数的百分比，以及部分与部分之间的对比。在本案例中，使用“饼图工具”在画面中展示出各部分的比例。

案例效果

案例效果如图3-173所示。

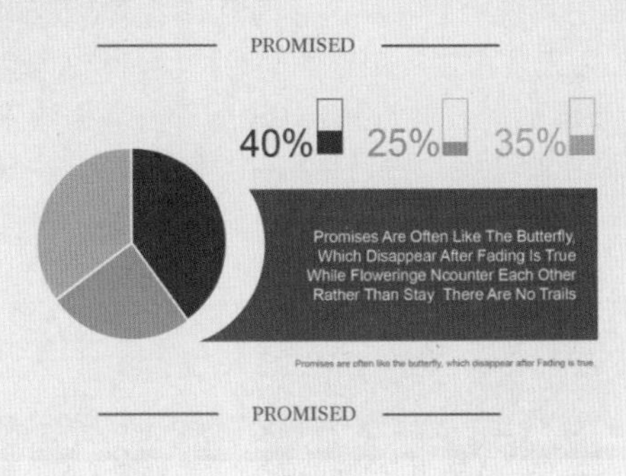

图3-173

操作步骤

01 执行“文件>新建”命令，弹出“新建文档”对话框。在对话框顶部选择“打印”选项卡，在左侧“空白文档预设”列表框中选择“A4”纸张；在右侧单击“横向”按钮，设置“颜色模式”为“CMYK颜色”，单击“创建”按钮，如图3–174所示，创建新文档。

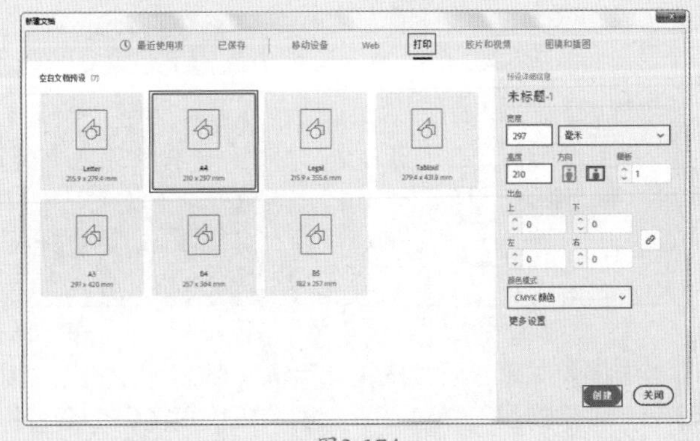
图3-174

02 选择工具箱中的“矩形工具”，在控制栏中设置“填充”为亮灰色，“描边”为无，然后按住鼠标左键拖动鼠标指针，绘制一个与画板等大的矩形，效果如图3–175所示。

03 选择工具箱中的“饼图工具”，按住鼠标左键拖动鼠标指针，绘制一个饼形，在弹出的面板中输入数值，如图3–176所示，单击“应用”按钮确认该操作，饼形图效果如图3–177所示。

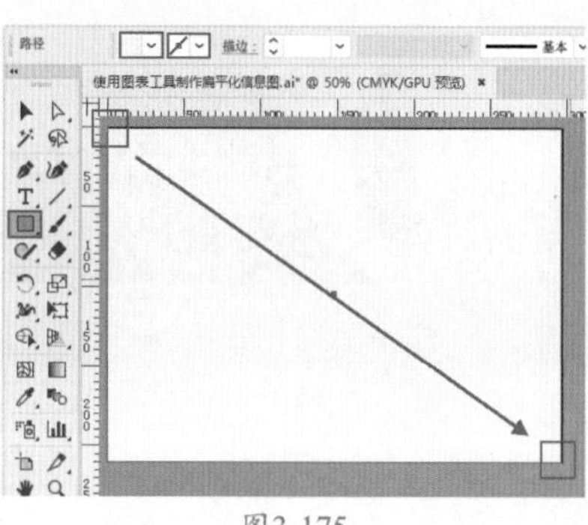

图3-175

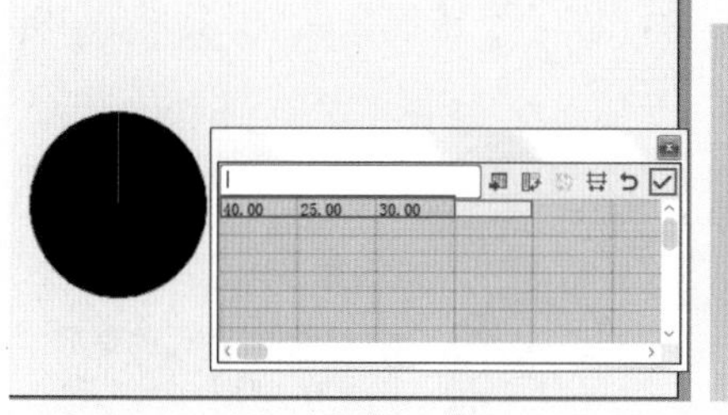

图3-176

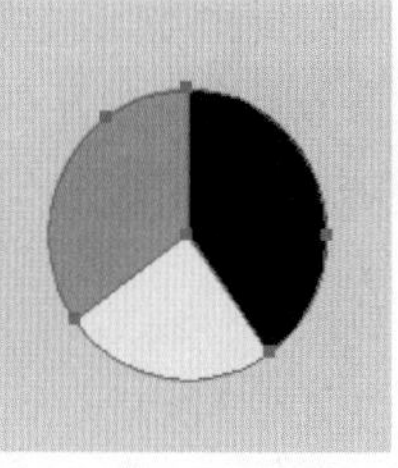

图3-177

04 选中饼形图，执行“对象>取消编组”命令，在弹出的对话框中单击“是”按钮，如图3-178所示。再次执行“对象>取消编组”命令，此时饼形图被分为三个部分，在工具箱的底部双击“填色”按钮，在弹出的“拾色器”对话框中设置适当的颜色，单击“确定”按钮，将三个部分分别填充为不同的颜色，效果如图3-179所示。

图3-178

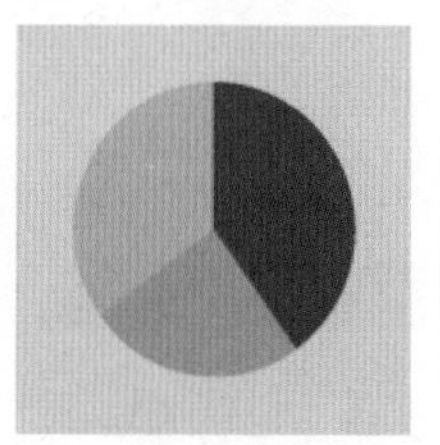

图3-179

提示 如何在不对图表对象取消分组的情况下更改颜色

绘制完图表对象后，使用“直接选择工具”可以分别选择图表对象的单个部分，然后对其填充和描边进行设置，如图3-180和图3-181所示。

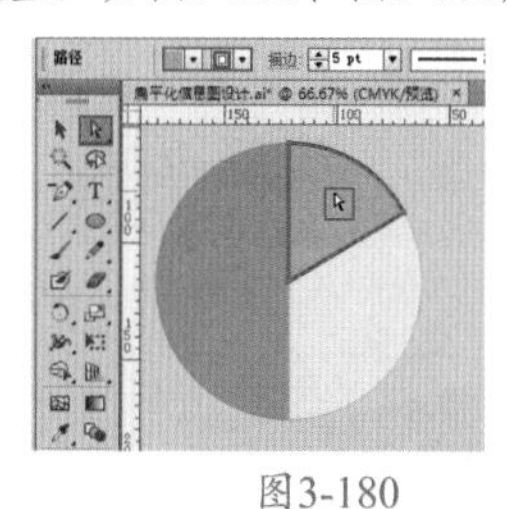

图3-180

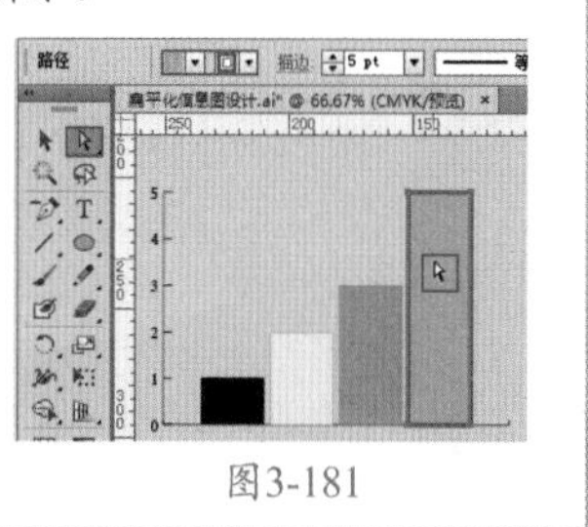

图3-181

05 选择工具箱中的“矩形工具”，设置合适的“填色”，设置“描边”为无，然后在饼图的右侧绘制一个矩形，效果如图3-182所示。使用“椭圆工具”并按住Shift键在矩形的左侧绘制一个正圆形，效果如图3-183所示。

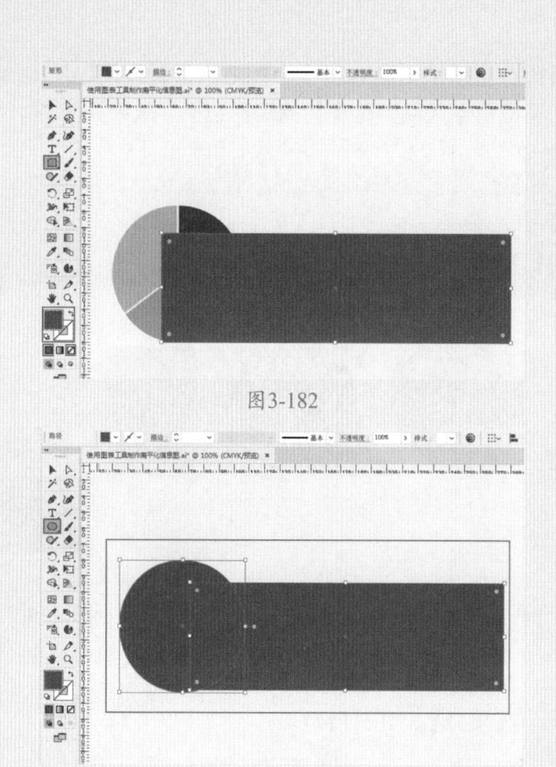

图3-182

图3-183

06 按住Shift键选中正圆形和矩形，执行“窗口>路径查找器”命令，在弹出的“路径查找器”面板中单击“减去顶层”按钮，如图3-184所示，得到一个新的圆形，将其放置在饼图的右侧，效果如图3-185所示。

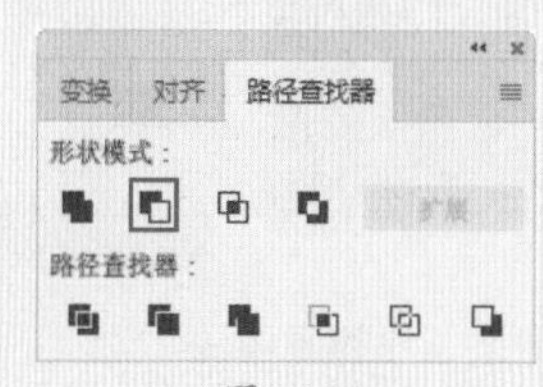

图3-184

图3-185

07 选择工具箱中的“矩形工具”，在工具箱的底部设置“填色”为棕色，“描边”为无，按住鼠标左键拖动鼠标指针，绘制一个矩形，效果如图3-186所示。使用同样的方法，在画面中适当的位置绘制矩形，效果如图3-187所示。

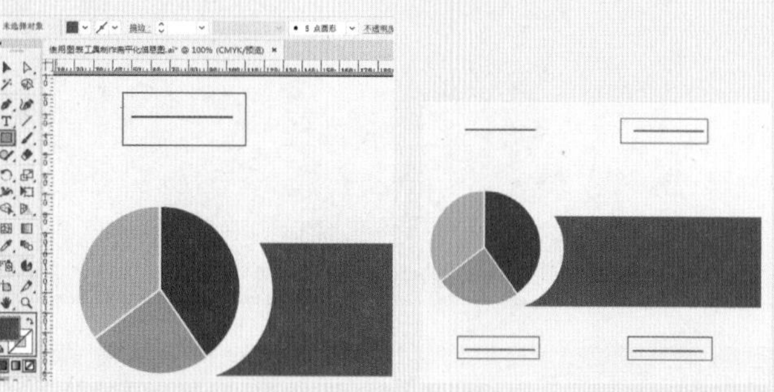

图3-186　　图3-187

08 继续选择工具箱中的“矩形工具”，在工具箱的底部设置“填色”为无，“描边”为深棕色，在控制栏中设置描边“粗细”为1pt，按住鼠标左键拖动鼠标指针，在画面中适当的位置绘制一个矩形边框，效果如图3-188所示。使用同样的方法，在画面中绘制其他颜色的矩形边框，效果如图3-189所示。

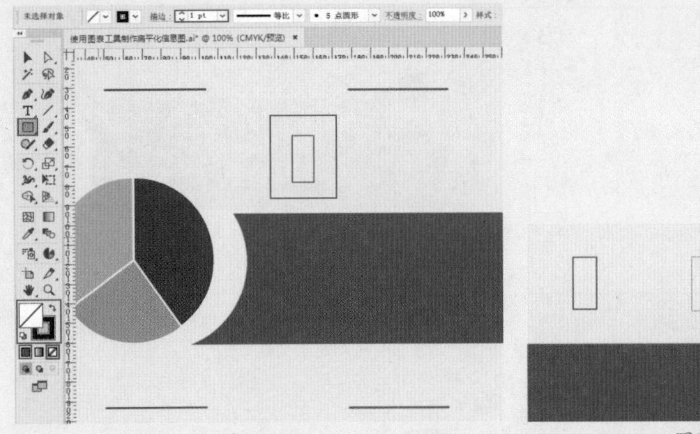
图3-188

图3-189

09 在使用“矩形工具”的状态下，在工具箱的底部设置“填色”为棕色，“描边”为无，按住鼠标左键拖动鼠标指针，在深棕色边框内部绘制一个矩形，效果如图3-190所示。使用同样的方法，在其他两个矩形边框内部绘制矩形，效果如图3-191所示。

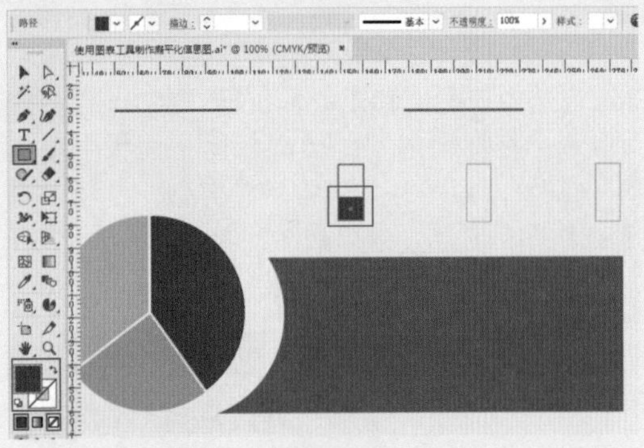
图3-190

图3-191

10 选择工具箱中的“文字工具” T，按住鼠标左键拖动鼠标指针，在步骤06中得到的图形上绘制一个文本框，在工具箱的底部设置“填色”为白色，“描边”为无，在控制栏中设置合适的字体、字号，设置“段落”为“右对齐”，如图3-192所示，然后输入文字，效果如图3-193所示。

图3-192

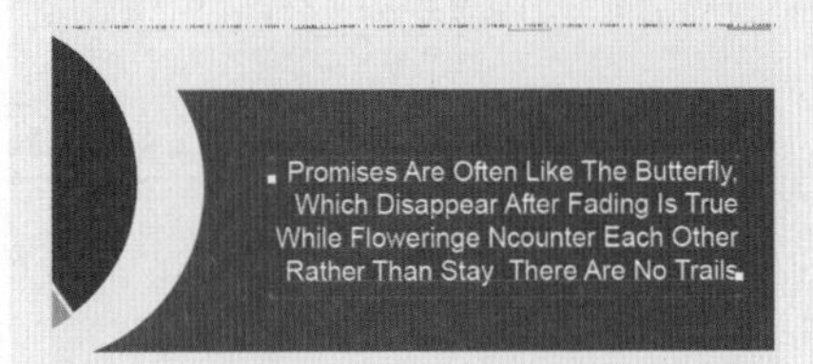

图3-193

11 继续使用“文字工具”在画面中输入文字，最终完成效果如图3-194所示。

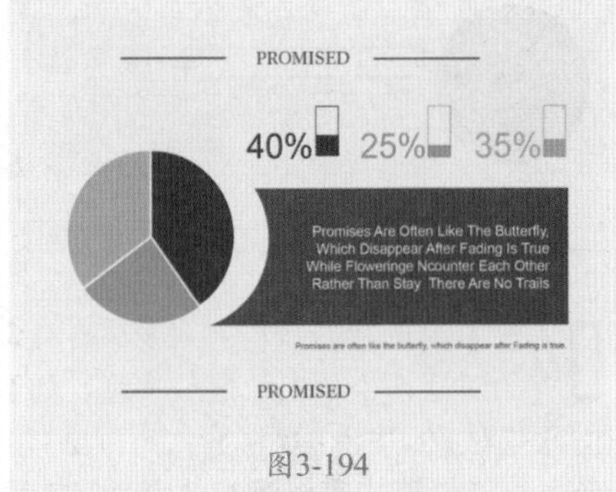

图3-194

要点速查：创建多个饼图

在“数据输入”面板中的每一行为一个饼图。若要创建多个饼图，可以分多行输入数据，如图3-195所示。数据输入完成后，单击“应用”按钮，三组饼图效果如图3-196所示。

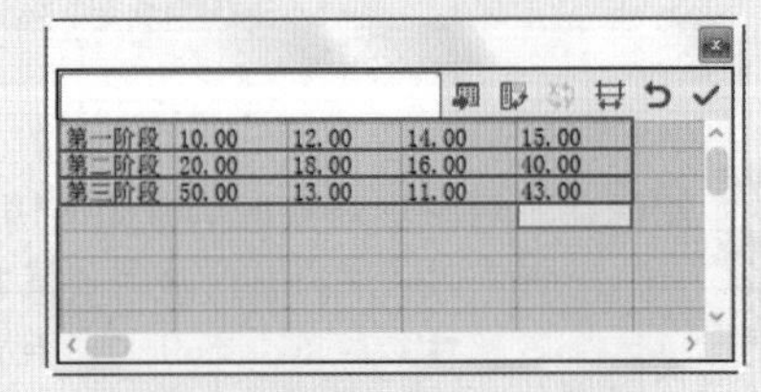

第一阶段	10.00	12.00	14.00	15.00
第二阶段	20.00	18.00	16.00	40.00
第三阶段	50.00	13.00	11.00	43.00

图3-195

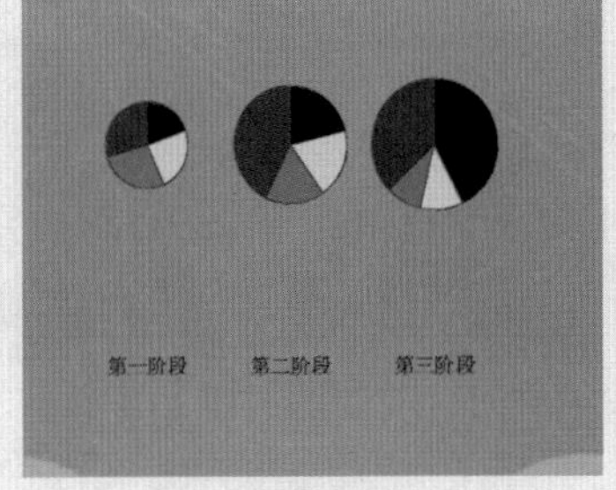

图3-196

第4章 填充与描边设置

本章概述

在绘制图形时离不开“填充”与“描边”，一个图形的“填充”与“描边”能够以纯色、渐变和图案三种形式进行表现。渐变是十分常用的填充与描边方式，也是本章学习的重点与难点。“渐变”是指用两种或两种以上颜色过渡的效果，在Illustrator中先在“渐变”面板中编辑渐变，然后通过“渐变工具”调整效果。

本章重点

- 掌握“拾色器”对话框的使用方法
- 掌握“渐变”面板的使用方法
- 掌握设置描边属性的方法

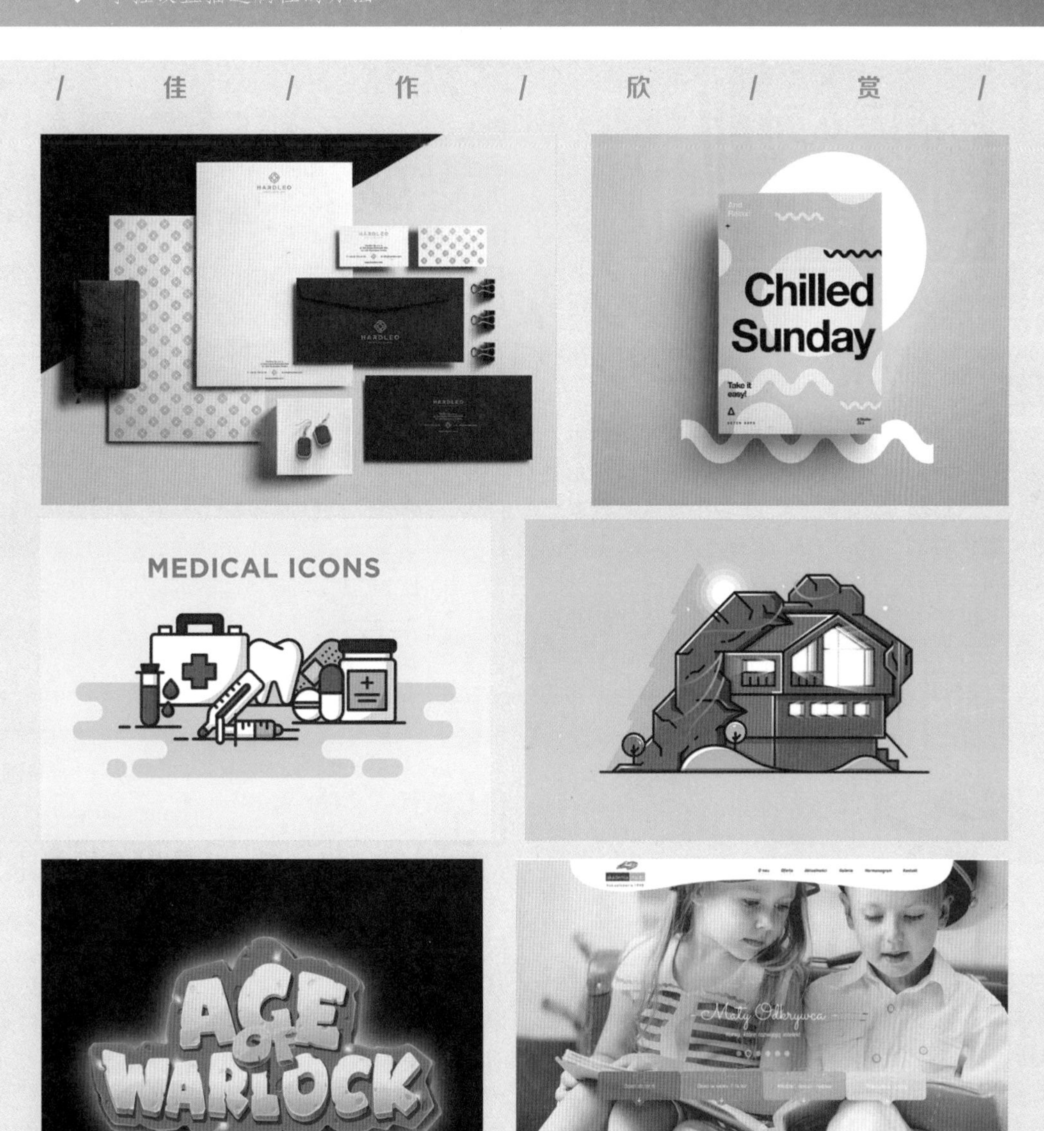

实例023 使用单色填充制作商务杂志

文件路径	第4章\使用单色填充制作商务杂志	 扫码深度学习
难易指数	★★★★★	
技术掌握	● 拾色器 ● 渐变工具 ● 矩形工具	

操作思路

在本案例中，主要讲解如何使用“渐变工具”和“渐变”面板制作背景，然后使用“拾色器”对话框为绘制的矩形设置填充颜色。

案例效果

案例效果如图4-1所示。

图4-1

操作步骤

01 执行“文件>新建”命令，弹出“新建文档”对话框。在对话框顶部选择“打印”选项卡，在左侧“空白文档预设”列表框中选择“A4”纸张；在右侧单击“横向”按钮，设置“颜色模式”为“CMYK颜色”，单击“创建”按钮，如图4-2所示，创建新的文档。

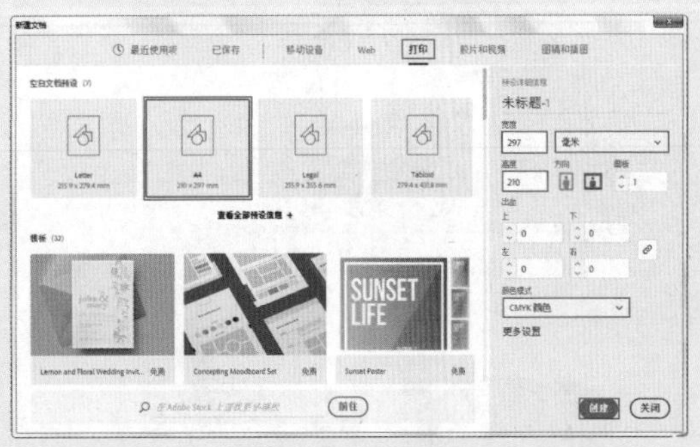

图4-2

02 选择工具箱中的“矩形工具”，在工具箱的底部单击“填色”按钮，使之置于前面，双击“渐变工具”按钮，在弹出的“渐变”面板中设置“类型”为“径向”，然后编辑一个灰色系的渐变，如图4-3所示。在控制栏中设置“描边”为无，按住鼠标左键拖动鼠标指针，在画面中绘制一个矩形，效果如图4-4所示。

图4-3

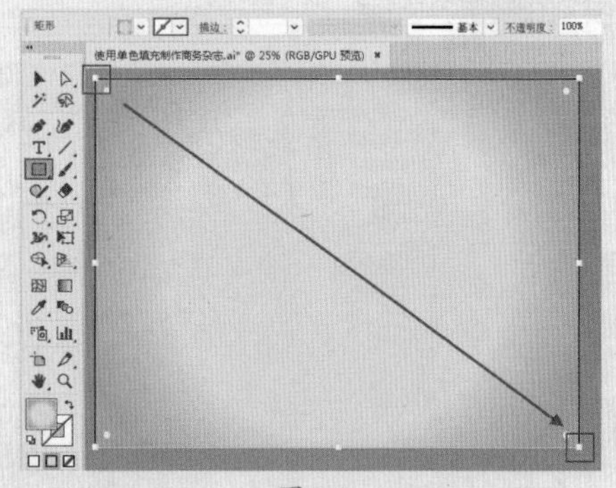

图4-4

03 选择“矩形工具”，在控制栏中设置“填充”为白色，“描边”为无，然后按住鼠标左键拖动鼠标指针，在画面中绘制一个白色的矩形，效果如图4-5所示。

图4-5

04 选中白色矩形，执行“效果>风格化>投影”命令，在弹出的“投影”对话框中设置“模式”为“正片叠底”，“不透明度”为50%，“X位移”为2.5mm，“Y位移”为2.5mm，“模糊”为1mm，选中“颜色”单选按钮，设置颜色为黑色，单击“确定”按钮，如图4-6所示，此时效果如图4-7所示。

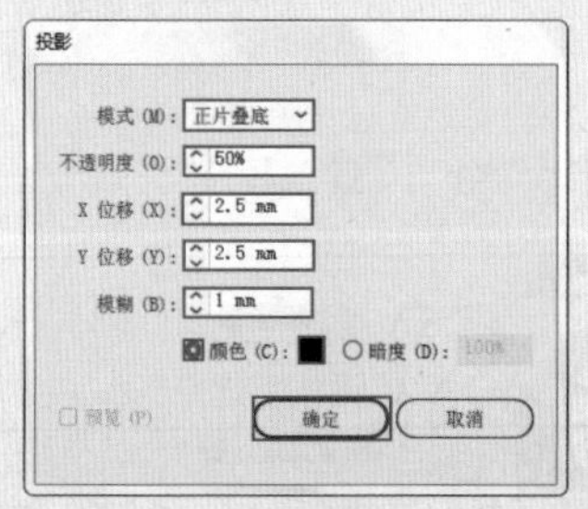

图4-6

图4-7

05 执行“文件>置入”命令，在弹出的“置入”对话框中选择素材“1.jpg”，单击“置入”按钮，如图4-8所示。按住鼠标左键拖动鼠标指针，在画面中控制置入对象的大小，释放鼠标左键完成置入操作。在控制栏中单击“嵌入”按钮，将素材嵌入到文档中，如图4-9所示。

图4-8

06 选择工具箱中的“矩形工具”，双击工具箱底部的“填色”按钮，在弹出的“拾色器”对话框中设置合适的颜色，单击“确定”按钮。在工具箱的底部设置“描边”为无，如图4-10所示。按住鼠标左键拖动鼠标指针，在画面中适当的位置绘制一个矩形，效果如图4-11所示。

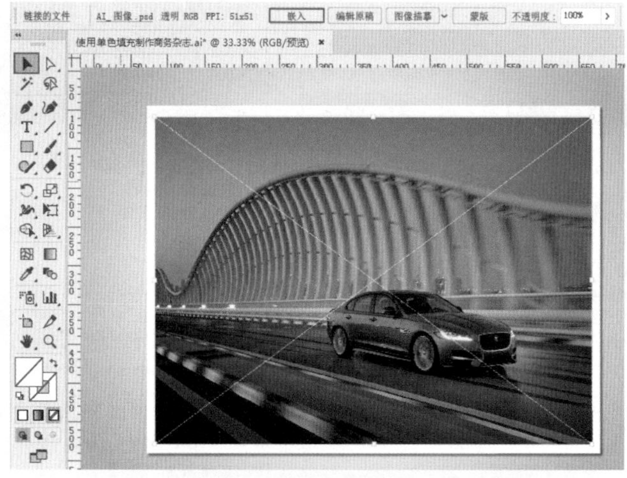
图4-9

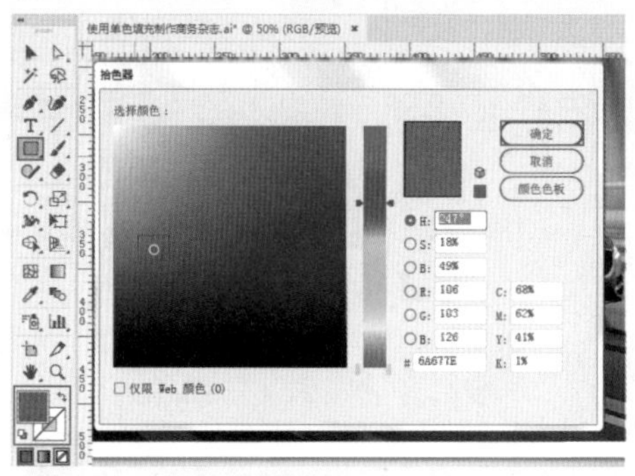
图4-10

图4-11

07 选择工具箱中的“文字工具”，在画面中适当的位置单击插入光标，在控制栏中设置“填充”为白色，“描边”为无，选择合适的字体、字号，然后输入文字，按快捷键Ctrl+Enter确认输入操作，如图4-12所示。使用同样的方法，在画面中适当的位置输入其他文字，效果如图4-13所示。

08 选中其中一个单词，然后在按住Shift键的同时按住鼠标左键拖动鼠标指针，将其旋转90°，效果如图4-14所示。

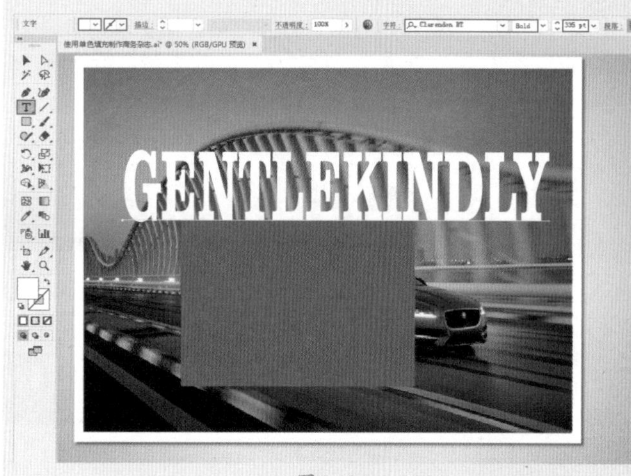

图4-12

图4-13

图4-14

09 再次选择工具箱中的“文字工具”，按住鼠标左键拖动鼠标指针，在画面中的空白区域绘制一个文本框，然后在控制栏中设置“填充”为白色，“描边”为无，设置合适的字体、字号，以及合适的文本对齐方式，然后在文本框内输入文字，效果如图4-15所示。

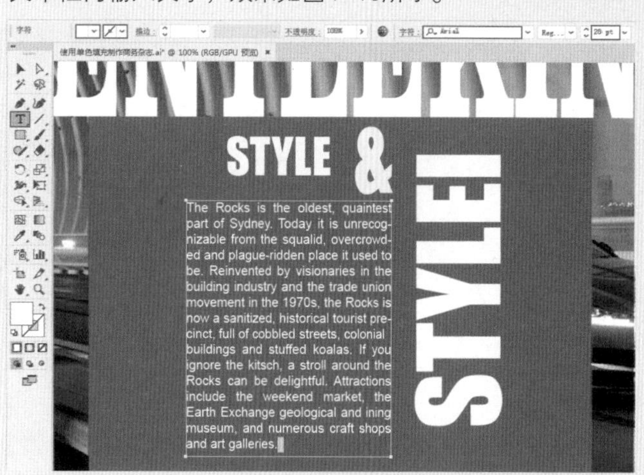

图4-15

10 执行“文件>置入”命令，置入人像素材“2.png”，在控制栏中单击“嵌入”按钮，将素材嵌入到文档中，效果如图4-16所示。使用同样的方法，置入素材“3.png”，并放置在画面中适当的位置，效果如图4-17所示。

11 选择工具箱中的“选择工具”，按住Shift键选中除背景以外的素材，单击鼠标右键，在弹出的快捷菜单中选择

"编组"命令，然后将鼠标指针定位到定界框以外，当鼠标指针变为带有弧度的双箭头时，按住鼠标左键拖动鼠标指针，将素材进行旋转，效果如图4-18所示。

图4-16

图4-17

图4-18

> **提示** 框选多个对象
>
> 利用"框选"能够快速选择多个相邻对象。首先选择"选择工具"，按住鼠标左键拖动鼠标指针，此时会显示一个虚线框，如图4-19所示。释放鼠标左键后，虚线框内的对象将会被选中，如图4-20所示。需要注意的是，如果画面中含有背景或者其他对象，框选之前需要将多余的部分进行锁定，否则也会被选中。
>
> 
>
> 图4-19
>
> 
>
> 图4-20

12 选中制作完成的版式，按快捷键Ctrl+C进行复制，按快捷键Ctrl+V进行粘贴，然后将前方的版式进行旋转并调整位置，效果如图4-21所示。使用同样的方法，再次复制并进行旋转，最终完成效果如图4-22所示。

图4-21

图4-22

要点速查：使用"标准颜色控件"为图形填充纯色

在工具箱的底部可以看到"标准颜色控件"，在这里可以将填充色和描边色设置为纯色、渐变色或者去除填色/描边，如图4-23所示。

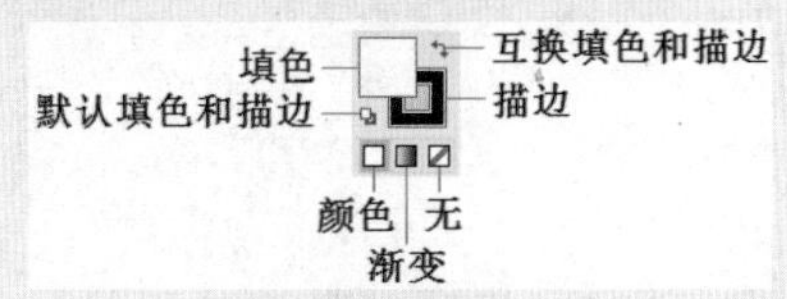

图4-23

- 填色：双击此按钮，可以使用拾色器选择填充颜色，如图4-24所示。
- 描边：双击此按钮，可以使用拾色器选择描边颜色，如图4-25所示。

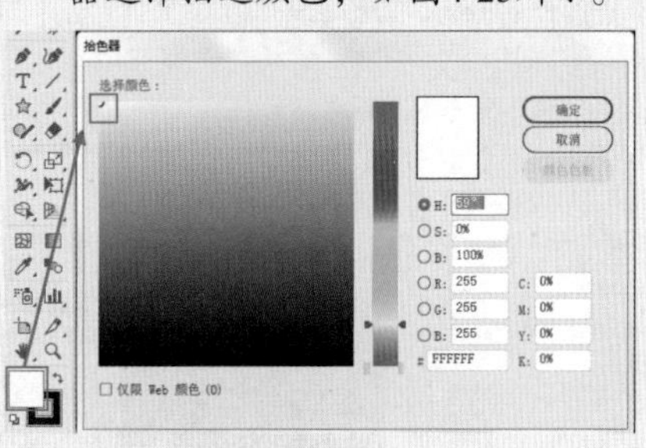

图4-24

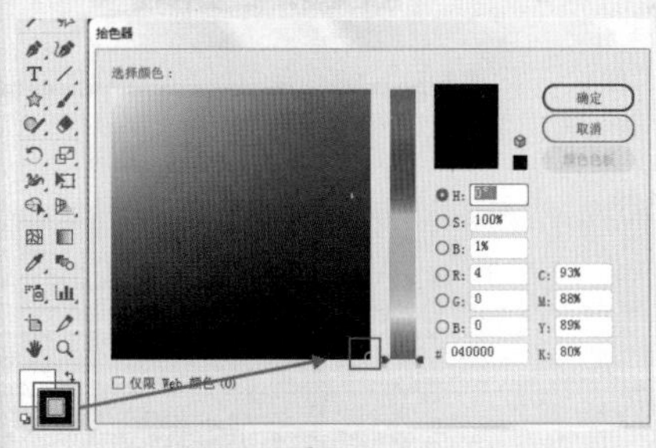

图4-25

- 互换填色和描边：单击⇆按钮，可以在填色和描边之间互换颜色，如图4-26所示。
- 默认填色和描边：单击◱按钮，可以恢复默认颜色设置（白色填充和黑色描边），如图4-27所示。

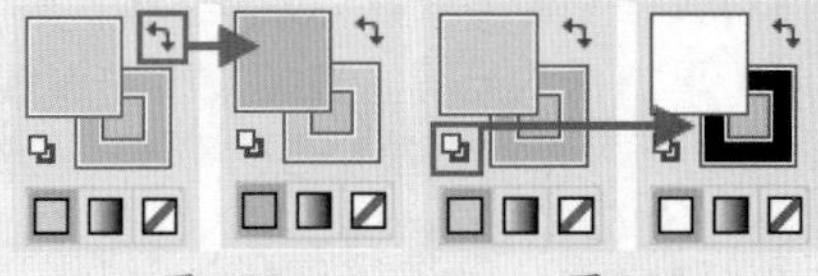

图4-26　图4-27

- 颜色：单击□按钮，如图4-28所示，可以将上次选择的纯色应用于具有渐变填充或者没有描边或填色的对象。

- 渐变：单击◼按钮，如图4-29所示，可以将当前选择的填充更改为上次选择的渐变。
- 无：单击◩按钮，如图4-30所示，可以删除选定对象的填色或描边。

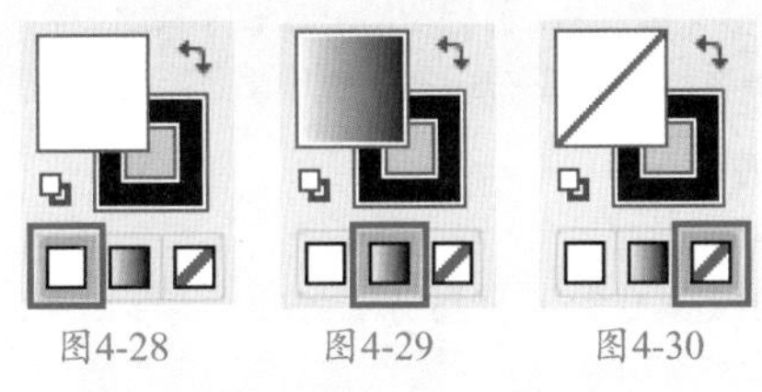

图4-28　图4-29　图4-30

实例024　设置虚线描边制作摄影画册

文件路径	第4章/设置虚线描边制作摄影画册
难易指数	★★★★★
技术掌握	● 直线段工具 ● 钢笔工具

扫码深度学习

操作思路

“直线段工具”╱位于工具箱的上半部分。使用该工具可以轻松绘制任意角度的直线，也可以配合快捷键准确地绘制水平线、垂直线及斜45°的直线。配合描边宽度及描边虚线的设置，“直线段工具”常被用于绘制分割线、连接线、虚线等线条对象。在本案例中，虚线的制作是通过在控制栏中对“虚线”参数的设置来实现的。

案例效果

案例效果如图4-31所示。

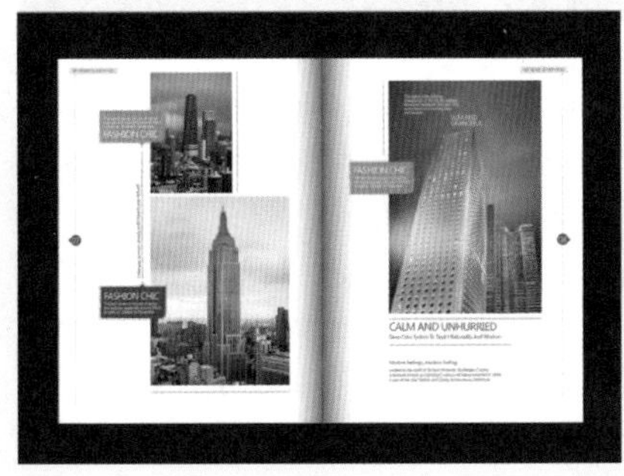

图4-31

操作步骤

01 执行“文件>新建”命令，弹出“新建文档”对话框。在对话框顶部选择“打印”选项卡，在左侧“空白文档预设”列表框中选择“A4”纸张；在右侧单击“横向”按钮，设置“颜色模式”为“CMYK颜色”，单击“创建”按钮，如图4-32所示，创建新的文档。

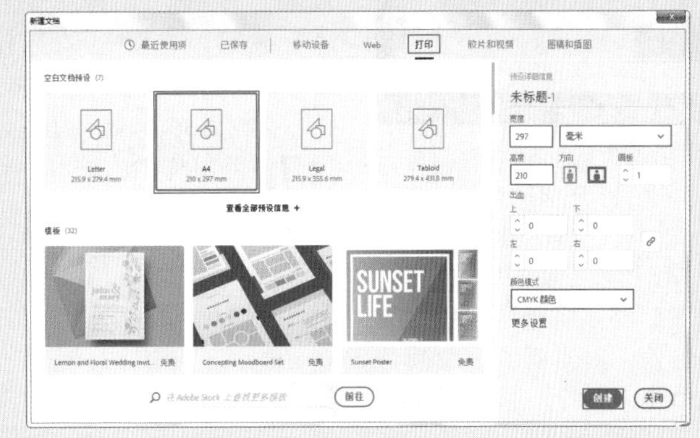

图4-32

02 选择工具箱中的“矩形工具”，在控制栏中设置“填充”为黑色，“描边”为无，然后按住鼠标左键拖动鼠标指针，绘制一个与画板等大的矩形，效果如图4-33所示。使用同样的方法，在画面中绘制一个白色的矩形，效果如图4-34所示。

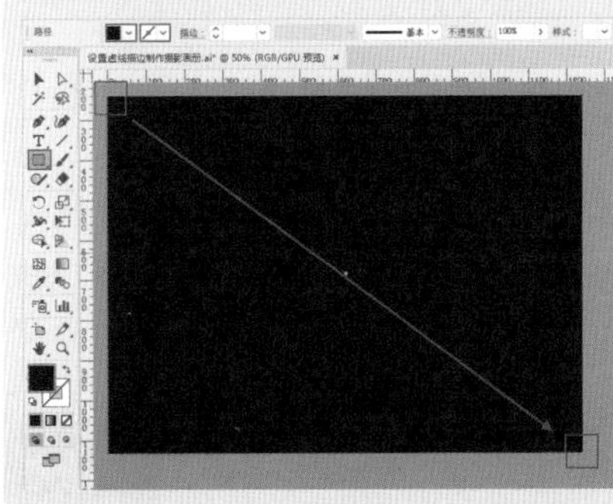

图4-33

图4-34

03 执行“文件>置入”命令，在弹出的“置入”对话框中选择素材“1.jpg”，单击“置入”按钮，如图4-35所示。按住鼠标左键拖动鼠标指针，在画面中控制置入对象的大小，释放鼠标左键完成置入操作。在控制栏中单击“嵌入”按钮，将素材嵌入到文档中，如图4-36所示。

图4-35

图4-36

04 使用同样的方法，将其他两个图片素材置入到文档中，并调整合适的大小，效果如图4-37所示。

图4-37

05选择工具箱中的“钢笔工具”，绘制一个对话框图形，效果如图4-38所示。选中该图形，双击工具箱底部的“填色”按钮，在弹出的“拾色器”对话框中设置颜色为青绿色，单击“确定”按钮。在控制栏中设置“描边”为无，如图4-39所示，此时图形效果如图4-40所示。

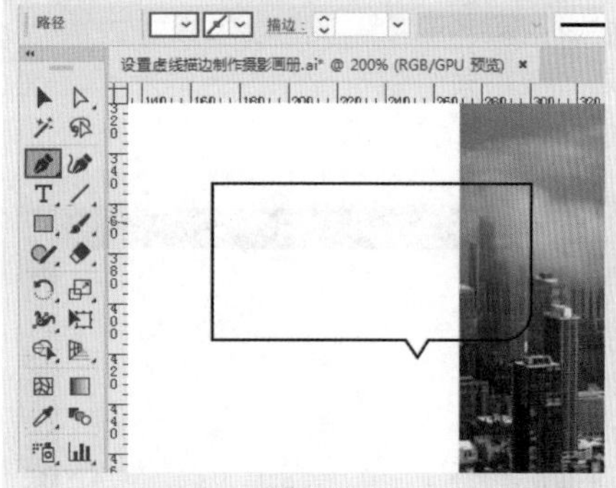

图4-38

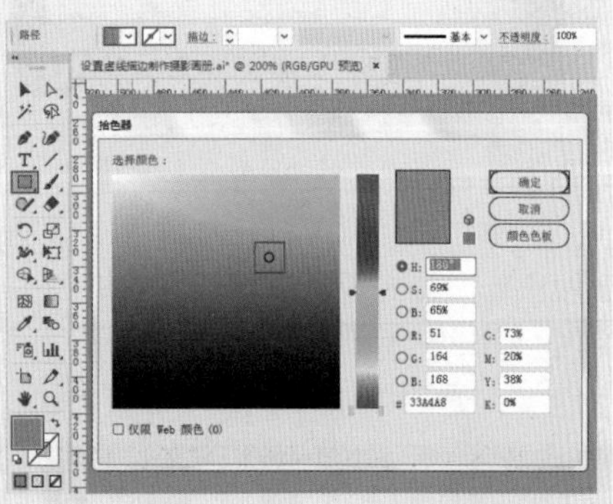

图4-39

图4-40

06在图形被选中的状态下，执行“对象>路径>偏移路径”命令，在弹出的“偏移路径”对话框中设置“位移”为3px，“连接”为“斜接”，“斜接限制”为4，单击“确定”按钮，如图4-41所示。在控制栏中设置“填充”为无，“描边”为深青色，然后单击“描边”按钮，在弹出的下拉面板中设置“粗细”为1pt，勾选“虚线”复选框，设置“虚线”参数为3pt，效果如图4-42所示。

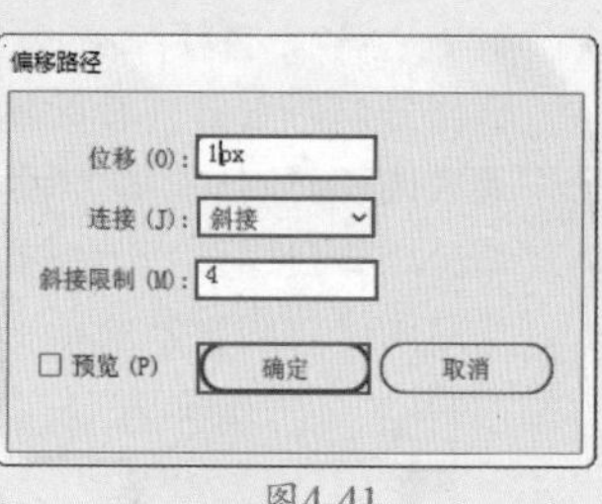

图4-41

07使用同样的方法，在画面中适当的位置绘制其他图形，效果如图4-43所示。

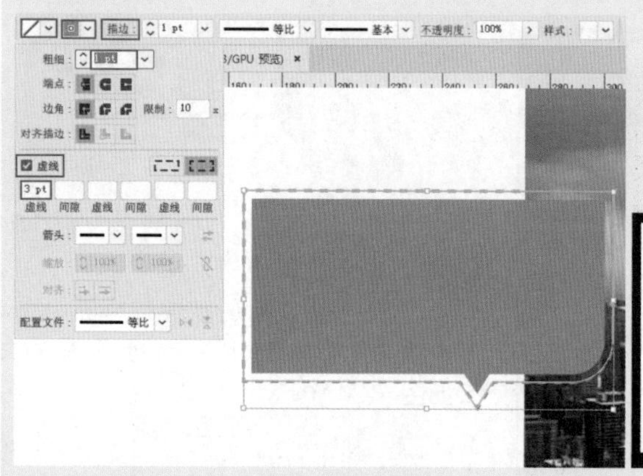

图4-42

图4-43

08选择工具箱中的“文字工具”，在画面中单击插入光标，在控制栏中设置“填充”为白色，“描边”为无，设置合适的字体、字号，然后输入文字，按快捷键Ctrl+Enter确认输入操作，如图4-44所示。使用同样的方法，在画面中适当的位置输入文字，效果如图4-45所示。

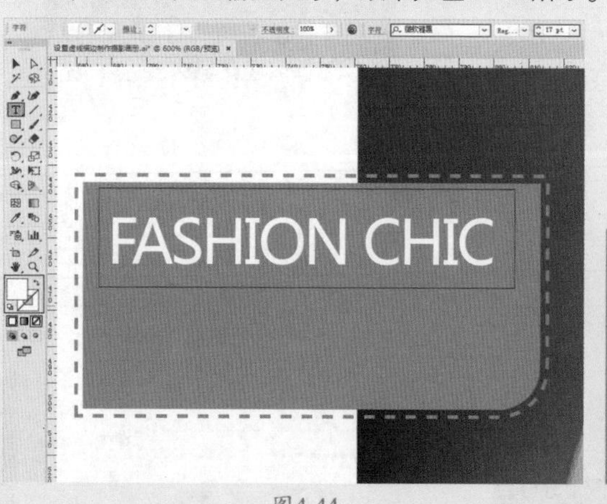

图4-44

图4-45

09制作页眉部分。使用“钢笔工具”在白色矩形的左上角绘制一个对话框图形，并设置其“填色”为白色，“描边”为青色的虚线，如图4-46所示。使用“文字工具”在其中输入文字，效果如图4-47所示。

10加选图形和文字，然后同时按住Shift键和Alt键向右拖动鼠标指针，到合适位置后释放鼠标左键，即可完成平移并复制的操作，效果如图4-48所示。选中此处的对话框图形，执行“对象>变换>对称”命令，在弹出的“镜像”对话框中选中“垂直”单选按钮，单击“确定”按钮，如图4-49所示，此时图形效果如图4-50所示。

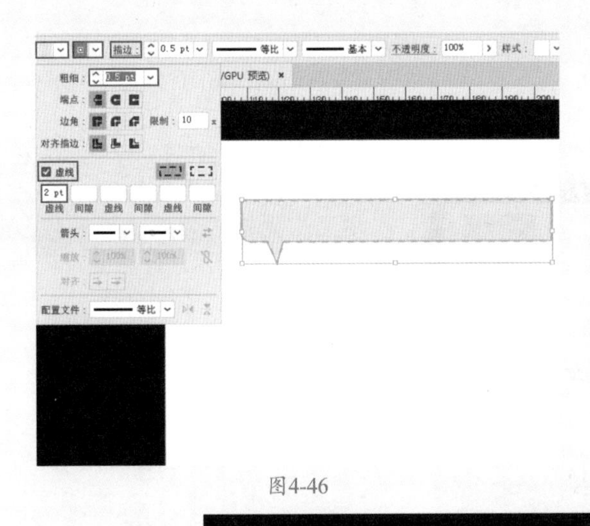

图4-46

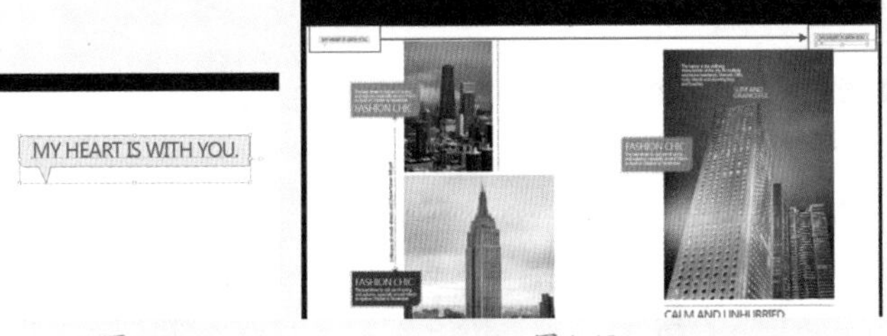

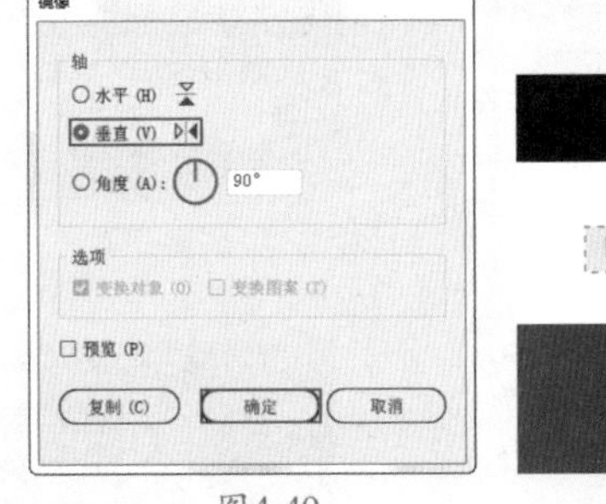

图4-47　　图4-48

图4-49　　图4-50

11 选择工具箱中的“直线段工具”，在控制栏中设置“填充”为无，“描边”为深灰色，单击“描边”按钮，在弹出的下拉面板中设置“粗细”为0.5pt，勾选“虚线”复选框，设置参数为2pt，如图4-51所示。设置完成后，按住Shift键的同时按住鼠标左键拖动鼠标指针，在画面的左侧绘制一条虚线，效果如图4-52所示。

图4-51　　图4-52

提示 **绘制精确长度和角度的直线**

使用“直线段工具”在画面中单击（单击的位置将被作为直线段的一个端点），弹出“直线段工具选项”对话框。在该对话框中可以设置线段的长度和角度，如图4-53所示。单击“确定”按钮，即可创建精确的直线，如图4-54所示。如果勾选“线段填色”复选框，将以当前的填充颜色对直线填色。

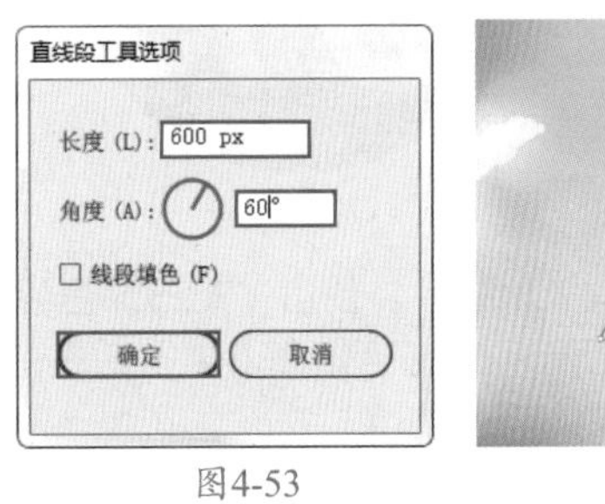

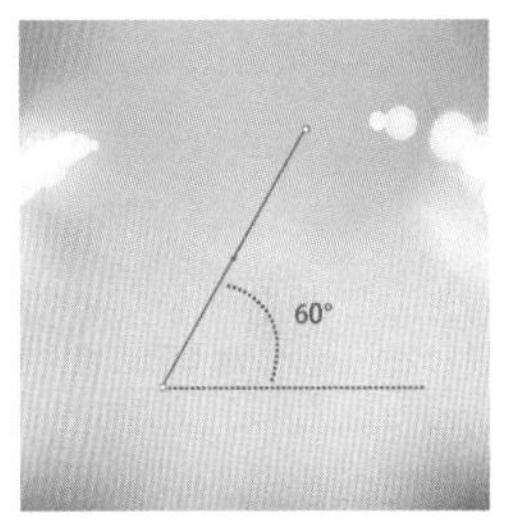

图4-53　　图4-54

12 使用同样的方法，在画面中的其他位置绘制虚线，效果如图4-55所示。

图4-55

13 选择工具箱中的“椭圆工具”，在工具箱的底部设置“填色”为深灰色，“描边”为无，按住Shift键的同时按住鼠标左键拖动鼠标指针在画面的左侧绘制一个正圆形，效果如图4-56所示。使用“钢笔工具”在正圆形上绘制一个深灰色的三角形，效果如图4-57所示。加选正圆形和三角形，按快捷键Ctrl+G将其进行编组。

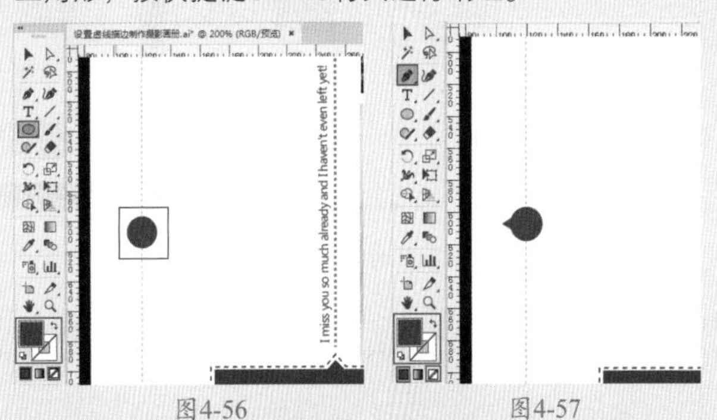

图4-56　　图4-57

14 选择工具箱中的“文字工具”，选择合适的字体、字号，在之前绘制的图形中输入白色的文字，效果如图4-58所示。使用同样的方法，在画面的右侧绘制图形并输入文字，效果如图4-59所示。

图4-58　　图4-59

15 下面制作杂志的折痕效果。使用“矩形工具”在版面左侧绘制一个矩形，效果如图4-60所示。选择该矩形，单击工具箱底部的“填色”按钮，使之置于前面，然后双击“渐变工具”按钮，在弹出的“渐变”面板中编辑一个由透明到黑色的渐变，效果如图4-61所示。

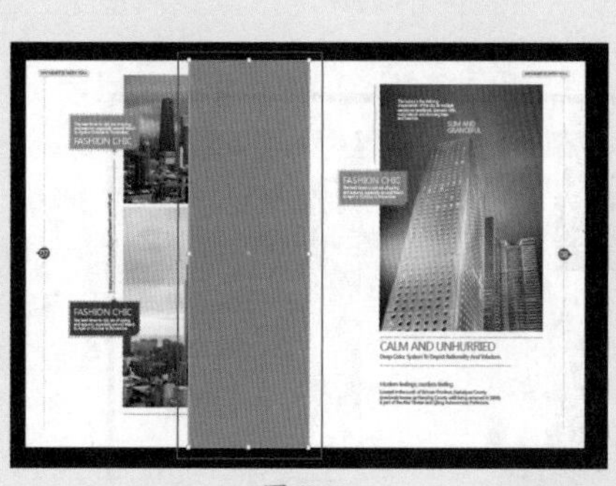

图4-60

图4-61

16 在矩形被选中的状态下，单击控制栏中的“不透明度”按钮，在弹出的下拉面板中设置“混合模式”为“正片叠底”，“不透明度”为80%，如图4-62所示，此时效果如图4-63所示。

17 使用同样的方法，再次绘制一个渐变的矩形，最终完成效果如图4-64所示。

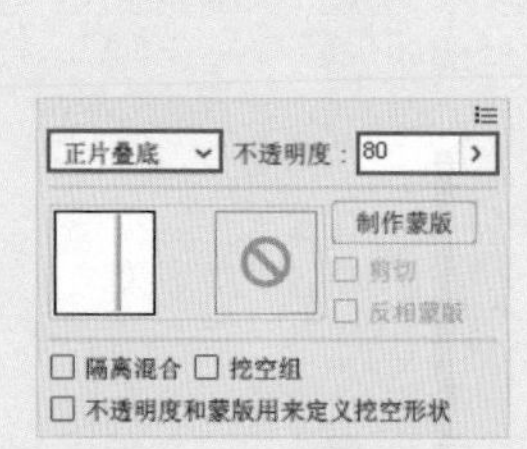

图4-62

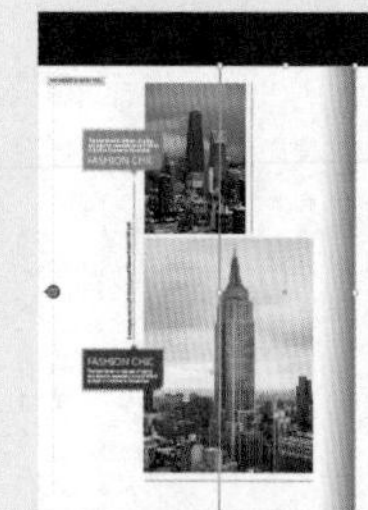

图4-63

图4-64

要点速查：编辑描边

在绘制图形之前，可以在控制栏中进行描边属性的设置；也可以选中某个图形，然后在控制栏中设置描边的属性。在控制栏中可以设置描边的颜色、粗细、变量宽度配置文件及画笔定义等，如图4-65所示。也可以执行“窗口>描边”命令（快捷键：Ctrl+F10），打开“描边”面板，在这里可以将描边选项应用于整个对象，也可以使用实时上色组为对象内的不同边缘应用不同的描边，如图4-66所示。

在Illustrator中想要制作虚线效果，可以通过设置描边属性实现。选择绘制的路径，如图4-67所示。在控制栏中单击“描边”按钮，然后在“描边”面板中勾选“虚线”复选框，如图4-68所示。此时线条变为虚线，效果如图4-69所示。

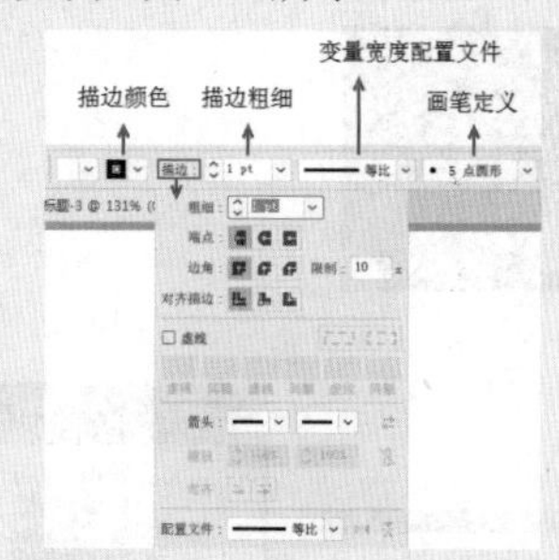

图4-65

图4-66

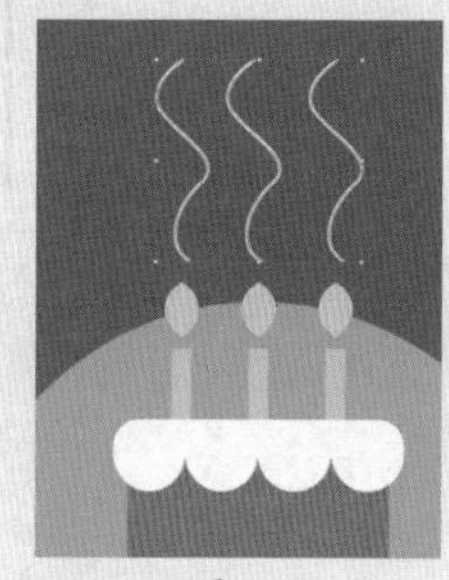

图4-67

图4-68

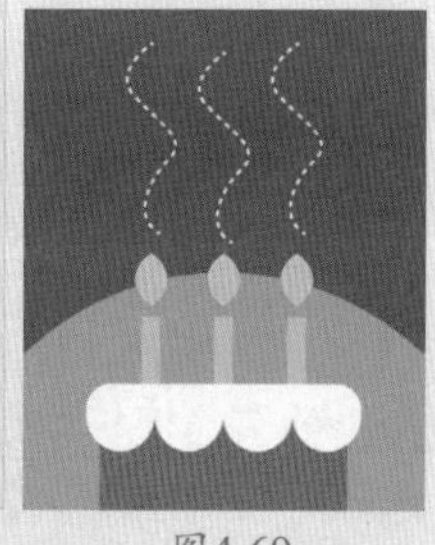

图4-69

可以在“虚线”文本框中输入数值，定义虚线的长度；在“间隙”文本框中输入数值，控制虚线的间隙效果。这里的“虚线”和“间隙”文本框每两个为一组，最多可以输入三组。当输入一组数值时，虚线将只显示这一组“虚线”和“间隙”的设置；当输入两组数值时，虚线将依次循环显示两组设置，依此类推，可以显示三组设置，如图4-70和图4-71所示。

选择“保留虚线和间隙的精确长度”，可以在不对齐的情况下保留虚线的外观效果，如图4-72所示；选择“使虚线与边角和路径终端对齐，并调整到适合长度”，可让各角的虚线和路径的尾端保持一致并可见，效果如图4-73所示。

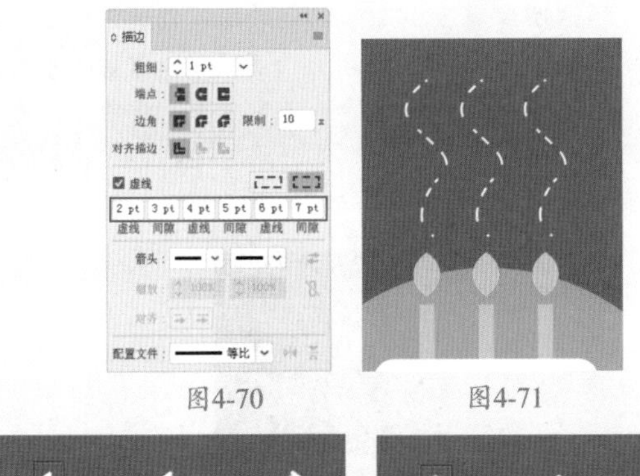

图4-70　　图4-71

图4-72　　图4-73

实例025　使用渐变填充制作产品功能分析图

文件路径	第4章\使用渐变填充制作产品功能分析图	扫码深度学习
难易指数	★★★★★	
技术掌握	● 网格工具 ● 渐变工具 ● 文字工具	

操作思路

在本案例中，首先使用“矩形工具”绘制分析图的底色，使用“文字工具”与“透明度”面板制作带有倒影的文字标题；然后使用“椭圆工具”“圆角矩形工具”“直线段工具”制作分析图中的装饰图形；添加素材文件后，使用“文字工具”在画面中输入文字信息。

案例效果

案例效果如图4-74所示。

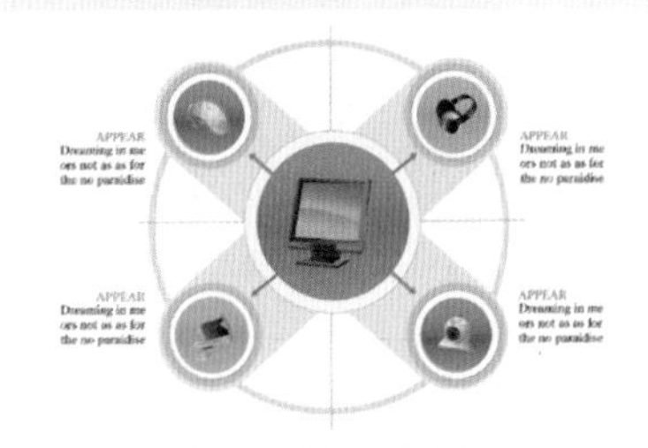

图4-74

操作步骤

01 执行“文件>新建”命令，弹出“新建文档”对话框。在对话框顶部选择“打印”选项卡，在左侧“空白文档预设”列表框中选择“A4”纸张；在右侧单击“横向”按钮，设置“颜色模式”为“CMYK颜色”，单击“创建”按钮，如图4-75所示，创建新的文档。

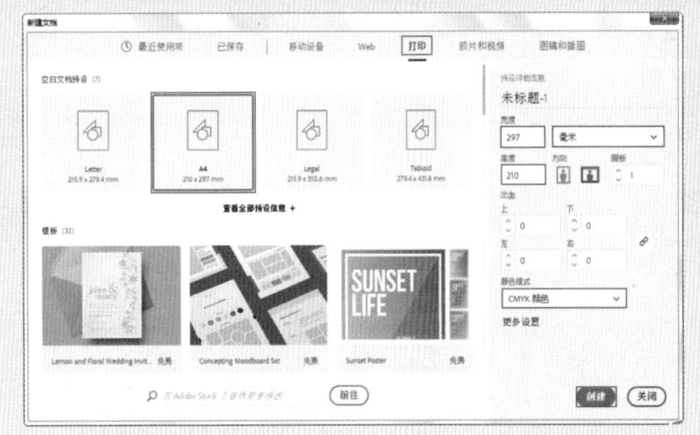

图4-75

02 选择工具箱中的“矩形工具”，在工具箱的底部双击“填色”按钮，在弹出的“拾色器”对话框中设置颜色为灰色，单击“确定”按钮。设置“描边”为无，如图4-76所示。按住鼠标左键拖动鼠标指针，在画面的上方绘制一个矩形，效果如图4-77所示。

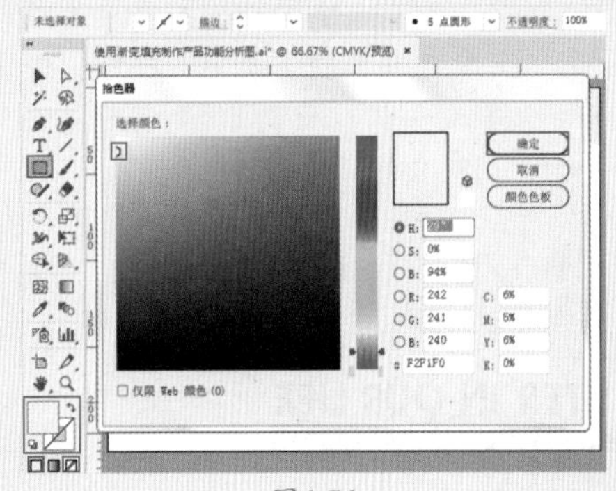

图4-76

图4-77

03 选择工具箱中的“文字工具”，在画面中适当的位置单击插入光标，在控制栏中选择合适的字体、字号及文字颜色，然后输入文字，按快捷键Ctrl+Enter确认输入操作，效果如图4-78所示。选择文字，执行“对象>变换>对称”命令，在弹出的“镜像”对话框中选中“水平”单选按钮，单击“复制”按钮，如图4-79所示。

04 将文字移动到合适位置，作为文字的倒影，效果如图4-80所示。

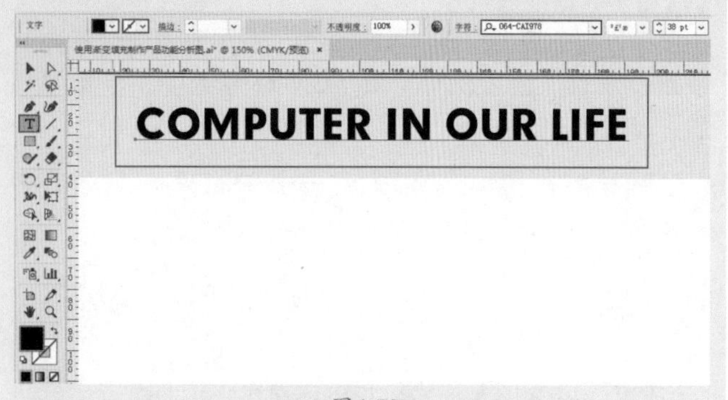

图4-78

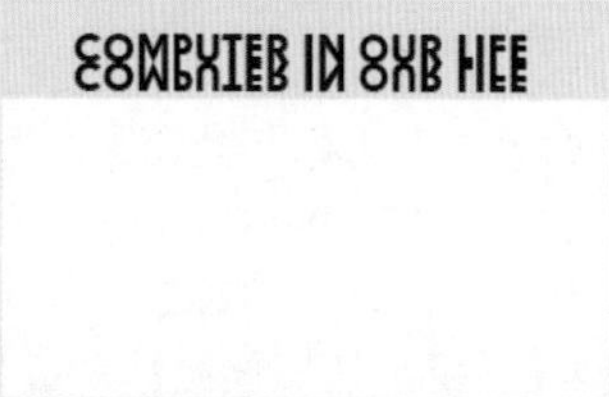

图4-79

图4-80

05 使用“矩形工具”在倒影部分的文字上绘制一个矩形，单击工具箱底部的“填色”按钮，使之置于前面，然后双击工具箱中的“渐变工具”按钮，在“渐变”面板中编辑一个由黑色到白色的线性渐变，效果如图4-81所示。使用“选择工具”并按住Shift键将文字和矩形加选，执行“窗口>透明度”命令，在弹出的“透明度”面板中单击“制作蒙版”按钮，如图4-82所示。

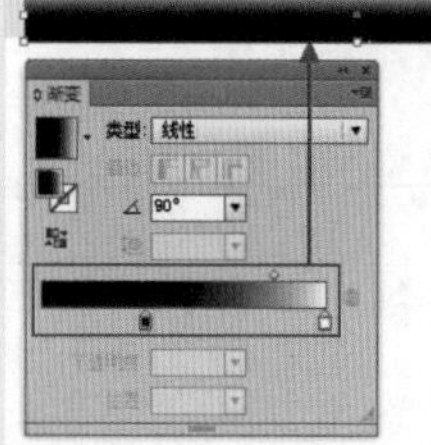

图4-81

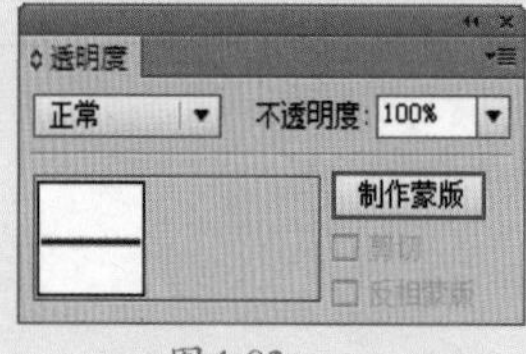

图4-82

06 此时所选文字的下半部分变为带有过渡的半透明效果，如图4-83所示。选择文字倒影，设置其“不透明度”为50%，如图4-84所示。

图4-83

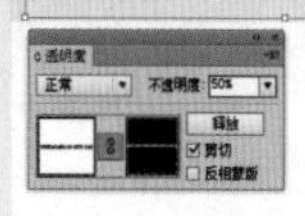

图4-84

提示 创建不透明度蒙版

使用不透明度蒙版，既可以创建类似剪切蒙版的遮罩效果，又可以创建带有透明或渐变透明蒙版的遮罩效果。在不透明度蒙版中遵循以下原则：蒙版中的黑色区域，对象相对应的位置为100%透明效果；蒙版中的白色区域，对象相对应的位置为不透明效果，蒙版中的灰色区域，对象相对应的位置为半透明效果，不同级别的灰度为不同级别的透明效果，如图4-85所示。

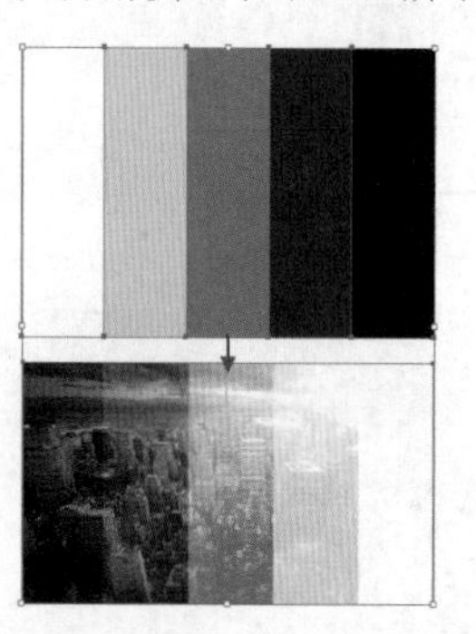

图4-85

07 选择工具箱中的“椭圆工具”，在控制栏中设置“填充”为无，“描边”为灰色，描边“粗细”为8pt，然后在画面中单击，在弹出的“椭圆”对话框中设置“宽度”为157mm，“高度”为157mm，单击“确定”按钮，如图4-86所示，效果如图4-87所示。

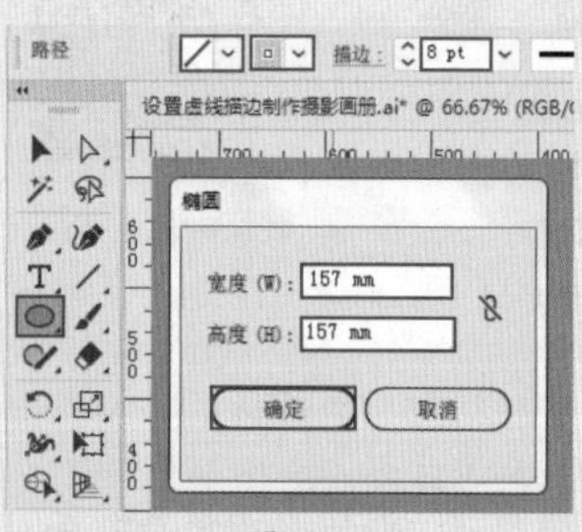

图4-86

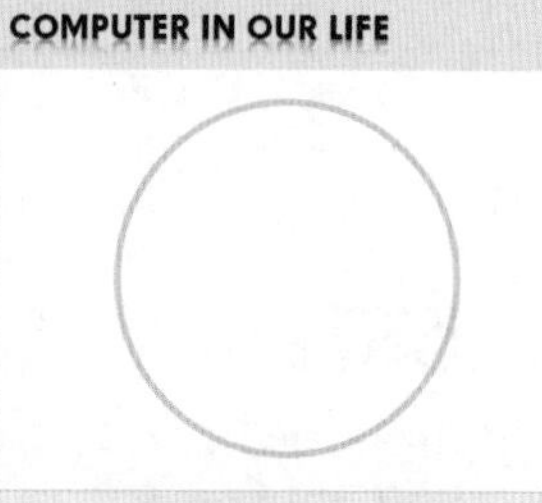

图4-87

08 选择工具箱中的“圆角矩形工具”，在控制栏中设置“填充”为浅灰色，“描边”为无，然后在画面中单击，在弹出的“圆角矩形”对话框中设置“宽度”为45mm，“高度”为180mm，“圆角半径”为20mm，如图4-88所示，单击“确定”按钮，完成圆角矩形的绘制。选择圆角矩形，按住Shift键将其进行旋转，效果如图4-89所示。

图4-88

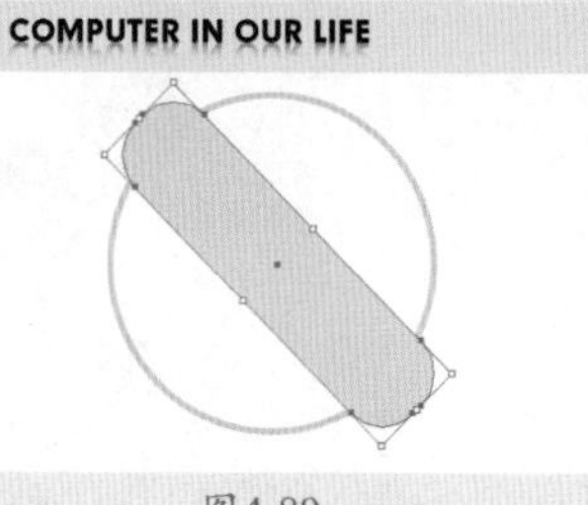

图4-89

09 继续选择圆角矩形，执行“对象>变换>对称”命令，在弹出的“镜像”对话框中选中“垂直”单选按钮，单击“复制”按钮，如图4-90所示，此时效果如图4-91所示。

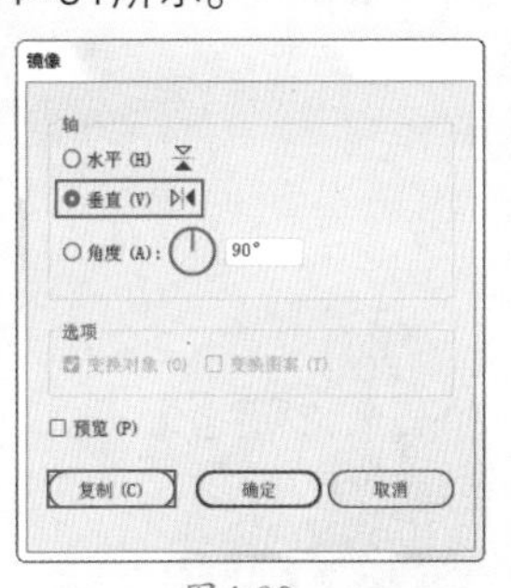

图4-90

COMPUTER IN OUR LIFE

图4-91

10 在工具箱中选择“直线段工具”，在控制栏中设置“描边”为灰色，然后按住Shift键在相应位置绘制直线，效果如图4-92所示，然后在其上绘制一个正圆形，效果如图4-93所示。

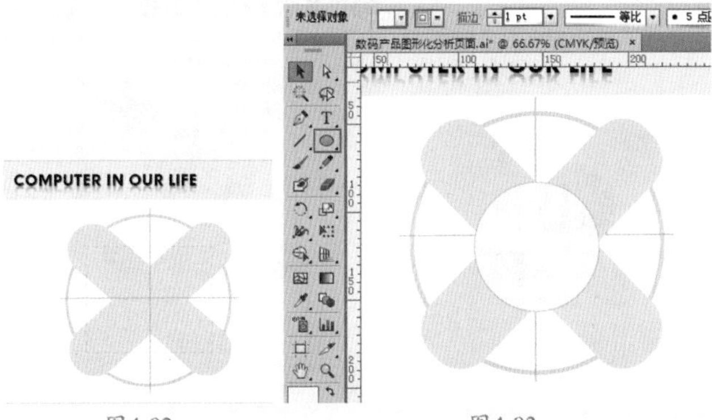

图4-92　　图4-93

11 在画面中添加箭头。执行“窗口>符号库>箭头”命令，弹出“箭头”面板，选择“箭头7”符号，将其拖动到画面中，然后单击控制栏中的“断开链接”按钮，如图4-94所示。将箭头进行缩放，然后将其填充为灰色，效果如图4-95所示。

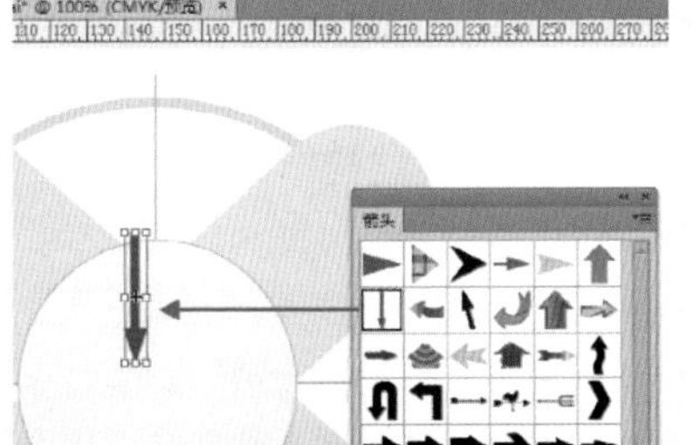

图4-94

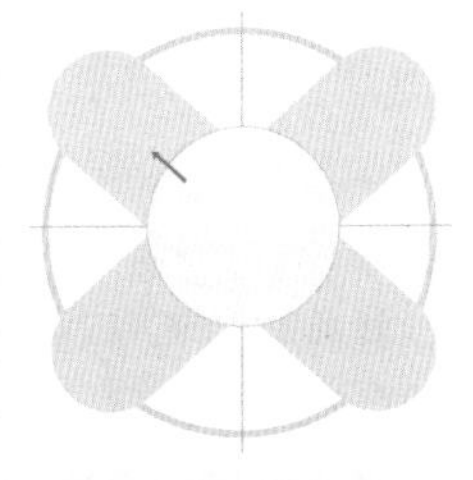
图4-95

12 将箭头进行复制，并移动到相应位置，效果如图4-96所示。

13 再次绘制一个正圆形。在工具箱的底部单击“填色”按钮，使之置于前面，双击工具箱中的“渐变工具”按钮，在弹出的“渐变”面板中设置“类型”为“线性”，双击渐变色条下方的渐变滑块，在弹出的面板中单击“面板菜单”按钮，在弹出的面板菜单中选择CMYK选项，将颜色设置为橘黄色，如图4-97所示，此时效果如图4-98所示。

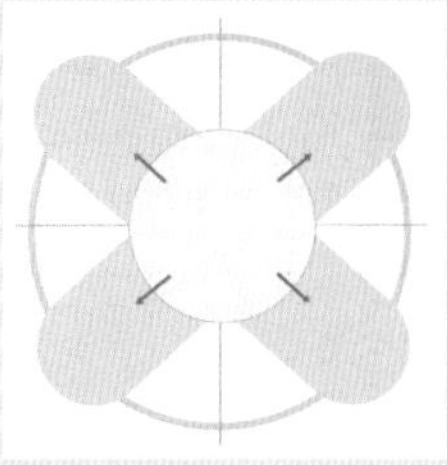

图4-96

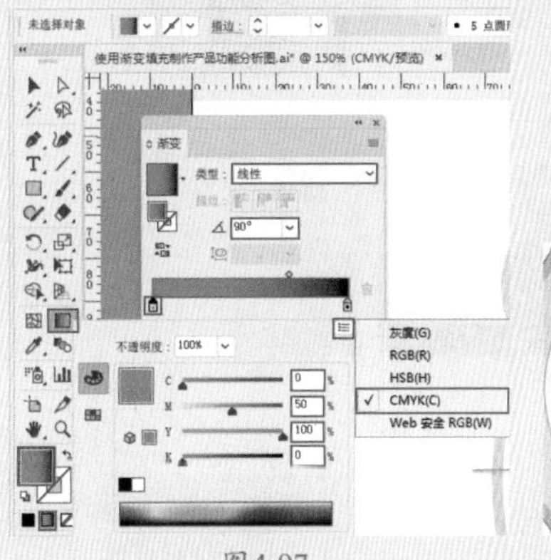

图4-97

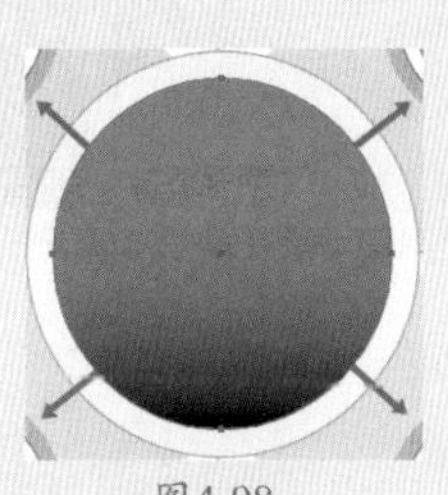
图4-98

14 在渐变色条下方单击添加一个色标，然后双击该色标，使用同样的方法，将其颜色设置为深橘黄色，如图4-99所示，此时效果如图4-100所示。

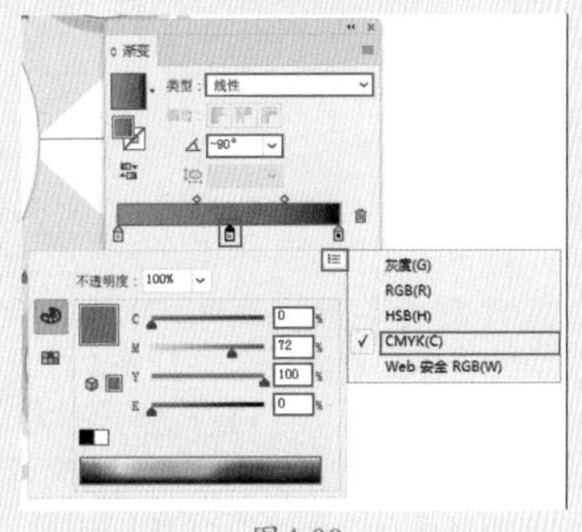

图4-99

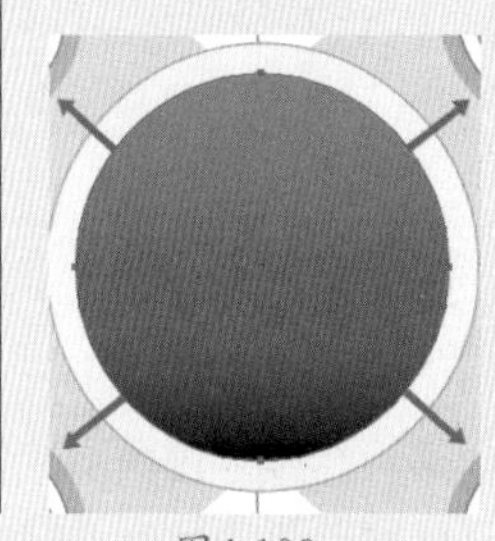
图4-100

15 双击最右侧的色标，设置其颜色为橘黄色，如图4-101所示。此时正圆形的渐变效果如图4-102所示。

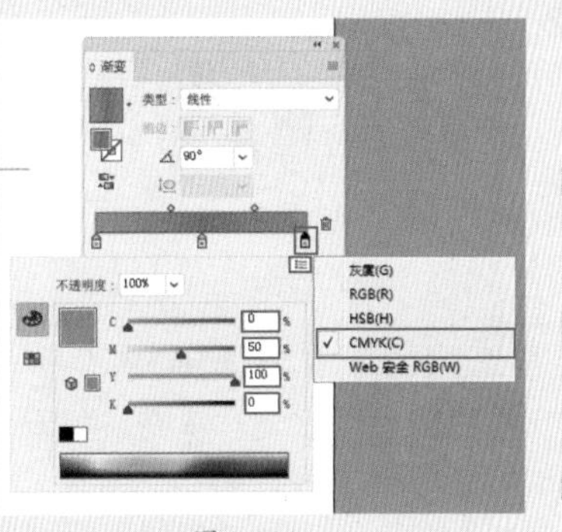

图4-101

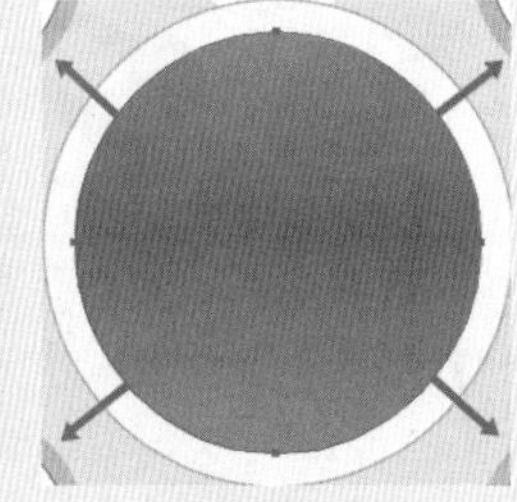
图4-102

提示 更改色标颜色的其他方法

默认的渐变色是从黑色到白色，通过更改色标颜色，可以重新定义渐变颜色。单击“色标”，使其处于选中状态，然后双击颜色控制组件中的“填色”按钮，在弹出的“拾色器”对话框中设置颜色，如图4-103所示，单击“确定”按钮，更改色标颜色的效果如图4-104所示。

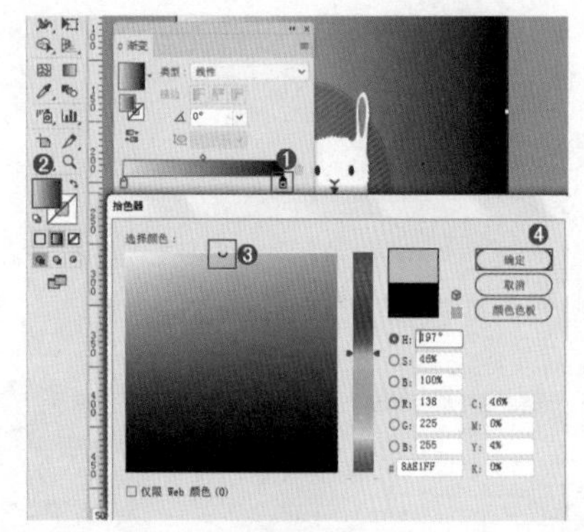

图4-103

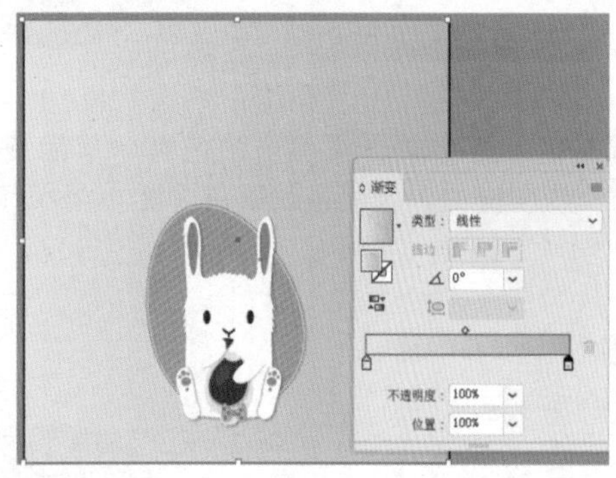

图4-104

16 打开素材“1.ai”，然后选择显示器图形，如图4-105所示，按快捷键Ctrl+C进行复制。回到刚刚制作的文档中，按快捷键Ctrl+V进行粘贴，并将复制的显示器图形移动到橘黄色系渐变填充的正圆形中，效果如图4-106所示。

图4-105

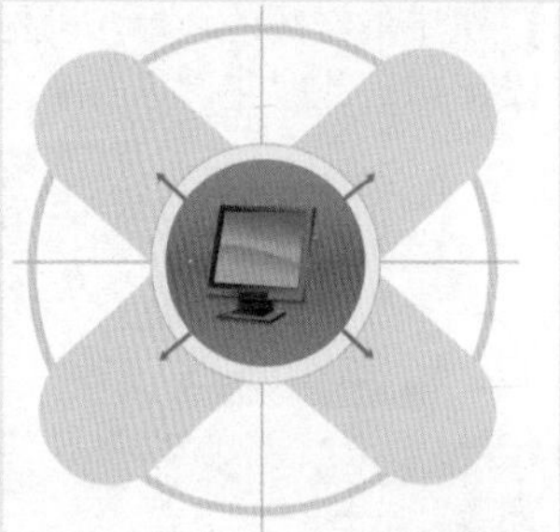

图4-106

17 选择“矩形工具”，在控制栏中设置“填充”为无，“描边”为橘黄色，然后展开“描边”面板，设置“粗细”为1pt，勾选“虚线”复选框，设置“虚线”参数为12pt，然后在画面中绘制矩形，效果如图4-107所示。继续将其他素材图形复制到该文档中，并移动到合适位置，效果如图4-108所示。

18 使用“文字工具”在画面中添加文字，最终完成效果如图4-109所示。

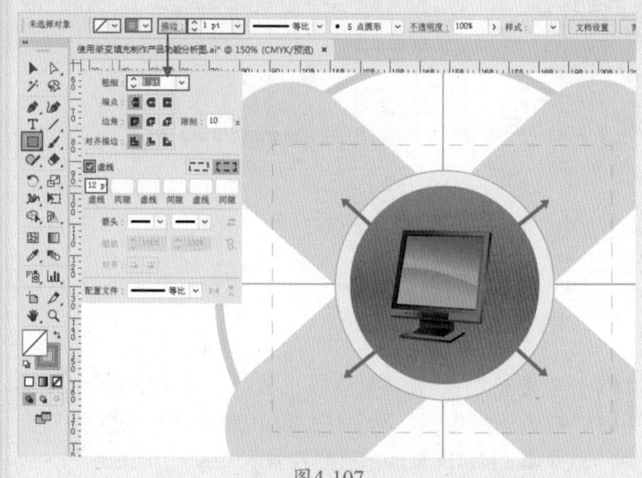

图4-107

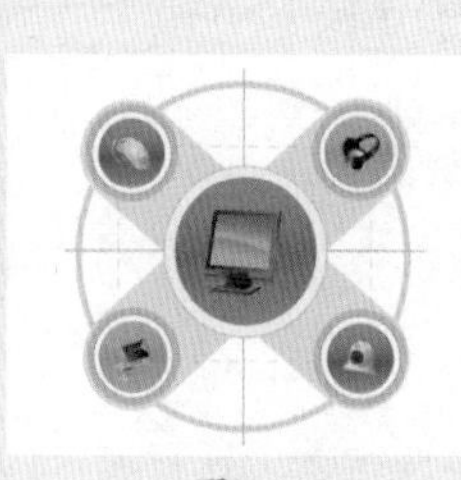

图4-108

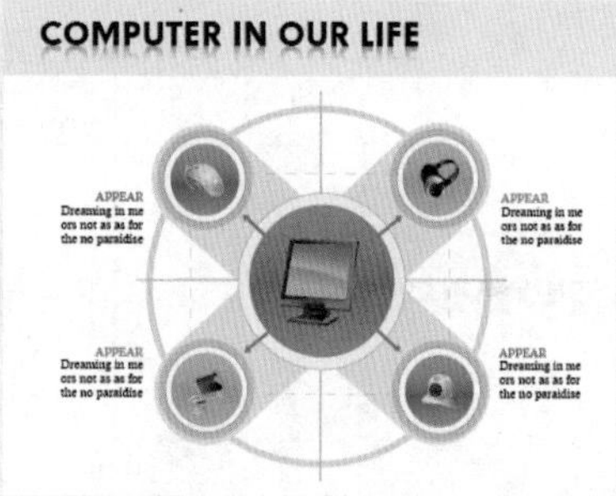

图4-109

要点速查：详解“渐变”面板

在“渐变”面板中可以对渐变的类型、颜色、角度、长宽比、不透明度等参数进行设置，如图4-110所示。不仅如此，描边的渐变颜色也是通过“渐变”面板进行编辑的。

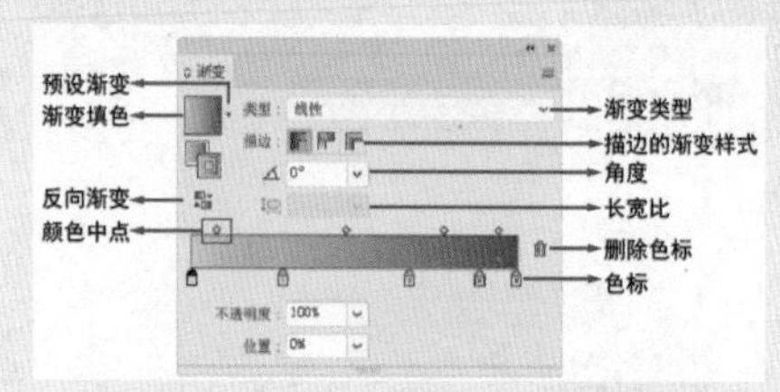

图4-110

- 预设渐变：位于“渐变填色”按钮的右侧，单击该下拉按钮，可以显示预设的渐变。单击列表底部的“添加到色板”按钮，可将当前渐变设置存储为色板。
- 渐变类型：单击“类型”下拉按钮，在弹出的下拉列表中可以看到“线性”和“径向”两个选项，如图4-111所示。当选择“线性”选项时，渐变颜色将按照从一端到另一端的方式进行变化，如图4-112所示；当选择“径向”选项时，渐变颜色将按照从中心到边缘的方式进行变化，如图4-113所示。

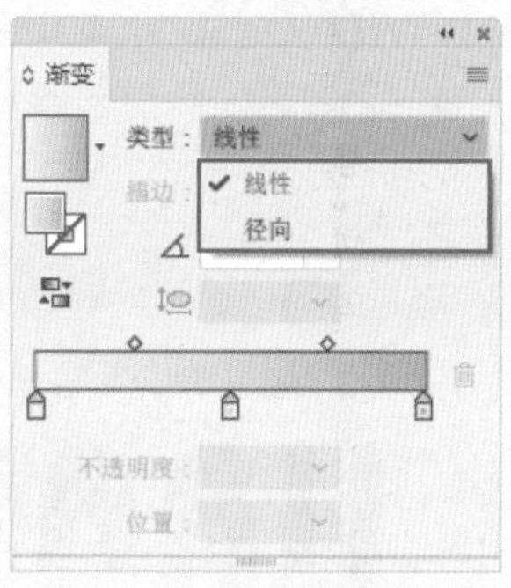

图4-111

图4-112

图4-113

- 反向渐变：单击“反向渐变”按钮，可以将当前渐变颜色的方向翻转。
- 角度/长宽比：调整角度数值，可以将渐变颜色进行旋转，如图4-114所示。当渐变类型为“径向”时，可以通过设置“长宽比”选项更改渐变颜色的角度并使其倾斜，如图4-115所示。

图4-114

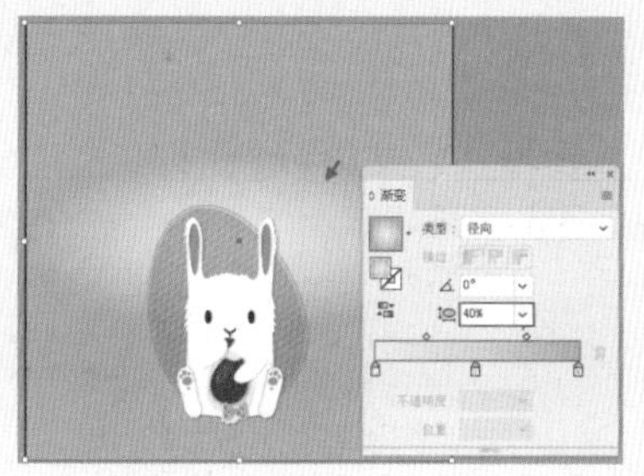
图4-115

- 添加色标：若设置多种颜色的渐变效果，就需要添加色标。将鼠标指针移动至渐变色条的下方，当鼠标指针为形状时单击即可添加色标，如图4-116所示，然后就可以更改色标的颜色了，如图4-117所示。

图4-116

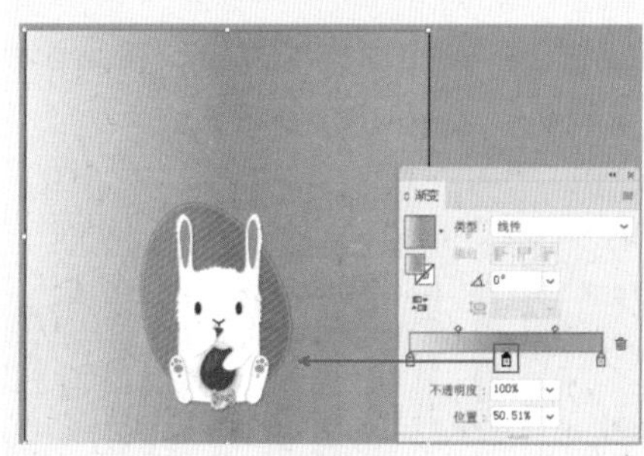
图4-117

- 删除色标：删除色标的方法有两种。先选中需要删除的色标，然后单击“删除色标”按钮，即可删除色标，如图4-118所示；也可以按住鼠标左键将需要删除的色标向渐变色条外侧拖动，以删除色标，如图4-119所示。

图4-118

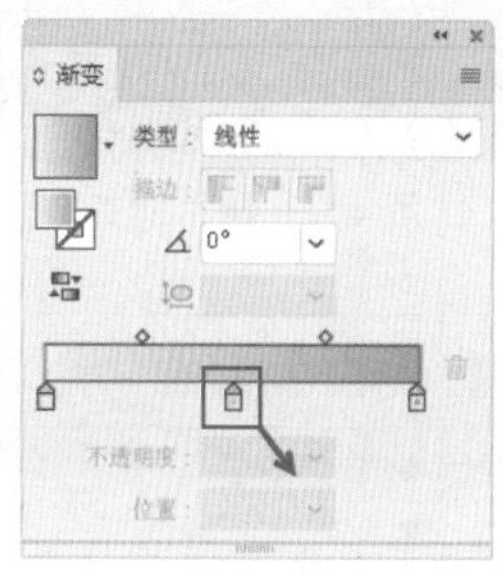

图4-119

- 拖动色标：拖动色标可以更改渐变颜色的变化效果，如图4-120所示。拖动“颜色中点”色标，可以更改两种颜色的过渡效果；或者在“位置”文本框中输入介于0%到100%之间的值，如图4-121所示。

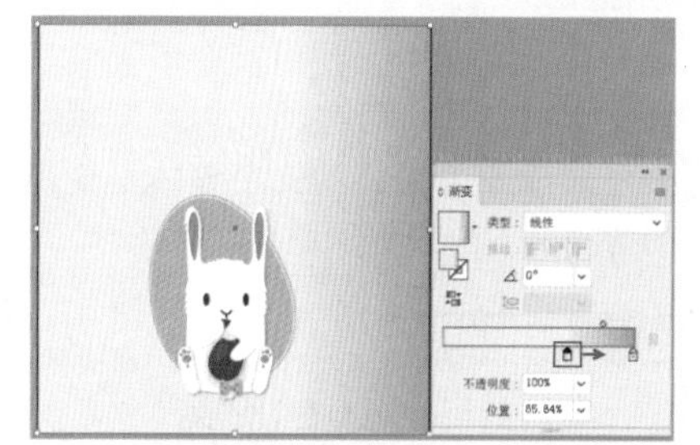
图4-120

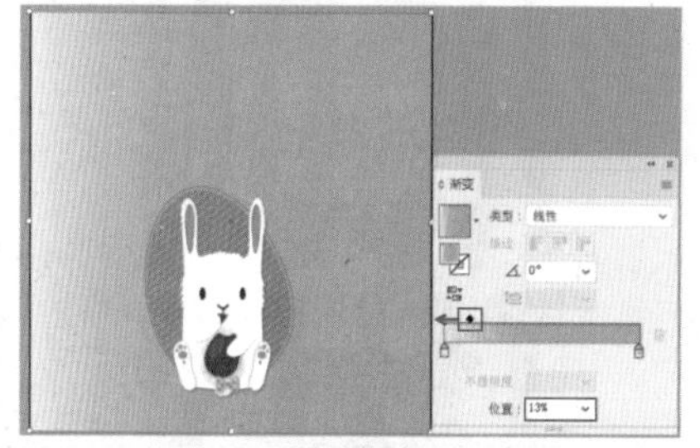
图4-121

- 不透明度：若要更改渐变颜色的不透明度，选中“渐变”面板中的色标，然后在“不透明度”列表框中指定一个数值。如果色标的“不透明度”值小于100%，则色标将显示为，并且颜色在渐变色条中显示为小方格，如图4-122所示。

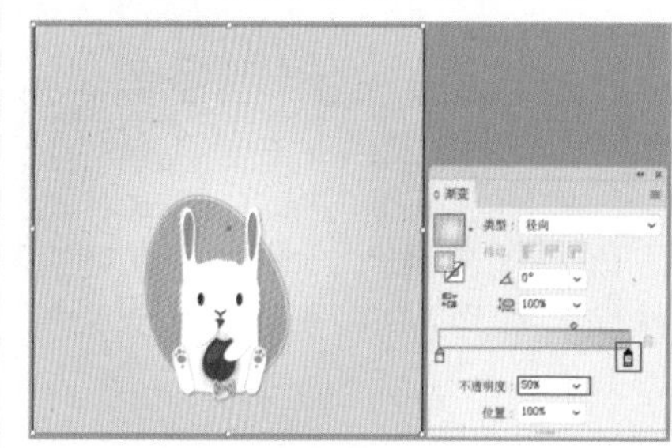
图4-122

实例026 使用渐变制作切割感文字

文件路径	第4章\使用渐变制作切割感文字
难易指数	★★★★★
技术掌握	● 渐变工具 ● “渐变”面板 ● 文字工具 ● 椭圆工具

扫码深度学习

操作思路

在本案例中，使用“变形工具”将文字的路径进行拉伸，再搭配黑、白色的渐变效果，使文字整体呈现出的切割感看上去更加逼真、立体。

案例效果

案例效果如图4-123所示。

图4-123

操作步骤

01 执行“文件>新建”命令，弹出“新建文档”对话框。在对话框顶部选择“打印”选项卡，在左侧“空白文档预设”列表框中选择“A4”纸张；在右侧选择“纵向”按钮，设置“颜色模式”为“CMYK颜色”，单击“创建”按钮，如图4-124所示，创建新的文档。

02 选择工具箱中的“文字工具”，在画面中适当的位置单击插入光标，在控制栏中设置合适的字体、字号，然后输入文字，按快捷键Ctrl+Enter确认输入操作。选择文字，执行“文字>创建轮廓”命令，将文字转换为图形，效果如图4-125所示。

图4-124

图4-125

03 选中文字，双击工具箱中的“变形工具”按钮，在弹出的“变形工具选项”对话框中设置“宽度”为60px，“高度”为50px，“角度”为0°，“强度”为50%，勾选“细节”复选框，设置参数为2，勾选“简化”复选框，设置参数为50，单击“确定”按钮，如图4-126所示。在使用“变形工具”的状态下，按住鼠标左键在文字的上方拖动鼠标指针，将文字进行变形，效果如图4-127所示。

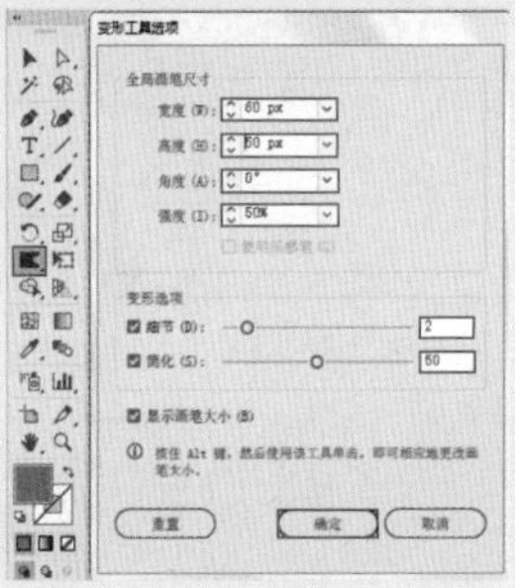

图4-126

04 继续对文字进行变形，效果如图4-128所示。使用同样的方法，在画面中适当的位置输入文字并进行变形，效果如图4-129所示。

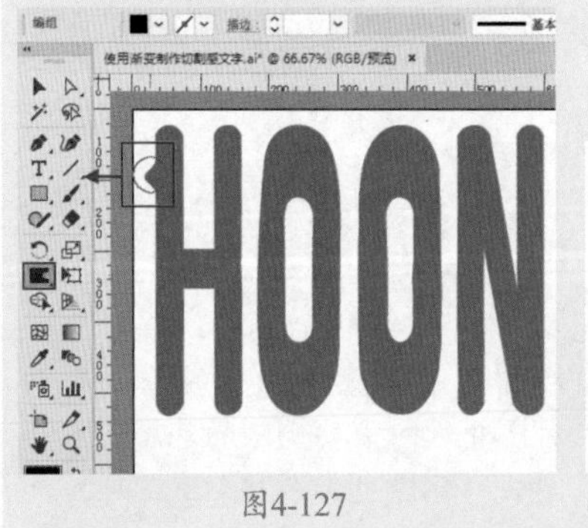

图4-127

图4-128

图4-129

05 继续使用“文字工具”在空白位置输入一段文字，效果如图4-130所示。选中该文字，按住Shift键的同时拖动定界框的控制点，将文字进行旋转90°，然后将文字移动至合适位置。使用同样的方法，在之前文字的附近添加一些稍小的文字，效果如图4-131所示。

06 制作文字的切割感。选择工具箱中的“椭圆工具”，按住Shift键的同时按住鼠标左键拖动鼠标指针，绘制一个正圆形。选中该正圆形，单击工具箱底部的“填色”按钮，使之置于前面，双击“渐变工具”按钮，在弹出的“渐变”面板中设置“类型”为“径向”，然后双击渐变色条右侧的色标，在弹出的面板中设置颜色为白色，设置“不透明度”为0，使用同样的方法，将渐变色条左侧的色标设置为黑色，如图4-132所示。此时正圆形的效果如图4-133所示。

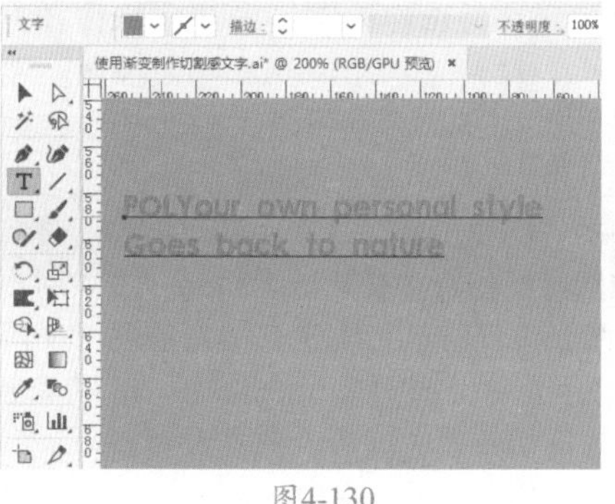

图4-130

图4-131

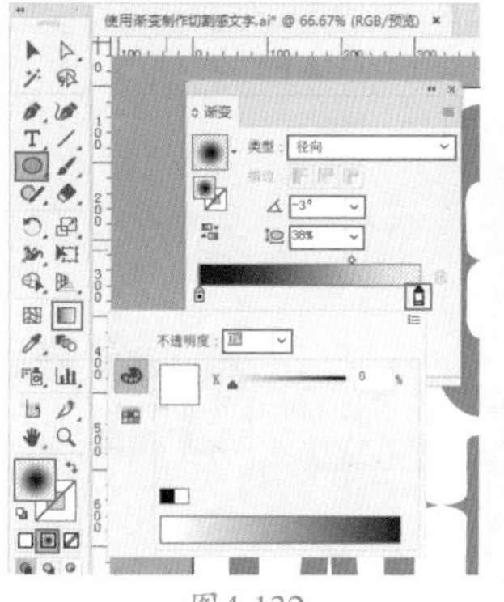

图4-132

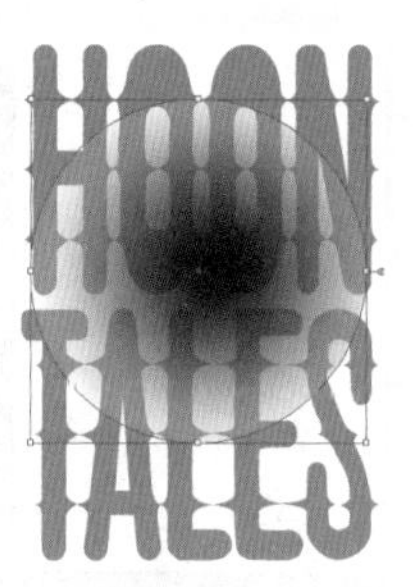

图4-133

07 选择工具箱中的“选择工具”，将正圆形不等比缩放，然后移动到合适位置，效果如图4-134所示。选择“矩形工具”，在半透明椭圆形的下方绘制一个矩形，效果如图4-135所示。

图4-134

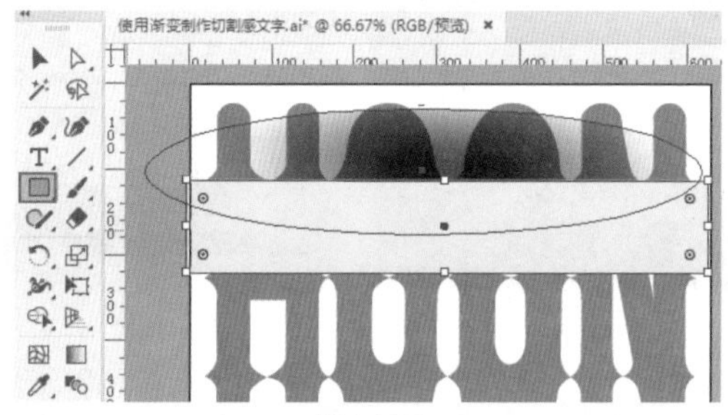

图4-135

08 使用“选择工具”加选椭圆形和矩形，单击鼠标右键，在弹出的快捷菜单中选择“建立剪切蒙版”命令，效果如图4-136所示。

09 使用同样的方法，在画面中其他适当的位置制作渐变的椭圆形，并将其放置在文字上，形成多个切割的部分。最终完成效果如图4-137所示。

图4-136

图4-137

要点速查：为描边设置渐变颜色

如果要为描边设置渐变颜色，可以选择图形，在颜色控制组件中单击“描边”按钮，将其置于前面；然后单击“渐变”按钮，在“渐变”面板中编辑渐变颜色，如图4-138所示。调整“描边”的渐变效果与调整“填色”的渐变效果相同，这里就不重复讲解了，不同的是，可以设置描边的渐变样式。如图4-139所示为设置不同的渐变样式的描边效果。

图4-138

图4-139

实例027 使用图案填充制作音乐网页

文件路径	第4章 使用图案填充制作音乐网页
难易指数	★★★★★
技术掌握	● 色板库 ● 矩形工具 ● 椭圆工具

扫码深度学习

操作思路

在本案例中，将图片素材以正圆形的形式呈现在画面中，然后使用色板库中的图案填充正圆形，制作出带有纹理的装饰效果。

案例效果

案例效果如图4-140所示。

操作步骤

01 执行“文件>新建”命令，弹出“新建文档”对话框。在对话框顶部选择“打印”选项卡，在左侧“空白文档预设”列表框中选择“A4”纸张；在右侧单击“纵向”按钮，设置“颜色模式”为“CMYK颜色”，单击“创建”按钮，如图4-141所示，创建新的文档。

图4-140

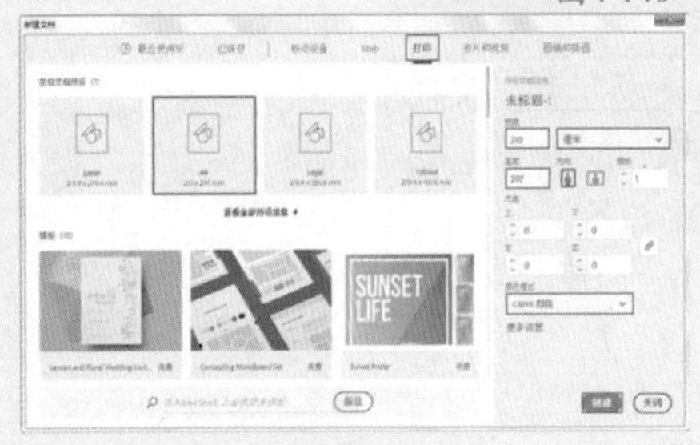
图4-141

02 选择工具箱中的“矩形工具”，在工具箱的底部双击“填色”按钮，在弹出的“拾色器”对话框中设置颜色为深蓝色，单击“确定”按钮。设置“描边”为“无”，如图4-142所示。在使用“矩形工具”的状态下，按住鼠标左键从画面的左上角拖动鼠标指针至右下角，绘制一个深蓝色的矩形，效果如图4-143所示。

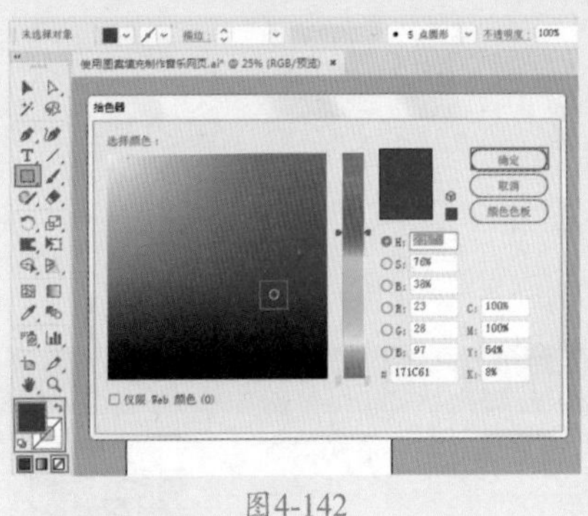
图4-142

图4-143

03 在使用“矩形工具”的状态下，在画面的下方绘制一个黑色的矩形，效果如图4-144所示。

04 执行“文件>置入”命令，在弹出的“置入”对话框中选择素材“1.jpg”，单击“置入”按钮，如图4-145所示。按住鼠标左键在画面中拖动鼠标指针，控制置入对象的大小，释放鼠标左键完成置入操作。在控制栏中单击“嵌入”按钮，将素材嵌入到文档中，效果如图4-146所示。

05 选择工具箱中的“椭圆工具”，按住Shift键的同时按住鼠标左键拖动鼠标指针，在素材“1.jpg”上绘制一个正圆形，效果如图4-147所示。按住Shift键的同时使用“选择工具”将白色圆形和素材“1.jpg”选中，然后单击鼠标右键，在弹出的快捷菜单中选择“建立剪切蒙版”命令，效果如图4-148所示。

06 使用同样的方法，在画面中适当的位置置入其他素材并创建剪切蒙版，效果如图4-149所示。

图4-144

图4-145

图4-146

图4-147

图4-148

图4-149

07 选择工具箱中的“椭圆工具”，在工具的底部双击“填色”按钮，在弹出的“拾色器”对话框中设置颜色为粉色，单击“确定”按钮。设置“描边”为无，如图4-150所示。按住Shift键的同时按住鼠标左键拖动鼠标指针，在画面的右侧绘制一个正圆形，释放鼠标左键，效果如图4-151所示。

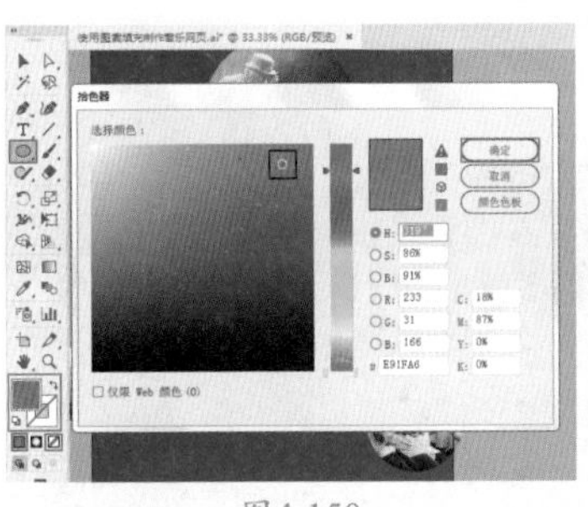
图4-150

图4-151

08 按快捷键Ctrl+C将正圆形进行复制，按快捷键Ctrl+F将正圆形粘贴在前面，将鼠标指针定位在定界框的一角处，同时按住Shift键和Alt键向正圆形内拖动鼠标指针，将其以中心为基点等比缩放，效果如图4-152所示。在工具箱的底部设置该正圆形的“填色”为紫色，“描边”为无，效果如图4-153所示。

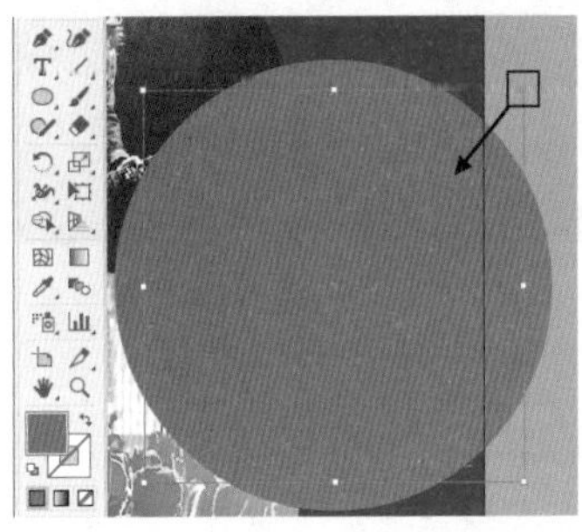
图4-152

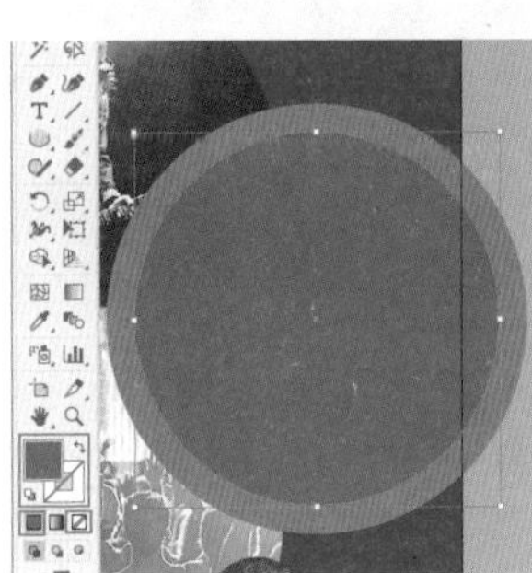
图4-153

09 使用同样的方法，再次复制出一个正圆形并等比缩放。选择稍小的正圆形，执行“窗口>色板库>图案>基本图形>基本图形_点”命令，在弹出的“基本图形_点”面板中选择“0到50%点阶”图形，如图4-154所示，此时正圆形效果如图4-155所示。

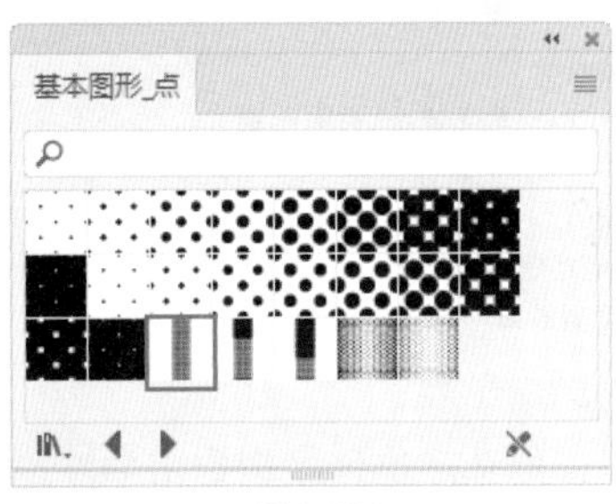

图4-154

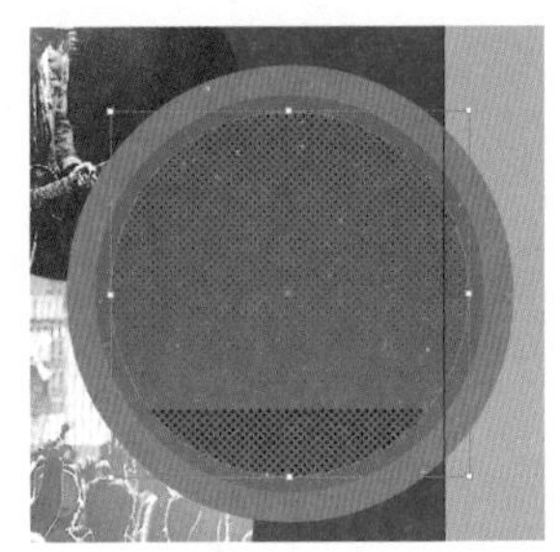
图4-155

提示

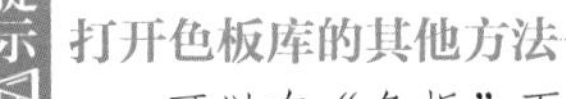

打开色板库的其他方法

可以在“色板”面板中单击“色板库菜单”按钮，在弹出的菜单中选择库，即可打开相应的色板库，如图4-156所示。

图4-156

10 选择工具箱中的“圆角矩形工具”，在工具箱的底部设置“填色”为粉色，“描边”为无，在右侧粉色正圆形内单击，在弹出的“圆角矩形”对话框中设置“宽度”为350px，“高度”为40px，“圆角半径”为30px，单击“确定”按钮，如图4-157所示，此时效果如图4-158所示。

图4-157

图4-158

11 选择工具箱中的“文字工具”，在画面中粉色正圆形上单击插入光标，在工具箱的底部设置“填色”为粉色，“描边”为无，在控制栏中设置合适的字体、字号，然后在画面中输入文字，按快捷键Ctrl+Enter确认输入操作，效果如图4-159所示。使用同样的方法，在画面中其他适当的位置输入文字，效果如图4-160所示。

12 使用同样的方法，在画面中适当的位置绘制正圆形并输入文字，效果如图4-161所示。在画面中蓝色正圆形上置入素材并创建剪切蒙版，效果如图4-162所示。

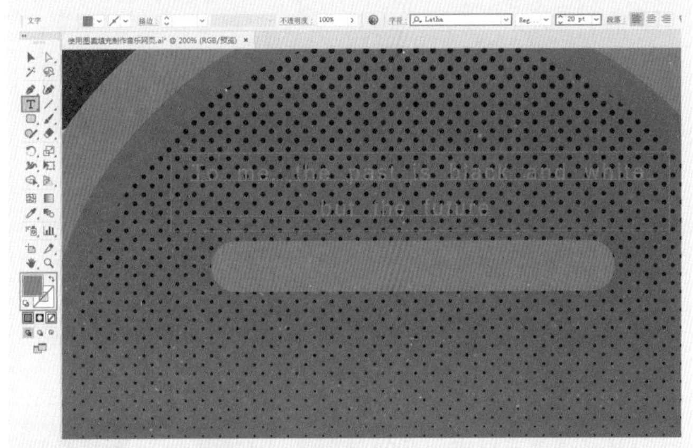
图4-159

图4-160

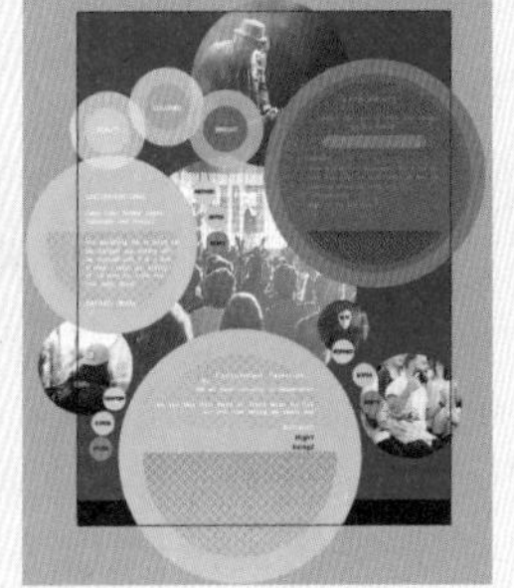
图4-161

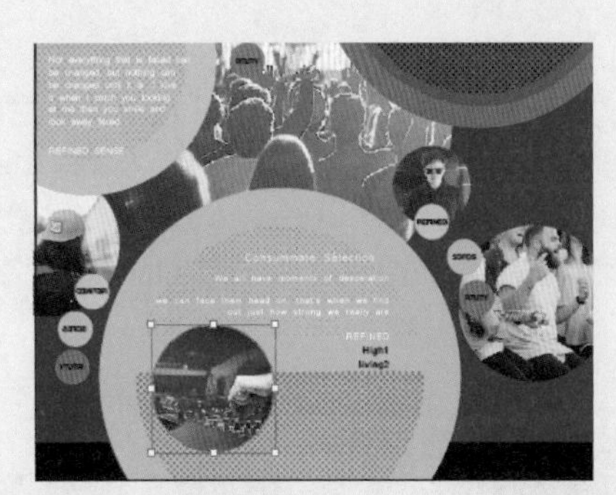

图4-162

13 使用工具箱中的“矩形工具”在画面中的上方绘制一个黑色的矩形，效果如图4-163所示。使用“文字工具”在黑色矩形中输入文字，效果如图4-164所示。

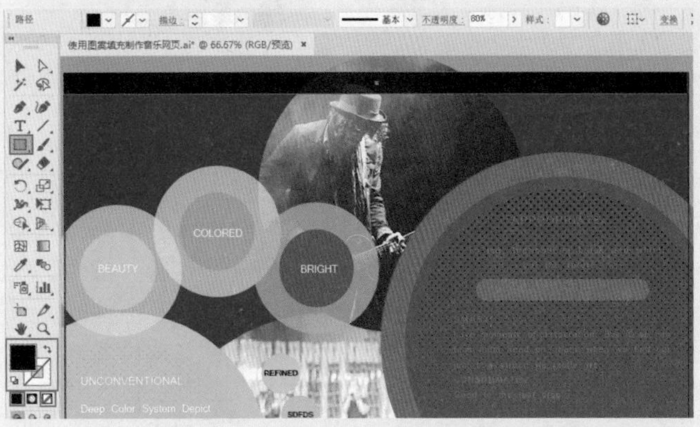

图4-163

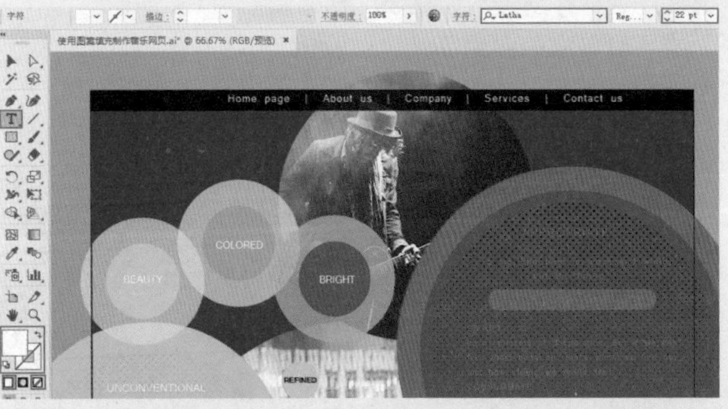

图4-164

14 选择工具箱中的“钢笔工具”，在工具箱的底部设置“填色”为白色，“描边”为无，设置完成后在画面中的上方绘制一个白色的图形，效果如图4-165所示。使用“文字工具”在其下方输入文字，得到标志图形，效果如图4-166所示，将其作为标志。

图4-165

15 使用“钢笔工具”在标志图形的右侧绘制一个箭头图形，效果如图4-167所示，然后在其中输入文字。最终完成效果如图4-168所示。

图4-166

图4-167

图4-168

要点速查：使用“色板”面板设置颜色

在控制栏中单击“填充”或者“描边”按钮，在其下方弹出的面板其实就是一个简化的“色板”面板，其功能几乎完全一样。执行“窗口>色板”命令，弹出“色板”面板，如图4-169所示。

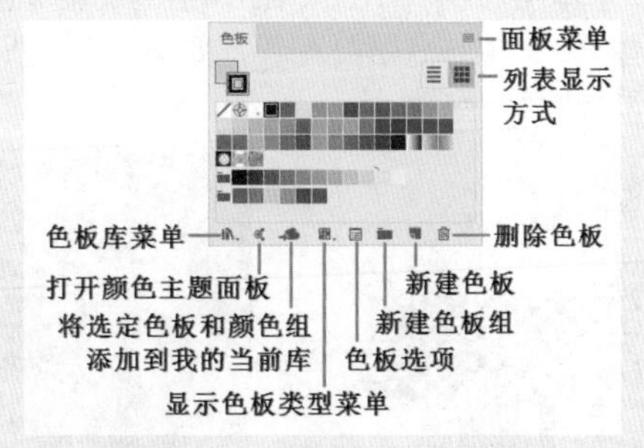

图4-169

在设置颜色之前，首先需要在“色板”面板中选择需要设置的是“填充色”还是“描边色”。在面板左上角单击“填充”按钮，使其处于前方，如图4-170所示，此时设置的就是填充颜色，然后在面板下方单击色块。在面板左上角单击“描边”按钮，使其处于前方，如图4-171所示，此时设置的就是描边颜色，然后在面板下方单击色块。

1. 使用“色板”面板设置颜色

“色板”面板的使用方法非常简单。以设置“填充”颜色为例，首先选中图形，如图4-172所示，在“色板”面板中单击“填充”按钮，然后单击下方的色板色块，如图4-173所示，即可为该图形设置合适的填充颜色，如

图4-174所示。

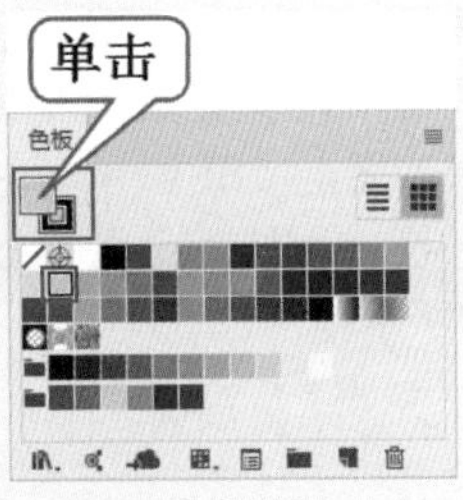

图4-170

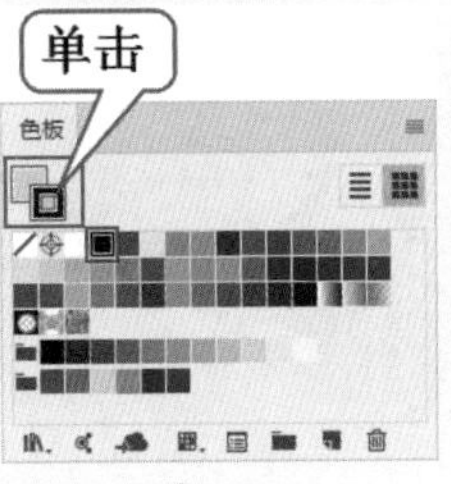

图4-171

图4-172

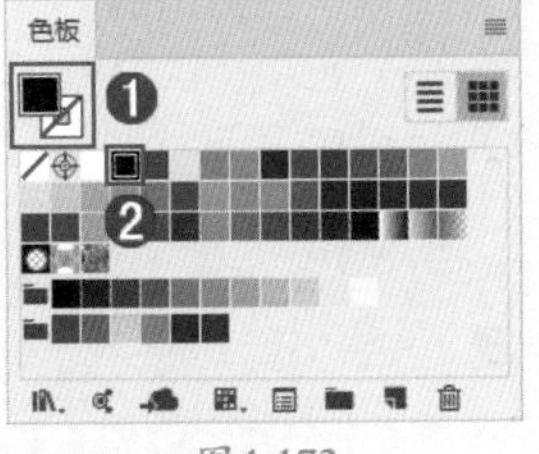

图4-173

图4-174

2. 新建色板

首先需要设置合适的填充颜色，然后单击“新建色板”按钮，或者单击面板菜单按钮≡，在弹出的面板菜单中选择“新建色板”命令，如图4-175所示。在弹出的“新建色板”对话框中，可以设置色板的名称、颜色类型，还可以重新定义颜色，单击“确定”按钮，如图4-176所示，完成新建色板的操作。

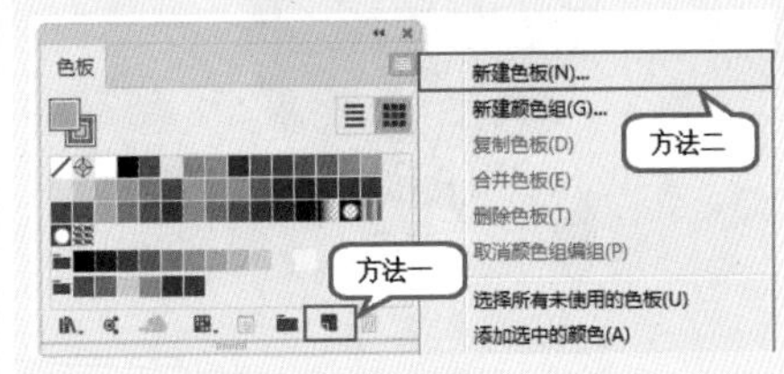

图4-175

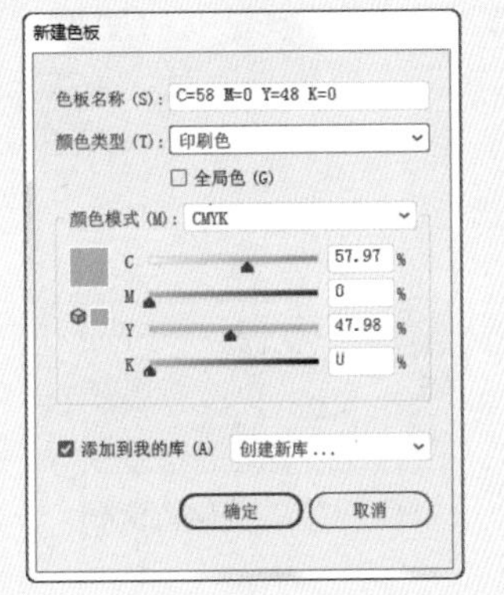

图4-176

3. 载入其他文件中的色板

如果预设的色板库无法满足使用需求，还可以载入外部的色板。执行“窗口>色板库>其他库”命令，在弹出的对话框中可以选择其他色板文件，然后单击“打开”按钮，如图4-177所示，然后以单独的面板打开该文件中的色板，如图4-178所示。

图4-177

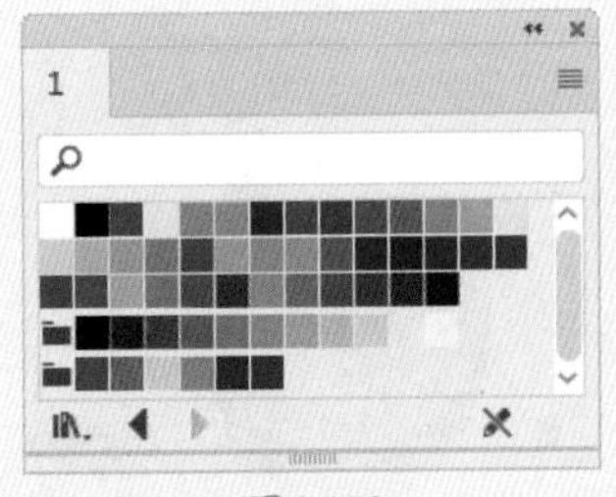

图4-178

实例028 使用网格工具制作卡通儿童头像

文件路径	第4章\使用网格工具制作卡通儿童头像
难易指数	★★★★★
技术掌握	● 网格工具 ● 渐变工具 ● 椭圆工具 ● 钢笔工具

扫码深度学习

操作思路

“网格工具”是一种多点的填色工具。使用“网络工具”在对象上添加一系列的网格，然后设置网格点上的颜色，网格点的颜色与周围的颜色会产生一定的过渡和融合，从而产生一系列丰富的颜色。随着网格点位置的移动，图形中的颜色也会产生移动；还可以对图形边缘处的网格线进行移动，从而改变对象的形态。本案例通过使用“网格工具”，在人物的脸上添加腮红。

案例效果

案例效果如图4-179所示。

图4-179

操作步骤

01 执行“文件>打开”命令，在弹出的“打开”对话框中选中素材“1.ai”，单击“打开”按钮，如图4-180所示，此时效果如图4-181所示。

图4-180

图4-181

02 绘制头发底层效果。选择工具箱中的“钢笔工具”，在工具箱底部设置“填色”为无，“描边”为无，绘制一个头发底层的轮廓，效果如图4-182所示。执行“窗口>渐变”命令，弹出“渐变”面板。在其中设置“类型”为“线性”，编辑一个棕色系的渐变，如图4-183所示。

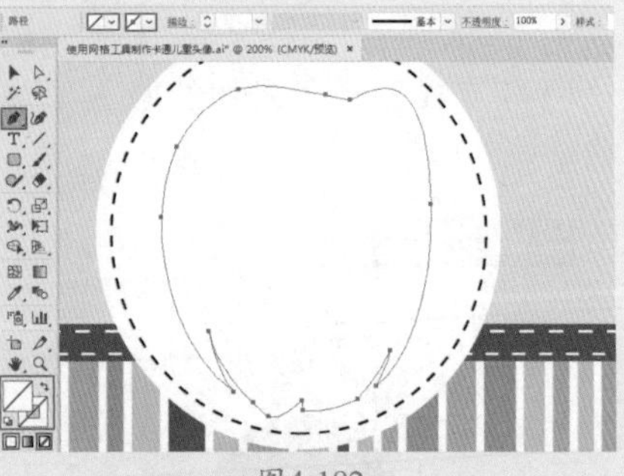
图4-182

图4-183

03 选择工具箱中的“渐变工具”，在头发底层的轮廓中拖动鼠标指针调整渐变效果，如图4-184所示。

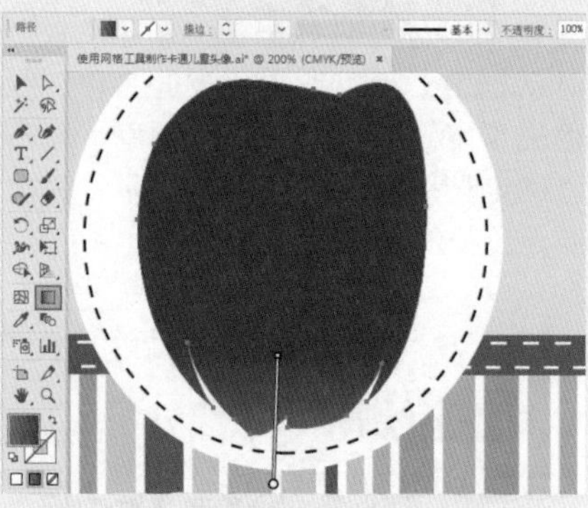
图4-184

04 选择工具箱中的“钢笔工具”，绘制一个不规则的图形，然后为其填充深棕色系渐变，参数设置如图4-185所示，此时效果如图4-186所示。

图4-185

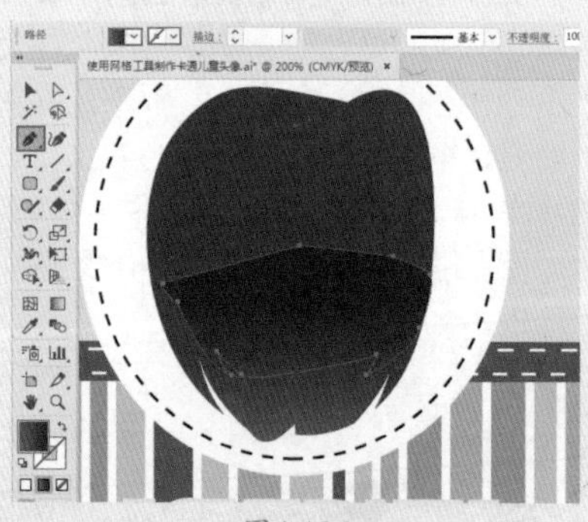
图4-186

05 选择工具箱中的“椭圆工具”，在工具箱的底部设置“填色”为肤色，“描边”为无，绘制一个正圆形，效果如图4-187所示，将其作为脸部。

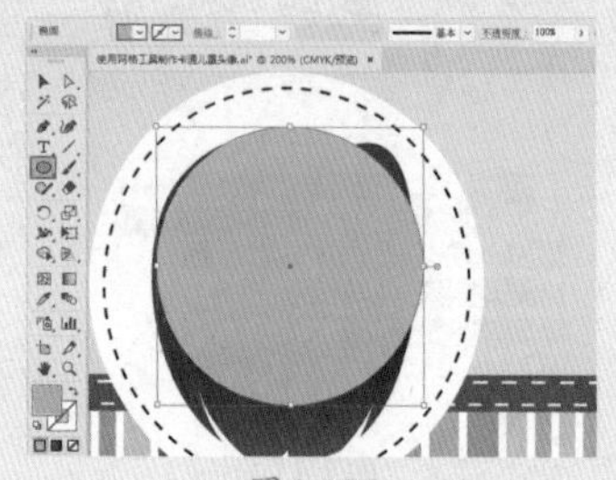
图4-187

06 选中正圆形，选择工具箱中的“网格工具”，将鼠标指针移动到正圆形中，单击鼠标左键添加网格，效果如图4-188所示。继续使用“网格工具”添加多个网格，效果如图4-189所示。

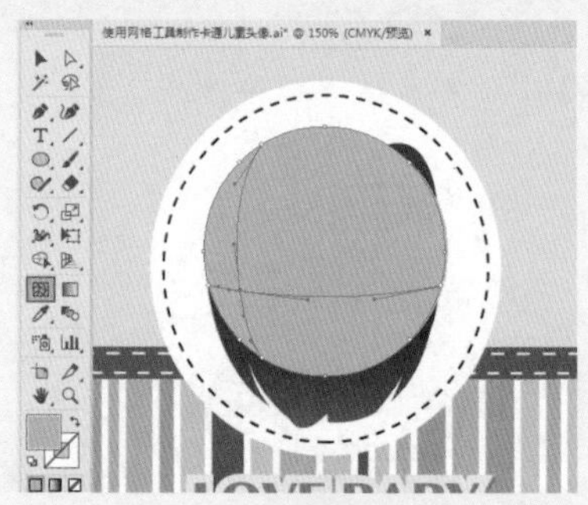
图4-188

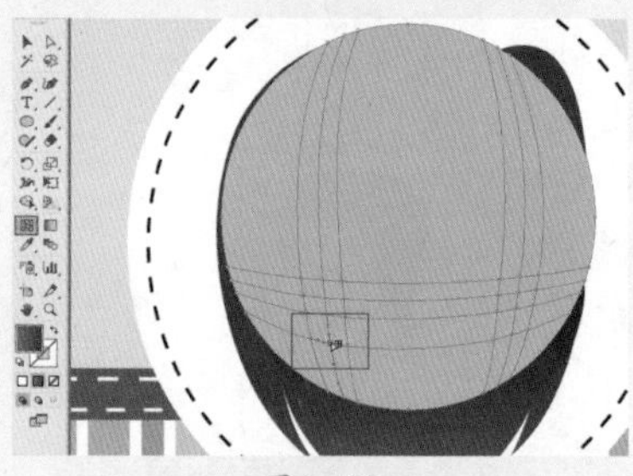
图4-189

07 使用“直接选择工具”在网格点上单击进行选择，然后执行“窗口>颜色”命令，在弹出的“颜色”面板中选择红色，如图4-190所示，此时效果如图4-191所示。

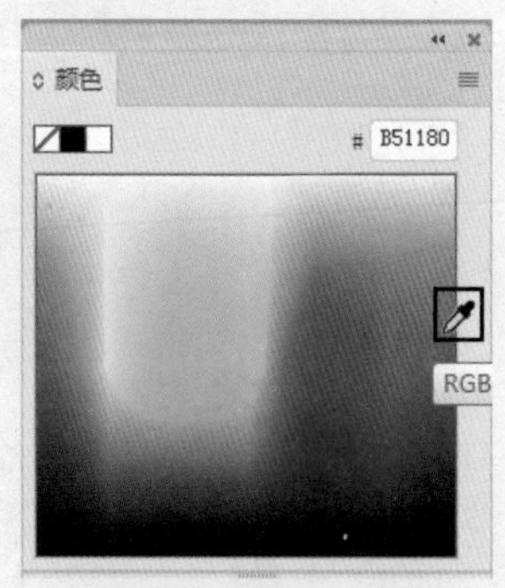

图4-190

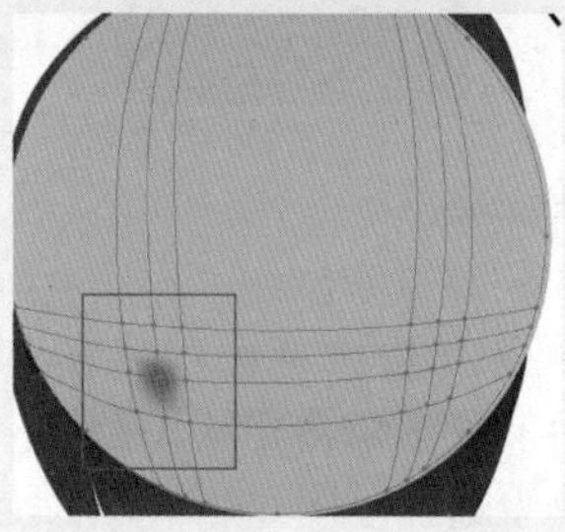
图4-191

08 拖动网格点调整颜色的过渡效果，如图4-192所示。使用同样的方法，添加另外一侧的腮红，效果如图4-193所示。

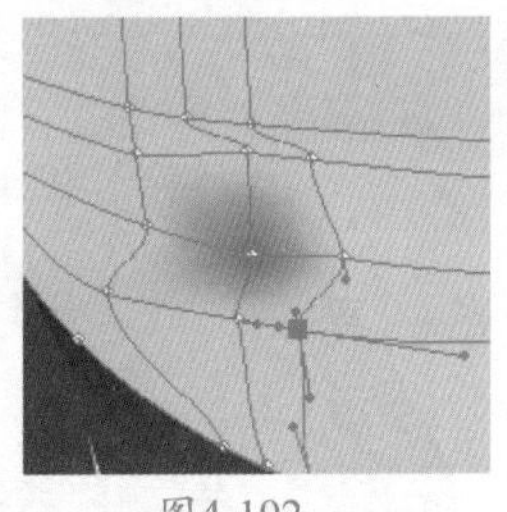
图4-192

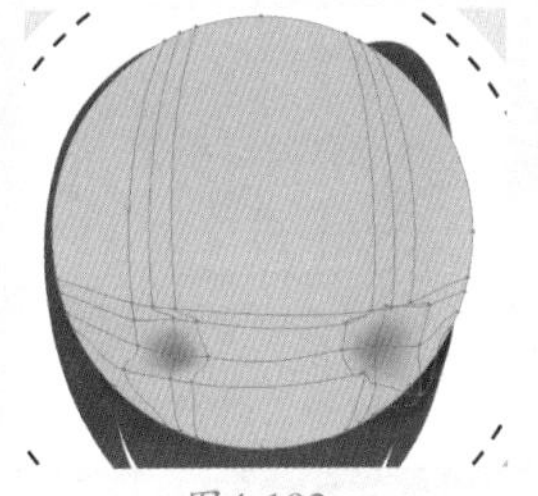
图4-193

09 绘制耳朵。选择工具箱中的“钢笔工具”，绘制一个耳朵形状的图形，然后为其填充一个肤色的渐变，如图4-194和图4-195所示。

图4-194

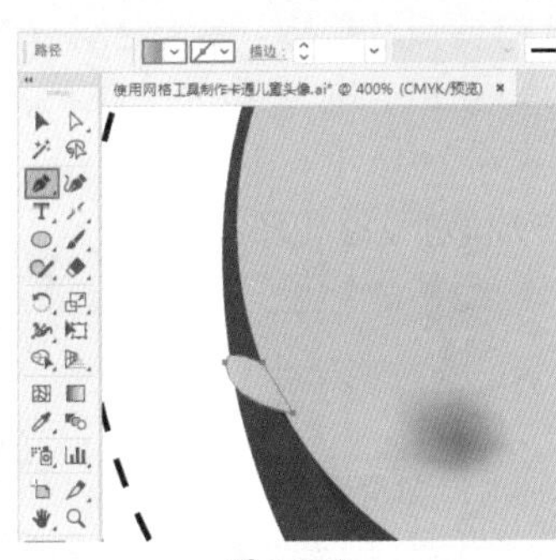
图4-195

10 使用“钢笔工具”绘制一个深黄色的不规则图形，然后为其填充一个深肤色的渐变，将其作为耳朵里的内轮廓，如图4-196和图4-197所示。

图4-196

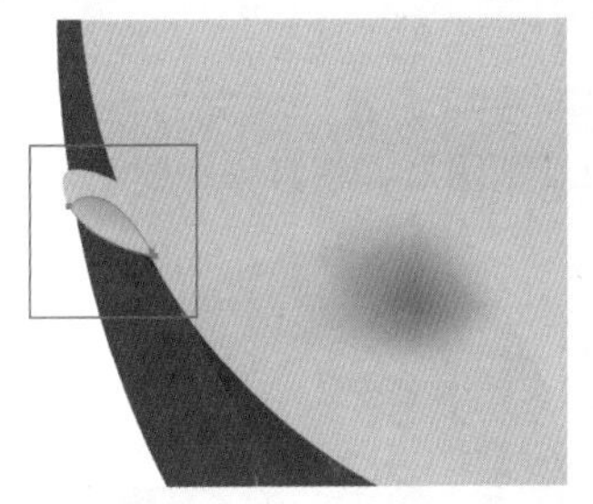
图4-197

11 按住Shift键加选两个耳朵图形，单击鼠标右键，在弹出的快捷菜单中选择“编组”命令，然后保持该图形组的选中状态，单击鼠标右键，在弹出的快捷菜单中选择“排序>后移一层”命令，效果如图4-198所示。继续保持耳朵图形组的选中状态，单击鼠标右键，在弹出的快捷菜单中选择“变换>对称”命令，在弹出的“镜像”对话框中选中“垂直”单选按钮，单击“复制”按钮，如图4-199所示。

12 镜像复制出另一个耳朵图形，将其移动到相应位置，效果如图4-200所示。

13 选择工具箱中的“钢笔工具”，绘制头部上方的头发，然后为其填充棕色系的渐变，设置“描边”为无，效果如图4-201所示。继续使用“钢笔工具”绘制额头处的刘海部分，然后为其填充浅棕色系的渐变，设置“描边”为无，效果如图4-202所示。

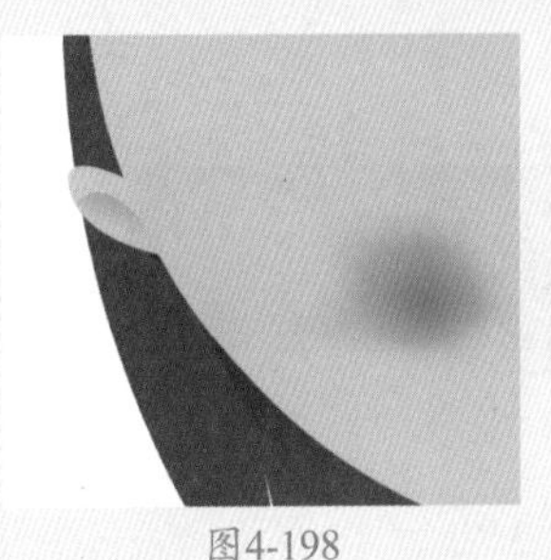
图4-198

图4-199

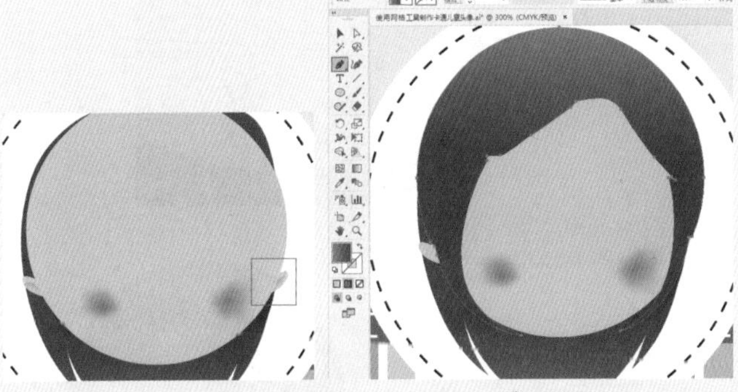
图4-200　图4-201

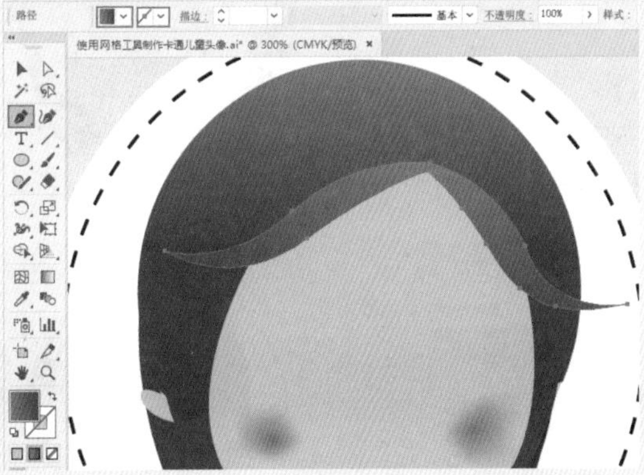
图4-202

14 使用同样方法，绘制刘海的高光部分，为其填充黄色系渐变，效果如图4-203所示。

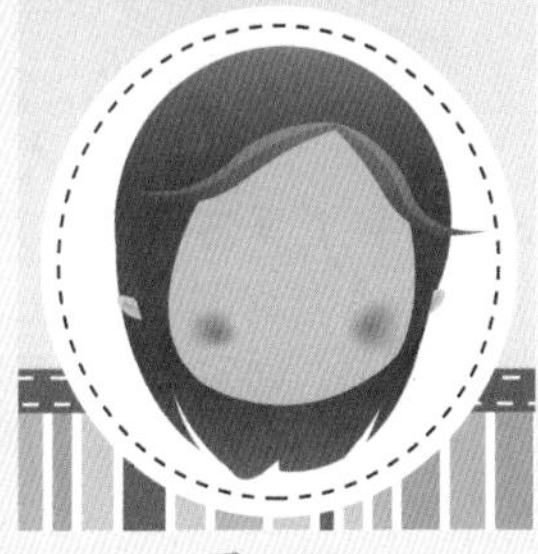
图4-203

15 进一步绘制鬓角部分。选择工具箱中的“钢笔工具”，在控制栏中设置“填充”为浅棕色渐变，“描边”为无，绘制一个不规则的图形，效果如图4-204所示。保持该图形的选中状态，单击鼠标右键，在弹出的快捷菜单中选择“变换>对称”命令，在弹出的“镜像”对话框中选中“垂直”单选按钮，单击“复制”按钮，如图4-205所示。

16 复制出另一个鬓角图形，将其移动到相应位置，效果如图4-206所示。

17 选择工具箱中的“钢笔工具”，在控制栏中设置“填充”为黄色，“描边”为无，绘制眉毛图形，效果如图4-207所示。使用同样的方法，绘制另外一个眉毛图形，效果如图4-208所示。

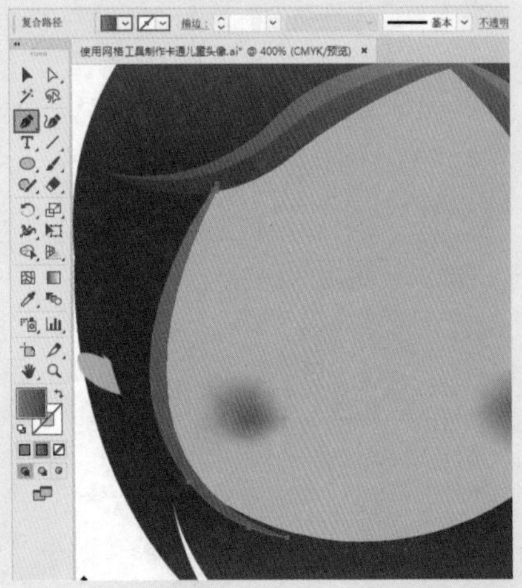
图4-204

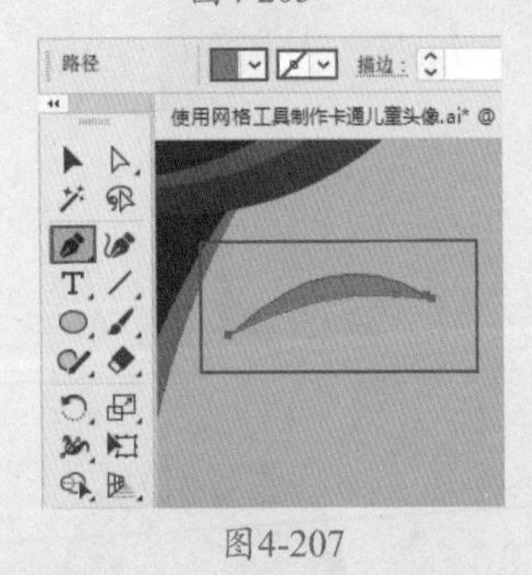
图4-205

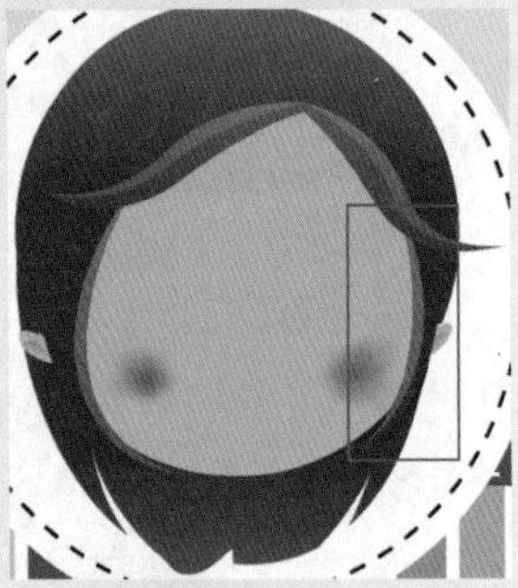

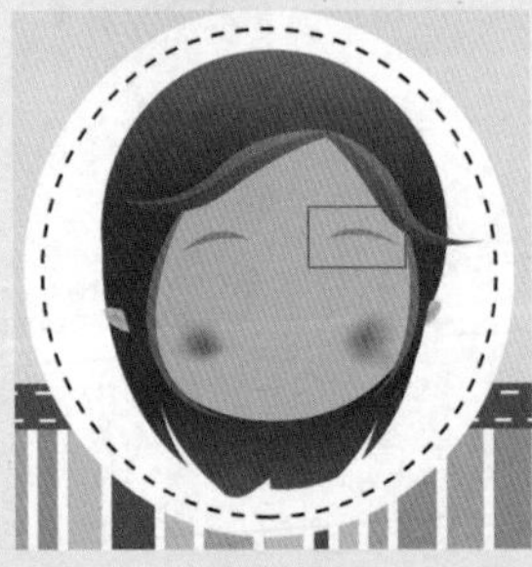
图4-206

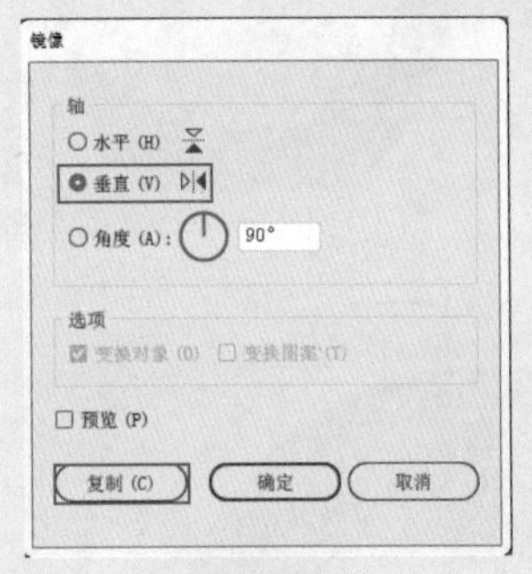
图4-207

图4-208

18 选择工具箱中的“椭圆工具”，绘制一个椭圆形，将其作为鼻子，然后为其填充深肤色渐变，设置“描边”为无，如图4-209和图4-210所示。

图4-209

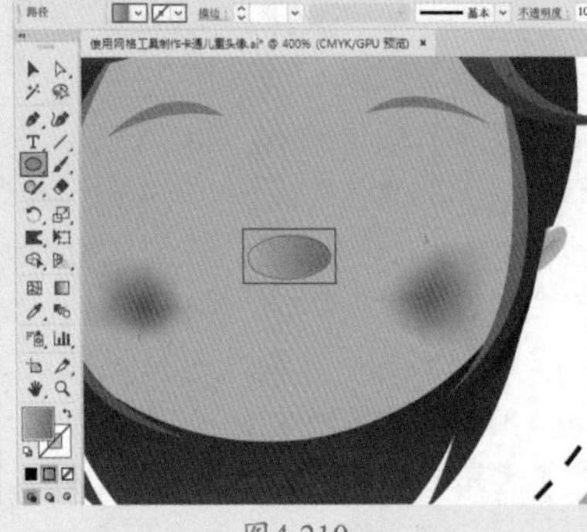
图4-210

19 绘制头发上的高光部分。选择工具箱中的“钢笔工具”，绘制一个不规则图形，然后为其填充浅棕色渐变，设置“描边”为无，如图4-211和图4-212所示。

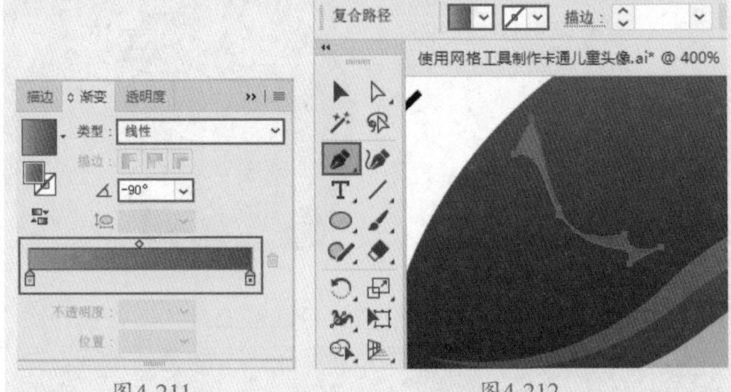
图4-211　图4-212

20 使用“钢笔工具”绘制一个浅棕色渐变填充的不规则图形，将其作为头发的高光部分，如图4-213和图4-214所示。

图4-213 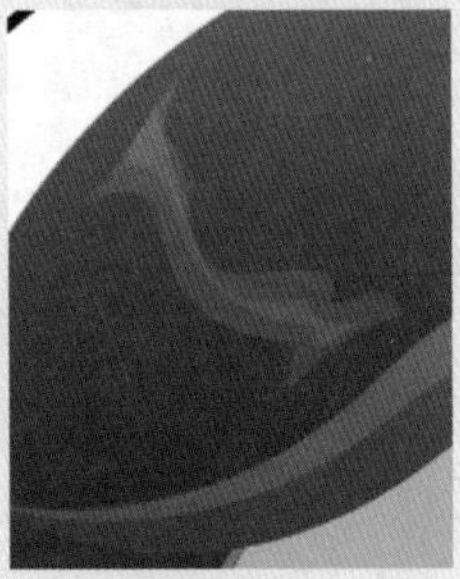　图4-214

21 使用同样的方法添加其他头发的高光部分，效果如图4-215所示。选择工具箱中的“钢笔工具”，在控制栏中设置“填充”为棕色，“描边”为无，绘制一个不规则图形，将其作为睫毛，效果如图4-216所示。

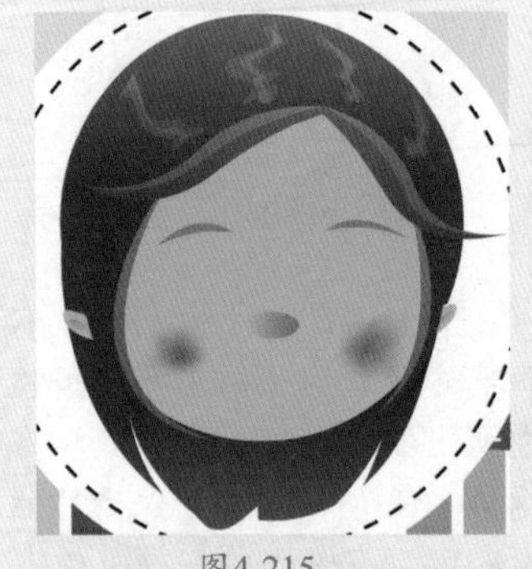
图4-215

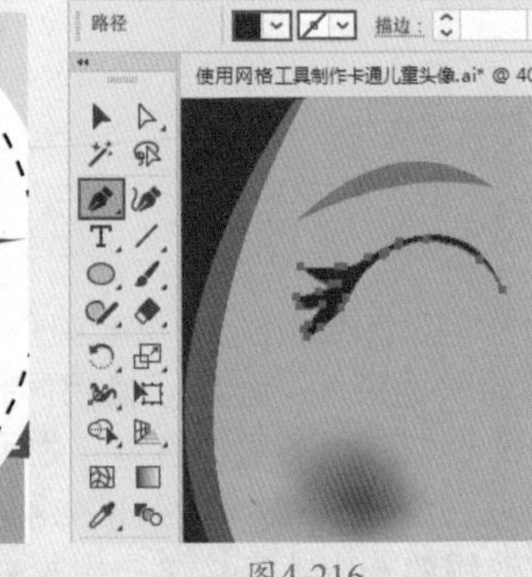
图4-216

22 选择工具箱中的“椭圆工具”，在控制栏中设置“填充”为蓝色，“描边”为无，绘制一个圆形，如图4-217所示。使用同样的方法，再绘制一个深蓝色的圆形，将其移动到相应位置，效果如图4-218所示。

23 选择工具箱中的“刻刀工具”，按住鼠标左键从两个圆形的一侧拖动鼠标指针到两个圆形的另外一侧，效果如图4-219所示。依次更改分割出的图形的颜色，效果如图4-220所示。

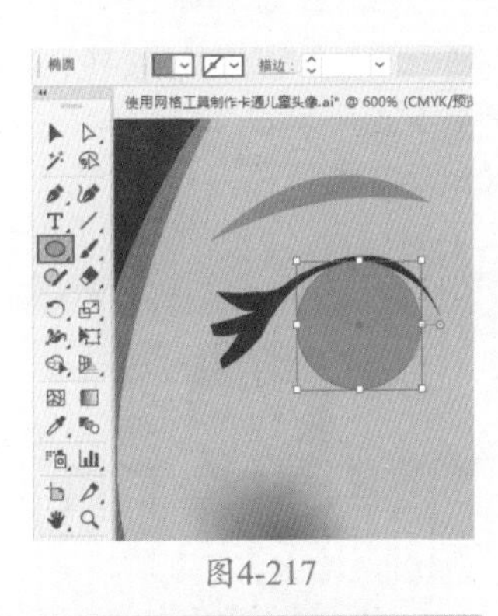

图4-217

图4-218

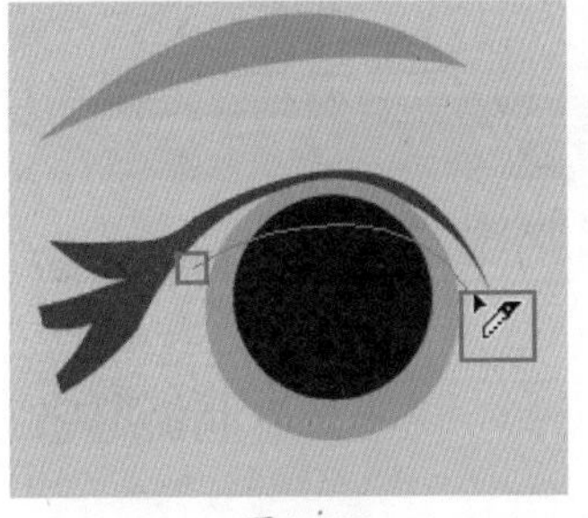

图4-219

图4-220

24选择工具箱中的“钢笔工具”，在控制栏中设置“填充”为白色，“描边”为无，绘制一个不规则图形，将其作为眼白，效果如图4-221所示。继续使用“钢笔工具”绘制其他不规则图形，依次填充合适的颜色，效果如图4-222所示。

图4-221

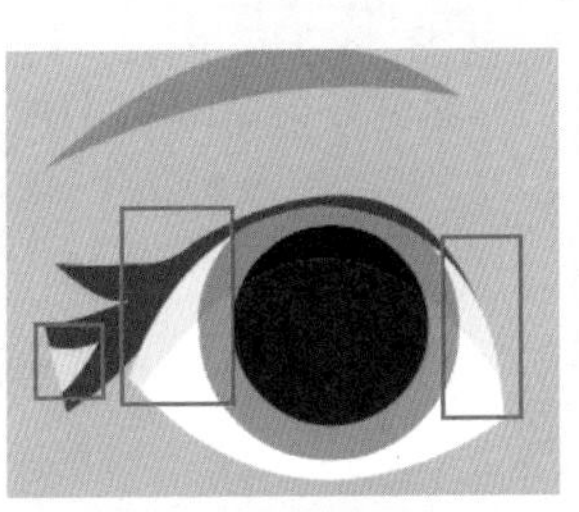

图4-222

25选择工具箱中的“钢笔工具”，在控制栏中设置“填充”为蓝色，“描边”为无，绘制一个圆弧图形，效果如图4-223所示。使用同样的方法，添加其他圆弧图形，完成眼睛轮廓的绘制，效果如图4-224所示。

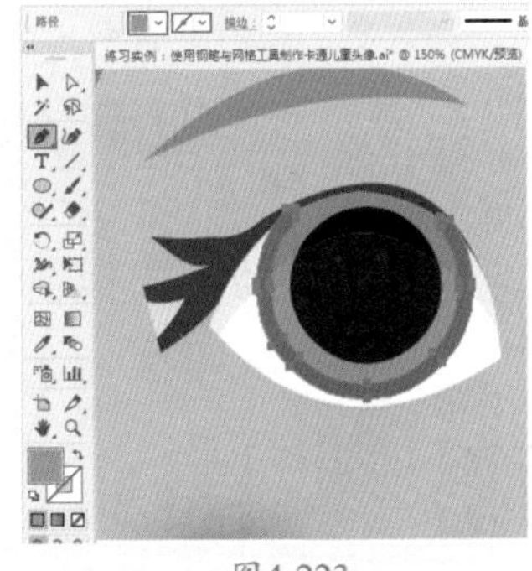

图4-223

图4-224

26使用“椭圆工具”绘制两个大小不一的白色圆形，完成眼睛的绘制，效果如图4-225所示。框选组成眼睛的所有元素，单击鼠标右键，在弹出的快捷菜单中选择“编组”命令。保持眼睛图形组的选中状态，单击鼠标右键，在弹出的快捷菜单中选择“变换>对称”命令，在弹出的“镜像”对话框中选中“垂直”单选按钮，单击“复制”按钮，如图4-226所示。

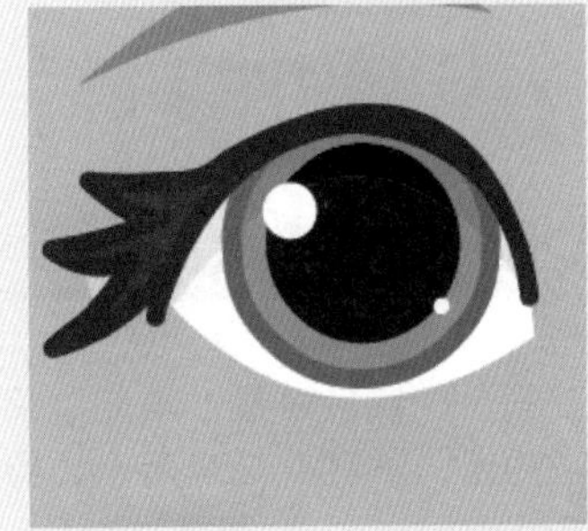

图4-225

图4-226

27将复制得到的眼睛移动到相应位置，效果如图4-227所示。

图4-227

28选择工具箱中的“钢笔工具”，在控制栏中设置“填充”为深粉色，“描边”为无，绘制嘴巴的轮廓图形，效果如图4-228所示。使用“钢笔工具”在刚刚绘制的轮廓图形上再绘制一个黄色的图形，效果如图4-229所示。

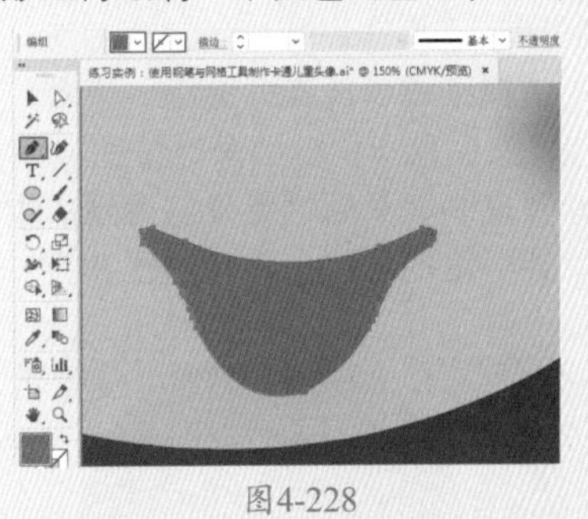

图4-228

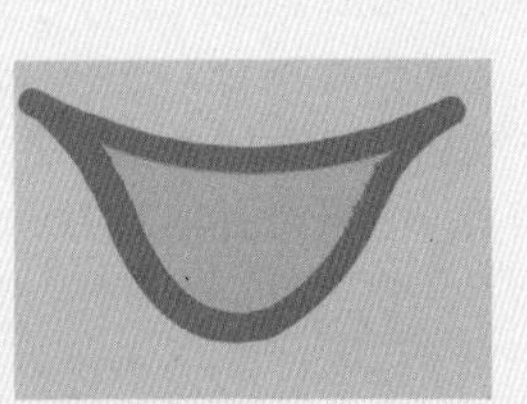

图4-229

29选择工具箱中的“选择工具”，按住Shift键选中深粉色和黄色的图形，执行“窗口>路径查找器”命令，在弹出的“路径查找器”面板中单击“减去顶层”按钮，如图4-230所示，此时效果如图4-231所示。

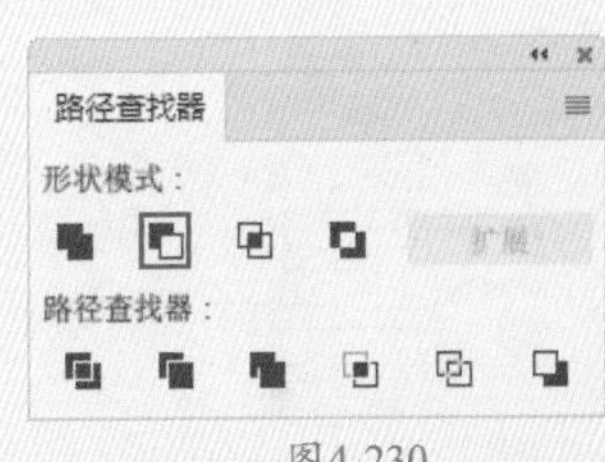

图4-230

图4-231

30绘制牙齿。选择工具箱中的“钢笔工具”，在控制栏中设置“填充”为白色，“描边”为无，绘制一个不规则图形，将其作为牙齿，效果如图4-232所示。选中牙齿图形，单击鼠标右键，在弹出的快捷菜单中选择“排序>后移一层”命令，然后使用“钢笔工具”绘制其他不规则图形，填充合适的颜色，完成嘴巴的绘制，效果如图4-233所示。

图4-232

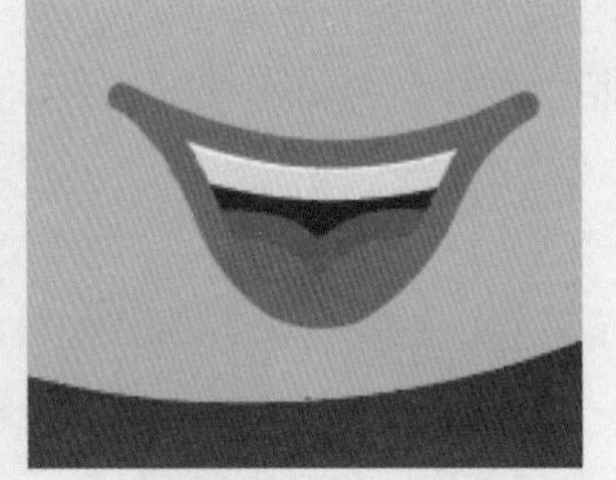

图4-233

31 选择工具箱中的“钢笔工具”，然后设置“填充”为粉色系的渐变，“描边”为无，如图4-234所示，绘制一个不规则图形，效果如图4-235所示。

图4-234

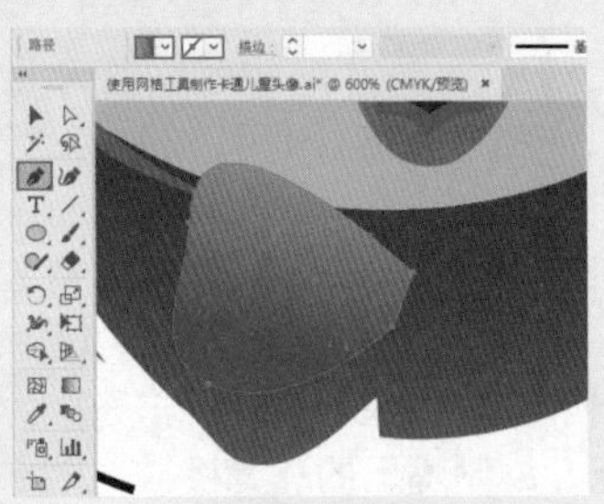

图4-235

32 使用同样的方法，添加其他不规则图形，绘制出一个蝴蝶结，如图4-236所示。框选蝴蝶结的三个图形，单击鼠标右键，在弹出的快捷菜单中选择“编组”命令。保持蝴蝶结组的选中状态，按住鼠标左键的同时按住Alt键拖动鼠标指针，进行移动并复制，然后调整复制得到的蝴蝶结至合适的大小，并旋转一定的角度，将其放置在头发上，效果如图4-237所示。

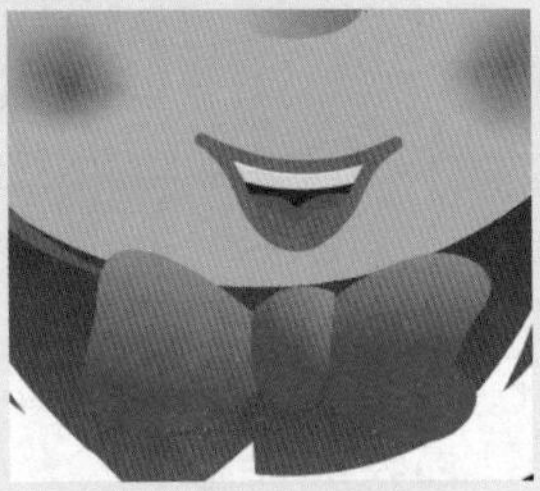

图4-236

图4-237

33 选中蝴蝶结组合，执行“效果>风格化>投影”命令，在弹出的“投影”对话框中设置“模式”为“正片叠底”，“不透明度”为75%，“X位移”为2mm，“Y位移”为2mm，“模糊”为0mm，选中“颜色”单选按钮，单击“确定”按钮，如图4-238所示。此时效果如图4-239所示。

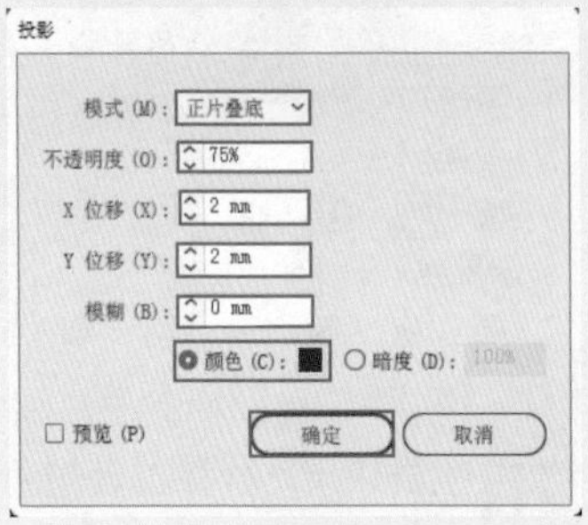

图4-238

34 最终完成效果如图4-240所示。

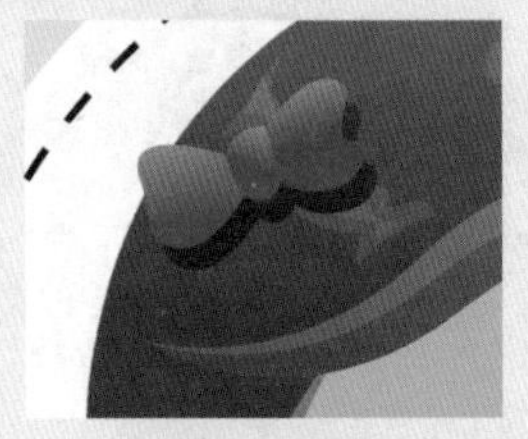

图4-239

图4-240

实例029 儿童主题户外广告

文件路径	第4章\儿童主题户外广告	扫码深度学习
难易指数	★★★★★	
技术掌握	● 矩形工具 ● 钢笔工具 ● 椭圆工具	

操作思路

在本案例中，首先绘制矩形并使用“渐变”面板填充颜色，然后使用“钢笔工具”“椭圆工具”“星形工具”制作标志部分，置入图片并创建剪切蒙版，最后输入文字。

案例效果

案例效果如图4-241所示。

图4-241

操作步骤

01 新建一个宽度为280mm、高度为140mm的空白文档。选择工具箱中的“矩形工具”，按住鼠标左键拖动鼠标指针，绘制一个与画板等大的矩形。选择这个矩形，执行“窗口>渐变”命令，弹出“渐变”面板，设置“类型”为“线性”，然后编辑一个淡蓝色系的渐变，如图4-242所示，此时矩形效果如图4-243所示。

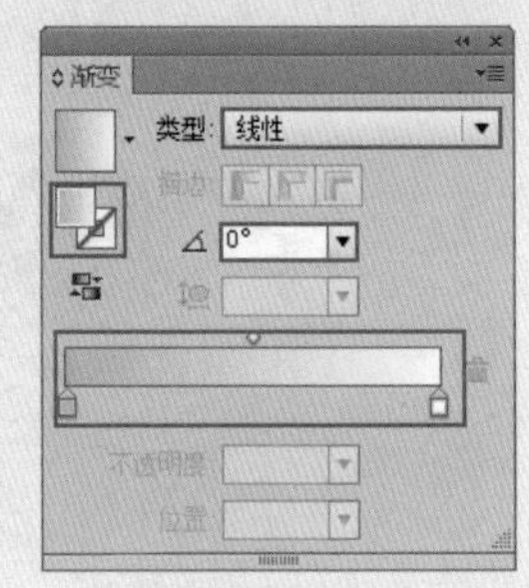

图4-242

02 首先制作标志。使用工具箱中的“钢笔工具”绘制一个五边形，效果如图4-244所示。选择这个五边形，执行“窗口>渐变”命令，弹出“渐变”面板，设置“类型”为“线性”，“角度”为90°，然后编辑一个蓝色系的渐变，如图4-245所示，填充效果如图4-246所示。

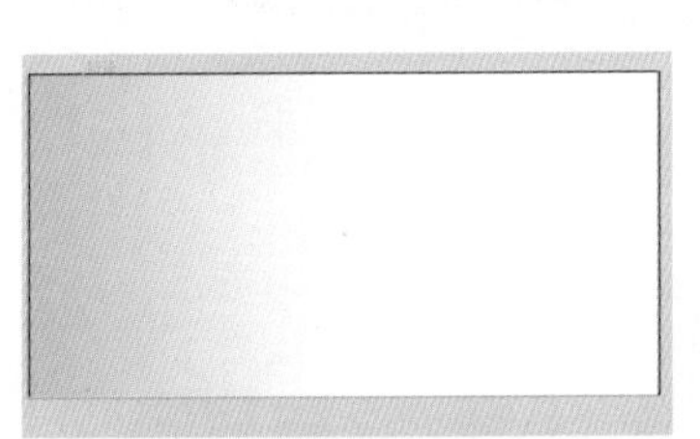
图4-243

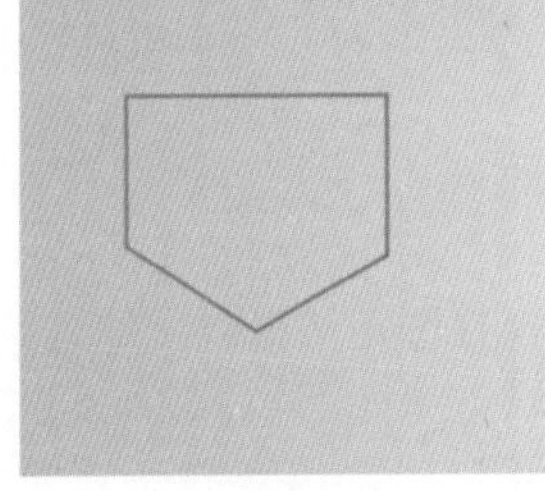
图4-244

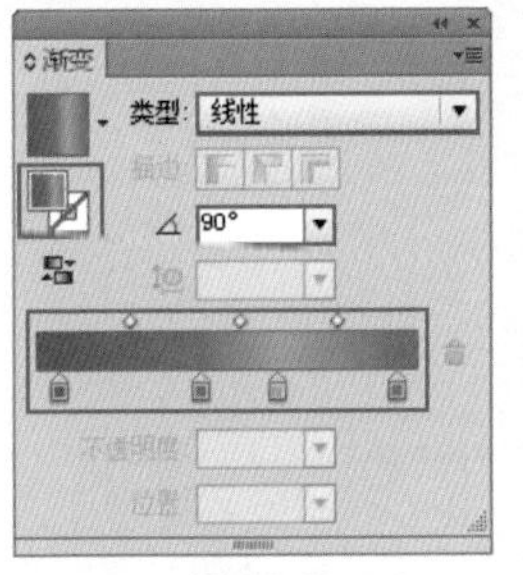

图4-245

图4-246

03 选择这个五边形，按快捷键Ctrl+C进行复制，按快捷键Ctrl+F将其粘贴在前面。同时按住Shift键和Alt键以中心为基点进行等比缩放，效果如图4-247所示。选择这个稍小的五边形，在控制栏中设置其“填充”为无，“描边”为白色，“粗细”1pt，效果如图4-248所示。

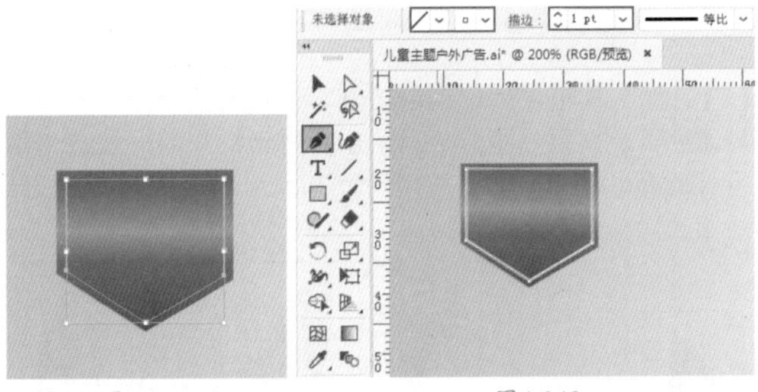

图4-247　　图4-248

04 选择工具箱中的“星形工具”，在控制栏中设置“填充”颜色为无，“描边”为白色，“粗细”为1pt，在要绘制星形的位置处单击，在弹出的“星形”对话框中设置“半径1”为4mm，“半径2”为1.5mm，“角点数”为5，参数设置如图4-249所示，设置完成后单击“确定”按钮，绘制的星形效果如图4-250所示。

05 再次绘制一个稍小的白色星形，放置在相应位置，效果如图4-251所示。

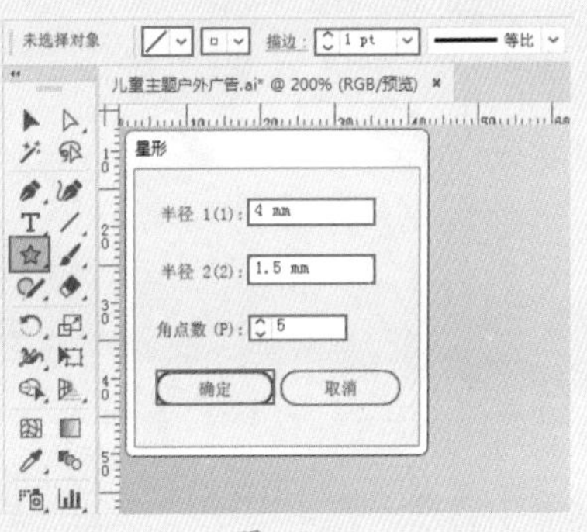

图4-249

图4-250

图4-251

06 选择工具箱中的“文字工具”，在画面中适当的位置单击插入光标，在控制栏中选择合适的字体及字号，并设置“段落”为“居中对齐”，然后输入文字，按快捷键Ctrl+Enter确认输入操作，效果如图4-252所示。调整字号，在画面中输入其他的文字，效果如图4-253所示。

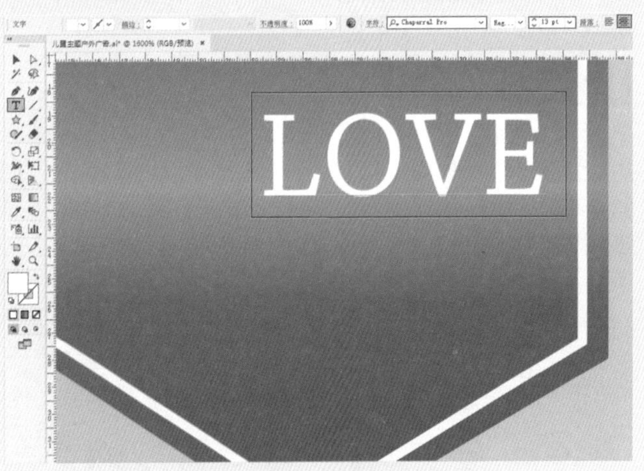

图4-252

图4-253

07 继续使用“文字工具”输入相应文字，并调整文字的颜色，效果如图4-254所示。在标志的右侧绘制不同颜色的星形，效果如图4-255所示。

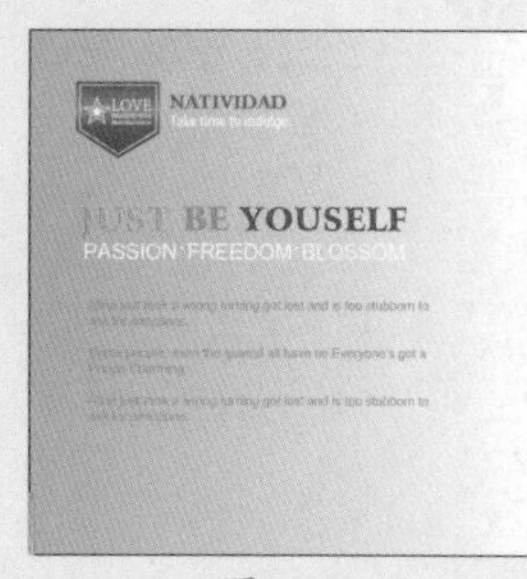

图4-254

图4-255

08 在工具箱中选择“椭圆工具”，在控制栏中设置“填充”为黄色，“描边”为无，然后按住Shift键，在文字的左侧绘制一个正圆形，效果如图4-256所示。选择正圆形，按快捷键Ctrl+C进行复制，按快捷键Ctrl+V进行粘贴，然后将粘贴得到的正圆形移动到合适的位置，并调整其填充颜色，效果如图4-257所示。

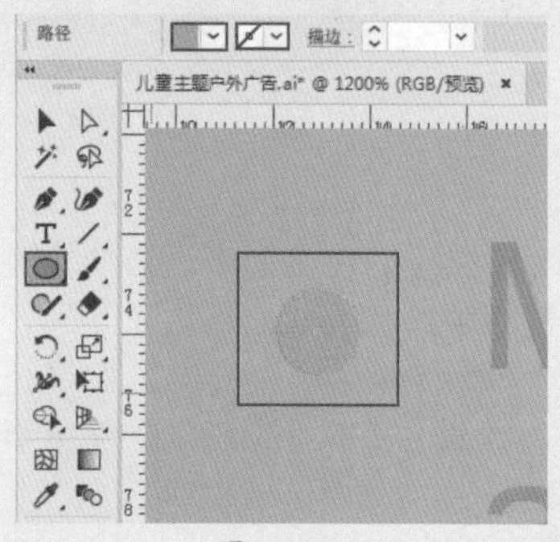

图4-256

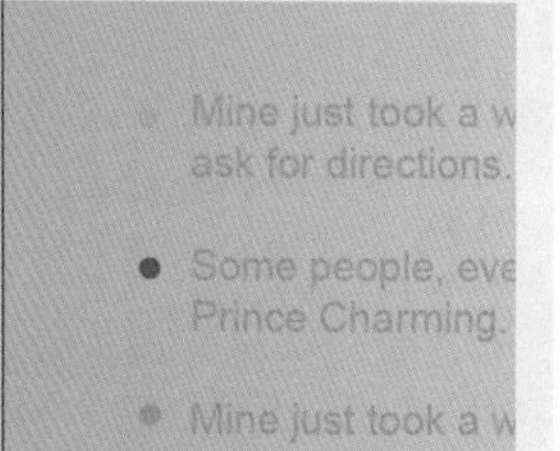

图4-257

09 选择工具箱中的“圆角矩形工具”，在控制栏中设置“填充”为洋红色，“描边”为无，然后在画面中单击，在弹出的“圆角矩形”对话框中设置“宽度”为20mm，“高度”为5mm，“圆角半径”为2mm，如图4-258所示，设置完成后单击“确定”按钮，绘制的圆角矩形效果如图4-259所示。

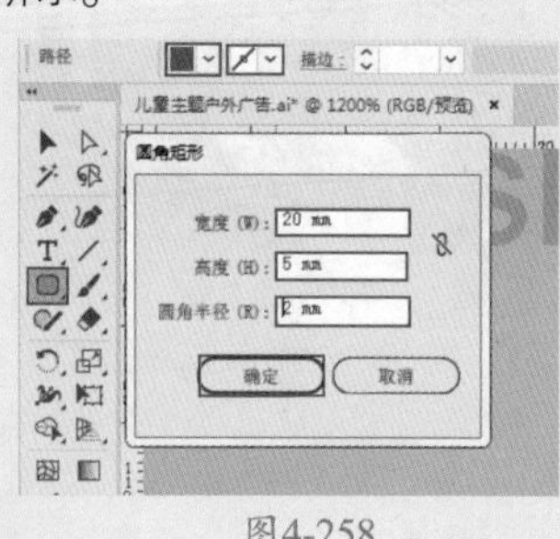

图4-258

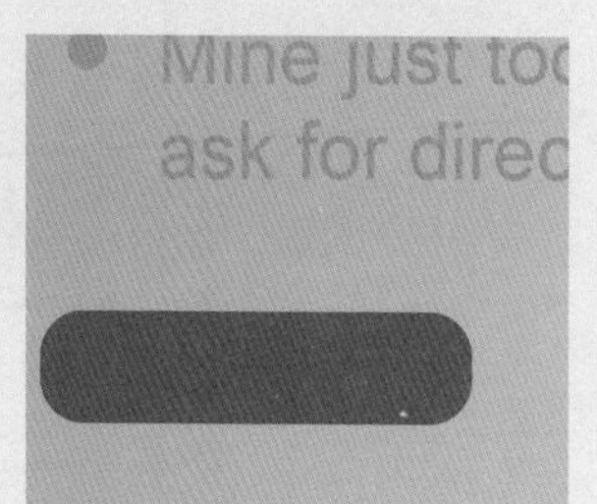

图4-259

提示 如何快速调整圆角矩形的圆角半径

在绘制圆角矩形的过程中，按↑键可以增加圆角半径；按↓键可以减小圆角半径。

10 使用“选择工具”选中圆角矩形，然后同时按住Shift键和Alt键向右拖动鼠标指针，进行平移并复制，效果如图4-260所示。将圆角矩形再复制两份并填充不同的颜色，效果如图4-261所示。

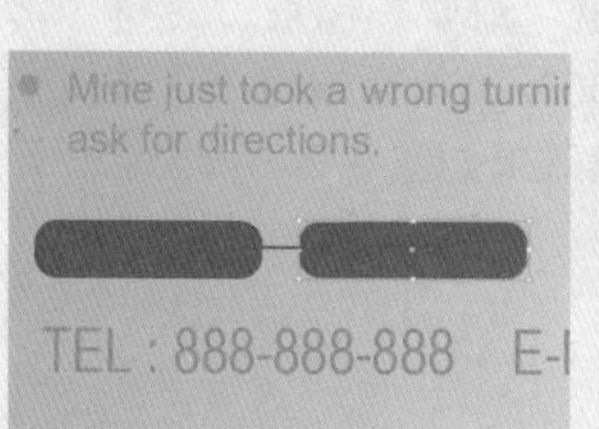

图4-260

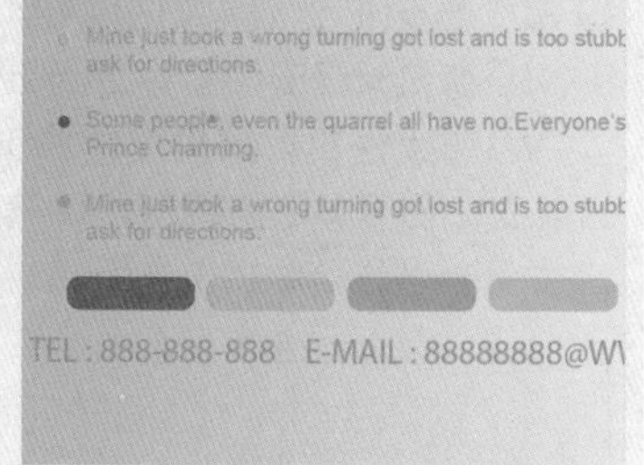

图4-261

11 在圆角矩形中添加文字，效果如图4-262所示。

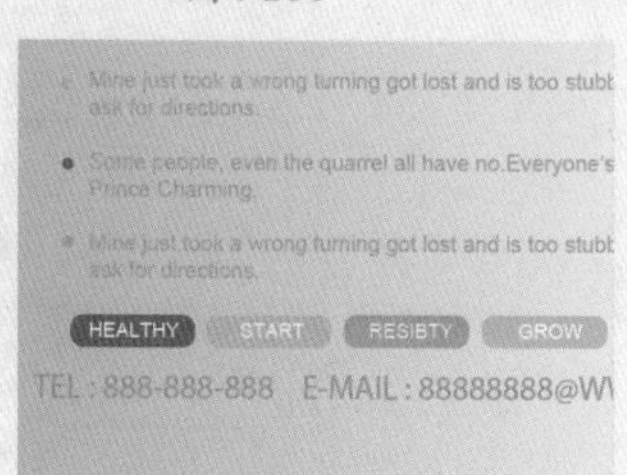

图4-262

12 执行“文件>置入”命令，置入素材“1.jpg”，单击控制栏中的“嵌入”按钮，完成素材的嵌入操作，效果如图4-263所示。

图4-263

13 选择工具箱中的“钢笔工具”，然后绘制一个不规则图形，效果如图4-264所示。将素材和图形加选，执行“对象>创建剪切蒙版>建立”命令，效果如图4-265所示。

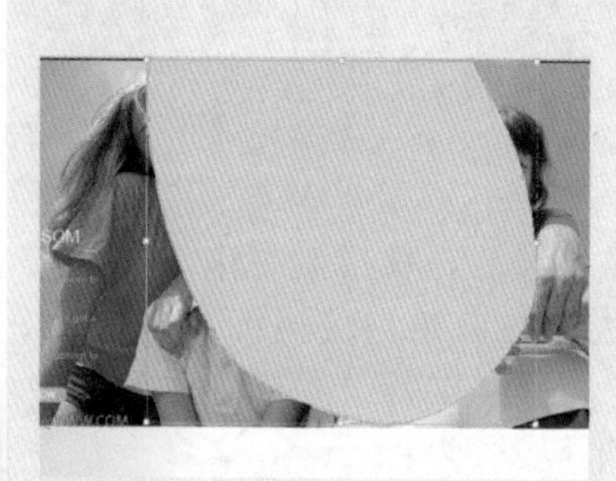
图4-264

图4-265

14 为素材周边添加效果，使用“钢笔工具”绘制轮廓，效果如图4-266所示。选择这个图形，打开“渐变”面板，在该面板中设置“类型”为“线性”，然后编辑一个蓝色系渐变，如图4-267所示。使用“渐变工具”调整渐变效果，效果如图4-268所示。

图4-266

图4-267

图4-268

15 继续使用“钢笔工具”绘制图形，并填充相应的颜色，效果如图4-269所示。使用“椭圆工具”绘制两个不同颜色的正圆形，效果如图4-270所示。

图4-269

图4-270

16 使用“文字工具”在圆形中输入文字，最终完成效果如图4-271所示。

图4-271

> **提示** **广告设计中的图形**
>
> 图形是一种用形象和色彩直观地传播信息、观念及交流思想的视觉语言，具有只可意会不可言传的魅力。它是在平面构成要素中形成招贴性格及高视觉注意力的重要素材。在广告设计中，图形的表现首先要对创意中心进行深刻的思考与分析，然后在处理中抓住主要特征，这样才能将主题思想精准地表达出来。

第5章

文字

本章概述

文字既能传递信息，又是重要的装饰手段，因此，文字在设计作品中占有重要的地位。在本章中将学习如何使用文字工具组中的工具去创建点文字、段落文字、区域文字和路径文字。在文字创建完成后，可以使用“字符”面板和“段落”面板编辑文字属性。

本章重点

- 掌握点文字的输入方法
- 掌握段落文字的输入方法
- 掌握路径文字的输入方法
- 掌握区域文字的输入方法
- 掌握“字符”面板和“段落”面板的设置方法

/ 佳 / 作 / 欣 / 赏 /

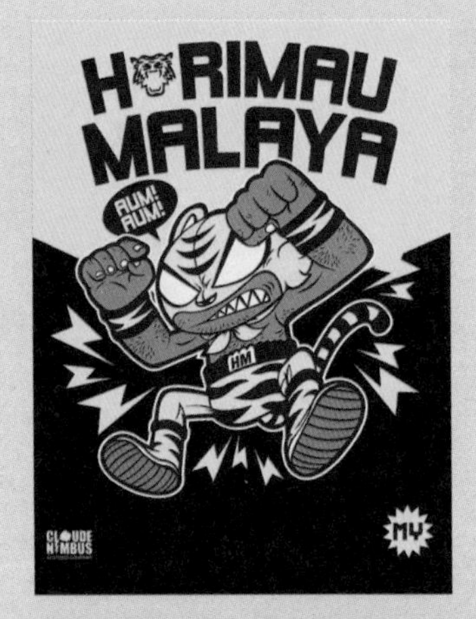

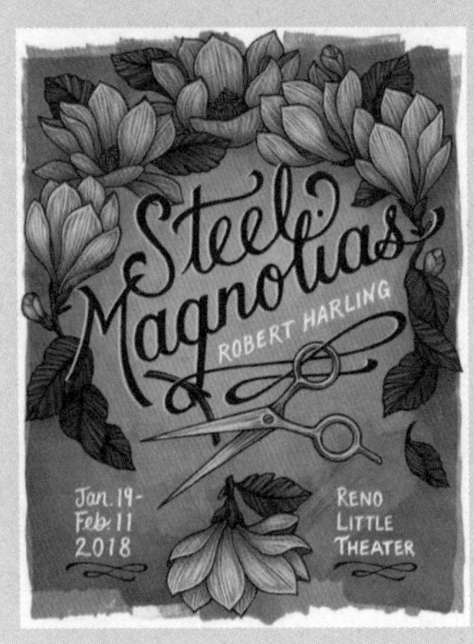

实例030　中式古风感标志设计

文件路径	第5章\中式古风感标志设计
难易指数	★★★★★
技术掌握	● 画笔工具 ● 文字工具

扫码深度学习

操作思路

在本案例中，主要利用“画笔工具”配合“画笔库”中合适类型的画笔，绘制标志的图形部分，并使用“文字工具”添加标志的文字信息。

案例效果

案例效果如图5-1所示。

图5-1

操作步骤

01 新建一个A4大小的空白文档。选择工具箱中的“画笔工具”，执行“窗口>画笔库>艺术效果>艺术效果_油墨”命令，在弹出的“艺术效果_油墨”面板中选择一种合适的画笔类型，如图5-2所示。在控制栏中设置“填充”为无，“描边”为黄色，描边“粗细”为1pt。按住鼠标左键在画面中拖动鼠标指针，绘制一个类似于山形的图形，效果如图5-3所示。

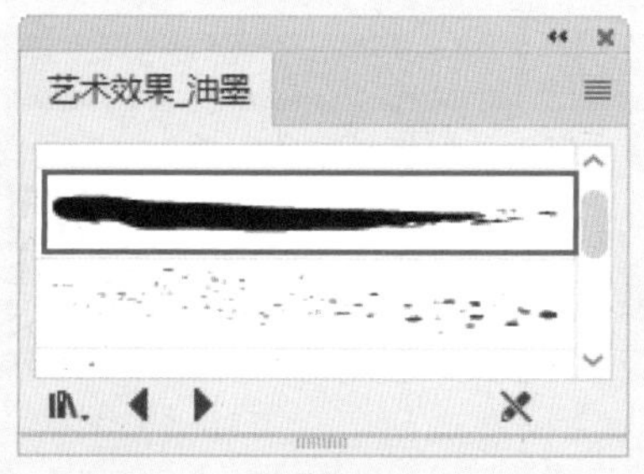

图5-2

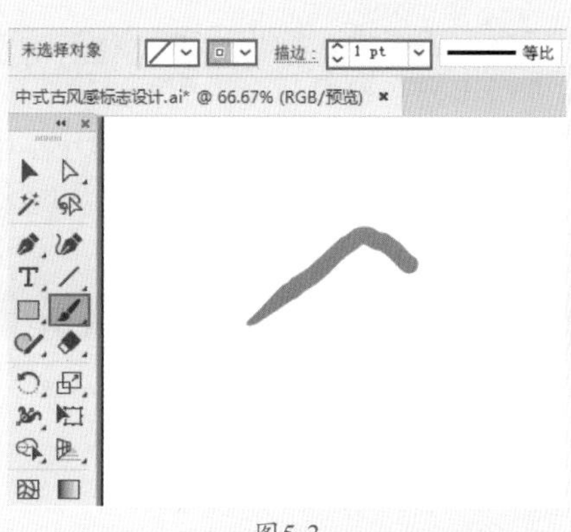

图5-3

02 执行“窗口>画笔库>艺术效果>艺术效果_水彩”命令，在弹出的“艺术效果_水彩”面板中选择一种合适的画笔类型，如图5-4所示。继续使用“画笔工具”，在控制栏中设置“描边”为深浅不同的黄色，描边“粗细”为1pt。多次拖动鼠标指针填充山形图形的各个部分，效果如图5-5所示。

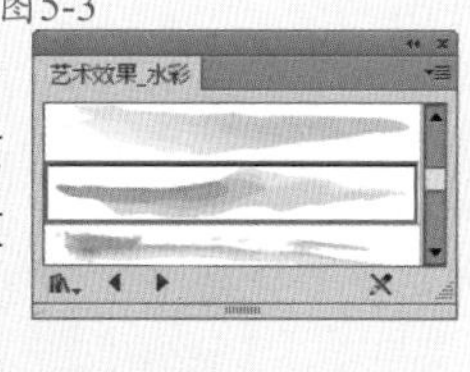

图5-4

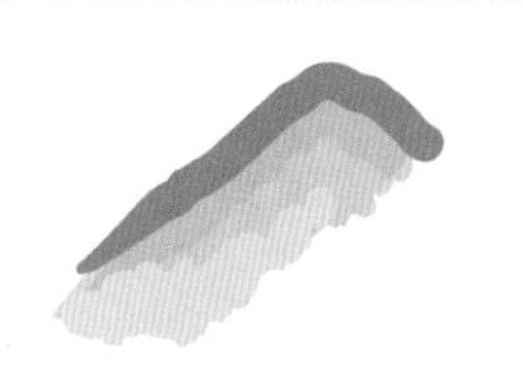

图5-5

03 执行“窗口>画笔库>艺术效果>艺术效果_粉笔炭笔铅笔”命令，在弹出的“艺术效果_粉笔炭笔铅笔”面板中选择一种合适的画笔类型，如图5-6所示。选择工具箱中的“画笔工具”，在控制栏中设置“填充”为无，“描边”为绿色，描边“粗细”为1pt。按住鼠标左键在画面中拖动鼠标指针，绘制一个绿色的山形图形，效果如图5-7所示。

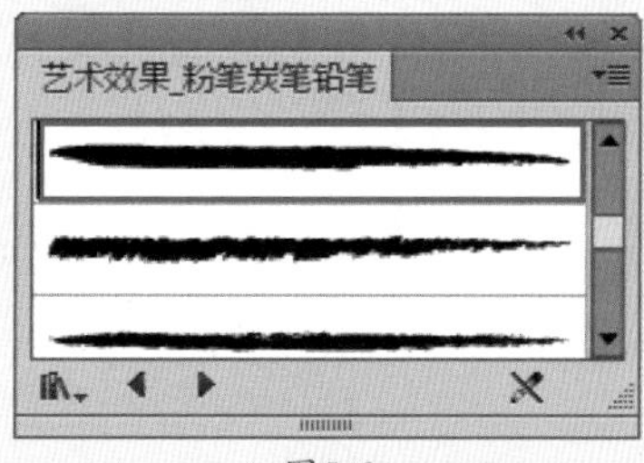

图5-6

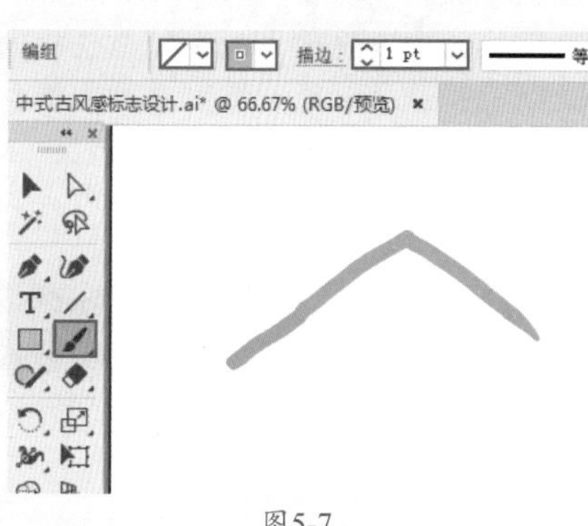

图5-7

提示　扩展外观

使用“画笔工具”虽然能够得到类似毛笔笔触的效果，但是当前看到的图形只是路径的描边，并不能够对笔触边缘的形态进行调整。如果想要对描边进行调整，可以执行“对象>扩展外观”命令，该部分的描边就变为实体的图形，如图5-8所示。

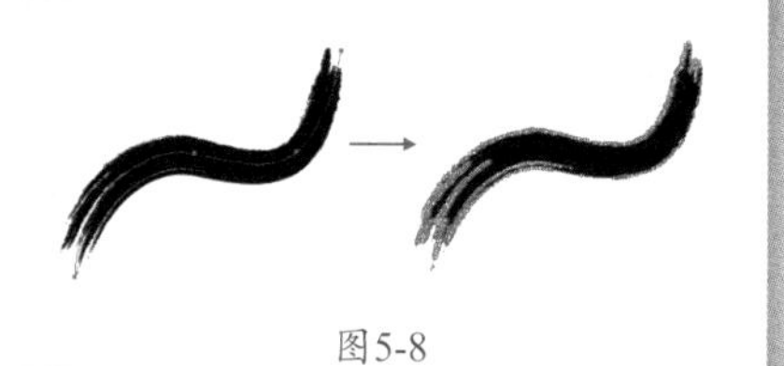

图5-8

04 执行“窗口>画笔库>艺术效果>艺术效果_水彩”命令，在弹出的“艺术效果_水彩”面板中选择一种合适的画笔类型，如图5-9所示。使用“画笔工具”多次绘制，得到颜色不同的笔触效果，如图5-10所示。

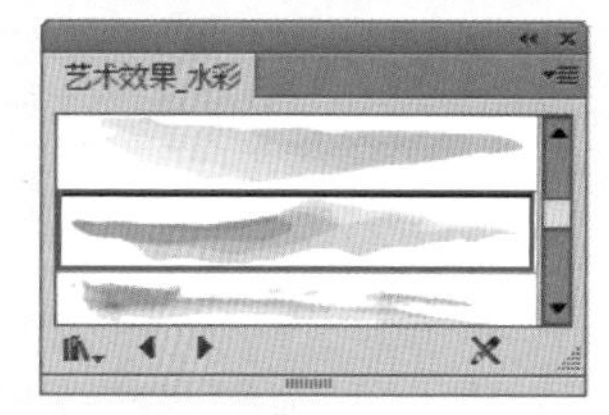

图5-9

图5-10

05 标志中其他图形的绘制方法相同。根据上述操作，变换颜色，逐一绘制其他图形，并进行排列，效果如图5-11所示。

图5-11

> **提示**
>
> **巧用渐变色块营造空间感**
>
> 标志的主体图形虽然色调比较简单，但是颜色并不单一，构成山峦和水流的都是不同明度的色块，既丰富了视觉感受，又通过明度的变化营造出空间感，如图5-12和图5-13所示。

图5-12

图5-13

06 下面为画面添加文字。选择工具箱中的“文字工具”，在画面中单击插入光标，在工具箱的底部设置“填色”为深绿色，“描边”为无，然后在控制栏中设置合适的字体、字号，然后输入文字，按快捷键Ctrl+Enter确认输入操作，如图5-14所示。继续使用“文字工具”，在画面中适当的位置输入文字，效果如图5-15所示。

图5-14

图5-15

07 选择工具箱中的“矩形工具”，在工具箱的底部设置“填色”为墨绿色，“描边”为无，然后按住鼠标左键拖动鼠标指针，在文字与文字之间绘制一个细长的矩形，效果如图5-16所示。选中该矩形，同时按住Shift键和Alt键向右拖动鼠标指针，进行平移并复制，效果如图5-17所示。

08 将矩形再复制一份作为分割线，最终完成效果如图5-18所示。

图5-16

图5-17

图5-18

实例031 使用文字工具制作创意文字版式

文件路径	第5章\使用文字工具制作创意文字版式
难易指数	★★★★★
技术掌握	● 文字工具 ● 椭圆工具 ● 钢笔工具

扫码深度学习

操作思路

“文字工具”是Illustrator中最常用的创建文字的工具。使用该工具，可以按照横排的方式，由左至右进行文字的输入。在本案例中，使用“文字工具”在画面中输入文字。

案例效果

案例效果如图5-19所示。

图5-19

操作步骤

01 新建一个A4大小的空白文档。选择工具箱中的“椭圆工具”，在工具箱的底部双击“填色”按钮，在弹出的“拾色器”对话框中设置颜色为绿色，单击“确定”按钮。设置“描边”为无，如图5-20所示。在使用“椭圆工具”的状态下，按住Shift键的同时按住鼠标左键进行拖动，绘制一个正圆形，效果如图5-21所示。

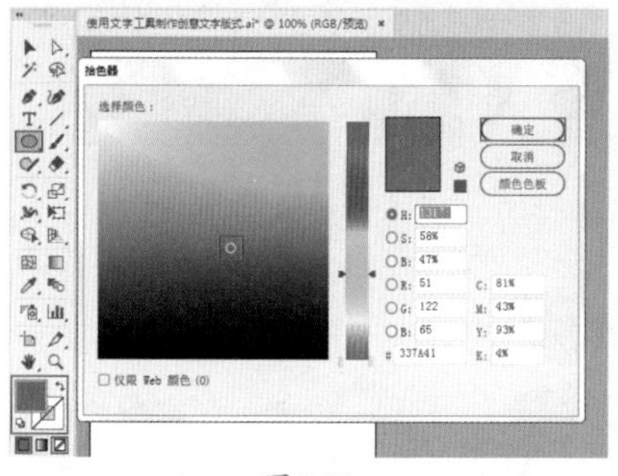

图5-20

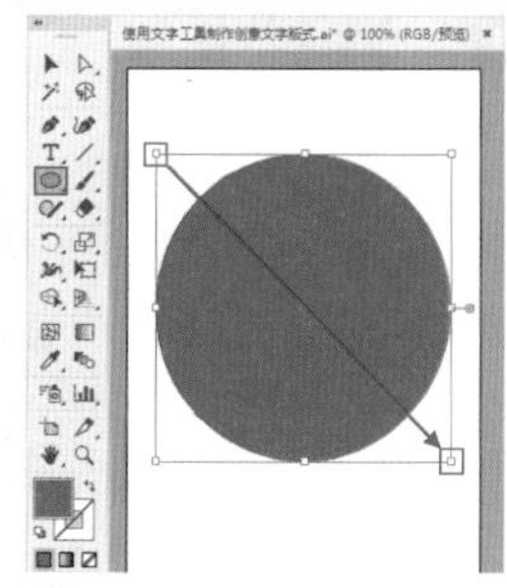

图5-21

02 双击工具箱中的“变形工具”按钮，在弹出的“变形工具选项”对话框中设置“宽度”为20px，“高度”为20px，“角度”为0°，“强度”为80%，选中“细节”单选按钮，设置参数为2，选中“简化”单选按钮，设置参数为50，单击“确定”按钮，如图5-22所示。按住鼠标左键在正圆形的边缘处拖动鼠标指针，将圆形进行变形，释放鼠标左键效果如图5-23所示。

03 使用同样的方法，按住鼠标左键在正圆形的边缘处拖动鼠标指针，继续进行变形操作，效果如图5-24所示。

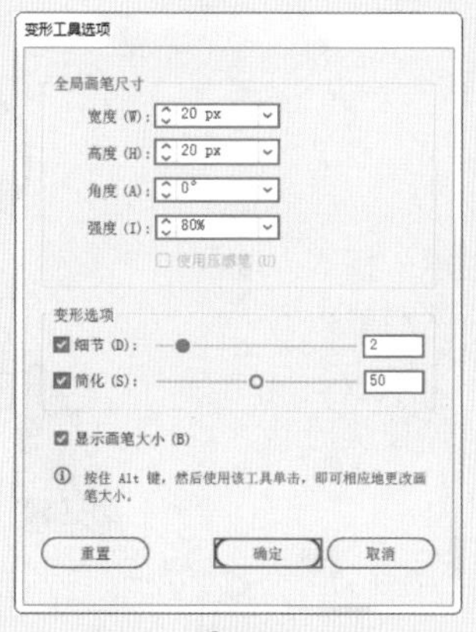

图5-22

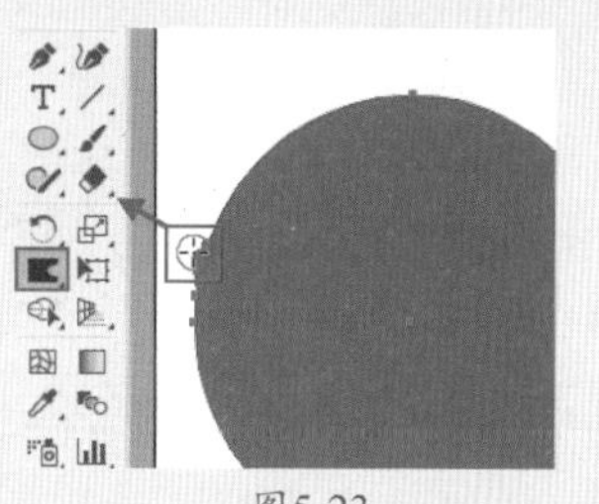

图5-23

图5-24

04 选择工具箱中的“文字工具”，在正圆形中单击插入光标，在控制栏中设置“填充”为白色，设置合适的字体、字号，然后输入文字，按快捷键Ctrl+Enter确认输入操作，如图5-25所示。选择工具箱中的“修饰文字工具”，然后在字母“P”上单击，按住鼠标左键拖动定界框顶部的控制点，将字母进行旋转，效果如图5-26所示。

图5-25　图5-26

05 使用“修饰文字工具”对另外三个字母进行调整，效果如图5-27所示。继续输入其他文字，然后调整文字的位置，效果如图5-28所示。

图5-27

图5-28

06 继续使用“文字工具”在正圆形的下方输入文字，并进行旋转，效果如图5-29所示。

图5-29

07 继续使用“文字工具”，在正圆形的左上方单击插入光标，在控制栏中设置合适的字体、字号，然后输入文字，效果如图5-30所示。在使用“文字工具”的状态下，选中字母“S”，在控制栏中设置字号为80pt，按快捷键Ctrl+Enter确认输入操作，效果如图5-31所示。

图5-30

图5-31

08 使用工具箱中的“选择工具”选中文字部分，将鼠标指针定位到定界框以外，当鼠标指针变为带有弧度的双箭头时，按住鼠标左键拖动鼠标指针，效果如图5-32所示。

09 选择工具箱中的“钢笔工具”，在工具箱的底部设置“填色”为红色，“描边”为无，沿着文字的轮廓绘制一个图形，效果如图5-33所示。单击鼠标右键，在弹出的快捷菜单中选择“排列>后移一层”命令，将红色图形移动到文字后面，此时效果如图5-34所示。

10 使用“选择工具”选中文字部分，然后在工具箱的底部设置“填色”为白色，此时效果如图5-35所示。

图5-32

图5-33

图5-34

图5-35

11 执行“文件>置入”命令，在弹出的“置入”对话框中选择素材“1.png”，然后单击“置入”按钮，如图5-36所示。按住鼠标左键在画面中适当的位置拖动鼠标指针，控制置入对象的大小，释放鼠标左键完成置入操作，将素材进行旋转。在控制栏中单击“嵌入”按钮，将素材嵌入到文档中，效果如图5-37所示。

图5-36

图5-37

12 选择工具箱中的“钢笔工具”，在工具箱的底部设置“填色”为绿色，“描边”为无，在画面的底部绘制一个图形，效果如图5-38所示。最终完成效果如图5-39所示。

图5-38

图5-39

要点速查：更改大小写

在制作包含英文字母的文档时，可以使用命令快速调整字母的大小写。选择要更改大小写的字符或文字对象，执行“文字>更改大小写”命令，子菜单中包括“全部大写”“全部小写”“词首大写”“句首大写”四个命令，选择合适的命令即可快速更改所选文字对象的大小写，效果如图5-40所示。

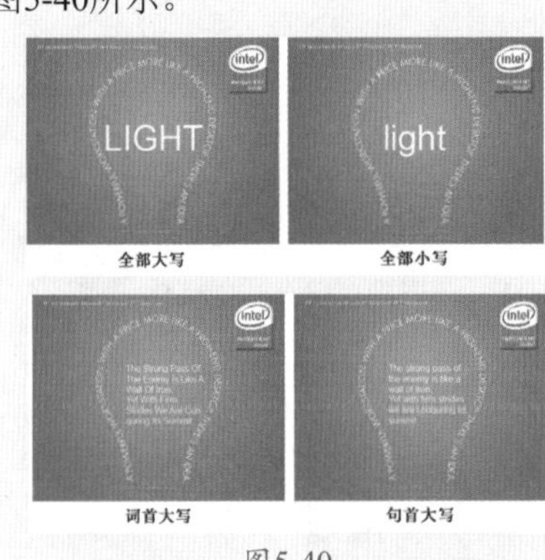

图5-40

实例032　旋转文字制作倾斜版式

文件路径	第5章\旋转文字制作倾斜版式
难易指数	★★★★★
技术掌握	● 文字工具 ● 渐变工具 ● 矩形工具 ● 椭圆工具

扫码深度学习

操作思路

在本案例中，通过将文字和素材的角度进行旋转，制作出倾斜的版式。具体操作是，首先使用“文字工具”将文字输入到画面中，然后将素材置入到画面中，最后使用“选择工具”选中文字和素材，并调整其角度。

案例效果

案例效果如图5-41所示。

图5-41

操作步骤

01 新建一个A4大小的空白文档。选择工具箱中的“矩形工具”，在工具箱的底部单击“填色”按钮，使之置于前面，然后双击工具箱中的“渐变工具”按钮，在弹出的“渐变”面板中设置“类型”为“线性”，“角度”为-123°，在面板底部编辑一个紫色到黄色的渐变，设置“描边”为无，如图5-42所示。按住鼠标左键拖动鼠标指针，绘制一个与画板等大的矩形，效果如图5-43所示。

图5-42

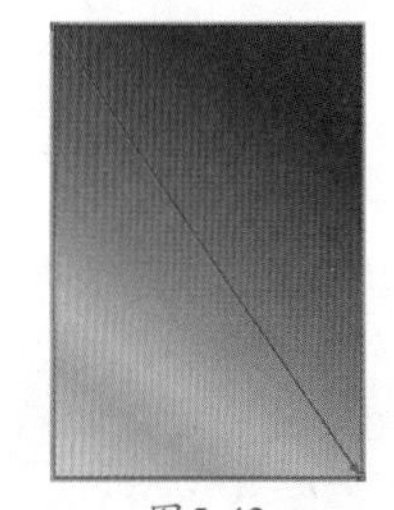
图5-43

02 选择工具箱中的“文字工具”，在画面的上方单击插入光标，在控制栏中设置“填充”为白色，“描边”为白色，描边“粗细”为15pt，设置合适的字体、字号，然后输入文字，按快捷键Ctrl+Enter确认输入操作，效果如图5-44所示。

图5-44

03 使用工具箱中的“选择工具”选中文字部分，然后双击工具箱中的“旋转工具”按钮，在弹出的“旋转”对话框中设置“角度”为30°，单击“确定”按钮，如图5-45所示，此时文字的旋转效果如图5-46所示。

图5-45　　图5-46

> **提示　将横排文字转换为直排文字**
>
> 执行“文字>文字方向”命令，可以更改文字的排列方向。例如，选择横排文字，执行“文字>文字方向>直排”命令，文字即可变为直排。

04 使用同样的方法，在画面中其他适当的位置输入文字并旋转30°，效果如图5-47所示。

图5-47

05 选择工具箱中的“矩形工具”，在控制栏中设置“填充”为白色，“描边”为无，单击鼠标左键拖动鼠标指针，绘制一个白色的矩形，效果如图5-48所示。将矩形旋转30°，多次执行“对象>排列>后移一层”命令，将矩形移动到文字的后面，然后适当地调整矩形的位置，效果如图5-49所示。

06 选择工具箱中的“矩形工具”，在控制栏中设置“填充”为无，“描边”为白色，描边“粗细”为4pt，按住鼠标左键在画面的右侧拖动鼠标指针，绘制一个矩形边框，效果如图5-50所示。使用工具箱中的“选择工具”选中白色的矩形边框，并将其旋转30°，效果如图5-51所示。

图5-48　　图5-49

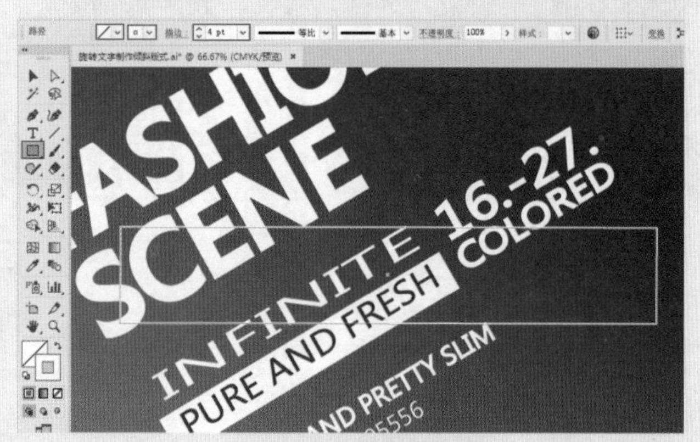

图5-50

图5-51

07 选择工具箱中的“直线段工具”，在控制栏中设置“填充”为无，“描边”为白色，描边“粗细”为4pt，按住鼠标左键在文字的右侧拖动鼠标指针，绘制一条直线，效果如图5-52所示。按住Alt键拖动鼠标指针，将直线复制并移动到左侧，效果如图5-53所示。

图5-52　　图5-53

08 使用“文字工具”在画面中适当的位置再次输入文字，并调整到合适的角度，效果如图5-54所示。也可以在输入全部文字之后统一进行旋转操作，但是有可能由于无法控制输入文字的数量，而导致部分文字超出画面区域。

09 执行“文件>置入”命令，在弹出的“置入”对话框中选择素材“1.png”，单击“置入”按钮，如图5-55所示。按住鼠标左键在画面中拖动鼠标指针，控制置入对象的大小，释放鼠标左键完成置入操作。将素材进行旋转以调整其角度和位置，调整完成后，在控制栏中单击“嵌入”按钮，将素材嵌入到文档中，效果如图5-56所示。

10 选择工具箱中的“椭圆工具”，在控制栏中设置“填充”为白色，“描边”为无，按住鼠标左键在画面的右下角拖动鼠标指针，绘制一个白色的椭圆形，效果如图5-57所示。使用“文字工具”在白色椭圆形中输入深蓝色的文字，效果如图5-58所示。

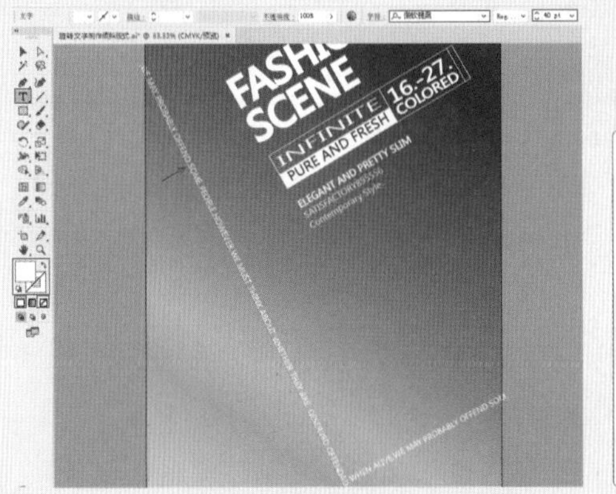

图5-54

图5-55

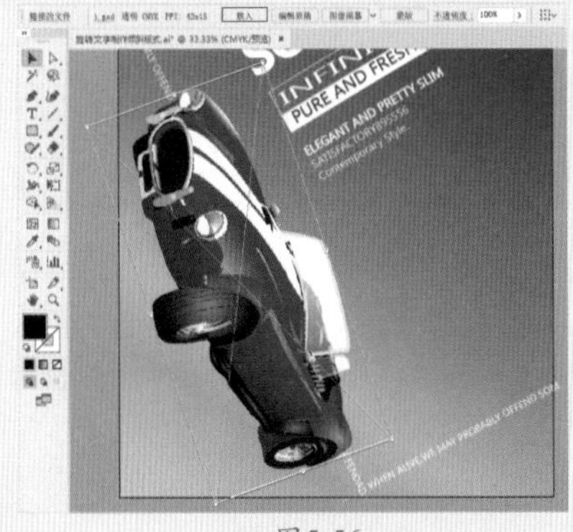

图5-56

图5-57

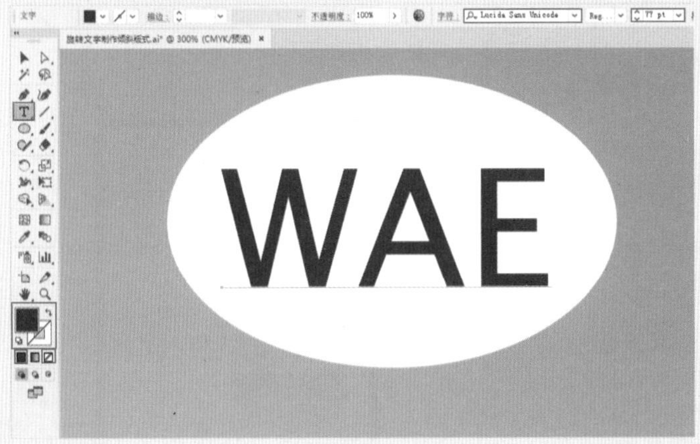

图5-58

11 最终完成效果如图5-59所示。

图5-59

实例033 使用直排文字工具制作文艺书籍封面

文件路径	第5章\使用直排文字工具制作文艺书籍封面
难易指数	★★★★★
技术掌握	直排文字工具

扫码深度学习

操作思路

使用“直排文字工具”可以从上到下依次输入文字。在本案例中，首先将素材置入到文档中，然后使用“直排文字工具”在画面的右侧输入文字，继续使用“直排文字工具”在画面的左下方绘制一个文本框，并在文本框内输入文字。

案例效果

案例效果如图5-60所示。

图5-60

操作步骤

01 新建一个A4大小的空白文档。执行"文件>置入"命令，在弹出的"置入"对话框中选择素材"1.jpg"，单击"置入"按钮，如图5-61所示。按住鼠标左键在画面的左上角拖动鼠标指针，控制置入对象的大小，释放鼠标左键完成置入操作。在控制栏中单击"嵌入"按钮，将素材嵌入到文档中，效果如图5-62所示。

图5-61

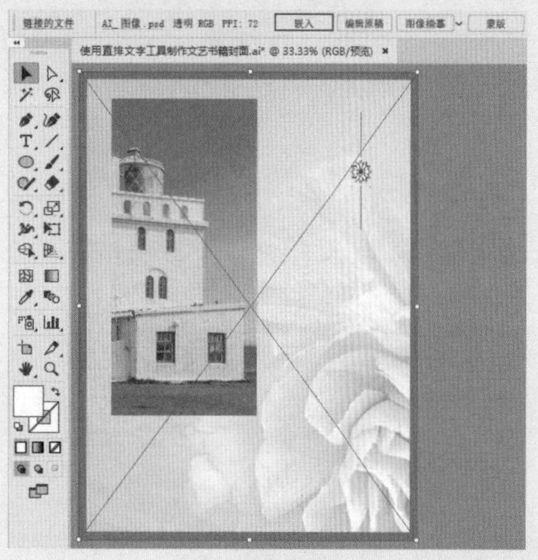

图5-62

02 选择工具箱中的"直排文字工具"，在画面的右上方单击插入光标，然后双击"填色"按钮，在弹出的"拾色器"对话框中设置颜色为红色，单击"确定"按钮。在工具箱的底部单击"描边"按钮，设置"填充类型"为无，如图5-63所示。在控制栏中设置合适的字体、字号，在画面中输入文字，按快捷键Ctrl+Enter确认输入操作，效果如图5-64所示。

图5-63

03 使用同样的方法，在该排文字的右侧再次输入文字，效果如图5-65所示。

04 选择工具箱中的"直排文字工具"，按住鼠标左键在画面的左下方拖动鼠标指针，绘制一个文本框，效果如图5-66所示。然后在工具箱的底部设置"填色"为红色，"描边"为无，在控制栏中设置合适的字体、字号，然后输入文字，按快捷键Ctrl+Enter确认输入操作，效果如图5-67所示。

图5-64

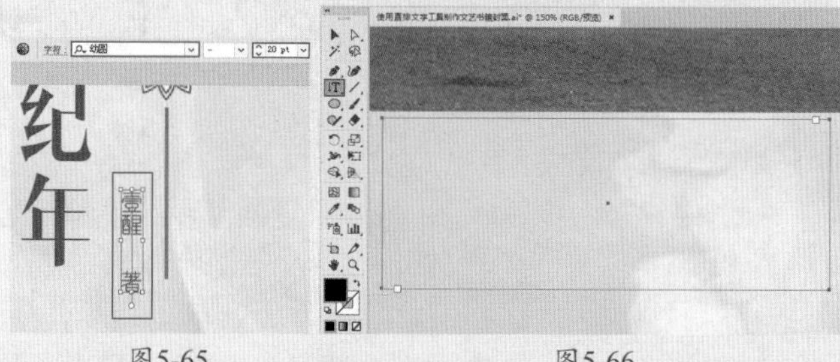

图5-65　图5-66

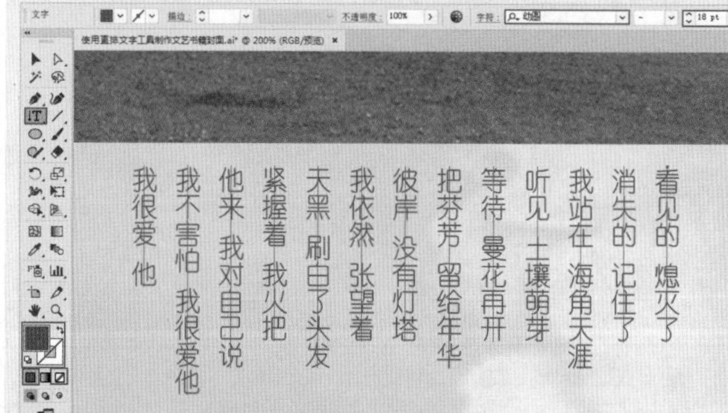

图5-67

05 最终完成效果如图5-68所示。

图5-68

> **提示** 文本溢出
>
> 如果输入的区域文字超出区域的容许量，则靠近区域底部的位置会出现一个内含加号（+）的小方块⊞。段落文字、路径文字也是一样，一旦文字过多无法完全显示，可以通过调整文本框或者路径的形态来扩大文字的显示范围，或者删除部分文字，也可以采用更改文字大小或间距等的方法，避免文字溢出问题的发生。

实例034 使用路径文字制作海报

文件路径	第5章\使用路径文字制作海报
难易指数	★★★★★
技术掌握	● 路径文字 ● 文字工具

扫码深度学习

操作思路

使用“路径文字工具”可以将普通路径转换为文字路径，然后在文字路径上输入和编辑文字，输入的文字将沿路径形状进行排列。“路径文字工具”被常用于制作特殊形状的沿路径排列的文字效果。在本案例中，使用路径文字对画面进行修饰。

案例效果

案例效果如图5-69所示。

图5-69

操作步骤

01 新建一个A4大小的空白文档。执行文件“文件>置入”命令，在弹出的“置入”对话框中选择素材“1.jpg”，单击“置入”按钮，如图5-70所示。按住鼠标左键在画面的左上角拖动鼠标指针，控制置入对象的大小，释放鼠标左键完成置入操作。在控制栏中单击“嵌入”按钮，将素材嵌入到文档中，如图5-71所示。

图5-70

图5-71

02 选择工具箱中的“文字工具”，在画面的上方单击插入光标，在工具箱的底部设置“描边”为无，双击“填色”按钮，在弹出的“拾色器”对话框中设置颜色为紫色，单击“确定”按钮，如图5-72所示。在控制栏中设置合适的字体、字号，然后输入文字，按快捷键Ctrl+Enter确认输入操作，效果如图5-73所示。

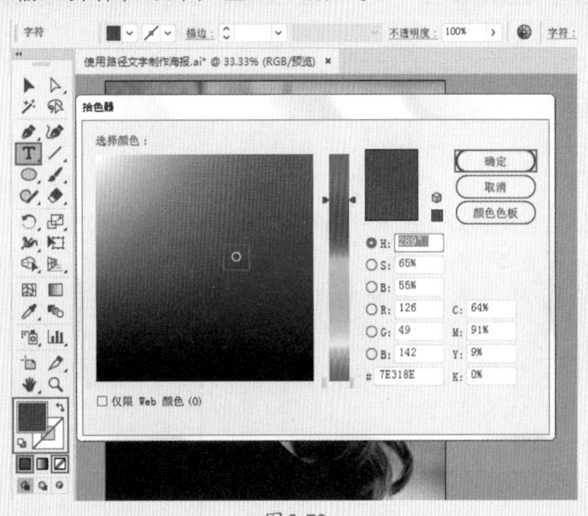

图5-72

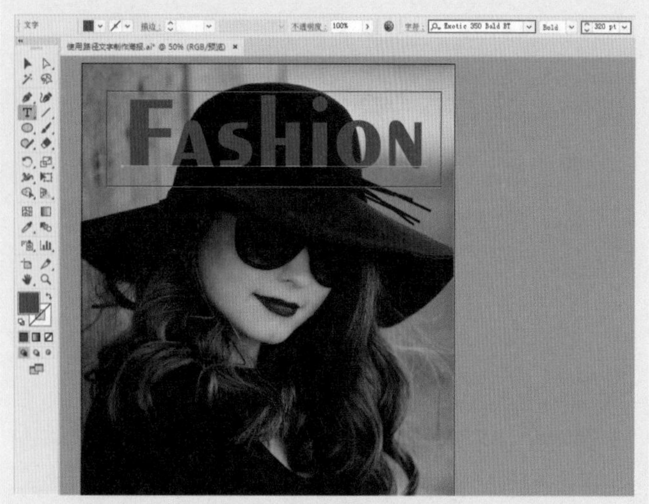

图5-73

03 使用同样的方法，设置合适的字体、字号，在画面的下方输入白色的文字，效果如图5-74所示。

04 选择工具箱中的“钢笔工具”，在画面的左侧由左向右绘制一条路径，效果如图5-75所示。选择工具箱中的“路径文字工具”，在红色路径的左侧单击，在工具箱的底部设置“填色”为白色，“描边”为无，在控制栏中选择合适的字体、字号，然后输入文字，按快捷键Ctrl+Enter确认输入操作，效果如图5-76所示。

图5-74

图5-75

05 使用同样的方法，在画面中输入其他路径文字，效果如图5-77所示。

06 选择工具箱中的“椭圆工具”，在工具箱的底部设置“填色”为白色，“描边”为无，按住Shift键的同时按住鼠标左键进行拖动，绘制一个白色的正圆形，效果如图5-78所示。使用工具箱中的“选择工具”选中正圆形，单击鼠标右键，在弹出的快捷菜单中选择“排列>后移一层”命令，将正圆形向后移动一层，多次执行该命令，将正圆形移动至紫色文字的后面，效果如图5-79所示。

07 使用“文字工具”在正圆形中输入文字，最终完成效果如图5-80所示。

图5-76

图5-77

图5-78

图5-79

图5-80

要点速查：路径文字的使用方法

首先绘制一条路径，效果如图5-81所示。在文字工具组上单击鼠标右键，在弹出的工具列表中选择“路径文字工具”，然后将鼠标指针移动至路径上，当鼠标指针变为形状时单击，如图5-82所示，之后会显示占位符。可以在控制栏中对字体、字号等参数进行设置，设置完毕后，可以更改文字的内容，输入的文字会自动沿路径排列，效果如图5-83所示。

图5-81

图5-82

图5-83

选择路径文字对象，执行“文字>路径文字>路径文字选项”命令，弹出“路径文字选项”对话框。在“效果”下拉列表框中选择需要的选项，单击“确定”按钮，如图5-84所示。如图5-85所示为各种路径文字效果。

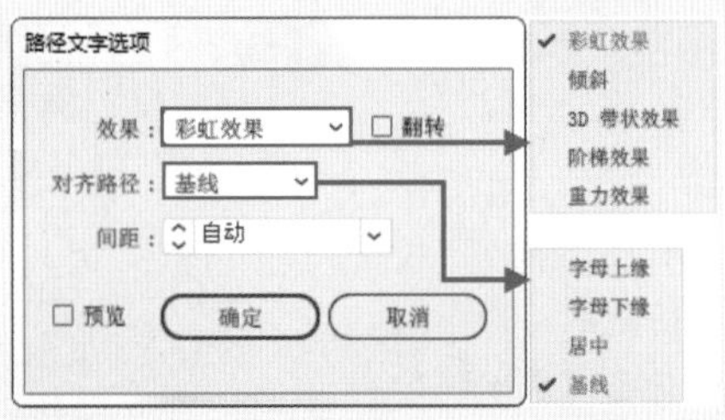

图5-84

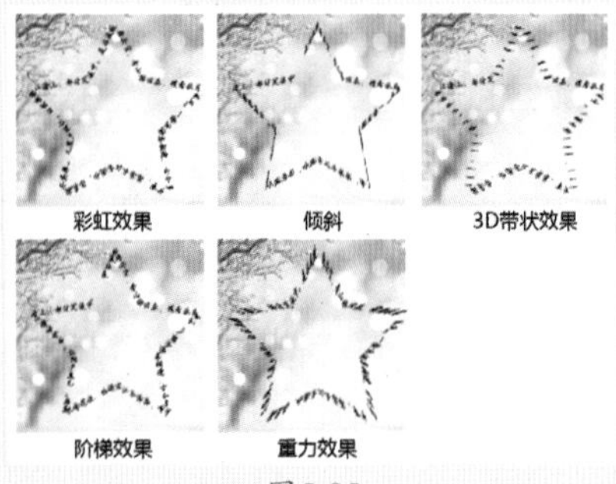

图5-85

将鼠标指针移动至路径文字的起点位置，当鼠标指针变为形状时，按住鼠标左键拖动鼠标指针，可以调整路径文字的起点位置，效果如图5-86所示。将鼠标指针移动至路径文字的终点位置，当鼠标指针变为形状时，按住鼠标左键拖动鼠标指针可以调整路径文字的终点位置，效果如图5-87所示。

图5-86

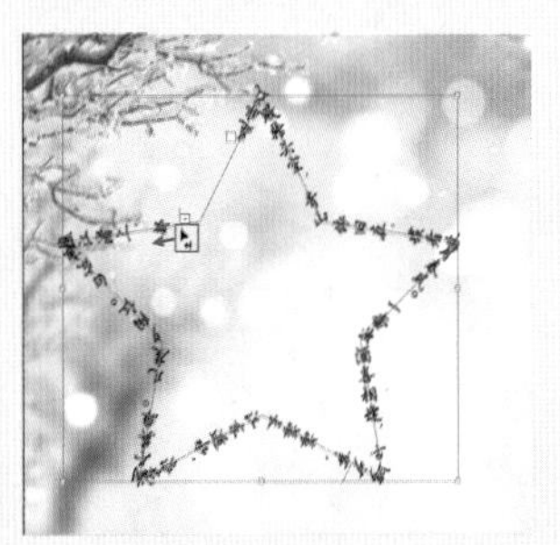

图5-87

选择工具箱中的“垂直路径文字工具”，将鼠标指针移动到路径上单击，如图5-88所示，文字会在路径上竖向排列，文字效果如图5-89所示。

图5-88

图5-89

实例035 创建区域文字制作摄影画册

文件路径	第5章\创建区域文字制作摄影画册
难易指数	★★★★★
技术掌握	● 区域文字 ● 文字工具 ● 自由变换工具

扫码深度学习

操作思路

“区域文字”与“段落文字”较为相似，都是被限定在某个特定的区域内。“段落文字”处于一个矩形的文本框内，而“区域文字”的外框则可以是任意图形。在本案例中，区域文字的制作就是先绘制一个文本框，然后将文字输入到文本框内，再将文本框进行变形。

案例效果

案例效果如图5-90所示。

图5-90

操作步骤

01 新建一个比较宽的空白文档。选择工具箱中的“矩形工具”，双击工具箱的底部的“填色”按钮，在弹出的“拾色器”对话框中设置颜色为灰色，单击“确定”按钮，设置“描边”为无，如图5-91所示。在使用“矩形工具”的状态下，按住鼠标左键从画面的左上角拖动鼠标指针至右下角，释放鼠标左键，效果如图5-92所示。

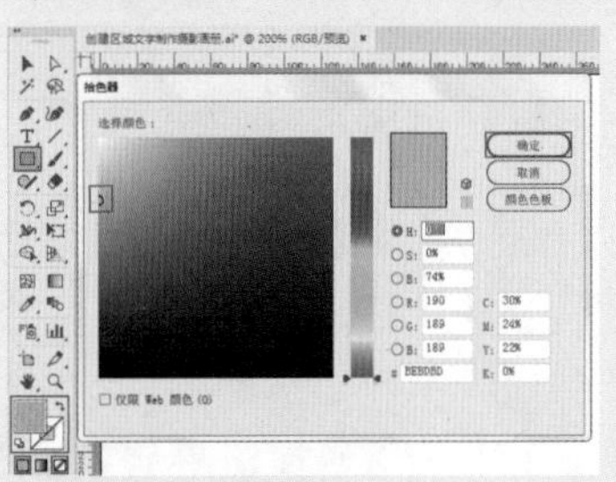

图5-91

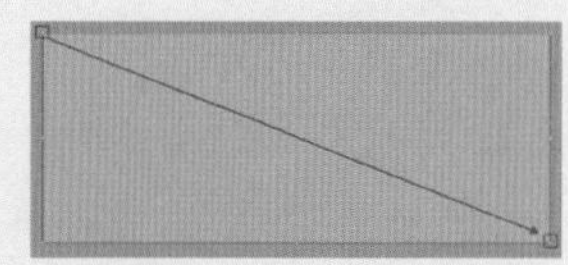

图5-92

02 使用同样的方法，在画面的右侧绘制一个浅灰色的矩形，如图5-93所示。

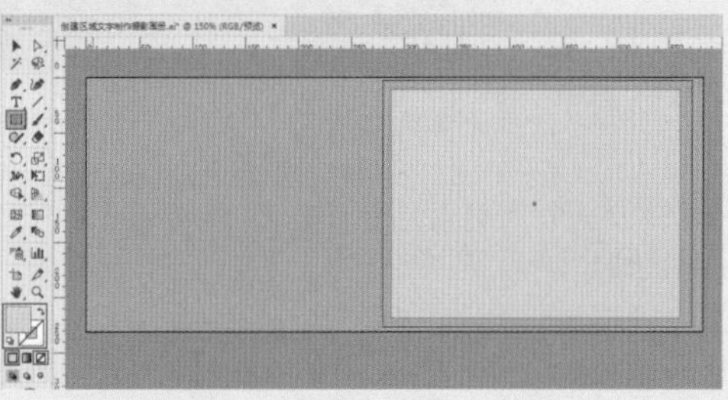

图5-93

03 选中浅灰色矩形，执行“效果>风格化>投影”命令，在弹出的“投影”对话框中设置“模式”为“正常”，“不透明度”为60%，“X位移”为-10px，“Y位移”为6px，“模糊”为10px，选中“颜色”单选按钮，设置颜色为黑色，单击“确定”按钮，如图5-94所示，此时效果如图5-95所示。

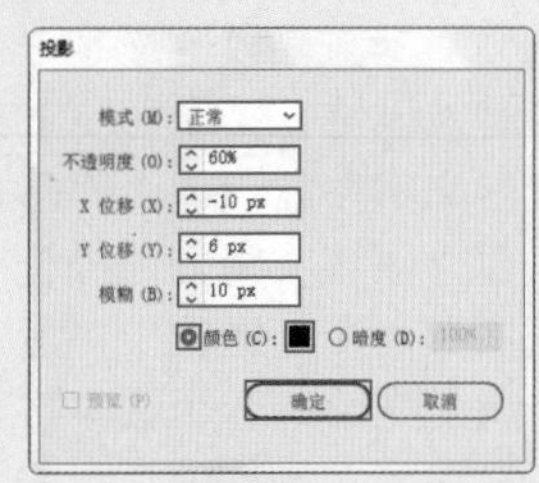

图5-94

图5-95

04 在右侧矩形被选中的状态下，同时按住Shift键和Alt键向左拖动鼠标指针，进行平移并复制，效果如图5-96所示。

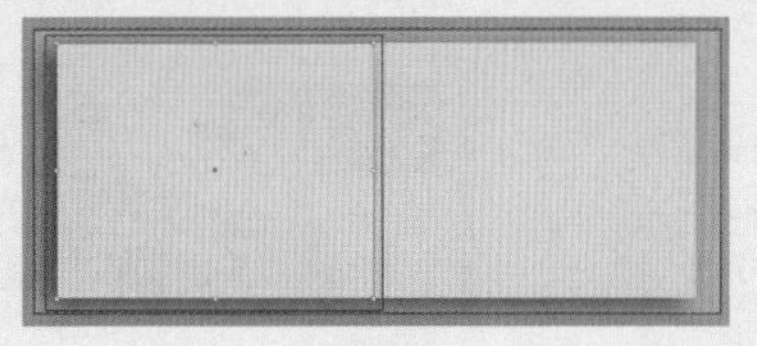

图5-96

05 执行“文件>置入”命令，在弹出的“置入”对话框中选择素材“1.jpg”，单击“置入”按钮，如图5-97所示。按住鼠标左键在画面中拖动鼠标指针，控制置入对象的大小，释放鼠标左键完成置入操作。在控制栏中单击“嵌入”按钮，将素材嵌入到文档中，效果如图5-98所示。

图5-97

图5-98

06 选择工具箱中的“自由变换工具”，在弹出的隐藏工具组中单击“自由变换”按钮。将鼠标指针定位到定界框底部中心位置的控制点处，然后按住鼠标左键向右拖动进行变形，效果如图5-99所示。

图5-99

07 选择工具箱中的“矩形工具”，在工具箱的底部设置“填色”为黑色，“描边”为无，按住鼠标左键在画面的左上角拖动鼠标指针，绘制一个黑色的矩形，效果如图5-100所示。选择工具箱中的“直接选择工具”，单击黑色矩形右下角控制点将其选中，然后向左拖动，将矩形变换为梯形，效果如图5-101所示。

08使用同样的方法，在画面的右下角绘制一个橘黄色的矩形并进行变形，效果如图5-102所示。

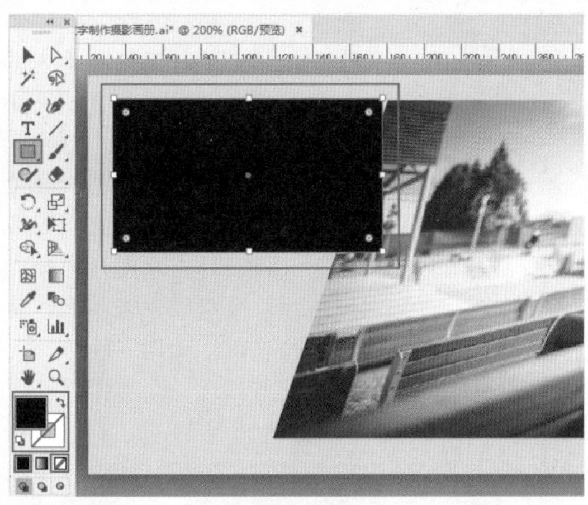
图5-100

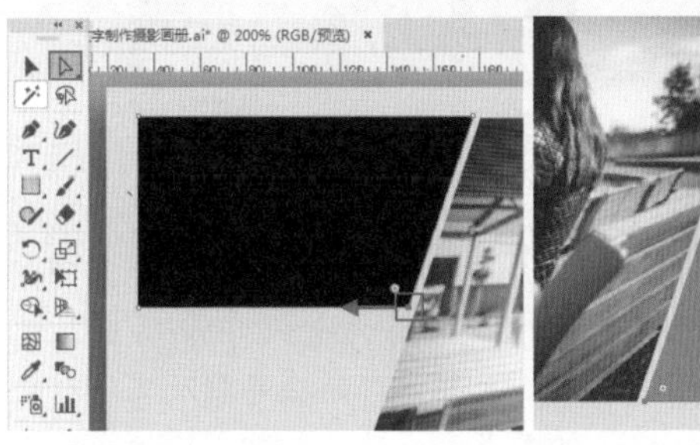

图5-101　　图5-102

09选择工具箱中的"文字工具"，在左上方的黑色梯形中单击插入光标，在工具箱的底部设置"填色"为橘黄色，"描边"为无，在控制栏中设置合适的字体、字号，然后输入文字，按快捷键Ctrl+Enter确认输入操作，效果如图5-103所示。

图5-103

10选择"文字工具"，按住鼠标左键在橘黄色文字的下方拖动绘制一个文本框，在控制栏中设置合适的字体、字号，在文本框内输入白色的文字，效果如图5-104所示。选择工具箱中的"直接选择工具"，单击文本框右下角的控制点并进行拖动，将文本框进行变形，效果如图5-105所示。

11使用同样的方法，在右侧橘黄色四边形中输入文字，效果如图5-106所示。

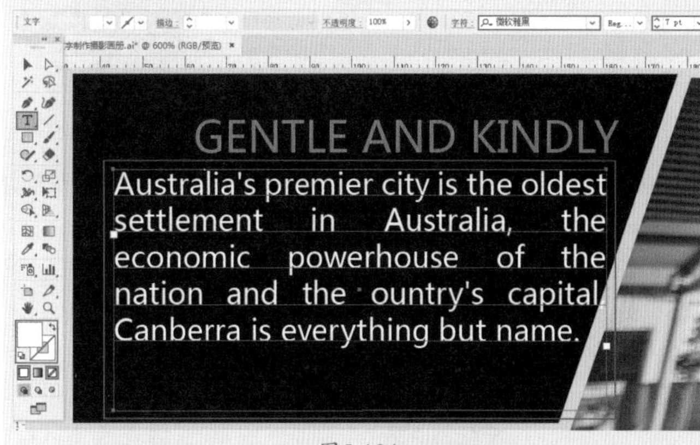

图5-104

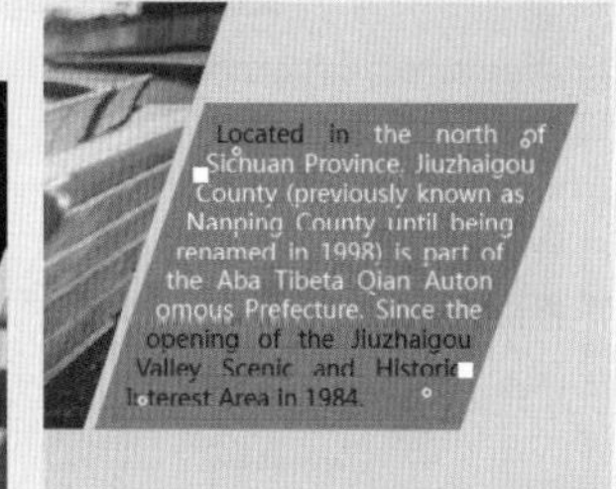

图5-105　　图5-106

12选择工具箱中的"矩形工具"，在工具箱的底部单击"填色"按钮，使之置于前面，然后双击工具箱中的"渐变工具"按钮，在弹出的"渐变"面板中设置"类型"为"线性"，"角度"为0°，在面板底部编辑一个由白到黑的渐变，设置"描边"为无，如图5-107所示。设置完成后在使用"矩形工具"的状态下，按住鼠标左键拖动鼠标指针，在画面的左侧绘制一个矩形，效果如图5-108所示。

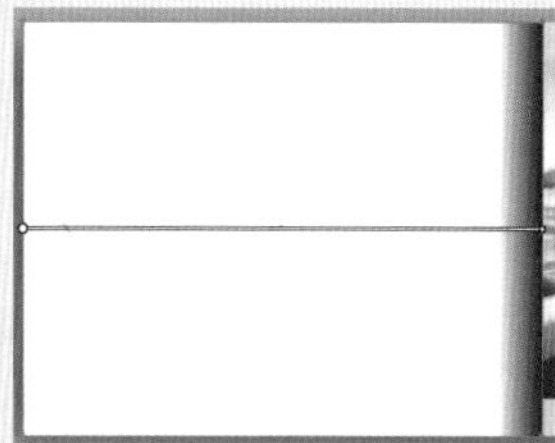
图5-107　　图5-108

13在控制栏中单击"不透明度"按钮，在弹出的下拉面板中设置"混合模式"为"正片叠底"，"不透明度"为40%，如图5-109所示，此时的效果如图5-110所示。

14使用同样的方法，在画面的右侧绘制渐变效果，最终完成效果如图5-111所示。

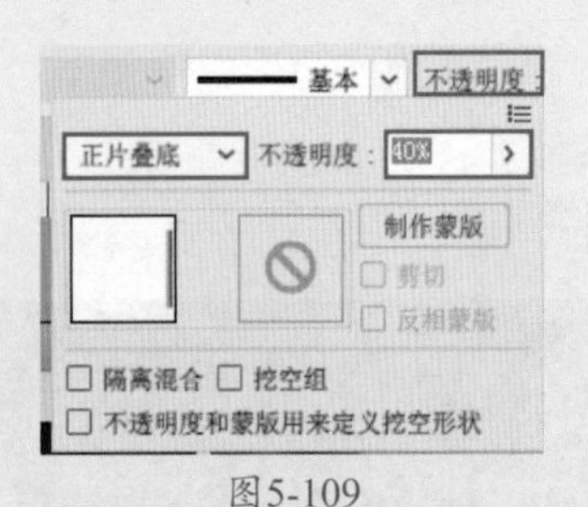

图5-109

图5-110

图5-111

要点速查：使用区域文字工具创建文本

1.在形状中创建文字

首先绘制一条闭合路径，可以是圆形、矩形、星形等。在文字工具组上单击鼠标右键，在弹出的工具列表中选择“区域文字工具”。将鼠标指针移动至图形路径内部，鼠标指针会变为形状，如图5-112所示。在路径内部单击，此时会显示占位符，如图5-113所示。可以在控制栏中更改字体、字号等参数，然后删除占位符并输入文字，效果如图5-114所示。

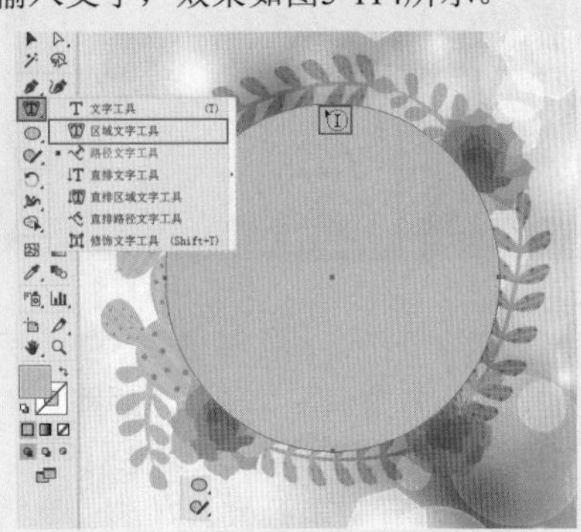

图5-112

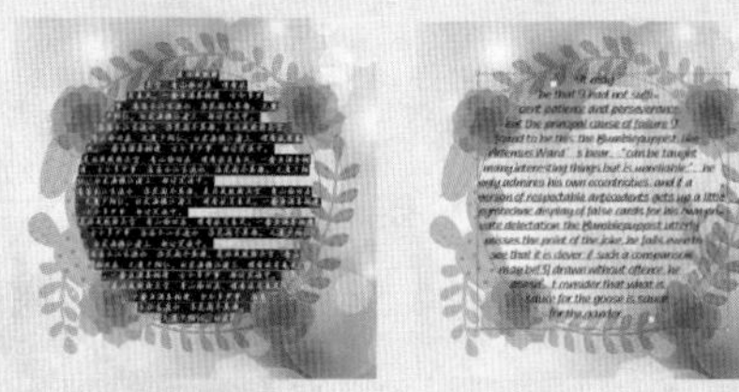

图5-113　　图5-114

2.调整文本区域的大小

改变区域文字的文本框形状，可以同时改变文字对象的排列方式。使用“选择工具”对文本框进行缩放，可以使文字区域发生形变，如图5-115所示。使用“直接选择工具”拖动锚点，也可以对文本框进行变形，如图5-116所示。

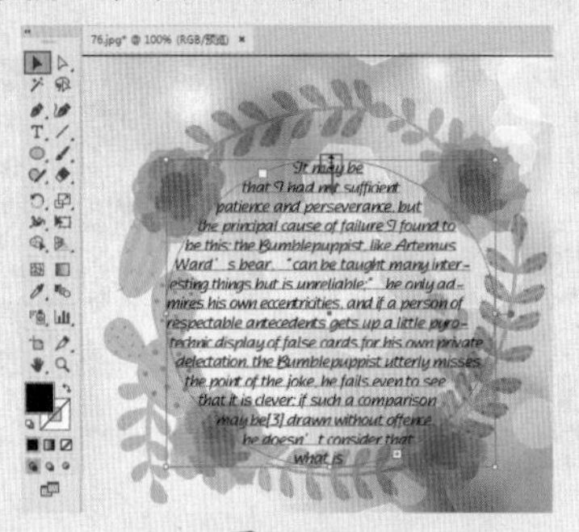

图5-115

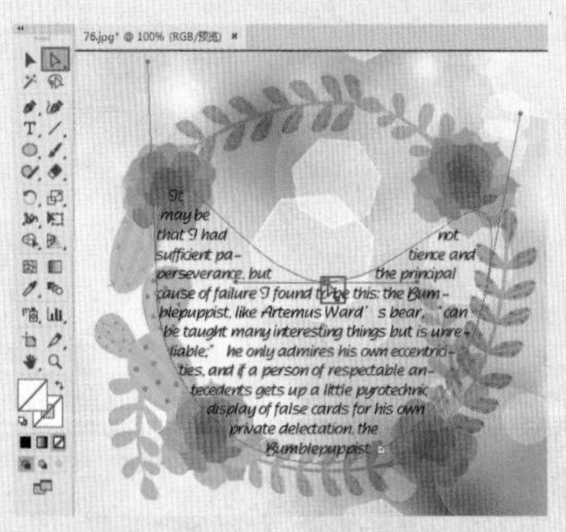

图5-116

3.设置区域文字选项

选择文字对象，然后执行“文字>区域文字选项”命令，在弹出的“区域文字选项”对话框中进行相应的设置，如图5-117所示。

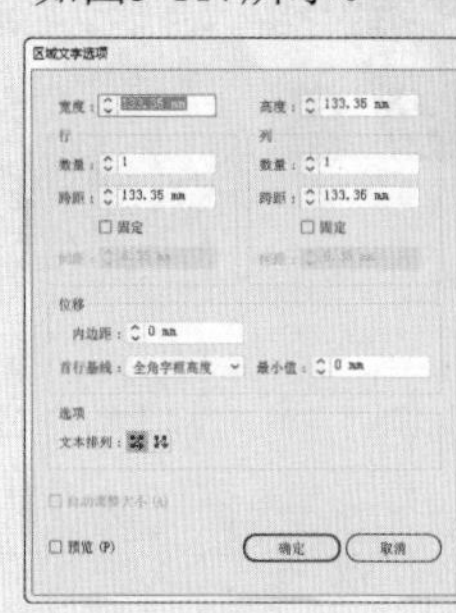

图5-117

- 宽度、高度：确定对象边框的尺寸。
- 数量：指定希望对象包含的行数和列数。
- 跨距：指定单行高度和单列宽度。
- 固定：确定调整文字区域大小时行高和列宽的变化情况。选中此选项后，若调整区域大小，只会更改行数和栏数，而不会改变。
- 间距：指定行间距或列间距。
- 内边距：可以控制文本和边框路径之间的边距，如图5-118所示。

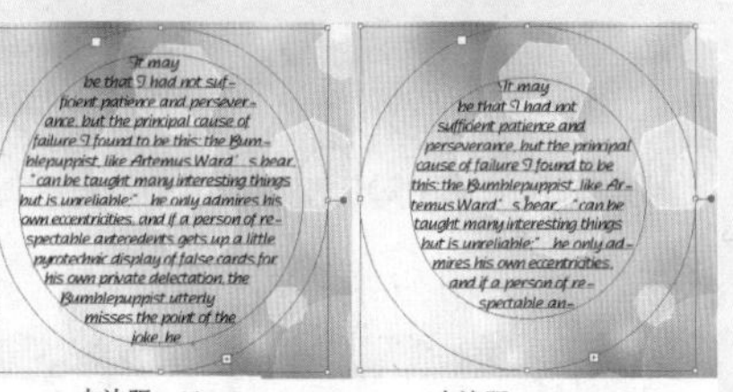

图5-118

- 首行基线：选择“字母上缘”选项，字符的高度降到文字对象顶部之下。选择“大写字母高度”选项，大写字母的顶部触及文字对象的顶部。选择“行距”选项，以文本的行距值作为文本首行基线和文字对象顶部之间的距离。选择“X高度”选项，字符的高度降到文字对象顶部之下。选择“全角字框高度”选项，亚洲字体中全角字框的顶部触及文字对象的顶部。
- 最小值：指定文本首行基线与文字对象顶部之间的距离。
- 按行、按列：选择“文本排列”选项，以确定行和列间的文本排列方式。

实例036　动物保护主题公益广告

文件路径	第5章\动物保护主题公益广告
难易指数	★★★★★
技术掌握	● 矩形工具 ● 风格化 ● 添加锚点工具

扫码深度学习

操作思路

在本案例中，使用“矩形工具”绘制矩形，然后置入图片素材，使用“文字工具”输入文字，并使用“添加锚点工具”绘制按钮。

案例效果

案例效果如图5-119所示。

图5-119

操作步骤

01 新建一个A4大小的空白文档。选择工具箱中的“矩形工具”，双击工具箱底部的“填色”按钮，在弹出的“拾色器”对话框中设置颜色为浅卡其色，单击“确定”按钮，设置“描边”为无，如图5-120所示，绘制一个与画板等大的矩形。继续使用“矩形工具”，在控制栏中设置“填色”为白色，“描边”为无，在画面的下方绘制一个白色矩形，如图5-121所示。

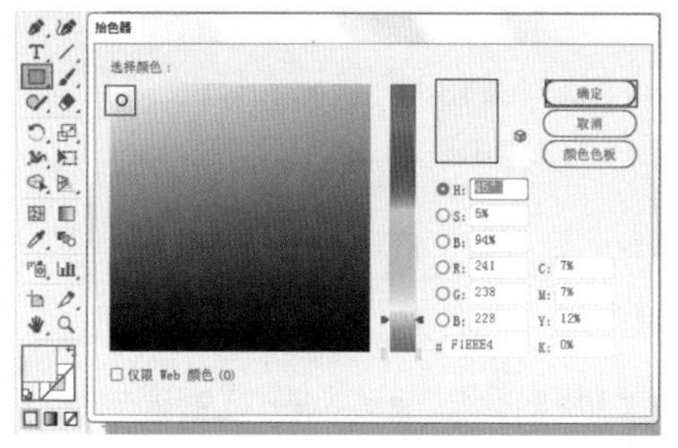

图5-120

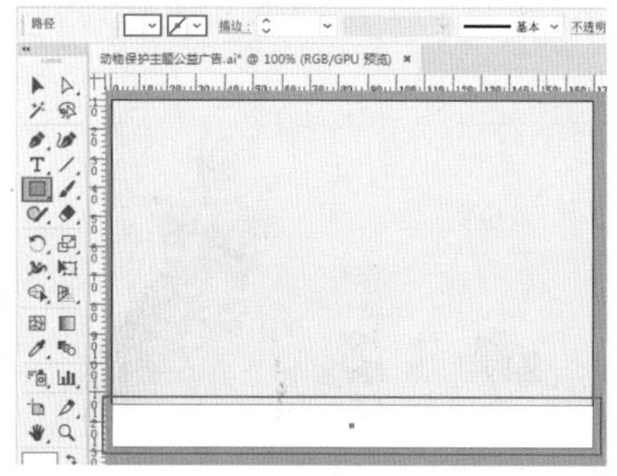

图5-121

02 执行“文件>置入”命令，置入素材“1.png”，单击控制栏中的“嵌入”按钮，完成素材的嵌入操作。按住Shift键的同时，拖动素材定界框四角处的控制点，调整素材的大小，然后将其放置在画面的右侧，效果如图5-122所示。

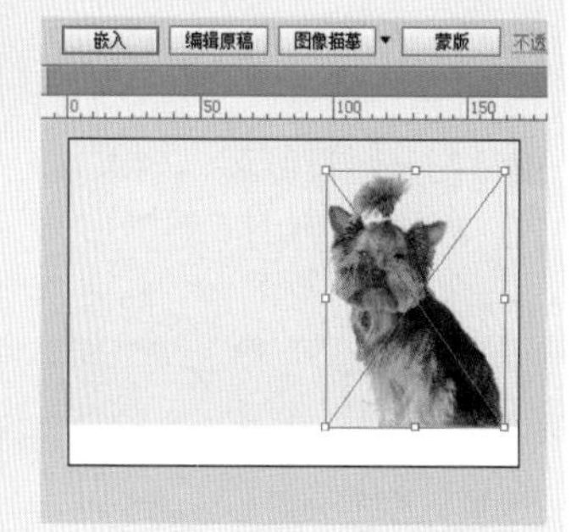

图5-122

03 为公益广告添加文字。选择工具箱中的“文字工具”，在素材的左侧单击插入光标，在工具箱的底部设置“填色”为深灰色，“描边”为无，在控制栏中选择合适的字体及字号，然后输入文字，按快捷键Ctrl+Enter确认输入操作，效果如图5-123所示。继续输入文字，并将部分文字的填充颜色设置为橘红色，效果如图5-124所示。

图5-123

04 绘制一条直线作为分隔线。选择工具箱中的“直线段工具”，在工具箱的底部设置“填色”为无，“描边”为灰色，在控制栏中设置描边“粗细”为1pt，按住Shift键在画面中的相应位置绘制一条直线，效果如图5-125所示。

图5-124

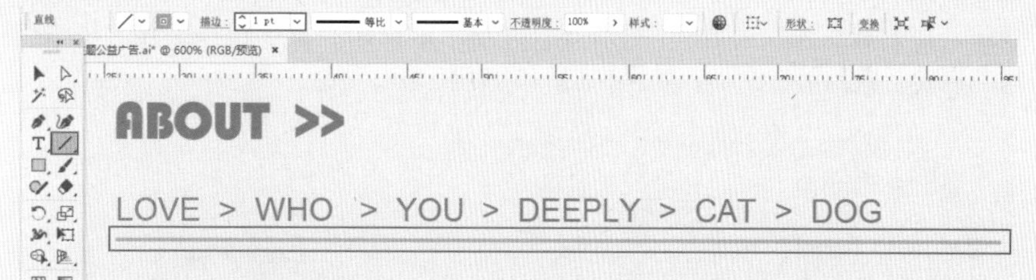

图5-125

05 制作箭头图标。选择工具箱中的“椭圆工具”，在工具箱的底部设置“填色”为无，“描边”为浅灰色，设置描边“粗细”为4pt，然后按住Shift键绘制一个正圆形，效果如图5-126所示。选择正圆形，执行“对象>扩展”命令，将路径描边扩展为图形，效果如图5-127所示。

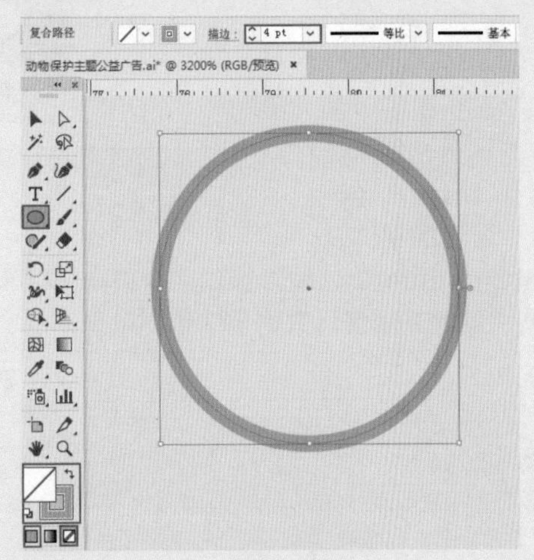

图5-126

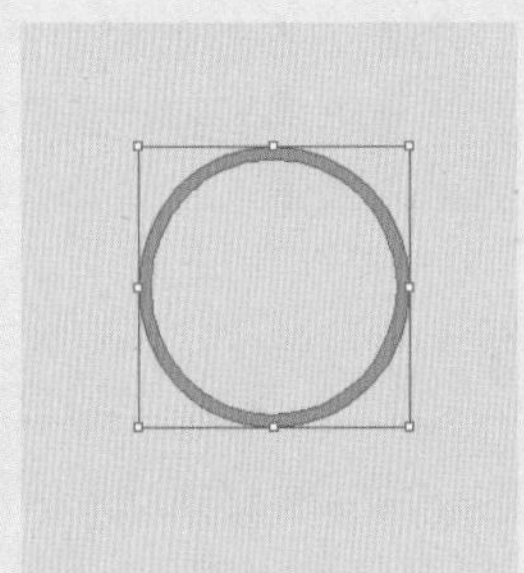

图5-127

06 选择工具箱中的“多边形工具”，然后在画面中单击，在弹出的“多边形”对话框中设置“半径”为1mm，“边数”为3，单击“确定”按钮，如图5-128所示。将三角形调整大小后移动到正圆形中，效果如图5-129所示。

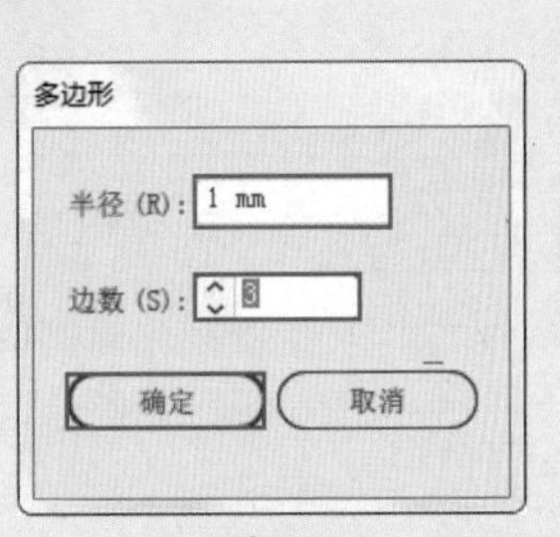

图5-128

图5-129

07 使用“添加锚点工具”在三角形的右侧边缘处单击添加锚点，然后使用“直接选择工具”选中锚点，单击控制栏中的“将所选锚点转换为尖角”按钮，将平滑点转换为角点，如图5-130所示。使用“直接选择工具”将锚点向左拖动，得到箭头图形，效果如图5-131所示。

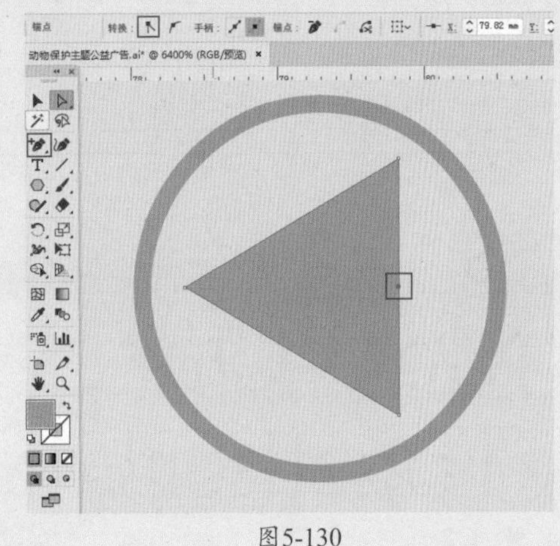

图5-130

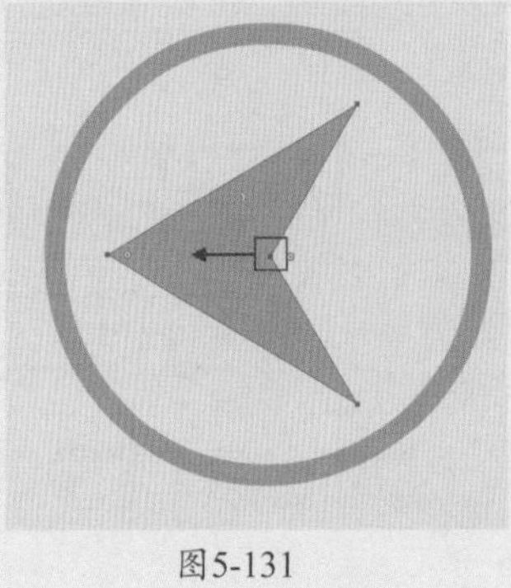

图5-131

08 将正圆形与箭头图形加选，按快捷键Ctrl+G进行编组。选择箭头图形组，执行“对象>变换>对称”命令，在弹出的“镜像”对话框中，选中“垂直”单选按钮，设置“角度”为90°，单击“复制”按钮，如图5-132所示。将复制得到的图形组移动到相应位置，效果如图5-133所示。

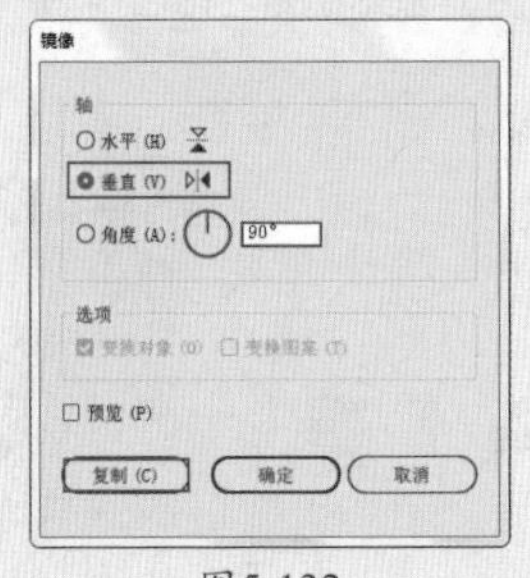

图5-132

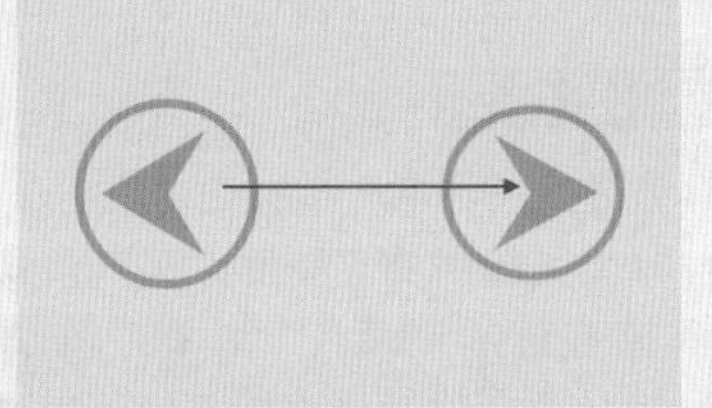

图5-133

09 将两个箭头图形组移动到画面中的相应位置，并调整合适的大小，将其作为按钮，效果如图5-134所示。

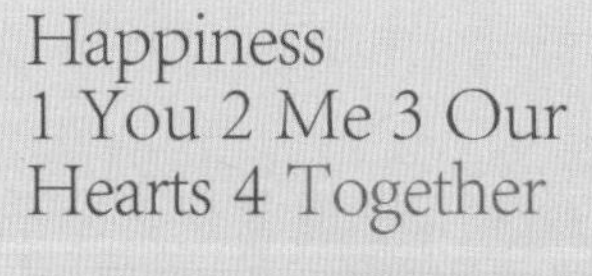

图5-134

10 将图片素材“2.jpg”置入到文档中，并放置在合适位置，然后单击控制栏中的“嵌入”按钮，效果如图5-135所示。

图5-135

11 为置入的素材添加效果。选择素材，执行“效果>风格化>投影”命令，在弹出的“投影”对话框中设置“模式”为“正片叠底”，“不透明度”为50%，“X位移”为0.2mm，“Y位移”为0.2mm，单击“颜色”单击按钮，设置“模糊”为0.2mm，“颜色”为黑色，参数设置如图5-136所示，单击“确定”按钮，最终完成效果如图5-137所示。

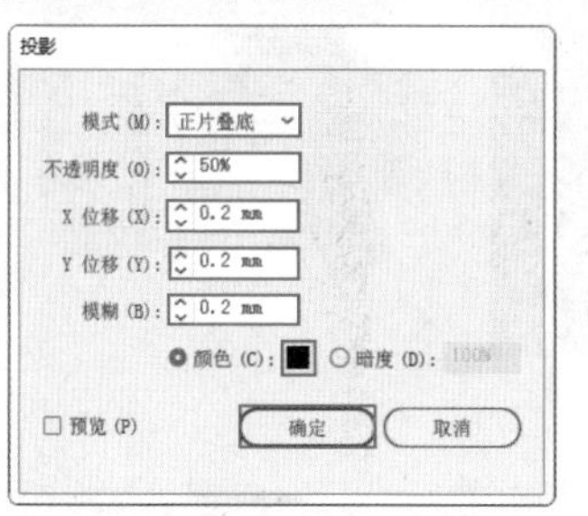

图5-136

图5-137

实例037 企业画册内页设计

文件路径	第5章\企业画册内页设计
难易指数	★★★★★
技术掌握	● 剪切蒙版 ● 文字工具

扫码深度学习

操作思路

在本案例中，使用“建立剪切蒙版”命令将两张图片拼接成一张图片，在拼接图片的下方使用“钢笔工具”绘制曲线，并使用“文字工具”输入文字。

案例效果

案例效果如图5-138所示。

图5-138

操作步骤

01 新建一个A4大小的空白文档。选择工具箱中的“矩形工具”，在控制栏中设置“填充”为灰色，“描边”为无，按住鼠标左键拖动鼠标指针，绘制一个与画板等大的矩形，效果如图5-139所示。使用同样的方法，在画面的右侧绘制一个白色的矩形，效果如图5-140所示。

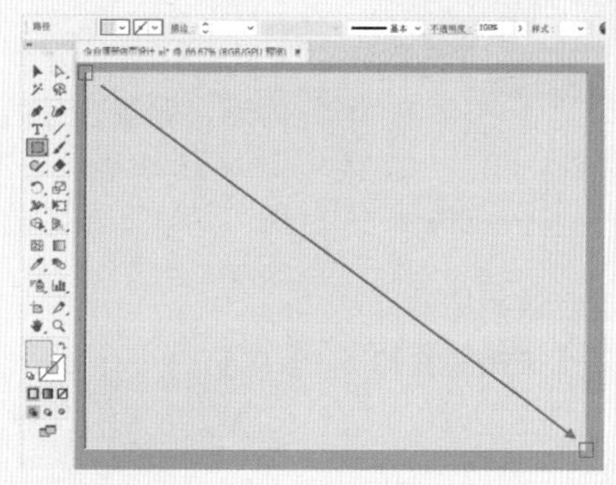

图5-139　图5-140

02 执行“文件>置入”命令，在弹出的“置入”对话框中选择素材“1.jpg”，单击“置入”按钮，如图5-141所示。按住鼠标左键拖动鼠标指针，在画面中控制置入对象的大小，释放鼠标左键完成置入操作。在控制栏中单击“嵌入”按钮，将素材嵌入到文档中，如图5-142所示。

图5-141

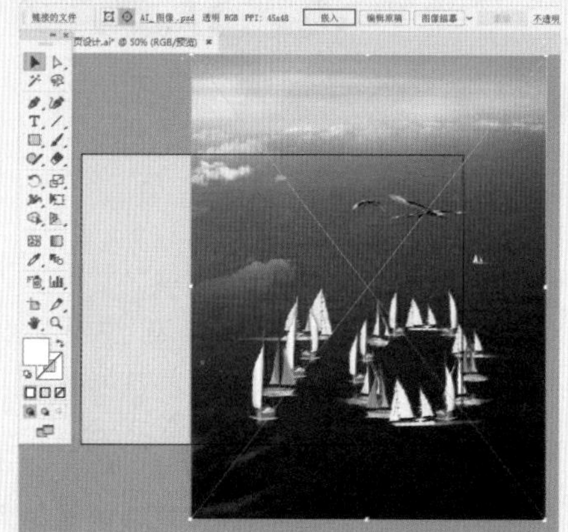

图5-142

03 选择工具箱中的“钢笔工具”，在素材中绘制一个图形，效果如图5-143所示。选择工具箱中的“选择工具”，按住Shift键加选图形和素材“1.jpg”，然后单击鼠标右键，在弹出的快捷菜单中选择“建立剪切蒙版”命令，此时效果如图5-144所示。

04 再次置入素材“1.jpg”，并执行“建立剪切蒙版”命令，然后将其与右侧的素材拼接到一起，效果如图5-145所示。

图5-143

图5-144

图5-145

05 选择工具箱中的“钢笔工具”，在工具箱的底部设置“填色”为深灰色，“描边”为无，在拼接图片的下方绘制一条曲线，效果如图5-146所示。

图5-146

06 选择工具箱中的“椭圆工具”，在工具箱的底部设置“填色”为深蓝色，“描边”为无，设置完成后，按住Shift键的同时按住鼠标左键进行拖动，在画面的左侧绘制一个正圆形，效果如图5-147所示。

07 置入地球素材“2.jpg”并将其嵌入到文档中，然后将其移动至画面左下角的位置，效果如图5-148所示。在地球素材上绘制一个正圆形，效果如图5-149所示。使用“选择工具”，按住Shift键将素材和正圆形进行加选，单击鼠标右键，在弹出的快捷菜单中选择“建立剪切蒙版”命令，然后将其移动至深蓝色正圆形上偏左的位置，效果如图5-150所示。

图5-147

图5-148

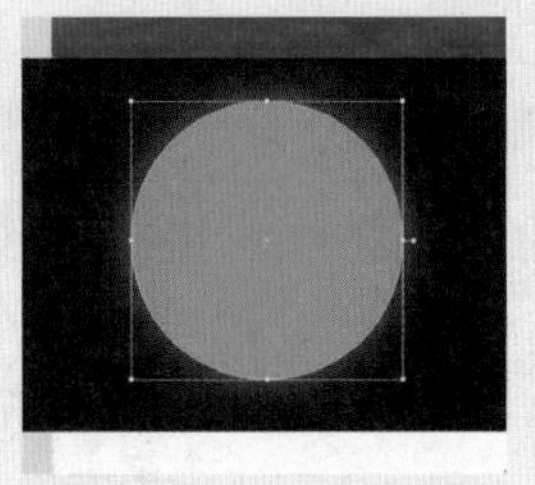

图5-149

图5-150

08 选择工具箱中的“文字工具”，在画面的右侧单击插入光标，在控制栏中设置“填充”为白色，“描边”为无，设置合适的字体、字号，然后输入文字，按快捷键Ctrl+Enter确认输入操作，效果如图5-151所示。使用同样的方法，在画面中适当的位置输入文字，效果如图5-152所示。

图5-151

图5-152

09 选择工具箱中的“文字工具”，按住鼠标左键在画面左下角的空白处拖动绘制一个文本框，在控制栏中设置“填充”为黑色，“描边”为无，设置合适的字体、字号，设置“段落”为“左对齐”，然后输入文字，效果如图5-153所示。使用“文字工具”在该段落文字的上方再输入一行文字，效果如图5-154所示。

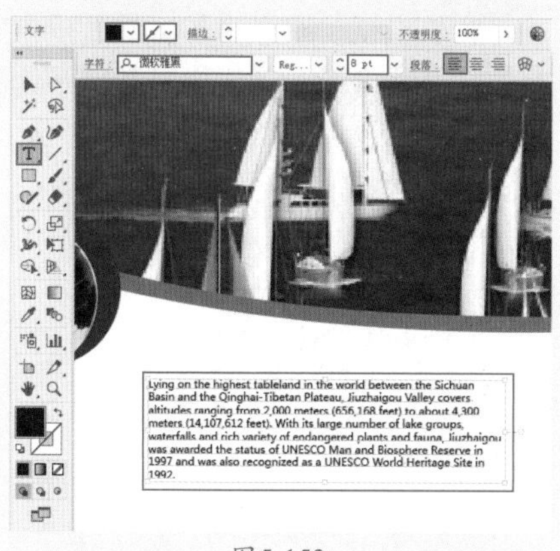

图5-153

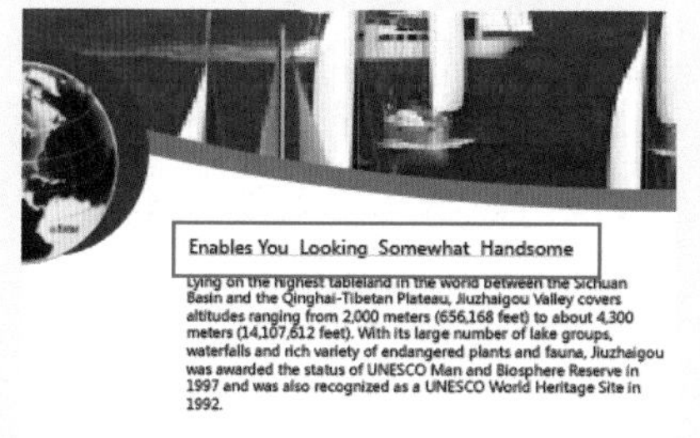

图5-154

10 选择工具箱中的“矩形工具”，在工具箱的底部设置“填色”为深灰色，“描边”为无，按住鼠标左键在画面的右下角拖动鼠标指针，绘制一个深灰色的矩形，效果如图5-155所示。使用同样的方法，在该矩形的下方绘制一个浅灰色的矩形，效果如图5-156所示。

11 使用工具箱中的“选择工具”选中浅灰色的矩形，同时按住Shift键和Alt键向下拖动，进行平移并复制，效果如图5-157所示。多次使用快捷键Ctrl+D，将浅灰色矩形进行复制，效果如图5-158所示。

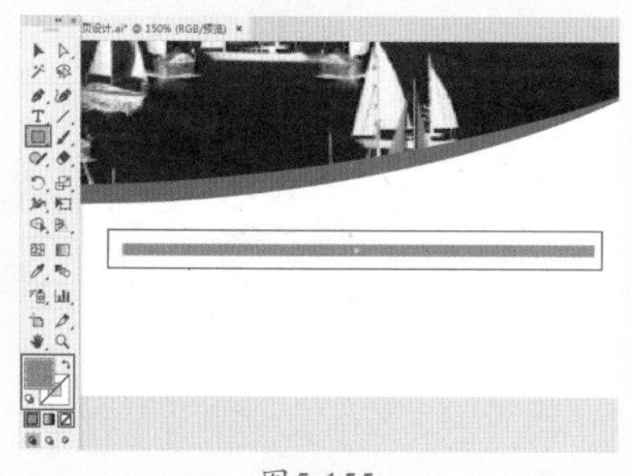

图5-155

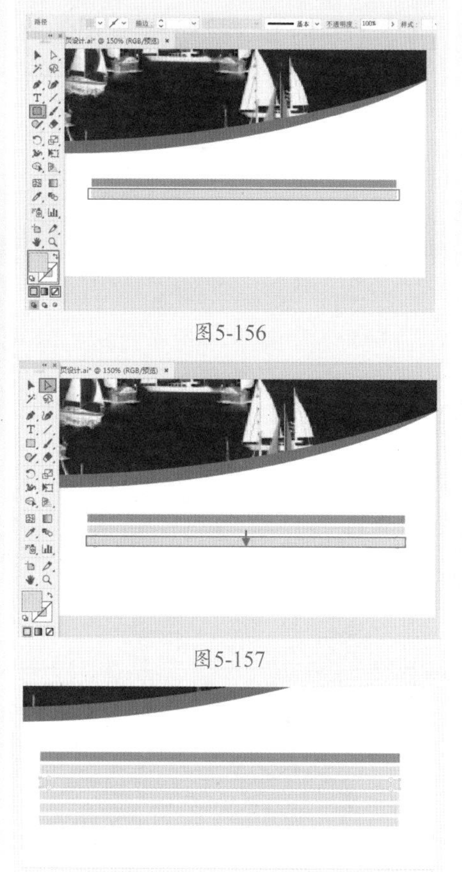

图5-156

图5-157

图5-168

12 使用“文字工具”在复制得到的矩形中输入文字，效果如图5-159所示。

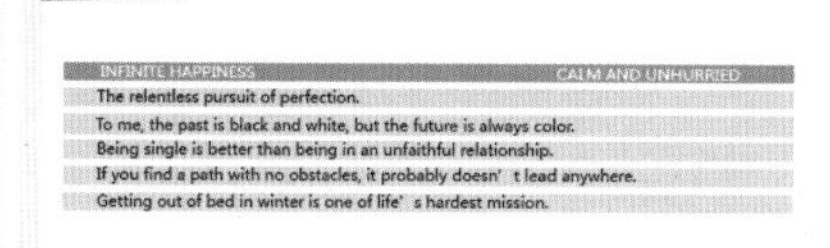

图5-159

13 选择工具箱中的“矩形工具”，单击工具箱底部的“填色”按钮，使之置于前面，双击工具箱中的“渐变工具”按钮，在弹出的“渐变”面板中设置“类型”为“线性”，“角度”为180°，在面板底部编辑一个黑色到透明的渐变，设置“描边”为无，如图5-160所示。设置完成后，在使用“矩形工具”的状态下，按住鼠标左键进行拖动，在画面的左侧绘制一个矩形，效果如图5-161所示。

14 选中该矩形，在控制栏中单击“不透明度”按钮，在弹出的下拉面板中设置“混合模式”为“正片叠底”，“不透明度”为80%，如图5-162所示，此时效果如图5-163所示。

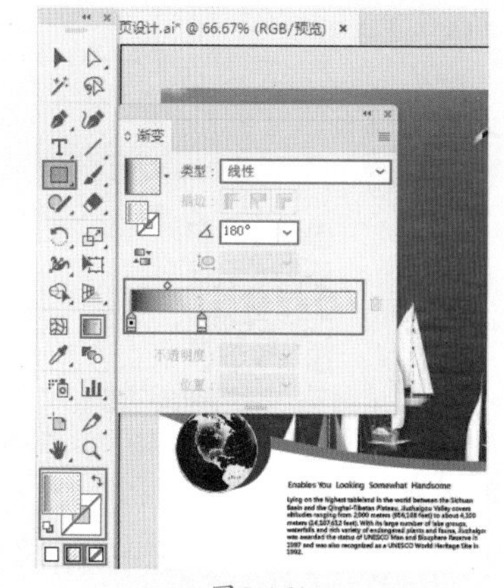

图5-160

图5-161

图5-162　　图5-163

15 使用同样的方法，在画面的右侧绘制一个渐变的矩形，最终完成效果如图5-164所示。

图5-164

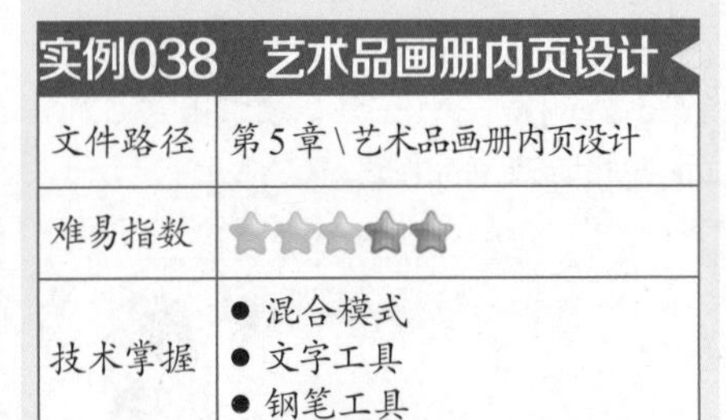

实例038 艺术品画册内页设计

文件路径	第5章\艺术品画册内页设计
难易指数	★★★★★
技术掌握	● 混合模式 ● 文字工具 ● 钢笔工具

扫码深度学习

操作思路

在本案例中，首先使用“矩形工具”绘制画册底色，然后置入素材图片，并与底色进行混合以形成背景，再使用“钢笔工具”绘制文字底部的图形，最后使用“文字工具”输入文字。

案例效果

案例效果如图5-165所示。

图5-165

操作步骤

01 新建一个A4大小的空白文档。选择工具箱中的“矩形工具”，在控制栏中设置“填充”为灰色，“描边”为无，然后按住鼠标左键拖动鼠标指针绘制一个与画板等大的矩形，效果如图5-166所示。

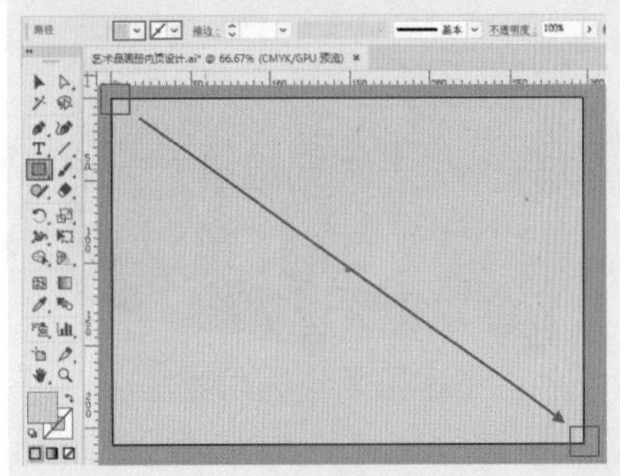

图5-166

02 继续使用“矩形工具”，在工具箱的底部设置“填色”为青灰色，“描边”为无，然后在画面中单击，在弹出的“矩形”对话框中设置“宽度”为215mm，“高度”为152mm，如图5-167所示，单击“确定”按钮，矩形效果如图5-168所示。

图5-167

图5-168

03 选择矩形，执行“效果>风格化>投影”命令，在弹出的“投影”对话框中设置“模式”为“正片叠底”，“不透明度”75%，“X位移”为-1mm，“Y位移”为1mm，“模糊”为1.8mm，选中“颜色”单选按钮，设置颜色为黑色，单击“确定”按钮，如图5-169所示，此时效果如图5-170所示。

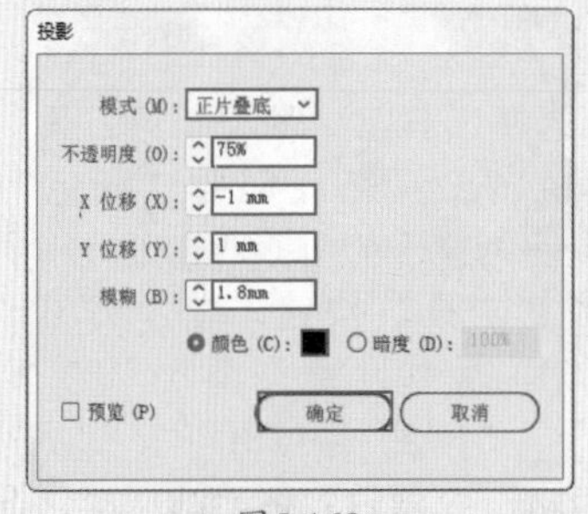

图5-169

图5-170

04 执行“文件>置入”命令，置入素材“1.jpg”，调整素材的大小和位置，单击控制栏中的“嵌入”按钮，将其嵌入到文档中，效果如图5-171所示。选择该素材，单击控制栏中的“不透明度”按钮，在弹出的下拉面板中设置“混合模式”为“颜色加深”，效果如图5-172所示。

图5-171

图5-172

05 在素材上绘制一个与青灰色矩形等大的矩形，效果如图5-173所示。将矩形和素材加选，执行“对象>剪切蒙版>建立”，此时多余的部分被隐藏，效果如图5-174所示。

图5-173

图5-174

06 选择工具箱中的“钢笔工具”，然后绘制一个不规则图形并填充为红色，效果如图5-175所示。继续绘制一个黑色的不规则图形，效果如图5-176所示。

图5-175

图5-176

07 下面为画面添加主体文字。选择工具箱中的“文字工具”，然后在黑色不规则图形上单击插入光标，在控制栏中设置“填充”为白色，“描边”为无，选择合适的字体及字号，设置“段落”为“左对齐”，在黑色不规则图形中单击并输入文字，效果如图5-177所示。使用同样的方法，在红色不规则图形中继续为画面添加一组文字，效果如图5-178所示。

图5-177

图5-178

08 输入段落文字。选择“文字工具”，在控制栏中设置合适的字体、字号，然后按住鼠标左键在画面中拖动绘制一个文本框，如图5-179所示。在控制栏中设置合适的字体、字号，然后输入文字，效果如图5-180所示。

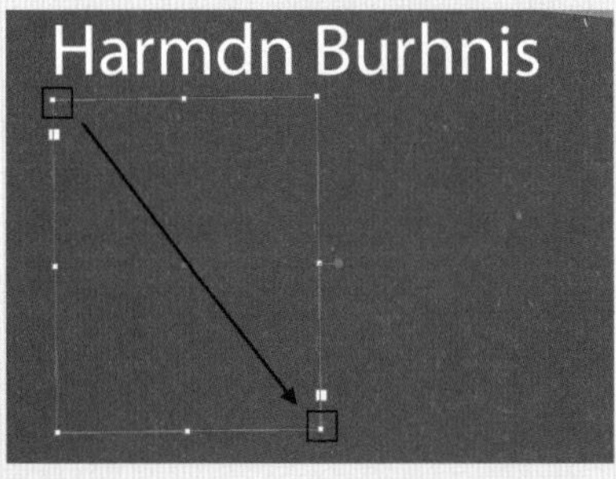

图5-179

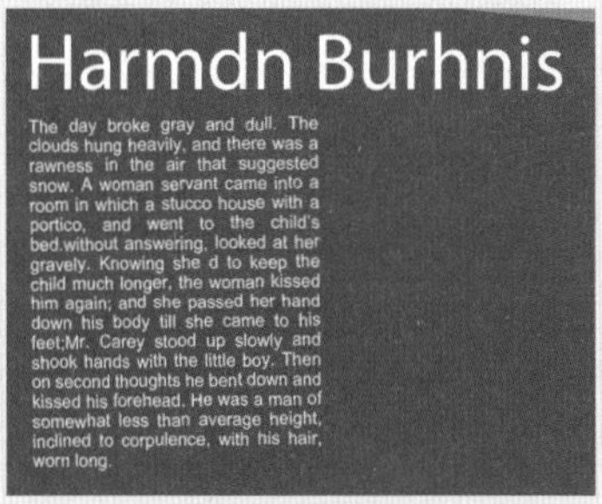

图5-180

09 使用“文字工具”选中部分文字，并在控制栏中设置“填充”为黑色，效果如图5-181所示。使用同样的方式，制作另一处文字，效果如图5-182所示。

10 将文本框及段落文字加选，进行逆时针旋转，效果如图5-183所示。

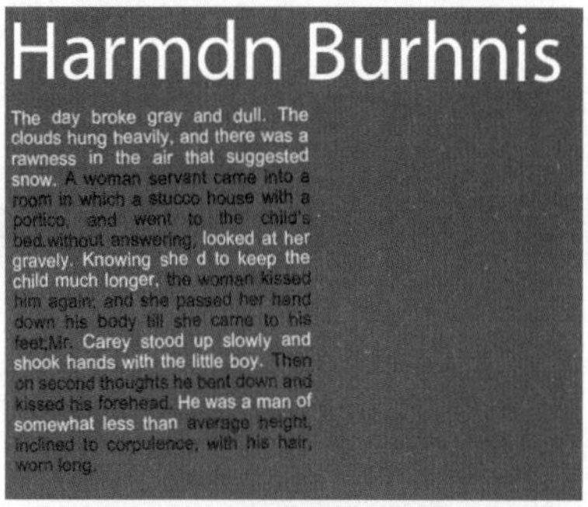

图5-181

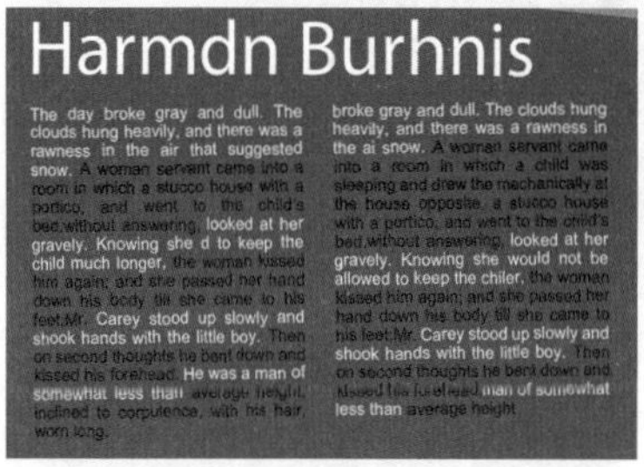

图5-182

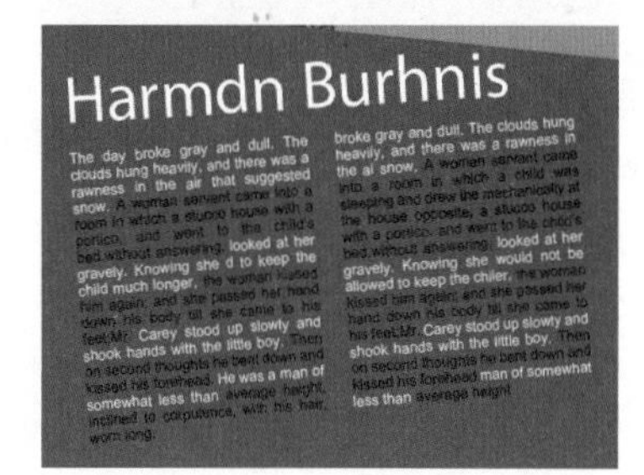

图5-183

> **提示**
>
> **文本的串接与释放**
>
> 在进行包含大量正文文字的版面的排版时，可以将多个文本框进行串接。如果想要进行文本串接，首先将需要串接的文本框选中，然后执行“文字>串接文本>建立”命令，即可建立文本串接。选中串接的文本，执行“文字>串接文本>移去串接文字”命令，即可取消文本串接。

11 下面制作内页的折叠效果。首先使用“矩形工具”在画面的右侧绘制一个矩形。选择该矩形，执行“窗口>渐变”命令，在弹出的“渐变”面板中设置“类型”为“线性”，编辑一个浅灰色系的渐变，如图5-184所示，此时填充渐变的效果如图5-185所示。

图5-184

图5-185

12 连续选择该矩形，执行“窗口>透明度”命令，在弹出的“透明度”面板中设置“混合模式”为“正片叠底”，“不透明度”为100%，如图5-186所示，此时效果如图5-187所示。

图5-186

图5-187

视觉引导线

在版式中，视觉引导线是一条虽然看不见但却非常关键的导向线。它直指中心内容，引导视线去关注设计主题，是贯穿版面的主线。版式中的编排元素以视觉引导线为中心，依信息级别向左右或上下展开。在本案例中，采用了倾斜的视觉引导线。当看到这个版面时，首先注意到的是标题文字，然后视线沿着红色的色块向文本处移动。

实例039 企业宣传三折页设计

文件路径	第5章\企业宣传三折页设计
难易指数	★★★★★
技术掌握	● 文字工具 ● 钢笔工具 ● 渐变工具

扫码深度学习

操作思路

本案例是一款企业用作宣传的三折页画册。在制作的过程中应该从左至右进行设计，先确定好背景的颜色以便于将整个版面分为三个部分，然后分别使用“文字工具”“椭圆工具”“渐变工具”制作画面中的元素，并利用“建立剪切蒙版”命令将素材的合适部分依次添加到文档中。

案例效果

案例效果如图5-188所示。

图5-188

操作步骤

01 新建一个A4大小的空白文档。选择工具箱中的“矩形工具”，在工具箱的底部设置“描边”为无，双击“填色”按钮，在弹出的“拾色器”对话框中设置颜色为深蓝色，单击“确定”按钮，如图5-189所示。在使用“矩形工具”的状态下，按住鼠标左键在画面的左侧拖动鼠标指针，绘制一个矩形，效果如图5-190所示。为了便于分割三个页面，可以借助标尺和辅助线进行制作。

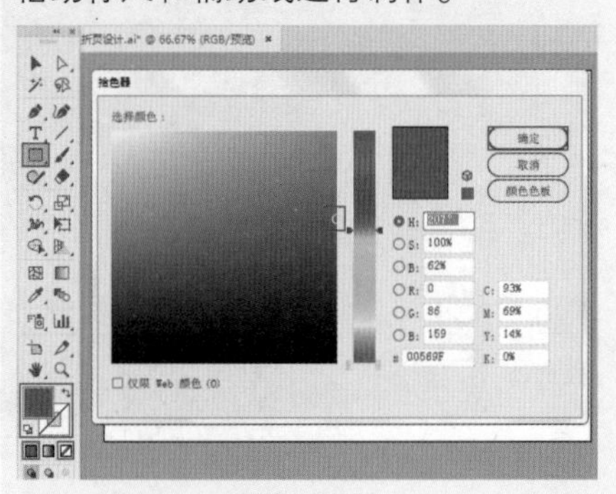

图5-189

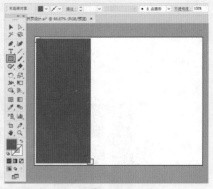

图5-190

02 使用同样的方法，在深蓝色矩形的右侧绘制一个浅灰色的矩形，效果如图5-191所示。

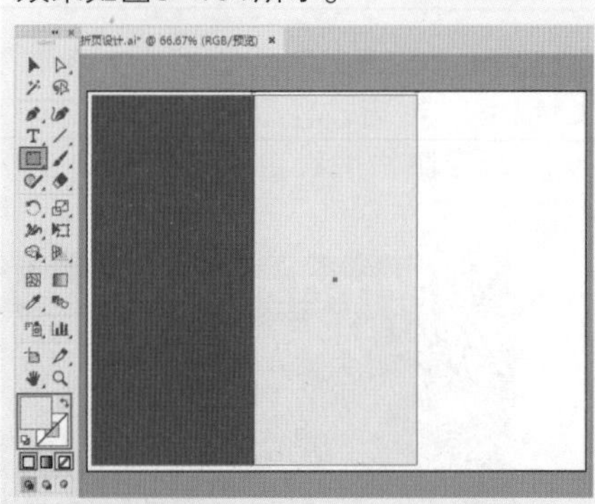

图5-191

03 选择工具箱中的“椭圆工具”，在工具箱的底部设置“填色”为蓝色，“描边”为无，设置完成后，按住Shift键在深蓝色矩形的上方进行拖动，绘制一个正圆形，效果如图5-192所示。

图5-192

04执行“文件>置入”命令，在弹出的“置入”对话框中选择素材“1.jpg”，单击“置入”按钮，如图5-193所示。按住鼠标左键拖动鼠标指针，在画面中控制置入对象的大小，释放鼠标左键完成置入操作。在控制栏中单击“嵌入”按钮，将素材嵌入到文档中，如图5-194所示。

图5-193

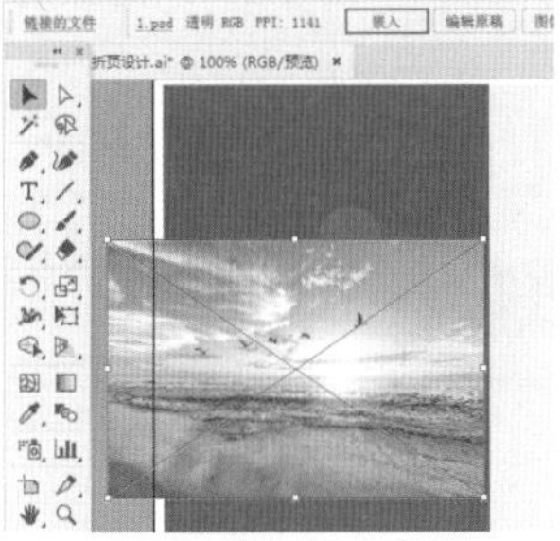

图5-194

05选择工具箱中的“椭圆工具”，按住Shift键进行拖动，绘制一个正圆形，效果如图5-195所示。选择工具箱中的“选择工具”，加选素材“1.jpg”和正圆形，单击鼠标右键，在弹出的快捷键中选择“建立剪切蒙版”命令，效果如图5-196所示。

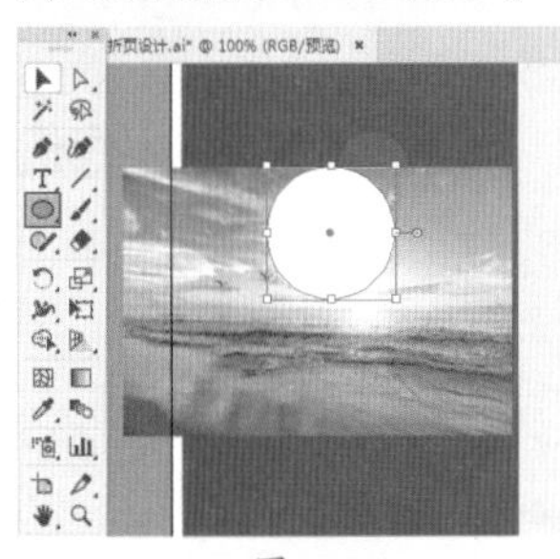

图5-195

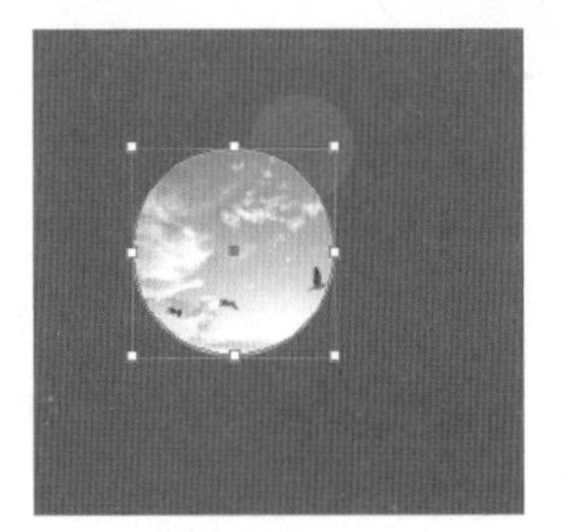

图5-196

06选择工具箱中的“椭圆工具”，单击工具箱底部的“填色”按钮，使之置于前方，双击“渐变工具”按钮，在弹出的“渐变”面板中设置“类型”为“线性”，“角度”为90°，编辑一个由透明到蓝色的渐变，设置“描边”为无，如图5-197所示。在使用“椭圆工具”的状态下，按住Shift键进行拖动，在画面中绘制一个渐变的正圆形，效果如图5-198所示。

07选择工具箱中的“文字工具”，在渐变的正圆形上单击插入光标，在工具箱的底部设置“填色”为白色，“描边”为无，在控制栏中设置合适的字体、字号，然后输入文字，按快捷键Ctrl+Enter确认输入操作，效果如图5-199所示。使用同样的方法，在画面左侧适当的位置输入文字，效果如图5-200所示。

08使用“椭圆工具”在浅灰色背景的上方绘制一个蓝色的正圆形，效果如图5-201所示。继续使用“椭圆工具”绘制一个“填色”为无、“描边”为青灰色的正圆形，如图5-202所示。

09使用“直接选择工具”单击正圆形上的锚点，如图5-203所示。按Delete键删除该锚点，此时正圆形变成一条弧线，将弧线进行适当的旋转，如图5-204所示。

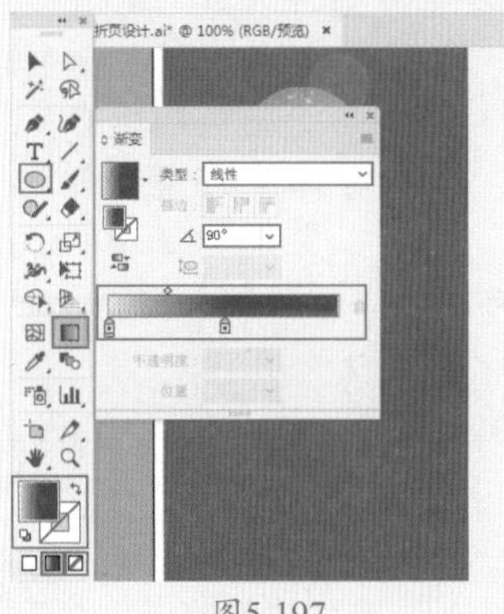

图5-197

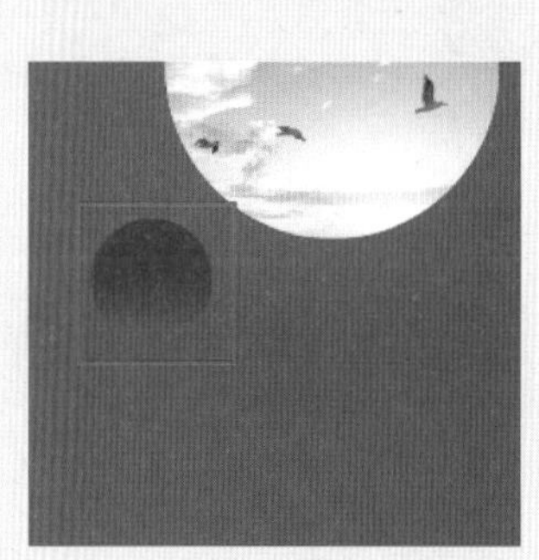

图5-198

图5-199

图5-200

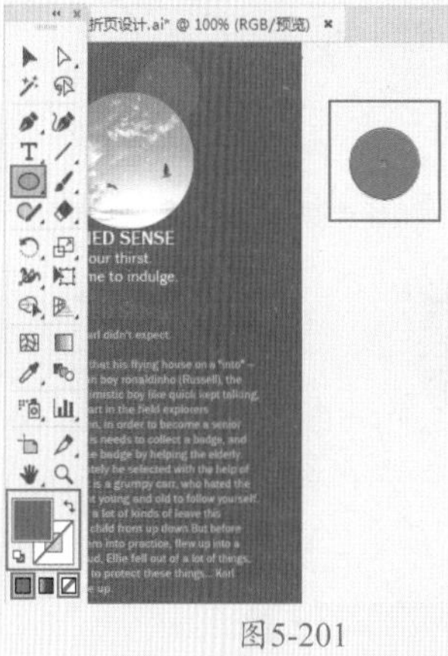

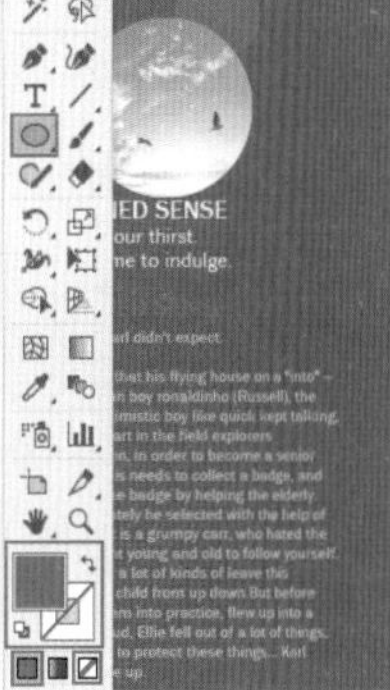

图5-201

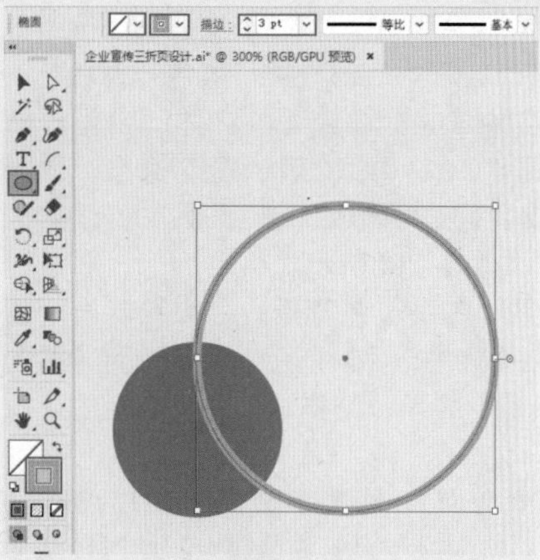

图5-202

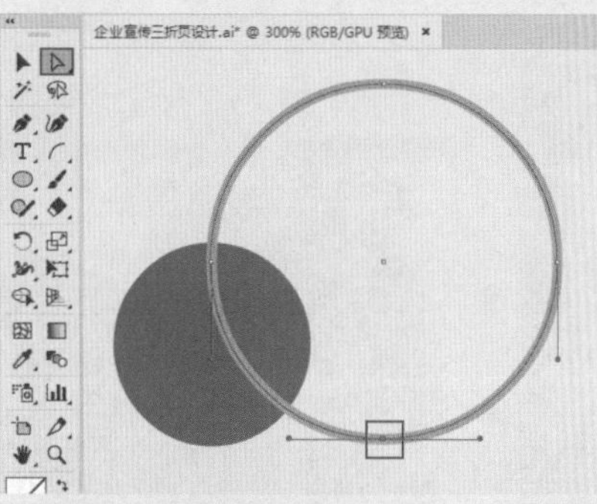

图5-203

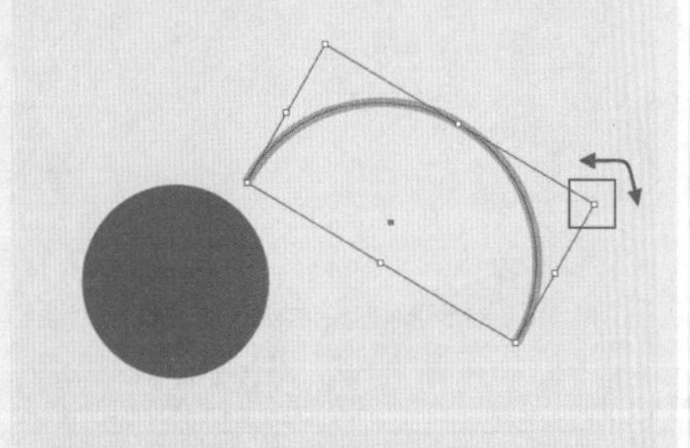

图5-204

10 使用同样的方法，制作另外一条弧线，效果如图5-205所示。使用“文字工具”在灰色背景中输入文字，效果如图5-206所示。

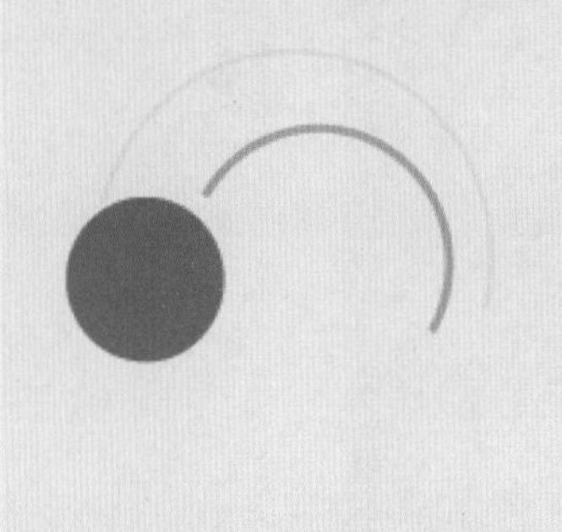

图5-205

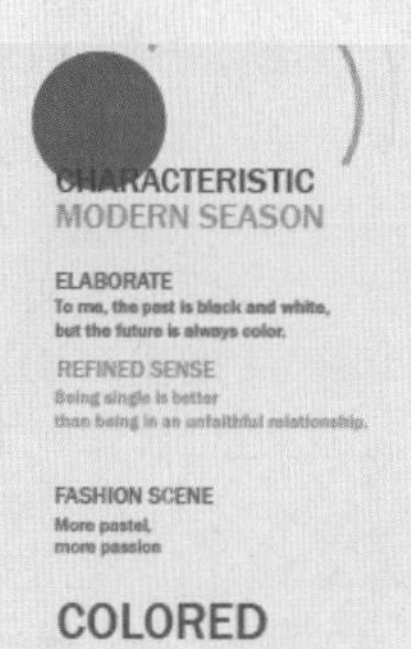

图5-206

11 选择工具箱中的“矩形工具”，在工具箱的底部设置“填色”为蓝色，“描边”为无，设置完成后，按住鼠标左键在相应位置拖动绘制一个蓝色的矩形，效果如图5-207所示。在蓝色矩形中输入文字，效果如图5-208所示。

图5-207

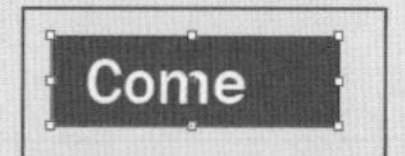

图5-208

12 使用同样的方法，先绘制矩形，再添加文字。中间版面效果如图5-209所示。

13 制作右侧版面内容。执行“文件>置入”命令，在弹出的“置入”对话框中选择素材“2.jpg”，单击“置入”按钮，如图5-210所示。按住鼠标左键拖动鼠标指针，在画面中控制置入对象的大小，释放鼠标左键完成置入操作。在控制栏中单击“嵌入”按钮，将素材嵌入到文档中，如图5-211所示。

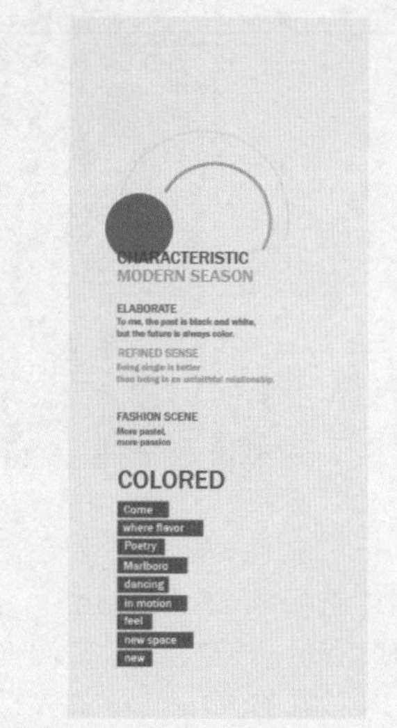

图5-209

图5-210

图5-211

14 使用工具箱中的“钢笔工具”在素材“2.jpg”上绘制一个图形，效果如图5-212所示。选择工具箱中的“选择工具”，按住Shift键加选素材“2.jpg”和图形，单击鼠标右键，在弹出的快捷菜单中选择“建立剪切蒙版”命令，效果如图5-213所示。

15 再次置入并嵌入素材“2.jpg”，然后在素材上绘制图形，并创建剪切蒙版，效果如图5-214所示。

图5-212

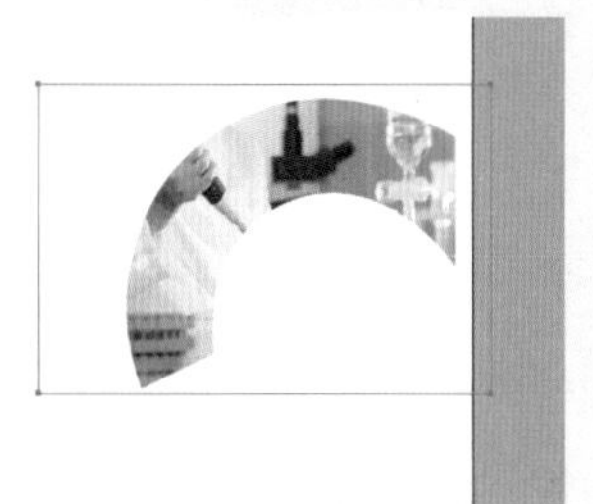

图5-213

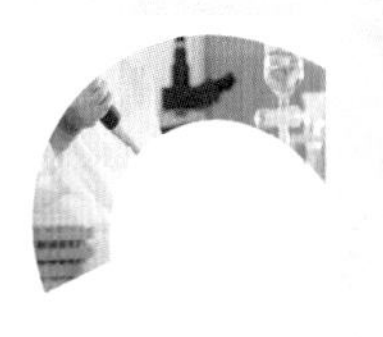

图5-214

16 使用“椭圆工具”在右侧版面中绘制一个蓝色的正圆形，效果如图5-215所示。在正圆形的右侧绘制一个矩形，效果如图5-216所示。

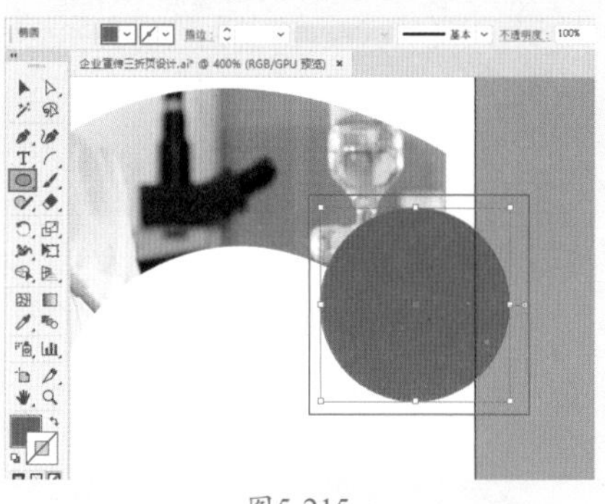

图5-215

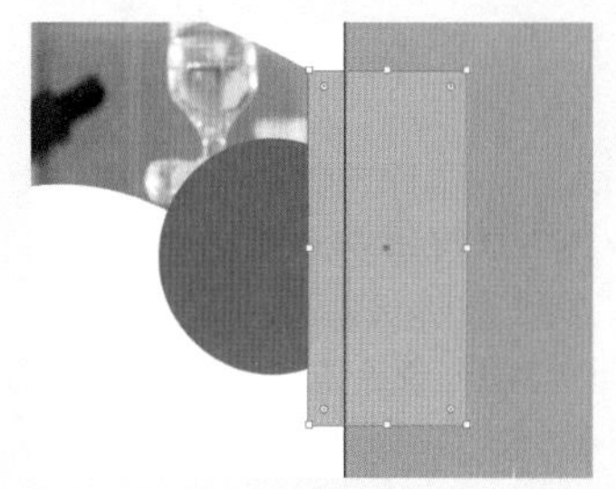

图5-216

17 使用“选择工具”，按住Shift键单击矩形和正圆形，然后执行“窗口>路径查找器”命令，在弹出的“路径查找器”面板中单击“减去顶层”按钮，如图5-217所示，此时图形效果如图5-218所示。

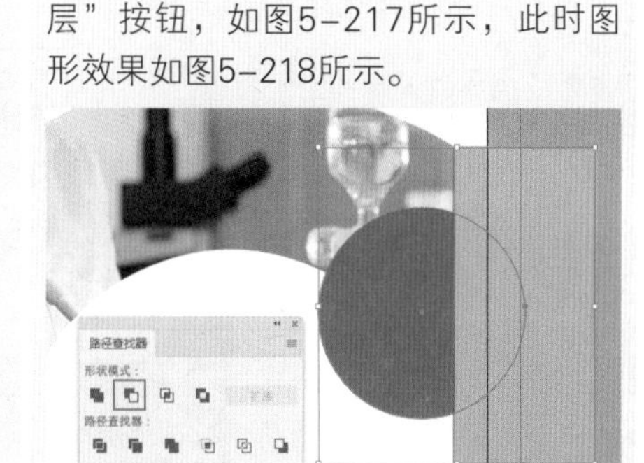

图5-217

图5-218

18 选择该图形，在控制栏中设置“不透明度”为80%，效果如图5-219所示。再次绘制一个正圆形，设置其“不透明度”为80%，效果如图5-220所示。

19 制作弧线，并将其旋转到合适角度，效果如图5-221所示。使用“文字工具”在画面中的适当位置输入文字，效果如图5-222所示。

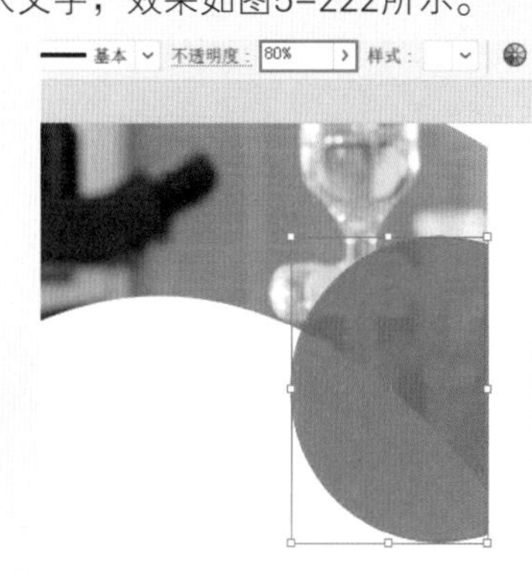

图5-219

图5-220

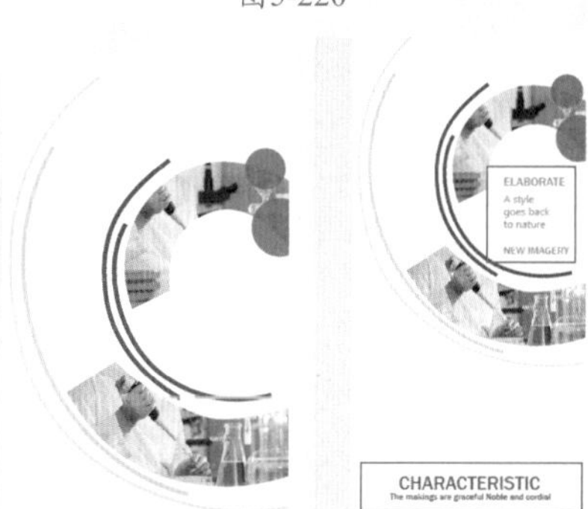

图5-221　　图5-222

20 最后制作展示效果。选择工具箱中的“矩形工具”，单击工具箱底部的“填色”按钮，使之置于前面，双击工具箱中的“渐变工具”按钮，在弹出的“渐变”面板中设置“类型”为“线性”，“角度”为-180°，编辑一个由透明到黑色半透明的渐变，设置“描边”为无，如图5-223所示。按住鼠标左键在画面的右侧拖动绘制一个矩形，效果如图5-224所示。

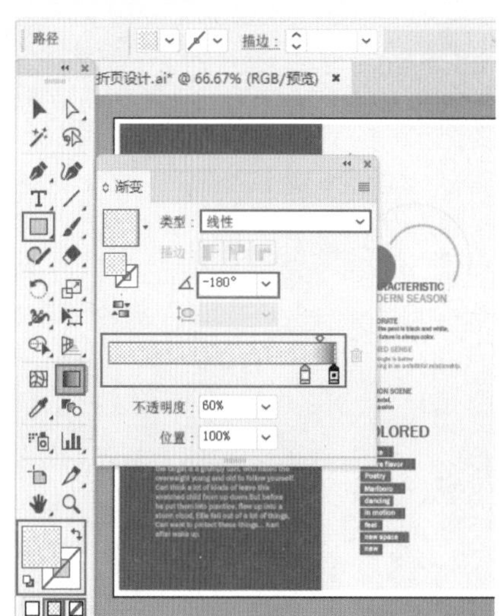

图5-223

图5-224

21 选择该矩形，执行“窗口>透明度”命令，在弹出的“透明度”面板中设置“混合模式”为“正片叠底”，“不透明度”为40%，如图5-225所示。最终完成效果如图5-226所示。

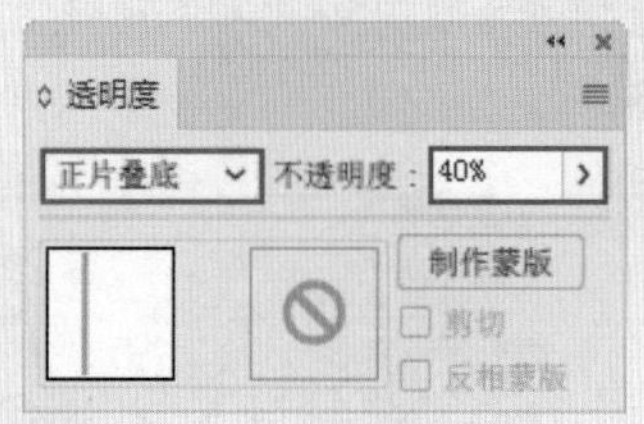

图5-225

图5-226

第6章

透明度与混合模式

本章概述

透明度与混合模式是Illustrator中非常重要的功能，利用这两大功能能够制作出上层图形与下层图形相混合的效果。

本章重点

◆ 掌握透明度的设置方法
◆ 掌握混合模式的设置方法

/ 佳 / 作 / 欣 / 赏 /

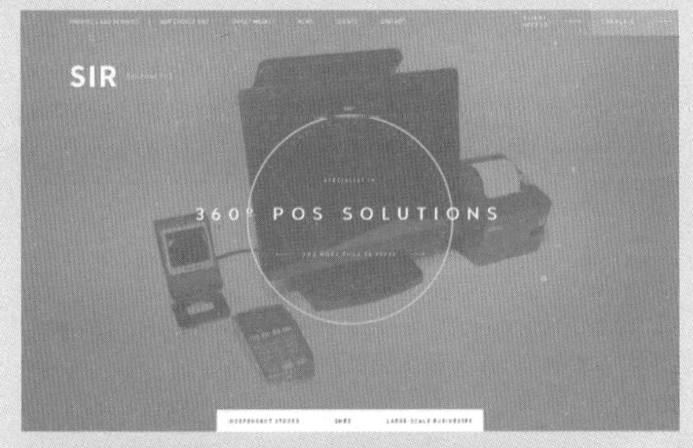

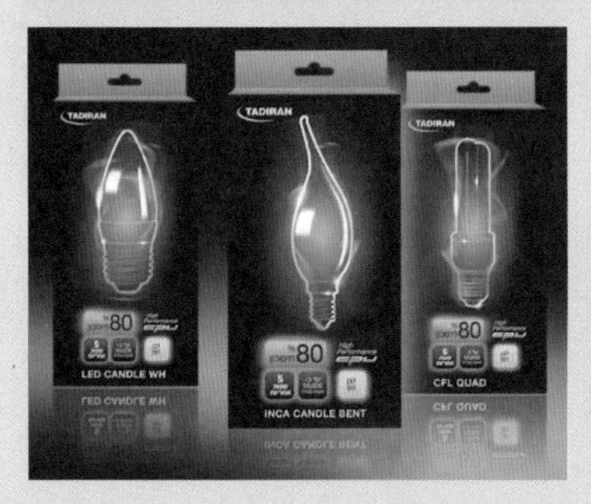

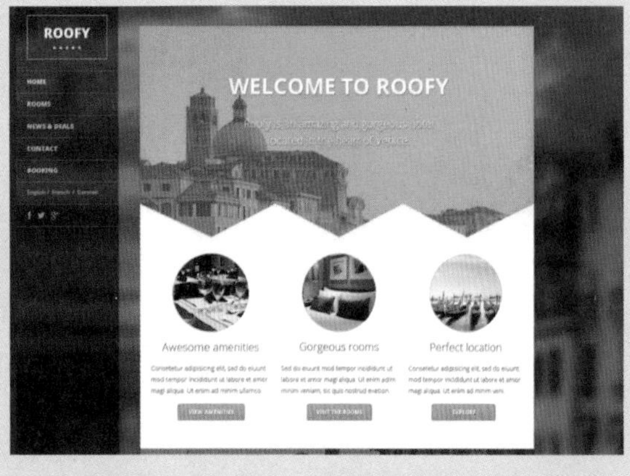

实例040 使用透明度制作商务画册内页

文件路径	第6章\使用透明度制作商务画册内页
难易指数	★★★★★
技术掌握	● 不透明度 ● 直线段工具 ● 文字工具

扫码深度学习

操作思路

透明度的设置是数字化制图中最常用的功能之一，常被用于多个对象融合效果的制作。对上层的对象设置半透明的效果，就会显现出下层的内容。在本案例中，通过设置图形的透明度，将图形下层的图片素材显现出来。

案例效果

案例效果如图6-1所示。

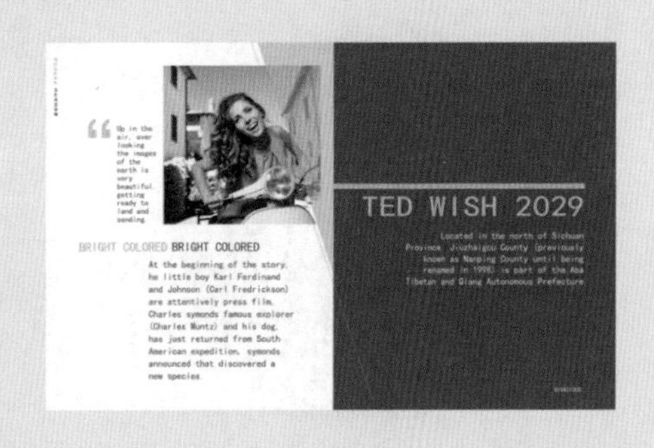

图6-1

操作步骤

01 执行"文件>新建"命令，弹出"新建文档"对话框。在对话框顶部选择"打印"选项卡，在左侧"空白文档预设"列表框中选择"A4"纸张；在右侧单击"横向"按钮，设置"颜色模式"为"CMYK颜色"，单击"创建"按钮，如图6-2所示，创建新的文档。

图6-2

02 选择工具箱中的"矩形工具"，在工具箱的底部设置"描边"为无，双击"填色"按钮，在弹出的"拾色器"对话框中设置颜色为灰色，单击"确定"按钮，如图6-3所示。在使用"矩形工具"的状态下，按住鼠标左键从画面的左上角拖动鼠标指针至右下角，绘制一个与画板等大的矩形，效果如图6-4所示。

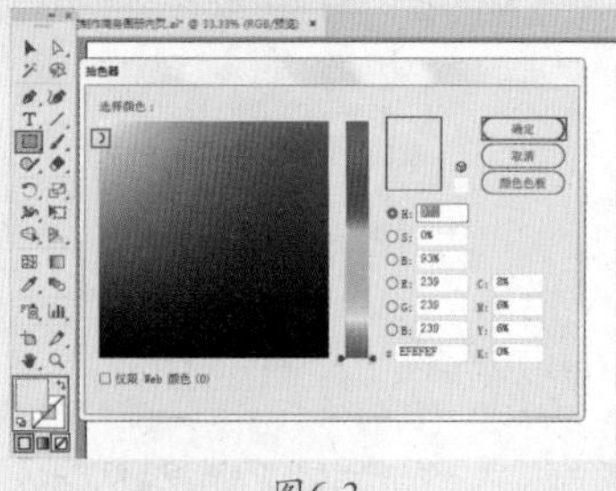

图6-3

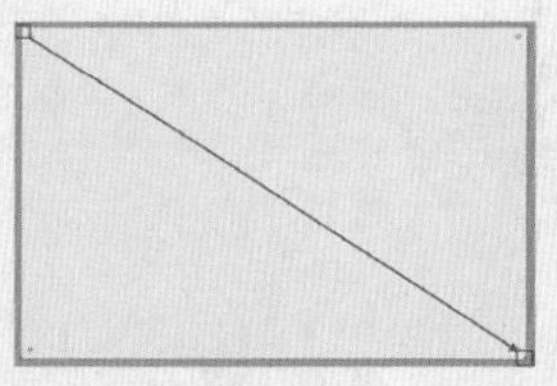

图6-4

03 再次使用"矩形工具"在画面的左侧绘制一个白色的矩形，在画面的右侧绘制一个深灰色的矩形，效果如图6-5所示。

04 执行"文件>置入"命令，在弹出的"置入"对话框中选择素材"1.jpg"，单击"置入"按钮，如图6-6所示。按住鼠标左键在画面下方的合适位置拖动鼠标指针，控制置入对象的大小，释放鼠标左键完成置入操作。在控制栏中单击"嵌入"按钮，将素材嵌入到文档中，如图6-7所示。

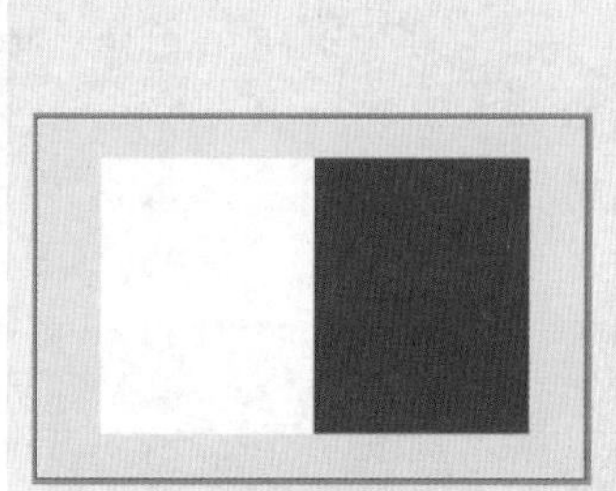

图6-5

图6-6

图6-7

05 选择工具箱中的"文字工具"，按住鼠标左键在素材"1.jpg"的左侧拖动绘制一个文本框，在控制栏中设置"填充"为深灰色，"描边"为无，设置合适的字体、字号，设置"段落"为"左对齐"，然后输入文字，按快捷键Ctrl+Enter确认输入操作，效果如图6-8所示。使用同样的方法，在画面的左侧继续输入文字，效果如图6-9

所示。

图6-8

图6-9

06 选择工具箱中的“直排文字工具”，在白色背景的左上方单击插入光标，设置合适的参数后输入文字，效果如图6-10所示。使用“直排文字工具”选中其中一个单词，然后将其颜色更改为黄色，效果如图6-11所示。

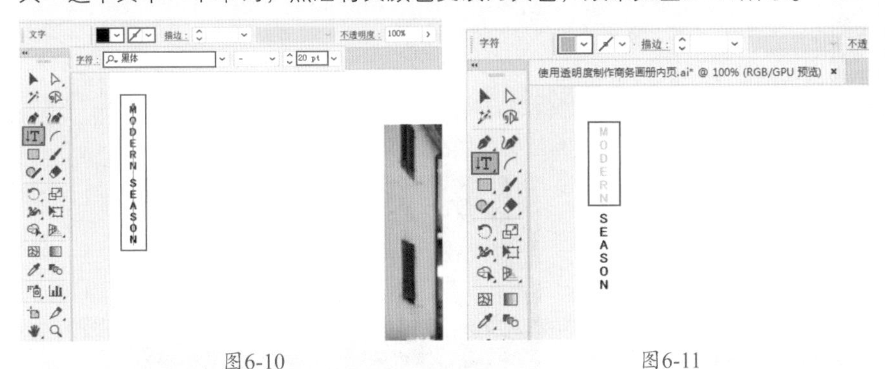

图6-10　　图6-11

07 选择工具箱中的“矩形工具”，在工具箱的底部设置“填色”为黄色，“描边”为无，按住鼠标左键在深灰色背景的中心位置拖动鼠标指针，绘制一个黄色的矩形，效果如图6-12所示。使用“文字工具”在画面的右侧输入文字，效果如图6-13所示。

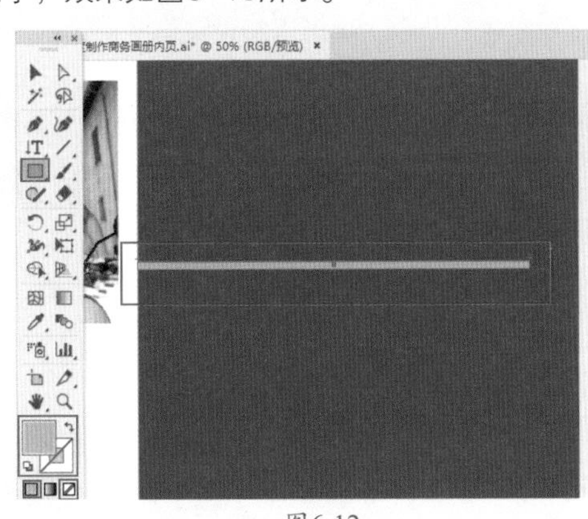

图6-12

图6-13

08 选择工具箱中的 “钢笔工具”，在工具箱的底部设置“填色”为黄色，“描边”为无，在素材“1.jpg”的右侧绘制一个三角形，效果如图6-14所示。

09 在黄色三角形被选中的状态下，执行“窗口>透明度”命令，在弹出的“透明度”面板中设置“不透明度”为60%，参数设置如图6-15所示，此时效果如图6-16所示。

图6-14

图6-15　　图6-16

提示

可以在控制栏或者“透明度”面板中调整对象的透明度。选中要进行透明度调整的对象，默认“不透明度”数值为100%，表示对象完全不透明，如图6-17所示。可以直接输入数值，以调整对象的透明效果。数值越大，对象越不透明；数值越小，对象越透明，如图6-18所示。

图6-17

图6-18

10 选择工具箱中的“直线段工具”，在工具箱的底部设置“填色”为无，“描边”为灰色，在控制栏中设置描边“粗细”为1pt，在画面中的适当位置绘制一条直线，效果如图6-19所示。最终完成效果如图6-20所示。

图6-19

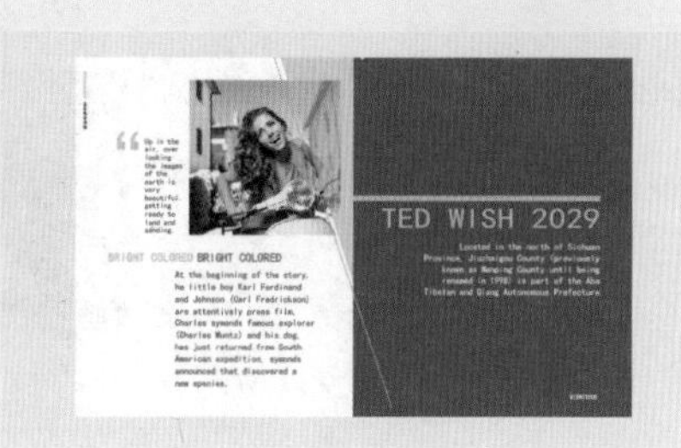

图6-20

要点速查："透明度"面板

执行"窗口>透明度"命令，弹出"透明度"面板。在面板菜单中选择"显示选项"命令，如图6-21所示，此时显示出"透明度"面板的全部功能。在这里可以对所选的对象（可以是矢量图形对象或位图对象）进行混合模式、不透明度及不透明度蒙版等的设置，如图6-22所示。

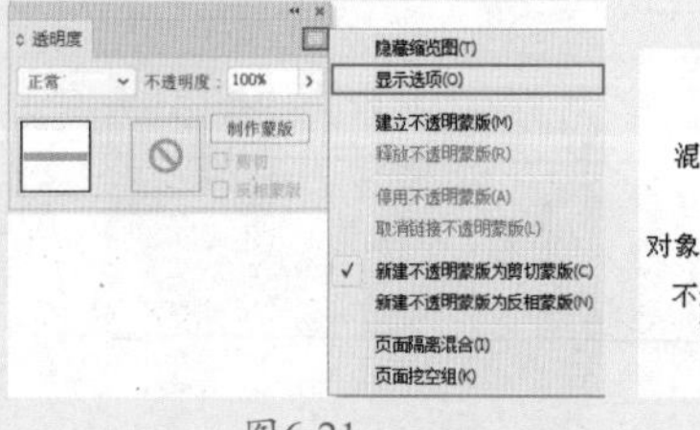

图6-21

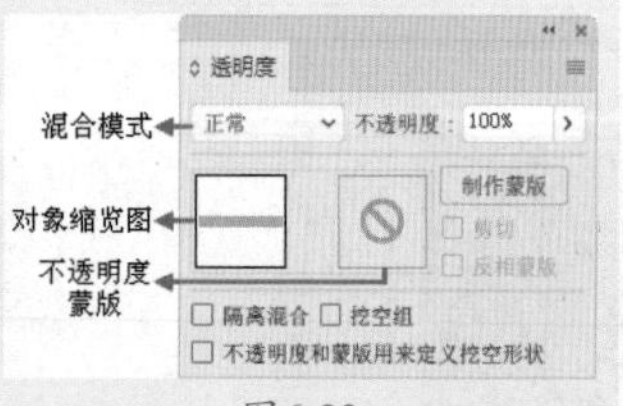

图6-22

- 混合模式：设置所选对象与下层对象的颜色混合方式。
- 不透明度：通过调整数值控制对象的透明效果。数值越大，对象越不透明；数值越小，对象越透明。
- 对象缩览图：所选对象的缩览图。
- 不透明度蒙版：显示所选对象的不透明度蒙版效果。
- 制作蒙版：单击此按钮，会为所选对象创建蒙版。
- 剪切：将对象建立为当前对象的剪切蒙版。
- 反相蒙版：将当前对象的蒙版效果反相。
- 隔离混合：勾选该复选框，可以防止混合模式的应用范围超出组的底部。
- 挖空组：勾选该复选框后，在透明挖空组中，元素不能透过彼此而显示。
- 不透明度和蒙版用来定义挖空形状：勾选复选框，可以创建与对象的不透明度成比例的挖空效果。在接近100%不透明度的蒙版区域中，挖空效果较强；在具有较低不透明度的蒙版区域中，挖空效果较弱。

实例041　使用透明度制作半透明圆形

文件路径	第6章\设置透明度制作半透明圆形	扫码深度学习
难易指数	★★★★★	
技术掌握	● 渐变工具 ● 不透明度 ● 符号库	

操作思路

在本案例中，主要应用到"透明度"面板制作画面左侧的正圆形，并将其相互叠加摆放，以增强画面的层次感。

案例效果

案例效果如图6-23所示。

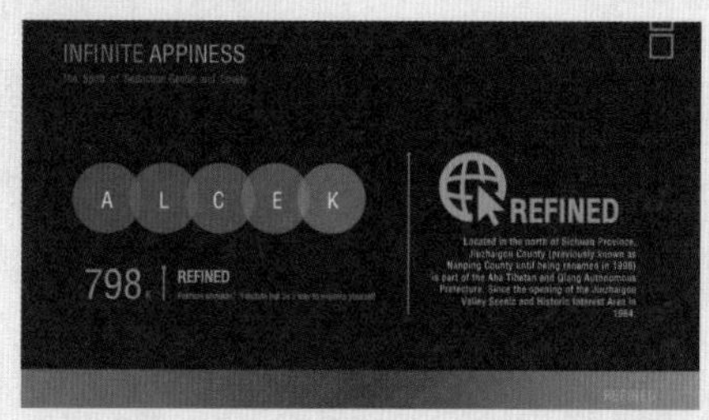

图6-23

操作步骤

01 执行"文件>新建"命令，弹出"新建文档"对话框。在对话框右侧设置"宽度"为646像素，"高度"为359像素，单击"横向"按钮，设置"颜色模式"为"CMYK颜色"，单击"创建"按钮，如图6-24所示，创建新的文档。

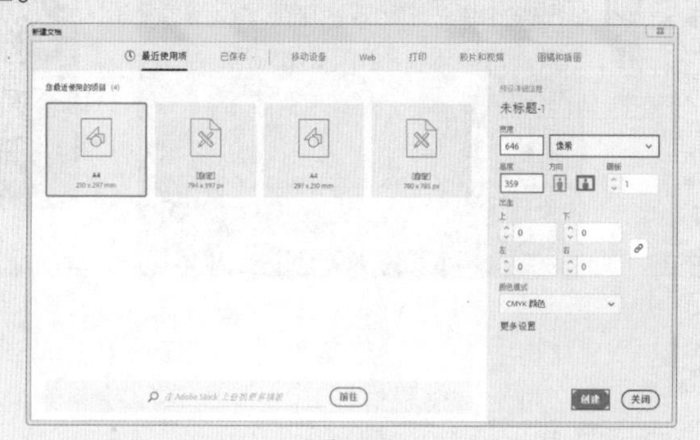

图6-24

02 选择工具箱中的"矩形工具"，在工具箱的底部单击"填色"按钮，使之置于前方，双击"渐变工具"按钮，在弹出的"渐变"面板中设置"类型"为"线性"，然后在面板底部编辑一个由蓝色到紫色的渐变，设置“描边”为无，如图6-25所示。在使用“矩形工具”的状态下，按住鼠标左键拖动绘制一个与画板等大的矩形，效果如图6-26所示。

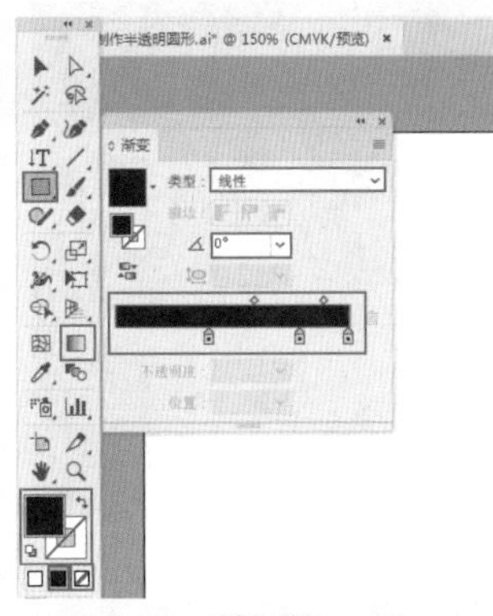

图6-25

图6-26

03 选择工具箱中的“椭圆工具”，在工具箱的底部设置“填色”为蓝色，“描边”为无，按住Shift键进行拖动，在画面的左侧绘制一个正圆形，效果如图6-27所示。

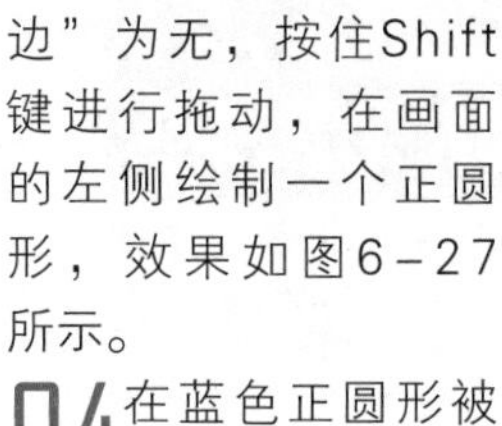

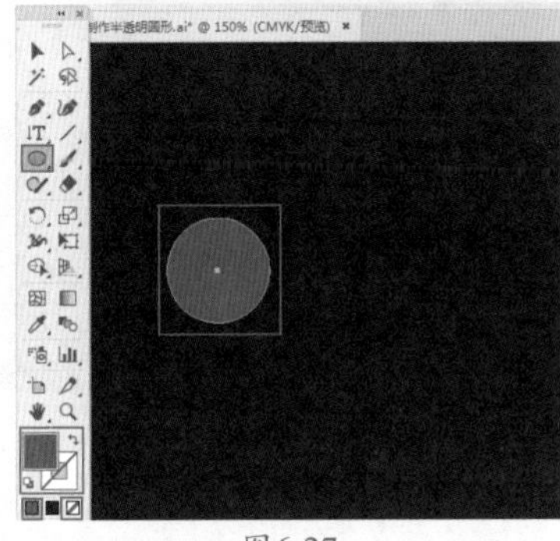

图6-27

04 在蓝色正圆形被选中的状态下，执行“窗口>透明度”命令，在弹出的“透明度”面板中设置“不透明度”为80%，参数设置如图6-28所示，此时效果如图6-29所示。

图6-28

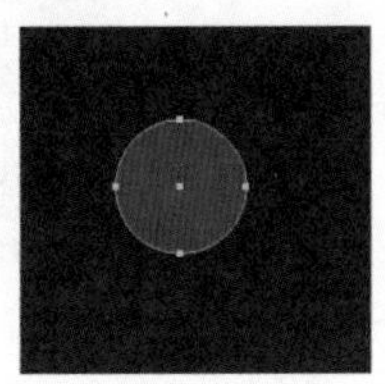

图6-29

提示

“透明度”面板中没有显示蒙版功能怎么办

如果遇到“透明度”面板中仅显示了非常少的选项，可以在面板菜单中选择“显示缩览图”命令，如图6-30所示。此时蒙版功能会被显示出来，如图6-31所示。

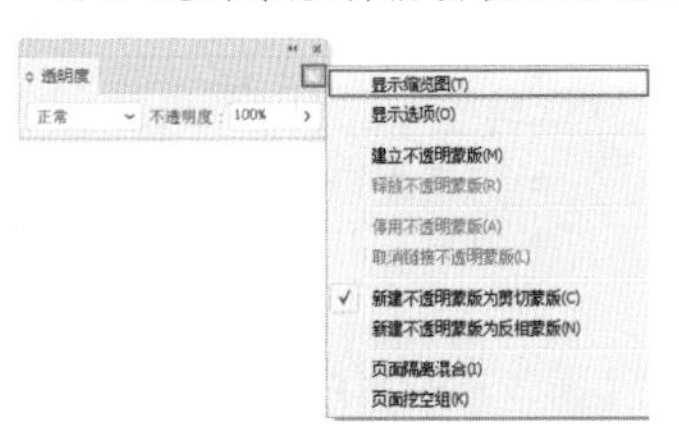

图6-30

图6-31

05 选中正圆形，同时按住Shift键和Alt键向右拖动鼠标指针，将其进行平移及复制，效果如图6-32所示。选中复制得到的正圆形，设置其填充颜色为稍浅一些的青色，效果如图6-33所示。

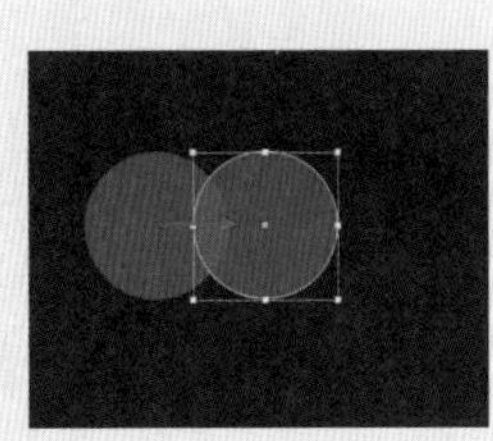

图6-32

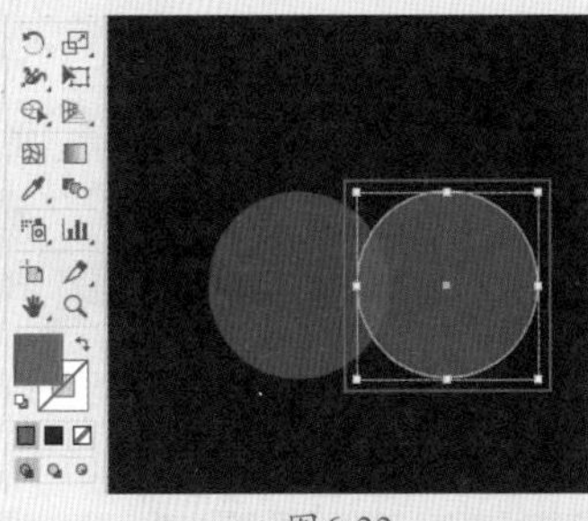

图6-33

06 继续复制正圆形，然后更改其颜色，效果如图6-34所示。

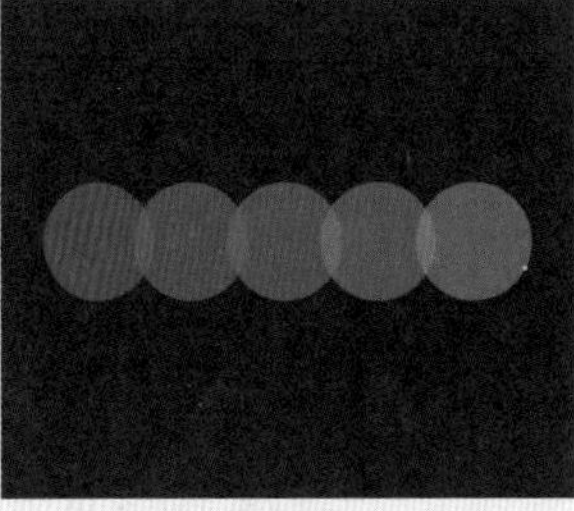

图6-34

07 选择工具箱中的“文字工具”，在正圆形上单击插入光标，在工具箱的底部设置“填色”为白色，“描边”为无，在控制栏中设置合适的字体、字号，为“左对齐”，然后输入文字，按快捷键Ctrl+Enter设置“段落”确认输入操作，效果如图6-35所示。使用同样的方法，在画面中其他正圆形中输入文字，效果如图6-36所示。

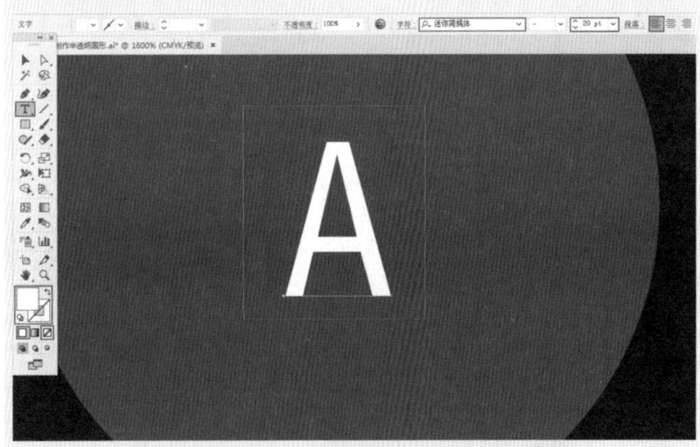

图6-35

图6-36

08 选择工具箱中的“矩形工具”，在工具箱的底部单击“填色”按钮，使之置于前面，双击“渐变工具”按钮，在弹出的“渐变”面板中设置“类型”为“线性”，编辑一个蓝色到绿色的渐变，设置“描边”为“无”，如图6-37所示。在使用“矩形工具”的状态下，按住鼠标左键在画面的下方拖动，绘制一个矩形，效果如图6-38所示。

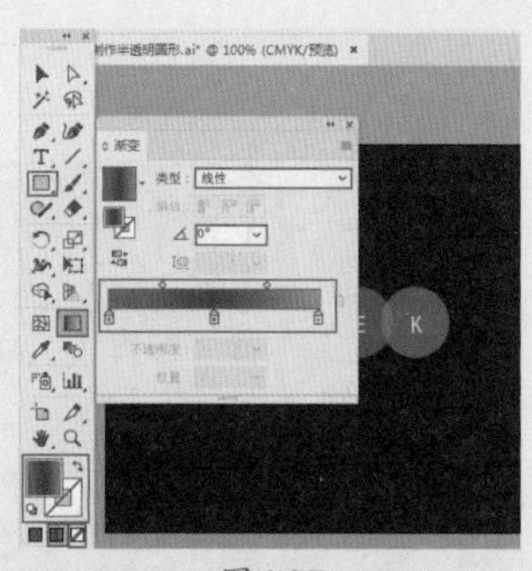

图6-37

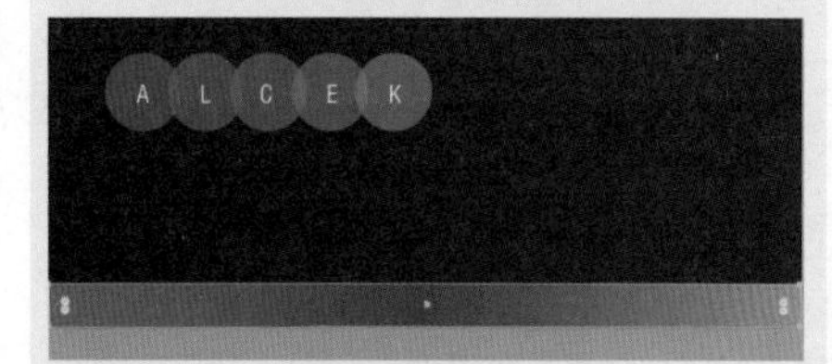

图6-38

09 继续使用“矩形工具”，在工具箱的底部设置“填色”为灰色，“描边”为无，按住鼠标左键在画面的中心位置拖动鼠标指针，绘制一个矩形，效果如图6-39所示。选择工具箱中的“椭圆工具”，设置“填色”为灰色，“描边”为无，按住Shift键进行拖动，绘制一个正圆形，效果如图6-40所示。

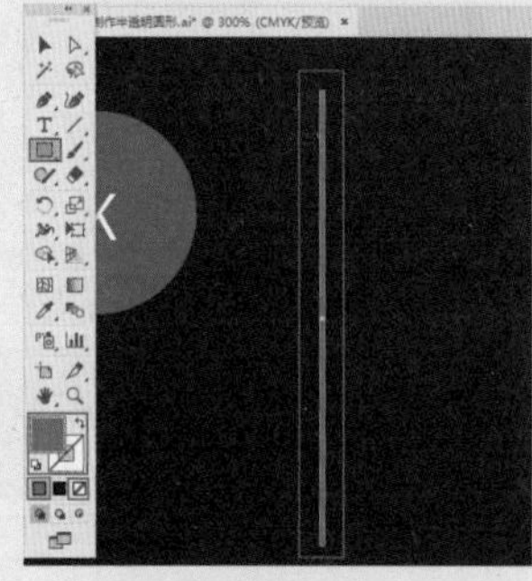

图6-39

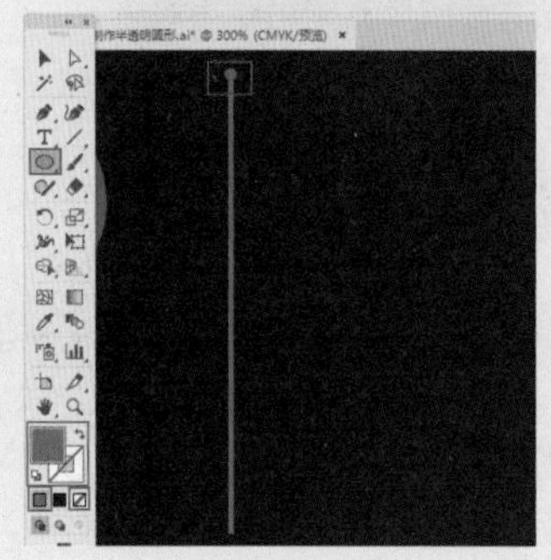

图6-40

10 使用工具箱中的“文字工具”，在画面中的适当位置输入文字，效果如图6-41所示。在画面左侧的文字之间绘制一个矩形和正圆形的组合，效果如图6-42所示。

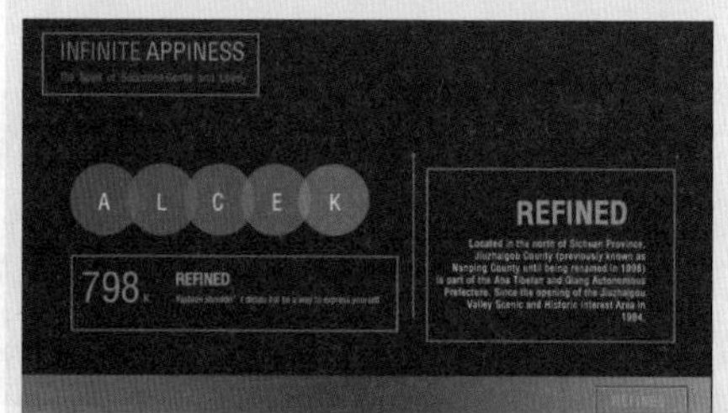

图6-41

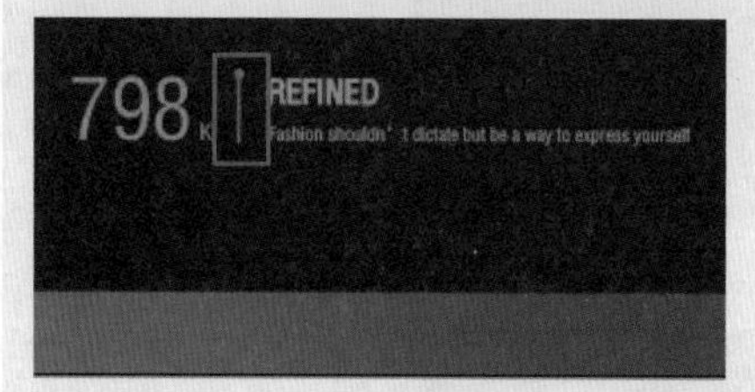

图6-42

11 执行“窗口>符号库>网页图标”命令，在弹出的“网页图标”面板中选择“转到Web”符号，然后按住鼠标左键向画面中拖动鼠标指针，将符号摆放至文字的左侧，效果如图6-43所示。在符号被选中的状态下，单击鼠标右键，在弹出的快捷菜单选择“断开符号链接”命令，在工具箱的底部设置颜色为灰色，效果如图6-44所示。

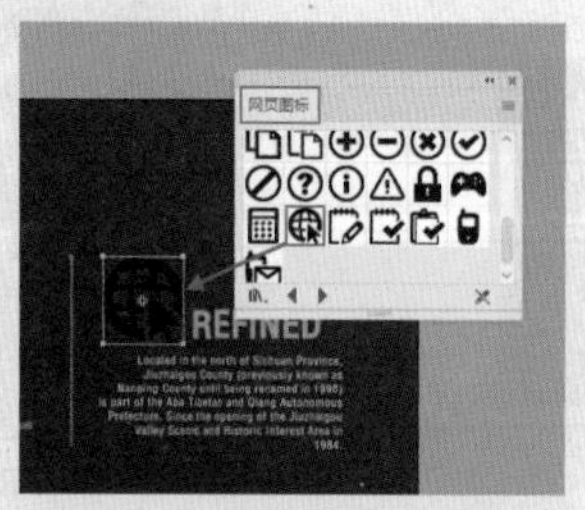

图6-43

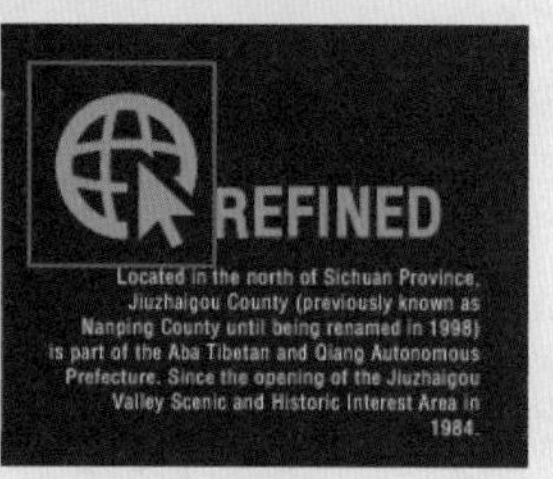

图6-44

12 选择箱中的“矩形工具”，在工具箱的底部设置“填色”为无，“描边”为深绿色。设置完成后，在画面的右上角绘制一个矩形，效果如图6-45所示。在矩形被选中的状态下，同时按住Shift键和Alt键向上拖动鼠标指针，进行平移及复制的操作，效果如图6-46所示。

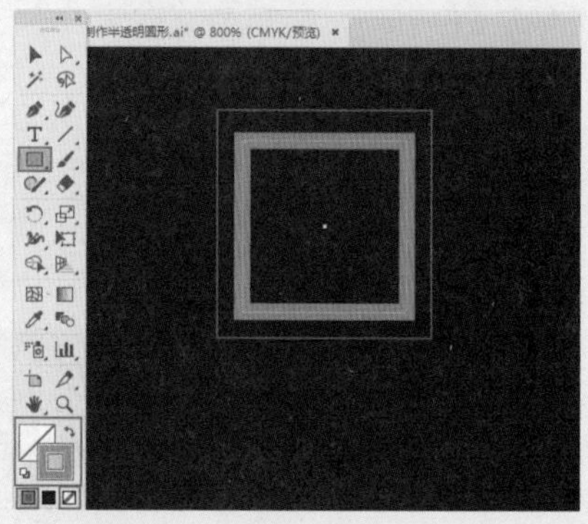

图6-45

图6-46

13 最终完成效果 如图6-47所示。

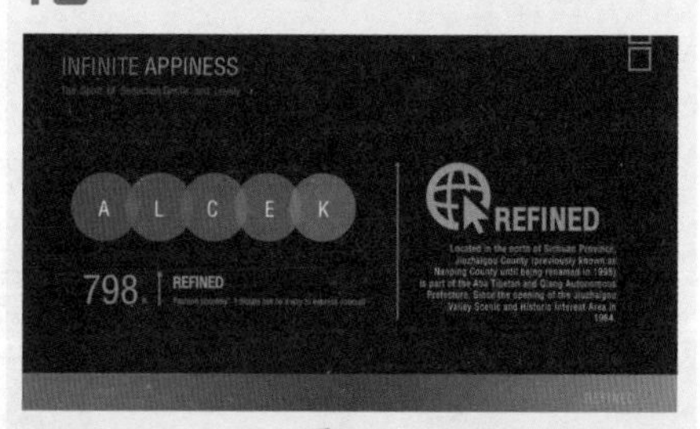

图6-47

实例042 使用透明度制作促销海报

文件路径	第6章\使用透明度制作促销海报
难易指数	★★★★★
技术掌握	● 不透明度 ● 文字工具 ● 钢笔工具 ● 矩形工具

扫码深度学习

操作思路

在本案例中，首先使用“文字工具”输入文字，然后通过调整文字的透明度，制作文字重叠在一起的半透明效果。在制作过程中，还使用到了“椭圆工具”“钢笔工具”等。

案例效果

案例效果如图6-48所示。

图6-48

操作步骤

01 执行“文件>新建”命令，创建一个A4大小的空白文档。选择工具箱中的“文字工具”，在画面中单击插入光标，在控制栏中设置“填充”为深粉色，“描边”为无，选择一种合适的字体，设置字号为300pt，设置“段落”为“左对齐”，然后输入文字，按快捷键Ctrl+Enter确认输入操作，如图6-49所示。使用同样的方法，在画面中输入其他文字，并调整位置，效果如图6-50所示。

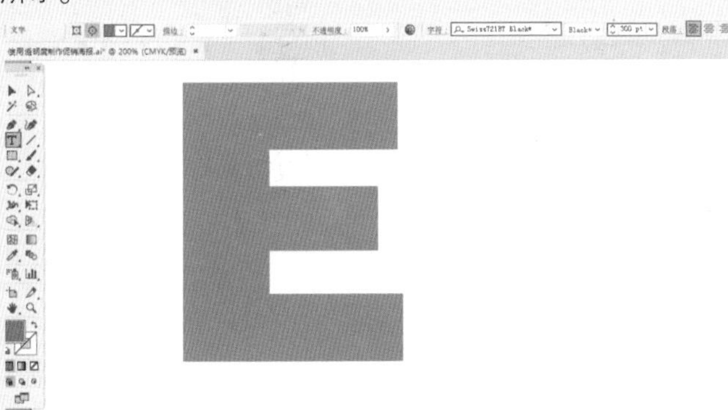

图6-49

图6-50

02 使用工具箱中的“选择工具”选中字母“S”，然后执行“窗口>透明度”命令，在弹出的“透明度”面板中设置“不透明度”为60%，如图6-51所示，此时效果如图6-52所示。

03 使用同样的方法，改变其他文字的不透明度，效果如图6-53所示。

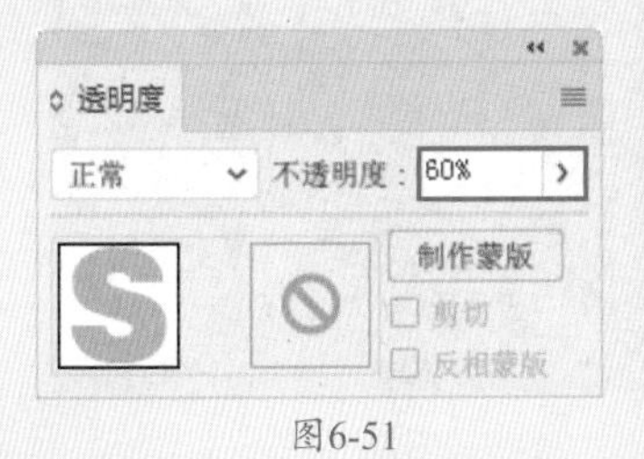

图6-51

图6-52

图6-53

04 选择工具箱中的“椭圆工具”，在工具箱的底部设置“填色”为粉红色，“描边”为无，按住Shift键进行拖动，在画面的右上角绘制一个正圆形，效果如图6-54所示。在“透明度”面板中设置“不透明度”为90%，效果如图6-55所示。

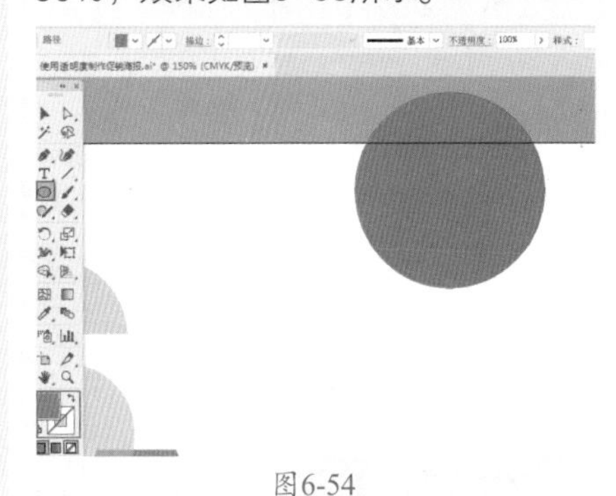

图6-54

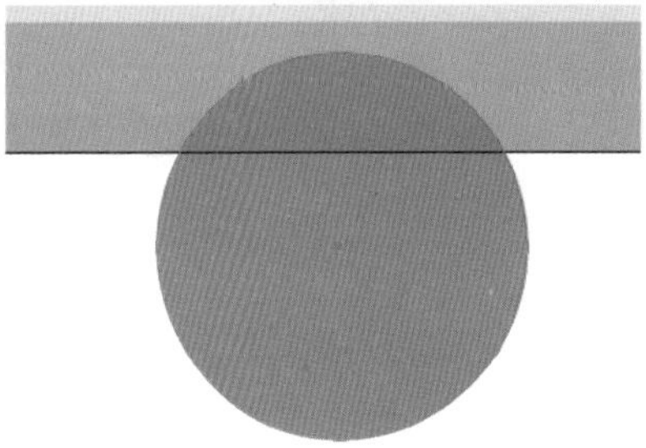

图6-55

05 选择工具箱中的“钢笔工具”，在控制栏中设置“填充”为无，“描边”为黑色，描边“粗细”为1pt，在画面中绘制一条直线，效果如图6-56所示。选中直线，同时按住Shift键和Alt键向下拖动鼠标指针，复制一条直线，并将其移动到合适的位置，效果如图6-57所示。

图6-56

图6-57

06 选择工具箱中的“矩形工具”，在工具箱的底部设置“填色”为黑色，“描边”为无，在画面中绘制一个矩形，效果如图6-58所示。使用“文字工具”输入其他文字，设置合适的字体、大小和颜色，效果如图6-59所示。

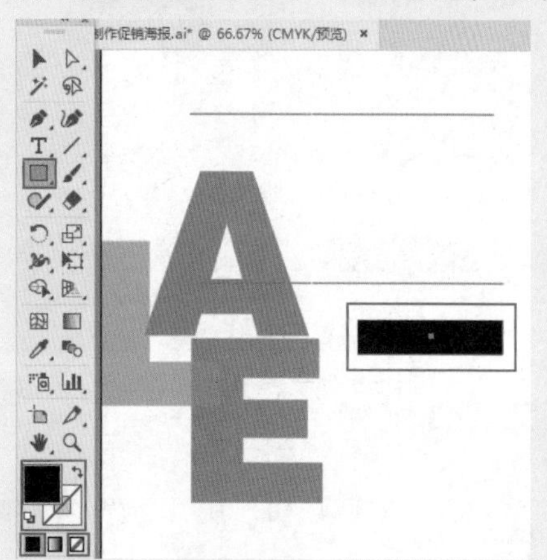

图6-58

图6-59

07 选择工具箱中的“矩形工具”，在画面中绘制一个与画板等大的矩形，效果如图6-60所示。使用工具箱中的“选择工具”将画面中的所有图形选中，单击鼠标右键，在弹出的快捷菜单中选择“建立剪切蒙版”命令，将画板以外的元素隐藏起来，最终效果如图6-61所示。

图6-60

图6-61

实例043　使用混合模式制作暗调广告

文件路径	第6章\使用混合模式制作暗调广告	
难易指数	★★★★★	
技术掌握	● 混合模式 ● 钢笔工具 ● 文字工具	扫码深度学习

操作思路

对象的“混合模式”是指当前对象与下层对象之间的颜色混合方式。制作时不仅可以直接对对象进行混合模式的设置，在使用“内发光”“投影”等效果时也可以使用混合模式。在本案例中，将素材的混合模式设置为“明度”，使素材与画面的整体风格和谐、统一。

案例效果

案例效果如图6-62所示。

图6-62

操作步骤

01 执行“文件>新建”命令，弹出“新建文档”对话框。在对话框右侧设置“宽度”为2208像素，“高度”为1242像素，单击“横向”按钮，设置“颜色模式”为“CMYK颜色”，单击“创建”按钮，如图6-63所示，创建新的文档。

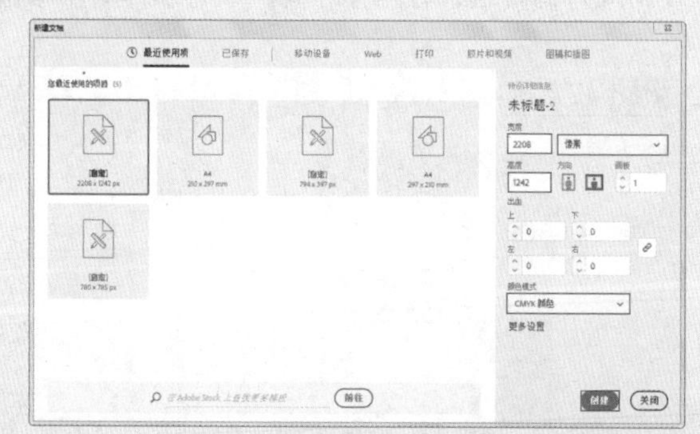

图6-63

02 选择工具箱中的“矩形工具”，在控制栏中设置“填充”为黑色，“描边”为无，然后按住鼠标左键在画面中拖动绘制一个与画板等大的矩形，效果如图6-64所示。

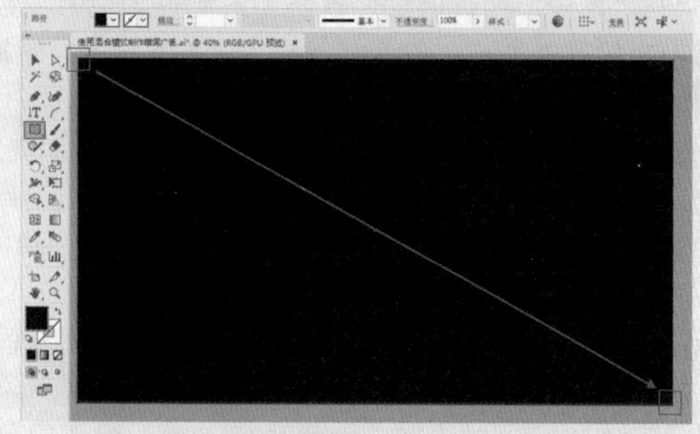

图6-64

03 选择工具箱中的“钢笔工具”，在工具箱的底部设置“填色”为浅灰色，“描边”为无，在画面的中心位置绘制一个四边形，效果如图6-65所示。在使用“钢笔工具”的状态下，在浅灰色色四边形的下方绘制一个深灰色的四边形，效果如图6-66所示。

04 使用同样的方法，在画面中绘制四边形，效果如图6-67所示。

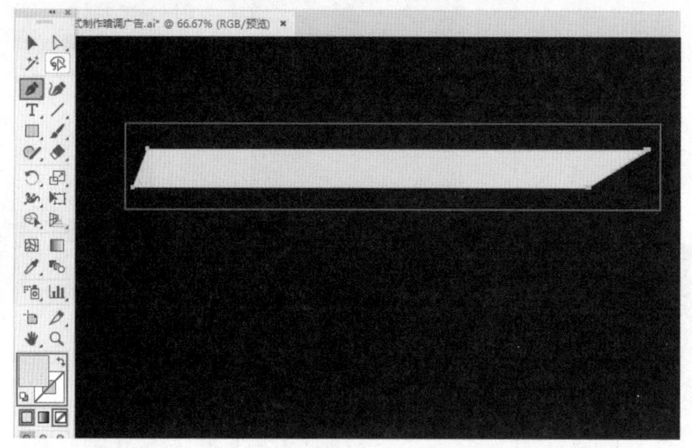

图6-65

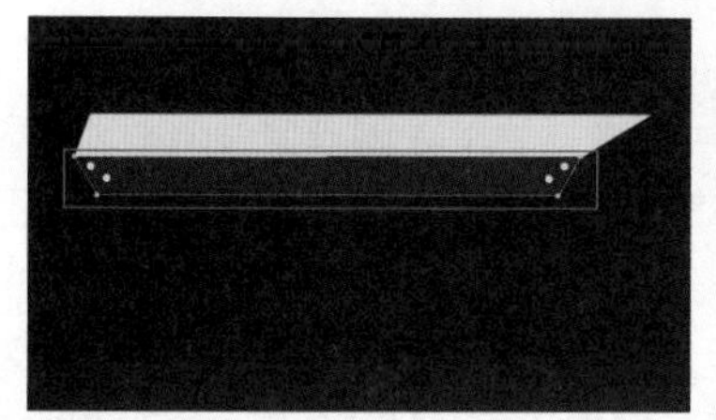

图6-66 图6-67

05 执行“文件>置入”命令，在弹出的“置入”对话框中选择素材“1.png”，单击“置入”按钮，如图6-68所示。按住鼠标左键拖动鼠标指针，在画面中控制置入对象的大小，释放鼠标左键完成置入操作。在控制栏中单击“嵌入”按钮，将素材嵌入到文档中，如图6-69所示。

图6-68 图6-69

06 选择人物素材，多次执行“对象>排列>后移一层”命令，将人物素材进行后移，效果如图6-70所示。

07 执行“文件>置入”命令，将素材“2.png”置入到文档中，将其调整至合适的大小并放置在合适的位置，效果如图6-71所示。使用工具箱中的“选择工具”选中高跟鞋素材，将鼠标指针定位到定界框以外，当鼠标指针变为带有弧度的双箭头时，按住Shift键拖动鼠标指针进行旋转，效果如图6-72所示。

图6-70

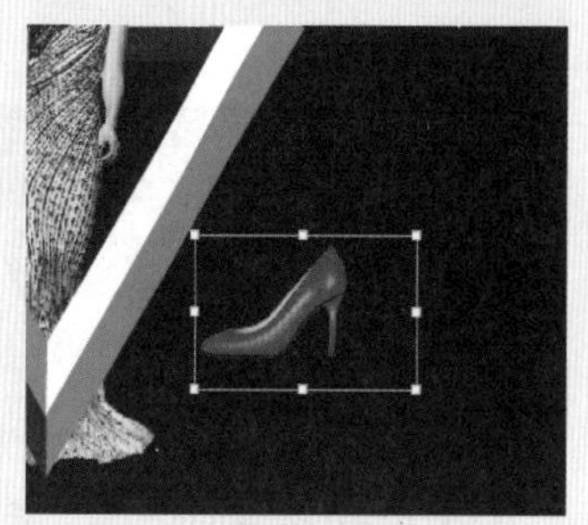

图6-71

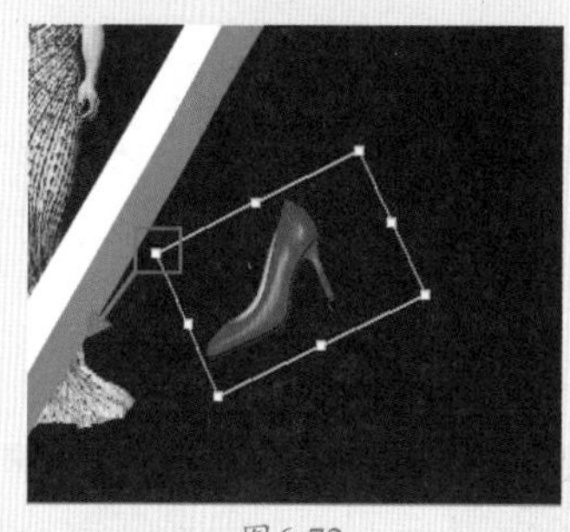

图6-72

08 继续选择该素材，执行“窗口>透明度”命令，在弹出的“透明度”面板中设置“混合模式”为“明度”，如图6-73所示，此时效果如图6-74所示。

图6-73

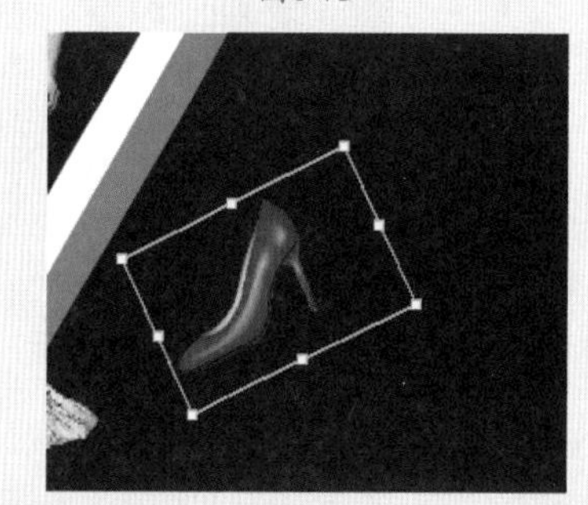

图6-74

提示 为什么设置了混合模式却没有效果

如果设置了混合模式却没有看到效果，那么可能有三个原因：第一，如果所选对象被顶层对象完全遮挡，此时设置该对象的混合模式是不会看到效果的，需要将顶层遮挡对象隐藏后再观察效果。第二，如果当前画面中只有一个对象而背景为白色，此时对其设置混合模式，也不会产生任何效果。第三，对某些特定色彩的对象与另外一些特定色彩设置混合模式，不会产生效果。

09 使用同样的方法，在画面中置入素材并设置混合模式，效果如图6-75所示。

图6-75

10 选择工具箱中的“文字工具”，在画面的中心位置单击插入光标，在控制栏中设置“填充”为白色，“描边”为无，设置合适的字体、字号。然后输入文字，按快捷键Ctrl+Enter确认输入操作，效果如图6-76所示。继续使用“文字工具”输入其他文字，效果如图6-77所示。

图6-76

图6-77

11 选择工具箱中的“矩形工具”，在工具箱的底部设置“填色”为无，“描边”为白色，在控制栏中设置描边“粗细”为3pt，按住鼠标左键拖动鼠标指针，在画面的下方绘制一个白色的正方形边框，效果如图6-78所示。使用“选择工具”选择正方形边框，将其进行旋转，效果如图6-79所示。

图6-78

图6-79

12 选择正方形边框，然后同时按住Shift键和Alt键向右拖动鼠标指针，进行平移及复制，效果如图6-80所示。按两次快捷键Ctrl+D将正方形边框复制两份，效果如图6-81所示。

图6-80 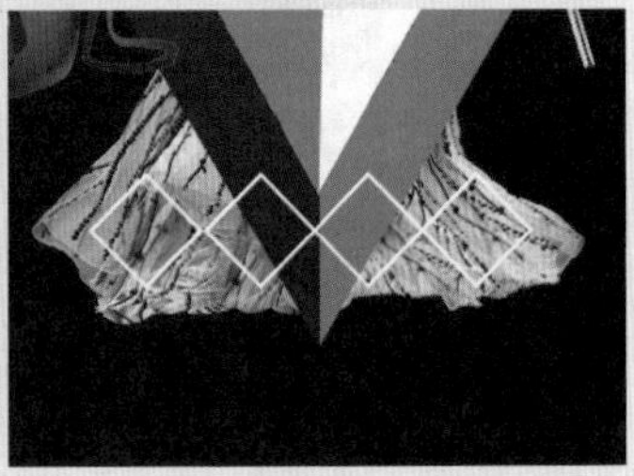　　图6-81

13 在正方形边框中输入文字。最终完成效果如图6-82所示。

图6-82

要点速查：设置混合模式

要想设置对象的混合模式，需要使用“透明度”面板。选中需要设置的对象，执行“窗口>透明度”命令（快捷键为Shift+Ctrl+F10），弹出“透明度”面板，或者单击控制栏中的“不透明度”按钮，弹出其下拉面板，单击混合模式下拉按钮，在弹出的下拉列表中选择一种混合模式，如图6-83所示。设置了混合模式的画面效果如图6-84所示。

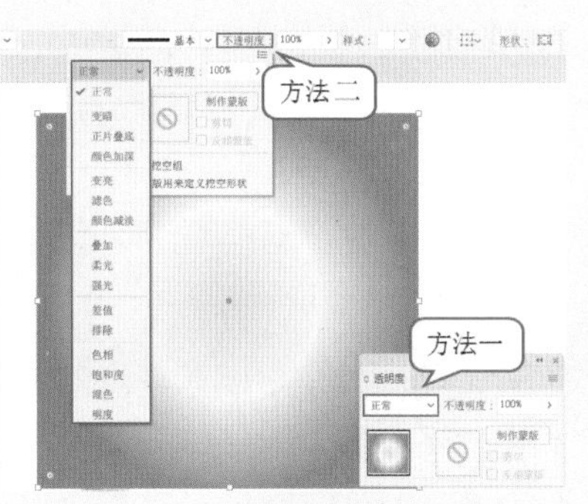

图6-83

在下拉列表中可以看到很多种混合模式，如图6-85所示。在选中某一种混合模式后，将鼠标指针放在混合模式的列表框处，然后滚动鼠标中轮，即可快速查看各种混合模式的效果，这样也有利于找到合适的混合模式，如图6-86所示。

图6-84

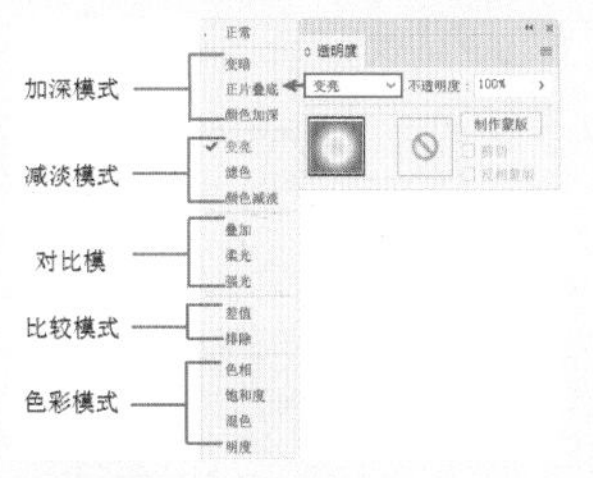

图6-85

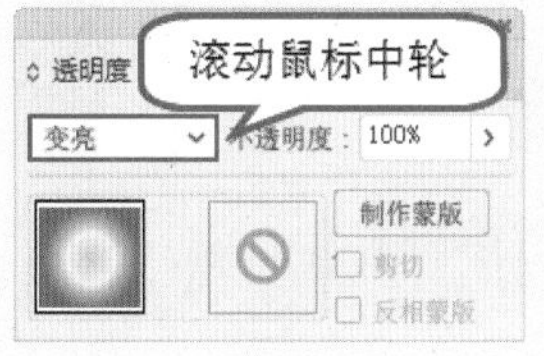

图6-86

实例044　使用剪切蒙版制作中式版面

文件路径	第6章\使用剪切蒙版制作中式版面
难易指数	★★★★★
技术掌握	● 剪切蒙版 ● 钢笔工具

扫码深度学习

操作思路

在本案例中，通过执行“建立剪切蒙版”命令，将图片素材以正圆形的形态显示出来。

案例效果

案例效果如图6-87所示。

图6-87

操作步骤

01 新建一个空白文档。执行“文件>置入”命令，置入素材“1.jpg”，单击控制栏中的“嵌入”按钮，将其嵌入到文档中，并调整至合适的大小，效果如图6-88所示。使用同样的方法，置入并嵌入另一个素材“2.jpg”，效果如图6-89所示。

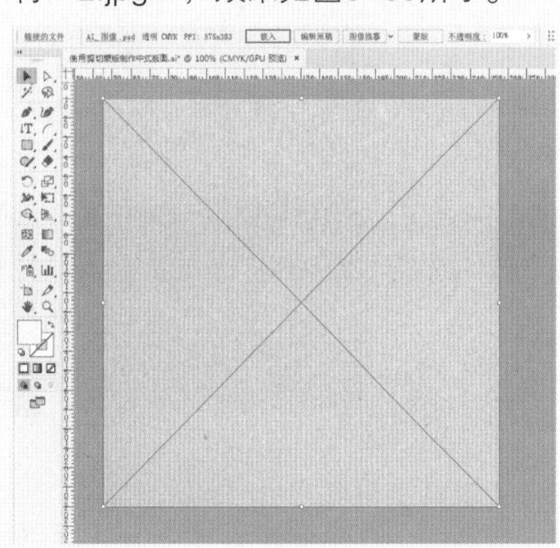
图6-88

图6-89

02 选择工具箱中的“椭圆工具”，按住Shift键在风景素材上拖动鼠标指针绘制一个正圆形，效果如图6-90所示。选择工具箱中的“选择工具”，按住Shift键加选正圆形和风景素材，然后单击鼠标右键，在弹出的快捷菜单中选择“建立剪切蒙版”命令，效果如图6-91所示。

图6-90

图6-91

03 选择工具箱中的“钢笔工具”，在控制栏中设置“填充”为深红色，“描边”为无，在画面的下方绘制一个图形，效果如图6-92所示。

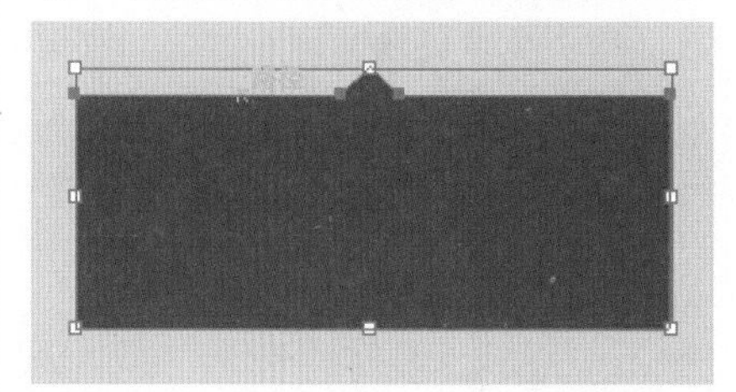
图6-92

04 将绘制的图形移动到画面中的相应位置，效果如图6-93所示。使用“文字工具”和“直排文字工具”分别在画面的底部和风景素材中输入相应的文字，最终完成效果如图6-94所示。

图6-93

图6-94

实例045 社交软件用户信息界面

文件路径	第6章\社交软件用户信息界面
难易指数	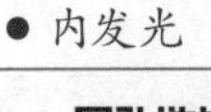
技术掌握	● 不透明度 ● 剪切蒙版 ● 内发光

扫码深度学习

操作思路

在本案例中，首先使用“矩形工具”绘制用户界面的几个组成部分，通过添加风景素材并设置不透明度丰富画面，借助剪切蒙版制作圆形用户头像，利用“圆角矩形工具”绘制按钮，并使用“文字工具”在画面中输入文字。

案例效果

案例效果如图6-95所示。

图6-95

操作步骤

01 执行“文件>新建”命令，弹出“新建文档”对话框。在对话框右侧设置“宽度”为720像素，“高度”为1278像素，单击“纵向”按钮，设置“颜色模式”为“CMYK颜色”，单击“创建”按钮，如图6-96所示，创建新的文档。

02 选择工具箱中的“矩形工具”，在工具箱的底部设置“描边”为无，双击“填色”按钮，在弹出的“拾色器”对话框中设置颜色色为深青色，如图6-97所示，单击“确定”按钮。使用“矩形工具”绘制一个与画板等大的矩形，效果如图6-98所示。

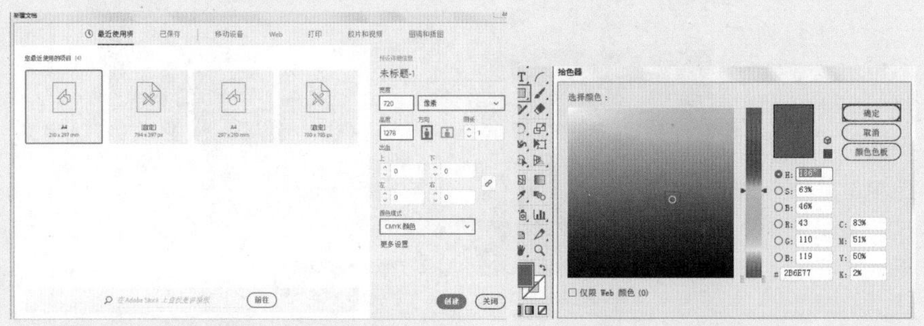

图6-96　图6-97

03 执行“文件>置入”命令，置入素材“1.jpg”，单击控制栏中的“嵌入”按钮，完成素材的嵌入操作，效果如图6-99所示。

图6-98

图6-99

04 选择工具箱中的“矩形工具”，在控制栏中设置“填充”为橘黄色，“描边”为无，然后在画面中单击，在弹出的“矩形”对话框中设置“宽度”为208mm，“高度”为107mm，如图6-100所示，单击“确定”按钮，将矩形移动到合适位置，效果如图6-101所示。

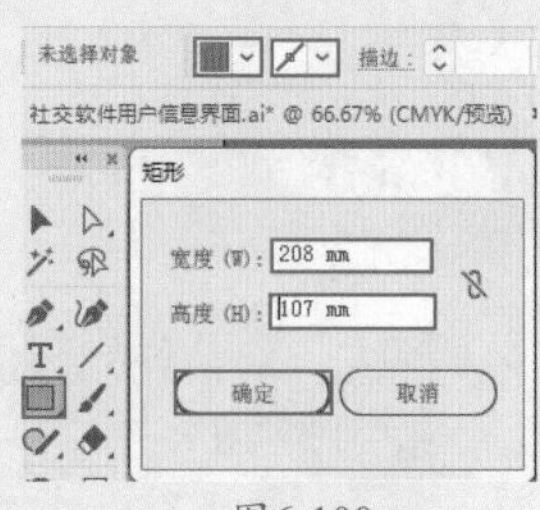

图6-100

图6-101

05 选中该矩形，然后在控制栏中设置“不透明度”为80%，效果如图6-102所示。

图6-102

06 继续使用“矩形工具”，在控制栏中设置“填充”为深青色，在橘黄色矩形的下方绘制一个矩形，效果如图6-103所示。使用同样的方法，继续绘制两个相同大小的矩形，设置颜色为稍浅一些的深青色，并摆放在深青色矩形的底部，效果如图6-104所示。

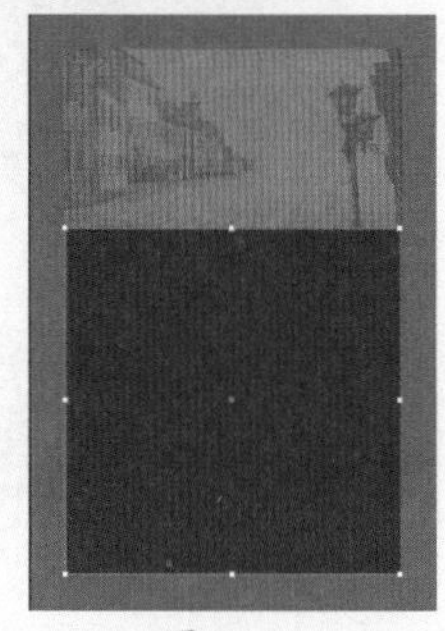
图6-103

图6-104

07 下面制作圆角矩形效果。选择工具箱中的“圆角矩形工具”，在画面中单击，在弹出的“圆角矩形”对话框中设置“宽度”为208mm，“高度”为318mm，“圆角半径”为5mm，单击“确定”按钮，如图6-105所示。将圆角矩形覆盖在画面中其他元素的上方，效果如图6-106所示。

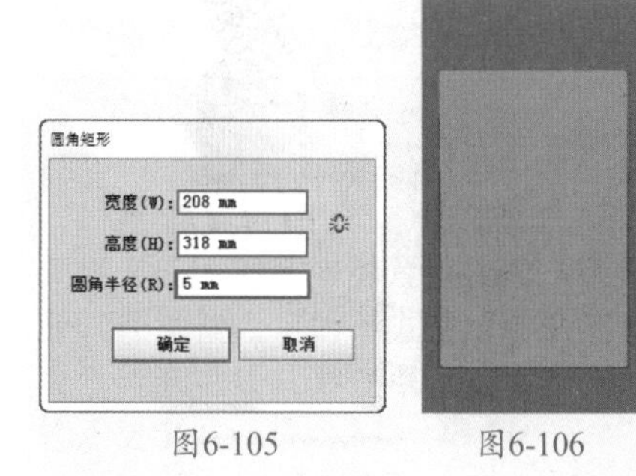
图6-105　图6-106

08 将圆角矩形与其下方其他元素加选，执行“对象>剪切蒙版>建立”命令，建立剪切蒙版，圆角效果如图6-107所示。

图6-107

09 保持之前的选中状态，执行“效果>风格化>内发光”命令，在弹出的“内发光”对话框中设置“模式”为“滤色”，颜色为白色，“不透明度”为20%，“模糊”为4mm，选中“边缘”单选按钮，参数设置如图6-108所示，单击“确定”按钮，效果如图6-109所示。

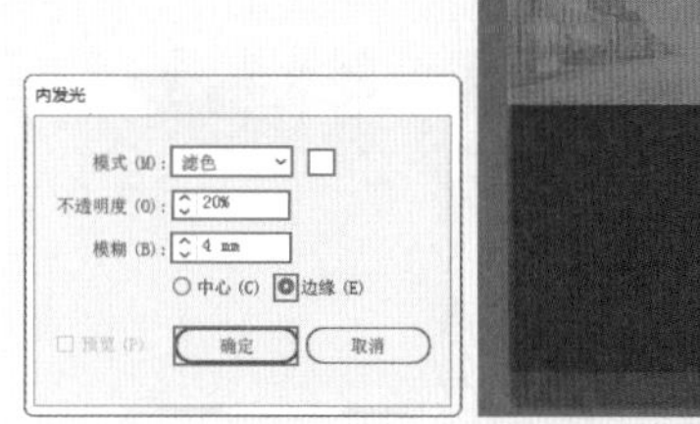
图6-108　图6-109

10 选择工具箱中的“椭圆工具”，在控制栏中设置“填充”为深青色，“描边”为无，然后在画面中的相应位置按住Shift键进行拖动，绘制一个正圆形，效果如图6-110所示。

图6-110

11 选择该正圆形，执行“效果>风格化>投影”命令，在弹出的“投影”对话框中设置“模式”为“正片叠底”，“不透明度”为75%，“X位移”为0.1mm，“Y位移”为0.1mm，“模糊”为0.5mm，选中“颜色”单选按钮，设置颜色为黑色，参数设置如图6-111所示，单击“确定”按钮，效果如图6-112所示。

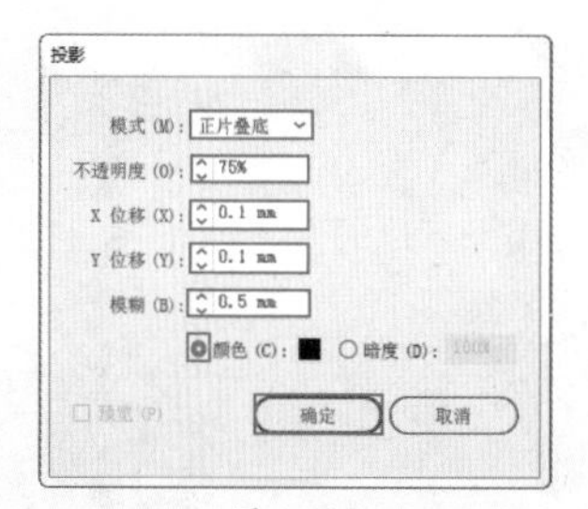
图6-111

图6-112

提示

在为对象添加效果时，在打开的效果对话框中勾选“预览”复选框，如图6-113所示，可以在没有单击“确定”按钮的情况下，先看到设置的效果。

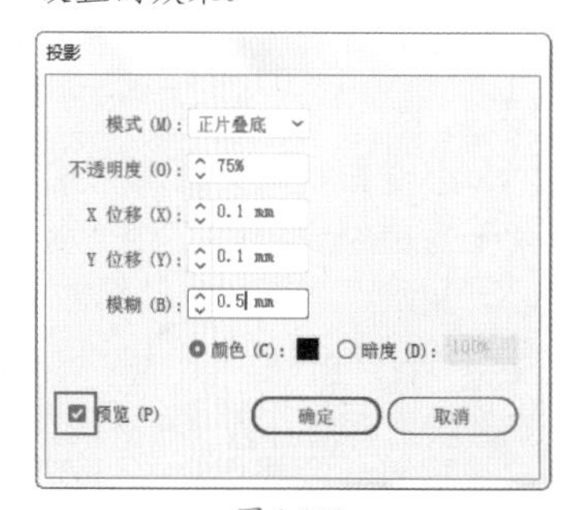
图6-113

12 执行“文件>置入”命令，置入素材“2.jpg”，单击控制栏中的“嵌入”按钮，完成素材的嵌入操作，效果如图6-114所示。在人物素材上绘制一个正圆形，效果如图6-115所示。

图6-114

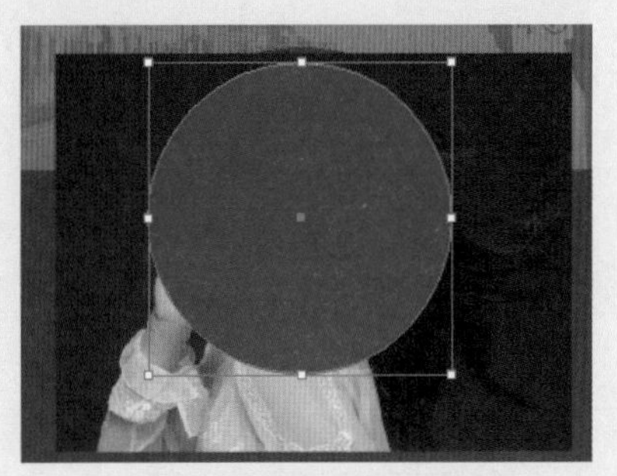
图6-115

13 将正圆形和人物素材加选，执行“对象>剪切蒙版>建立”命令，建立剪切蒙版，效果如图6-116所示。

图6-116

14 选择工具箱中的“圆角矩形工具”，单击工具箱底部的“填色”按钮，使之置于前面，双击工具箱中的“渐变工具”按钮，在弹出的“渐变”面板中设置“类型”为“线性”，“角度”为-90°，编辑一个淡青色系的渐变，如图6-117所示。设置完成后，按住鼠标左键在画面的下方拖动绘制一个圆角矩形，效果如图6-118所示。

图6-117

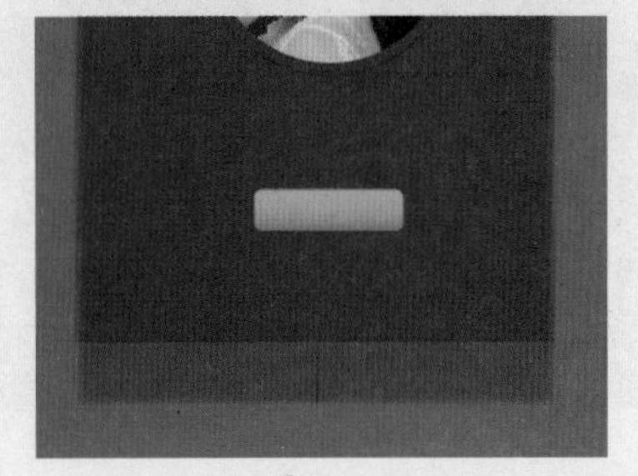
图6-118

15 使用“文字工具”在相应的位置输入文字，并设置不同的颜色，效果如图6-119所示。

图6-119

16 下面制作其他按钮。首先使用“圆角矩形工具”绘制一个圆角矩形并填充淡青色系渐变，效果如图6-120所示。选择这个圆角矩形，同时按住Shift键和Alt键拖动鼠标指针，将其平移及复制，效果如图6-121所示。

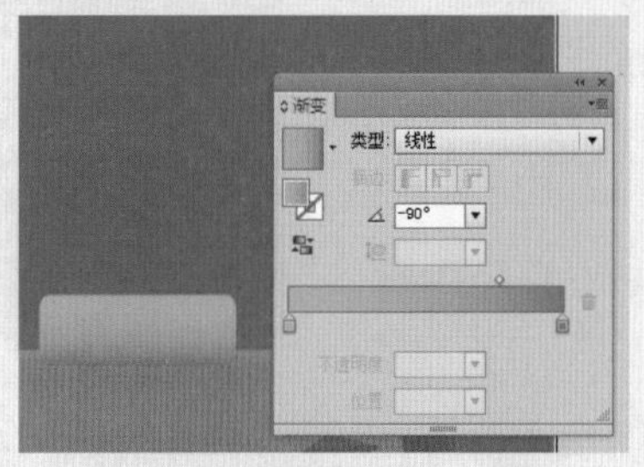

图6-120

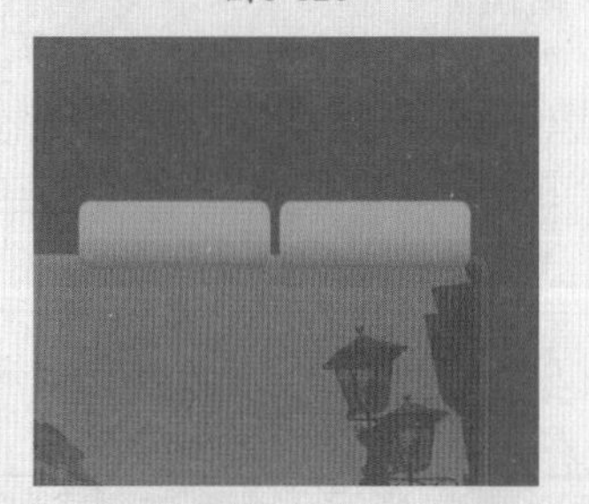
图6-121

17 加选两个圆角矩形，多次执行“对象>排列>后移一层”命令，将圆角矩形向后移动，效果如图6-122所示。在圆角矩形中输入文字，最终完成效果如图6-123所示。

图6-122

图6-123

实例046 黑白格调电影宣传招贴

文件路径	第6章\黑白格调电影宣传招贴
难易指数	★★★★★
技术掌握	● 钢笔工具 ● 不透明度

扫码深度学习

操作思路

在本案例中，首先使用“钢笔工具”绘制多个不规则图形，并填充合适的颜色，将其作为背景中的装饰图形及文字的底色，置入素材并利用剪切蒙版控制素材的显示范围，然后使用“文字工具”输入文字。

案例效果

案例效果如图6-124所示。

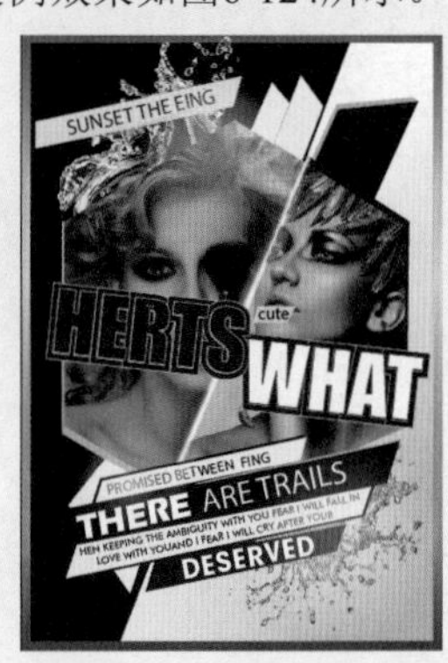

图6-124

操作步骤

01 执行“文件>新建”命令，弹出“新建文档”对话框。在对话框顶部选择“打印”选项卡，在左侧“空白文档预设”列表框中选择“A4”纸张；在右侧单击“纵向”按钮，设置“颜色模式”为“CMYK颜色”，单击“创建”按钮，如图6-125所示，创建新的文档。

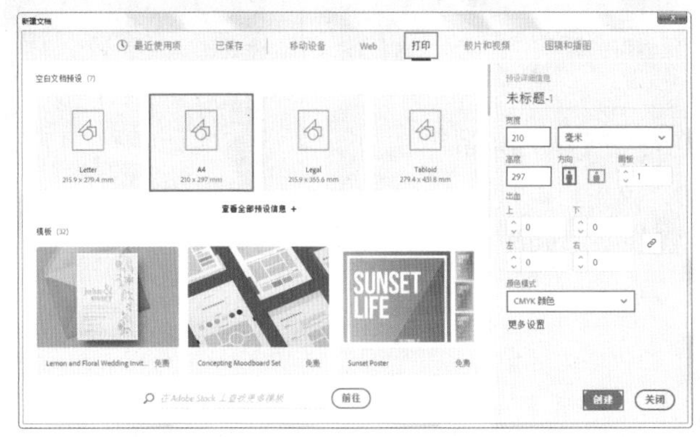

图6-125

02 选择工具箱中的“矩形工具”，单击工具箱底部的“填色”按钮，使之置于前面，双击工具箱中的“渐变工具”按钮，在弹出的“渐变”面板中设置“类型”为“线性”，“角度”为90°，在面板底部编辑一个灰色系的渐变，设置“描边”为无，如图6-126所示。在使用“矩形工具”的状态下，按住鼠标左键在画面的左上角拖动鼠标指针至右下角，绘制一个与画板等大的矩形，效果如图6-127所示。

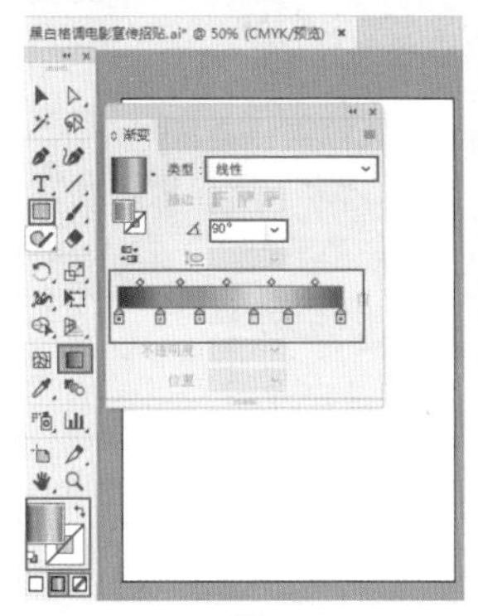

图6-126

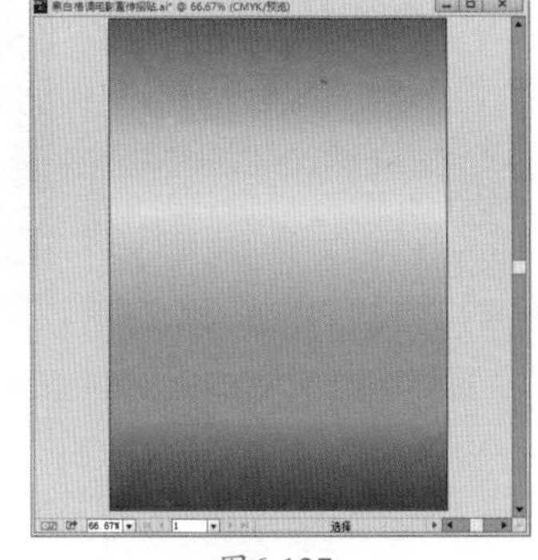

图6-127

03 继续使用“矩形工具”绘制一个比画板稍小的矩形，并填充为黑色，效果如图6-128所示。

04 选择工具箱中的“钢笔工具”，在画面的右侧绘制一个四边形，为四边形填充浅灰色系的渐变，效果如图6-129所示。

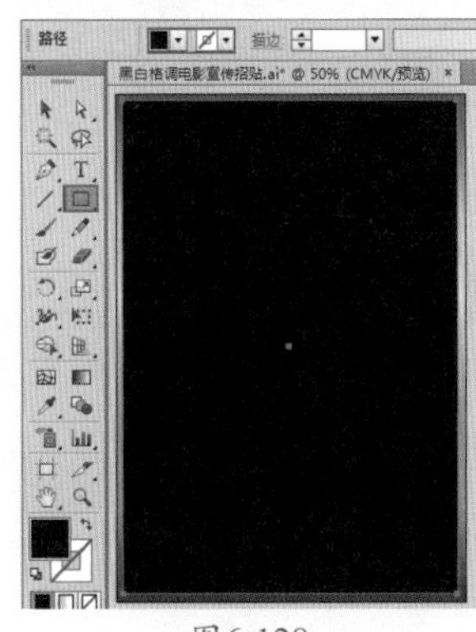

图6-128

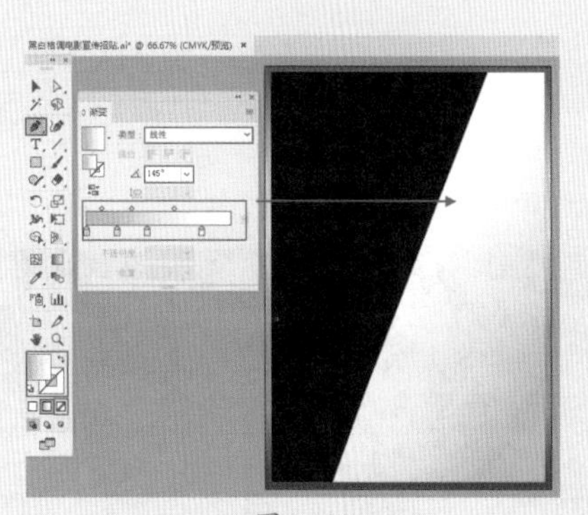

图6-129

提示

为什么先绘制图形后填充渐变

在使用“钢笔工具”绘制图形时，可以先将填充颜色设置为无，这样不会因为填充颜色而干扰绘制图形时的视线。若先设置好填充颜色，在绘制的过程中填充颜色会跟随路径而自动生成，或多或少会影响到图形的绘制。

05 使用同样的方法，选择“钢笔工具”，在控制栏中设置合适的填充颜色，绘制多个不规则图形，然后将绘制的图形放置到合适的位置，效果如图6-130所示。

06 执行“文件>置入”命令，置入水花素材“1.png”和“2.png”，然后单击控制栏中的“嵌入”按钮，将素材嵌入。多次执行“对象>排列>后移一层”命令，并将素材移动到合适位置，效果如图6-131所示。置入人物素材“3.jpg”，然后单击控制栏中的“嵌入”按钮，效果如图6-132所示。

图6-130

图6-131

图6-132

07 使用“钢笔工具”绘制一个图形，效果如图6-133所示。加选图形与人物素材，执行“对象>剪切蒙版>建立”命令，创建剪切蒙版，效果如图6-134所示。

图6-133

图6-134

08使用同样的方法，制作其他人物素材效果，如图6-135所示。将两个人物素材加选，然后多次执行“对象>排列>后移一层”命令，将其移动到画面下方几个不规则图形的后面，效果如图6-136所示。

图6-135

图6-136

09下面为人物素材添加边框效果。使用“钢笔工具”在人物素材左侧边缘处绘制一个带有转折的图形，然后为其填充灰色系渐变，效果如图6-137所示。使用同样的方法，绘制另一侧的黑色边框，效果如图6-138所示。

图6-137

图6-138

10下面为画面添加发光效果。使用工具箱中的“椭圆工具”，在左侧人物素材的顶部绘制一个正圆形。在“渐变”面板中编辑一个由紫色到透明的径向渐变，如图6-139所示，此时正圆形效果如图6-140所示。

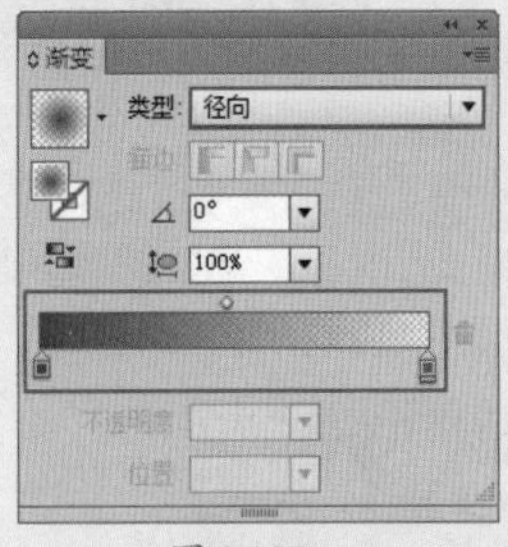

图6-139

图6-140

11选择紫色渐变的正圆形，执行“窗口>透明度”命令，弹出“透明度”面板，设置“混合模式”为“滤色”，如图6-141所示，此时效果如图6-142所示。

图6-141

12使用同样的操作方法，继续在其他位置添加发光效果。使用“椭圆工具”绘制多个不同的椭圆形，调整不同渐变效果，把绘制的椭圆形处理或所需要的效果，并放置在画面中合适的位置，效果如图6-143所示。

图6-142

图6-143

提示 海报中的插图

"海报中的插图"是指在海报中除文字以外的一切图形对象。在海报设计中，可以利用文字或简单、直白的插图介绍产品的功能，通过丰富的创造力表现产品。海报中具有创造力的插图，不仅可以对产品起到促销作用，还可以给消费者留下深刻的印象。在本案例中，采用以人物作为插图的设计，从而展现出电影所要表达的主题，以吸引观众。

13下面为画面添加主体文字。选择工具箱中的“文字工具”，在控制栏中设置“填充”为黑色，“描边”为白色，描边“粗细”为1pt，选择合适的字体及字号，在画面中输入文字，然后将其进行适当的旋转，效果如图6-144所示。

图6-144

14下面制作文字的多层描边效果。选中文字，按快捷键Ctrl+C进行复制（先不要进行粘贴操作），保持文字的选中状态，执行“效果>路径>位移路径”命令，弹出“偏移路径”对话框，设置“位移”为3mm，“连接”为“圆角”，“斜接限制”为4，如图6-145所示，单击“确定”按钮，文字效果如图6-146所示。

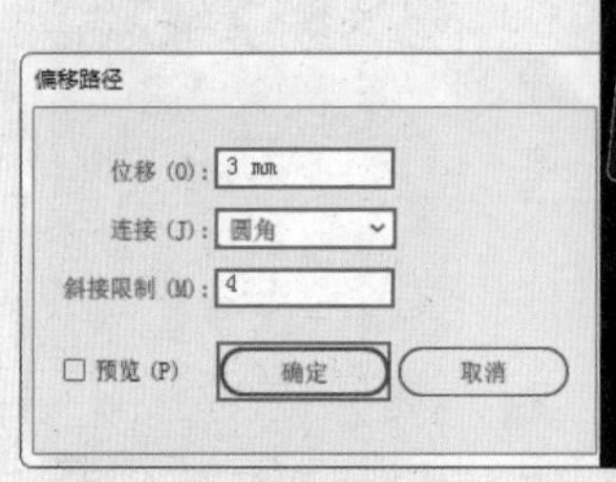

图6-145

图6-146

15 按快捷键Ctrl+F，将复制的文字贴在原文字的前面，此时文字呈现出双层效果，如图6-147所示。

16 再次复制文字，并进行适当的移动，然后将右侧文字填充为白色，效果如图6-148所示。

图6-147

图6-148

17 使用“文字工具”输入画面底部的文字，并将其旋转到合适角度。最终完成效果如图6-149所示。

图6-149

第7章

效果

在Illustrator中，效果分为Illustrator效果和Photoshop效果。当要为矢量图形添加效果时，这两类效果都可以使用；当要为位图添加效果时，则一些Illustrator效果不能使用。

◆ 掌握“效果画廊”的使用方法
◆ 了解并学会多种效果的制作

/ 佳 / 作 / 欣 / 赏 /

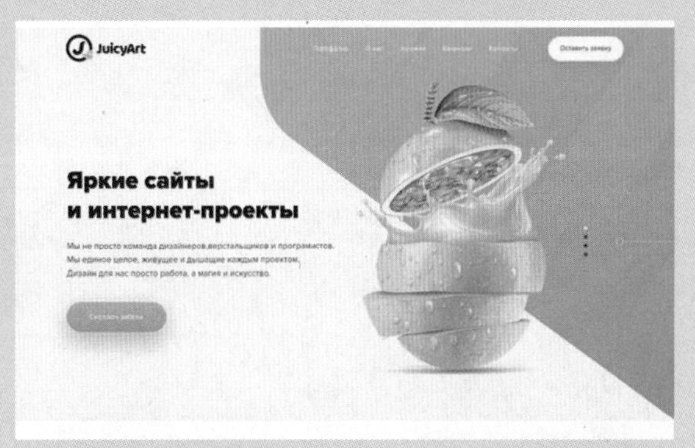

实例047 使用3D效果制作立体文字

文件路径	第7章\使用3D效果制作立体文字
难易指数	★★★★★
技术掌握	● 矩形工具 ● "扩展"命令 ● "平均"命令 ● 文字工具 ● 3D效果

扫码深度学习

操作思路

执行"效果>3D"命令，在子菜单中可以看到三种效果，即"凸出和斜角""绕转""旋转"。将这些效果用于二维的对象，可以创建出三维的效果。这些效果不仅可以作用于矢量图形，还可以作用于位图对象。在本案例中，主要讲解如何制作立体文字。首先在画面中输入文字的并更改文字的颜色，然后利用"凸出和斜角"命令制作文字的立体效果。

案例效果

案例效果如图7-1所示。

图7-1

操作步骤

01 新建一个宽度为300mm、高度为200mm的空白文档。选择工具箱中的"矩形工具"，绘制一个与画板等大的矩形，效果如图7-2所示。选择矩形，单击工具箱底部的"填色"按钮，使之置于前面，执行"窗口>渐变"命令，弹出"渐变"面板，设置"类型"为"径向"，编辑一个蓝色系的渐变，设置"描边"为无，如图7-3所示。使用工具箱中的"渐变工具"在矩形上拖动调整渐变效果，如图7-4所示，按快捷键Ctrl+2锁定该矩形。

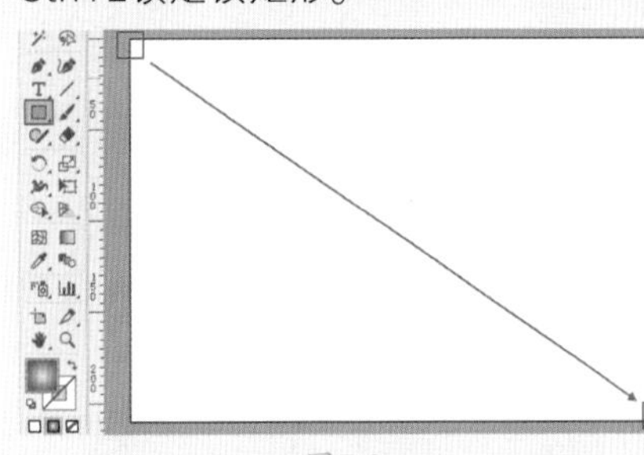

图7-2

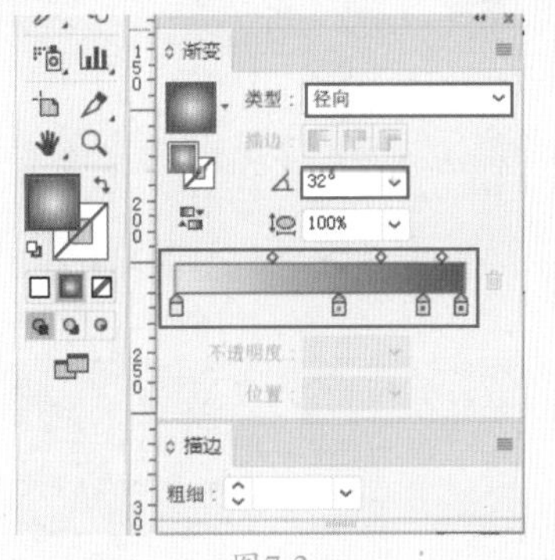

图7-3

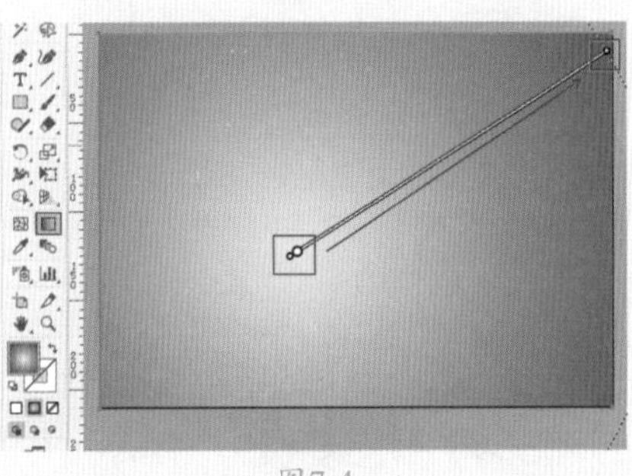

图7-4

02 选择工具箱中的"矩形工具"，在控制栏中设置"填充"为无，"描边"为浅蓝色，描边"粗细"为14pt，单击"描边"按钮，在其下拉面板中勾选"虚线"复选框，设置"虚线"为20pt，"间隙"为35pt，按住鼠标左键在画面中绘制一个与画板等大的矩形边框，效果如图7-5所示。

03 选中虚线框，首先执行"对象>扩展外观"命令，接着执行"对象>扩展"命令，在弹出的"扩展"对话框中勾选"描边"和"填充"复选框，如图7-6所示，单击"确定"按钮。在工具箱中选择"直接选择工具"，按住Shift键加选图形内侧的控制点，如图7-7所示。

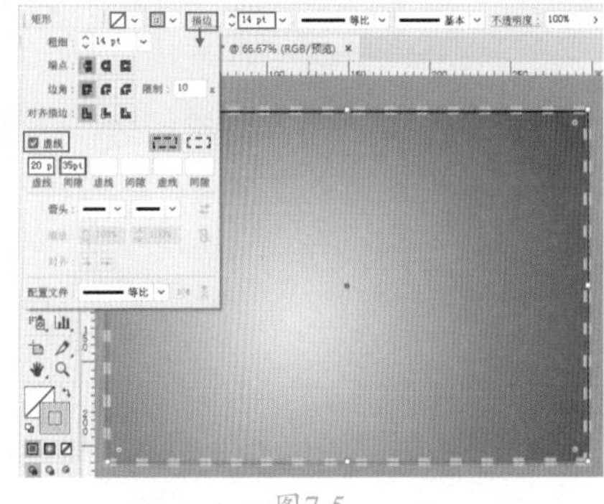

图7-5

图7-6

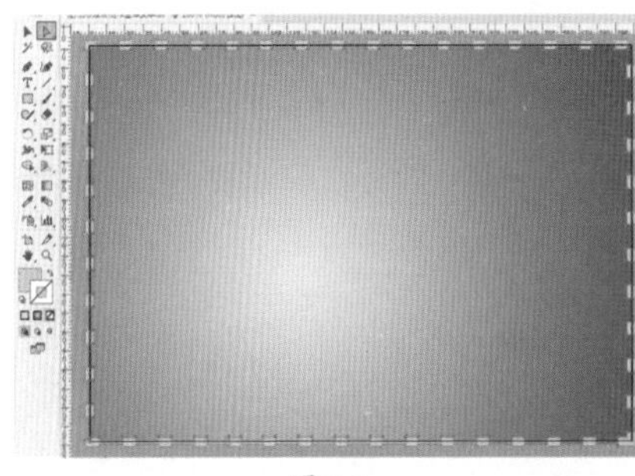

图7-7

04 执行"对象>路径>平均"命令，在弹出的"平均"对话框中选中"两者兼有"单选按钮，单击"确定"按钮，如图7-8所示，此时效果如图7-9所示。

05 保持的选中状态，在工具箱底部单击"填色"按钮，使之置于前面，设置"填充类型"为"渐变"，执行"窗口>渐变"命令，弹出"渐变"面板，设置"类型"为"径向"，"角度"为9°，编辑一个系的渐变，如图7-10所示。选择工具箱中的"渐变工具"，在图形上拖动调整渐变效果，如图7-11所示。

图7-8

图7-9

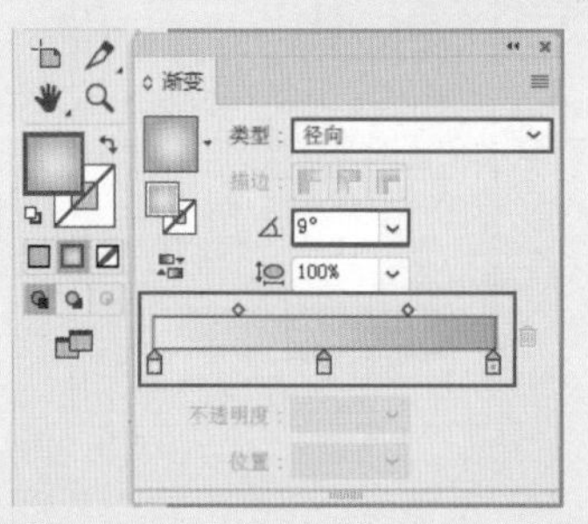

图7-10

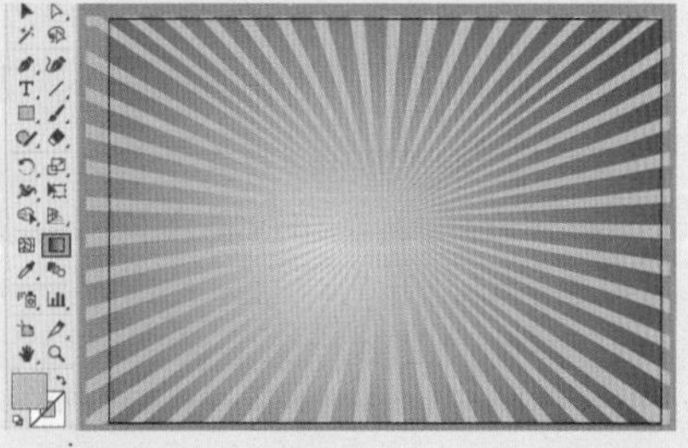

图7-11

06 选择工具箱中的“矩形工具”，在画面中绘制一个矩形，效果如图7-12所示。按快捷键Ctrl+A全选画面中的元素，然后按快捷键Ctrl+7创建剪切蒙版，效果如图7-13所示。调整放射状图形的大小，直至其与画板大小重合，效果如图7-14所示。

07 执行“文件>打开”命令，将素材“1.ai”打开，选择其中的素材图形，按快捷键Ctrl+C进行复制，回到刚才操作的文档中，按快捷键Ctrl+V进行粘贴，适当调整素材的位置，效果如图7-15所示。选择工具箱中的“文字工具”，在画面中单击插入光标，在控制栏中设置“填充”为黑色，“描边”为无，并设置合适的字体、字号，然后输入文字，效果如图7-16所示。

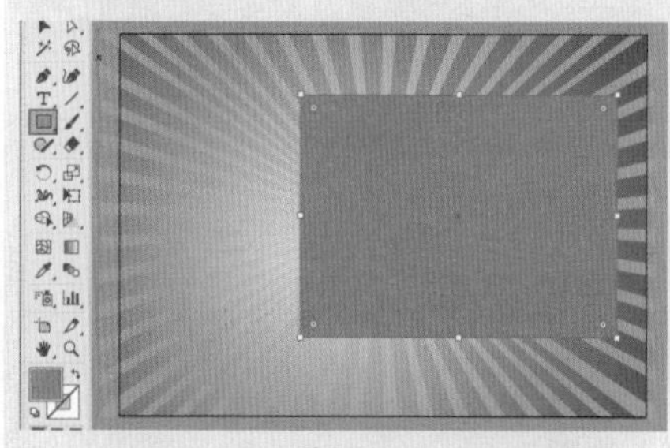

图7-12

图7-13

图7-14

图7-15

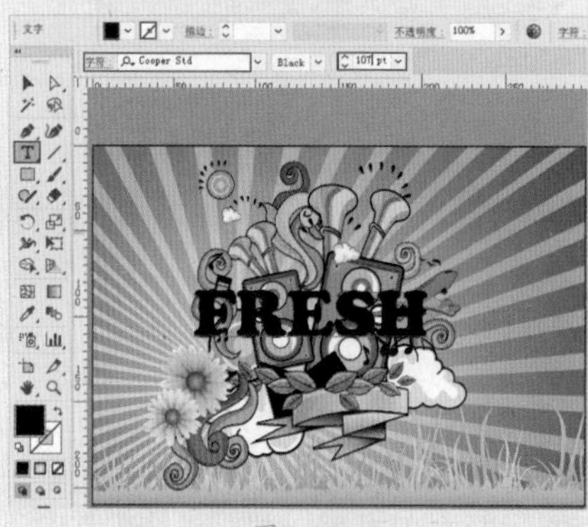

图7-16

08 使用工具箱中的“文字工具”选中“F”，将其颜色更改为绿色，如图7-17所示。使用同样的方法制作其他文字，效果如图7-18所示。

图7-17

图7-18

09 使用同样的方法输入其他文字，并更改文字的颜色。按住Shift键加选两组文字，按快捷键Ctrl+G将两组文字进行编组，效果如图7-19所示。

图7-19

10 选择文字，执行“效果>3D>凸出和斜角”命令，在弹出的“3D凸出和斜角选项”对话框中设置“位置”为“自定旋转”，“指定绕X轴旋转”为-1°，“指定绕Y轴旋转”为-23°，“指定绕Z轴旋转”为10°，“凸出厚度”为50pt，“表面”为“塑料效果底纹”，单击“确定”按钮，如图7-20所示。立体文字制作完成，适当调整其位置，最终完成效果如图7–21所示。

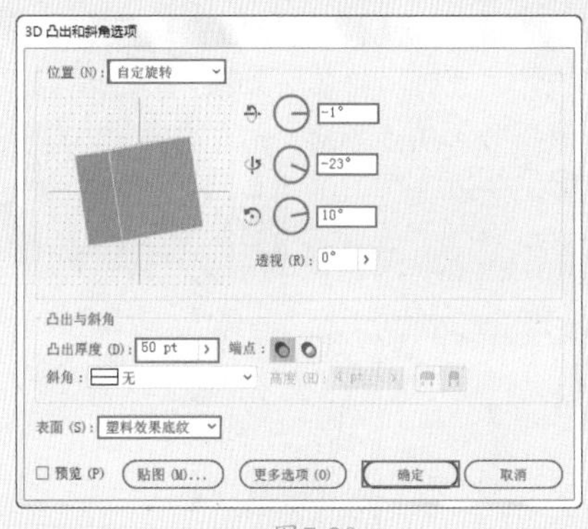
图7-20

图7-21

要点速查：“3D凸出和斜角选项”对话框

在“3D凸出和斜角选项”对话框中可以设置“位置”“凸出厚度”等数值，以改变3D对象的效果，如图7-22所示。

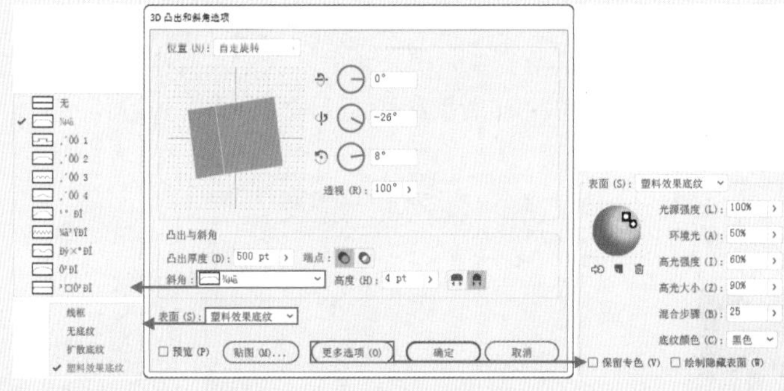
图7-22

- 位置：设置对象如何旋转，以及查看对象的透视角度。在下拉列表中提供了预设的位置选项，也可以通过右侧的三个数值框中进行不同方向的旋转调整，还可以直接拖动。如图7-23所示为设置不同数值的对比效果。
- 透视：通过调整该数值，调整对象的透视效果。当数值为0° 时，没有任何效果；数值越大，透视效果越明显。如图7-24所示为设置不同数值的对比效果。

图7-23

图7-24

- 凸出厚度：设置对象的深度。数值越大，对象越厚。如图7-25所示为设置不同数值的对比效果。
- 端点：指定显示的对象是实心（开启端点 ）还是空心（关闭端点 ），如图7-26所示。

图7-25

图7-26

- 斜角：沿对象的深度轴（z 轴）应用所选类型的斜角边缘。
- 高度：可以设置 1 到 100 之间的高度值。
- 斜角外扩 ：将斜角添加至对象的原始形状。
- 斜角内缩 ：自对象的原始形状砍去斜角。
- 表面：控制表面底纹。选择“线框”选项，会得到对象几何形状的轮廓，并使每个表面透明；选择“无底纹”选项不向对象添加任何新的表面属性；选择“扩散底纹”选项，可以使对象以一种柔和、扩散的方式反射光；选择“塑料效果底纹”选项，可以使对象以一种闪烁、光亮的材质模式反射光。
- 预览：勾选“预览”复选框，可以实时观察到参数调整的效果。
- 更多选项：单击该按钮，可以在展开的对话框中设置“光源强度”“环境光”“高光强度”等参数。

实例048 使用“照亮边缘”效果制作素描画效果

文件路径	第 7 章 \ 使用“照亮边缘”效果制作素描画效果
难易指数	★★★★★
技术掌握	● 矩形工具 ● 混合模式 ● “照亮边缘”效果

扫码深度学习

操作思路

在本案例中，主要讲解如何制作素描画效果。首先在画面中置入人物素材，然后利用“照亮边缘”命令制作线条效果，并多次设置不同的混合模式，使人物素材呈现出素描画的色彩效果。

案例效果

案例效果如图7-27所示。

图7-27

操作步骤

01 新建一个A4大小的空白文档。执行“文件>置入”命令，置入人物素材“1.jpg”，然后调整其位置和大小，单击控制栏中的“嵌入”按钮，效果如图7-28所示。

图7-28

02 选中人物素材，执行“效果>风格化>照亮边缘”命令，在弹出的“照亮边缘”对话框中打开“风格化”效果组，选择“照亮边缘”效果，在对话框的右侧设置“边缘宽度”为2，“边缘亮度”为6，“平滑度”为5，单击“确定”按钮，如图7-29所示，此时效果如图7-30所示。

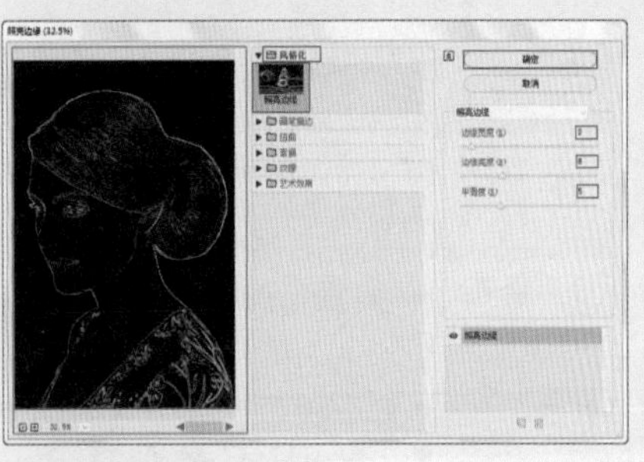

图7-29

图7-30

03 选择工具箱中的“矩形工具”，在控制栏中设置“填充”为白色，“描边”为无，然后按住鼠标左键在人物素材上拖动鼠标指针，绘制一个覆盖住人物素材的矩形，效果如图7-31所示。单击控制栏中的“不透明度”按钮，在其下拉面板中设置“混合模式”为“排除”，效果如图7-32所示。

图7-31

图7-32

04 使用同样的方法，绘制一个覆盖住人物素材的白色矩形，单击控制栏中的“不透明度”按钮，在其下拉面板中设置“混合模式”为“色相”，效果如图7-33所示。

图7-33

05 执行“文件>置入”命令，置入纹理素材“2.jpg”，调整其大小，然后单击控制栏中的“嵌入”按钮，如图7-34所示。单击控制栏中的“不透明度”按钮，在其下拉面板中设置“混合模式”为“正片叠底”。最终完成效果如图7-35所示。

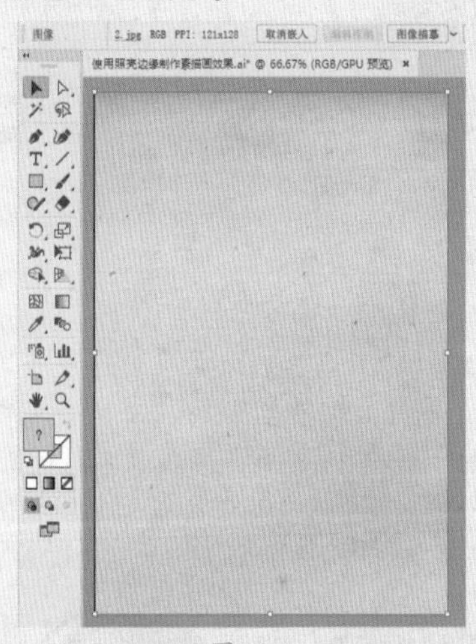

图7-34

图7-35

实例049 使用“投影”效果制作植物文字海报

文件路径	第7章\使用“投影”效果制作植物文字海报
难易指数	★★★★★
技术掌握	● 文字工具 ● “投影”效果

扫码深度学习

操作思路

利用“投影”命令可以为矢量图形或者位图对象添加投影效果。在本案例中，主要讲解如何为文字添加投影，从而丰富画面效果。首先在画面中输入文字，然后利用“投影”命令制作出具有投影效果的文字。

案例效果

案例效果如图7-36所示。

图7-36

操作步骤

01 新建一个A4大小的空白文档。选择工具箱中的“矩形工具”，在工具箱的底部单击“描边”按钮，设置“填充类型”为无，双击“填色”按钮，在弹出的“拾色器”对话框中选择绿色，单击“确定”按钮，如图7-37所示。在画面中绘制一个与画板等大的矩形，效果如图7-38所示。

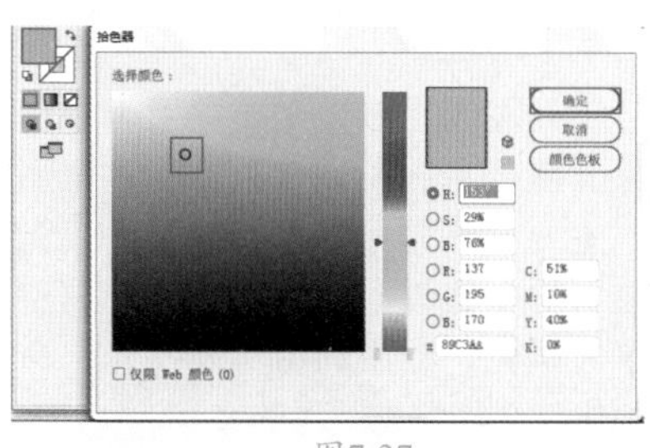

图7-37　　图7-38

02 执行“文件>打开”命令，将素材“1.ai”打开，选择其中的小鸟图形，按快捷键Ctrl+C进行复制，如图7-39所示，返回刚才操作的文档中，按快捷键Ctrl+V进行粘贴，适当调整小鸟图形的位置和大小，效果如图7-40所示。

图7-39　　图7-40

03 选择工具箱中的“文字工具”，在画面中单击插入光标，在控制栏中设置“填充”为白色，“描边”为无，设置合适的字体、字号，然后输入字母“E”，按快捷键Ctrl+Enter确认输入操作，效果如图7-41所示。选中字母“E”，执行“效果>风格化>投影”命令，在弹出的“投影”对话框中设置“模式”为“正片叠底”，“不透明度”为75%，“X位移”为7px，“Y位移”为7px，“模糊”为6px，选中“颜色”单选按钮，设置颜色为黑色，单击“确定”按钮，如图7-42所示，此时效果如图7-43所示。

图7-41

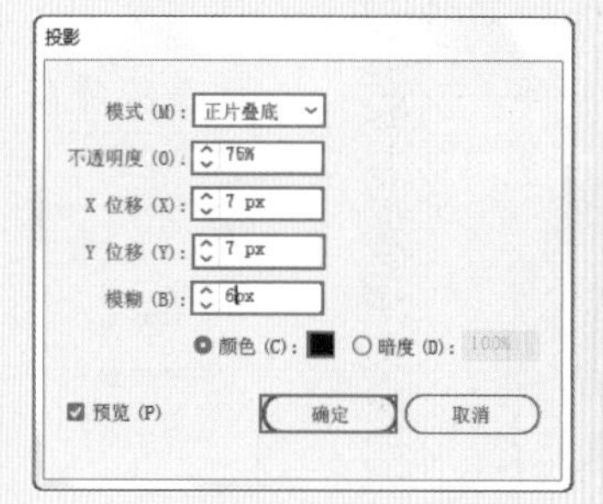

图7-42　　图7-43

04 执行“对象>排列>后移一层”命令，将字母“E”移至白色花朵的后面，效果如图7-44所示。

05 使用同样的方式制作其他字母，多次执行“对象>排列>后移一层”命令，调整字母的位置顺序，效果如图7-45所示。

图7-44　　图7-45

06 选择工具箱中的“矩形工具”，在控制栏中设置“填充”为无，“描边”为白色，描边“粗细”为1pt，在字母的下方绘制一个矩形边框，效果如图7-46所示。选择工具箱中的“圆角矩形工具”，在控制栏中设置“填充”为无，“描边”为黑色，描边“粗细”为2pt，在白色矩形的下方绘制一个黑色矩形边框，效果如图7-47所示。

07 继续使用“文字工具”输入相应的文字，效果如图7-48所示。

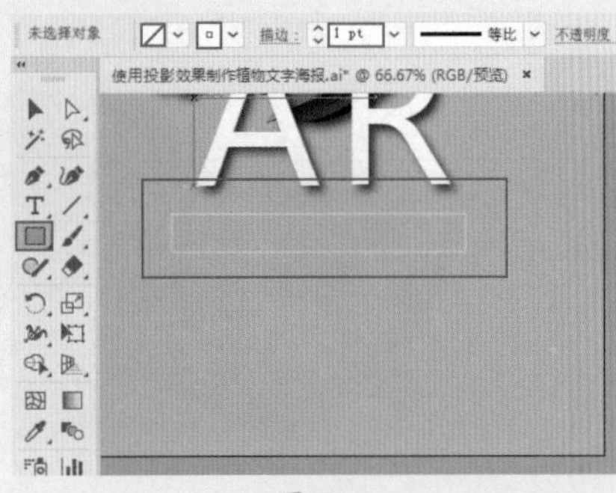
图7-46

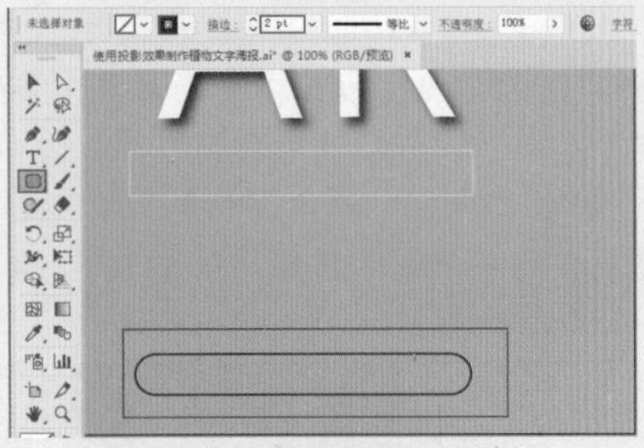
图7-47

图7-48

08 将素材“1.ai”中的标志图形选中，按快捷键Ctrl+C进行复制，然后回到刚才操作的文档中，按快捷键Ctrl+V进行粘贴，适当调整标志图形的位置和大小，效果如图7-49所示。在标志图形两侧输入合适的文字，最终完成效果如图7-50所示。

图7-49

图7-50

要点速查：“投影”对话框

执行“效果>风格化>投影”命令，在弹出的“投影”对话框中可以进行混合模式、不透明度、阴影的位移及模糊程度的设置，如图7-51所示。

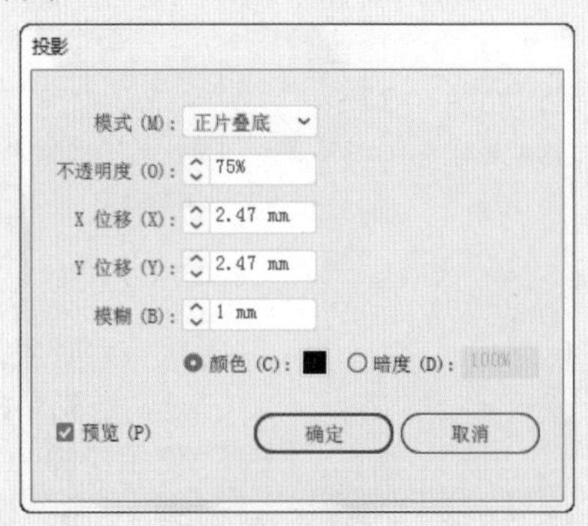

图7-51

- 模式：设置投影的混合模式。
- 不透明度：设置投影的不透明度百分比。
- X位移、Y位移：设置投影偏离对象的距离。
- 模糊：设置要进行模糊处理的位置与阴影边缘的距离。设置不同数值的对比效果如图7-52所示。

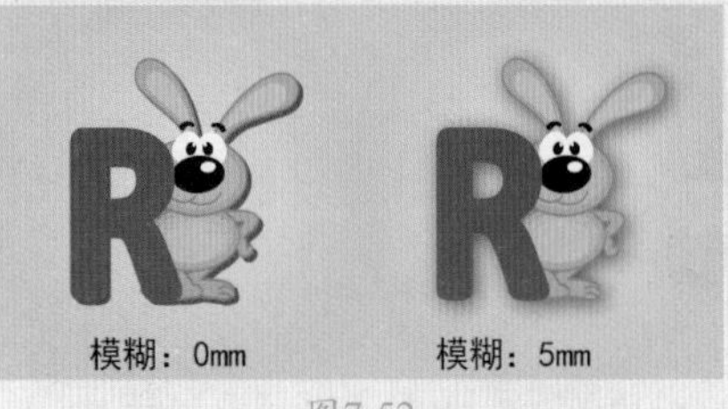

图7-52

- 颜色：设置投影的颜色。
- 暗度：设置为投影添加的黑色的深度百分比。设置不同数值的对比效果如图7-53所示。

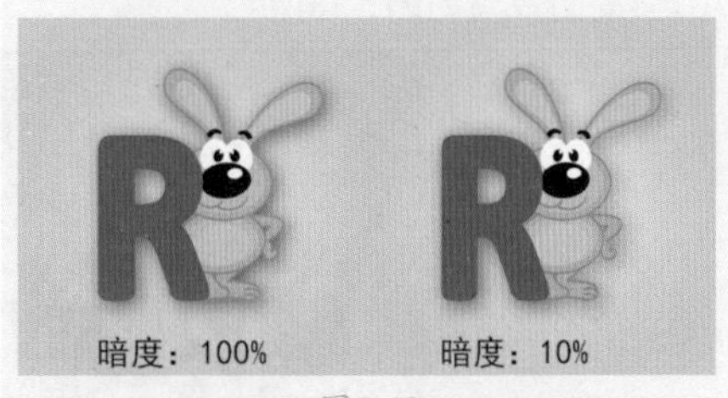

图7-53

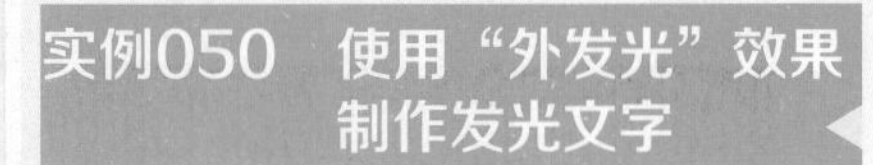

实例050 使用“外发光”效果制作发光文字

文件路径	第7章\使用“外发光”效果制作发光文字
难易指数	★★★★★
技术掌握	● 文字工具 ● 渐变工具 ● “外发光”效果

扫码深度学习

操作思路

“外发光”效果主要被用于制作对象外侧产生的发光效果。在本案例中，主要讲解如何制作文字的外发光效果。首先在画面中输入文字并调整文字的颜色，然后利用“外发光”命令制作带有外发光效果的文字。

案例效果

案例效果如图7-54所示。

图7-54

操作步骤

01 新建一个空白文档。执行“文件>置入”命令，置入背景素材“1.jpg”，调整其位置和大小，然后单击控制栏中的“嵌入”按钮，效果如图7-55所示。选择工具箱中的“文字工具”，在画面中单击插入光标，在控制栏中设置“填充”为无，“描边”为黑色，设置合适的字体、字号，然后输入文字，按快捷键Ctrl+Enter确认输入操作，效果如图7-56所示。

图7-55

图7-56

02 选中文字，执行“对象>扩展”命令，在弹出的“扩展”对话框中勾选“对象”和“填充”复选框，单击“确定”按钮，如图7-57所示，此时文字转换为图形。

03 选中文字，在工具箱的底部单击“填色”按钮，使之置于前面，设置“填充类型”为“渐变”，执行“窗口>渐变”命令，弹出“渐变”面板，设置“类型”为“线性”，编辑一个蓝色系的渐变，如图7-58所示，选择工具箱中的“渐变工具”，调整文字的渐变效果，如图7-59所示。

图7-57

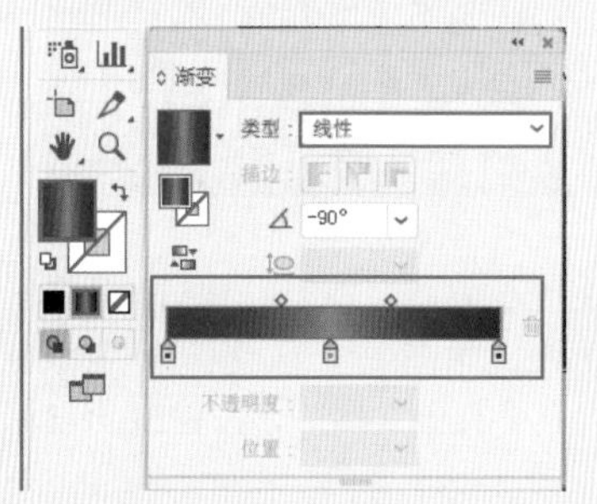

图7-58

图7-59

04 选中文字，执行“效果>风格化>外发光”命令，在弹出的“外发光”对话框中设置“模式”为“滤色”，“不透明度”为100%，“模糊”为2mm，单击“确定”按钮，如图7-60所示，此时效果如图7-61所示。

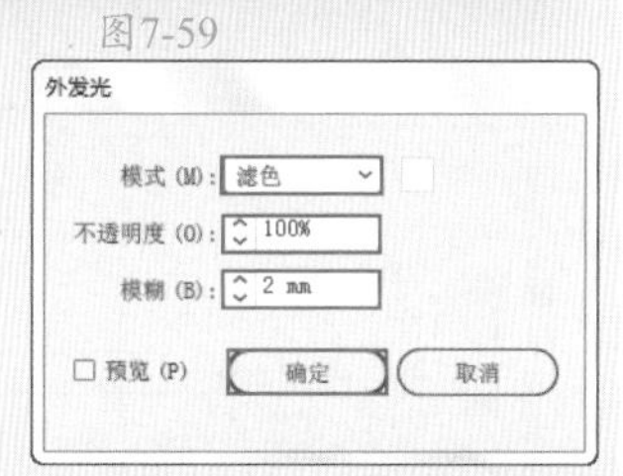

图7-60

05 使用同样的方法制作副标题。最终完成效果如图7-62所示。

图7-61

图7-62

要点速查：“外发光”对话框

执行“效果>风格化>外发光”命令，弹出“外发光”对话框，如图7-63所示。

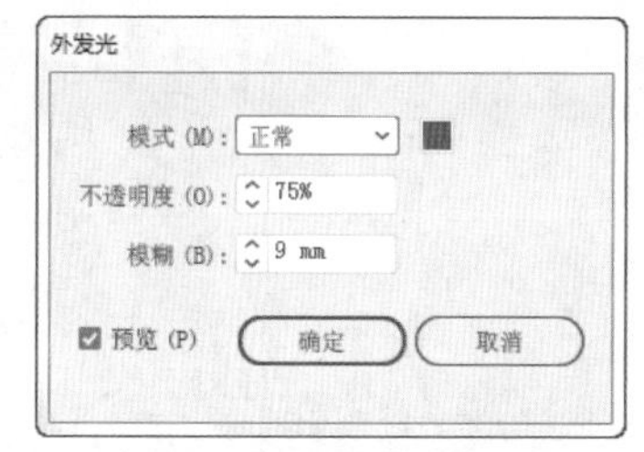

图7-63

- 模式：在其下拉列表中选择不同的选项，可以指定发光的混合模式。
- 不透明度：在其数值框中输入相应的数值，可以指定发光的不透明度百分比。
- 模糊：在其数值框中输入相应的数值，可以指定要进行模糊处理的位置到选区中心或选区边缘的距离。设置不同数值的对比效果如图7-64所示。

图7-64

实例051 使用“彩色半调”效果制作时装广告

文件路径	第7章\使用“彩色半调”效果制作时装广告
难易指数	★★★★★
技术掌握	● 矩形工具 ● 渐变工具 ● “彩色半调”效果

扫码深度学习

操作思路

利用“彩色半调”命令，可以模拟在图像的每个通道中使用放大的半调网屏的效果。在本案例中，使用“彩色半调”命令制作网点背景效果。

案例效果

案例效果如图7-65所示。

图7-65

操作步骤

01 新建一个宽度为2000px、高度为1400px的空白文档。选择工具箱中的“矩形工具”，绘制一个比画板略小的矩形，效果如图7-66所示。选择矩形，单击工具箱底部的“填色”按钮，使之置于前面。执行“窗口>渐变”命令，弹出“渐变”面板，设置“类型”为“线性”，编辑一个绿色系的渐变，如图7-67所示。选择工具箱中的“渐变工具”，在矩形上拖动调整渐变效果，如图7-68所示。按快捷键Ctrl+2锁定该矩形。

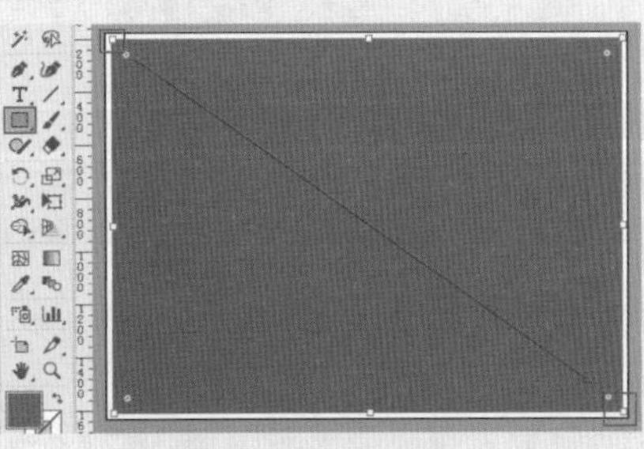

图7-66

图7-67

02 选择工具箱中的“矩形工具”，在控制栏中设置“填充”为无，“描边”为墨绿色，描边“粗细”为50pt，在画面中绘制一个与画板等大的矩形边框，效果如图7-69所示。

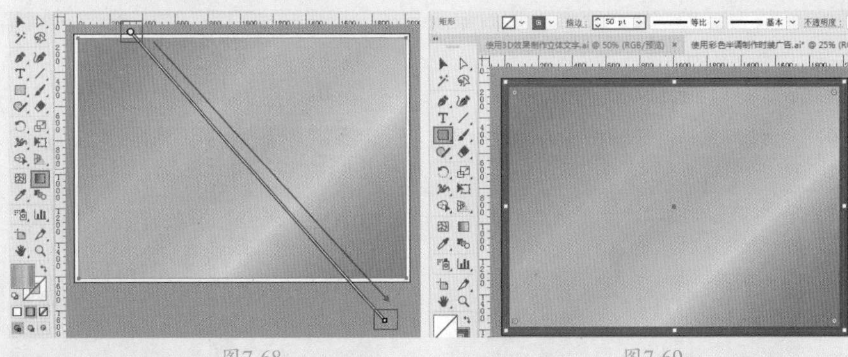

图7-68　　图7-69

03 执行“文件>置入”命令，置入美女素材“1.png”，调整素材的大小和位置，然后单击控制栏中的“嵌入”按钮，效果如图7-70所示。在选中美女素材的状态下，执行“对象>排列>后移一层”命令，使其位于墨绿色矩形边框的后面，效果如图7-71所示。

图7-70

图7-71

04 在工具箱的底部单击“填色”按钮，使之置于前面，执行“窗口>渐变”命令，弹出“渐变”面板，然后设置“类型”为“径向”，编辑一个绿色到透明的渐变，如图7-72所示。选择工具箱中的“椭圆工具”，按住Shift键绘制一个正圆形，效果如图7-73所示。

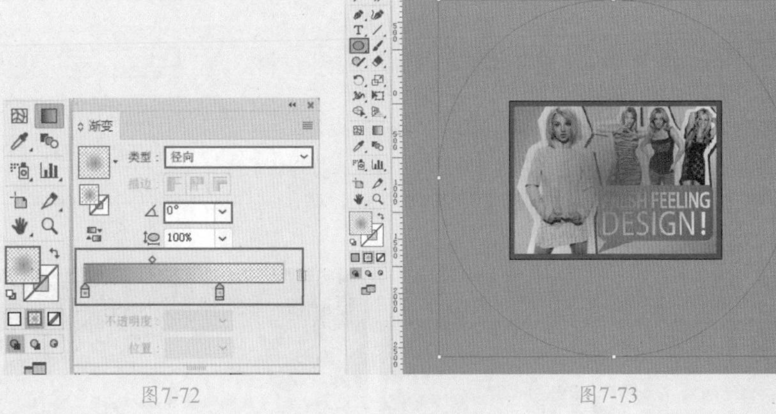

图7-72　　图7-73

05 在选中正圆形的状态下，执行“效果>像素化>彩色半调”命令，在弹出的“彩色半调”对话框中设置“最大半径”为50像素，“通道1”为108，“通道2”为162，“通道3”为90，“通道4”为45，单击“确定”按钮，如图7-74所示，此时效果如图7-75所示。

图7-74

图7-75

06 选择该正圆形，执行“窗口>透明度”命令，在弹出的“透明度”面板中设置“混合模式”为“明度”，如图7-76所示，此时效果如图7-77所示。

图7-76

图7-77

07 在选中正圆形的状态下，多次执行“对象>排列>后移一层”命令，使其在墨绿色矩形边框和美女素材的后面。最终完成效果如图7-78所示。

图7-78

实例052 使用“成角的线条”效果制作绘画效果

文件路径	第7章\使用“成角的线条”效果制作绘画效果
难易指数	★★★★★
技术掌握	“成角的线条”效果

扫码深度学习

操作思路

利用“成角的线条”命令，可以制作平滑的绘画效果。在本案例中，主要讲解如何使用“成角的线条”命令制作绘画效果。

案例效果

案例效果如图7-79所示。

图7-79

操作步骤

01 执行“文件>新建”命令，新建一个空白文档。执行“文件>置入”命令，置入背景素材“1.jpg”，调整素材的大小和位置，然后单击控制栏中的“嵌入”按钮，效果如图7-80所示。使用同样的方法，置入蝴蝶素材“2.jpg”，并将其嵌入，效果如图7-81所示。

图7-80

图7-81

02 保持蝴蝶素材的选中状态，将鼠标指针标定位到定界框的一角处，按住鼠标左键进行缩放，并进行适当旋转，然后将其摆放在背景素材中相框的内部，效果如图7-82所示。

图7-82

03 选中蝴蝶素材，执行“效果>画笔描边>成角的线条”命令，在弹出的“成角的线条”对话框中打开“画笔描边”效果组，选择“成角的线条”效果，在对话框的右侧设置“方向平衡”为50，“描边长度”为15，“锐化程度”为3，单击“确定”按钮，如图7-83所示，最终完成效果如

图7-84所示。

图7-83

图7-84

实例053 使用“海报边缘”效果制作绘画效果

文件路径	第7章\使用“海报边缘”效果制作绘画效果	 扫码深度学习
难易指数	★★★★★	
技术掌握	“海报边缘”效果	

操作思路

利用“海报边缘”命令，可以将图像海报化，并在图像的边缘添加黑色描边以改变其质感。在本案例中，主要讲解如何使用“海报边缘”命令制作绘画效果。

案例效果

案例效果如图7-85所示。

图7-85

操作步骤

01 新建一个空白文档。执行“文件>置入”命令，置入背景素材“1.jpg”，调整其位置和大小，然后单击控制栏中的“嵌入”按钮，效果如图7-86所示。

图7-86

02 保持背景素材的选中状态，执行“效果>艺术效果>海报边缘”命令，在弹出的“海报边缘”对话框中打开“艺术效果”效果组，选择“海报边缘”效果，在对话框的右侧设置“边缘厚度”为2，“边缘强度”为1，“海报化”为2，单击“确定”按钮，如图7-87所示，此时效果如图7-88所示。

03 置入并嵌入边框素材“2.png”，然后调整其位置、大小，以增强绘画效果。最终完成效果如图7-89所示。

图7-87

图7-88

图7-89

实例054 使用“绘图笔”效果制作炭笔画

文件路径	第7章\使用“绘图笔”效果制作炭笔画	 扫码深度学习
难易指数	★★★★★	
技术掌握	● “绘图笔”效果 ● 混合模式	

操作思路

利用“绘图笔”命令，可以模拟绘图笔绘制的草图效果。在本案例中，首先使用“绘图笔”命令制作炭笔画效果，然后利用混合模式将木纹肌理混合到画面中。

案例效果

案例效果如图7-90所示。

图7-90

操作步骤

01 执行“文件>新建”命令，新建一个空白文档。执行“文件>置入”命令，置入木纹背景素材“1.jpg”，调整其大小和位置，然后单击控制栏中的“嵌入”按钮，效果如图7-91所示。置入大象素材“2.jpg”，调整其位置和大小后进行嵌入，效果如图7-92所示。

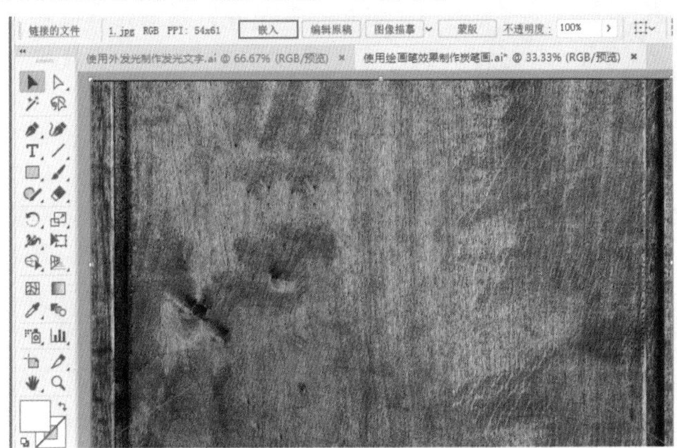

图7-91

图7-92

02 选择大象素材，执行“效果>素描>绘图笔”命令，在弹出的“绘图笔”对话框中打开“素描”效果组，选择“绘图笔”效果，在对话框的右侧设置“描边长度”为15，“明/暗平衡”为26，“描边方向”为“右对角线”，单击“确定”按钮，如图7-93所示，此时效果如图7-94所示。

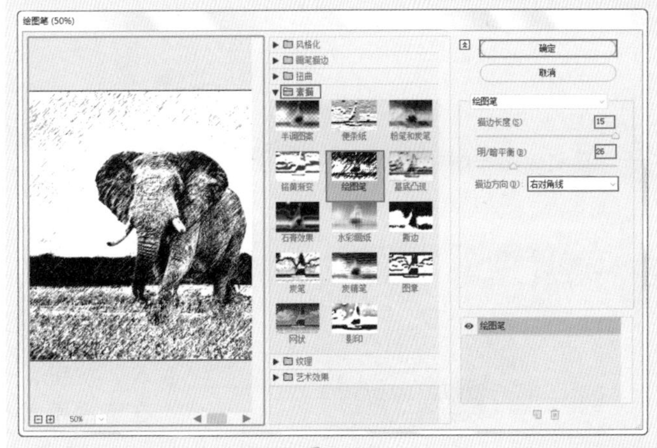

图7-93

图7-94

03 选中大象素材，单击控制栏中的“不透明度”按钮，在其下拉面板中设置“混合模式”为“正片叠底”，如图7-95所示。最终完成效果如图7-96所示。

图7-95

图7-96

实例055 使用“晶格化”效果制作晶格背景的名片

文件路径	第7章\使用“晶格化”效果制作晶格背景的名片	扫码深度学习
难易指数	★★★★★	
技术掌握	● 矩形工具 ● “晶格化”效果 ● 剪切蒙版	

操作思路

利用“晶格化”命令，可以使图像中颜色相近的像素结块形成多边形纯色晶格化效果。在本案例中，主要讲解如何使用“晶格化”命令制作彩块拼接的效果。首先在面中置入图片素材，然后执行“晶格化”命令，并利用剪切蒙版剪切出需要的部分，再添加三角形装饰和文字，制作出晶格背景的名片效果。

案例效果

案例效果如图7-97所示。

图7-97

操作步骤

01 新建一个宽度为300mm、高度为200mm的空白文档。选择工具箱中的“矩形工具”，按住鼠标左键拖动鼠标指针，绘制一个与画板等大的矩形，效果如图7-98所示。选择矩形，单击工具箱底部的“填色”按钮，使之置于前面，设置“填充类型”为“渐变”，执行“窗口>渐变”命令，在弹出的“渐变”面板中设置“类型”为“径向”，编辑一个灰色系的渐变，如图7-99所示。选择工具箱中的“渐变工具”，在矩形上拖动调整渐变效果，如图7-100所示。

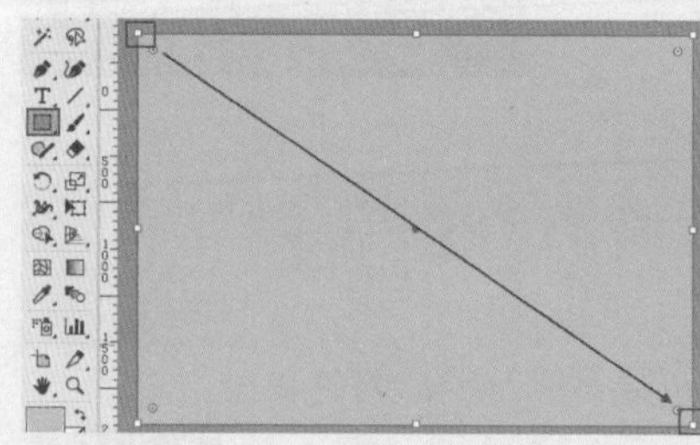

图7-98

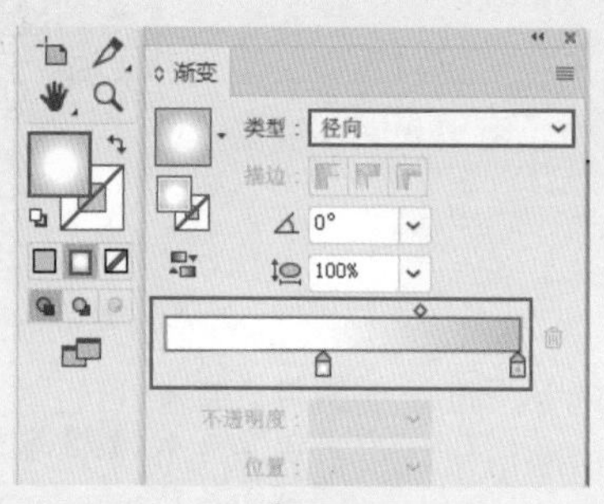

图7-99

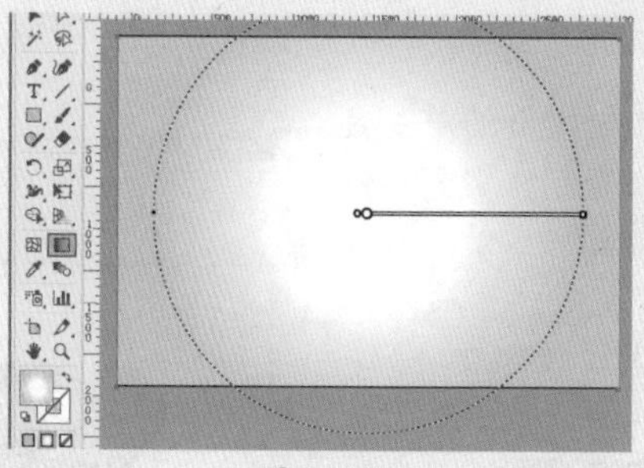

图7-100

02 执行“文件>置入”命令，置入草莓素材“1.jpg”，调整其位置和大小，然后单击控制栏中的“嵌入”按钮，效果如图7-101所示。在选中草莓素材的状态下，执行“效果>像素化>晶格化”命令，在弹出的“晶格化”对话框中设置“单元格大小”为50，单击“确定”按钮，如图7-102所示，此时效果如图7-103所示。

图7-101

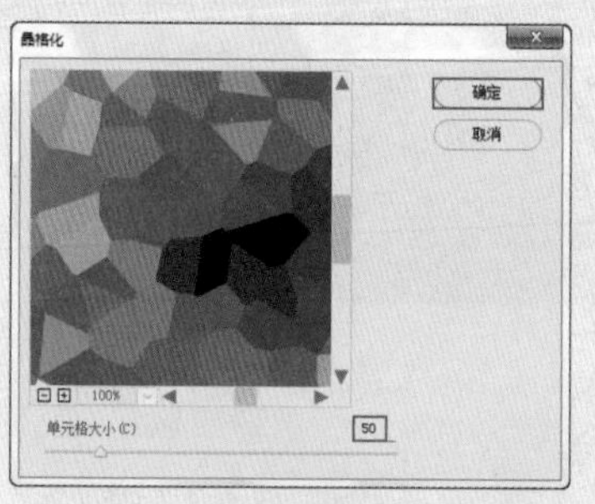

图7-102

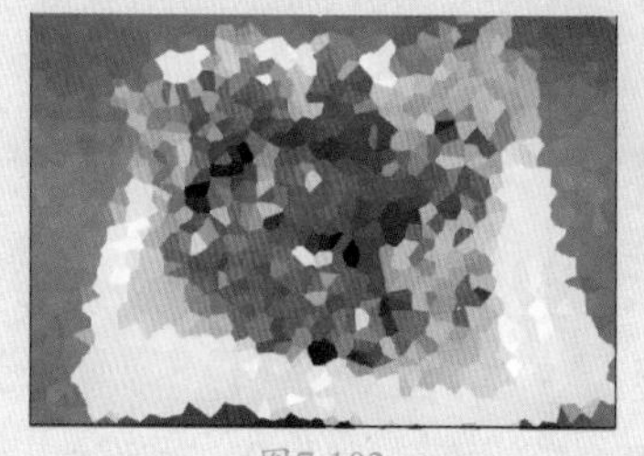

图7-103

03 选择工具箱中的“矩形工具”，在草莓素材的左上方绘制一个矩形边框，效果如图7-104所示。按住Shift键加选素材和矩形，然后按快捷键Ctrl+7创建剪切蒙版，效果如图7-105所示。

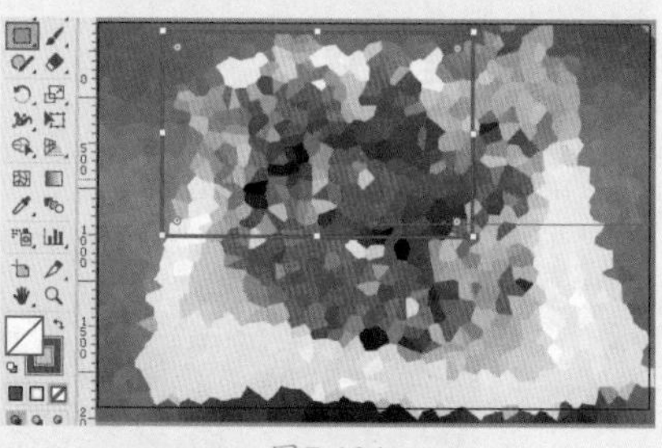

图7-104

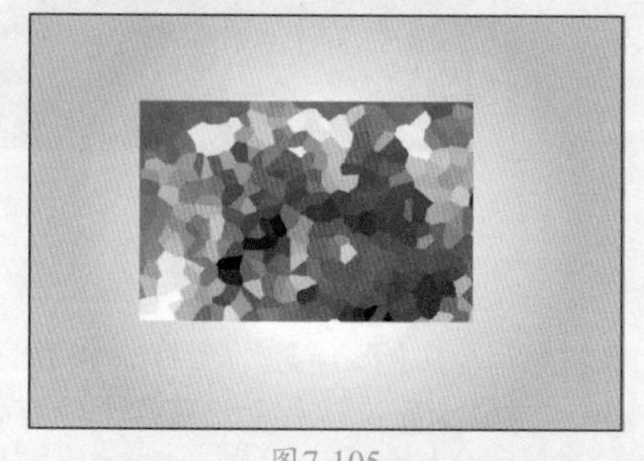

图7-105

04 选择工具箱中的“矩形工具”，在控制栏中设置“填充”为白色，“描边”为无，然后按住鼠标左键在草莓素材的右下方拖动鼠标指针，绘制一个矩形，效果如图7-106所示。选择工具箱中的“直接选择工具”，单击矩形左上角的锚点，然后按住鼠标左键将锚点向右下角方向拖动，如图7-107所示，将矩形调整为直角三角形，效果如图7-108所示。

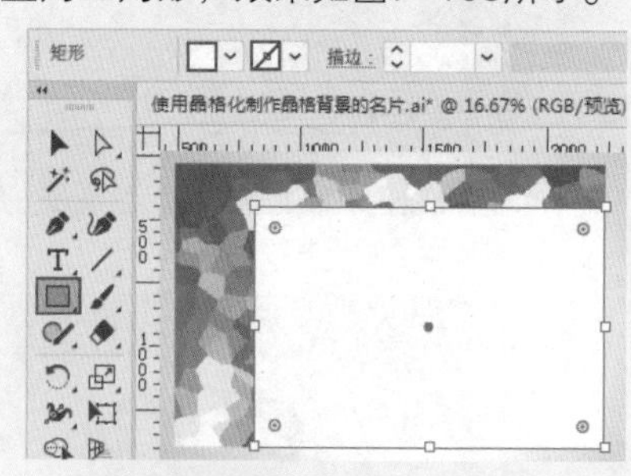

图7-106

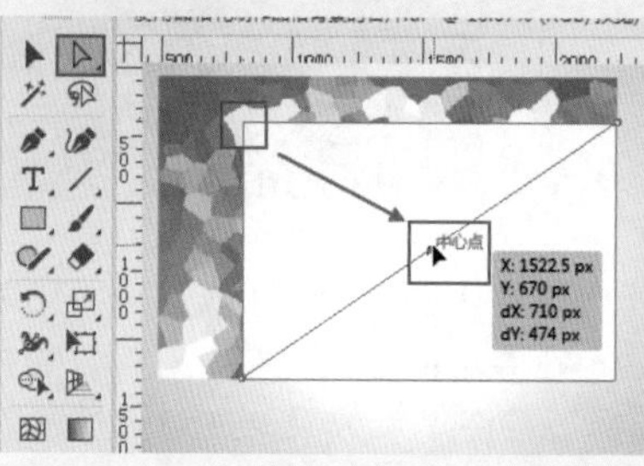

图7-107

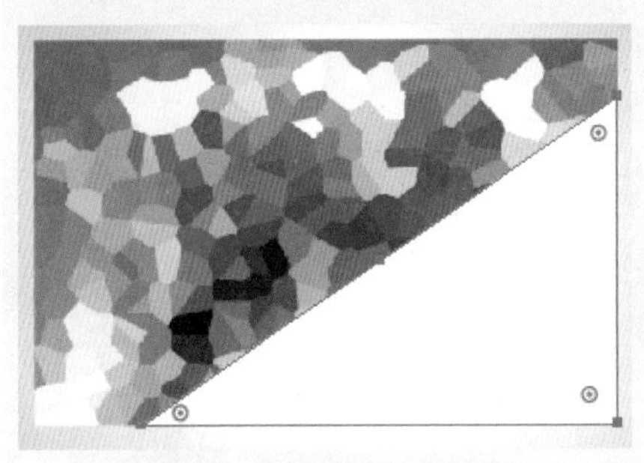

图7-108

05 使用同样的方法，绘制一个红色三角形，调整其大小，使其遮挡住大部分白色三角形，只保留边缘的部分，效果如图7-109所示。

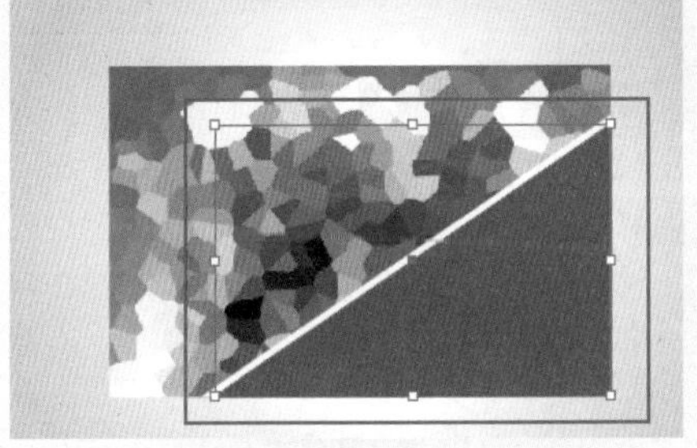

图7-109

06 下面制作文字。选择工具箱中的“文字工具”，在画面中单击插入光标，在控制栏中设置“填充”为白色，“描边”为无，设置合适的字体、字号，然后输入文字，按快捷键Ctrl+Enter确认输入操作，效果如图7-110所示。

图7-110

07 使用“文字工具”选中字母“N”，在控制栏中将“填充”改为绿色，如图7-111所示。使用同样的方法，制作其他文字，效果如图7-112所示。按快捷键Ctrl+A全选各名片元素，然后按快捷键Ctrl+G将各名片元素编组。

08 选中名片组，执行“效果>风格化>投影”命令，在弹出的“投影”对话框中设置“模式”为“正片叠底”，“不透明度”为75%，“X位移”为7px，“Y位移”为7px，“模糊”为5px，选中“颜色”单选按钮，设置颜色为黑色，单击“确定”按钮，如图7-113所示，此时效果如图7-114所示。

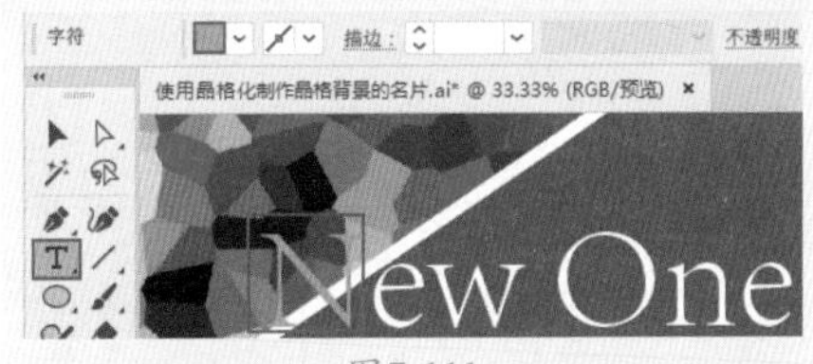

图7-111

图7-112

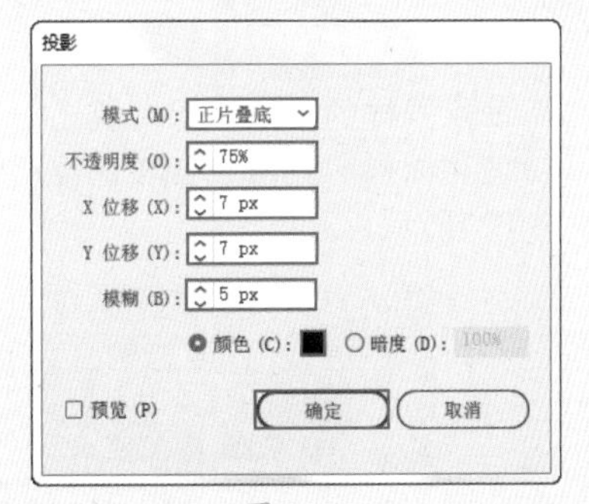

图7-113

图7-114

09 使用工具箱中的“选择工具”选择制作完成的名片，按住鼠标左键的同时按住Alt键向右拖动，复制出另一张名片，效果如图7-115所示。将名片进行适当的旋转，效果如图7-116所示。

10 执行“对象>排列>后移一层”命令，最终完成效果如图7-117所示。

图7-115

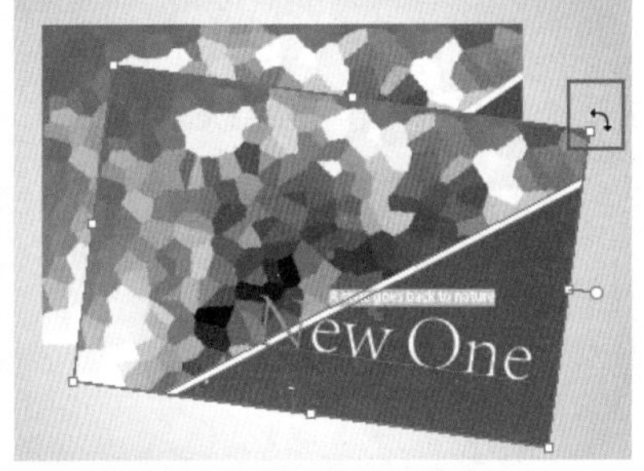

图7-116

图7-117

实例056 使用“径向模糊”效果制作飞驰的汽车

文件路径	第7章\使用“径向模糊”效果制作飞驰的汽车
难易指数	★★★★★
技术掌握	● 矩形工具 ● “径向模糊”效果

扫码深度学习

操作思路

“径向模糊”是指以指定点的中心点为基点创建的旋转或缩放的模糊效果。在本案例中，主要讲解如何使用“径向模糊”命令制作飞驰的汽车效果。制作时只要使用“径向模糊”

命令改变车轮的状态，就可以呈现出汽车飞驰的场景。

案例效果

案例效果如图7-118所示。

图7-118

操作步骤

01 执行“文件>新建”命令，新建一个宽度为280mm、高度为280mm的空白文档。选择工具箱中的“矩形工具”，按住鼠标左键拖动鼠标指针绘制一个与画板等大的矩形。选择矩形，单击工具箱底部的“填色”按钮，使之置于前面，执行“窗口>渐变”命令，弹出“渐变”面板，设置“类型”为“径向”，然后编辑一个蓝色系的渐变，如图7-119所示。使用工具箱中的“渐变工具”在矩形上拖动调整渐变效果，如图7-120所示。

图7-119

02 执行“文件>打开”命令，将素材“1.ai”打开，选择其中的背景图形，按快捷键Ctrl+C进行复制，回到刚才操作的文档中，按快捷键Ctrl+V进行粘贴，然后适当调整背景图形的位置，效果如图7-121所示。选择工具箱中的“矩形工具”，在控制栏中设置“填充”为深灰色，“描边”为无，按住鼠标左键拖动鼠标指针，在画面的下方绘制一个矩形，效果如图7-122所示。

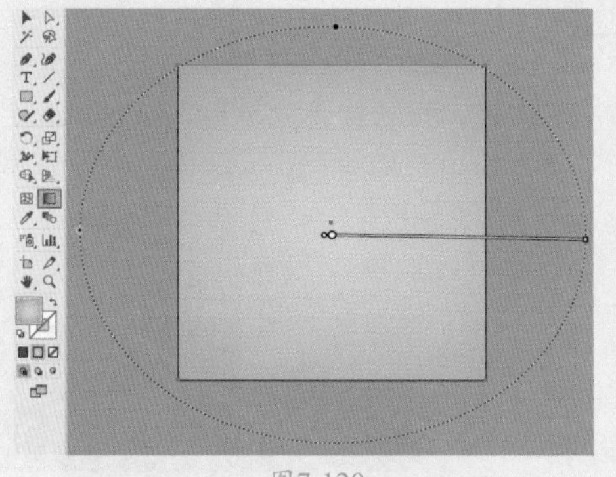

图7-120

图7-121

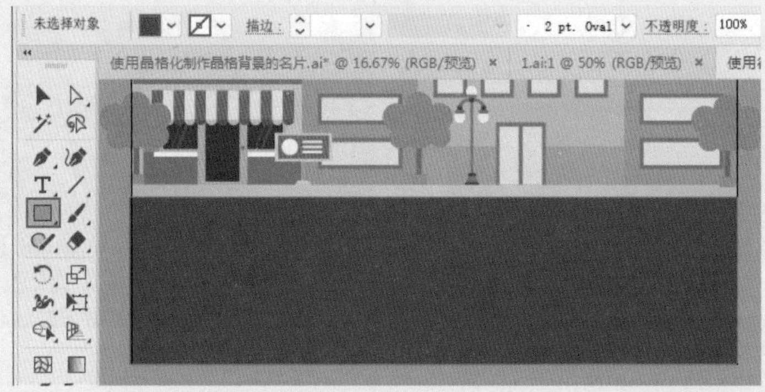

图7-122

03 使用同样的方法，绘制填充为灰色的矩形，效果如图7-123所示。继续使用同样的方法，在灰色矩形的上方绘制填充为浅蓝色的矩形，效果如图7-124所示。

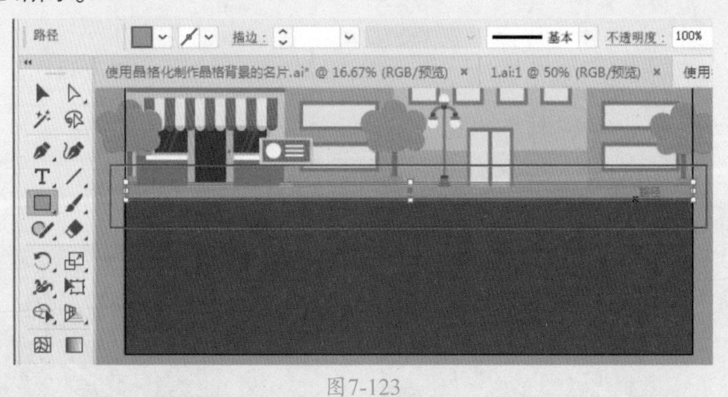

图7-123

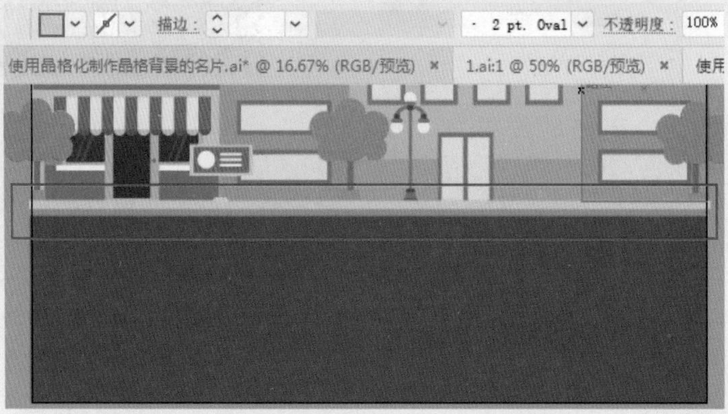

图7-124

04 使用与粘贴背景图形同样的方法，将素材“2.ai”中的汽车图形粘贴在画面中，适当调整其位置，效果如图7-125所示。

05 选中汽车图形，执行“对象>取消编组”命令，然后在画面以外单击，取消汽车图形的选中状态。单击其中一个车轮，执行“效果>模糊>径向模糊”命令，在弹出的“径向模糊”对话框中设置“数量”为50，“模糊方法”为“旋转”，“品质”为“好”，单击“确定”按钮，如图7-126所示，此时效果如图7-127所示。

06 使用同样的方法，制作另一个车轮的径向模糊效果。最终完成效果如图7-128所示。

图7-125

图7-126

图7-127

图7-128

实例057 使用“木刻”效果制作矢量感人像

文件路径	第7章\使用“木刻”效果制作矢量感人像
难易指数	★★★★★
技术掌握	● “木刻”效果 ● 混合模式 ● 不透明度

扫码深度学习

操作思路

利用“木刻”命令，可以将画面处理为木制雕刻的质感。在本案例中，主要讲解如何为图像添加“木刻”效果，从而制作出矢量感的人像插画。

案例效果

案例效果如图7-129所示。

图7-129

操作步骤

01 新建一个空白文档。执行“文件>置入”命令，置入人物素材“1.jpg”，调整其位置和大小，然后单击控制栏中的“嵌入”按钮，效果如图7-130所示。

图7-130

02 选择人像素材，执行“效果>艺术效果>木刻”命令，在弹出的“木刻”对话框中打开“艺术效果”效果组，选择“木刻”效果，在对话框的右侧设置“色阶数”为6，“边缘简化度”为4，“边缘逼真度”为2，单击“确定”按钮，如图7-131所示，此时效果如图7-132所示。

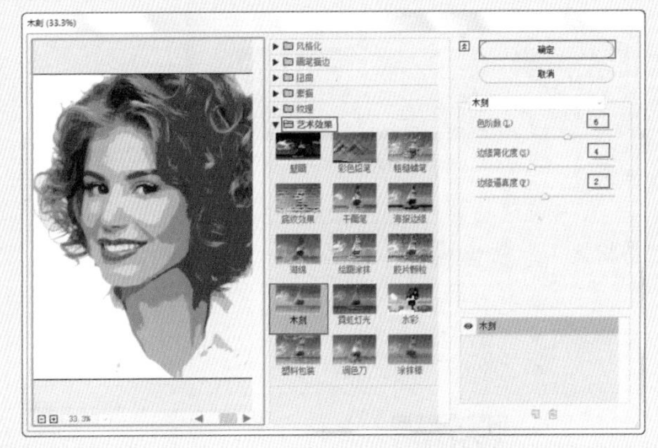

图7-131

图7-132

03 置入纹理素材"2.png"，调整其大小，使其与画板大小相同，效果如图7-133所示。执行"窗口>透明度"命令，在弹出的"透明度"面板中设置"混合模式"为"正片叠底"，"不透明度"为70%，如图7-134所示。最终完成效果如图7-135所示。

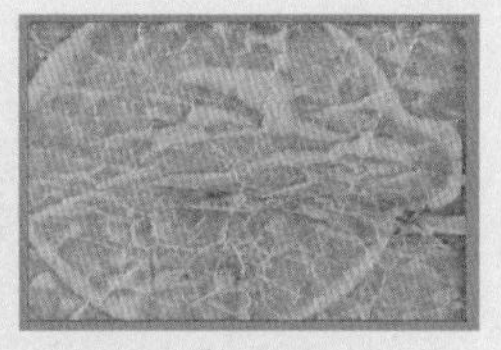
图7-133

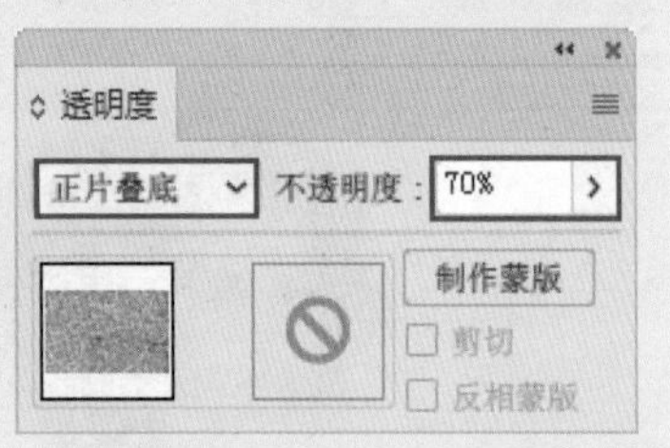

图7-134

图7-135

实例058 制作带有涂抹边框的标志

文件路径	第7章\制作带有涂抹边框的标志
难易指数	★★★★★
技术掌握	● 文字工具 ● 不透明度 ● "涂抹"效果

扫码深度学习

操作思路

利用"涂抹"命令，能够在保持图形的颜色和基本形状的前提下，在其表面添加画笔涂抹的效果。在本案例中，主要讲解如何使用"涂抹"命令制作文字边框。

案例效果

案例效果如图7-136所示。

图7-136

操作步骤

01 新建一个宽度为500mm、高度为300mm的空白文档。执行"文件>置入"命令，置入背景素材"1.jpg"，调整其大小，然后单击控制栏中的"嵌入"按钮，效果如图7-137所示。选择工具箱中的"文字工具"，在画面中单击插入光标，在控制栏中设置"填充"为白色，"描边"为深棕色，描边"粗细"为5pt，设置合适的字体、字号，然后输入文字，按快捷键Ctrl+Enter确认输入操作，效果如图7-138所示。

图7-137

图7-138

02 选择工具箱中的"选择工具"，在字母"B"上单击以显示定界框，然后拖动控制点将字母进行旋转，效果如图7-139所示。使用同样的方法，制作不同颜色、大小、方向的字母，效果如图7-140所示。

图7-139

图7-140

03 继续使用工具箱中的"文字工具"，在字母的上方输入文字，在控制栏中设置"填充"为浅黄色，"描边"为深棕色，描边"粗细"为0.25pt，设置合适的字体、字号，然后输入文字，按快捷键Ctrl+Enter确认输入操作，效果如图7-141所示。使用同样的方法，输入黄色的"~"符号，效果如图7-142所示。

图7-141

图7-142

04 选择工具箱中的"钢笔工具"，在工具箱的底部设置"填色"

为无，“描边”为无，沿着画面中字母和符号的轮廓绘制图形，效果如图7-143所示。在工具箱的底部设置“填色”为红棕色，“描边”为无，多次执行“对象>排列>后移一层”命令，将红棕色图形移动到字母的后面，效果如图7-144所示。

图7-143

图7-144

05 选中红粉色图形，按快捷键Ctrl+C进行复制，按快捷键Ctrl+F将其粘贴到原红棕色图形的前面，在控制栏中设置“填充”为无，“描边”为黄色，描边“粗细”为5pt，效果如图7-145所示。

图7-145

06 执行“效果>风格化>涂抹”命令，在弹出的“涂抹选项”对话框中依次设置“角度”为30°，“变化”为2mm，“描边宽度”为1mm，“曲度”为5%，“变化”为1%，“间距”为2mm，单击“确定”按钮，如图7-146所示，此时效果如图7-147所示。

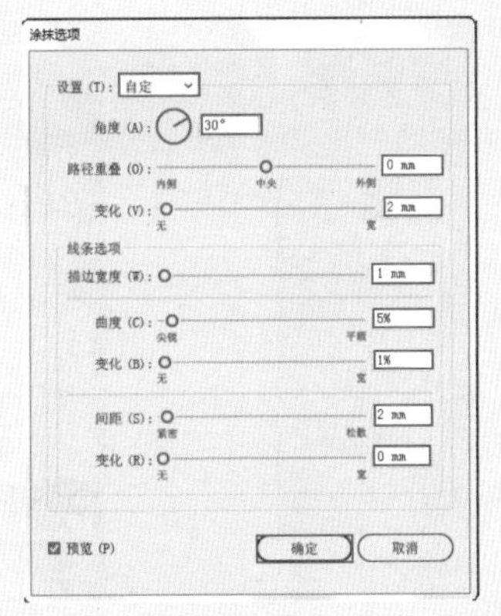

图7-146

图7-147

07 使用同样的方法，制作字母和符号最外侧的涂抹轮廓，最终完成效果如图7-148所示。

图7-148

实例059 为标志添加虚化的背景

文件路径	第7章\为标志添加虚化的背景
难易指数	★★★★★
技术掌握	“高斯模糊”效果

扫码深度学习

操作思路

在本案例中，主要讲解如何制作虚化的背景。在画面中置入背景素材，执行“高斯模糊”命令，调整合适的数值范围，即可得到虚化的背景。

案例效果

案例效果如图7-149所示。

图7-149

操作步骤

01 新建一个宽度为200mm、高度为150mm的空白文档。执行“文件>置入”命令，置入背景素材“1.jpg”，调整其位置和大小，然后单击控制栏中的“嵌入”按钮，效果如图7-150所示。

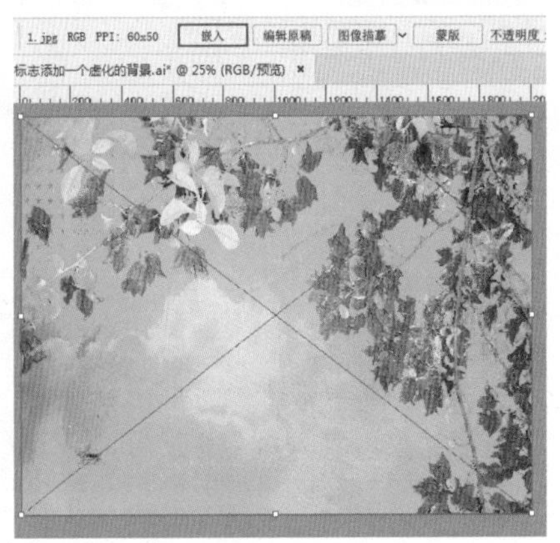

图7-150

02 选中背景素材，执行“效果>模糊>高斯模糊”命令，在弹出的“高斯模糊”对话框中设置“半径”为182像素，单击“确定”按钮，如图7-151所示，此时效果如图7-152所示。

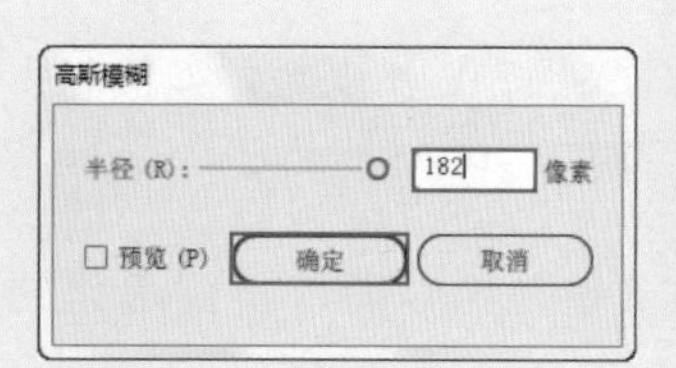

图7-151

图7-152

03 背景制作完成，下面添加标志。使用同样的方法，将文字素材“2.png”置入到画面中，适当调整其位置和大小，最终完成效果如图7-153所示。

图7-153

实例060　制作卡通效果画面

文件路径	第7章\制作卡通效果画面
难易指数	★★★★★
技术掌握	“木刻”效果

扫码深度学习

操作思路

利用“木刻”命令，可以将画面处理为木制雕刻的质感。在本案例中，主要讲解如何使用“木刻”命令制作卡通效果画面。

案例效果

案例效果如图7-154所示。

图7-154

操作步骤

01 新建一个宽度为150mm、高度为100mm的空白文档。执行“文件>置入”命令，置入风景素材“1.jpg”，调整其位置和大小，然后单击控制栏中的“嵌入”按钮，效果如图7-155所示。

02 选择风景素材，执行“效果>艺术效果>木刻”命令，在弹出的“效果画廊”对话框中打开“艺术效果”效果组，选择“木刻”效果，在对话框的右侧设置“色阶数”为5，“边缘简化度”为0，“边缘逼真度”为3，单击“确定”按钮，如图7-156所示。最终完成效果如图7-157所示。

图7-155

图7-156

图7-157

实例061　使用多种效果制作海报

文件路径	第7章\使用多种效果制作海报
难易指数	★★★★★
技术掌握	● 文字工具 ● “纹理化”效果 ● “染色玻璃”效果

扫码深度学习

操作思路

在本案例中，主要讲解如何使用多种效果制作一张漂亮的海报。首先制作带有渐变填充和“纹理化”效果的矩形，然后置入图片素材，使用剪切蒙版得到想要的部分，并为其添加“染色玻璃”效果；再次置入同样的图片素材，使用剪切蒙版得到想要的部分；最后使用“画笔工具”为画面添加装饰，使用“文字工具”制作需要的文字，从而得到一张完整的海报。

案例效果

案例效果如图7-158所示。

图7-158

操作步骤

01 执行“文件>新建”命令，新建一个A4大小的空白文档。使用工具箱中的“矩形工具”绘制一个与画板等大的矩形。选择矩形，单击工具箱底部的“填色”按钮，使之置于前面，执行“窗口>渐变”命令，在弹出的“渐变”面板中设置“类型”为“线性”，然后编辑一个浅黄色系的渐变，如图7-159所示。使用工具箱中的“渐变工具”在矩形上拖动调整渐变效果，如图7-160所示。

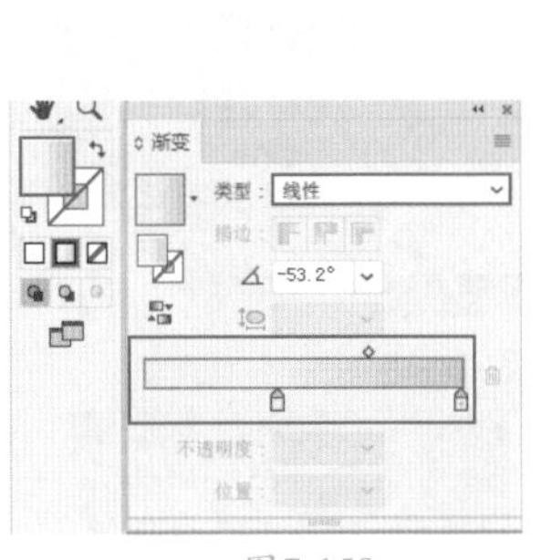

图7-159　　图7-160

02 选中矩形，执行“效果>纹理>纹理化”命令，在弹出的“纹理化”对话框中打开“纹理”效果组，选择“纹理化”效果，在对话框的右侧设置“纹理”为“画布”，“缩放”为200%，“凸现”为2，“光照”为“上”，单击“确定”按钮，如图7-161所示，此时效果如图7-162所示，按快捷键Ctrl+2锁定该矩形。

03 执行“文件>置入”命令，置入背景素材“1.jpg”，调整其位置和大小，然后单击控制栏中的“嵌入”按钮，效果如图7-163所示。选择工具箱中的“钢笔工具”，在背景素材上绘制一个四边形，效果如图7-164所示。加选四边形和背景素材，然后按快捷键Ctrl+7创建剪切蒙版，效果如图7-165所示。

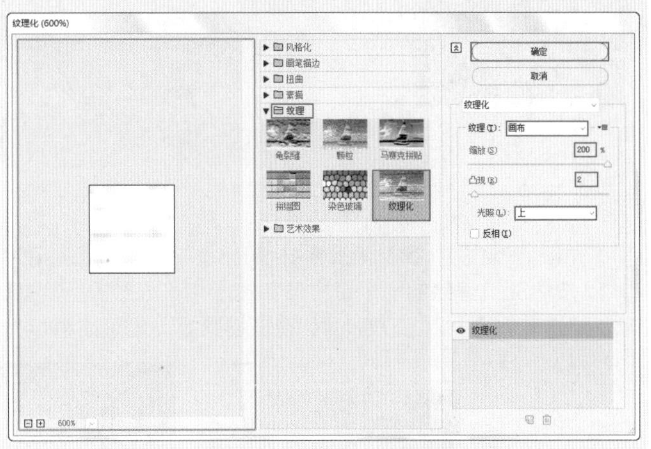

图7-161

图7-162　　图7-163

图7-164　　图7-165

04 选中背景素材，执行“效果>纹理>染色玻璃”命令，在弹出的“染色玻璃”对话框中打开“纹理”效果组，选择“染色玻璃”效果，在对话框的右侧设置“单元格大小”为6，“边框粗细”为1，“光照强度”为3，单击“确定”按钮，如图7-166所示，此时效果如图7-167所示。

图7-166

图7-167

05 再次在画面中置入背景素材“1.jpg”，选择工具箱中的“矩形工具”，按住Shift键绘制一个正方形，然后将正方形进行旋转，效果如图7-168所示。加选背景素材和正方形后创建剪切蒙版，效果如图7-169所示。

图7-168

图7-169

06 选择工具箱中的“画笔工具”，在控制栏中设置“描边”为白色，描边“粗细”为6pt，“画笔定义”为“炭笔—羽毛”，然后在画面中绘制白色的线条，效果如图7-170所示。使用同样的方法，绘制其他白色和深棕色线条，效果如图7-171所示。

图7-170

图7-171

07 选择“画笔工具”，在控制栏中设置“描边”为黑色，描边“粗细”为6pt，“画笔定义”为“基本”，然后按住Shift键拖动绘制一条直线，效果如图7-172所示。

08 下面选择工具箱中的“矩形工具”，在控制栏中设置“填充”为黑色，“描边”为无，在直线的右下方绘制一个矩形，效果如图7-173所示。

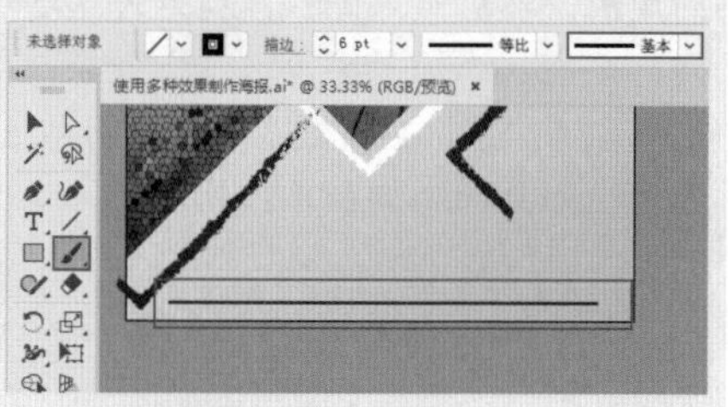
图7-172

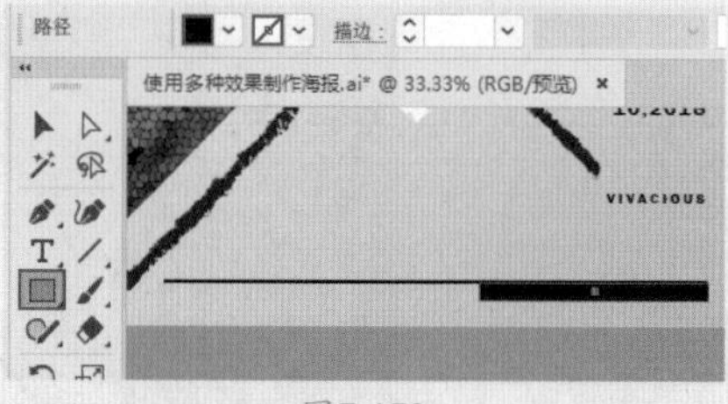
图7-173

09 选择工具箱中的“文字工具”，在旋转后的正方形背景素材中单击插入光标，在控制栏中设置“填充”为白色，“描边”为无，设置合适的字体、字号，然后输入文字，按快捷键Ctrl+Enter确认输入操作，效果如图7-174所示。使用同样的方法，继续制作其他文字。最终完成效果如图7-175所示。

图7-174

图7-175

实例062　使用"高斯模糊"效果制作朦胧效果

文件路径	第7章\使用"高斯模糊"效果制作朦胧效果
难易指数	★★★★★
技术掌握	● 矩形工具 ● "渐变"面板 ● "高斯模糊"效果

扫码深度学习

操作思路

在本案例中，主要讲解如何使用"高斯模糊"命令制作朦胧的效果。首先制作一个带有渐变效果的矩形作为背景，然后为矢量图形添加"高斯模糊"效果，并设置"不透明度"数值以得到朦胧效果。使用同样的方法，制作参数不同的另外一层朦胧效果，以丰富画面层次。

案例效果

案例效果如图7-176所示。

图7-176

操作步骤

01 执行"文件>新建"命令，新建一个空白文档。使用工具箱中的"矩形工具"绘制一个与画板等大的矩形。选择矩形，单击工具箱底部的"填色"按钮，使之置于前面，执行"窗口>渐变"命令，在弹出的"渐变"面板中设置"类型"为"线性"，然后编辑一个绿色系的渐变，如图7-177所示。使用工具箱中的"渐变工具"在矩形上拖动调整渐变效果，如图7-178所示。按快捷键Ctrl+2锁定该矩形。

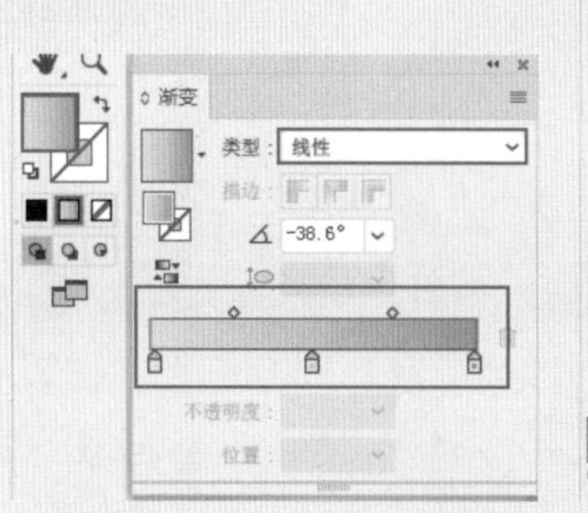

图7-177

图7-178

02 执行"文件>打开"命令，将素材"1.ai"打开，选择其中的素材图形，按快捷键Ctrl+C进行复制，回到刚才操作的文档中，按快捷键Ctrl+V进行粘贴，效果如图7-179所示。适当调整素材图形的位置和大小，并进行旋转，效果如图7-180所示。

图7-179

图7-180

03 选中素材图形，执行"效果>模糊>高斯模糊"命令，在弹出的"高斯模糊"对话框中设置"半径"为9像素，单击"确定"按钮，如图7-181所示，此时效果如图7-182所示。

图7-181

图7-182

04 在控制栏中设置"不透明度"为20%，效果如图7-183所示。

05 再次在画面中粘贴素材图形，调整其位置、方向和大小，效果如图7-184所示。选中素材图形，执行"效果>模糊>高斯模糊"命令，在弹出的"高斯模糊"对话框中设置"半径"为9.5像素，单击"确定"按钮，如图7-185所示。将素材的"不透明度"设置为50%，效果如图7-186所示。

图7-183

图7-184

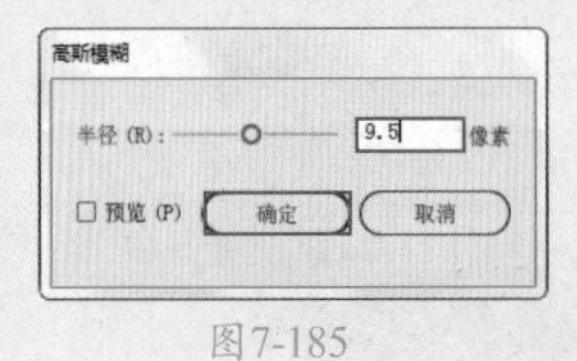

图7-185

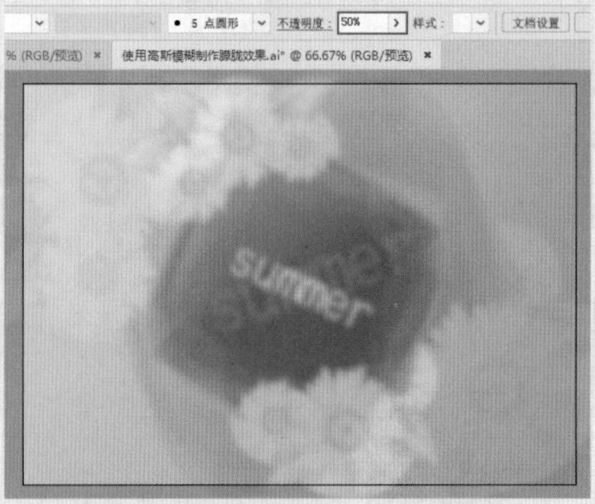

图7-186

06 第三次在画面中粘贴素材图形，调整其大小和位置。最终完成效果如图7-187所示。

图7-187

第8章 标志设计

/ 佳 / 作 / 欣 / 赏 /

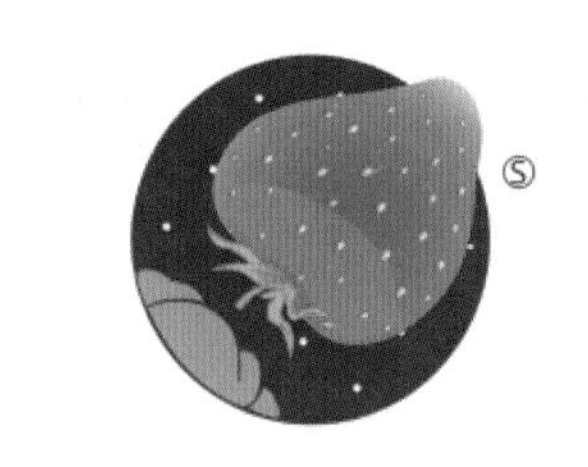

8.1 饮品店标志

文件路径	第8章\饮品店标志设计	
难易指数	★★★★★	
技术掌握	● 钢笔工具 ● 渐变工具 ● 椭圆工具 ● 文字工具	扫码深度学习

操作思路

在本案例中，首先使用“钢笔工具”和“渐变工具”绘制草莓图形，然后使用“椭圆工具”及“钢笔工具”制作标志的辅助图形，最后使用“文字工具”为标志添加文字效果。

案例效果

案例效果如图8-1所示。

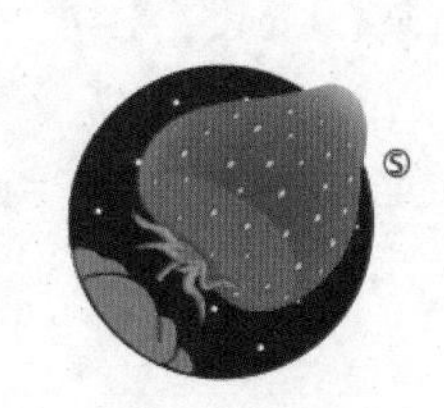

图8-1

实例063 制作草莓图形

操作步骤

01 执行“文件>新建”命令或按快捷键Ctrl+N，在弹出的“新建文档”对话框中设置“宽度”为297毫米，“高度”为210毫米，“颜色模式”为“RGB颜色”，单击“创建”按钮，如图8-2所示。

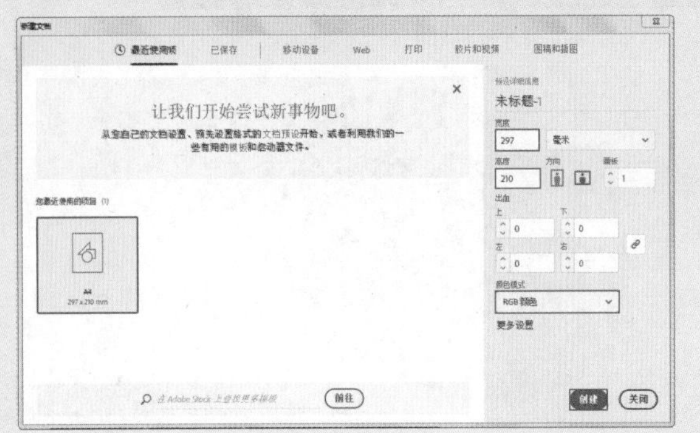

图8-2

02 下面制作草莓外形。选择工具箱中的“钢笔工具”，在画面中绘制草莓的轮廓，效果如图8-3所示。选中该轮廓图形，单击工具箱底部的“填色”按钮，使之置于前面，执行“窗口>渐变”命令，弹出“渐变”面板，设置“类型”为“径向”，然后编辑一个红色系的渐变，如图8-4所示。设置完成后，使用“渐变工具”在图形上拖动调整渐变效果，如图8-5所示。

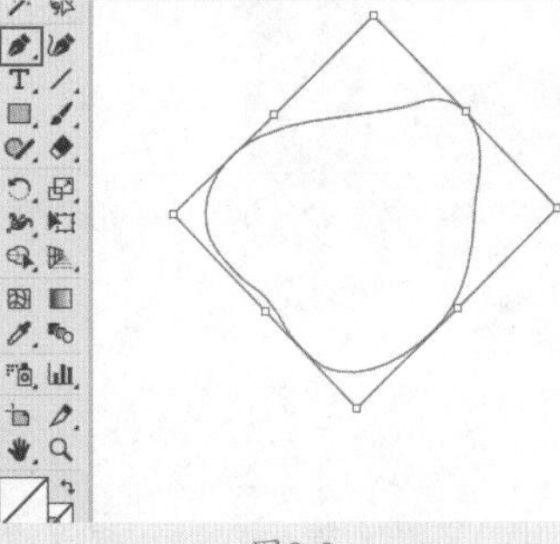

图8-3

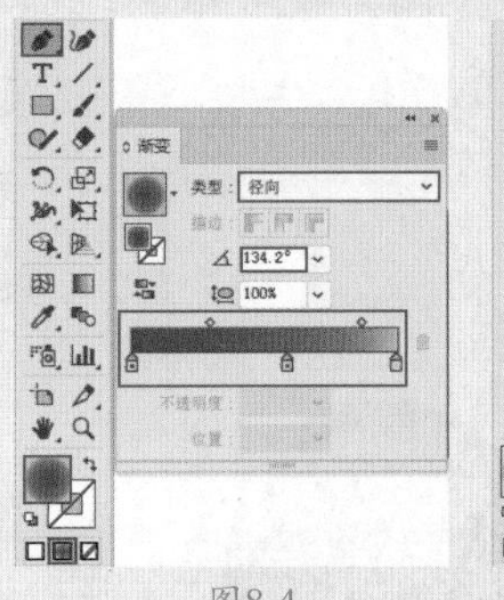

图8-4

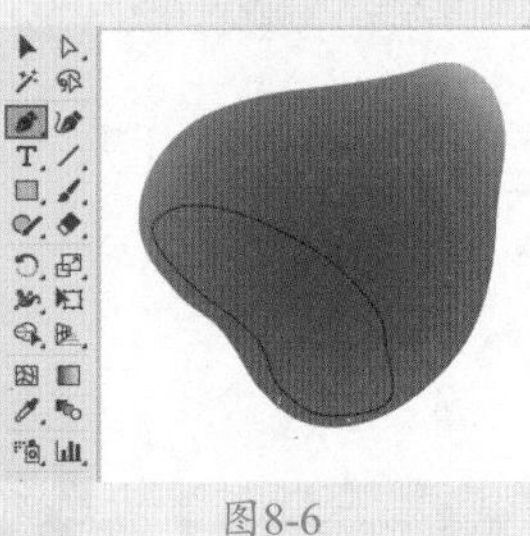

图8-5

03 下面制作高光部分。使用“钢笔工具”在草莓图形上绘制高光的形状，效果如图8-6所示。选择该高光图形，双击工具箱底部的“填色”按钮，在弹出的“拾色器”对话框中设置颜色为浅红色，单击“确定”按钮，如图8-7所示。继续选择该高光图形，在控制栏中设置“不透明度”为72%，此时高光效果如图8-8所示。

图8-6

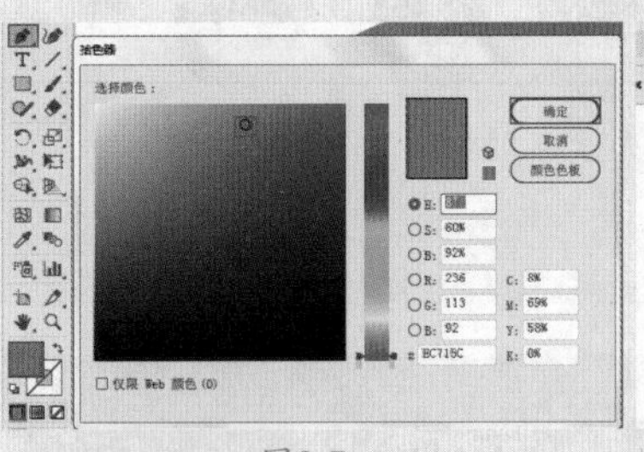

图8-7

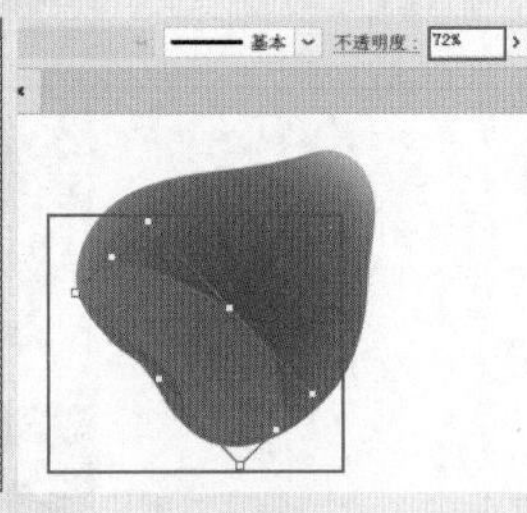

图8-8

04 继续使用“钢笔工具”，在“拾色器”对话框中设置颜色为深红色，在控制栏中设置“描边”为无，然后在草莓图形上绘制草莓籽的阴影，效果如图8-9所示。使用同样的方法，在草莓籽的阴影上继续绘制黄色的草莓籽和白色的高光，效果如图8-10所示。

05 按住Shift键加选草莓籽、草莓籽阴影和高光图形，按快捷键Ctrl+G进行编组。选中该草莓籽图形组，按住Alt键向下拖动，进行移动及复制。将复制得到的草莓籽图形组适当变换角度，效果如图8-11所示。使用同样的方法，继续复制多个草莓籽图形组，并将其进行移动、缩放，效果如图8-12所示。

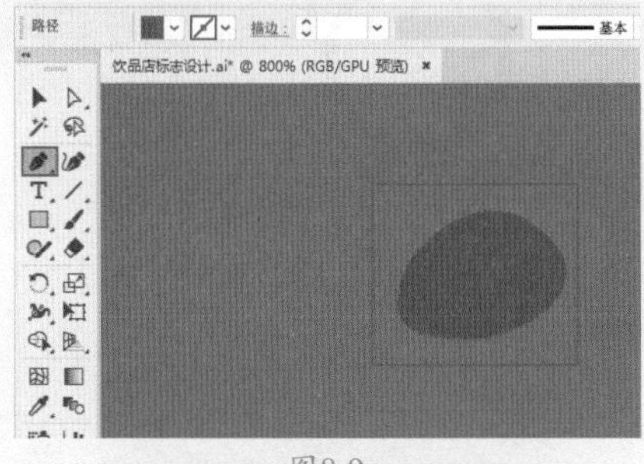

图8-9

图8-10

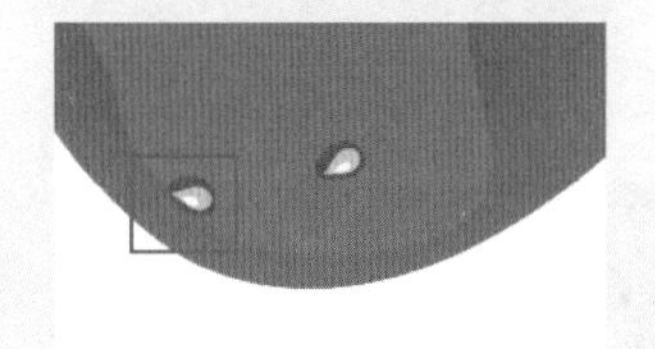
图8-11

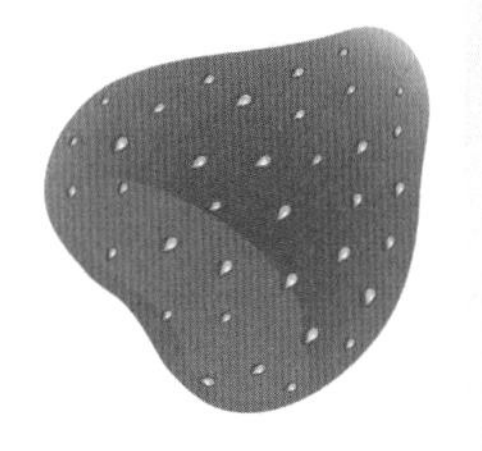
图8-12

06 下面制作草莓叶子。使用“钢笔工具”绘制草莓叶子图形，在控制栏中设置“填充”为深绿色，“描边”为无，效果如图8-13所示。继续使用“钢笔工具”，在控制栏中设置“填充”为浅绿色，“描边”为无，然后在草莓叶子上绘制叶脉，效果如图8-14所示。此时框选整个草莓图形，按快捷键Ctrl+G进行编组。

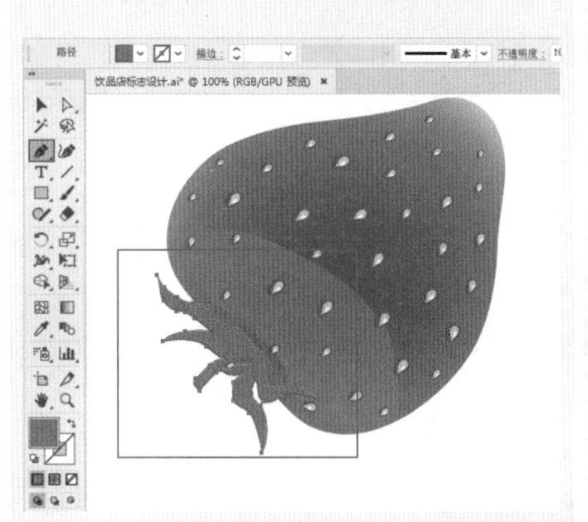

图8-13

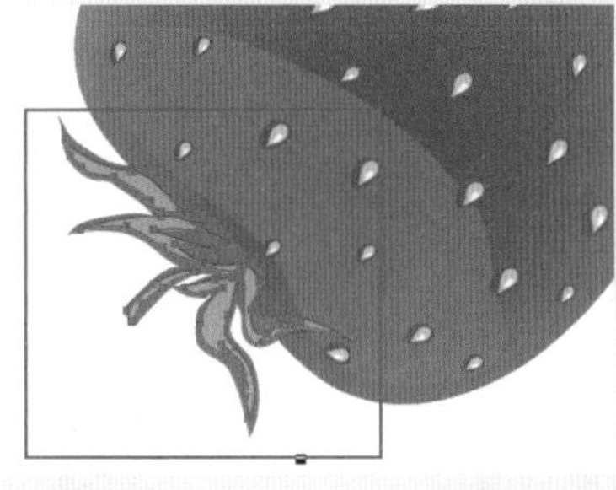
图8-14

实例064 制作标志的辅助图形和文字

操作步骤

01 下面制作标志的辅助图形。选择工具箱中的“椭圆工具”，双击工具箱底部的“填色”按钮，在弹出的“拾色器”对话框中设置颜色为墨绿色，单击“确定”按钮，如图8-15所示。在控制栏中设置“描边”为无，然后在草莓图形上按住Shift键绘制一个正圆形，效果如图8-16所示。

02 继续使用“椭圆工具”，在控制栏中设置“填充”为白色，“描边”为无，然后在正圆形上按住Shift键绘制一个小正圆形，效果如图8-17所示。继续在画面中的合适位置绘制正圆形，效果如图8-18所示。

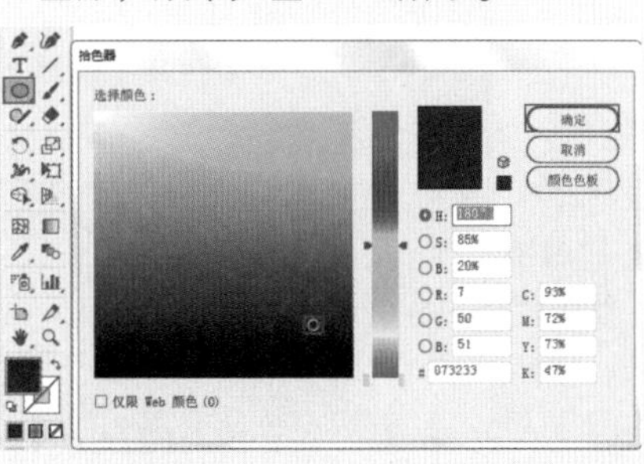

图8-15

图8-16

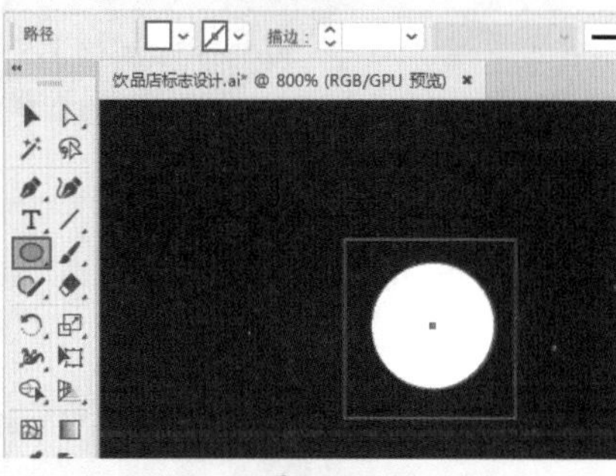

图8-17

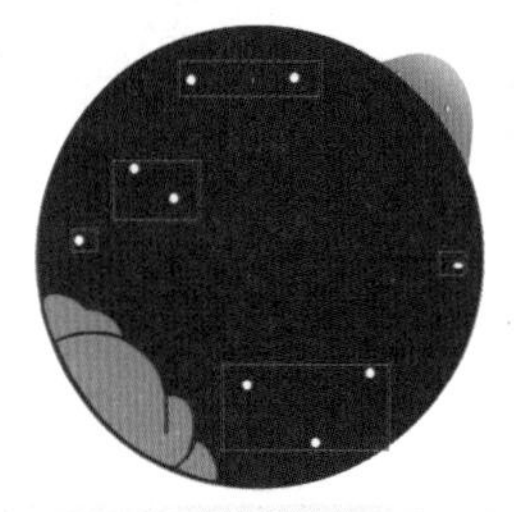
图8-18

03 按住Shift键加选所有正圆形，按快捷键Ctrl+G进行编组。选中正圆形组，多次执行“对象>排列>后移一层”命令，将其移动到草莓图形的后面，效果如图8-19所示。

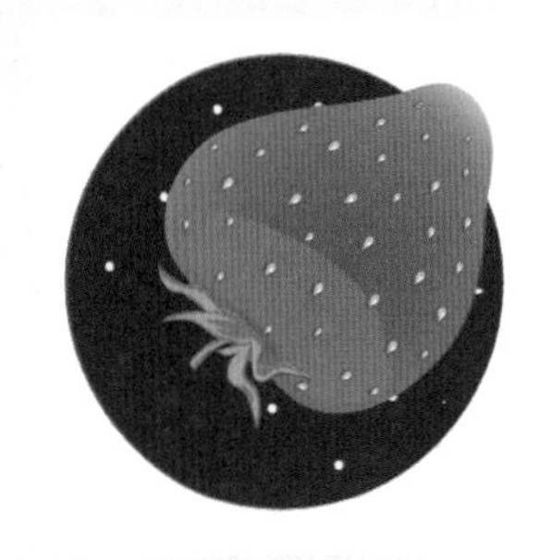
图8-19

04 选择“钢笔工具”，在控制栏中设置“填充”为绿色，“描边”为墨绿色，描边“粗细”为3pt，然后在正圆形上的左侧位置绘制不规则图形，效果如图8-20所示。继续在该不规则图形的右侧绘制其他不规则图形，效果如图8-21所示。

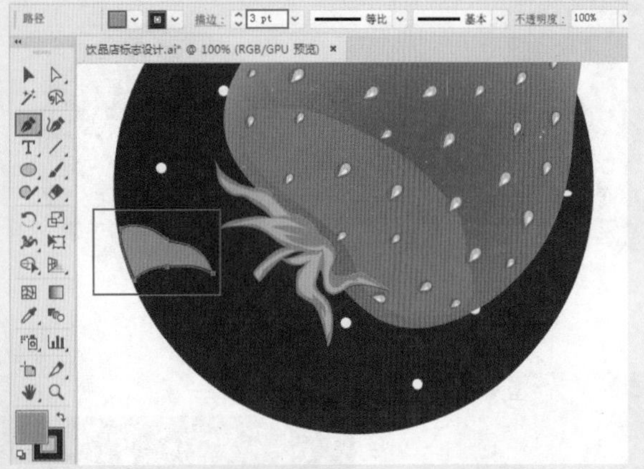

图8-20

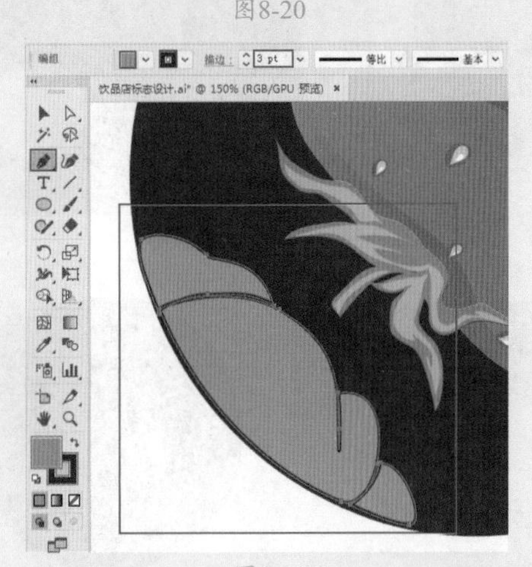

图8-21

05 下面制作标志文字。选择工具箱中的“文字工具”，在画面下方单击插入光标，在控制栏中设置合适的字体、字号，然后输入文字，按快捷键Ctrl+Enter确认输入操作，效果如图8-22所示。

图8-22

06 选择“椭圆工具”，在控制栏中设置“填充”为无，“描边”为墨绿色，然后在画面右侧按住Shift键绘制一个正圆形轮廓，效果如图8-23所示。使用“文字工具”，在正圆形轮廓中单击插入光标，在控制栏中设置合适的字体、字号，然后输入文字，按快捷键Ctrl+Enter确认输入操作，效果如图8-24所示。

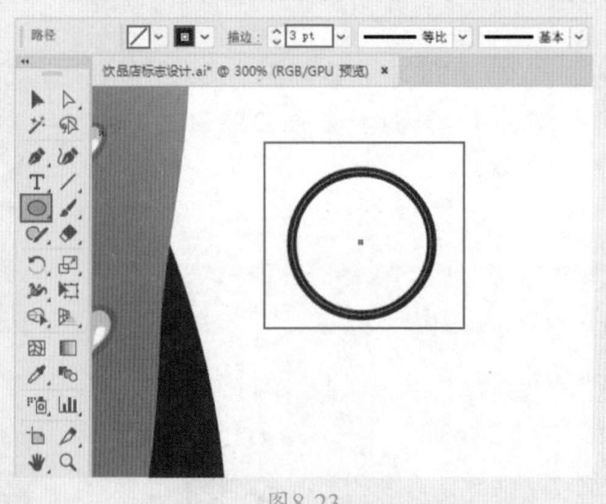

图8-23

图8-24

07 标志设计完成，最终完成效果如图8-25所示。

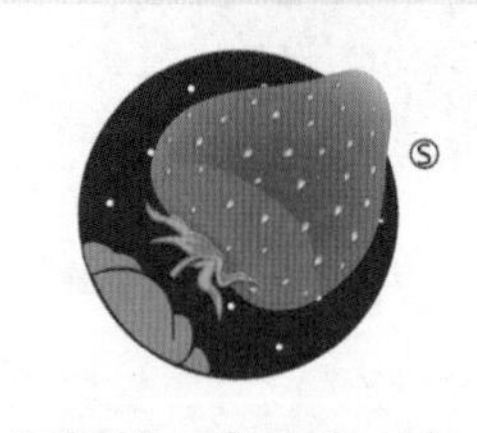

图8-25

8.2 带有投影效果的艺术字

文件路径	第8章\带有投影效果的艺术字	
难易指数	★★★★★	扫码深度学习
技术掌握	● 钢笔工具 ● 矩形工具 ● 椭圆工具 ● “投影”效果 ● 文字工具	

操作思路

在本案例中，首先使用“钢笔工具”制作具有切割效果的背景，然后使用“矩形工具”和“椭圆工具”制作具有艺术感的文字，最后再次使用“钢笔工具”制作前景图形，从而得到带有投影效果的艺术字。

案例效果

案例效果如图8-26所示。

图8-26

实例065　制作切割感的背景

操作步骤

01 执行“文件>新建”命令或按快捷键Ctrl+N，在弹出的“新建文档”对话框中设置“宽度”为640像素，“高度”为640像素，“颜色模式”为“RGB颜色”，单击“创建”按钮，如图8-27所示。

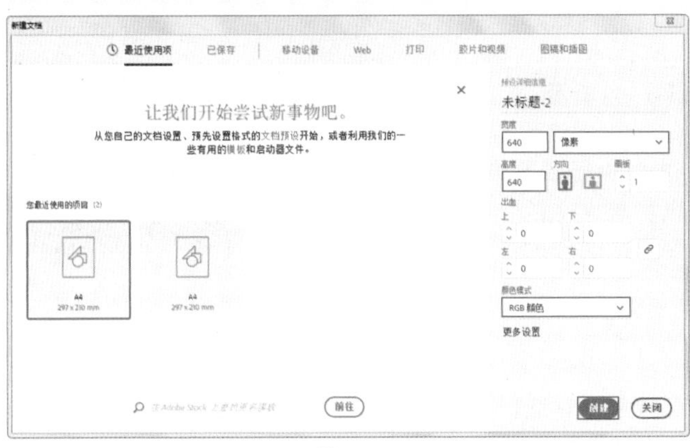

图8-27

02 选择工具箱中的“钢笔工具”，双击工具箱底部的“填色”按钮，在弹出的“拾色器”对话框中设置颜色为黄绿色，单击“确定”按钮，如图8-28所示；在控制栏中设置“描边”为无，然后在画面的上方绘制五边形，效果如图8-29所示。

03 继续使用“钢笔工具”，在“拾色器”对话框中设置合适的颜色，然后在画面左侧绘制三角形，效果如图8-30所示。使用同样的方法，在画面中绘制其他图形，效果如图8-31所示。

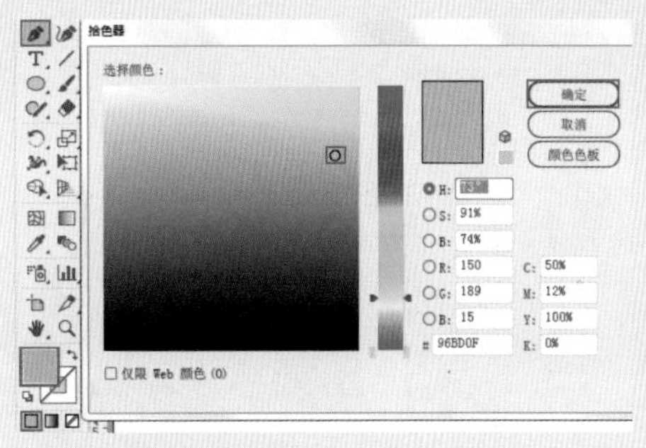

图8-28

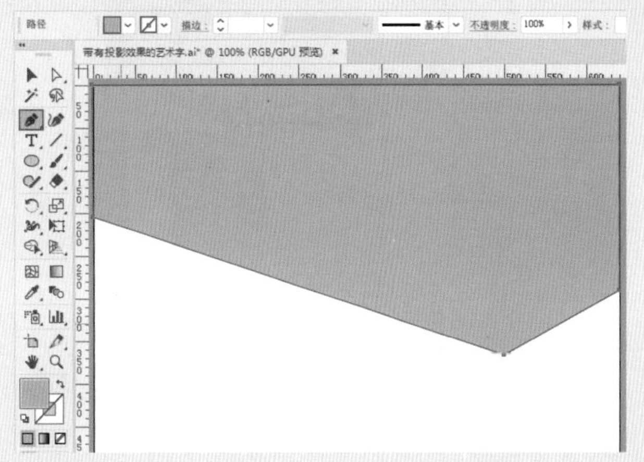

图8-29

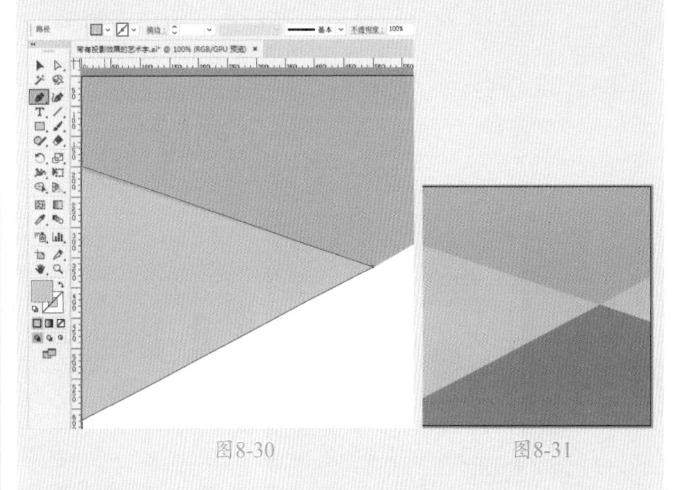

图8-30　　图8-31

实例066　制作文字部分

操作步骤

01 选择工具箱中的“矩形工具”，在控制栏中设置“填充”为白色，“描边”为无，使用“矩形工具”在画面中的适当位置绘制一个合适大小的矩形，效果如图8-32所示。

02 选中该矩形，执行“效果>风格化>投影”命令，在弹出的“投影”对话框中设置“模式”为“正片叠底”，“不透明度”为70%，“X位移”为-15px，“Y位移”为0px，“模糊”为7px，选中“颜色”单选按钮，设置颜色为深绿色，单击“确定”按钮，如图8-33所示，此时效果如图8-34所示。

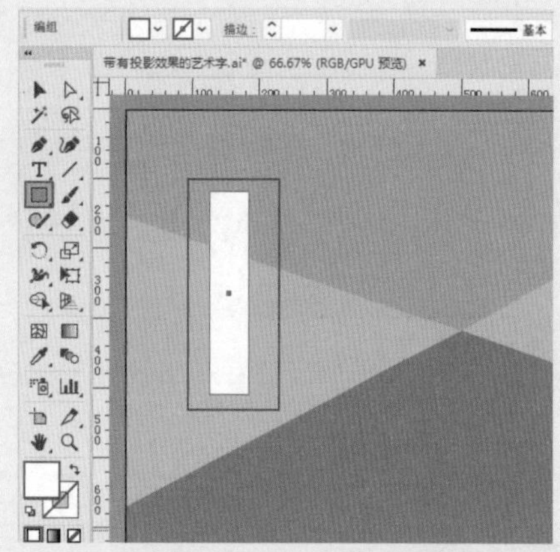
图8-32

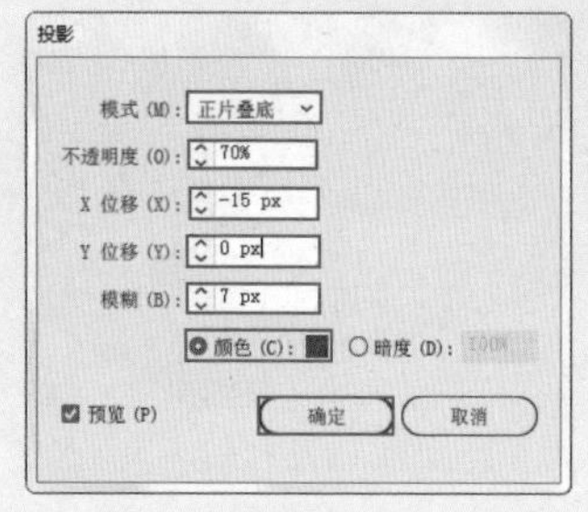

图8-33

图8-34

03 选择工具箱中的“椭圆工具”，在控制栏中设置“填充”为无，“描边”为白色，描边“粗细”为44pt，然后在矩形右侧按住Shift键绘制一个正圆形，效果如图8-35所示。使用同样的方法，为正圆形添加投影，效果如图8-36所示。此时字母“b”制作完成。

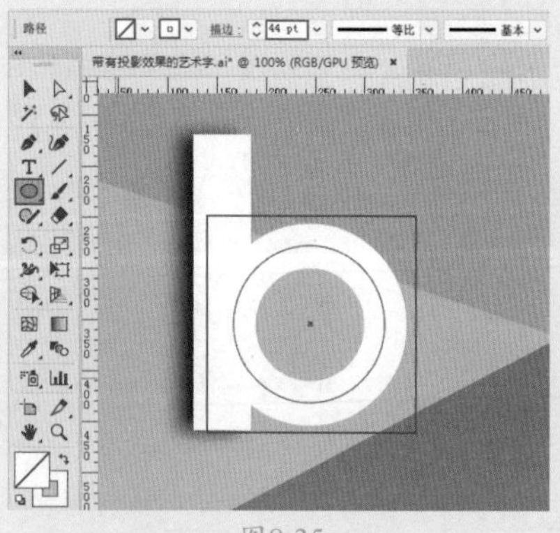
图8-35

图8-36

04 按住Shift键加选艺术字图形，按快捷键Ctrl+G进行编组。选中艺术字图形组，执行“对象>变换>对称”命令，在弹出的“镜像”对话框中选中“垂直”单选按钮，单击“复制”按钮，如图8-37所示，将复制得到的艺术字形组向右移动，效果如图8-38所示。

05 将右侧的字母选中，单击鼠标右键，在弹出的快捷菜单中选择“取消编组”命令，然后加选白色矩形及其投影并向下移动，效果如图8-39所示。

06 使用“文字工具”在画面中添加其他文字，效果如图8-40所示。

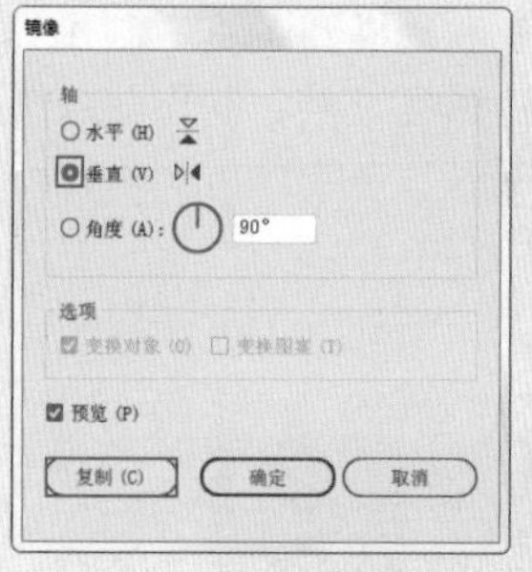

图8-37

图8-38

图8-39

图8-40

实例067 制作前景图形

操作步骤

01 选择工具箱中的“钢笔工具”，在画面中绘制图形，然后在控制栏中设置“填充”为黄色，“描边”为无，效果如图8-41所示。

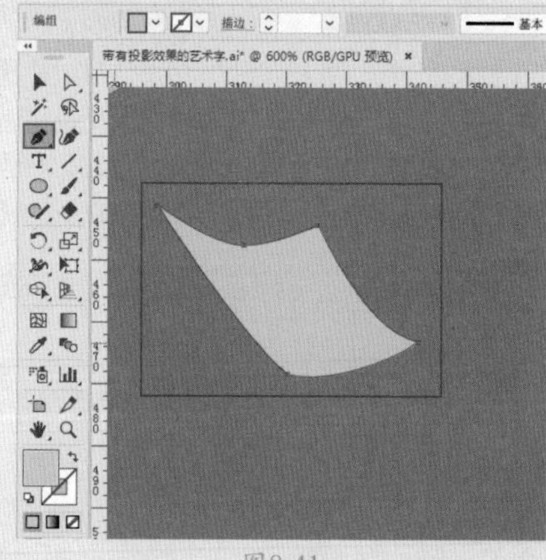
图8-41

02 选中该图形，执行“效果>风格化>投影”命令，在弹出的“投影”对话框中设置“模式”为“正片叠底”，“不透明度”为70%，“X位移”为11px，“Y位移”为7px，“模糊”为2px，选中“颜色”单选按钮，设置颜色为深绿色，单击“确定”按钮，如图8-42所示，此时效果如图8-43所示。

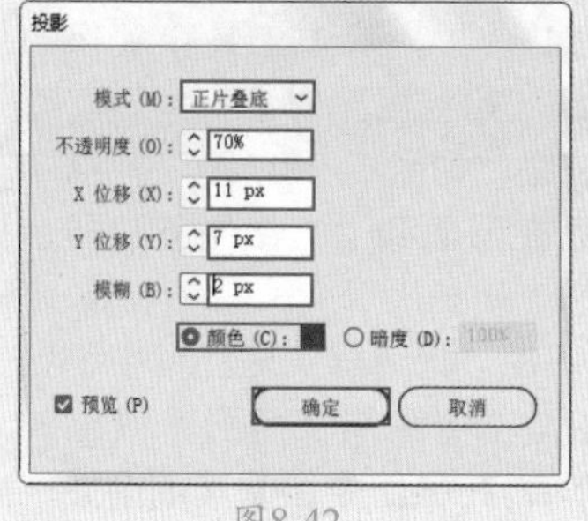

图8-42

图8-43

03 使用同样的方法，绘制其他不同颜色的前景图形。最终完成效果如图8-44所示。

图8-44

8.3 创意字体标志

文件路径	第 8 章 \ 创意字体标志设计
难易指数	★★★★★
技术掌握	● 钢笔工具 ● 文字工具 ● “渐变”面板

扫码深度学习

操作思路

在本案例中，首先使用“钢笔工具”绘制翅膀图形，使用“文字工具”添加主题文字，然后将翅膀图形与文字进行结合，再使用“锚点工具”进行变形，最后使用“渐变”面板为绘制的标志填充合适的颜色。

案例效果

案例效果如图8-45所示。

图8-45

实例068 制作标志的图形部分

操作步骤

01 执行“文件>新建”命令，创建一个空白文档。首先绘制标志中的翅膀图形。选择工具箱中的“钢笔工具”，在画面中绘制翅膀图形的大体轮廓，然后在控制栏中设置“填充”为黑色，“描边”为无，效果如图8-46所示。

02 选择工具箱中的“直接选择工具”，在翅膀图形上单击锚点，使其被选中，然后按住鼠标左键移动锚点，配合钢笔工具组中的“转换锚点工具”对尖角的锚点进行调整，效果如图8-47所示。

图8-46　图8-47

03 选择工具箱中的“文字工具”，在画面中的翅膀图形上单击插入光标，在控制栏中设置“填充”为黑色，“描边”为无，设置合适的字体、字号，然后输入文字，按快捷键Ctrl+Enter确认输入操作，效果如图8-48所示。

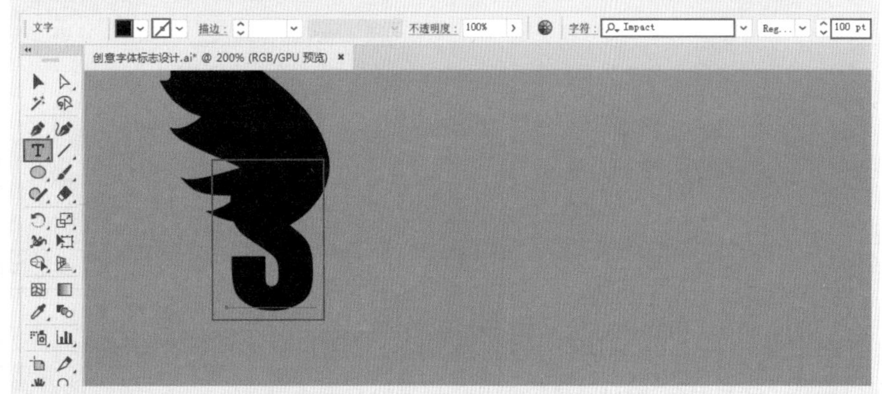

图8-48

04 选中文字，按快捷键Shift+Ctrl+O将文字创建为轮廓，效果如图8-49所示。按住Shift键加选翅膀图形和文字，执行“窗口>路径查找器”命令，弹出“路径查找器”面板，单击“联集”按钮，如图8-50所示。将翅膀图形和文字合并成一个对象，效果如图8-51所示。

图8-49

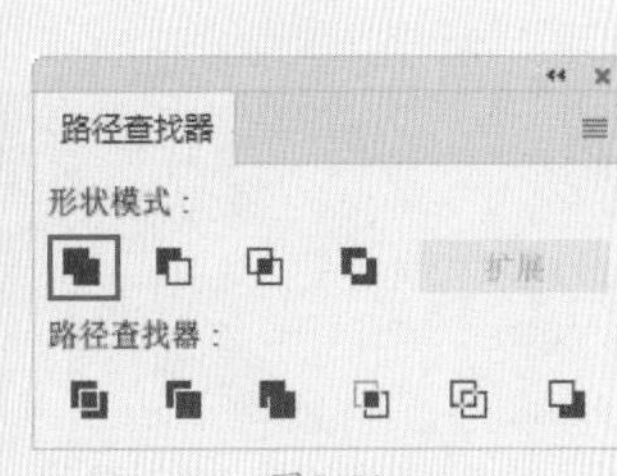

图8-50

图8-51

05 选择工具箱中的“直接选择工具”，在合并后的形状路径上单击锚点，使其被选中，然后按住鼠标左键拖动锚点，配合钢笔工具组中的“锚点工具”，对路径上的锚点进行调整，效果如图8-52所示。在控制栏中设置“填充”为黄色，“描边”为无，此时形状效果如图8-53所示。

图8-52

图8-53

06 下面制作形状的镂空效果。选择工具箱中的“钢笔工具”，在控制栏中设置“填充”为黑色，“描边”为无，然后使用“钢笔工具”在形状上绘制一个图形，效果如图8-54所示。加选形状和绘制的图形，单击“路径查找器”面板中的“减去顶层”按钮，如图8-55所示，此时得到镂空效果的形状，如图8-56所示。

图8-54

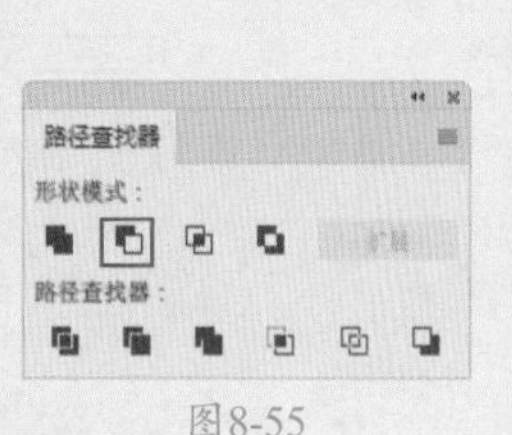

图8-55

图8-56

07 下面为形状添加渐变效果。选中形状，在工具箱的底部单击“填色”按钮，使其置于前面，双击工具箱中的“渐变工具”按钮，在弹出的“渐变”面板中设置“类型”为“线性”，“角度”为-90°，编辑一个橙色系的渐变，如图8-57所示。单击工具箱底部的“描边”按钮，设置“描边”为黄色，在控制栏中设置描边“粗细”为4pt。此时形状中呈现出橙色系的渐变效果，如图8-58所示。

图8-57

图8-58

提示 渐变效果的调整

除了使用“渐变”面板进行渐变填充颜色与角度的设置外，还可以使用工具箱中的“渐变工具”。选择该工具，在要填充的对象上拖动鼠标指针，即可调整对象中填充颜色的角度及范围。

08 下面为形状添加反光效果。选择工具箱中的“钢笔工具”，在形状的上半部分绘制图形，效果如图8-59所示。选中该图形，单击工具箱底部的“填色”按钮，使之置于前面，执行“窗口>渐变”命令，弹出“渐变”面板，设置“类型”为“线性”，然后编辑一个橙色系的渐变，如图8-60所示。填充渐变后，在控制栏中设置“描边”为无，然后使用“渐变工具”在图形上拖动调整渐变效果，如图8-61所示。

图8-59

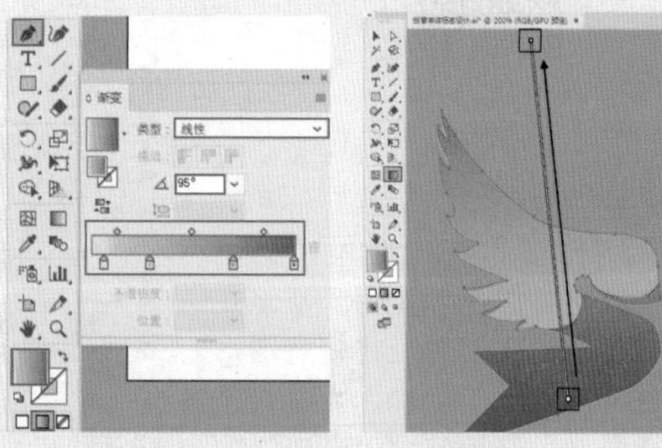

图8-60 图8-61

09 继续使用“钢笔工具”，在控制栏中设置“填充”为黄色，“描边”为无，使用“钢笔工具”在形状的下方绘制反光效果，如图8-62所示。绘制完成后，在控制栏中设置“不透明度”为50%，此时反光效果如图8-63所示。

图8-62 图8-63

10 下面为形状制作高光效果。选择"钢笔工具"，在控制栏中设置"填充"为无，"描边"为白色，使用"钢笔工具"在形状上绘制一条曲线，效果如图8-64所示。选择工具箱中的"宽度工具"，在曲线末端单击并向内拖动，使其呈现出渐隐效果，如图8-65所示。

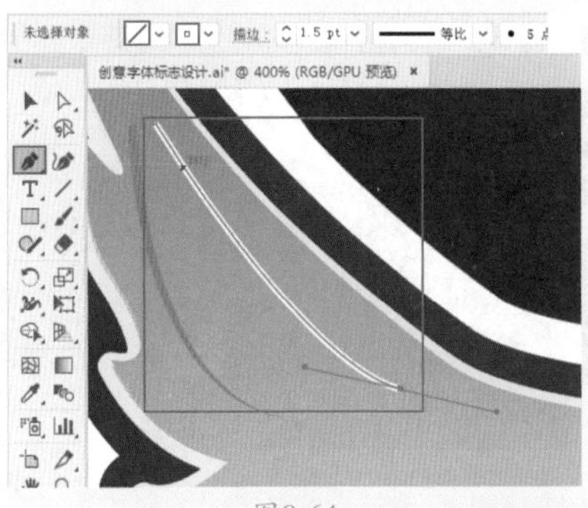

图8-64

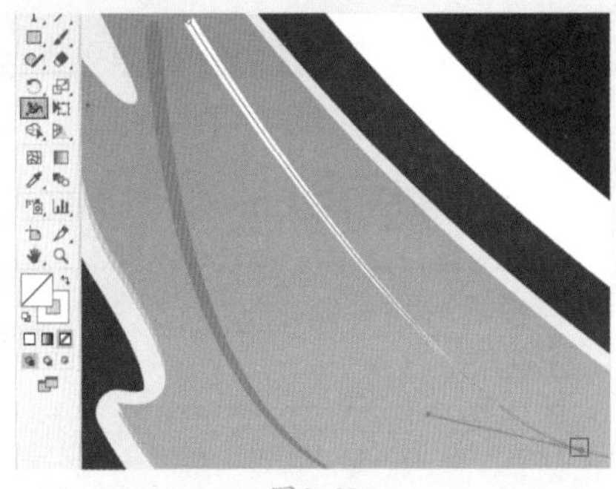

图8-65

11 使用同样的方式，继续在合适的位置绘制渐隐的曲线，将其作为高光图形，效果如图8-66所示。

图8-66

12 选择工具箱中的"选择工具"，选中形状的主体部分。按快捷键Ctrl+C进行复制，然后在空白位置单击，取消对象的选中状态，按快捷键Ctrl+F将形状的主体部分粘贴在原形状的前面。选中复制得到的形状，执行"对象>路径>偏移路径"命令，在弹出的"偏移路径"对话框中设置"位移"为2mm，"连接"为"斜角"，"斜接限制"为2，单击"确定"按钮，如图8-67所示，此时形状效果如图8-68所示。

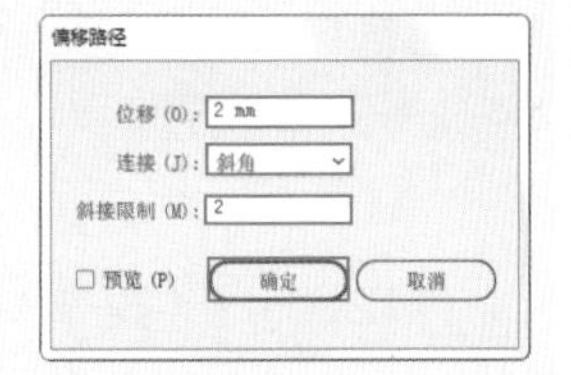

图8-67

图8-68

13 选中偏移路径后的形状，双击工具箱底部的"填色"按钮，在弹出的"拾色器"对话框中设置颜色为红褐色，单击"确定"按钮，如图8-69所示。在控制栏中设置"描边"为无，然后多次执行"对象>排列>后移一层"命令，将该红褐色形状移动到文字的后面，制作出描边的效果，如图8-70所示。

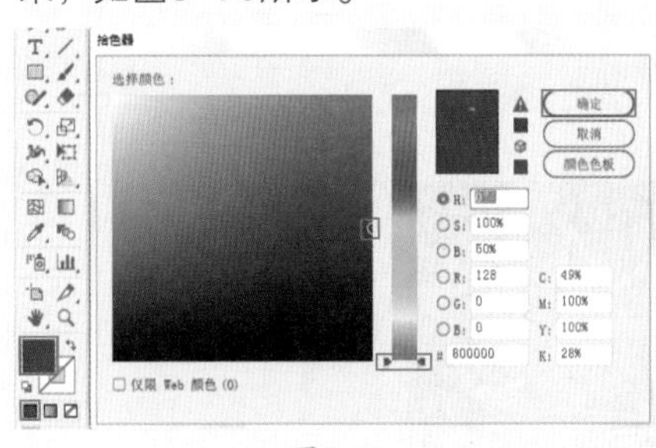

图8-69

图8-70

实例069 制作标志的其他部分

操作步骤

01 标志中其他部分的制作方法与前述相同，逐一对各字母进行变形，并且添加效果，标志的整体效果如图8-71所示。

图8-71

02 下面为标志添加外轮廓和背景。按快捷键Ctrl+A选中标志中的所有元素，执行"编辑>复制"命令，然后执行"编辑>粘贴"命令，得到一个相同的标志，执行"窗口>路径查找器"命令，在弹出的"路径查找器"面板中单击"合并"按钮，如图8-72所示，得到一个完整的标志外轮廓图形，效果如图8-73所示。

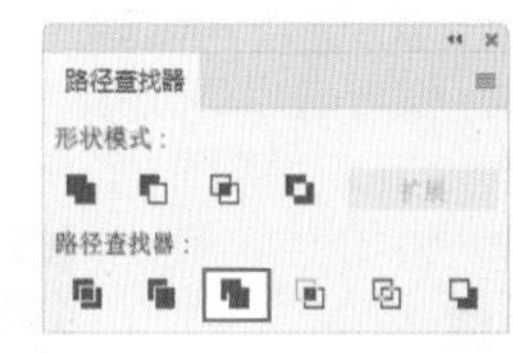

图8-72

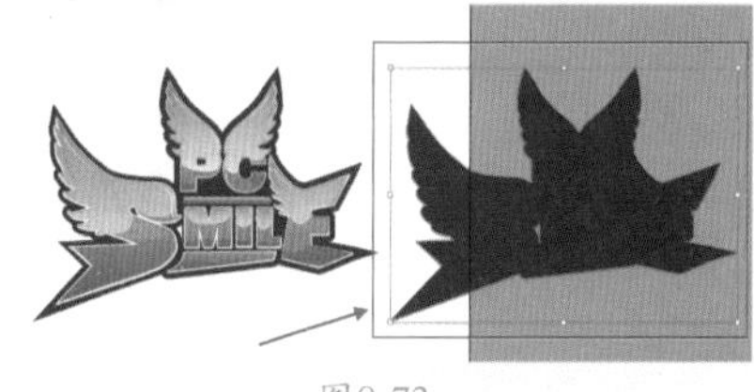

图8-73

03 选中该外轮廓图形，执行"对象>路径>偏移路径"命令，在弹出的"偏移路径"对话框中设置"位移"为3mm，"连接"为"斜角"，斜接"限制"为2，单击"确定"按钮，如图8-74所示。在控制栏中设置

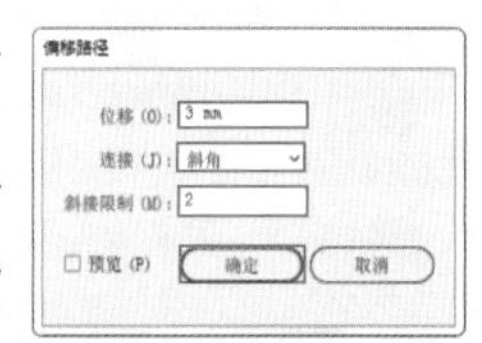

图8-74

“填充”为白色，效果如图8-75所示。将白色标志外轮廓图形摆放在原标志的最后面，此时整体效果如图8-76所示。

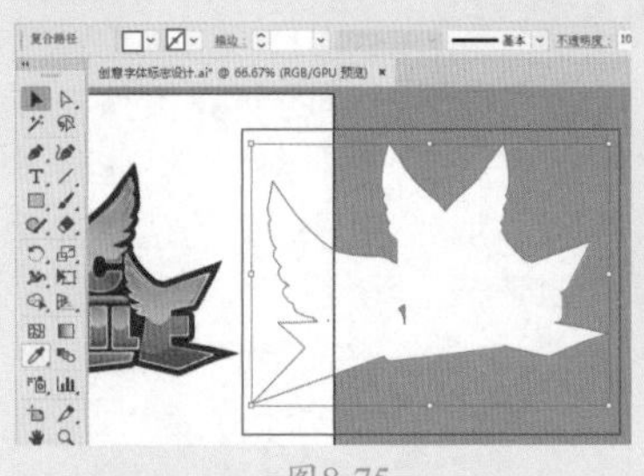

图8-75　　图8-76

04 在工具箱中选择“星形工具”，在控制栏中设置“填充”为白色，“描边”为无，然后在画面中单击，在弹出“星形”对话框，设置“半径1”为5mm，“半径2”为2mm，“角点数”为5，单击“确定”按钮，如图8-77所示。将创建的星形摆放在字母“L”上，效果如图8-78所示。

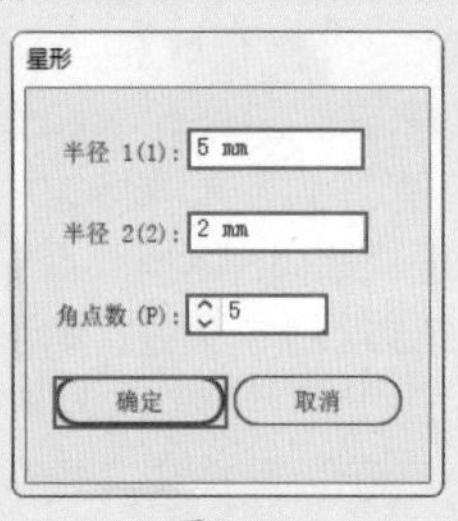

图8-77　　图8-78

05 选择工具箱中的“矩形工具”绘制一个与画板等大的矩形，然后为其设置蓝色系的径向渐变，如图8-79所示。选择该矩形，单击鼠标右键，在弹出的快捷菜单中选择“排列>置于底层”命令，将矩形移动至画面的最底层。最终完成效果如图8-80所示。

图8-79　　图8-80

8.4 卡通感文字标志

文件路径	第8章\卡通感文字标志设计
难易指数	★★★★★
技术掌握	● 文字工具 ● 封套扭曲 ● 钢笔工具 ● 符号 ● 晶格化工具

扫码深度学习

操作思路

在本案例中，主要使用“文字工具”输入文字，使用“封套扭曲”命令为文字变形，然后在“符号”面板中选择一个合适的符号作为装饰图形，再使用“钢笔工具”“矩形工具”“椭圆工具”绘制气球和轮船等其他装饰图形，最后使用“晶格化工具”制作海面效果。

案例效果

案例效果如图8-81所示。

图8-81

实例070　制作变形文字

操作步骤

01 执行“文件>新建”命令或按快捷键Ctrl+N，在弹出的“新建文档”对话框中设置“宽度”为250毫米，“高度”为150毫米，“颜色模式”为“CMYK颜色”，单击“创建”按钮，如图8-82所示。

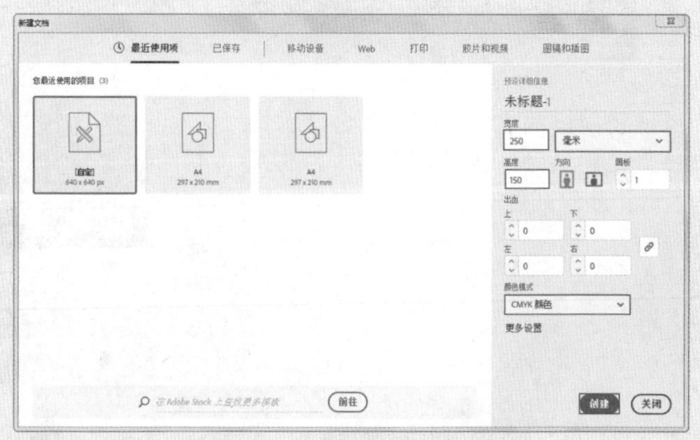

图8-82

02 选择工具箱中的“矩形工具”，绘制一个与画板等大的矩形。选择该矩形，双击工具箱底部的“填色”按钮，在弹出的“拾色器”对话框中设置颜色为红褐色，单击“确定”按钮，如图8-83所示，此时效果如图8-84所示。

03 选择工具箱中的“文字工具”，在画面的下方单击插入光标，在控制栏中设置合适的字体、字号和颜色，然后输入文字，按快捷键Ctrl+Enter确认输入操作，效果如图8-83所示。选中文字，按快捷键Shift+Ctrl+O，将文字创建为轮廓，效果如图8-86所示。

图8-83

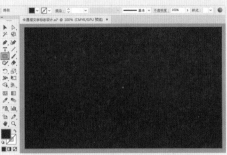
图8-84

图8-85

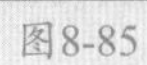

图8-86

04 此时文字处于编组状态，执行“对象>取消编组”命令，将文字拆开，然后将其中三个字母逐一缩小，效果如图8-87所示。

05 按住Shift键加选所有字母，按快捷键Ctrl+G进行编组。选择该文字组，执行“对象>封套扭曲>用变形建立”命令，在弹出的“变形选项”对话框中设置“样式”为“弧形”，选中“水平”单选按钮，设置“弯曲”为65%，“水平”为-30%，“垂直”为0，单击“确定”按钮，如图8-88所示，此时效果如图8-89所示。

图8-87

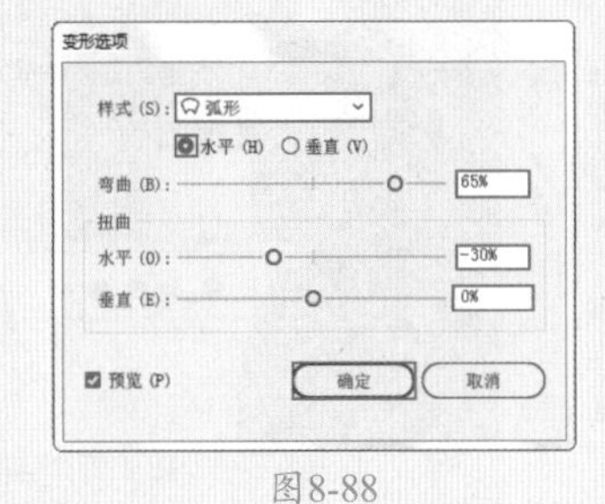
图8-88

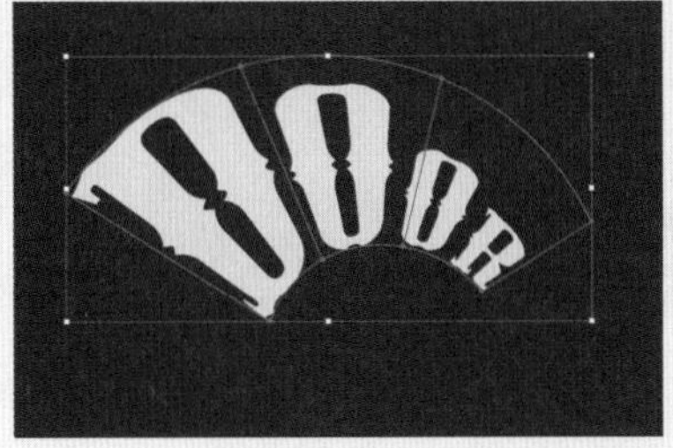
图8-89

06 使用同样的方法，继续使用“文字工具”在原文字的下方输入不同颜色的文字，并将其变形，效果如图8-90所示。

图8-90

07 选择工具箱中的“画笔工具”，单击工具箱底部的“描边”按钮，在弹出的“拾色器”对话框中选择适当的颜色，单击“确定”按钮，如图8-91所示。在控制栏中设置“填充”为无，描边“粗细”为1pt，单击“画笔定义”按钮，在其下拉面板中选择一个合适的画笔，设置完成后，使用“画笔工具”在文字上绘制斑点效果，如图8-92所示。继续在文字中的其他位置绘制不同的斑点效果，文字的整体效果如图8-93所示。

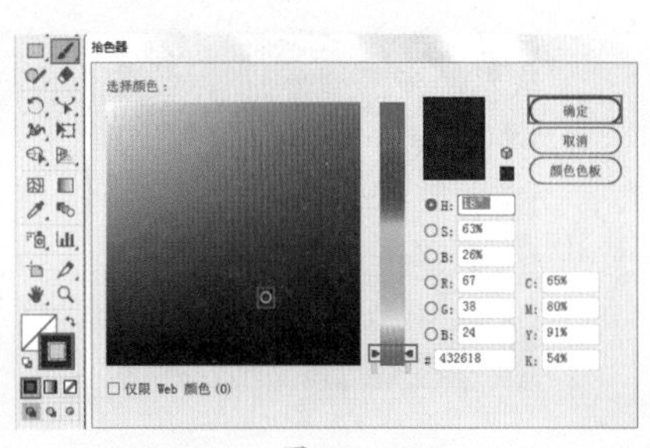
图8-91

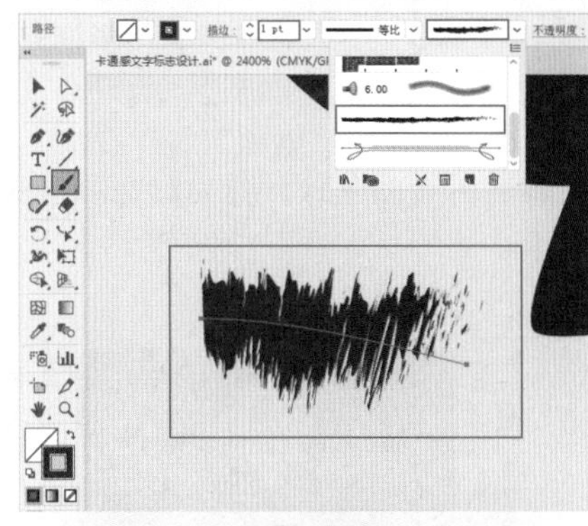
图8-92

图8-93

实例071 制作周边图形

操作步骤

01 执行“窗口>符号”命令，打开“符号”面板，从中选择“非洲菊”符号，单击“置入符号实例”按钮，将所选符号置入画面的中心位置，效果如图8-94所示。

图8-94

02 该“非洲菊”符号默认的尺寸和放置位置与背景不符，需要将其选中并适当缩小，然后将其移动到合适位置，效果如图8-95所示。

图8-95

03 下面绘制气球。选择工具箱中的“钢笔工具”，在控制栏中设置“填充”为黄色，“描边”为无，设置完成后，使用“钢笔工具”在文字的右上方绘制气球，效果如图8-96所示。

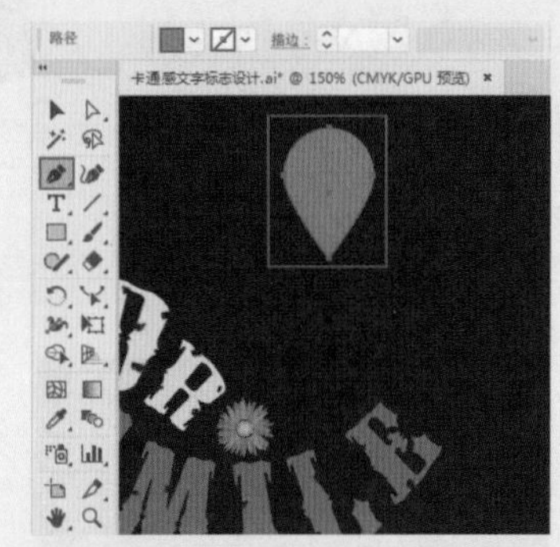

图8-96

04 选择工具箱中的“矩形工具”，在控制栏中设置“填充”为无，“描边”为灰色，描边“粗细”为1pt，然后使用“矩形工具”在气球的下方绘制气球的线，效果如图8-97所示。

图8-97

05 下面制作气球的高光效果。选择工具箱中的“椭圆工具”，在控制栏中设置“填充”为白色，“描边”为无，按住Shift键在气球上绘制一个白色正圆形，效果如图8-98所示。使用同样的方法，制作一个蓝色气球，选中所有气球图形，多次执行“对象>排列>后移一层”命令，将其移动到文字的后面，效果如图8-99所示。

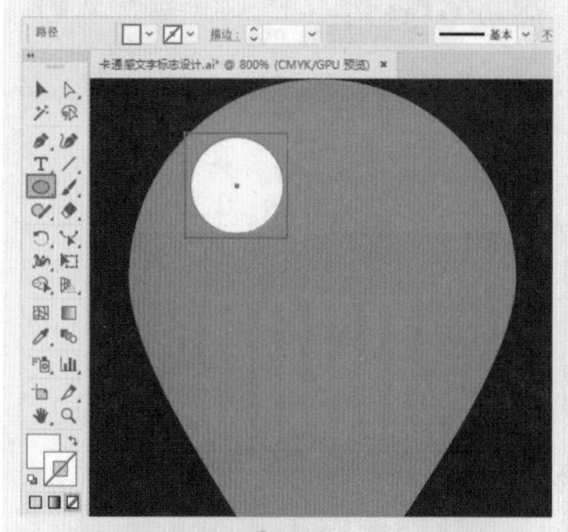

图8-98

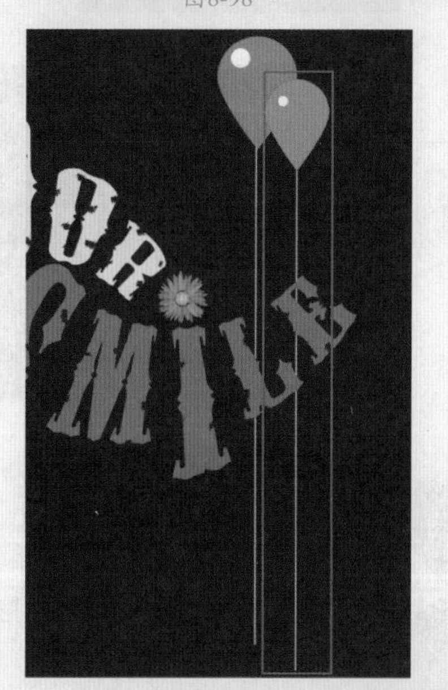

图8-99

06 下面绘制轮船。选择工具箱中的“钢笔工具”，在控制栏中设置“填充”为白色，“描边”为无，使用“钢笔工具”在画面的右下方绘制船身，效果如图8-100所示。选择“矩形工具”，在控制栏中设置“填充”为白色，“描边”为无，在船身上方绘制烟囱，效果如图8-101所示。选择“椭圆工具”，在控制栏中设置合适的“填充”颜色，设置“描边”为无，在船身和烟囱的上方绘制烟囱冒出的烟，效果如图8-102所示。

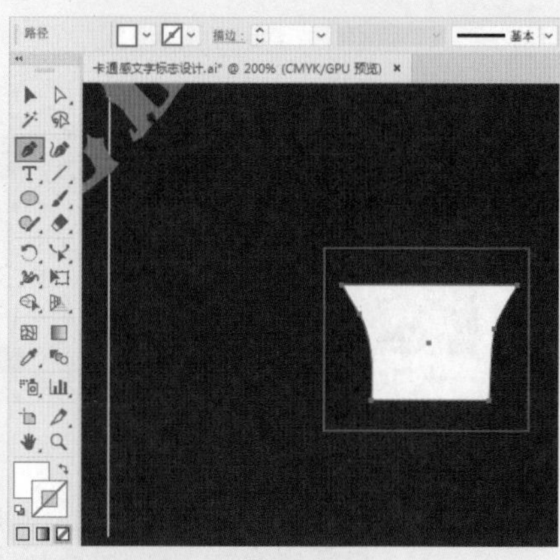

图8-100

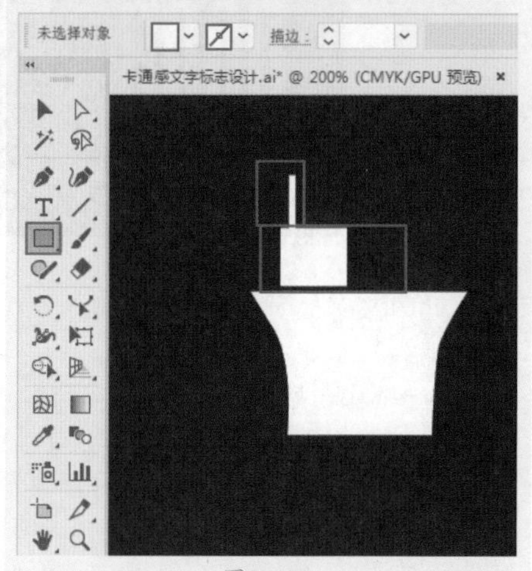

图8-101

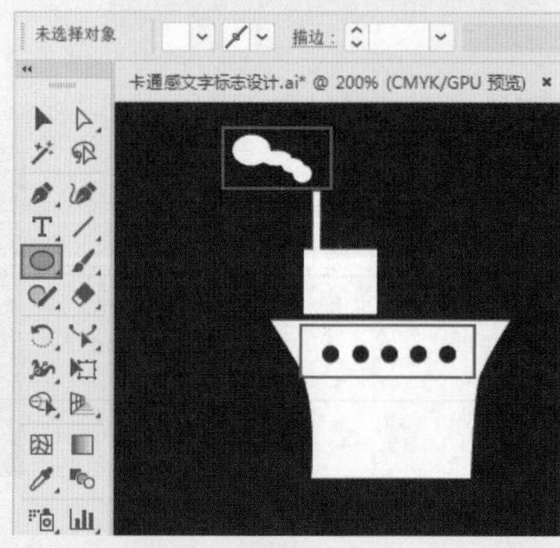

图8-102

07 下面绘制海面。使用“矩形工具”在画面底部绘制一个矩形，然后在控制栏中设置“填充”为绿色，“描边”为无，效果如图8-103所示。

08 选中该矩形，然后双击工具箱中的“晶格化工具”按钮，在弹出的“晶格化工具选项”对话框中设置“宽度”为40mm，“高度”为40mm，“强度”为20%，单击“确定”按钮，如图8-104所示。使用“晶格化工具”在矩形上进行拖动变形，效果如图8-105所示。

图8-103

晶格化工具选项
全局画笔尺寸
宽度 (W)：40 mm
高度 (H)：40 mm
角度 (A)：0°
强度 (I)：20%
使用压感笔 (U)
晶格化选项
复杂性 (X)：1
细节 (D)：2
画笔影响锚点 (P)
画笔影响内切线手柄 (N)
画笔影响外切线手柄 (O)
显示画笔大小 (B)
按住 Alt 键，然后使用该工具单击，即可相应地更改画笔大小。
重置　确定　取消

图8-104

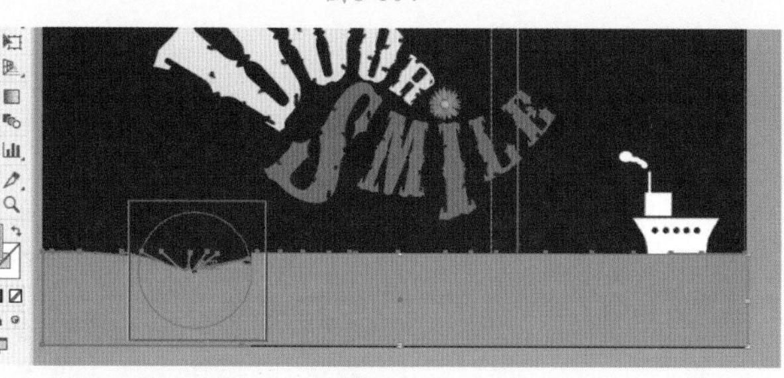

图8-105

09 继续使用“晶格化工具”在画面中的合适位置进行拖动，最终完成效果如图8-106所示。

图8-106

8.5 立体风格文字标志

文件路径	第8章\立体风格文字标志设计	 扫码深度学习
难易指数	★★★★★	
技术掌握	● 3D效果 ● “路径查找器”面板 ● “偏移路径”命令	

操作思路

在本案例中，首先使用“文字工具”输入标志中的文字内容，然后使用“钢笔工具”为输入的文字添加立面效果，并使用“渐变”面板为标志填充合适的渐变色，最后使用“椭圆工具”为标志添加辅助图形。

案例效果

案例效果如图8-107所示。

图8-107

实例072　制作主体文字

操作步骤

01 执行“文件>新建”命令，创建一个空白文档。选择工具箱中的“文字工具”，在控制栏中设置“填充”为粉色，描边为无，选择合适的字体及字号，在画面中输入文字，效果如图8-108所示。

图8-108

提示　文字对象的处理

在Illustrator中输入的文字是比较特殊的对象，因为文字具有字体、字号、间距等特定属性，而如果当前制作的文档中含有特殊字体，将这个文档在其他没有该字体的计算机中打开时，就会无法正确地显示字体的样式。在文字上单击鼠标右键，在弹出的快捷菜单中选择"创建轮廓"命令，可以将文字对象转换为图形对象，虽然失去了字体等特定属性的设置功能，但却会保证文字效果不会随特殊字体文件的丢失而改变。

02 使用工具箱中的"选择工具"选择字母"D"，按快捷键Ctrl+C将文字进行复制，按快捷键Ctrl+B将其粘贴到原文字的后面。保持文字的选中状态，执行"对象>路径>偏移路径"命令，在弹出的"偏移路径"对话框中设置"位移"为3mm，"连接"为"圆角"，"斜接限制"为2，单击"确定"按钮，如图8-109所示。双击工具箱底部的"填色"按钮，在弹出的"拾色器"对话框中选择适当的颜色，单击"确定"按钮，如图8-110所示，此时效果如图8-111所示。

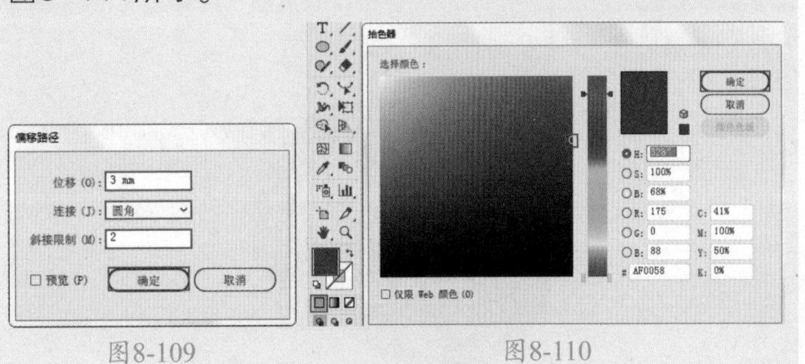
图8-109　　图8-110

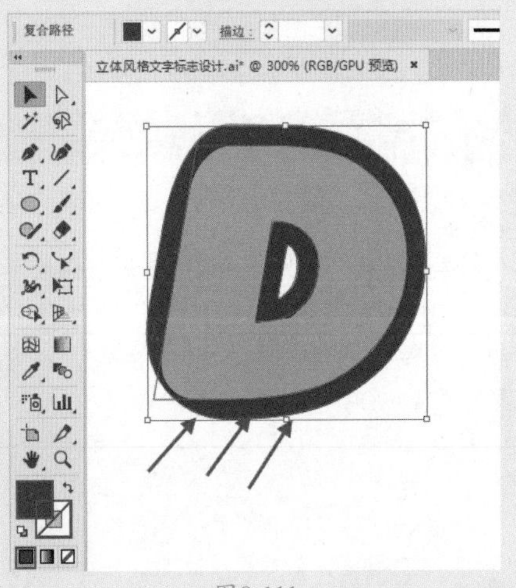
图8-111

03 使用同样的方法制作标志中的其他字母，添加描边效果后，将字母进行排列，整体效果如图8-112所示。

图8-112

> **提示　字体的选择**
>
> 在平面设计中，字体的选择至关重要。字体不仅会影响到信息的传达，更会影响到制作品所要表达的情感。例如，本案例制作的是儿童用品的标志，选择的是没有尖角的外观浑圆的字体，这样的字体形态不仅给人以可爱之感，更会传达出安全、无害、易亲近的信息。但如果是为机械产品设计标志，选择这样柔和的字体就显然不合适了。

实例073　制作星形装饰

操作步骤

01 选择工具箱中的"星形工具"，在画面中绘制一个合适大小的星形，效果如图8-113所示。选中星形外侧的控制点向内进行拖动，将尖角转换为圆角，效果如图8-114所示。

图8-113　　图8-114

02 选择星形，单击工具箱底部的"填色"按钮，使之置于前面，执行"窗口>色板库>渐变>大地色调"命令，在弹出的"大地色调"面板中选择一个黄色系的渐变，如图8-115所示。在控制栏中设置"描边"为深粉色，描边"粗细"为1pt，此时星形效果如图8-116所示。

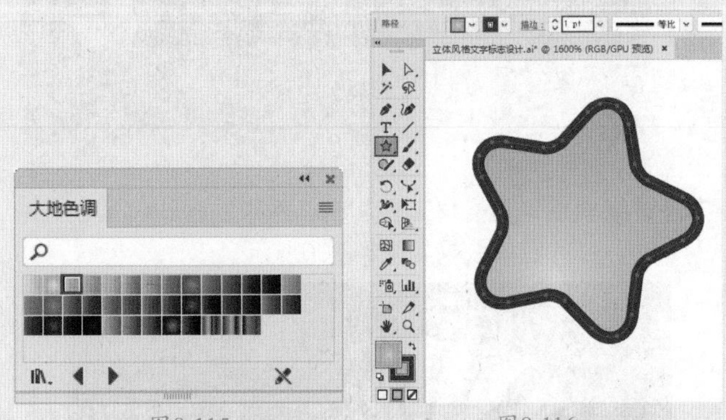
图8-115　　图8-116

03 选中星形，按快捷键Ctrl+C进行复制，按快捷键Ctrl+F将其粘贴到原星形的前面。设置该星形的"填色"为土黄色，"描边"为无，适当缩放星形，效果如图8-117所示。使用同样的方法，继续在原星形的前面制作两个相同的星形，并将其调整为合适的颜色，效果如图8-118所示。

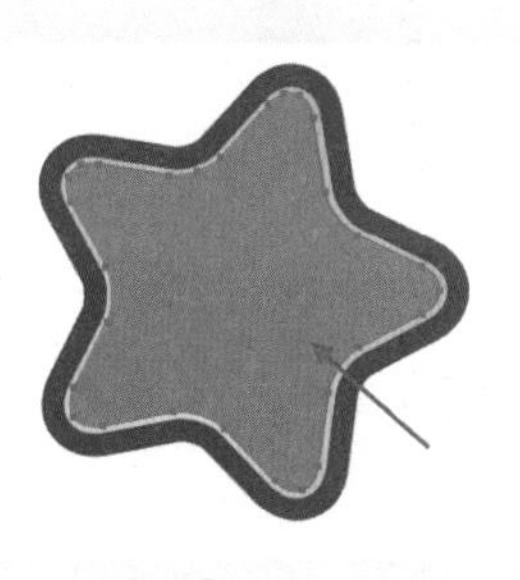

图8-117　　　　图8-118

04 下面为星形添加反光效果。复制最前面的星形，然后使用工具箱中的“橡皮擦工具”擦除其上半部分，只保留下半部分，效果如图8-119所示。单击工具箱底部的“填色”按钮，使之置于前面，设置“填充类型”为“渐变”，执行“窗口>渐变”命令，弹出“渐变”面板，设置“类型”为“径向”，“角度”为-160°，然后编辑一个黄色系的渐变，如图8-120所示。使用“钢笔工具”按照星形的形态绘制下半部分的反光效果，效果如图8-121所示。

05 加选制作星形的所有元素，按快捷键Ctrl+G进行编组，然后将星形组放在其中一个字母“e”上，效果如图8-122所示。

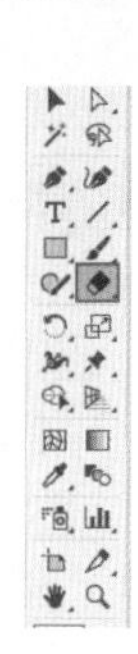

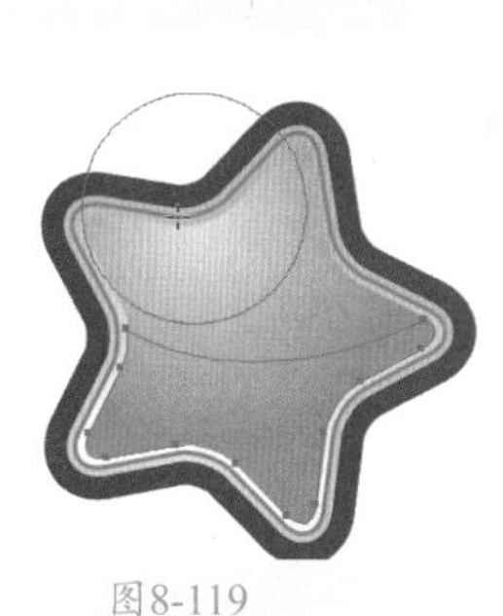

图8-119　　　　图8-120

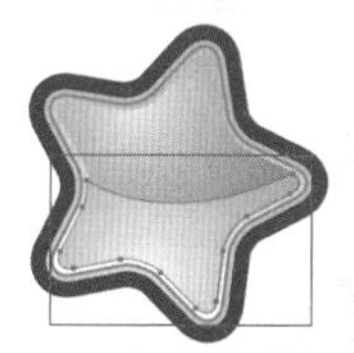

图8-121　　　　图8-122

06 下面为字母组合添加整体外轮廓。按快捷键Ctrl+A选中字母组合中的所有元素，执行“编辑>复制”命令将其进行复制，然后执行“编辑>粘贴”命令，得到一个相同的字母组合。执行“窗口>路径查找器”命令，在弹出的“路径查找器”面板中单击“联集”按钮，如图8-123所示，得到一个完整的字母组合外轮廓图形，效果如图8-124所示。

07 执行“对象>路径>偏移路径”命令，在弹出的“偏移路径”对话框中设置“位移”为3mm，“连接”为“圆角”，“斜接限制”为4，单击“确定”按钮，如图8-125所示。单击工具箱底部的“填色”按钮，使之置于前面，设置“填充类型”为“渐变”，执行“窗口>渐变”命令，弹出“渐变”面板，设置“类型”为“线性”，然后编辑一个灰白色系的渐变，如图8-126所示。

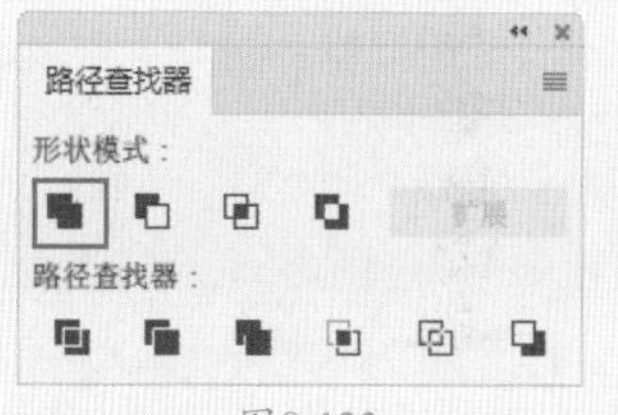

图8-123　　　　图8-124

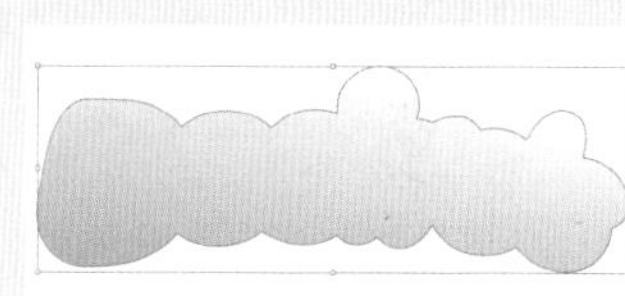

图8-125　　　　图8-126

08 此时字母组合外轮廓图形的效果如图8-127所示。将该图形移动到原字母组合的前面，然后多次执行“对象>排列>后移一层”命令，将该图形移动至原字母组合的最后面，此时整体效果如图8-128所示。

图8-127　　　　图8-128

09 下面制作字母组合的立面形状效果。选择工具箱中的“钢笔工具”，在第一个字母的下方绘制其立面形状，单击工具箱底部的“填色”按钮，使之置于前面，然后执行“窗口>渐变”命令，弹出“渐变”面板，设置“类型”为“线性”，“角度”为0°，编辑一个金色系的渐变，如图8-129所示。选择工具箱中的“渐变工具”，在绘制的立面形状上拖动调整渐变效果，此时效果如图8-130所示。

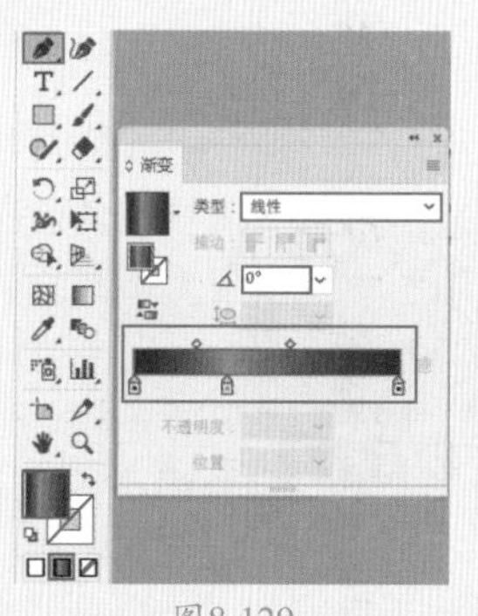

图8-129　　　　图8-130

10 继续使用“钢笔工具”，在第二个字母的下方绘制立面形状，然后选择工具箱中的“吸管工具 ”，单击第一个字母的立面形状，吸取其渐变颜色，此时第二个字母立面形状的效果如图8–131所示。使用同样的方法，制作其他字母的立面形状效果，如图8–132所示。

图8-131　　图8-132

11 按住Shift键加选所有立面形状，按快捷键Ctrl+G进行编组。选中立面形状组，执行“效果>风格化>投影”命令，在弹出的“投影”对话框中设置“模式”为“正片叠底”，“不透明度”为80%，“X位移”为0mm，“Y位移”为1.5mm，“模糊”为1mm，选中“颜色”单选按钮，设置颜色为棕褐色，单击“确定”按钮，如图8–133所示。此时效果如图8–134所示。

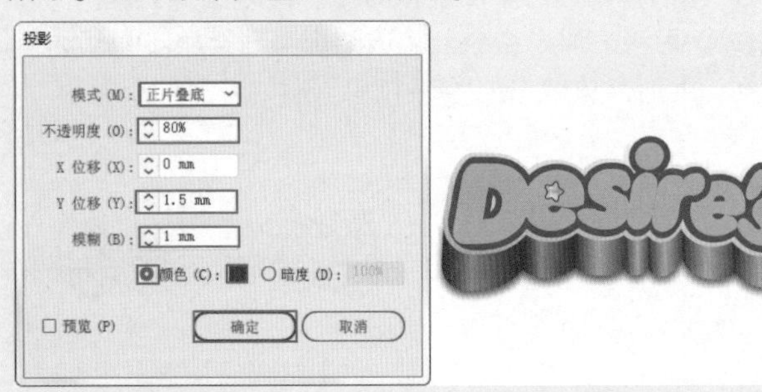

图8-133　　图8-134

实例074　制作辅助文字

操作步骤

01 选择工具箱中的“文字工具”，在控制栏中设置合适的字体及字号，在主体文字的下方输入辅助文字，按快捷键Ctrl+Enter确认输入操作。按快捷键Shift+Ctrl+O，将文字创建为轮廓，效果如图8–135所示。

图8-135

02 选中辅助文字，单击工具箱底部的“填色”按钮，使之置于前面，设置“填充类型”为“渐变”，执行“窗口>渐变”命令，弹出“渐变”面板，设置“类型”为“线性”，然后编辑一个黄色系的渐变，如图8–136所示。填充渐变后，使用工具箱中的“渐变工具”在辅助文字上拖动调整渐变效果，此时文字效果如图8–137所示。

图8-136　　图8-137

03 选中辅助文字，执行“编辑>复制”与“编辑>粘贴”命令，得到一个相同的辅助文字组。执行“对象>路径>偏移路径”命令，在弹出的“偏移路径”对话框中设置“位移”为1mm，“连接”为“斜接”，“斜接限制”为4，单击“确定”按钮，如图8–138所示，此时复制的辅助文字组效果如图8–139所示。

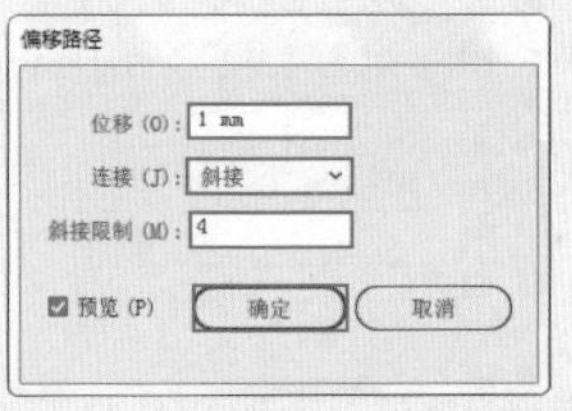

图8-138　　图8-139

04 单击工具箱底部的“填色”按钮，使之置于前面，设置“填充类型”为“渐变”，在“渐变”面板中设置“类型”为“线性”，然后编辑一个紫色系的渐变，如图8–140所示，此时文字效果如图8–141所示。

图8-140　　图8-141

05 下面为辅助文字添加3D效果。选中复制的辅助文字组，执行“效果>3D>凸出和斜角”命令，在弹出的“3D凸出和斜角选项”对话框中设置“位置”为“自定旋转”，“指定绕X轴旋转”为15°，“指定绕Y轴旋转”为0°，“指定绕Z轴旋转”为0°，“透视”为0°，“凸出厚度”为50pt，“斜角”为“无”，“表面”为“塑料效果底纹”，单击“确定”按钮，如图8–142所示，此时文字呈现3D立体效果，如图8–143所示。

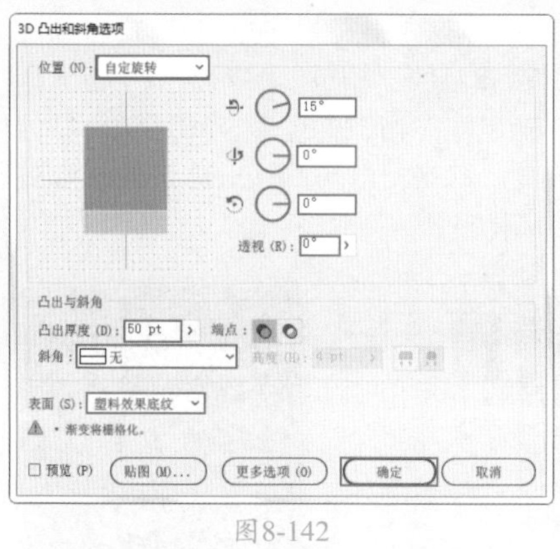

图8-142

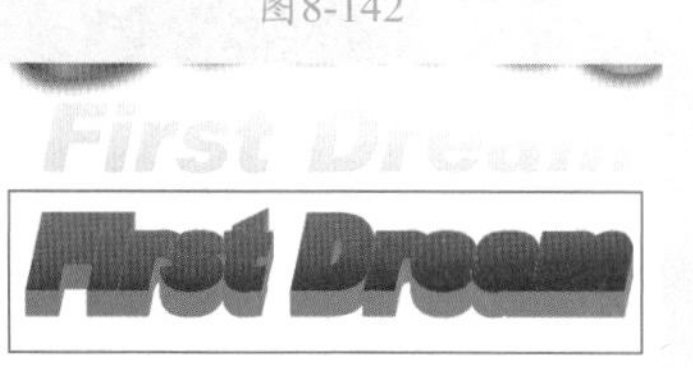

图8-143

06 对3D立体文字执行“对象>扩展外观”命令，然后按快捷键Shift+Ctrl+G取消3D立体文字的编组，按住Shift键将3D立体文字的立面部分全部选中，按快捷键Ctrl+G进行编组，在“渐变”面板中编辑一个紫色系的渐变，如图8-144所示，此时3D立体文字效果如图8-145所示。

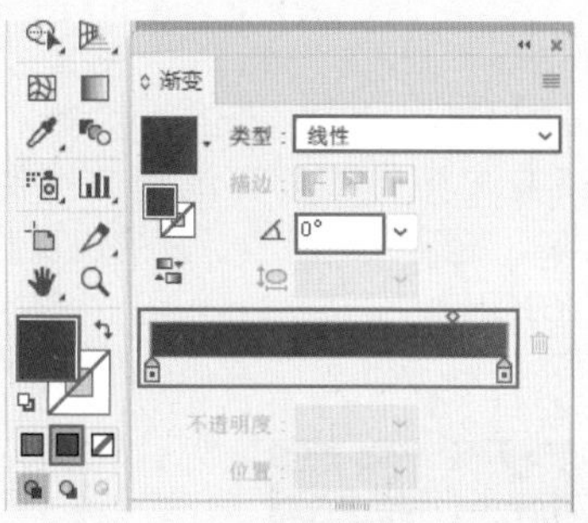

图8-144

图8-145

07 选择工具箱中的“选择工具”，将3D立体文字各元素框选，按快捷键Ctrl+G进行编组。选中黄色系渐变的文字，单击鼠标右键，在弹出的快捷菜单中选择“排列>置于顶层”命令，并将黄色系渐变的文字移动至3D立体文字上，接着将两部分编组并调整文字，效果如图8-146所示。

图8-146

08 使用同样的方法，输入文字并为其添加3D立体效果，如图8-147所示。

图8-147

09 使用工具箱中的“椭圆工具”绘制一个椭圆形，并为其填充金色系的线性渐变，如图8-148和图8-149所示。

图8-148

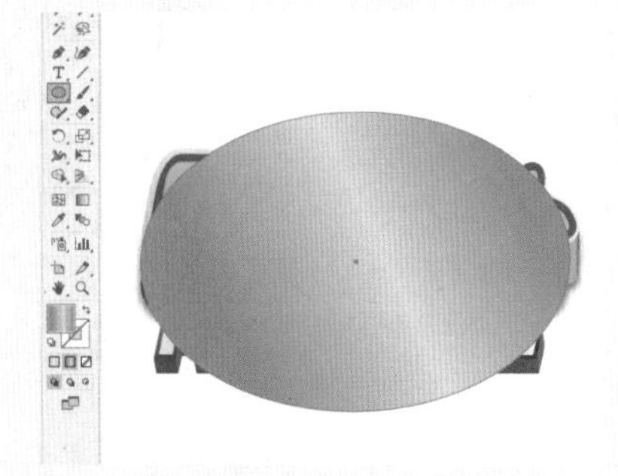

图8-149

10 选中椭圆形，拖动控制点，将椭圆形调整至合适的角度，效果如图8-150所示。执行“效果>风格化>投影”命令，在弹出的“投影”对话框中设置“模式”为“正片叠底”，“不透明度”为100%，“X位移”为0mm，“Y位移”为0.8mm，“模糊”为0mm，选中“颜色”单选按钮，设置颜色为棕色，单击“确定”按钮，如图8-151所示，此时椭圆形效果如图8-152所示。

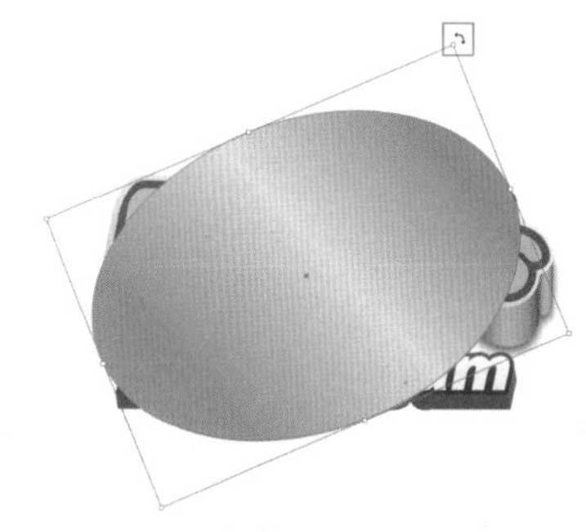

图8-150

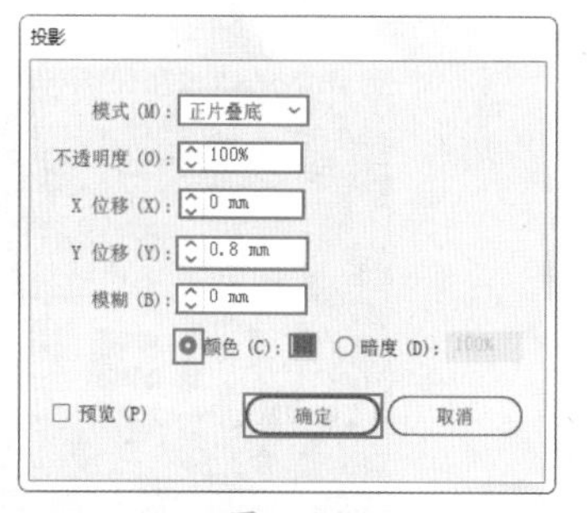

图8-151

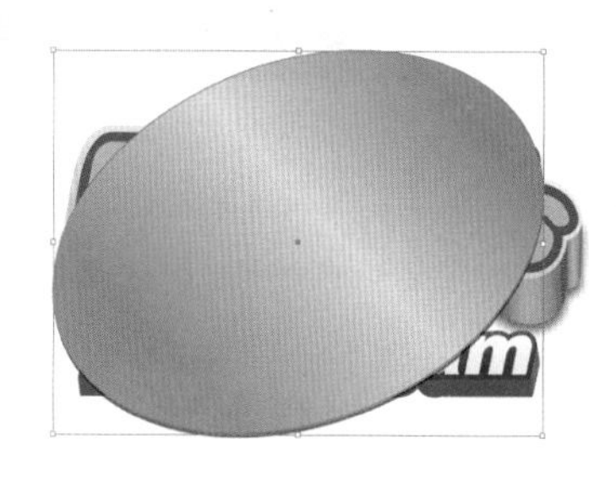

图8-152

11 在椭圆形上单击鼠标右键，在弹出的快捷菜单中选择“排列>置于底层”命令，将椭圆形移动至画面中所有元素的最后面，最终完成效果如图8-153所示。

图8-153

8.6 娱乐节目标志

文件路径	第 8 章\娱乐节目标志设计
难易指数	★★★★★
技术掌握	● 收缩工具 ● 钢笔工具 ● 文字工具 ● 星形工具 ● 椭圆工具

扫码深度学习

操作思路

在本案例中，首先使用“钢笔工具”和“矩形工具”制作标志的背景，然后使用“文字工具”添加文字效果，最后使用“椭圆工具”“星形工具”等制作装饰部分。

案例效果

案例效果如图8-154所示。

图8-154

实例075 制作标志的背景

操作步骤

01 执行“文件>新建”命令或按快捷键Ctrl+N，在弹出的“新建文档”对话框中设置“宽度”为800像素，“高度”为800像素，“颜色模式”为“CMYK颜色”，单击“创建”按钮，如图8-155所示。

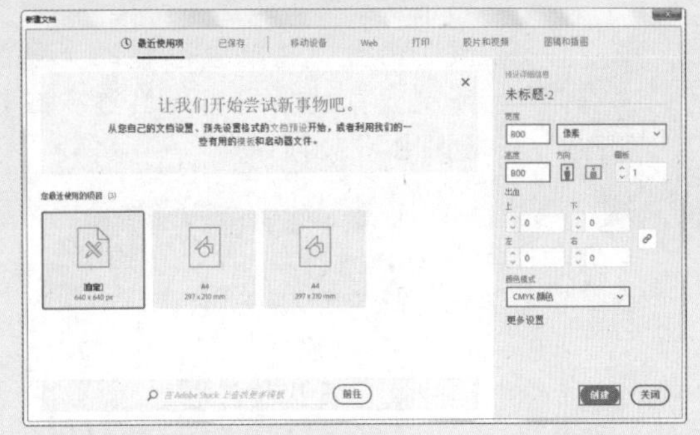

图8-155

02 选择工具箱中的“矩形工具”，双击工具箱底部的“填色”按钮，在弹出的“拾色器”对话框中设置颜色为深蓝色，单击“确定”按钮，如图8-156所示。按住鼠标左键拖动鼠标指针，绘制一个与画板等大的矩形，效果如图8-157所示。

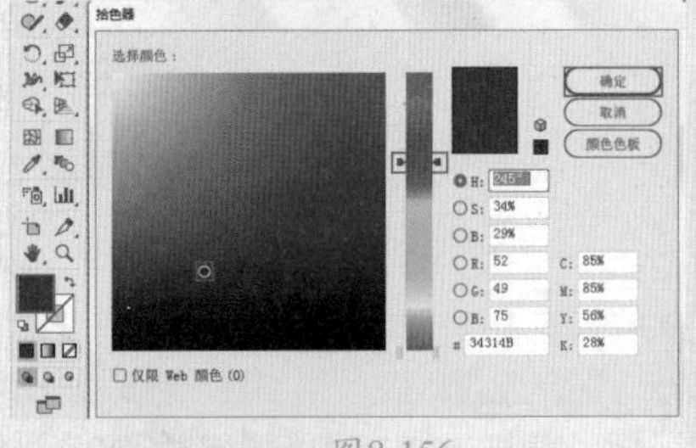

图8-156

图8-157

03 选择工具箱中的“钢笔工具”，设置颜色为稍浅一些的蓝色，然后使用“钢笔工具”在画面中的左上方绘制一个三角形，效果如图8-158所示。继续在画面中合适的位置绘制三角形，使整体画面具有放射状效果，如图8-159所示。

图8-158

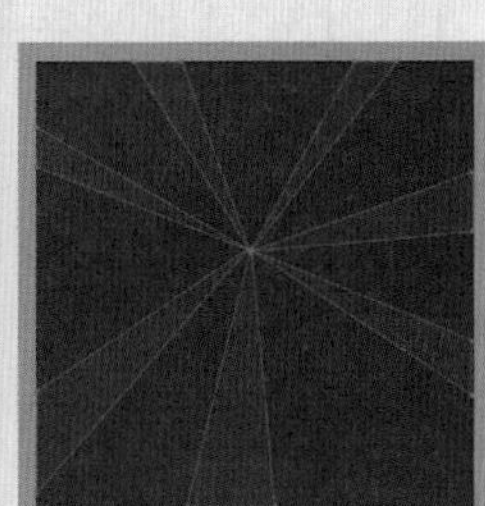

图8-159

04 继续选择“钢笔工具”，在控制栏中设置“填充”为深蓝色，“描边”为深蓝色，描边“粗细”为2pt，使用“钢笔工具”在画面的上方绘制线条，效果如图8-160所示。继续在画面中合适的位置绘制其他线条，效果如图8-161所示。

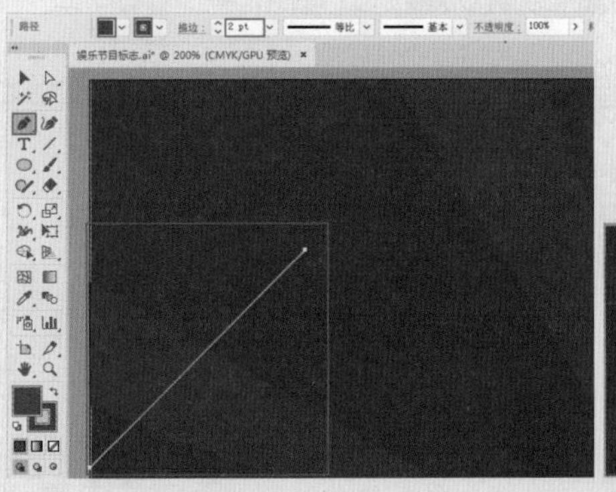

图8-160

图8-161

05 使用“矩形工具”在画面中绘制一个矩形，在控制栏中设置“填充”为黄色，“描边”为无，效果如图8-162所示。拖动矩形边缘的控制点，将其进行适当的旋转，效果如图8-163所示。

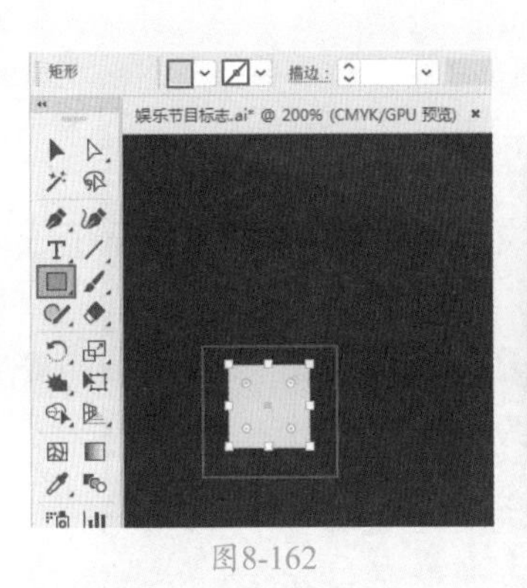

图8-162

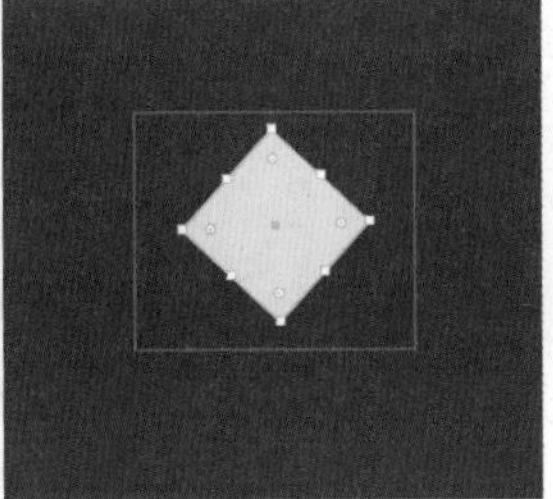

图8-163

06 选中该矩形，然后双击工具箱中的“收缩工具”按钮，在弹出的“收缩工具选项”对话框中设置“宽度”为50px，“高度”为50px，“强度”为20%，“细节”为3，“简化”为67，单击“确定”按钮，如图8-164所示。将鼠标指针移动到矩形上，此时收缩工具的画笔大小正好将矩形覆盖，如图8-165所示。在矩形上单击1~2次，将矩形进行收缩，此时矩形效果如图8-166所示。

07 使用同样的方式，绘制其他不规则图形，效果如图8-167所示。

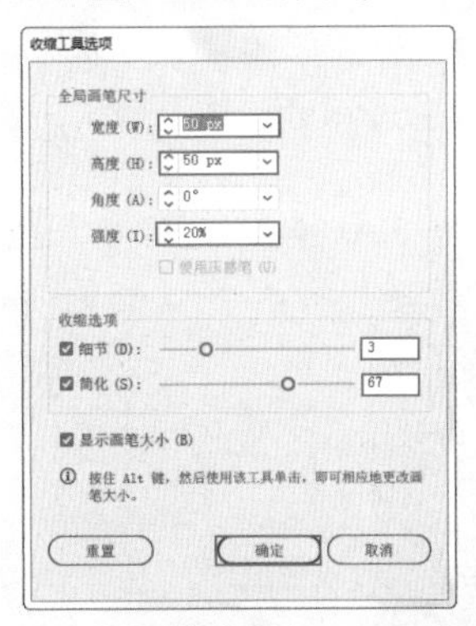

图8-164

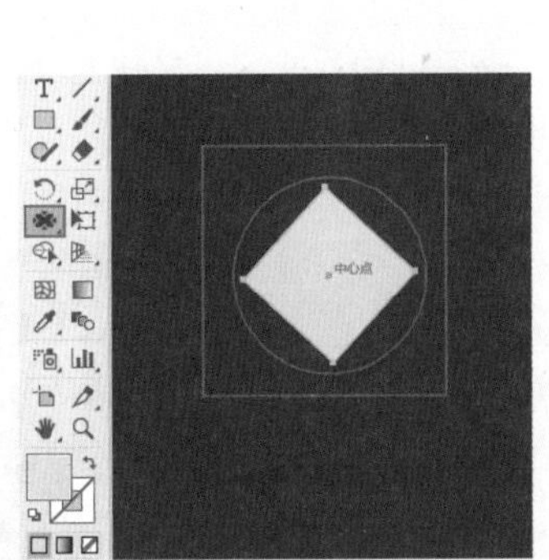

图8-165

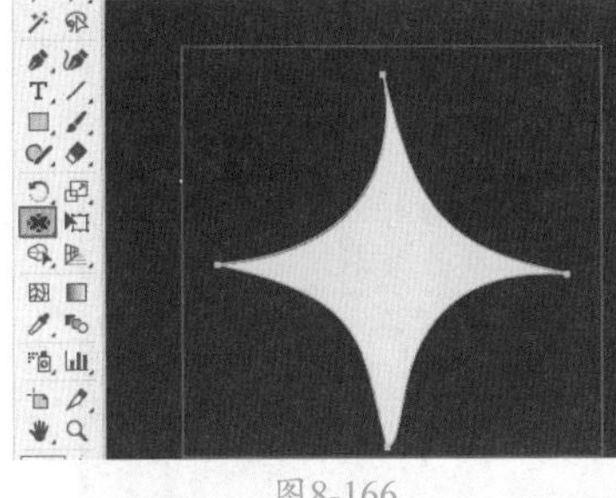

图8-166

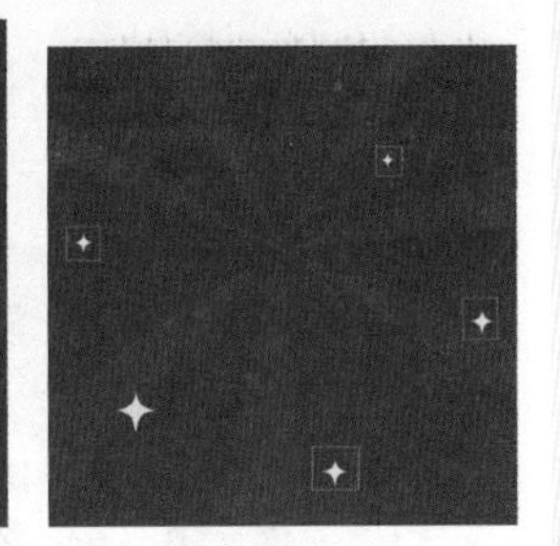

图8-167

实例076 制作星形背景图形

操作步骤

01 选择工具箱中的“钢笔工具”，在控制栏中设置“填充”为无，“描边”为黑色，描边“粗细”为7pt，使用“钢笔工具”在画面中绘制三角形，效果如图8-168所示。继续选择“钢笔工具”，在控制栏中设置“填充”为无，“描边”为红色，描边“粗细”为15pt，使用“钢笔工具”在黑色三角形上绘制一个稍小的三角形，效果如图8-169所示。继续选择“钢笔工具”，在控制栏中设置合适的参数，在红色三角形上再绘制一个稍小的三角形，效果如图8-170所示。

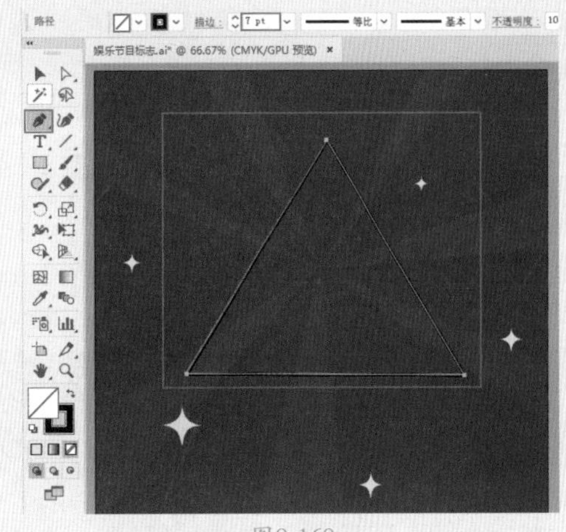

图8-168

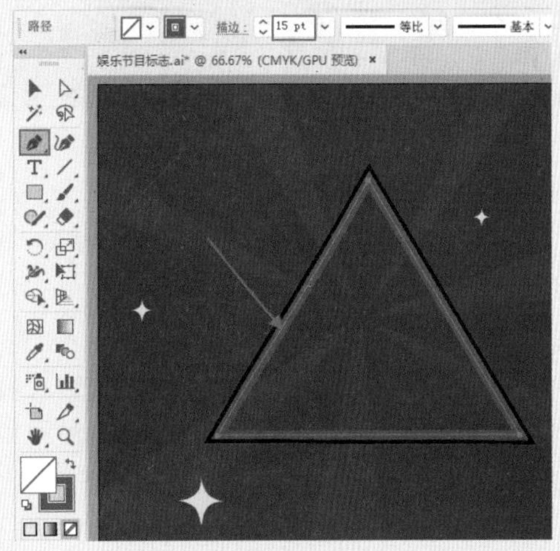

图8-169

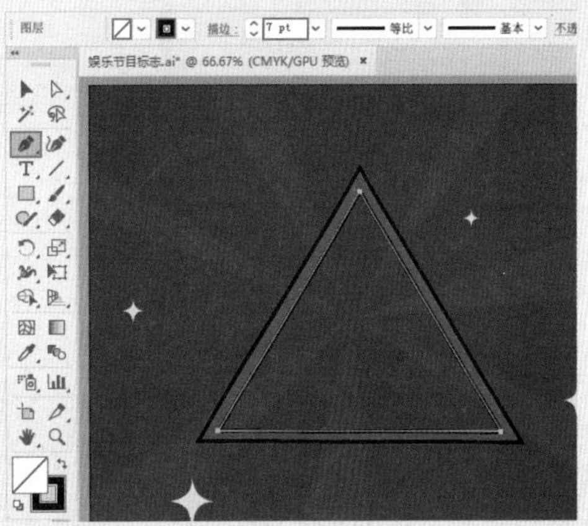

图8-170

02 按住Shift键加选所有三角形，按快捷键Ctrl+G进行编组。选中三角形组，执行“对象>变换>对称”命令，在弹出的“镜像”对话框中选中“水平”单选按钮，单击“复制”按钮，如图8-171所示，此时效果如图8-172所示。

03 将复制得到的三角形向下移动至合适位置，效果如图8-173所示。

04 选择工具箱中的“钢笔工具”，双击工具箱底部的“填色”按钮，在“拾色器”对话框中设置合适的颜色，单击“确定”按钮，如图8-174所示。在控制栏中设置“描边”为黑色，描边“粗细”为1pt，然后使用“钢笔工具”在画面中绘制不规则图形，效果如图8-175所示。

图8-171

图8-172

图8-173

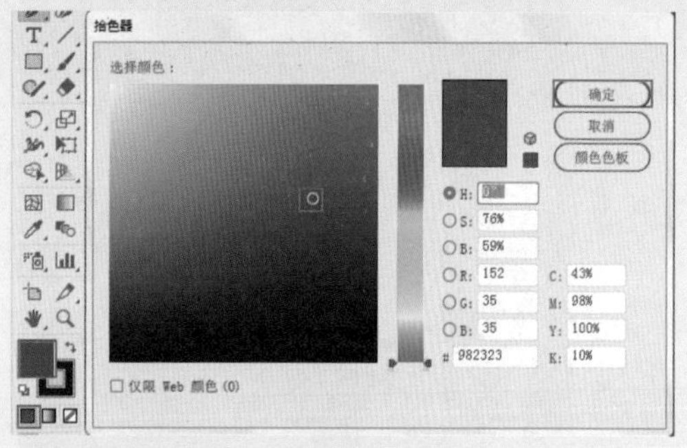
图8-174

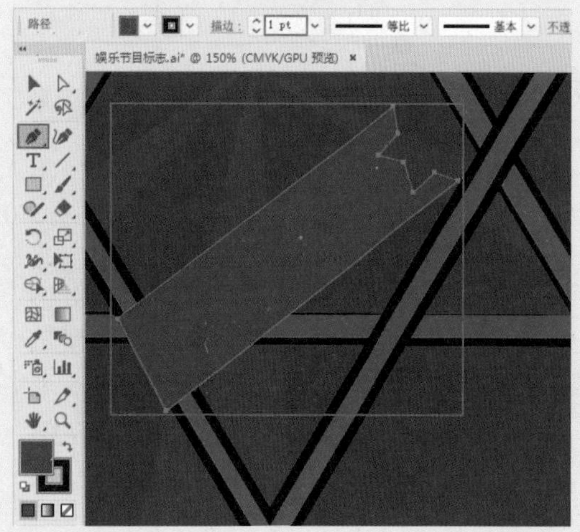
图8-175

05 使用同样的方式，在画面中合适的位置绘制其他不规则图形，效果如图8-176所示。

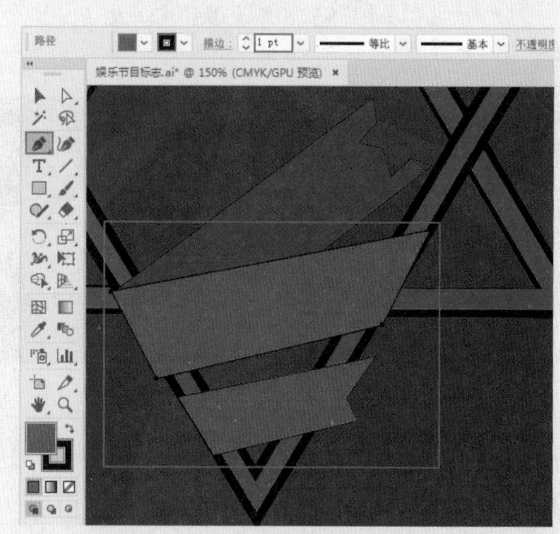
图8-176

实例077 制作文字部分

操作步骤

01 选择工具箱中的“文字工具”，在画面中单击插入光标，在控制栏中设置“填充”为白色，“描边”为白色，描边“粗细”为11pt，设置合适的字体、字号，然后在画面中输入文字，按快捷键Ctrl+Enter确认输入操作，效果如图8-177所示。

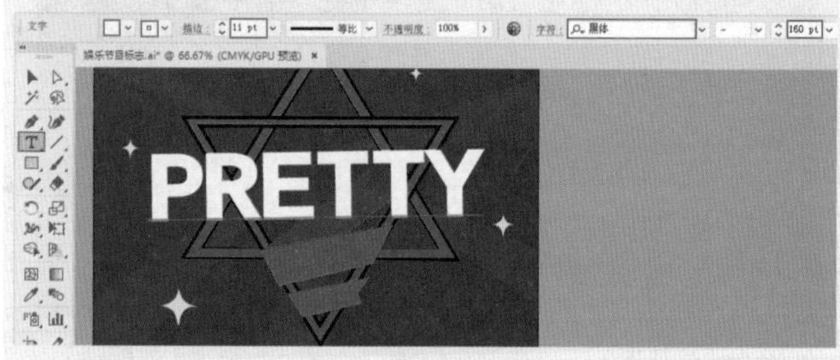

图8-177

02 选择工具箱中的“选择工具”，拖动文字定界框的控制点，将文字进行适当的旋转，效果如图8-178所示。

图8-178

03 选择工具箱中的“钢笔工具”，在文字上绘制文字轮廓形状，然后在控制栏中设置“填充”为蓝色，“描边”为黄色，描边“粗细”为9pt，效果如图8-179所示。在文字轮廓上单击鼠标右键，在弹出的快捷菜单中选择“排列>后移一层”命令，将文字轮廓移动至文字的后面，效果如图8-180所示。

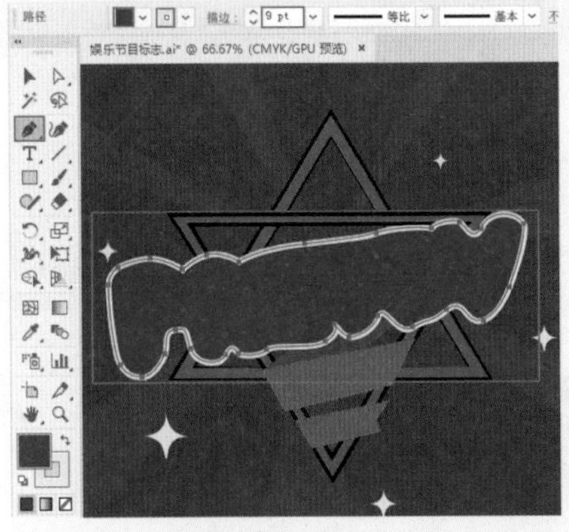

图8-179

图8-180

04 在工具箱中选择“星形工具”，在控制栏中设置“填充”为红色，“描边”为无，然后在画面以外的空白处单击，在弹出的“星形”对话框中设置“半径1”为40px，“半径2”为20px，“角点数”为6，单击“确定”按钮，如图8-181所示，此时星形效果如图8-182所示。

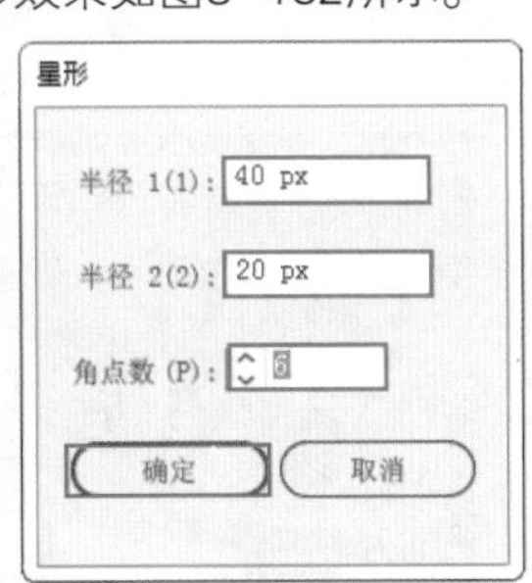

图8-181

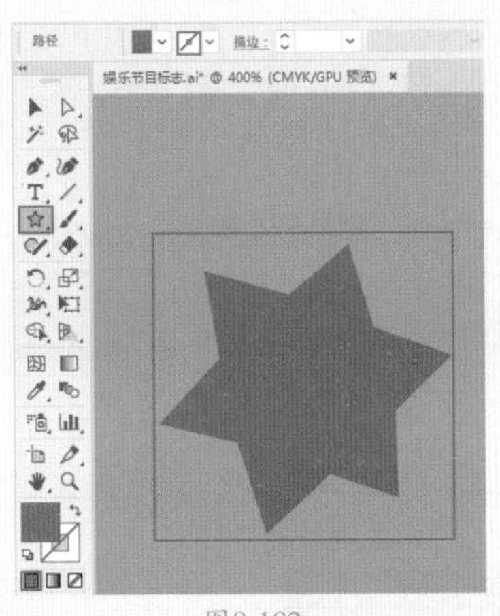

图8-182

05 下面为星形制作立体效果。选择工具箱中的“钢笔工具”，在控制栏中设置“填充”为深红色，“描边”为无，然后使用“钢笔工具”在星形上绘制三角形，效果如图8-183所示。继续在其他位置绘制三角形，效果如图8-184所示。按住Shift键加选星形和所有三角形，按快捷键Ctrl+G进行编组，然后选中图形组，将其移动至文字上，效果如图8-185所示。

图8-183

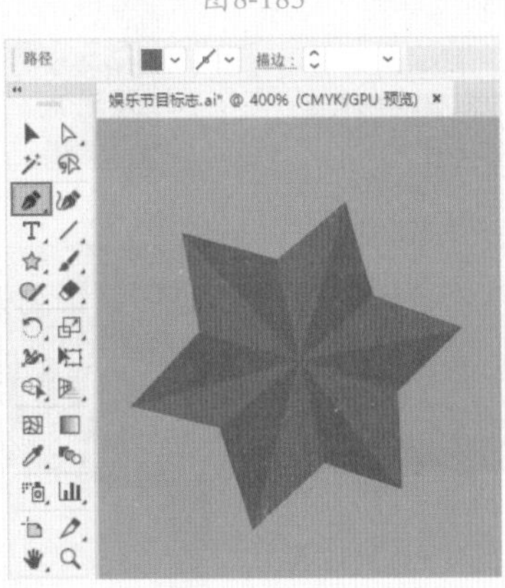

图8-184

图8-185

06 继续选择“钢笔工具”，双击工具箱底部的“填色”按钮，在“拾色器”对话框中设置合适的颜色，单击“确定”按钮，如图8-186所示。在控制栏中设置“描边”为黑色，描边“粗细”为1pt，然后使用“钢笔工具”在星形的左侧绘制不规则图形，效果如图8-187所示。

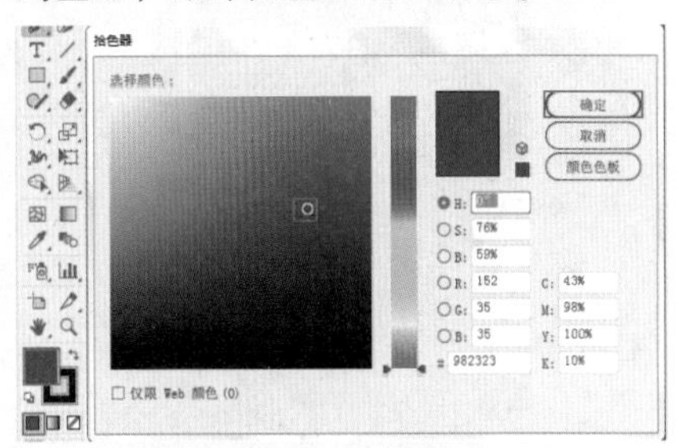

图8-186

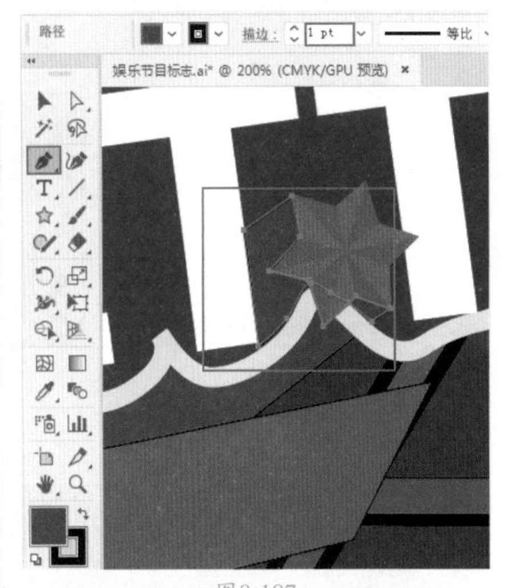

图8-187

实例078 为标志添加装饰部分

操作步骤

01 选择工具箱中的“钢笔工具”，在控制栏中设置“填充”为白色，“描边”为黑色，描边“粗细”

为3pt，然后使用“钢笔工具”在画面中的左侧绘制绳索形状，效果如图8-188所示。选中绳索形状，同时按住Shift键和Alt键向右拖动，进行平移及复制，效果如图8-189所示。

02 继续选择“钢笔工具”，在控制栏中设置“填充”为黄色，“描边”为无，然后使用“钢笔工具”在画面中绘制四边形，效果如图8-190所示。使用同样的方法，在该四边形左侧的边缘处绘制一个颜色较深的四边形，效果如图8-191所示。继续使用“钢笔工具”在四边形左侧绘制一个不规则图形，效果如图8-192所示。

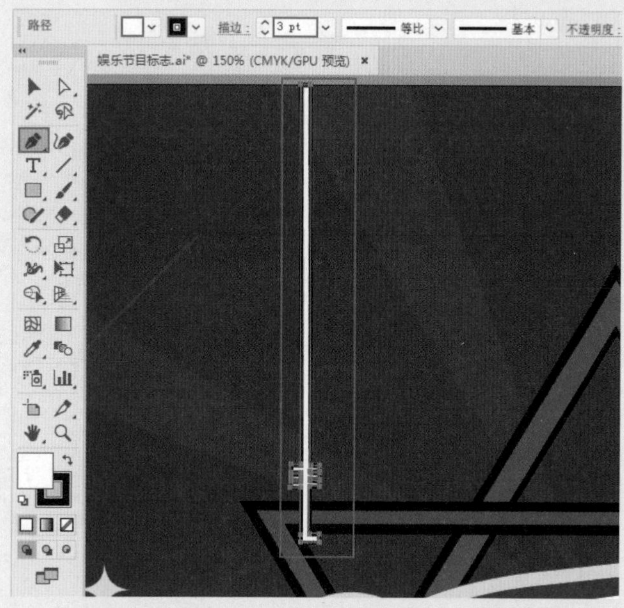

图8-188

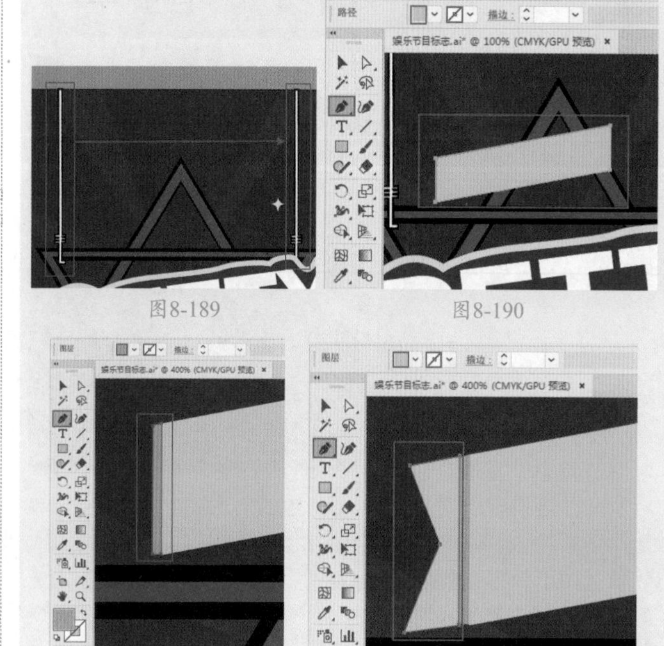

图8-189　图8-190　图8-191　图8-192

03 按住Shift键加选刚刚绘制的三个图形，按快捷键Ctrl+G进行编组。选中该图形组，执行“对象>变换>对称”命令，在弹出的“镜像”对话框中选中“垂直”单选按钮，单击“复制”按钮，如图8-193所示，此时图形效果如图8-194所示。将复制得到的图形向下移动至合适位置，并拖动控制点将其进行适当的旋转，效果如图8-195所示。

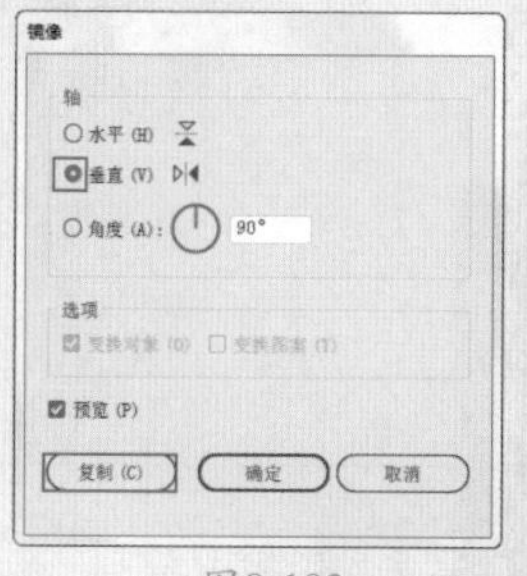

图8-193　图8-194

图8-195

04 选择工具箱中的“文字工具”，在画面中单击插入光标，在控制栏中设置“填充”为黑色，“描边”为黑色，描边“粗细”为3pt，设置合适的字体、字号，然后在画面中输入文字，按快捷键Ctrl+Enter确认输入操作，效果如图8-196所示。选择工具箱中的“选择工具”，拖动文字定界框的控制点，将文字进行适当的旋转，效果如图8-197所示。

05 使用同样的方法，在该文字的下方输入其他文字，并进行适当的旋转，效果如图8-198所示。

图8-196

图8-197

图8-198

06 选择工具箱中的“画笔工具”，在控制栏中设置“填充”为无，“描边”为天蓝色，描边“粗细”为1.5pt，在“画笔定义”下拉面板中选择一种圆形画笔，然后在画面中绘制线条，效果如图8-199所示。继续绘制其他线条，制作出绳子缠绕的效果，如图8-200所示。

图8-199

图8-200

07 下面制作飞机装饰效果。使用“钢笔工具”和“星形工具”绘制机身，效果如图8-201所示，然后使用“椭圆工具”绘制旋翼和尾桨，效果如图8-202所示，最后使用“矩形工具”绘制起落架，效果如图8-203所示。

图8-201

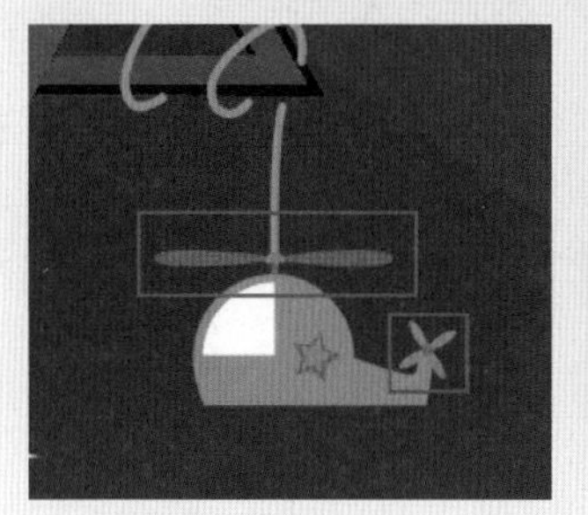

图8-202

图8-203

08 最终完成效果如图8-204所示。

图8-204

第9章 卡片设计

/ 佳 / 作 / 欣 / 赏 /

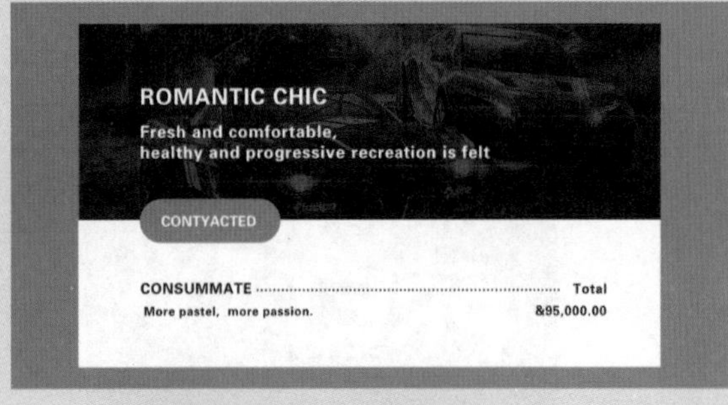

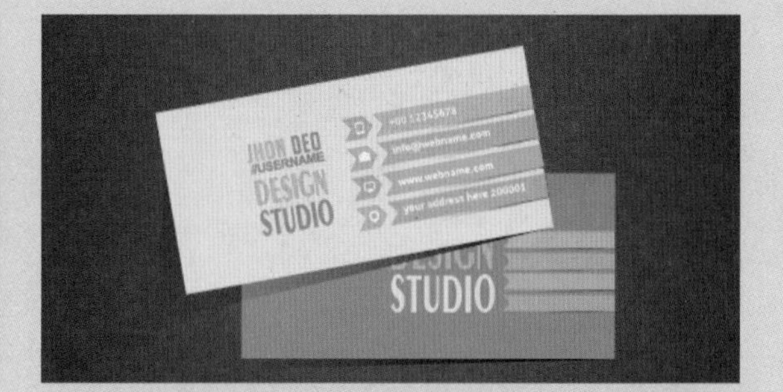

9.1 产品信息卡片

文件路径	第9章\制作产品信息卡片	 扫码深度学习
难易指数	★★★★★	
技术掌握	● 剪切蒙版 ● 不透明度 ● 描边	

操作思路

在本案例中，将卡片分成两个部分，上半部分的制作主要是通过使用"矩形工具"与"建立剪切蒙版"命令限定置入素材的范围，将素材多余的部分隐藏起来，并通过改变矩形的"不透明度"改变素材的色调；下半部分的制作主要是通过改变"直线段工具"的"描边"和"间隙"参数来呈现出虚线的效果。

案例效果

如图9-1所示。

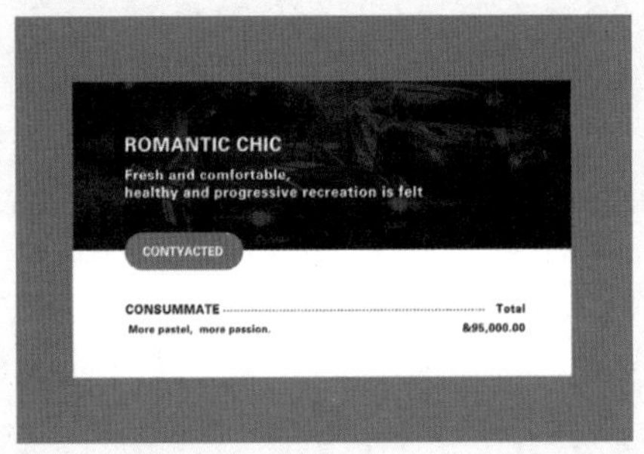

图9-1

实例079 制作信息卡片的上半部分

操作步骤

01 执行"文件>新建"命令，弹出"新建文档"对话框。在对话框顶部选择"打印"选项卡，在左侧"空白文档预设"列表框中选择"A4"纸张，在右侧单击"横向"按钮，设置"颜色模式"为"CMYK颜色"，单击"创建"按钮，如图9-2所示，创建新的文档。

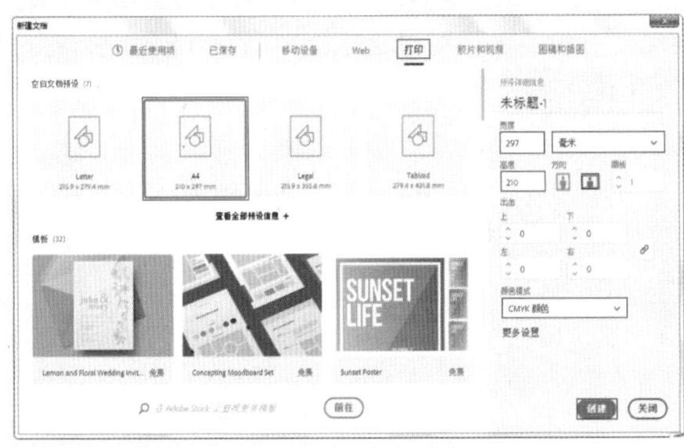

图9-2

02 选择工具箱中的"矩形工具"，在工具箱的底部设置"描边"为无，双击"填色"按钮，在弹出的"拾色器"对话框中设置颜色为蓝色，单击"确定"按钮，如图9-3所示。在使用"矩形工具"的状态下，在画面的左上角拖动鼠标指针至右下角，绘制一个与画板等大的矩形，效果如图9-4所示。

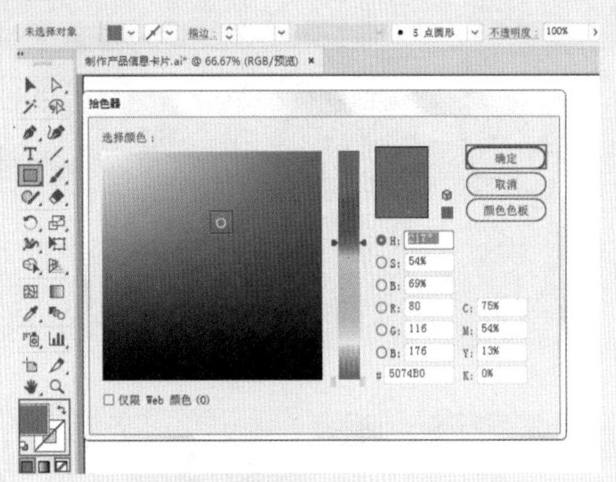

图9-3

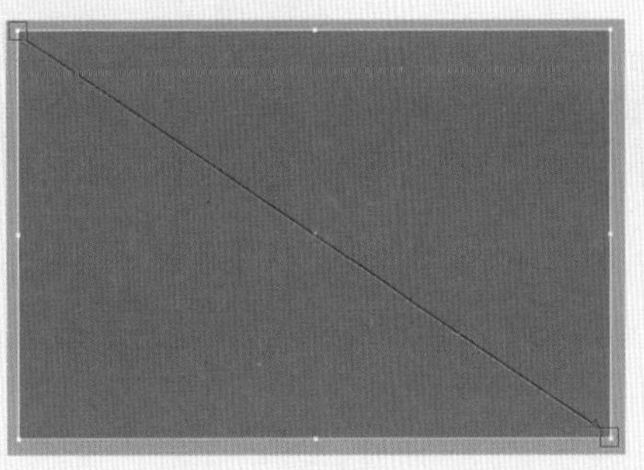

图9-4

03 执行"文件>置入"命令，在弹出的"置入"对话框中选择素材"1.jpg"，单击"置入"按钮，如图9-5所示。按住鼠标左键在画面中适当的位置拖动鼠标指针，控制置入对象的大小，释放鼠标左键完成置入操作。在控制栏中单击"嵌入"按钮，将素材嵌入到文档中，如图9-6所示。

图9-5

04 选择工具箱中的"矩形工具"，在素材"1.jpg"上绘制一个矩形，效果如图9-7所示。选择工具箱中的"选择工具"，按住Shift键加选素材"1.jpg"和矩形，然后单击鼠标右键，在弹出的快捷菜单中选择"建立剪切蒙版”命令，效果如图9-8所示。

图9-6

图9-7

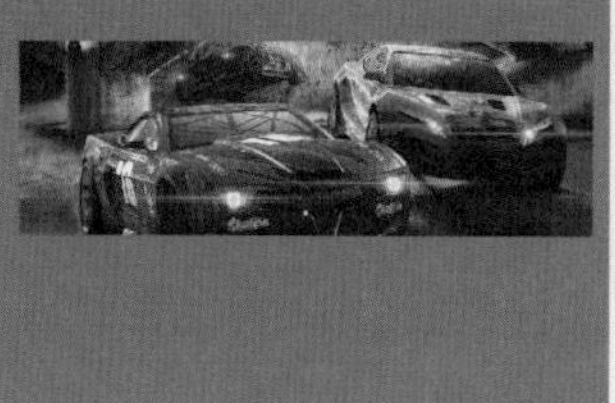

图9-8

05 选择工具箱中的“矩形工具”，在工具箱的底部设置“填色”为黑色，“描边”为无，然后在素材“1.jpg”上绘制一个黑色的矩形，效果如图9-9所示。在黑色矩形被选中的状态下，在控制栏中设置“不透明度”为70%，此时效果如图9-10所示。

06 选择工具箱中的“文字工具”，在黑色矩形中单击插入光标，在控制栏中设置“填充”为白色，“描边”为无，选择合适的字体、字号，设置“段落”为“左对齐”，然后输入文字，按快捷键Ctrl+Enter确认输入操作，效果如图9-11所示。接着使用同样的方法，在画面中输入其他文字，效果如图9-12所示。

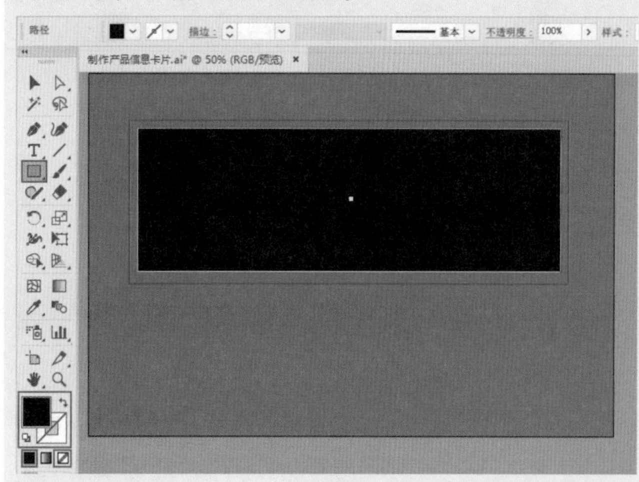

图9-9

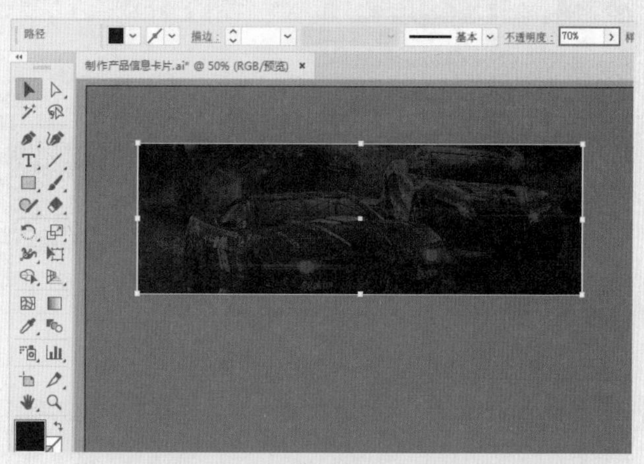

图9-10

图9-11

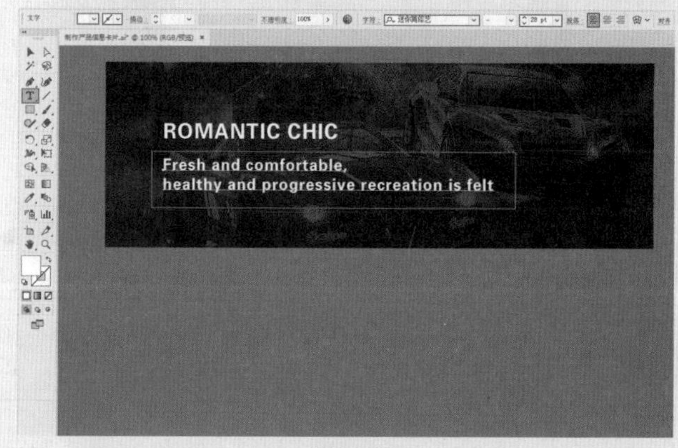

图9-12

实例080 制作信息卡片的下半部分

操作步骤

01 选择工具箱中的“矩形工具”，在控制栏中设置“填充”为白色，“描边”为无，在画面中的下方绘制一个白色的矩形，效果如图9-13所示。

02 选择工具箱中的“圆角矩形工具”，在工具箱的底部设置“填色”为蓝灰色，“描边”为无，然后在画面中的适当位置绘制一个圆角矩形，效果如图9-14所示。使用工具箱中的“文字工具”在圆角矩形中输入文字，效果如图9-15所示。

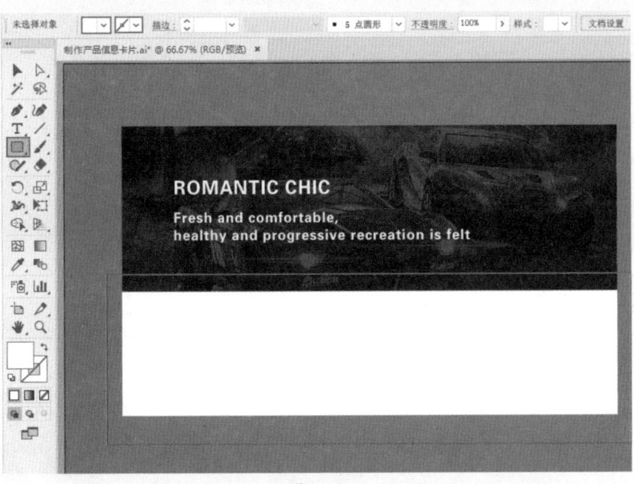

图9-13

图9-14

图9-15

03 继续使用“文字工具”在画面中的适当位置输入文字，效果如图9-16所示。

04 选择工具箱中的“直线段工具”，在控制栏中设置“填充”为无，“描边”为黑色，描边“粗细”为3pt，单击“描边”按钮，在弹出的下拉面板中勾选“虚线”复选框，设置“虚线”参数为3pt，“间隙”参数为4pt，在画面中的适当位置按住Shift键绘制虚线，效果如图9-17所示。

图9-16

图9-17

05 最终完成效果如图9-18所示。

图9-18

9.2 清新自然风个人名片

文件路径	第9章\清新自然风个人名片	扫码深度学习
难易指数	★★★★★	
技术掌握	● 剪切蒙版 ● 渐变工具 ● “透明度”面板	

操作思路

在本案例中，首先使用“圆角矩形工具”绘制作为名片的矩形，然后使用“椭圆工具”绘制多个不同大小的圆形作为名片中的主体图形，并借助剪切蒙版隐藏多余的部分，最后使用“文字工具”为名片添加文字信息。

案例效果

案例效果如图9-19所示。

图9-19

实例081 制作名片的底色

操作步骤

01 下面制作名片的正面。新建一个空白文档。选择工具箱中的“圆角矩形工具”，在画面中单击，在弹出的“圆角矩形”对话框中设置“宽度”为90mm，“高度”为54mm，“圆角半径”为3mm，单击“确定”按钮，如图9-20所示，此时效果如图9-21所示。

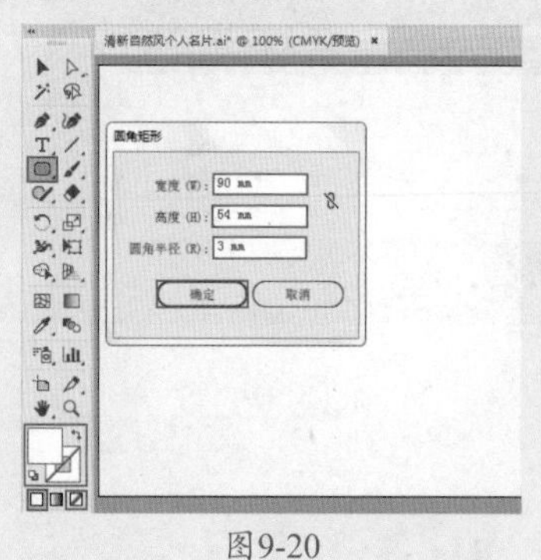

图9-20

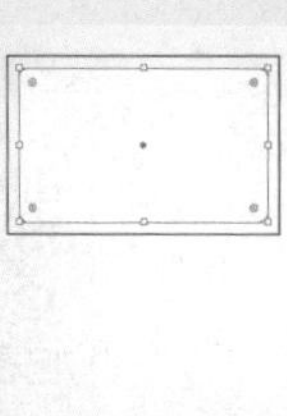

图9-21

02 在圆角矩形被选中的状态下，单击工具箱底部的“填色”按钮，使之置于前面，设置“填充类型”为“渐变”，双击工具箱中的“渐变工具”按钮，在弹出的“渐变”面板中设置“类型”为“径向”，“角度”为0°，在面板底部编辑一个绿色系的渐变，如图9-22所示，此时圆角矩形效果如图9-23所示。

图9-22

图9-23

03 选择工具箱中的“椭圆工具”，在工具箱的底部设置“填色”为“青蓝色”，“描边”为无，设置完成后，在圆角矩形上按住Shift键绘制一个适当大小的正圆形，效果如图9-24所示。使用同样的方法，绘制多个大小不一、颜色不同的正圆形，重叠摆放在一起，效果如图9-25所示。使用工具箱中的“选择工具”选中这些正圆形，按快捷键Ctrl+G进行编组。

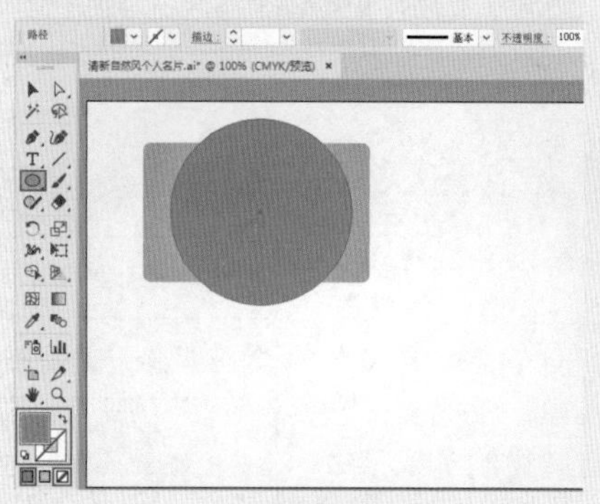

图9-24

图9-25

04 下面利用剪切蒙版将多出名片范围的正圆形部分进行隐藏。选中绿色系渐变的圆角矩形，按快捷键Ctrl+C将其进行复制，然后单击正圆形组，按快捷键Ctrl+F将圆角矩形粘贴到正圆的前面，效果如图9-26所示。选择工具箱中的“选择工具”，按住Shift键将复制得到的圆角矩形和正圆形组加选，然后单击鼠标右键，在弹出的快捷菜单中选择“建立剪切蒙版”命令，效果如图9-27所示。

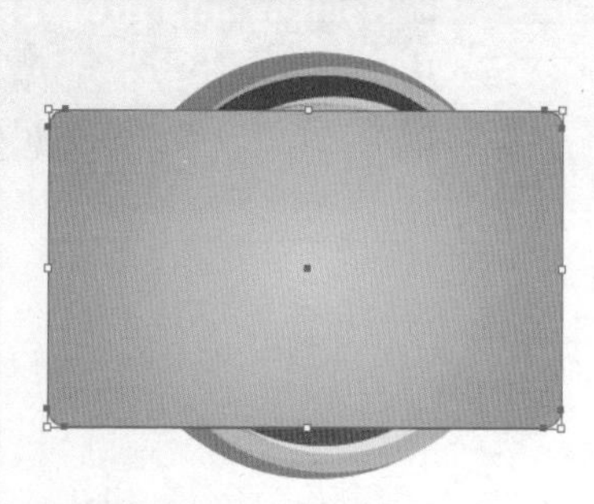

图9-26

图9-27

提示 Illustrator 中的各种粘贴命令

执行“编辑>复制”命令，可以将选中的对象进行复制；执行“编辑>粘贴”命令，可以将复制的对象粘贴一份。除此之外，执行“贴在前面”命令，可以将复制的对象粘贴到选中对象的前面；执行“贴在后面”命令，可以将复制的对象粘贴到选中对象的后面；执行

“就地粘贴”命令，可以将复制的对象粘贴在原位；执行“在所有画板上粘贴”命令，可以将复制的对象粘贴在所有的画板上，如图9-28所示。

编辑(E)　对象(O)　文字(T)　选择(S)　效果(C)
还原(U)　Ctrl+Z
重做(R)　Shift+Ctrl+Z
剪切(T)　Ctrl+X
复制(C)　Ctrl+C
粘贴(P)　Ctrl+V
贴在前面(F)　Ctrl+F
贴在后面(B)　Ctrl+B
就地粘贴(S)　Shift+Ctrl+V
在所有画板上粘贴(S)　Alt+Shift+Ctrl+V
清除(L)

图9-28

05 选中正圆形组，执行“窗口>透明度”命令，在弹出的“透明度”面板中设置“混合模式”为“颜色加深”，“不透明度”为70%，如图9-29所示，此时效果如图9-30所示。

图9-29

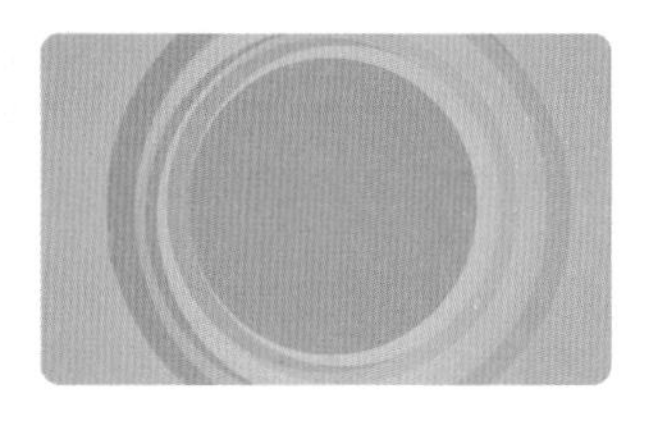

图9-30

实例082　为名片添加文字

操作步骤

01 使用“椭圆工具”，在名片中合适的位置绘制一个白色的正圆形，效果如图9-31所示。选择工具箱中的“文字工具”，在白色正圆形中单击插入光标，在工具箱的底部设置“填色”为深绿色，“描边”为无，在控制栏中设置合适的字体、字号，设置“段落”为“左对齐”，然后输入文字，按快捷键Ctrl+Enter确认输入操作，效果如图9-32所示。

图9-31

图9-32

02 使用同样的方法输入其他文字，效果如图9-33所示。

03 下面制作名片的背面。选择工具箱中的“选择工具”，按住Shift键加选名片中的所有元素，按快捷键Ctrl+C进行复制，按快捷键Ctrl+V进行粘贴，并将复制得到的名片移动到合适位置，效果如图9-34所示。选中文字和白色的正圆形，按Delete键进行删除，效果如图9-35所示。

图9-33

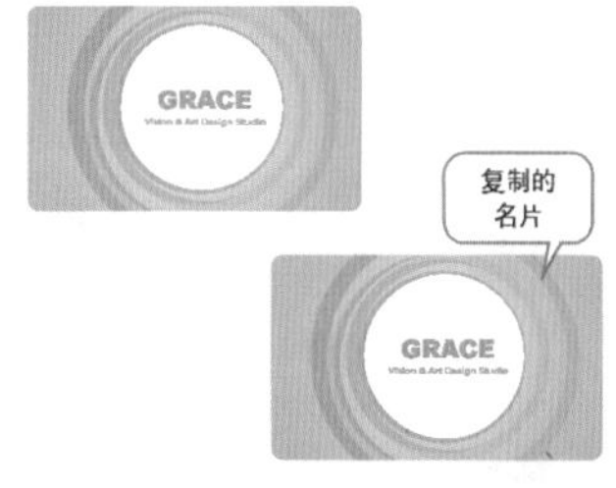

图9-34

图9-35

04 选中正圆形组，单击鼠标右键，在弹出的快捷菜单中选择“释放剪切蒙版”命令，效果如图9-36所示。使用工具箱中的“选择工具”选中正圆形组，然后将鼠标指针定位到定界框的四角处，按住Shift键进行拖动，将正圆形组放大，效果如图9-37所示。

05 继续利用剪切蒙版隐藏正圆形组多余的部分，效果如图9-38所示。

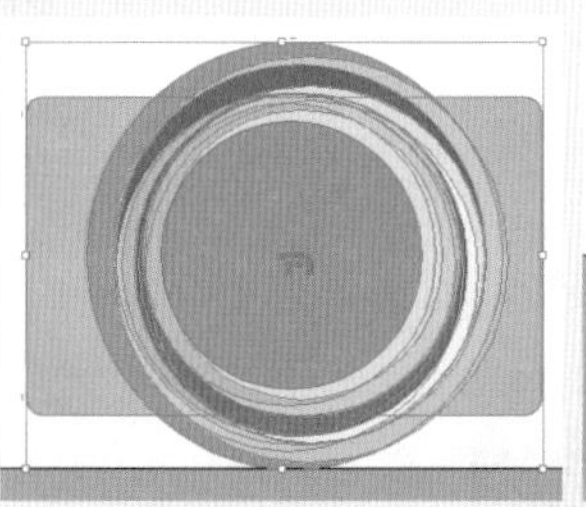

图9-36

图9-37

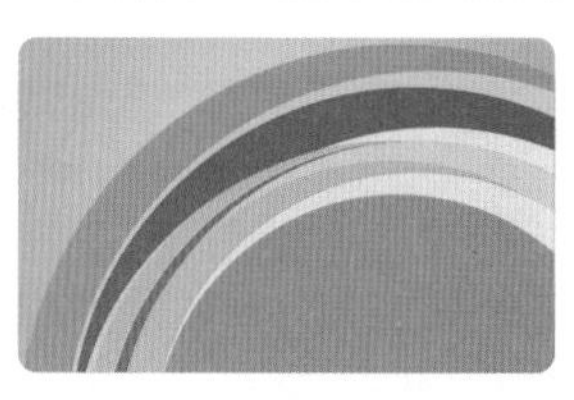

图9-38

06 执行“窗口>透明度”命令，在弹出的“透明度”面板中设置混合模式为“颜色加深”，“不透明度”为70%，如图9-39所示，此时效果如图9-40所示。

07 使用“文字工具”在名片中适当的位置输入文字，效果如图9-41所示。

08 选择名片正面的背景部分，执行“效果>风格化>投影”命令，在弹出的“投影”对话框中设置“模式”为“正片叠底”，“不透明度”为30%，“X位移”为0.5mm，“Y位移”为0.5mm，“模糊”为0.1mm，选中“颜色”单选按钮，设置颜色为青灰色，单击“确定”按钮，如图9-42所示，投影效果如图9-43所示。

09 使用同样的方法，制作背面名片的投影效果，最终完成效果如图9-44所示。

图9-39

图9-40

图9-41

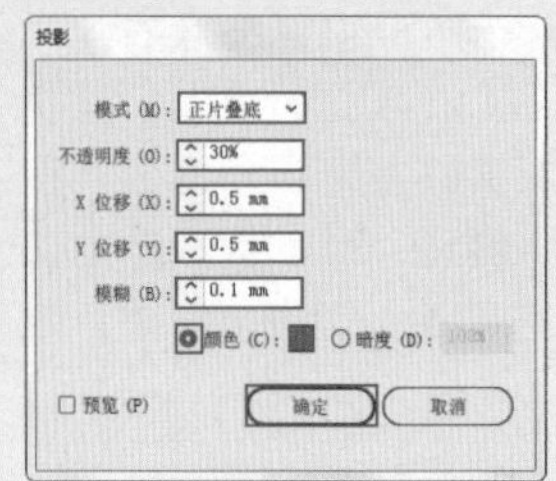

图9-42

图9-43

图9-44

> **提示 单色调的配色原则**
>
> 单色调是以一种基本色为主，通过颜色的明度、纯度的变化，求得协调关系的配色方案。在本案例中，采用的就是这样的配色方案，给观者一种自然、和谐、统一的视觉感受。

9.3 简约商务风格名片

文件路径	第9章\简约商务风格名片设计	
难易指数	★★★★★	
技术掌握	● 矩形工具 ● 文字工具 ● 钢笔工具 ● 渐变工具	扫码深度学习

操作思路

在本案例中，主要使用“矩形工具”“钢笔工具”“文字工具”进行制作。首先使用“矩形工具”绘制作为名片的矩形，然后使用“钢笔工具”绘制名片中的辅助图形，最后使用“文字”工具输入名片中的文字内容。

案例效果

案例效果如图9-45所示。

图9-45

实例083 制作名片的平面图

操作步骤

01 执行“文件>新建”命令，创建一个空白文档。下面制作名片的正面。选择工具箱中的“矩形工具”，在工具箱的底部设置“描边”为无，双击“填色”按钮，在弹出的“拾色器”对话框中设置颜色为亮灰色，单击“确定”按钮，如图9-46所示。在使用“矩形工具”的状态下，以画面的左上角拖动鼠标指针至右下角，绘制一个与画板等大的矩形，效果如图9-47所示。

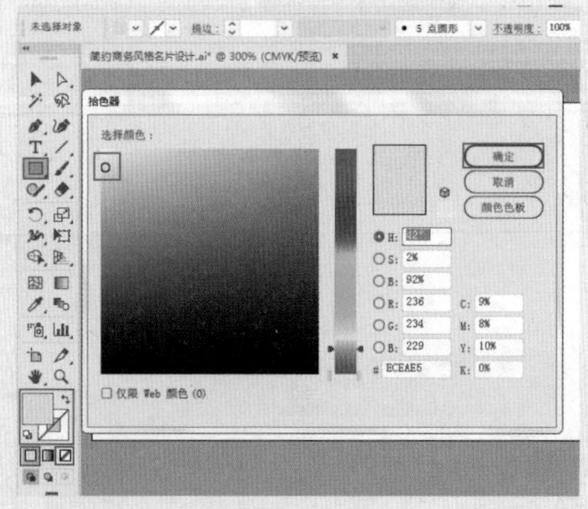

图9-46

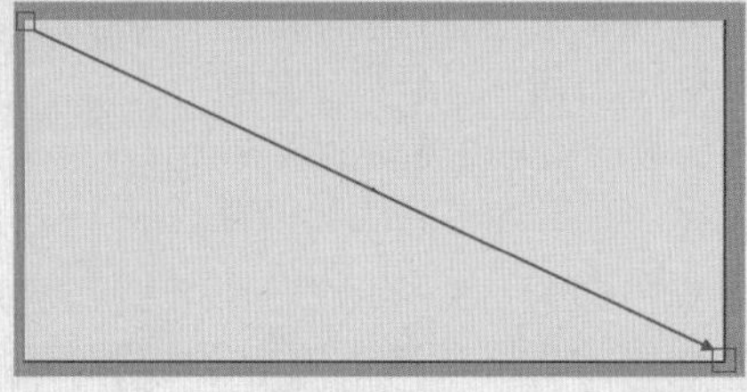
图9-47

02选择工具箱中的“钢笔工具”，在工具箱的底部设置“填色”为灰色，“描边”为无，在画面中绘制一个多边形，效果如图9-48所示。使用工具箱中的“选择工具”选中该多边形，然后同时按住Shift键和Alt键向下拖动，将多边形移动及复制，并改变其颜色，使用同样的方法多次进行移动及复制，效果如图9-49所示。

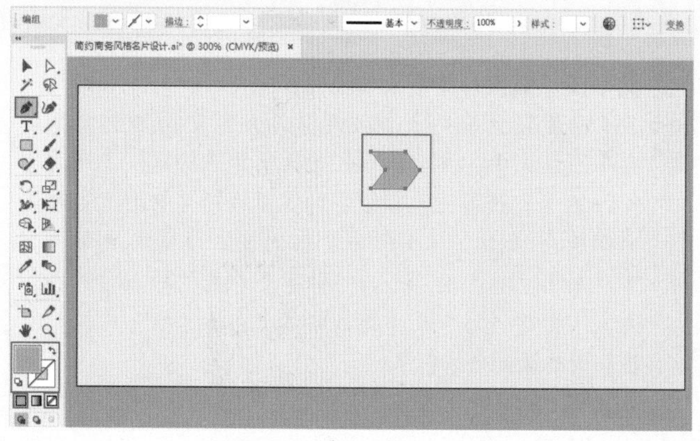
图9-48

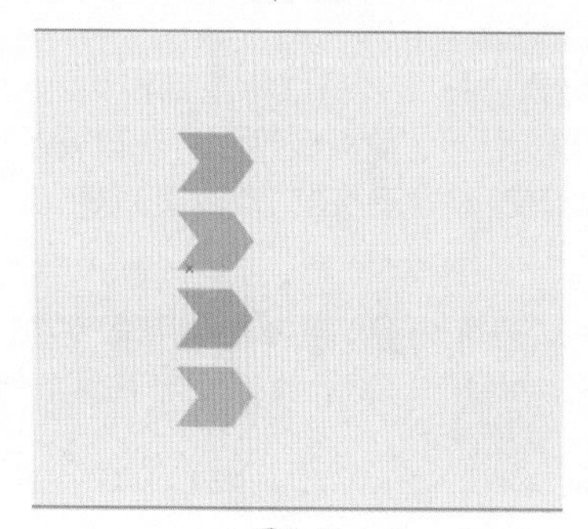
图9-49

03选择“钢笔工具”，在工具箱的底部设置“填色”为绿色，“描边”为无，在画面中适当的位置绘制一个多边形，效果如图9-50所示。

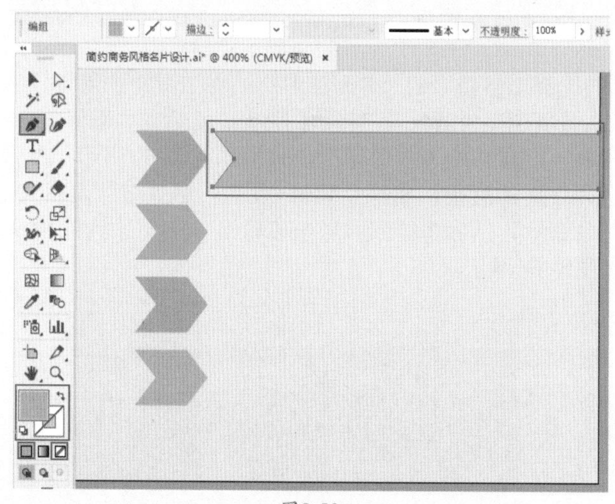
图9-50

04继续选择“钢笔工具”，在工具箱的底部设置“填色”为无，“描边”为无，在绿色多边形上绘制一条闭合路径，效果如图9-51所示。

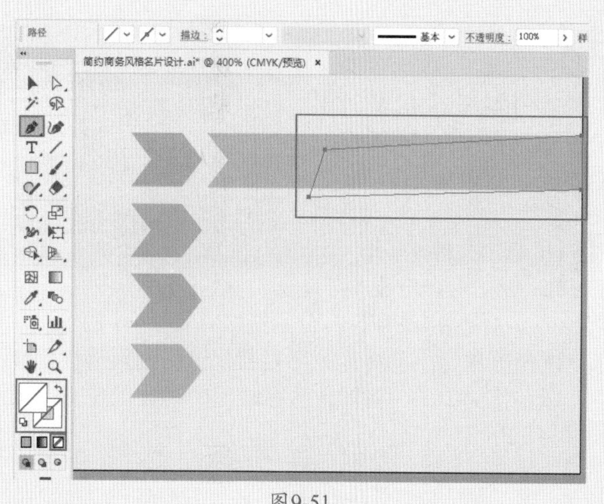
图9-51

05选中该闭合路径，单击工具箱底部的“填色”按钮，使之置于前方，执行“窗口>渐变”命令，在弹出的“渐变”面板中设置“类型”为“线性”，编辑一个由黑色到透明的渐变，如图9-52所示。选择工具箱中的“渐变工具”，在闭合路径上拖动调整渐变效果，得到黑色渐变的图形，效果如图9-53所示。

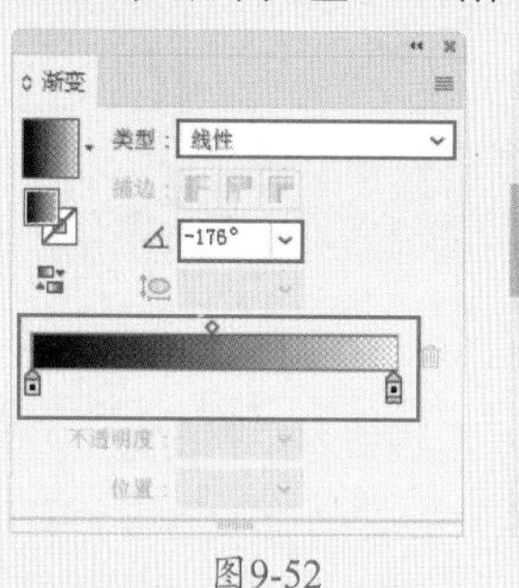

图9-52

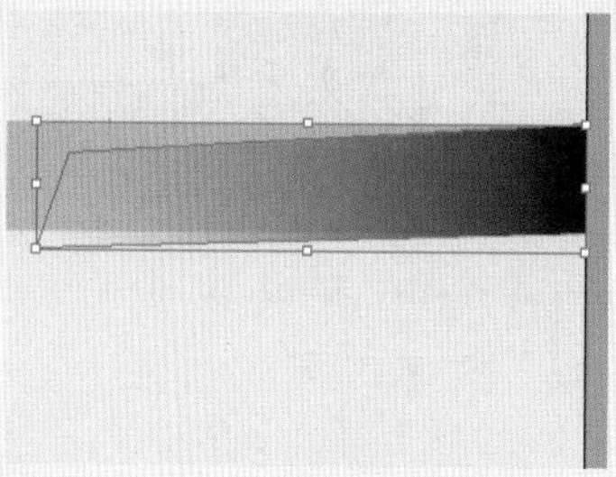

图9-53

06选中该黑色渐变的图形，执行“对象>排列>后移一层”命令，将该黑色渐变的图形移动到绿色多边形的后面，作为投影，效果如图9-54所示。

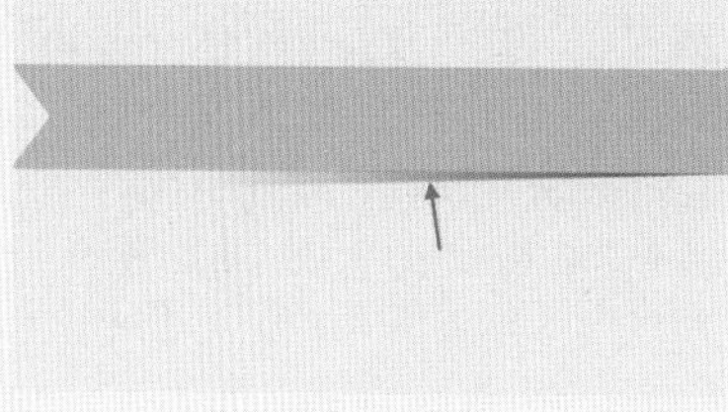
图9-54

07为了使投影效果更加真实，需要将其进行模糊。选择该黑色渐变的图形，执行“效果>模糊>高斯模糊”命令，在弹出的“高斯模糊”对话框中设置“半径”为1像素，单击“确定”按钮，如图9-55所示，此时效果如图9-56所示。

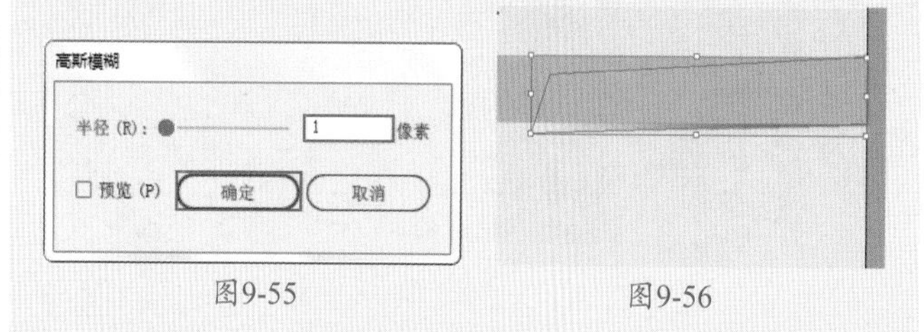

图9-55　图9-56

08加选绿色多边形及其投影，进行多次复制，并改变个别多边形的填充颜色，将其作为彩条，效果如图9-57所示。

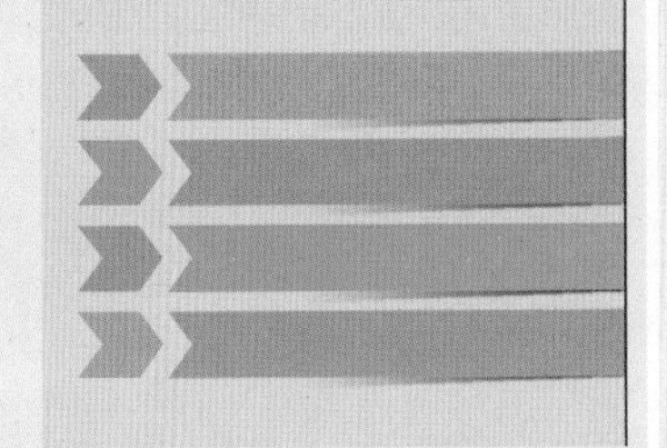
图9-57

09执行“文件>打开”命令，打开素材“1.ai”，如图9-58所示。分别选中“1.ai”中的各个小图标，按快捷键Ctrl+C将其进行复制，返回刚刚操作的文档中，按快捷键Ctrl+V将其粘贴在画面中适当的位置，效果如图9-59所示。

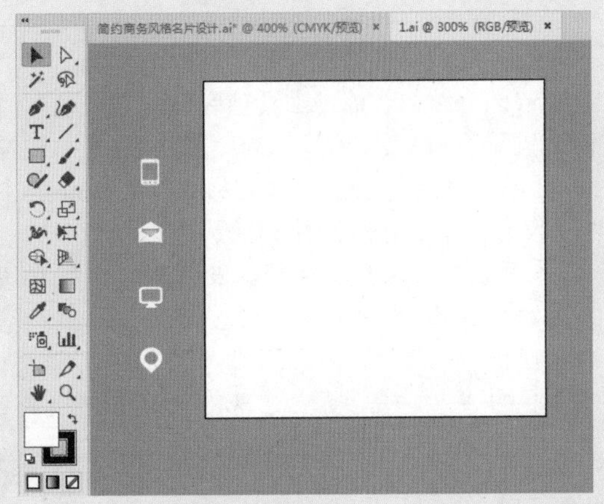
图9-58

10选择工具箱中的“文字工具”，在彩条上单击插入光标，在控制栏中设置“填充”为白色，“描边”为无，选择合适的字体、字号，然后输入文字，按快捷键Ctrl+Enter确认输入操作，效果如图9-60所示。使用同样的方法，在画面中输入其他文字，效果如图9-61所示。

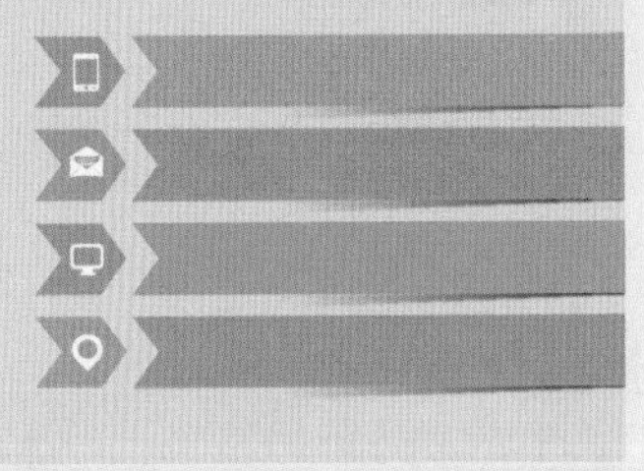
图9-59

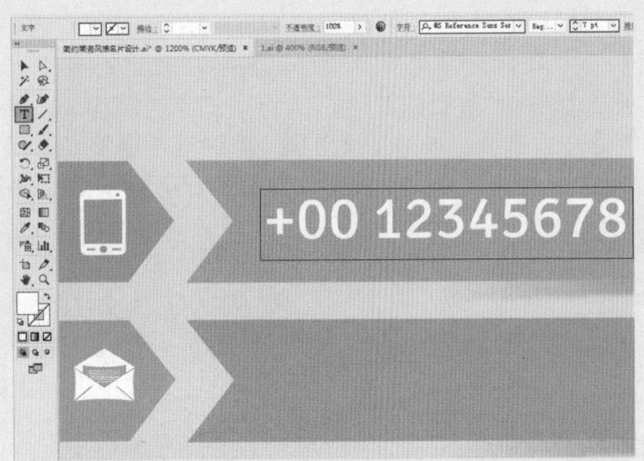

图9-60

图9-61

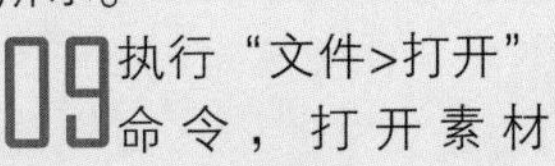

提示 **文字在平面设计中的意义**

平面设计有两大构成要素，分别是图形和文字。在平面设计中，文字不仅仅局限于传达信息，文字的字体、字号及颜色的选择还会对版面的视觉效果产生较大的影响。例如，本案例中左侧的文字为重点展示的文字，采用了稍大的字号，字体也更具视觉冲击力；右侧的文字则选择了中规中矩的字体，在传达信息的同时营造和谐的版面效果。

11下面制作名片的背面。首先需要新建一个与之前画板等大的画板。选择工具箱中的“画板工具”，单击控制栏中的“新建画板”按钮，将鼠标指针移动到画面中，此时在画面中出现一个与之前画板等大的新画板，在“画板1”右侧单击，即可新建“画板2”，效果如图9-62所示。

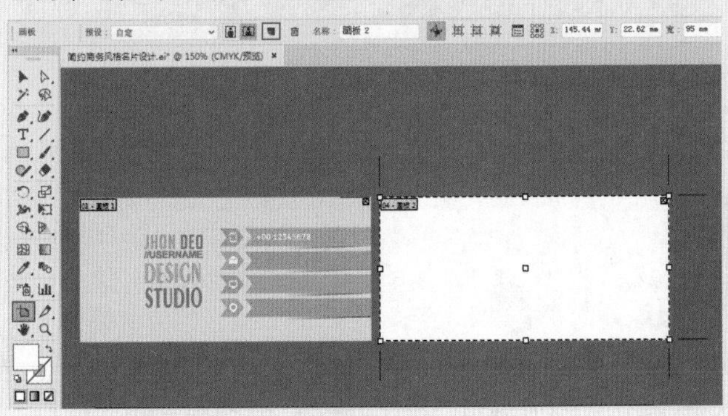
图9-62

12选择工具箱中的“矩形工具”，在工具箱的底部设置“填色”为蓝色，“描边”为无，然后在“画板2”中绘制一个与画板等大的矩形，效果如图9-63所示。加选名片正面的彩条，执行“编辑>复制”命令与“编辑>粘贴”命令，然后将得到的彩条移动到“画板2”中，效果如图9-64所示。

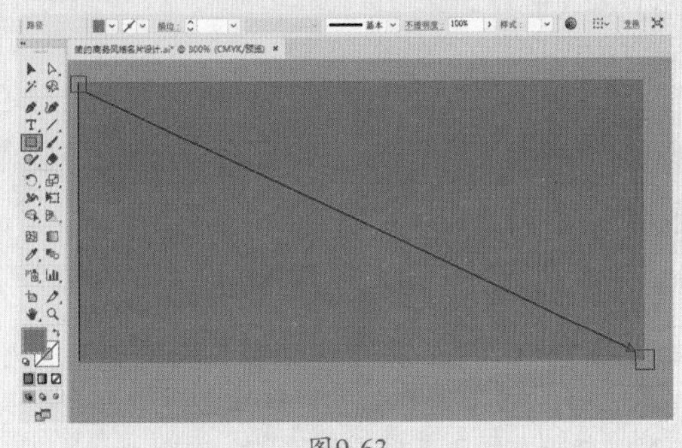
图9-63

图9-64

13 使用“文字工具”输入名片背面的文字，效果如图9-65所示。

图9-65

实例084　制作名片的展示效果

操作步骤

01 下面制作名片的立体展示效果。再次选择“画板工具”，在画面中适当的位置按住鼠标左键拖动鼠标指针，新建一个宽度为183mm、高度为127mm的“画板3”，效果如图9-66所示。

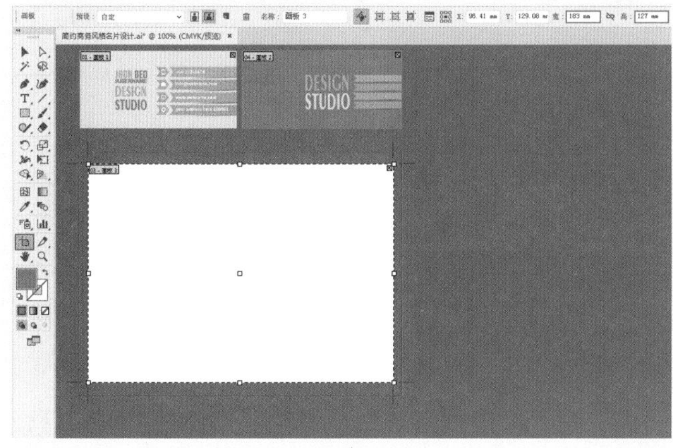

图9-66

02 执行“文件>置入”命令，在弹出的“置入”对话框中选择素材“2.jpg”，单击“置入”按钮，如图9-67所示。在画面中按住鼠标左键拖动鼠标指针，控制置入对象的大小，释放鼠标左键完成置入操作。在控制栏中单击“嵌入”按钮，将素材嵌入到文档中，效果如图9-68所示。

03 使用工具箱中的“选择工具”加选名片背面的所有元素，按快捷键Ctrl+G进行编组。执行“编辑>复制”命令与“编辑>粘贴”命令，将复制得到的名片背面组移动到“画板3”中，效果如图9-69所示。

04 下面制作名片背面的投影效果。选择工具箱中的“钢笔工具”，在名片的下方绘制一个三角形的闭合路径，效果如图9-70所示。

图9-67

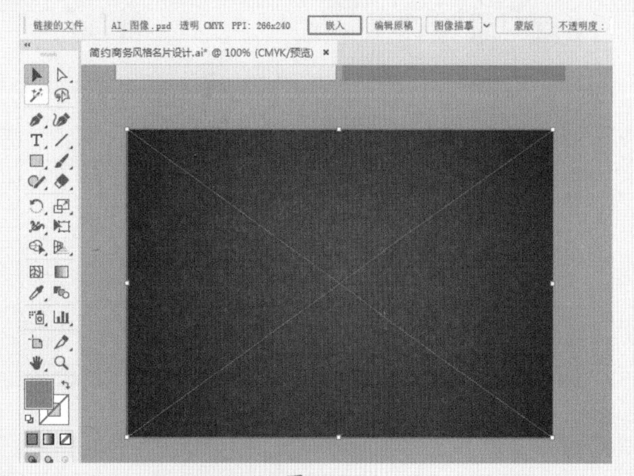

图9-68

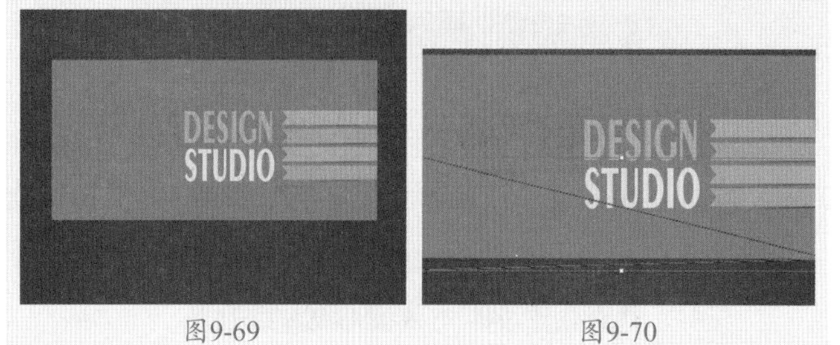

图9-69　　图9-70

05 选中该三角形闭合路径，为其填充灰色系的线性渐变，如图9-71和图9-72所示。

图9-71　　图9-72

06选中渐变三角形，多次执行“对象>排列>后移一层”命令，将其移动到名片的后面，效果如图9-73所示。继续选中渐变三角形，单击控制栏中的“不透明度”按钮，在其下拉面板中设置“混合模式”为“正片叠底”，效果如图9-74所示。

图9-73

图9-74

07使用同样的方法，制作名片正面的投影效果，将其摆放在合适的位置。最终完成效果如图9-75所示。

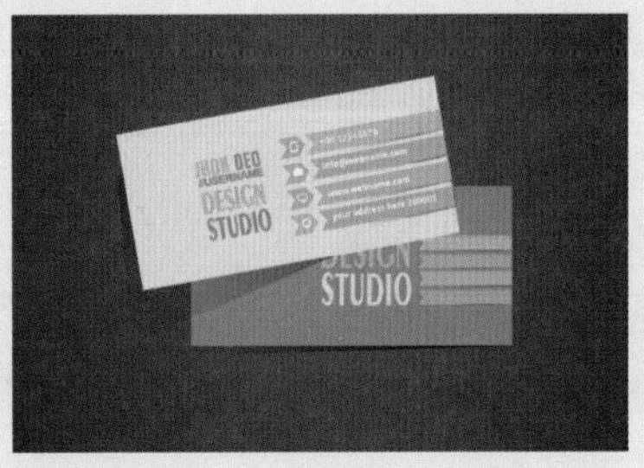

图9-75

9.4 健身馆业务宣传名片

文件路径	第9章\健身馆业务宣传名片	 扫码深度学习
难易指数	★★★★★	
技术掌握	● 钢笔工具 ● 文字工具 ● 剪切蒙版	

操作思路

在本案例中，主要使用“矩形工具”“钢笔工具”“文字工具”。首先使用“矩形工具”绘制作为名片的矩形，然后使用“钢笔工具”绘制辅助图形，最后为名片输入文字内容。

案例效果

案例效果如图9-76所示。

图9-76

实例085 制作名片的平面图

操作步骤

01执行“文件>新建”命令，在弹出的“新建文档”对话框中设置“宽度”为95毫米，“高度”为45毫米，单击“横向”按钮，单击“确定”按钮，如图9-77所示。

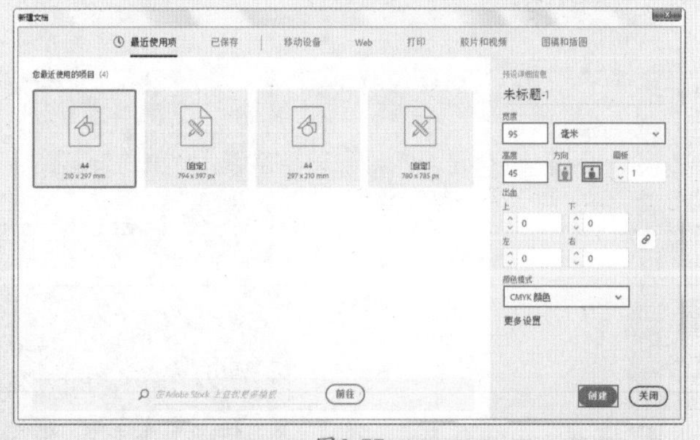

图9-77

02执行“文件>置入”命令，在弹出的“置入”对话框中选择素材“1.jpg”，单击“置入”按钮，如图9-78所示。在画面中按住鼠标左键拖动鼠标指针，控制置入对象的大小，释放鼠标左键完成置入操作。在控制栏中单击“嵌入”按钮，将素材嵌入到文档中，效果如图9-79所示。

03选择工具箱中的“矩形工具”，从画面的左上角拖动鼠标指针至右下角，绘制一个与画板等大的矩形，效果如图9-80所示。选择工具箱中的“选择工具”，按住Shift键加选矩形和素材，单击鼠标右键，在弹出的快捷菜单中选择“建立剪切蒙版”命令，此时超出矩形范围以外的素材部分被隐藏起来，效果如图9-81所示。

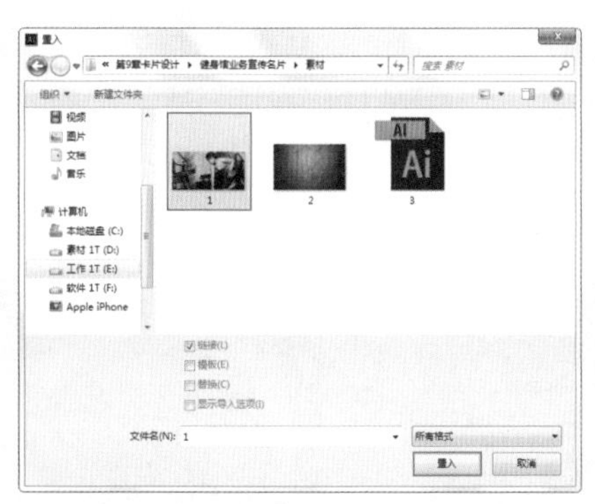

图9-78

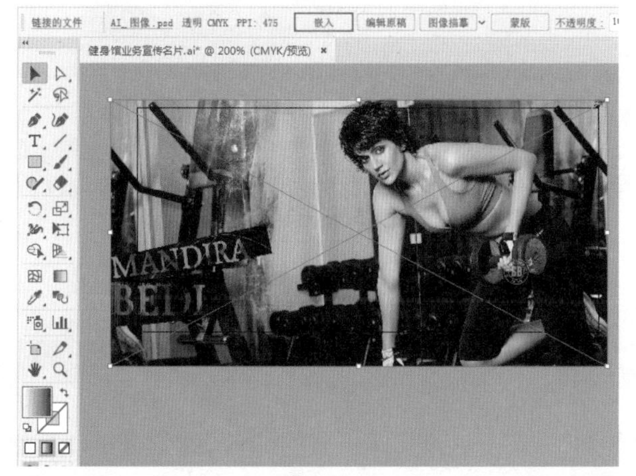

图9-79

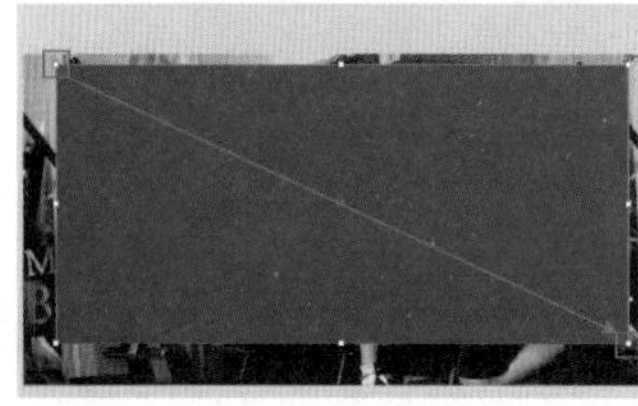

图9-80

图9-81

04 下面制作装饰色块。选择工具箱中的“矩形工具”，在工具箱的底部设置“描边”为无，双击“填色”按钮，在弹出的“拾色器”对话框中设置颜色为土黄色，单击“确定”按钮，如图9-82所示。在使用“矩形工具”的状态下，在人物素材的下方拖动鼠标指针，绘制一个矩形，效果如图9-83所示。

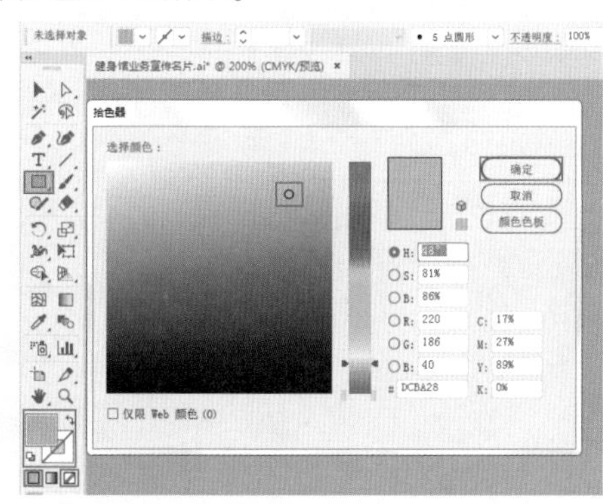

图9-82

05 选择工具箱中的“直接选择工具”，选中矩形右下角的控制点，按住Shift键将其向右拖动，以制作不规则的四边形，效果如图9-84所示。使用同样的方法，制作其他两个图形，作为装饰色块，效果如图9-85所示。

图9-83

06 下面制作两个色块之间的阴影，以模拟折叠的效果。选中绘制的三角形，按快捷键Ctrl+C进行复制，然后按快捷键Ctrl+F将其粘贴在原三角形的前面，效果如图9-86所示。在复制得到的三角形被选中的状态下，执行“窗口>渐变”命令，在弹出的“渐变”面板中设置“类型”为“线性”，“角度”为-130°，在面板底部编辑一个由白色到黑色的渐变，填充渐变效果如图9-87所示。

07 选择黑白渐变的三角形，在控制栏中设置“不透明度”为30%，效果如图9-88所示。

图9-84

图9-85

图9-86

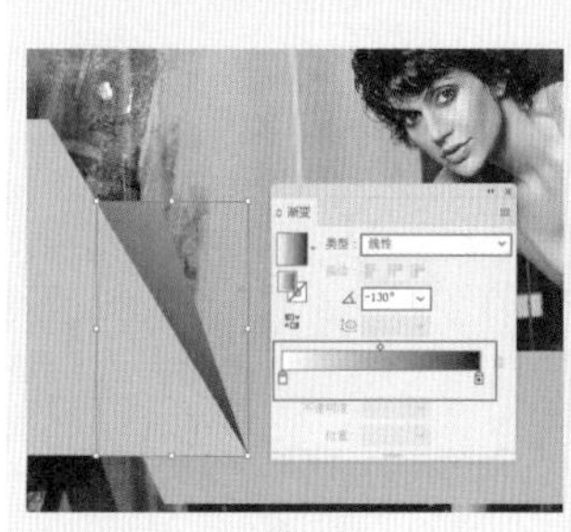

图9-87

图9-88

08 选择工具箱中的“文字工具”，在画面中适当的位置单击插入光标，在控制栏中设置“填充”为白色，“描边”为无，选择合适的字体、字号，设置“段落”为“左对齐”，然后输入文字，按快捷键Ctrl+Enter确认输入操作，效果如图9-89所示。使用同样的方法，在该文字的下方再次输入文字，效果如图9-90所示。

09 选择工具箱中的“矩形工具”，在控制栏中设置“填充”为白色，“描边”为无，在画面中适当的位置绘制一个白色的矩形，效果如图9-91所示。

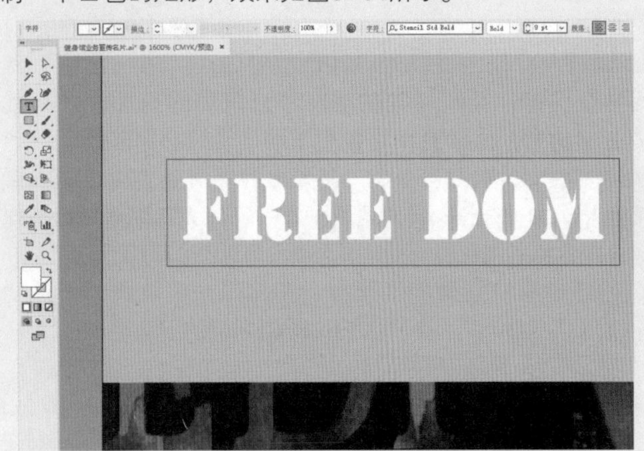

图9-89

图9-90　图9-91

10 下面制作标志图形。选择工具箱中的“钢笔工具”，在控制栏中设置“填充”为无，“描边”为白色，描边“粗细”为1pt，然后单击“描边”按钮，在其下拉面板中设置“端点”为“圆头端点”，在画面中绘制一个弧形，效果如图9-92所示。继续使用“钢笔工具”绘制另外两个弧形，效果如图9-93所示。

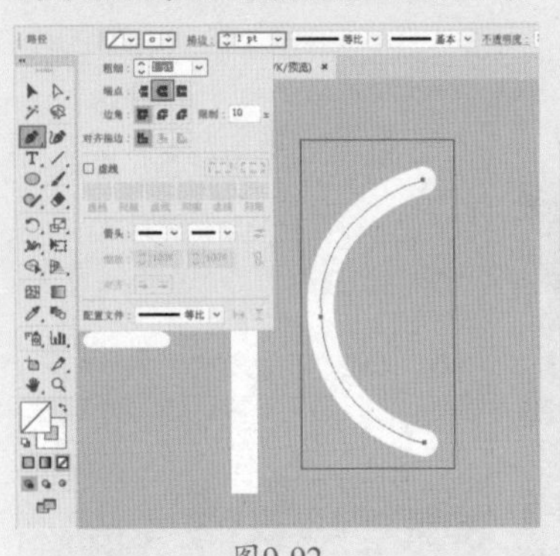

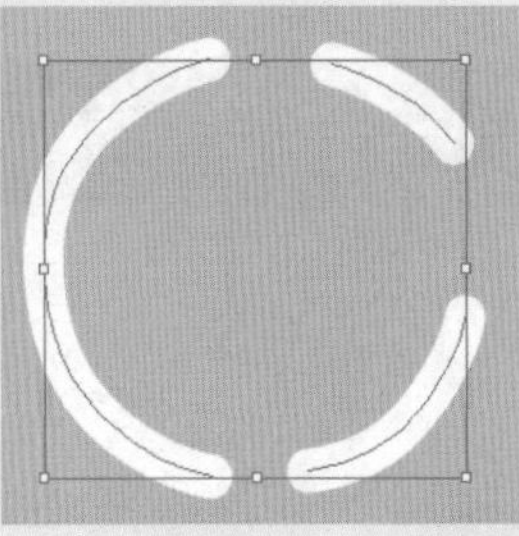

图9-92　图9-93

11 将绘制的三个弧形加选，执行“对象>扩展”命令，在弹出的“扩展”对话框中勾选“填充”和“描边”复选框，单击“确定”按钮，如图9-94所示，此时效果如图9-95所示。

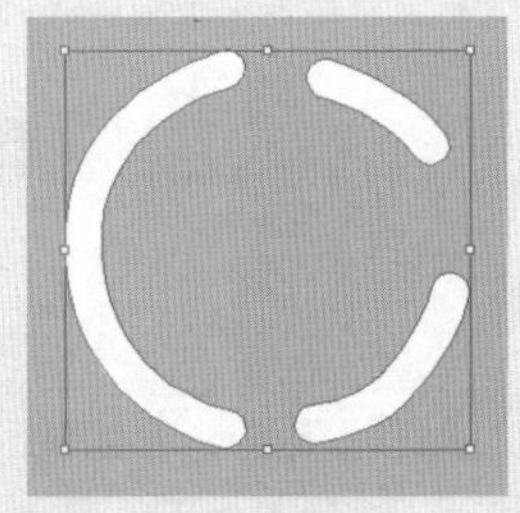

图9-94　图9-95

12 选择工具箱中的“椭圆工具”，在控制栏中设置“填充”为白色，“描边”为无，然后按住Shift键在弧形中间绘制一个正圆形，效果如图9-96所示。使用同样的方法，再次绘制两个正圆形，效果如图9-97所示。

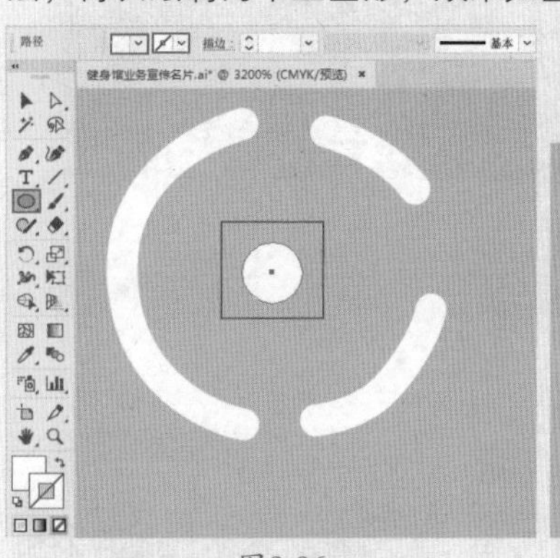

图9-96　图9-97

13 选择工具箱中的“圆角矩形工具”，在工具箱的底部设置“填色”为白色，“描边”为无，在画面中单击，在弹出的“圆角矩形”对话框中设置“宽度”为0.15mm，“高度”为0.5mm，“圆角半径”为0.5mm，单击“确定”按钮，如图9-98所示，圆角矩形所绘制效果如图9-99所示。

图9-98　图9-99

14 使用同样的方法，绘制另一个圆角矩形，效果如图9-100所示。

15 执行“文件>打开”命令，打开素材“2.ai”，选中素材中的二维码，按快捷键Ctrl+C进行复制，然后回到刚刚操作的文档中，按快捷键Ctrl+V进行粘贴，并将其移动到合适的位置，效果如图9-101所示。

图9-100

图9-101

16 使用“文字工具”在画面的右侧输入文字，效果如图9-102所示。将素材“2.ai”中的图标复制到文档中，并摆放在合适的位置，效果如图9-103所示。

图9-102

图9-103

提示 为什么该名片采用黄色调

本案例以运动为主题，将黄色作为主色调，可以向观者表达一种积极、活力、健康的感觉。此外，本案例中的主色调采用的并非是正黄色，而是土黄色，整体感觉活泼又不失稳重。

17 下面制作名片的背面。选择工具箱中的“画板工具”，在控制栏中单击“新建画板”按钮，将鼠标指针移动到画面中，此时画面中出现一个与之前画板等大的新画板，在“画板1”右侧单击，即可新建“画板2”，效果如图9-104所示。选择工具箱中的“矩形工具”，在画面中绘制一个与画板等大的黄色矩形，效果如图9-105所示。

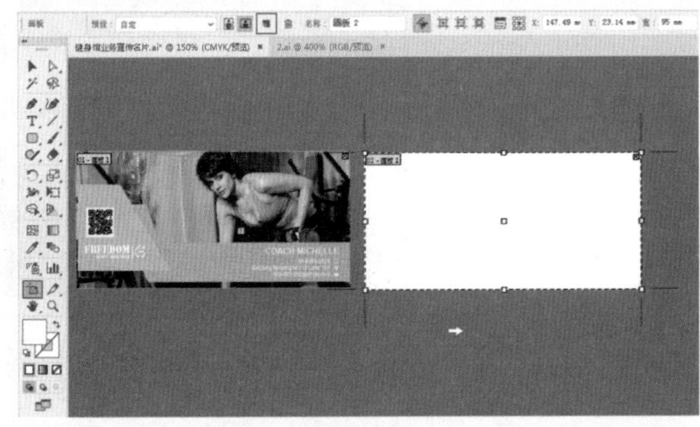

图9-104

图9-105

18 选择工具箱中的“钢笔工具”，在画面中绘制一个不规则图形，效果如图9-106所示。选中该不规则图形，执行“窗口>渐变”命令，在弹出的“渐变”面板中设置“类型”为“线性”，“角度”为-150°，在面板底部编辑一个白色到黑色的渐变，如图9-107所示，此时效果如图9-108所示。

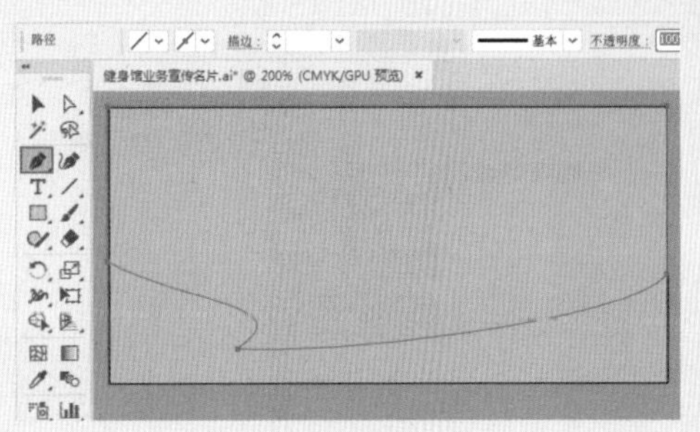

图9-106

图9-107

图9-108

19 在不规则图形被选中的状态下，在控制栏中设置“不透明度”为30%，效果如图9-109所示。保持该图形的选中状态，执行“编辑>复制”命令及“编辑>粘贴”命令，复制一个相同的不规则图形，在控制栏中设置“填充”为黄色，“不透明度”为100%，将该图形调整至合适的大小并向上移动，摆放在原不规则图形上，效果如图9-110所示。

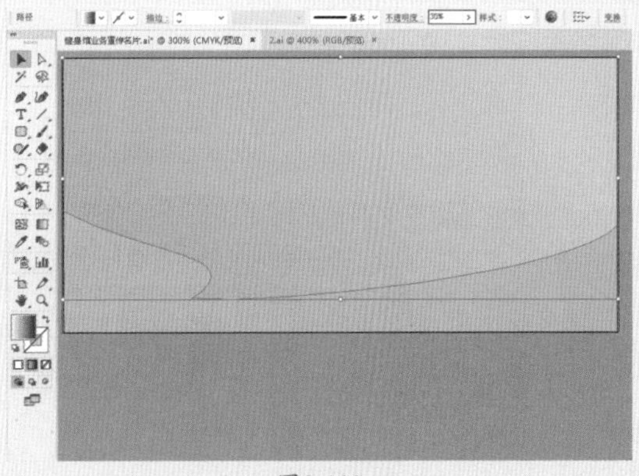

图9-109

图9-110

20 下面绘制箭头。选择工具箱中的“多边形工具”，在控制栏中设置“填充”为白色，“描边”为无，在画面中单击，在弹出的“多边形”对话框设置“半径”为1.5mm，“边数”为3，单击“确定”按钮，如图9-111所示，此时效果如图9-112所示。

图9-111

图9-112

21 使用工具箱中的“矩形工具”在三角形的左侧绘制一个白色的矩形，效果如图9-113所示。将矩形和三角形加选，执行“窗口>路径查找器”命令，在弹出的面板中单击“联集”按钮，即可制作出一个箭头图形，效果如图9-114所示。

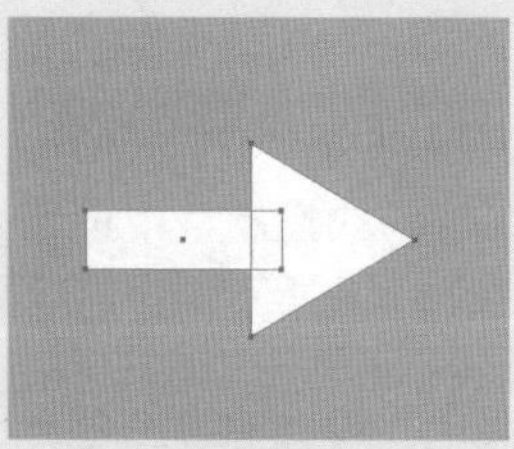

图9-113

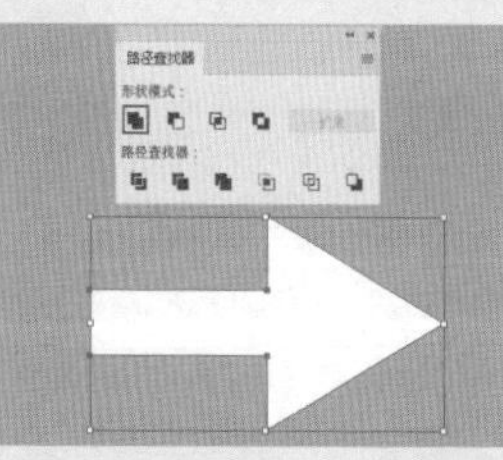

图9-114

22 将箭头图形复制五份，放置在合适的位置，效果如图9-115所示。使用“文字工具”输入健身馆的健身项目等信息，效果如图9-116所示。

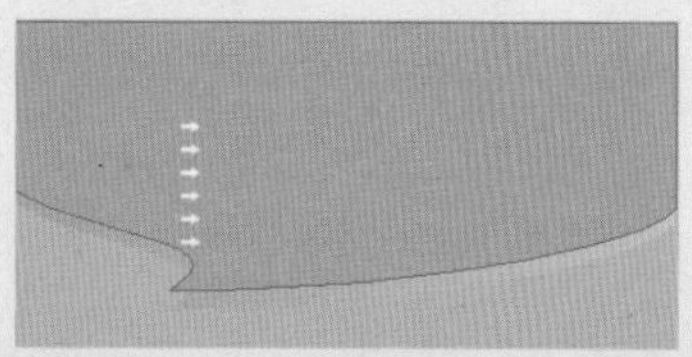

图9-115

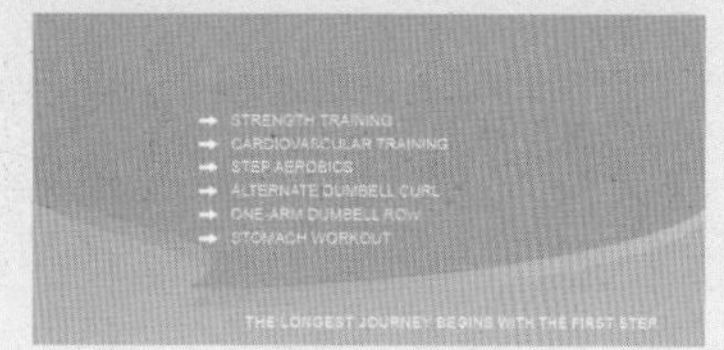

图9-116

> **提示　如何让箭头整齐排列**
>
> 可以先将箭头加选，然后执行“窗口>对齐”命令，在弹出的“对齐”面板中单击“水平居中对齐”按钮，使其进行对齐；然后单击“垂直居中分布”按钮，使每个箭头的间距相等。

23 将名片正面的标志复制一份，放置在名片背面的右上角，并进行适当的缩放，效果如图9-117所示。

图9-117

实例086　制作名片的展示效果

操作步骤

01 新建一个画板，将素材“3.jpg”置入并嵌入到文档中，将其作为背景，效果如图9-118所示。使用工具箱中的“选择工具”加选名片背面的所有元素，并将其复制一份，放置在背景素材的中间，效果如图9-119所示。

图9-118

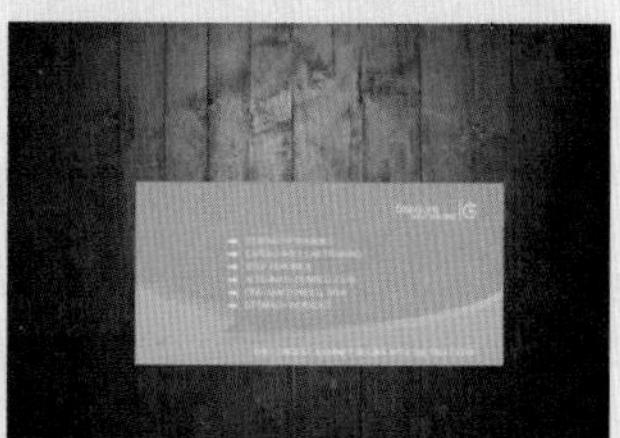

图9-119

02 选择名片最后面的矩形，执行“效果>风格化>投影”命令，在弹出的“投影”对话框中设置“模式”为“正片叠底”，“不透明度”为75%，“X位移”为1mm，“Y位移”为1mm，“模糊”为0.5mm，选中“颜色”单选按钮，设置颜色为黑色，单击“确定”按钮，如图9-120所示，此时效果如图9-121所示。

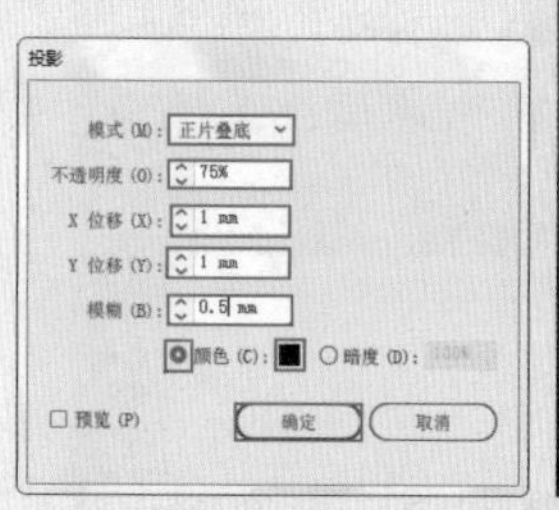

图9-120

图9-121

03 将名片内容再复制一份，并旋转至合适的角度，效果如图9-122所示。使用同样的方法，制作名片正面的投影效果，并进行旋转。最终完成效果如图9-123所示。

图9-122

图9-123

9.5 奢华感会员卡

文件路径	第9章\奢华感会员卡设计	扫码深度学习
难易指数	★★★★★	
技术掌握	● 矩形工具 ● 渐变工具 ● 文字工具 ● 自由变换工具 ● "投影"效果	

操作思路

在本案例中，首先使用"矩形工具"划分卡片的几个部分，然后使用"文字工具"将文字输入到片中的适当位置，完成卡片平面图的制作，最后使用"自由变换工具"将卡片进行变形，以制作出立体的效果。

案例效果

案例效果如图9-124所示。

图9-124

实例087 制作卡片的正面

操作步骤

01 新建一个空白文档。选择工具箱中的"矩形工具"，在工具箱的底部单击"填色"按钮，设置"填充类型"为"渐变"，双击工具箱中的"渐变工具"按钮，在弹出的"渐变"面板中设置"类型"为"径向"，"角度"为0°，"长宽比"为100%，在面板底部编辑一个红色系的渐变，单击"描边"按钮，设置"填充类型"为无，如图9-125所示。在使用"矩形工具"的状态下，在画面中绘制一个渐变的矩形，效果如图9-126所示。

02 继续使用"矩形工具"，在渐变矩形的下方绘制一个黑色的矩形，效果如图9-127所示。

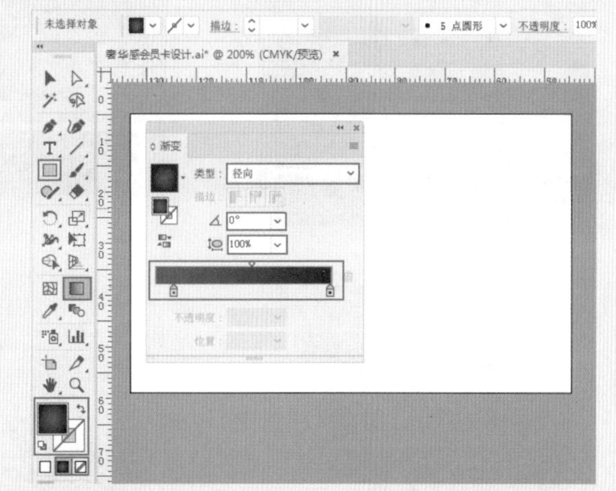

图9-125

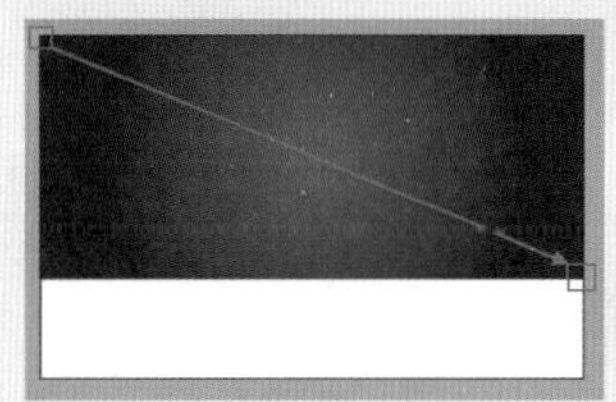

图9-126

图9-127

03 继续使用"矩形工具"，在工具箱的底部设置"填色"为红色，"描边"为无，在画板以外绘制一个矩形，效果如图9-128所示。使用工具箱中的"选择工具"选中该矩形，然后同时按住Shift键和Alt键拖动鼠标指针，将矩形进行移动及复制，效果如图9-129所示。

04 多次按快捷键Ctrl+D，将矩形进行多次复制及移动，效果如图9-130所示。加选复制得到的所有矩形，单击鼠标右键，在弹出的快捷菜单中选择"编组"命令，然后在使用"选择工具"的状态下，将鼠标指针定位到定界框以外，当鼠标指针变为带有弧度的双箭头时，按住鼠标左键拖动鼠标指针，将矩形组进行旋转，效果如图9-131所示。

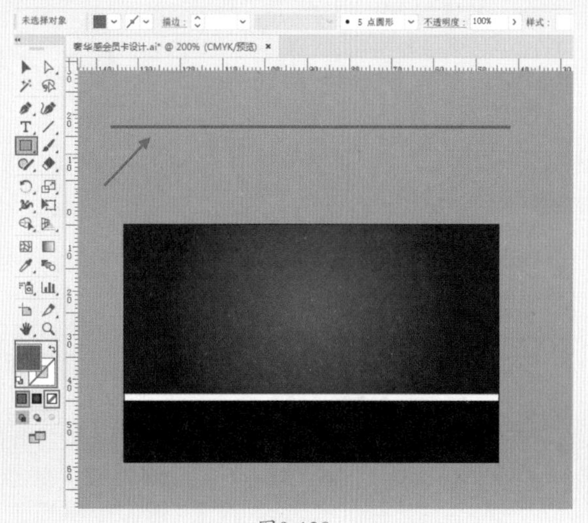

图9-128

图9-129

图9-130

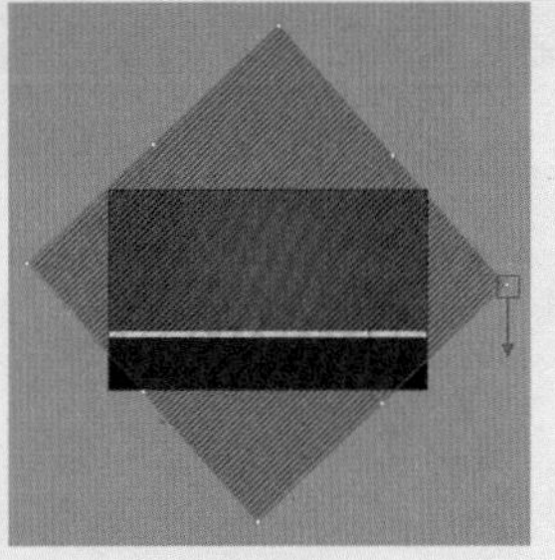
图9-131

05 选择工具箱中的“矩形工具”，在画面中绘制一个与红色渐变的矩形大小相同的黄色矩形，效果如图9-132所示。加选黄色的矩形和红色的矩形组，然后单击鼠标右键，在弹出的快捷菜单中选择“建立剪切蒙版”命令，效果如图9-133所示。

06 在矩形组被选中的状态下，单击控制栏中的“不透明度”按钮，在弹出的下拉面板中设置“混合模式”为“明度”，“不透明度”为20%。效果如图9-134所示。

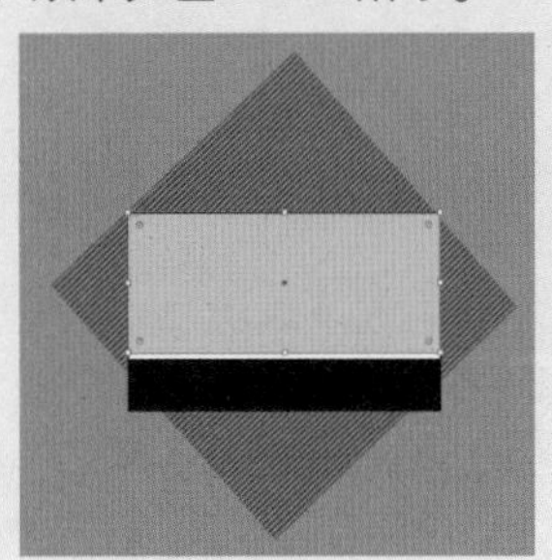
图9-132

图9-133

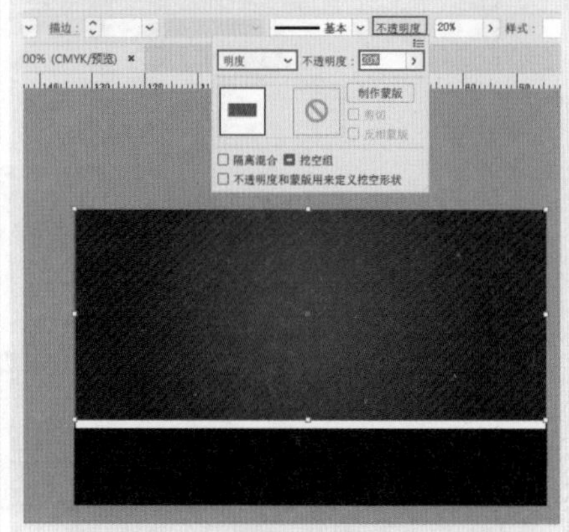
图9-134

07 执行“文件>打开”命令，在弹出的“打开”对话框中选择素材“1.ai”，单击“打开”按钮，如图9-135所示，此时效果如图9-136所示。

图9-135

图9-136

08 选中打开的文件中的钻石图形，按快捷键Ctrl+C将其进行复制，返回刚刚操作的文档中，按快捷键Ctrl+V将其粘贴在画面中，并将其调整至合适的大小，效果如图9-137所示。选择“文字工具”，在钻石图形的下方单击插入光标，在控制栏中设置合适的字体、字号，然后输入文字，效果如图9-138所示。

图9-137

图9-138

09 选中文字，按快捷键Shift+Ctrl+O，将文字创建为轮廓。选中文字，单击工具箱底部的“填色”按钮，将其置于前面，然后双击工具箱中的“渐变工具”按钮，在弹出的“渐变”面板中编辑一个金色系的渐变，如图9-139所示。在“渐变”面板中单击“描边”按钮，使之置于前面，再编辑一个金色系的渐变，如图9-140所示。此时文字效果如图9-141所示。

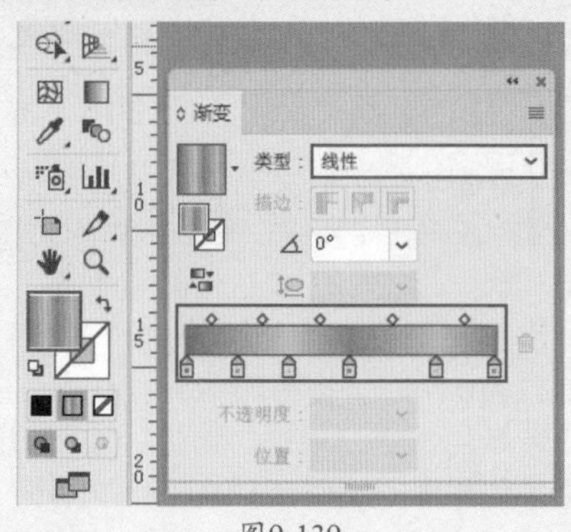

图9-139

图9-140

图9-141

10 加选文字和钻石图形，执行“效果>风格化>投影”命令，在弹出的“投影”对话框中设置“混合模式”为“正片叠底”，“不透明度”为75%，“X位移”为0.3mm，“Y位移”为0.3mm，“模糊”为0mm，选中“颜色”单选按钮，设置颜色为黑色，单击“确定”按钮，如图9-142所示，此时效果如图9-143所示。

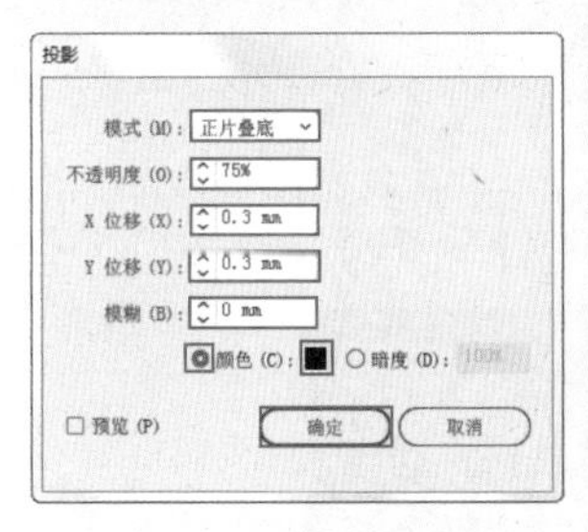

图9-142

图9-143

11 选择“文字工具”，在画面中适当的位置输入文字，效果如图9-144所示。将钻石素材复制一份，放置在画面中适当的位置，效果如图9-145所示。

图9-144

图9-145

12 选择工具箱中的“圆角矩形工具”，在控制栏中设置“填充”为黑色，“描边”为白色，描边“粗细”为0.5pt，设置完成后，在画面的右上角绘制一个圆角矩形，效果如图9-146所示。在该圆角矩形被选中的状态下，多次单击鼠标右键，在弹出的快捷菜单中选择“排列>后移一层”命令，将圆角矩形移动到文字和钻石素材的后面，效果如图9-147所示。

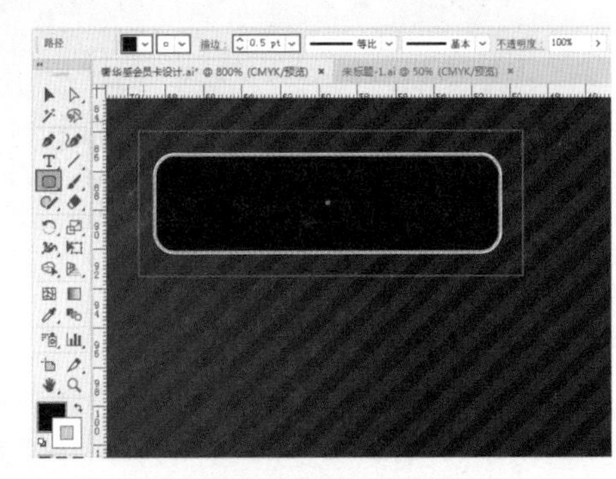
图9-146

图9-147

实例088　制作卡片的背面

操作步骤

01 选择工具箱中的“画板工具”，然后单击控制栏中的“新建画板”按钮，将鼠标指针移动到画面中，此时画面中出现一个与之前画板等大的新画板，在“画板1”右侧单击，即可新建“画板2”，效果如图9-148所示。

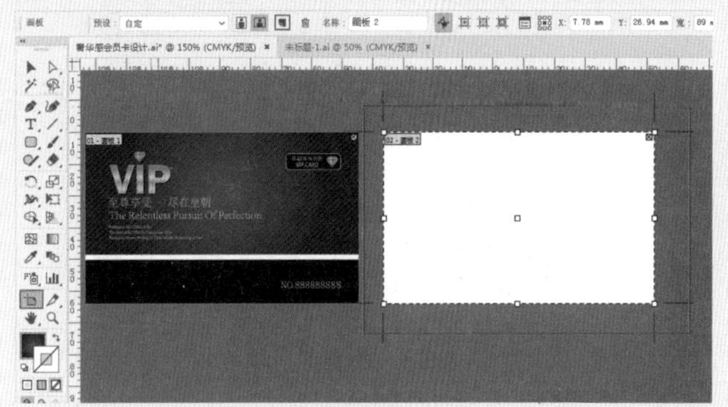

图9-148

02 选择工具箱中的“选择工具”，按住Shift键加选卡片正面的红色渐变矩形和红色矩形组，按住Alt键将其移动并复制到“画板2”中，效果如图9-149所示。使用同样的方法，将卡片正面的标志部分进行复制，并放置在卡片背面的右上角，效果如图9-150所示。

图9-149

图9-150

03 选择工具箱中的“矩形工具”，在画面中绘制一个矩形，并为其设置黑色系的渐变，如图9-151所示，此时效果如图9-152所示。

04 继续使用“矩形工具”在画面的下方绘制一个黑色的矩形，效果如图9-153所示。使用“文字工具”在黑色矩形中输入文字，效果如图9-154所示。

05 选择工具箱中的“矩形工具”，在控制栏中设置“填充”为白色，“描边”为无，在文字的右侧绘制一个白色的矩形，效果如图9-155所示。

图9-151

图9-152

图9-153

图9-154

图9-155

实例089　制作卡片的展示效果

操作步骤

01 将卡片的正面和背面分别进行编组，然后选中卡片的正面组和背面组，执行“文字>创建轮廓”命令，将文字创建为轮廓。选择工具箱中的“画板工具”，在画面中适当的位置绘制一个稍大的画板，效果如图9-156所示。

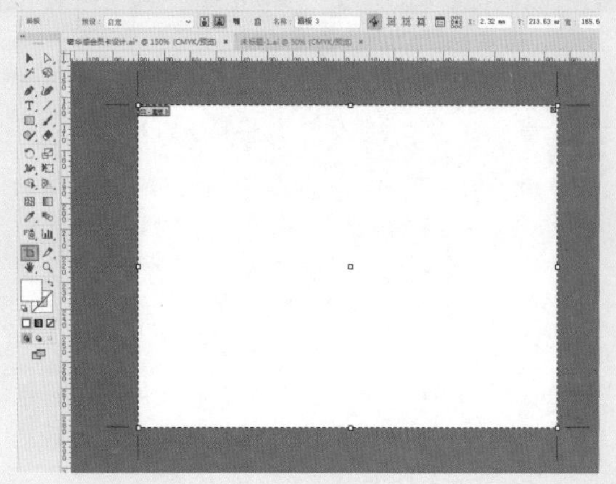

图9-156

02 选择工具箱中的“矩形工具”，在工具箱的底部设置“填色”为深灰色，“描边”为无，在画面中绘制一个与画板等大的矩形，效果如图9-157所示。将卡片背面组选中，按快捷键Ctrl+C进行复制，按快捷键Ctrl+V进行粘贴，然后将其移动到深灰色矩形上，效果如图9-158所示。

图9-157

图9-158

03 下面将卡片的直角改成圆角。选择工具箱中的“圆角矩形工具”，在卡片上绘制一个与卡片等大的圆角矩形，效果如图9-159所示。按住Shift键加选圆角矩形和卡片，单击鼠标右键，在弹出的快捷菜单中选择“建立剪切蒙版”命令，此时卡片效果如图9-160所示。

图9-159

图9-160

04 选中卡片背面组，选择工具箱中的“自由变换工具”，单击“自由扭曲”按钮，单击卡片背面组左上角的控制点并进行拖动，将卡片背面组进行变形，如图9-161所示。使用同样的方法，修改其他三个控制点，将卡片背面组变形至合适的效果，如图9-162所示。

05 选中卡片背面组，按快捷键Ctrl+C将其进行复制，然后按快捷键Ctrl+B将其粘贴在原卡片背面组的后面。执行“对象>扩展”命令，在弹出的“扩展”对话框中勾选“填充”和“描边”复选框，单击“确定”按钮，如

图9-163所示。将复制得到的卡片背面组向左移动，在工具箱的底部设置“填色”为灰色，“描边”为无，此时效果如图9-164所示。

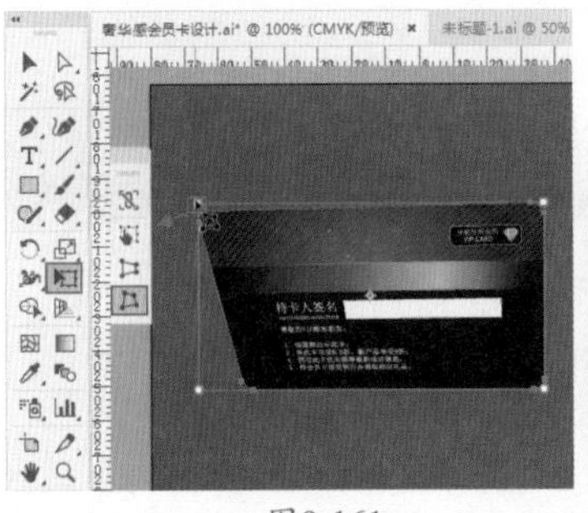

图9-161

图9-162

图9-163

图9-164

06 在灰色的卡片背面组被选中的状态下，执行“效果>风格化>投影”命令，在弹出的“投影”对话框中设置“混合模式”为“正片叠底”，“不透明度”为50%，“X位移”为-1mm，“Y位移”为1mm，“模糊”为0.5mm，选中“颜色”单选按钮，设置颜色为黑色，单击“确定”按钮，如图9-165所示，此时效果如图9-166所示。

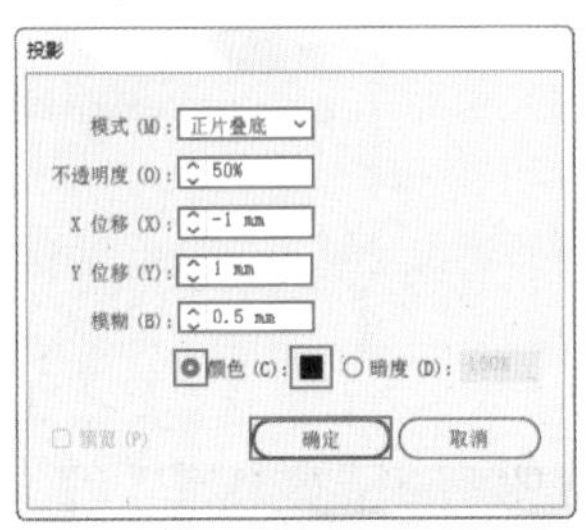

图9-165

图9-166

07 使用同样的方法，将卡片正面组复制到“画板3”中，使用“自由变换工具”将其进行变形并添加投影效果。最终完成效果如图9-167所示。

图9-167

9.6 婚礼邀请卡

文件路径	第9章\婚礼邀请卡设计	扫码深度学习
难易指数	★★★★★	
技术掌握	● 符号工具组 ● 椭圆工具 ● 文字工具 ● “投影”效果	

操作思路

在本案例中，首先执行“建立剪切蒙版”命令，将素材的多余部分隐藏起来，然后使用“符号喷枪工具”在画面中适当的位置置入符号，再使用“椭圆工具”在画面中绘制正圆形，最后使用“文字工具”在正圆形中输入文字。

案例效果

案例效果如图9-168所示。

图9-168

实例090 制作邀请卡的背景

操作步骤

01 执行“文件>新建”命令或按快捷键Ctrl+N，创建新文档。执行“文件>置入”命令，在弹出的“置入”对话框中选择素材“1.jpg”，单击“置入”按钮，如图9-169所示。在画面中按住鼠标左键拖动鼠标指针，控制置入对象的大小，释放鼠标左键完成置入操作。在控制栏中单击“嵌入”按钮，将素材嵌入到文档中，效果如图9-170所示。

图9-169

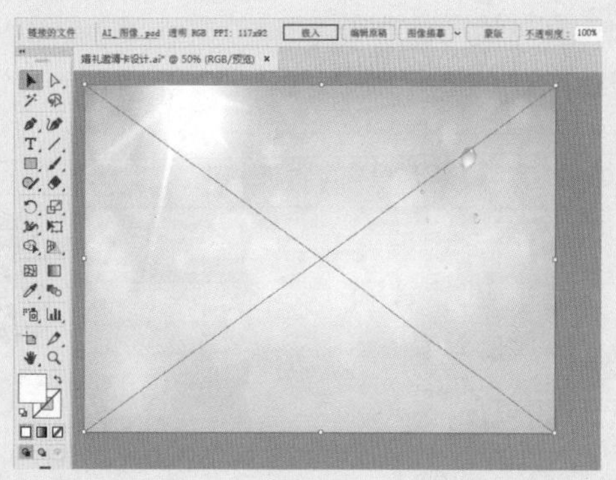

图9-170

02 使用同样的方法，将素材“2.jpg”置入并嵌入到文档中，效果如图9-171所示。

图9-171

03 选择工具箱中的“矩形工具”，在素材“2.jpg”上绘制一个矩形，效果如图9-172所示。选择工具箱中的“选择工具”，按住Shift键加选素材“2.jpg”和矩形，然后单击鼠标右键，在弹出的快捷菜单中选择“建立剪切蒙版”命令，效果如图9-173所示。

04 在素材“2.jpg”被选中的状态下，执行“窗口>描边”命令，在弹出的“描边”面板中设置“粗细”为10pt，如图9-174所示，此时效果如图9-175所示。

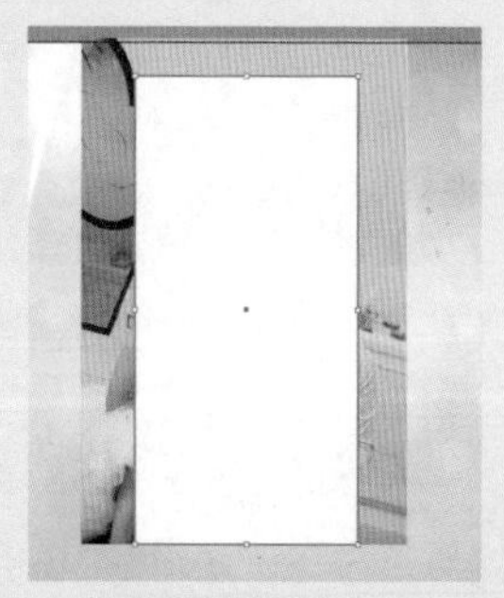

图9-172

图9-173

图9-174

图9-175

05 选中人物素材，执行“效果>风格化>投影”命令，在弹出的“投影”对话框中设置“模式”为“正片叠底”，“不透明度”为75%，“X位移”为1mm，“Y位移”为1mm，“模糊”为0.5mm，选中“颜色”单选按钮，设置颜色为蓝色，单击“确定”按钮，如图9-176所示，此时效果如图9-177所示。

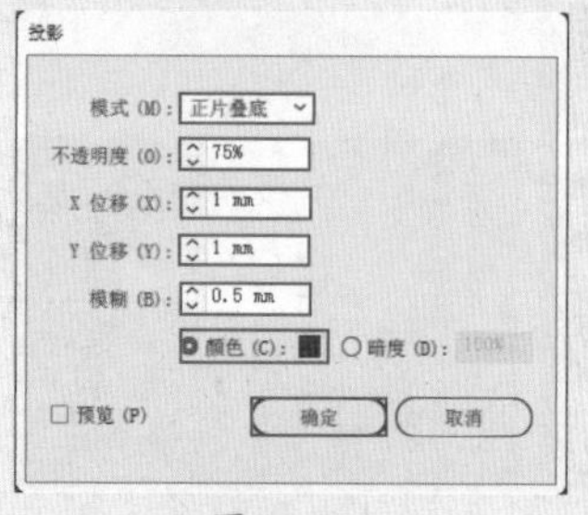

图9-176

图9-177

实例091 丰富邀请卡的画面效果

操作步骤

01 使用“符号”功能为画面添加装饰。执行“窗口>符号库>庆祝”命令，在弹出的“庆祝”面板中选择“五彩纸屑”，如图9-178所示。选择工具箱中的“符号喷枪工具”，在画面中添加大量“五彩纸屑”符号，效果如图9-179所示。

图9-178

图9-179

提示

使用“符号喷枪工具”

使用“符号喷枪工具”能够在短时间内快速向画板中置入使用大量的符号。

选择工具箱中的“符号喷枪工具”，然后在符号面板中选择一个符号，如图9-180所示。在画板中按住鼠标左键拖动鼠标指针，在所经过的位置会出现选择的符号，释放鼠标左键完成符号的置入，效果如图9-181所示。

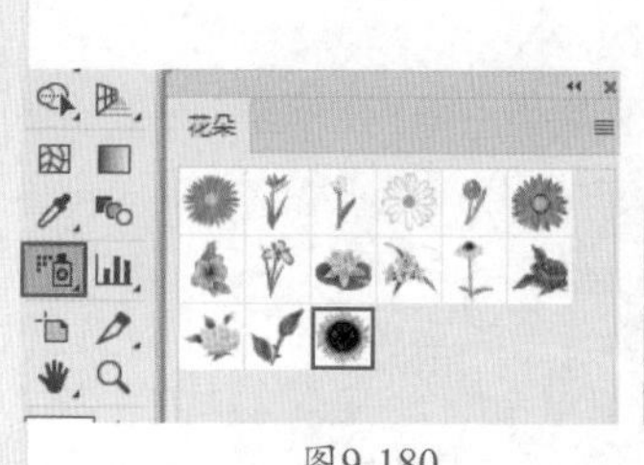

图9-180

图9-181

设置符号工具选项

双击符号工具组中的任意一个工具按钮，都会弹出“符号工具选项”对话框。在该对话框中，“直径”“强度”“符号组密度”等常规选项出现在对话框的顶部，特定于某一工具的选项则出现在对话框的底部。在该对话框中，可以通过单击不同的工具按钮，对不同的符号工具进行调整，如图9-182所示。

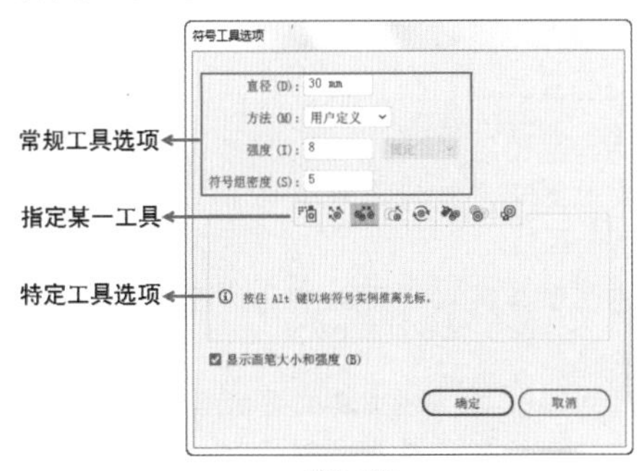

图9-182

若要在已经绘制好的符号组中添加符号，可以选择这个符号组，然后在符号面板中选择一个符号，如图9-183所示，然后选择“符号喷枪工具”，按住鼠标左键拖动鼠标指针，即可在当前符号组中添加新的符号，效果如图9-184所示。

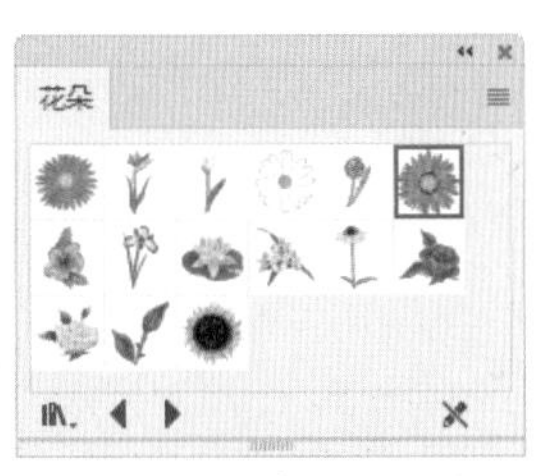

图9-183

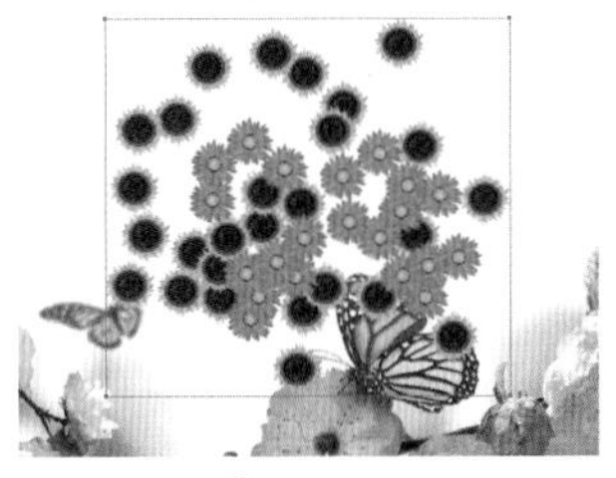
图9-184

02 选择工具箱中的“符号缩放器工具”，按住鼠标左键在“五彩纸屑”符号的部分区域拖动鼠标指针，使部分符号放大，按住鼠标左键的同时按住Alt键，则可以使符号缩小，效果如图9-185所示。选择工具箱中的“符号滤色器工具”，按住鼠标左键拖动鼠标指针，对部分“五彩纸屑”符号适当进行滤色处理，效果如图9-186所示。

图9-185

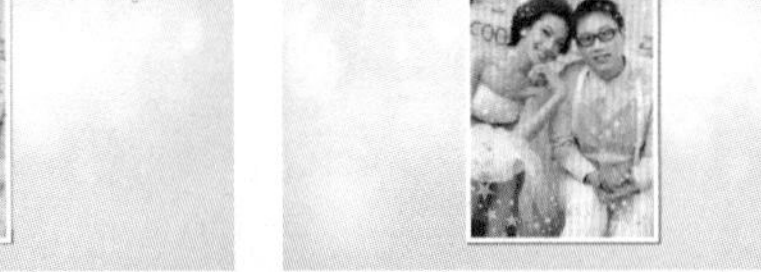
图9-186

03 选择工具箱中的“椭圆工具”，在工具箱的底部设置“描边”为无，然后双击“填色”按钮，在弹出的“拾色器”对话框中设置颜色为粉色，单击“确定”按钮，如图9-187所示。在使用“椭圆工具”的状态下，在画面中素材“2.jpg”的右上角按住Shift键进行拖动，绘制一个正圆形，效果如图9-188所示。

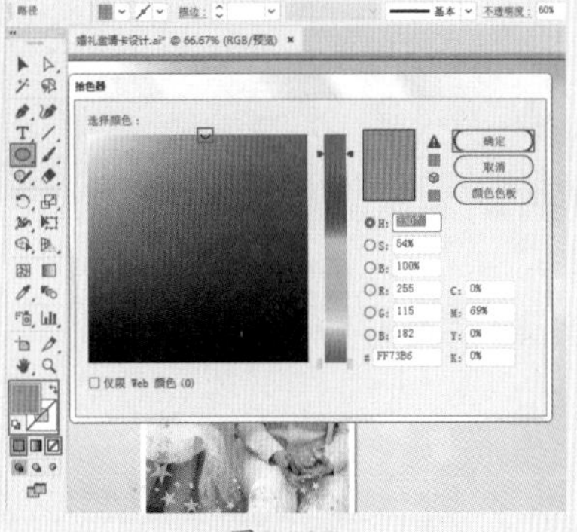
图9-187

图9-188

04 使用同样的方法，在画面中再绘制两个正圆形，并设置不同的颜色，效果如图9-189所示。选中黄绿色的正圆形，然后在控制栏中设置“不透明度”为60%，效果如图9-190所示。

图9-189

图9-190

05 选择工具箱中的“文字工具”，在粉色正圆形中单击插入光标，在控制栏中设置“填充”为白色，“描边”为无，选择适当的字体、字号，设置“段落”为“居中对齐”，然后输入文字，按快捷键Ctrl+Enter确认输入操作，效果如图9-191所示。

图9-191

06 框选除了背景以外的所有元素，单击鼠标右键，在弹出的快捷键菜单中选择“编组”命令，将其进行编组，效果如图9-192所示。选中该组，按快捷键Ctrl+C进行复制，按快捷键Ctrl+B将其粘贴在原组的后面，然后进行适当的旋转，以同样的方法再复制一份并进行旋转。最终完成效果如图9-193所示。

图9-192

图9-193

要点速查：认识符号工具组

符号工具组中包含八种工具，使用鼠标右键单击符号工具组按钮，即可看到符号工具组中的各个工具，如图9-194所示。使用这些工具，不仅可以将符号置入到画面中，还可以调整符号的间距、大小、颜色、样式等。

图9-194

- 符号喷枪工具：使用该工具，能够将所选符号快速、批量地置入到画板中。
- 符号位移器工具：使用该工具，能够更改画板中已存在的符号的位置和堆叠顺序。
- 符号紧缩器工具：使用该工具，能够调整画板中已存在的符号的分布密度，使符号更集中或更分散。
- 符号缩放器工具：使用该工具，可以调整画板中已存在的符号的大小。
- 符号旋转器工具：使用该工具，能够旋转画板中已存在的符号。
- 符号着色器工具：使用该工具，能够将选中的符号进行着色。
- 符号滤色器工具：使用该工具，可以改变选中符号的透明度。
- 符号样式器工具：该工具需要配合“图形样式”面板使用，可以为画板已存在的符号添加或删除图形样式。

第10章 海报设计

/ 佳 / 作 / 欣 / 赏 /

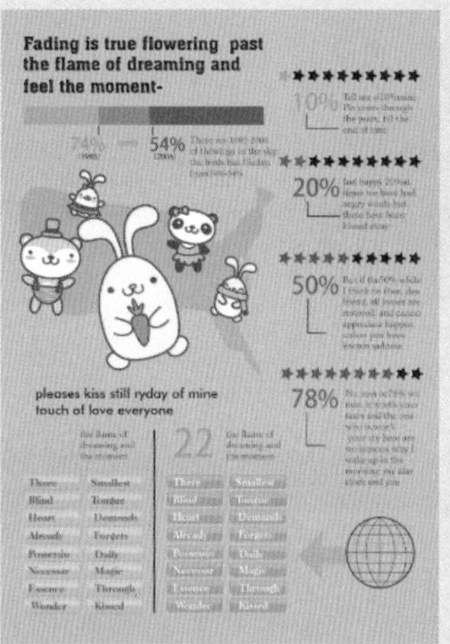

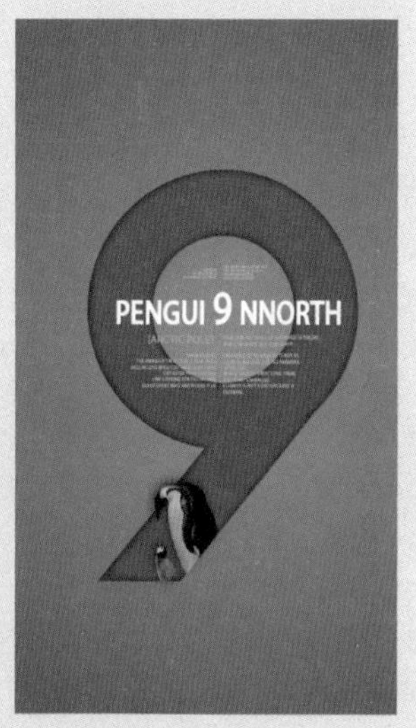

10.1 复古风文艺海报

文件路径	第10章\复古风文艺海报设计	 扫码深度学习
难易指数	★★★★★	
技术掌握	● 矩形工具 ● 文字工具 ● 刻刀工具 ● 混合模式	

操作思路

本案例制作的是一款复古风的文艺海报。首先将海报的基本版面效果制作完成，然后置入纹理素材，并通过设置混合模式将其融入画面中。

案例效果

案例效果如图10-1所示。

图10-1

实例092 制作海报内容

操作步骤

01 新建一个A4大小的空白文档。选择工具箱中的"文字工具"，在画面中单击插入光标，在控制栏中设置"填充"为棕色，"描边"为无，设置合适的字体、字号，然后输入数字"6"，按快捷键Ctrl+Enter确认输入操作，效果如图10-2所示。使用同样的方法，在画面的右下角制作填充为黑色的数字"0"，效果如图10-3所示。

图10-2　图10-3

02 执行"文件>置入"命令，置入人物素材"1.jpg"，调整其位置和大小，单击控制栏中的"嵌入"按钮，效果如图10-4所示。使用工具箱中的"矩形工具"在人物素材上绘制一个矩形，效果如图10-5所示。按住Shift键加选矩形和人物素材，然后按快捷键Ctrl+7创建剪切蒙版，效果如图10-6所示。

图10-4

图10-5　图10-6

03 使用工具箱中的"文字工具"输入数字"6"，效果如图10-7所示，然后执行"文字>创建轮廓"命令。使用工具箱中的"刻刀"工具，按住Alt键的同时，按住鼠标左键拖动鼠标指针，效果如图10-8所示。

图10-7　图10-8

04 使用工具箱中的"选择工具"选中数字"0"分离出来的一小部分，按Delete键将其删除，文字效果如

图10-9所示。使用同样的方法，制作字母“N”，效果如图10-10所示。

图10-9

图10-10

05 选择工具箱中的“矩形工具”，在工具箱的底部设置“填色”为棕色，“描边”为无，在画面中绘制一个矩形，效果如图10-11所示。将该矩形旋转至合适的角度，并移动到合适的位置，效果如图10-12所示。

06 复制刚刚绘制的矩形，并填充为黑色，然后将其旋转并摆放在字母“N”的左上方，效果如图10-13所示。使用工具箱中“文字工具”输入其他相应的文字，效果如图10-14所示。

图10-11　图10-12　图10-13　图10-14

实例093　制作海报做旧感

操作步骤

01 使用工具箱中的“矩形工具”在画面的左上角绘制一个矩形，效果如图10-15所示。单击工具箱底部的“填色”按钮，使之置于前面，执行“窗口>渐变”命令，在弹出的“渐变”面板中设置“类型”为“线性”，编辑一个黑白的渐变，如图10-16所示。使用工具箱中的“渐变工具”在矩形上拖动调整渐变效果，如图10-17所示。

图10-15

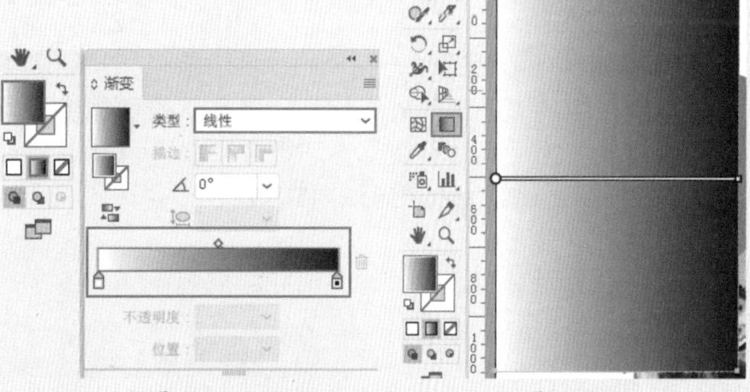

图10-16　图10-17

02 选择该矩形，执行“对象>变换>对称”命令，在弹出的“镜像”对话框中选中“垂直”单选按钮，单击“复制”按钮，如图10-18所示。将复制得到的矩形向下移动，效果如图10-19所示。

图10-18

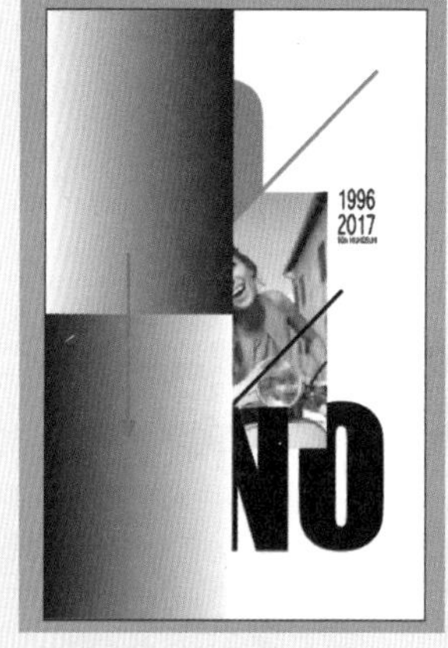

图10-19

03 按住Shift键加选两个矩形，同时按住Shift键和Alt键将其向右拖动，进行平移及复制，效果如图10-20所示。

04 使用Shift键加选四个矩形，按快捷键Ctrl+G将它们进行编组。单击控制栏中的“不透明度”按钮，在其下拉面板中设置“混合模式”为“正片叠底”，“不透明度”为20%，效果如图10-21所示。

图10-20　　图10-21

05 执行“文件>置入”命令，置入纹理素材“2.png”，调整其大小，然后单击控制栏中的“嵌入”按钮，再单击控制栏中的“不透明度”按钮，在其下拉面板中设置“混合模式”为“正片叠底”，“不透明度”为60%，如图10-22所示。最终完成效果如图10-23所示。

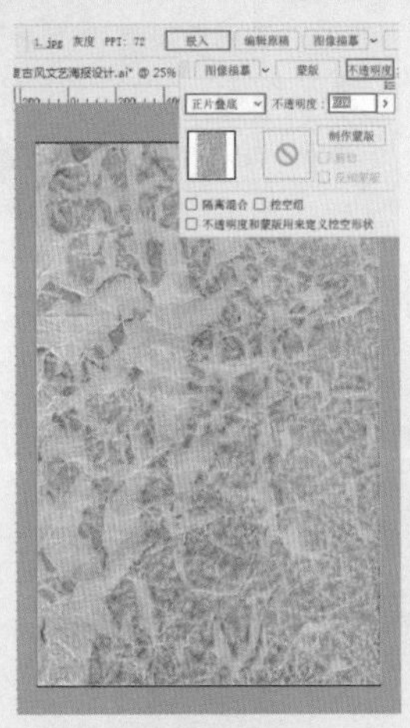

图10-23　　图10-23

10.2 动物主题招贴

文件路径	第10章\动物主题招贴设计	 扫码深度学习
难易指数	★★★★★	
技术掌握	● 椭圆工具 ● 剪切蒙版 ● “路径查找器”面板 ● “内发光”效果	

操作思路

在本案例中，首先使用“矩形工具”和“渐变工具”绘制招贴的背景效果；然后使用“椭圆工具”与“直线段工具”绘制数字“9”，再利用“路径查找器”面板将数字“9”的两个部分合为一体，并为其添加“内发光”效果，使之呈现出内陷的效果；最后添加动物素材，并使用“文字工具”输入主题文字。

案例效果

案例完成效果如图10-24所示。

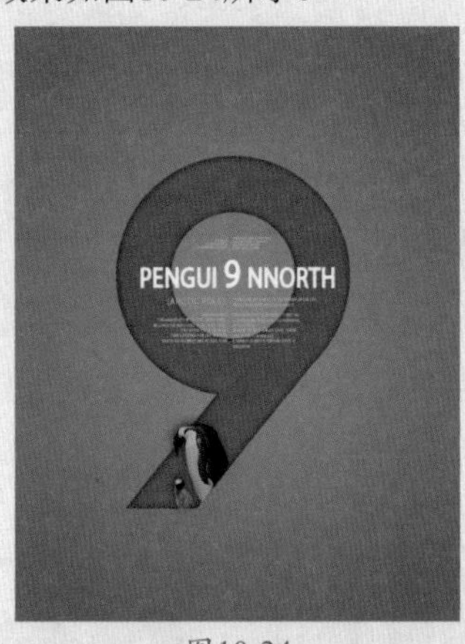

图10-24

实例094　制作海报的主体图形

操作步骤

01 执行“文件>新建”命令，新建一个宽度为200mm、“高度”为260mm的空白文档。选择工具箱中的“矩形工具”，绘制一个与画板等大的矩形，效果如图10-25所示。选择矩形，单击工具箱底部的“填色”按钮，使之置于前面，执行“窗口>渐变”命令，弹出“渐变”面板，设置“类型”为“径向”，编辑一个灰色系的渐变，如图10-26所示。使用工具箱中的“渐变工具”在矩形上拖动调整渐变效果，如图10-27所示。

图10-25

02 选择工具箱中的“椭圆工具”，在控制栏中设置“填充”为无，“描边”为深灰色，描边“粗细”为70pt。按住Shift键的同时按住鼠标左键拖动鼠标指针，绘制一个正圆形，效果如图10-28所示。选择工具箱中的“直线段工具”，在控制栏中设置“填充”为无，“描边”为深灰色，描边“粗细”为70pt。将绘制的直线移动到合适的位置，效果如图10-29所示。

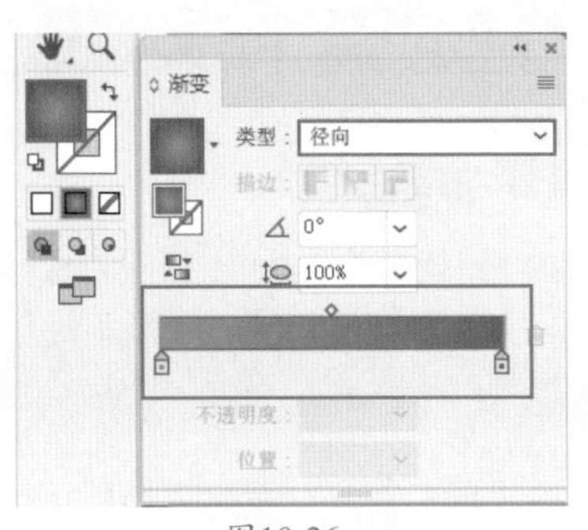

图10-26

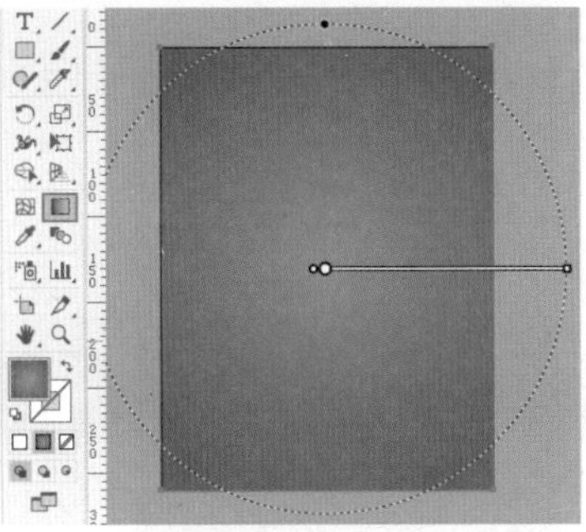

图10-27

图10-28

图10-29

03 选择工具箱中的“选择工具”，按住Shift键加选正圆形和直线，执行“对象>扩展”命令，在弹出的“扩展”对话框中勾选“描边”和“填充”复选框，单击“确定”按钮，如图10-30所示，此时效果如图10-31所示。

04 执行“窗口>路径查找器”命令，在弹出的“路径查找器”面板中单击“联集”按钮，如图10-32所示，即可得到数字“9”的图形，效果如图10-33所示。

图10-30

图10-31

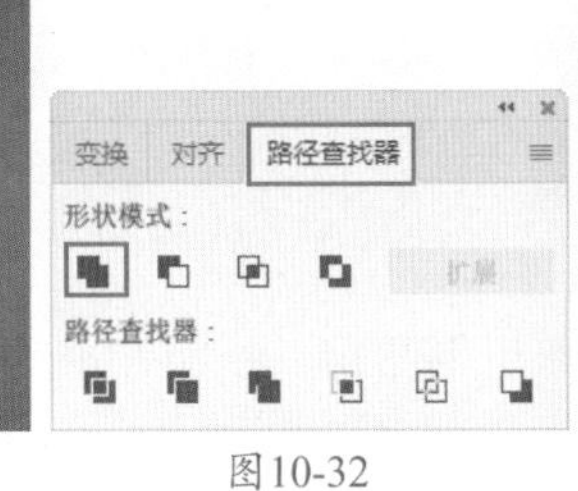

图10-32

图10-33

05 选择工具箱中的“直接选择工具”，选中数字“9”底部的锚点，并将其移动到合适的位置，效果如图10-34所示。执行“效果>风格化>内发光”命令，在弹出的“内发光”对话框中设置“模式”为“正常”，颜色为黑色，“不透明度”为40%，“模糊”为3mm，选中“边缘”单选按钮，单击“确定”按钮，如图10-35所示，此时效果如图10-36所示。

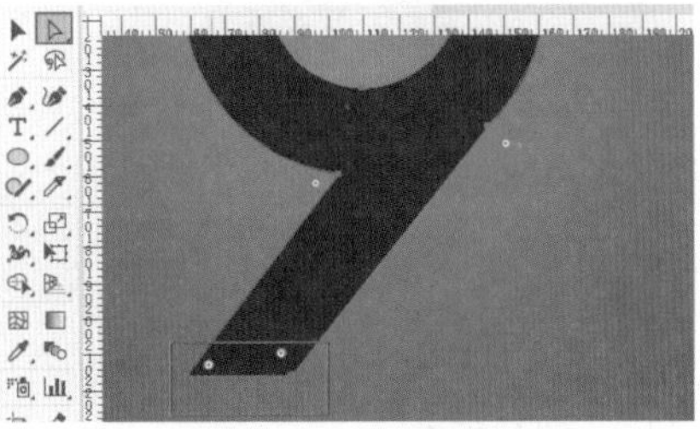

图10-34

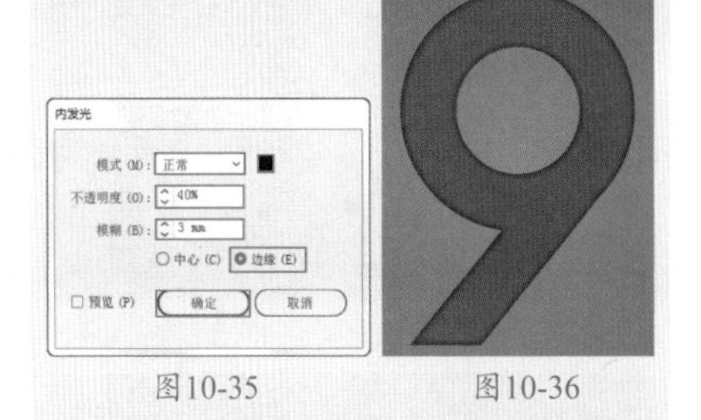

图10-35　　图10-36

实例095　添加其他元素

操作步骤

01 下面为画面添加动物素材。执行“文件>置入”命令，置入动物素材“1.png”，单击控制栏中的“嵌入”按钮，将动物素材嵌入到文档中，效果如图10-37所示。

图10-37

02 选择工具箱中的“钢笔工具”，然后参照数字“9”的底部形状绘制不规则图形，效果如图10-38所示。按住Shift键，将动物素材与不规则图形加选，执行“对象>剪切蒙版>建立”命令建立剪切蒙版，效果如图10-39所示。

03 下面为画面添加标题文字。选择工具箱中的“文字工具”，在画面中单击插入光标，在控制栏中设置“填充”为白色，“描边”为白色，描边“粗细”为2pt，设置合适的字体、字号，然后输入文字，按快捷键Ctrl+Enter确认输入操作，效果如图10-40所示。将刚刚输入的文字中的数字“9”选中，将其字号调整为50pt，效果如图10-41所示。

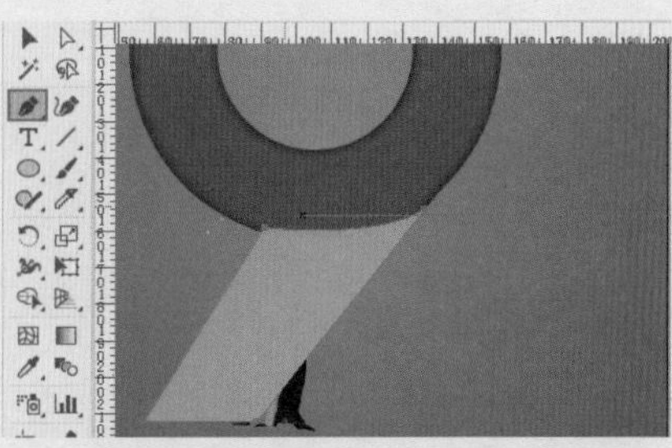

图10-38

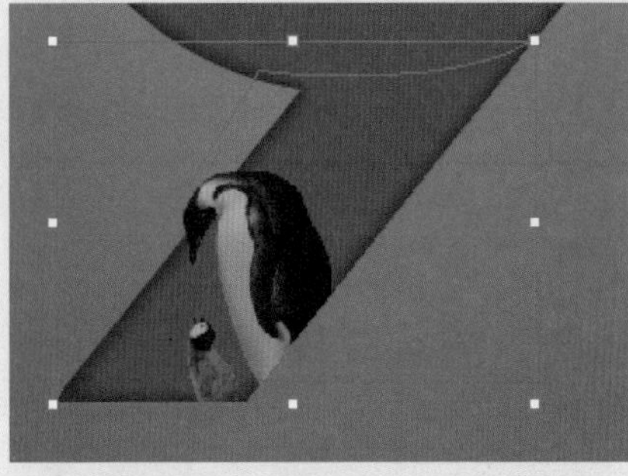

图10-39

图10-40

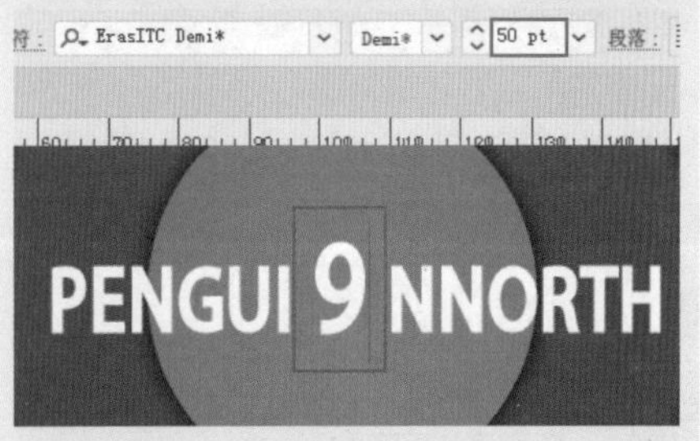

图10-41

04 使用同样的方法输入其他文字，效果如图10-42所示。最终完成效果如图10-43所示。

图10-42

图10-43

10.3 变形数字海报

文件路径	第10章\变形数字海报
难易指数	★★★★★
技术掌握	● 钢笔工具 ● 剪切蒙版 ● 文字工具
 扫码深度学习	

操作思路

本案例制作的是一款变形数字海报，利用置入的素材和绘制的矩形多次创建剪切蒙版，剪切出由花纹图案拼接而成的数字；并使用“画笔工具”和“文字工具”为画面制作线条和文字效果，以平衡画面。

案例效果

案例效果如图10-44所示。

图10-44

实例096 制作海报的立体图形

操作步骤

01 新建一个A4大小的空白文档。选择工具箱中的“矩形工具”，在控制栏中设置“填充”为白色，“描边”为无，然后绘制一个与画板等大的矩形，效果如图10-45所示。按快捷键Ctrl+2锁定该矩形。

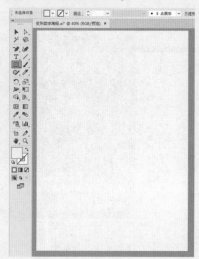

图10-45

02 选择工具箱中的“文字工具”，在画面中单击插入光标，在控制栏中设置“填充”为黑色，“描边”为无，设置合适的字体、字号，然后输入文字，按快捷键Ctrl+Enter确认输入操作，效果如图10-46所示。选中文字，按快捷键Ctrl+C进行复制，然后按快捷键Ctrl+F将其粘贴在原文字的前面。

图10-46

03 执行“文件>置入”命令，置入花朵素材“1.jpg”，调整其大小，然后单击控制栏中的“嵌入”按钮，效果如图10-47所示。选择工具箱中的“矩形工具”，在工具箱的底部设置“描边”为无，然后双击“填色”按钮，在弹出的“拾色器”对话框中选择绿色，单击“确定”按钮，在画面中绘制一个与花朵素材等大的矩形，效果如图10-48所示。

图10-47

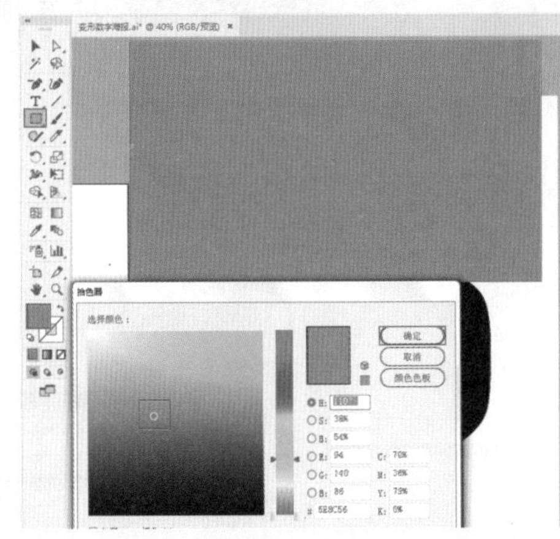
图10-48

04 单击控制栏中的“不透明度”按钮，在其下拉面板中设置“混合模式”为“正片叠底”，效果如图10-49所示。

图10-49

05 使用工具箱中的“选择工具”框选花朵素材和矩形，按快捷键Ctrl+G进行编组，然后使用工具箱中的“矩形工具”在花朵素材上绘制一个矩形，效果如图10-50所示。按住Shift键将花朵素材与矩形加选，执行“对象>剪切蒙版>建立”命令建立剪切蒙版，效果如图10-51所示。

图10-50

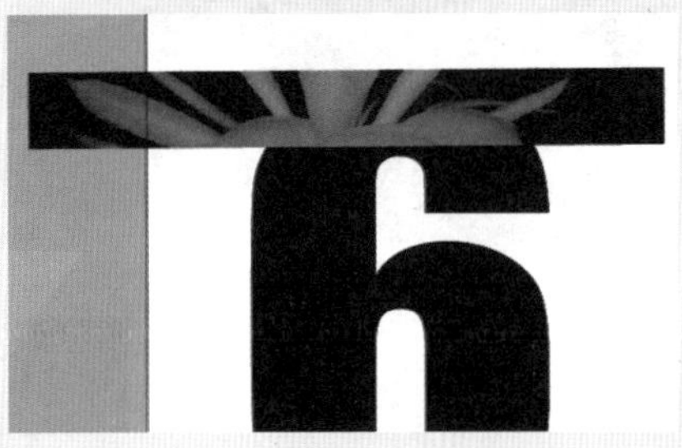
图10-51

06 将绿色图像移动至画面中的数字上，然后进行旋转，如图10-52所示。选择数字，执行“对象>排列>置于顶层”命令，将数字移动至画面的最顶层。按快捷键Ctrl+C进行复制，然后单击绿色图像，按快捷键Ctrl+F将数字粘贴在其前面，效果如图10-53所示。

图10-52

图10-53

07 按住Shfit键加选前面的数字和绿色图像，单击鼠标右键，在弹出的快捷菜单中选择“建立剪切蒙版”命令，效果如图10-54所示。

图10-54

08 使用同样的方法置入纹理素材“2.jpg”，效果如图10-55所示。同样对素材进行上色处理，并创建剪切蒙版，然后将其旋转到合适的位置，效果如图10-56所示。

09 选中数字，按快捷键Ctrl+C进行复制，然后单击蓝色图像，按快捷键Ctrl+F将数字粘贴在其前面，效果如图10-57所示。加选数字和蓝色图像，单击鼠标右键，在弹出的快捷菜单中选择“建立剪切蒙版”命令，此时效果如图10-58所示。

10 使用同样的方法制作其他图像，制作完成后可以将后面的数字选中并删除，效果如图10-59所示。

图10-55

图10-56　图10-57

图10-58　图10-59

实例097　制作海报的其他内容

操作步骤

01 选择工具箱中的“画笔工具”，在控制栏中设置“填充”为无，“描边”为墨绿色，描边“粗细”为1pt，“画笔定义”为“炭笔一羽毛”，然后在画面中合适的位置按住Shift键绘制一段线条，效果如图10-60所示。继续使用工具箱中的“画笔工具”绘制其他线条，效果如图10-61所示。

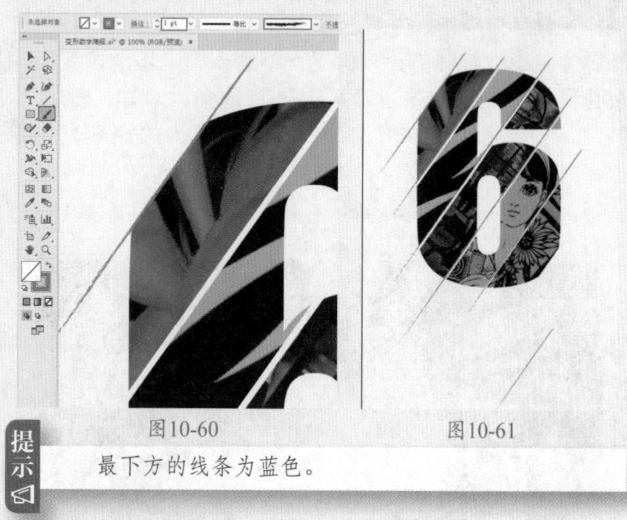
图10-60　图10-61

提示

最下方的线条为蓝色。

02 下面制作一个小标志。选择工具箱中的“矩形工具”，在控制栏中设置“填充”为墨绿色，“描边”为白色，描边“粗细”为2pt，在画面的左下角绘制一个细长的矩形，效果如图10-62所示。选中该矩形，同时按住Shift键和Alt键向下拖动，进行平移及复制，共复制两份，效果如图10-63所示。

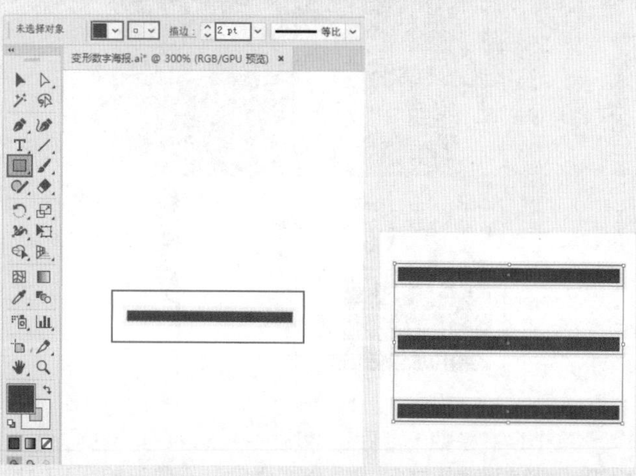
图10-62　图10-63

03 框选三个矩形，按快捷键Ctrl+G进行编组。选择矩形组，执行“对象>变换>旋转”命令，在弹出的“旋转”对话框中设置“角度”为90°，单击“复制”按钮，如图10-64所示，此时图形效果如图10-65所示。

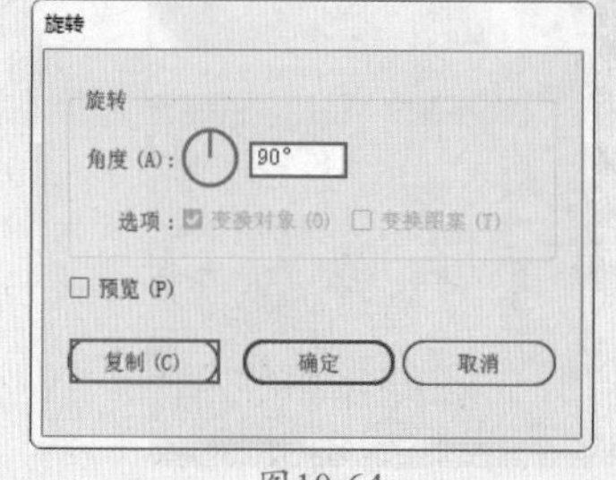

图10-64

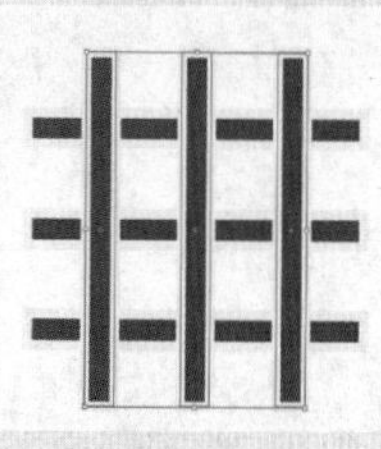
图10-65

04框选该图形中的所有元素，然后进行编组。按住Shift键进行拖动，将图形组旋转45°，效果如图10-66所示。

图10-66

05选择工具箱中的“文字工具”，在画面中单击插入光标，在工具箱的底部设置“描边”为无，然后双击“填色”按钮，在弹出的“拾色器”对话框中选择深绿色，单击“确定”按钮，如图10-67所示。在控制栏中设置合适的字体、字号，在画面中输入文字，按快捷键Ctrl+Enter确认输入操作，效果如图10-68所示。

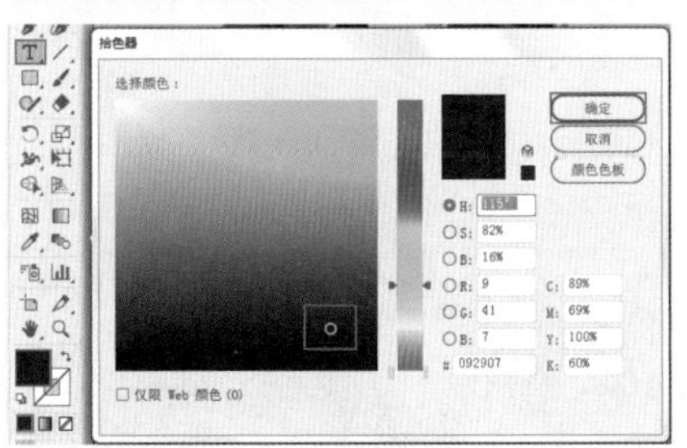

图10-67

图10-68

06使用同样的方法制作其他文字，效果如图10-69所示。

图10-69

07选择工具箱中的“钢笔工具”，在工具箱的底部设置“描边”为无，双击“填色”按钮，在弹出的“拾色器”对话框中选择浅蓝色，单击“确定”按钮，如图10-70所示。在画面中绘制一个四边形，效果如图10-71所示。

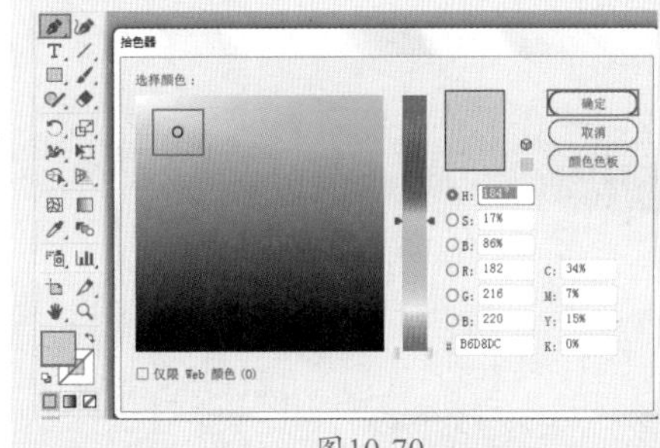

图10-70

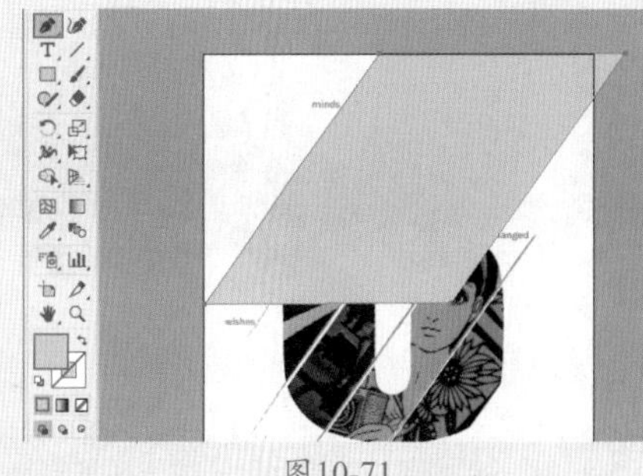

图10-71

08单击控制栏中的“不透明度”按钮，在其下拉面板中设置“不透明度”为20%，效果如图10-72所示。使用同样的方法制作另一处图形效果。最终完成效果如图10-73所示。

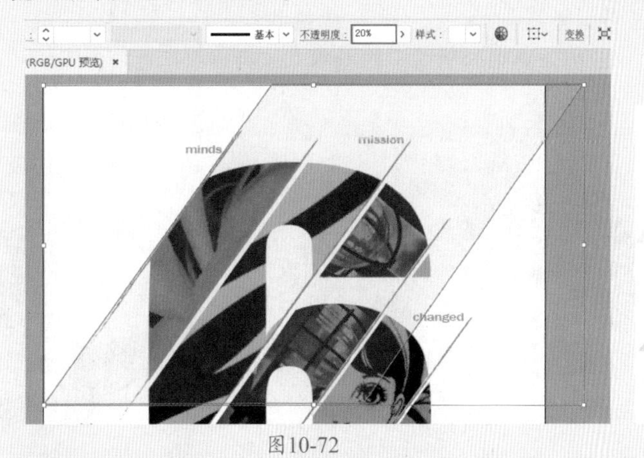

图10-72

图10-73

10.4 立体质感文字海报

文件路径	第 10 章 \ 立体质感文字海报
难易指数	★★★★★
技术掌握	● 文字工具 ● “凸出和斜角”效果 ● 涂抹工具 ● 椭圆工具

扫码深度学习

操作思路

本案例制作的是一款带有立体质感的文字海报。首先在画面中置入图片素材，然后利用混合模式将渐变填充的矩形混合到画面中，以形成渐变色的天空；再使用“椭圆工具”和“钢笔工具”制作文字后面的装饰图形；最后输入文字，执行“凸出和斜角”命令，为文字制作立体效果。

案例效果

案例效果如图10-74所示。

图10-74

实例098　制作多彩背景部分

操作步骤

01 新建一个宽度为200mm、高度为120mm的空白文档。执行“文件>置入”命令，置入背景素材“1.jpg”，调整其大小，然后单击控制栏中的“嵌入”按钮，效果如图10-75所示。

图10-75

02 下面制作渐变色的天空效果。选择工具箱中的“矩形工具”，绘制一个与画板等大的矩形。选择矩形，单击工具箱底部的“填色”按钮，使之置于前面，执行“窗口>渐变”命令，弹出“渐变”面板，设置“类型”为“线性”，编辑一个由粉色到蓝色的渐变，如图10-76所示。选择工具箱中的“渐变工具”，按住鼠标左键拖动调整渐变效果，如图10-77所示。

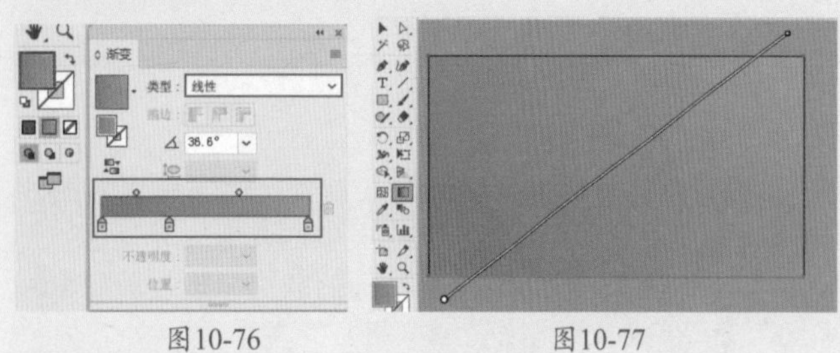

图10-76　　图10-77

03 选中渐变矩形，单击控制栏中的“不透明度”按钮，在其下拉面板中设置“混合模式”为“变亮”，如图10-78所示。按快捷键Ctrl+2锁定该矩形。

图10-78

04 使用同样的方法，在画面中置入光斑素材“2.jpg”，将其进行嵌入，并调整至合适的大小，效果如图10-79所示。单击控制栏中的“不透明度”按钮，在其下拉面板中设置“混合模式”为“变亮”，“不透明度”为50%，如图10-80所示。按快捷键Ctrl+2锁定该图形。

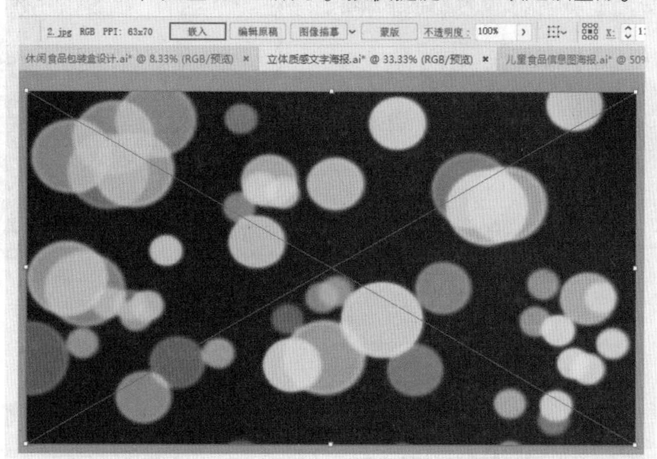

图10-79

图10-80

05 选择工具箱中的“椭圆工具”，在工具箱的底部设置“描边”为无，双击“填色”按钮，在弹出的“拾色器”对话框中选择深紫色，单击“确定”按钮，如图10-81所示。按住Shift键在画面中绘制一个深

紫色的正圆形，效果如图10-82所示。

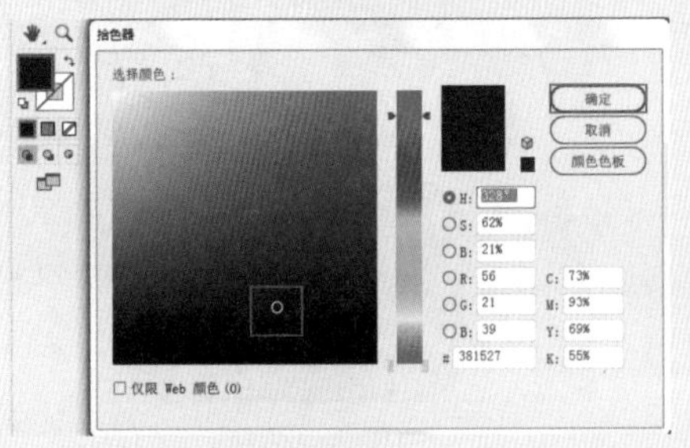

图10-81

图10-82

06 选择工具箱中的“钢笔工具”，在正圆形的右侧绘制一个不规则图形，效果如图10-83所示。选择该不规则图形，在工具箱的底部设置“填色”为稍浅一些的紫色，“描边”为无，效果如图10-84所示。按住Shift键加选正圆形和不规则图形，然后按快捷键Ctrl+G将其编组。

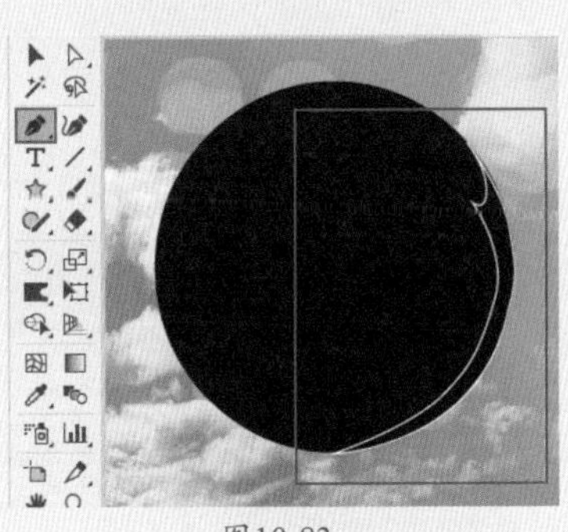

图10-83

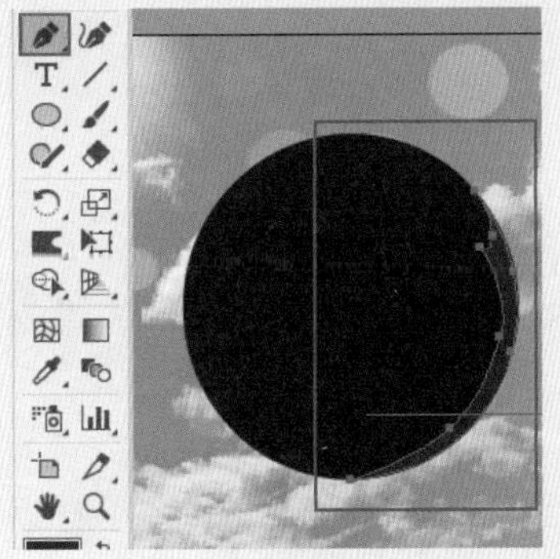

图10-84

07 选择图形组，执行“对象>变换>对称”命令，在弹出的“镜像”对话框中单击“水平”单击按钮，然后单击“复制”按钮，如图10-85所示。将复制得到的图形旋转至合适的角度，并调整其位置，效果如图10-86所示。

图10-85

图10-86

08 选择工具箱中的“椭圆工具”，绘制一个深棕色的椭圆形，在椭圆形的控制点处按住鼠标左键进行拖动，如图10-87所示，得到一个扇形，效果如图10-88所示。

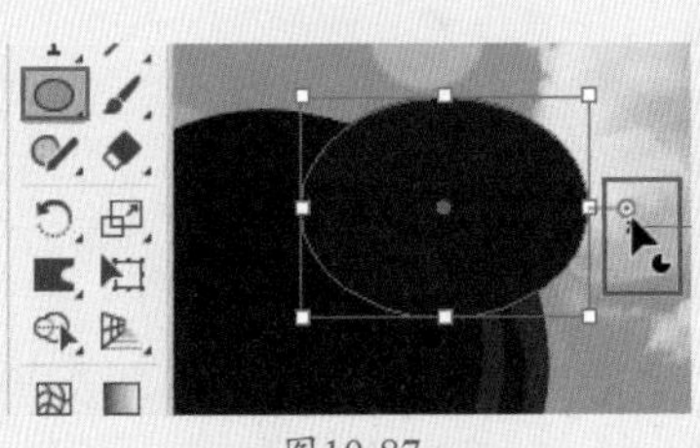

图10-87

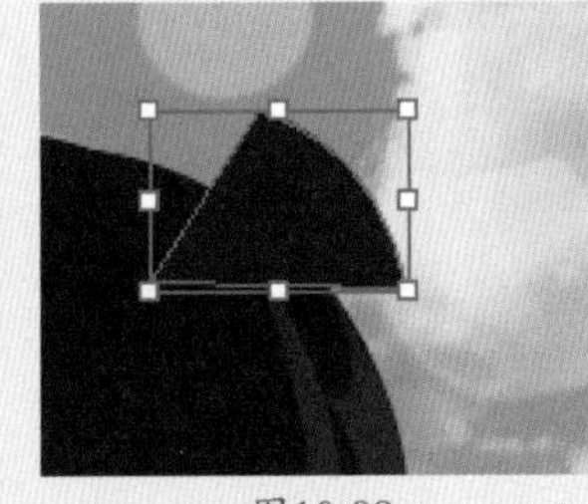

图10-88

09 使用同样的方法制作其他图形，然后将其调整至合适的位置，效果如图10-89所示。

图10-89

10 再绘制一个正圆形，单击工具箱底部的“填色”按钮，使之置于前面，执行“窗口>渐变”命令，在弹出的“渐变”面板中设置“类型”为“线性”，编辑一个黄色系的渐变，如图10-90所示。使用工具箱中的“渐变工具”在正圆形上拖动调整渐变效果，如图10-91所示。

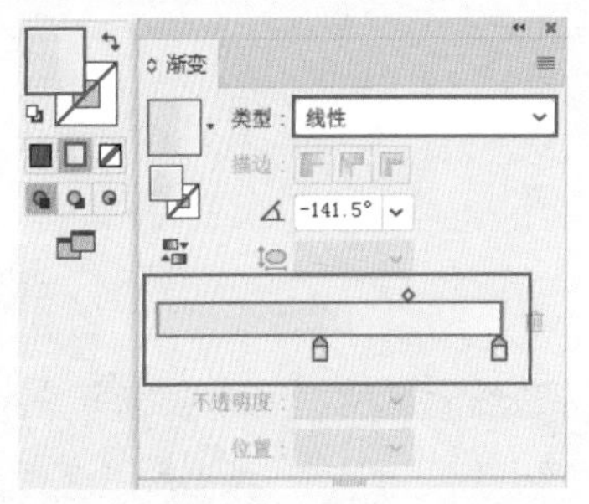

图10-90

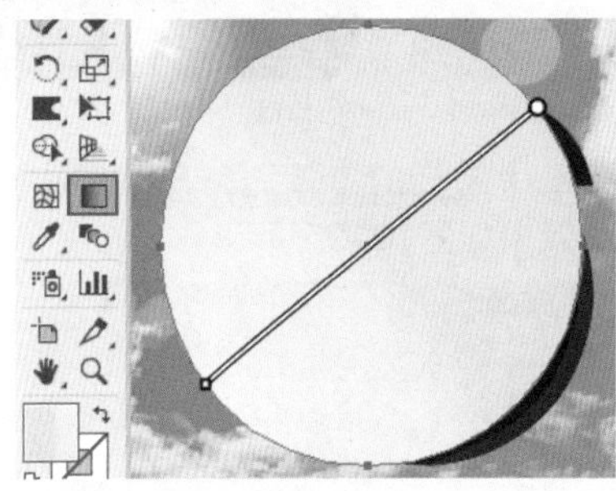

图10-91

11 使用“直接选择工具”选中黄色渐变正圆形最右边的锚点，按Delete键进行删除，此时效果如图10-92所示。

12 使用同样的方法再制作一个粉色渐变的半圆形，并适当地调整其形状，效果如图10-93所示。选择粉色渐变的半圆形，选择工具箱中的“涂抹工具”，在半圆形上拖动鼠标指针，进行涂抹变形，效果如图10-94所示。

图10-92

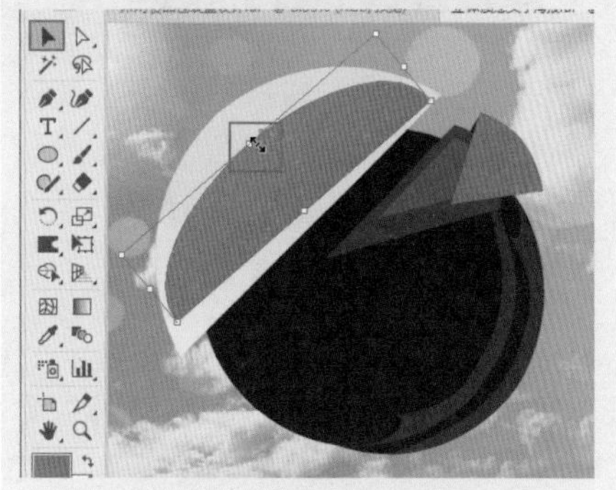

图10-93

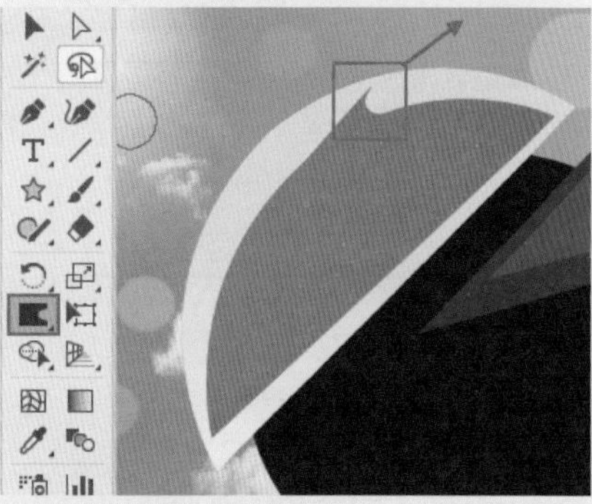

图10-94

13 使用同样的方法制作其他形状，效果如图10-95所示。

图10-95

实例099 制作立体文字部分

操作步骤

01 使用工具箱中的“文字工具”，在画面中单击插入光标，在控制栏中设置合适的字体、字号，然后输入主标题文字，按快捷键Ctrl+Enter确认输入操作，效果如图10-96所示。使用同样的方法，在画面中输入副标题文字，如图10-97所示。按住Shift键选择两组文字，然后按快捷键Ctrl+G将两组文字进行编组。

图10-96

图10-97

02 置入黄金纹理素材“4.jpg”，将其进行嵌入。选择该素材，多次执行“对象>排列>后移一层”命令，将其移动到文字的后面，效果如图10-98所示。选择文字和黄金纹理素材，执行“对象>剪切蒙版>建立”命令，然后将其旋转至合适的角度，效果如图10-99所示。

图10-98

图10-99

03 将文字选中，按快捷键Ctrl+C进行复制，按快捷键Ctrl+V进行粘贴。将复制得到的文字移动至画板以外的空白区域，在其上单击鼠标右键，在弹出的快捷菜单中选择“释放剪切蒙版”命令，如图10-100所示，将黄金纹理素材删除。然后将文字颜色设置为深棕色，效果如图10-101所示。

图10-100

图10-101

04 选择深棕色文字，执行“效果>3D>凸出和斜角”命令，在弹出的“3D凸出和斜角选项”对话框中设置“指定绕X轴旋转”“指定绕Y轴旋转”“指定绕Z轴旋转”为0°，接着设置“透视”为60°，“凸出厚度”为963pt，“表面”为“塑料效果底纹”，单击“确认”按钮，如图10-102所示，此时效果如图10-103所示。

05 将立体文字移动到黄金纹理文字上，然后执行“对象>排列>后

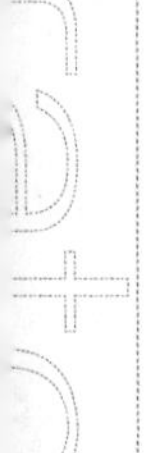

移一层”命令，将立体文字移动到黄金纹理文字的后面，效果如图10-104所示。在画面中输入其他文字，效果如图10-105所示。

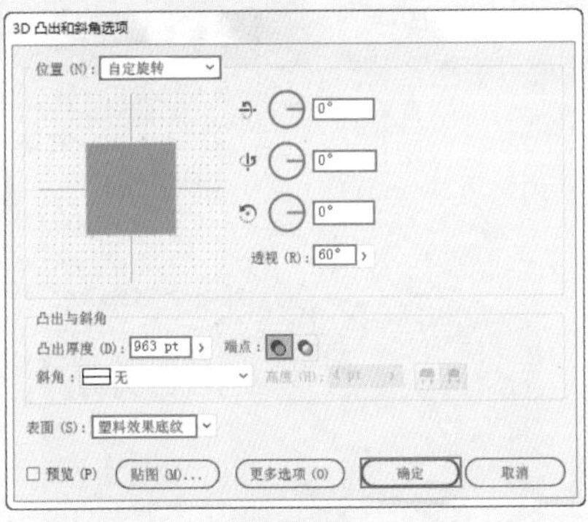
图10-102

图10-103

图10-104

图10-105

06 在画面中置入云朵素材“3.jpg”，将其进行嵌入，调整其大小和位置，效果如图10-106所示。最终完成效果如图10-107所示。

图10-106

图10-107

10.5 儿童食品信息图海报

文件路径	第10章\儿童食品信息图海报
难易指数	★★★★★
技术掌握	● 符号 ● 文字工具 ● 钢笔工具 ● 矩形工具

扫码深度学习

操作思路

在本案例中，首先使用“矩形工具”绘制信息图的背景，然后使用“钢笔工具”绘制不规则图形并置入卡通素材作为装饰图案，再利用符号快速制作部分列表的底色，最后使用“文字工具”输入文字信息。

案例效果

案例效果如图10-108所示。

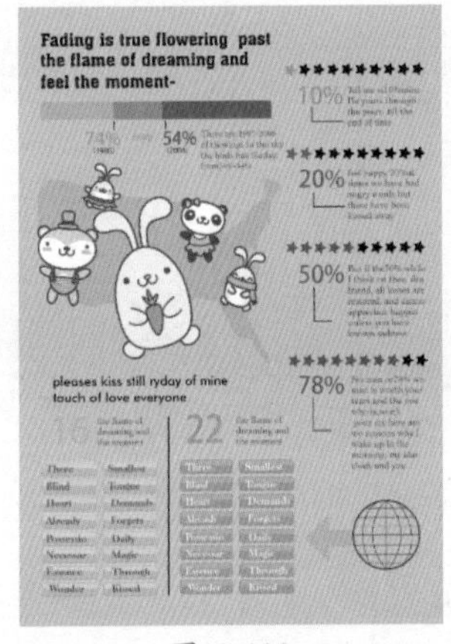

图10-108

实例100 制作条状图形

操作步骤

01 执行“文件>新建”命令，新建一个A4大小的空白文档。选择工具箱中的“矩形工具”，双击“填色”按钮，在弹出的“拾色器”对话框中选择黄色，单击“确定”按钮。设置“描边”为无，如图10-109所示。按住鼠标左键拖动鼠标指针，绘制一个与画板等大的矩形，效果如图10-110所示。

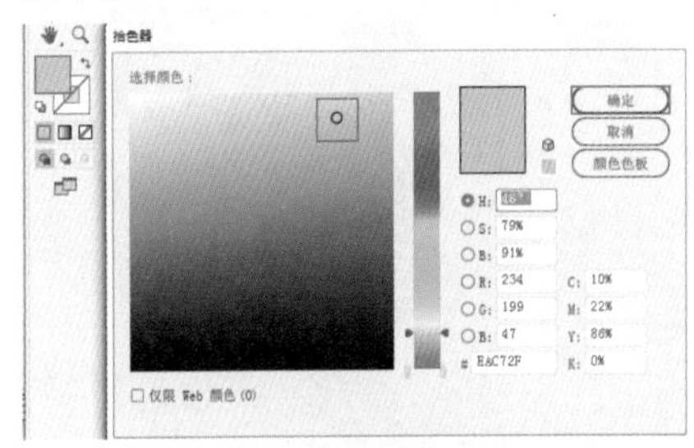
图10-109

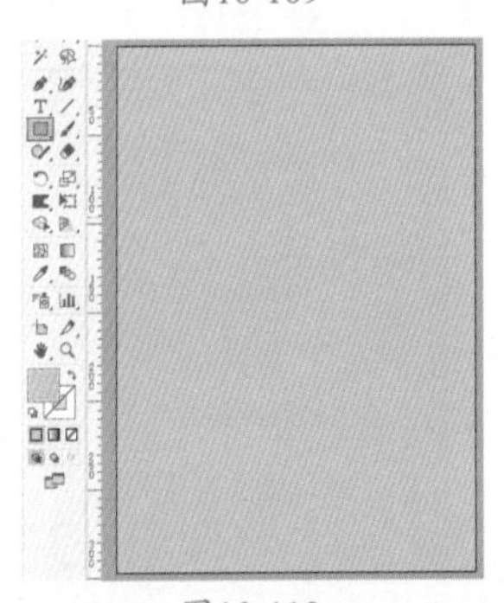
图10-110

02 使用同样的方法，绘制三个矩形，调整其位置和大小，并将其放置在合适的位置，效果如图10-111所示。

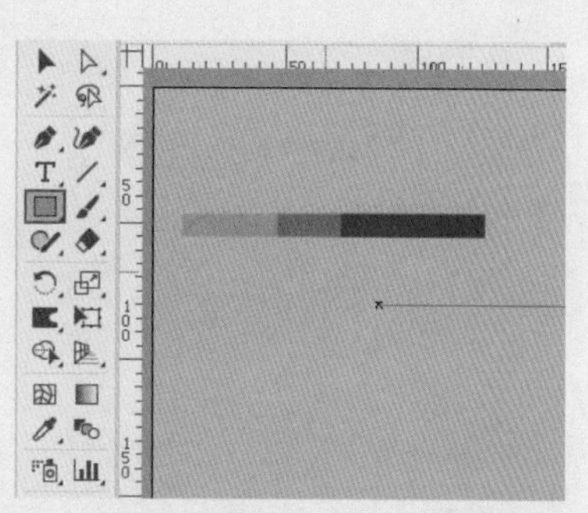

图10-111

实例101　制作装饰图案

操作步骤

01 选择工具箱中的“钢笔工具”，在画面中绘制不规则图形，在工具箱的底部设置“填色”为黄色，“描边”为无，效果如图10-112所示。执行“文件>打开”命令，将卡通素材“1.ai”打开，选择其中的素材图形，按快捷键Ctrl+C进行复制，回到刚才操作的文档中，按快捷键Ctrl+V进行粘贴，然后适当调整素材图形的位置及大小，效果如图10-113所示。

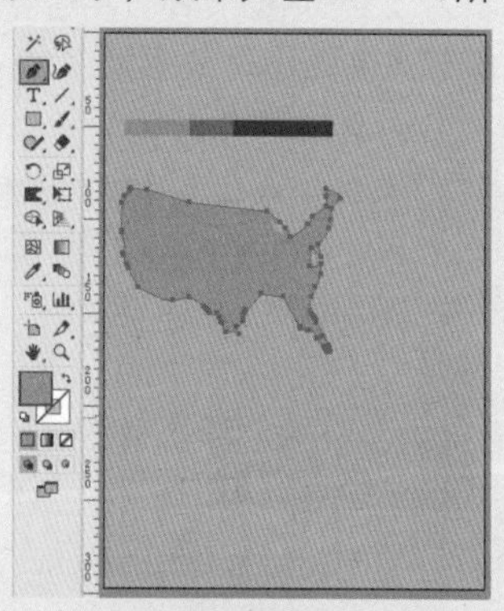

图10-112

图10-113

02 双击工具箱底部的“填色”按钮，在弹出的“拾色器”对话框中设置颜色为青色，单击“确定”按钮，如图10-114所示。在工具箱中选择“星形工具”，在画面右上角的位置绘制星形并将其旋转，效果如图10-115所示。

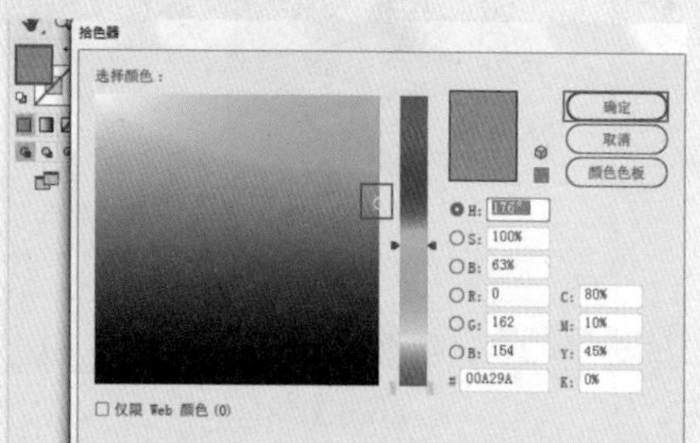

图10-114

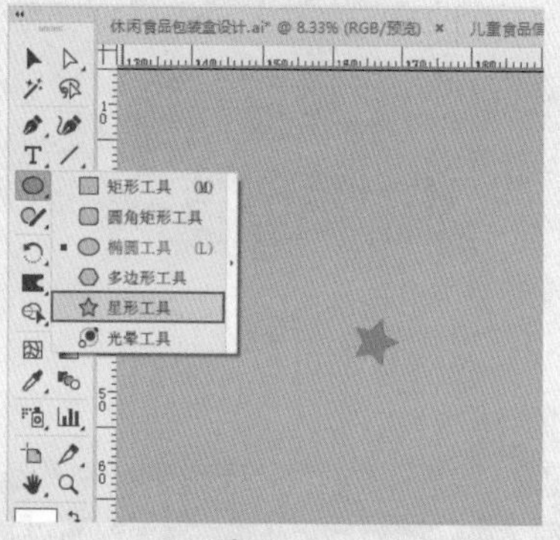

图10-115

03 选中星形，同时按住Shift键和Alt键拖动鼠标指针，复制得到另一个星形，然后将其填充为黑色，效果如图10-116所示。选择黑色星形，多次按快捷键Ctrl+D，复制出多个黑色星形，效果如图10-117所示。

图10-116

图10-117

04 将整行星形选中，然后同时按住Shift键和Alt键向下拖动，进行平移及复制，并更改星形的颜色，效果如图10-118所示。使用同样的方法复制得到另外两行星形，并更改星形的颜色，效果如图10-119所示。

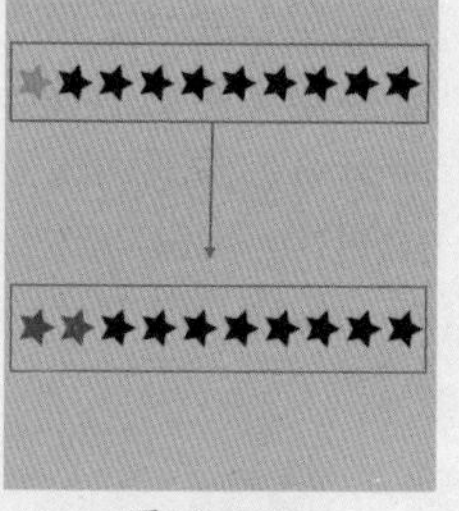

图10-118

图10-119

05 执行“窗口>符号库>箭头”命令，弹出“箭头”面板，选择“箭头26”符号，按住鼠标左键将其拖动到画面中，然后单击控制栏中的“断开链接”按钮，如图10-120所示。选择箭头符号，单击鼠标右键，在弹出的快捷菜单中选择“变换>对称”命令，在弹出的“镜像”对话框中选中“垂直”单选按钮，单击“确定”按钮，如图10-121所示。在工具箱的底部设置“填色”为黄色，“描边”为无，然后调整箭头符号至合适的大小，效果如图10-122所示。

图10-120

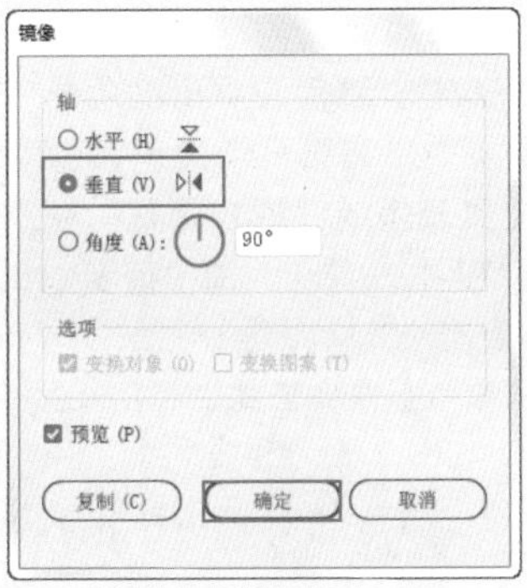

图10-121

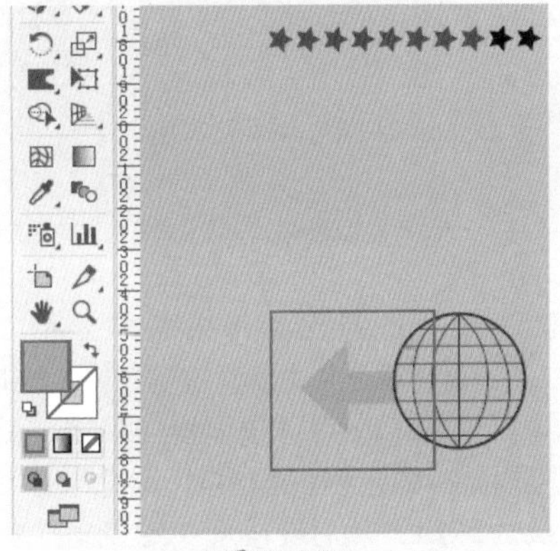

图10-122

06 使用同样的方法制作另一个箭头，效果如图10-123所示。

图10-123

实例102 制作成分列表的底色

操作步骤

01 执行“窗口>符号库>Web按钮和条形”命令，弹出“Web按钮和条形”面板，选择“按钮3—绿色”符号，按住鼠标左键将其拖动到画面中，单击控制栏中的“断开链接”按钮，然后将其摆放在合适的位置并调整至合适的大小，效果如图10-124所示。选择该按钮符号，同时按住Shift键和Alt键向下移动，复制得到另一个按钮符号，效果如图10-125所示。选择该按钮符号，多次按快捷键Ctrl+D，将按钮符号复制六份，得到一列按钮符号。框选该列按钮符号，使用同样的方法复制得到另外一列按钮符号，将其作为成分列表的底色，效果如图10-126所示。

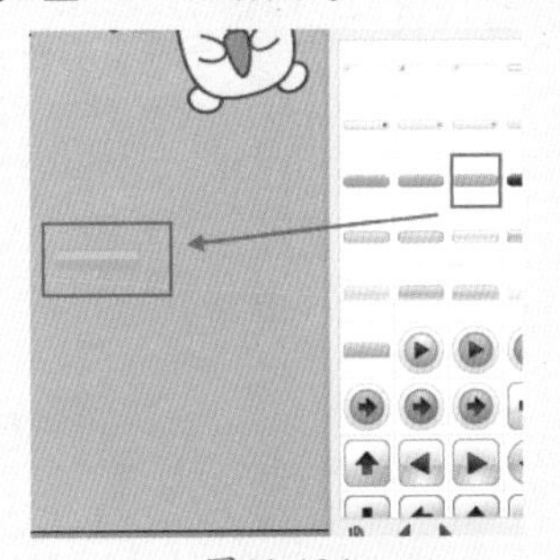

图10-124

图10-125

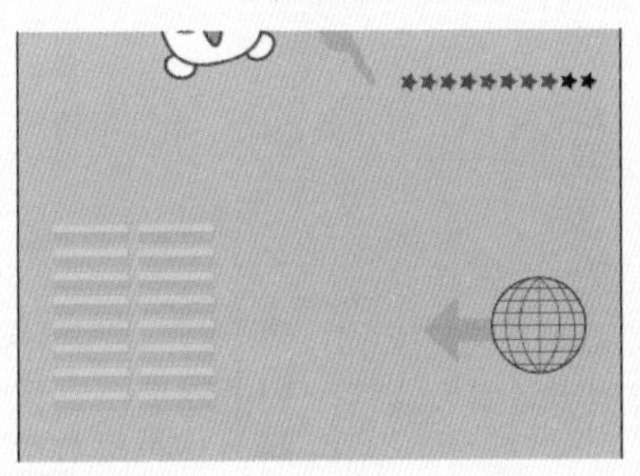

图10-126

02 使用同样的方法制作蓝色的按钮符号，并调整其位置，效果如图10-127所示。

图10-127

实例103 制作文字信息

操作步骤

01 选择工具箱中的“文字工具”，在画面中单击插入光标，在控制栏中设置“填充”为黑色，“描边”为无，设置合适的字体、字号，然后输入文字，按快捷键Ctrl+Enter确认输入操作，效果如图10-128所示。使用同样的方法制作其他文字，效果如图10-129所示。

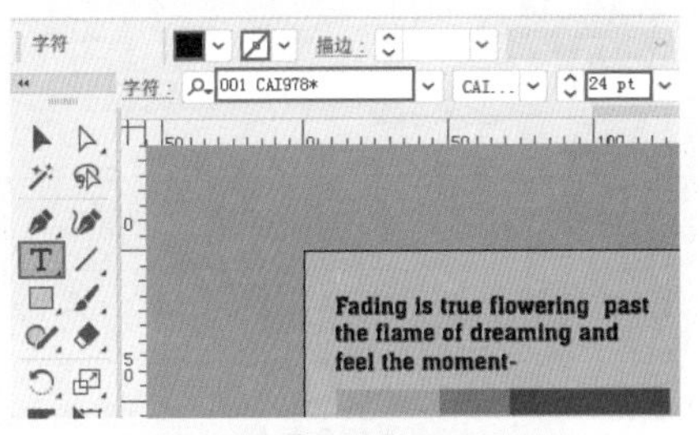

图10-128

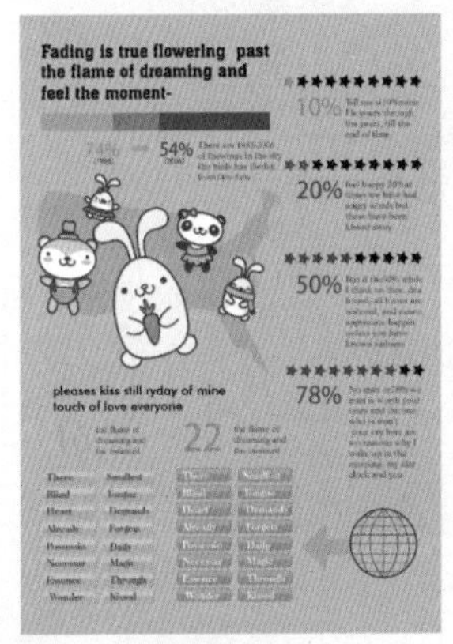

图10-129

02 选择工具箱中的“钢笔工具”，在控制栏中设置“填充”为无，“描边”为黑色，描边“粗细”为1pt，然后按住Shift键绘制一段折线，按Enter键确认绘制操作，效果如图10-130所示。使用同样的方法绘制其他线条，效果如图10-131所示。最终完成效果如图10-132所示。

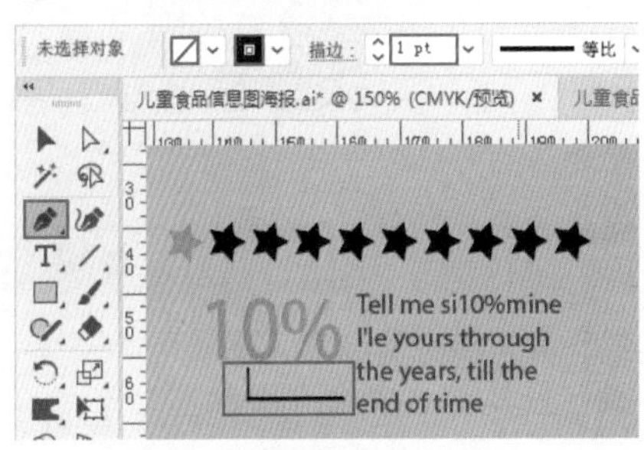

图10-130

图10-131

图10-132

10.6 卡通风格文字招贴

文件路径	第 10 章\卡通风格文字招贴	扫码深度学习
难易指数	★★★★★	
技术掌握	● "扩展"命令 ● "平均"命令 ● 符号 ● "投影"效果	

操作思路

在本案例中，首先使用"矩形工具"配合"扩展"命令与"平均"命令制作放射状背景，然后使用"椭圆工具"绘制彩虹，并置入草地素材，再使用符号为画面添加一些小草，最后使用"文字工具"输入主体文字。

案例效果

案例效果如图10-133所示。

图10-133

实例104　制作放射状背景

操作步骤

01 执行"文件>新建"命令，新建一个A4大小的空白文档。选择工具箱中的"矩形工具"，绘制一个与画板等大的矩形。单击工具箱底部的"填色"按钮，使之置于前面，执行"窗口>渐变"命令，然后在弹出的"渐变"面板中设置"类型"为"径向"，编辑一个橙色系的渐变，如图10-134所示。使用工具箱中的"渐变工具"在矩形上拖动调整渐变效果，如图10-135所示。按快捷键Ctrl+2锁定该矩形。

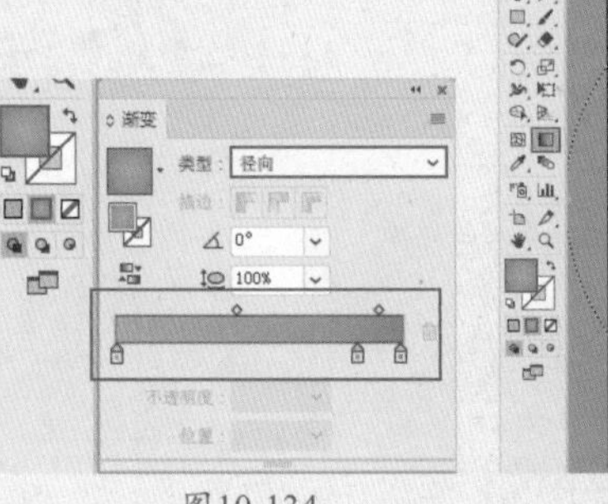

图10-134

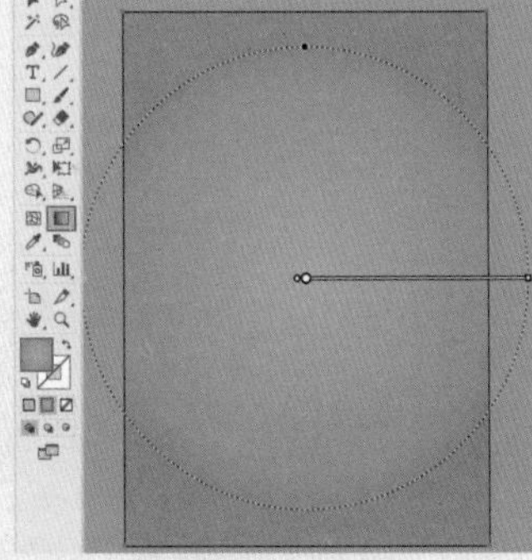
图10-135

02 下面制作放射状背景。选择工具箱中的"矩形工具"，在控制栏中设置"填充"为无，"描边"为橘黄色，然后单击"描边"按钮，在其下拉面板中设置"粗细"为30pt，勾选"虚线"复选框，设置"虚线"参数为50pt，"间隙"参数为50pt，然后在画面中绘制一个矩形，效果如图10-136所示。

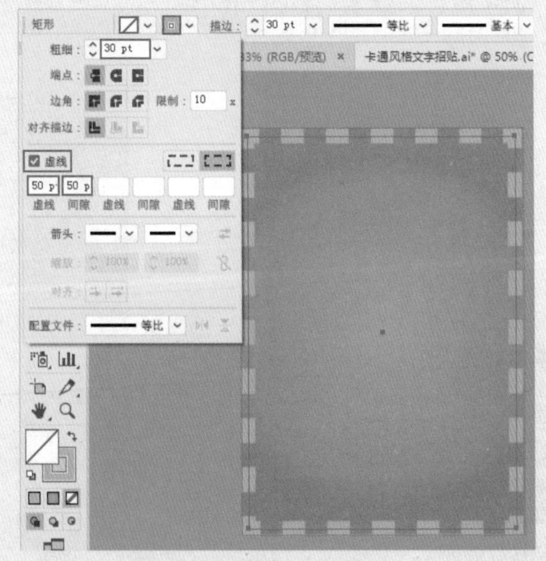

图10-136

03 选择矩形，执行"对象>扩展"命令，在弹出的"扩展"对话框中勾选"填充"和"描边"复选框，单击"确定"按钮，如图10-137所示。将矩形进行扩展后，选择"直接选择工具"，按住Shift键加选矩形内部的锚点，如图10-138所示。

04 执行"对象>路径>平均"命令，在弹出的"平均"对话框中选中"两者兼有"单选按钮，单击"确定"按钮，如图10-139所示。将得到的图形调整至与画板等大，效果如图10-140所示。使用快捷键Ctrl+2锁定该图形。

图10-137

图10-138

图10-139

图10-140

实例105 制作卡通彩虹

操作步骤

01 下面制作彩虹效果。选择工具箱中的“椭圆工具”，在控制栏中设置“填充”为无，“描边”为红色，描边“粗细”为20pt，按住Shift键在画面中绘制一个正圆形，效果如图10-141所示。使用同样的方法调整描边的颜色和粗细，分别绘制其他六个不同颜色、大小的正圆形，并依次摆放在一起，效果如图10-142所示。

图10-141

图10-142

02 使用“矩形工具”绘制一个矩形，效果如图10-143所示。按住Shift键加选矩形和正圆形，执行“对象>剪切蒙版>建立”命令，建立剪切蒙版，得到彩虹图形，效果如图10-144所示。

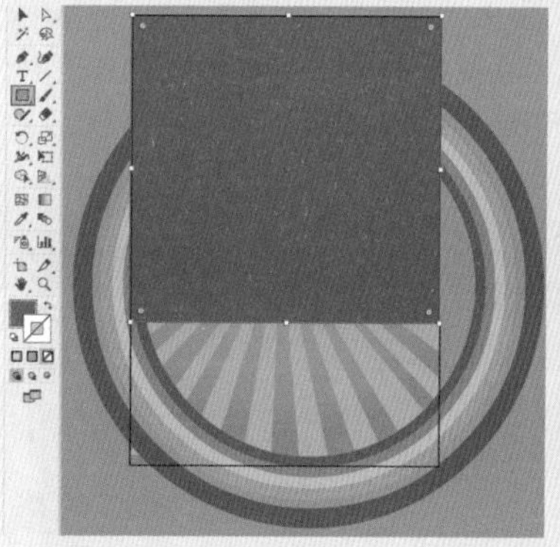
图10-143

图10-144

03 选中彩虹图形，执行“效果>风格化>投影”命令，在弹出的“投影”对话框中设置“模式”为“正片叠底”，“不透明度”为75%，“X位移”和“Y位移”为0mm，“模糊”为1.8mm，选中“颜色”单选按钮，设置颜色为黑色，单击“确定”按钮，如图10-145所示，此时效果如图10-146所示。

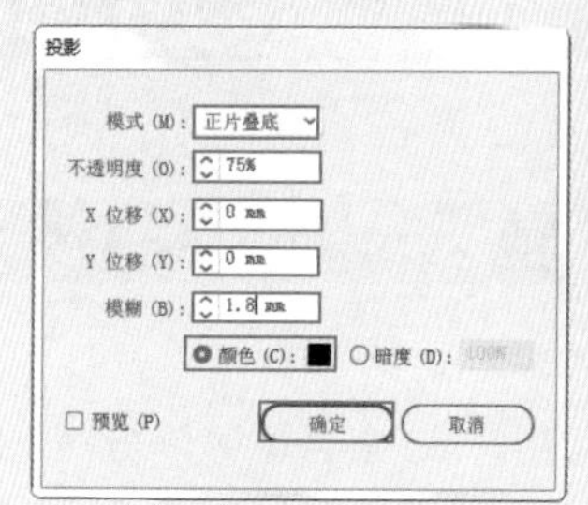

图10-145

图10-146

04 执行“窗口>符号库>提基”命令，在弹出的“提基”面板中选择“Tiki 棚屋”符号，按住鼠标左键将其拖动到画面中。在选中符号的状态下，在控制栏中单击“断开链接”按钮，然后按住Shift键将其进行等比缩小，效果如图10-147所示。使用同样的方式，再次在画面中添加“植物”符号，调整其大小和位置，多次执行“对象>排列>后移一层”命令，使其在彩虹的后面，效果如图10-148所示。继续使用同样的方法，添加其他符号，对其进行适当的旋转并调整其位置，效果如图10-149所示。

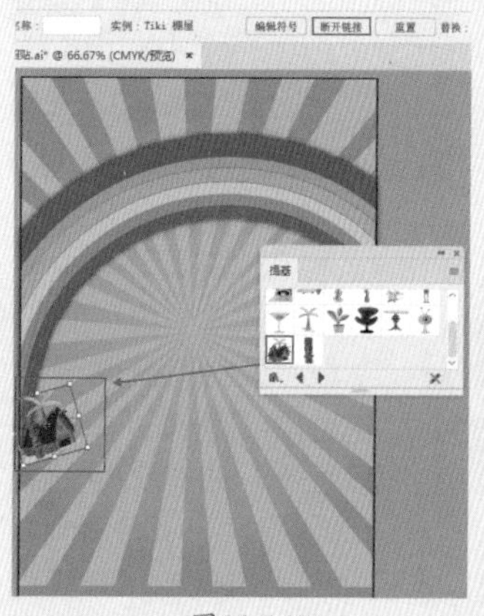

图10-147

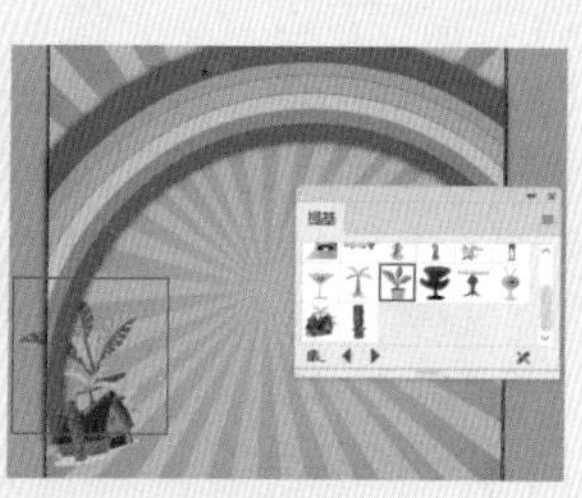
图10-148

05 执行“文件>置入”命令，置入草地素材“1.png”，单击控制栏中的“嵌入”按钮，完成素材的嵌入操作。将素材调整到合适的位置和大小，将其移动到符号的后对面，效果如图10-150所示。

图10-149

图10-150

实例106 制作辅助文字

操作步骤

01 选择工具箱中的“文字工具”，在画面中单击插入光标，在控制栏中设置“填充”为浅灰色，“描边”为无，选择合适的字体及字号，然后在相应位置输入文字，按快捷键Ctrl+Enter确认输入操作，效果如图10-151所示。使用同样的方法，继续为画面添加文字，效果如图10-152所示。

图10-151

图10-152

02 加选这些文字，执行“效果>风格化>投影”命令，在弹出的“投影”对话框中设置“模式”为“正片叠底”，“不透明度”为75%，“X位移”为1mm，“Y位移”为1mm，“模糊”为1mm，选中“颜色”单选按钮，设置颜色为黑色，如图10-153所示，此时文字效果如图10-154所示。

03 按住Shift键将文字加选，然后将其进行旋转，效果如图10-155所示。

04 下面在文字前面添加小草作为装饰。执行“窗口>符号库>自然”命令，弹出“自然”面板，然后选择相应的小草符号，在文字前面进行添加。调整小草符号的大小及角度，效果如图10-156所示。

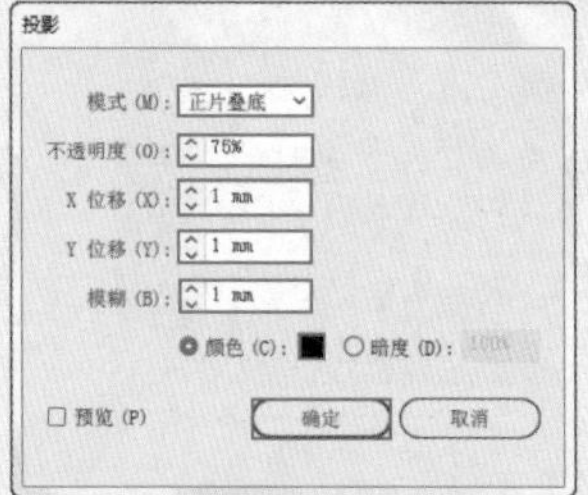

图10-153

图10-154

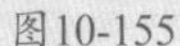

图10-155

图10-156

实例107 制作主体文字

操作步骤

01 使用同样的方法输入“填充”为白色、“描边”为无的文字，设置合适的字体、字号，效果如图10-157所示。将文字进行旋转，效果如图10-158所示。

图10-157

02 下面制作主体文字的立体效果。选中文字，按快捷键Ctrl+C进行复制，按快捷键Ctrl+B将其粘贴在原文字的后面，然后执行“效果>路径>偏移路径”命令，在弹出的“偏移路径”对话框中设置

图10-148

“位移”为6mm，“连接”为“斜接”，“斜接限制”为4，如图10-159所示，单击“确定”按钮。将偏移路径后的文字填充为黄色，此时效果如图10-160所示。

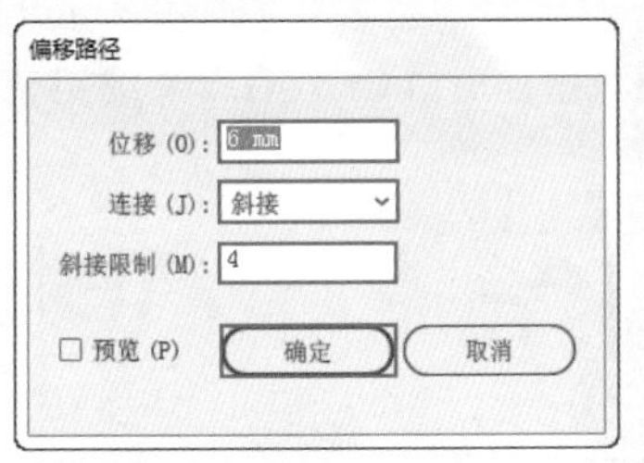
图10-159

图10-160

03 在选中黄色文字的状态下，按快捷键Ctrl+C进行复制，按快捷键Ctrl+B将其粘贴在原文字的后面，并将其填充为深黄色。多次按↓键和←键，调整其位置，效果如图10-161所示。

图10-161

04 在选中深黄色文字的状态下，执行“效果>风格化>投影”命令，在弹出的“投影”对话框中设置“模式”为“正片叠底”，“不透明度”为75%，“X位移”为0mm，“Y位移”为0mm，“模糊”为1.76mm，选中“颜色”单选按钮，设置颜色为黑色，单击“确定”按钮，如图10-162所示。选择制作的文字，将其移动到“棕榈”符号和“Tiki 棚屋”符号的后面，效果如图10-163所示。

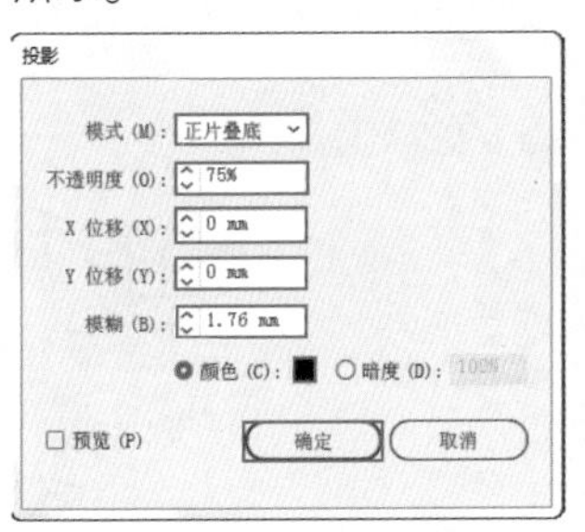
图10-162

图10-163

05 使用同样的方法制作其他文字，效果如图10-164所示。最终完成效果如图10-165所示。

图10-164

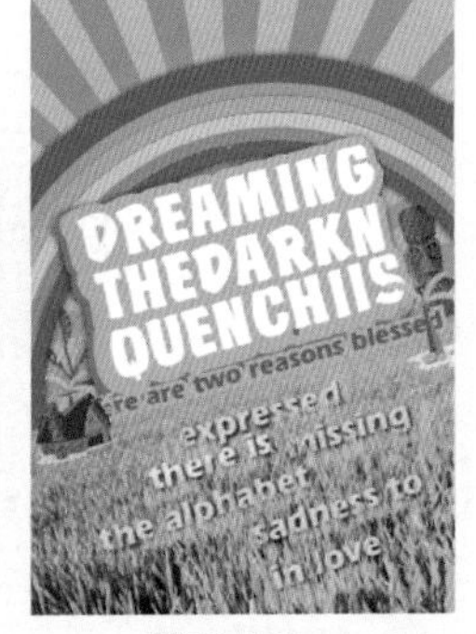
图10-165

10.7 幸运转盘活动招贴

文件路径	第 10 章 \ 幸运转盘活动招贴	
难易指数	★★★★★	
技术掌握	● 极坐标网格工具 ● 文字工具 ● 椭圆工具 ● “路径查找器”面板	扫码深度学习

操作思路

在本案例中，首先制作浅蓝色矩形背景，然后使用“椭圆工具”制作转盘图形，再置入素材的丰富画面，最后制作转盘上的文字等以装饰画面。

案例效果

案例效果如图10-166所示。

10-166

实例108 制作背景及文字

操作步骤

01 新建一个A4大小的空白文档。选择工具箱中的“矩形工具”，在工具箱的底部设置“描边”为无，然后双击“填色”按钮，在弹出的“拾色器”对话框中选择浅蓝色，单击“确定”按钮，如图10-167所示。绘制一个与画板等大的矩形，效果如图10-168所示。

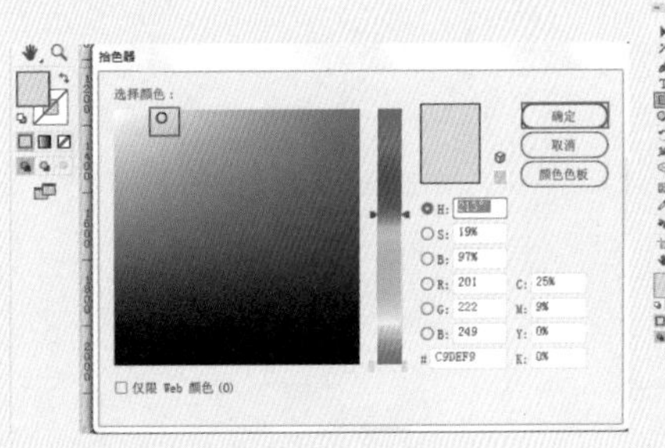
图10-167

图10-168

02 选择工具箱中的“文字工具”，在画面中单击插入光标，然后在控制栏中设置“填充”为白色，“描边”为无，设置合适的字体、字号，然后输入文字，按快捷键Ctrl+Enter确认输入操作，效果如图10-169所示。使用同样的方法，制作其他文字，效果如图10-170所示。

图10-169　　图10-170

实例109　制作转盘图形

操作步骤

01 选择工具箱中的“椭圆工具”，在控制栏中设置“填充”为黄色，“描边”为无，按住Shift键绘制一个正圆形，效果如图10-171所示。

图10-171

02 选择工具箱中的“极坐标网格工具”，在画面中单击，在弹出的“极坐标网格工具选项”对话框中设置“同心圆分隔线”的“数量”为0，“径向分割线”的“数量”为8，单击“确定”按钮，如图10-172所示。在工具箱的底部设置“填色”为浅蓝色，“描边”为粉色，效果如图10-173所示。

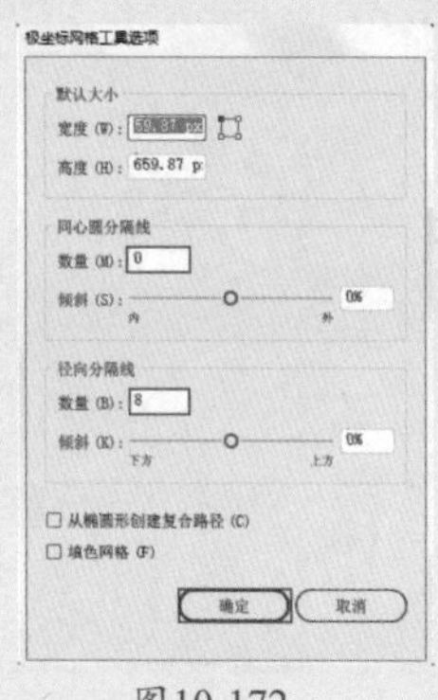

图10-172　　图10-173

03 选择该图形，执行“对象>扩展”命令，在弹出的“扩展”对话框中勾选“填充”和“描边”复选框，单击“确定”按钮，如图10-174所示。执行“窗口>路径查找器”命令，在弹出的“路径查找器”面板中单击“分割”按钮，然后按快捷键Shift+Ctrl+G取消编组，如图10-175所示。

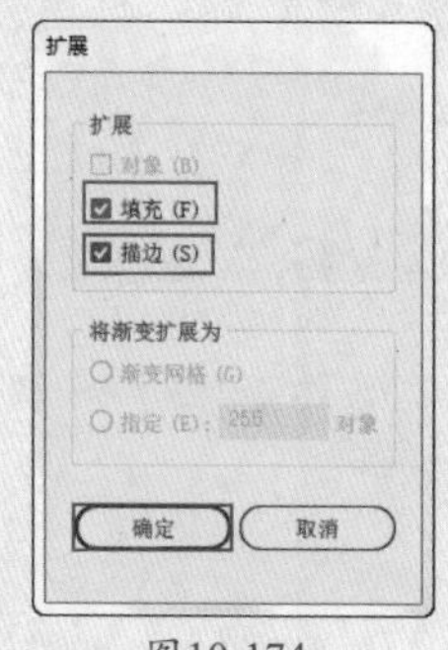

图10-174　　图10-175

04 选择图形中的红线，按Delete键将其删除，效果如图10-176所示。

05 下面制作转盘上的小缺口。使用工具箱中的“椭圆工具”绘制一个小椭圆形，然后将其旋转，并摆放在两个扇形外侧的中间位置，效果如图10-177所示。加选小椭圆形和两个扇形，单击“路径查找器”面板中的“分割”按钮，将三个图形进行分割，按快捷键Shift+Ctrl+G取消编组，如图10-178所示。选择红色椭圆部分，按Delete键将其删除，效果如图10-179所示。

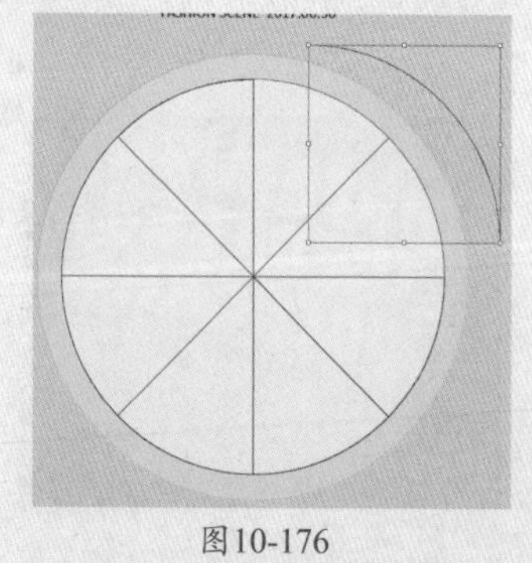

图10-176　　图10-177

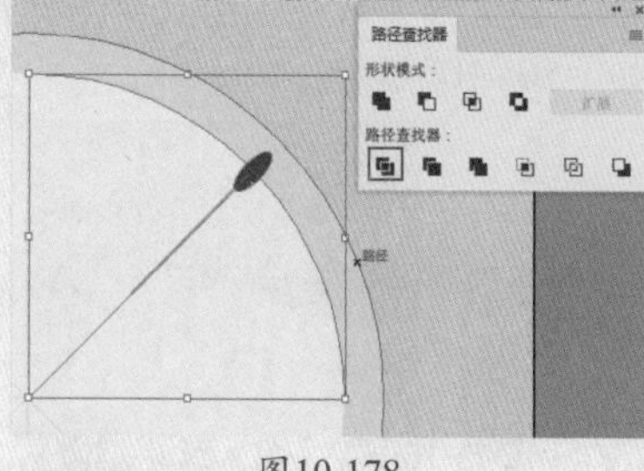

图10-178

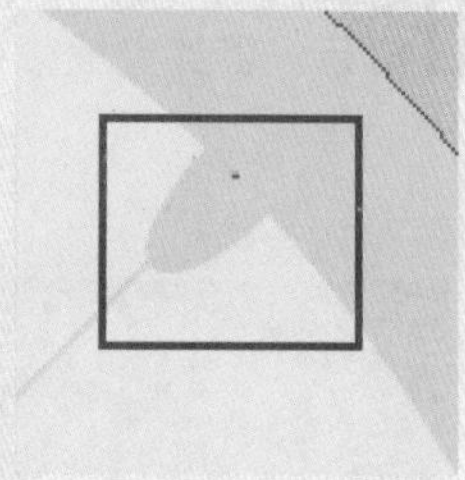

图10-179

06 使用同样的方法制作其他缺口，效果如图10-180所示。继续使用同样的方法，在浅蓝色正圆形上制作一个填充为白色的正圆形，并将其等分为八份扇形，效果如图10-181所示。

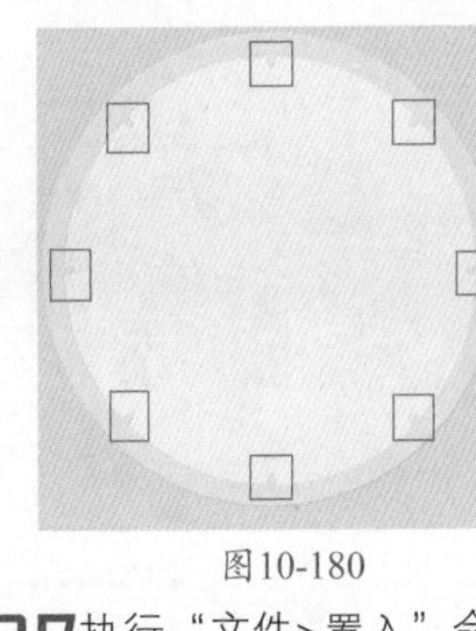

图10-180

图10-181

07 执行"文件>置入"命令，置入蛋糕素材"4.png"，调整其位置、大小和方向，然后单击控制栏中的"嵌入"按钮，效果如图10-182所示。选择蛋糕素材后面的扇形，快捷键Ctrl+C进行复制，然后单击蛋糕素材，按快捷键Ctrl+F将其粘贴到蛋糕素材的前面，效果如图10-183所示。按住Shift键加选扇形和蛋糕素材，按快捷键Ctrl+7创建剪切蒙版，效果如图10-184所示。

08 使用同样的方法继续在画面中置入其他素材，然后调整其位置、大小和方向，并创建剪切蒙版，效果如图10-185所示。

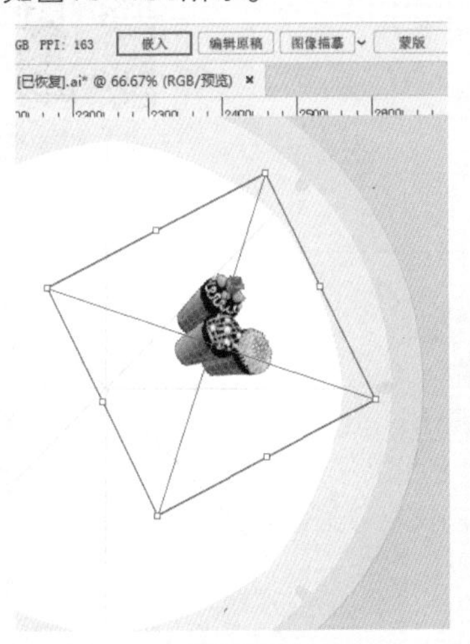

图10-182

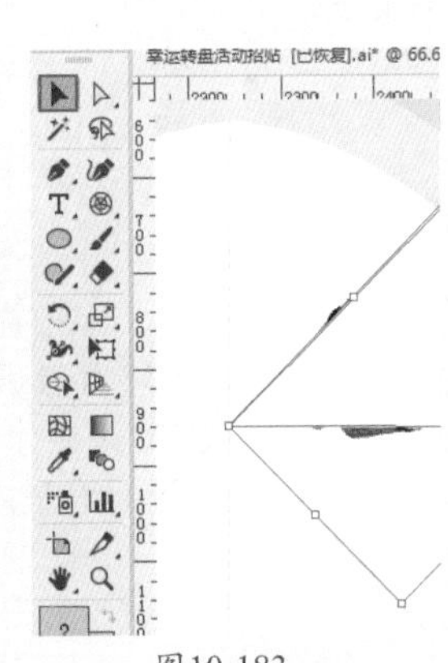

图10-183

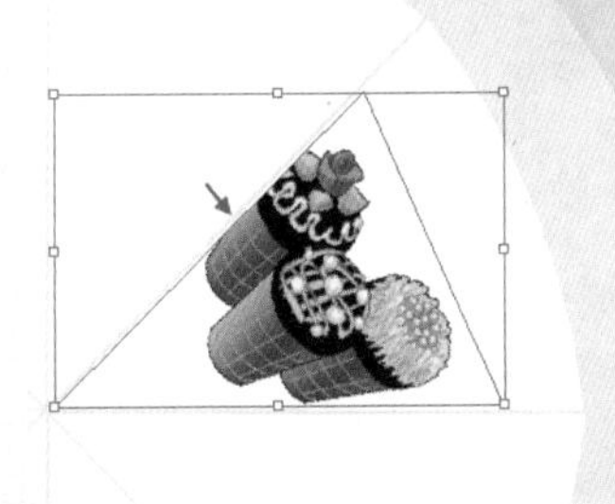

图10-184

图10-185

09 选择工具箱中的"椭圆工具"，在控制栏中设置"填充"为黄色，"描边"为无，然后按住Shift键在画面中间绘制一个正圆形，效果如图10-186所示。在黄色正圆形上绘制一个填充为无、描边为白色、描边粗细为4pt的正圆形，填充如图10-187所示。

图10-186

图10-187

10 在正圆形中输入文字，设置合适的字体、字号，效果如图10-188所示。使用同样的方法，制作转盘上的其他文字，将文字旋转至合适的角度，并调整至合适的位置，效果如图10-189所示。

图10-188

图10-189

11 选择工具箱中的"画笔工具"，执行"窗口>画笔库>箭头"命令，在弹出的"箭头_标准"面板中选择"箭头1.13"画笔，然后在画面中的合适位置绘制装饰箭头，在控制栏中设置"描边"为黑色，描边"粗细"为3pt，效果如图10-190所示。使用同样的方法，绘制转盘旁边的两个浅蓝色箭头，效果如图10-191所示。

图10-190

图10-191

实例110 制作底部图形

操作步骤

01 选择工具箱中的"圆角矩形工具"，在控制栏中设置"填充"为白色，"描边"为无，然后在画面底部绘制一个圆角矩形，效果如图10-192所示。置入装饰素材，并将其调整至合适的大小和位置，效果如图10-193所示。

继续输入文字，设置合适的字体、字号，并调整文字的位置，效果如图10-194所示。

图10-192　　图10-193

图10-194

02使用“钢笔工具”绘制一个水滴形状的图形并填充为黑色，效果如图10-195所示。在其中输入合适的文字，并调整文字的角度，效果如图10-196所示。

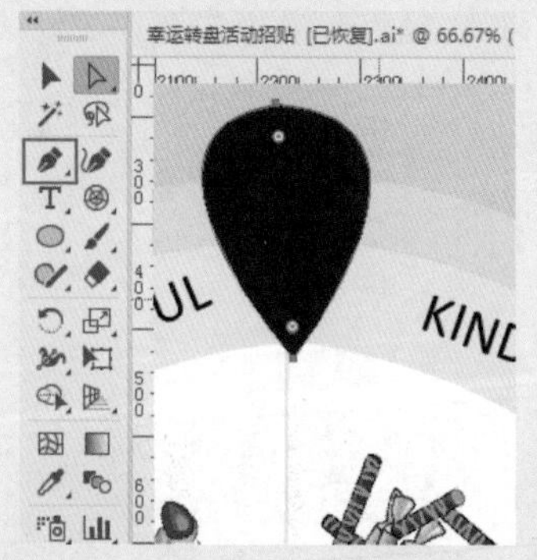

图10-195

图10-196

03利用“椭圆工具”与“圆角矩形工具”制作画面左侧的粉色装饰，并使用“文字工具”在图形中添加合适的文字，效果如图10-197所示。

图10-197

04置入雪花素材，然后选择“选择工具”，按住Alt键的同时拖动鼠标指针，将雪花素材复制一份。使用同样的方法多次进行复制，调整素材的大小并将其摆放在合适的位置，效果如图10-198所示。最终完成效果如图10-199所示。

图10-198

图10-199

10.8 唯美人像海报

文件路径	第10章\唯美人像海报	扫码深度学习
难易指数	★★★★★	
技术掌握	● “高斯模糊”效果 ● 文字工具 ● “内发光”效果 ● “投影”效果 ● 封套扭曲 ● 符号	

操作思路

在本案例中，首先置入合适的背景素材，并通过“高斯模糊”命令将背景虚化；然后输入主体文字，配合投影、内发光等效果制作艺术文字；最后在画面的底部添加合适的素材、符号和辅助文字，完成海报的制作。

案例效果

案例效果如图10-200所示。

图10-200

实例111　制作背景与人物部分

操作步骤

01 新建一个宽度为600mm、高度为1 000mm的空白文档。执行"文件>置入"命令，置入背景素材"1.jpg"，调整其位置和大小，然后单击控制栏中的"嵌入"按钮，效果如图10-201所示。选择背景素材，执行"效果>模糊>高斯模糊"命令，在弹出的"高斯模糊"对话框中设置"半径"为30像素，单击"确定"按钮，如图10-202所示，此时效果如图10-203所示。

图10-201

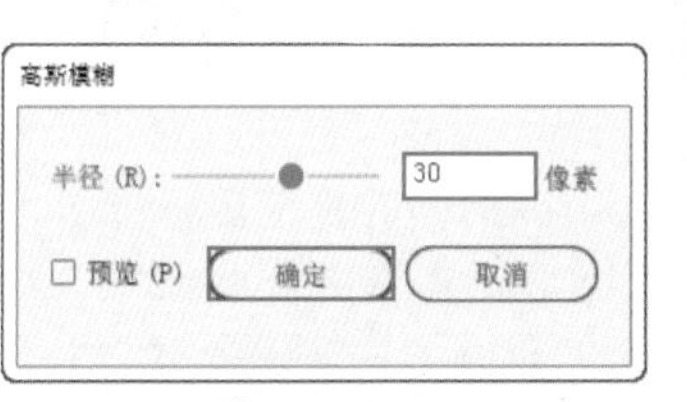

图10-202

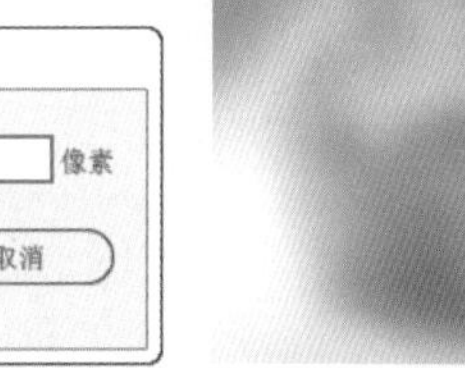
图10-203

02 使用同样的方法，在画面中置入花环素材"2.png"和人物素材"3.png"，调整其大小和位置，然后分别在控制栏中单击"嵌入"按钮，效果如图10-204和图10-205所示。

图10-204

图10-205

实例112　制作艺术文字

操作步骤

01 选择工具箱中的"文字工具"，在画面中单击插入光标，在控制栏中设置"填充"为黑色，"描边"为无，设置合适的字体、字号，然后输入文字，按快捷键Ctrl+Enter确定输入操作，效果如图10-206所示。选择工具箱中的"修饰文字工具"，在字母"S"上单击以显示定界框，然后拖动控制点将文字进行旋转，效果如图10-207所示。

图10-206

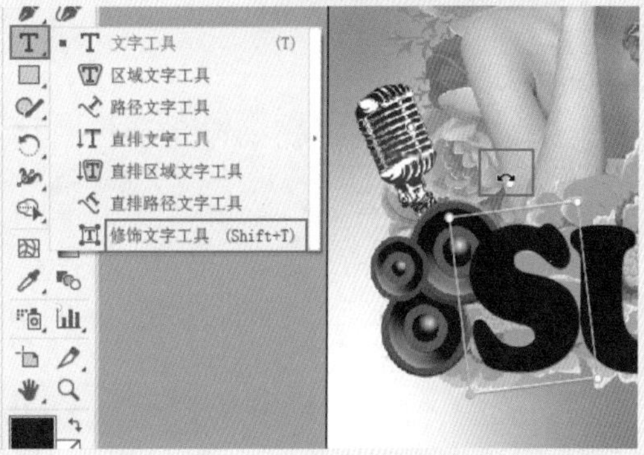

图10-207

02 使用同样的方法，制作其他两个字母的旋转效果，并将其移动到合适的位置，效果如图10-208所示。使用同样的方法，制作其他文字，效果如图10-209所示。

图10-208

图10-209

03 执行"对象>扩展"命令，在弹出的"扩展"对话框中勾选"对象"和"填充"复选框，单击"确定"按钮，如图10-210所示。选中两组文字，按快捷键Ctrl+G将其编组，在控制栏中改变其"填充"为白色，"描边"为紫色，描边"粗细"为10pt，效果如图10-211所示。

04 执行"效果>风格化>内发光"命令，在弹出的"内发光"对话框中设置"模式"为"正常"，颜色为紫色，"不透明度"为75%，"模糊"为10mm，选中"边缘"单选按钮，单击"确定"按钮，如图10-212所示，此时效果如图10-213所示。

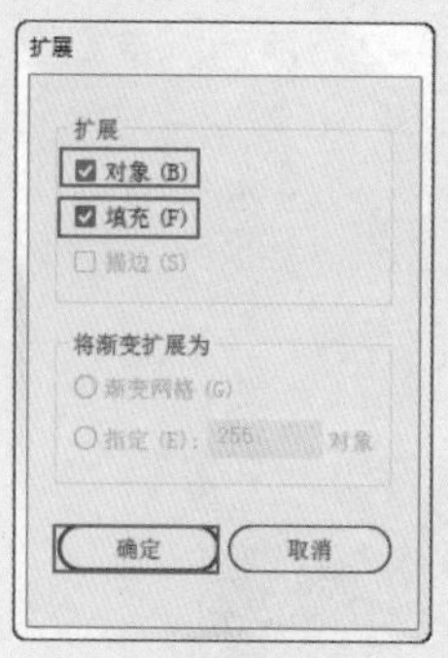

图10-210

图10-211

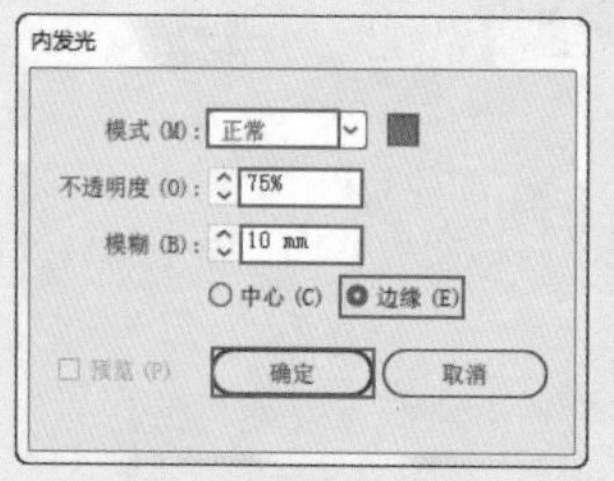

图10-212

图10-213

05执行“效果>风格化>投影”命令，在弹出的“投影”对话框中设置“模式”为“正片叠底”，“不透明度”为60%，“X位移”为-5mm，“Y位移”为0.5mm，“模糊”为3mm，选中“颜色”单选按钮，设置颜色为黑色，单击“确定”按钮，如图10-214所示，此时效果如图10-215所示。

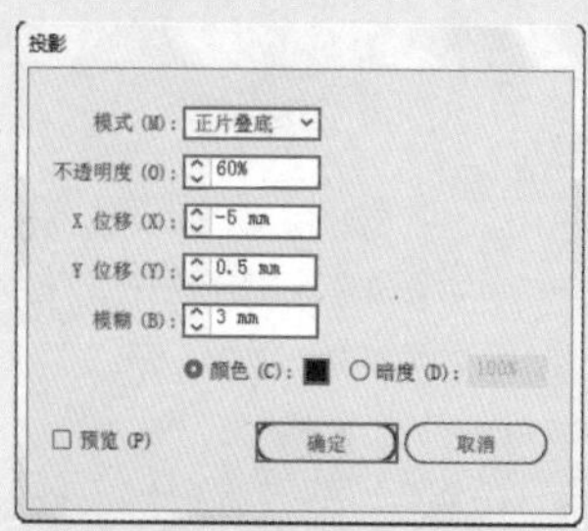

图10-214

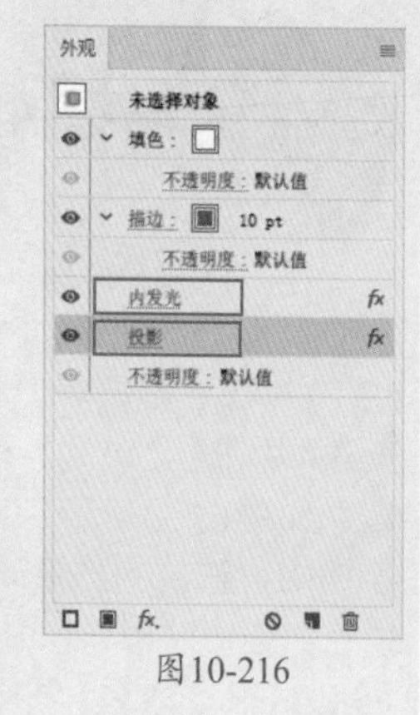

图10-215

06选择文字，按快捷键Ctrl+C进行复制，然后按快捷键Ctrl+F将其粘贴到原文字的前面。执行“窗口>外观”命令，弹出“外观”面板，如图10-216所示，选择“内发光”效果，按住鼠标左键，将其拖动到面板右下角的“删除所选项目”按钮上，释放鼠标左键将其删除，使用同样的方法删除“投影”效果。在控制栏中更改文字的“填充”为白色，“描边”为无，效果如图10-217所示。将文字再复制一份，将复制得到的文字移动到画板以外的地方，用于后期制作描边效果。

图10-216

07选择“椭圆工具”，按住Shift键绘制一个正圆形，效果如图10-218所示。在工具箱的底部单击“填色”按钮，使之置于前面，执行“窗口>渐变”命令，在弹出的“渐变”面板中设置“类型”为“径向”，编辑一个粉色系的渐变，如图10-219所示。使用工具箱中的“渐变工具”在正圆形上拖动调整渐变效果，如图10-220所示。

图10-217

图10-218

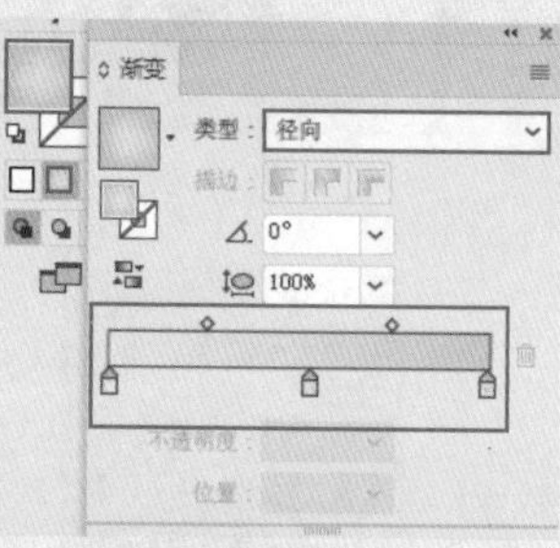

图10-219

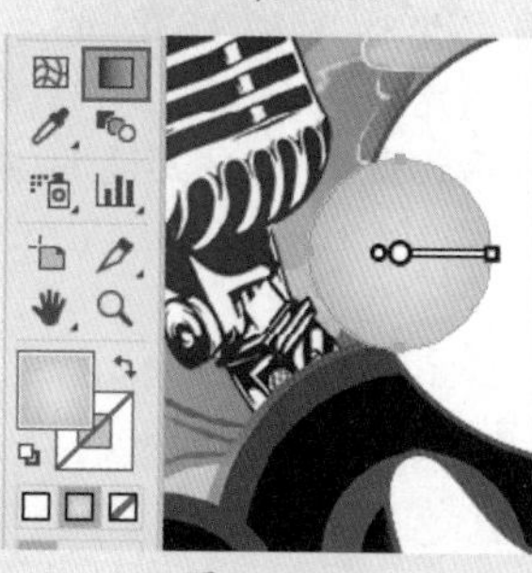

图10-220

08选择正圆形，按住Alt键的同时拖动鼠标指针，复制得到同样大小的正圆形，多次重复此操作，并调整正圆形的位置。选中所有的正圆形，按快捷键Ctrl+G将它们编组，效果如图10-221所示。执行“对象>排列>后移一层”命令，将正圆形组移动到文字的后面，效果如图10-222所示。

图10-221

图10-222

09选中文字和正圆形组，单击控制栏中的“不透明度”按钮，在其下拉面板中单击“制作蒙版”按钮，如图10-223所示，此时效果如图10-224所示。

图10-223

图10-224

10将移动到画板以外的文字移动到带有正圆形装饰效果的文字上，单击工具箱底部的“描边”按钮，使之置于前面，执行“窗口>渐变”命令，在弹出的“渐变”面板中设置“类型”为“线性”，编辑一个紫色系的渐变，如图10-225所示，在控制栏中设置描边“粗细”为50pt，效果如图10-226所示。

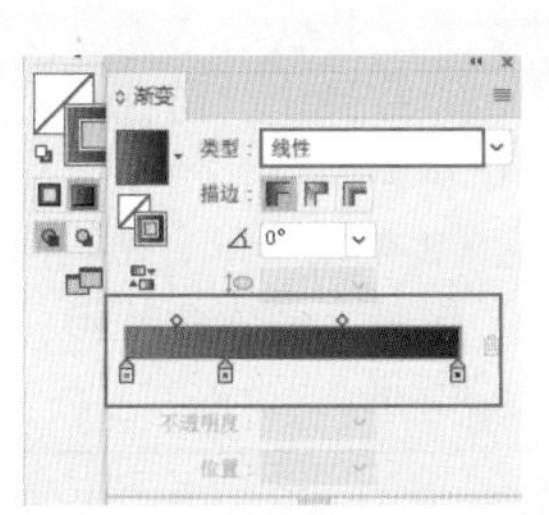

图10-225

图10-226

11 多次执行“对象>排列>后移一层”命令，将制作的文字描边效果移动到到文字的后面、背景的前面，效果如图10-227所示，此时整体效果如图10-228所示。

图10-227

图10-228

实例113　制作底部装饰

操作步骤

01 下面制作文字下方的飘带。选择工具箱中的“钢笔工具”，在控制栏中设置“填充”为紫色，“描边”为无，在画面中绘制图形，效果如图10-229所示。使用同样的方法，在其右侧绘制填充为深紫色的图形，并将其调整至合适的位置，效果如图10-230所示。多次执行“对象>排列>后移一层”命令，将深紫色图形移动到紫色图形的后面，效果如图10-231所示。

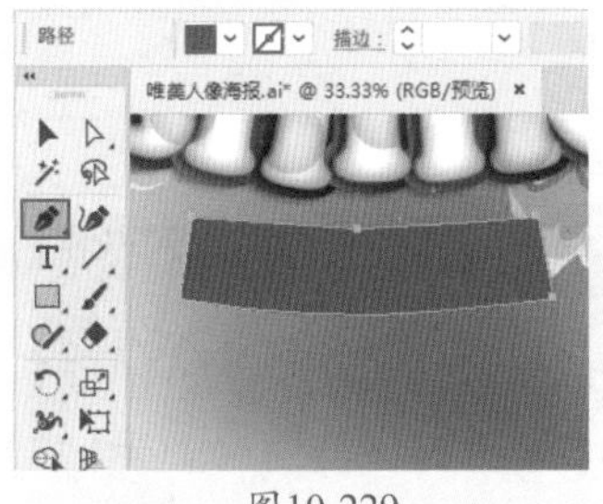

图10-229

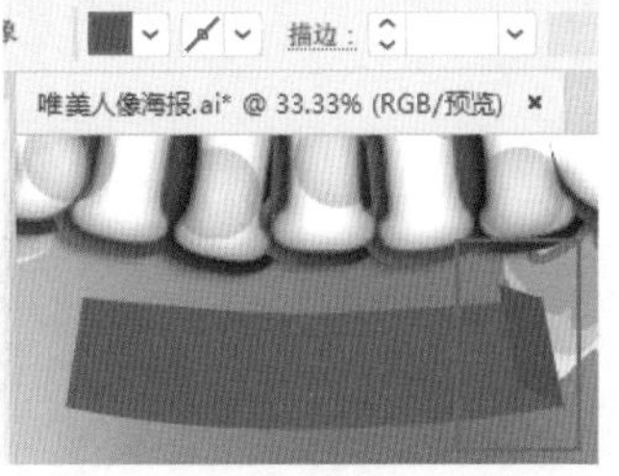

图10-230

02 使用同样的方法继续绘制图形，以制作完整的飘带，效果如图10-232所示。

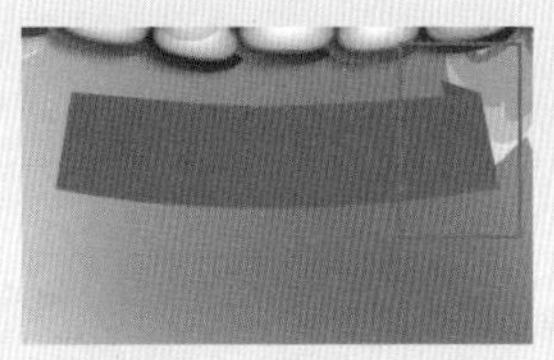
图10-231

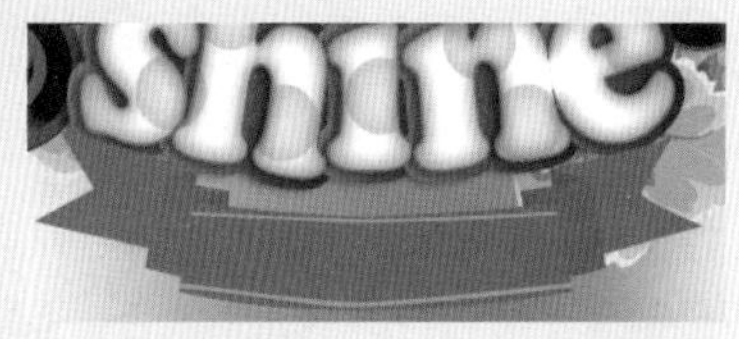
图10-232

03 选择工具箱中的“文字工具”，在画面中单击插入光标，设置控制栏中的“填充”为白色，“描边”为无，并设置合适的字体、字号，然后输入文字，效果如图10-233所示。执行“对象>封套扭曲>用变形建立”命令，在弹出的“变形选项”对话框中设置“样式”为“弧形”，选中“水平”单选按钮，设置“弯曲”为-10%，单击“确定”按钮，如图10-234所示，此时效果如图10-235所示。

图10-233

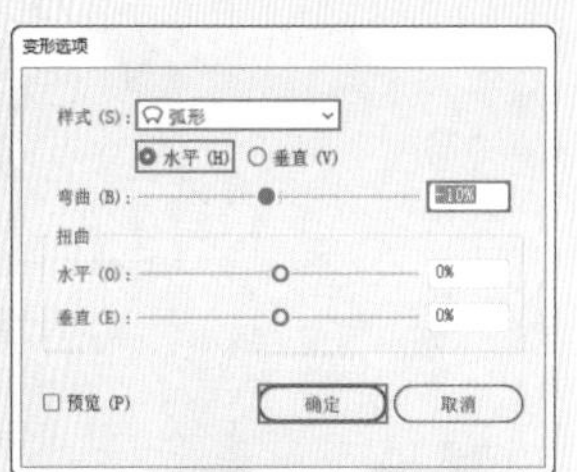

图10-234

图10-235

04 执行“文件>置入”命令，置入花朵与蛋糕素材“5.jpg”，调整其位置和大小，然后单击控制栏中的“嵌入”按钮，效果如图10-236所示。使用同样的方法置入其他素材，调整其位置和大小，效果如图10-237所示。

图10-236

图10-237

05 在画面中添加合适的文字，效果如图10-238所示。执行“窗口>符号库>网页图标”命令，弹出“网页图标”面板，选择“视频”符号，按住鼠标左键将其拖动到画面中，将其进行放大并断开链接，然后将其填充为紫色，效果如图10-239所示。

06 最终完成效果如图10-240所示。

图10-238

图10-239

图10-240

10.9 剪影效果海报

文件路径	第 10 章\剪影效果海报	
难易指数	★★★★★	
技术掌握	● 椭圆工具 ● 矩形工具 ● 剪切蒙版 ● 符号	扫码深度学习

操作思路

本案例制作的是一款剪影效果的海报。在本案例中，使用频率最高的是“椭圆工具”，也会使用到“矩形工具”。为了丰富画面效果，还会使用到“符号库”中的大量符号。

案例效果

案例效果如图10-241所示。

图10-241

实例114 制作顶部图形

操作步骤

01 新建一个A4大小的空白文档。选择工具箱中的“矩形工具”，在工具箱的底部设置“描边”为无，双击“填色”按钮，在弹出“拾色器”对话框中设置颜色为青色，单击“确定”按钮，如图10-242所示。在画面中绘制一个与画板等大的青色矩形，效果如图10-243所示。

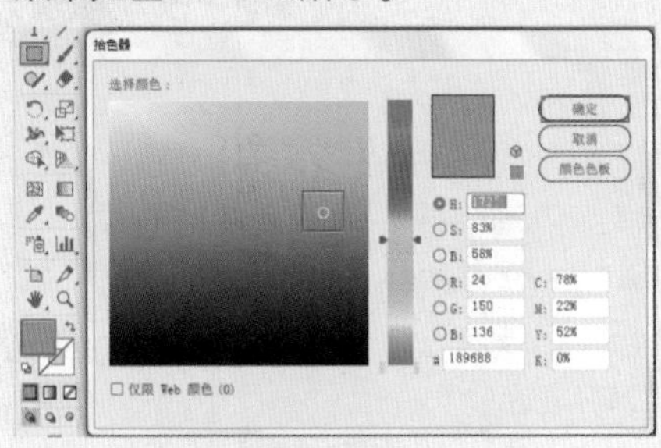

图10-242

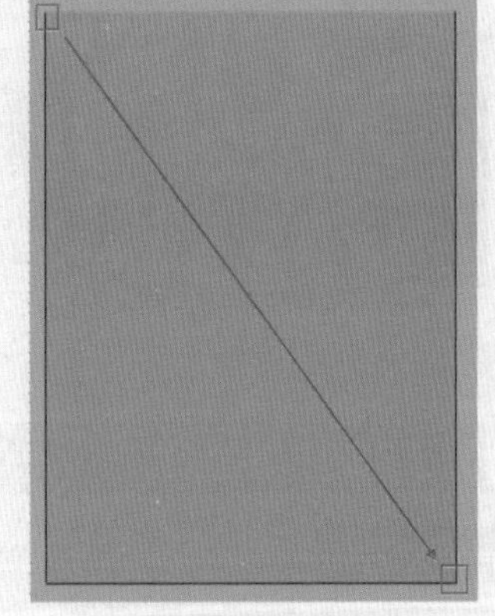
图10-243

02 在画面的上方绘制一个黑色矩形，效果如图10-244所示。选择工具箱中的“椭圆工具”，在控制栏中设置“填充”为黑色，“描边”为无，在黑色矩形的下方边缘处按住Shift键绘制一个正圆形，效果如图10-245所示。

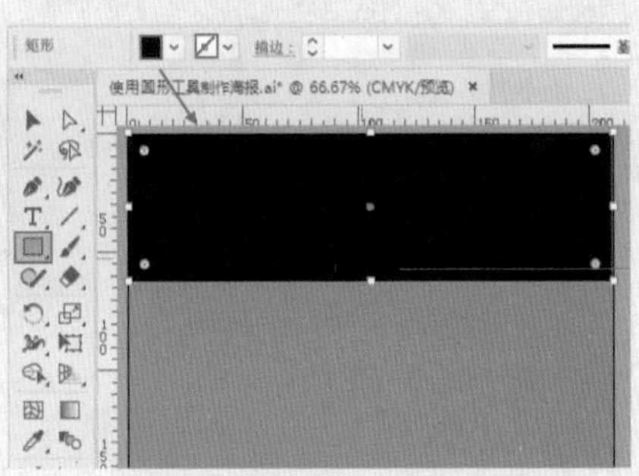

图10-244

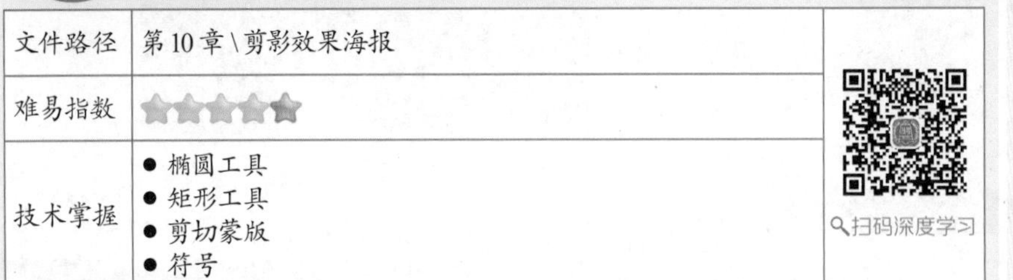

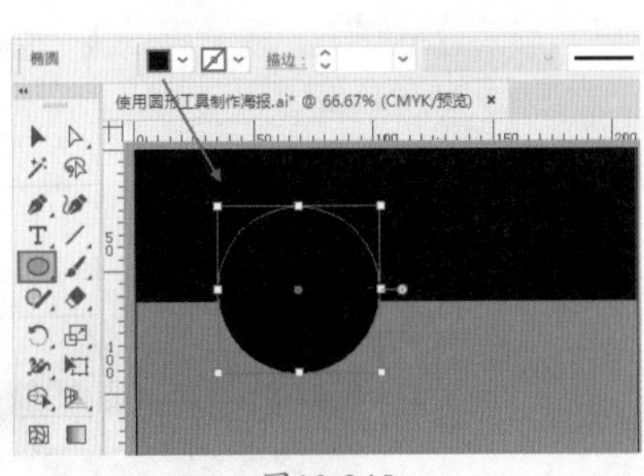

图10-245

03 使用同样的方法，绘制其他大小不一的正圆形，效果如图10-246所示。在画面的左上角绘制一个填充为青色、描边为无的正圆形，效果如图10-247所示。

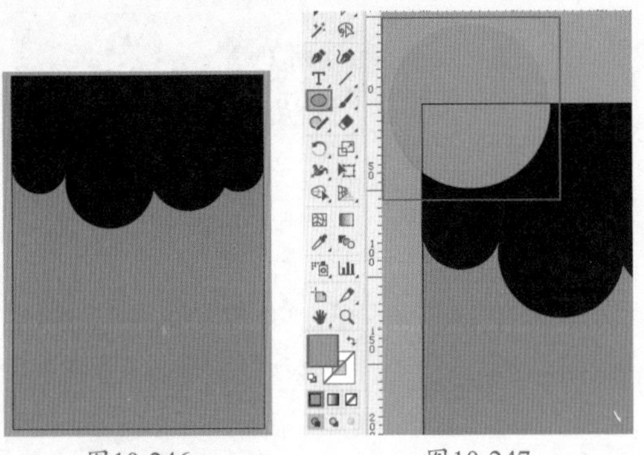

图10-246　　图10-247

04 下面制作云朵。选择工具箱中的“椭圆工具”，在工具箱的底部设置“填色”为青色，然后绘制多个椭圆形，并组合成云朵图形，按住Shift键加选这些椭圆形，单击鼠标右键，在弹出的快捷菜单中选择“编组”命令，如图10-248所示。

图10-248

05 选择云朵图形，按住Alt键拖动鼠标指针，将其移动及复制，效果如图10-249所示。将云朵图形进行放大，然后将其填充为墨绿色。选中该图形，执行“对象>排列>后移一层”命令，将其移动至青色云朵图形的后面，效果如图10-250所示。

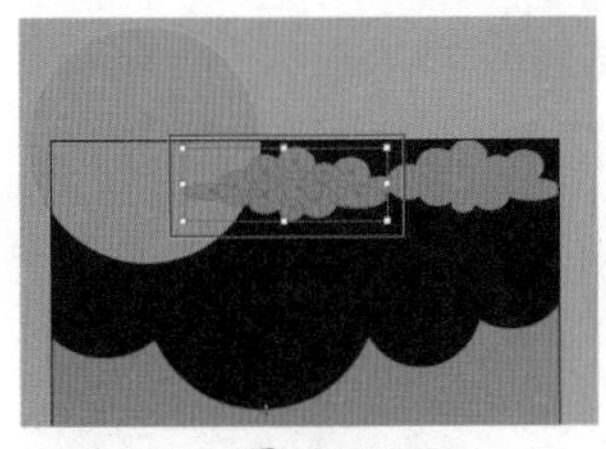

图10-249　　图10-250

06 使用同样的方法制作其他云朵图形，效果如图10-251所示。

07 绘制一大一小填充为灰黄色、描边为无的正圆形。选择其中的小正圆形，多次执行“对象>排列>后移一层”命令，将其移动至云朵图形的后面，效果如图10-252所示。绘制大小不一的三个深棕色正圆形，效果如图10-253所示。

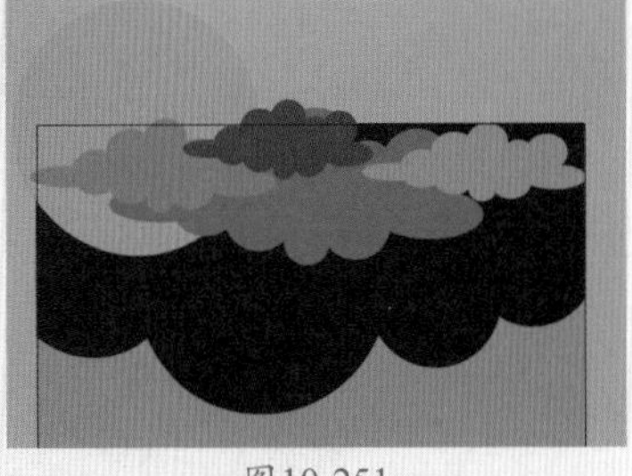

图10-251

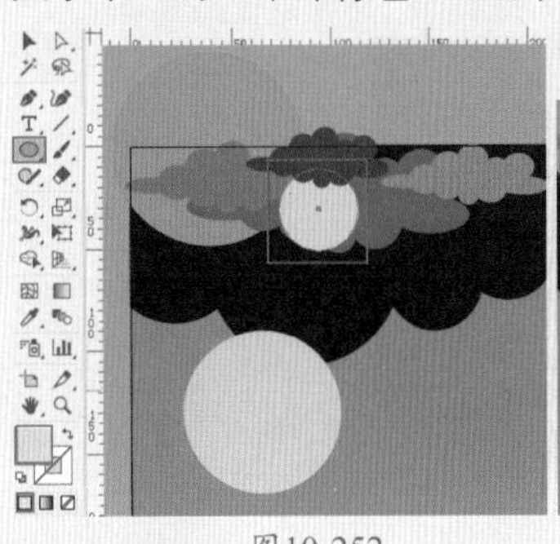

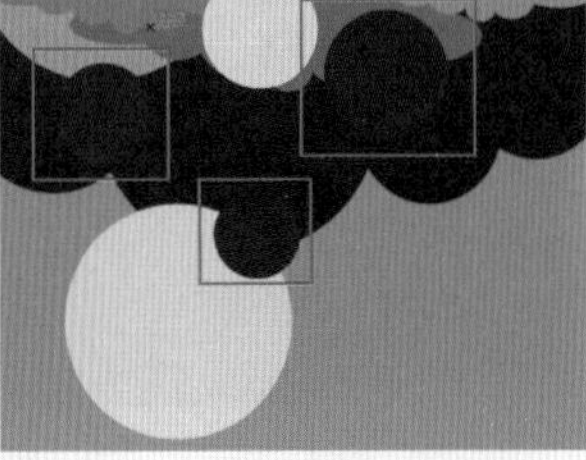

图10-252　　图10-253

08 选择工具箱中的“椭圆工具”，单击工具箱底部的“填色”按钮，使之置于前面，设置“填充类型”为“渐变”，执行“窗口>渐变”命令，弹出“渐变”面板，设置“类型”为“径向”，编辑一个青色系的渐变，如图10-254所示。按住鼠标左键拖动鼠标指针绘制一个正圆形，使用工具箱中的“渐变工具”在正圆形上拖动调整渐变效果，如图10-255所示。

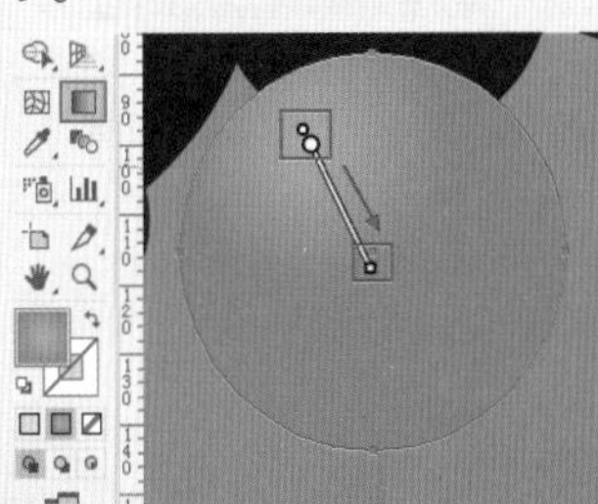

图10-254　　图10-255

09 绘制画面上方颜色不一、大小各异的正圆形，效果如图10-256所示。

图10-256

10 下面制作一些小装饰。在三个深棕色正圆形的中间绘制一个墨绿色的正圆形，效果如图10-257所示。在墨绿色正圆形上绘制画一个浅墨绿色正圆形，效果如图10-258所示。在浅墨绿色正圆形上再绘制一个白色正圆形，效果如图10-259所示。

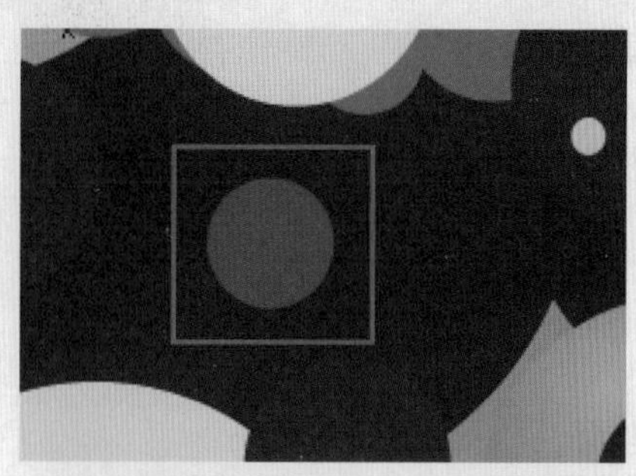
图10-257

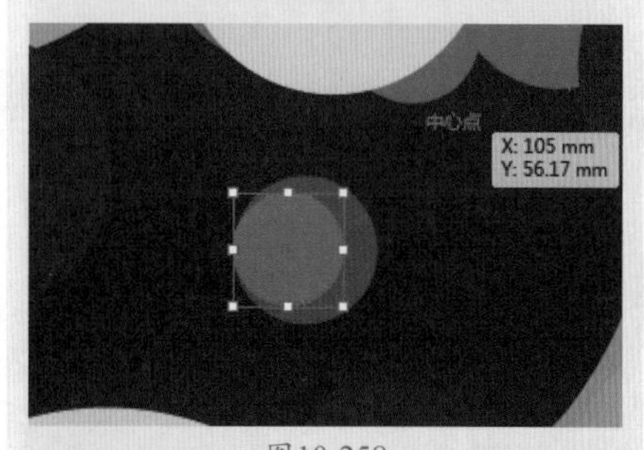

图10-258

图10-259

11 使用同样的方法制作其他正圆形，效果如图10-260所示。再次制作云朵图形，并调整其位置，效果如图10-261所示。

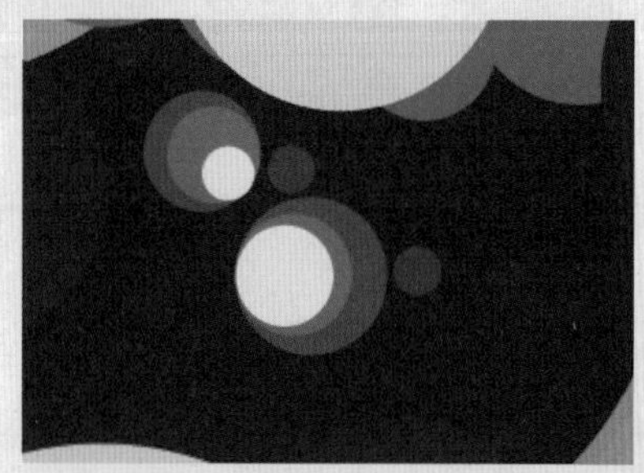
图10-260

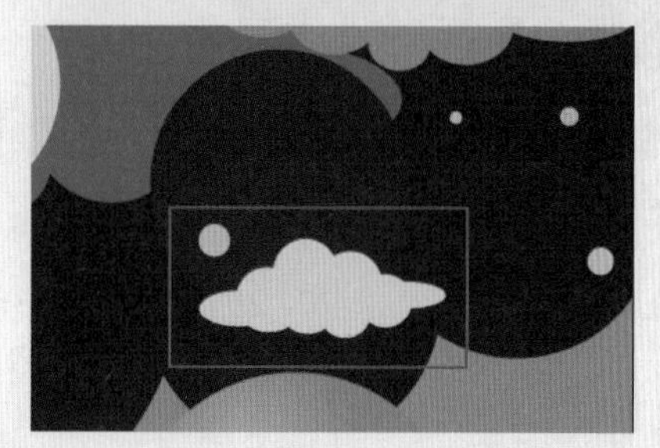
图10-261

12 选择工具箱中的"矩形工具"，绘制一个与画板等大的矩形，效果如图10-262所示。按快捷键Ctrl+A全选画面中的元素，按快捷键Ctrl+7创建剪切蒙版，效果如图10-263所示。

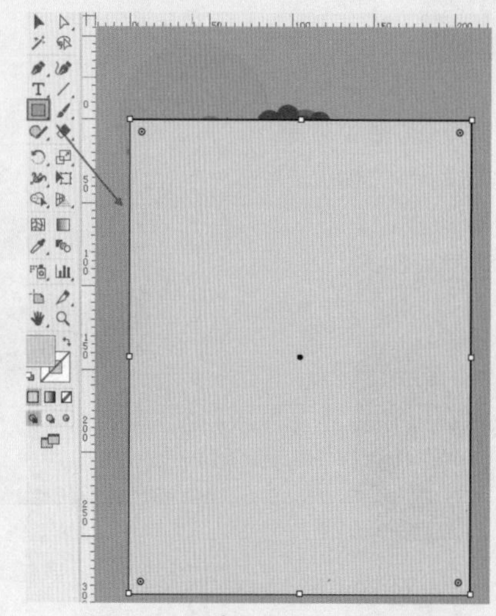
图10-262

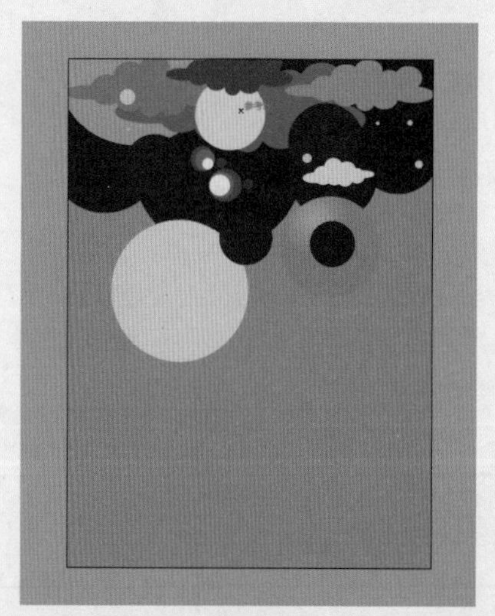
图10-263

实例115 为画面添加装饰元素

操作步骤

01 选择工具箱中的"文字工具"，在画面中单击插入光标，在控制栏中设置"填充"为灰黄色，"描边"为无，设置合适的字体、字号，然后输入文字，按快捷键Ctrl+Enter确认输入操作，效果如图10-264所示。使用同样的方法制作其他文字并调整其位置，效果如图10-265所示。

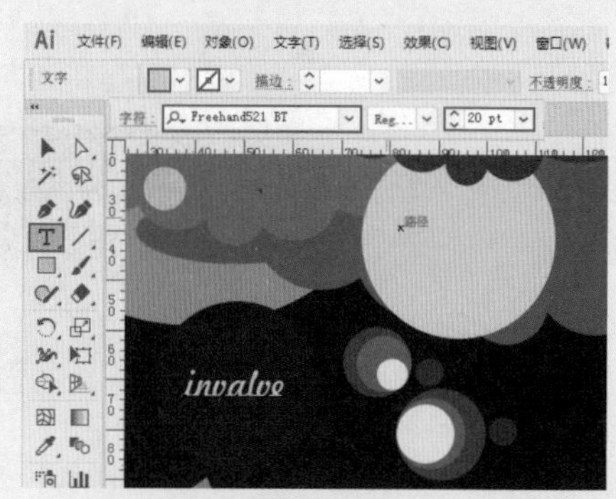

图10-264

图10-265

02 下面制作画面中的装饰元素。执行"窗口>符号库>提基"命令，弹出"提基"面板。选择"男性"符号，按住鼠标左键将其拖动到画面中，然后按住Shift键将其进行等比缩小，效果如图10-266所示。在该符号被选中的状态下，在控制栏中单击"断开链接"按钮，效果如图10-267所示。

03 在工具箱的底部设置"填色"为无，双击"描边"按钮，在弹出的"拾色器"对话框中设置颜色为灰色，单击"确定"按钮，如图10-268所示，此时效果如图10-269所示。

图10-266

04 使用“钢笔工具”绘制一个气泡图形，效果如图10-270所示。选择该图形，执行“对象>变换>对称”命令，在弹出的“镜像”对话框中选中“垂直”单选按钮，单击“复制”按钮，如图10-271所示。将复制得到的图形向右移动，然后将其等比缩小，效果如图10-272所示。

图10-267

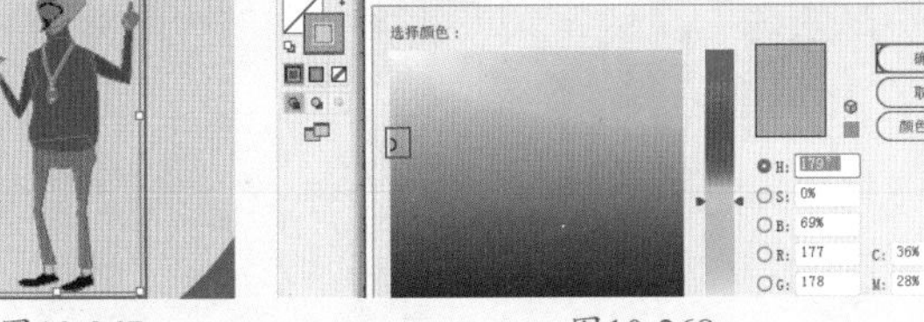

图10-268

图10-269

图10-270

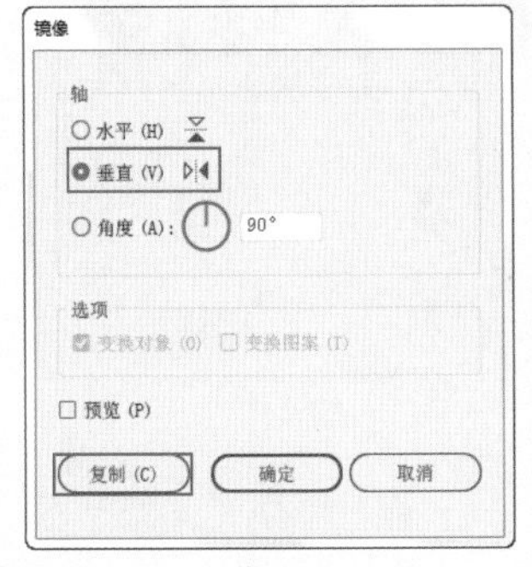

图10-271

图10-272

05 使用同样的方法为画面添加其他符号，然后进行断开链接、取消编组、填色等操作，局部效果如图10-273所示，整体画面效果如图10-274所示。

图10-273

图10-274

实例116 绘制装饰图形

操作步骤

01 执行“文件>置入”命令，置入椅子素材“1.png”，调整其位置和大小，然后单击控制栏中的“嵌入”按钮，效果如图10-275所示。

图10-275

02 选择工具箱中的“钢笔工具”，沿着椅子的轮廓绘制图形，效果如图10-276所示。在工具箱的底部设置其“填色”为墨绿色，“描边”为无，效果如图10-277所示。

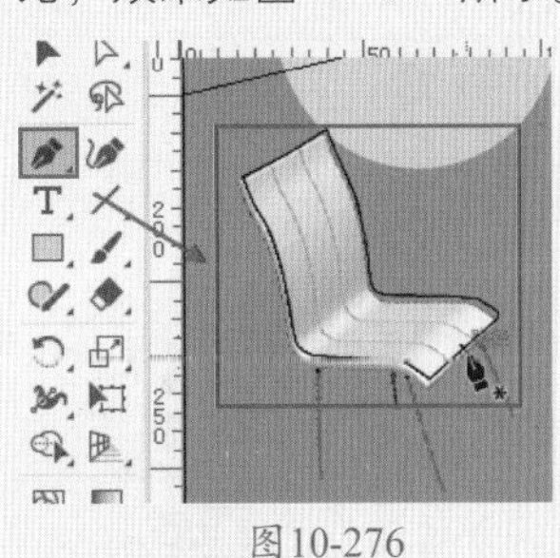
图10-276

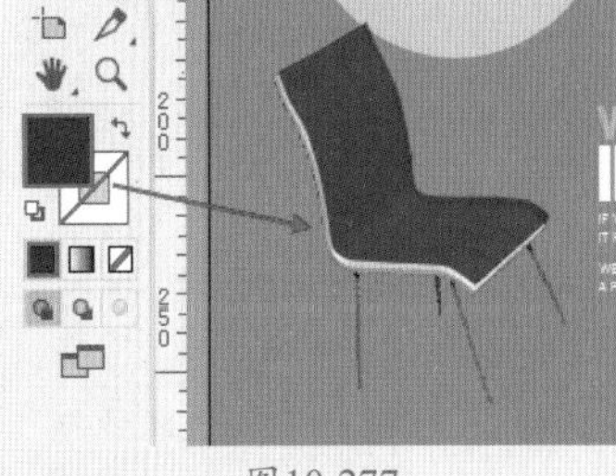
图10-277

03 使用同样的方法，绘制其他图形，调整其大小和角度，效果如图10-278所示，整体画面效果如图10-279所示。

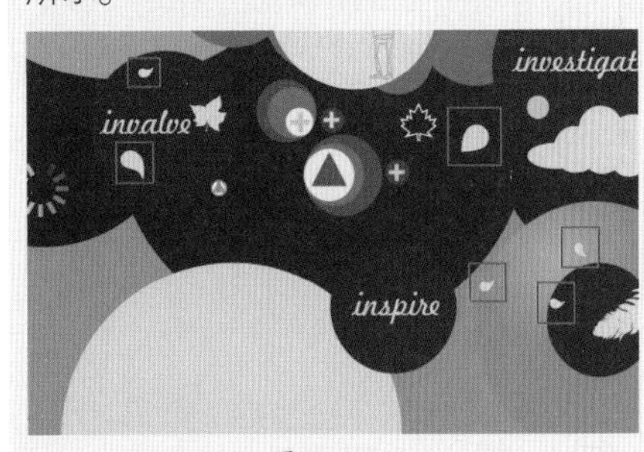

图10-278

图10-279

实例117 制作条形装饰和纹理

操作步骤

01 选择“矩形工具”，在灰黄色正圆形上绘制一个墨绿色矩形，效果如图10-280所示。选择该矩形，同时按住Shift键和Alt键向右拖动，进行平移及复制，效果如图10-281所示。按快捷键Ctrl+D重复上一次操作，复制出多个矩形，效果如图10-282所示，将这些矩形加选后编组。

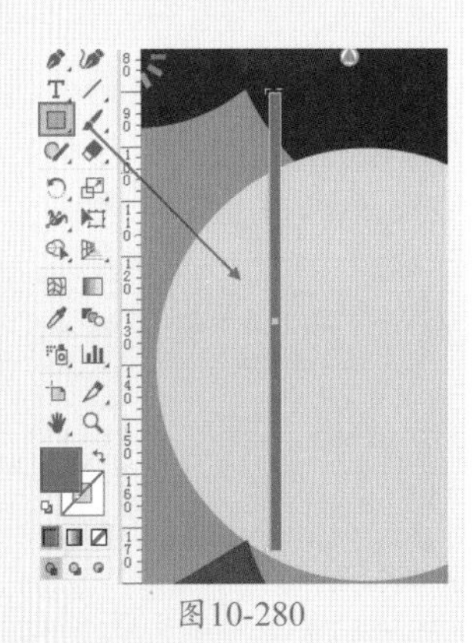
图10-280

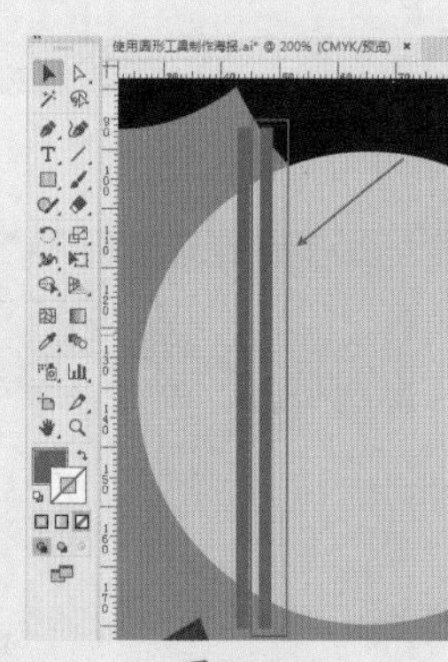

图10-281

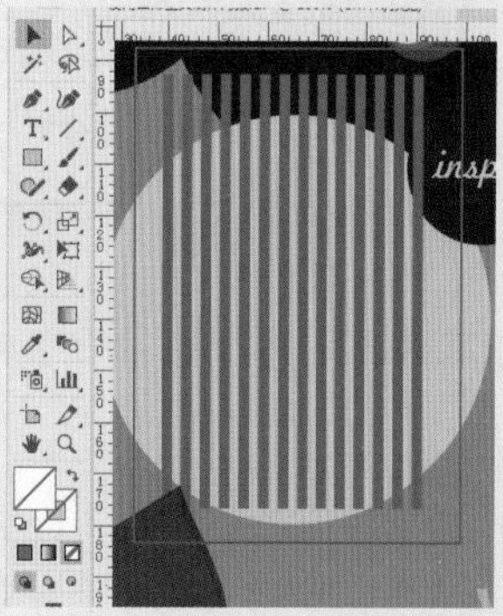

图10-282

02使用“钢笔工具”绘制一个四边形，效果如图10-283所示。加选四边形和墨绿色矩形组，按快捷键Ctrl+7创建剪切蒙版，效果如图10-284所示。

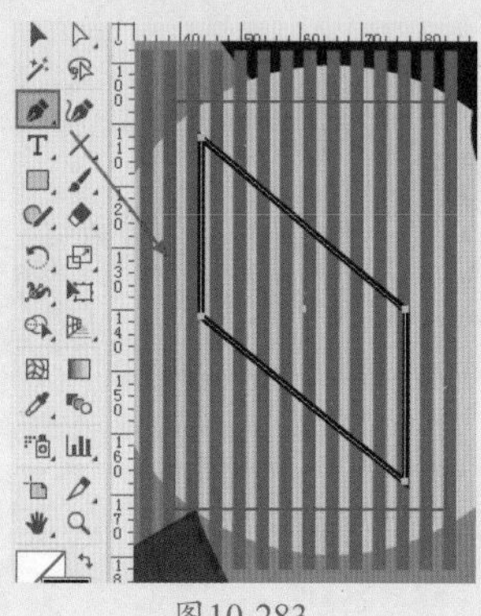

图10-283

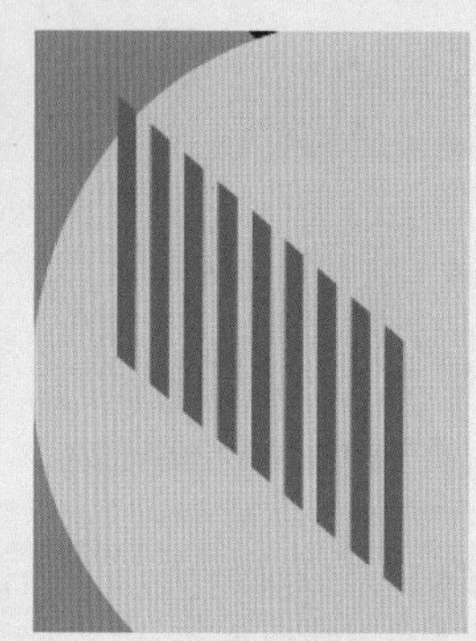

图10-284

03使用同样的方法，继续制作另一组青色的图形，效果如图10-285所示。

04置入覆盖素材“2.jpg”，调整其位置、大小后进行嵌入，效果如图10-286所示。在选中覆盖素材的状态下，执行“窗口>透明度”命令，在弹出的“透明度”面板中设置“混合模式”为“柔光”，如图10-287所示。最终完成效果如图10-288所示。

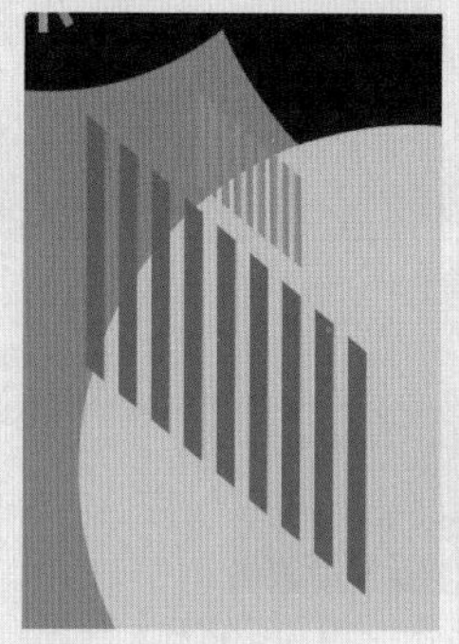

图10-285

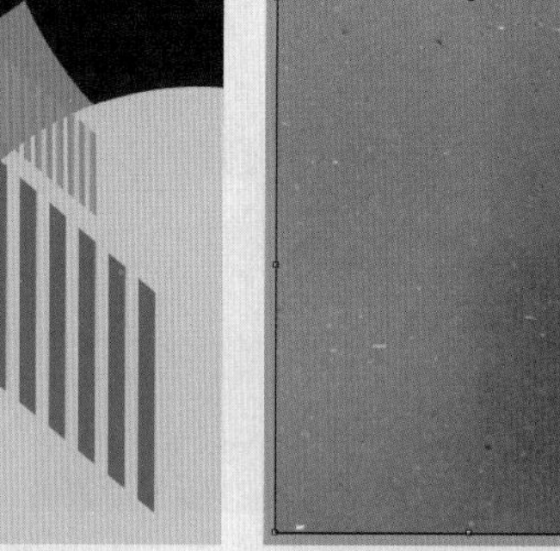

图10-286

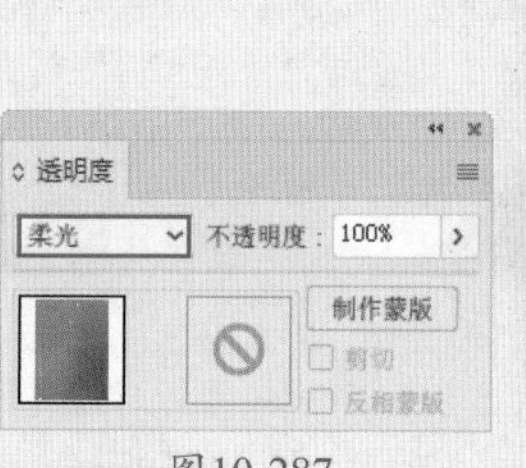

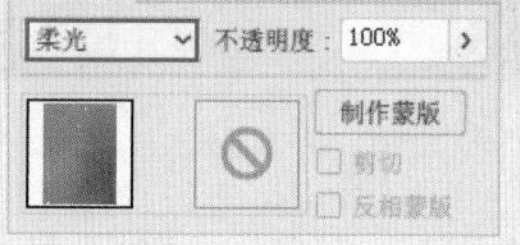

图10-287

图10-288

第11章 书籍画册设计

/ 佳 / 作 / 欣 / 赏 /

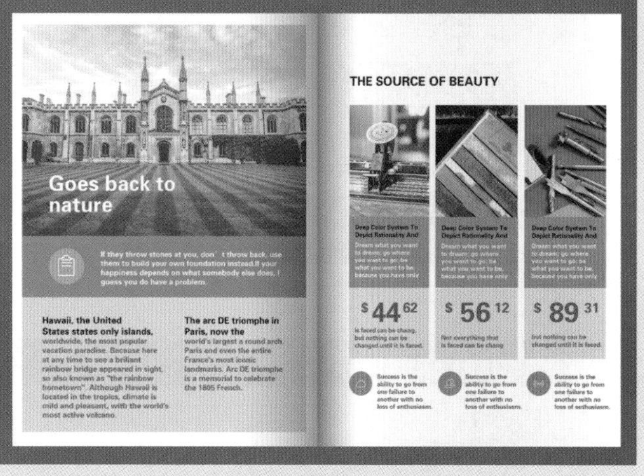

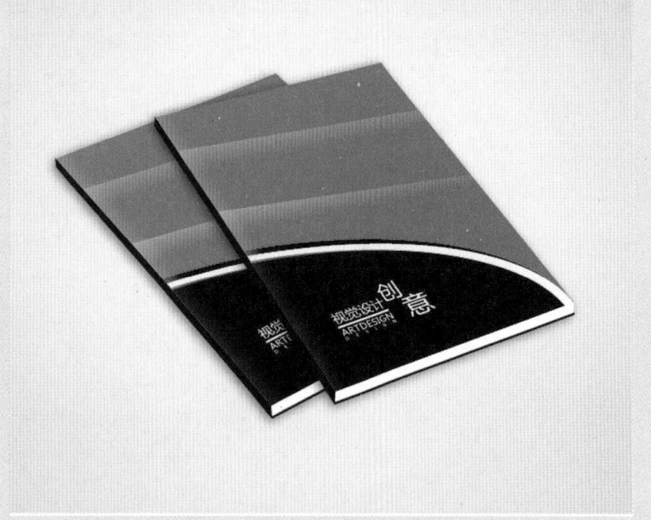

11.1 单色杂志内页

文件路径	第11章\单色杂志内页版面	扫码深度学习
难易指数	★★★★★	
技术掌握	● 矩形工具 ● 文字工具 ● 渐变工具	

操作思路

在本案例中，首先将素材置入到文档中，并对素材设置适当的效果，然后使用“矩形工具”在画面中绘制红色的矩形，再使用“文字工具”在画面中的适当位置输入文字，最后绘制渐变的矩形，使画面效果看起来更加逼真、立体。

案例效果

案例效果如图11-1所示。

图11-1

实例118 制作版面背景

操作步骤

01 执行“文件>新建”命令，创建一个空白文档。执行“文件>置入”命令，在弹出的“置入”对话框中选择素材“1.jpg”，单击“置入”按钮，如图11-2所示。按住鼠标左键拖动鼠标指针，在画面中合适的位置控制置入对象的大小，释放鼠标左键完成置入操作。在控制栏中单击“嵌入”按钮，将素材嵌入到文档中，效果如图11-3所示。

图11-2

图11-3

02 选择工具箱中的“矩形工具”，在画面中绘制一个与画板等大的矩形，效果如图11-4所示。选择工具箱中的“选择工具”，按住Shift键加选素材“1.jpg”和矩形，然后单击鼠标右键，在弹出的快捷菜单中选择“建立剪切蒙版”命令，效果如图11-5所示。

图11-4　　图11-5

03 在素材“1.jpg”被选中的状态下，执行“效果>素描>半调图案”命令，在弹出的“半调图案”对话框中设置“大小”为1，“对比度”为6，“图案类型”为“网点”，单击“确定”按钮，如图11-6所示，此时效果如图11-7所示。

04 选择工具箱中的“矩形工具”，在工具箱的底部设置“描边”为无，双击“填色”按钮，在弹出的“拾色器”对话框中设置颜色为红色，单击“确定”按钮，如图11-8所示。在使用“矩形工具”的状态下，在画面的左侧绘制一个矩形，效果如图11-9所示。

图11-6

图11-7

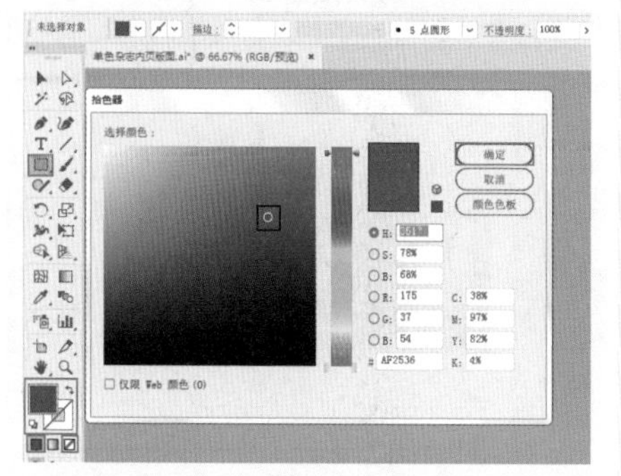

图11-8

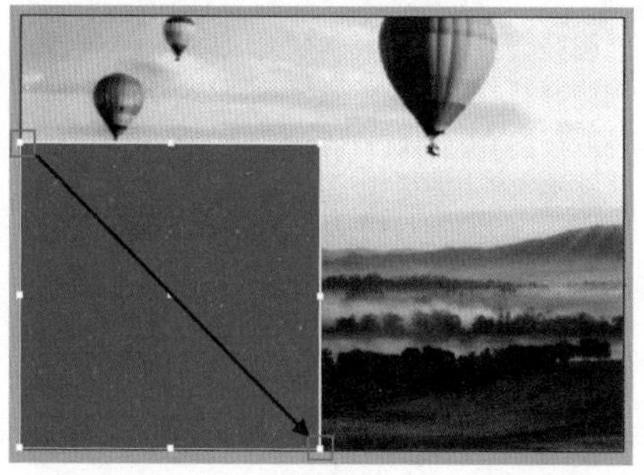

图11-9

05 使用同样的方法，在画面的右上方绘制红色矩形，效果如图11-10所示。

图11-10

实例119　制作杂志文字

操作步骤

01 选择工具箱中的“文字工具”，在左侧红色矩形上单击插入光标，在控制栏中设置“填充”为白色，“描边”为无，选择合适的字体、字号，设置“段落”为“左对齐”，然后在画面中输入文字，上一行文字输入完成后按Enter键开始下一行文字的输入，按快捷键Ctrl+Enter确认输入操作，效果如图11-11所示。使用同样的方法，在画面中适当的位置输入文字，效果如图11-12所示。

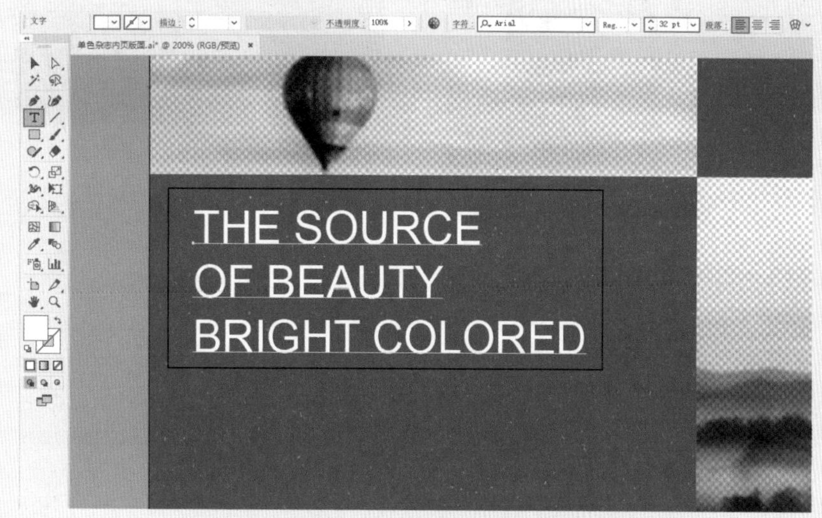

图11-11

图11-12

02 使用工具箱中的“矩形工具”绘制一个矩形，效果如图11-13所示。选中该矩形，单击工具箱底部的“填色”按钮，使之置于前面，然后双击工具箱中的“渐变工具”按钮，在弹出的“渐变”面板中设置“类型”为“线性”，“角度”为0°，在面板底部编辑一个透明到半透明的渐变，在控制栏中设置“描边”为无，效果如图11-14所示。

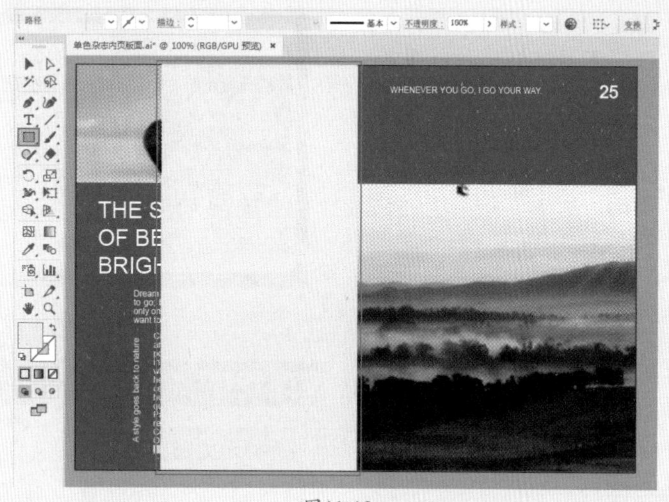

图11-13

图11-14

03 为了让折叠效果更加自然，选中半透明的矩形，执行“窗口>透明度”命令，在弹出的“透明度”面板中设置“混合模式”为“正片叠底”，如图11-15所示，此时效果如图11-16所示。

图11-15

图11-16

04 继续选中半透明的矩形，执行“对象>变换>对称”命令，在弹出的“镜像”对话框中选中“垂直”单选按钮，然后单击“复制”按钮，如图11-17所示。将复制得到的矩形移动到版面的右侧，最终完成效果如图11-18所示。

图11-17

图11-18

11.2 购物杂志内页

文件路径	第11章\购物杂志内页
难易指数	★★★★★
技术掌握	● 矩形工具 ● 文字工具 ● 椭圆工具 ● 渐变工具
 扫码深度学习	

操作思路

在本案例中，主要使用“矩形工具”和“文字工具”制作杂志内页的内容，并通过置入素材和绘制图形，使画面看上去更富有美感。

案例效果

案例效果如图11-19所示。

图11-19

实例120 制作左侧版面

操作步骤

01 执行“文件>新建”命令，新建一个空白文档。选择工具箱中的“矩形工具”，在工具箱的底部设置“描边”为无，然后双击“填色”按钮，在弹出的“拾色器”对话框中设置颜色为深灰色，单击“确定”按钮，如图11-20所示。在使用“矩形工具”的状态下，从画面的左上角拖动鼠标指针至右下角，绘制一个与画板等大的矩形，效果如图11-21所示。

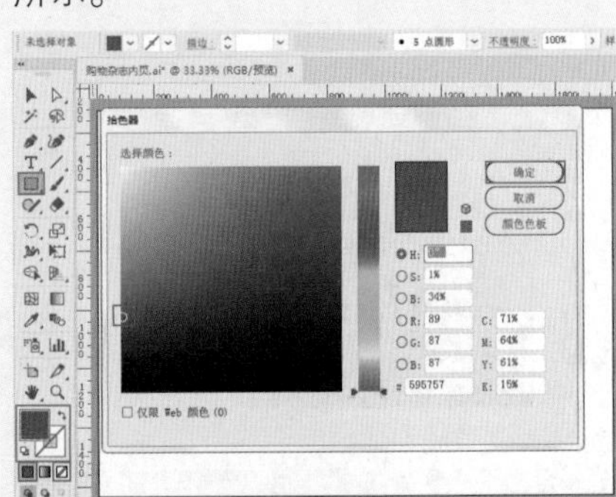

图11-20

图11-21

02 使用“矩形工具”在画面的左侧再绘制一个白色的矩形，效果如图11-22所示。使用工具箱中的“选择工具”选中白色的矩形，同时按住Shift键和Alt键向右拖动鼠标指针，将白色的矩形进行平移及复制，效果如图11-23所示。

图11-22

03 执行“文件>置入”命令，在弹出的“置入”对话框中选择素材

"1.jpg"，单击"置入"按钮，如图11-24所示。按住鼠标左键拖动鼠标指针，在画面下方合适的位置控制置入对象的大小，释放鼠标左键完成置入操作。在控制栏中单击"嵌入"按钮，将素材嵌入到文档中，效果如图11-25所示。

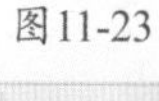

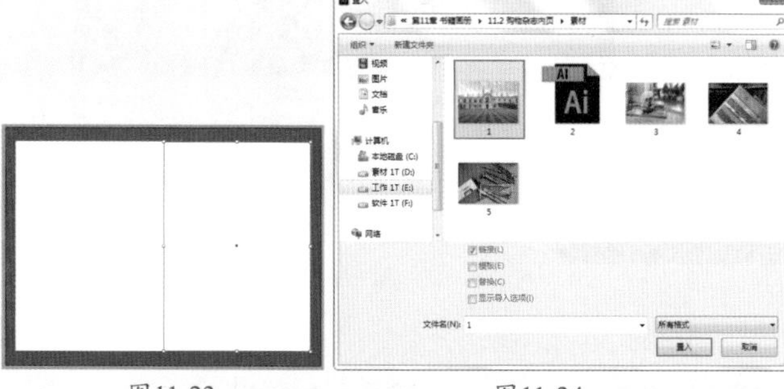

图11-23　　图11-24

图11-25

04 使用"矩形工具"在画面的左侧绘制两个矩形，效果如图11-26所示。

图11-26

05 选择工具箱中的"文字工具"，在素材"1.jpg"上单击插入光标，在控制栏中设置"填充"为白色，"描边"为无，选择合适的字体、字号，设置"段落"为"左对齐"，然后输入文字，按快捷键Ctrl+Enter确认输入操作，效果如图11-27所示。

06 继续选择工具箱中的"文字工具"，在控制栏中设置"填充"为白色，"描边"为无，选择合适的字体、字号，然后在深灰色矩形上绘制一个文本框，在文本框内输入文字，效果如图11-28所示。使用同样的方法，在画面的下方输入其他文字，效果如图11-29所示。

图11-27

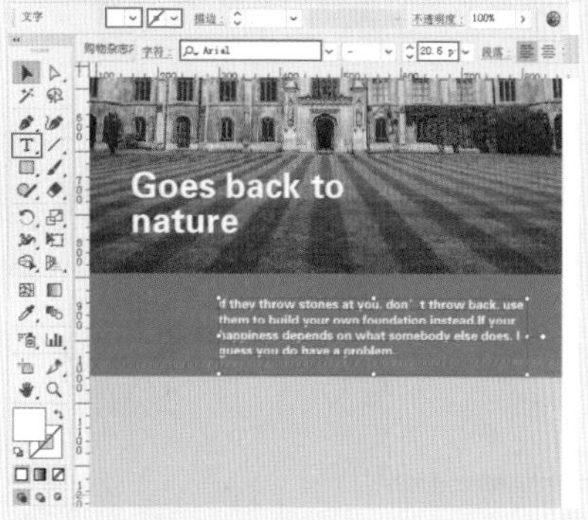

图11-28　　图11-29

07 选择工具箱中的"椭圆工具"，在工具箱的底部设置"填色"为绿色，"描边"为无，设置完成后，按住Shift键在画面的左侧绘制一个绿色的正圆形，效果如图11-30所示。

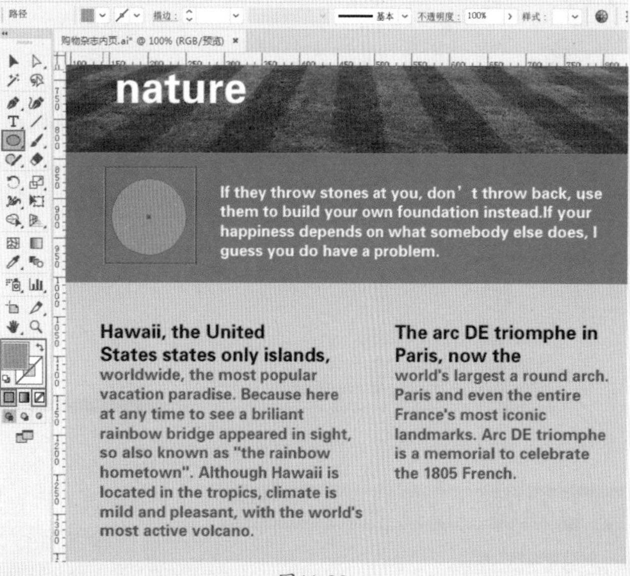

图11-30

08 执行"文件>打开"命令，在弹出的"打开"对话框中选择素材"2.ai"，单击"打开"按钮，如图11-31所示，此时效果如图11-32所示。

图11-31

图11-32

09 选择打开的文件中的第一个图形，按快捷键Ctrl+C将其进行复制，返回刚刚操作的文档中，按快捷键Ctrl+V将其粘贴在绿色正圆形中，并调整其至合适的大小，效果如图11-33所示。

图11-33

实例121 制作右侧三栏版面

操作步骤

01 执行“文件>置入”命令，将素材“3.jpg”置入并嵌入到文档中，效果如图11-34所示。使用工具箱中的“矩形工具”在素材“3.jpg”上绘制一个矩形，效果如图11-35所示。

图11-34

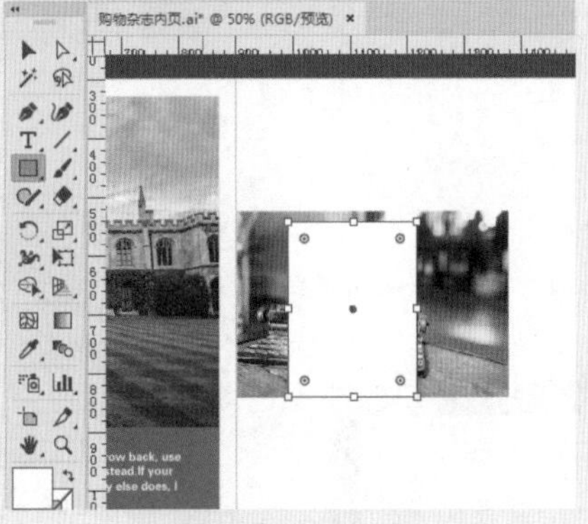
图11-35

02 选择工具箱中的“选择工具”，按住Shift键加选素材“3.jpg”和矩形，然后单击鼠标右键，在弹出的快捷菜单中选择“建立剪切蒙版”命令，效果如图11-36所示。使用同样的方法，将素材“4.jpg”和素材“5.jpg”置入并嵌入到文档中，并执行“建立剪切蒙版”命令，效果如图11-37所示。

图11-36　　图11-37

03 使用“矩形工具”在画面中绘制多个矩形，效果如图11-38所示。使用工具箱中的“文字工具”在画面中合适的位置输入文字，效果如图11-39所示。

04 使用工具箱中的“椭圆工具”在画面右侧的下方绘制绿色的正圆形，效果如图11-40所示。选择工具箱中的“选择工具”，在绿色正圆形上单击，同时按住Shift键和Alt键拖动鼠标指针，将正圆形进行移动及复制，效果如图11-41所示。

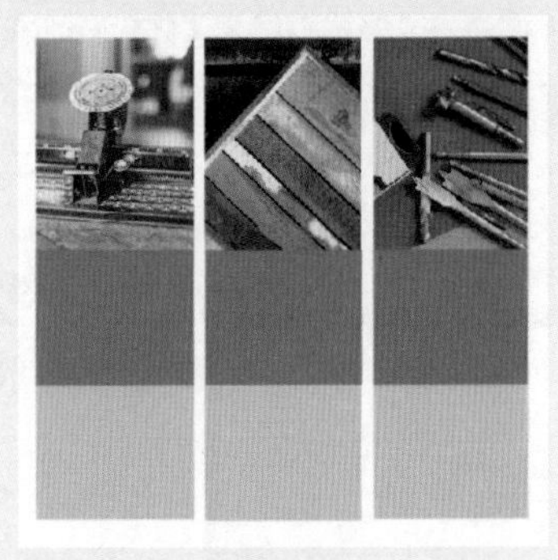
图11-38

图11-39

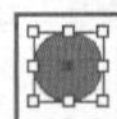

图11-40

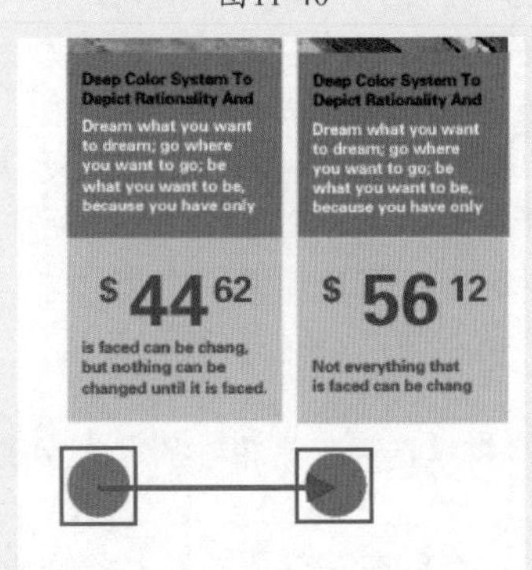

图11-41

05 使用同样的方法再复制出一个正圆形，效果如图11-42所示。将“2.ai”中的素材图形分别复制、粘贴在绿色正圆形中，效果如图11-43所示。

图11-42

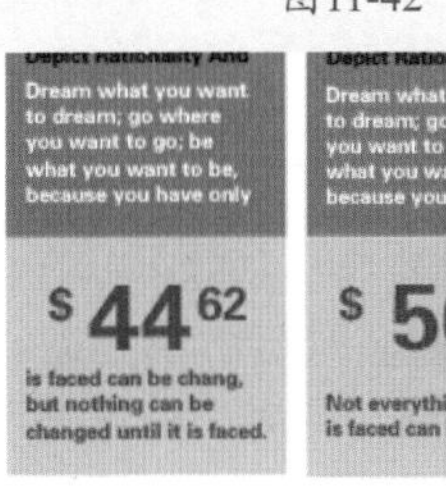
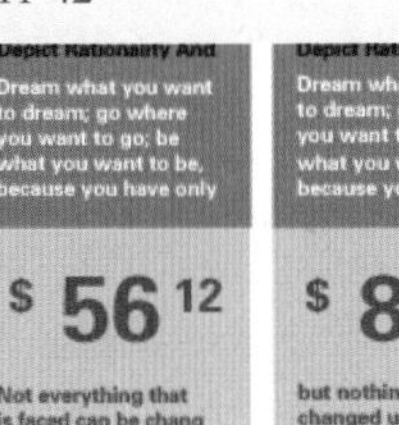
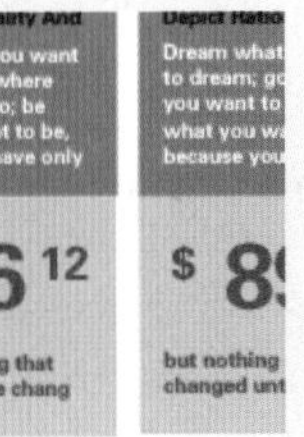

图11-43

06 使用工具箱中的“文字工具”在绿色正圆形的右侧输入文字，效果如图11-44所示。

图11-44

07 选择工具箱中的“矩形工具”，在工具箱的底部单击“填色”按钮，设置“填充类型”为“渐变”，双击工具箱中的“渐变工具”按钮，在弹出的“渐变”面板中设置“类型”为“线性”，在面板底部编辑一个透明到半透明的渐变，如图11-45所示。在使用“矩形工具”的状态下，从画面的左上角拖动鼠标指针至右下角，绘制一个矩形，效果如图11-46所示。

08 在渐变矩形被选中的状态下，单击控制栏中的“不透明度”按钮，在弹出的下拉面板中设置“混合模式”为“正片叠底”，“不透明度”为80%，如图11-47所示。使用同样的方法，在画面的右侧绘制一个渐变的矩形。最终完成效果如图11-48所示。

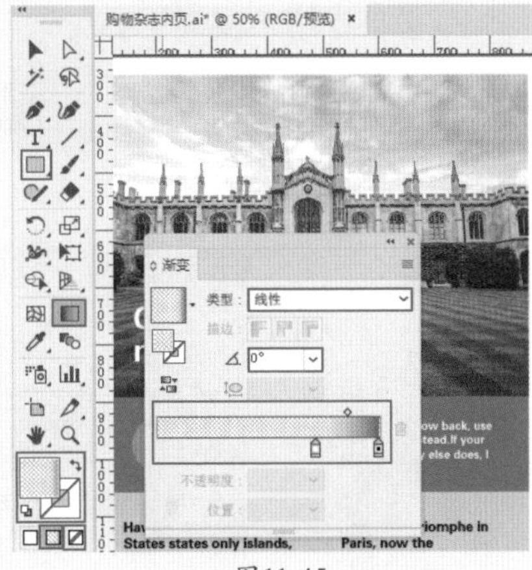

图11-45

图11-46

图11-47

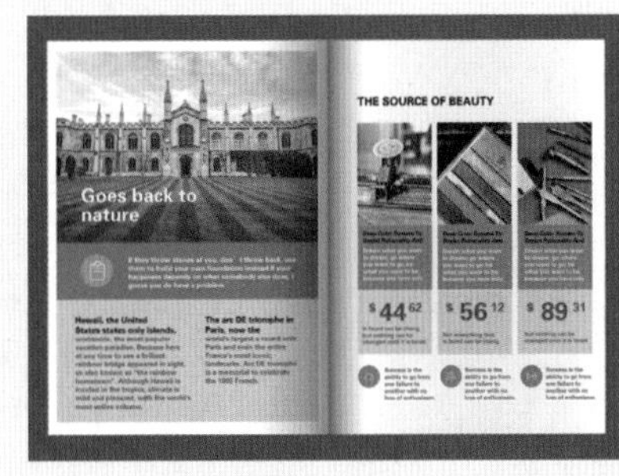

图11-48

11.3 旅行杂志内页

文件路径	第11章\旅行杂志内页版式设计
难易指数	★★★★★
技术掌握	● 文字工具 ● 剪切蒙版 ● “投影”效果
	扫码深度学习

操作思路

在本案例中，首先使用“矩形工具”绘制矩形，并置入图片素材，然后使用“文字工具”在版面中输入文字，最后为整个版面添加投影效果，以增强立体感。

案例效果

案例效果如图11-49所示。

图11-49

实例122 制作左侧版面

操作步骤

01 执行“文件>新建”命令，创建一个横向、A4大小的空白文档。按快捷键Ctrl+R调出标尺，然后建立辅助线，如图11-50所示。下面制作左侧版面。选择工具箱中的“矩形工具”，在控制栏中设置“填充”为白色，“描边”为无，然后参照辅助线的位置在画面的左侧绘制一个与左侧版面等大的矩形，效果如图11-51所示。

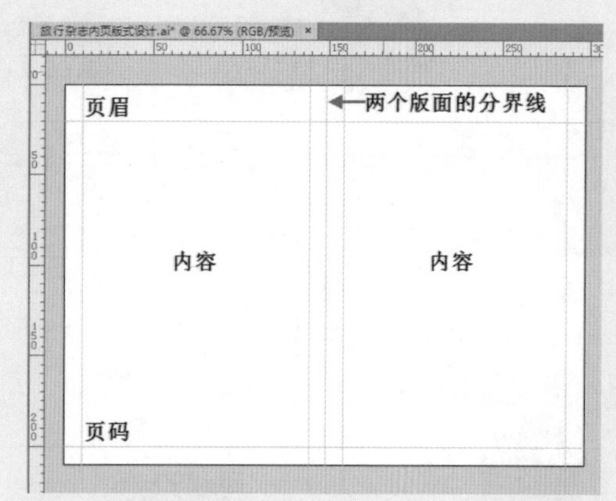

图11-50

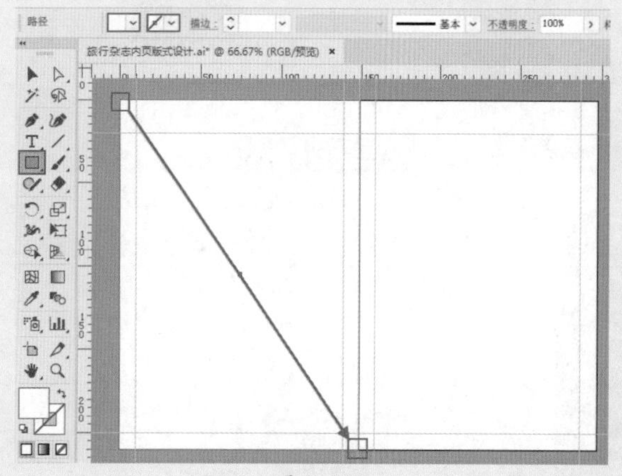

图11-51

02 执行“文件>置入”命令，在弹出的“置入”对话框中选择素材“1.jpg”，单击“置入”按钮，如图11-52所示。按住鼠标左键拖动鼠标指针，在画面下方的合适位置控制置入对象的大小，释放鼠标左键完成置入操作。在控制栏中单击“嵌入”按钮，将素材嵌入到文档中，效果如图11-53所示。

03 选择工具箱中的“文字工具”，在控制栏中设置“填充”为黑色，“描边”为黑色，描边“粗细”为2pt，选择合适的字体、字号，设置“段落”为“左对齐”，然后在画面中输入文字，按快捷键Ctrl+Enter确认输入操作，效果如图11-54所示。使用同样的方法，在画面中的适当位置输入其他文字，效果如图11-55所示。

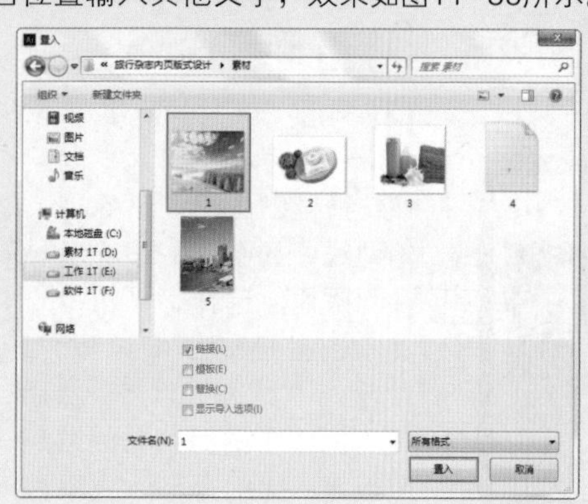

图11-52

图11-53

图11-54

图11-55

04 选择工具箱中的“直线段工具”，在控制栏中设置“填充”为无，“描边”为黑色，描边“粗细”为2pt。设置完成后，按住Shift键在页眉文字的下方绘制水平的直线，效果如图11-56所示。

05 选择工具箱中的“椭圆工具”，在工具箱的底部设置“描边”为无，然后双击“填色”按钮，在弹出的“拾色器”对话框中设置颜色为青色，单击“确定”按钮，如图11-57所示。在使用“椭圆工具”的状态下，按住Shift键在风景素材的右上角绘制一个正圆形，效果如图11-58所示。

图11-56

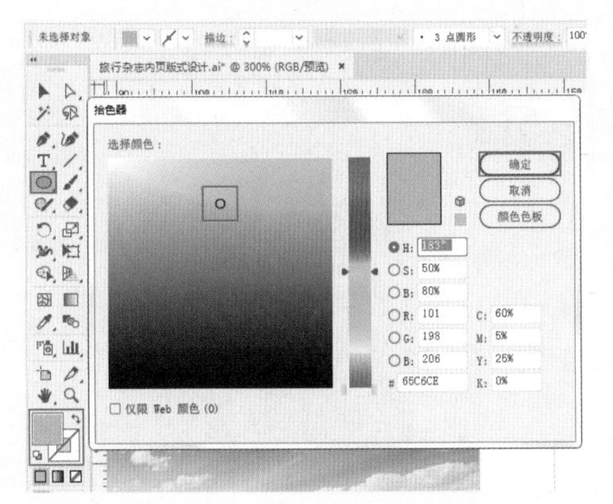

图11-57

图11-58

06 在正圆形被选中的状态下，在控制栏中设置“不透明度”为65%，效果如图11-59所示。使用“文字工具”在正圆形中输入文字，效果如图11-60所示。

07 将素材“2.jpg”和“3.jpg”置入并嵌入到画面中，然后调整其大小并放置在合适的位置，效果如图11-61所示。

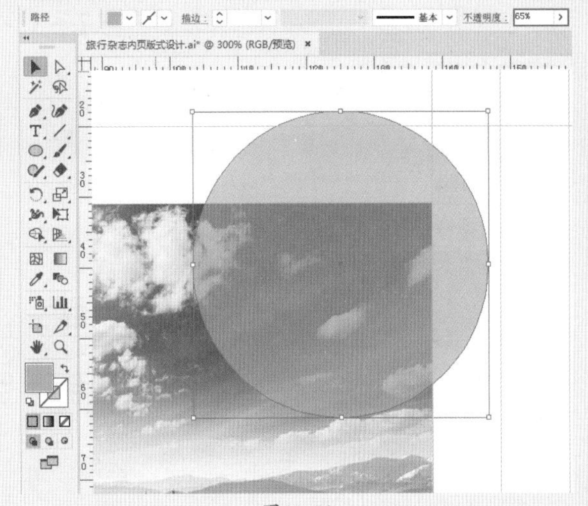

图11-59

图11-60　图11-61

提示　图像的“链接”与“嵌入”

链接：在保存AI文件时图片文件不被计算在AI文件中，而是采用保存图片存储路径的方式（外链）。这样的好处是，AI文件比较小，而且如果想要替换图片，只要重新更改链接就可以了；缺点是，AI文件和所链接的图片文件必须一起移动，否则会出现链接丢失。

嵌入：在保存AI文件时图片文件被一同保存在AI文件中，这样AI文件会变大，但是不会出现图片链接丢失的情况。

08 选择工具箱中的“文字工具”，在画面中的适当位置绘制文本框，效果如图11-62所示。

09 打开素材文件夹中的文本文件“4.txt”，复制其中的全部文字，如图11-63所示。返回刚刚操作的文档中，在控制栏中设置“填充”为黑色，“描边”为

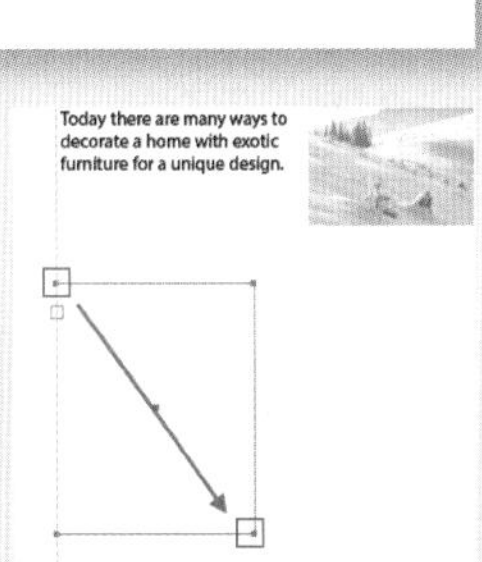

图11-62

无，选择合适的字体、字号，然后将文本文件中的文字粘贴到当前的文本框中。由于文本框较小，此时会看到文本溢出，如图11-64所示。

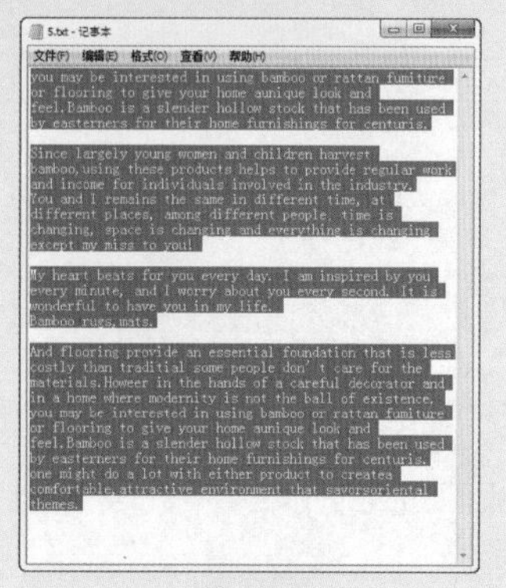
5.txt - 记事本

文件(F) 编辑(E) 格式(O) 查看(V) 帮助(H)

you may be interested in using bamboo or rattan furniture or flooring to give your home aunique look and feel.Bamboo is a slender hollow stock that has been used by easterners for their home furnishings for centuris.

Since largely young women and children harvest bamboo,using these products helps to provide regular work and income for individuals involved in the industry.
You and I remains the same in different time, at different places, among different people; time is changing, space is changing and everything is changing except my miss to you!

My heart beats for you every day. I am inspired by you every minute, and I worry about you every second. It is wonderful to have you in my life.
Bamboo rugs,mats.

And flooring provide an essential foundation that is less costly than traditial some people don't care for the materials.Howeer in the hands of a careful decorator and in a home where modernity is not the ball of existence.
you may be interested in using bamboo or rattan furniture or flooring to give your home aunique look and feel.Bamboo is a slender hollow stock that has been used by easterners for their home furnishings for centuris.
one might do a lot with either product to createa comfortable,attractive environment that savororiental themes.

图11-63

图11-64

10 下面制作串接文本。单击文本框右下角的标志⊞，然后按住鼠标左键在画面中的空白区域拖动鼠标指针，再次绘制一个文本框，此时该文本框中会自动出现文字，效果如图11-65所示。继续绘制串接文本，在绘制的过程中要考虑文本框的大小和位置，效果如图11-66所示。

11 使用“文字工具”在正文文字的上方输入小标题文字，设置颜色为青色，效果如图11-67所示。

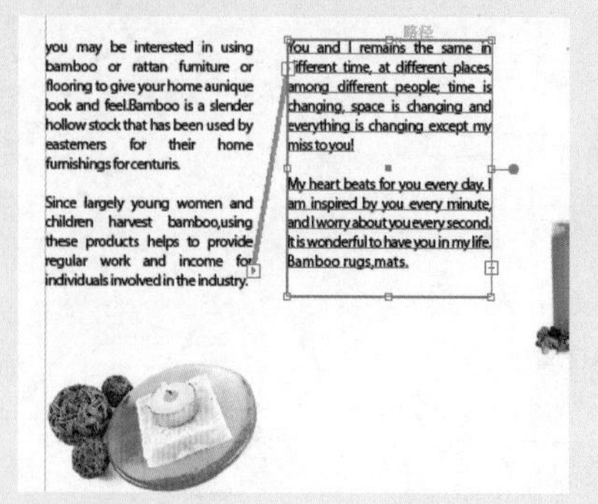

图11-65

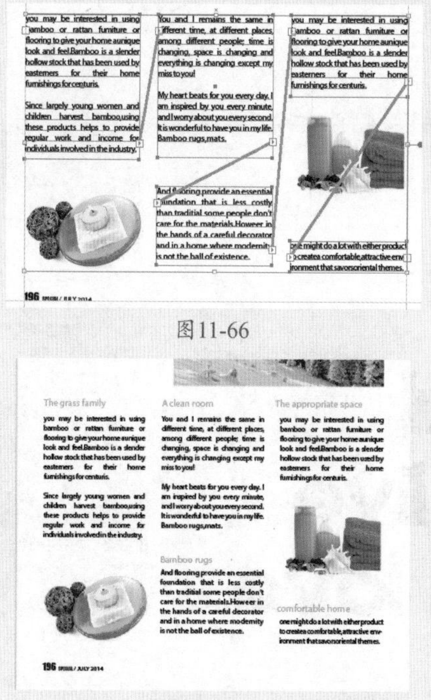

图11-66

图11-67

实例123 制作右侧版面

操作步骤

01 执行“文件>置入”命令，置入素材“5.jpg”，单击控制栏中的“嵌入”按钮，完成素材的嵌入操作。适当调整素材的大小，并将其摆放在合适的位置，效果如图11-68所示。

图11-68

> **提示　版面中的分栏**
>
> 分栏就是将版面分为若干栏，这样的排版方式常出现在杂志版式、报纸版式中。将大段正文文字分栏显示，更有利于阅读。

02 选择工具箱中的“钢笔工具”，在工具箱的底部设置“填色”为蓝色，“描边”为无，然后在画面右侧的下方绘制一个图形，效果如图11-69所示。选中该图形，在控制栏中设置“不透明度”为65%，效果如图11-70所示。

图11-69

图11-70

03 使用同样的方法，绘制另一个图形，效果如图11-71所示。使用“文字工具”在右侧版面中输入两组文字。版面的平面图制作完成，效果如图11-72所示。

图11-71

图11-72

实例124 制作杂志的展示效果

操作步骤

01 使用工具箱中的“矩形工具”在左侧版面中绘制一个矩形。选择该矩形，执行“窗口>渐变”命令，在弹出的“渐变”面板中设置类型为“线性”，然后编辑一个黑色到白色的渐变，如图11-73所示。

图11-73

02 选择渐变矩形，单击控制栏中的“不透明度”按钮，在其下拉面板中设置“混合模式”为“正片叠底”，“不透明度”为20%，效果如图11-74所示。

图11-74

03 下面为整个版面添加投影。将画面中的所有元素框选，然后单击鼠标右键，在弹出的快捷菜单中选择“编组”命令，进行编组。执行“效果>风格化>投影”命令，在弹出的“投影”对话框中设置“模式”为“正片叠底”，“不透明度”为75%，“X位移”为0.2mm，“Y位移”为0.2mm，“模糊”为0.5mm，选中“颜色”单选按钮，设置颜色为黑色，如图11-75所示，单击“确定”按钮，得到投影效果。最终完成效果如图11-76所示。

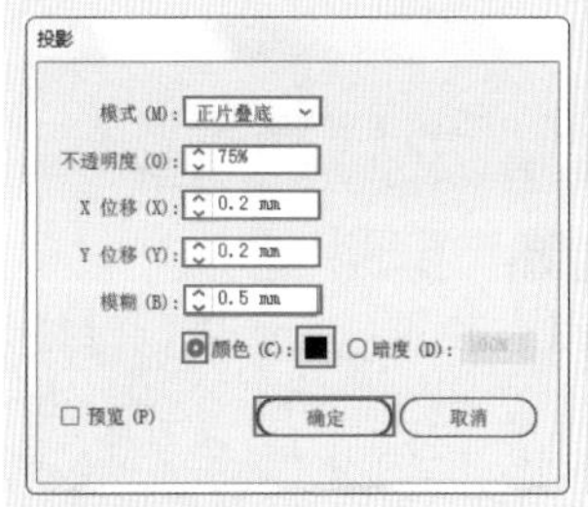

图11-75

图11-76

11.4 企业宣传画册

文件路径	第11章\企业宣传画册
难易指数	★★★★★
技术掌握	● 渐变工具 ● “路径查找器”面板 ● “投影”效果

扫码深度学习

操作思路

在本案例中，首先使用“矩形工具”绘制矩形，将其作为画册背景，然后使用“钢笔工具”绘制装饰元素，并使用“椭圆工具”与“路径查找器”面板制作画册封面下半部分的图形，最后使用“文字工具”输入文字。

案例效果

案例效果如图11-77所示。

图11-77

实例125 制作封面平面图

操作步骤

01 执行“文件>新建”命令，新建一个A4大小的空白文档。选择工具箱中的“矩形工具”，在工具箱的底部设置“描边”为无，双击“填色”按钮，在弹出的“拾色器”对话框中设置颜色为红色，单击“确定”按钮，如图11-78所示。在使用“矩形工具”的状态下，从画面的左上角拖动鼠标指针至右下角，绘制一个与画板等大的矩形，效果如图11-79所示。

图11-78

图11-79

02 在工具箱中选择“钢笔工具”，在画面中绘制一个多边形，效果如图11-80所示。选中该多边形，单击工具箱底部的“填色”按钮，使之置于前面，双击工具箱中的“渐变工具”按钮，在弹出的“渐变”面板中编辑一个由透明到橘色的渐变，如图11-81所示。填充渐变后，使用“渐变工具”在图形上拖动调整渐变效果。

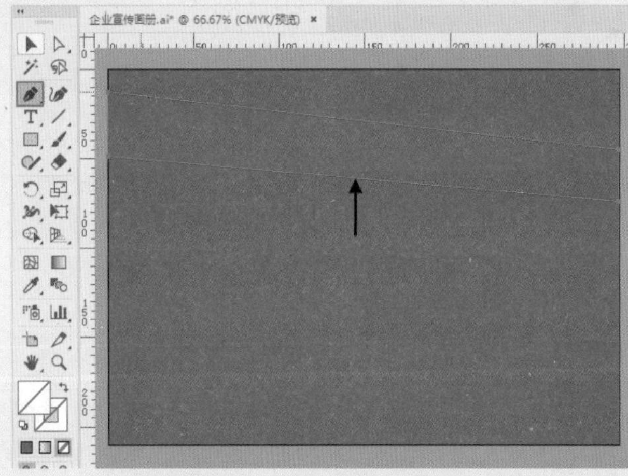

图11-80

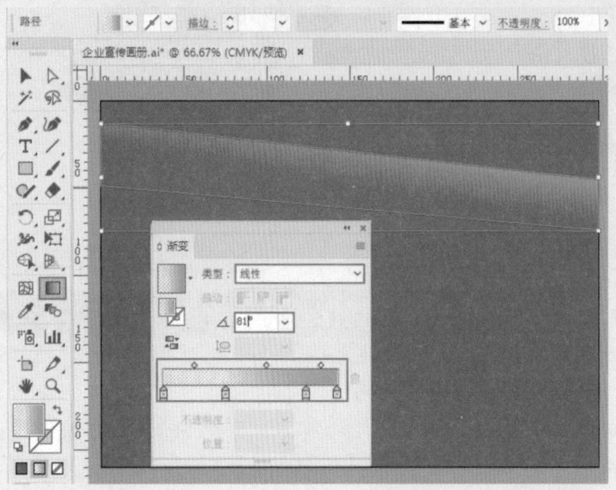

图11-81

提示 如何设置渐变色标的不透明度

选中需要编辑的色标，在“不透明度”数值框中设置相应的参数，即可调整其不透明度，如图11-82所示。

图11-82

03 选择橘色渐变的图形，同时按住Shift键和Alt键并向下拖动，进行平移及复制，效果如图11-83所示。

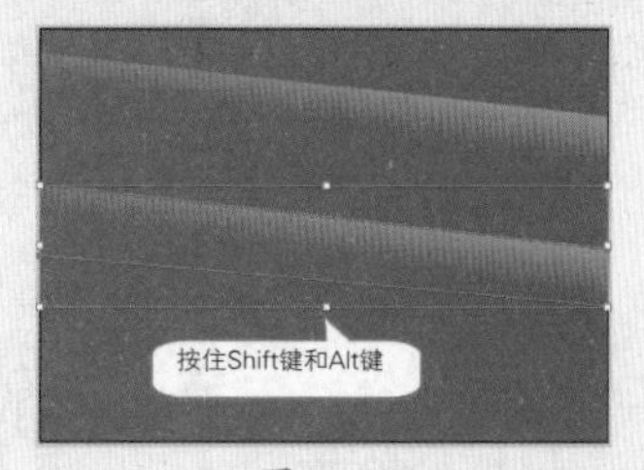

图11-83

04 选择工具箱中的“椭圆工具”，在控制栏中设置“填充”为黑色，“描边”为无，然后在画面的下方绘制一个椭圆形，效果如图11-84所示。使用“矩形工具”绘制一个与画板等大的矩形，效果如图11-85所示。

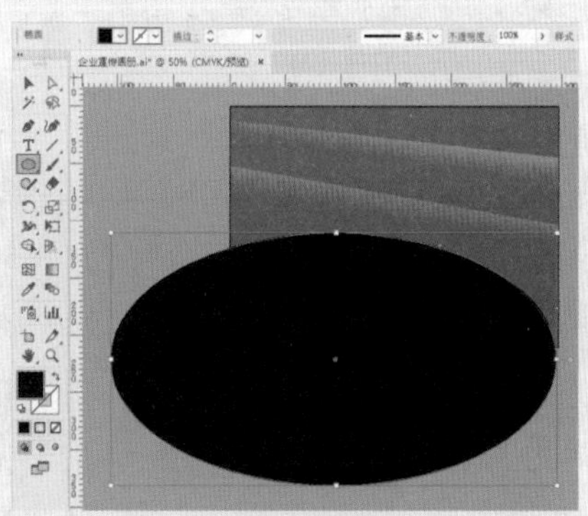

图11-84

05 选择工具箱中的“选择工具”，按住Shift键将矩形和黑色椭圆形加选，执行“窗口>路径查找器”命令，在弹出的“路径查找器”面板中单击“交集”按钮，如图11-86所示。将得到的图形填充为黑色，效果如图11-87所示。

图11-85

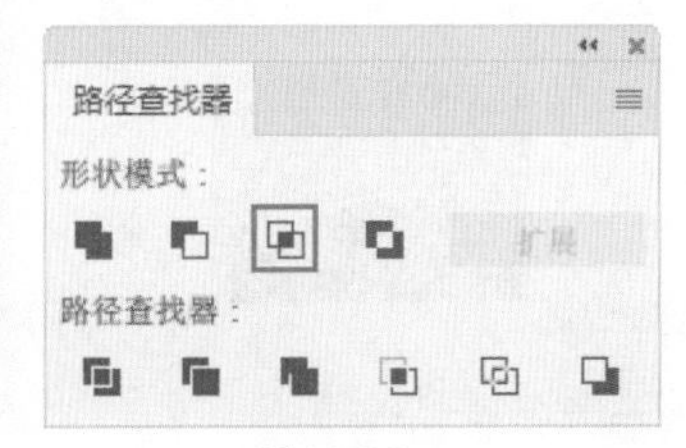

图11-86

06 将黑色不规则图形复制一份放置在画板外，在控制栏中将其“填充”设置为无，“描边”设置为任意颜色，效果如图11-88所示。将该图形复制一份并向下移动，效果如图11-89所示。

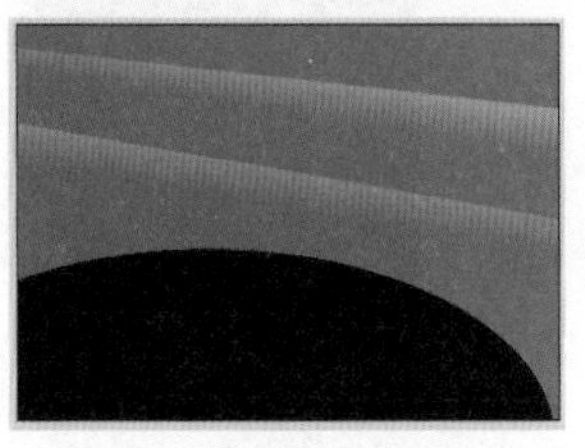

图11-87

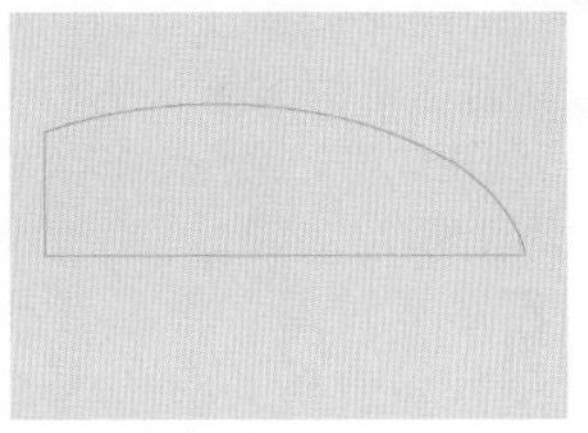

图11-88

07 将这两个图形加选，执行“窗口>路径查找器”命令，在弹出的“路径查找器”面板中单击“减去顶层”按钮，即可得到一个弧形边框，效果如图11-90所示。在该弧形边框被选中的状态下，在控制栏中设置“填充”为白色，“描边”为无。将得到的白色弧线移动到合适的位置，效果如图11-91所示。

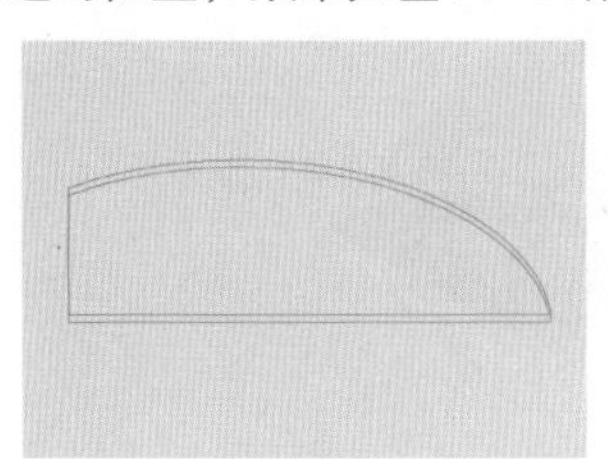

图11-89

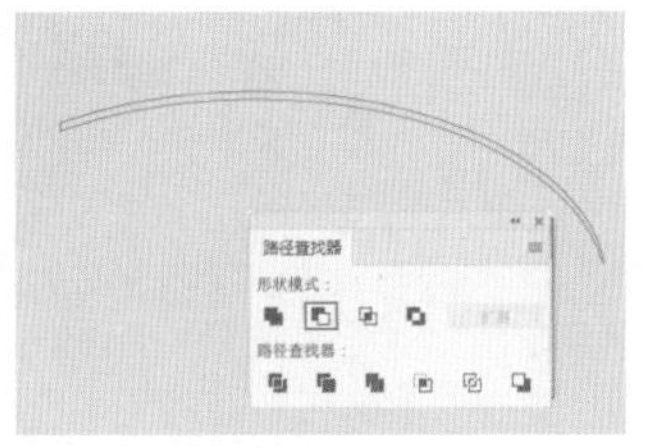

图11-90

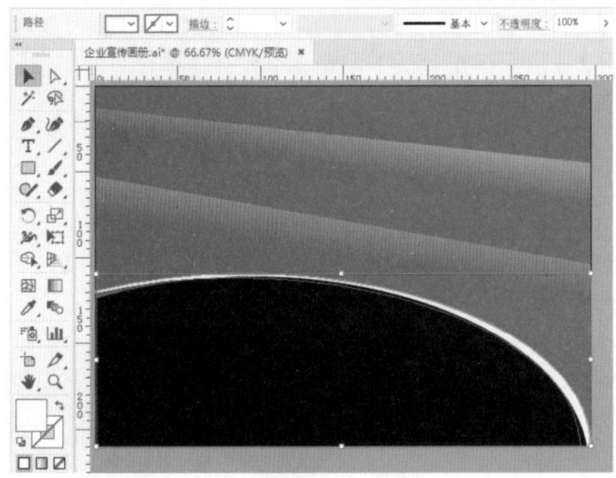

图11-91

08 使用同样的方法制作另一条黑色的弧线，效果如图11-92所示。

09 选择工具箱中的“文字工具”，在控制栏中设置“填充”为白色，“描边”为无，选择合适的字体、字号，设置“段落”为“左对齐”，然后输入文字，按快捷键Ctrl+Enter确认输入操作，效果如图11-93所示。使用同样的方法，设置不同的文字属性，继续在画面中添加文字，并将其放置在合适的位置，效果如图11-94所示。

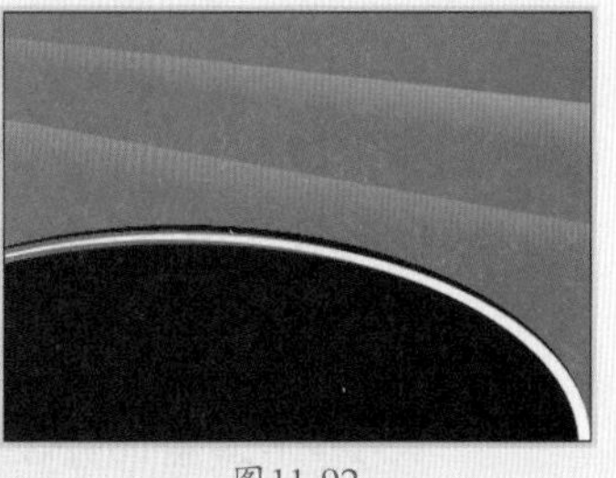

图11-92

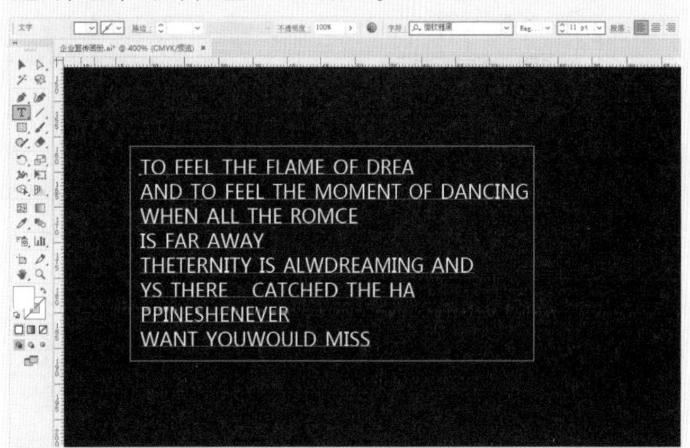

图11-93

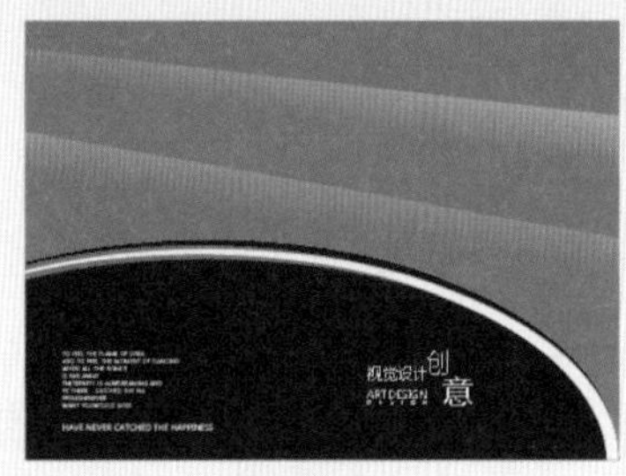

图11-94

10 选择工具箱中的“直线段工具”，在控制栏中设置“填充”为无，“描边”为白色，描边“粗细”为3pt。按住Shift键在文字之间绘制与文字等长的线条，效果如图11-95所示。封面制作完成，效果如图11-96所示。

图11-95

图11-96

实例126 制作展示效果

操作步骤

01 将封面所有元素框选，按快捷键Ctrl+G进行编组。选择工具箱中的“画板工具”，按住鼠标左键拖动鼠标指针，在画面中适当的位置绘制一个大小合适的画板，得到“画板2”，效果如图11-97所示。

图11-97

02 使用“矩形工具”在“画板2”中绘制一个与画板等大的矩形。选择这个矩形，为其填充灰色系的渐变，参数设置如图11-98所示，此时效果如图11-99所示。

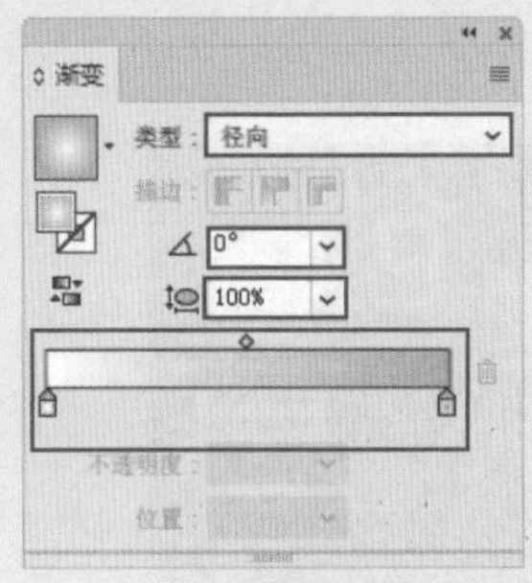

图11-98

图11-99

03 将封面组复制一份，放置在“画板2”中，并进行适当的缩放，效果如图11-100所示。使用“矩形工具”在封面的右侧绘制一个矩形，效果如图11-101所示。

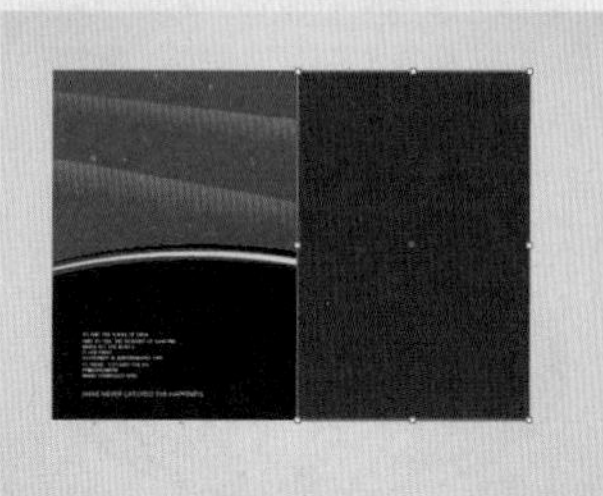

图11-100　图11-101

04 使用工具箱中的“选择工具”将矩形和封面加选，单击鼠标右键，在弹出的快捷菜单中选择“建立剪切蒙版”命令，效果如图11-102所示。选择封面中的文字，执行“文字>创建轮廓”命令，将文字创建为轮廓。

图11-102

05 选择封面，然后选择工具箱中的“自由变换工具”，单击“自由扭曲”按钮，拖动控制点对封面进行变形，效果如图11-103所示，画册的基本图形制作完成。

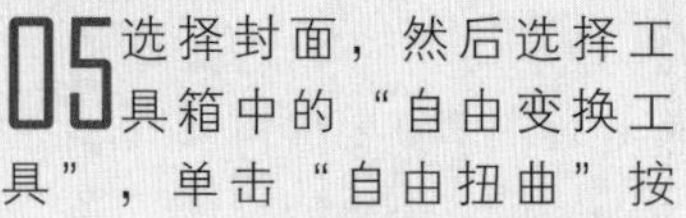

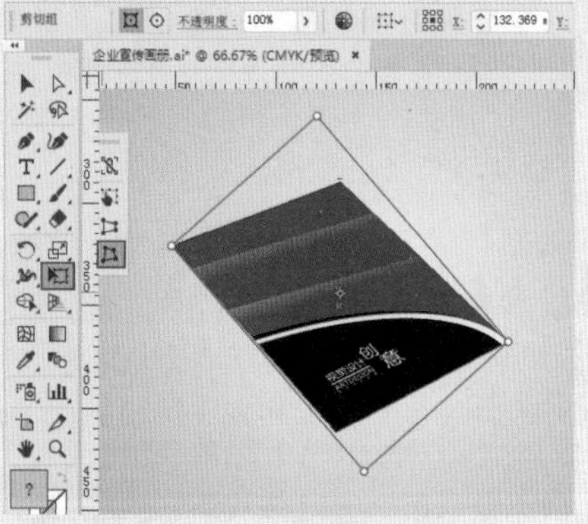

图11-103

06 下面制作画册的厚度。选择工具箱中的“钢笔工具”，在控制栏中设置“填充”为黑色，“描边”为无，然后在画册的左侧绘制图形，效果如图11-104所示。使用同样的方法，在画册的下方绘制其他图形，制作出画册的厚度，效果如图11-105所示。

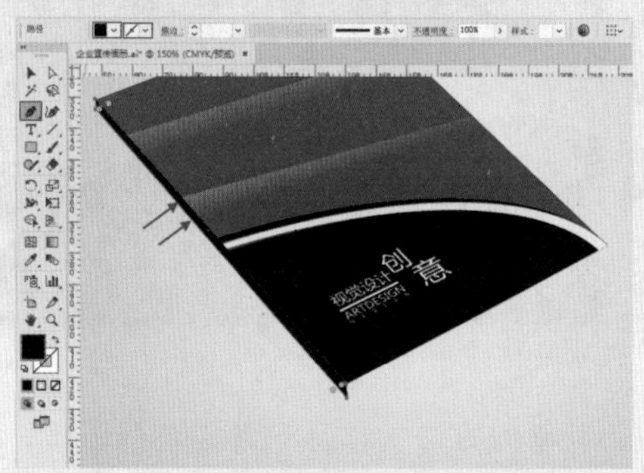

图11-104

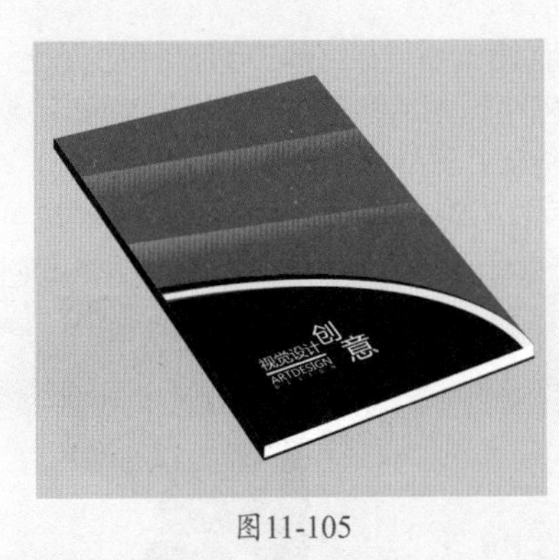

图11-105

07 下面制作封面上的光泽感。使用工具箱中的“钢笔工具”绘制一个与封面形状一样的图形，并为其填充由白色半透明到透明的渐变，参数设置如图11-106所示。完成填充后，使用“渐变工具”对渐变角度进行调整，此时封面效果如图11-107所示。

图11-106

图11-107

08 将画册所有元素进行编组，然后执行“效果>风格化>投影”命令，在弹出的“投影”对话框中设置“模式”为“正片叠底”，“不透明度”为75%，“X位移”为-1mm，“Y位移”为1mm，“模糊”为1.8mm，选中“颜色”单选按钮，设置颜色为黑色，参数设置如图11-108所示，单击“确定”按钮，效果如图11-109所示。

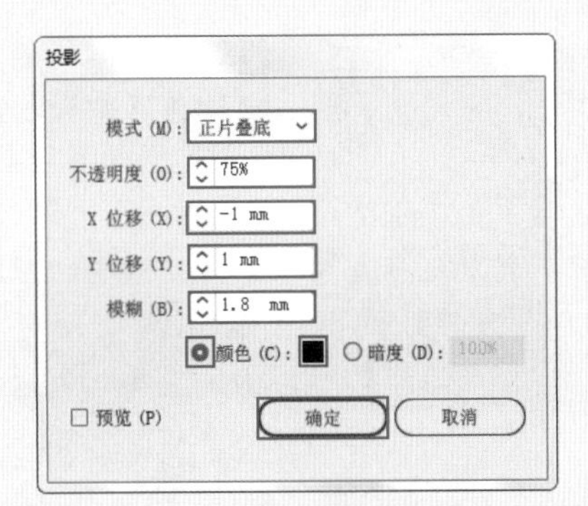

图11-108

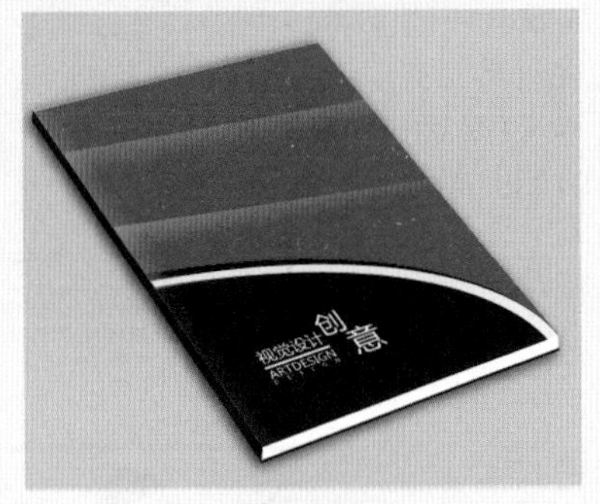

图11-109

09 将画册组复制一份并调整其位置，最终完成效果如图11-110所示。

图11-110

11.5 健身馆三折页

文件路径	第 11 章 \ 健身馆三折页设计
难易指数	★★★★★
技术掌握	● 钢笔工具 ● 文字工具 ● 剪切蒙版 ● 渐变工具

扫码深度学习

操作思路

在本案例中，首先使用“钢笔工具”在画面中绘制不同颜色的图形作为画面的背景，然后利用“建立剪切蒙版”命令将素材添加在画面中，最后使用“文字工具”在画面中输入文字。

案例效果

案例效果如图11-111所示。

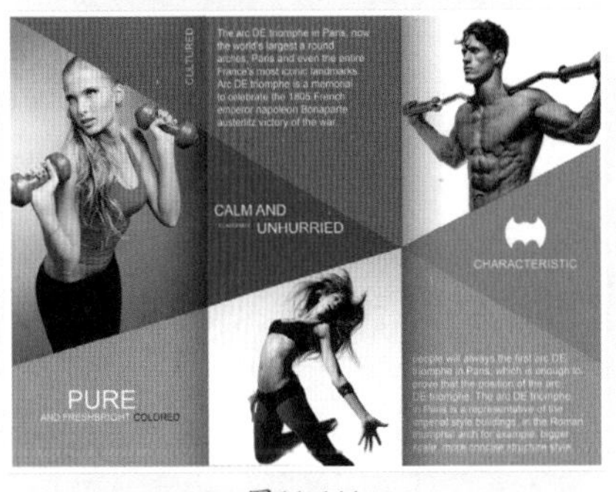

图11-111

实例127 制作版面中的色块

操作步骤

01 执行“文件>新建”命令，创建一个空白文档。选择工具箱中的“钢笔工具”，在工具箱的底部设置“描边”为无，双击“填色”按钮，在弹出的“拾色器”对话框中设置颜色为粉色，单击“确定”按钮，如图11-112所示。在使用“钢笔工具”的状态下，在画面中绘制一个三角形，效果如图11-113所示。

02 使用同样的方法，在画面中绘制不同颜色的其他图形，效果如图11-114所示。

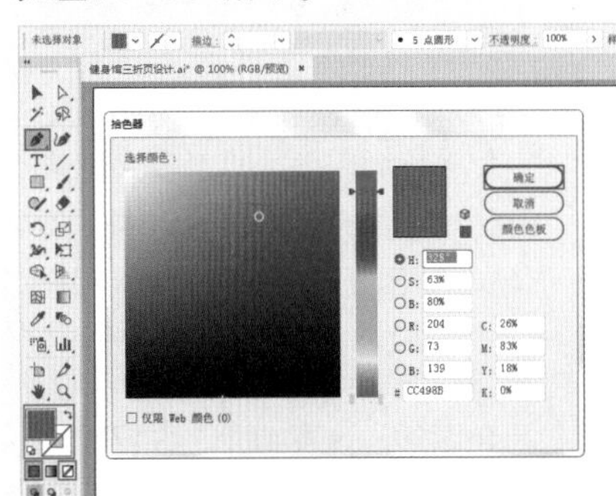

图11-112

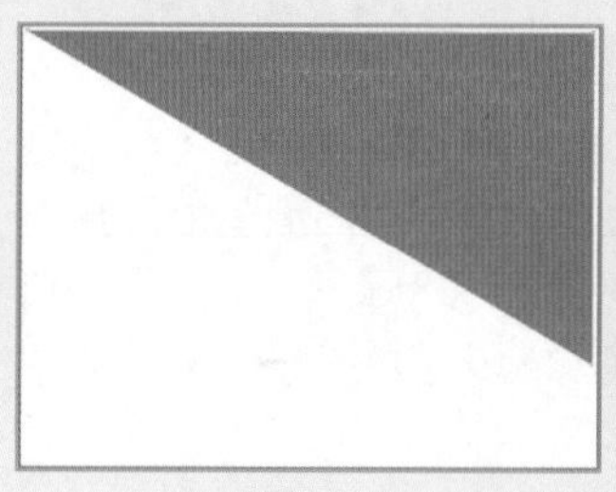

图11-113

图11-114

实例128 添加人物素材元素

操作步骤

01 执行"文件>置入"命令，在弹出的"置入"对话框中选择素材"1.jpg"，单击"置入"按钮，如图11-115所示。按住鼠标左键拖动鼠标指针，在画面中适当的位置控制置入对象的大小，释放鼠标左键完成置入操作。在控制栏中单击"嵌入"按钮，将素材嵌入到文档中，效果如图11-116所示。

图11-115

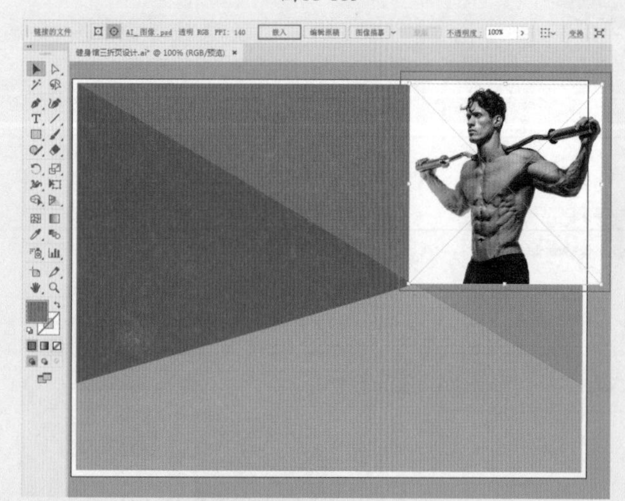

图11-116

02 使用工具箱中的"钢笔工具"在素材"1.jpg"绘制一个黑色图形，效果如图11-117所示。选择工具箱中的"选择工具"，按住Shift键加选素材"1.jpg"和黑色图形，单击鼠标右键，在弹出的快捷菜单中选择"建立剪切蒙版"命令，将人物素材多余的部分隐藏起来，效果如图11-118所示。

03 使用同样的方法，将素材"2.jpg"和素材"3.jpg"置入并嵌入到文档中，然后执行"建立剪切蒙版"命令，效果如图11-119所示。

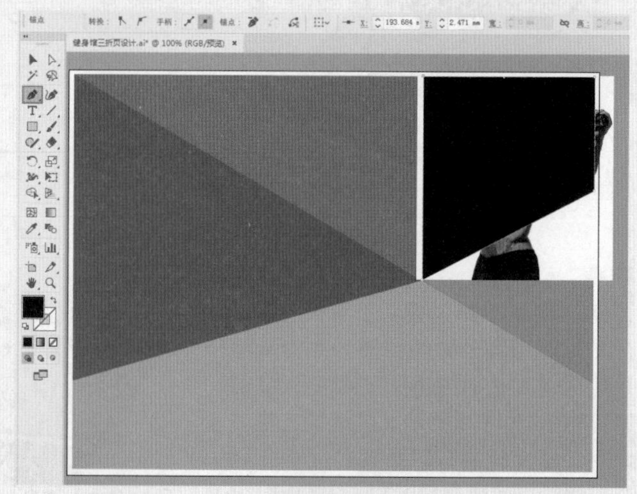

图11-117

图11-118

图11-119

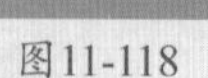

实例129 制作文字信息

操作步骤

01 选择工具箱中的"文字工具"，在画面的左下角单击插入光标，在控制栏中设置"填充"为白色，"描边"为无，选择合适的字体、字号，设置"段落"为"左对齐"，然后输入文字，按快捷键Ctrl+Enter确认输入操作，效果如图11-120所示。使用同样的方法，设置不同的颜色和字号，在刚刚输入的文字下方再次输入文字，效果如图11-121所示。

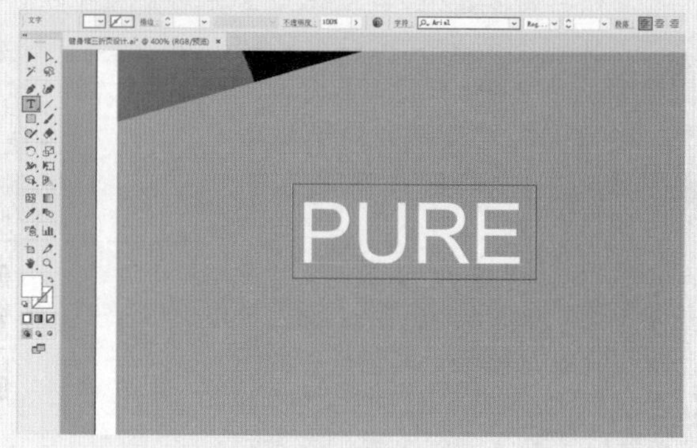

图11-120

图11-121

02 继续选择工具箱中的“文字工具”，按住鼠标左键拖动鼠标指针，在画面的上方绘制一个文本框。在控制栏中设置“填充”为白色，“描边”为无，选择合适的字体、字号，设置“段落”为“左对齐”，然后在文本框内输入文字，按快捷键Ctrl+Enter确认输入操作，效果如图11-122所示。

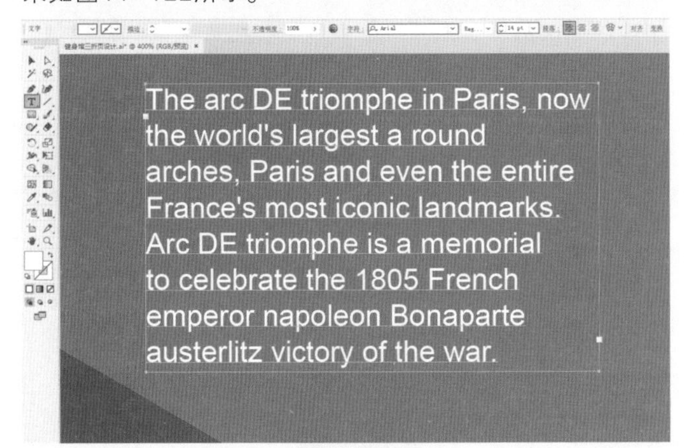

图11-122

03 继续使用“文字工具”在画面中输入文字，效果如图11-123所示。使用工具箱中的“选择工具”选中文字，然后将鼠标指针定位到定界框以外，当鼠标指针变为带有弧度的双箭头时按住鼠标左键拖动鼠标指针，将文字进行旋转，效果如图11-124所示。

图11-123

04 使用同样的方法，在画面中输入其他文字，效果如图11-125所示。

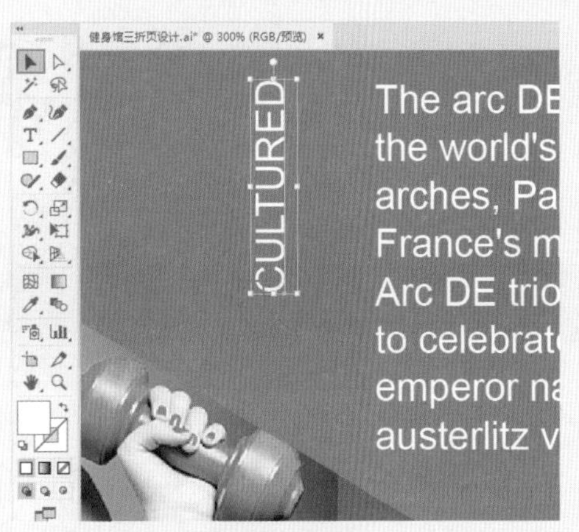

图11-124

图11-125

05 选择工具箱中的“钢笔工具”，在控制栏中设置“填充”为白色，“描边”为无，然后在画面的右侧绘制图形，效果如图11-126所示。

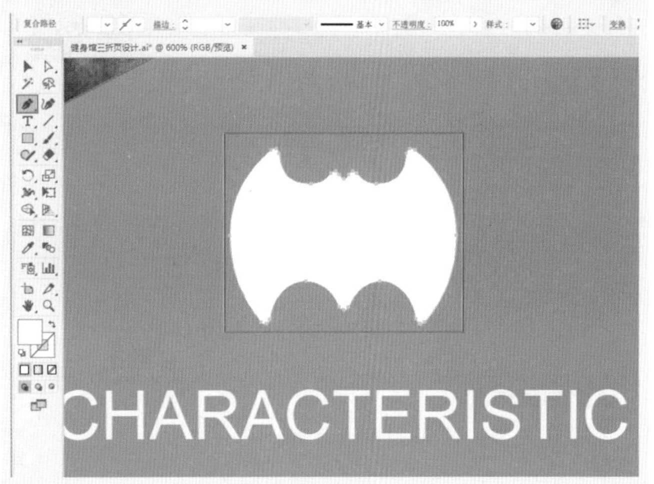

图11-126

06 使用工具箱中的“矩形工具”在画面的左侧绘制一个矩形。在矩形被选中的状态下，执行“窗口>渐变”命令，在弹出的“渐变”面板中设置“类型”为“线性”，在面板底部编辑一个透明到黑色半透明的渐变，如图11-127所示，此时效果如图11-128所示。

07 使用同样的方法，在画面的右侧绘制矩形并填充渐变，参数设置如图11-129所示。最终完成效果如图11-130所示。

图11-127

图11-128

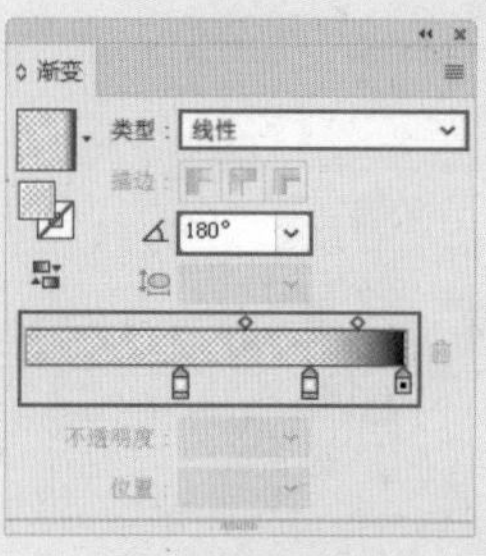

图11-129

图11-130

11.6 婚礼三折页画册

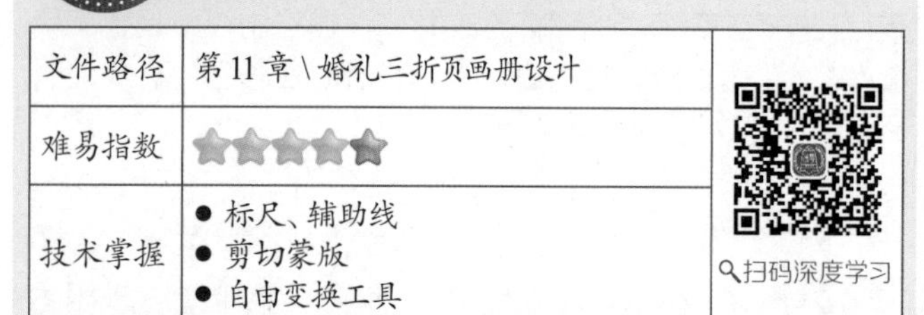

文件路径	第11章\婚礼三折页画册设计	扫码深度学习
难易指数	★★★★★	
技术掌握	● 标尺、辅助线 ● 剪切蒙版 ● 自由变换工具	

操作思路

在本案例中，首先使用“矩形工具”制作折页的底色，然后置入图片素材并通过“建立剪切蒙版”命令制作圆形的照片效果，再使用“文字工具”输入文字，最后使用“自由变换工具”制作折页的立体效果。

案例效果

案例效果如图11-131所示。

图11-131

实例130 制作折页的平面图

操作步骤

01 执行“文件>新建”命令，新建一个A4大小的文档。按快捷键Ctrl+R调出标尺，然后分别在横向和纵向拖动鼠标指针，建立辅助线。图中红线所在的位置为折页折叠位置的辅助线，其他位置的辅助线主要用于限定每个折页页面版心的区域，以辅助排版，效果如图11-132所示。

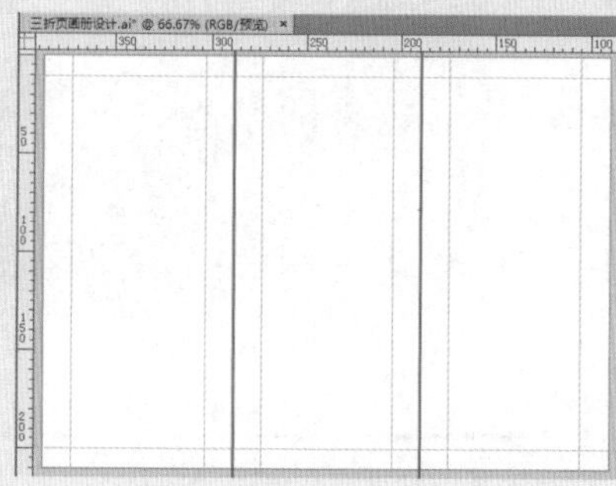

图11-132

02 选择工具箱中的“矩形工具”，在工具箱的底部设置“描边”为无，双击“填色”按钮，在弹出的“拾色器”对话框中设置颜色为粉色，单击“确定”按钮，如图11-133所示。在使用“矩形工具”的状态下，在画面的左侧绘制一个矩形，效果如图11-134所示。

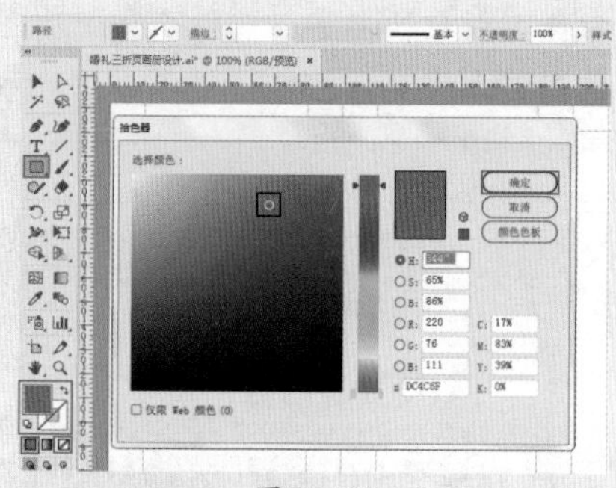

图11-133

图11-134

03 使用同样的方法，在粉色矩形的右侧绘制浅灰色的矩形，效果如图11-135所示。

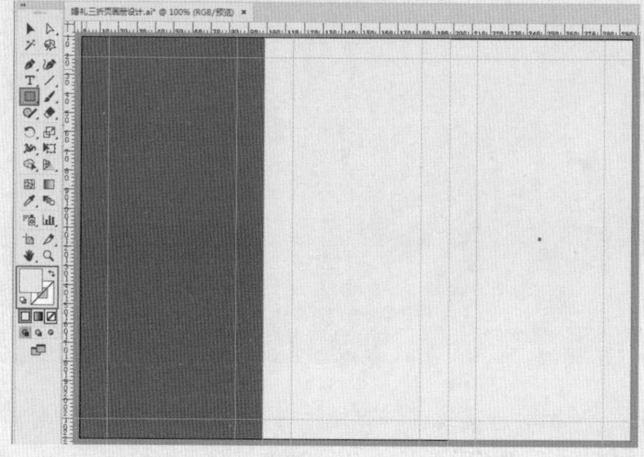

图11-135

04 执行“文件>置入”命令，在弹出的“置入”对话框中选择素材“1.jpg”，单击“置入”按钮，如图11-136所示。按住鼠标左键拖动鼠标指针，在画面下方合适的位置控制置入对象的大小，释放鼠标左键完成置入操作。在控制栏中单击“嵌入”按钮，将素材嵌入到文档中，效果如图11-137所示。

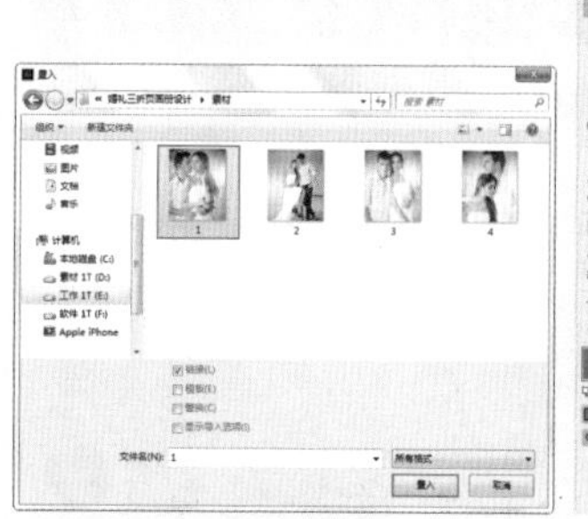
图11-136

图11-137

05 选择工具箱中的“椭圆工具”，按住Shift键拖动鼠标指针，在素材“1.jpg”上绘制一个白色正圆形，效果如图11-138所示。选择工具箱中的“选择工具”，按住Shift键加选素材“1.jpg”和白色正圆形，然后单击鼠标右键，在弹出的快捷菜单中选择“建立剪切蒙版”命令，效果如图11-139所示。

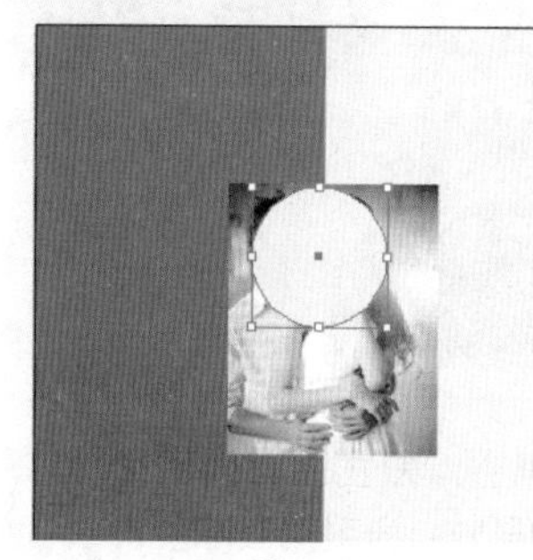
图11-138

图11-139

06 使用同样的方法，将素材“2.jpg”“3.jpg”“4.jpg”置入并嵌入到文档中。执行“建立剪切蒙版”命令，将素材多余的部分隐藏起来，效果如图11-140所示。

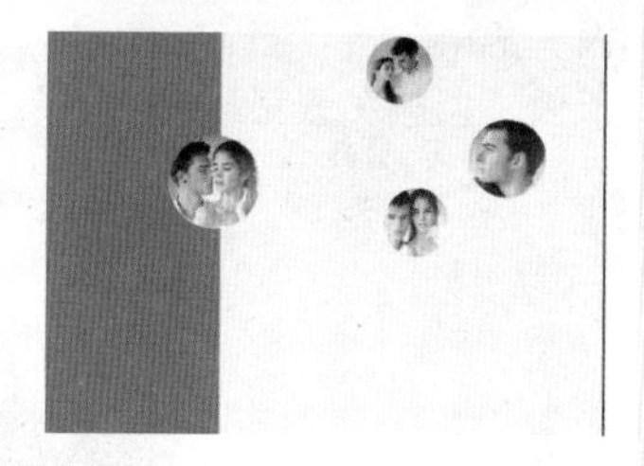
图11-140

07 选择“椭圆工具”，在控制栏中设置“填充”为白色，“描边”为无，然后按住Shift键绘制一个正圆形，效果如图11-141所示。选择这个正圆形，单击鼠标右键，在弹出的快捷菜单中选择“排列>后移一层”命令，将正圆形移动到人像素材的后面，效果如图11-142所示。

08 使用同样的方法绘制其他几个不同大小的正圆形，并调整合适的颜色，然后将绘制的正圆形放置在合适的位置，效果如图11-143所示。

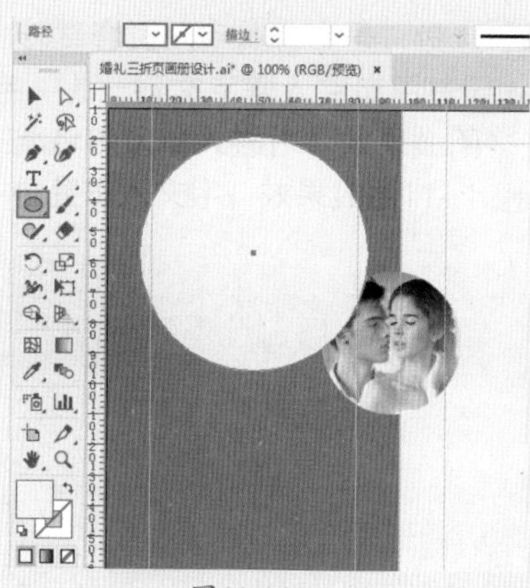
图11-141

图11-142

09 选择工具箱中的“文字工具”，在白色正圆形中绘制一个文本框，在控制栏中设置“填充”为黑色，“描边”为无，选择合适的字体、字号，设置“段落”为“居中对齐”，如图11-144所示。

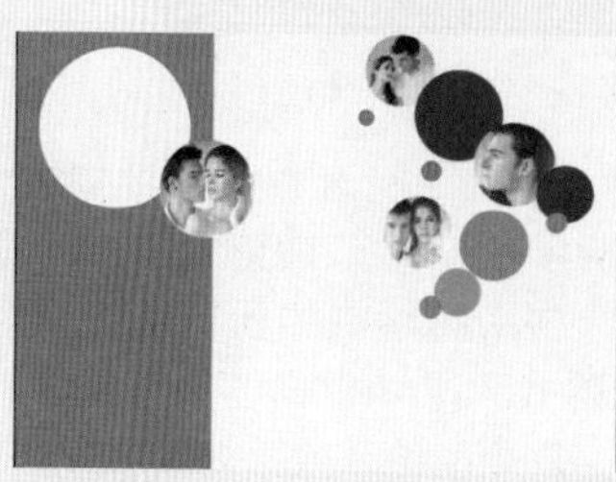
图11-143

在文本框内输入文字，效果如图11-145所示。

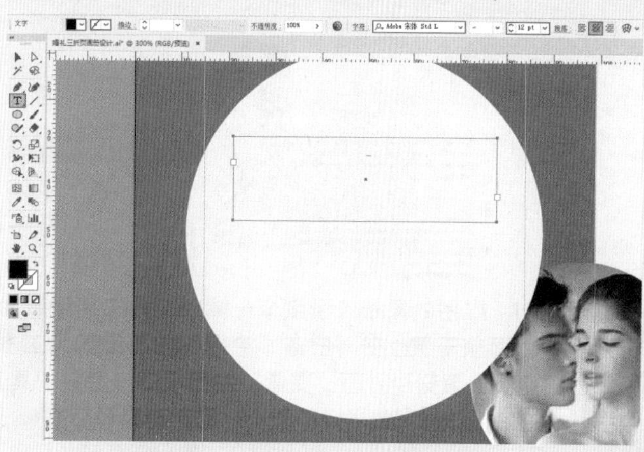
图11-144

To the world you may be one
person, but to one person
you may be the world.

图11-145

10 使用同样的方法，设置合适的字体和字号，调整不同的颜色，输入多组不同的文字，对其进行编辑并将其放置在合适的位置，效果如图11-146所示。

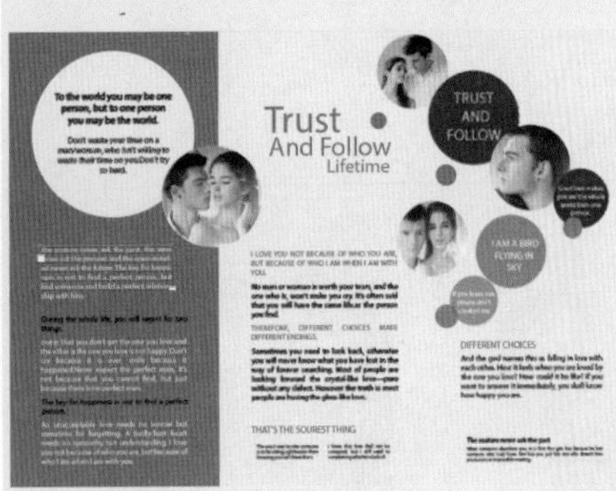

图11-146

11 选择工具箱中的“直线段工具”，在控制栏中设置“填充”为无，“描边”为粉色，描边“粗细”为3pt。按住Shift键在文字与文字之间绘制直线，效果如图11-147所示。使用工具箱中的“选择工具”选中刚刚绘制的粉色直线，同时按住Shift键和Alt键向右拖动，将直线移动并复制两份，效果如图11-148所示。

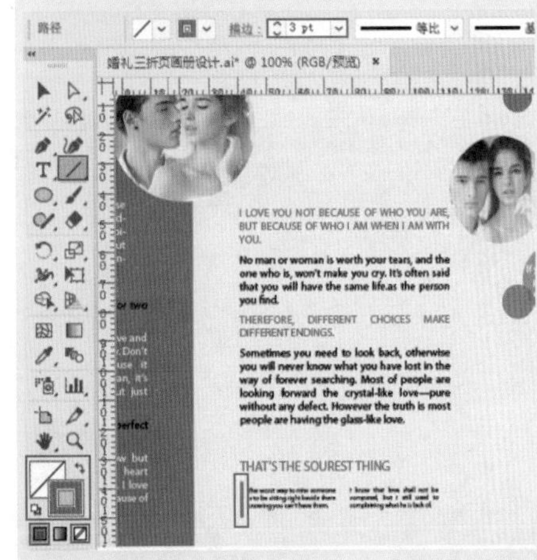

图11-147

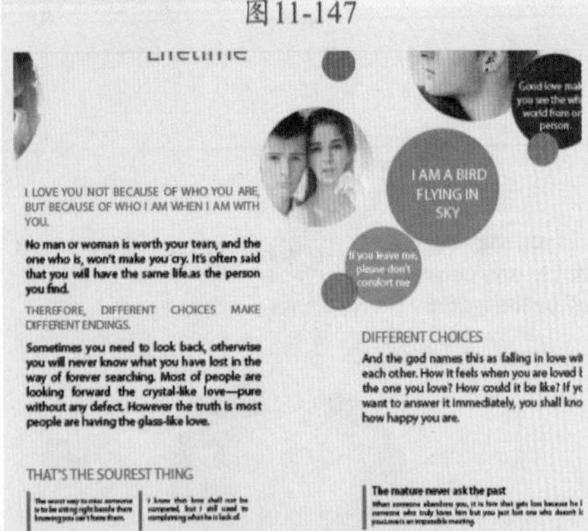

图11-148

12 使用工具箱中的“椭圆工具”在画面的左上方绘制一个白色正圆形，效果如图11-149所示。选择白色正圆形，然后按住Alt键移动并复制出一个相同的图形，继续进行移动及复制，效果如图11-150所示。

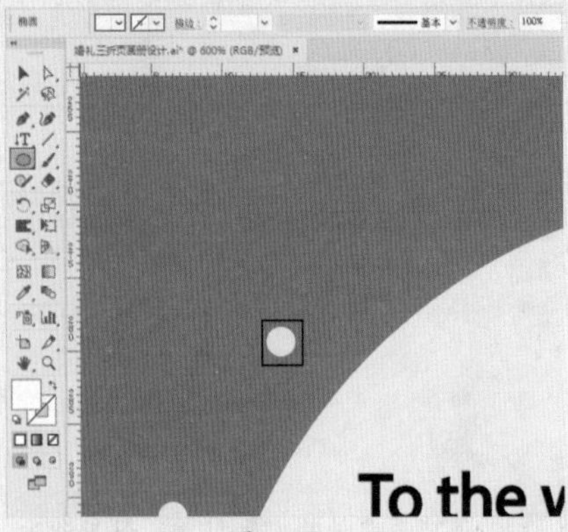

图11-149

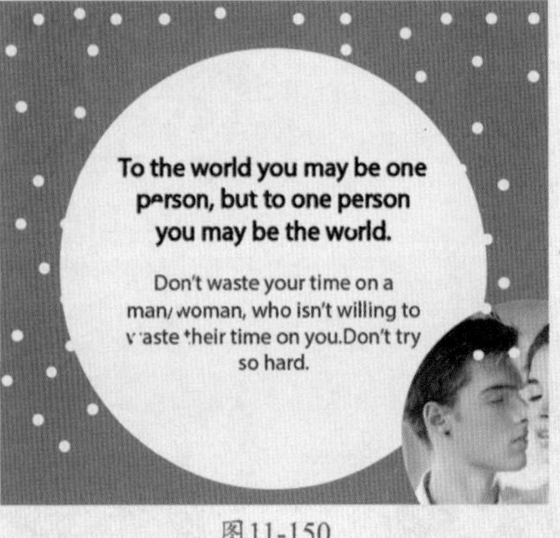

图11-150

13 使用同样的方法，制作另外两个版面中的灰色正圆形，效果如图11-151所示。

图11-151

14 选择工具箱中的“画板工具”，在空白区域单击，新建一个与“画板1”等大的画板，得到“画板2”，如图11-152所示。使用同样的方法制作折页的另一面，效果如图11-153所示。

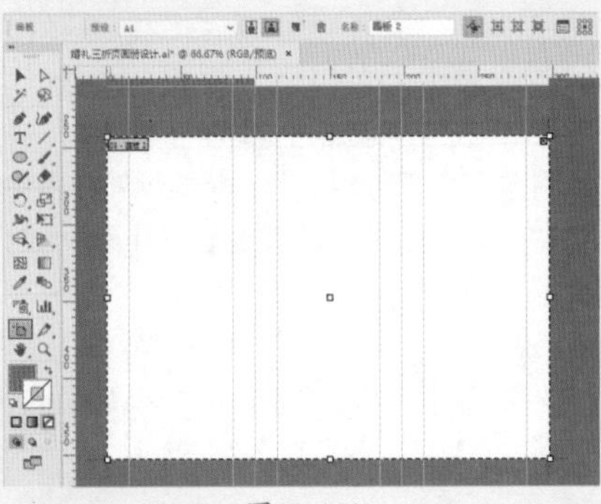

图11-152

图11-153

实例131 制作三折页的展示效果

操作步骤

01 将“画板1”中的所有元素框选，然后按快捷键Ctrl+G进行编组。执行“文字>创建轮廓”命令，将其创建为轮廓，然后将其复制一份，并放置在画板外。使用“矩形工具”在画面左侧绘制一个矩形，效果如图11-154所示。将这两个对象框选，执行“对象>剪切蒙版>建立”命令，建立剪切蒙版，效果如图11-155所示。

02 使用同样的方法，分别制作其他两组被分割的独立版面，效果如图11-156所示。

图11-154

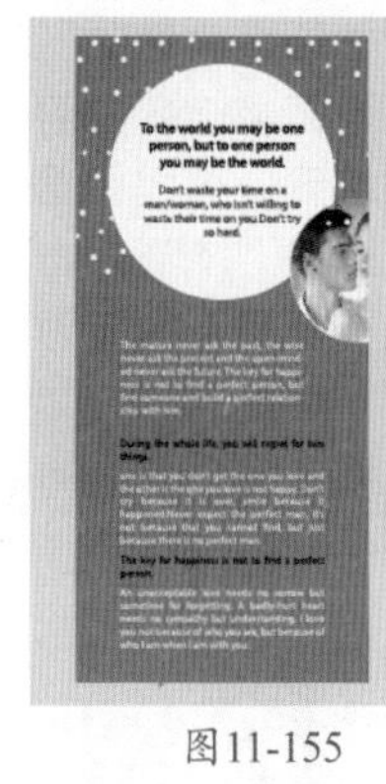

图11-155

图11-156

03 再次新建画板，使用“矩形工具”绘制一个与画板等大的矩形，并填充为灰色，效果如图11-157所示。将折页左侧的版面移动到画板中，选择工具箱中的“自由变换工具”，单击“自由扭曲”按钮，然后调整版面四周的控制点，将版面进行变形，制作出立体效果，如图11-158所示。

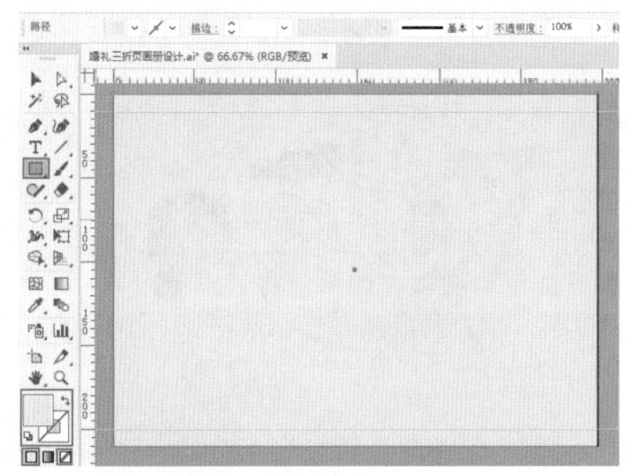

图11-157

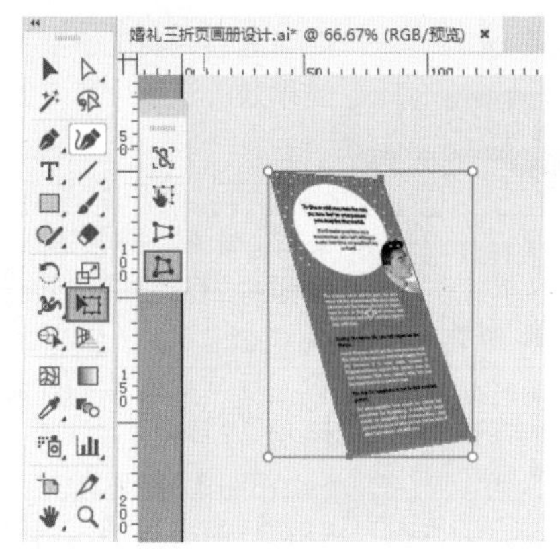

图11-158

提示

“自由变换工具”的使用方法

选择需要变换的对象，选择工具箱中的“自由变换工具”，然后拖动控制点，即可对选中的对象进行变形，如图11-159所示。在使用“自由变换工具”时单击“限制”按钮，可以进行等比缩放，如图11-160所示。

图11-159　图11-160

单击“透视扭曲”按钮，拖动控制点可以进行透视扭曲，如图11-161所示。单击“自由扭曲”按钮，拖动控制点可以进行任意扭曲，如图11-162所示。

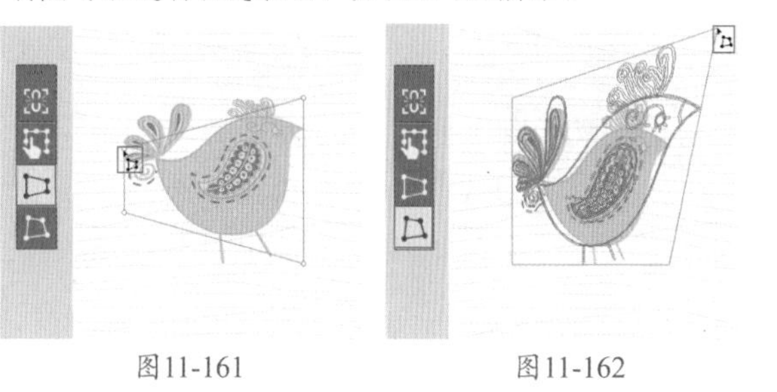

图11-161　图11-162

04 使用同样的方法对其他版面进行变形，效果如图11-163所示。

05 下面制作折页的明暗关系。使用工具箱中的“钢笔工具”绘制与右侧版面形状相同的图形，效果如图11-164所示。

图11-163

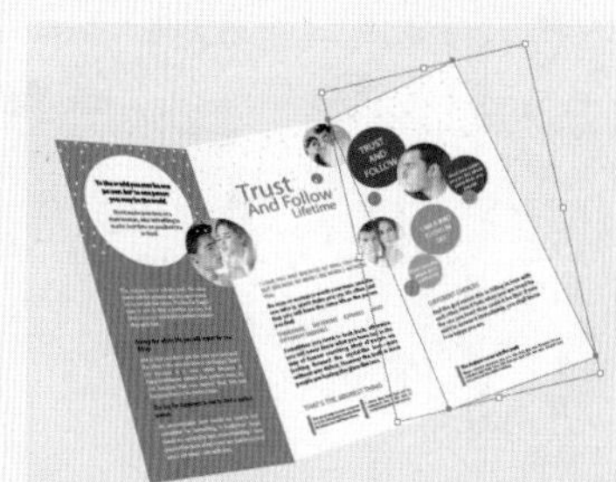

图11-164

06 选择该图形，执行“窗口>渐变”命令，在弹出的“渐变”面板中设置“类型”为“线性”，编辑一个由白色到黑色的渐变，如图11-165所示，此时图形效果如图11-166所示。

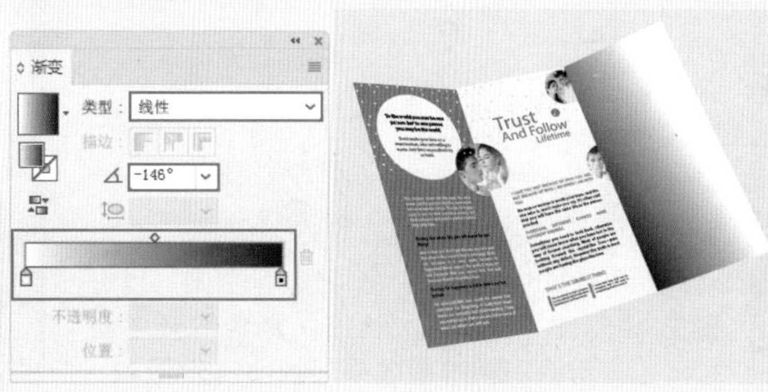

图11-165　图11-166

07单击控制栏中的“不透明度”按钮，在弹出的下拉面板中设置“混合模式”为“正片叠底”，“不透明度”为20%，效果如图11-167所示。

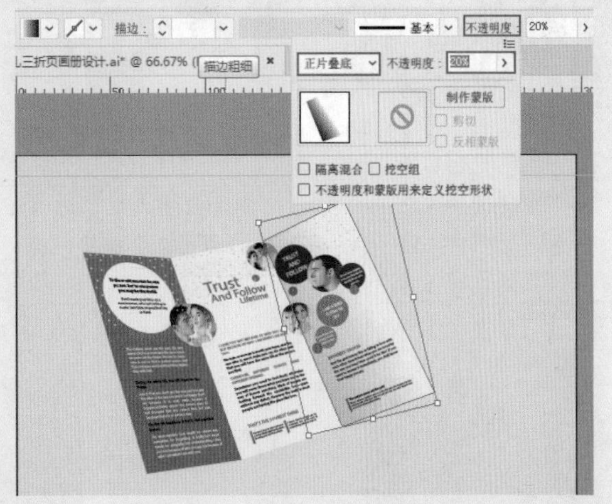

图11-167

08使用同样的方法，在左侧版面中绘制一个图形，并填充黑白渐变，效果如图11-168所示。在控制栏中设置“混合模式”为“正片叠底”，“不透明度”为20%，制作左侧版面的阴影效果，如图11-169所示。

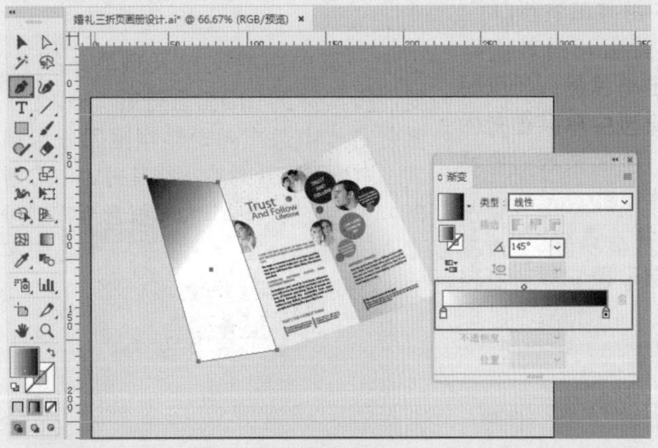

图11-168

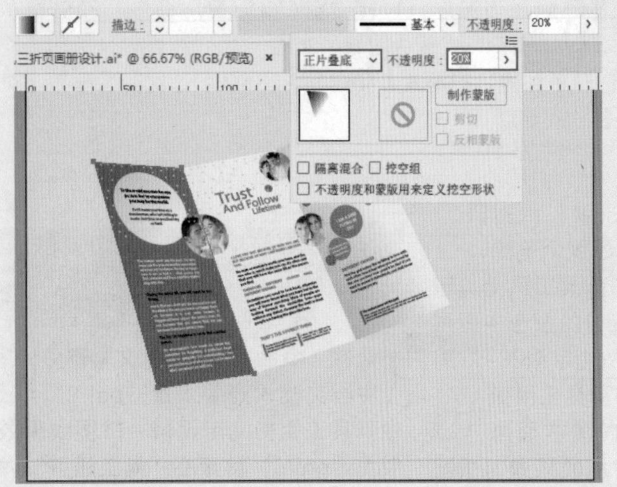

图11-169

09下面为折页添加投影。框选制作好的折叠效果的图形，执行“效果>风格化>投影”命令，在弹出的“投影”对话框中设置“模式”为“正片叠底”，“不透明度”为75%，“X位移”为-1mm，“Y位移”为1mm，“模糊”为1.8mm，选中“颜色”单选按钮，设置颜色为黑色，参数设置如图11-170所示，单击“确定”按钮，效果如图11-171所示。

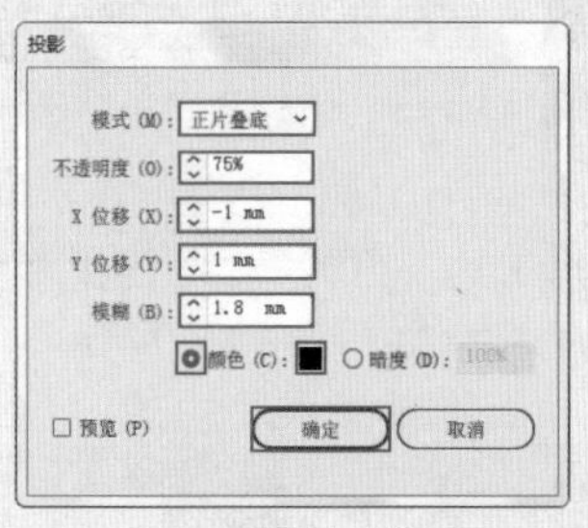

图11-170

图11-171

10使用同样的方法制作折页封面的展示效果。最终完成效果如图11-172所示。

图11-172

11.7 杂志封面

文件路径	第11章\杂志封面设计	
难易指数	★★★★★	扫码深度学习
技术掌握	● 混合模式 ● 吸管工具 ● 自由变换工具	

操作思路

在本案例中，首先置入图片素材，然后使用“文字工具”输入文字，再使用“椭圆工具”和“矩形工具”绘制图形并将其作为文字的底色，最后使用“自由变换工具”制作杂志的立体效果。

案例效果

案例效果如图11-173所示。

图11-173

实例132 制作杂志封面的平面图

操作步骤

01 执行“文件>新建”命令，创建一个纵向的A4大小的空白文档。选择工具箱中的“画板工具”，在“画板1”的左侧新建一个宽度为20mm、高度为297mm的画板，将其作为书脊所在的画板，效果如图11-174所示。

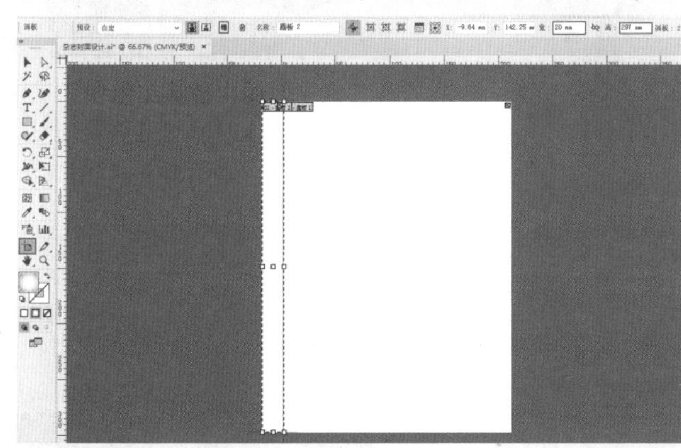

图11-174

> **提示 如何删除不需要的画板**
>
> 在使用“画板工具”的状态下，选择需要删除的画板，单击画板右上角的按钮，即可将选中的画板删除；也可以单击控制栏中的“删除画板”按钮，将画板删除。

02 执行“文件>置入”命令，在弹出的“置入”对话框中选择素材“1.jpg”，单击“置入”按钮，如图11-175所示。按住鼠标左键拖动鼠标指针，在画面下方合适的位置控制置入对象的大小，释放鼠标左键完成置入操作。在控制栏中单击“嵌入”按钮，将素材嵌入到文档中，效果如图11-176所示。

03 选择工具箱中的“矩形工具”，从“画板1”的左上角拖动鼠标指针至右下角，绘制一个与画板等大的矩形，效果如图11-177所示。选择工具箱中的“选择工具”，按住Shift键加选矩形与素材，然后单击鼠标右键，在弹出的快捷菜单中选择“建立剪切蒙版”命令，此时超出矩形范围以外的素材部分被隐藏了，效果如图11-178所示。

图11-175

图11-176

图11-177

图11-178

04 选择工具箱中的“文字工具”，在工具箱的底部设置“描边”为无，双击“填色”按钮，在弹出的“拾色器”对话框中设置颜色为深蓝色，单击“确定”按钮，如图11-179所示。在使用“文字工具”的状态下，在画面的上方单击插入光标，在控制栏中选择合适的字体、字号，设置“段落”为“左对齐”，然后输入文字，按快捷键Ctrl+Enter确认输入操作，如图11-180所示。

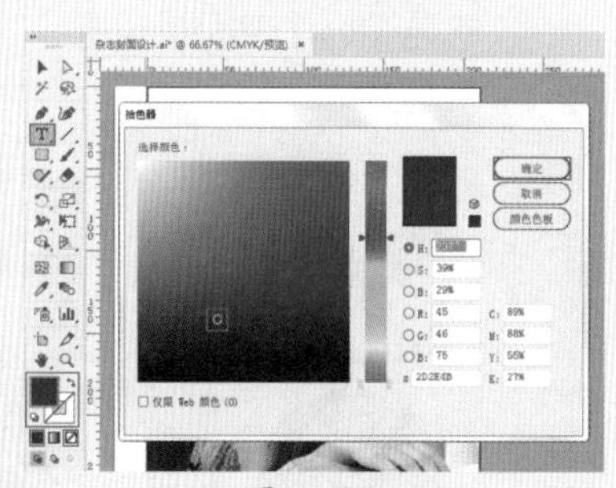

图11-179

图11-180

05 使用“文字工具”选中部分字母，在工具箱的底部设置“填色”为黄色，“描边”为无，将其作为标题文字，效果如图11-181所示。

图11-181

06 选择工具箱中的“椭圆工具”，在工具箱的底部设置“填色”为深蓝色，“描边”为无，然后按住Shift键在标题文字的左下角绘制一个正圆形，效果如图11-182所示。在该正圆形被选中的状态下，单击控制栏中的“不透明度”按钮，在弹出的下拉面板中设置“混合模式”为“强光”，效果如图11-183所示。

图11-182

图11-183

07 使用同样的方法，在适当的位置绘制一个黄色的正圆形，效果如图11-184所示。在黄色正圆形被选中的状态下，单击鼠标右键，在弹出的快捷菜单中选择“排列>后移一层”命令，将黄色正圆形向后移一层，效果如图11-185所示。

图11-184

图11-185

08 使用“文字工具”在画面中输入其他文字，效果如图11-186所示。

图11-186

09 下面制作文字的底色。选择工具箱中的“矩形工具”，在控制栏中设置“填充”为黑色，“描边”为无，然后在适当的位置绘制一个黑色的矩形，效果如图11-187所示。选择该黑色矩形，多次执行“对象>排列>后移一层”命令，将黑色矩形移动到文字的后面，效果如图11-188所示。

图11-187

图11-188

10 使用同样的方法，在适当的位置绘制一个深紫色的矩形，然后将其移动到文字的后面，效果如图11-189所示。为了使画面不显得过于沉闷，选择这个矩形，在控制栏中设置“混合模式”为“强光”，效果如图11-190所示。

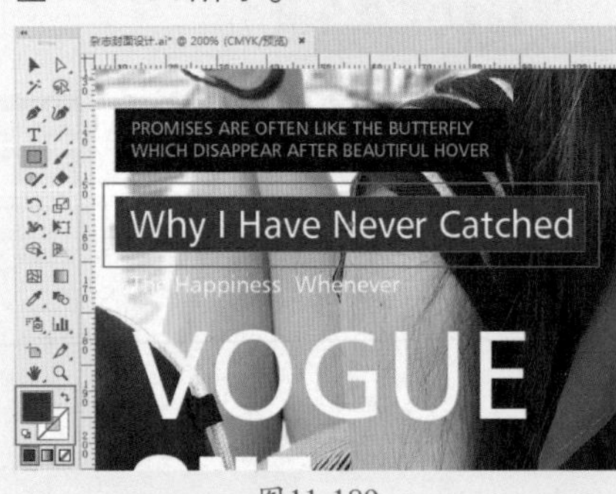

图11-189

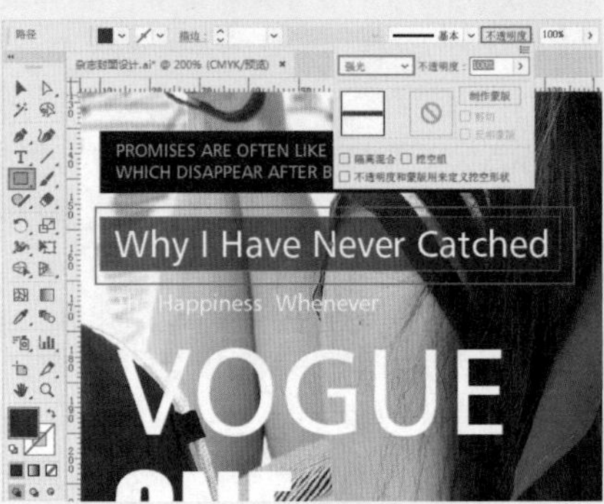

图11-190

提示 为什么先输入文字、后绘制底色

在封面设计中，文字部分是十分关键的，所以先要将文字添加到画面中，而且文字也要根据信息的主次、强度去排版。有的文字需要重点显示，就可以为其添加底色，以起到对文字信息的强化作用。

11 下面为大小不一的文字添加底色。若使用“钢笔工具”进行绘制，很有可能绘制得不够标准，在此可以使用“矩形工具”绘制多个矩形，然后通过“路径查找器”面板制作出底色的不规则图形。使用“矩形工具”参照文字的位置绘制矩形，效果如图11-191所示。将这个三个矩形加选，然后执行“窗口>路径查找器”命令，弹出“路径查找器”面板，单击该面板中的“联集”按钮，此时图形效果如图11-192所示。

图11-191

图11-192

12 选择该图形，将其移动到文字的后面，如图11-193所示。设置该图形的混合模式为“强光”，效果如图11-194所示。

13 使用同样的方法制作其他文字的底色，效果如图11-195所示。

14 下面制作书脊。使用“矩形工具”在书脊的位置绘制矩形，效果如图11-196所示。将封面中标题文字下方的圆形及其中的文字加选，然后按快捷键Ctrl+C进行复制，按快捷键Ctrl+V进行粘贴，将复制得到的对象移动到书脊的上方并进行适当缩放，效果如图11-197所示。

图11-193

图11-194

图11-195

图11-196

图11-197

15 将标题文字复制一份，进行缩放、旋转后移动到书脊中。使用“文字工具”输入相应的文字，书脊制作完成，效果如图11-198所示。

图11-198

实例133 制作杂志的展示效果

操作步骤

01 将封面和书脊中的元素分别进行编组，然后新建一个画板，得到“画板3”，效果如图11-199所示。将封面复制一份，放置在“画板3”中，然后执行“文字>创建轮廓”命令，将其转换为图形对象，效果如图11-200所示。

02 选择封面，然后选择工具箱中的“自由变换工具”，单击“自由扭曲”按钮，然后拖动鼠标指针对封面角度进行调整，效果如图11-201所示。使用同样的方法制作书脊的展示效果，如图11-202所示。

图11-199

图11-200

图11-201

图11-202

提示 位图的变换

在编组的情况下对封面进行统一的自由变换操作后，会发现位图部分并未发生相应的变形，与整体透视效果有很大的差异。因此，需要在完成整体变形后，对位图进行单独的旋转与缩放操作。

03 下面制作杂志的厚度。选择工具箱中的“钢笔工具”，在工具箱的底部设置“填色”为灰色，“描边”为无，然后在相应位置绘制图形，制作出杂志的厚度，效果如图11-203所示。

图11-203

04 下面制作书脊的暗部及杂志的投影，使效果更加真实。使用“钢笔工具”在书脊位置绘制一个深蓝色的图形，效果如图11-204所示。在控制栏中设置该图形的“不透明度”为20%，效果如图11-205所示。

图11-204

图11-205

05 使用“钢笔工具”绘制不规则图形，效果如图11-206所示。

图11-206

06 选中该不规则图形，执行“效果>风格化>投影”命令，在弹出的“投影”对话框中设置“模式”为“正片叠底”，“不透明度”为50%，“X位移”为-2mm，“Y位移”为2mm，“模糊”为2mm，选中“颜色”单选按钮，设置颜色为黑色，单击“确定”按钮，如图11-207所示。执行“对象>排列>置于底层”命令，将该不规则图形置于底层，投影制作完成，效果如图11-208所示。

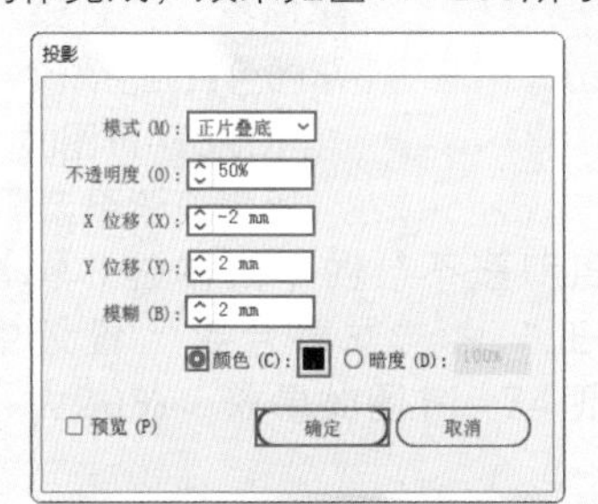

图11-207

图11-208

07 使用“矩形工具”绘制一个与“画板3”等大的矩形，然后选择该矩形，执行“窗口>渐变”命令，在弹出的“渐变”面板中设置“类型”为“径向”，“角度”为0°，编辑一个灰色系的渐变，如图11-209所示。继续选择该矩形，执行“对象>排列>置于底层”命令，将该矩形置于底层，作为背景。最终完成效果如图11-210所示。

图11-209

图11-210

11.8 清新色调书籍封面

文件路径	第11章\清新色调书籍封面设计
难易指数	★★★★★
技术掌握	● 矩形工具 ● 渐变工具 ● 不透明度蒙版 ● 文字工具
扫码深度学习	

操作思路

在本案例中，首先使用“矩形工具”制作背景，将素材置入并嵌入到画面中，利用不透明度蒙版对素材进行调整；然后在画面中绘制一个正圆形，利用“投影”效果增强正圆形的立体感；最后使用“文字工具”在画面中输入文字。

案例效果

案例效果如图11-211所示。

图11-211

实例134 制作封面的背景

操作步骤

01 执行“文件>新建”命令，创建一个空白文档。选择工具箱中的“矩形工具”，在工具箱的底部设置“描边”为无，双击“填色”按钮，在弹出的“拾色器”对话框中设置颜色为绿色，单击“确定”按钮，如图11-212所示。在使用“矩形工具”的状态下，从画面的左上角拖动鼠标指针至右下角，绘制一个与画板等大的矩形，效果如图11-213所示。

图11-212

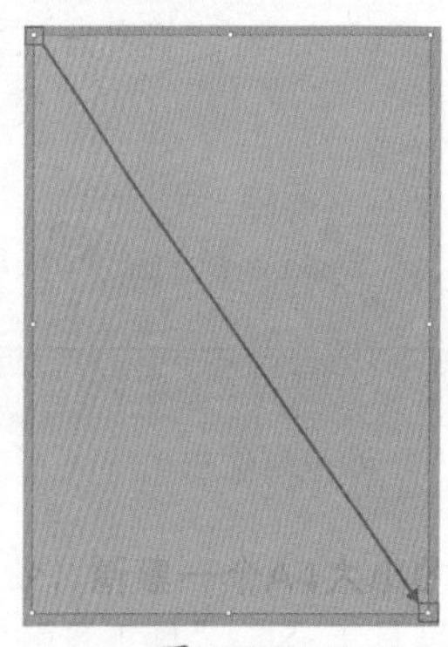

图11-213

02使用同样的方法，在画面中绘制一个稍小的矩形，然后执行“窗口>渐变”命令，在弹出的“渐变”面板中设置“类型”为“线性”，“角度”为90°，在面板底部编辑一个白色到绿色的渐变，如图11-214所示，此时效果如图11-215所示。

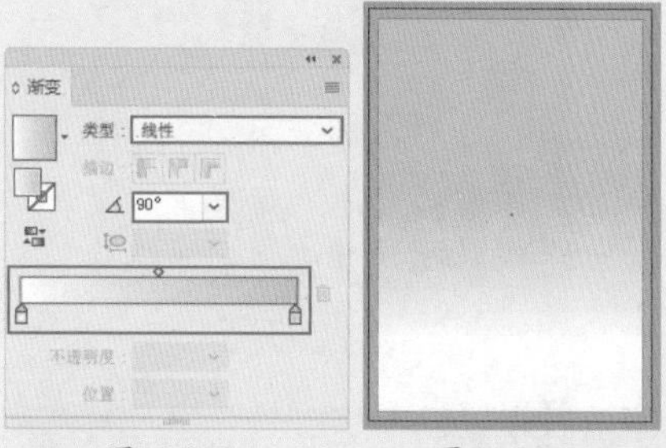

图11-214　图11-215

03执行“文件>置入”命令，在弹出的“置入”对话框中选择素材“1.jpg”，单击“置入”按钮，如图11-216所示。按住鼠标左键拖动鼠标指针，在画面下方合适的位置控制置入对象的大小，释放鼠标左键完成置入操作。在控制栏中单击“嵌入”按钮，将素材嵌入到文档中，效果如图11-217所示。

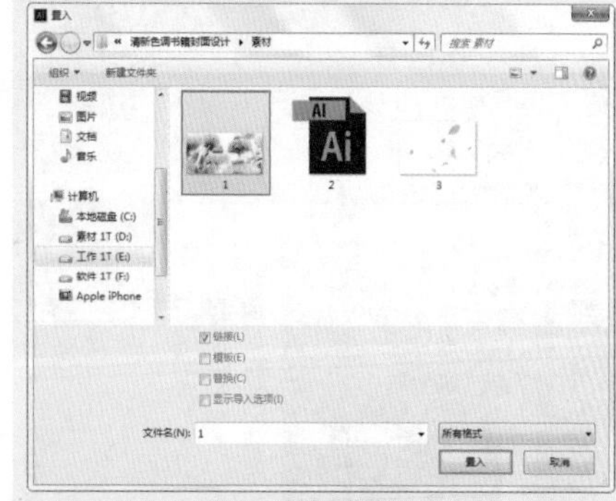

图11-216

图11-217

04选择工具箱中的“矩形工具”，在素材“1.jpg”上绘制一个与素材等大的矩形。选中该矩形，单击工具箱底部的“填色”按钮，使之置于前面，然后双击工具箱中的“渐变工具”按钮，在弹出的“渐变”面板中设置“类型”为“线性”，编辑一个白色到黑色的渐变，如图11-218所示，此时效果如图11-219所示。

图11-218

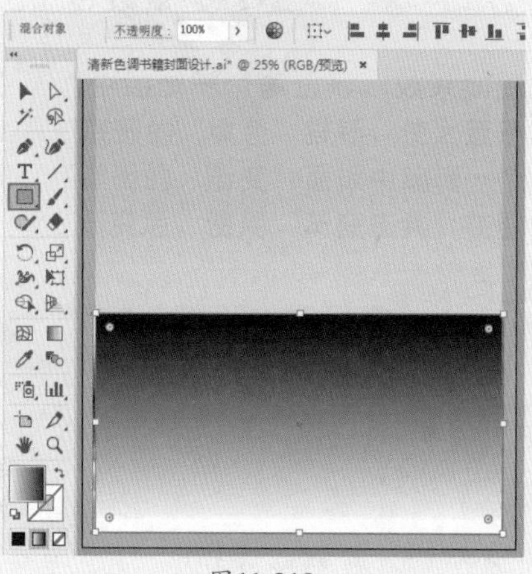

图11-219

05选择工具箱中的“选择工具”，按住Shift键加选渐变的矩形和素材“1.jpg”，然后执行“窗口>透明度”命令，在弹出的“透明度”面板中单击“制作蒙版”按钮，如图11-220所示，此时效果如图11-221所示。

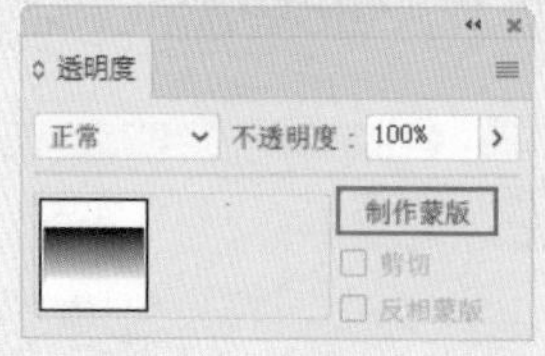

图11-220

图11-221

06执行“文件>打开”命令，在弹出的“打开”对话框中选择素材“2.ai”，单击“打开”按钮，如图11-222所示，素材效果如图11-223所示。

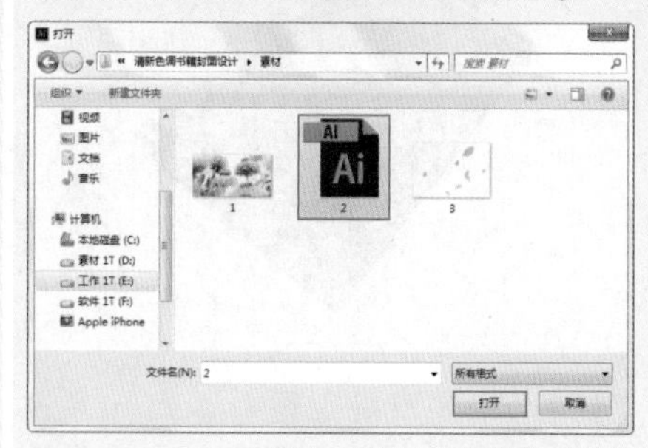

图11-222

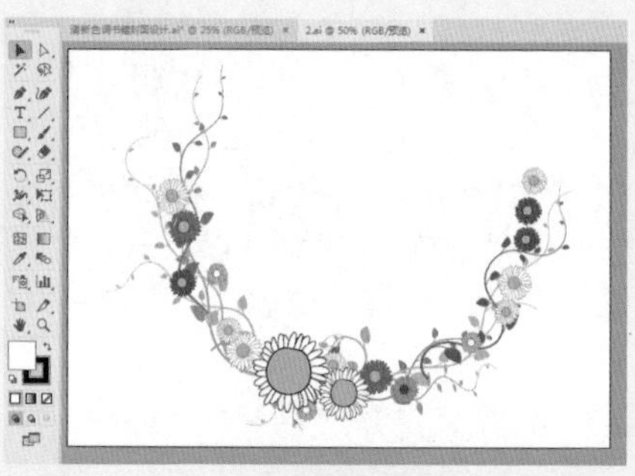

图11-223

07选中文件中的素材图形，按快捷键Ctrl+C将其进行复制，返回刚刚操作的文档中，按快捷键Ctrl+V将其粘贴在画面中适当的位置，效果如图11-224所示。

图11-224

实例135　制作封面的主体图形

操作步骤

01选择工具箱中的“椭圆工具”，在复制得到的素材“2.ai”上按住Shift键拖动鼠标指针，绘制一个正圆形，为其填充绿色系的渐变，参数设置如图11-225所示，此时效果如图11-226所示。

图11-225

图11-226

02在该正圆形被选中的状态下，执行“效果>风格化>投影”命令，在弹出的“投影”对话框中设置“模糊”为“正片叠底”，“不透明度”为75%，“X位移”为0mm，“Y位移”为20mm，“模糊”为5mm，选中“颜色”单选按钮，设置颜色为深绿色，单击“确定”按钮，如图11-227所示，此时效果如图11-228所示。

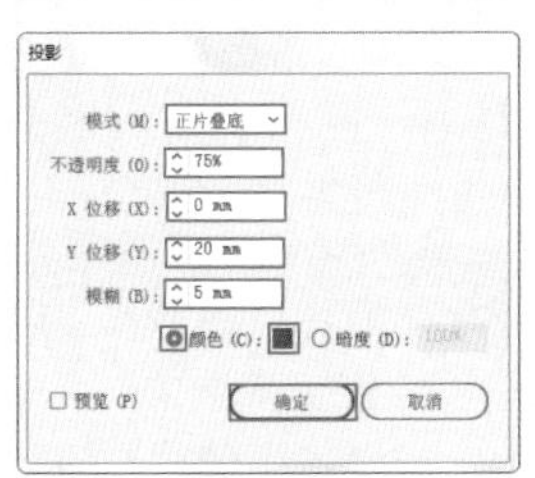

图11-227

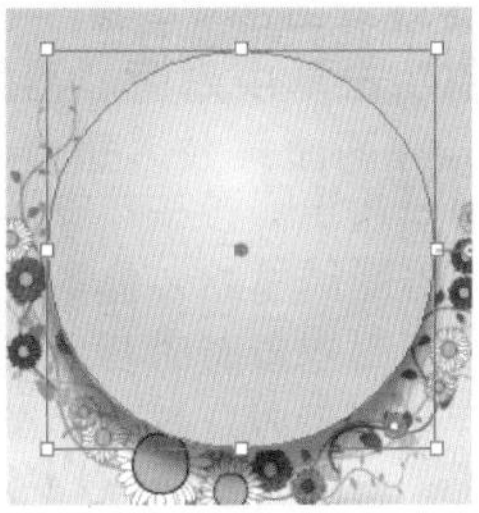

图11-228

03选择工具箱中的“文字工具”，在正圆形中单击插入光标，在控制栏中设置“填充”为白色，“描边”为无，选择合适的字体、字号，设置“段落”为“左对齐”，然后输入文字，按快捷键Ctrl+Enter确认输入操作，效果如图11-229所示。在文字被选中的状态下，执行“对象>扩展”命令，在弹出的“扩展”对话框中勾选“对象”和“填充”复选框，单击“确定”按钮，如图11-230所示。

图11-229

04使用工具箱中的“矩形工具”在文字的右下方绘制一个绿色的矩形，效果如图11-231所示。选择工具箱中的“选择工具”，按住Shift键加选文字和矩形，然后执行“窗口>路径查找器”命令，在弹出的“路径查找器”面板中单击“修边”按钮，如图11-232所示。

图11-230

图11-231

图11-232

05选中文字，单击鼠标右键，在弹出的快捷菜单中选择“取消编组”命令，然后选中绿色的矩形，按Delete键将其删除，效果如图11-233所示。使用“文字工具”在画面中适当的位置输入文字，效果如图11-234所示。

图11-233

图11-234

06选择工具箱中的“矩形工具”，在工具箱的底部设置“填色”为深绿色，“描边”为无，然后在文字的上方绘制一个矩形，效果如图11-235所示。在矩形被选中的状态下，多次单击鼠标右键，在弹出的快捷菜单中选择“排列>后移一层”命令，将矩形移动到文字的后面，效果如图11-236所示。

图11-235

图11-236

07 使用“文字工具”在画面的上方输入文字，效果如图11-237所示。执行“文件>置入”命令，将素材“3.png”置入并嵌入到文档中，调整素材至合适的大小，效果如图11-238所示。

08 最终完成效果如图11-239所示。

图11-237

图11-238

图11-239

11.9 教材封面

文件路径	第11章\教材封面设计	 扫码深度学习
难易指数	★★★★★	
技术掌握	● 画板工具 ● 矩形工具 ● 自由变换工具	

操作思路

在本案例中，首先使用“画板工具”创建合适大小的画板，然后使用“钢笔工具”绘制装饰图形，再使用“文字工具”添加封面所需文字。书籍的平面效果制作完成后，使用“自由变换工具”制作书籍的立体效果。

案例效果

案例效果如图11-240所示。

图11-240

实例136 制作书籍的封面

操作步骤

01 执行“文件>新建”命令，在弹出的“新建文档”对话框中设置“宽度”为130毫米，“高度”为184毫米，单击“竖向”按钮，设置“颜色模式”为“CMYK颜色”，参数设置如图11-241所示，单击“确定”按钮。

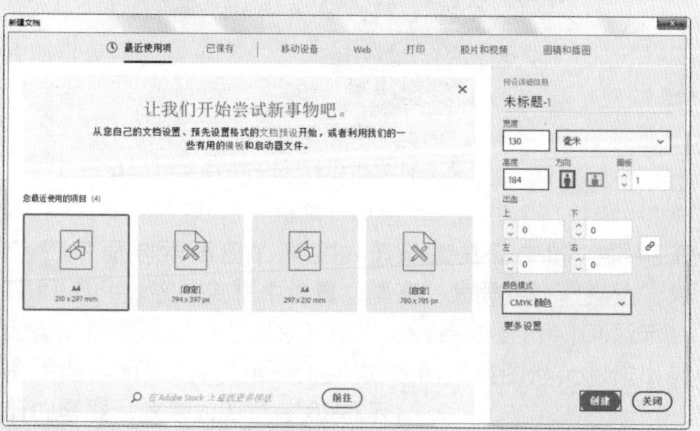

图11-241

02 选择工具箱中的“画板工具”，按住鼠标左键拖动鼠标指针，在“画板1”的左侧绘制一个新画板，在控制栏中设置其“宽度”为20mm，“高度”为184mm，得到“画板2”，效果如图11-242所示。

03 在使用“画板工具”的状态下，单击“画板1”将其选中，然后单击控制栏中的“新建画板”按钮，将鼠标指针移动到“画板2”的左侧（此时会显示出一个与“画板1”等大的灰色的画板影像），单击鼠标左键即可完成新建画板的操作，得到“画板3”，效果如图11-243所示。

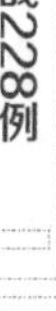

图11-242

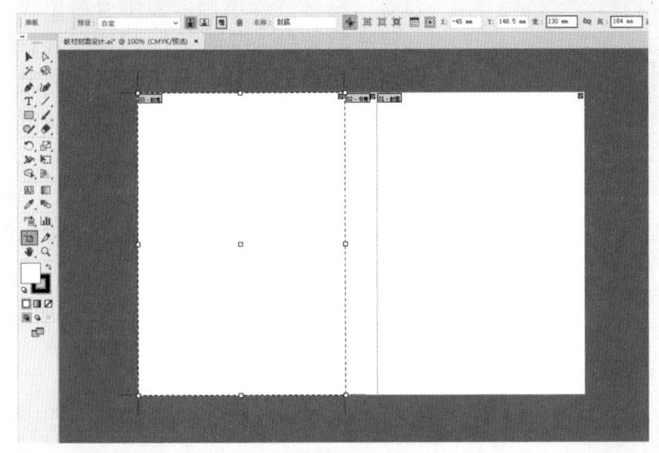

图11-243

04 在“画板1”中制作封面。选择工具箱中的“矩形工具”，在控制栏中设置“填充”为白色，“描边”为无。在使用“矩形工具”的状态下，从画面的左上角拖动鼠标指针至右下角，绘制一个与画板等大的矩形，效果如图11-244所示。选择该矩形，按快捷键Ctrl+2将其进行锁定。

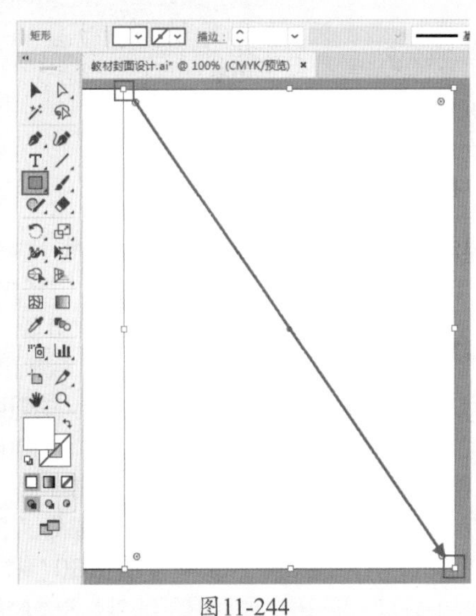

图11-244

> **提示　关于“锁定”**
>
> 在Illustrator中，“锁定”的对象是无法被选中和编辑的。选中需要锁定的对象，按快捷键Ctrl+2即可将其锁定；若要取消锁定，按快捷键Ctrl+Alt+2即可将文档中全部的锁定对象进行解锁；若要对指定的对象进行解锁，可以在“图层”面板中找到该对象所在的图层，然后单击相应的图标，即可进行解锁操作，如图11-245所示。
>
> 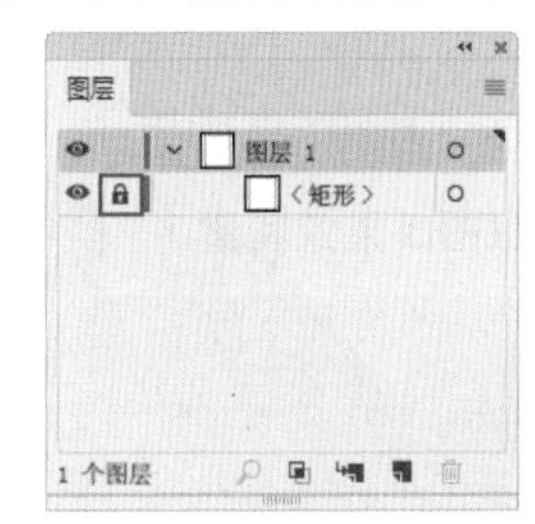
>
> 图11-245

05 选择工具箱中的“钢笔工具”，在工具箱的底部设置“描边”为无，双击“填色”按钮，在弹出的“拾色器”对话框中设置颜色为青色，单击“确定”按钮，如图11-246所示。在使用“钢笔工具”的状态下，在画面的右下角绘制一个三角形，效果如图11-247所示。

06 使用同样的方法，绘制其他颜色的三角形，并将其放置在画面的下方，效果如图11-248所示。

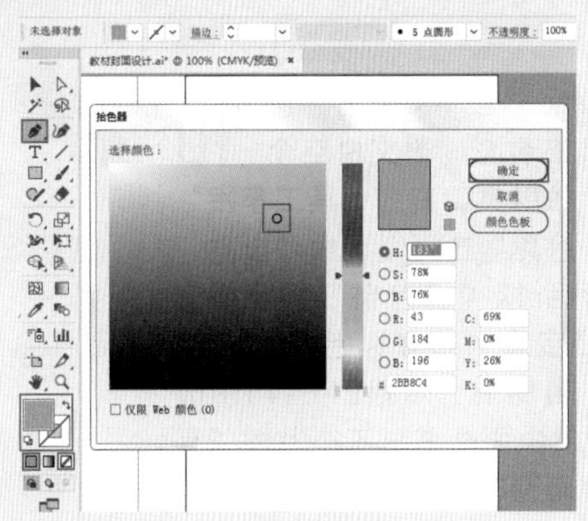

图11-246

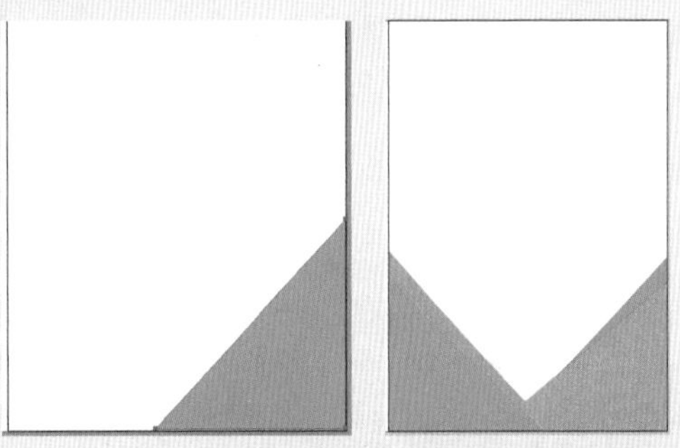

图11-247　　图11-248

07 选择工具箱中的“矩形工具”，在工具箱的底部设置“填色”为青灰色，“描边”为无。在使用“矩形工具”的状态下，在画面中单击，在弹出的“矩形”对话框中设置“宽度”和“高度”均为80mm，单击“确定”按钮，如图11-249所示，此时效果如图11-250所示。

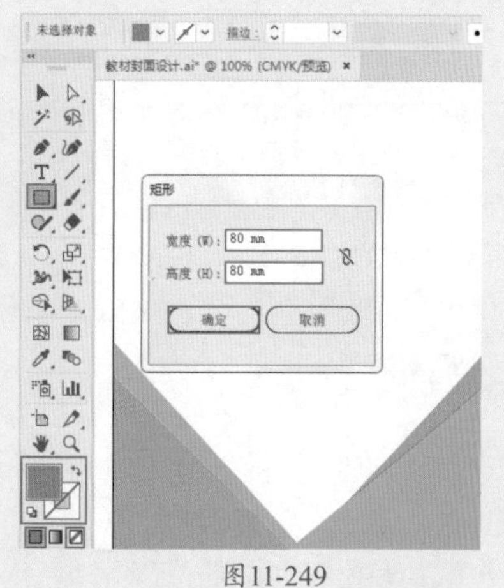

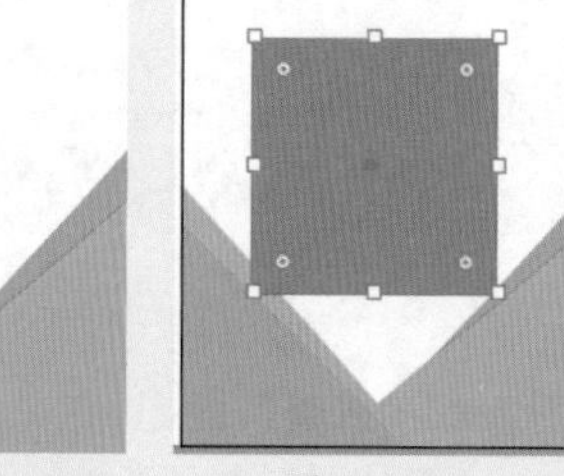

图11-249 图11-250

08 在该正方形被选中的状态下，选择工具箱中的“选择工具”，按住Shift键拖动控制点，将其进行旋转，效果如图11-251所示。使用同样的方法，绘制一个白色的正方形，将其进行旋转，并放置在青灰色正方形的中间，效果如图11-252所示。

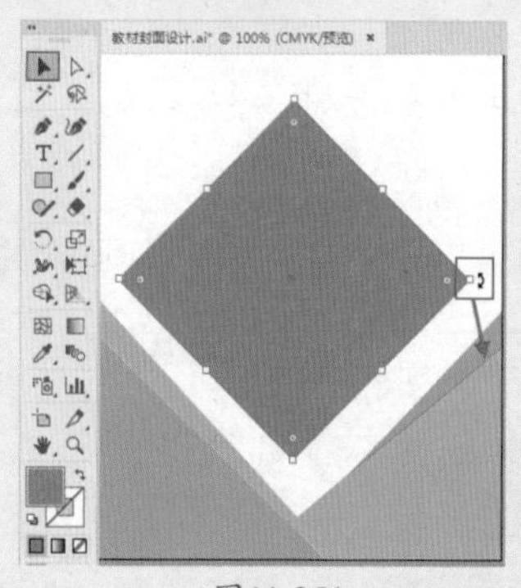

图11-251 图11-252

09 在白色正方形被选中的状态下，执行“效果>风格化>内发光”命令，在弹出的“内发光”对话框中设置“模式”为“正常”，颜色为灰色，“不透明度”为75%，“模糊”为1.8mm，选中“边缘”单选按钮，单击“确定”按钮，如图11-253所示，此时效果如图11-254所示。

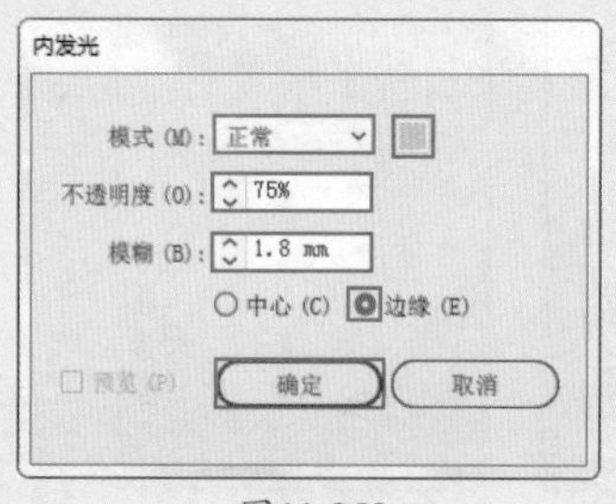

图11-253 图11-254

10 下面为正方形添加立体效果。选择工具箱中的“钢笔工具”，在工具箱的底部设置“填色”为淡青色，“描边”为无。设置完成后，沿着白色正方形的轮廓绘制一个不规则图形，效果如图11-255所示。使用同样的方法，设置颜色为明度不同的青色，继续绘制三个不规则图形，效果如图11-256所示。

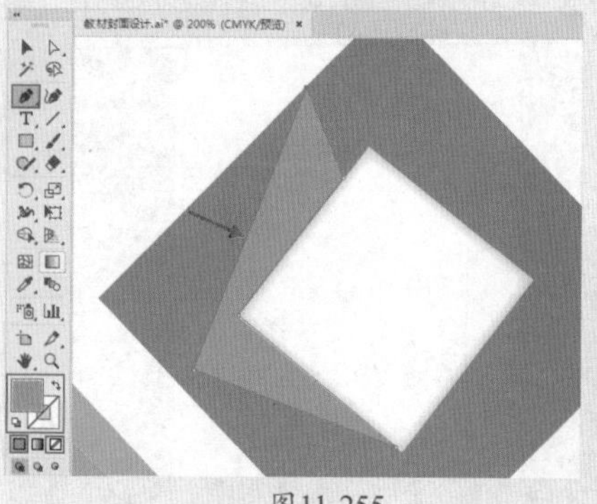

图11-255 图11-256

11 下面制作标题文字。选择工具箱中的“文字工具”，在画面中单击插入光标，在工具箱的底部设置“填色”为蓝色，“描边”为白色，在控制栏中设置描边“粗细”为2pt，选择合适的字体、字号，然后输入文字，按快捷键Ctrl+Enter确认输入操作，效果如图11-257所示。选中“航”字，增大这个字的的字号，使其变得更加突出，效果如图11-258所示。

图11-257

图11-258

12 下面为文字添加“投影”效果。在文字被选中的状态下，执行“效果>风格化>投影”命令，在弹出的“投影”对话框中设置“模式”为“正片叠底”，“不透明度”为75%，“X位移”为0.2mm，“Y位移”为0.2mm，“模糊”为0.2mm，选中“颜色”单选按钮，设置颜色为黑色，单击“确定”按钮，如图11-259所示，此时文字效果如图11-260所示。

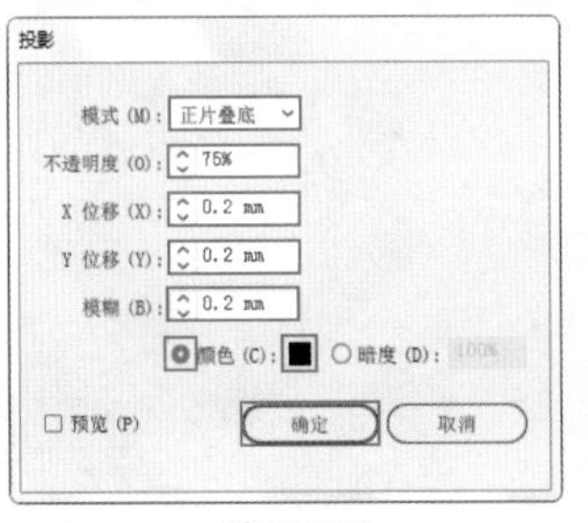

图11-259

图11-260

13 使用同样的方法制作副标题文字，效果如图11-261所示。继续使用“文字工具”输入副标题文字下方的四行文字，效果如图11-262所示。

图11-261

图11-262

14 选择工具箱中的“椭圆工具”，在工具箱的底部设置“填色”为黄色，“描边”为无，然后按住Shift键在适当位置绘制一个正圆形，效果如图11-263所示。选择黄色的正圆形，按住Alt键向下拖动，将其进行移动及复制，将得到的三个正圆形放置在文字的左侧，效果如图11-264所示。

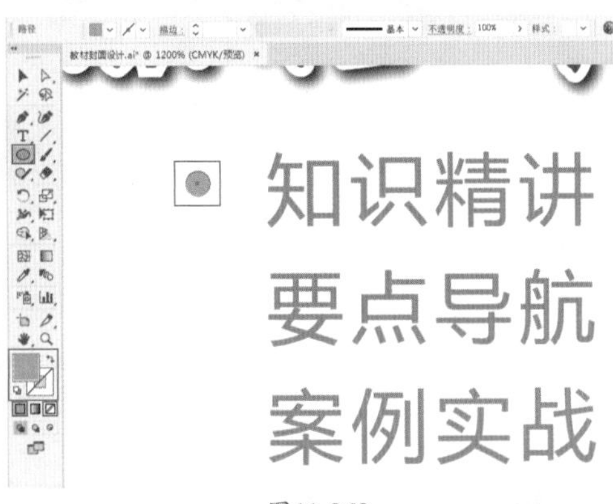

图11-263

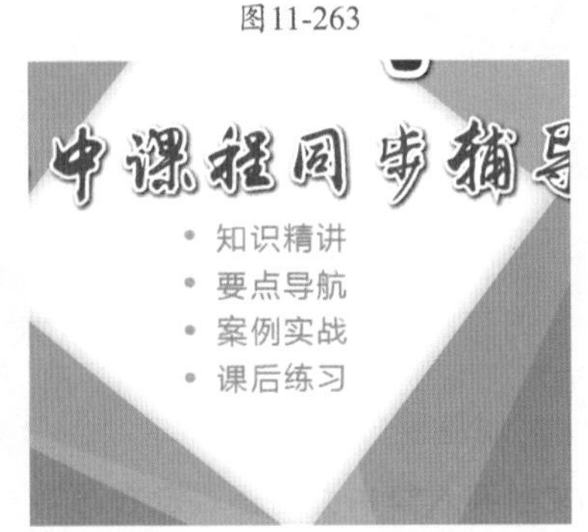

图11-264

15 使用“文字工具”在画面中输入一行文字，效果如图11-265所示。将该文字进行旋转，并放置在合适的位置，效果如图11-266所示。

图11-265

图11-266

16 使用同样的方法制作其他文字，并将其放置在合适的位置，效果如图11-267所示。

图11-267

17 选择工具箱中的“星形工具”，在工具箱的底部设置“填色”为灰色，“描边”为无，然后在画面中单击，在弹出的“星形”对话框中设置“半径1”为10mm，“半径2”为9mm，“角点数”为30，单击“确定”按钮，如图11-268所示。将绘制的星形移动到画面中的右下角处，效果如图11-269所示。

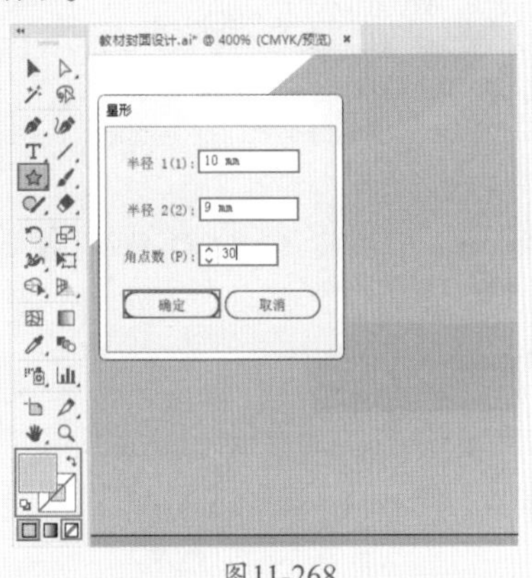

图11-268

图11-269

18 选择工具箱中的“椭圆工具”，在工具箱的底部设置“填色”为深蓝色，“描边”为白色，在控制栏中设置描边“粗细”为2pt，在星形上按住Shift键绘制一个正圆形，效果如图11-270所示。使用“文字工具”在正圆形中输入文字，效果如图11-271所示。

19 下面制作封面右上角的图形及文字。选择工具箱中的“圆角矩形工具”，在画面的右上角单击，在弹出的“圆角矩形”对话框中设置“宽度”为5mm，“高度”为7mm，“圆角半径”为1.5mm，单击“确定”按钮，如图11-272所示。选中绘制的圆角矩形，执行“窗口>渐变”命令，在弹出的“渐变”面板中设置“类型”为“线性”，“角度”为-88°，在面板底部编辑一个橘黄色系的渐变，此时圆角矩形效果如图11-273所示。

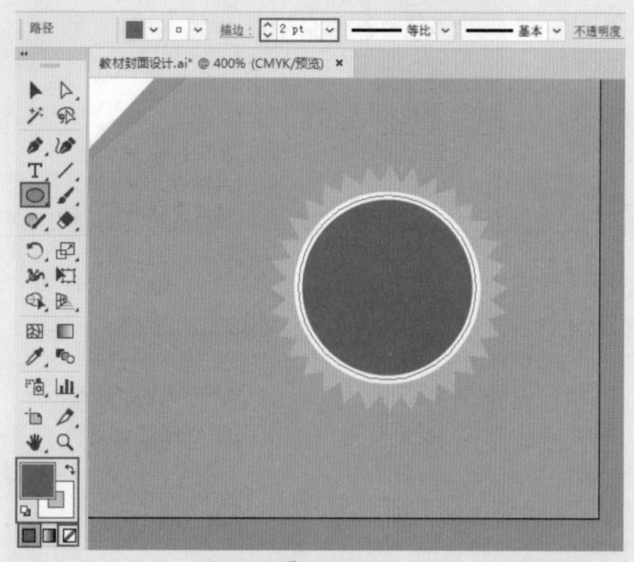

图11-270

图11-271

图11-272

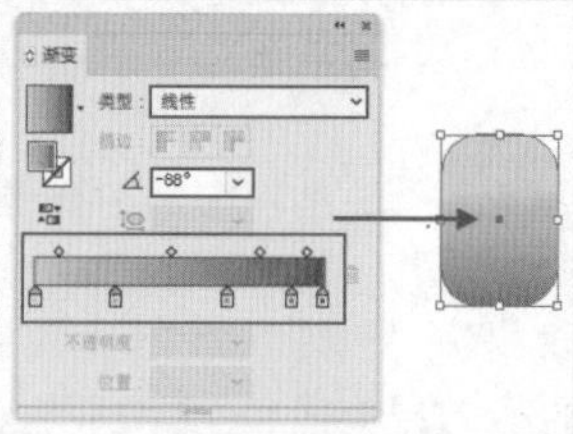

图11-273

20 将圆角矩形复制三份，然后将这四个圆角矩形加选，单击控制栏中的“垂直居中对齐”按钮和“水平居中分布”按钮，使其进行对齐和均匀分布，效果如图11-274所示。使用“文字工具”在相应位置输入文字，效果如图11-275所示。

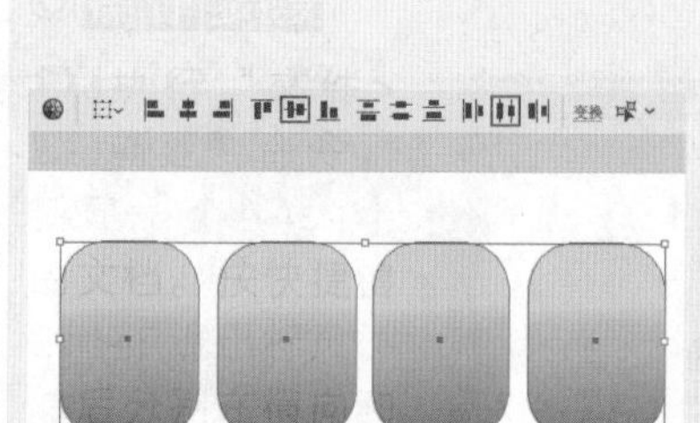

图11-274

图11-275

实例137　制作书籍的书脊和封底

操作步骤

01 下面制作封底。使用“选择工具”将封面中的所有元素全部选中，按快捷键Ctrl+C进行复制，按快捷键Ctrl+V进行粘贴，然后将复制得到的对象移动到“画板3”中，效果如图11-276所示。将封面中的主体图形进行一定的缩放，并调整图形及文字的位置。在画面的右下角绘制一个白色的矩形，将其作为条形码的摆放位置，封底制作完成，效果如图11-277所示。

图11-276

图11-277

> **提示　封面和封底的关联**
>
> 书籍的封面和封底是一个整体。封面是整个设计的主体，通过封面能够迅速地向观者传递书中的信息；而封底通常是封面的延伸，与封面相互呼应。

02 下面制作书脊。使用“矩形工具”绘制一个与“画板2”等大的青色矩形，效果如图11-278所示。继续使用“矩形工具”，在封面、封底、书脊的上方及书脊的下方绘制另外两个矩形，效果如图11-279所示。

03 选择工具箱中的“直排文字工具”，在控制栏中设置“填充”为白色，“描边”为无，选择合适的字体、字号，然后输入文字，效果如图11-280所示。使用同样的方法，继续为书脊添加其他文字信息，并将其摆放在合适的位置，效果如图11-281所示。

04 将封面右下角的“数学”标志中的图形及文字选中，执行“编辑>复制”命令及“编辑>粘贴”命令，将复制得到的对象移动到书脊中，然后将其中正圆形的深蓝色更改为黄色，效果如图11-282所示。

图11-278　　图11-279

图11-280

图11-281　　图11-282

实例138　制作书籍的展示效果

操作步骤

01 选择工具箱中的“画板工具”，在空白区域中创建一个新的画板，然后在控制栏中设置“宽度”为285mm，“高度”为200mm，得到“画板4”，效果如图11-283所示。

02 执行“文件>置入”命令，在弹出的“置入”对话框中选择素材“1.jpg”，单击“置入”按钮，如图11-284所示。按住鼠标左键拖动鼠标指针，在画面下方合适的位置控制置入对象的大小，释放鼠标左键完成置入操作。在控制栏中单击“嵌入”按钮，将素材嵌入到文档中，效果如图11-285所示。

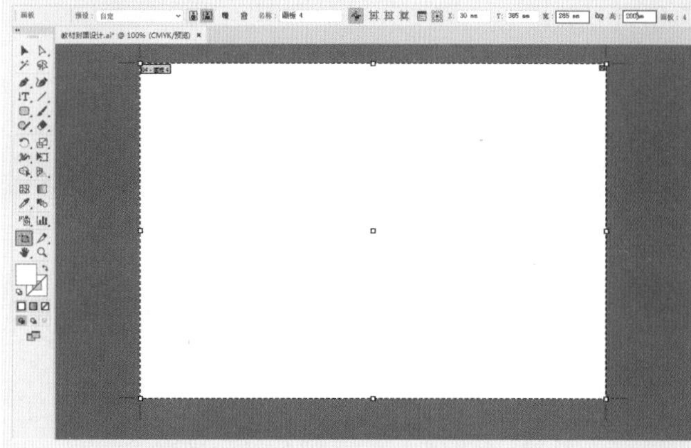

图11-283

图11-284

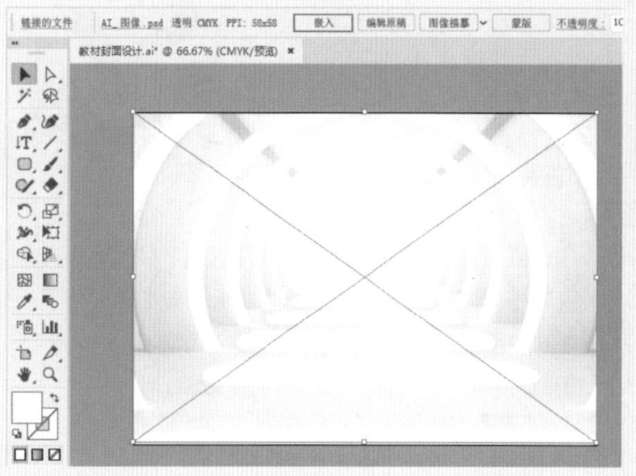

图11-285

03 将书籍的封面复制一份，放置在“画板4”中，然后选择该封面，执行“文字>创建轮廓”命令，将文字创建为轮廓，按快捷键Ctrl+G进行编组，效果如图11-286

图11-286

所示。选择工具箱中的“自由变换工具”，单击“自由扭曲”按钮，然后拖动控制点，对封面进行透视变形，效果如图11-287所示。

图11-287

提示　为什么要将文字创建为轮廓

文字不属于图形，无法使用“自由变换工具”对其进行变形。如果要在不将文字栅格化的状态下对文字进行变形以制作特殊效果，可以使用“对象>封套扭曲”下的命令。

04 使用同样的方法制作书脊部分，效果如图11-288所示。

图11-288

05 下面将书脊部分压暗，以制作暗部效果。选择工具箱中的“钢笔工具”，在工具箱的底部设置“填色”为墨绿色，“描边”为无，然后参照书脊的形状绘制图形，效果如图11-289所示。选择该图形，在控制栏中设置其“不透明度”为30%，效果如图11-290所示，书籍的立体效果制作完成。

06 将书籍的立体效果编组，然后复制一份，并调整位置，效果如图11-291所示。

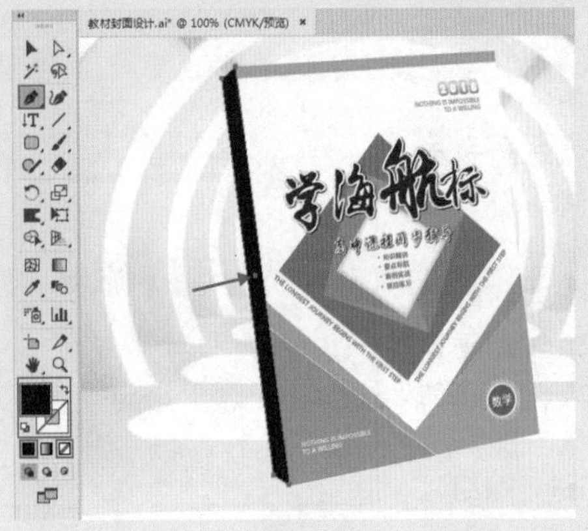
图11-289

图11-290

图11-291

07 下面制作书籍立体效果的投影。使用“钢笔工具”参照书籍的位置绘制图形，然后为其填充由透明到黑色的线性渐变，效果如图11-292所示。在该图形被选中的状态下，多次执行“对象>排列>后移一层”命令，将其移动到书籍立体效果的后面，作为投影最终完成效果如图11-293所示。

图11-292

图11-293

第12章 包装设计

/ 佳 / 作 / 欣 / 赏 /

12.1 休闲食品包装盒

文件路径	第12章\休闲食品包装盒设计
难易指数	★★★★★
技术掌握	● 自由变换工具 ● 剪切蒙版 ● “对称”命令

扫码深度学习

操作思路

本案例制作的是纸盒包装的平面图，首先需要制作包装盒的底色，然后在其中添加图形、文字等。包装盒的正面图是制作的重点，不仅需要置入素材，还需要绘制图形、添加文字等。

案例效果

案例效果如图12-1所示。

图12-1

实例139 制作包装盒的底色

操作步骤

01 新建一个宽度为2 500px、高度为1 500px的空白文档。在工具箱中选择“矩形工具”，在画面中绘制一个合适大小的矩形，效果如图12-2所示。选择该矩形，单击工具箱底部的“填色”按钮，使之置于前面，设置“填充类型”为“渐变”，执行“窗口>渐变”命令，在弹出的“渐变”面板中设置“类型”为“线性”，编辑一个粉色系的渐变，如图12-3所示。使用工具箱中的“渐变工具”在矩形上拖动调整渐变效果，如图12-4所示。

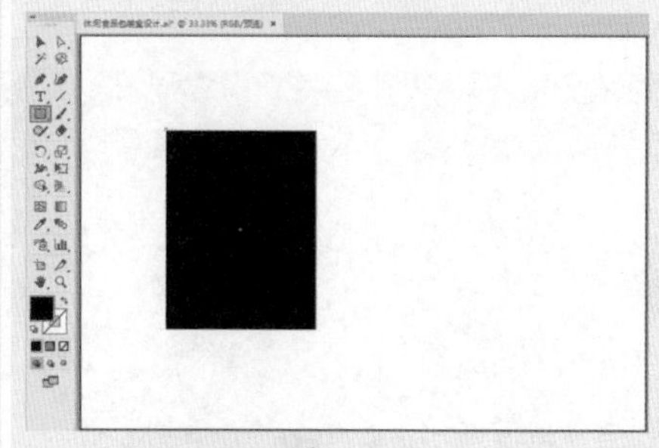

图12-2

图12-3

图12-4

02 使用同样的方法在矩形的左侧再绘制一个矩形，在工具箱的底部双击“填色”按钮，在弹出的“拾色器”对话框中选择深粉色，单击“确定”按钮，如图12-5所示。

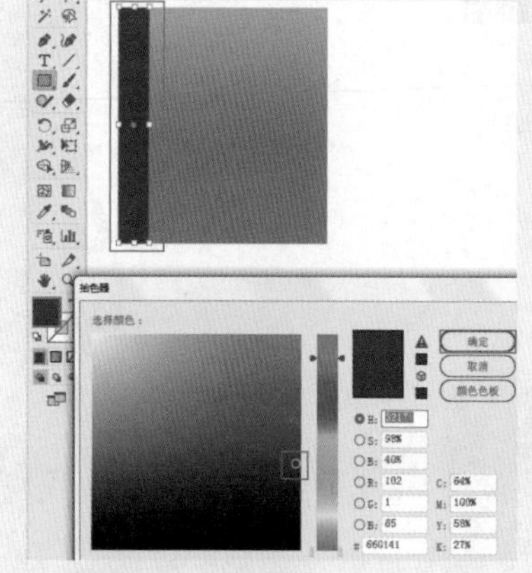

图12-5

03 选择该矩形，选择工具箱中的“自由变换工具”，单击“透视扭曲”按钮，然后向下拖动矩形左上角的控制点，使矩形产生透视效果，如图12-6所示。

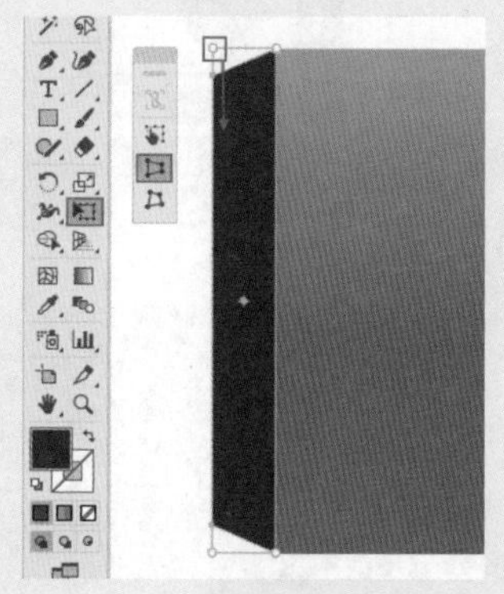

图12-6

04 在图形的右侧绘制一个深紫色的矩形，效果如图12-7所示。在该矩形的上方绘制一个矩形，选择工具箱中的“自由变换工具”，单击“自由扭曲”按钮，拖动矩形左上角的控制点，制作一个直角梯形，效果如图12-8所示。选择该直角梯形，按住Alt键拖动鼠标指针，将其复制一份，将复制得到的梯形进行旋转并移动到合适的位置，效果如图12-9所示。

图12-7

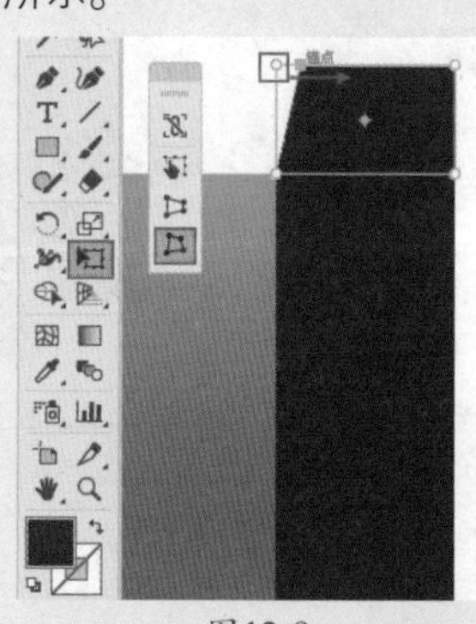

图12-8

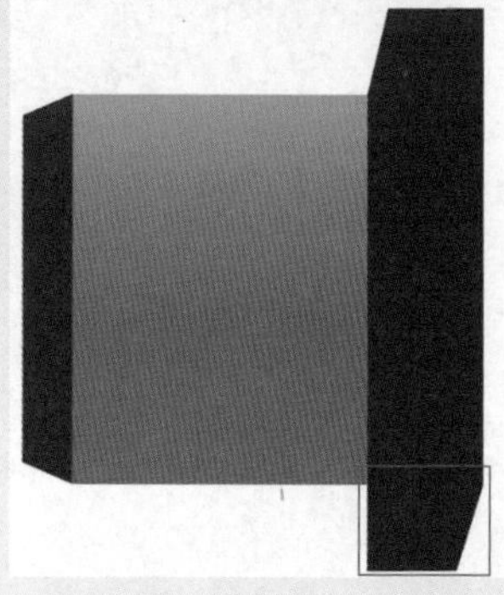

图12-9

05 使用同样的方法，复制之前绘制好的图形，并将得到的图形摆放在合适的位置，可以借助“镜像工具”进行调整，效果如图12-10所示。

图12-10

06 选择工具箱中的“钢笔工具”，在控制栏中设置“填充”为黑色，“描边”为无。在画面中按住Shift键向右拖动，在合适的位置绘制一条直线，效果如图12-11所示。使用同样的方法绘制其他直线，效果如图12-12所示。框选画面中所有的图形，按快捷键Ctrl+2进行锁定。

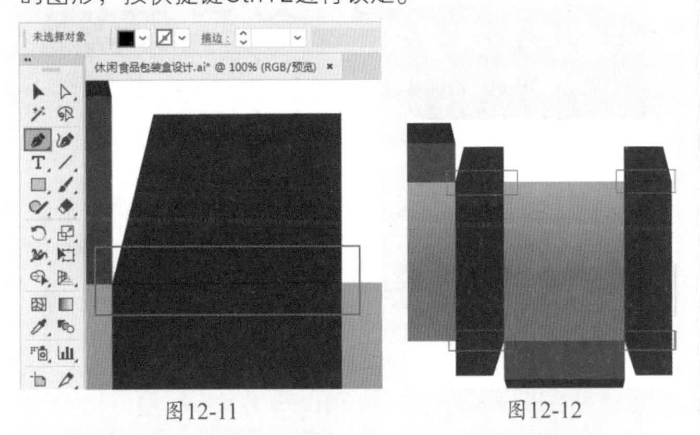

图12-11　　图12-12

实例140　制作包装盒的正面

操作步骤

01 执行“文件>置入”命令，将燕麦素材“1.png”置入到文档中，调整其位置和大小，然后单击控制栏中的“嵌入”按钮，效果如图12-13所示。

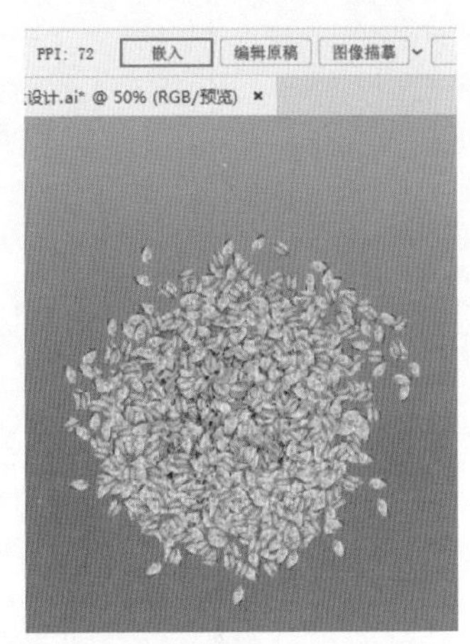

图12-13

02 使用同样的方法，将苹果素材“2.png”置入到文档中并调整其位置，然后单击控制栏中的“嵌入”按钮，效果如图12-14所示。选择苹果素材，按住Alt键拖动鼠标指针，将苹果素材复制一份，使用同样的方法再复制两份，调整苹果素材的位置并将其旋转至合适的角度。将所有苹果素材选中，按快捷键Ctrl+G将其进行编组，执行“对象>排列>后移一层”命令调整其位置和顺序，使苹果素材在燕麦素材的后面，效果如图12-15所示。

03 选择工具箱中的“矩形工具”，在苹果素材上绘制一个与渐变矩形等大的矩形，效果如图12-16所示。加选画面中的苹果素材、矩形和燕麦素材，然后按快捷键Ctrl+7创建剪切蒙版，效果如图12-17所示。

图12-14　　图12-15

图12-16

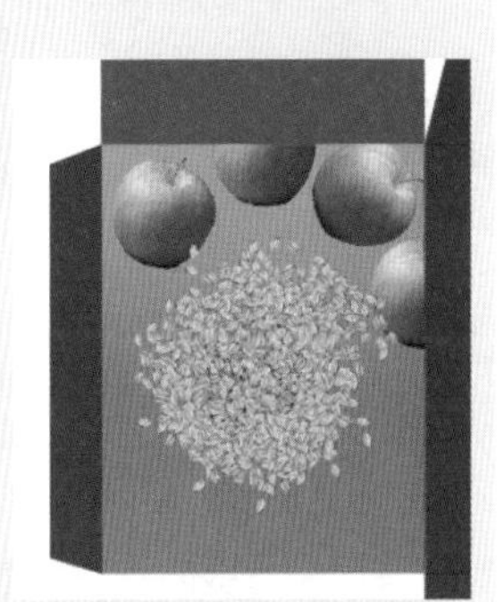

图12-17

04 下面绘制一个苹果形状的图形。使用工具箱中的“钢笔工具”在画面中合适的位置绘制一个苹果形状的图形，效果如图12-18所示。选择该苹果图形，单击工具箱底部的“填色”按钮，使之置于前面，设置“填充类型”为“渐变”，执行“窗口>渐变”命令，弹出“渐变”面板，设置“类型”为“径向”，编辑一个紫色系的渐变，如图12-19所示。使用工具箱中的“渐变工具”在苹果图形上拖动调整渐变效果，如图12-20所示。

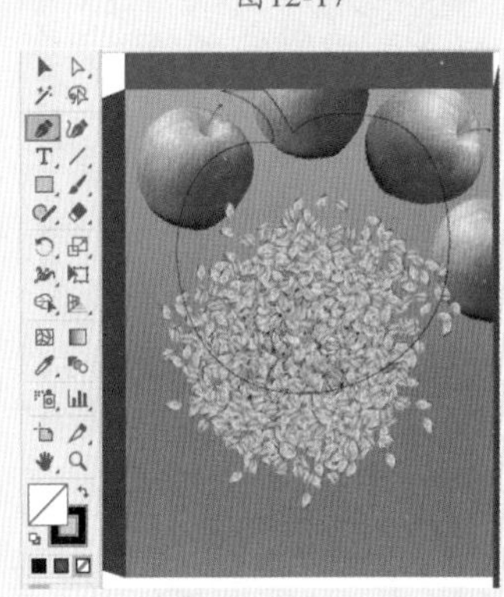

图12-18

图12-19　　图12-20

05选择工具箱中的"文字工具"，在苹果图形中单击插入光标，在控制栏中设置"填充"为粉色，"描边"为粉色，设置合适的字体、字号，然后输入文字，按快捷键Ctrl+Enter确认，输入操作，效果如图12-21所示。使用同样的方法制作苹果图形中的其他文字，效果如图12-22所示。

图12-21

图12-22

06使用工具箱中的"钢笔工具"在苹果图形的右上方绘制一个填充为深紫色的小苹果图形，效果如图12-23所示。按住Alt键向右上方拖动鼠标指针，将小苹果图形复制一份，并更改其颜色为浅紫色，效果如图12-24所示。

图12-23

图12-24

07下面制作路径文字。选择工具箱中的"钢笔工具"，在控制栏中设置"填充"为无，"描边"为无，然后在浅紫色小苹果图形的下方绘制一条路径，效果如图12-25所示。使用工具箱中的"文字工具"在路径上单击插入光标，在控制栏中设置"填充"为紫色，"描边"为紫色，描边"粗细"为1pt，设置合适的字体、字号，然后输入文字，按快捷键Ctrl+Enter确认输入操作，效果如图12-26所示。继续输入其他合适的文字，效果如图12-27所示。选中文字和紫色的苹果图形，按快捷键Ctrl+G将它们进行编组。

08使用同样的方法制作包装盒正面左下角的苹果图形，效果如图12-28所示。

09选择工具箱中的"钢笔工具"，在画面中的空白处绘制一个叶子形状的图形，效果如图12-29所示。在控制栏中设置"填充"为绿色，"描边"为深绿色，描边"粗细"为2pt，效果如图12-30所示。

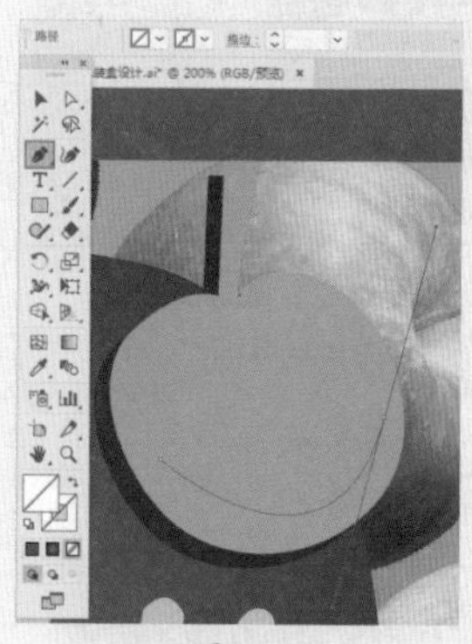

图12-25

图12-26

图12-27

图12-28

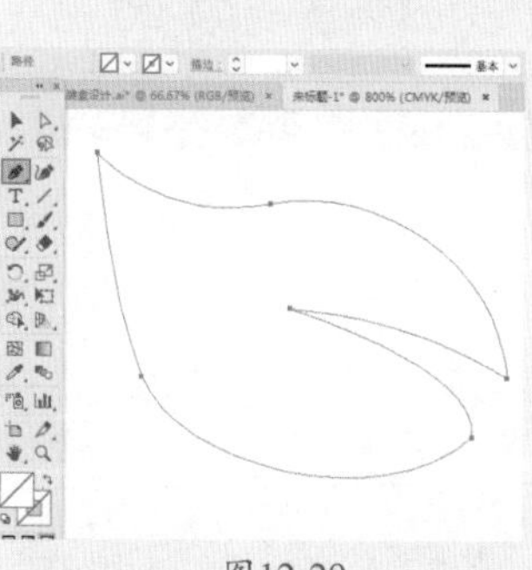

图12-29

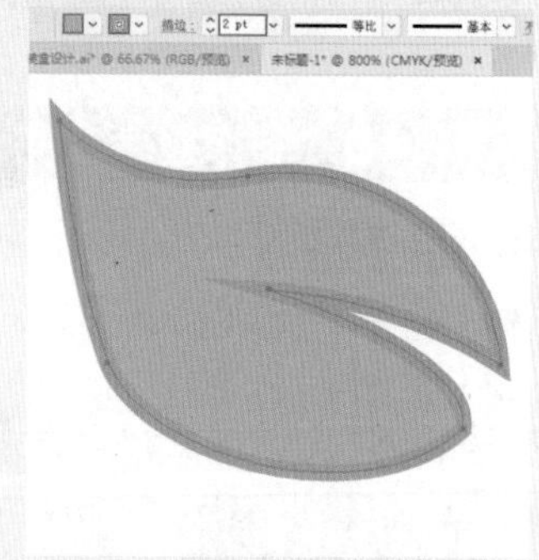

图12-30

10选择叶子图形，单击鼠标右键，在弹出的快捷菜单中选择"变换>对称"命令，在弹出的"镜像"对话框中选中"垂直"单选按钮，单击"复制"按钮，如图12-31所示。将复制得到的叶子图形进行缩小并移动到合适的位置，然后更改其颜色，效果如图12-32所示。

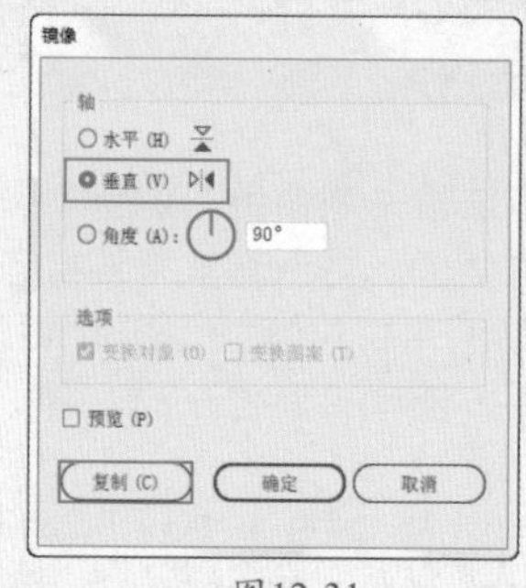

图12-31

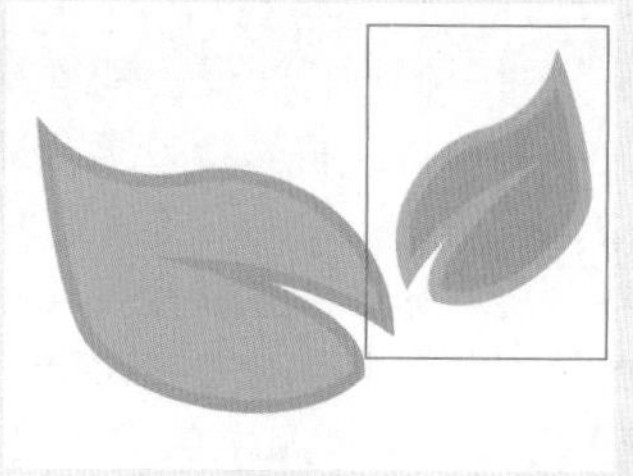

图12-32

11 按住Shift键加选两个叶子图形，按快捷键Ctrl+G将它们进行编组，然后将叶子组移动到画面中字号最大的文字的左上方。使用“选择工具”选中两个叶子图形，按住Alt键拖动鼠标指针，将叶子组复制一份，然后将复制得到的叶子组缩小一些并移动到包装盒正面的左下方。包装盒正面完成效果如图12-33所示。

图12-33

实例141　制作包装盒的背面

操作步骤

01 将燕麦素材再次置入到文档中，将其缩小并调整其位置，效果如图12-34所示。置入一个苹果素材，使用“选择工具”选中该素材，按住Alt键拖动鼠标指针，复制、旋转并缩小苹果素材，然后将其摆放在合适的位置，效果如图12-35所示。使用同样的方法，在苹果上绘制与渐变矩形等大的矩形，加选苹果素材、燕麦素材和矩形并创建剪切蒙版，效果如图12-36所示。

02 使用工具箱中的“文字工具”输入合适的文字并调整文字的位置，效果如图12-37所示。选择包装盒正面的叶子组，按住Alt键拖动鼠标指针，将叶子组复制一份，调整其大小并将其摆放在合适的位置，包装盒的背面效果如图12-38所示。此时整体效果如图12-39所示。

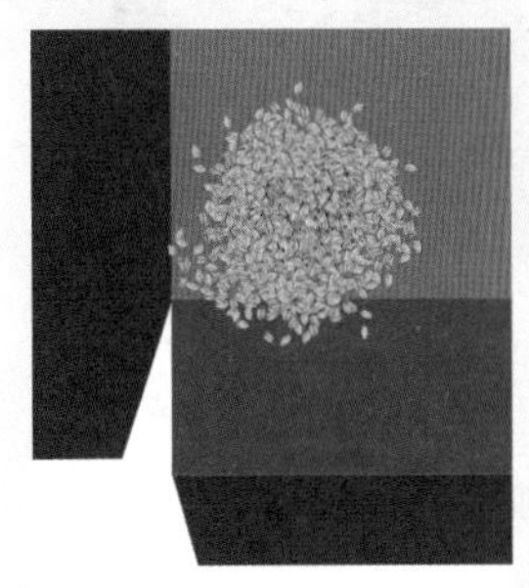
图12-34

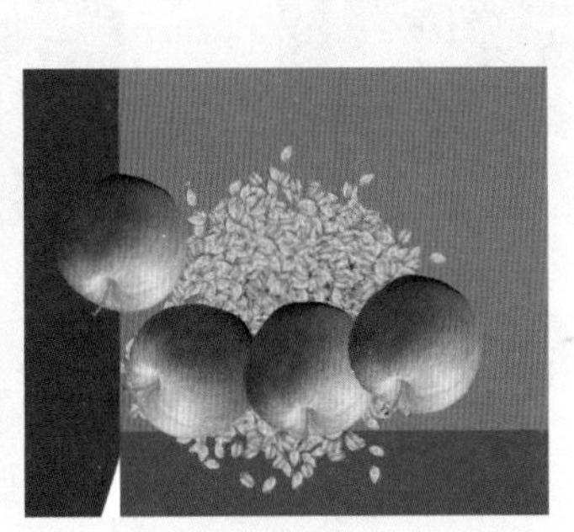
图12-35

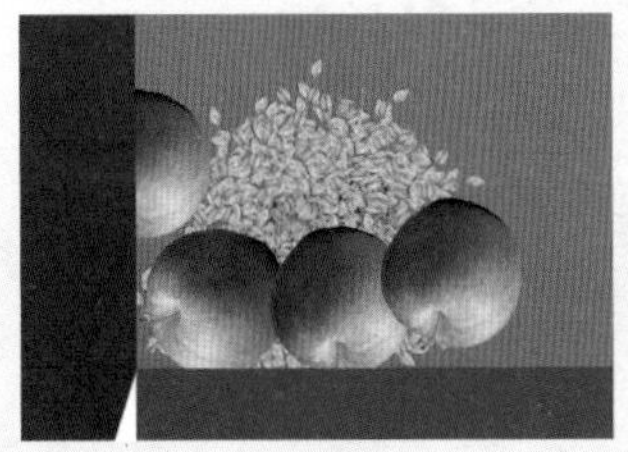
图12-36

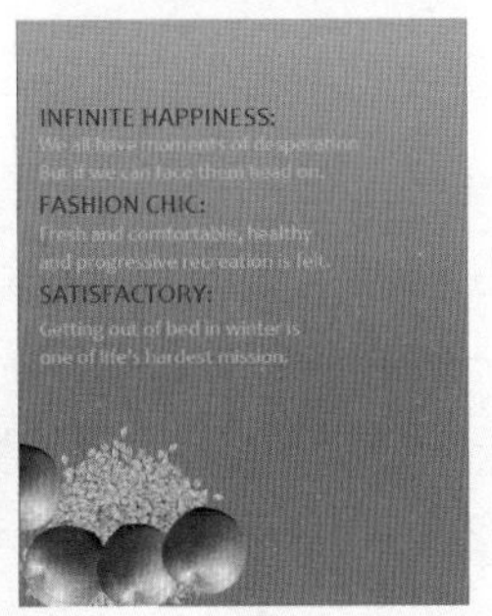

图12-37

图12-38

图12-39

实例142　制作包装盒的侧面

操作步骤

01 下面制作包装盒侧面的文字。选择工具箱中的“文字工具”，在中间深紫色图形中绘制一个文本框，在控制栏中设置“段落”为“左对齐”，如图12-40所示。在文本框中输入文字，设置合适的字体、字号，效果如图12-41所示。选择叶子组，将其复制并调整其大小，然后将其摆放在合适的位置，效果如图12-42所示。

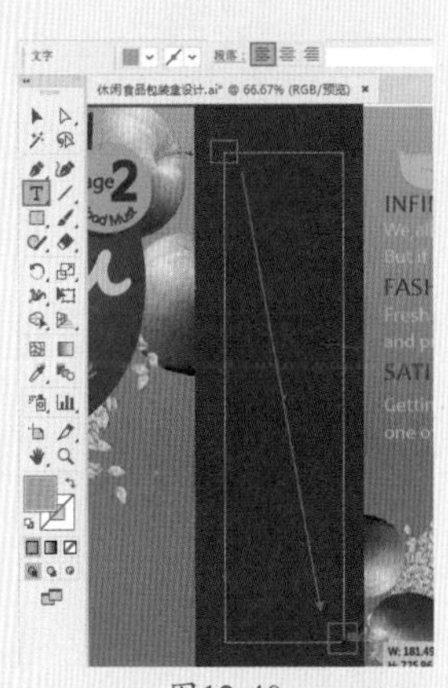
图12-40

图12-41

图12-42

02 继续选择工具箱中的“文字工具”，在画面中单击插入光标，在控制栏中设置“填充”为粉色，“描边”为粉色，描边“粗细”为7pt，然后输入文字，效果如图12-43所示。选择该文字，单击鼠标右键，在弹出的快捷菜单中选择“变换>对称”命令，在弹出的“镜像”对话框中选中“垂直”单选按钮，然后单击“确定”按钮，如图12-44所示，此时效果如图12-45所示。

03 选择该文字，将其进行旋转并移动到合适的位置，效果如图12-46所示。选中叶子组，将其复制一份，进行旋转并摆放到合适的位置。包装盒侧面制作完成，效果如图12-47所示。

图12-43

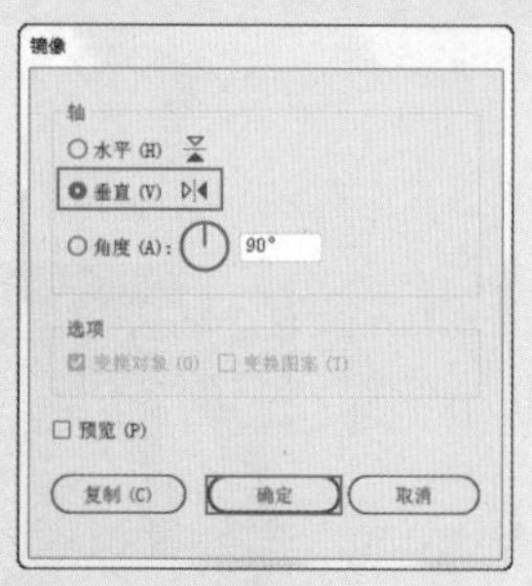

图12-44

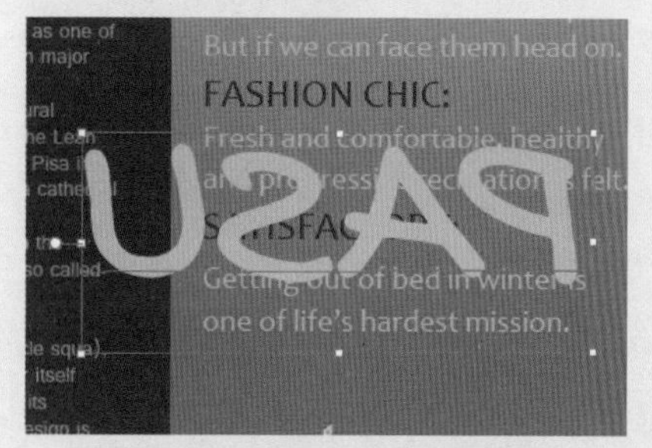

图12-45

图12-46

图12-47

04 此时整体效果如图12-48所示。

图12-48

实例143　制作包装盒的顶盖与底盖

操作步骤

01 下面制作包装盒的顶盖。在顶盖中输入合适的文字，效果如图12-49所示。选择该文字，单击鼠标右键，在弹出的快捷菜单中选择“变换>对称”命令，在弹出的“镜像”对话框中选中“水平”单选按钮，然后单击“确定”按钮，如图12-50所示，此时效果如图12-51所示。

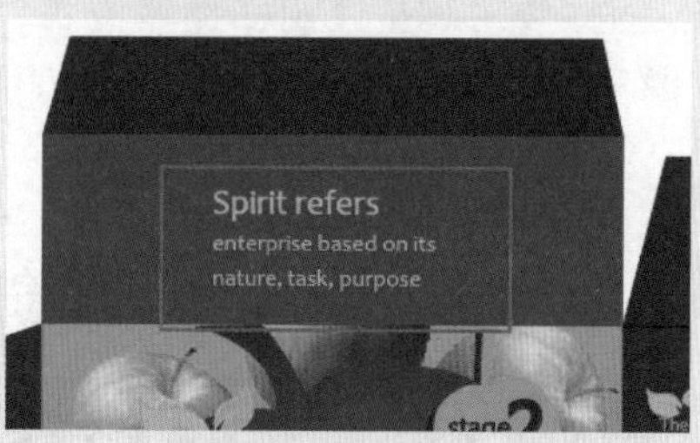

图12-49

图12-50

图12-51

02 选择该文字，执行“对象>变换>对称”命令，在弹出的“镜像”对话框中选中“垂直”单选按钮，然后单击“确定”按钮，此时效果如图12-52所示。

图12-52

03 选择粉色的苹果图形，按住Alt键向上拖动鼠标指针，将苹果图形复制一份，并摆放到合适的位置，效果如图12-53所示。此时整体效果如图12-54所示。

图12-53

12-54

04 接着制作包装盒的底盖。选中刚才制作的文字，复制出另一组文字，并摆放在合适的位置，效果如图12-55所示。最终完成效果如图12-56所示。

图12-55

图12-56

12.2 果汁饮品包装

文件路径	第10章\果汁饮品包装设计
难易指数	★★★★★
技术掌握	● 钢笔工具 ● 矩形工具

扫码深度学习

操作思路

在本案例中，首先使用“矩形工具”及“添加锚点工具”绘制包装盒的展开图，然后使用图案填充制作包装盒上的波点底纹效果，再使用“椭圆工具”及“文字工具”制作商品标志，最后使用“自由变换工具”制作包装盒的立体效果。

案例效果

案例效果如图12-57所示。

图12-57

实例144 制作平面图的底色

操作步骤

01 新建一个宽度为100mm、高度为150mm的空白文档，得到“画板1”，如图12-58所示。选择工具箱中的“画板工具”，在“画板1”的右侧拖动鼠标指针，绘制出“画板2”，效果如图12-59所示。

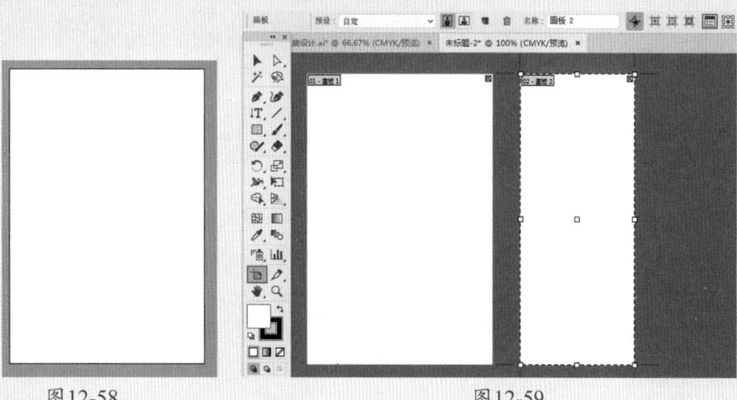

图12-58　　图12-59

02 选择“画板2”，单击控制栏中的“画板选项”按钮，在弹出的“画板选项”对话框中设置“宽度”为60mm，“高度”为150mm，单击“确定”按钮，如图12-60所示。将设置完成的“画板2”摆放在“画板1”右侧合适的位置，效果如图12-61所示。使用同样的方法创建另外两个画板，“画板3”与“画板1”同样大，“画板4”与“画板2”同样大，效果如图12-62所示。

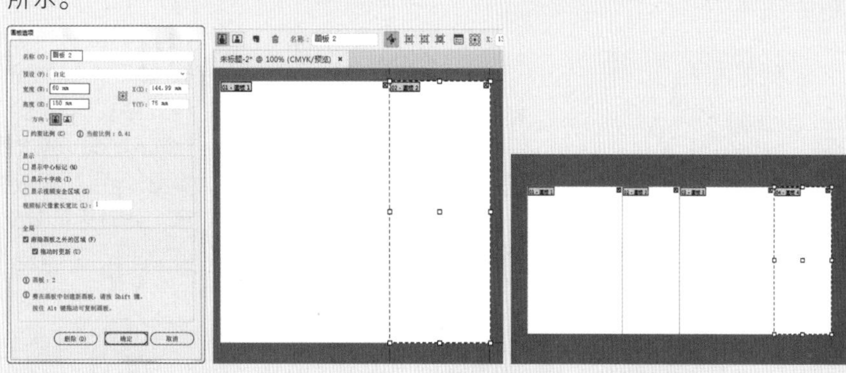

图12-60　　图12-61　　图12-62

03 选择工具箱中的“矩形工具”，在控制栏中设置“填充”为橙色，“描边”为无，在“画板1”中绘制一个与画板等大的矩形，效果如图12-63所示。使用同样的方法，在“画板1”的上方绘制一个矩形，效果如图12-64所示。

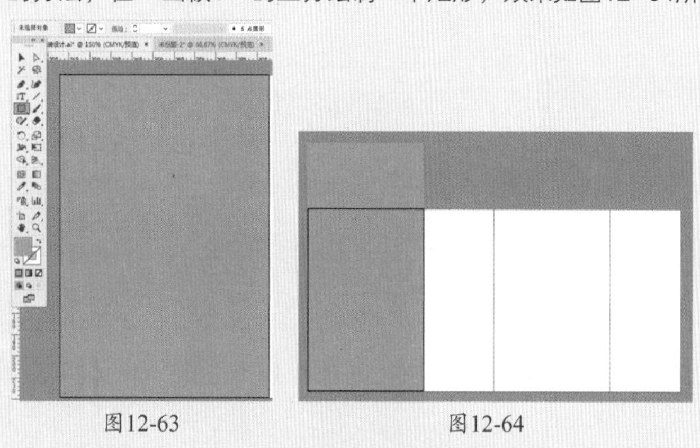

图12-63　　图12-64

04 选择工具箱中的“圆角矩形工具”，然后在画面中单击，在弹出的“圆角矩形”对话框中设置“宽度”为100mm，“高度”为55mm，“圆角半径”为12mm，单击“确定”按钮，如图12-65所示，此时效果如图12-66所示。

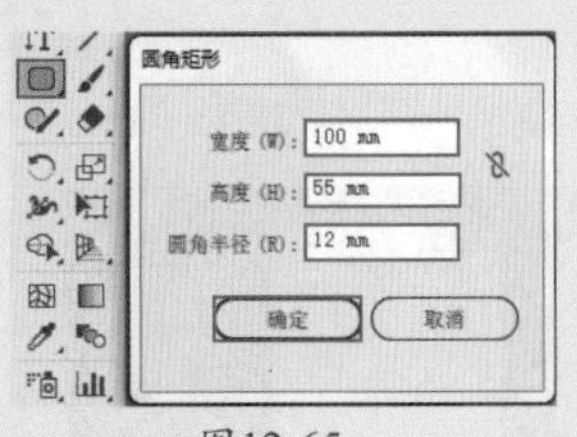

图12-65

图12-66

05 使用“矩形工具”在圆角矩形上绘制一个矩形，效果如图12-67所示。按住Shift键加选圆角矩形和刚绘制的矩形，执行“窗口>路径查找器”命令，在弹出的“路径查找器”面板中单击“减去顶层”按钮，如图12-68所示，得到一个新的图形，将该图形移动到相应位置，效果如图12-69所示。

06 在“画板1”的下方绘制一个矩形，然后将其填充为米黄色，效果如图12-70所示。在工具箱中选择“添加锚点工具”，在米黄色矩形的右上角添加三个锚点，效果如图12-71所示。使用工具箱中的“直接选择工具”选择中间的锚点，按住鼠标左键向左拖动锚点，效果如图12-72所示。

图12-67

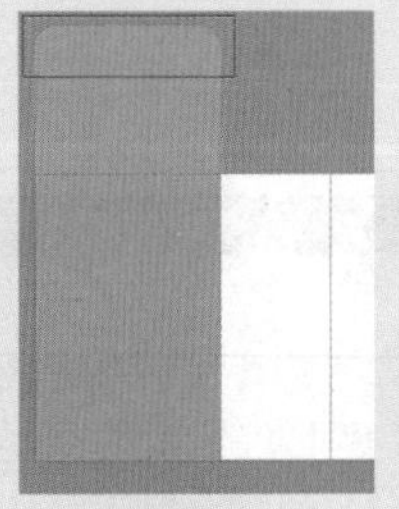

图12-68

图12-69

图12-70

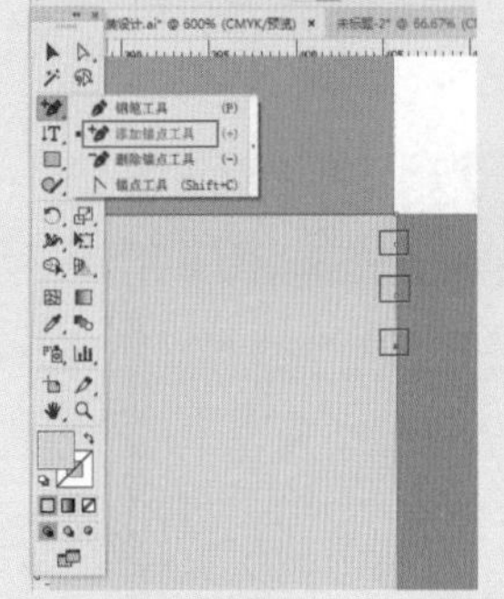

图12-71

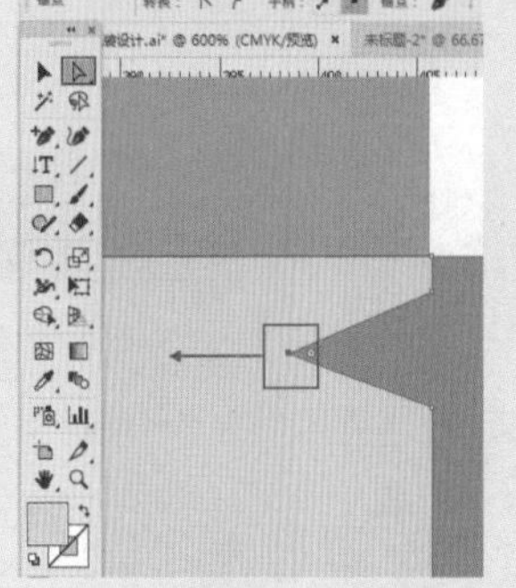

图12-72

07 使用同样的方法制作米黄色图形下方的效果，如图12-73所示。使用“矩形工具”在米黄色图形的左侧绘制一个矩形并填充为橙色，使用工具箱中的“直接选择工具”选中橙色矩形左下方的锚点并向上移动，效果如图12-74所示。

图12-73

图12-74

08 使用同样的方法制作其他图形，效果如图12-75所示，得到包装的正面和侧面图形。将包装的正面和侧面图形框选，然后按住Alt键拖动鼠标指针，将图形整体复制一份，并摆放在合适的位置，整体效果如图12-76所示。

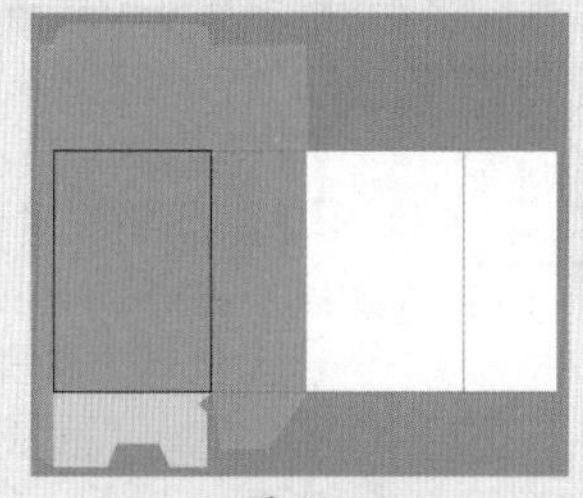

图12-75

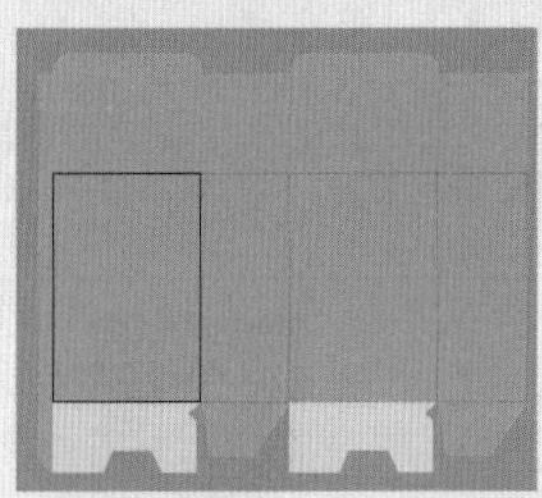

图12-76

09 下面制作包装上的波点底纹。选择“画板1”中的矩形，按快捷键Ctrl+C进行复制，然后按快捷键Ctrl+F将其贴在原矩形的前面。选择这个矩形，执行“窗口>色板库>图案>基本图形>基本图形_点”命令，在弹出的“基本图形_点”面板中选择“6dpi 40%”图形，如图12-77所示，此时矩形效果如图12-78所示。

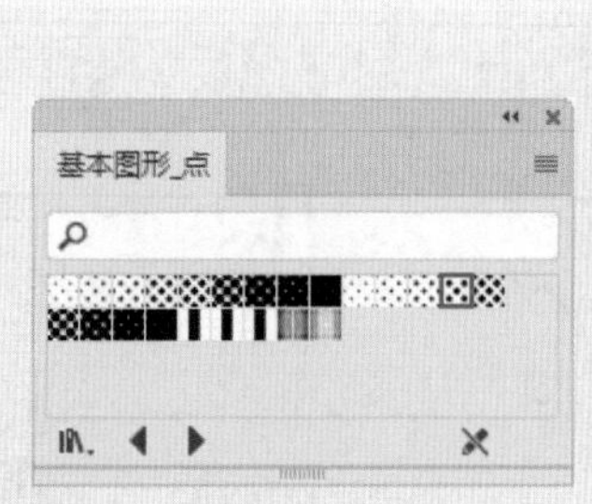

图12-77

图12-78

10 选择填充为波点的矩形，执行“窗口>透明度”命令，在弹出的“透明度”面板中设置“混合模式”为“柔光”，“不透明度”为60%，如图12-79所示，此时矩形效果如图12-80所示。

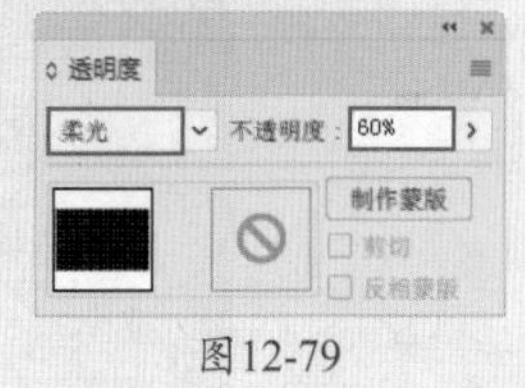

图12-79

11 使用同样的方法制作其他矩形中的波点底纹，然后框选橙色矩形及其中的波点底纹，按快捷键Ctrl+G将它们进行编组，将其他矩形和底纹用同样的方法编组，效果如图12-81所示。

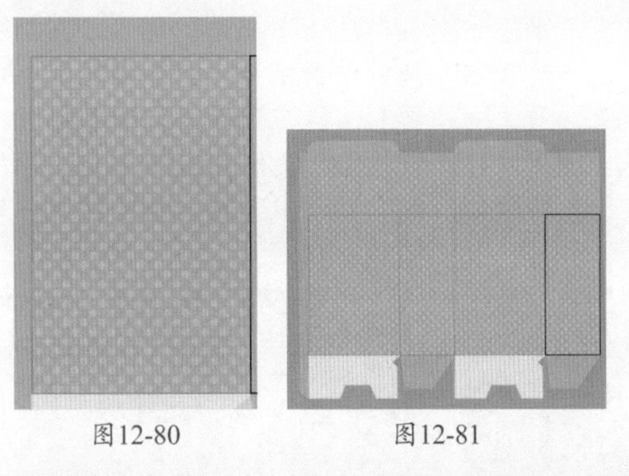

图12-80　　图12-81

实例145　制作正面图形

操作步骤

01 下面制作包装上的卡通小熊图案。选择工具箱中的“椭圆工具”，在“画板1”中绘制一个椭圆形，效果如图12-82所示。在椭圆形上绘制一个与“画板1”等大的矩形，效果如图12-83所示。

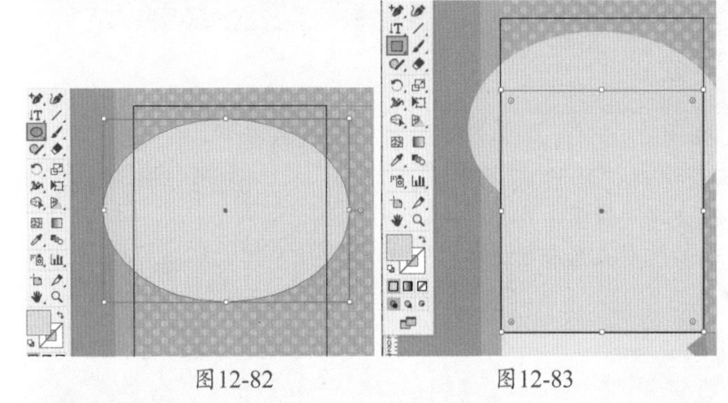

图12-82　　图12-83

02 将椭圆形和矩形加选，然后执行“窗口>路径查找器”命令，在弹出的“路径查找器”面板中单击“联集”按钮，如图12-84所示。此时图形效果如图12-85所示。

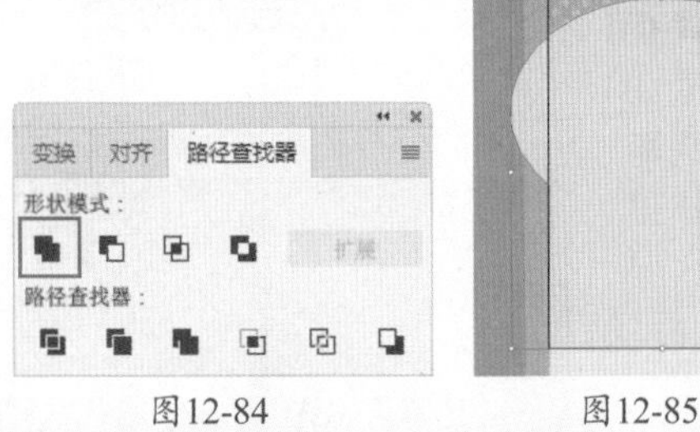

图12-84　　图12-85

03 在此图形的左侧绘制一个矩形，效果如图12-86所示。在“路径查找器”面板中单击“减去顶层”按钮，将图形左侧多余的部分裁剪掉，效果如图12-87所示。使用同样的方法裁剪图形的另一侧，效果如图12-88所示。

04 下面绘制小熊的耳朵。选择工具箱中的“椭圆工具”，按住Shift键拖动鼠标指针，在相应位置绘制一个正圆形，然后按住Alt键向右拖动鼠标指针，复制出第二个正圆形，调整两个正圆形的位置，效果如图12-89所示。

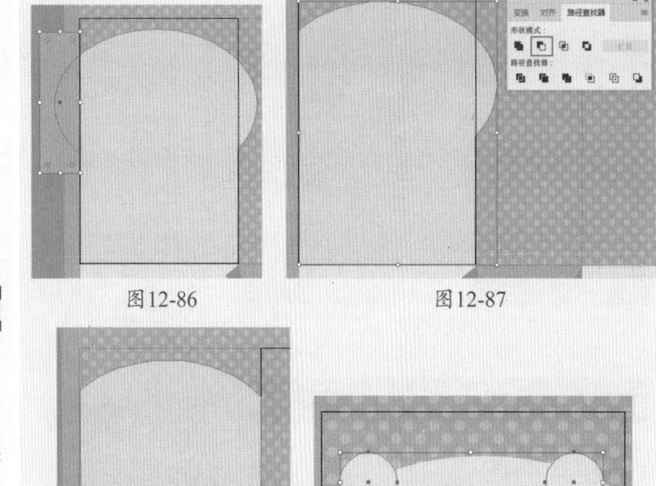

图12-86　　图12-87

图12-88 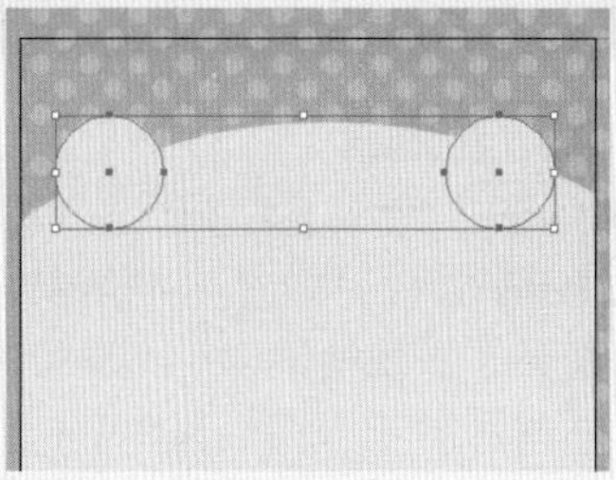　　图12-89

05 使用“钢笔工具”绘制图形，效果如图12-90所示。在控制栏中设置“填充”为橙色，“描边”为无，效果如图12-91所示。将该图形复制一份并移动到另一处正圆形上，然后进行旋转。小熊耳朵效果如图12-92所示。

06 继续使用“椭圆工具”绘制小熊的眼睛和鼻子，效果如图12-93所示。

图12-90　　图12-91

图12-92 　　图12-93

07继续使用“椭圆工具”绘制一个浅橘黄色的椭圆形，然后在控制栏中设置其“描边”为白色，描边“粗细”为3pt，效果如图12-94所示。

图12-94

实例146 制作标志部分

操作步骤

01执行“文件>打开”命令，打开橙子素材“1.ai”，选择其中的素材图形，按快捷键Ctrl+C进行复制，然后回到刚才操作的文档中，按快捷键Ctrl+V进行粘贴，适当调整素材图形的位置及大小，效果如图12-95所示。选择工具箱中的“文字工具”，在画面中单击插入光标，在控制栏中设置“填充”为绿色，“描边”为白色，描边“粗细”为1pt，设置合适的字体、字号，然后输入文字，按快捷键Ctrl+Enter确认输入操作，效果如图12-96所示。

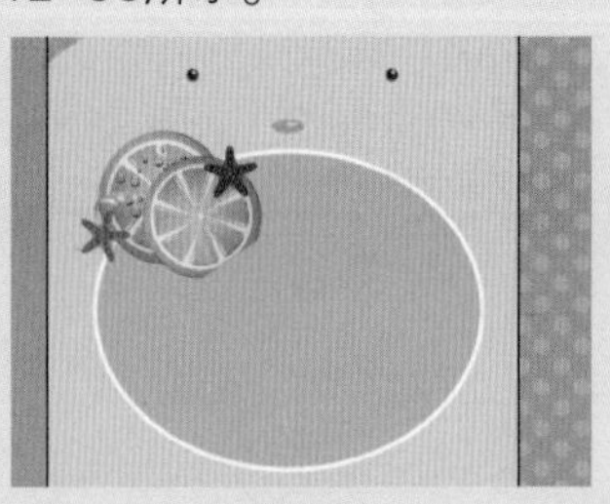
图12-95

图12-96

02选择工具箱中的“修饰文字工具”，在字母“H”上单击以显示定界框，然后按住鼠标左键拖动控制点，将字母进行旋转，再选择字母右上角的控制点，将其等比放大一些，效果如图12-97所示。使用同样的方法，制作完成其他字母，效果如图12-98所示。

图12-97

图12-98

提示

在使用工具箱中的“修饰文字工具”时，单击文字可以显示定界框，定界框四角的控制点各有用处，如图12-99所示。

图12-99

03使用同样的方法制作浅橘黄色椭圆形中的其他文字，效果如图12-100所示。按住Shift键加选椭圆形、橙子素材和文字，按快捷键Ctrl+G将它们进行编组。

图12-100

04选择工具箱中的“圆角矩形工具”，在控制栏中设置“填充”为橙色，“描边”为无，在画面中合适的位置绘制一个圆角矩形，效果如图12-101所示。选择该图形，同时按住Shift键和Alt键将其向下平移及复制，然后放置在合适的位置，效果如图12-102所示。

图12-101

图12-102

05使用“文字工具”输入相应文字，效果如图12-103所示。

图12-103

06将包装盒正面的小熊图案及文字加选，按快捷键Ctrl+G将它们进行编组。同时按住Shift键和Alt键将该组平移及复制一份，放置在“画板3”中，效果如图12-104所示。将“画板3”中的所有图形选中并进行编组。

图12-104

实例147 制作侧面部分

操作步骤

01 下面制作包装盒的侧面。选择"画板1"中的图形及文字，按快捷键Shift+Ctrl+G取消其编组，然后将商品标志复制一份放置在"画板2"中，调整其大小，效果如图12-105所示。使用"文字工具"在商品标志的下方输入文字，然后使用"椭圆工具"在每行文字前绘制一个白色的正圆形，效果如图12-106所示。

图12-105

图12-106

02 将包装正面图中的圆角矩形及其中的文字选中并复制一份，然后放置在"画板2"中，对其颜色进行更改，效果如图12-107所示。

图12-107

03 将"画板2"中的商品标志及其下方的文字和白色正圆形选中，复制一份并放置在"画板4"中，效果如图12-108所示。使用"矩形工具"在文字的下方绘制一个填充为白色的矩形，将其作为条形码的预留位置，效果如图12-109所示。回到"画板2"中，将图形、文字和背景加选并编组。

图12-108　　图12-109

04 选择工具箱中的"钢笔工具"，在控制栏中设置"填充"为无，"描边"为黑色，描边"粗细"为1pt，然后在相应位置绘制一条折线，复制折线并摆放在合适的位置，效果如图12-110所示。整体效果如图12-111所示。

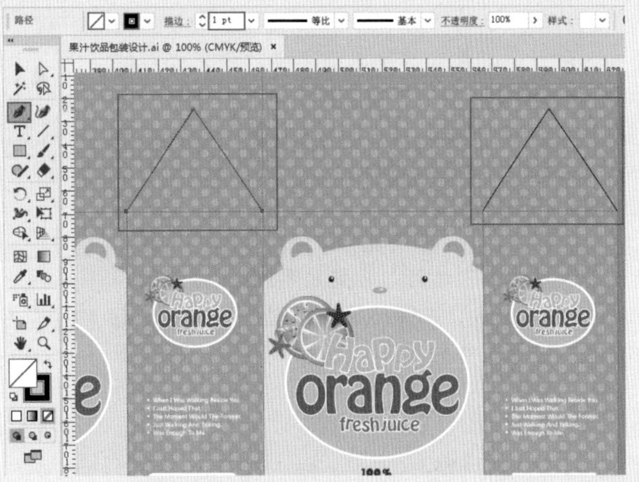

图12-110

图12-111

实例148 制作立体效果

操作步骤

01 新建一个画板，设置其"宽度"为200mm，"高度"为300mm，效果如图12-112所示。执行"文件>置入"命令，置入背景素材"2.jpg"，单击控制栏中的"嵌入"按钮，然后调整其大小，效果如图12-113所示。

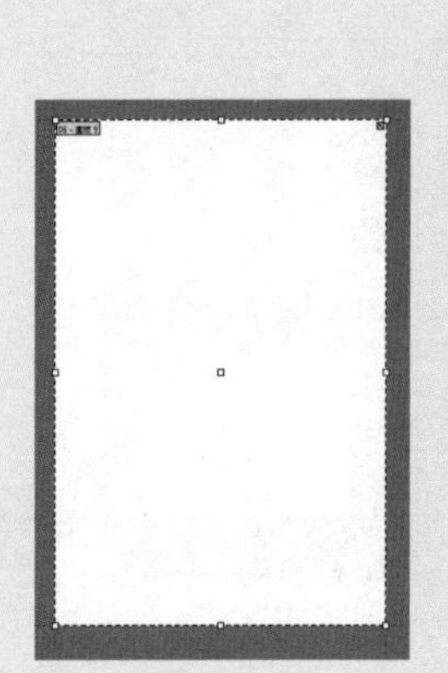
图12-112

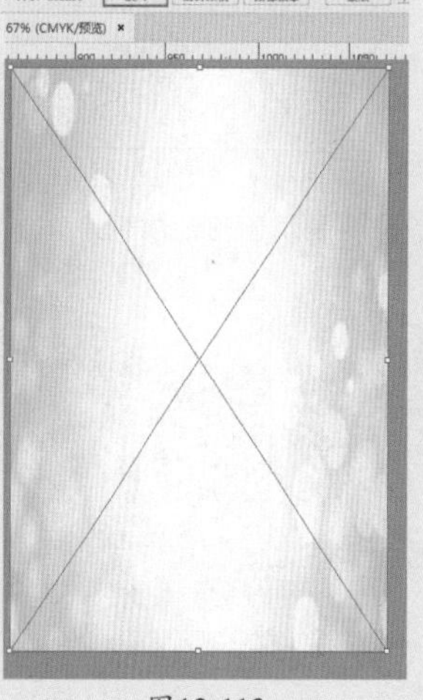
图12-113

02将包装盒正面、侧面、顶部的元素进行复制，然后移动到背景素材中，效果如图12-114所示。

03将侧面图选中，执行“文字>创建轮廓”命令，将文字转换为形状。将包装盒的侧面图移动到正面图的左侧，然后选择工具箱中的“自由变换工具”，单击“自由扭曲”按钮，出现定界框后按住鼠标左键拖动控制点进行适当调整，效果如图12-115所示。对顶部图进行扭曲变形，效果如图12-116所示。

04下面制作包装盒上方的折叠部分。使用“钢笔工具”绘制一个深黄色的三角形，效果如图12-117所示。执行“窗口>外观”命令，在弹出的“外观”面板中单击“添加新填色”按钮，然后单击“填色”按钮，在其下拉面板中设置“填色”为“6dpi 40%”，如图12-118所示，此时效果如图12-119所示。

图12-114

图12-115

图12-116

图12-117

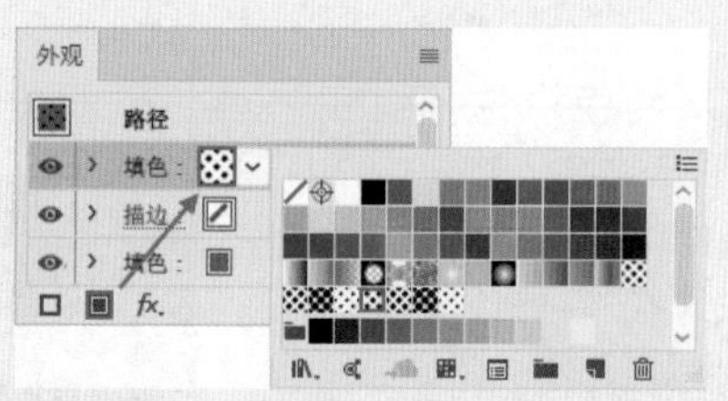

图12-118

图12-119

05单击“填色”按钮左侧的 > 按钮，单击“不透明度”按钮，在其下拉面板中设置“混合模式”为“柔光”，“不透明度”为60%，如图12-120所示，此时效果如图12-121所示。

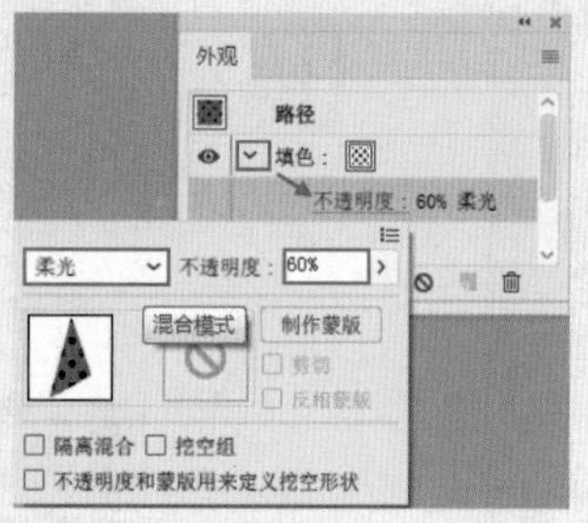

图12-120

图12-121

06使用同样的方法继续制作折叠部分的图形，效果如图12-122所示。

07下面制作包装盒的最顶端的图形，将其移动到相应的位置，效果如图12-123所示。选择该图形，执行“窗口>渐变”命令，在弹出的“渐变”面板中设置“类型”为“线性”，然后编辑一个黄色系的渐变，如图12-124所示。使用工具箱中的“渐变工具”在图形上拖动调整渐变效果，如图12-125所示。

图12-122

图12-123

图12-124

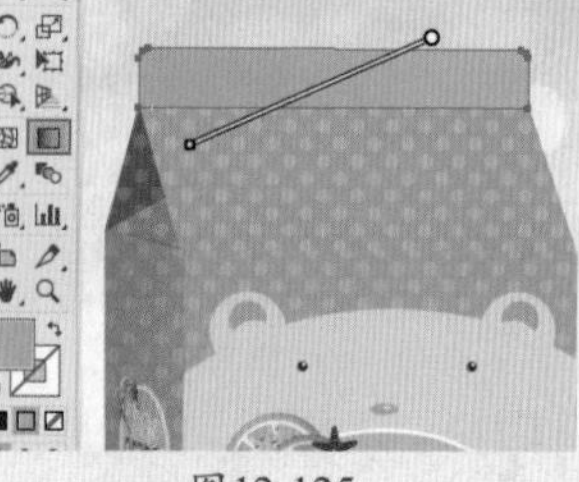
图12-125

08选择该图形，按快捷键Ctrl+C将其进行复制，按快捷键Ctrl+B将其粘贴在原图形的后面。将该图形填充为

深褐色，多次按↑键和←键，将图形向左上轻移，此时顶端厚度效果制作完成，效果如图12-126所示。

09 下面制作包装盒底部的阴影。使用“钢笔工具”绘制一个不规则图形，效果如图12-127所示。选择该图形，执行“效果>风格化>投影”命令，在弹出的“投影”对话框中设置“模式”为“正片叠底”，“不透明度”为75%，“X位移”为-1mm，“Y位移”为1mm，“模糊”为0.5mm，选中“颜色”单选按钮，设置颜色为咖啡色，单击“确定”按钮，如图12-128所示，此时效果如图12-129所示。

图12-126

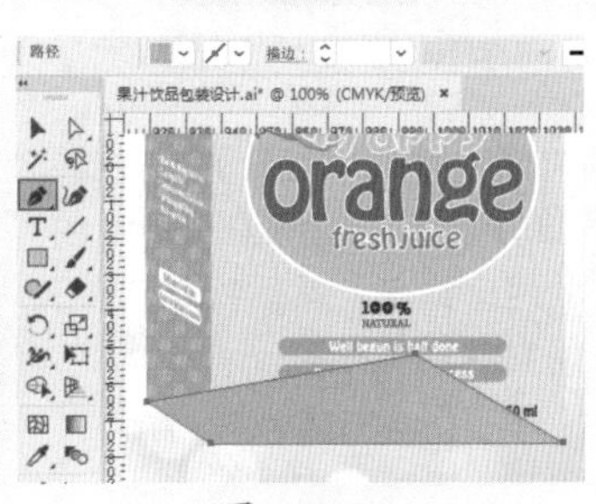
图12-127

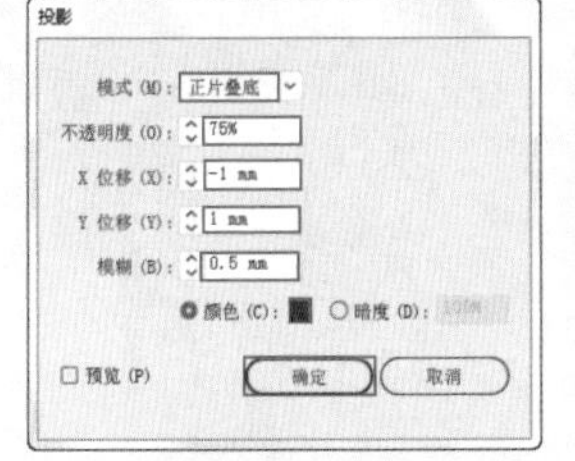
图12-128

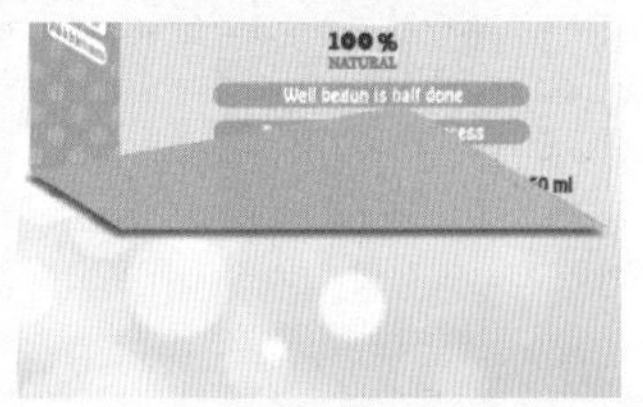
图12-129

10 继续选择该图形，多次执行“对象>排列>后移一层”命令，将该图形移动到包装盒的后面，效果如图12-130所示。

图12-130

11 下面将包装盒侧面的亮度压暗。使用“钢笔工具”沿着包装盒的侧面绘制一个图形，然后将其填充为灰色系的渐变，参数设置如图12-131所示，此时效果如图12-132所示。

图12-131

图12-132

12 单击控制栏中的“不透明度”按钮，在其下拉面板中设置“混合模式”为“正片叠底”，“不透明度”为30%，如图12-133所示。最终完成效果如图12-134所示。

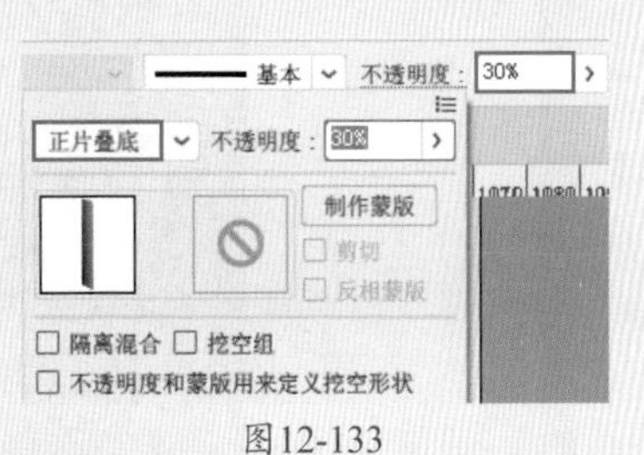
图12-133

图12-134

12.3 干果包装盒

文件路径	第10章\干果包装盒设计	扫码深度学习
难易指数	★★★★★	
技术掌握	● 路径文字工具 ● 直排文字工具 ● 螺旋线工具	

操作思路

在本案例中，首先使用“矩形工具”“直接选择工具”“添加锚点工具”制作包装盒各个面的基本形态，使用“钢笔工具”“螺旋线工具”绘制包装盒上的图案；然后使用“椭圆工具”和“路径文字工具”制作包装盒上的标志，使用“直排文字工具”制作包装盒上的多组文字；最后利用“自由变换工具”制作包装盒的立体效果。

案例效果

案例效果如图12-135所示。

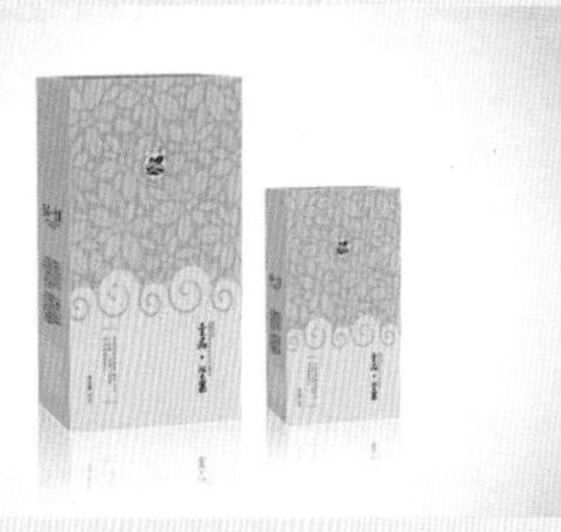
图12-135

实例149 制作平面图的底色

操作步骤

01 新建一个宽度为150mm、高度为250mm的空白文档，得到“画板1”，效果如图12-136所示。选择工具箱中的“画板工具”，在“画板1”的右侧拖动鼠标指针，绘制出“画板2”，效果如图12-137所示。

图12-136

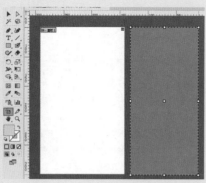

图12-137

02选择“画板2”，单击控制栏中的“画板选项”按钮，在弹出的“画板选项”对话框中设置“宽度”为90mm，“高度”为250mm，单击“确定”按钮，如图12-138所示。将设置完成的“画板2”摆放在“画板1”右侧，效果如图12-139所示。加选“画板1”和“画板2”，同时按住Shift键和Alt键向右拖动鼠标指针，进行移动及复制，效果如图12-140所示。

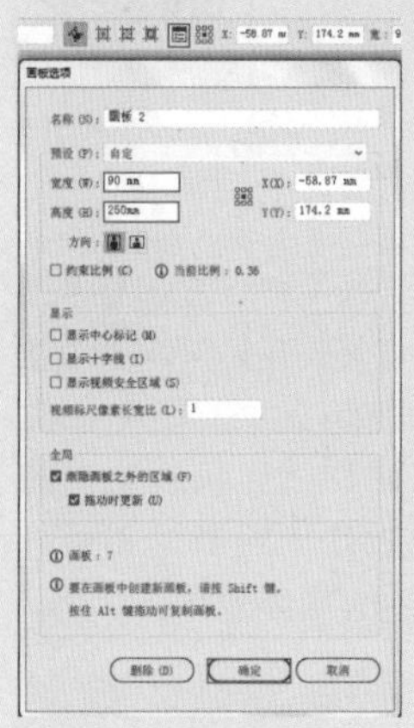

图12-138

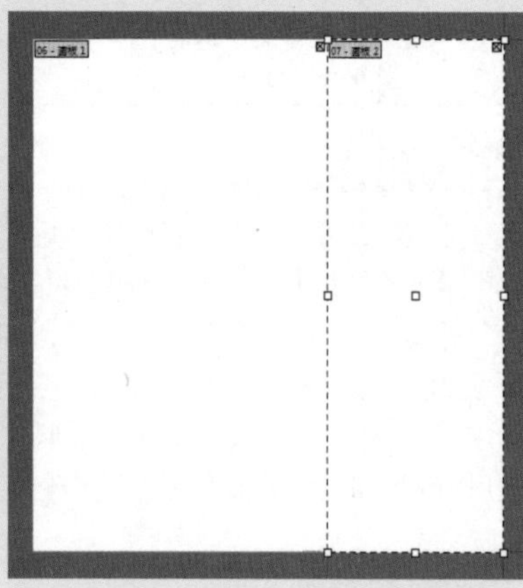

图12-139

图12-140

03选择工具箱中的“矩形工具”，在工具箱的底部设置“描边”为无，双击“填色”按钮，在弹出的“拾色器”对话框中设置颜色为黄绿色，单击“确定”按钮，如图12-141所示，然后绘制一个与“画板1”等大的矩形。继续使用“矩形工具”在其上方绘制另外一个矩形，效果如图12-142所示。

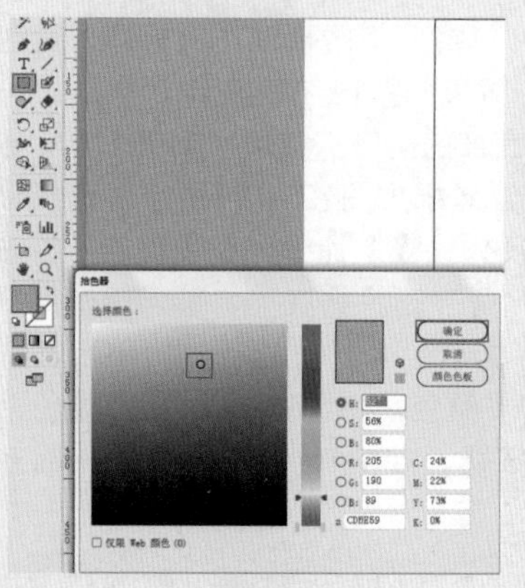

图12-141

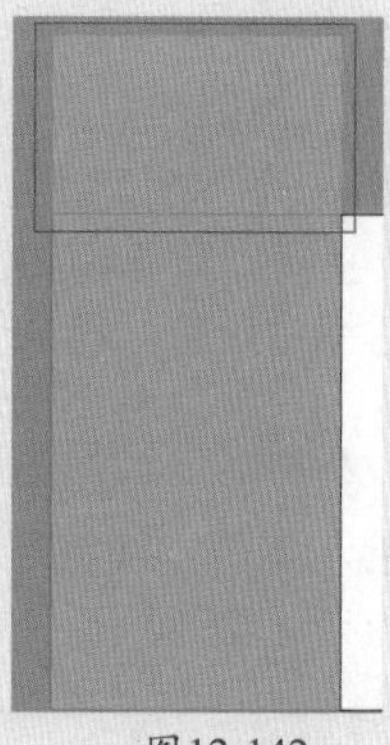

图12-142

04在第二个矩形的上方绘制第三个矩形，效果如图12-143所示。使用工具箱中的“直接选择工具”框选矩形上的两个锚点，然后拖动控制点将直角转换为圆角，效果如图12-144所示。

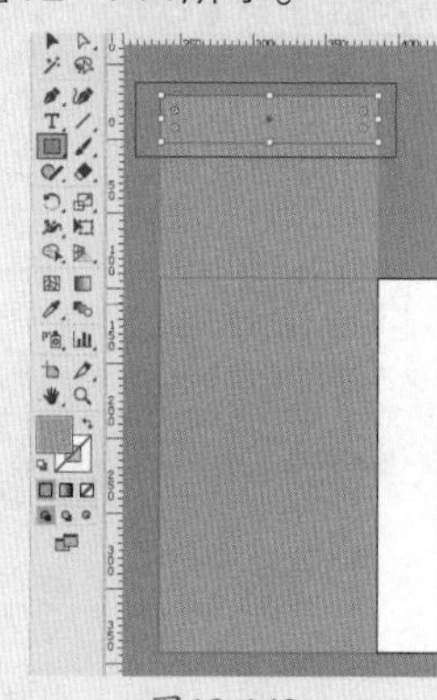

图12-143

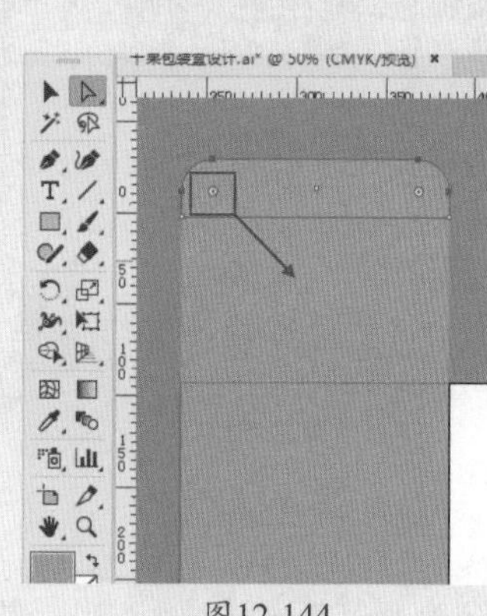

图12-144

05在“画板2”中绘制一个与画板等大的矩形，在工具箱的底部设置其“填色”为浅橘色，“描边”为无，如图12-145所示。在浅橘色矩形的上方再绘制一个矩形，使用工具箱中的“直接选择工具”选择该矩形左上角的锚点，按住鼠标左键向右拖动鼠标指针，效果如图12-146所示。使用同样的方法，拖动该矩形右上角的锚点，效果如图12-147所示。

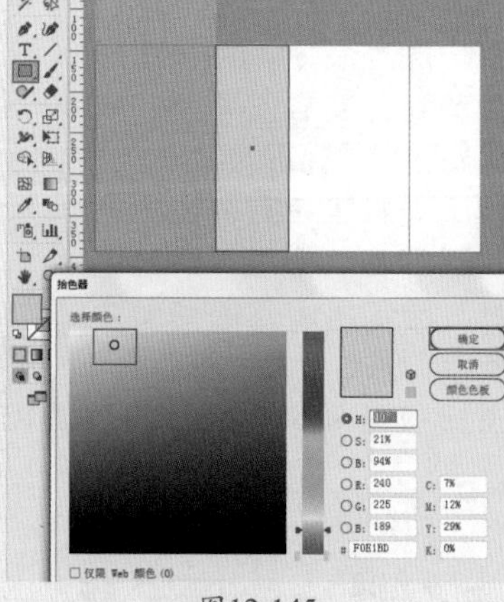

图12-145

06选择刚制作的四边形，执行“对象>变换>对称”命令，在弹出的“镜像”对话框中选中“水平”单选按钮，单击“复制”按钮，如图12-148所示。将复制得到的图形移动到合适位置，效果如图12-149所示。

07在包装盒的最左侧绘制一个矩形，使用工具箱中的“直接选择工具”选中该矩形上的锚点，如图12-150

所示。拖动该锚点，将矩形进行变形，制作出四边形，效果如图12-151所示。

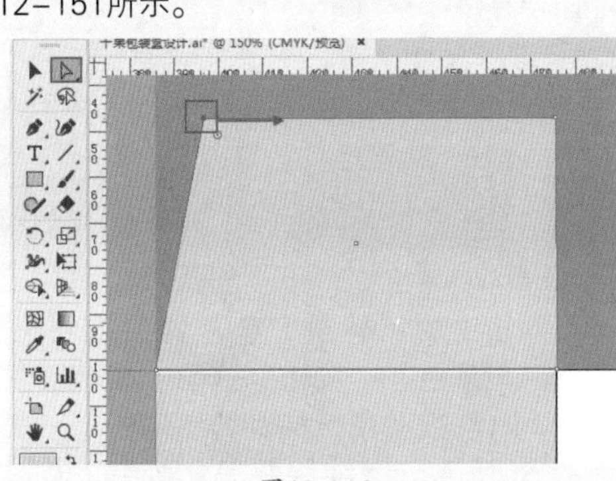

图12-146

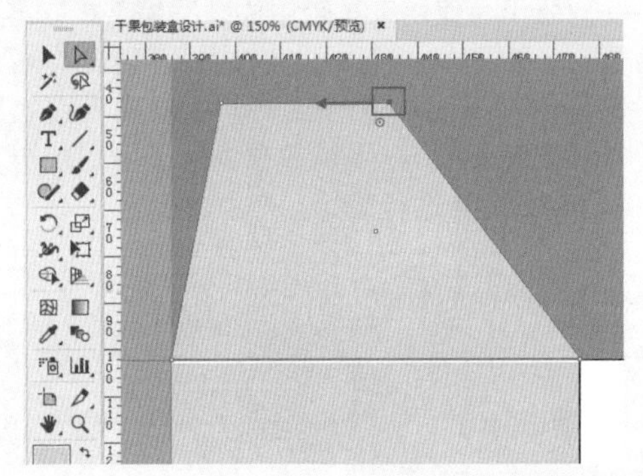

图12-147

图12-148

图12-149

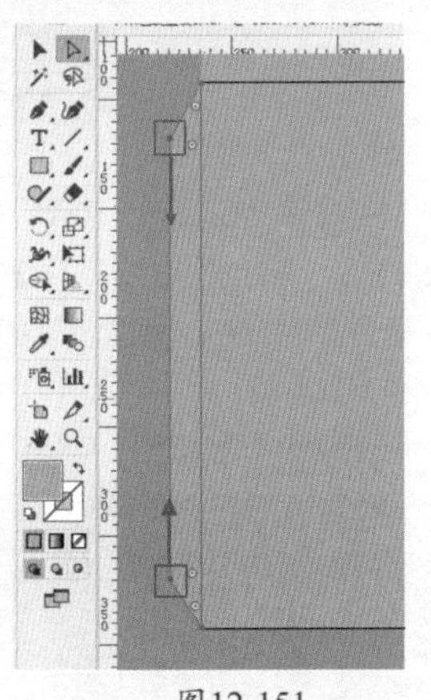

图12-150　图12-151

08 在“画板1”的下方绘制一个矩形，效果如图12-152所示。在工具箱中选择“添加锚点工具”，在该矩形的右上角添加两个锚点，如图12-153所示。使用工具箱中的“直接选择工具”选择上方的锚点，按住鼠标左键向左拖动锚点，使用同样的方法拖动下方锚点，效果如图12-154所示。

09 继续在矩形的下方添加两个锚点，使用同样的方法拖动锚点，如图12-155所示，此时画面效果如图12-156所示。

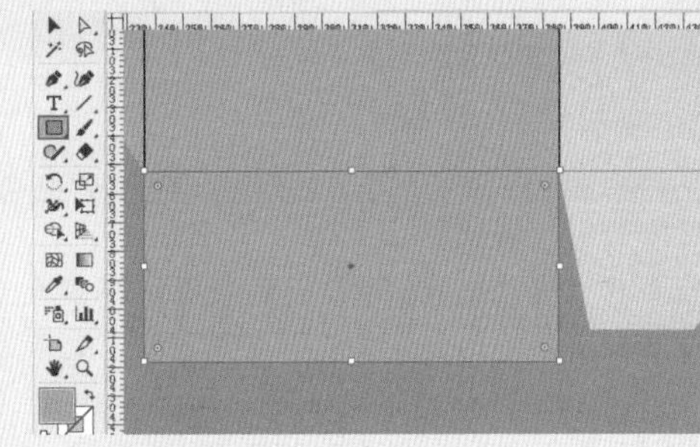

图12-152

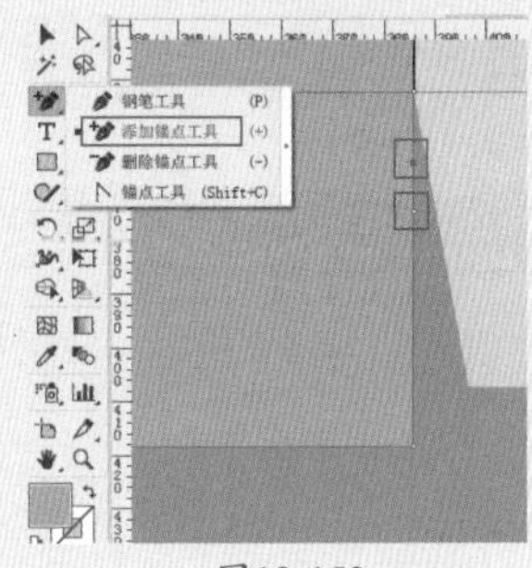

图12-153　图12-154

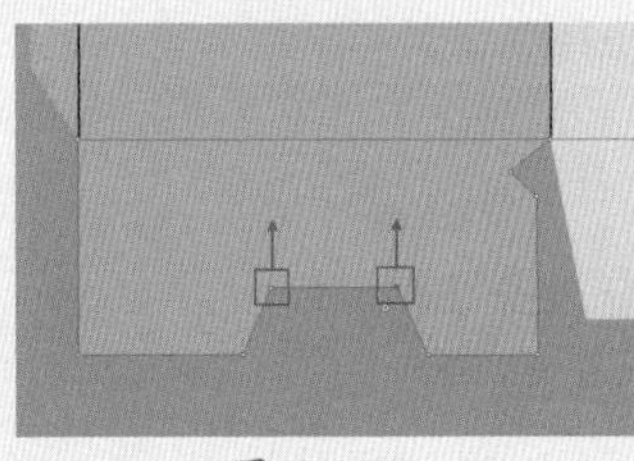

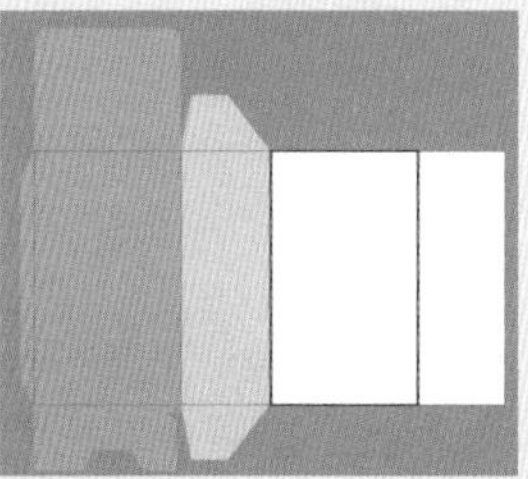

图12-155　图12-156

10 按住Shift键加选“画板1”和“画板2”中的矩形以及上、下的图形，然后按住Alt键拖动鼠标指针，将它们复制一份放置在“画板3”“画板4”中，效果如图12-157所示。

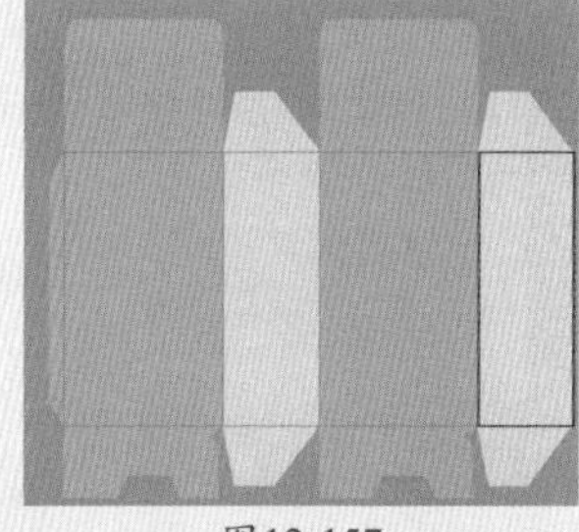

图12-157

实例150　制作包装的图案

操作步骤

01 包装盒上的图案是由很多小元素构成的，在此首先制作叶子图形。选择工具箱中的“钢笔工具”，在控制栏中设置“填充”为浅黄色，“描边”为无，在“画板1”的上方绘制叶子的轮廓图形，效果如图12-158所示。选择工具箱中的“斑点画笔工具”，按住鼠标左键拖动鼠标指针，绘制叶脉图形，效果如图12-159所示。

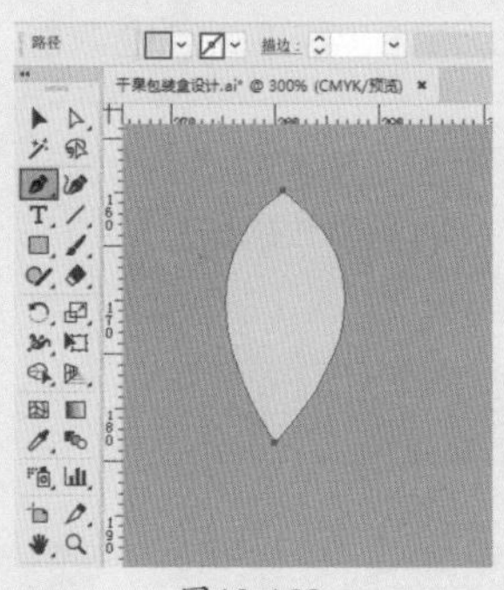
图12-158

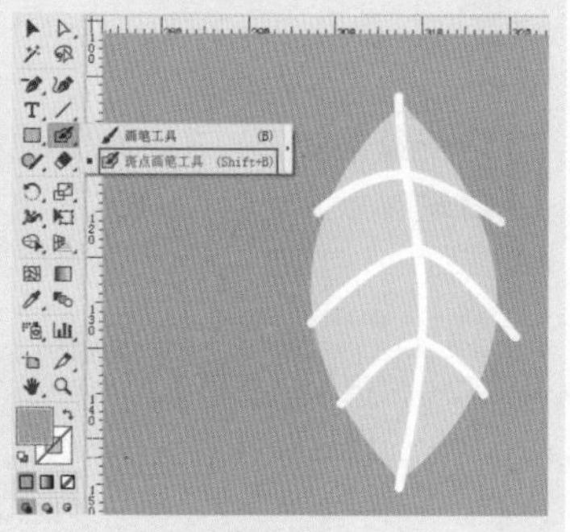
图12-159

提示

若要对“斑点画笔工具”进行设置，可以在工具箱中双击“斑点画笔工具”按钮，在弹出的“斑点画笔工具选项”对话框中进行参数的调整，如图12-160所示。

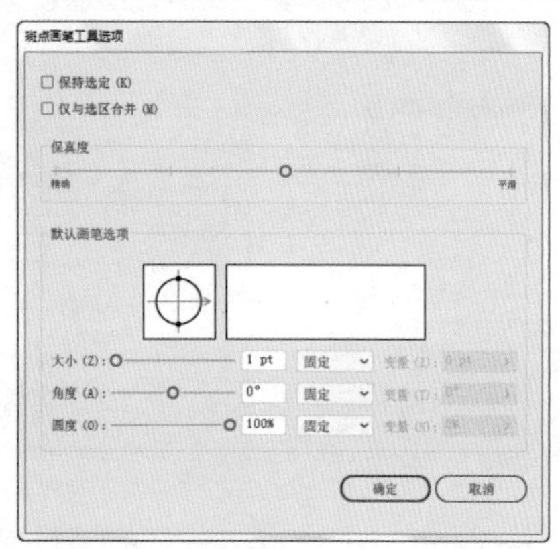
图12-160

02 将叶子轮廓图形和叶脉图形加选，执行“窗口>路径查找器”命令，在弹出的“路径查找器”面板中单击“减去顶层”按钮，如图12-161所示，得到叶子图形，效果如图12-162所示。使用同样的方法，制作另外几种形态的叶子图形，效果如图12-163所示。

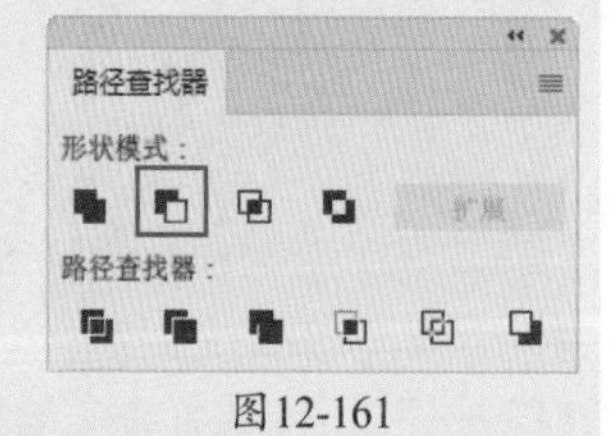
图12-161

图12-162

图12-163

03 将叶子图形的位置进行调整，效果如图12-164所示。选择右上方的叶子图形，按住Alt键拖动鼠标指针，将其复制一份，对复制得到的叶子图形进行旋转方向、调整大小等操作，并将其移动到合适的位置，效果如图12-165所示。

图12-164

图12-165

04 选择工具箱中的“椭圆工具”，在控制栏中设置“填充”为黄色，“描边”为无，在叶子图形的中间位置按住Shift键拖动鼠标指针，绘制一个正圆形，效果如图12-166所示。继续绘制另外两个正圆形，效果如图12-167所示。使用工具箱中的“钢笔工具”再次绘制叶子轮廓图形，并摆放在合适的位置，效果如图12-168所示。

05 将制作的叶子图形进行复制，组合成平铺效果，如图12-169所示。将平铺效果的叶子图形加选，然后按快捷键Ctrl+G将其进行编组。

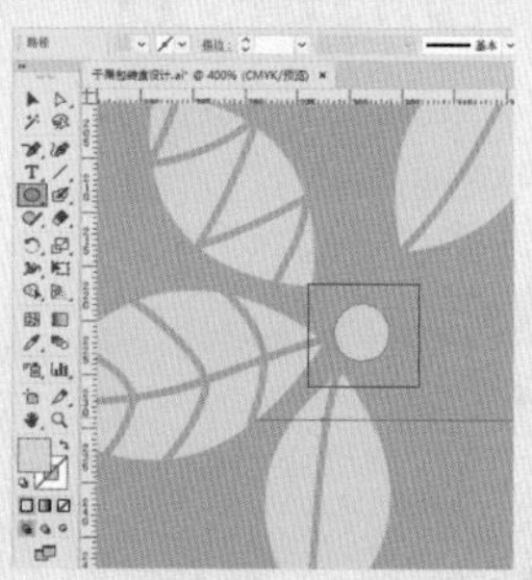
图12-166

图12-167

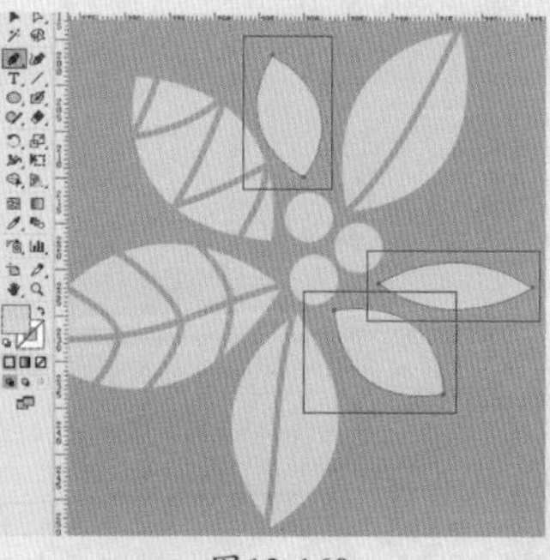
图12-168

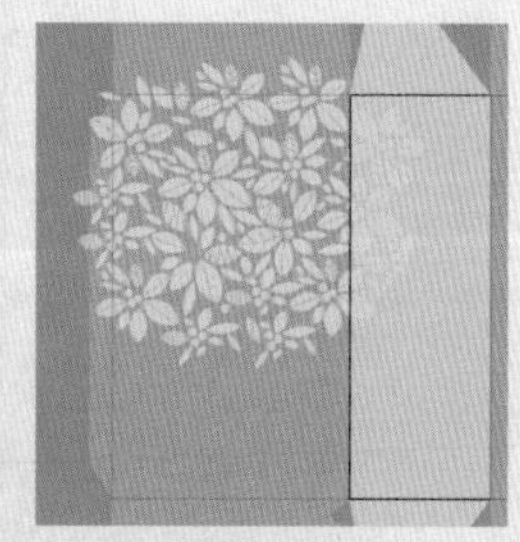
图12-169

06 在叶子图形组上绘制一个矩形，效果如图12-170所示。将矩形和叶子图形组加选，执行“对象>剪切蒙版>建立”命令，建立剪切蒙版，得到叶子图案，效果如图12-171所示。

图12-170

图12-171

07 选择制作好的叶子图案，在控制栏中设置“不透明度”为50%，效果如图12-172所示。

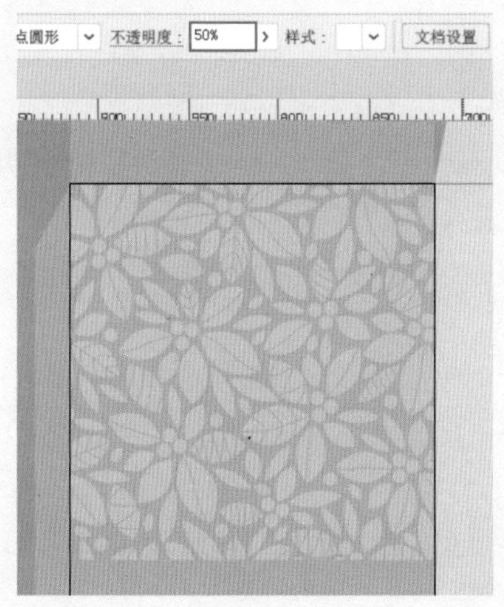

图12-172

08 使用“矩形工具”在画面的下半部分绘制一个浅橘色矩形，效果如图12-173所示。

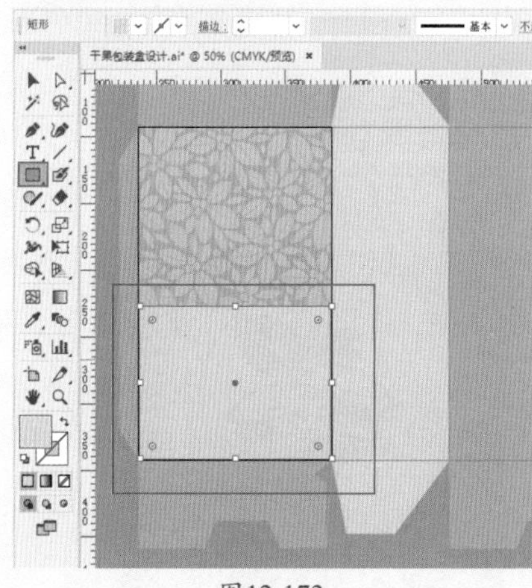
图12-173

09 选择工具箱中的“螺旋线工具”，在控制栏中设置描边“粗细”为5pt，在画面中单击，在弹出的“螺旋线”对话框中设置“半径”为12mm，“衰减”为75%，“段数”为6，“样式”为◎，单击“确定”按钮，如图12-174所示。将制作出的螺旋线移动到画板外的空白位置，效果如图12-175所示。

10 复制螺旋线，调整其大小并将其放置在合适的位置，效果如图12-176所示。将螺旋线加选，然后执行“对象>扩展”命令，将其转换为形状，效果如图12-177所示。

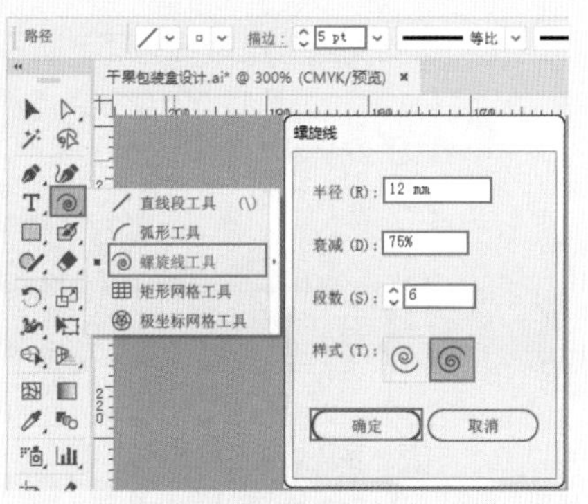

图12-174

图12-175

图12-176

图12-177

11 在选中螺旋线的状态下，在“路径查找器”面板中单击“分割”按钮，将图形进行分割，如图12-178所示。按快捷键Shift+Ctrl+G将图形取消编组，然后将多余的图形选中，按Delete键进行删除，效果如图12-179所示。继续删除螺旋线上所有需要删除的图形，效果如图12-180所示。

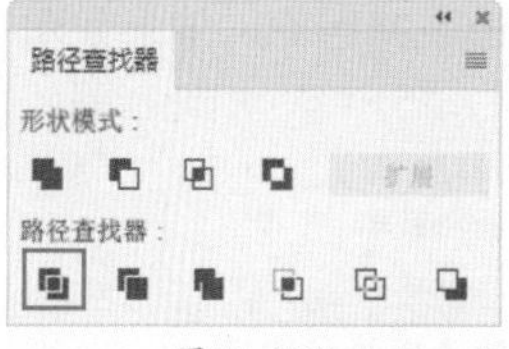

图12-178

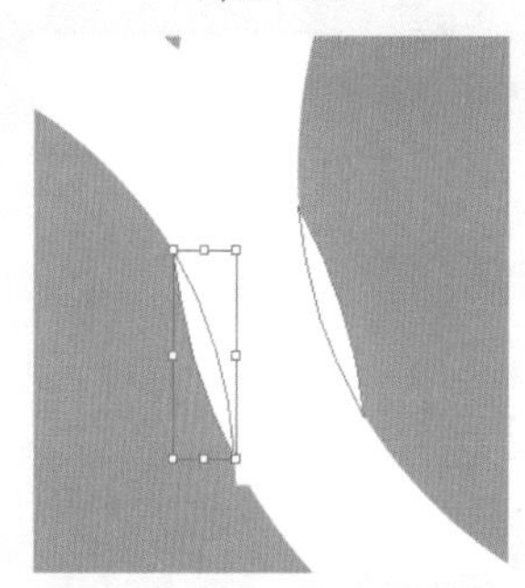
图12-179

图12-180

12 将螺旋线框选，单击“路径查找器”面板中的“联集”按钮，如图12-181所示，此时螺旋线成为一个图形，效果如图12-182所示。

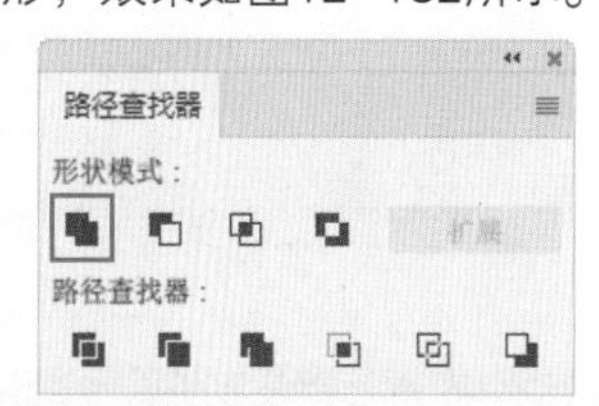

图12-181

图12-182

13 将螺旋线移动到画面中的浅橘色矩形上，调整其大小。加选螺旋线和矩形，单击“路径查找器”面板中的“减去顶层”按钮，如图12-183所示，此时效果如图12-184所示。选择这个图形，按快捷键Shift+Ctrl+G将图形取消编组，然后将上方不需要的图形选中并删除，效果如图12-185所示。

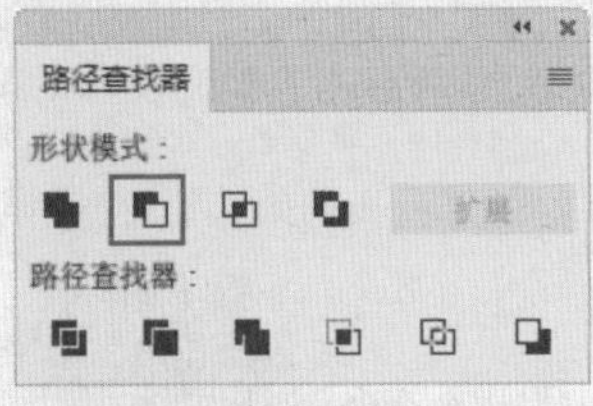

图12-183

图12-184

图12-185

实例151 制作标志

操作步骤

01 选择工具箱中的“椭圆工具”，按住Shift键在包装盒的正面绘制一个正圆形，在控制栏中设置“描边”为棕色，描边“粗细”为0.5pt，在工具箱的底部双击“填色”按钮，在弹出的“拾色器”对话框中设置颜色为浅橘色，单击“确定”按钮，效果如图12-186所示。将正圆形选中，按快捷键Ctrl+C进行复制，然后按Ctrl+F将其粘贴在原正圆形的前面。选中复制出的正圆形，同时按住Shift键和Alt键拖动正圆形的角点，将其进行缩小，效果如图12-187所示。

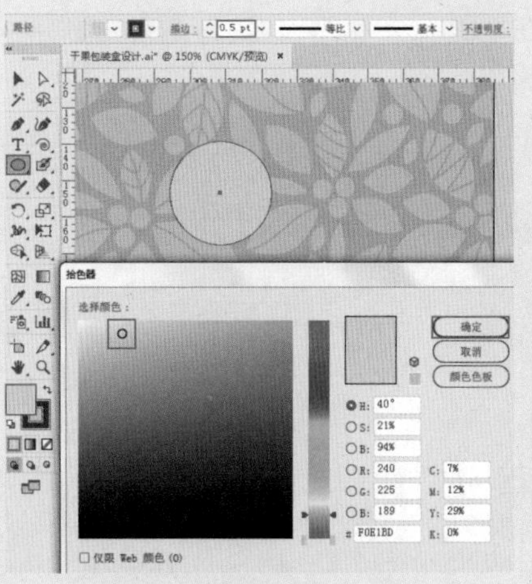

图12-186

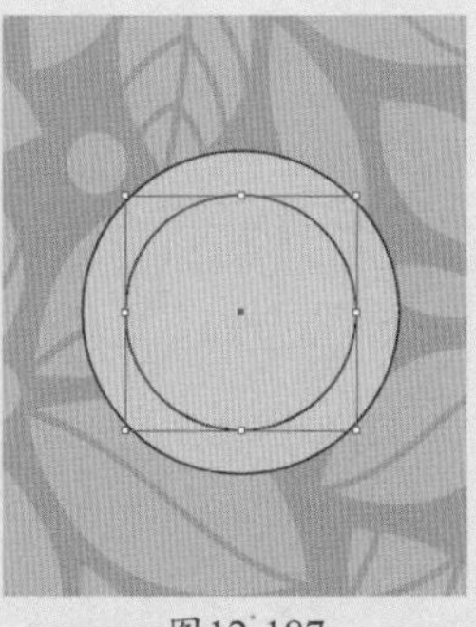

图12-187

02 执行“文件>打开”命令，打开素材“1.ai”，选中其中的标志图形，按快捷键Ctrl+C进行复制，回到刚刚操作的文档中，按快捷键Ctrl+V进行粘贴，调整标志图形大小，将其放置在正圆形的中心，效果如图12-188所示。

03 选择工具箱中的“椭圆工具”，在控制栏中设置“填充”为无，“描边”为无，然后在小正圆形的外面绘制一个正圆形路径，效果如图12-189所示。选择工具箱中的“路径文字工具”，在正圆形路径上单击插入光标，在控制栏中设置“填充”为棕色，“描边”为无，设置合适的字体、字号，然后输入文字，按快捷键Ctrl+Enter确认输入操作，效果如图12-190所示。使用同样的方法制作英文部分，效果如图12-191所示。

图12-188

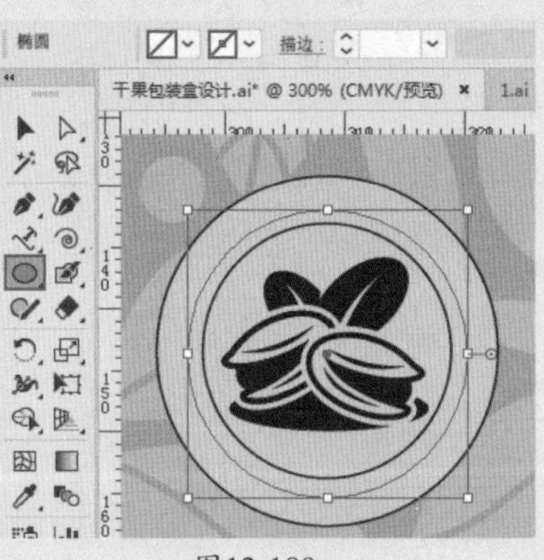

图12-189

图12-190

图12-191

04 将素材、正圆形路径和文字加选，按快捷键Ctrl+G将它们进行编组，然后调整其大小，标志制作完成，效果如图12-192所示。将标志复制一份，放置在包装盒的顶面处，然后进行缩小，效果如图12-193所示。将包装盒顶面处的标志与其后面的矩形加选，然后进行编组。

图12-192

图12-193

实例152 制作正面文字

操作步骤

01 选择工具箱中的“直排文字工具”，在包装盒正面的右下方单击插入光标，在控制栏中设置“填充”为棕色，“描边”为无，设置合适的字体、字号，然后输入文字，按快捷键Ctrl+Enter确认输入操作，效果如图12-194所示。继续使用“直排文字工具”输入其他文字，效果如图12-195所示，整体效果如图12-196所示。

02 选择工具箱中的“直线段工具”，在控制栏中设置“填充”为无，“描边”为棕色，描边“粗细”为0.5pt，然后按住Shift键向右拖动鼠标指针，在三列竖排文字的上方绘制一条直线，效果如图12-197所示。复制出另一条直线，将其摆放在三列竖排文字的下方，效果如图12-198所示。

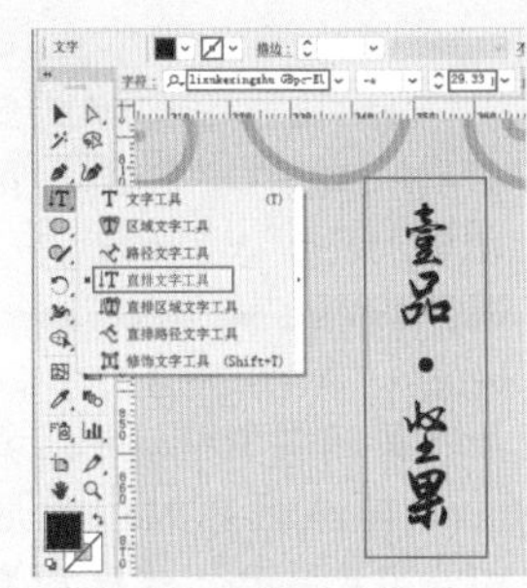

图12-194

图12-195

图12-196

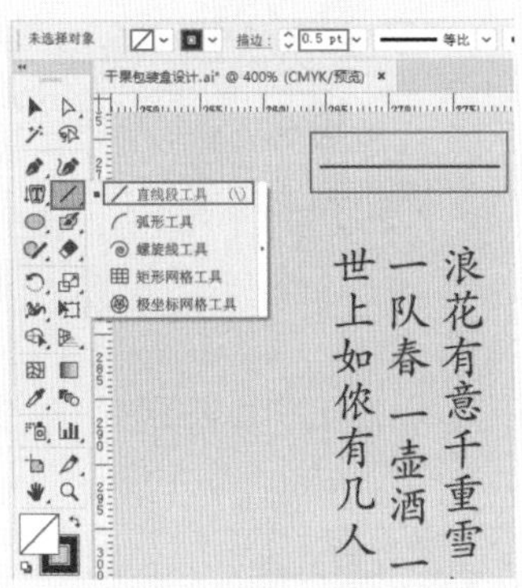

图12-197

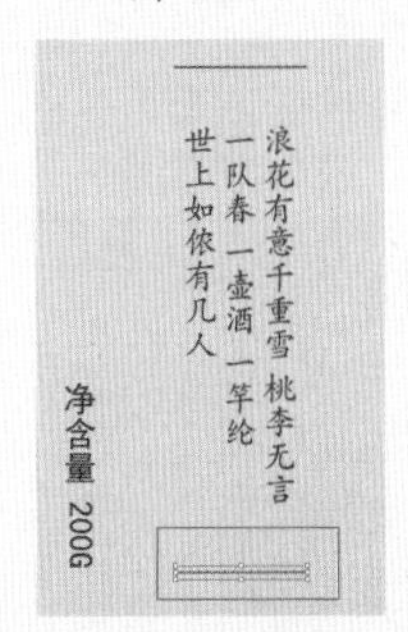

图12-198

03 将包装盒正面中的图案、标志及文字加选，按快捷键Ctrl+G将它们进行编组，然后复制一份移动到“画板3”中，效果如图12-199所示。

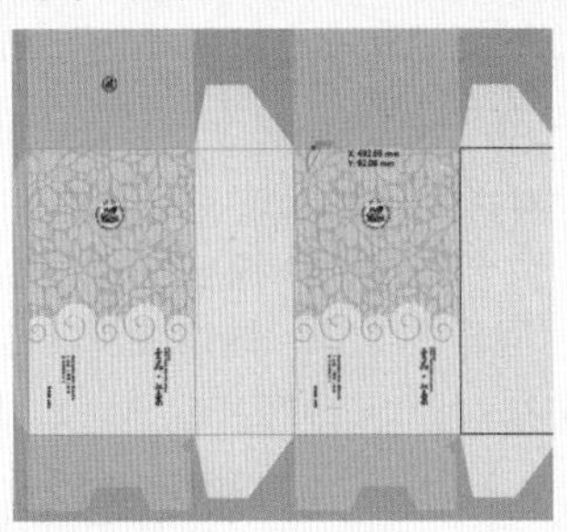

图12-199

实例153 制作侧面部分

操作步骤

01 使用“文字工具”在“画板2”中单击插入光标，在控制栏中设置“填充”为棕色，“描边”为无，设置合适的字体、字号，然后输入文字，按快捷键Ctrl+Enter确认输入操作，效果如图12-200所示。使用同样的方法输入其他文字，效果如图12-201所示。加选两组文字，按快捷键Ctrl+G将它们进行编组。

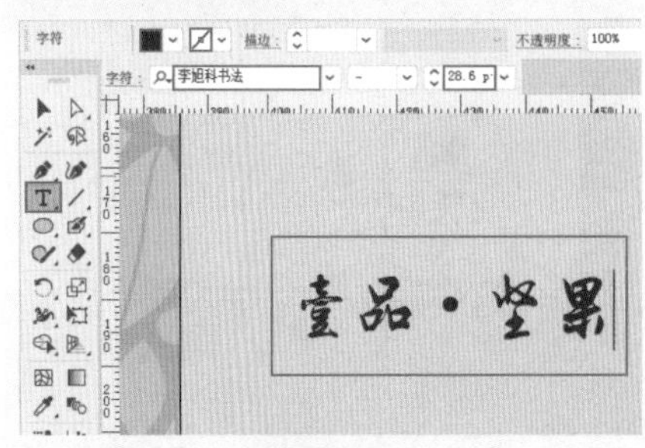

图12-200

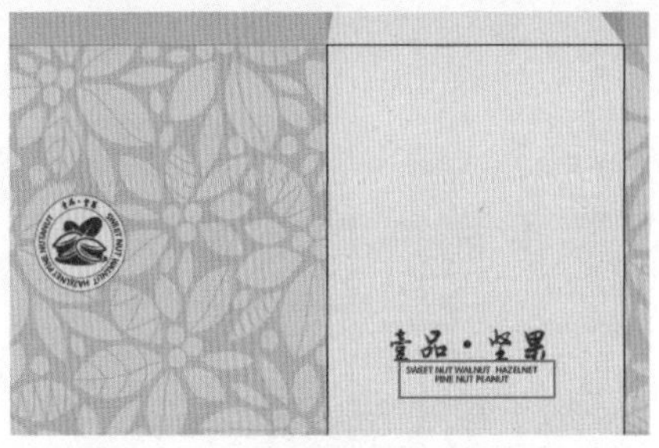

图12-201

02 选择“文字工具”，在刚才制作的文字的下方绘制一个文本框，效果如图12-202所示。在文本框内单击插入光标，在控制栏中设置“填充”为棕色，“描边”为无，设置合适的字体、字号，然后输入文字，按快捷键Ctrl+Enter确认输入操作，效果如图12-203所示。选择文本框，执行“窗口>文字>段落”命令，在弹出的“段落”面板中设置“首行左缩进”为13pt，选择“两端对齐，末行左对齐”选项，效果如图12-204所示。

03 在段落文字的下方绘制一个白色的矩形，作为条形码的预留位置，效果如图12-205所示。加选“画板2”中所有的图形与文字，按快捷键Ctrl+G将它们进行编组。

04 下面在“画板4”中制作包装盒侧面的营养成分表。选择工具箱中的“矩形工具”，单击画面，在弹出的“矩形”对话框中设置“宽度”为70mm，“高度”为30mm，单击“确定”按钮，如图12-206所示。得到一个矩形，在控制栏中设置其“填充”为白色，“描边”为无，如图12-207所示。在白色矩形的上方绘制一个宽度为70mm、高度为6mm的矩形并填充为棕色，效果如图12-208所示。

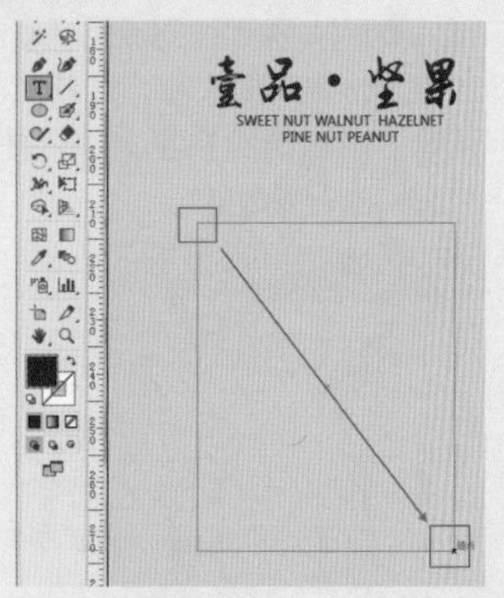

图12-202

图12-203

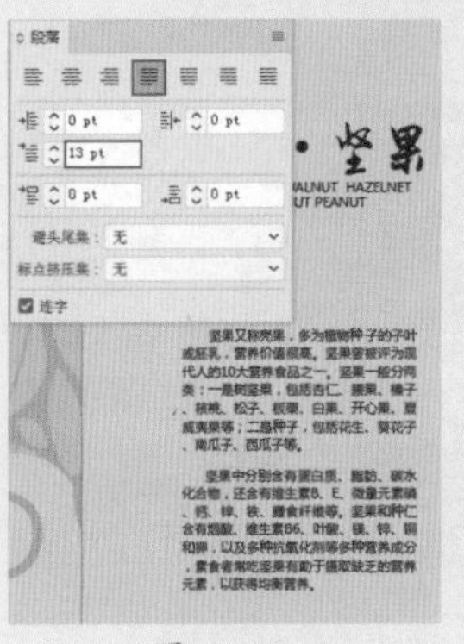

图12-204

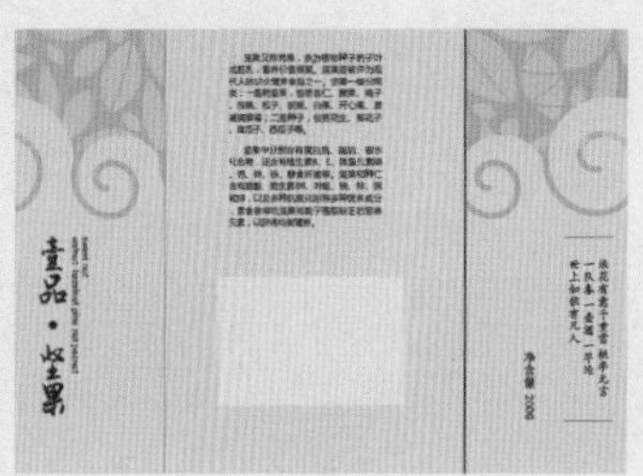

图12-205

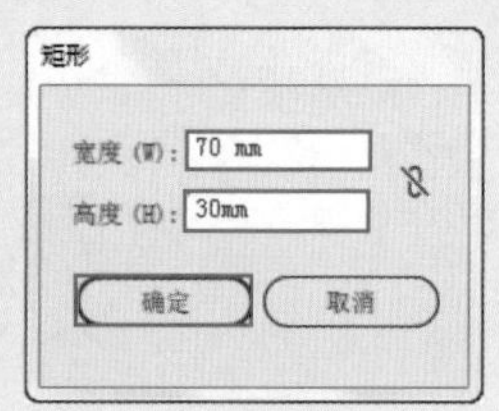

图12-206

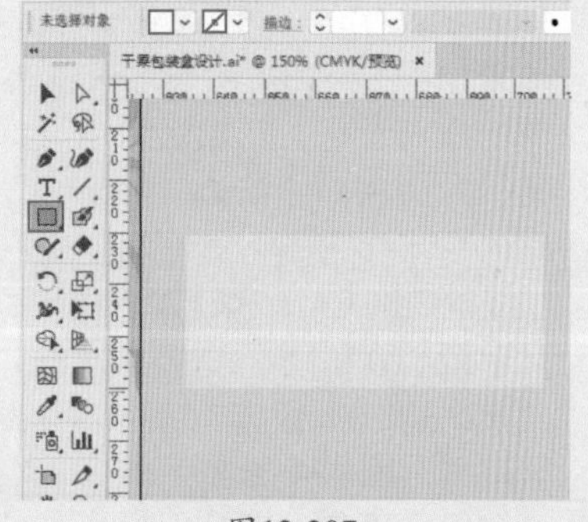

图12-207

图12-208

05 在工具箱中选择“直线段工具”，在控制栏中设置“填充”为无，“描边”为棕色，描边“粗细”为0.2pt。在白色矩形中的相应位置绘制一条直线作为分隔线，效果如图12-209所示。使用同样的方法，继续绘制其他几条直线，制作出营养成分表，效果如图12-210所示。

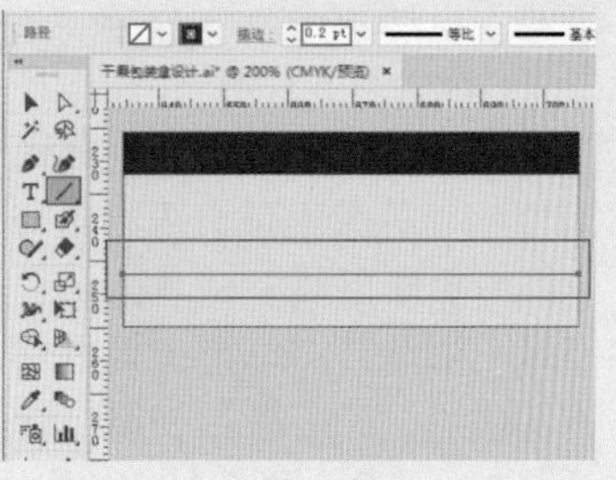

图12-209

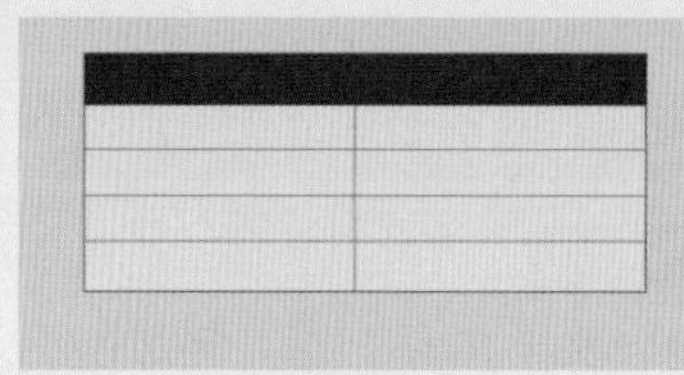

图12-210

06 使用“文字工具”在表格中输入相应的文字，效果如图12-211所示。将“画板2”中的第一段文字组复制一份，移动到“画板4”中，调整其位置。此时包装盒的平面图制作完成，效果如图12-212所示。

营养成分含量参考值（每100g）			
钙	38 （mg）	锌	0.4 （mg）
铁	2 （mg）	铜	0.3 （mg）
钾	310 (mg)	维生素B6	0.07 (mg)
镁	45 （mg）	维生素E	1.5 (IU)

图12-211

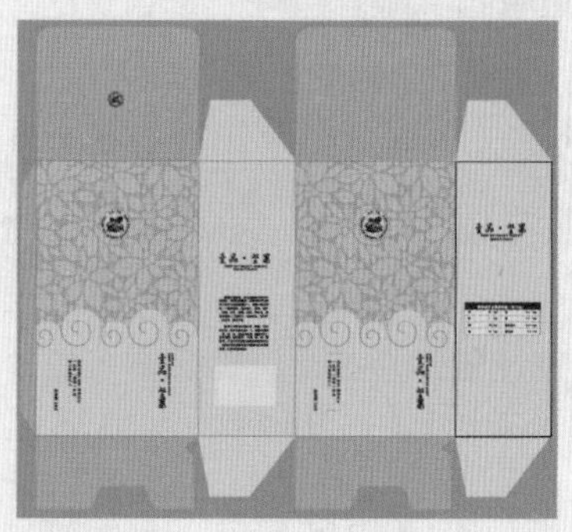

图12-212

实例154　制作展示效果

操作步骤

01 新建“画板5”，设置其“宽度”为540mm，“高度”为390mm，效果如图12-213所示。

图12-213

02 使用工具箱中的“矩形工具”绘制一个与画板等大的矩形，效果如图12-214所示。选择矩形，单击工具箱底部的“填色”按钮，使之置于前面，设置“填充类型”为“渐变”，执行“窗口>渐变”命令，弹出“渐变”面板，设置“类型”为“径向”，编辑一个浅灰色的渐变，如图12-215所示。使用工具箱中的“渐变工具”在矩形上拖动调整渐变效果，如图12-216所示。按快捷键Ctrl+2锁定该矩形。

图12-214

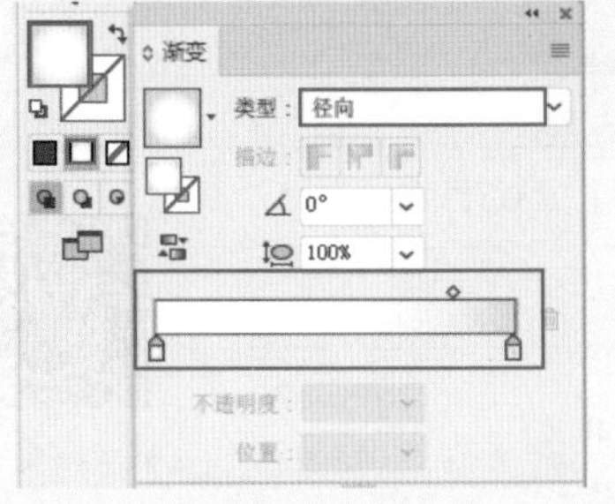

图12-215

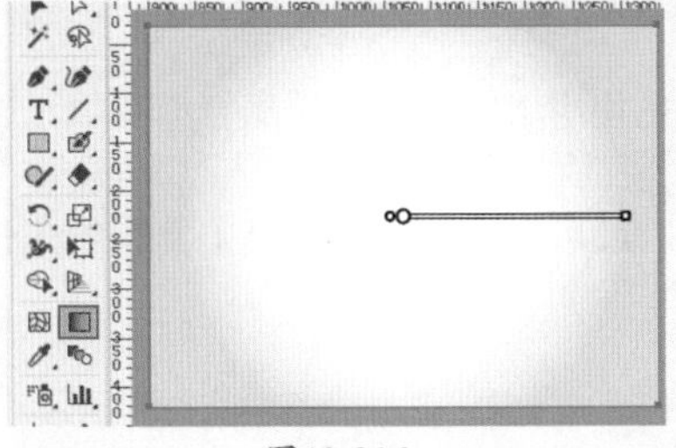

图12-216

03 将包装盒的正面、顶面和侧面复制一份，放置在“画板5”中，效果如图12-217所示。将“画板5”中的所有元素框选，执行“文字>创建轮廓”命令，将文字创建为轮廓。

图12-217

04 选择包装盒的正面，选择工具箱中的“自由变换工具”，单击“自由扭曲”按钮，拖动控制点将包装盒正面进行变形，效果如图12-218所示。使用同样的方法，制作包装盒的侧面及顶面，调整位置后的效果如图12-219所示。

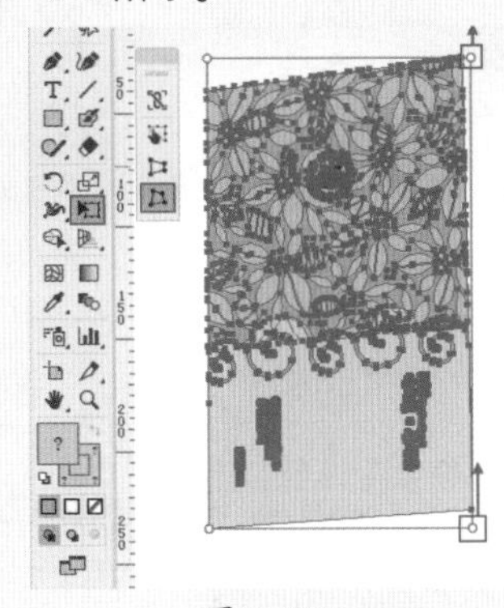

图12-218

图12-219

05 下面降低包装盒侧面的亮度。选择工具箱中的“钢笔工具”，在控制栏中设置“填充”为棕色，“描边”为无，然后在包装盒的侧面绘制一个与侧面等大的图形，效果如图12-220所示。选择这个图形，单击控制栏中的“不透明度”按钮，在其下拉面板中设置“混合模式”为“正片叠底”，“不透明度”为20%，如图12-221所示，此时效果如图12-222所示。

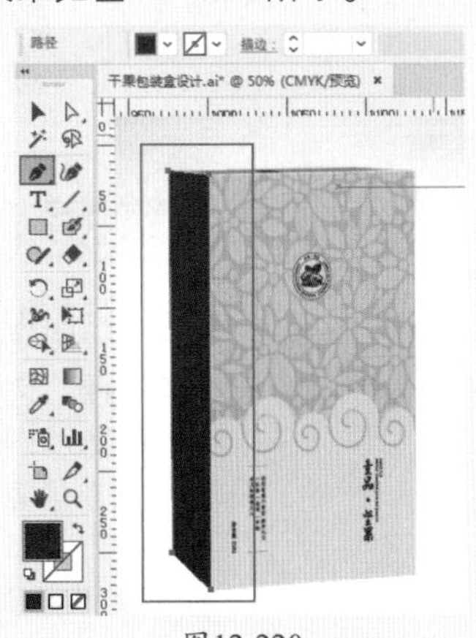

图12-220

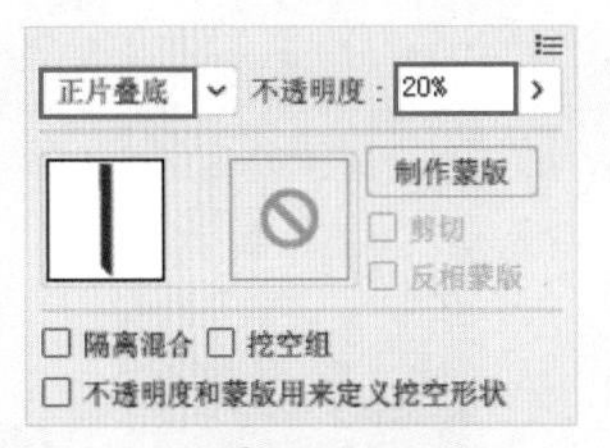

图12-221

图12-222

06 下面制作包装盒折角处的光泽。选择包装盒的正面，执行“效果>风格化>内发光”命令，在弹出的“内发光”对话框中设置“模式”为“滤色”，颜色为白色，“不透明度”为75%，“模糊”为1mm，选中“边缘”单选按钮，单击“确定”按钮，如图12-223所示，此时效果如图12-224所示。

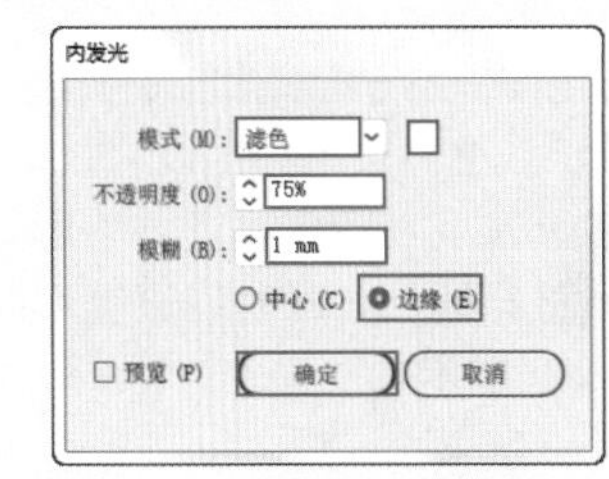

图12-223

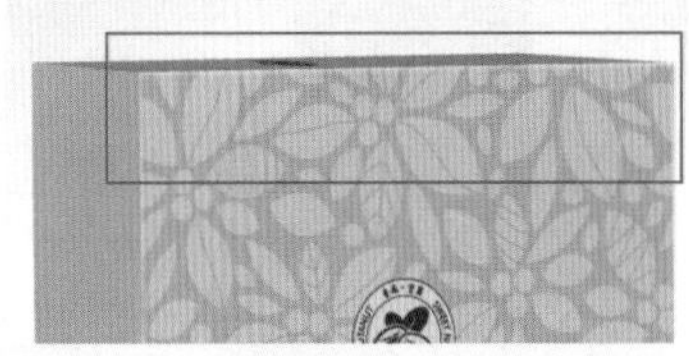

图12-224

07 继续为包装盒的侧面、顶面添加“内发光”效果，完成效果如图12-225所示。

08 下面为包装盒添加倒影效果。将包装盒的正面复制一份，旋转至合适的角度并调整位置，效果如图12-226所示。选择复制出的图形，更改其“不透明度”为60%，如图12-227所示，此时效果如图12-228所示。

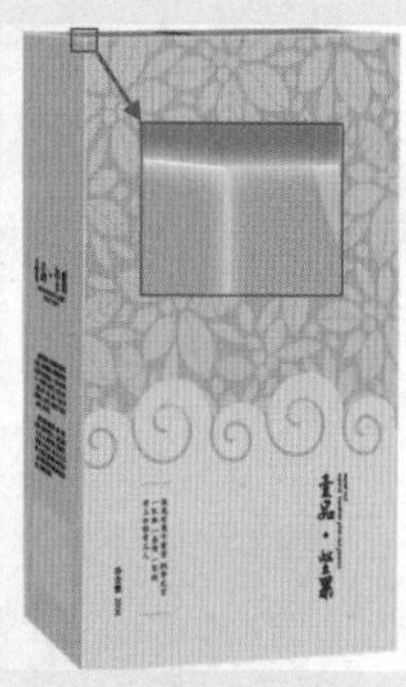

图12-225

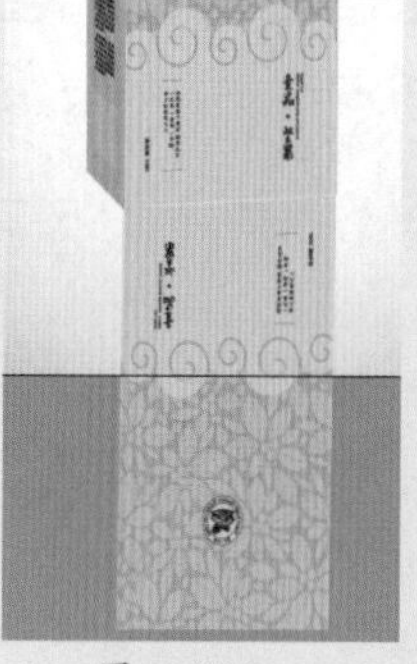

图12-226

图12-227

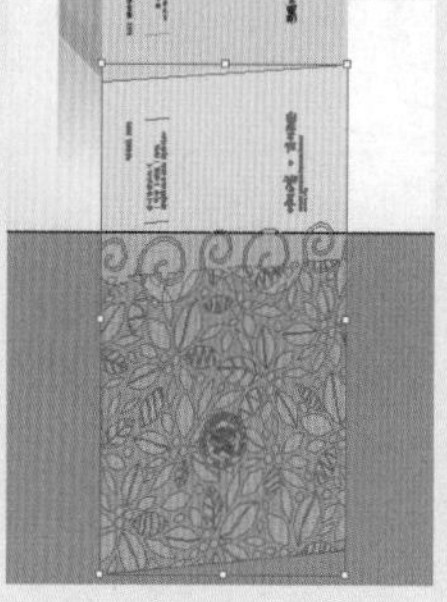

图12-228

09 使用“矩形工具”在两个包装盒正面的中间偏下位置绘制一个矩形，并填充白色到黑色的渐变，效果如图12-229所示。将复制出的包装盒正面和矩形加选，单击控制栏中的“不透明度”按钮，在其下拉面板中单击“制作蒙版”按钮，如图12-230所示，此时效果如图12-231所示。

10 使用同样的方法制作包装盒侧面的倒影，效果如图12-232所示。整体效果如图12-233所示。

11 将包装盒及其倒影框选，然后复制一份，并将复制出的图形进行缩小，摆放在原图形的右侧，最终完成效果如图12-234所示。

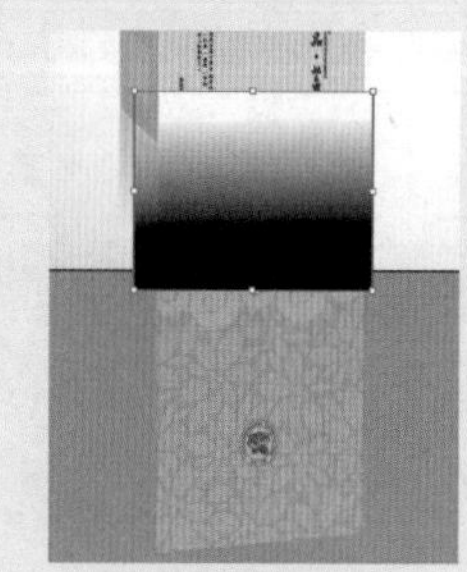

图12-229

图12-230

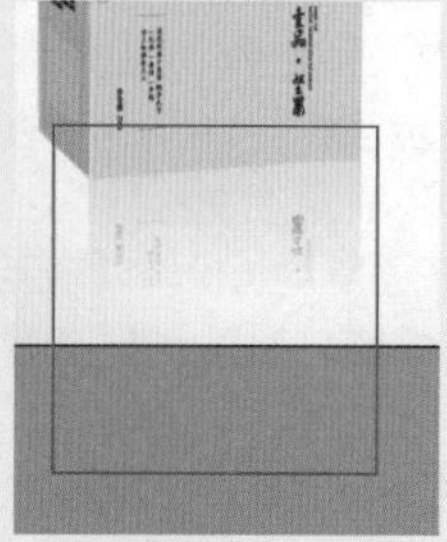

图12-231

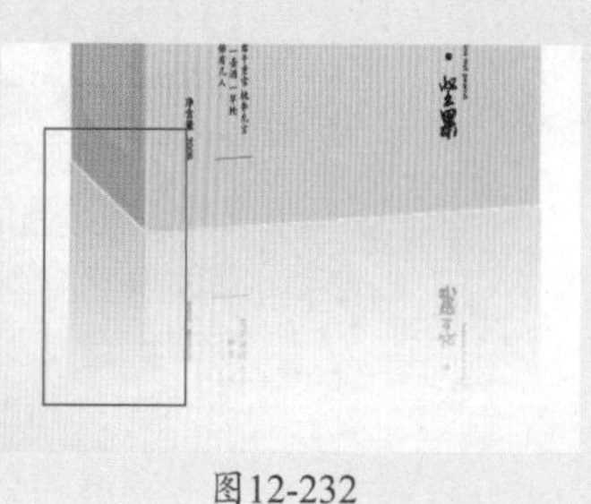

图12-232

图12-233

图12-234

12.4 月饼礼盒

文件路径	第10章\月饼礼盒设计	扫码深度学习
难易指数	★★★★★	
技术掌握	● 混合模式 ● 自由变换工具 ● 矩形工具	

操作思路

在本案例中，首先使用“矩形工具”配合渐变填充、纯色填充制作包装盒顶面的各个部分，然后添加装饰图案，并输入主体文字，最后利用“自由变换工具”制作包装盒的立体效果。

案例效果

案例效果如图12-235所示。

图12-235

实例155 制作顶面背景

操作步骤

01 执行“文件>新建”命令，新建一个宽度为405mm、高度为335mm的空白文档。在工具箱中选择“矩形工具”，在画面中绘制一个矩形，效果如图12-236所示。选择该矩形，单击工具箱底部的“填色”按钮，使之置于前面，设置“填充类型”为“渐变”，执行“窗口>渐变”命令，弹出“渐变”面板，设置“类型”为“线性”，编辑一个红色系的渐变，如图12-237所示。使用工具箱中的“渐变工具”在矩形上拖动调整渐变效果，如图12-238所示。

图12-236

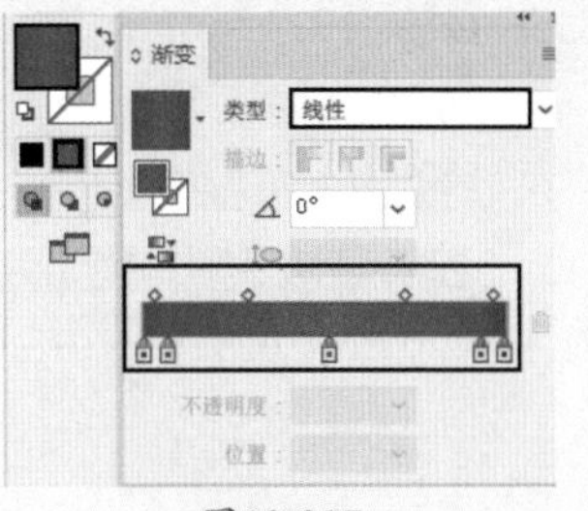

图12-237

图12-238

02 使用同样的方法，在红色系渐变矩形的下方绘制一个填充较深金色系渐变的矩形，效果如图12-239所示。选择工具箱中的“矩形工具”，在金色系渐变矩形的下方绘制一个矩形，然后在工具箱的底部双击“填色”按钮，在弹出的“拾色器”对话框中设置颜色为深卡其色，单击“确定”按钮，效果如图12-240所示。

图12-239

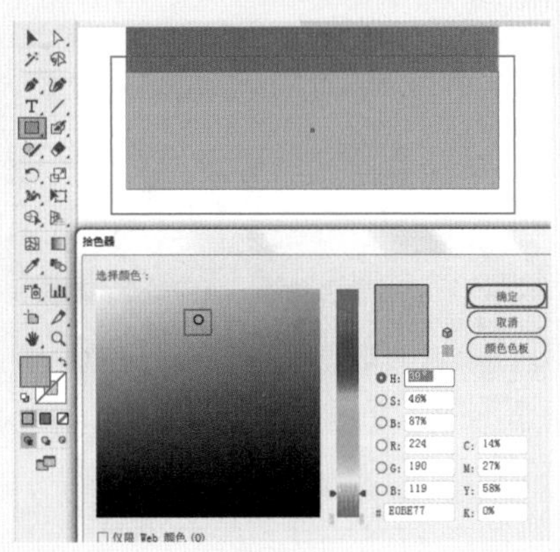

图12-240

03 选择工具箱中的“直排文字工具”，在画面中单击插入光标，在工具箱的底部设置“描边”为无，双击“填色”按钮，在弹出的“拾色器”对话框中设置颜色为棕绿色，单击“确定”按钮，如图12-241所示。在控制栏中设置合适的字体、字号，然后输入文字，按快捷键Ctrl+Enter确认输入操作，效果如图12-242所示。将文字移动到红色系渐变矩形中并进行90°的旋转，效果如图12-243所示。

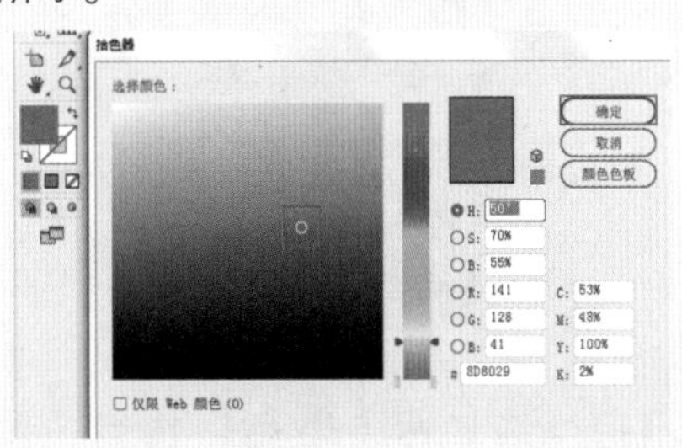

图12-241

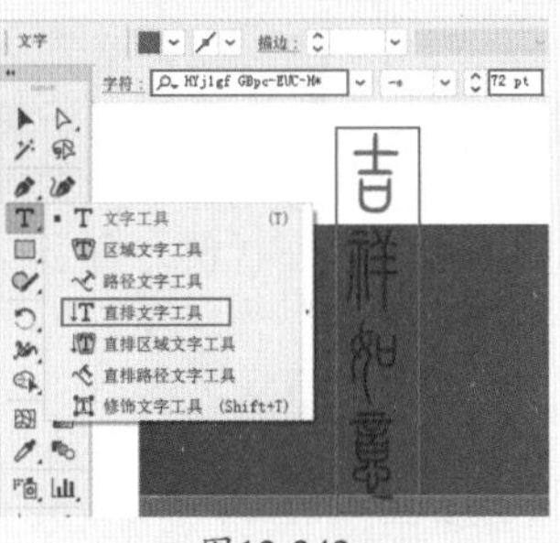

图12-242

图12-243

04 选择文字，按住Alt键拖动鼠标指针，将其进行复制，然后将复制得到的文字移动到合适的位置，效果如图12-244所示。打开素材“1.ai”，选中其中的祥云图形，按快捷键Ctrl+C进行复制，回到刚刚操作的文档中，按快捷键Ctrl+V进行粘贴，然后将祥云图形移动到一组文字的右侧，效果如图12-245所示。再复制出其他的祥云图形，并摆放在合适的位置，效果如图12-246所示。将文字和祥云图形加选，然后按快捷键Ctrl+G将其进行编组。

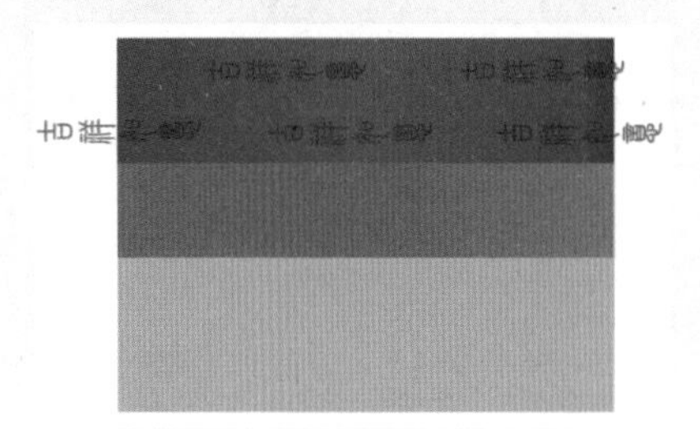

图12-244

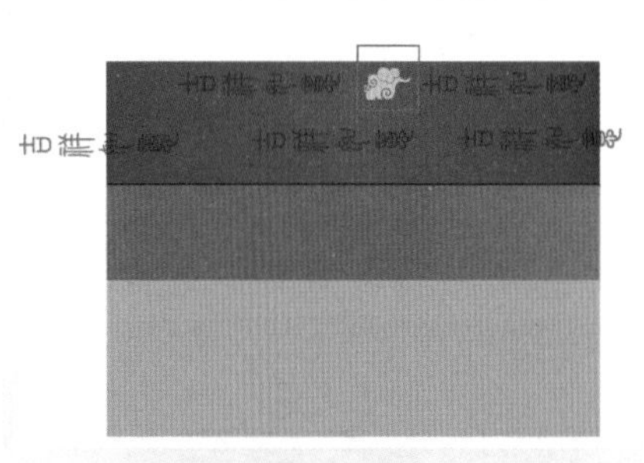

图12-245

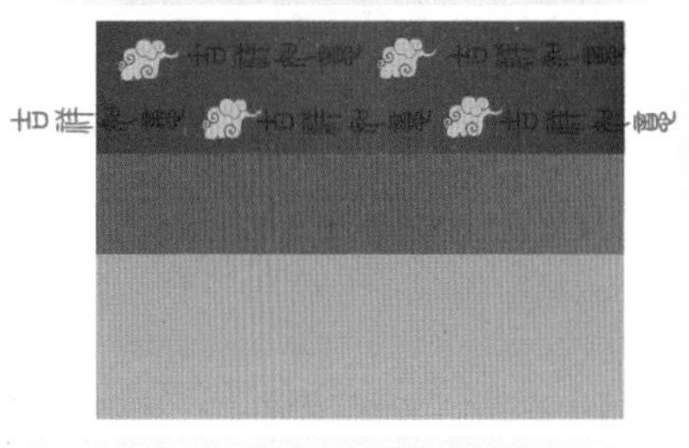

图12-246

05 使用“矩形工具”绘制一个与红色系渐变矩形等大的矩形，效果如图12-247所示。将矩形和文字加选，执行“对象>剪切蒙版>建立”命令，此时效果如图12-248所示。

06 选择文字祥云组，单击控制栏中的“不透明度”按钮，在其下拉面板中设置“混合模式”为“正片叠底”，如图12-249所示，此时效果如图12-250所示。

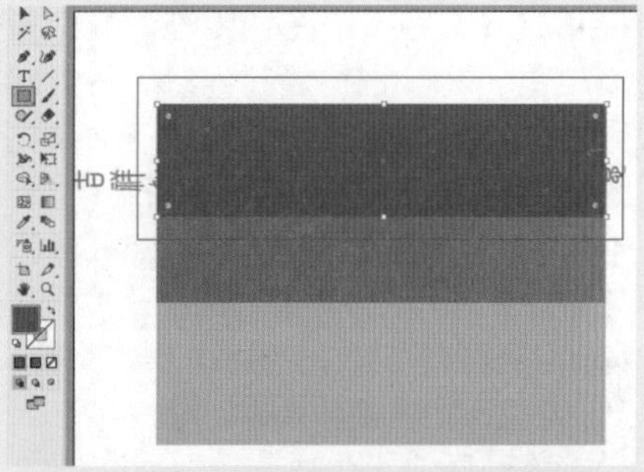

图12-247

图12-248

图12-249

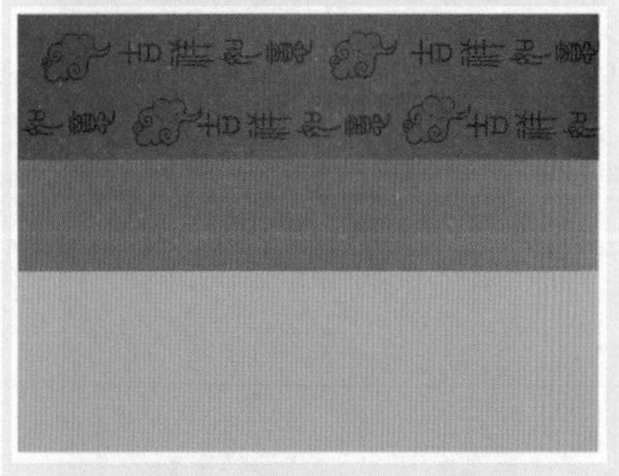

图12-250

07 下面绘制古典花纹。选择工具箱中的“钢笔工具”，在控制栏中设置“描边”为任意颜色，描边“粗细”为8pt，然后绘制一条路径，效果如图12-251所示。选择这条路径，单击鼠标右键，在弹出的快捷菜单中选择“变换>对称”命令，在弹出的“镜像”对话框中选中“水平”单选按钮，单击“复制”按钮，如图12-252所示。将复制得到的路径向下移动，效果如图12-253所示。

图12-251

图12-252

图12-253

08 框选这两条路径，执行“对象>扩展”命令，将路径扩展为图形，如图12-254所示。按快捷键Ctrl+G将两个图形进行编组，然后选择这个图形组，单击工具箱底部的“填色”按钮，使之置于前面，设置“填充类型”为“渐变”，执行“窗口>渐变”命令，弹出“渐变”面板，设置“类型”为“线性”，编辑一个橘红色的渐变，如图12-255所示。使用工具箱中的“渐变工具”在圆形组上拖动调整渐变效果，效果如图12-256所示。

09 下面为圆形组添加“内发光”效果。选择该图形组，执行“效果>风格化>内发光”命令，在弹出的“内发光”对话框中设置“模式”为“正片叠底”，颜色为黑色，“不透明度”为75%，“模糊”为1mm，选中“边缘”单选按钮，单击“确定”按钮，如图12-257所示，此时效果如图12-258所示。

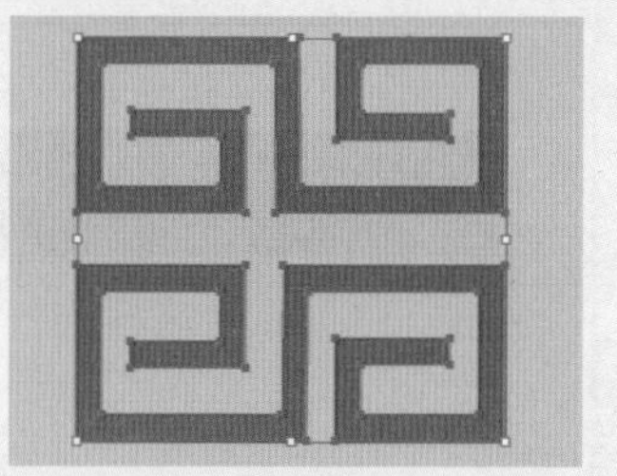

图12-254

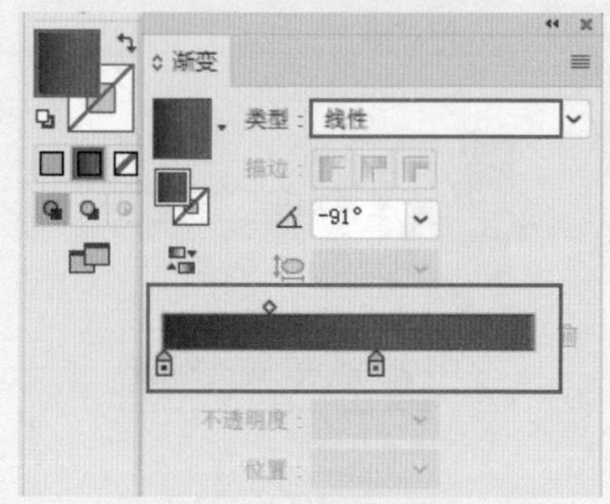

图12-255

图12-256

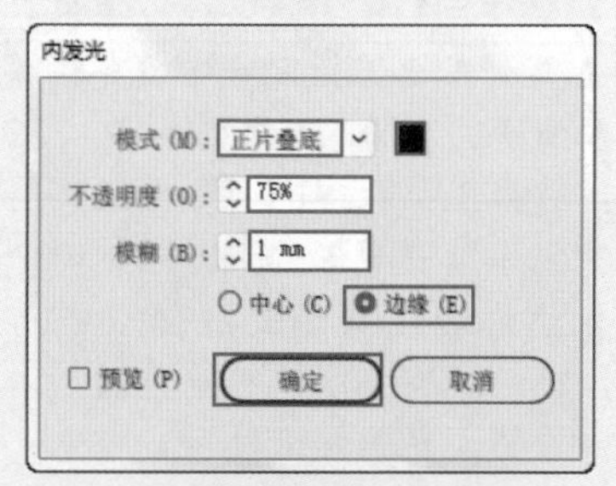

图12-257

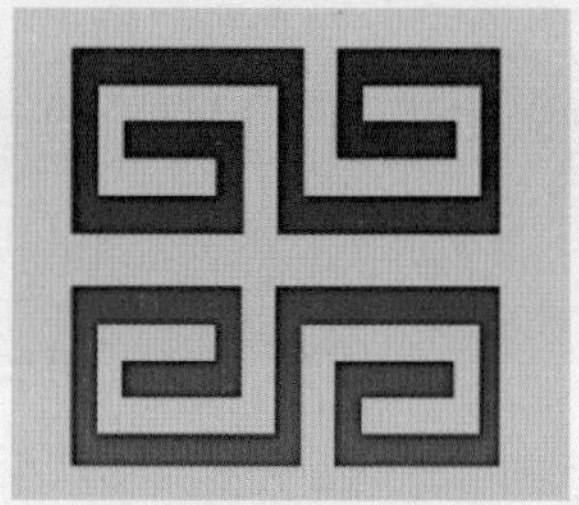

图12-258

10 将图形组移动到相应的位置，效果如图12-259所示。选择该图形组，同时按住Shift键和Alt键拖动鼠标指针，将其进行平移及复制，并将复制得到的图形组放置到原图形组的左侧，效果如图12-260所示。

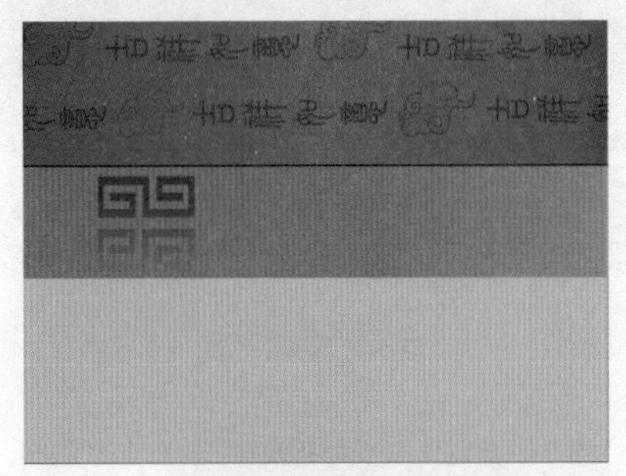

图12-259

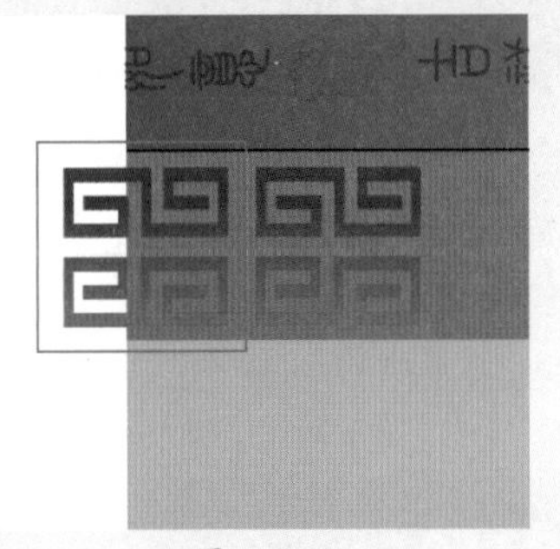

图12-260

11 选中左侧的图形组，在“渐变”面板中设置“类型”为“线性”，编辑一个蓝色系的渐变，如图12-261所示，此时效果如图12-262所示。按住Shift键加选蓝色系渐变图形和橘红色系渐变图形，将其进行编组。

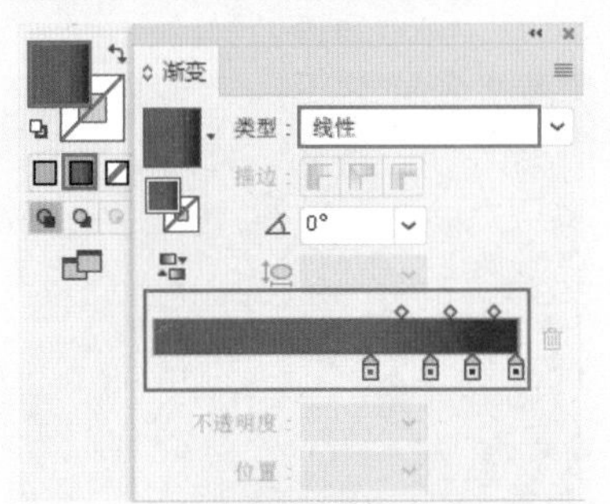

图12-261

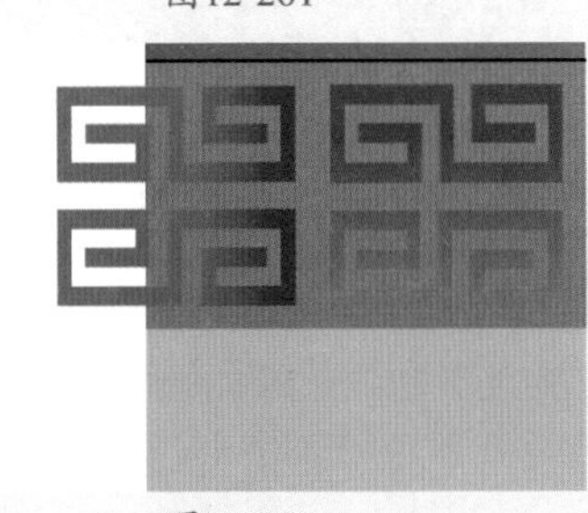

图12-262

12 选择该图形组，单击鼠标右键，在弹出的快捷菜单中选择“变换>对称”命令，在弹出的“镜像”对话框中单击“垂直”单击按钮，然后单击“复制”按钮，效果如图12-263所示。将复制出的图形组摆放到合适的位置，效果如图12-264所示。

图12-263

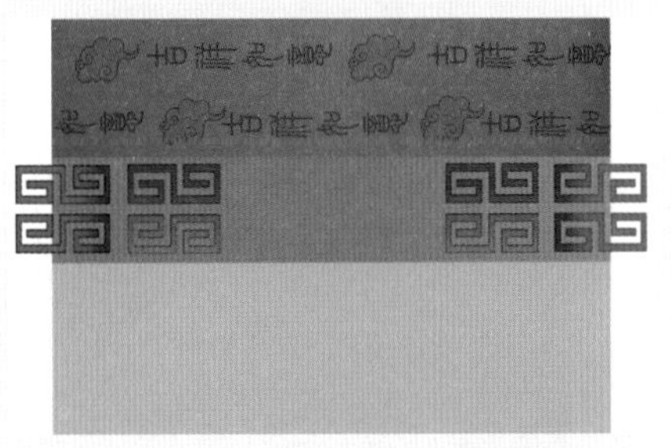

图12-264

13 下面把露出矩形之外的部分隐藏起来。在图形组上绘制一个与金色系渐变矩形等大的矩形，效果如图12-265所示。加选图形组和矩形，按快捷键Ctrl+7创建剪切蒙版，效果如图12-266所示。

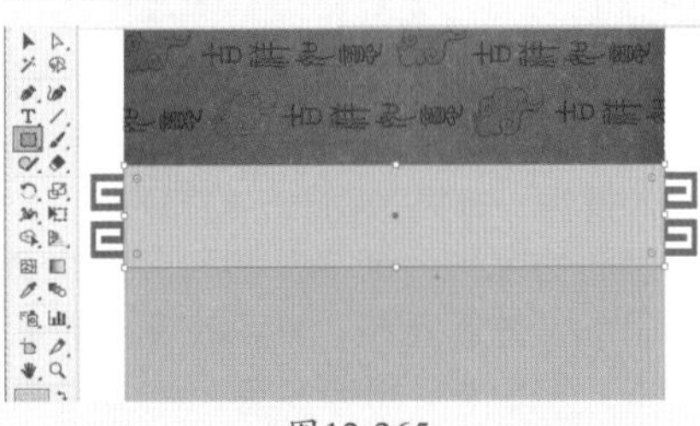

图12-265

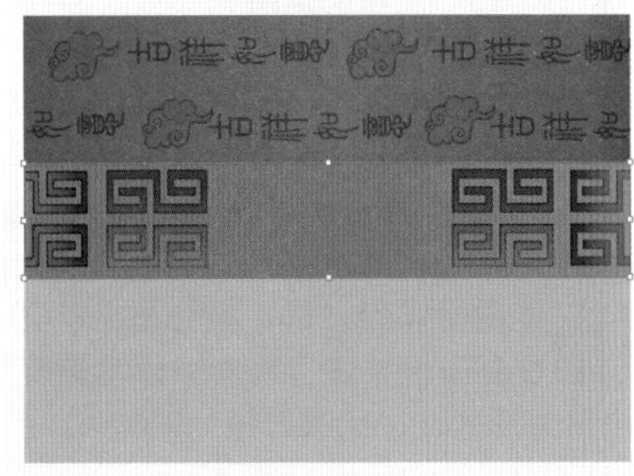

图12-266

14 将素材“1.ai”中的花纹图形复制到文档中，效果如图12-267所示。将这些花纹图形放置在合适位置，效果如图12-268所示。

图12-267

图12-268

15 在花纹图形上绘制一个矩形，效果如图12-269所示。加选花纹图形和矩形，建立剪切蒙版，将露出矩形之外的花纹图形隐藏起来，效果如图12-270所示。

图12-269

图12-270

实例156 制作顶面主体图形

操作步骤

01 执行“文件>置入”命令，将圆形花纹素材“2.png”置入到文档中，调整素材的大小和位置，然后单击控制栏中的“嵌入”按钮，将其进行嵌入，效果如图12-271所示。

图12-271

02 选择“椭圆工具”，按住Shift键在圆形花纹素材的中间绘制一个浅黄色的正圆形，在工具箱的底部设置“描边”为无，双击“填色”按钮，在弹出的“拾色器”对话框中设置颜色为浅黄色，单击“确定”按钮，效果如图12-272所示。选择正圆形，按快捷键Ctrl+C进行复制，然后按快捷键Ctrl+F将其粘贴到原正圆形的前面，同时按住Shift键和Alt键，向正圆形内部拖动圆形的角点将正圆形等比缩小一些，效果如图12-273所示。

03 选择复制出的正圆形，在“渐变”面板中设置“类型”为“线性”，编辑一个金色系的渐变，如图12-274所示。使用工具箱中的“渐变工具”在正圆形上拖动调整渐变效果，如图12-275所示。

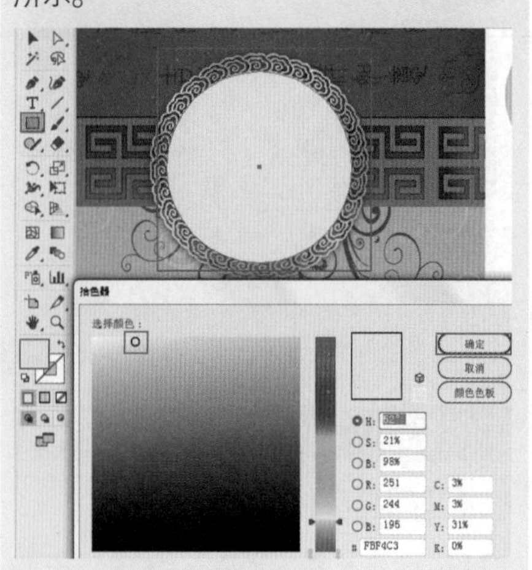

图12-272

图12-273

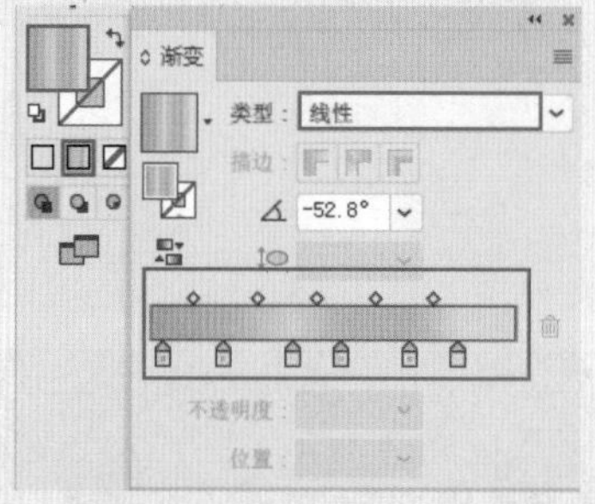

图12-274

图12-275

04 执行“文件>置入”命令，置入牡丹花素材“3.png”，单击控制栏中的“嵌入”按钮，完成素材的嵌入操作，效果如图12-276所示。选择后面的金色系渐变正圆形，按快捷键Ctrl+C进行复制，然后在空白位置单击，取消对正圆形的选择，按快捷键Ctrl+F将其粘贴到牡丹花素材的前面，效果如图12-277所示。将牡丹花素材与正圆形加选，按快捷键Ctrl+7创建剪切蒙版，将露出正圆形以外的牡丹花素材隐藏起来，效果如图12-278所示。

05 使用同样的方法，将牡丹花素材复制一份并进行旋转，以填满整个正圆形区域，此时效果如图12-279所示。

图12-276

图12-277

图12-278

图12-279

06 使用“椭圆工具”在牡丹花素材上绘制一个正圆形，然后将其填充为姜黄色，效果如图12-280所示。选择姜黄色的正圆形，在其上复制出一个正圆形，并将复制出的正圆形等比缩小，然后为其填充金色系渐变，参数设置如图12-281所示，图形效果如图12-282所示。

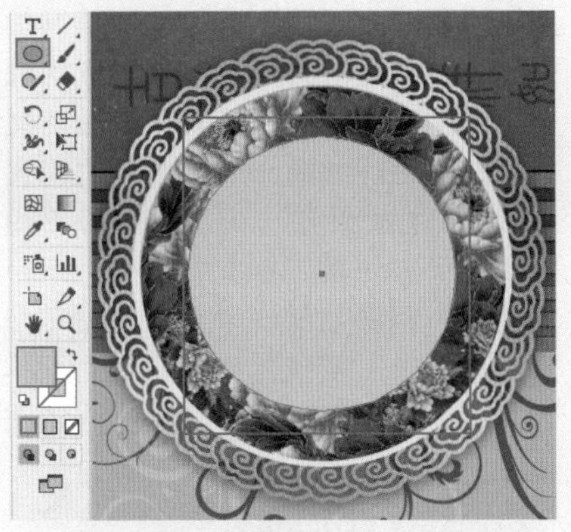

图12-280

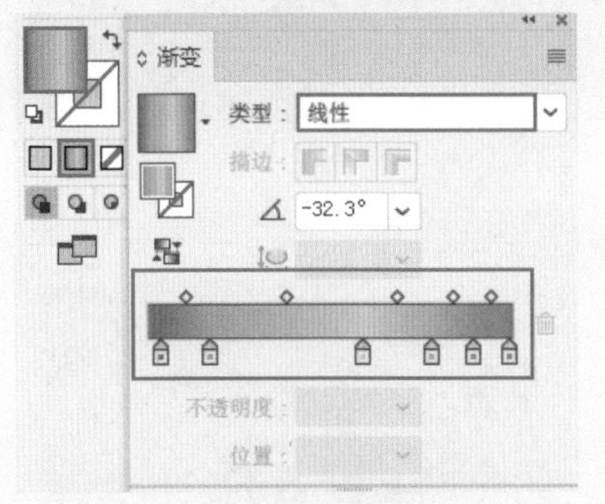

图12-281

图12-282

07 使用同样的方法复制出另一个正圆形，将其等比缩小，然后为其填充咖啡色系渐变，参数设置如图12-283所示，此时效果如图12-284所示。

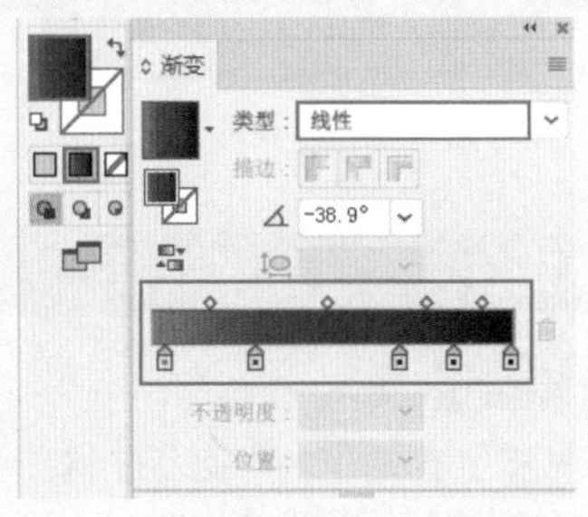

图12-283

图12-284

实例157 制作顶面主体文字

操作步骤

01 置入金色纹理素材“4.jpg”，效果如图12-285所示。选择工具箱中的“文字工具”，在金色纹理素材中单击插入光标，选择一种书法字体并设置合适的字号，然后输入文字，按快捷键Ctrl+Enter确认输入操作，效果如图12-286所示。选择文字，执行“文字>创建轮廓”命令，将其创建为轮廓，效果如图12-287所示。将文字复制三份，移动到画板以外的区域留以备用。

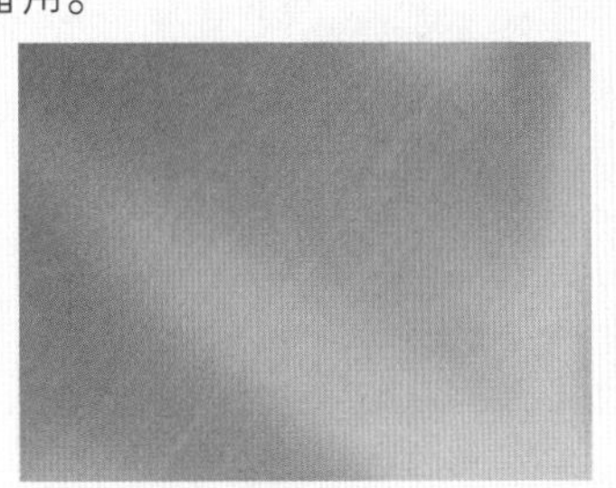

图12-285

图12-286

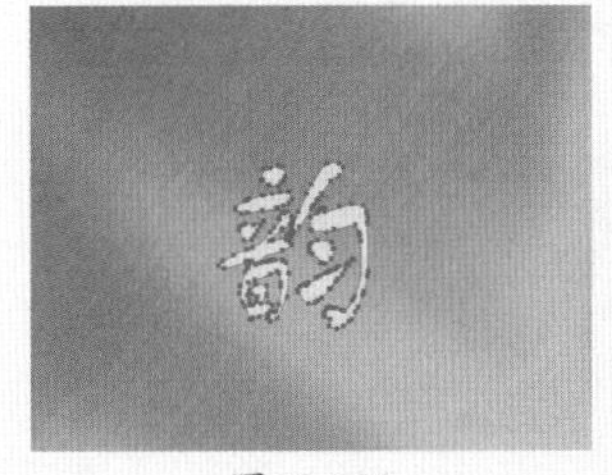

图12-287

02 将文字金色纹理素材加选，执行“对象>剪切蒙版>建立”命令，此时文字呈现出金色纹理，效果如图12-288所示。将画板以外的第一份文字移动到金色纹理文字上，效果如图12-289所示。

图12-288

图12-289

03 选择该文字，执行“效果>艺术效果>塑料包装”命令，在弹出的“塑料包装”对话框的右侧设置“高光强度”为12，“细节”为6，“平滑度”为4，单击“确定”按钮，如图12-290所示，此时效果如图12-291所示。

04 继续选择该文字，单击控制栏中的“不透明度”按钮，在其下拉面板中设置“混合模式”为“正片叠底”，如图12-292所示，此时效果如图12-292所示。

05 将画板以外的第二份文字移动到画板中的文字上。选择该文字，为其编辑一个由透明到白色的渐变，如图12-294所示，此时效果如图12-295所示。

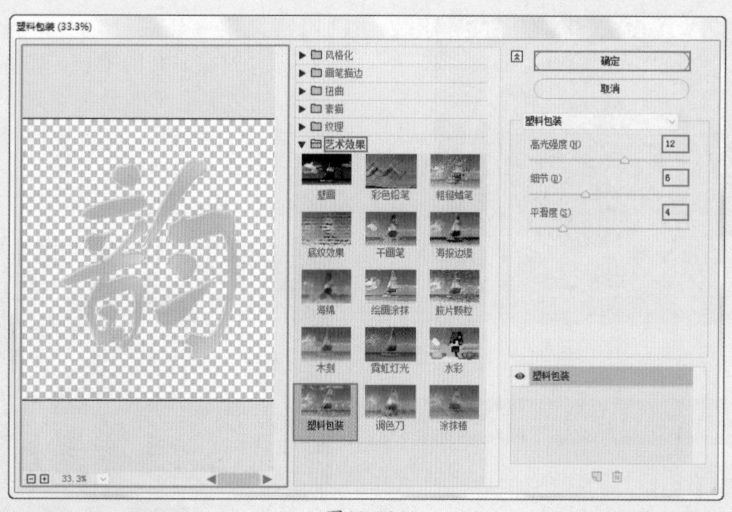

图12-290

图12-291

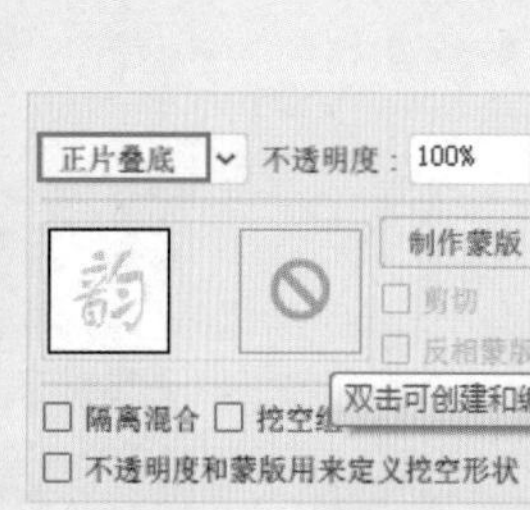

图12-292

图12-293

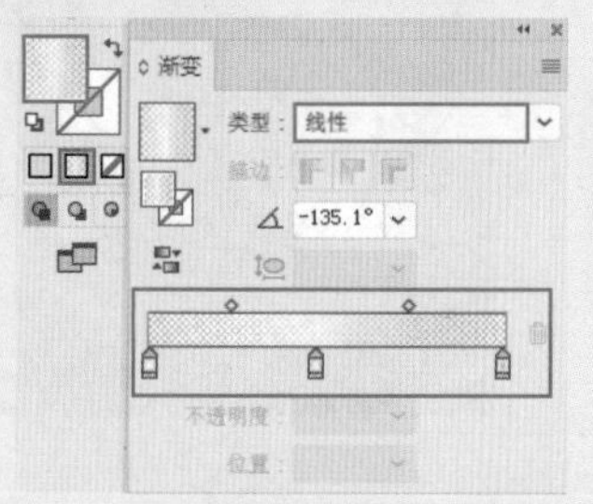

图12-294

图12-295

06 下面制作文字的投影。将画板以外的第三份文字移动到画板中的文字上，执行“效果>风格化>投影”命令，在弹出的“投影”对话框中设置“模式”为“正片叠底”，“不透明度”为75%，“X位移”为1mm，“Y位移”为1mm，“模糊”为1mm，选中“颜色”单选按钮，设置颜色为黑色，单击“确定”按钮，如图12-296所示。选中添加了投影效果的文字，多次执行“对象>排列>后移一层”命令，将其移动到所有文字的后面，效果如图12-297所示。

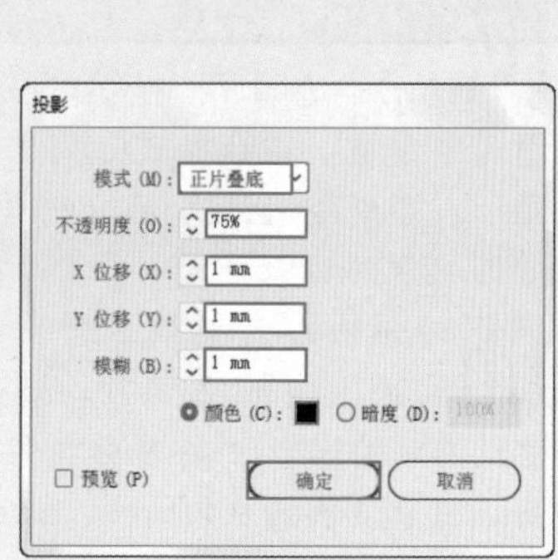

图12-296

图12-297

07 使用工具箱中的“文字工具”，在顶面的左下角输入相应的文字，效果如图12-298所示。选择工具箱中的“直线段工具”，在控制栏中设置“填充”为无，“描边”为棕色，描边“粗细”为2pt，然后在文字与文字之间绘制一条合适长短的直线，将其作为分隔线，效果如图12-299所示。

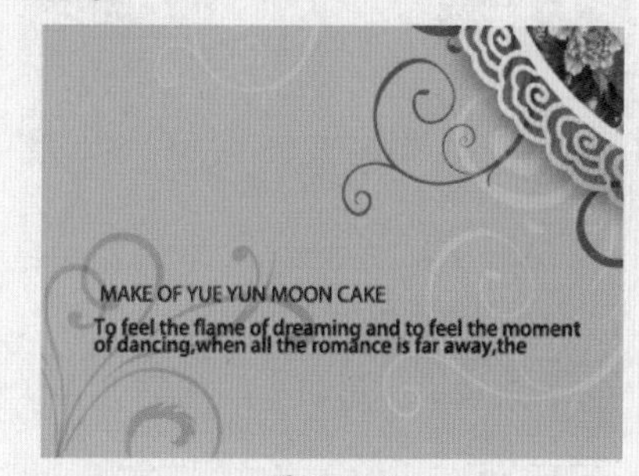

图12-298

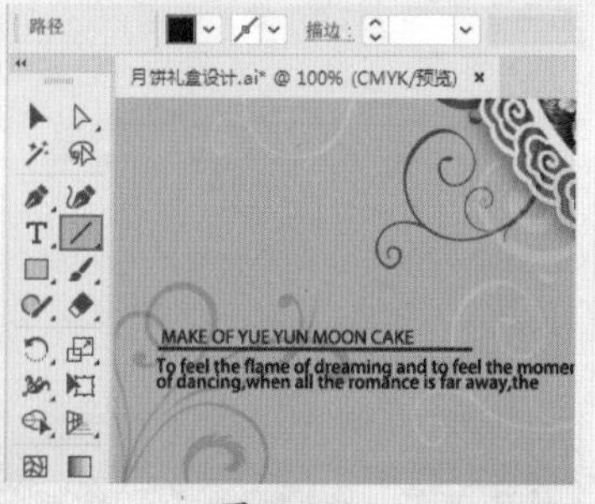

图12-299

08 加选包装盒顶面的所有图形和文字，按快捷键Ctrl+G将它们进行编组。使用同样的方法，在包装盒的周边绘制矩形并填充红色的渐变，效果如图12-300所示。

图12-300

实例158 制作立体效果

操作步骤

01 选择工具箱中的“画板工具”，按住鼠标左键拖动鼠标指针，在画面中绘制一个新的画板，效果如图12-301所示。执行“文件>置入”命令，置入背景素材“5.jpg”，单击控制栏中的“嵌入”按钮，完成素材的嵌入操作，效果如图12-302所示。

图12-301

图12-302

02 将包装盒的顶面复制一份，放置在背景素材上，然后按快捷键Shift+Ctrl+O，将文字创建为轮廓，效果如图12-303所示。选择工具箱中的“自由变换工具”，单击“自由扭曲”按钮，当出现定界框时，选中包装盒顶面的控制点，按住鼠标左键拖动鼠标指针，对包装盒顶面进行变形，效果如图12-304所示。

图12-303

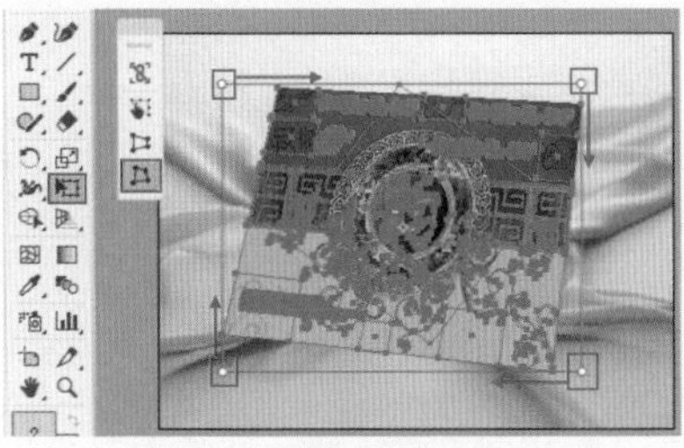

图12-304

03 下面制作包装盒的侧面。使用工具箱中的“钢笔工具”在包装盒顶面的相应位置绘制图形，效果如图12-305所示。选择这个图形，单击工具箱底部的“填色”按钮，使之置于前面，双击“渐变工具”按钮，在弹出的“渐变”面板中设置“类型”为“线性”，编辑一个红色系的渐变，如图12-306所示。使用工具箱中的“渐变工具”在图形上拖动调整渐变效果，如图12-307所示。

图12-305

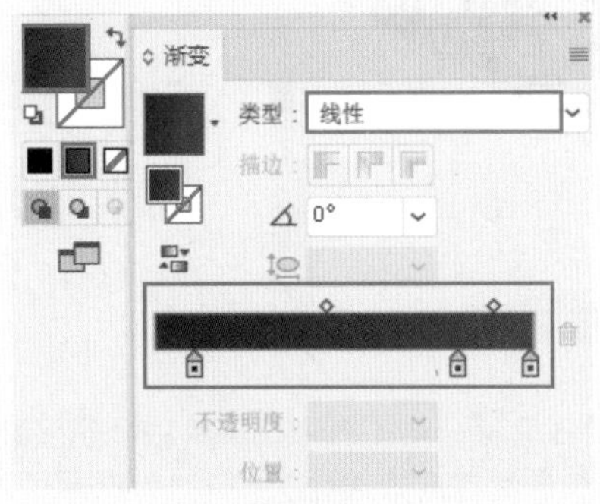

图12-306

图12-307

04 使用同样的方法，使用“钢笔工具”绘制一个黑色的图形，效果如图12-308所示。在黑色图形的上方、下方再绘制两个图形，并为其填充红色系的渐变，效果如图12-309所示。

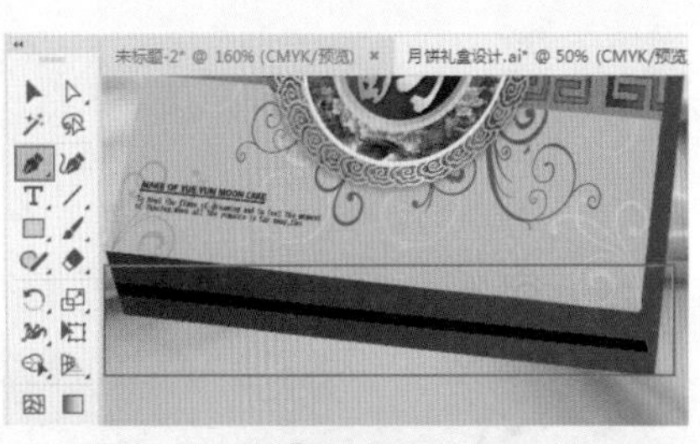

图12-308

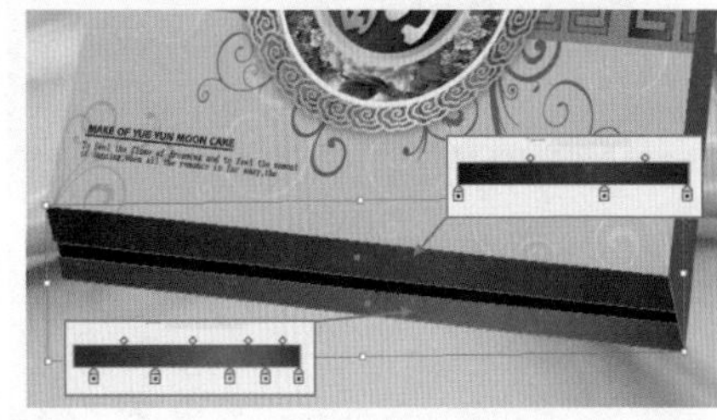

图12-309

05 选择刚绘制的下方的图形，复制一份，放置在原图形的前面。为其填充另一种红色系渐变，单击控制栏中的“不透明度”按钮，在其下拉面板中设置“混合模式”为“正片叠底”，效果如图12-310所示。

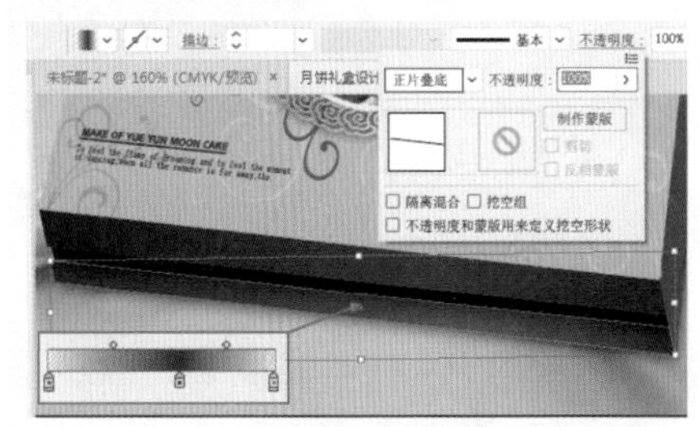

图12-310

06 下面制作包装盒折角处的高光效果。使用“钢笔工具”在包装盒底部的折角位置绘制一条直线，为其填充稍浅一些的红色系渐变，效果如图12-311所示。

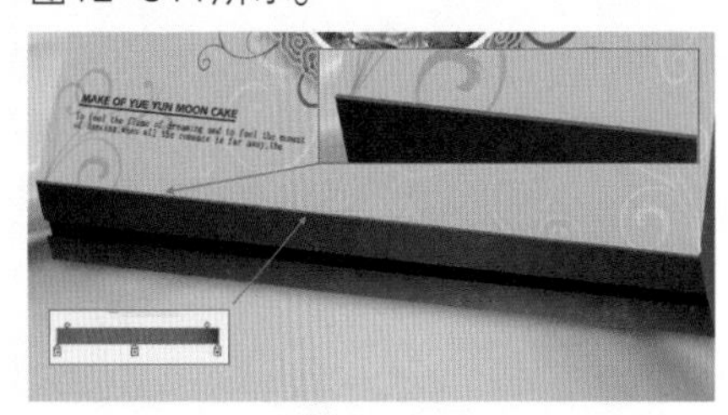

图12-311

07 使用同样的方法绘制包装盒底部下方折角位置的高光效果，如图12-312所示。

08 继续使用同样的方法绘制包装盒右侧面的立体效果，如图12-313所示。

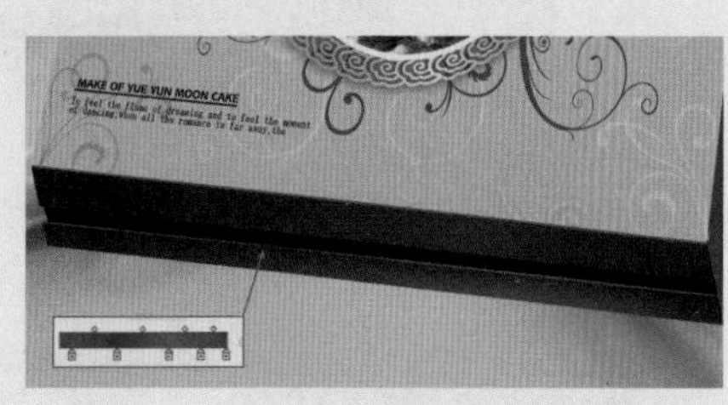

图12-312

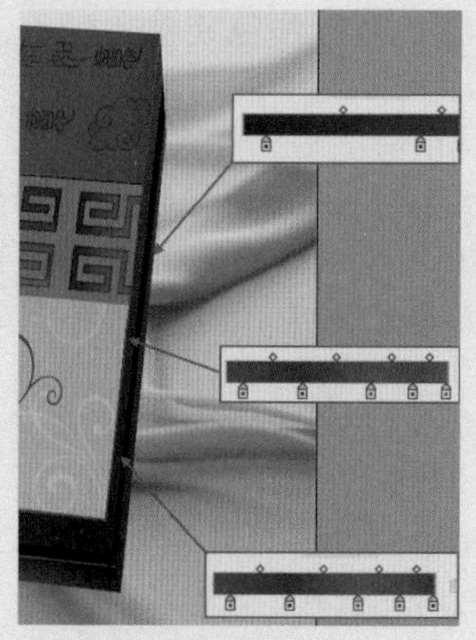

图12-313

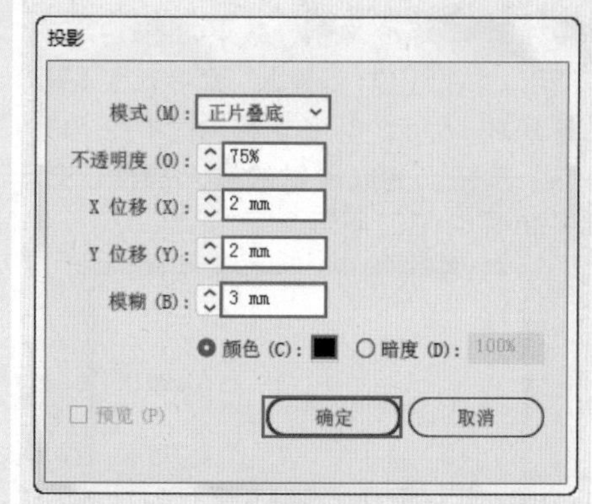

图12-315

09 下面制作包装盒的投影。使用“钢笔工具”沿着包装盒的右下方轮廓绘制一个三角形，效果如图12-314所示。选择该三角形，执行“效果>风格化>投影”命令，在弹出的“投影”对话框中设置“模式”为“正片叠底”，“不透明度”为75%，“X位移”为2mm，“Y位移”为2mm，“模糊”为3mm，选中“颜色”单选按钮，设置颜色为黑色，单击“确定”按钮，如图12-315所示，此时效果如图12-316所示。

图12-316

图12-314

10 继续选择三角形，多次执行“对象>排列>后移一层”命令，将其移动到包装盒的后面，包装盒的投影效果制作完成。最终完成效果如图12-317所示。

图12-317

第13章 网页设计

/ 佳 / 作 / 欣 / 赏 /

13.1 圣诞节促销网页广告

文件路径	第 13 章 \ 圣诞节促销网页广告	 扫码深度学习
难易指数	★★★★★	
技术掌握	● 钢笔工具 ● 文字工具 ● 直线段工具 ● 剪切蒙版	

操作思路

红色调特别符合节日气氛，卡通文字给人以可爱的感觉。在本案例中，主要使用剪切蒙版将矩形的图片素材处理成圆形，并使用“文字工具”为画面添加文字。

案例效果

案例效果如图13-1所示。

图13-1

实例159 制作辅助文字

操作步骤

01 执行“文件>新建”命令，创建宽度为2 208px、高度为1 242px、横向的空白文档。选择工具箱中的“矩形工具”，在工具箱的底部设置“描边”为无，双击“填色”按钮，

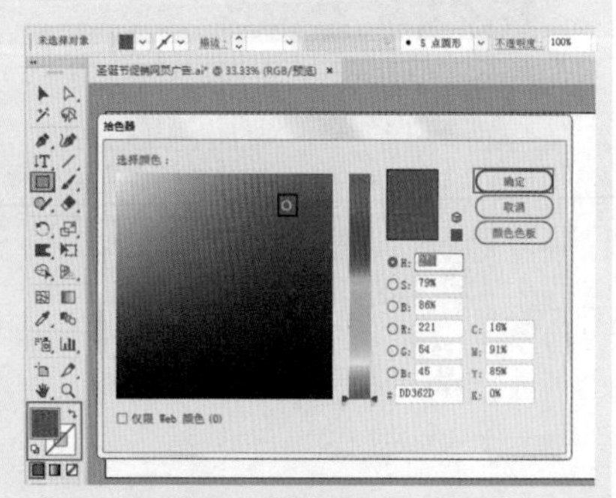

图13-2

在弹出的“拾色器”对话框中设置颜色为红色，单击“确定”按钮，如图13-2所示。在使用“矩形工具” 的状态下，绘制一个与画板等大的矩形，效果如图13-3所示。

02 选择工具箱中的“钢笔工具”，在工具箱的底部设置“填色”为深红色，“描边”为无，在画面的左上角绘制一个图形，效果如图13-4所示。使用同样的方法，再次绘制一个蓝色的图形，效果如图13-5所示。

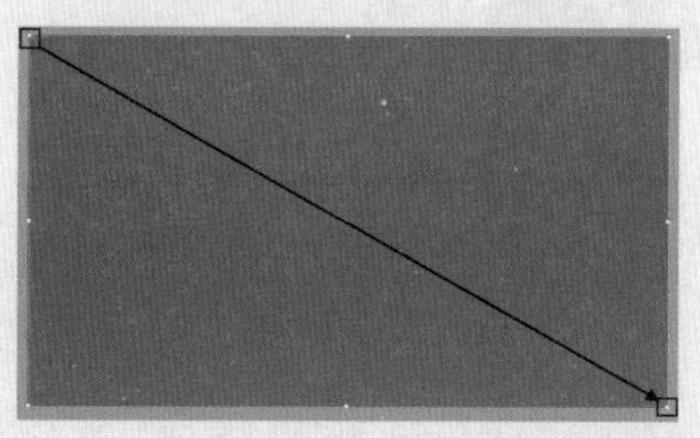

图13-3

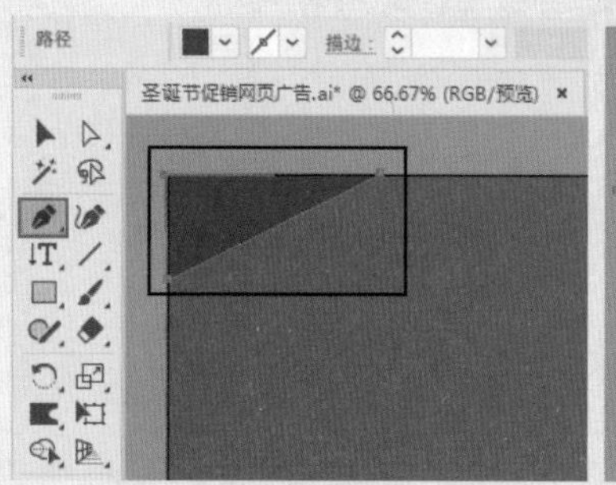

图13-4

图13-5

03 在蓝色图形被选中的状态下，单击鼠标右键，在弹出的快捷菜单中选择“排列>后移一层”命令，将其移动到深红色图形的后面，效果如图13-6所示。使用同样的方法，绘制其他图形并放置在合适的位置，效果如图13-7所示。

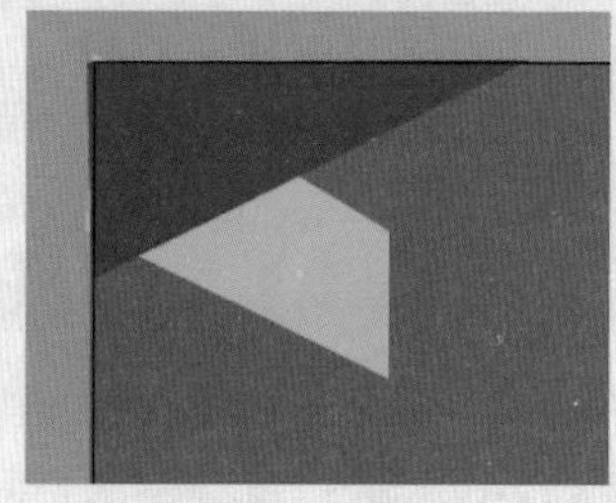

图13-6

图13-7

04 选择工具箱中的“文字工具”，在图形的右侧单击插入光标，在工具箱的底部设置“填色”为黄色，“描边”为无，在控制栏中选择合适的字体、字号，设置“段落”为“左对齐”，然后在画面中输入文字，按快捷键Ctrl+Enter确认输入操作，效果如图13-8所示。使用同样的方法，继续在画面中输入文字，效果如图13-9所示。

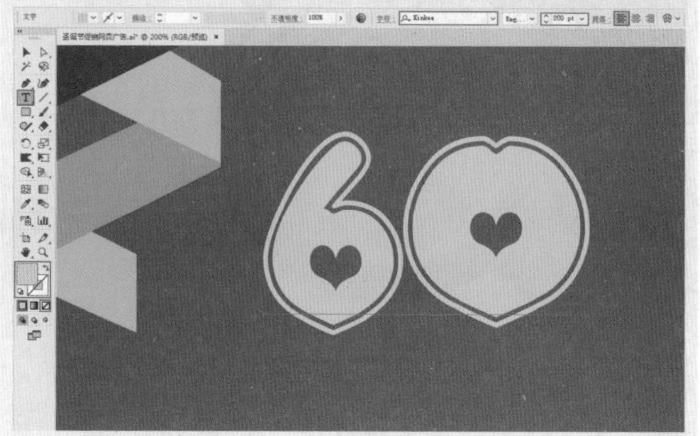

图13-8

图13-9

05 选择工具箱中的“直线段工具”，在工具箱的底部设置“填色”为黄色，“描边”为黄色，在控制栏中设置描边“粗细”为6pt，设置完成后，按住Shift键在文字的中间绘制一条直线，效果如图13-10所示。

图13-10

实例160 制作主体文字

操作步骤

01 使用“文字工具”在画面左侧适当的位置输入文字，效果如图13-11所示。

图13-11

02 执行“文件>打开”命令，在弹出的“打开”对话框中选择素材“1.ai”，单击“打开”按钮，如图13-12所示，效果如图13-13所示。

03 在打开的素材“1.ai”中选择装饰图形，按快捷键Ctrl+C将其进行复制，返回刚刚操作的文档中，按快捷键Ctrl+V将其粘贴在画面中，效果如图13-14所示。

图13-12

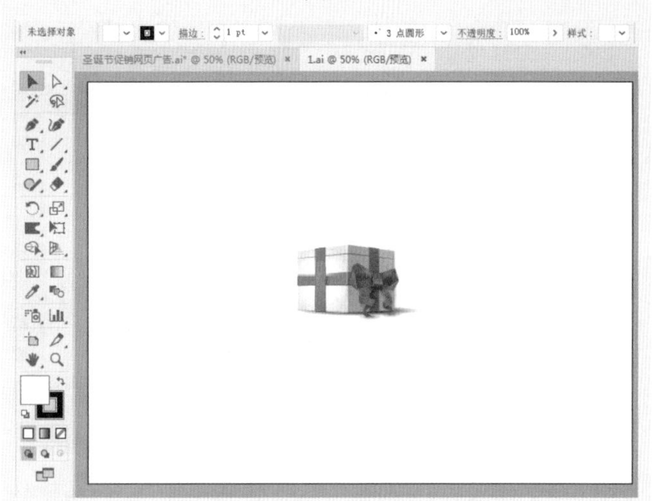
图13-13

图13-14

实例161 制作右侧产品图形

操作步骤

01 执行“文件>置入”命令，在弹出的“置入”对话框中选择素材“2.jpg”，单击“置入”按钮，如图13-15所示。按住鼠标左键拖动鼠标指针，在画面下方合适的位置控制置入对象的大小，释放鼠标左键完成置入操作。在控制栏中单击“嵌入”按钮，将素材嵌入到文档中，效果如图13-16所示。

图13-15

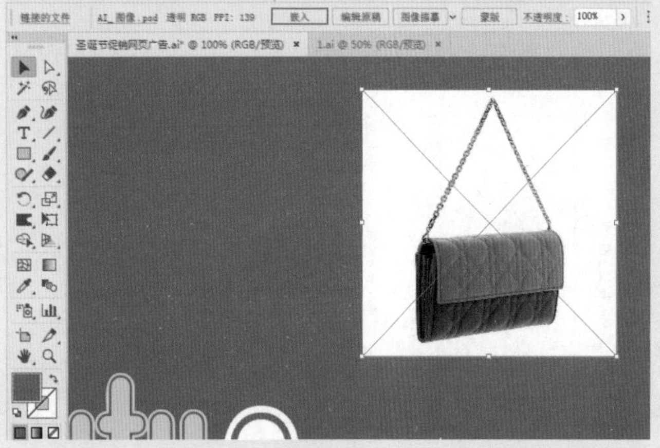

图13-16

02 选择工具箱中的“椭圆工具”，按住Shift键在素材“2.jpg”上绘制一个正圆形，效果如图13-17所示。选择工具箱中的“选择工具”，按住Shift键加选素材“2.jpg”和正圆形，然后单击鼠标右键，在弹出的快捷菜单中选择“建立剪切蒙版”命令，此时效果如图13-18所示。

03 使用“文字工具”在图形的下方输入文字，效果如图13-19所示。使用同样的方法，在画面的右侧置入素材，并对素材执行“建立剪切蒙版”命令，然后在每个素材的下方输入文字。最终完成效果如图13-20所示。

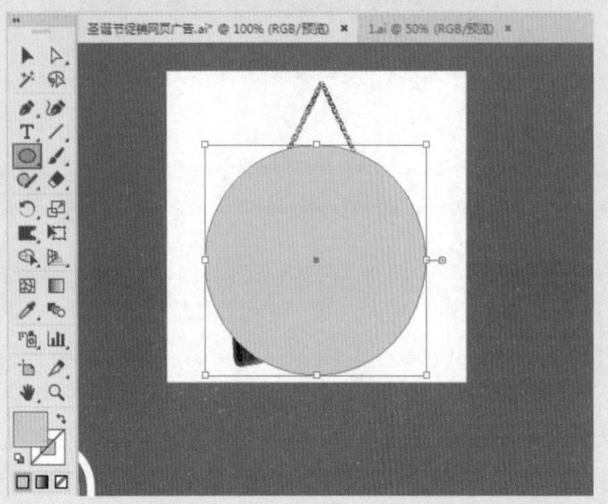

图13-17

图13-18

图13-19

图13-20

13.2 音乐主题网页

文件路径	第13章\音乐主题网页设计
难易指数	★★★★★
技术掌握	● 钢笔工具 ● 椭圆工具 ● 剪切蒙版

扫码深度学习

操作思路

在本案例中，首先使用“矩形工具”“钢笔工具”制作网页的背景；然后使用“文字工具”在画面中输入文字，以制作导航栏；再将素材置入并嵌入到文档中，使用“建立剪切蒙版”命令将素材多余的部分隐藏起来；最后结合使用“椭圆工具”和“矩形工具”制作多种颜色的圆环。

案例效果

案例效果如图13-21所示。

图13-21

实例162 制作网页背景

操作步骤

01 执行“文件>新建”命令，创建一个宽度为1 920px、高度为1200px的空白文档。选择工具箱中的“矩形工具”，在工具箱的底部设置“描边”为无，双击“填色”按钮，在弹出的“拾色器”对话框中设置颜色为卡其色，单击“确定”按钮，如图13-22所示。在使用“矩形工具”的状态下，从画面的左上角拖动鼠标指针至右下角，绘制一个与画板等大的矩形，效果如图13-23所示。

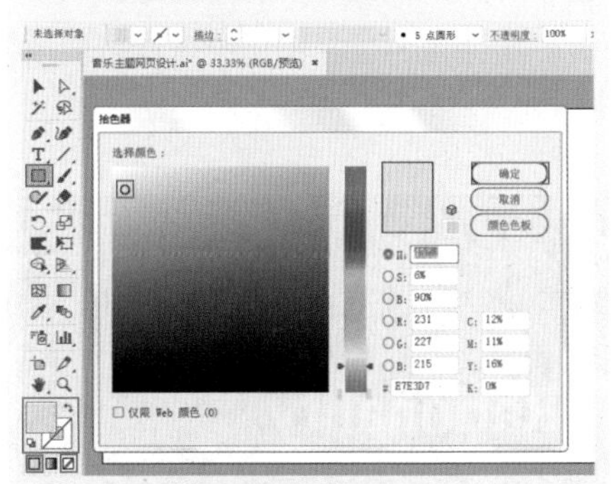
图13-22

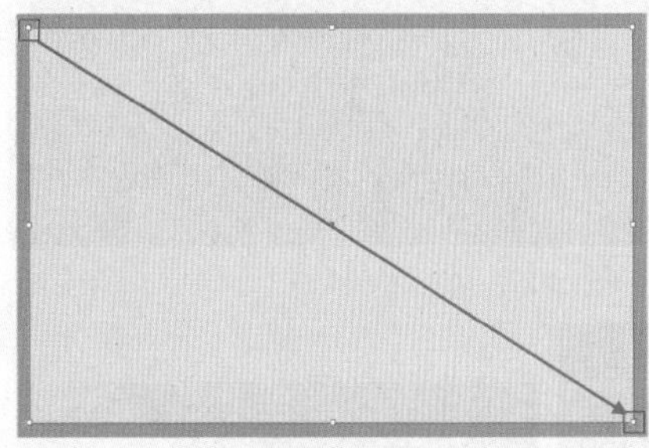
图13-23

02 选择工具箱中的“钢笔工具”，在控制栏中设置“填充”为白色，“描边”为无，然后在画面中适当的位置绘制一条曲线，效果如图13-24所示。使用同样的方法，再次绘制两条曲线，效果如图13-25所示。

03 选择工具箱中的“选择工具”按住Shift键加选这三条曲线，单击鼠标右键，在弹出的快捷菜单中选择“编组”命令，将三条曲线进行编组。在该组被选中的状态下，执行“对象>变换>旋转”命令，在弹出的“旋转”对话框中设置“角度”为180°，单击“复制”按钮，如图13-26所示，效果如图13-27所示。

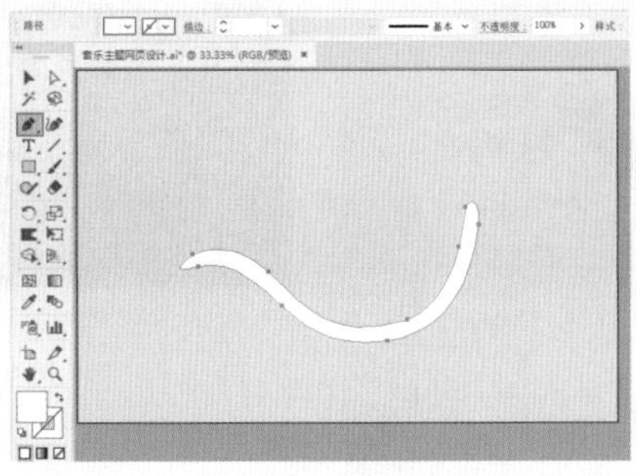
图13-24

图13-25

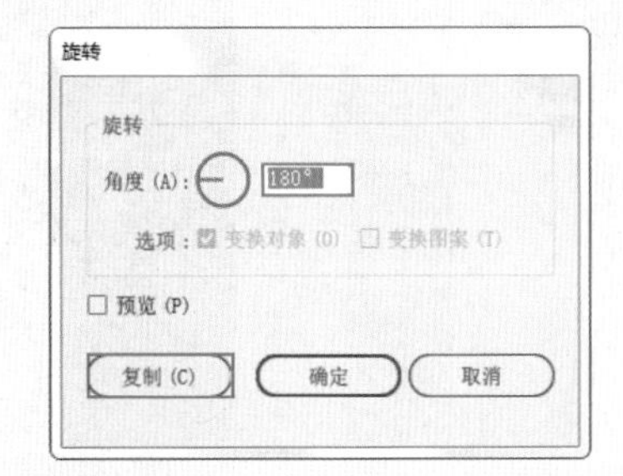

图13-26

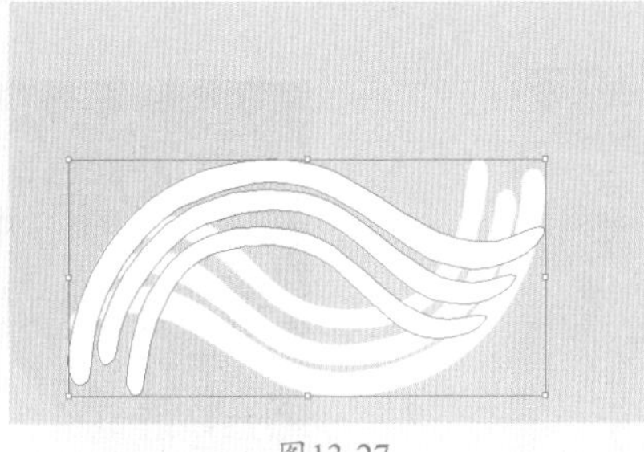
图13-27

04 在使用“选择工具”的状态下，将复制得到的曲线组放置在适当的位置，效果如图13-28所示。在复制得到的曲线组被选中的状态下，选择工具箱中的“选择工具”，按住Alt键拖动鼠标指针，将其复制一份并向上移动，然后将鼠标指针定位到曲线组定界框的四角处，当鼠标指针变为双箭头时按住Shift键进行拖动，将复制得到的曲线组等比放大，效果如图13-29所示。

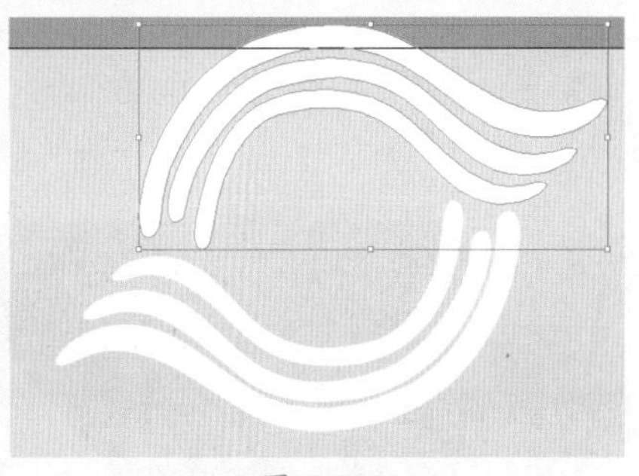
图13-28

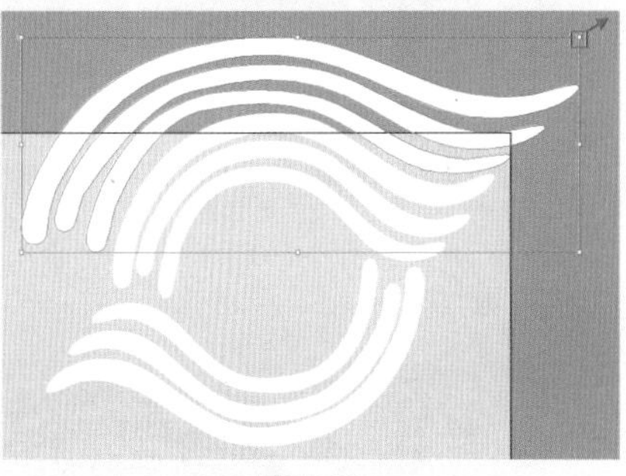
图13-29

05 在较大的曲线组被选中的状态下，在工具箱的底部设置“填色”为红色，“描边”为无，效果如图13-30所示。加选三个曲线组，单击鼠标右键，在弹出的快捷菜单中选择“编组”命令。

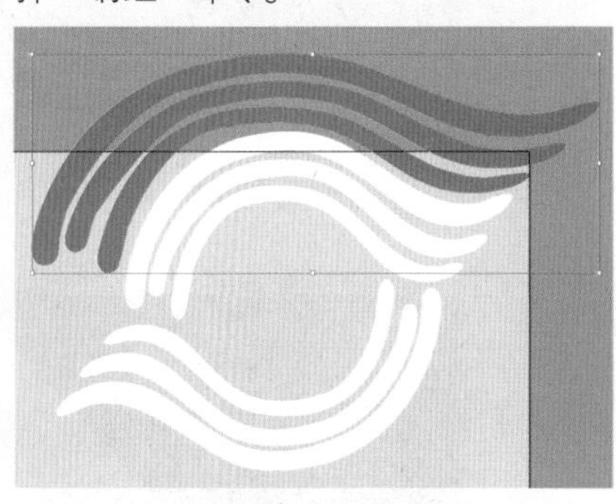
图13-30

06 选择工具箱中的“钢笔工具”，在控制栏中设置“填充”为黑色，“描边”为无，在画面中绘制一个不规则的四边形，然后在控制栏中设置“不透明度”为90%，效果如图13-31所示。

07 选中曲线组，按快捷键Ctrl+C将其复制，按快捷键Ctrl+F将其粘贴在前面，在控制栏中设置“填充”为黑色，“描边”为无，效果如图13-32所示。使用同样的方法，将黑色的四边形复制并粘贴在前面，然后按住Shift键加选四边形和曲线组，单击鼠标右键，在弹出的快捷菜单中选择“建立剪切蒙版”命令，效果如图13-33所示。

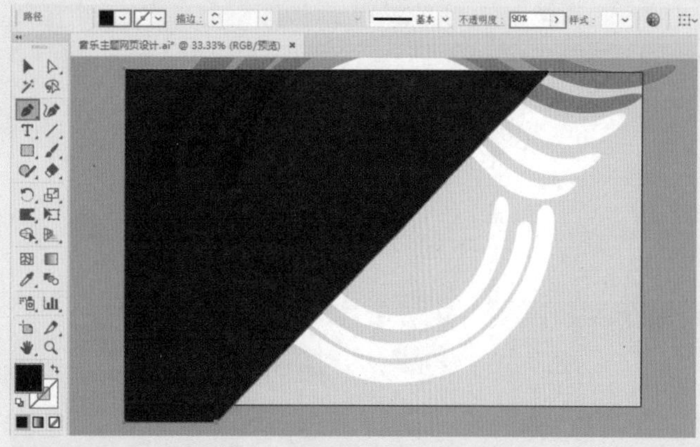

图13-31

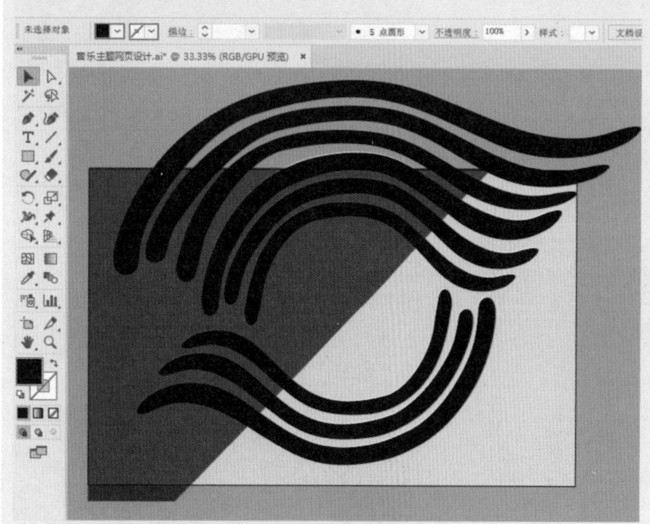

图13-32

图13-33

实例163 制作导航栏

操作步骤

01 再次将曲线组进行复制，将复制得到的曲线组粘贴在最前面，并将其等比缩小，效果如图13-34所示。单击鼠标右键，在弹出的快捷菜单中选择“取消编组”命令。选中最上方的红色图形，按Delete键将其删除，然后将剩下的图形填充为红色，并设置“描边”为无，得到标志图形，效果如图13-35所示。

图13-34　　图13-35

02 选择工具箱中的“文字工具”，在标志图形的下方单击插入光标，在控制栏中设置“填充”为白色，“描边”为白色，描边“粗细”为2pt，选择合适的字体、字号，然后在画面中输入文字，按快捷键Ctrl+Enter确认输入操作，效果如图13-36所示。使用同样的方法继续输入文字，效果如图13-37所示。

03 使用“钢笔工具”在适当的位置绘制一个红色的图形，效果如图13-38所示。

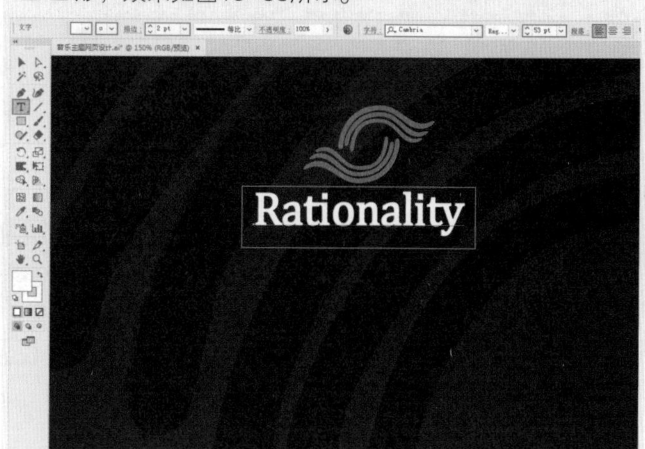

图13-36

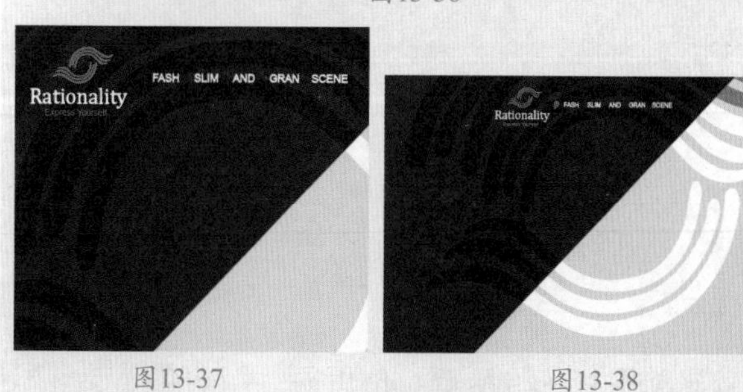

图13-37　　图13-38

实例164 制作主体图形

操作步骤

01 执行“文件>置入”命令，在弹出的“置入”对话框中选择素材“1.jpg”，单击“置入”按钮，如图13-39所示。按住鼠标左键拖动鼠标指针，在画面下方合适的位置控制置入对象的大小，释放鼠标左键完成置入操作。在控制栏中单击“嵌入”按钮，将素材嵌入到文档中，效果如图13-40所示。

图13-39

图13-40

02 选择工具箱中的“椭圆工具”，按住Shift键在素材“1.jpg”上绘制一个正圆形，效果如图13-41所示。选择工具箱中的“选择工具”，按住Shift键加选素材“1.jpg”和正圆形，然后单击鼠标右键，在弹出的快捷菜单中选择“建立剪切蒙版”命令，效果如图13-42所示。

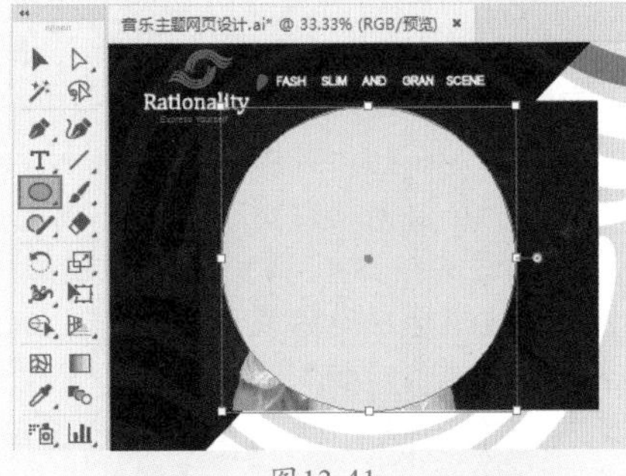

图13-41

图13-42

03 选择工具箱中的“椭圆工具”，在控制栏中设置“填充”为无，“描边”为白色，描边“粗细”为80pt，在素材“1.jpg”上绘制一个正圆形轮廓，效果如图13-43所示。在该图形被选中的状态下，在控制栏中设置“不透明度”为40%，效果如图13-44所示。

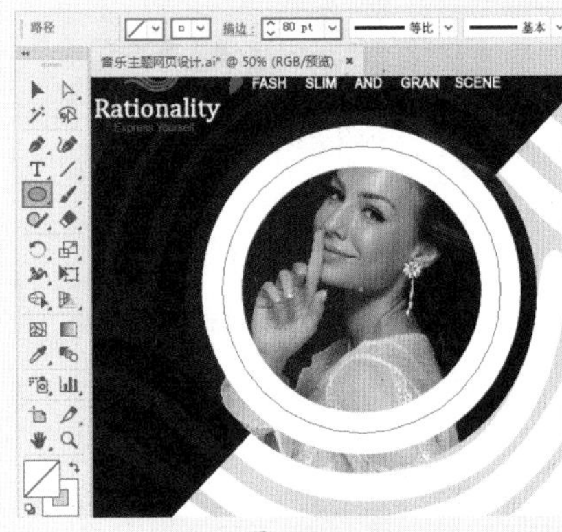

图13-43

图13-44

04 继续使用“椭圆工具”绘制一个“描边”为白色、描边“粗细”为12pt的正圆形轮廓，得到一个白色的圆环，效果如图13-45所示。在白色的圆环上绘制一个矩形，效果如图13-46所示。

图13-45

图13-46

05 将白色的圆环和矩形加选，单击鼠标右键，在弹出的快捷菜单中选择“建立剪切蒙版”命令，得到白色的弧线，效果如图13-47所示。使用同样的方法制作橘黄色的弧线，使其与白色弧线拼合成一个正圆形圆环，效果如图13-48所示。

图13-47

图13-48

06 使用同样的方法制作出一个三色的圆环，将其编组，效果如图13-49所示。继续使用同样的方法，在画面中制作多个图形组成的圆环，效果如图13-50所示。

07 在圆环被选中的状态下，多次单击鼠标右键，在弹出的快捷菜单中选择“排列>后移一层”命令，效果如图13-51所示。

图13-49

图13-50

图13-51

08 使用“椭圆工具”在圆环的下方绘制一个红色的正圆形，效果如图13-52所示。选择工具箱中的“文字工具”，在正圆形中输入文字，效果如图13-53所示。

09 使用同样的方法，继续在画面中输入文字，效果如图13-54所示。

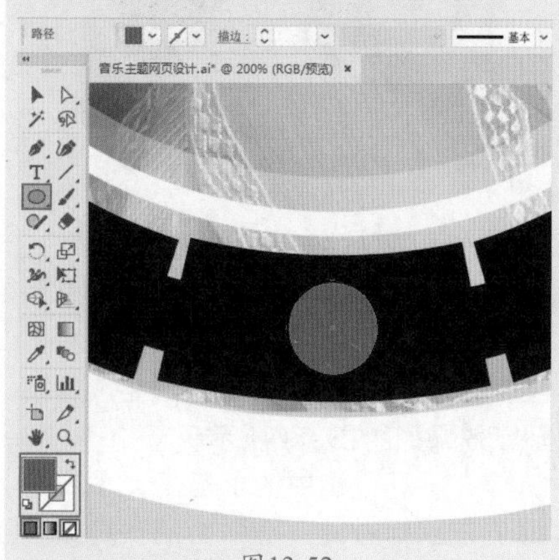

图13-52

图13-53

图13-54

10 执行“文件>打开”命令，打开素材“2.ai”，选择其中的素材图形，按快捷键Ctrl+C将其进行复制，返回刚刚操作的文档中，按快捷键Ctrl+V将其粘贴在画面中。最终完成效果如图13-55所示。

图13-55

13.3 单色网页

文件路径	第13章\单色网页设计
难易指数	★★★★★
技术掌握	● 符号库 ● 文字工具 ● 矩形工具 ● 圆角矩形工具

扫码深度学习

操作思路

在本案例中，首先通过“建立剪切蒙版”命令将素材的多余部分隐藏起来作为网页背景，然后使用“矩形工具”“直线段工具”“圆角矩形工具”等制作栏目模块，再使用“文字工具”输入文字，最后在“符号库”中选择适当的符号添加在画面中。

案例效果

案例效果如图13-56所示。

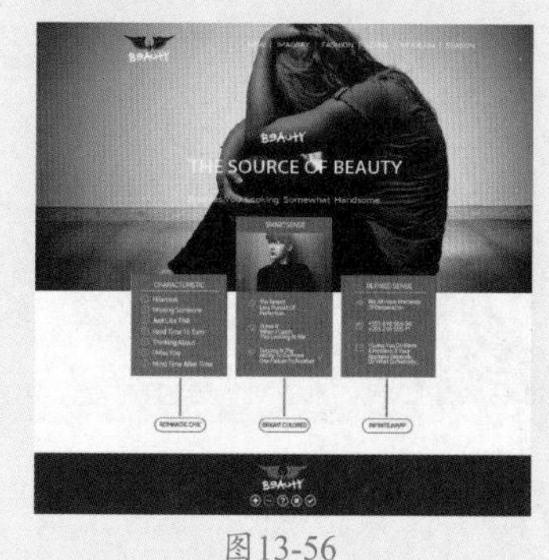

图13-56

实例165 制作网页背景

操作步骤

01 执行“文件>新建”命令，创建一个宽度为1920px、高度为1840px、横向的空白文档。执行“文件>置入”命令，在弹出的“置入”对话框中选择素材“1.jpg”，单击“置入”按钮，如图13-57所示。按住鼠标左键拖动鼠标指针，在画面下方合适的位置控制置入对象的大小，释放鼠标左键完成置入操作。在控制栏中单击“嵌入”按钮，将素材嵌入到文档中，效果如图13-58所示。

图13-57

图13-58

02 选择工具箱中的“矩形工具”，在素材“1.jpg”上绘制一个矩形，效果如图13-59所示。选择工具箱中的“选择工具”，按住Shift键加选素材“1.jpg”和矩形，然后单击鼠标右键，在弹出的快捷菜单中选择“建立剪切蒙版”命令，效果如图13-60所示。

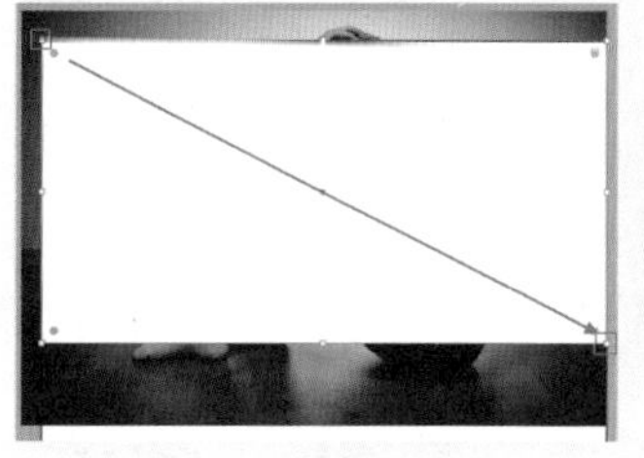

图13-59　　图13-60

03 继续使用“矩形工具”，在控制栏中设置“填充”为深灰色，在画面的底部绘制一个矩形，效果如图13-61所示。

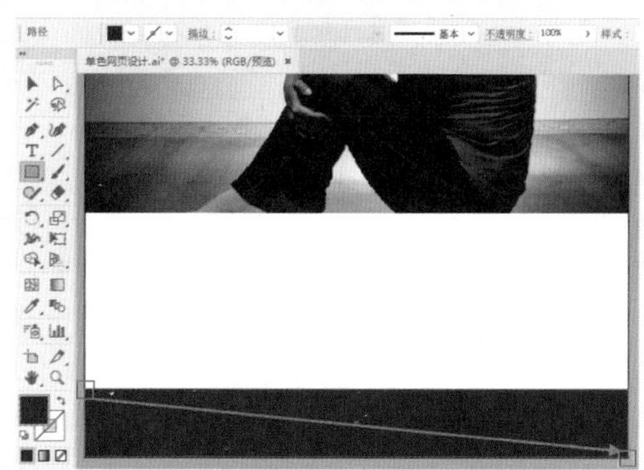

图13-61

实例166　制作网页标志

操作步骤

01 执行“窗口>符号库>至尊矢量包”命令，在弹出的“至尊矢量包”面板中选中“至尊矢量包15”符号，按住鼠标左键将其拖动至画面的上方，单击控制栏中的“断开链接”按钮，效果如图13-62所示。将符号等比缩放，效果如图13-63所示。

图13-62

图13-63

02 选择工具箱中的“文字工具”，在符号的下方单击插入光标，在控制栏中设置“填充”为白色，“描边”为白色，描边“粗细”为2pt，选择合适的字体、字号，然后输入文字，按快捷键Ctrl+Enter确认输入操作，效果如图13-64所示。

图13-64

实例167　制作导航栏

操作步骤

01 使用“文字工具”在画面的上方输入文字，以制作导航栏，效果如图13-65所示。

图13-65

02 选择工具箱中的“矩形工具”，在控制栏中设置“填充”为白色，“描边”为无，然后在文字的间隔处绘制一个矩形，效果如图13-66所示。使用同样的方法，继续在文字的间隔处绘制矩形，效果如图13-67所示。

03 使用“文字工具”在画面的中间位置输入文字，效果如图13-68所示。

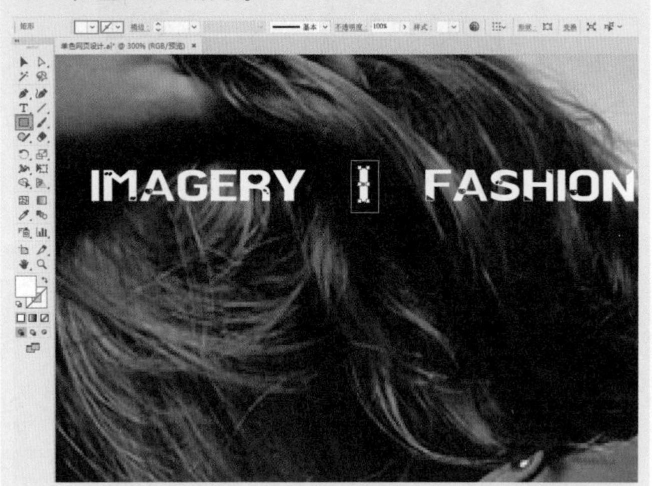

图13-66

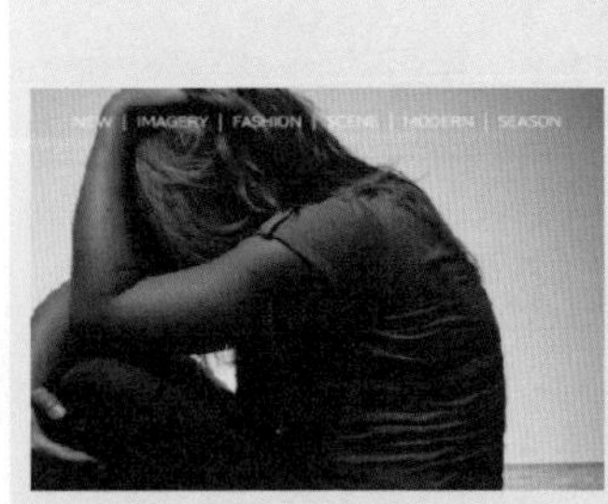

图13-67

图13-68

实例168 制作栏目模块

操作步骤

01 选择工具箱中的“矩形工具”，在画面中适当的位置绘制一个红色的矩形，效果如图13-69所示。使用同样的方法，再次在画面中绘制两个矩形，效果如图13-70所示。

02 选择工具箱中的“文字工具”，在左侧红色矩形中输入白色的文字，效果如图13-71所示。选择工具箱中的“直线段工具”，在控制栏中设置“填充”为白色，“描边”为白色，描边“粗细”为2pt，按住Shift键在文字的间隔处绘制一条直线，效果如图13-72所示。

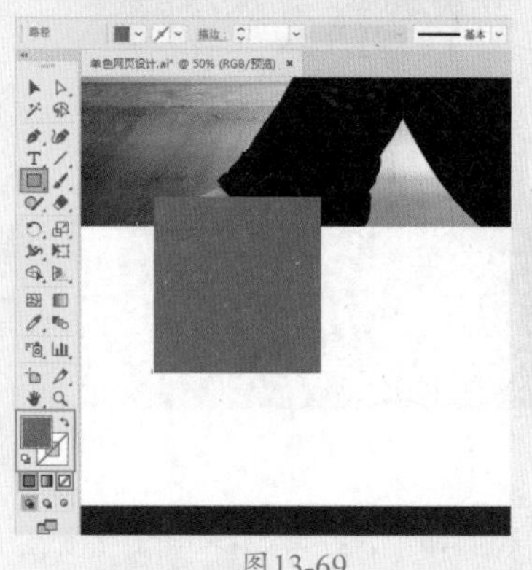

图13-69

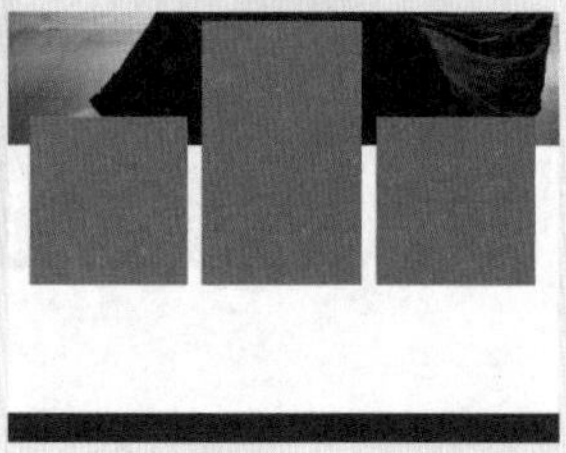

图13-70

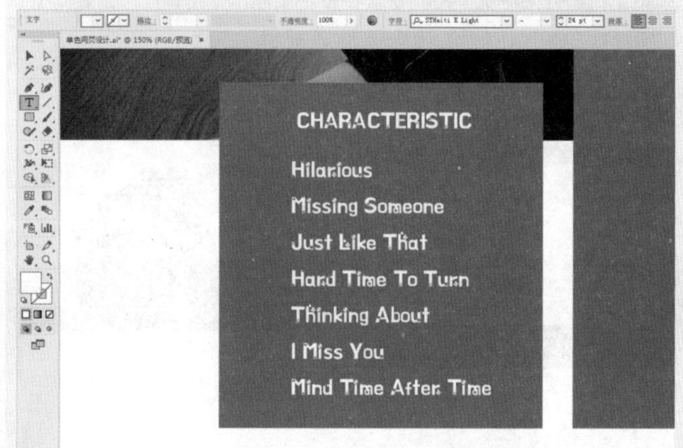

图13-71

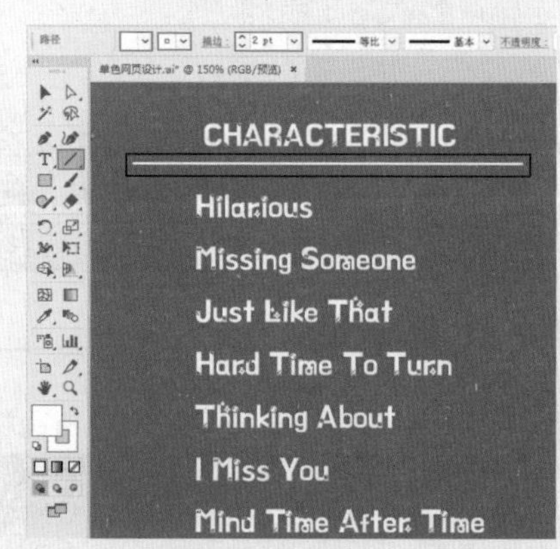

图13-72

03 执行“窗口>符号库>网页图标”命令，在弹出的“网页图标”面板中选择“信息”符号，按住鼠标左键将其拖动到文字的左侧，并调整到合适的大小，然后单击控制栏中的“断开链接”按钮，效果如图13-73所示。在控制栏中设置“填充”为白色，“描边”为无，效果如图13-74所示。

04 加选符号中的图形，然后单击鼠标右键，在弹出的快捷菜单中选择“编组”命令。在该符号被选中的状态下，同时按住Shift键和Alt键向下拖动，进行平移及复制，多次执行该操作，效果如图13-75所示。使用同样的方法，在其他红色的矩形中输入文字、添加符号、绘制直线，效果如图13-76所示。

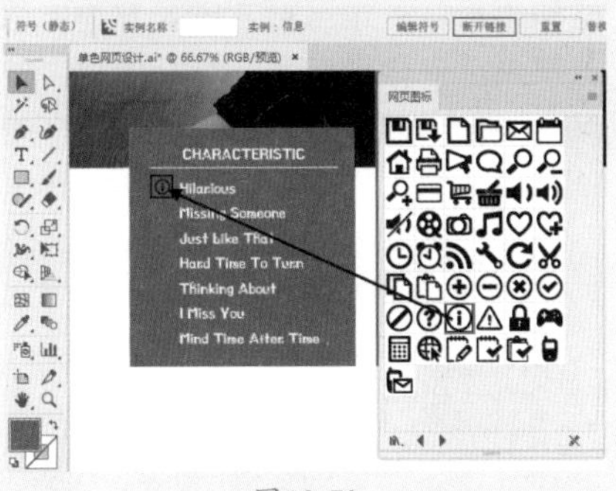

图13-73

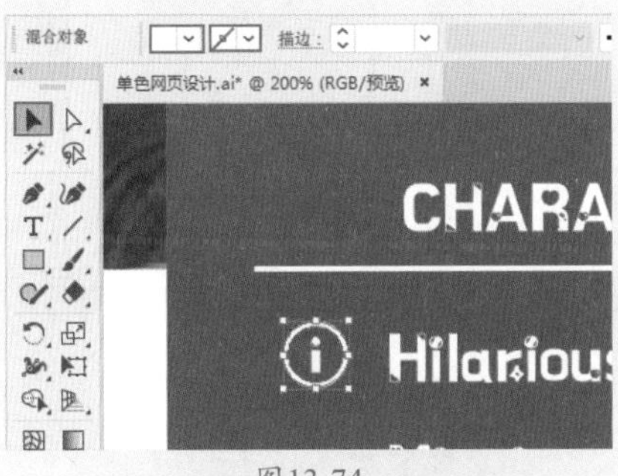

图13-74

Hilarious
Missing Someone
Just Like That
Hard Time To Turn
Thinking About
I Miss You
Mind Time After Time

图13-75

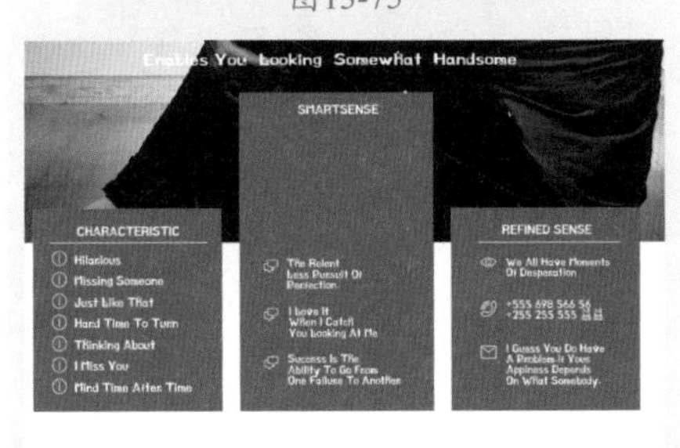

图13-76

05 置入人像素材“2.jpg”后，通过“矩形工具”在人像素材上创建一个矩形，然后创建剪切蒙版，并将其移动到合适位置，效果如图13-77所示。

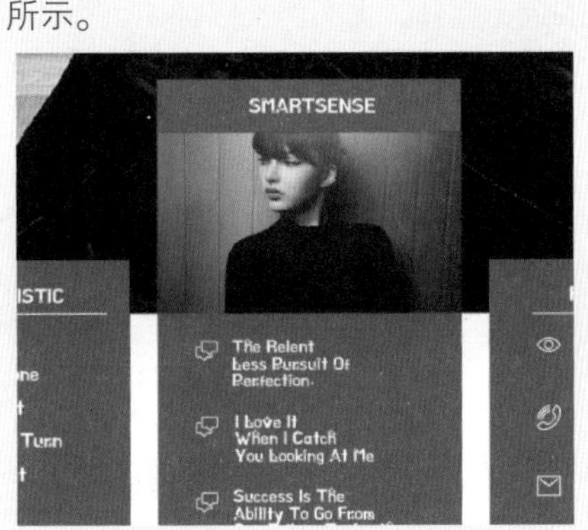

图13-77

06 选择工具箱中的“矩形工具”，在工具箱的底部设置“填色”为深灰色，“描边”为深灰色，在控制栏中设置描边“粗细”为1pt，在左侧红色矩形的下方绘制一个矩形，效果如图13-78所示。选择工具箱中的“圆角矩形工具”，在工具箱的底部设置“填色”为无，“描边”为红色，在控制栏中设置描边“粗细”为3pt，在深灰色矩形的下方绘制一个圆角矩形轮廓，效果如图13-79所示。

图13-78

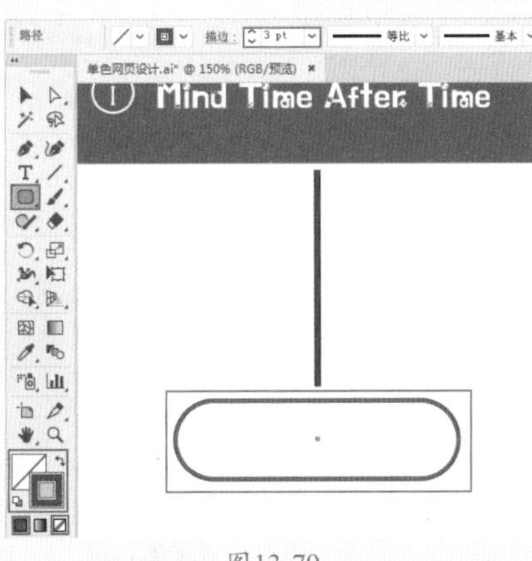

图13-79

07 使用同样的方法，在其他两个红色矩形的下方绘制矩形和圆角矩形轮廓，效果如图13-80示。使用“文字工具”在圆角矩形轮廓输入文字，效果如图13-81所示。

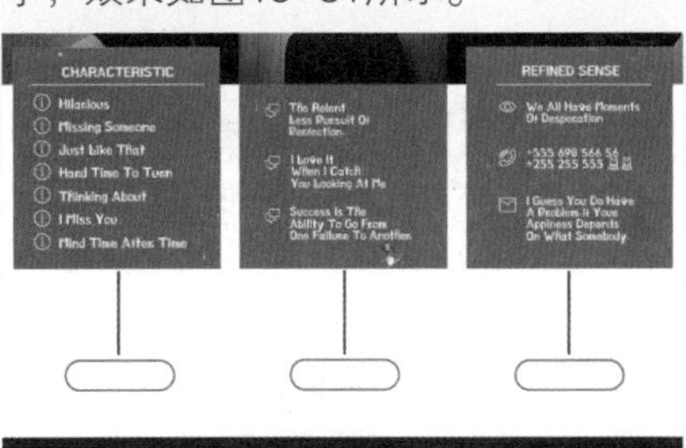

图13-80

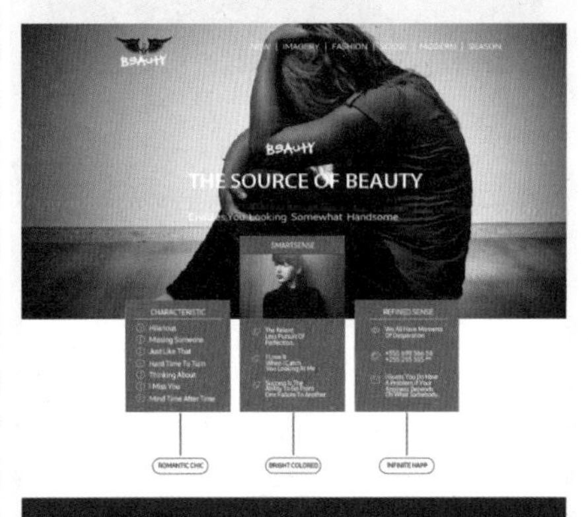

图13-81

实例169　制作底栏

操作步骤

01 将导航栏中的符号和文字进行复制，然后粘贴在底栏中，并改变符号的颜色，效果如图13-82所示。在符号和文字的下方添加其他符号，效果如图13-83所示。

02 最终完成效果如图13-84所示。

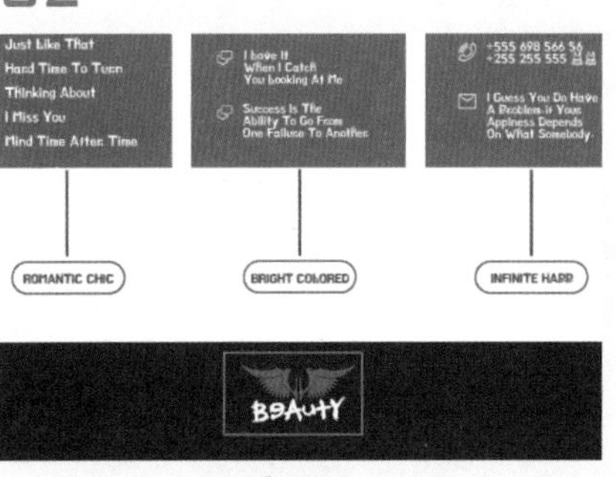

图13-82

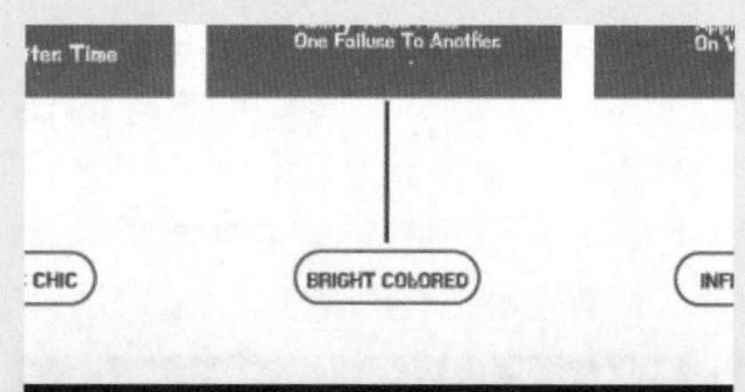

图13-83

图13-84

13.4 旅游产品模块化网页

文件路径	第 13 章 \ 旅游产品模块化网页设计
难易指数	★★★★★
技术掌握	● 图像描摹 ● 复制

扫码深度学习

操作思路

本案例中的页面由三个结构相似的模块组成，只需要制作其中一个，复制并更改内容即可完成其他模块的制作。在本案例中，首先利用“置入”命令置入背景素材及页面模块中需要使用到的图片素材，然后利用“矩形工具”“圆角矩形工具”“钢笔工具”等绘制模块的各个部分，并使用“文字工具”在页面中输入不同颜色、字体、大小的文字。

案例效果

案例效果如图13-85所示。

图13-85

实例170 制作网页标志

操作步骤

01 执行“文件>新建”命令，创建一个宽度为1 440px、高度为1 880px的空白文档。执行“文件>置入”命令，在弹出的“置入”对话框中选择素材“1.jpg”，单击“置入”按钮，如图13-86所示。按住鼠标左键拖动鼠标指针，在画面下方合适的位置控制置入对象的大小，释放鼠标左键完成置入操作。在控制栏中单击“嵌入”按钮，将素材嵌入到文档中，效果如图13-87所示。

图13-86

图13-87

02 选择工具箱中的“矩形工具”，绘制一个与画板等大的矩形，效果如图13-88所示。选择工具箱中的“选择工具”，按住Shift键加选素材和矩形，单击鼠标右键，在弹出的快捷菜单中选择“建立剪切蒙版”命令，如图13-89所示。

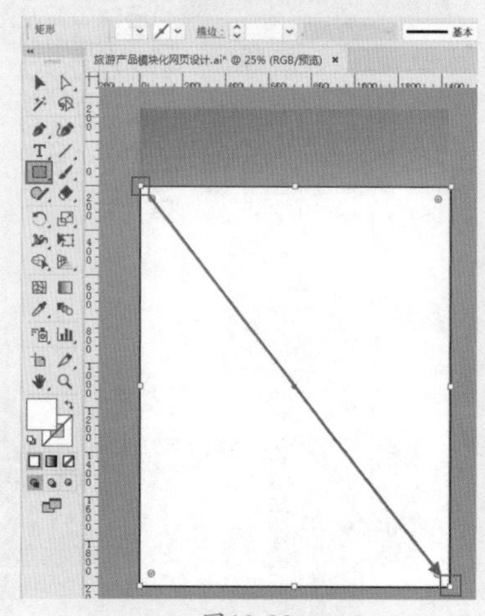
图13-88

图13-89

03 选择工具箱中的“多边形工具”，在控制栏中设置“填充”为白色，“描边”为无。在画面中单击，弹出“多边形”对话框，设置“半径”为60px，“边数”为6，单击“确定”按钮，如图13-90所示，得到白色的六边形，效果如图13-91所示。

图13-90

图13-91

04 置入素材“2.jpg”并将其进行嵌入，然后单击控制栏中的“图像描摹”按钮，如图13-92所示。描摹完成后，单击控制栏中的“扩展”按钮，效果如图13-93所示。

图13-92

图13-93

05 此时位图变为矢量对象，而且每个部分都可以进行单独的编辑，但是目前各个部分为编组状态，所以在该矢量对象上多次单击鼠标右键，在弹出的快捷菜单中选择“取消编组”命令，如图13-94所示。选择工具箱中的“选择工具”，在矢量对象的白色背景中单击，按Delete键将白色的背景删除，效果如图13-95所示。

图13-94

图13-95

06 使用工具箱中的“选择工具”选中椰树图形，使用工具箱中，“吸管工具”吸取背景素材中的颜色，使椰树的填充颜色变为青蓝色，呈现出镂空效果，如图13-96所示。

图13-96

07 选择工具箱中的“文字工具”，在白色六边形的下方单击插入光标，在控制栏中设置“填充”为白色，“描边”为无，选择合适的字体、字号，设置“段落”为“左对齐”，然后在画面中输入文字，按快捷键Ctrl+Enter确认输入操作，效果如图13-97所示。使用同样的方法，在该行文字的下方继续输入文字，网页标志制作完成，效果如图13-98所示。

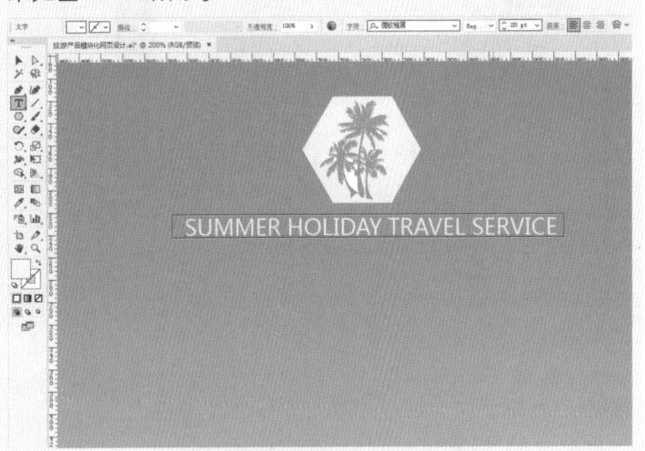

图13-97

图13-98

实例171 制作模块的基本形态

操作步骤

01 选择工具箱中的“矩形工具”，在控制栏中设置“填充”为白色，“描边”为无，在画面中绘制一个矩形，效果如图13-99所示。

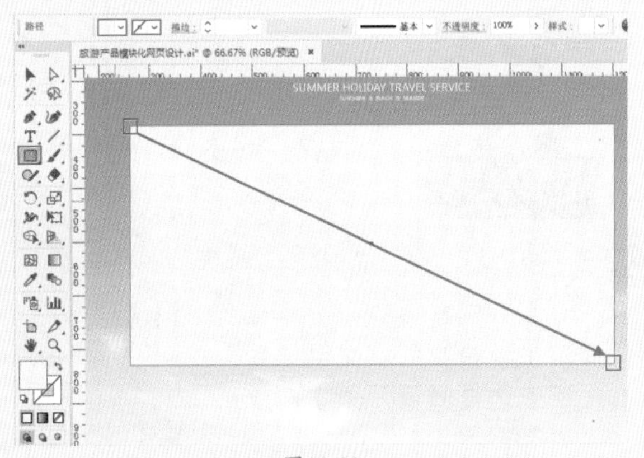

图13-99

02执行“文件>置入”命令，将素材“3.jpg”置入并嵌入到文档中，放置在白色矩形中的左侧位置，效果如图13-100所示。

图13-100

实例172 为模块添加细节

操作步骤

01继续执行“文件>置入”命令，将素材“4.jpg”置入并嵌入到文档中，效果如图13-101所示。选择工具箱中的“矩形工具”，在控制栏中设置“填充”为无，“描边”为黑色，描边“粗细”为1pt。在素材“4.jpg”的下方绘制一个矩形边框，效果如图13-102所示。

图13-101

图13-102

02使用工具箱中的“文字工具”在矩形边框内输入文字，效果如图13-103所示。

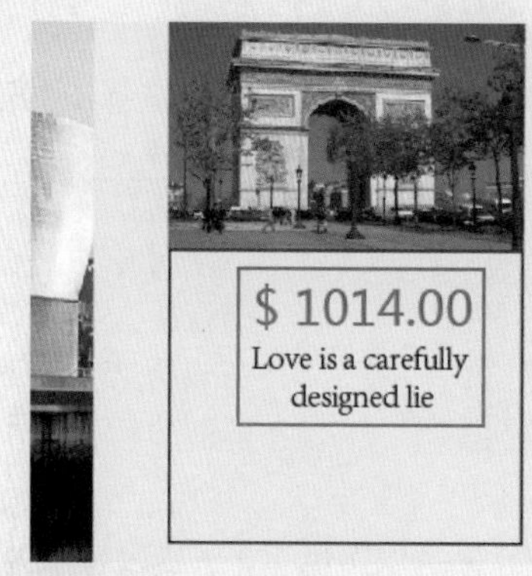

图13-103

03选择工具箱中的“圆角矩形工具”，在工具箱的底部设置“描边”为无，双击“填色”按钮，在弹出的“拾色器”对话框中设置颜色为红色，单击“确定”按钮确认操作，如图13-104所示。在使用“圆角矩形工具”的状态下，在黑色矩形边框内绘制一个红色的圆角矩形，效果如图13-105所示。

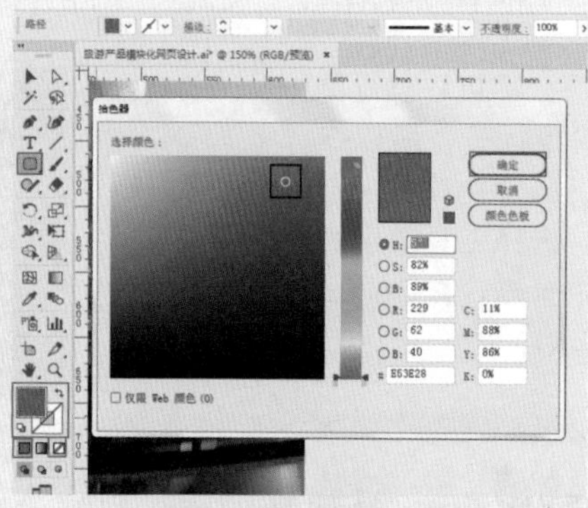

图13-104

图13-105

04使用“文字工具”在红色圆角矩形中输入文字，效果如图13-106所示。按照同样的方法，再次绘制两个类似的模块，效果如图13-107所示。

图13-106

图13-107

> **提示　网页设计和印刷设计有何不同**
>
> 网页是由非线性的页面构成的，并不是从第一章按顺序一直到最后一章，其页面可以随意跳转，而且网页包含的组件较多，有动画、视频、音频等。网页设计的尺寸是根据屏幕大小而定的，分辨率只要求达到72dpi；印刷设计的尺寸则根据纸张大小而定，分辨率达300dpi以上，而且在印刷中可应用多种工艺。

05再次使用“文字工具”在适当的位置输入文字，效果如图13-108所示。选择工具箱中的“直线段工具”，在控制栏中设置“填充”为无，“描边”为“无”，描边“粗细”为1pt，按住Shift键在文字的间隔处绘制一条黑色的直线作为分隔线，效果如图13-109所示。

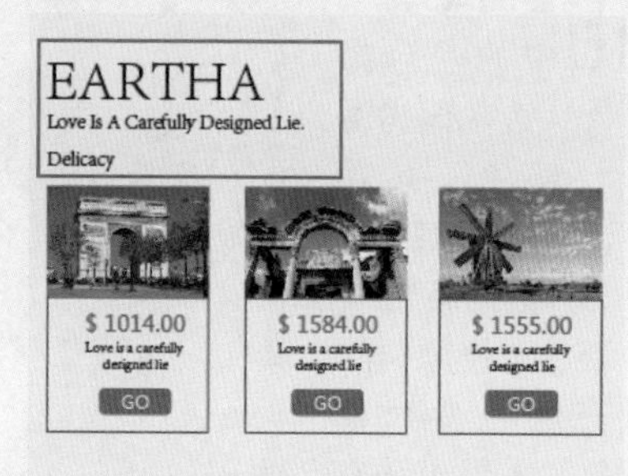

图13-108

图13-109

06 选择工具箱中的“钢笔工具”，在工具箱的底部设置“填色”为橙红色，“描边”为无。在使用“钢笔工具”的状态下，在白色矩形的右上方绘制一个旗帜形状的图形，效果如图13-110所示。继续使用“钢笔工具”在旗帜图形的左右两侧分别绘制三角形，使旗帜图形的整体效果更加立体，效果如图13-111所示。

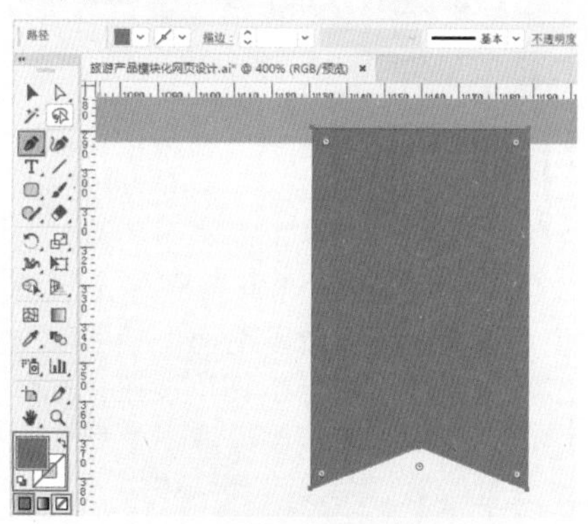

图13-110

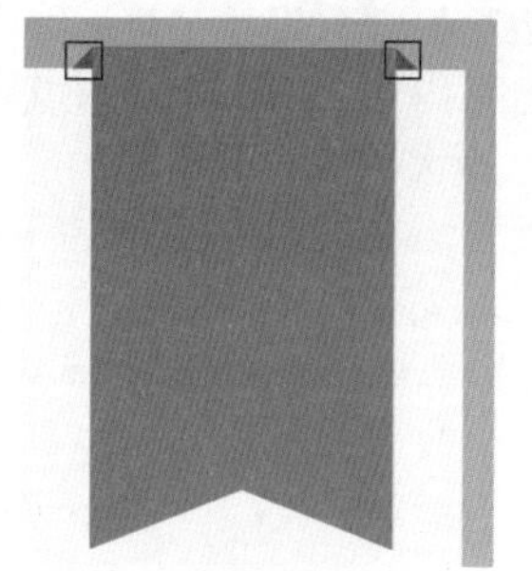

图13-111

07 选择工具箱中的“星形工具”，在控制栏中设置“填充”为白色，“描边”为无，然后在画面中单击，在弹出的“星形”对话框中设置“半径1”为10px，“半径2”为5px，“角点数”为5，单击“确定”按钮，如图13-112所示，此时效果如图13-113所示。

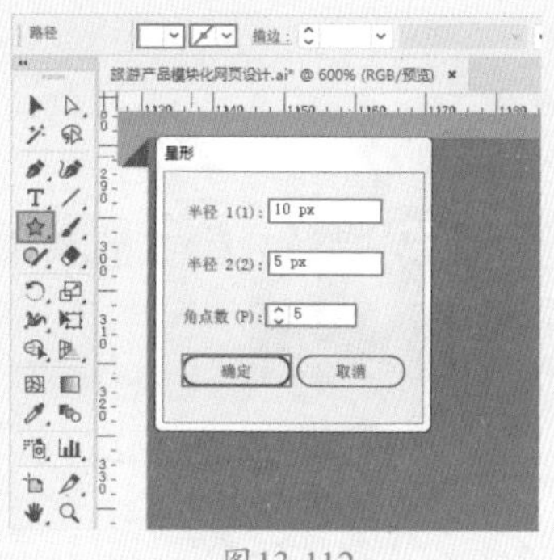

图13-112　图13-113

08 使用“文字工具”在星形的下方输入文字，效果如图13-114所示。

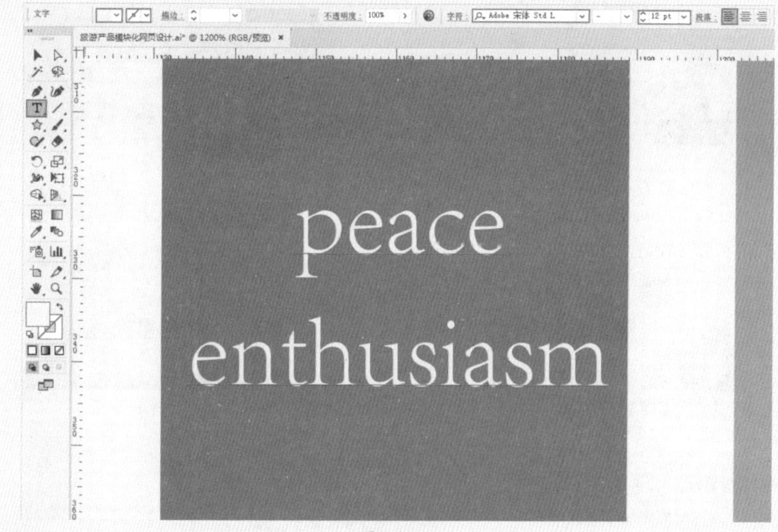

图13-114

09 下面制作模块右侧的按钮。使用工具箱中的“矩形工具”在适当的位置绘制两个等大的正方形，并填充适当的颜色，效果如图13-115所示。选择工具箱中的“钢笔工具”，在控制栏中设置“填充”为黑色，“描边”为无，分别在两个正方形中绘制箭头形状的按钮图标，效果如图13-116所示。

图13-115　图13-116

实例173　制作其他模块

操作步骤

01 第一组模块制作完成，由于网页是由三个相似的模块构成的，另外两个模块可以通过复制并更改内容制作出来。使用工具箱中的“选择工具”

框选第一组模块中的所有元素，效果如图13-117所示。按住Alt键向下移动，复制得到一个相同的模块，更改模块中的图片素材及文字信息，效果如图13-118所示。

图13-117

图13-118

提示 相似模块的制作

本案例制作的页面中包括三个模块，每个模块中的元素基本相同，差别在于文字和图片信息，因此，可以在制作完成其中一个模块之后，将这个模块的元素全部选中，按快捷键Ctrl+G进行编组，然后复制出另外几个模块。将制作完成的几个模块选中，利用“对齐与分布”功能可以将其有效地规整排列。如果不将单个模块进行编组，直接应用“对齐与分布”功能，所选的全部元素会发生位置的变换。

02 使用同样的方法，移动、复制模块到页面中适当的位置。使用“选择工具”选中模块中的各个部分，调整位置并更换图片素材及文字信息，效果如图13-119所示。选择工具箱中的“选择工具”，利用↑、↓、←、→键对画面中各部分的细节进行位置的调整。最终完成效果如图13-120所示。

图13-119

图13-120

13.5 柔和色调网页

文件路径	第13章\柔和色调网页设计
难易指数	★★★★★
技术掌握	● 矩形工具 ● 渐变工具 ● 文字工具 ● 圆角矩形工具

扫码深度学习

操作思路

在本案例中，使用“矩形工具”“圆角矩形工具”“渐变工具”“直线段工具”制作页面中的图形，使用“文字工具”在页面中输入文字信息，并在“符号库”和文件中选取合适的符号元素添加在页面中。

案例效果

案例效果如图13-121所示。

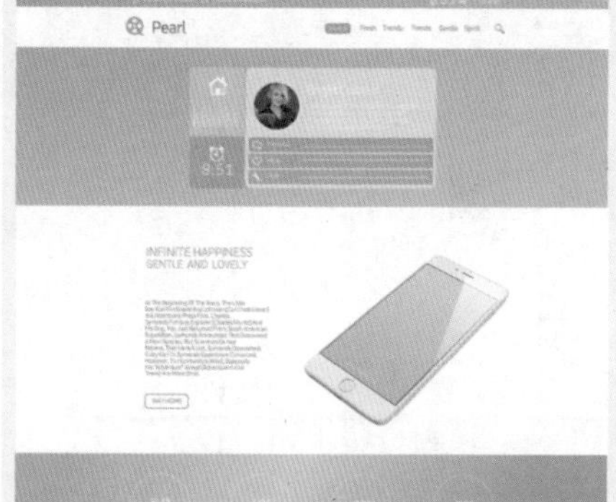

图13-121

实例174 制作网页顶栏

操作步骤

01 执行“文件>新建”命令，创建一个宽度为1 905px、高度为2265px的空白文档。选择工具箱中的“矩形工具”，在工具箱的底部单击“填色”按钮，使之置于前面，然后双击工具箱中的“渐变工具”按钮，在弹出的“渐变”面板中设置“类型”为“线性”，“角度”为-69°，在面板底部编辑一个紫色系的渐变，单击“描边”按钮，设置“填充类型”为无，如图13-122所示。在使用“矩形工具”的状态下，在画面的上方绘制一个矩形，效果如图13-123所示。

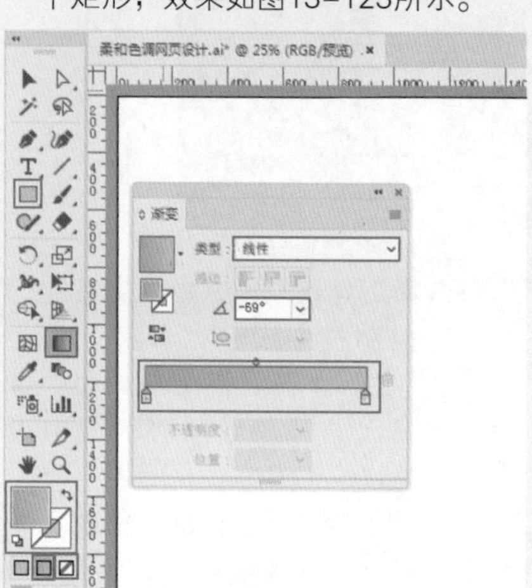

图13-122

02 继续选择“矩形工具”，在控制栏中设置“填充”为白色，“描边”为无，在渐变矩形中的上方位置绘制一个白色的矩形，效果如图13-124所示。

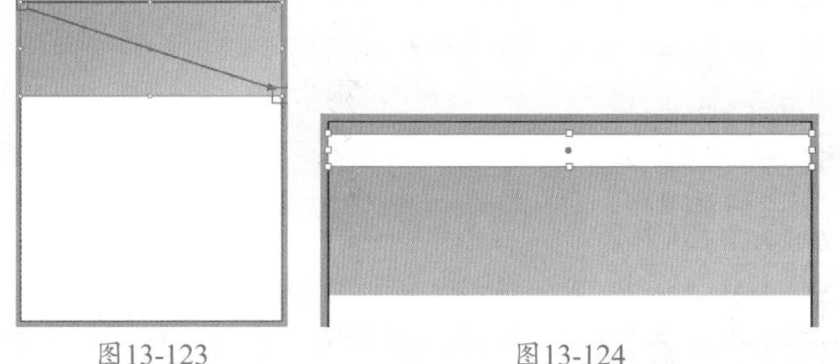

图13-123　　图13-124

03 选择工具箱中的“文字工具”，在画面的左上方单击插入光标，在控制栏中设置“填充”为白色，“描边”为无，选择合适的字体、字号，设置“段落”为“左对齐”，然后在画面中输入文字，按快捷键Ctrl+Enter确认输入操作，效果如图13-125所示。使用同样的方法，在画面的上方继续输入文字，效果如图13-126所示。

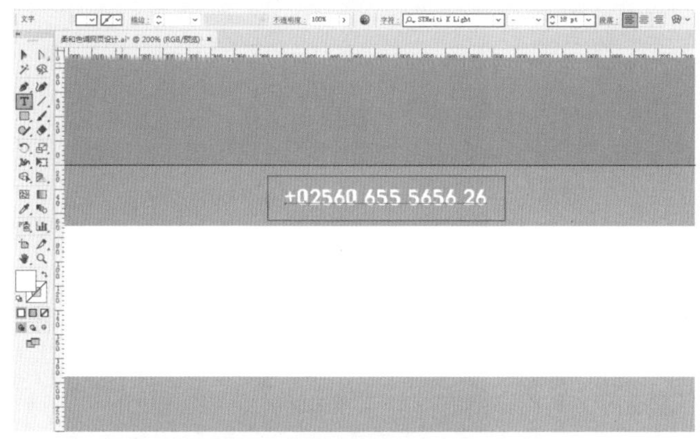

图13-125

图13-126

04 执行“窗口>符号库>网页图标”命令，在弹出的“网页图标”面板中选择“电话”符号，按住鼠标左键将其拖动到画面的左上方，单击控制栏中的“断开链接”按钮，如图13-127所示。在符号被选中的状态下，将鼠标指针定位到定界框的四角处，当鼠标指针变为双箭头时按住Shift键向内拖动，将符号等比缩小，然后在控制栏中设置“填充”为无，“描边”为白色，描边“粗细”为1pt，效果如图13-128所示。

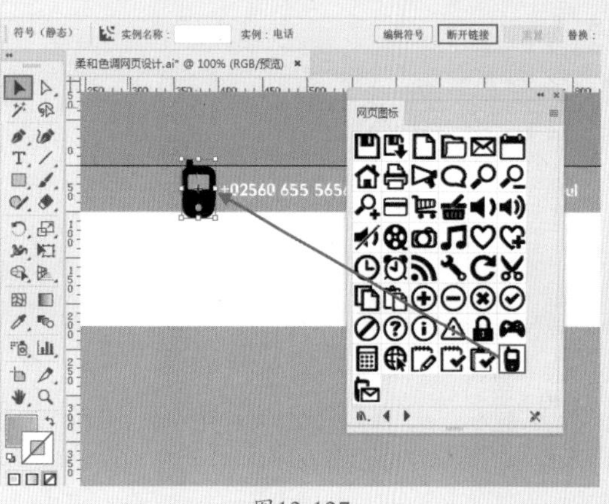

图13-127

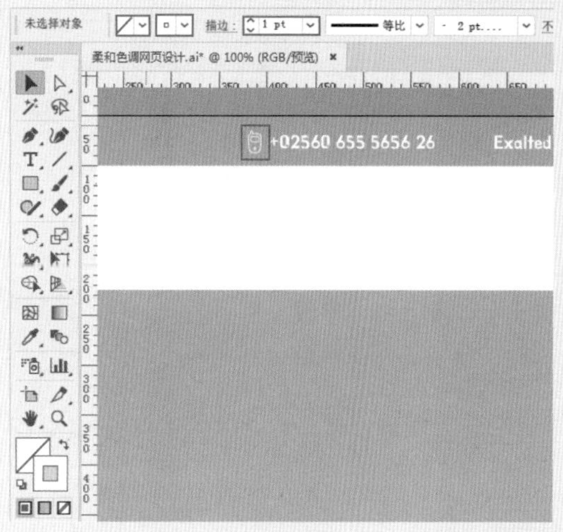

图13-128

05 使用同样的方法，在画面中添加其他符号，效果如图13-129所示。

图13-129

实例175　制作导航栏

操作步骤

01 选择工具箱中的“文字工具”，在白色矩形中单击插入光标，在工具箱的底部设置“填色”为深灰色，“描边”为无，在控制栏中选择合适的字体、字号，设置“段落”为“左对齐”，然后输入文字，按快捷键Ctrl+Enter确认输入操作，效果如图13-130所示。使用同样的方法，在白色矩形中的右侧位置输入文字，效果如图13-131所示。

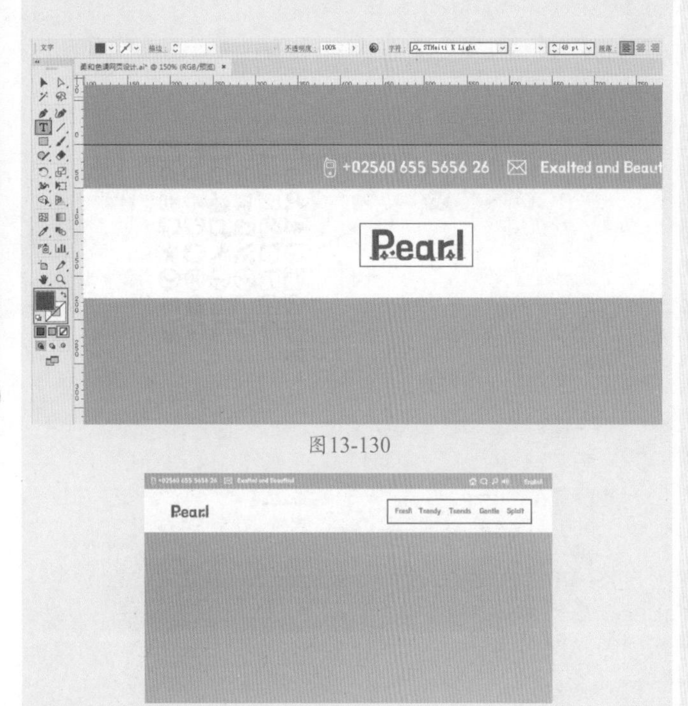

图13-130

图13-131

02 选择工具箱中的“圆角矩形工具”，在工具箱的底部设置“填色”为蓝灰色，“描边”为无，在白色矩形中绘制一个圆角矩形，效果如图13-132所示。使用“文字工具”在圆角矩形中输入白色文字，效果如图13-133所示。

图13-132

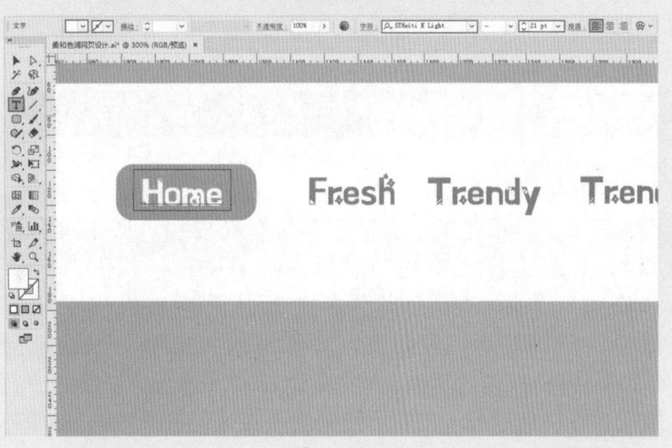

图13-133

03 执行“窗口>符号库>网页图标”命令，在弹出的“网页图标”面板中选择合适的符号，如图13-134所示。改变符号的大小和颜色并将其调整到合适的位置，效果如图13-135所示。

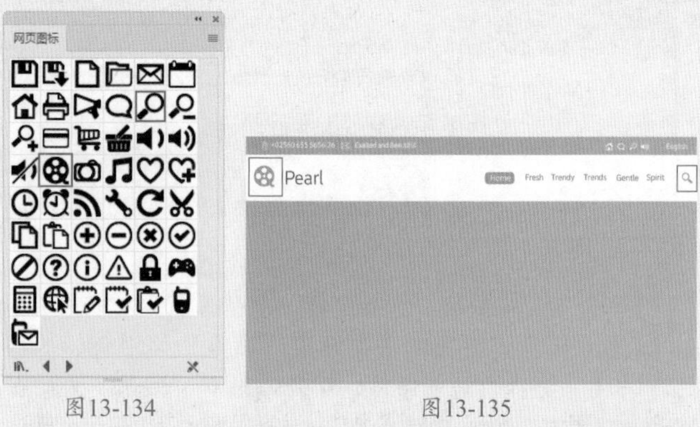

图13-134　　图13-135

实例176　制作用户信息模块

操作步骤

01 选择“圆角矩形工具”，在工具箱的底部设置“填色”为灰调的粉色，“描边”为无，在画面中适当的位置绘制一个圆角矩形，效果如图13-136所示。使用同样的方法，继续绘制圆角矩形，如图13-137所示。

图13-136

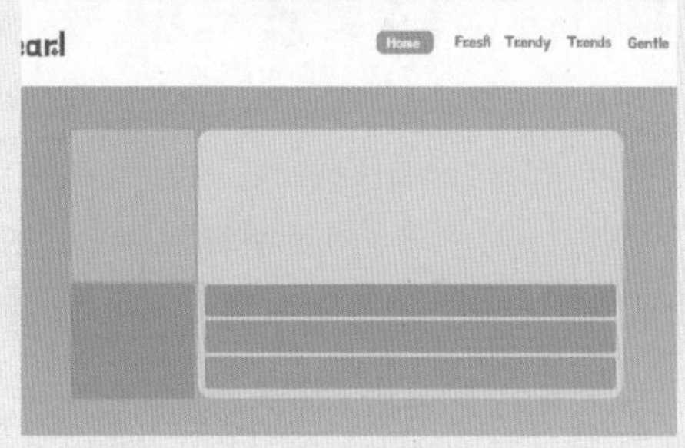

图13-137

02 执行“窗口>符号库>网页图标”命令，在弹出的“网页图标”面板中选择合适的符号，将其进行修改并添加至合适的位置，效果如图13-138所示。

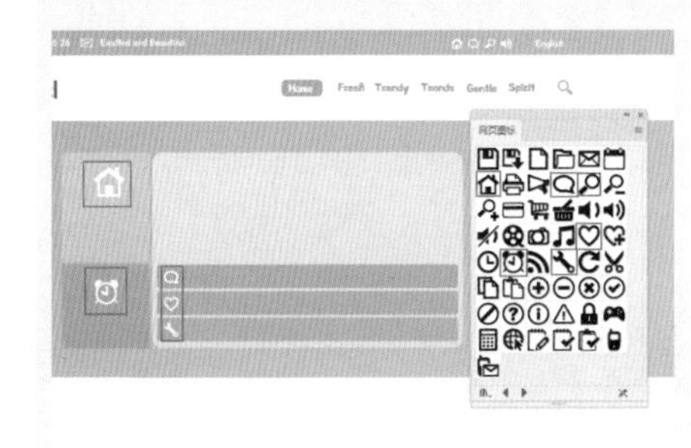

图13-138

03 选择工具箱中的“直线段工具”，在控制栏中设置“填充”为无，“描边”为白色，描边“粗细”为2pt，按住Shift键在左上方的矩形中绘制一条直线，效果如图13-139所示。使用同样的方法继续绘制直线，效果如图13-140和图13-141所示。

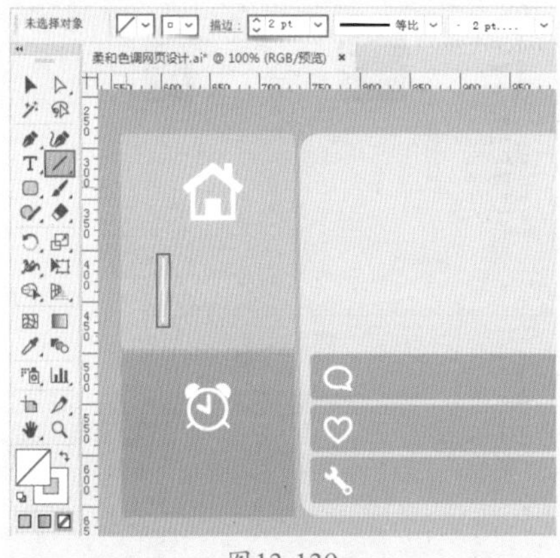

图13-139

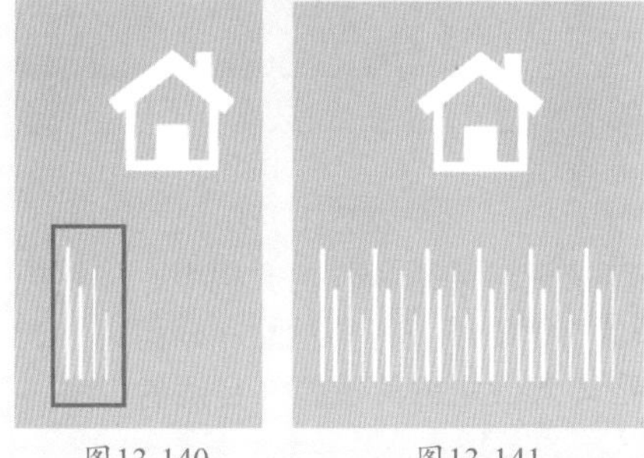

图13-140　　图13-141

04 使用“文字工具”在“警报”符号的下方输入文字，效果如图13-142所示。

05 执行“文件>置入”命令，在弹出的“置入”对话框中选择素材“1.jpg”，单击“置入”按钮，如图13-143所示。按住鼠标左键拖动鼠标指针，在画面下方合适的位置控制置入对象的大小，释放鼠标左键完成置入操作。在控制栏中单击“嵌入”按钮，将素材嵌入到文档中，效果如图13-144所示。

图13-142

图13-143

图13-144

06 选择工具箱中的“椭圆工具”，按住Shift键在素材“1.jpg”上绘制一个正圆形，效果如图13-145所示。选择工具箱中的“选择工具”，按住Shift键加选素材“1.jpg”和正圆形，然后单击鼠标右键，在弹出的快捷菜单中选择“建立剪切蒙版”命令，效果如图13-146所示。

07 继续选择“椭圆工具”，在控制栏中设置“填充”为无，“描边”为白色，描边“粗细”为1.5pt，在适当的位置绘制一个正圆形轮廓，效果如图13-147所示。使用工具箱中的“文字工具”在适当的位置输入文字，效果如图13-148所示。

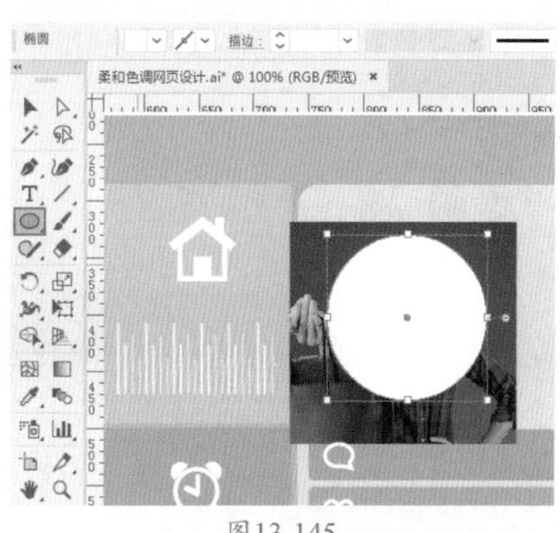

图13-145

图13-146

图13-147

图13-148

08 选择工具箱中的“直线段工具”，在控制栏中设置“填充”为白色，“描边”为白色，描边“粗细”为2pt，按住Shift键在文字的右侧绘制直线，效果如图13-149所示。在该直线被选中的状态下，多次同时按住Shift键和Alt键向下拖动，将其进行移动及复制，效果如图13-150所示。

图13-149

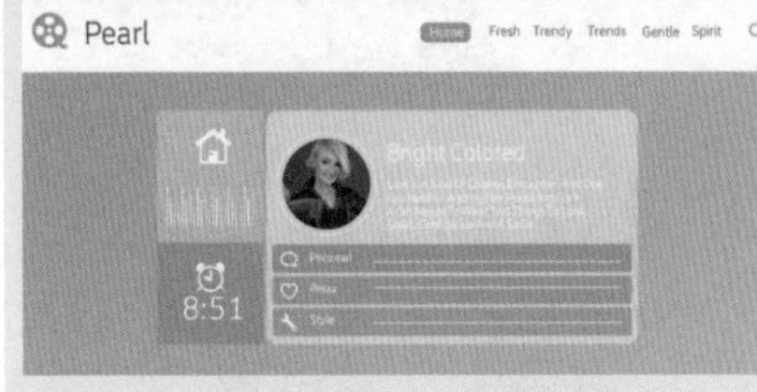

图13-150

实例177 制作产品宣传栏

操作步骤

01 使用工具箱中的"文字工具"在适当的位置输入文字，效果如图13-151所示。选择工具箱中的"圆角矩形工具"，在工具箱的底部设置"填色"为无，"描边"为灰色，在控制栏中设置描边"粗细"为2pt，在文字的外侧绘制一个圆角矩形轮廓，效果如图13-152所示。

图13-151

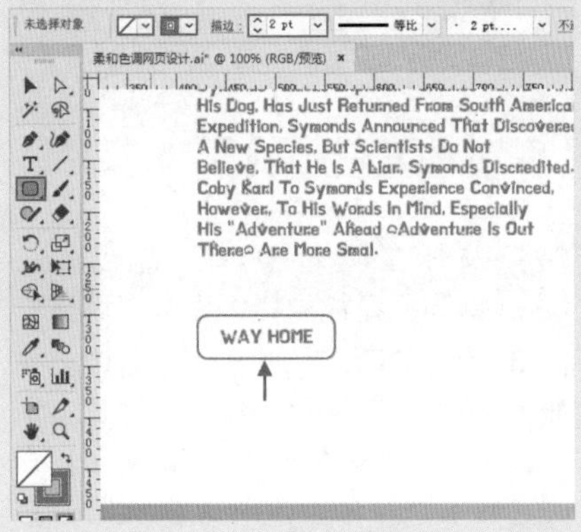

图13-152

02 执行"文件>置入"命令，将素材"2.png"置入并嵌入到文档中，放置在文字的右侧，效果如图13-153所示。

图13-153

实例178 制作数据分析模块

操作步骤

01 选择工具箱中的"椭圆工具"，在控制栏中设置"填充"为无，"描边"为白色，描边"粗细"为1pt，按住Shift键在产品宣传栏下方绘制一个白色的圆环，效果如图13-154所示。在该圆环被选中的状态下，多次同时按住Shift键和Alt键向右拖动，将其进行移动及复制，效果如图13-155所示。

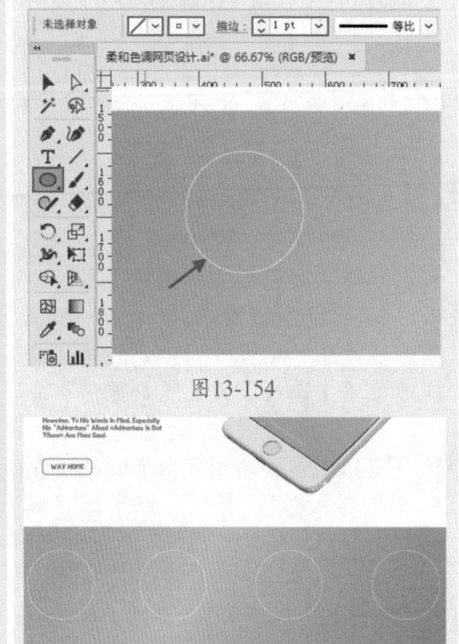

图13-154

图13-155

02 使用工具箱中的"文字工具"在白色圆环内和白色圆环的下方输入文字，效果如图13-156所示。

图13-156

03 执行"文件>打开"命令，在弹出的"打开"对话框中选择素材"3.ai"，单击"打开"按钮，如图13-157所示。框选素材上面的一排符号，按快捷键Ctrl+C将其进行复制，如图13-158所示。

图13-157

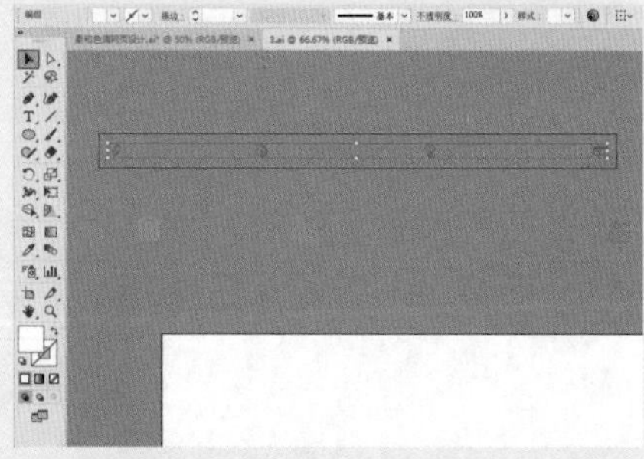

图13-158

04 返回刚刚操作的文档中，按快捷键Ctrl+V将其粘贴在画面中，调整其大小并将其放置在合适的位置，效果如图13-159所示。

图13-159

实例179 制作资讯栏

操作步骤

01 返回到素材“3.ai”中，框选下面的一排符号，按快捷键Ctrl+C将其进行复制，如图13-160所示。返回刚刚操作的文档中，按快捷键Ctrl+V将其粘贴在画面中，调整其大小并将其放置在合适的位置，效果如图13-161所示。

图13-160

图13-161

02 使用工具箱中的“文字工具”在符号的下方输入文字，效果如图13-162所示。

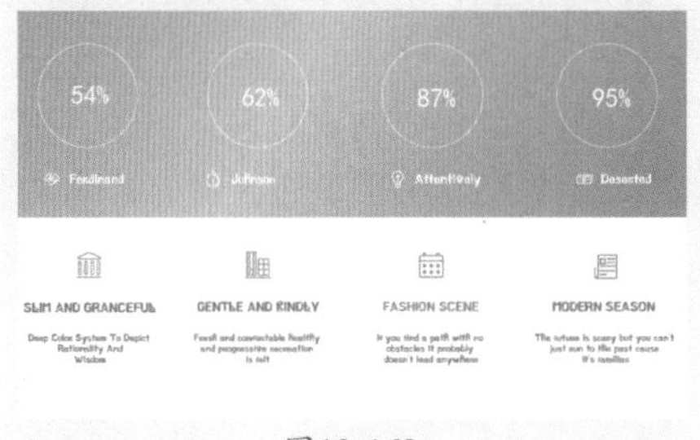

图13-162

实例180 制作网页底栏

操作步骤

01 选择工具箱中的“矩形工具”，在工具箱的底部设置“填色”为灰色，“描边”为无，在画面的底部绘制一个灰色的矩形，效果如图13-163所示。

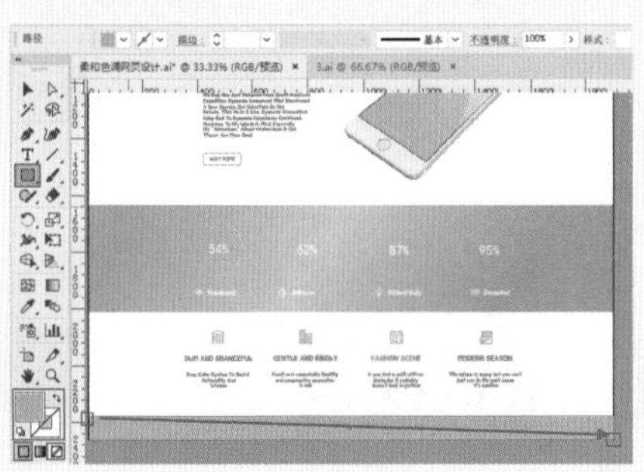

图13-163

02 再次使用“文字工具”在灰色矩形中输入文字。最终完成效果如图13-164所示。

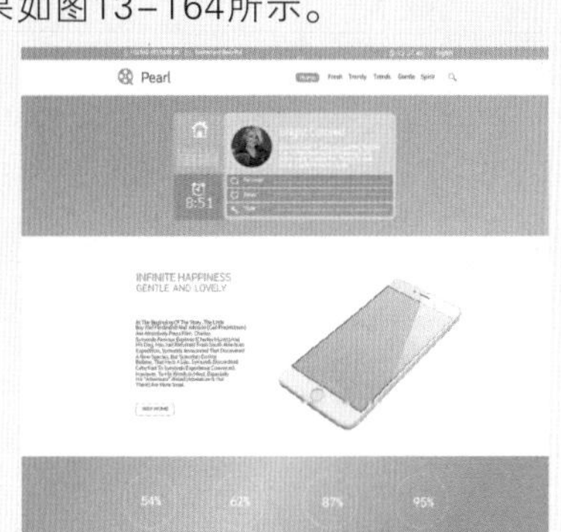

图13-164

13.6 动感音乐狂欢夜活动网站

文件路径	第13章\动感音乐狂欢夜活动网站设计
难易指数	★★★★★
技术掌握	● 钢笔工具 ● 矩形工具 ● 文字工具 ● 剪切蒙版 ● 不透明度

扫码深度学习

操作思路

在本案例中，首先置入图片素材，然后使用“矩形工具”绘制页面背景及顶部图形，使用“钢笔工具”绘制其他装饰图形，再使用“文字工具”制作页面中的文字。

案例效果

案例效果如图13-165所示。

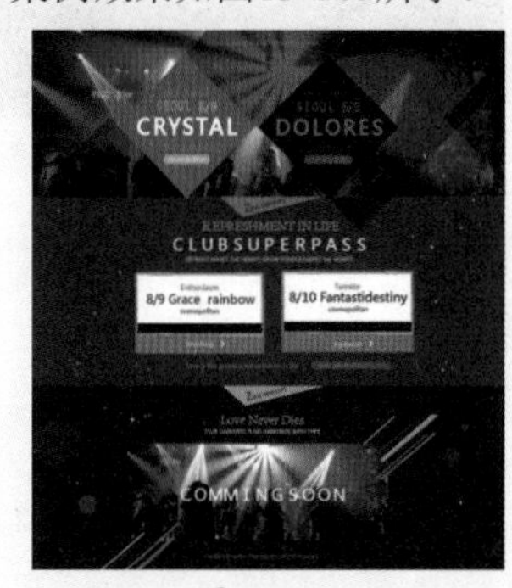

图13-165

实例181 制作网页背景

操作步骤

01 执行“文件>新建”命令，创建一个宽度为936px、高度为1 280px的空白文档。执行“文件>置入”命令，在弹出的“置入”对话框中选择素材“1.jpg”，单击“置入”按钮，如图13-166所示。按住鼠标左键拖动鼠标指针，在画面的上方控制置入对象的大小，释放鼠标左键完成置入操作。在控制栏中单击“嵌入”按钮，将素材嵌入到文档中，效果如图13-167所示。

02 使用工具箱中的“矩形工具”在素材“1.jpg”上绘制一个矩形，效果如图13-168所示。选择工具箱中的“选择工具”，按住Shift键加选矩形和素材，然后单击鼠标右键，在弹出的快捷菜单中选择“建立剪切蒙版”命令，此时超出矩形范围以外的素材部分被隐藏起来，效果如图13-169所示。

图13-166

图13-167

图13-168

图13-169

03 选择工具箱中的“矩形工具”，在工具箱的底部设置“描边”为无，双击“填色”按钮，在弹出的“拾色器”对话框中设置颜色为暗紫色，单击“确定”按钮，如图13-170所示。在使用“矩形工具”的状态下，在画面中适当的位置绘制一个矩形，效果如图13-171所示。

图13-170

图13-171

04 使用同样的方法在暗紫色矩形的下方绘制一个深紫色的矩形，效果如图13-172所示。

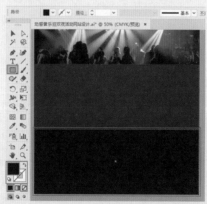

图13-172

实例182 制作网页顶部

操作步骤

01 选择工具箱中的“矩形工具”，在工具箱的底部设置“填色”为洋红色，“描边”为无，按住Shift键在画面的上方绘制一个正方形，效果如图13-173所示。在该正方形被选中的状态下，选择工具箱中的“选择工具”，将鼠标指针定位到定界框以外，当鼠标指针变为带有弧度的双箭头时，按住Shift键将正方形进行旋转，效果如图13-174所示。

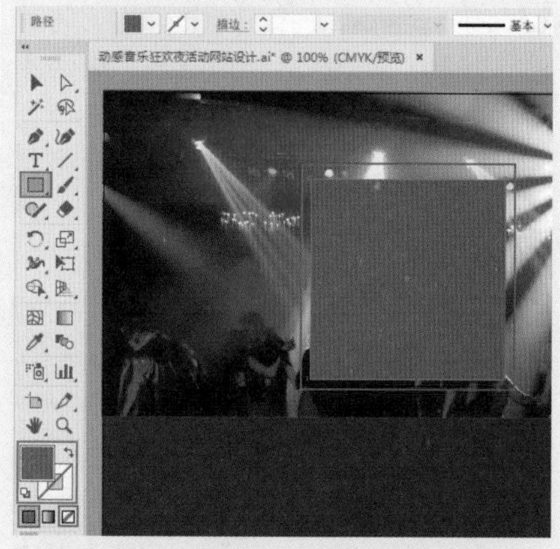

图13-173

图13-174

02 在使用“选择工具”的状态下，单击洋红色的正方形，然后按住Alt键向右拖动鼠标指针，将正方形进行移动及复制，并将其填充为深紫色，效果如图13-175所示。

图13-175

03 选择工具箱中的“钢笔工具”，在工具箱的底部设置“填色”为黄色，“描边”为无，在正方形中绘制一个六边形，效果如图13-176所示。选中绘制的六边形，使用“选择工具”，按住Alt键向右拖动鼠标指针，将六边形移动并复制到合适的位置，效果如图13-177所示。

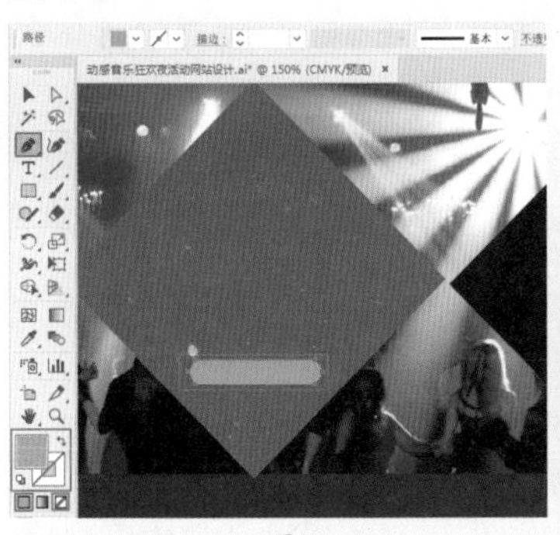

图13-176

图13-177

> **提示　巧用“多边形工具”**
>
> 上个步骤中的六边形也可以使用“多边形工具”进行制作。设置“边数”为6，创建出六边形，然后使用“直接选择工具”选中右侧的三个控制点并向右拖动，即可精确创建出需要的图形。

04 选择工具箱中的“文字工具”，在洋红色正方形中适当的位置单击插入光标，在控制栏中设置“填充”为白色，“描边”为白色，描边“粗细”为3pt，选择合适的字体、字号，然后输入文字，按快捷键Ctrl+Enter确认输入操作，如图13-178所示。使用同样的方法，设置不同的文字属性，在两个正方形中添加文字，效果如图13-179所示。

05 选择工具箱中的“钢笔工具”，在工具箱的底部设置“填色”为深紫色，“描边”为无，在画面中绘制一个不规则图形，效果如图13-180所示。在该图形被选中的状态下，单击控制栏中的“不透明度”按钮，在弹出的下拉面板中设置“混合模式”为“正片叠底”，“不透明度”为50%，效果如图13-181所示。

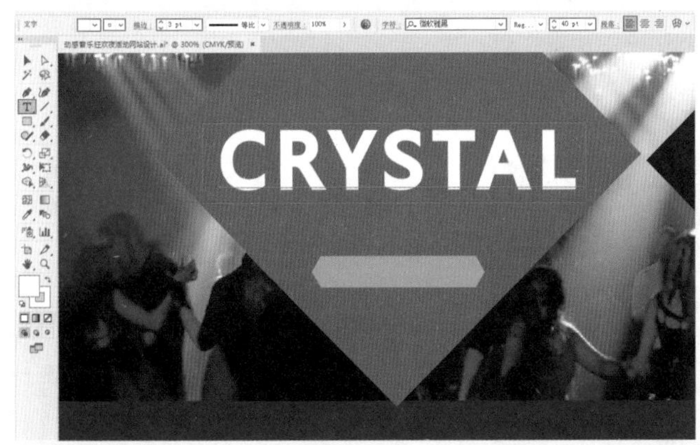

图13-178

图13-179

图13-180

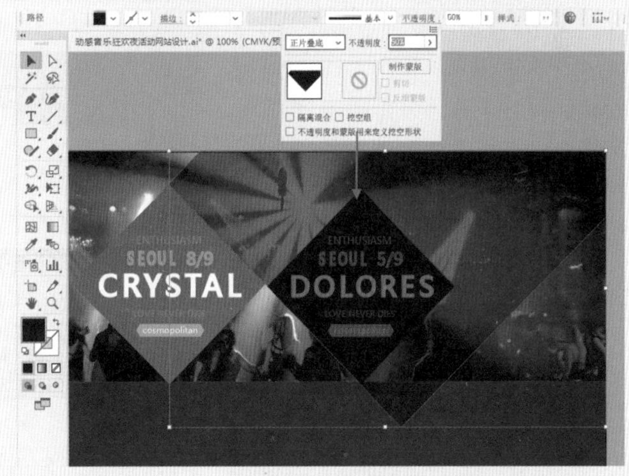

图13-181

06 使用同样的方法，选择工具箱中的“文字工具”，在画面中输入文字，并在控制栏中设置“不透明度”为70%，效果如图13-182所示。

图13-182

07 选择“钢笔工具”，在工具箱的底部设置“填色”为深紫色，“描边”为无，在画面中适当的位置绘制两个三角形，并在控制栏中设置“不透明度”为50%，效果如图13-183所示。

图13-183

实例183 制作网页中部的模块

操作步骤

01 选择工具箱中的“矩形工具”，在工具箱的底部设置“填色”为粉色，“描边”为无。在画面的中部绘制一个矩形，效果如图13-184所示。

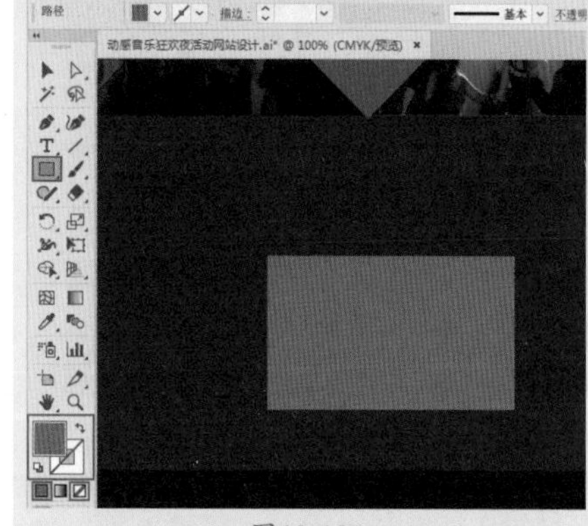
图13-184

02 选择工具箱中的“钢笔工具”，在工具箱的底部设置“填色”为黄色，“描边”为无。在粉色矩形中的左上方位置绘制一个不规则图形，效果如图13-185所示。使用同样的方法，在粉色矩形内绘制多个不规则图形，并且填充为不同的颜色，效果如图13-186所示。

03 使用“矩形工具”在粉色矩形中绘制一个白色矩形，并在白色矩形的下方绘制一个黑色矩形。至此，一个矩形模块绘制完成，效果如图13-187所示。

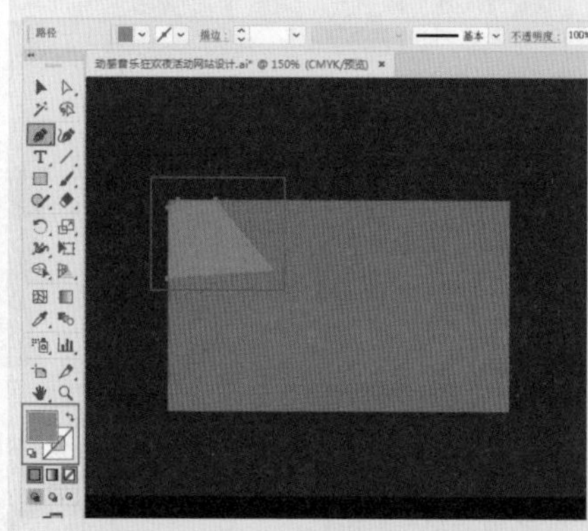
图13-185

图13-186

图13-187

04 选择工具箱中的“选择工具”，按住Shift键加选矩形模块中的全部元素，按快捷键Ctrl+G进行编组，然后按住Alt键向右拖动鼠标指针，将矩形模块组移动并复制一份，放置在原矩形模块组的右侧，效果如图13-188所示。

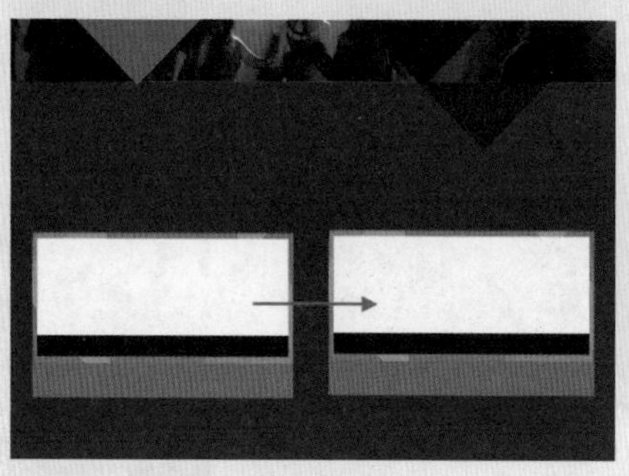
图13-188

实例184 制作网页底部的模块

操作步骤

01 选择工具箱中的“钢笔工具”，在工具箱的底部设置“填色”为淡紫色，“描边”为无，在画面中绘制一个三角形，效果如图13-189所示。使用工具箱中的“选择工具”选中该三角形，然后同时按住Shift键和Alt键向下拖动鼠标指针，将其复制并移动到合适的位置，然后改变其颜色，效果如图13-190所示。

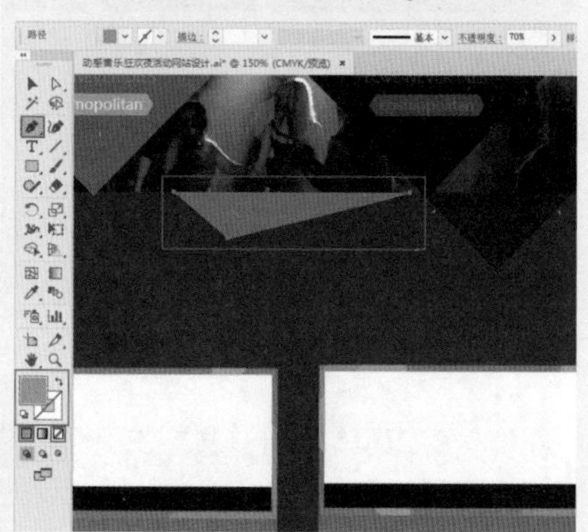
图13-189

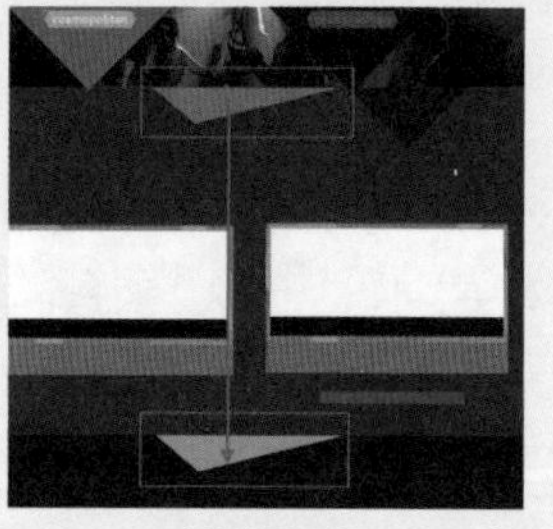
图13-190

02 选择工具箱中的“矩形工具”，在工具箱的底部设置“填色”为紫色，“描边”为无，在画面中绘制一个合适大小的矩形，效果如图13-191所示。

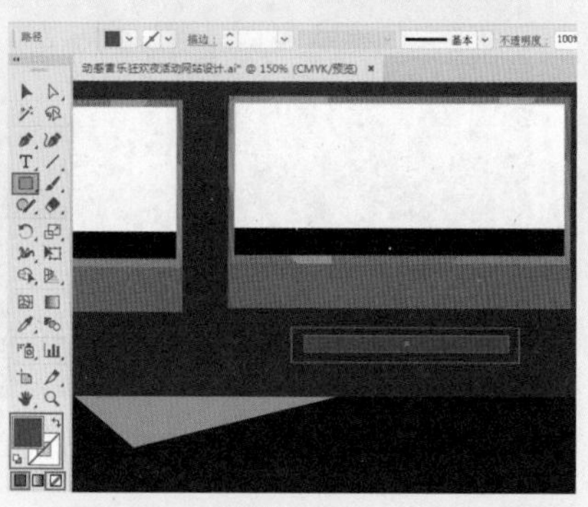
图13-191

03 选择工具箱中的“文字工具”，在画面中适当的位置单击插入光标，在控制栏中设置“填充”为白色，“描边”为白色，描边“粗细”为1pt，选择合适的字体、字号，设置“段落”为“左对齐”，然后在画面中输入文字，按快捷键Ctrl+Enter确认输入操作，效果如图13-192所示。使用同样的方法，在两个矩形模块中及其他需要添加文字的地方添加文字内容，效果如图13-193所示。

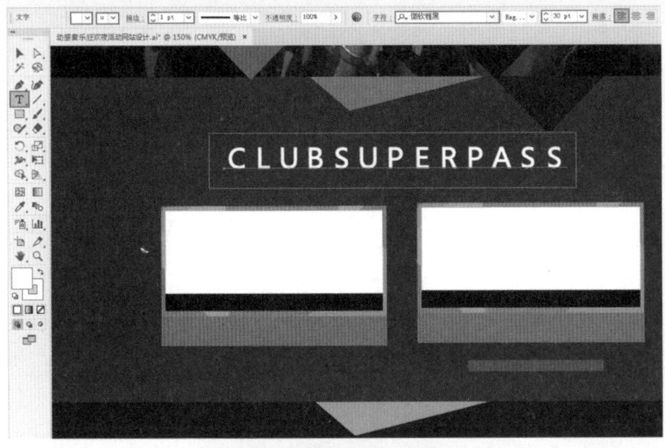

图13-192

图13-193

04 执行“文件>置入”命令，将素材“2.jpg”置入并嵌入到文档中，然后放置在合适的位置，效果如图13-194所示。在素材“2.jpg”上绘制一个矩形，然后加选素材“2.jpg”和矩形，单击鼠标右键，在弹出的快捷菜单中选择“建立剪切蒙版”命令，将素材多余的部分隐藏起来，效果如图13-195所示。

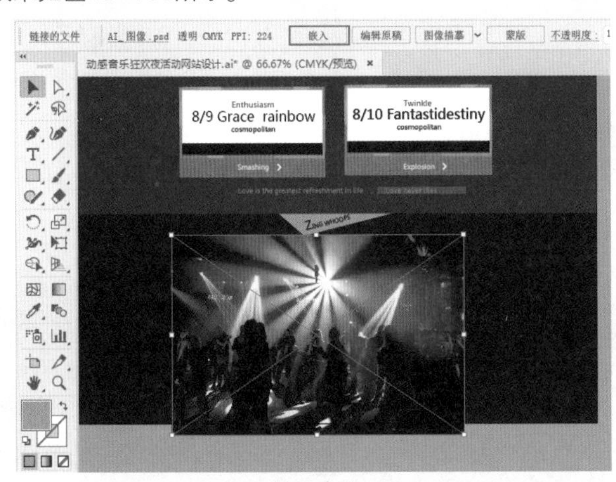

图13-194

05 使用工具箱中的“文字工具”在适当的位置输入文字，效果如图13-196所示。

图13-195

图13-196

06 选择工具箱中的“钢笔工具”，在工具箱的底部设置“填色”为绿色，“描边”为无，在画面的下方绘制不规则图形，效果如图13-197所示。使用同样的方法继续绘制其他多个图形，填充合适的颜色，并摆放在画面中适当的位置，效果如图13-198所示。

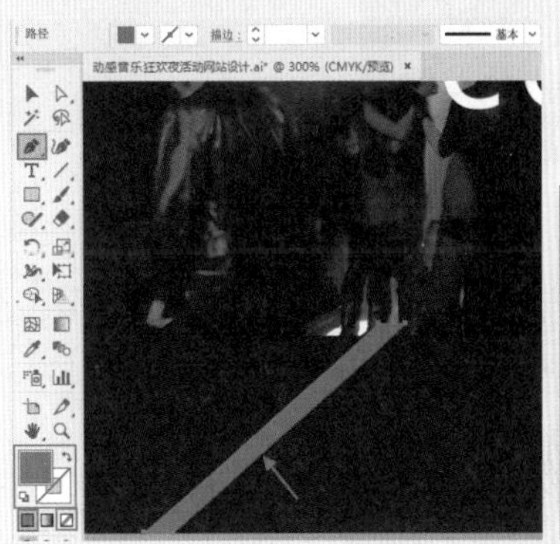

图13-197

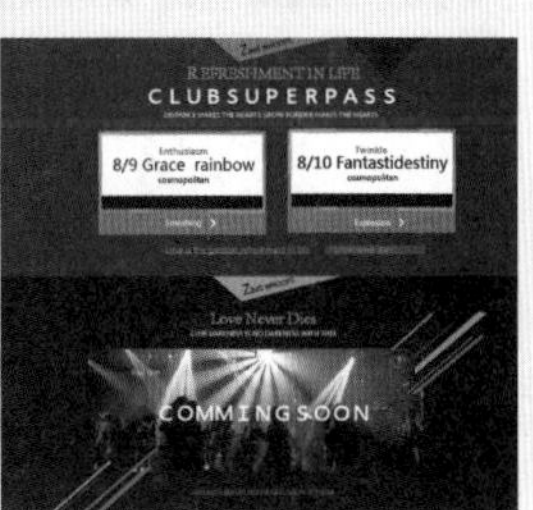

图13-198

07 选择工具箱中的“椭圆工具”，在工具箱的底部设置“填色”为紫色，“描边”为无，按住Shift键在画面的左下方绘制一个正圆形，效果如图13-199所示。在该正圆形被选中的状态下，在控制栏中设置“不透明度”为30%，效果如图13-200所示。

08 使用同样的方法，在画面中绘制出多个正圆形，并变换至合适的大小、颜色和不透明度，效果如图13-201所示。

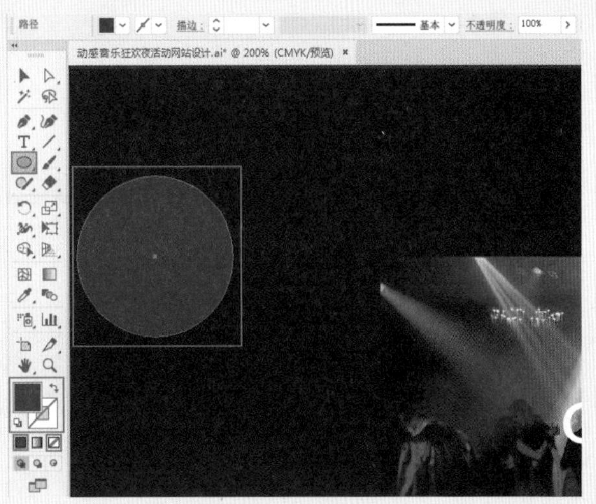

图13-199

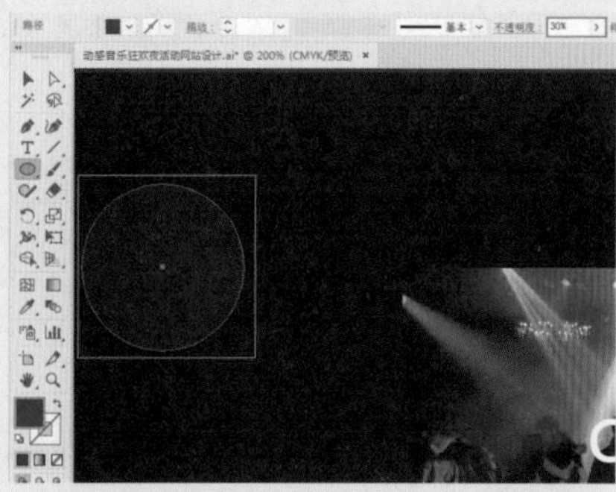
图13-200

图13-201

09 使用工具箱中的“钢笔工具”绘制一个星形并填充灰色系的渐变，效果如图13-202所示。

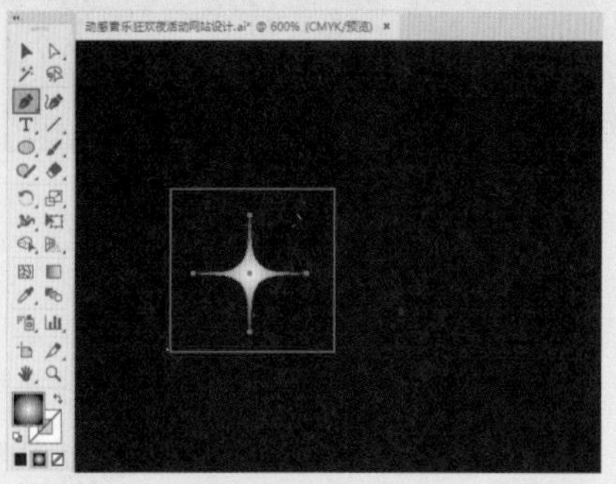
图13-202

10 使用工具箱中的“选择工具”选中绘制的星形，按住Alt键拖动鼠标指针，复制出多个相同的星形，调整它们的大小和不透明度，并将它们摆放在合适的位置。最终完成效果如图13-203所示。

图13-203

13.7 促销网站首页

文件路径	第13章\促销网站首页设计
难易指数	★★★★★
技术掌握	● 钢笔工具 ● 文字工具 ● “外发光”效果
 扫码深度学习	

操作思路

在本案例中，首先使用“矩形工具”“钢笔工具”“椭圆工具”制作网站首页的背景，然后将素材置入到文档中并通过“建立剪切蒙版”命令将素材多余的部分隐藏起来，最后使用“文字工具”在画面中输入文字。

案例效果

案例效果如图13-204所示。

图13-204

实例185 制作网页背景

操作步骤

01 执行“文件>新建”命令，创建一个A4大小的纵向空白文档。选择工具箱中的“矩形工具”，在工具箱的底部设置“描边”为无，双击“填色”按钮，在弹出的“拾色器”对话框中设置颜色为蓝色，单击“确定”按钮，如图13-205所示。在使用“矩形工具”的状态下，在画面的上方绘制一个矩形，效果如图13-206所示。

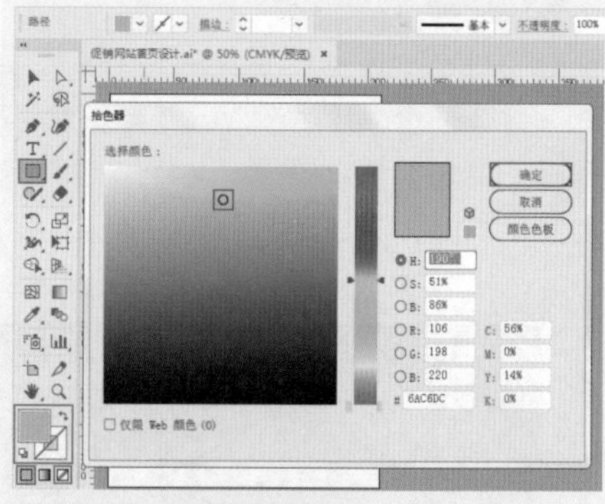
图13-205

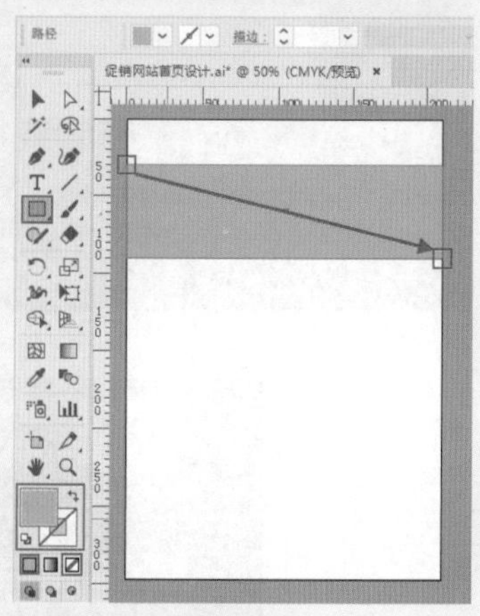
图13-206

02 继续使用“矩形工具”绘制其他矩形，分别填充合适的颜色，效果如图13-207所示。

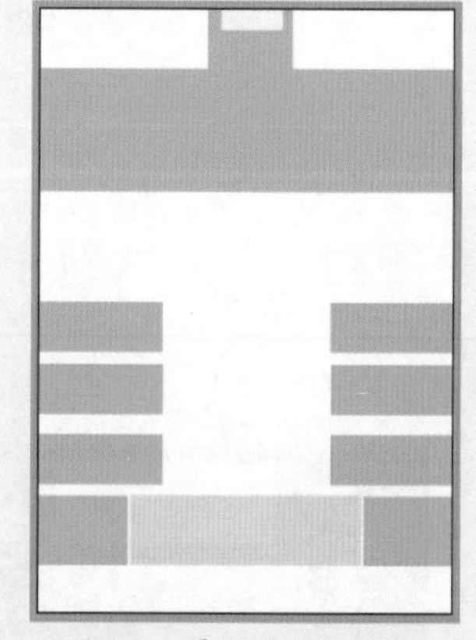
图13-207

03 选择工具箱中的“钢笔工具”，在工具箱的底部设置“填色”为蓝色，“描边”为无，在画面中绘制一个多边形，效果如图13-208所示。继续使用“钢笔工具”绘制其他图形，并分别填充合适的颜色，效果如图13-209所示。

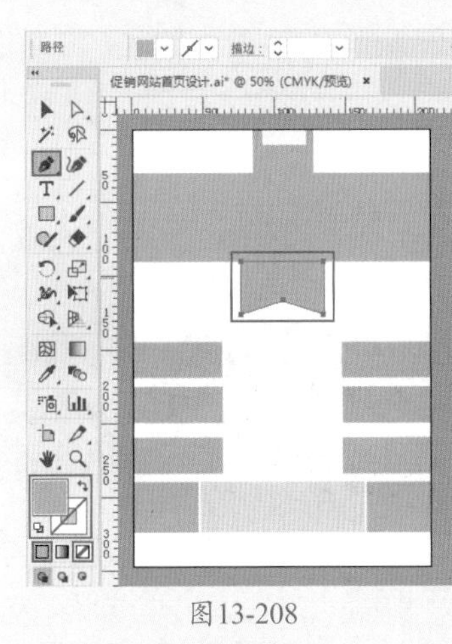

图13-208

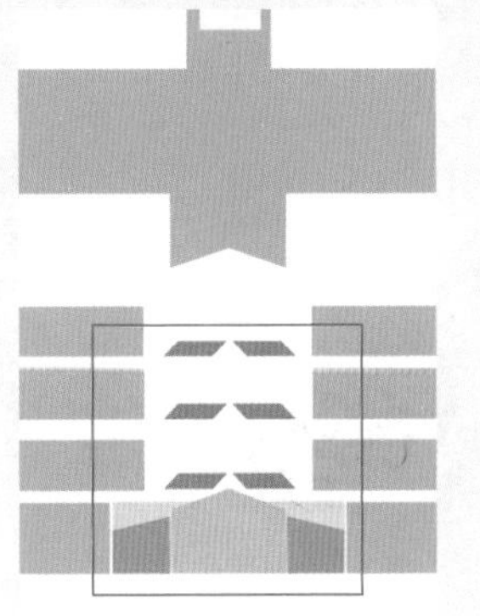

图13-209

04 选择工具箱中的“椭圆工具”，在工具箱的底部设置“填色”为蓝色，“描边”为白色，在控制栏中设置描边“粗细”为10pt，按住Shift键在画面的上方绘制一个正圆形，效果如图13-210所示。

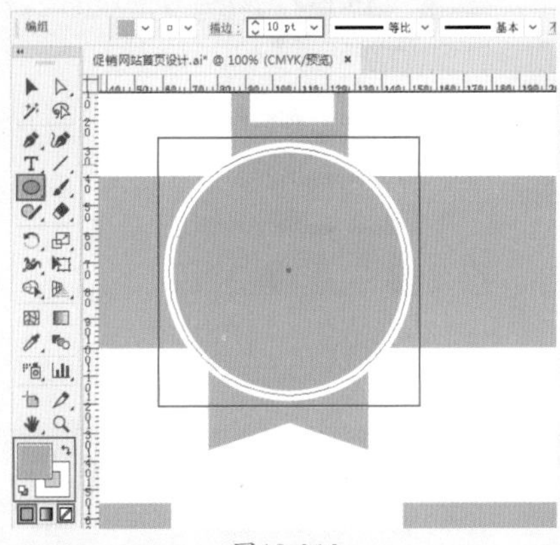

图13-210

05 在该正圆形被选中的状态下，执行“效果>风格化>外发光”命令，在弹出的“外发光”对话框中设置“模式”为“滤色”，颜色为浅黄色，“不透明度”为75%，“模糊”为1mm，单击“确定”按钮，如图13-211所示，此时效果如图13-212所示。

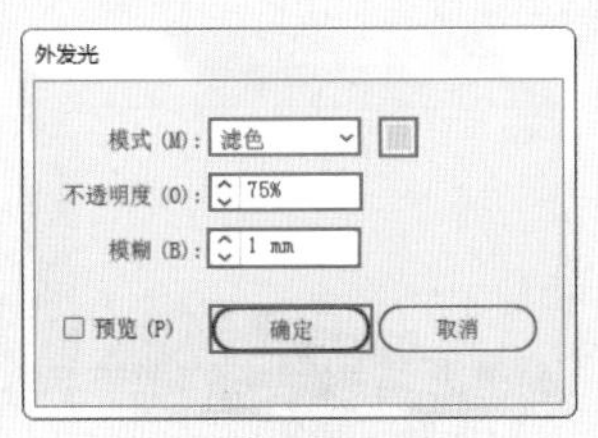

图13-211

图13-212

06 继续使用“椭圆工具”在画面中绘制其他正圆形，并填充合适的颜色，效果如图13-213所示。

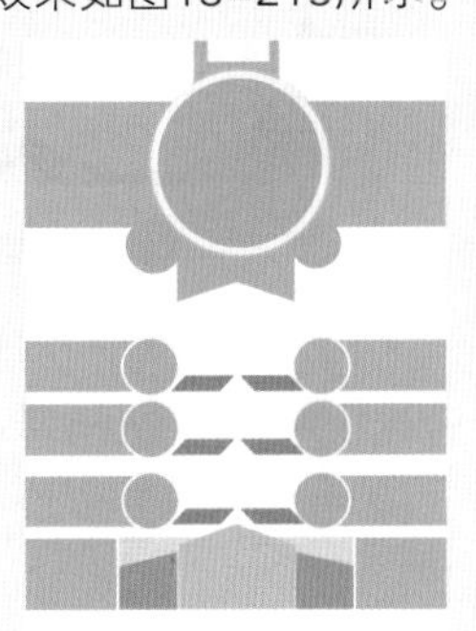

图13-213

实例186 制作网页标志图形

操作步骤

01 使用“椭圆工具”在画面上方的白色矩形内部绘制一个深蓝色的正圆形，效果如图13-214所示。

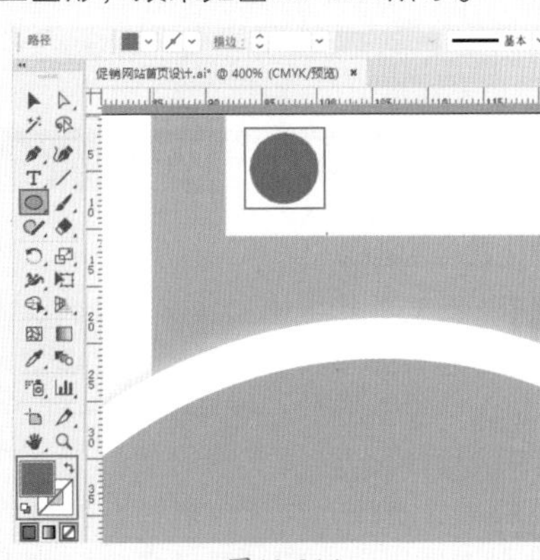

图13-214

02 选择工具箱中的“钢笔工具”，在工具箱的底部设置“填色”为无，“描边”为绿色，在控制栏中设置描边“粗细”为2.5pt，在深蓝色正圆形上绘制一条直线，效果如图13-215所示。在直线被选中的状态下，按住Alt键拖动鼠标指针，将其移动并复制两份，效果如图13-216所示。

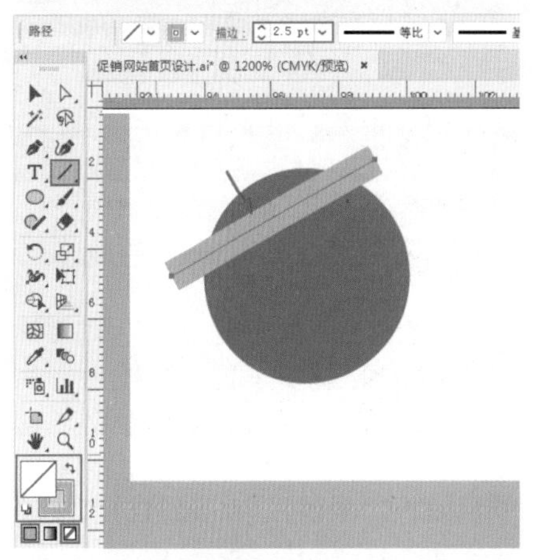

图13-215

图13-216

03 选择工具箱中的“椭圆工具”，按住Shift键绘制一个与深蓝色正圆形等大的正圆形，效果如图13-217所示。选择工具箱中的“选择工具”，按住Shift键加选正圆形和直线，单击鼠标右键，在弹出的快捷菜单中选择“建立剪切蒙版”命令，效果如图13-218所示。

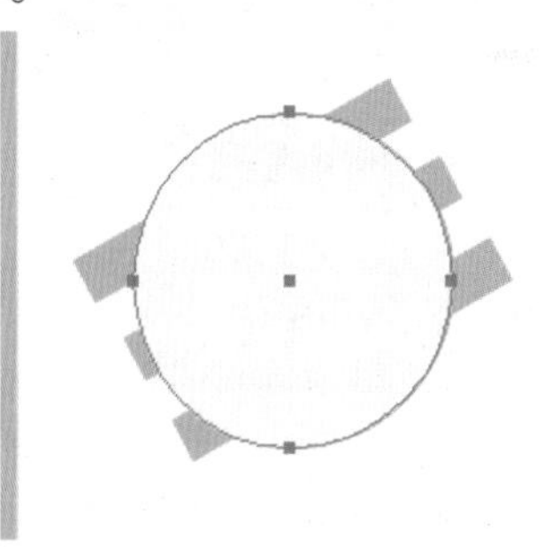

图13-217

图13-218

实例187 制作圆形图片效果

操作步骤

01 执行“文件>置入”命令，在弹出的“置入”对话框中选择素材“1.jpg”，单击“置入”按钮，如图13-219所示。按住鼠标左键拖动鼠标指针，在画面上方合适的位置控制置入对象的大小，释放鼠标左键完成置入操作。在控制栏中单击“嵌入”按钮，将素材嵌入到文档中，效果如图13-220所示。

图13-219

图13-220

02 选择工具箱中的“钢笔工具”，在控制栏中设置“填充”为白色，“描边”为无，在画面中绘制一个不规则图形，效果如图13-221所示。在控制栏中设置“不透明度”为50%，效果如图13-222所示。

图13-221

图13-222

03 选择“椭圆工具”，按住Shift键在不规则图形上绘制一个正圆形，效果如图13-223所示。选择工具箱中的“选择工具”，按住Shift键加选不规则图形和正圆形，然后单击鼠标右键，在弹出的快捷菜单中选择“建立剪切蒙版”命令，效果如图13-224所示。

图13-223

图13-224

04 加选需要居中对齐的对象，在控制栏中单击“水平居中对齐”按钮，如图13-225所示。使用同样的方法，依次添加其他素材，并依次执行“建立剪切蒙版”命令，效果如图13-226所示。

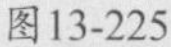

图13-225

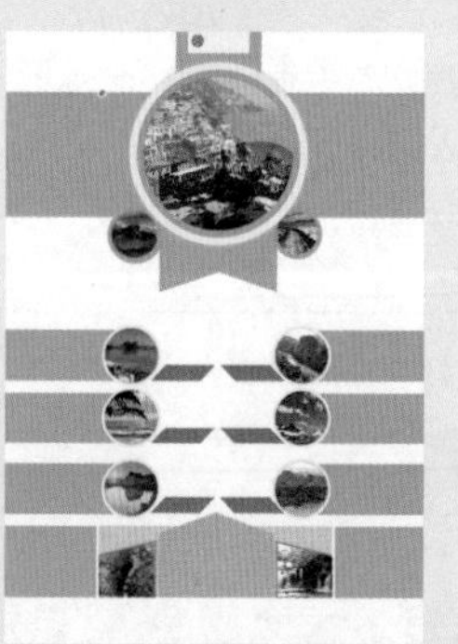

图13-226

实例188 制作网页文字

操作步骤

01 选择工具箱中的“文字工具”，在工具箱的底部设置“填色”为深蓝色，“描边”为白色，描边“粗细”为1pt，选择合适的字体、字号，设置“段落”为“左对齐”，然后输入文字，按快捷键Ctrl+Enter确认输入操作，效果如图13-227所示。

02 继续选择“文字工具”，在刚刚输入的文字的下方绘制一个文本框。在工具箱的底部设置“填色”为蓝色，“描边”为无，在控制栏中设置合适的字体、字号，设置“段落”为“居中对齐”，单击“字符”按钮，在弹出的下拉面板中设置“行距”为7pt，单击“全部大写字母”按钮，然后输入文字，按快捷键Ctrl+Enter确认输入操作，效果如图13-228所示。

图13-227

图13-228

03 继续使用“文字工具”在画面中其他适当的位置添加文字，设置合适的字体、字号和颜色，效果如图13-229所示。

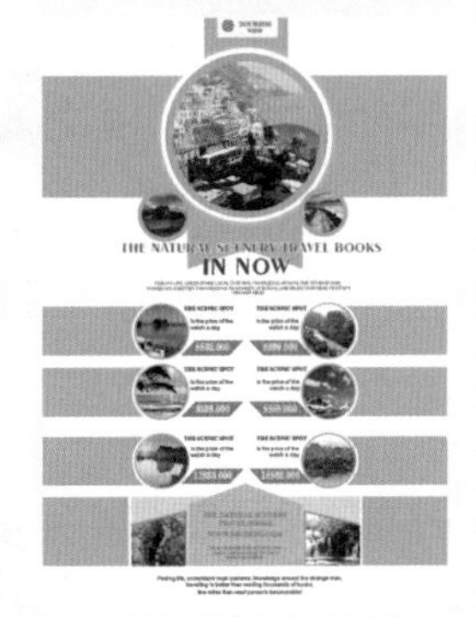

图13-229

04 选择工具箱中的“直线段工具”，在工具箱的底部设置“填色”为无，“描边”为蓝色，单击控制栏中的“描边”按钮，在弹出的下拉面板中设置描边“粗细”为0.5pt，勾选“虚线”复选框，设置参数为2pt，单击“使虚线与边角和路径终端对齐，并调整到合适的长度”按钮，按住Shift键在画面下方适当的位置绘制一条虚线，效果如图13-230所示。在虚线被选中的状态下，选择工具箱中的“选择工具”，同时按住Shift键和Alt键向下拖动鼠标指针，将其移动并复制两份，效果如图13-231所示。

05 最终完成效果如图13-232所示。

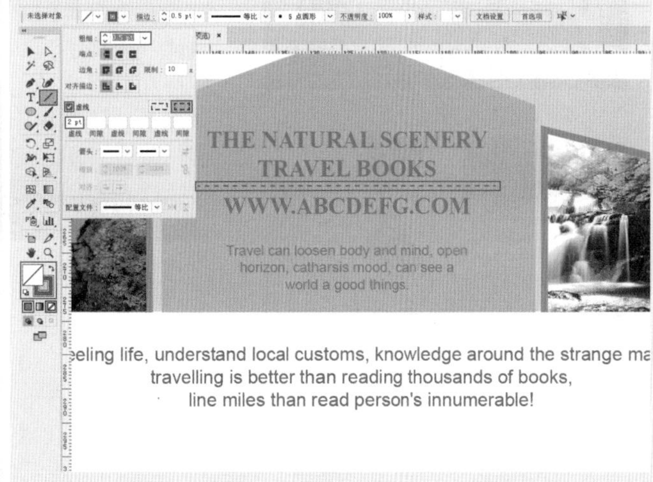

图13-230

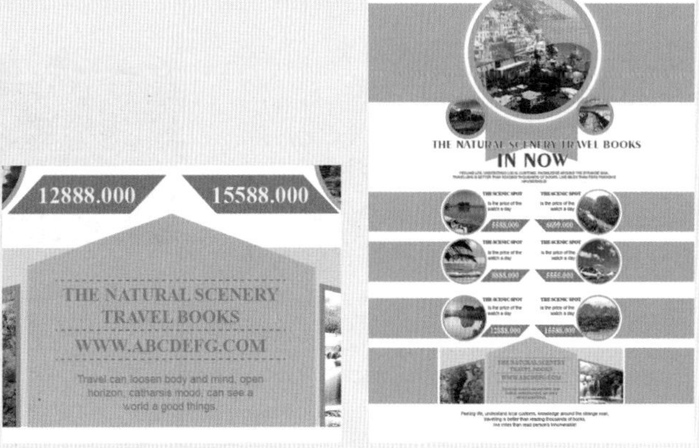

图13-231　　图13-232

13.8 数码产品购物网站

文件路径	第13章\数码产品购物网站	扫码深度学习
难易指数	★★★★★	
技术掌握	● 文字工具 ● 矩形工具	

操作思路

在本案例中，主要使用“矩形工具”绘制页面中的各个部分，使用“置入”命令为页面添加图片素材，使用“文字工具”制作导航文字、模块文字及底栏文字。

案例效果

案例效果如图13-233所示。

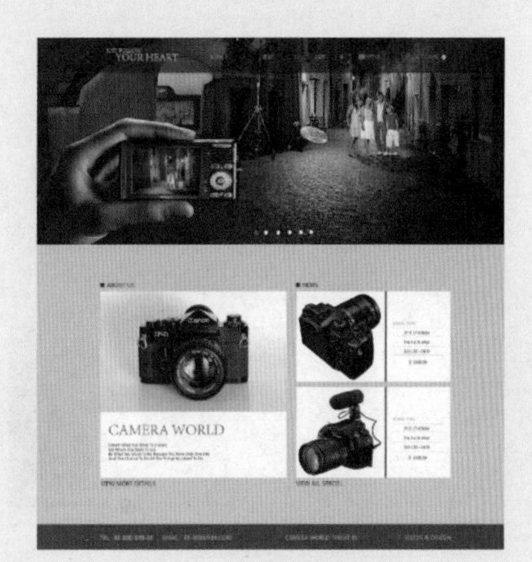

图13-233

实例189 制作网页顶栏

操作步骤

01 执行“文件>新建”命令，创建一个宽度为1080px、高度为1050px的空白文档。执行“文件>置入”命令，在弹出的“置入”对话框中选择素材“1.jpg”，单击“置入”按钮，如图13-234所示。按住鼠标左键拖动鼠标指针，在画面上方合适的位置控制置入对象的大小，释放鼠标左键完成置入操作。在控制栏中单击“嵌入”按钮，将素材嵌入到文档中，效果如图13-235所示。

图13-234

图13-235

02 选择工具箱中的“矩形工具”，在素材“1.jpg”上绘制一个矩形，如图13-236所示。选择工具箱中的“选择工具”，按住Shift键加选矩形和素材，然后单击鼠标右键，在弹出的快捷菜单中选择“建立剪切蒙版”命令，效果如图13-237所示。

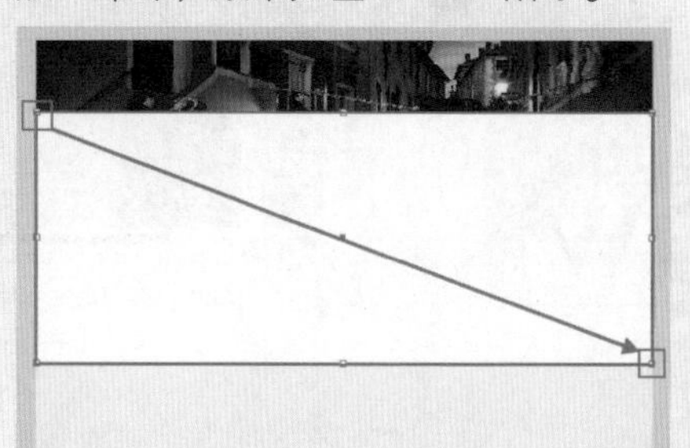

图13-236

图13-237

03 在工具箱中选择“椭圆工具”，在工具箱的底部设置“描边”为无，双击“填色”按钮，在弹出的“拾色器”对话框中设置颜色为红色，单击“确定”按钮，如图13-238所示。在使用“椭圆工具”的状态下，按住Shift键在素材“1.jpg”的下方绘制一个红色的正圆形，效果如图13-239所示。

04 使用工具箱中的“选择工具”选中红色的正圆形，同时按住Shift键和Alt键向右拖动鼠标指针，将其移动并复制，然后在控制栏中设置“填充”为白色，“描边”为无，得到白色的正圆形。多次执行该操作，将白色的正圆形复制出另外四个，效果如图13-240所示。

图13-238

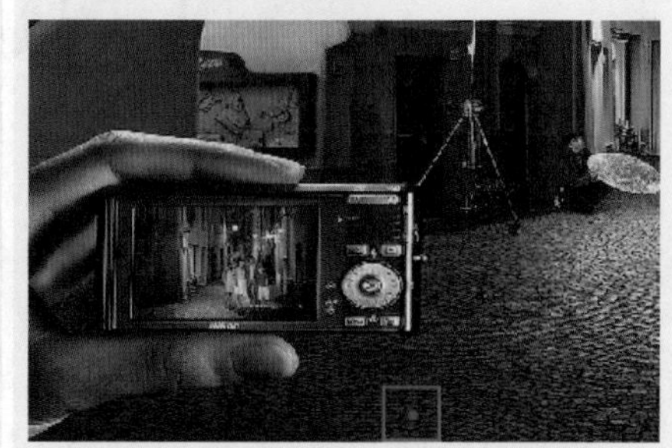

图13-239

图13-240

实例190 制作导航栏

操作步骤

01 选择工具箱中的“矩形工具”，在工具箱的底部设置“填色”为棕色，“描边”为无，在画面的上方按住鼠标左键并拖动绘制一个矩形，效果如图13-241所示。在该矩形被选中的状态下，在控制栏中设置“不透明度”为60%，效果如图13-242所示。

02 下面制作网页的标志及导航文字。选择工具箱中的“文字工具”，在矩形的左侧单击插入光标，在控制栏中设置“填色”为白色，“描边”为白色，描边“粗细”为

1pt，选择合适的字体、字号，设置“段落”为“左对齐”，然后输入文字，按快捷键Ctrl+Enter确认输入操作，效果如图13-243所示。继续使用“文字工具”在矩形的右侧输入文字并设置不同的文字属性，效果如图13-244所示。

03 选择工具箱中的“钢笔工具”，在工具箱的底部设置“填色”为蓝色，“描边”为无，在矩形的右侧绘制一个水滴形状的图形。使用“椭圆工具”在水滴图形中绘制一个白色的小正圆形，效果如图13-245所示。

图13-241

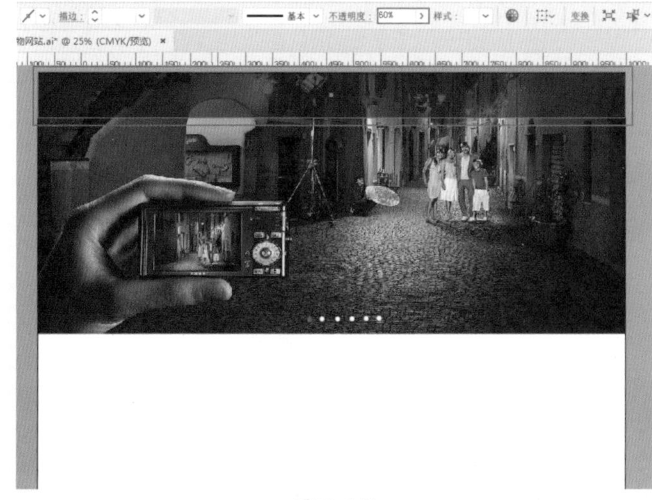

图13-242

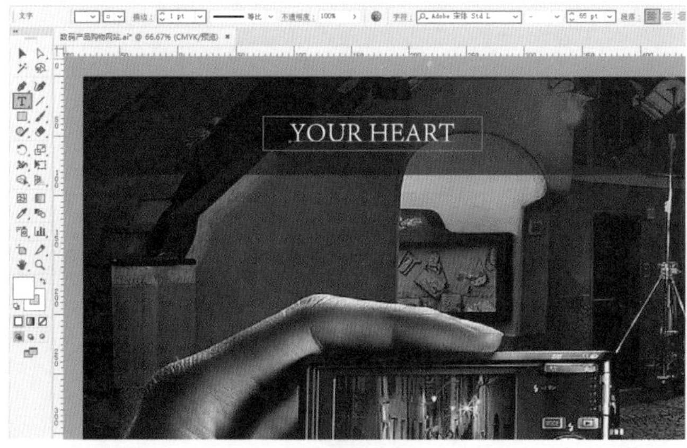

图13-243

04 选择工具箱中的“直线段工具”，在控制栏中设置“填充”为无，“描边”为白色，描边“粗细”为2pt，然后在导航文字之间绘制直线，将其作为分隔线，效果如图13-246所示。

图13-244

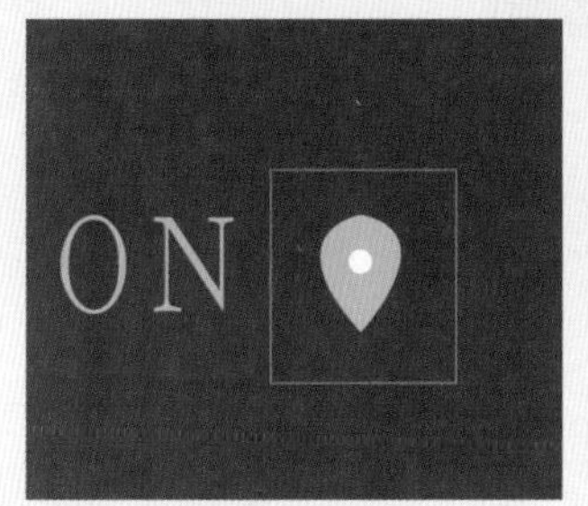

图13-245

图13-246

实例191 制作大产品模块

操作步骤

01 选择工具箱中的“矩形工具”，在工具箱的底部设置“填色”为卡其色，“描边”为无，在画面中适当的位置绘制一个矩形，效果如图13-247所示。执行“文件>置入”命令，将素材“2.jpg”置入并嵌入到文档中，效果如图13-248所示。

02 选择工具箱中的“矩形工具”，在素材“2.jpg”的下方绘制一个白色的矩形，效果如图13-249所示。选择工具箱中的“文字工具”，在控制栏中选择合适的字体及字号，输入两组相同颜色、不同大小的文字，效果如图13-250所示。

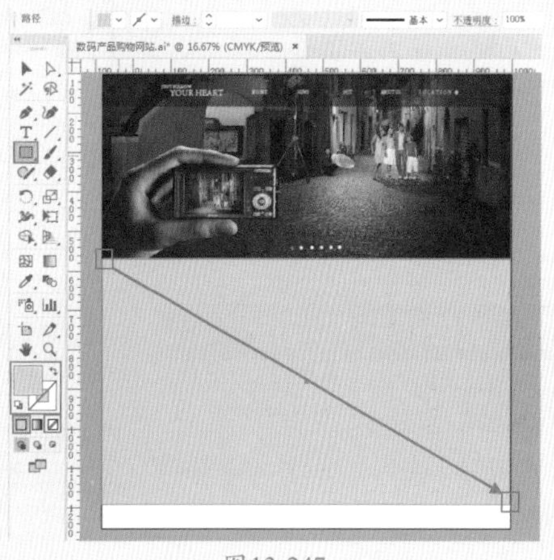

图13-247

图13-248

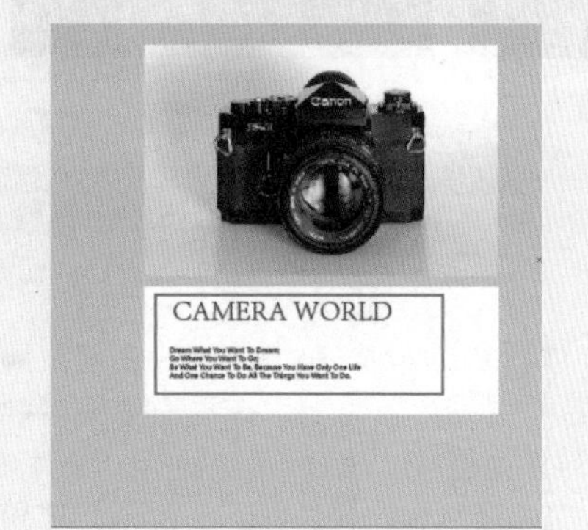
图13-249

图13-250

提示 网页设计的字体选择

网页设计的字体选择具有一定的局限性，为了确保在不同浏览器上能够正常显示，只能选择跨浏览器的通用字体。若选择了那些不常用的装饰性字体，则会被系统的默认字体代替，从而造成显示效果的差异。网页设计的字体选择不仅仅要考虑到风格和可读性，还要考虑到技术层面。

实例192 制作小产品模块

操作步骤

01 执行“文件>置入”命令，将素材“3.jpg”和“4jpg”置入并嵌入到文档中，效果如图13-251所示。选择工具箱中的“矩形工具”，在素材“3.jpg”和“4.jpg”的右侧分别绘制白色的矩形，效果如图13-252所示。

图13-251

图13-252

02 选择工具箱中的“直线段工具”，在工具箱的底部设置“填色”为无，“描边”为红色，在控制栏中设置描边“粗细”为11pt，按住Shift键在素材“3.jpg”和“4.jpg”的右侧分别绘制一条红色的直线，效果如图13-253所示。

03 下面为这两个模块分别添加文字信息。选择工具箱中的“文字工具”，在控制栏中选择合适的字体及字号，然后输入三组不同颜色、不同大小的文字，效果如图13-254所示。

图13-253

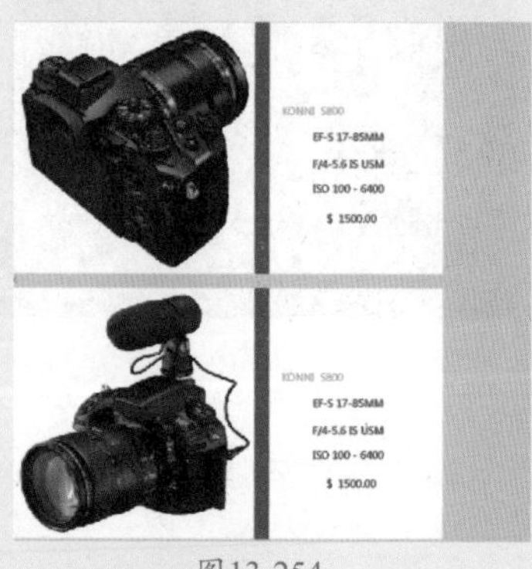
图13-254

04 选择工具箱中的“直线段工具”，在工具箱的底部设置“填色”为棕色，“描边”为无，按住Shift键在文字的间隔处绘制一条直线，效果如图13-255所示。选择工具箱中的“选择工具”，同时按住Shift键和Alt键向下拖动鼠标指针，将其移动并复制。多次执行该操作，效果如图13-256所示。

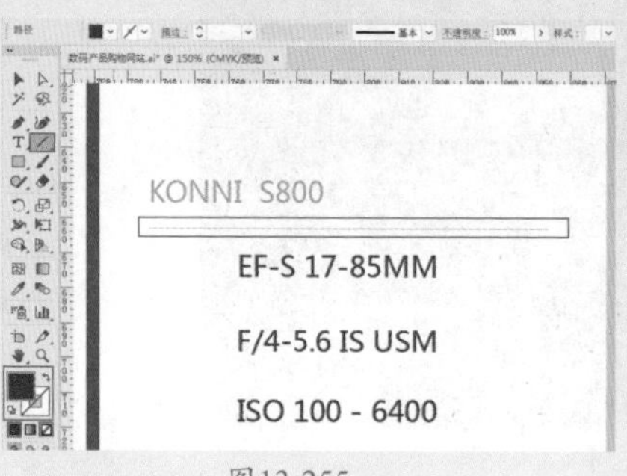

图13-255

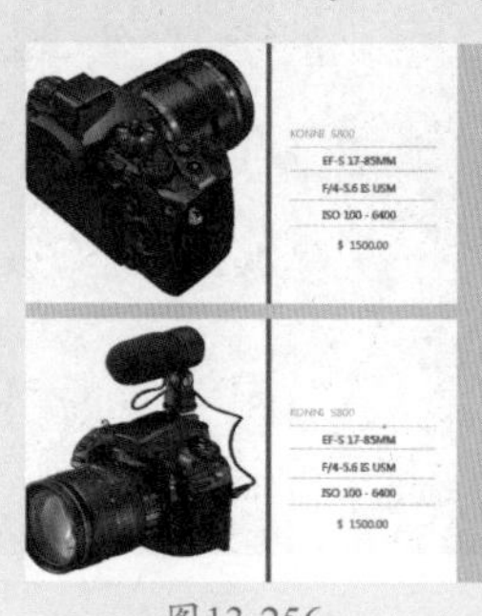
图13-256

05 选择工具箱中的“矩形工具”，在工具箱的底部设置“填色”为棕色，“描边”为无，按住Shift键在画面中适当的位置绘制一个正方形，效果如图13-257所示。选择工具箱中的“选择工具”，按住Alt键向右拖动鼠标指针，将正方形移动并复制，效果如图13-258所示。

图13-257

图13-258

06 选择工具箱中的“文字工具”，在控制栏中选择合适的字体及字号，分别在产品模块的上、下方输入几组文字，效果如图13-259所示。

图13-259

实例193 制作网页底栏

操作步骤

01 选择工具箱中的“矩形工具”，在工具箱的底部设置“填色”为棕色，“描边”为无，在画面的下方绘制一个矩形，效果如图13-260所示。

图13-260

02 使用“文字工具”在绘制的矩形中输入合适的文字，使用“直线段工具”在文字之间绘制分隔线。最终完成效果如图13-261所示。

图13-261

第14章 UI设计

/ 佳 / 作 / 欣 / 赏 /

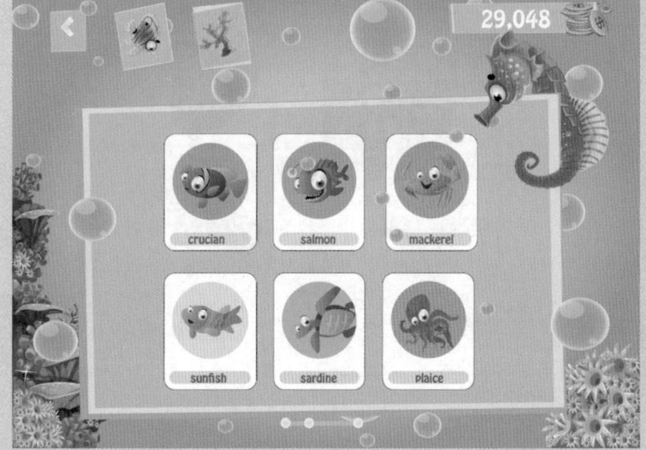

14.1 移动客户端产品页面

文件路径	第 14 章 \ 移动客户端产品页面设计
难易指数	★★★★★
技术掌握	● 符号库 ● 剪刀工具 ● 建立剪切蒙版

扫码深度学习

操作思路

在本案例中，首先使用“矩形工具”制作页面的背景，然后使用“文字工具”“直线段工具”和“符号库”制作页面左侧的列表，最后使用“椭圆工具”“剪切工具”“渐变工具”制作页面右侧的图形。

案例效果

案例效果如图14-1所示。

图14-1

实例194 制作左侧列表

操作步骤

01 执行“文件>新建”命令，创建一个宽度为1920px、高度为1000px、横向的空白文档。选择工具箱中的“矩形工具”，在工具箱的底部设置“描边”为无，双击“填色”按钮，在弹出的“拾色器”对话框中设置颜色为浅灰色，单击“确定”按钮，如图14-2所示。在使用“矩形工具”的状态下，在画面中绘制一个与画板等大的矩形，效果如图14-3所示。

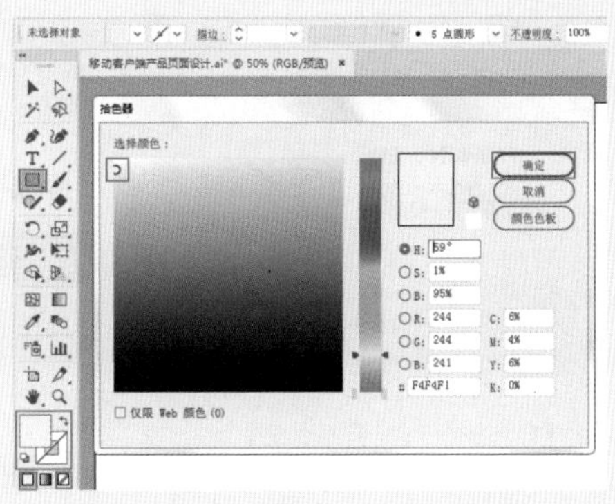

图14-2

图14-3

02 继续选择“矩形工具”，在控制栏中设置“填充”为白色，“描边”为无，在画面的左侧绘制一个白色的矩形，效果如图14-4所示。

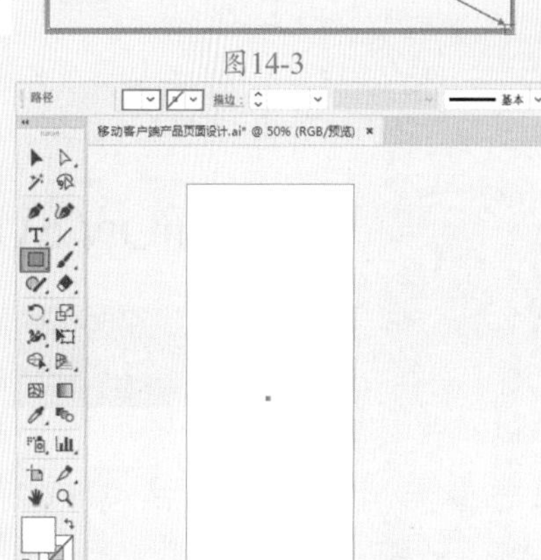

图14-4

03 选择工具箱中的“文字工具”，在白色的矩形中单击插入光标，在控制栏中设置“填充”为黑色，“描边”为无，选择合适的字体、字号，设置“段落”为“左对齐”，然后在画面中输入文字，效果如图14-5所示。在使用“文字工具”的状态下，选中文字“FASHION”，在控制栏中设置“描边”为黑色，描边“粗细”为2pt，按快捷键Ctrl+Enter确认输入操作，效果如图14-6所示。

图14-5

图14-6

04 选择“矩形工具”，在工具箱的底部设置“填色”为绿色，“描边”为无，在画面中适当的位置绘制一个绿色的矩形，效果如图14-7所示。选择“文字工具”，在控制栏中设置“填充”为白色，“描边”为无，选择合适的字体、字号，设置“段落”为“左对齐”，然后在绿色的矩形中输入文字，按快捷键Ctrl+Enter确认输入操作，效果如图14-8所示。

图14-7

图14-8

05 使用同样的方法，在白色矩形中输入文字，效果如图14-9所示。

06 执行“窗口>符号库>网页图标”命令，在弹出的“网页图标”面板中选中“收藏”符号，按住鼠标左键拖动该符号，将其移动到文字的左侧，在控制栏中单击“断开链接”按钮，效果如图14-10所示。接着将该符号填充为灰色，设置“描边”为无，然后将其适当地缩放，效果如图14-11所示。

07 使用同样的方法，在其他文字的左侧添加符号，效果如图14-12所示。

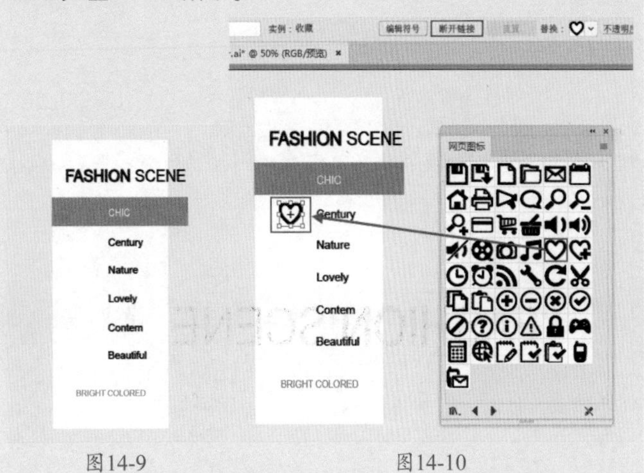

图14-9　图14-10

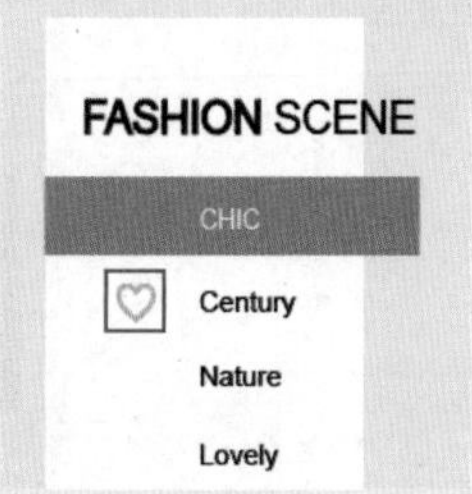

图14-11 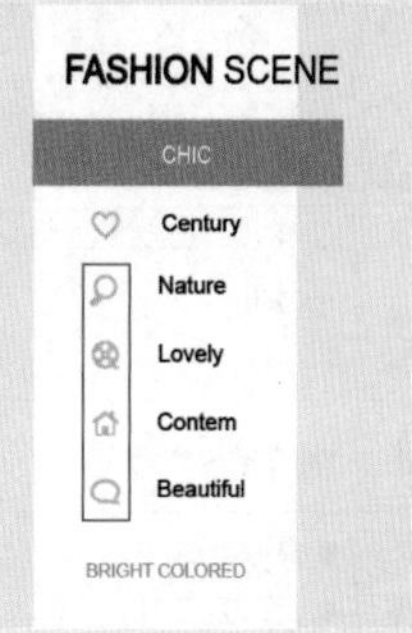　图14-12

08 选择工具箱中的“直线段工具”，在工具箱的底部设置“填色”为无，“描边”为灰色，在控制栏中设置描边“粗细”为3pt，按住Shift键在左侧文字的间隔处绘制一条直线，效果如图14-13所示。在该直线被选中的状态下，按住Alt键复制出另外三条直线，效果如图14-14所示。

图14-13　图14-14

09 选择工具箱中的“矩形工具”，在工具箱的底部设置“填色”为无，“描边”为绿色，在控制栏中设置描边“粗细”为6pt，在绿色文字的外侧绘制一个绿色的矩形边框，效果如图14-15所示。

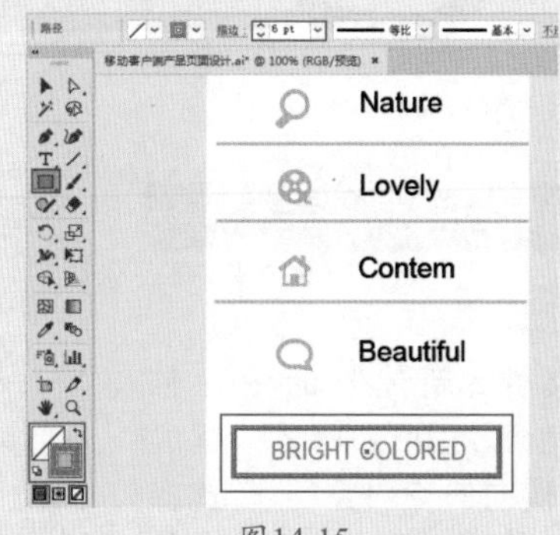

图14-15

实例195 制作右侧图形

操作步骤

01 选择工具箱中的“椭圆工具”，在工具箱的底部设置“填色”为无，“描边”为灰色，在控制栏中设置描边“粗细”为80pt，按住Shift键在画面的右侧绘制一个正圆形轮廓，效果如图14-16所示。选择工具箱中的“剪刀工具”，在正圆形轮廓处单击，使其在单击处被切分为断开的弧线，效果如图14-17所示。

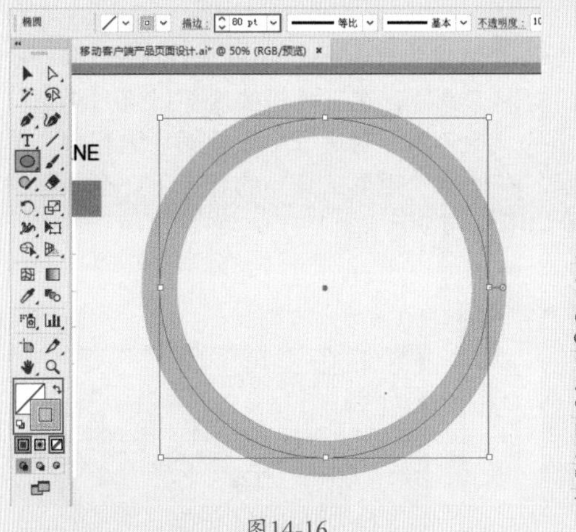

图14-16

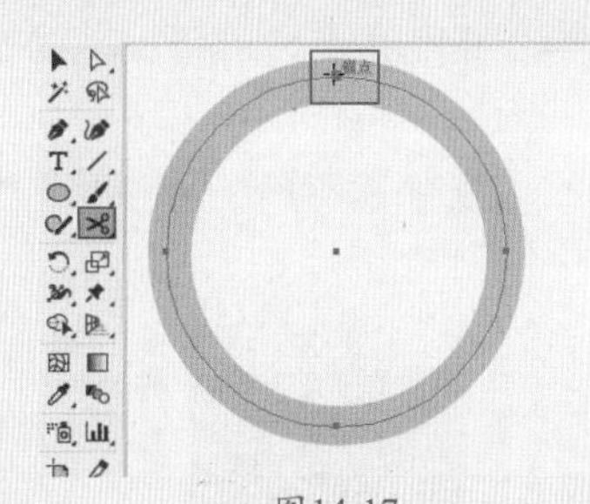

图14-17

02 继续在左、右两侧进行切分，得到三段断开的弧线，效果如图14-18所示。将三段弧线进行适当的移动，并改变下方弧线的颜色，效果如图14-19所示。

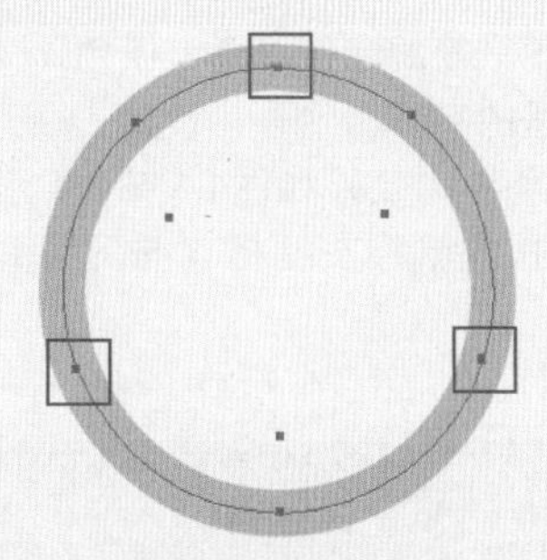

图14-18

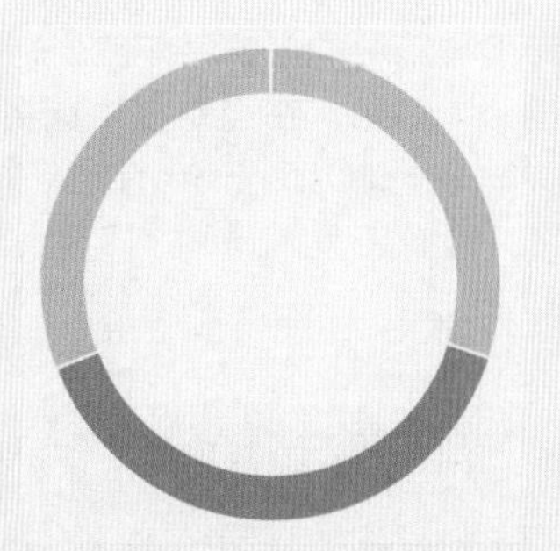

图14-19

03 执行“文件>置入”命令，在弹出的“置入”对话框中选择素材“1.png”，单击“置入”按钮，如图14-20所示。按住鼠标左键拖动鼠标指针，在画面右侧的三段弧线内控制置入对象的大小，释放鼠标左键完成置入操作。在控制栏中单击“嵌入”按钮，将素材嵌入到文档中，效果如图14-21所示。

图14-20

图14-21

04 选择工具箱中的“椭圆工具”，在工具箱的底部单击“填色”按钮，使之置于前面，双击工具箱中的“渐变工具”按钮，在弹出的“渐变”面板中设置“类型”为“径向”，“角度”为0°，“长宽比”为18%，在面板底部编辑一个黑色到透明的渐变，单击“描边”按钮，设置“填充类型”为无，如图14-22所示。在使用“椭圆工具”的状态下，按住Shift键在画面中绘制一个正圆形，效果如图14-23所示。

图14-22

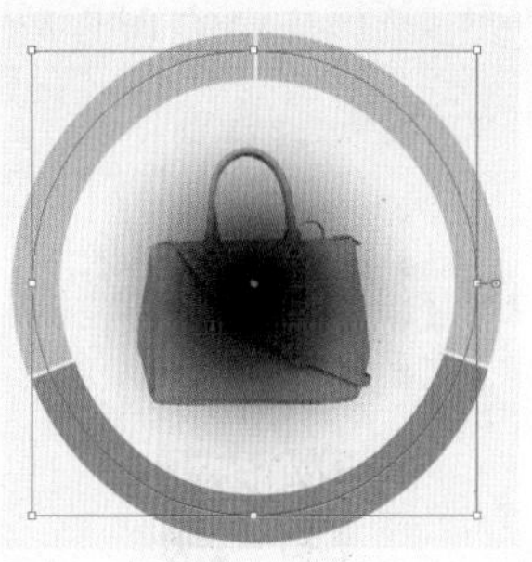

图14-23

05 将鼠标指针定位到渐变正圆形定界框上方的控制点处，当鼠标指针变为双箭头时，按住鼠标左键向下拖动控制点，将渐变正圆形缩小，效果如图14-24所示。在渐变正图形被选中的状态下，单击鼠标右键，在弹出的快捷菜单中选择“排列>后移一层”命令，将其移动到素材的后面，效果如图14-25所示。

图14-24

图14-25

06 最终完成效果如图14-26所示。

图14-26

14.2 旅行APP模块

文件路径	第14章\旅行APP模块设计
难易指数	★★★★★
技术掌握	● 矩形工具 ● 文字工具 ● 钢笔工具 ● 圆角矩形工具
 扫码深度学习	

操作思路

在本案例中，首先使用“矩形工具”和“文字工具”制作界面的背景，然后使用“圆角矩形工具”和“置入”命令将素材置入到界面的中心位置并为其添加立体效果，最后使用“圆角矩形工具”“钢笔工具”“文字工具”等在素材中添加各元素。

案例效果

案例效果如图14-27所示。

图14-27

实例196 制作界面背景

操作步骤

01 执行“文件>新建”命令，创建一个宽度为1040px、高度为780px、横向的空白文档。选择工具箱中的“矩形工具”，在工具箱的底部设置“描边”为无，双击“填色”按钮，在弹出的“拾色器”对话框中设置颜色为粉色，单击“确定”按钮，如图14-28所示。在使用“矩形工具”的状态下，在画面中绘制一个与画板等大的矩形，效果如图14-29所示。

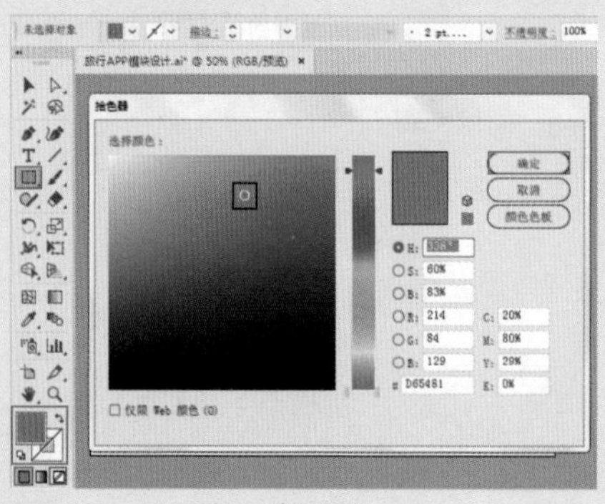
图14-28

图14-29

02 选择工具箱中的“文字工具”，在工具箱的底部设置“填色”为浅粉色，“描边”为无，在控制栏中选择合适的字体、字号，设置“段落”为“左对齐”，按快捷键Ctrl+Enter确认输入操作，效果如图14-30所示。使用工具箱中的“选择工具”选中文字，然后按住鼠标左键将其向下移动，效果如图14-31所示。

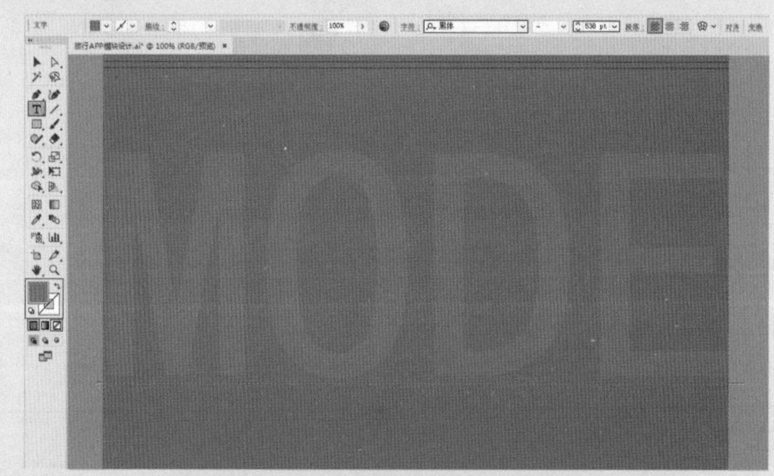
图14-30

图14-31

实例197 制作界面主体图形

操作步骤

01 选择工具箱中的“圆角矩形工具”，在工具箱的底部设置“填色”为紫色，“描边”为无，在画面的中心位置绘制一个圆角矩形，效果如图14-32所示。

图14-32

02 执行“文件>置入”命令，在弹出的“置入”对话框中选择素材“1.jpg”，单击“置入”按钮，如图14-33所示。按住鼠标左键拖动鼠标指针，在圆角矩形上合适的位置控制置入对象的大小，释放鼠标左键完成置入操作。在控制栏中单击“嵌入”按钮，将素材嵌入到文档中，效果如图14-34所示。

图14-33

图14-34

03 选择工具箱中的“圆角矩形工具”，在素材“1.jpg”上绘制一个圆角矩形，效果如图14-35所示。选择工具箱中的“选择工具”，按住Shift键加选圆角矩形和素材“1.jpg”，然后单击鼠标右键，在弹出的快捷菜单中选择“建立剪切蒙版”命令，效果如图14-36所示。

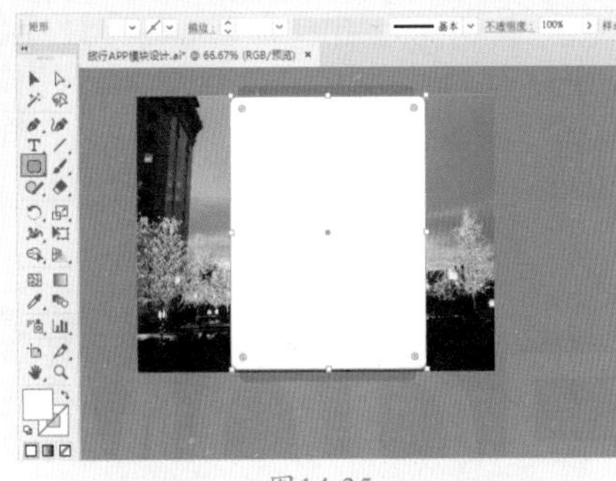

图14-35

图14-36

04 选择工具箱中的“钢笔工具”，在控制栏中设置“填充”为白色，“描边”为无，在素材“1.jpg”的左侧绘制一个图形，效果如图14-37所示。

图14-37

05 使用工具箱中的“选择工具”选中该图形，然后执行“对象>变换>对称”命令，在弹出的“镜像”对话框中选中“水平”单选按钮，单击“复制”按钮，如图14-38所示。效果如图14-39所示。

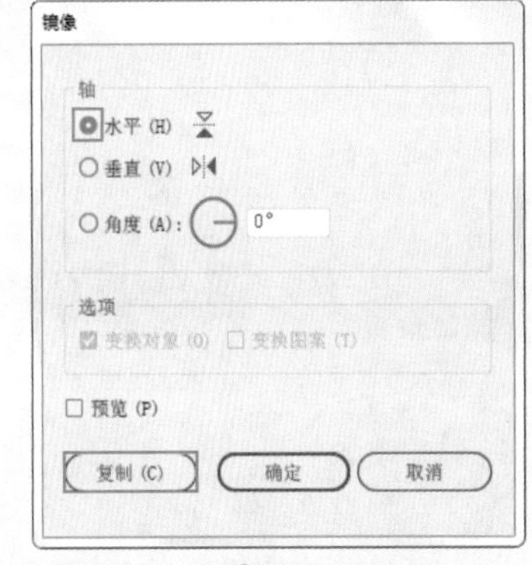

图14-38

图14-39

06 将复制得到的图形选中并向下移动，效果如图14-40所示。

图14-40

实例198 制作按钮与文字

操作步骤

01 选择工具箱中的“文字工具”，在素材“1.jpg”上单击插入光标，在控制栏中设置“填充”为白色，“描边”为白色，描边“粗细”为2pt，选择合适的字体、字号，设置“段落”为“左对齐”，然后输入文字，按快捷键Ctrl+Enter确认输入操作，效果如图14-41所示。使用同样的方法，在刚刚输入的文字的下方再次输入文字，效果如图14-42所示。

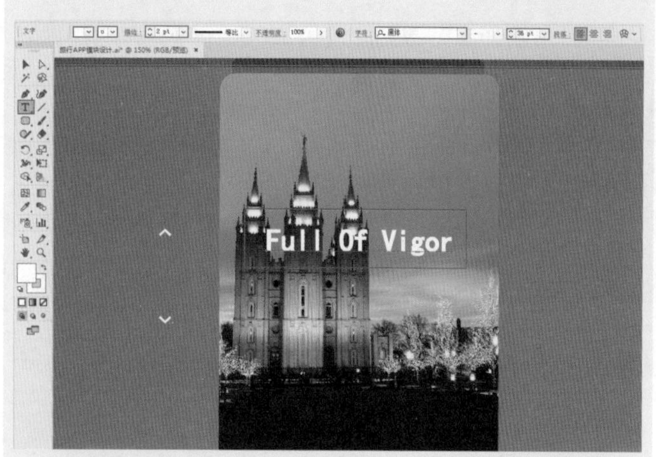
图14-41

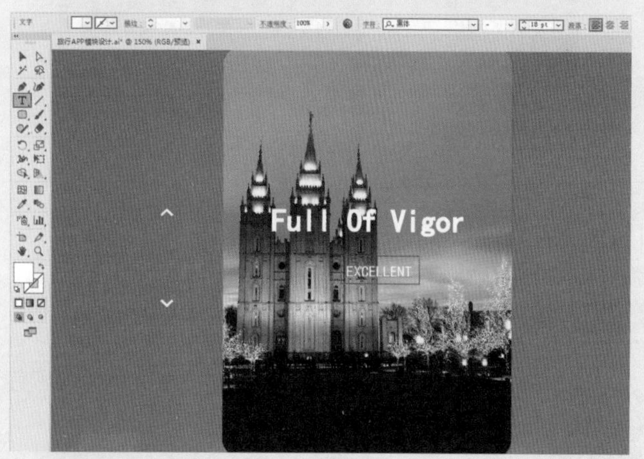
图14-42

02 选择工具箱中的“钢笔工具”，在控制栏中设置“填充”为白色，“描边”为无，在较小文字的左侧绘制一个飞机形状的图形，效果如图14-43所示。

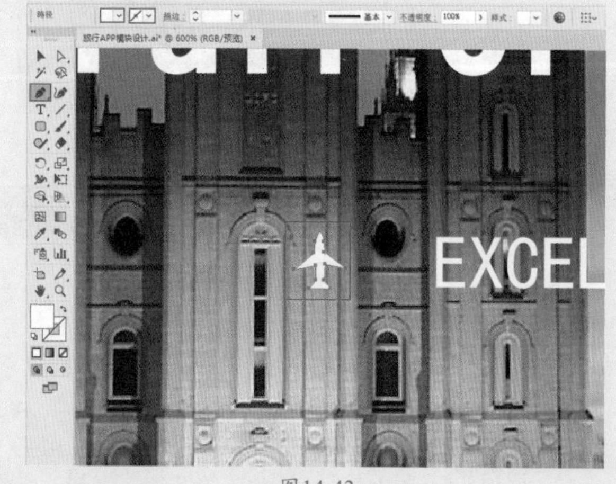
图14-43

03 选择工具箱中的“圆角矩形工具”，在控制栏中设置“填充”为无，“描边”为白色，描边“粗细”为2pt，在飞机图形和稍小文字的外侧绘制一个圆角矩形边框，效果如图14-44所示。使用工具箱中的“选择工具”选中圆角矩形内部的锚点，然后按住鼠标左键向内拖动，调整圆角矩形的圆角半径，如图14-45所示，效果如图14-46所示。

图14-44

图14-45　图14-46

04 再次选择工具箱中的“圆角矩形工具”，在控制栏中设置“填充”为白色，“描边”为无，在素材“1.jpg”中的左侧位置绘制三个长短不等的圆角矩形并调整至合适的圆角半径，效果如图14-47所示。

05 选择工具箱中的“星星工具”，在控制栏中设置“填充”为白色，“描边”为无，在画面的右侧单击，在弹出的“星形”对话框中设置“半径1”为10px，“半径2”为5px，“角点数”为5，单击“确定”按钮，如图14-48所示。使用工具箱中的“选择工具”将绘制的星形摆放在画面中适当的位置，效果如图14-49所示。

06 使用工具箱中的“文字工具”在星形的右侧输入文字，效果如图14-50所示。

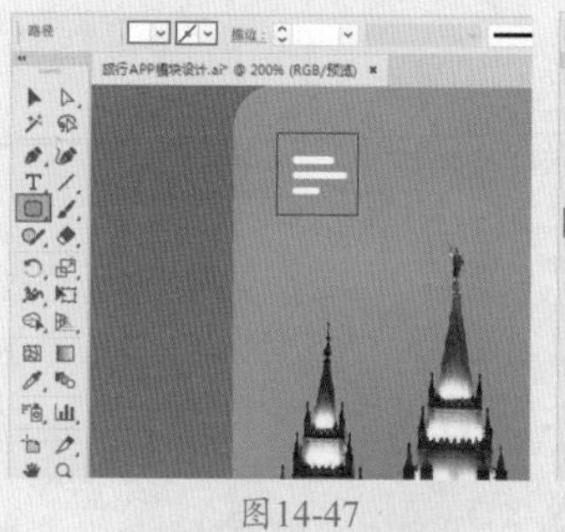
图14-47

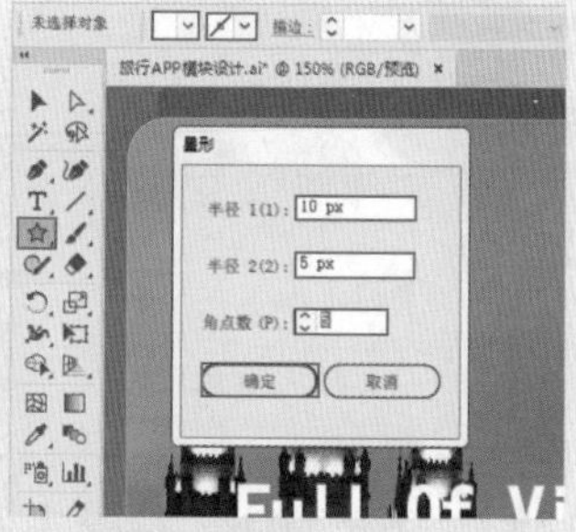
图14-48

图14-49

图14-50

07 使用“钢笔工具”绘制一个箭头图形，然后在控制栏中设置“填充”为无，描边为白色，描边“粗细”为1pt，单击“描边”按钮，在弹出的下拉面板中设置“边角”为“圆角连接”，效果如图14-51所示。使用工具箱中的“文字工具”在箭头图形的右侧输入文字。

08 选择工具箱中的“圆角矩形工具”，在画面的右下角绘制一个圆角矩形，然后将其右下角和右上角的圆角设置为直角，效果如图14-52所示。使用“钢笔工具”在该图形的右上方绘制一个颜色较深的三角形，效果如图14-53所示。

09 使用工具箱中的“文字工具”在图形中输入文字。最终完成效果如图14-54所示。

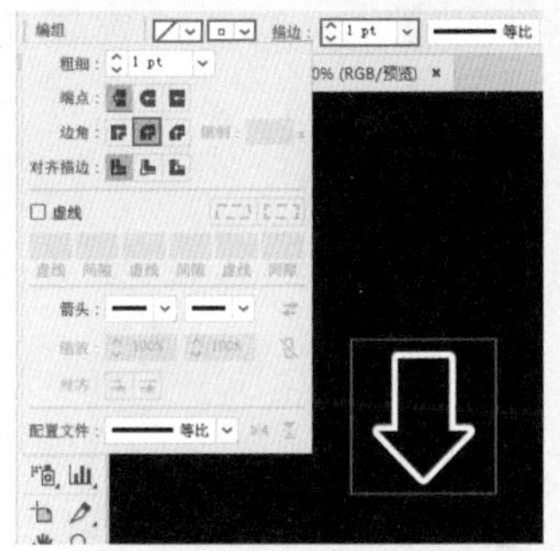

图14-51

图14-52

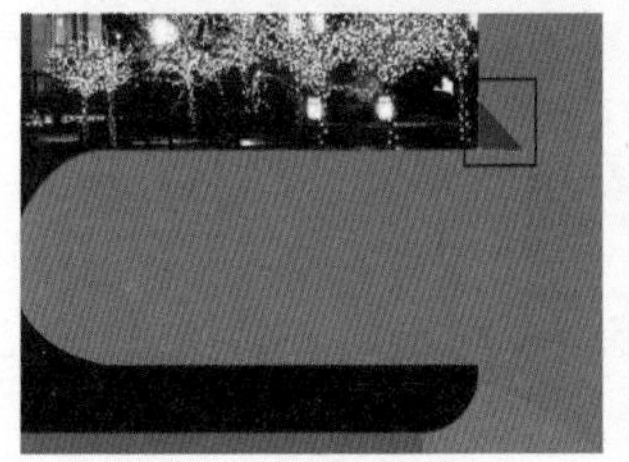

图14-53

图14-54

14.3 邮箱登录界面

文件路径	第14章\邮箱登录界面
难易指数	★★★★★
技术掌握	● “内发光”效果 ● “投影”效果 ● 符号库

扫码深度学习

操作思路

在本案例中，主要使用“圆角矩形工具”制作登录框的各个部分，并利用“内发光”效果为登录框模拟出一定的厚度感；添加插画素材后，使用“文字工具”在登录框中输入登录辅助信息。

案例效果

案例效果如图14-55所示。

图14-55

实例199 制作主体图形

操作步骤

01 执行“文件>新建”命令，创建一个宽度为204mm、高度为136mm、横向的空白文档。执行“文件>置入”命令，在弹出的“置入”对话框中选择素材“1.jpg”，单击“置入”按钮，如图14-56所示。按住鼠标左键拖动鼠标指针，在画面中适当的位置控制置入对象的大小，释放鼠标左键完成置入操作。在控制栏中单击“嵌入”按钮，将素材嵌入到文档中，效果如图14-57所示。

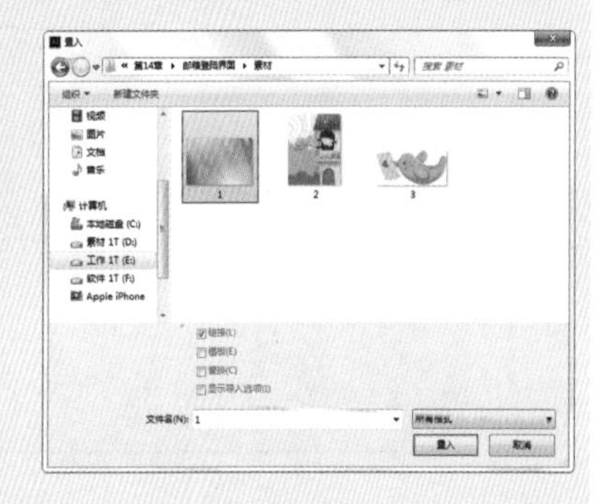

图14-56

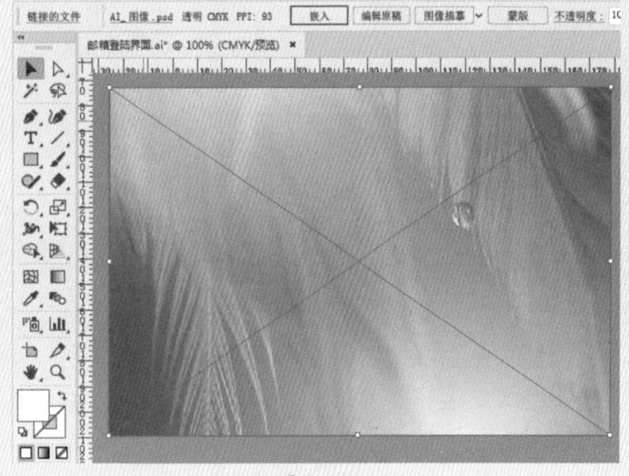

图14-57

> **提示** 素材的选择
>
> 除了照片以外，还有多种素材可供选择，如插画、剪贴画等。本案例即采用插画形式。一幅精彩的配图能够述说一个动人的故事，而且在表现形式上有很大的想象空间。

02 选择工具箱中的“圆角矩形工具”，在工具箱的底部设置“填充类型”为“渐变”，双击工具箱中的“渐变工具”按钮，在弹出的“渐变”面板中设置“类型”为“线性”，“角度”为-90°，在面板底部编辑一个蓝色系的渐变，单击“描边”按钮，设置“填充类型”为无，如图14-58所示。在使用“圆角矩形工具”的状态下，在画面的中心位置绘制一个圆角矩形，效果如图14-59所示。

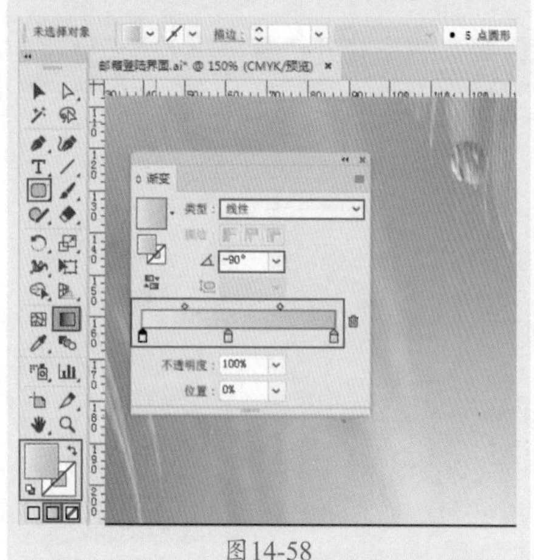

图14-58

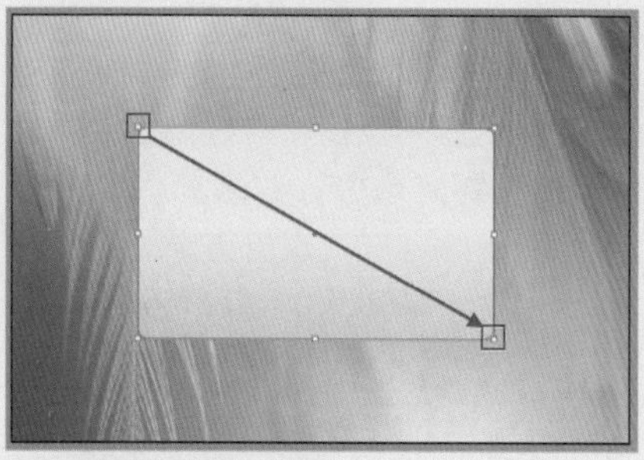

图14-59

03 在圆角矩形被选中的状态下，执行“效果>风格化>内发光”命令，在弹出的“内发光”对话框中设置“模式”为“滤色”，颜色为白色，“不透明度”为“75%”，“模糊”为1.8mm，选中“边缘”单选按钮，单击“确定”按钮，如图14-60所示，此时圆角矩形效果如图14-61所示。

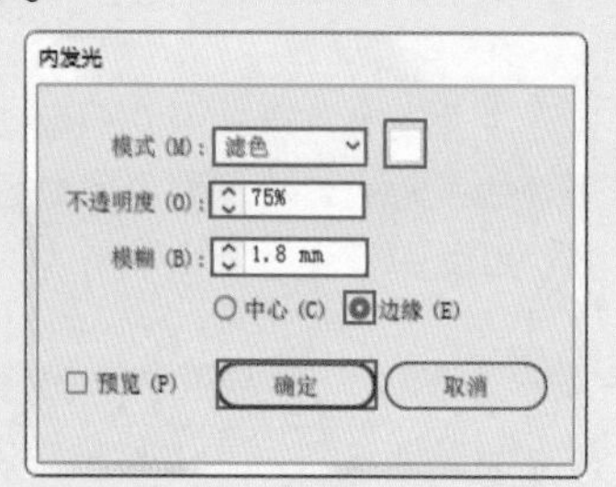

图14-60

图14-61

04 执行“窗口>外观”命令，弹出“外观”面板，单击面板底部的“添加新效果”按钮，在弹出的下拉菜单中选择“风格化>投影”命令，如图14-62所示。

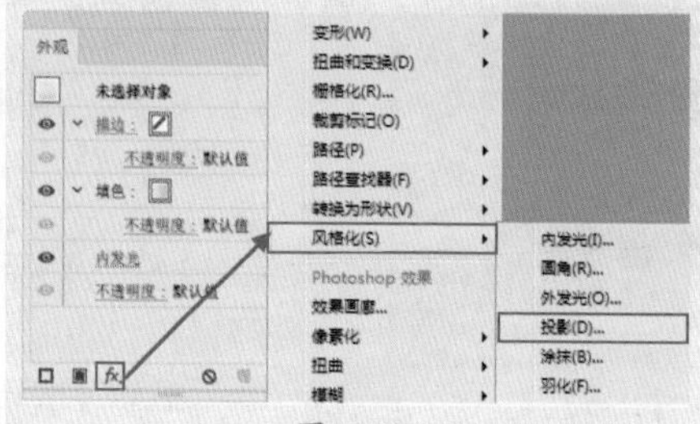

图14-62

05 在弹出的“投影”对话框中设置“模式”为“正片叠底”，“不透明度”为75%，“X位移”为1mm，“Y位移”为1mm，“模糊”为1mm，选中“颜色”单选按钮，按钮，设置颜色为青灰色，单击“确定”按钮，如图14-63所示，此时效果如图14-64所示。

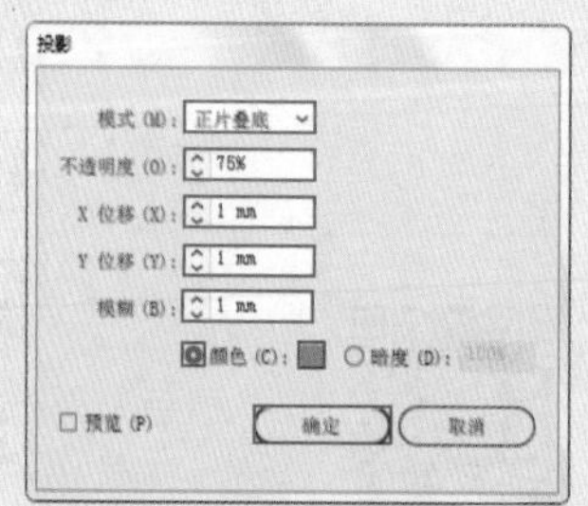

图14-63

图14-64

06 再次执行“文件>置入”命令，将素材“2.jpg”置入并嵌入到文档中。将素材缩放后放在圆角矩形的左侧，效果如图14-65所示。选择圆角矩形，按快捷键Ctrl+C进行复制，然后按快捷键Ctrl+F将圆角矩形粘贴在素材的前面，效果如图14-66所示。

图14-65

图14-66

07 选择工具箱中的“选择工具”，按住Shift键加选圆角矩形和素材“2.jpg”，然后单击鼠标右键，在弹出的快捷菜单中选择“建立剪切蒙版”命令，此时素材超出圆角矩形的部分被隐藏起来，效果如图14-67所示。

图14-67

08 在素材“2.jpg”被选中的状态下，执行“效果>风格化>内发光”命令，在“内发光”对话框中设置“模式”为“滤色”，颜色为白色，“不透明度”为“75%”，“模糊”为1.8mm，单击“边缘”单选按钮钮，单击“确定”按钮，如图14-68所示，此时效果如图14-69所示。

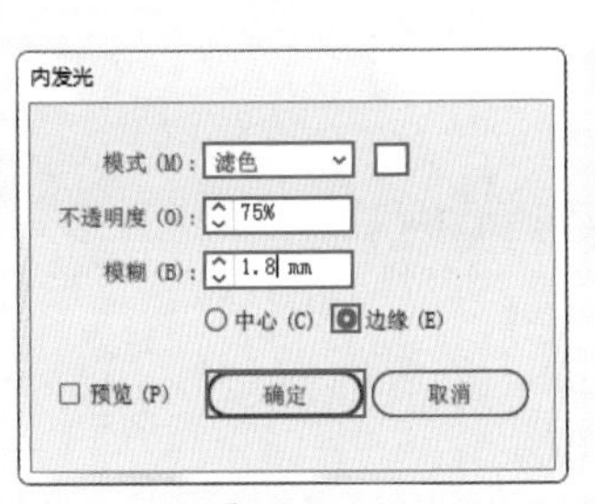

图14-68

图14-69

实例200 制作标志

操作步骤

01 执行“文件>置入”命令，将素材“3.png”置入并嵌入到文档中，效果如图14-70所示。

图14-70

02 选择工具箱中的“文字工具”，在素材“3.png”的左侧单击插入光标，在工具箱的底部设置“填色”为橘黄色，“描边”为无，在控制栏中选择合适的字体、字号，设置“段落”为“左对齐”，然后输入文字，按快捷键Ctrl+Enter确认输入操作，效果如图14-71所示。使用同样的方法，选择合适的字体及字号，继续输入一组文字，效果如图14-72所示。

图14-71

图14-72

实例201 制作文本框

操作步骤

01 选择工具箱中的“圆角矩形工具”，在工具箱的底部设置“填色”为白色，“描边”为蓝色，在控制栏中设置描边“粗细”为1pt，在画面中适当的位置绘制一个圆角矩形，效果如图14-73所示。

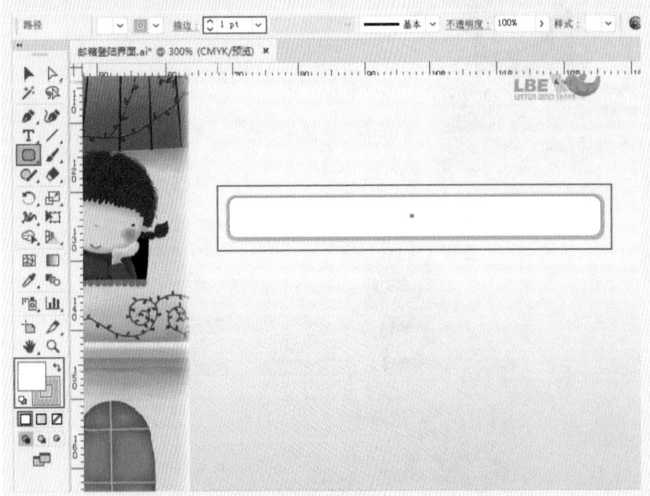
图14-73

02 在该圆角矩形被选中的状态下，执行“效果>风格化>投影”命令，在弹出的“投影”对话框中设置“模式”为“正片叠底”，“不透明度”为75%，“X位移”为0.1mm，“Y位移”为0.1mm，“模糊”为0.1mm，选中“颜色”单选按钮，设置颜色为蓝灰色，单击“确定”按钮，如图14-74所示，此时效果如图14-75所示。

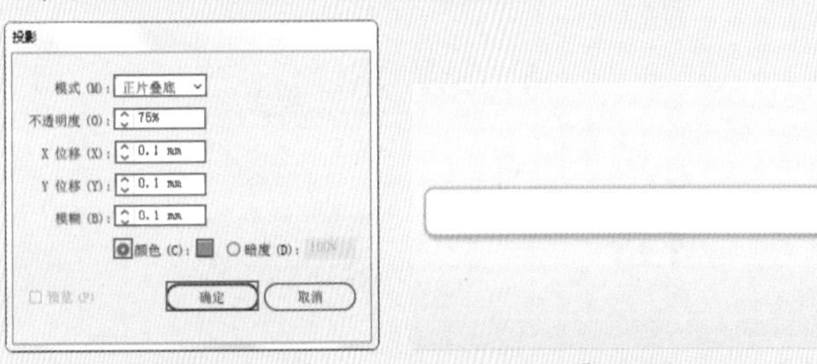

图14-74　图14-75

03 使用工具箱中的“选择工具”选中该圆角矩形，然后同时按住Shift键和Alt键拖动鼠标指针，将其向下平移及复制，效果如图14-76所示。

04 选择工具箱中的“文字工具”，在圆角矩形的上方单击插入光标，在工具箱的底部设置“填色”为蓝色，“描边”为无，在控制栏中选择合适的字体及字号，设置“段落”为“左对齐”，然后输入文字，按快捷键Ctrl+Enter确认输入操作，效果如图14-77所示。使用同样的方法，在圆角矩形的周围输入多组不同的文字，效果如图14-78所示。

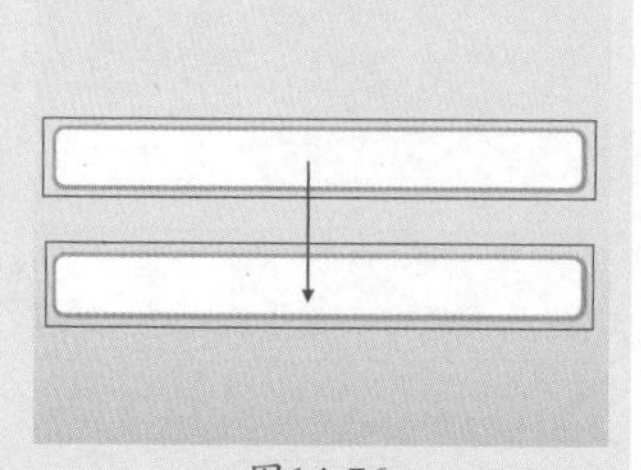

图14-76

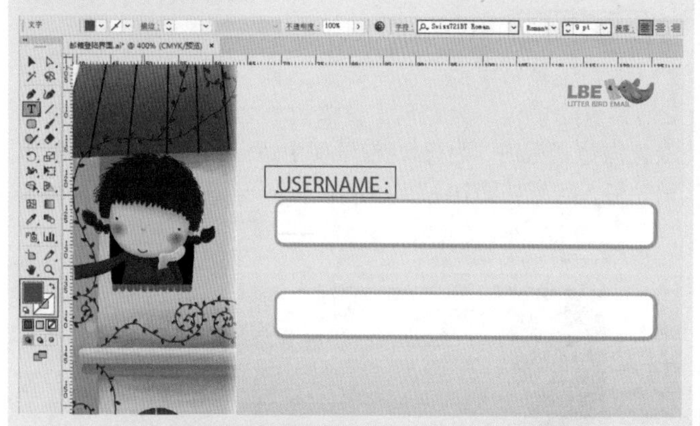

图14-77

图14-78

05 选择工具箱中的“椭圆工具”，在工具箱的底部设置“填色”为灰色，“描边”为无，然后按住Shift键在相应位置绘制一个正圆形，效果如图14-79所示。

图14-79

06 选择该正圆形，然后同时按住Alt键和Shift键向右平移及复制一份，效果如图14-80所示。按快捷键Ctrl+D重复平移及复制操作，将正圆形再次复制五份，效果如图14-81所示。

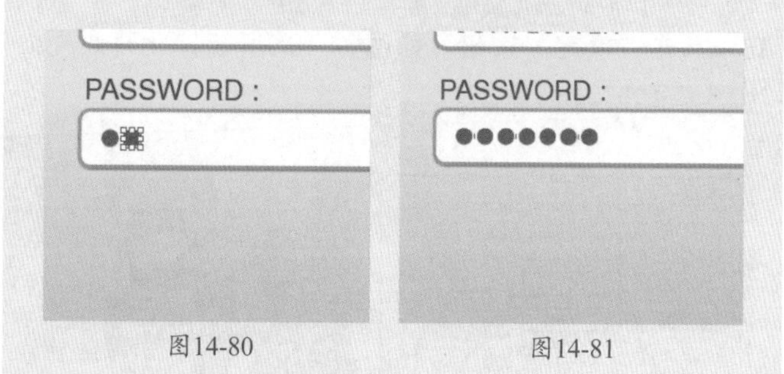

图14-80　　图14-81

提示

“再次变换”的操作技巧

利用“再次变换”功能，可以重复上一次的变换操作。使用该功能时，必须选择变换操作的对象，否则该功能就是无效的。该功能适合大面积重复且排列有规律的图形的复制操作，可以提高工作效率。

实例202　制作选项与按钮

操作步骤

01 选择工具箱中的“矩形工具”，在工具箱的底部设置“填色”为无，“描边”为蓝色，在控制栏中设置描边“粗细”为1pt，按住Shift键在画面中适当的位置绘制一个正方形轮廓，效果如图14-82所示。使用“文字工具”在正方形轮廓的右侧输入文字，效果如图14-83所示。

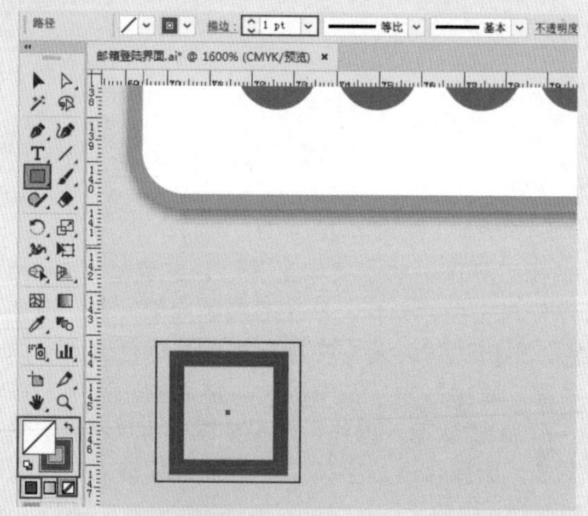

图14-82

图14-83

02 执行“窗口>符号库>Web按钮和条形”命令，在弹出的“Web按钮和条形”面板中选中“按钮5_蓝色”符号，按住鼠标左键将其拖动到画面中并将其进行缩放，然后单击控制栏中的“断开链接”按钮，效果如图14-84所示。选择“按钮5_蓝色”符号，同时按住Shift键和Alt键拖动鼠标指针，将其复制一份并移动到合适的位置，效果如图14-85所示。

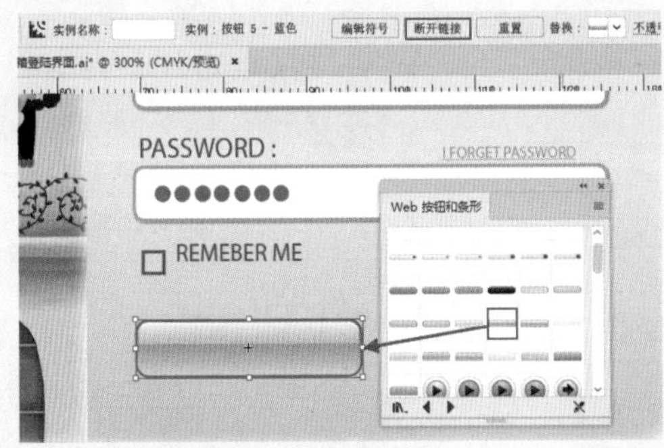

图14-84

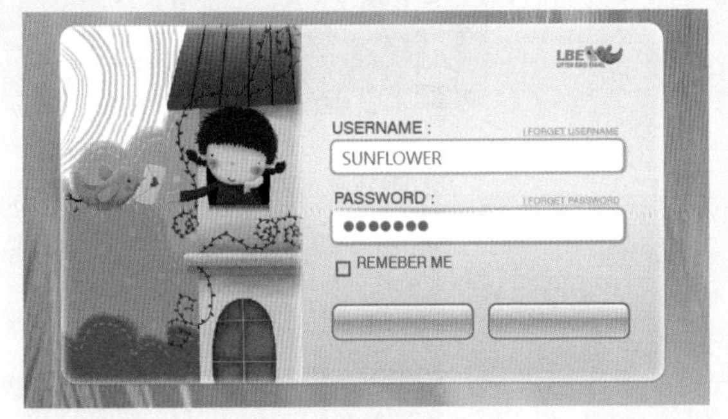

图14-85

03 使用“文字工具”在“按钮5_蓝色”符号中输入文字。最终完成效果如图14-86所示。

图14-86

14.4 手机游戏选关界面

文件路径	第14章\手机游戏选关界面设计	
难易指数	★★★★★	
技术掌握	● 钢笔工具 ● 圆角矩形工具 ● 文字工具 ● 不透明度	扫码深度学习

操作思路

在李案例中，首先使用“钢笔工具”“椭圆工具”和“文字工具”制作界面的背景，然后使用“圆角矩形工具”“椭圆工具”“文字工具”制作按钮图形，再使用“椭圆工具”并设置不透明度制作立体效果的气泡，最后将素材置入到文档中并放置在适当的位置。

案例效果

案例效果如图14-87所示。

图14-87

实例203 制作顶部与底部的图形

操作步骤

01 执行“文件>新建”命令，创建一个宽度为1 720px、高度为1 220px、横向的空白文档。执行“文件>置入”命令，在弹出的“置入”对话框中选择素材“1.jpg”，单击“置入”按钮，如图14-88所示。按住鼠标左键拖动鼠标指针，在画面下方合适的位置控制置入对象的大小，释放鼠标左键完成置入操作。在控制栏中单击“嵌入”按钮，将素材嵌入到文档中，效果如图14-89所示。

02 选择工具箱中的“钢笔工具”，在工具箱的底部设置“描边”为无，双击“填色”按钮，在弹出的“拾色器”对话框中设置颜色为蓝色，单击“确定”按钮，如图14-90所示。在使用“钢笔工具”的状态下，在画面的左上方绘制一个四边形，效果如图14-91所示。

图14-88

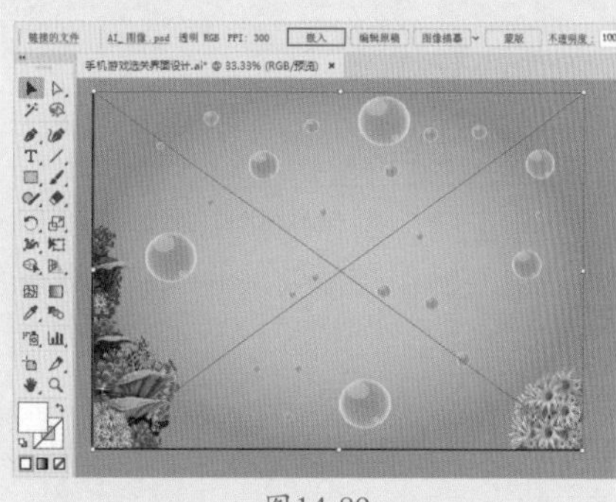

图14-89

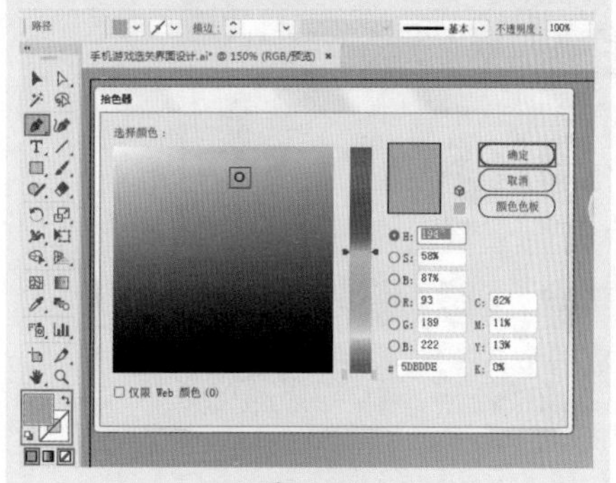

图14-90

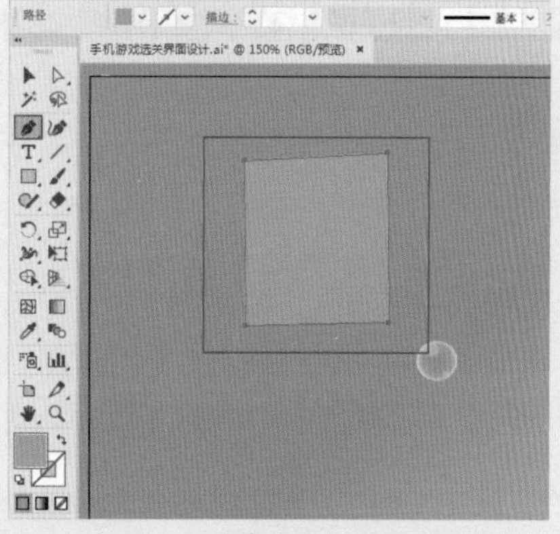

图14-91

03 在该四边形被选中的状态下，按快捷键Ctrl+C将其进行复制，按快捷键Ctrl+F将其粘贴在原四边形的前面，然后将其缩小并填充为浅蓝色，效果如图14-92所示。使用同样的方法，复制四边形，然后将其粘贴到原四边形的前面，缩小并填充为更浅一些的蓝色，然后在该四边形的前面再次添加两个颜色稍浅的四边形，效果如图14-93和图14-94所示。选择工具箱中的“选择工具”，按住Shift键加选四个蓝色的四边形，然后单击鼠标右键，在弹出的快捷菜单中选择“编组”命令。

04 使用同样的方法，制作右侧的三组四边形，效果如图14-95所示。

图14-92

图14-93

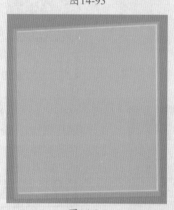

图14-94

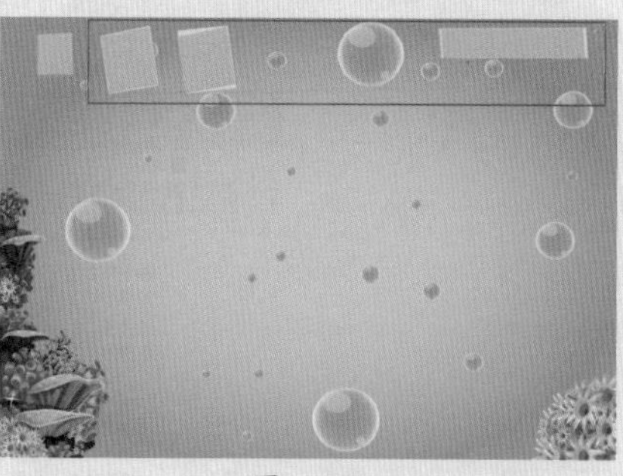

图14-95

05 选择工具箱中的“钢笔工具”，在工具箱的底部设置“填充类型”为“渐变”，双击“渐变工具”按钮，在弹出的“渐变”面板中设置“类型”为“径向”，“角度”为0°，在面板底部编辑一个黄色到白色的渐变，如图14-96所示。在使用“钢笔工具”的状态下，在最左侧的四边形组中绘制一个箭头图形，效果如图14-97所示。

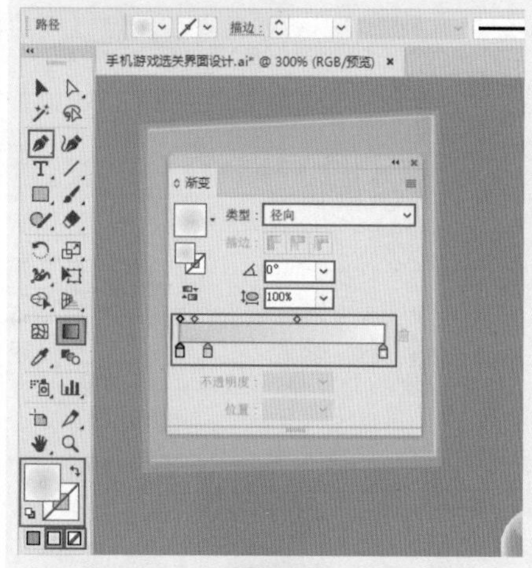

图14-96

图14-97

06 选择工具箱中的“文字工具”，在最右侧的四边形组中单击插入光标，在控制栏中设置“填充”为白色，“描边”为无，选择合适的字体、字号，设置“段落”为“左对齐”，然后输入文字，按快捷键Ctrl+Enter确认输入操作，效果如图14-98所示。

07 使用“钢笔工具”在画面下方的中心位置绘制图形，使其呈现出重叠的效果，如图14-99所示。

08 选择工具箱中的“椭圆工具”，按住Shift键在画面下方适当的位置绘制一个正圆形，为其填充黄色到白色的渐变，效果如图14-100所示。使用工具箱中的“选择工具”选中该正圆形，然后同时按住Shift键和Alt键拖动鼠标指针，将其平移并复制两份，效果如图14-101所示。

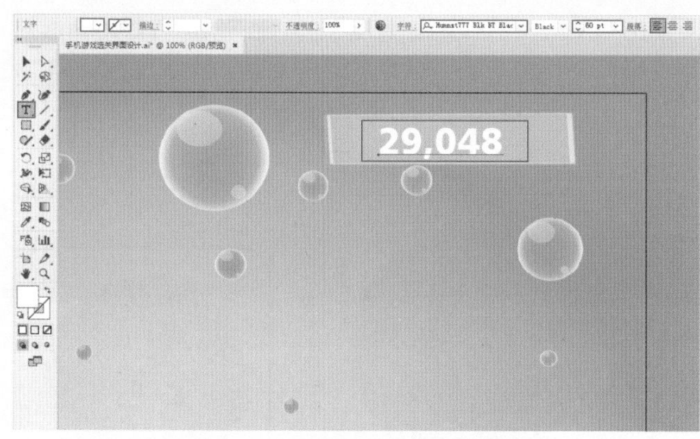

图14-98

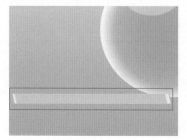

图14-99

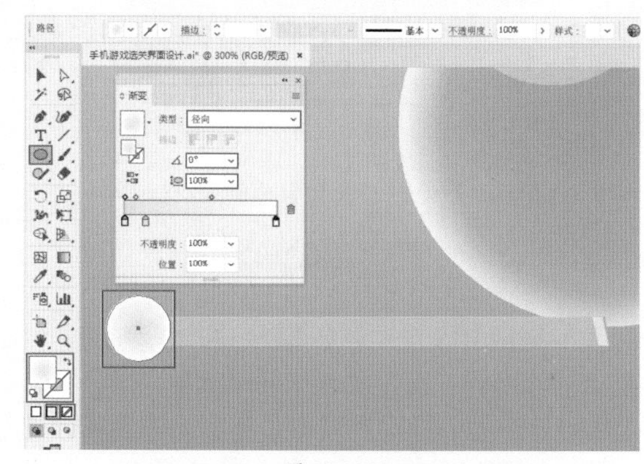

图14-100

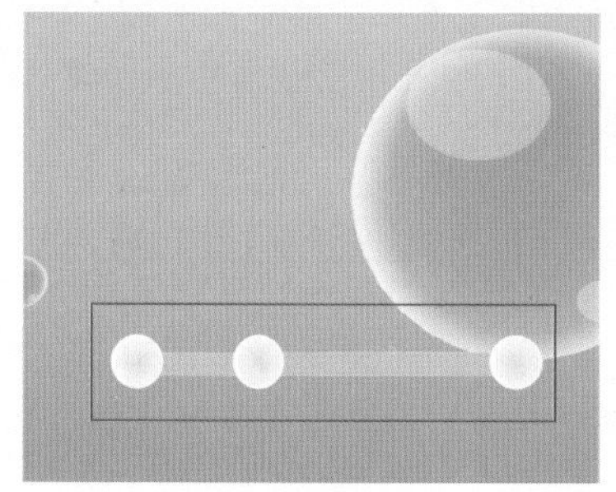

图14-101

实例204 制作主体图形

操作步骤

01 选择工具箱中的“钢笔工具”，在工具箱的底部设置“填色”为深蓝色，“描边”为无，在画面的中心位置绘制一个四边形，效果如图14-102所示。

图14-102

02 继续选择“钢笔工具”，在工具箱的底部设置“填色”为稍浅的蓝色，“描边”为无，在深蓝色四边形上绘制一个稍小的四边形，效果如图14-103所示。

图14-103

03 使用同样的方法，继续绘制两个四边形，效果如图14-104所示。选择工具箱中的“选择工具”，按住Shift键加选画面中心位置的四个四边形，然后单击鼠标右键，在弹出的快捷菜单中选择“编组”命令，效果如图14-105所示。

图14-104

图14-105

实例205 制作按钮图形

操作步骤

01 选择工具箱中的“圆角矩形工具”，在控制栏中设置“填色”为白色，“描边”为黑色，描边“粗细”为1pt，在画面中适当的位置绘制一个圆角矩形，效果如图14-106所示。

02 使用工具箱中的“选择工具”选中该圆角矩形，然后同时按住Shift键和Alt键将其平移及复制，效果如图14-107所示。使用同样的方法，再次复制一个圆角矩形，并将其放置在合适的位置，效果如图14-108所示。

03 选择工具箱中的“选择工具”，按住Shift键加选三个白色的圆角矩形，然后同时按住Shift键和Alt键向下拖动，将其平移及复制，效果如图14-109所示。

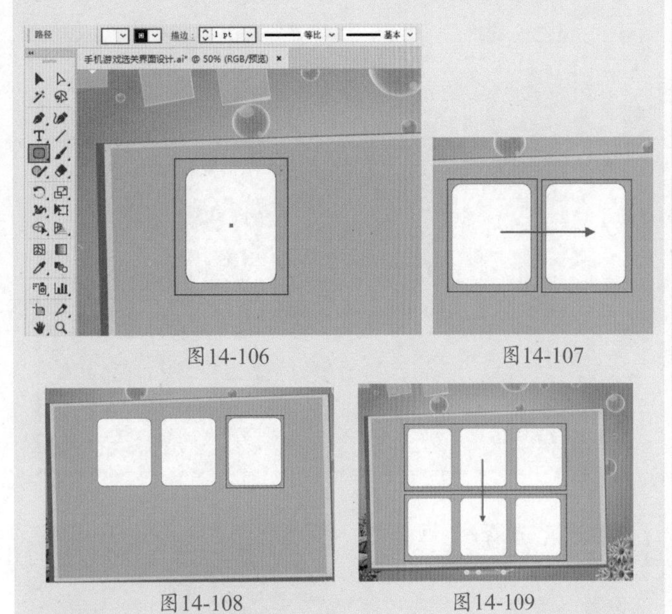

图14-106　　图14-107

图14-108　　图14-109

04 选择工具箱中的“椭圆工具”，在工具箱的底部设置“填色”为蓝色，“描边”为无，按住Shift键在左上方的圆角矩形中绘制一个正圆形，效果如图14-110所示。将该正圆形平移并复制到每个白色圆角矩形中，并改变其颜色，效果如图14-111所示。

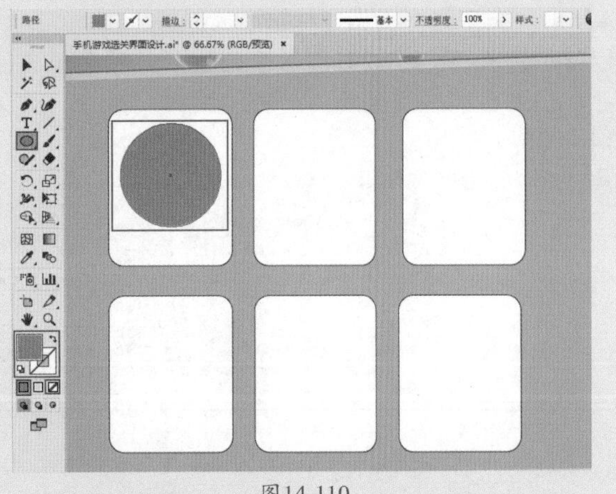

图14-110

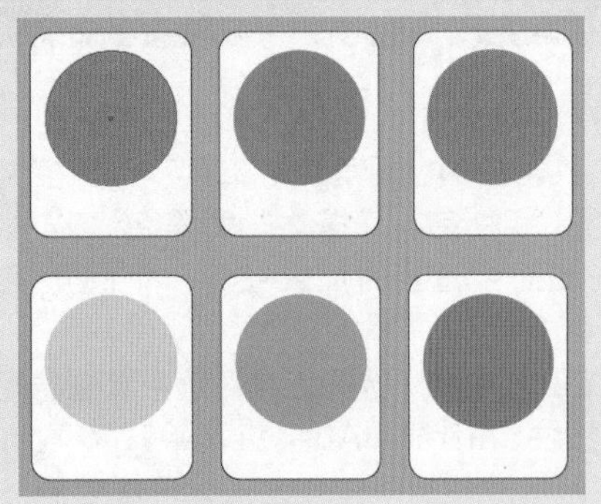

图14-111

05 选择工具箱中的“圆角矩形工具”，在工具箱的底部设置“填色”为浅紫色，“描边”为无，在左上方的白色圆角矩形中绘制一个圆角矩形，效果如图14-112所示。选择工具箱中的“选择工具”，单击浅紫色圆角矩形内部的锚点并向内拖动，调整其圆角半径，效果如图14-113所示。

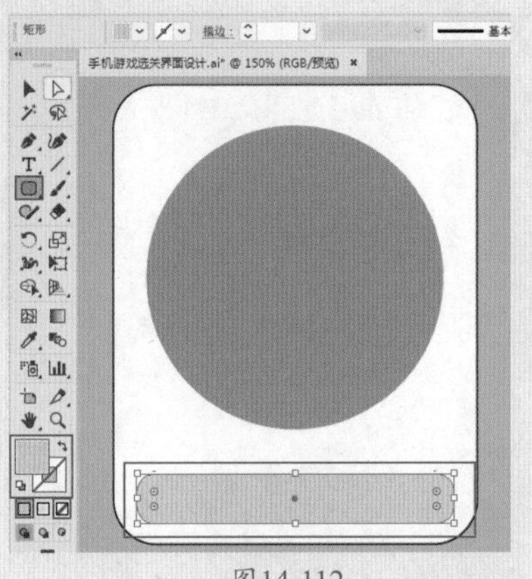

图14-112　　图14-113

06 使用工具箱中的“选择工具”选中该圆角矩形，同时按住Shift键和Alt键拖动鼠标指针，将其平移及复制，效果如图14-114所示。使用同样的方法，将其多次平移及复制，效果如图14-115所示。

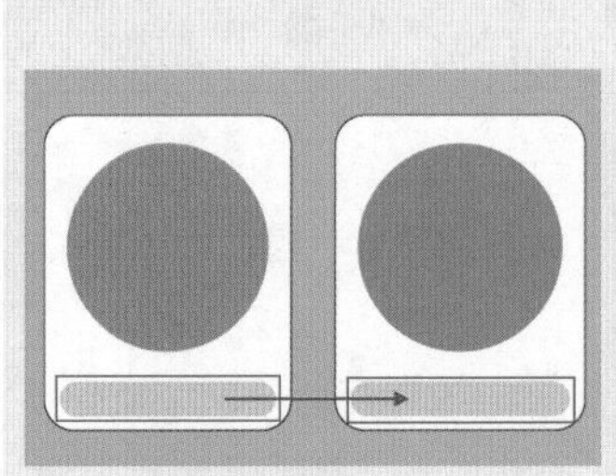

图14-114

图14-115

07 选择工具箱中的“文字工具”，在浅紫色圆角矩形中单击插入光标，在工具箱的底部设置“填色”为深紫色，“描边”为无，在控制栏中选择合适的字体、字号，设置“段落”为“左对齐”，然后输入文字，按快捷键Ctrl+Enter确认输入操作，效果如图14-116所示。使用同样的方法，在其他浅紫色圆角矩形中输入文字，效果如图14-117所示。

图14-116

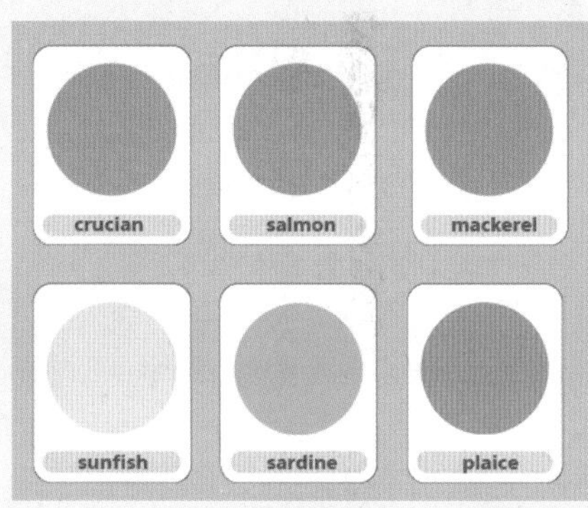

图14-117

实例206　制作气泡

操作步骤

01 选择工具箱中的“椭圆工具”，在画面左侧适当的位置绘制一个椭圆形，并为其填充蓝色系的渐变，效果如图14-118所示。

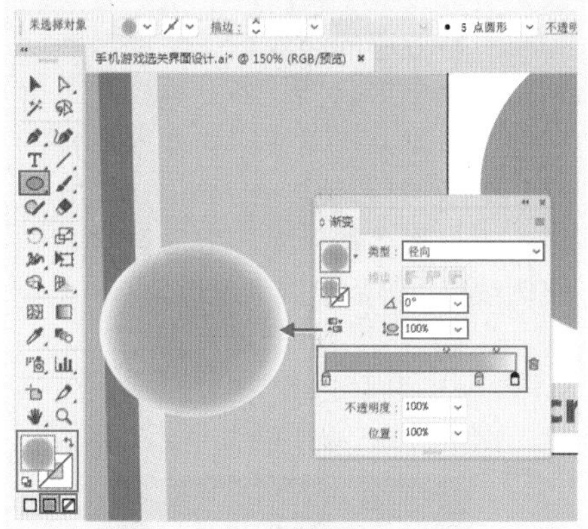
图14-118

02 继续选择“椭圆工具”，在工具箱的底部设置“填色”为浅蓝色，“描边”为无，在蓝色系渐变椭圆形的内部绘制一个小的椭圆形，效果如图14-119所示。使用工具箱中的“选择工具”选中浅蓝色的椭圆形，然后在控制栏中设置“不透明度”为45%，效果如图14-120所示。

03 使用同样的方法，再次绘制一个稍小的椭圆形，并设置“不透明度”为45%，效果如图14-121所示。选择工具箱中的“选择工具”，按住Shift键加选刚刚绘制的三个椭圆形，然后单击鼠标右键，在弹出的快捷菜单中选择“编组”命令。

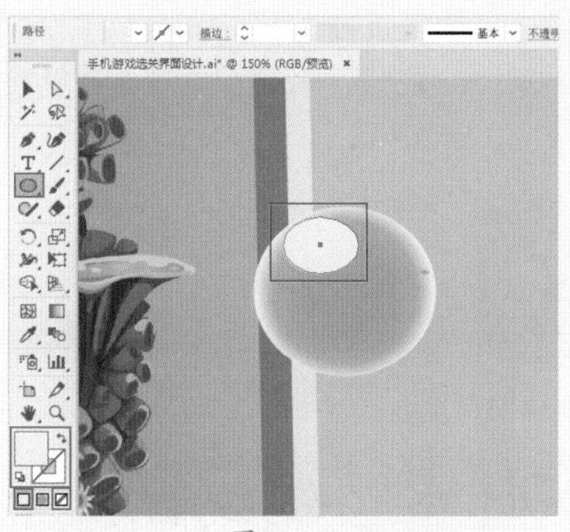
图14-119

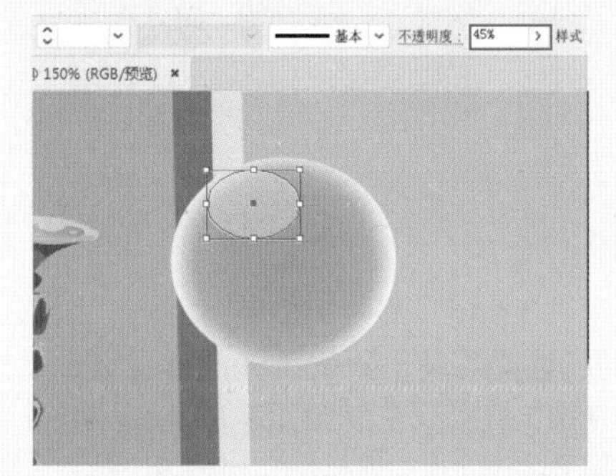
图14-120

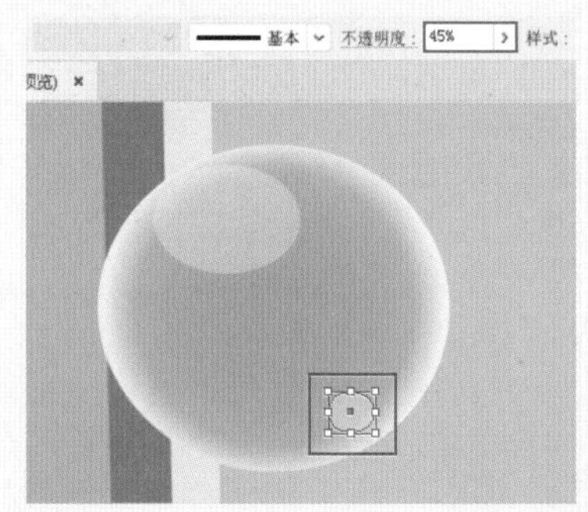
图14-121

04 使用工具箱中的“选择工具”选择该椭圆形组，然后按住Alt键拖动鼠标指针，将其移动并复制，效果如图14-122所示。将鼠标指针定位到椭圆形组定界框的四角处，当鼠标指针变为双箭头时按住Shift键向内拖动，将其等比缩小，得到气泡图形效果如图14-123所示。

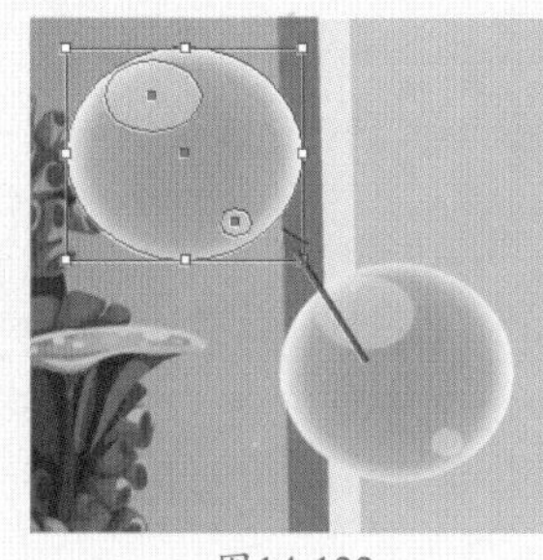
图14-122

图14-123

05 使用同样的方法，将气泡图形进行多次复制并调整其大小，效果如图14-124所示。

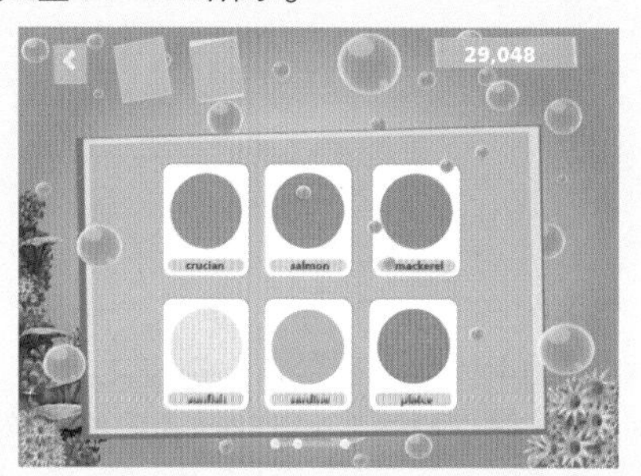

图14-124

实例207　添加图案元素

操作步骤

01 执行“文件>打开”命令，在弹出的“打开”对话框中选择素材“2.ai”，单击“打开”按钮，如图14-125所示，此时效果如图14-126所示。

图14-125

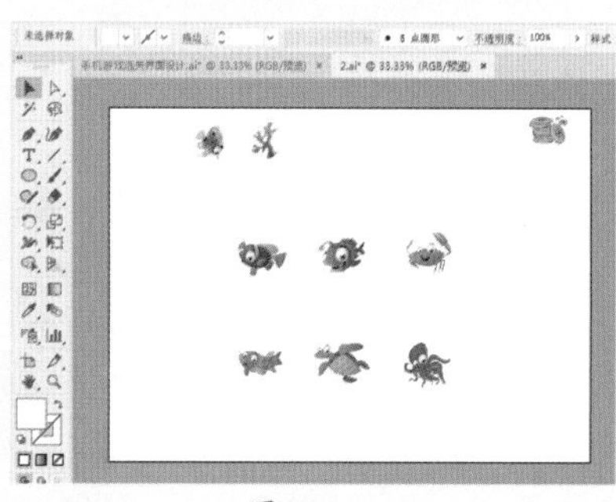
图14-126

02 加选素材中所有的元素，按快捷键Ctrl+C将其进行复制，如图14–127所示。返回刚刚操作的文档中，按快捷键Ctrl+V将其粘贴在画面中，并放置到合适的位置，效果如图14–128所示。

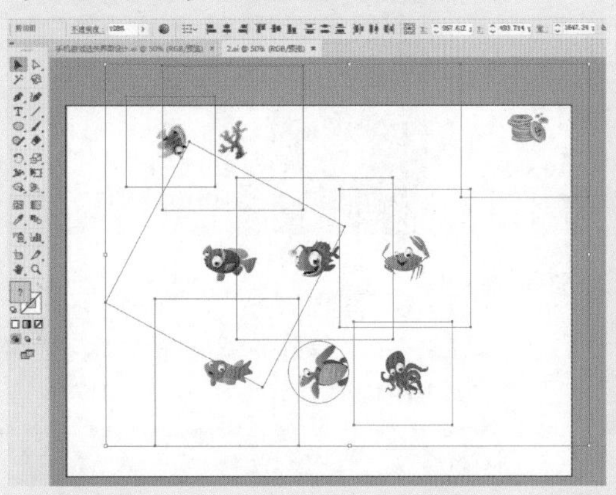

图14-127

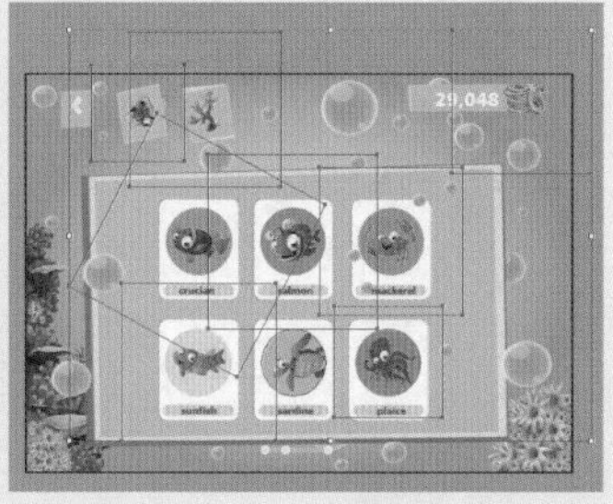

图14-128

03 执行“文件>置入”命令，将素材“3.png”置入并嵌入到文档中，放置在合适的位置，效果如图14–129所示。

04 使用工具箱中的“钢笔工具”在素材“3.png”上绘制白色的图形，效果如图14–130所示。选择工具箱中的“选择工具”，按住Shift键加选白色的图形和素材“3.png”，然后单击鼠标右键，在弹出的快捷菜单中选择“建立剪切蒙版”命令，此时效果如图14–131所示。

05 最终完成效果如图14–132所示。

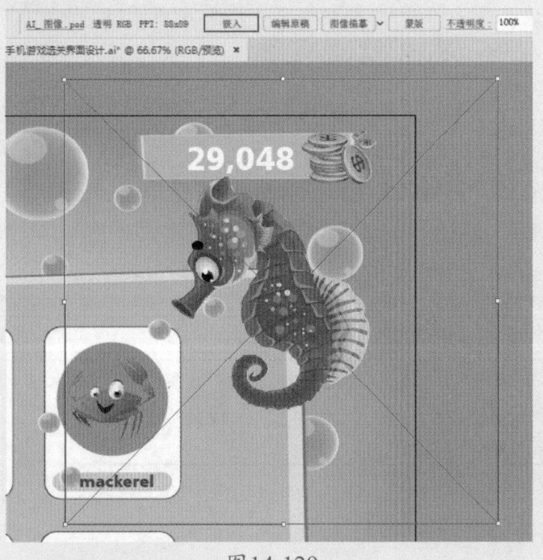

图14-129

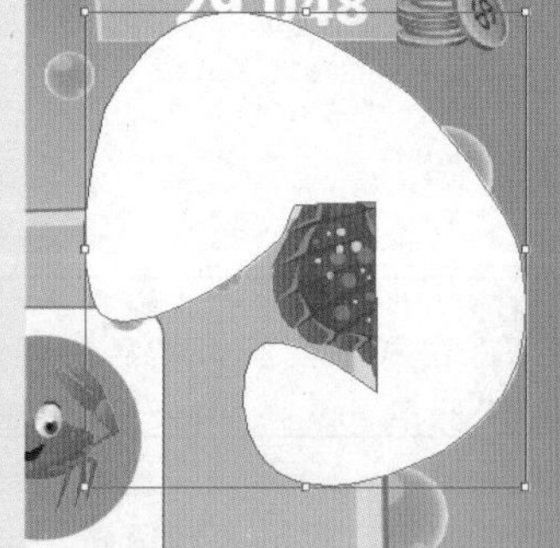

图14-130

图14-131

图14-132

14.5 手机游戏启动界面

文件路径	第14章\手机游戏启动界面
难易指数	★★★★★
技术掌握	● “外发光”效果 ● “内发光”效果 ● “外观”面板 ● 符号库
	扫码深度学习

操作思路

在本案例中，首先置入背景素材，利用“文字工具”、“外观”面板，“外发光”及“内发光”效果制作带有特效感的游戏标志文字；然后利用“钢笔工具”“外发光”及“内发光”效果制作主按钮的基本形状，利用“文字工具”在按钮中添加文字；再调用“符号库”中的符号制作左侧按钮；最后绘制卡通形象。

案例效果

案例效果如图14-133所示。

图14-133

实例208 制作顶部文字

操作步骤

01 执行“文件>新建”命令，创建一个宽度为640px、高度为960px、纵向空白文档。执行“文件>置入”

命令，在弹出的“置入”对话框中选择素材“1.jpg”，单击“置入”按钮，如图14-134所示。按住鼠标左键拖动鼠标指针，在画面下方合适的位置控制置入对象的大小，释放鼠标左键完成置入操作。在控制栏中单击“嵌入”按钮，将素材嵌入到文档中，效果如图14-135所示。

图14-134

图14-135

提示 如何选择合适的背景图片

在选择背景素材时，首先，要考虑图片所表达的内容是否贴近主题；其次，图片的质量要过关，足够的分辨率对于提升画面整体的可视性会起到很大作用。本案例采用真实墙壁背景素材，增强了画面的空间感及真实感，很好地呼应了“复古”的游戏风格。

02 选择工具箱中的“文字工具”，在画面的左上方单击插入光标，在控制栏中设置“填充”为白色，“描边”为“白色”，描边“粗细”为1pt，选择合适的字体、字号，设置“段落”为“左对齐”，然后在画面中输入文字，按快捷键Ctrl+Enter确认输入操作，效果如图14-136所示。将该文字进行旋转，效果如图14-137所示。

03 在文字被选中的状态下，执行“效果>风格化>内发光”命令，在弹出的“内发光”对话框中设置“模式”为“正常”，颜色为灰色，“不透明度”为75%，“模糊”为6px，选中“边缘”单选按钮，单击“确定”按钮，如图14-138所示，此时效果如图14-139所示。

图14-136

图14-137

图14-138

图14-139

04 继续选择文字，执行“窗口>外观”命令，弹出“外观”面板，选中“内发光”效果，然后单击“复制所选项目”按钮，将“内发光”效果复制一份，如图14-140所示，此时效果如图14-141所示。

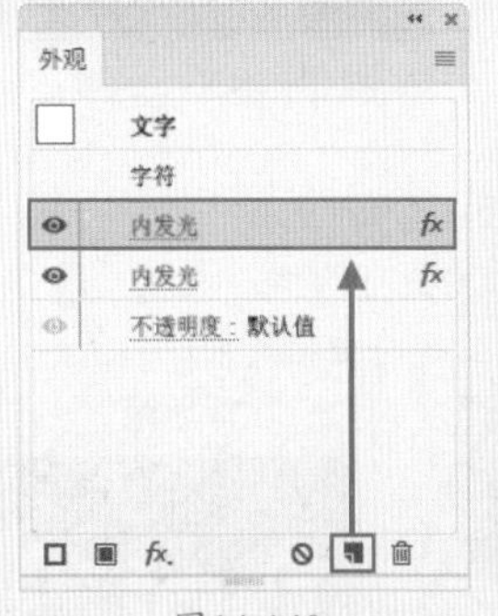

图14-140

图14-141

05 保持文字的选中状态，单击“外观”面板中的“添加新效果”按钮，在弹出的下拉菜单中选择“风格化>外发光”命令，如图14-142所示。在弹出的“外发光”对话框中设置“模式”为“正片叠底”，颜色为灰色，“不透明度”为25%，“模糊”为5.7px，单击“确定”按钮，如图14-143所示。

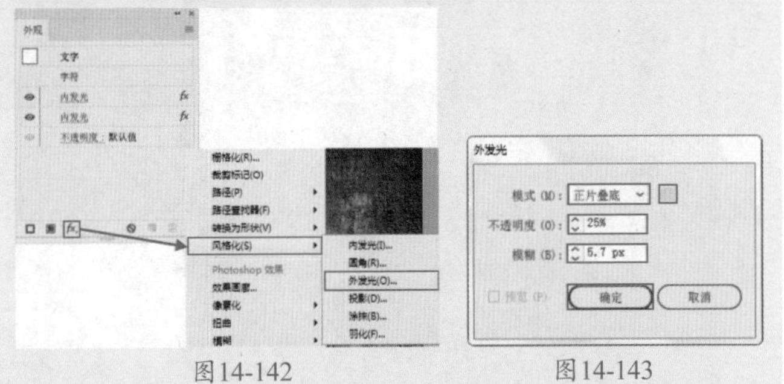

图14-142　　图14-143

06 在“外观”面板中将“外发光”效果移动到效果列表的最上方，如图14-144所示，此时文字效果如图14-145所示。

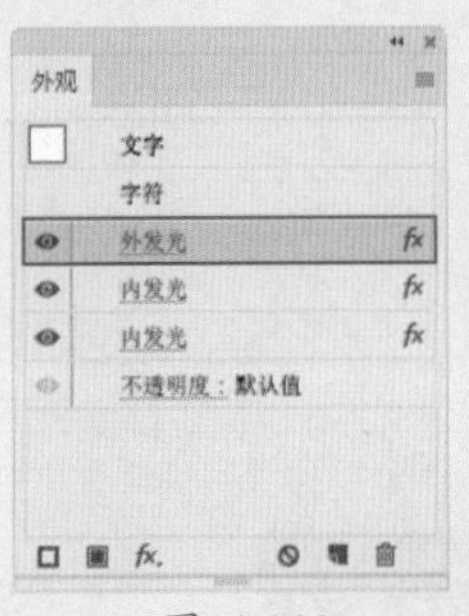

图14-144　　图14-145

07 将“外发光”效果在“外观”面板中复制一份，如图14-146所示。此时文字的发光边缘向外移动了一些，效果如图14-147所示。

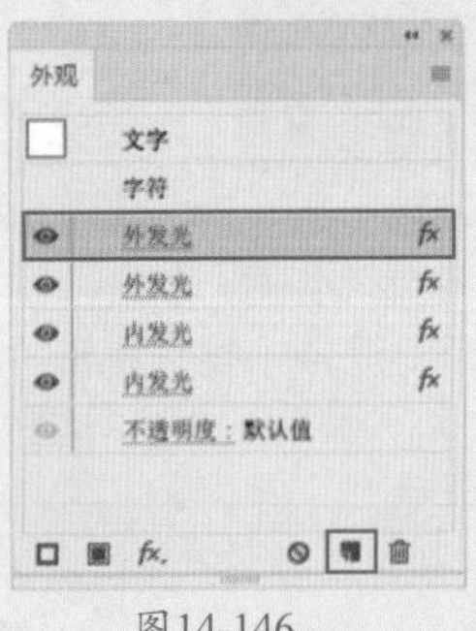

图14-146　　图14-147

> **提示　为什么要在“外观”面板中复制效果**
>
> 在制作文字时，将“内发光”和“外发光”效果分别复制了一份，这样做的目的是强化效果。

08 使用同样的方法制作其他文字，并将其叠加摆放，效果如图14-148所示。

09 下面绘制卡通形象。选择工具箱中的“钢笔工具”，在工具箱的底部设置“描边”为无，然后双击“填色”按钮，在弹出的“拾色器”对话框中设置颜色为浅灰色，单击“确定”按钮，如图14-149所示。在使用“钢笔工具”的状态下，在文字的右侧绘制一个兔子头像，效果如图14-150所示。

图14-148

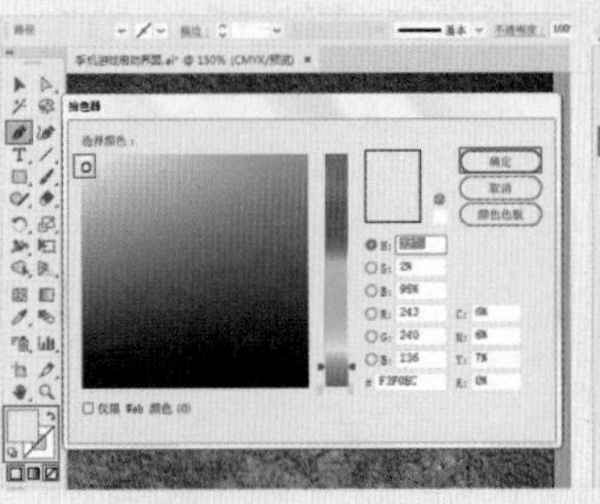

图14-149　　图14-150

10 在兔子头像被选中的状态下，执行“效果>风格化>内发光”命令，在弹出的“内发光”对话框中设置“模式”为“正常”，颜色为灰色，“不透明度”为75%，“模糊”为5.7px，选中“边缘”单选按钮，单击“确定”按钮，如图14-151所示，此时效果如图14-152所示。

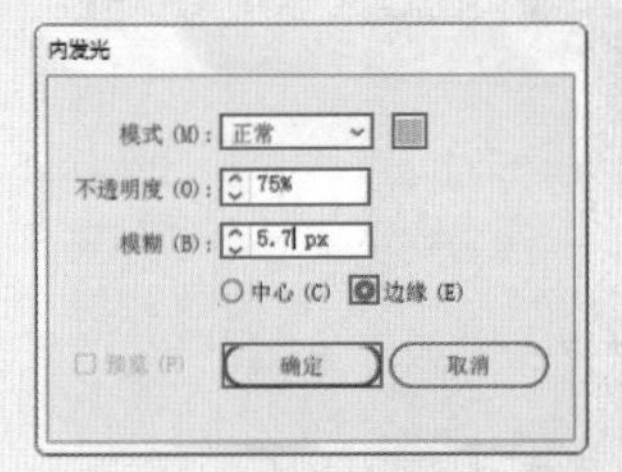

图14-151　　图14-152

11 选择工具箱中的“椭圆工具”，在工具箱的底部设置“填色”为灰色，“描边”为无，在兔子头像中适当的位置绘制一个正圆形，效果如图14-153所示。在该正圆形被选中的状态下，同时按住Shift键和Alt拖动鼠标指针，将其移动及复制，效果如图14-154所示。

图14-153　　图14-154

实例209　制作主按钮

操作步骤

01 选择工具箱中的“钢笔工具”，在工具箱的底部设置“填色”为土黄色，“描边”为无，在文字的下方绘制一个图形，效果如图14-155所示。

图14-155

02在该图形被选中的状态下，执行“效果>风格化>内发光”命令，在弹出的“内发光”对话框中设置“模式”为“正常”，颜色为灰绿色，“不透明度”为100%，“模糊”为6px，选中“边缘”单选按钮，单击“确定”按钮，如图14-156所示，此时图形效果如图14-157所示。

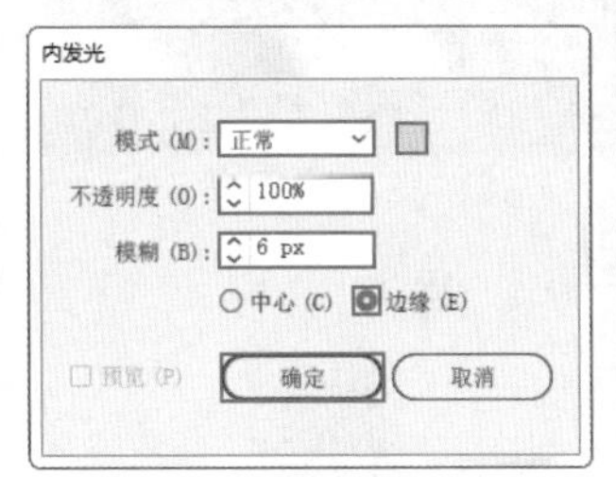

图14-156

图14-157

03保持该图形的选中状态，执行“效果>风格化>外发光”命令，在弹出的“外发光”对话框中设置“模式”为“正片叠底”，颜色为黑色，“不透明度”为75%，“模糊”为5px，单击“确定”按钮，如图14-158所示，此时效果如图14-159所示。

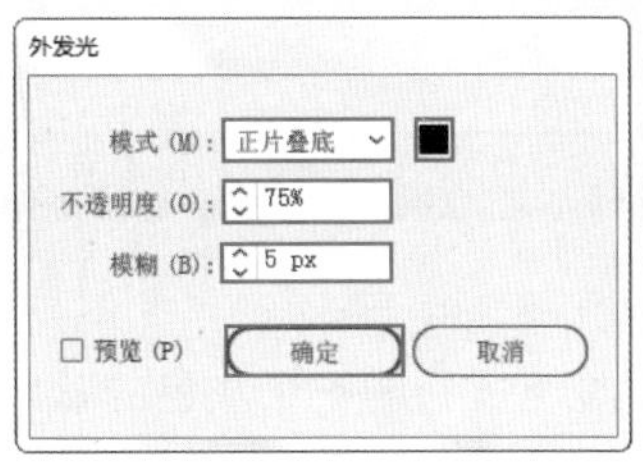

图14-158

图14-159

04继续保持该图形的选中状态，按住Alt键向上拖动鼠标指针，将刚刚制作的图形进行平移及复制，得到立体的按钮图形，效果如图14-160所示。选择工具箱中的“文字工具”，在工具箱的底部设置“填色”为白色，“描边”为白色，描边“粗细”为1pt，选择合适的字体、字号，设置“段落”为“左对齐”，然后在适当的位置输入文字，按快捷键Ctrl+Enter确认输入操作，效果如图14-161所示。

图14-160

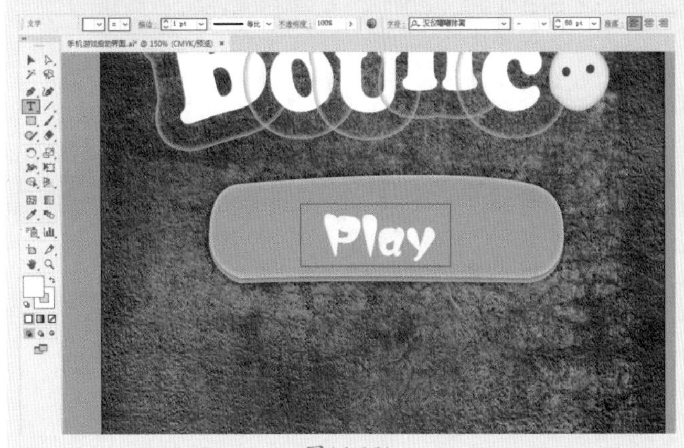

图14-161

05在该文字被选中的状态下，执行“效果>风格化>内发光”命令，在弹出的“内发光”对话框中设置“模式”为“正常”，颜色为亮灰色，“不透明度”为75%，“模糊”为6px，选中“边缘”单选按钮，单击“确定”按钮，如图14-162所示，此时效果如图14-163所示。

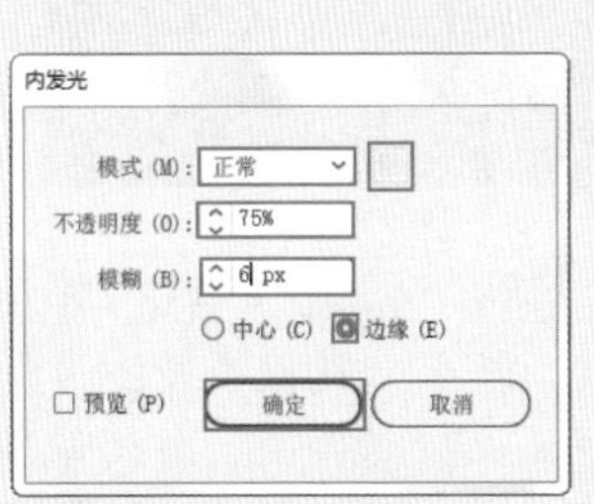

图14-162

图14-163

06保持该文字的选中状态，执行“效果>风格化>外发光”命令，在弹出的“外发光”对话框中设置“模式”为“正常”，颜色为浅灰色，“不透明度”为25%，“模糊”为6px，单击“确定”按钮，如图14-164所示，此时效果如图14-165所示。

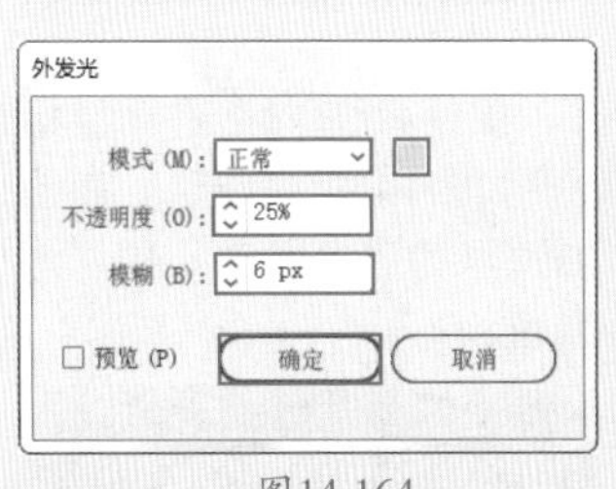

图14-164

图14-165

07选择工具箱中的“钢笔工具”，在工具箱的底部设置“填色”为红色，“描边”为无，在画面中适当的位置绘制一个图形，效果如图14-166所示。

图14-166

08 保持该图形的选中状态，执行“效果>风格化>内发光”命令，在弹出的“内发光”对话框中设置“模式”为“正常”，颜色为浅棕色，“不透明度”为75%，“模糊”为6px，选中“边缘”单选按钮，单击“确定”按钮，如图14-167所示，此时效果如图14-168所示。

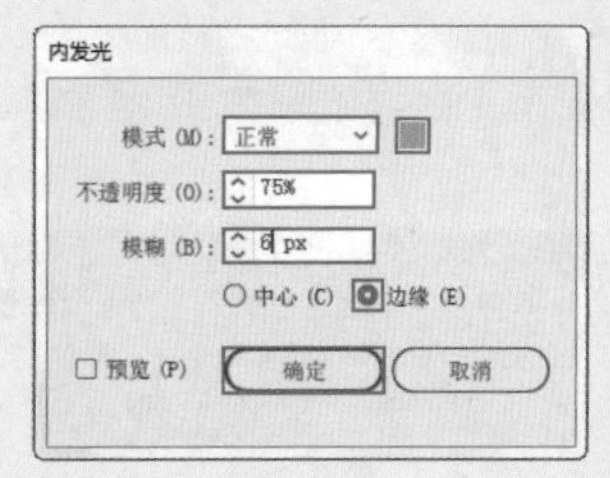

图14-167

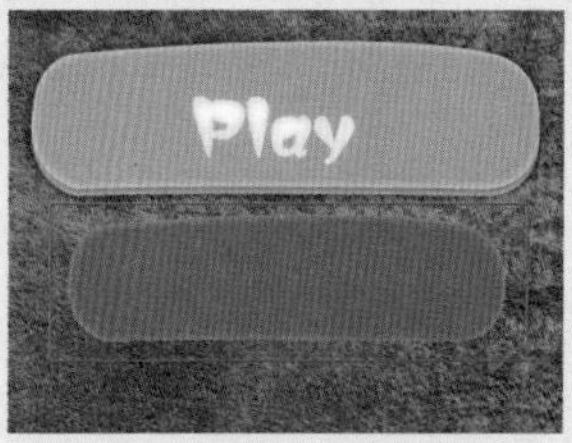

图14-168

09 保持该图形的选中状态，执行“效果>风格化>外发光”命令，在弹出的“外发光”对话框中设置“模式”为“正常”，颜色为深棕色，“不透明度”为25%，“模糊”为0px，单击“确定”按钮，如图14-169所示，此时效果如图14-170所示。

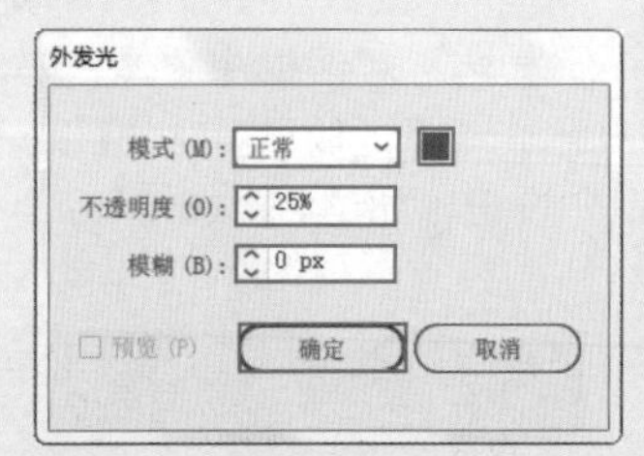

图14-169

图14-170

10 继续保持该图形的选中状态，按住Alt键向上拖动鼠标指针，将其平移及复制，效果如图14-171所示。在该图形中输入文字，并为文字添加适当的“内发光”和“外发光”效果，效果如图14-172所示。

图14-171

图14-172

11 使用同样的方法，制作画面下方的两组图形和文字，并分别为其添加“内发光”和“外发光”的效果，效果如图14-173所示。

12 选择工具箱中的“钢笔工具”，在工具箱的底部设置“填色”为深灰色，“描边”为无，在画面的下方绘制一个不规则的图形，效果如图14-174所示。在该图形被选中的状态下，单击控制栏中的“不透明度”按钮，在弹出的下拉面板中设置“混合模式”为“正片叠底”，效果如图14-175所示。

图14-173

图14-174

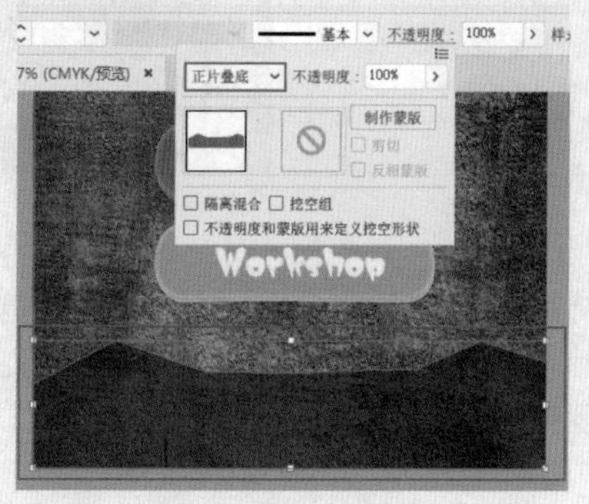

图14-175

实例210 制作侧面按钮

操作步骤

01 使用“钢笔工具”在画面的下方绘制一个灰色的三角形，效果如图14-176所示。

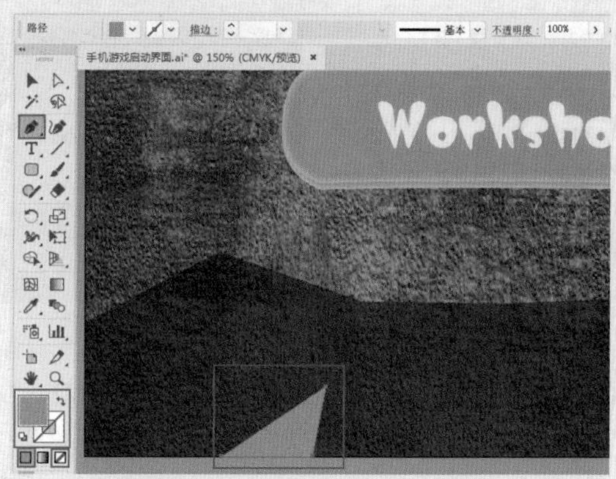

图14-176

02 在该三角形被选中的状态下，执行“效果>风格化>内发光”命令，在弹出的“内发光”对话框中设置“模式”为“正常”，颜色为亮灰色，“不透明度”为75%，“模糊”为6px，选中“边缘”单选按钮，单击“确定”按钮，如图14-177所示，此时效果如图14-178所示。

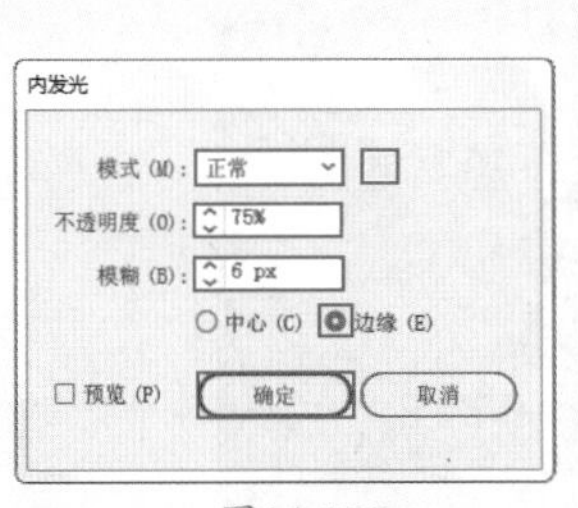

图14-177

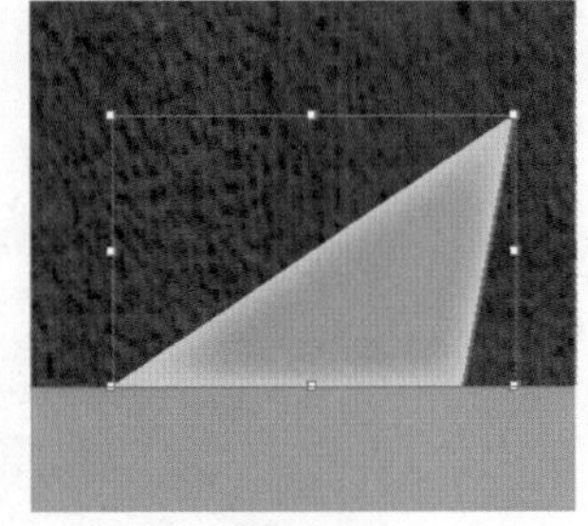

图14-178

03 保持该三角形的选中状态，单击控制栏中的“不透明度”按钮，在弹出的下拉面板中设置“混合模式”为“变亮”，“不透明度”为40%，效果如图14-179所示。使用同样的方法，在画面的底部绘制多个三角形并为其添加不同的“内发光”和混合模式效果，如图14-180所示。

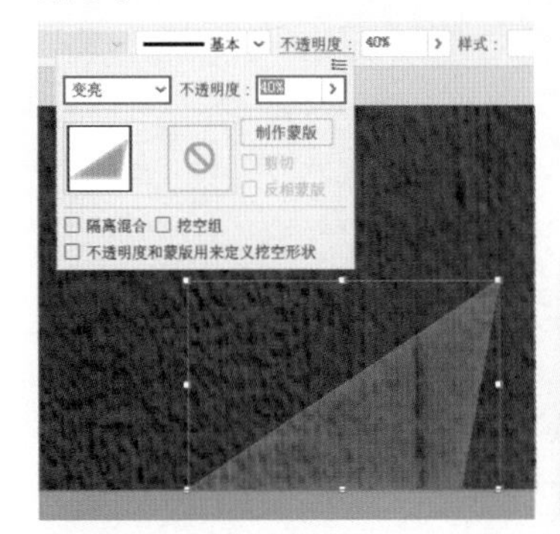

图14-179

图14-180

04 在画面的左下方继续制作三个按钮图形，并分别添加“内发光”效果，效果如图14-181所示。

图14-181

05 执行“窗口>符号库>网页图标”命令，弹出“网页图标”面板，选中“锁”符号，然后按住鼠标左键将符号拖动到按钮图形中，效果如图14-182所示。在该符号被选中的状态下，单击控制栏中的“断开链接”按钮，效果如图14-183所示。

06 保持该符号的选中状态，在控制栏中设置“填充”为白色，“描边”为无，然后进行缩放，效果如图14-184所示。使用同样的方法制作另外两个符号，效果如图14-185所示。

图14-182 图14-183

图14-184 图14-185

实例211 制作底部卡通形象

操作步骤

01 选择工具箱中的“钢笔工具”，在工具箱的底部设置“填色”为灰调的红色，“描边”为无，在画面中绘制一个卡通形象，效果如图14-186所示。

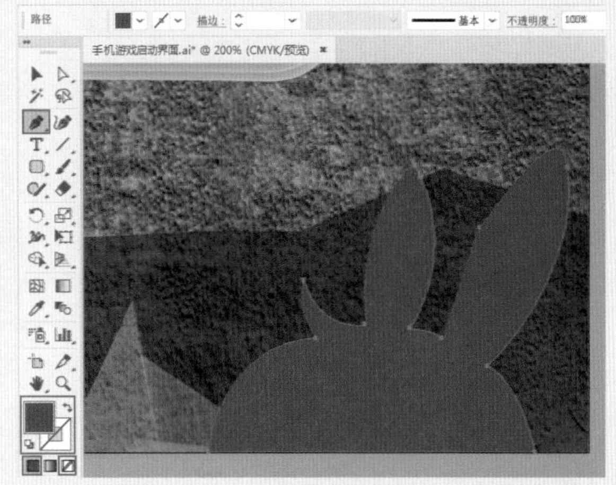

图14-186

02 选择这个卡通形象，执行“效果>风格化>内发光”命令，在弹出的“内发光”对话框中设置“模式”为“正常”，颜色为灰红色，“不透明度”为75%，“模糊”为6px，选中“边缘”单选按钮，单击“确定”按钮，如图14-187所示，此时效果如图14-188所示。

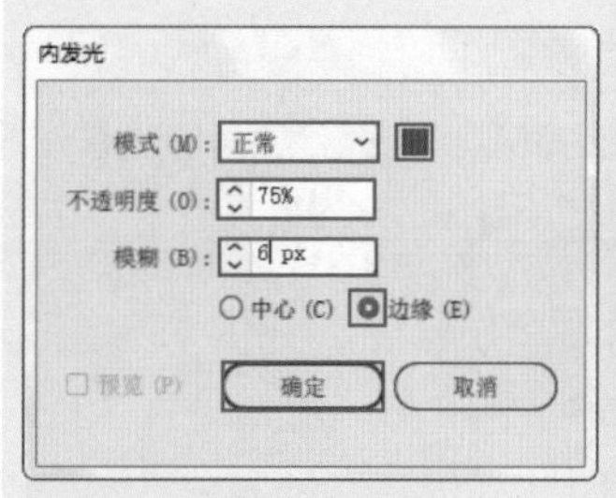

图14-187

图14-188

03 使用“钢笔工具”在卡通形象中制作耳朵和鼻子，并为其添加适当的“内发光”效果，效果如图14-189所示。使用“椭圆工具”绘制正圆形，将其作为眼睛，效果如图14-190所示。

图14-189

图14-190

04 最终完成效果如图14-191所示。

图14-191

第15章

VI与导视系统设计

/ 佳 / 作 / 欣 / 赏 /

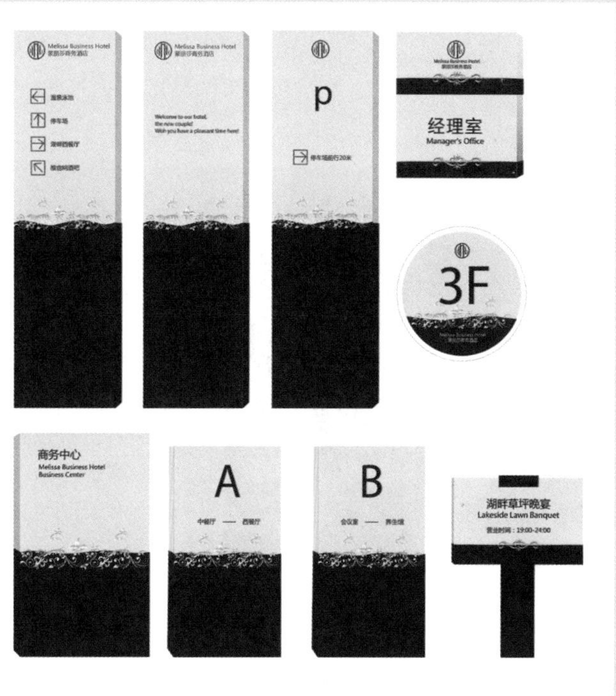

15.1 创意文化产业集团VI

文件路径	第 15 章 \ 创意文化产业集团 VI 设计
难易指数	★★★★★
技术掌握	● 钢笔工具 ● 文字工具 ● 矩形工具

扫码深度学习

操作思路

本案例中的VI系统画册包含的页面较多，但是制作方法相似。首先使用“矩形工具”与“文字工具”绘制企业标志，封面、封底，以及页面的版式。画册各页面的版式相同，内容有所不同，可以通过复制制作好的页面版式，并利用“矩形工具”“钢笔工具”“文字工具”等制作各个页面中的内容。

案例效果

案例效果如图15-1所示。

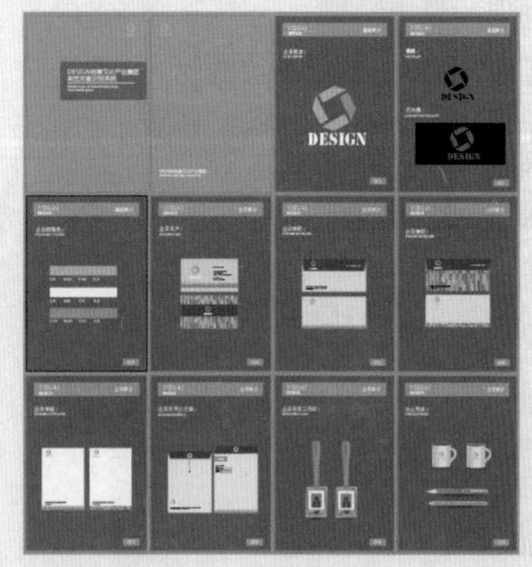

图15-1

实例212 制作企业标志基本图形

操作步骤

01 执行“文件>新建”命令，在弹出的“新建文档”对话框中单击右下角的“更多设置”按钮，在弹出的“更多设置”对话框中设置“画板数量”为12，“列数”为4，“大小”为A4，单击“创建文档”按钮，其他参数设置如图15-2所示，单击“创建”按钮，创建完12个画板的效果如图15-3所示。

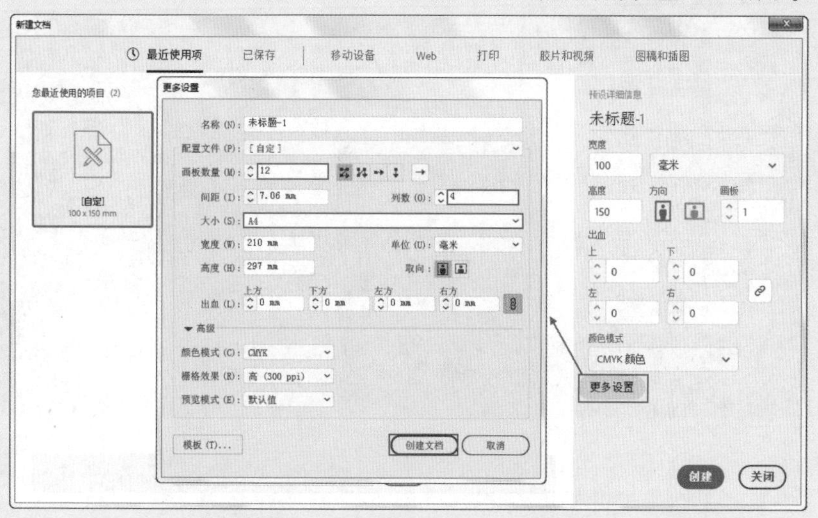

图15-2

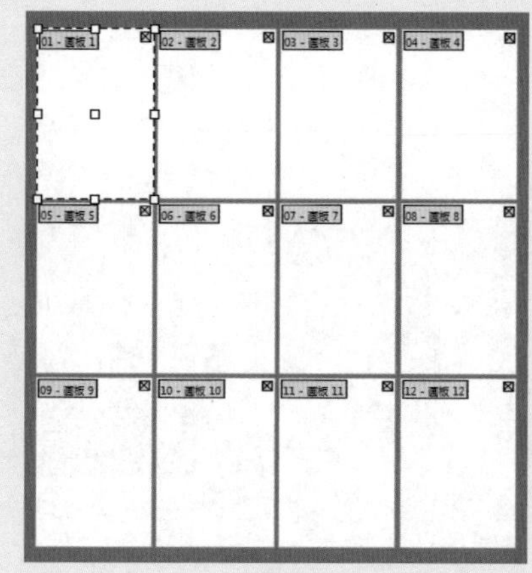

图15-3

02 在画板外制作标志。选择工具箱中的“矩形工具”，在画面中单击，在弹出的“矩形”对话框中设置“宽度”为30mm，“高度”为15mm，单击“确定”按钮，如图15-4所示。选择绘制的矩形，在工具箱的底部设置“描边”为无，双击“填色”按钮，在弹出的“拾色器”对话框中设置颜色为深黄色，单击“确定”按钮，效果如图15-5所示。

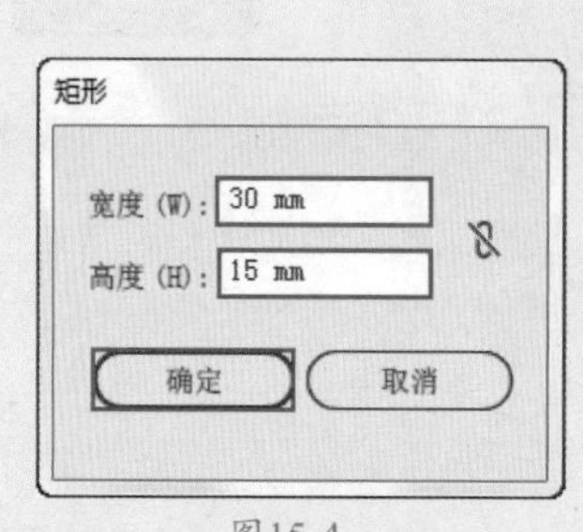

图15-4

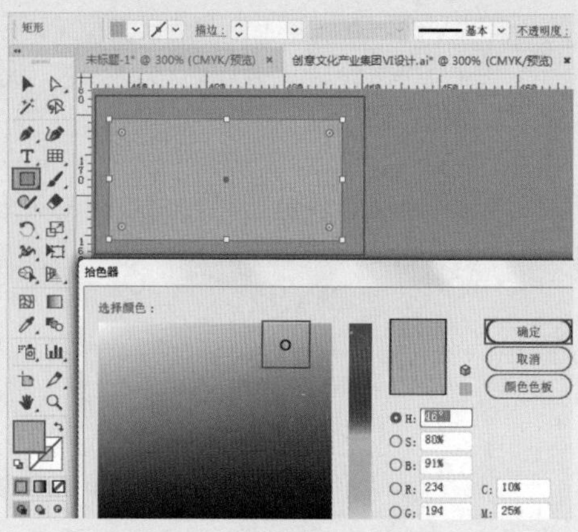

图15-5

03 选择该矩形，使用“直接选择工具”选择矩形右下角的锚点，然后按住Shift键将锚点向右拖动，得到一个四边形，效果如图15-6所示。选择该四边形，按快捷键Ctrl+C进行复制，按快捷键Ctrl+V进行粘贴，然后选择复制得到的四边形，按住Shift键将其旋转，并移动到相应的位置，效果如图15-7所示。使用同样的方法，复制图形并移动到合适位置，效果如图15-8所示。

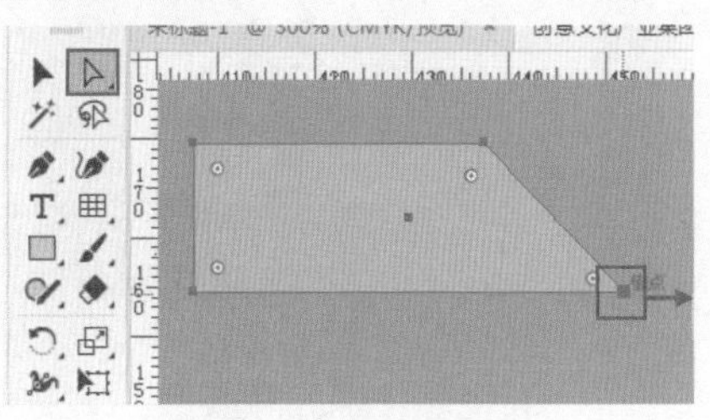

图15-6

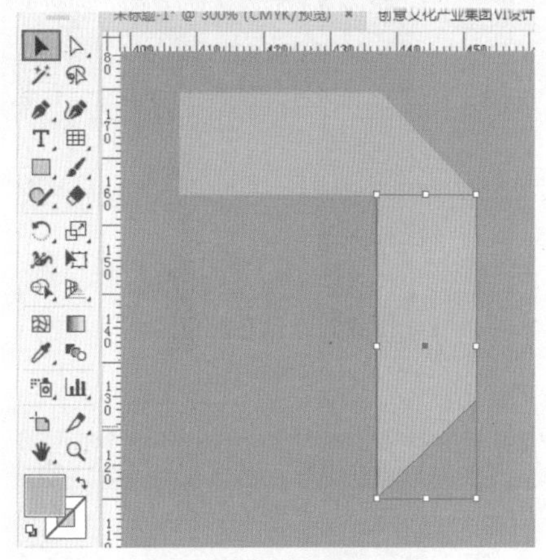

图15-7

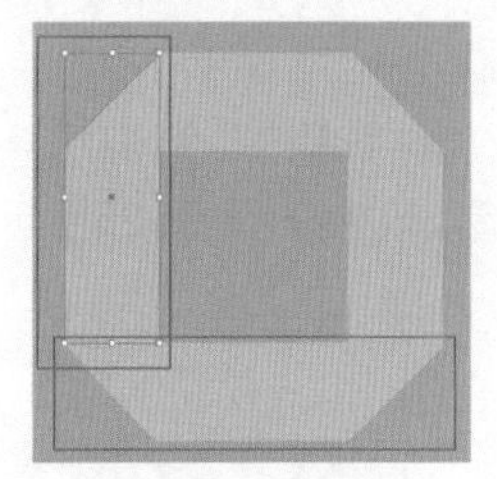

图15-8

04 选择上方的四边形，按10次↑键，将其向上移动，效果如图15-9所示。使用同样的方法，按方向键将其他几个四边形进行移动，效果如图15-10所示。

05 将最右边的四边形选中，将其填充为青色，如图15-11所示。将四个四边形框选，按快捷键Ctrl+G进行编组，然后将其进行旋转，得到标志图形，效果如图15-12所示。

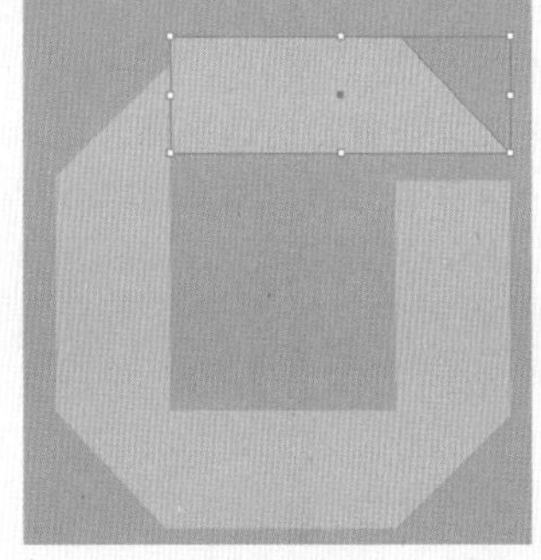

图15-9

图15-10

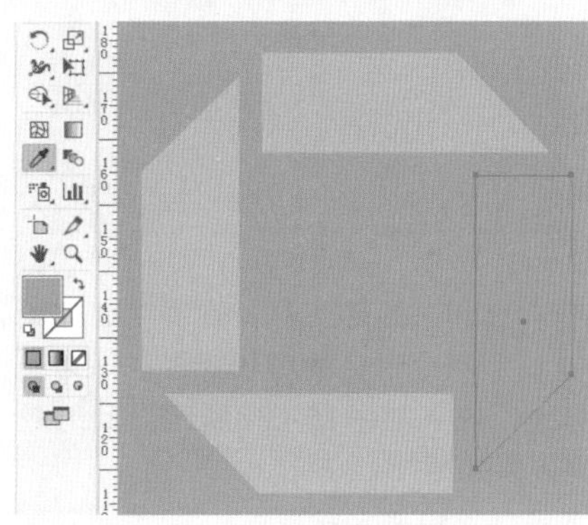

图15-11

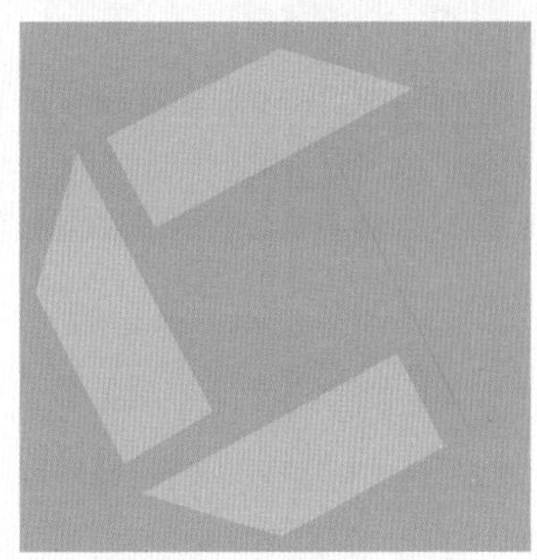

图15-12

06 选择工具箱中的“文字工具”，在刚才绘制的标志图形的下方单击插入光标，在控制栏中设置“填充”为白色，“描边”为无，设置合适的字体、字号，然后输入文字，按快捷键Ctrl+Enter确认输入操作，效果如图15-13所示。

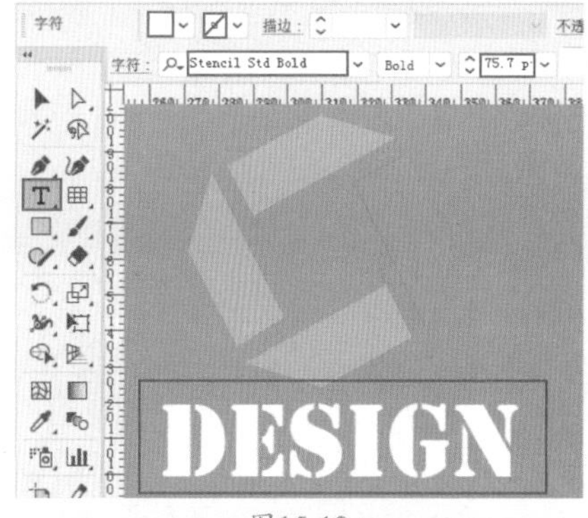

图15-13

实例213 制作画册的封面、封底

操作步骤

01 下面制作封面。在工具箱的底部设置“描边”为无，双击“填色”按钮，在弹出的“拾色器”对话框中选择青色，单击“确定”按钮，如图15-14所示。选择工具箱中的“矩形工具”，在“画板1”中绘制一个与画板等大的矩形，效果如图15-15所示。

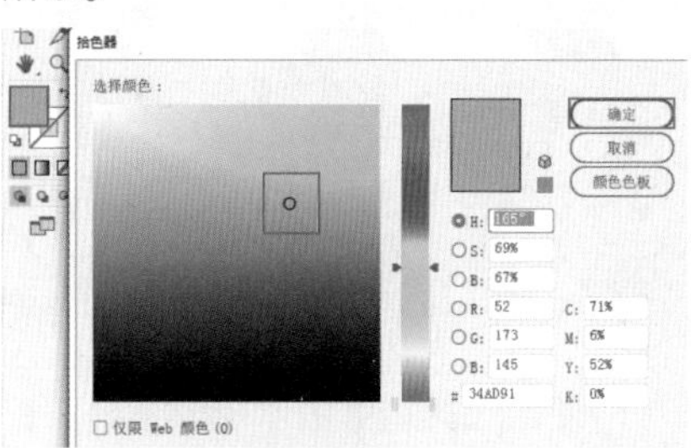

图15-14

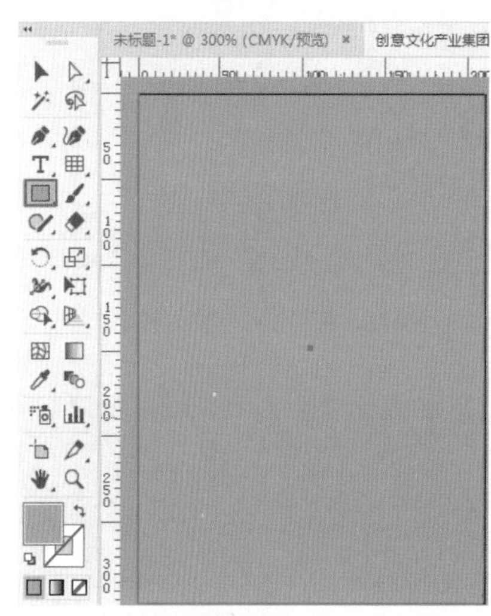

图15-15

02 将制作好的标志复制一份，移动到矩形中右上角的位置，并将其缩小，效果如图15-16所示。选择标志，将其填充为白色，在控制栏中设置“不透明度”为30%，效果如图15-17所示。

图15-16

图15-17

03 使用工具箱中的“矩形工具”在画面中绘制一个填充为灰色的矩形，效果如图15-18所示。

图15-18

04 选择工具箱中的“文字工具”，在灰色矩形中单击插入光标，在控制栏中设置“填充”为白色，“描边”为无，设置合适的字体、字号，然后输入文字，按快捷键Ctrl+Enter确认输入操作，效果如图15-19所示。使用同样的方法，输入另外两行文字，设置合适的字体、字号，并将其摆放在合适的位置，效果如图15-20所示。

图15-19

图15-20

05 使用“矩形工具”在文字之间绘制一个白色的细长矩形，作为分隔线，效果如图15-21所示。此时封面效果如图15-22所示。

图15-21

图15-22

06 下面制作封底。选择“画板1”中的青色背景，同时按住Shift键和Alt键将其向右平移、复制，并放置到“画板2”中。使用同样的方法，将标志和文字复制一份，放置在“画板2”中合适的位置，并缩小文字，效果如图15-23所示。此时封底效果如图15-24所示。

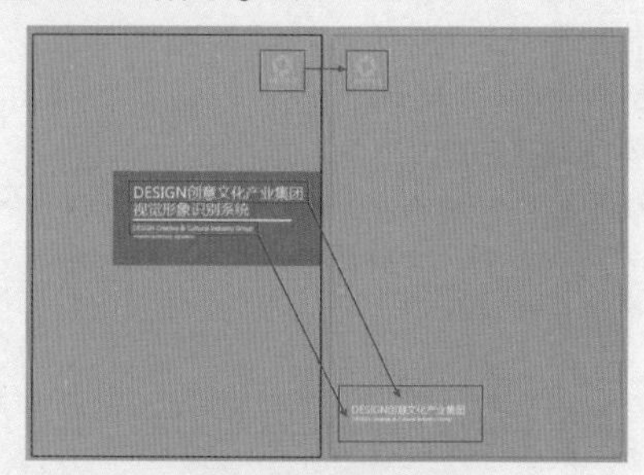

图15-23

图15-24

实例214 制作画册的内页版式

操作步骤

01 使用“矩形工具”在“画板3”中绘制一个与画板等大的矩形，在控制栏中设置“填充”为深灰色，“描边”为无，效果如图15-25所示。

图15-25

02 继续使用“矩形工具”在画面的上方绘制一个矩形，将其填充为青色，并将其放置在画面的顶部，作为标题的底色，效果如图15-26所示。使用同样的方法，绘制一个合适大小的矩形，将其摆放在画面的右下角，作为页码的底色，效果如图15-27所示。

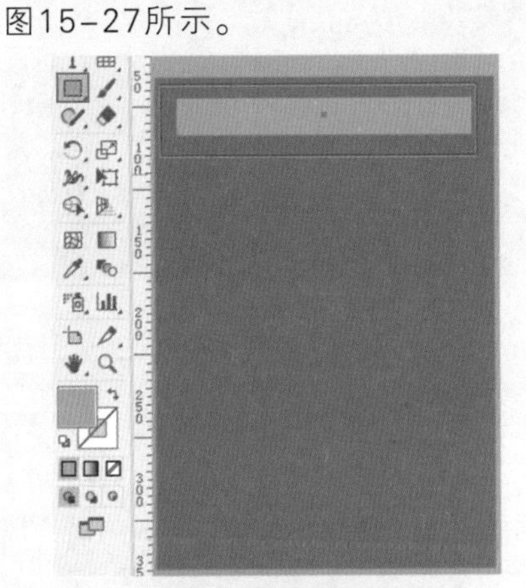

图15-26

图15-27

03 使用工具箱中的“文字工具”在青色矩形中输入合适的文字，并制作分隔线，页眉制作完成，效果如图15-28所示。使用“文字工具”在右下角的矩形中输入文字，页码制作完成，效果如图15-29所示。

04 将“画板3”中的内容复制一份，移动到“画板4”中，再复制一份，移动到“画板5”中，然后更改相应的页码，效果如图15-30所示。

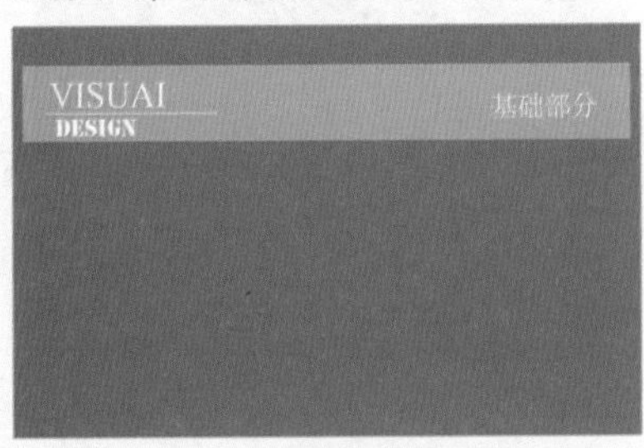

图15-28

图15-29

图15-30

实例215 制作标志

操作步骤

01 使用“文字工具”在“画板3”的左上角输入文字，效果如图15-31所示。将标志复制一份，放置在“画板3”中，然后将其进行放大，效果如图15-32所示。

图15-31

图15-32

02 使用“文字工具”在“画板4”中制作“墨稿”“反白稿”相关文字。效果如图15-33所示。将标志复制一份并将其填充为黑色，调整其大小，效果如图15-34所示。

图15-33

图15-34

03 使用工具箱中的“矩形工具”绘制一个黑色的矩形，效果如图15-35所示。将标志复制一份，放置在黑色矩形中，然后将其填充为深灰色，效果如图15-36所示。

图15-35

图15-36

实例216 制作标准色

操作步骤

01 下面在“画板5”中进行制作。使用工具箱中的“文字工具”输入文字，效果如图15-37所示。使用“矩形工具”在画面中的任意位置单击，在弹出的“矩形”对话框中设置“宽度”为115mm，“高度”为16mm，单击“确定”按钮。选中绘制的矩形，在控制栏中设置其“填充”为黄色，“描边”为无，效果如图15-38所示。

图15-37

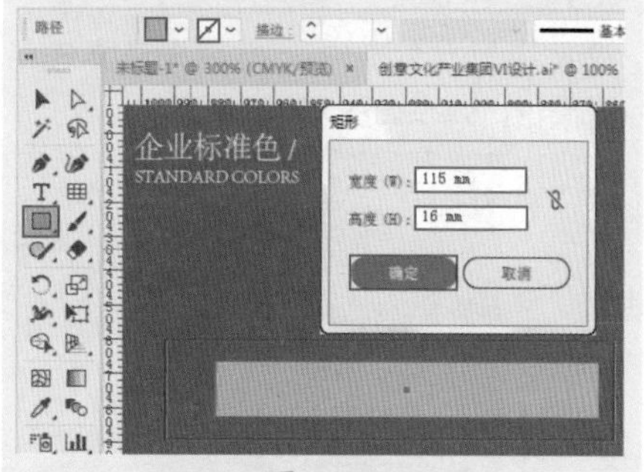

图15-38

02 使用“文字工具”在黄色矩形的下方输入颜色信息，效果如图15-39所示。将黄色矩形进行复制并向下移动，然后将其填充为白色。使用同样的方法，制作第三个矩形，并输入颜色信息，效果如图15-40所示。

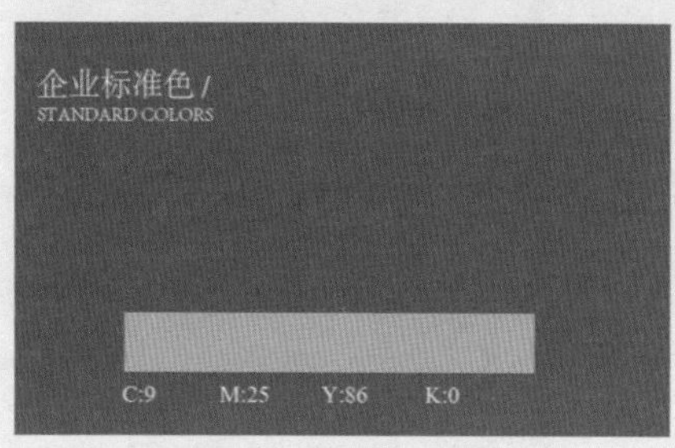

图15-39

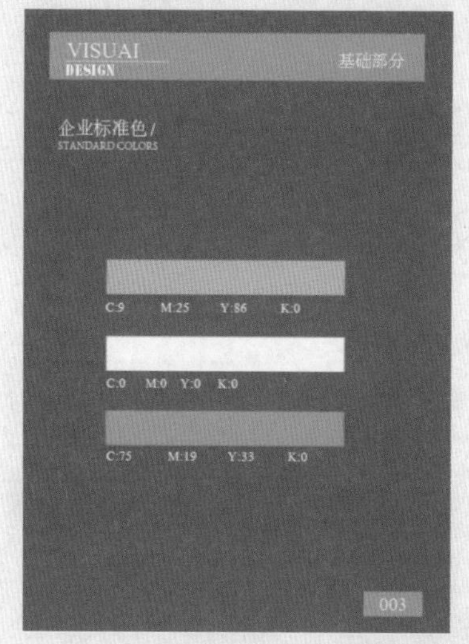

图15-40

实例217 制作名片

操作步骤

01 将画册页面的背景复制一份，放置在“画板6”中，然后更改文字及页码，效果如图15-41所示。继续复制画册反面的背景，并将其放置在其他画板中，然后逐一更改页码，效果如图15-42所示。

图15-41

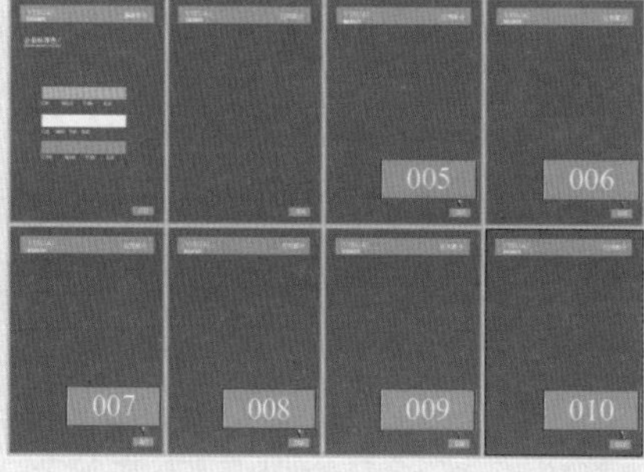

图15-42

02 下面在“画板6”中制作名片，首先制作名片的正面。使用“文字工具”输入文字，效果如图15-43所示。使用“矩形工具”绘制一个矩形，然后填充为浅灰色，效果如图15-44所示。

图15-43

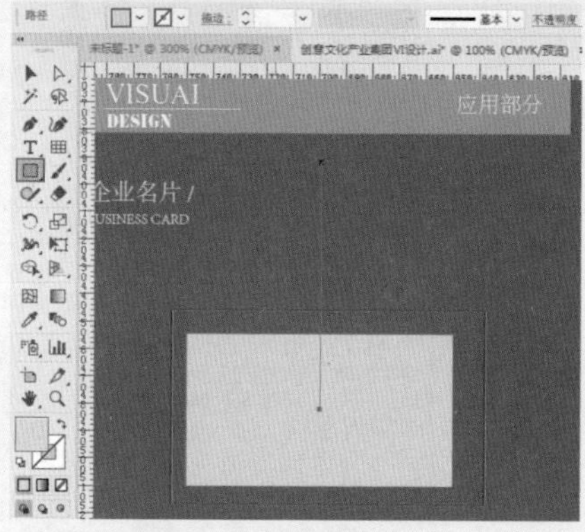

图15-44

03 将标志复制一份，放置到浅灰色矩形中的左侧位置，并缩放到合适大小，效果如图15-45所示。使用“文字工具”在标志的右侧输入文字，效果如图15-46所示。

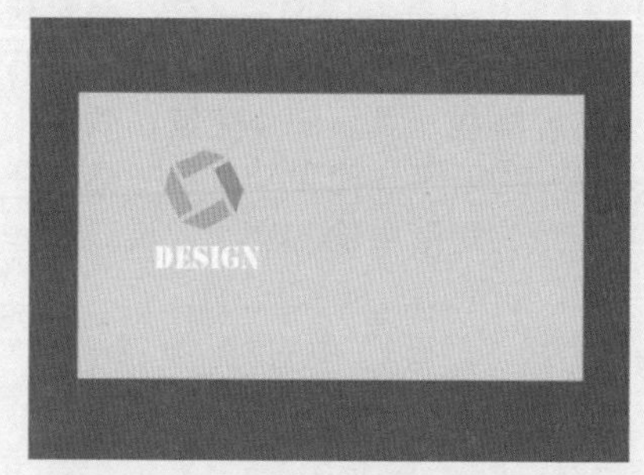

图15-45

图15-46

04 选择工具箱中的“矩形工具”,在控制栏中设置“填充”为黄色，绘制一个与浅灰色矩形等长的矩形，效果如图15-47所示。使用同样的方法，选择“矩形工具”，在控制栏中设置“填充”为青色，继续绘制一个合适大小的矩形，并将其放置在黄色矩形的下方，效果如图15-48所示。

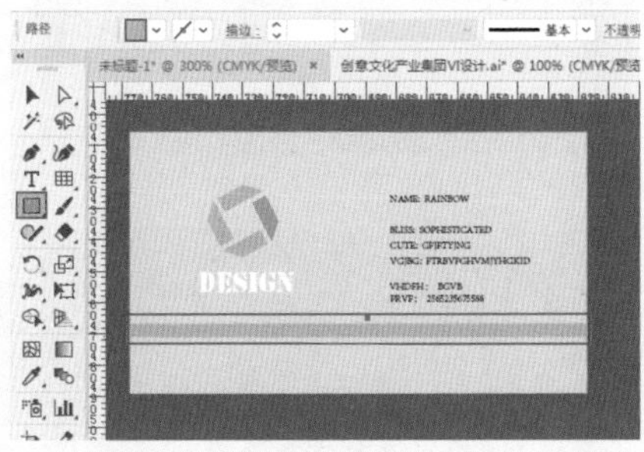

图15-47

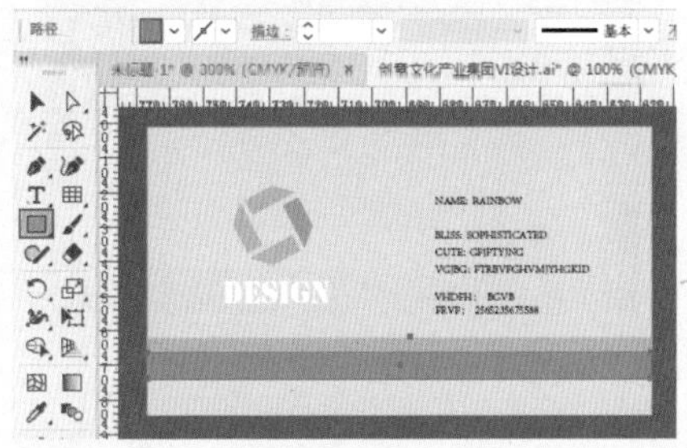

图15-48

05 下面制作名片的背面。将浅灰色矩形复制一份并向下移动，效果如图15-49所示。选择“矩形工具”，设置合适的颜色，在复制得到的浅灰色矩形的左上角分别绘制多个不同大小、不同颜色的矩形，然后排列在一起，效果如图15-50所示。

06 使用同样的方法，继续绘制多个不同大小、不同颜色的矩形，然后将绘制的矩形排列在一起，组成一个完整的图案，效果如图15-51所示。将由大量矩形构成的图案选中，按快捷键Ctrl+G进行编组，然后复制出一组相同的图案，并放置在浅灰色矩形内的下方位置，沿纵向适当拉伸，效果如图15-52所示。

07 使用“矩形工具”在两组图案的中间位置绘制一个矩形，并填充为蓝灰色，效果如图15-53所示。将标志复制一份，移动到蓝灰色矩形的中心，调整其大小，效果如图15-54所示。

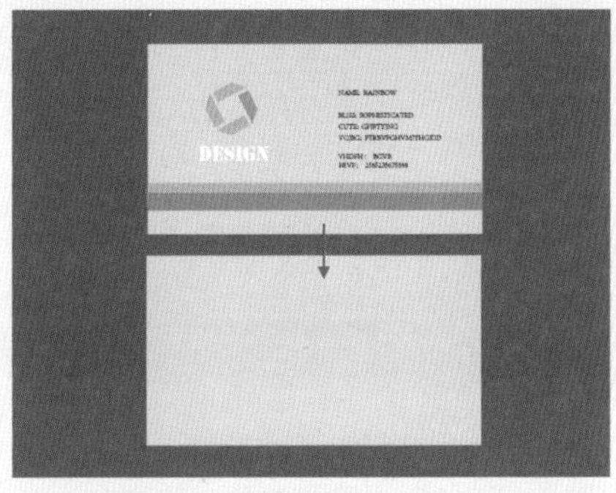

图15-49

图15-50

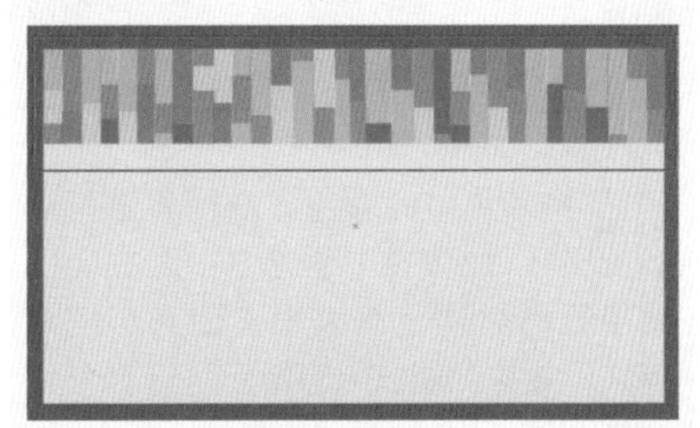

图15-51

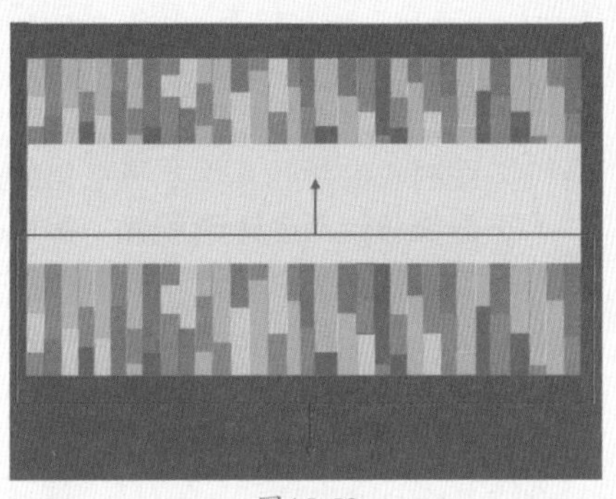

图15-52

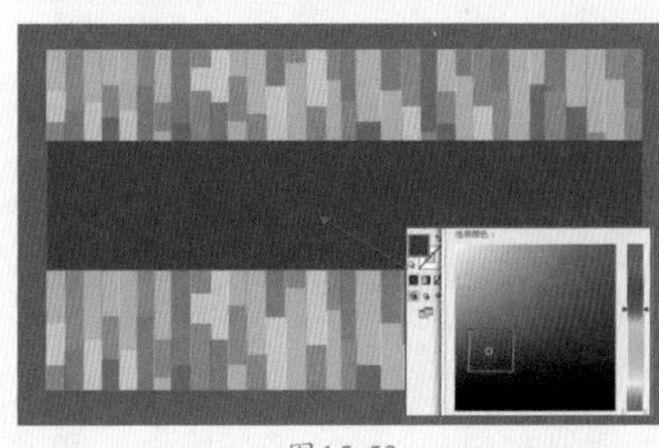

图15-53

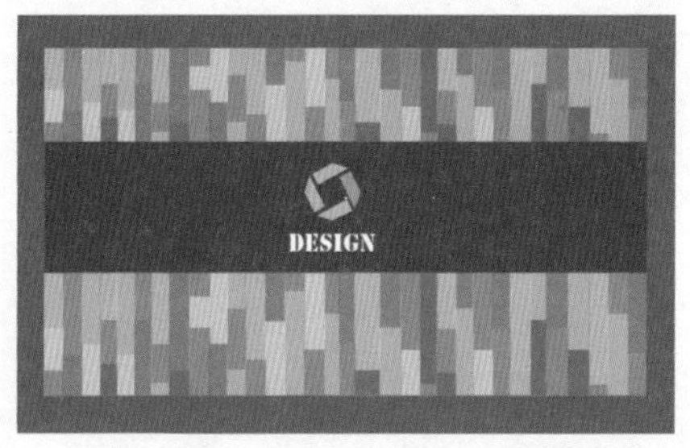

图15-54

实例218 制作企业信封

操作步骤

01 下面在“画板7”中制作企业信封，首先制作信封的背面。在相应位置输入文字，效果如图15-55所示。使用“矩形工具”在“画板7”中绘制一个宽度为115mm、高度为55mm的矩形，然后将其填充为浅灰色，并放置在画面的中间位置，效果如图15-56所示。

图15-55

图15-56

02 继续使用“矩形工具”在浅灰色矩形内偏上的位置绘制一个蓝灰色的矩形，效果如图15-57所示。使用“直接选择工具”选中其中一个控制点，按住Shift键向中间拖动，调整两个控制点的位置以改变矩形的形状，效果如图15-58所示。

03 复制标志并将其放置在蓝灰色矩形的左侧，效果如图15-59所示。继续输入相应的文字，效果如图15-60所示。

图15-57

图15-58

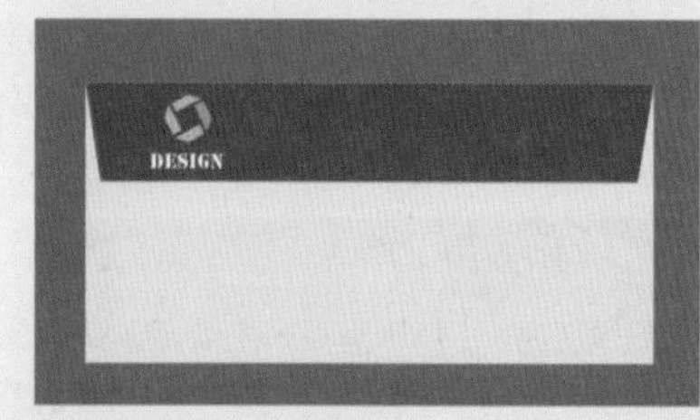

图15-59

图15-60

04 下面制作信封的正面。选中浅灰色的矩形，将其复制一份并移动到下方合适的位置，效果如图15-61所示。将标志复制一份，放置在浅灰色矩形的左上角，然后使用“矩形工具”在浅灰色矩形的下方绘制两个矩形，分别填充为青色和黄色，并将这两个矩形放置在浅灰色矩形内的下方位置，效果如图15-62所示。

图15-61

图15-62

05 下面制作另一种带有彩色图案的信封。将“画板7”中的信封复制一份，放置在“画板8”中，效果如图15-63所示。

图15-63

06 将名片中的彩色方块图案进行复制，放置在“画板8”上方的信封中，然后调整其大小，使其与信封等大，效果如图15-64所示。选择彩色方块图案，多次执行“对象>排列>后移一层”命令，将彩色方块图案移动到蓝灰色矩形的后面，效果如图15-65所示。

07 下面制作信封的正面。将原信封正面底部的两个矩形删除，然后将彩色方块图案复制一份，放置在信封正面的下方位置，并进行缩放，效果如图15-66所示。

图15-64

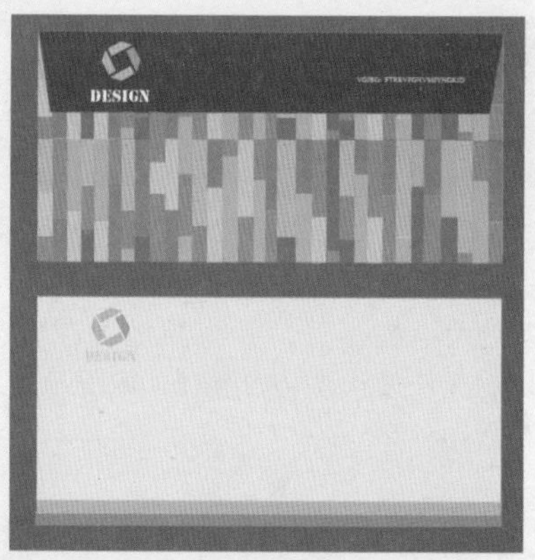

图15-65

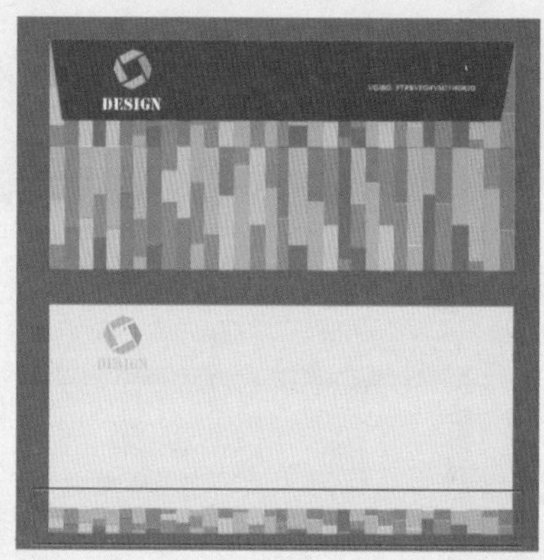

图15-66

实例219 制作信纸

操作步骤

01 下面在“画板9”中制作信纸。使用“文字工具”输入文字，效果如图15-67所示。

图15-67

02 选择工具箱中的“矩形工具”，在工具箱的底部设置“填色”为白色，在画面中绘制一个矩形，然后将其复制一份，放置在原矩形的右侧，效果如图15-68所示。将标志进行复制并调整其大小，然后分别摆放在矩形的左上角，效果如图15-69所示。

图15-68

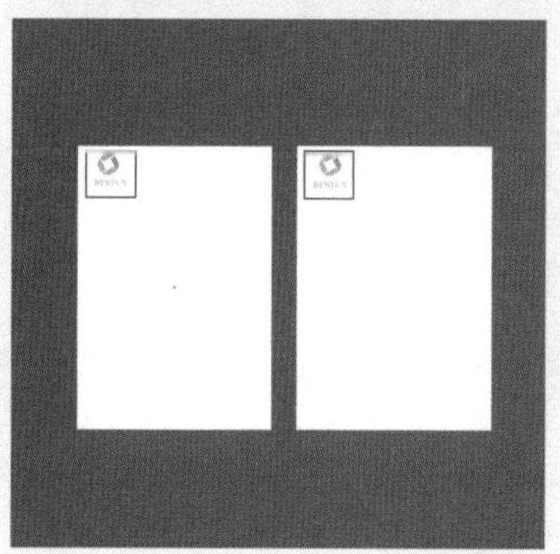

图15-69

03 在左侧矩形的下方绘制两个矩形，分别填充黄色和青色，并将其排列整齐，效果如图15-70所示。将彩色方块图案再次复制，然后将复制得到的图案移动到右侧矩形的下方并进行缩放，效果如图15-71所示。

04 使用“文字工具”在白色矩形的左下角输入文字，效果如图15-72所示。将此处文字复制一份，放置在另一个白色矩形的左下角位置，信纸完成效果如图15-73所示。

图15-70

图15-71

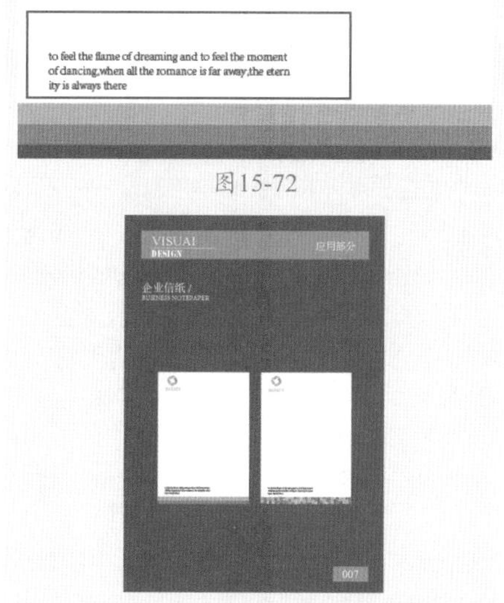

图15-72

图15-73

实例220 制作公文袋

操作步骤

01 下面在“画板10”中制作公文袋，首先制作公文袋的背面。在“画板10”中输入文字，效果如图15-74所示。

图15-74

02 使用“矩形工具”在“画板10”中绘制一个矩形，并填充为浅蓝色，效果如图15-75所示。选择工具箱中的“钢笔工具”，在浅蓝色矩形内的上方位置绘制一个不规则图形，在工具箱的底部设置“描边”为无，双击“填色”按钮，在弹出的“拾色器”对话框中设置颜色为蓝灰色，单击“确定”按钮，如图15-76所示。

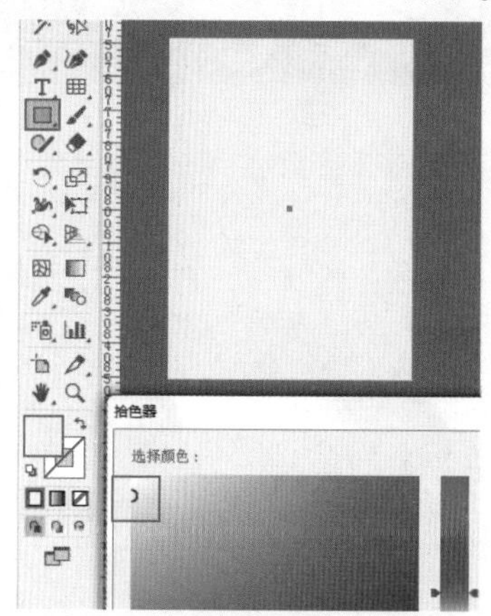

图15-75

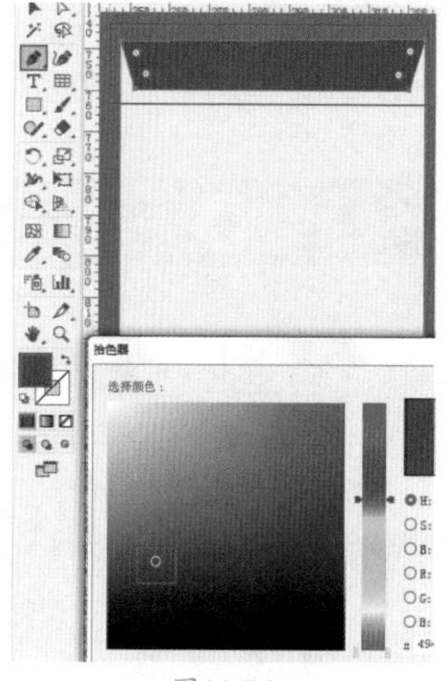

图15-76

03 选择工具箱中的“椭圆工具”，在控制栏中设置“填充”为白色，“描边”为无，然后按住Shift键在灰蓝色图形的中间绘制一个正圆形，效果如图15-77所示。选中白色正圆形，按快捷键Ctrl+C进行复制，按快捷键Ctrl+F将其粘贴到原正圆形前面，按住Shift键和Alt键向正圆形内部拖动圆形的角点，将正圆形等比缩小一些，并将其填充为黑色，公文袋的扣子制作完成，效果如图15-78所示。

图15-77

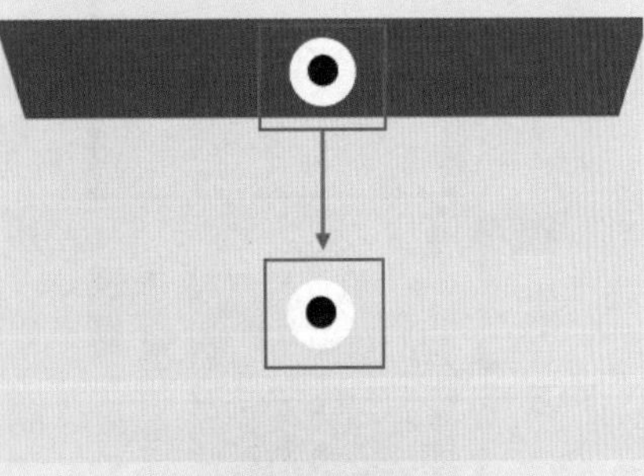

图15-78

04将这两个正圆形加选，按快捷键Ctrl+G进行编组，然后复制一份，并向下进行移动，效果如图15-79所示。选择工具箱中的“直线段工具”，在控制栏中设置“填充”为黑色，“描边”为无，然后按住Shift键在两个正圆形组中间绘制一条直线，效果如图15-80所示。

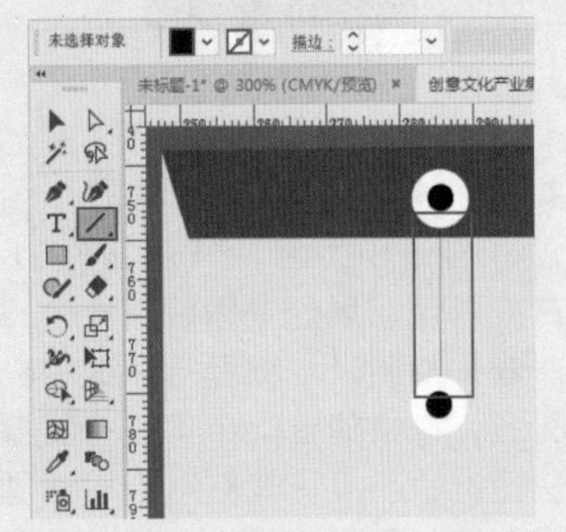

图15-79

图15-80

05将标志复制一份，放置在公文袋的左下角，效果如图15-81所示。使用“文字工具”输入合适的文字，效果如图15-82所示。

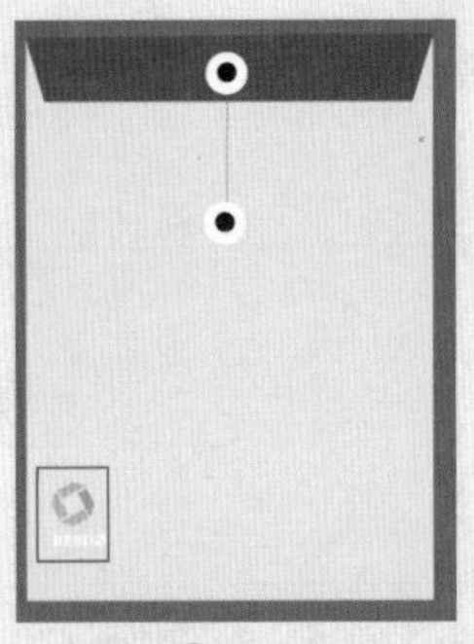

图15-81

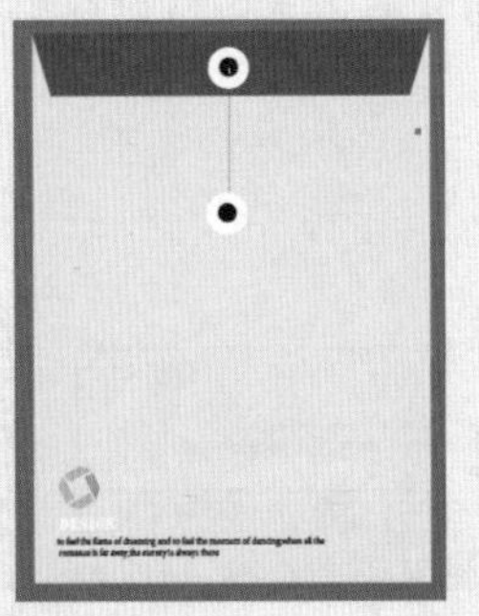

图15-82

06下面制作公文袋的正面。将浅蓝色矩形复制一份，并移动到画面的右侧，效果如图15-83所示。选中左侧公文袋上方的蓝灰色四边形，单击鼠标右键，在弹出的快捷菜单中选择“变换>对称”命令，在弹出的“镜像”对话框中选中“水平”单选按钮，单击“复制”按钮，将蓝灰色四边形复制一份并移动到右侧矩形的顶部，效果如图15-84所示。

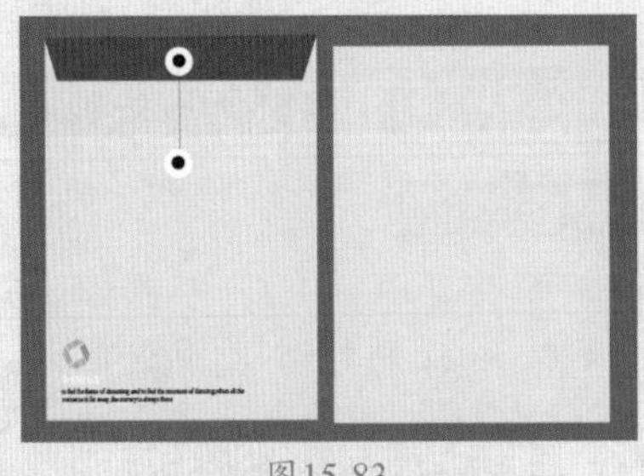

图15-83

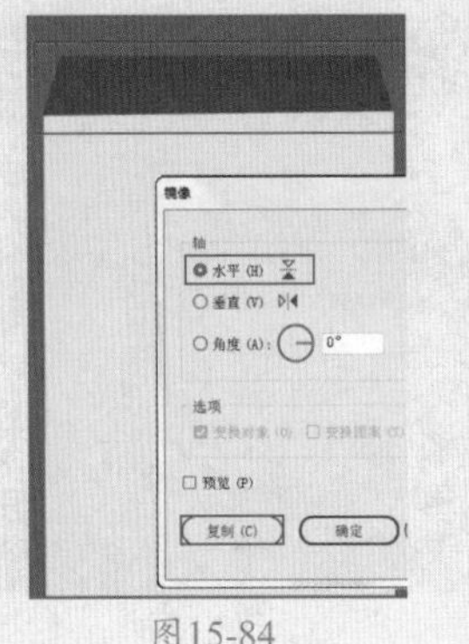

图15-84

07将左侧公文袋的扣子复制一份，放置在右侧蓝灰色四边形的中间位置，效果如图15-85所示。

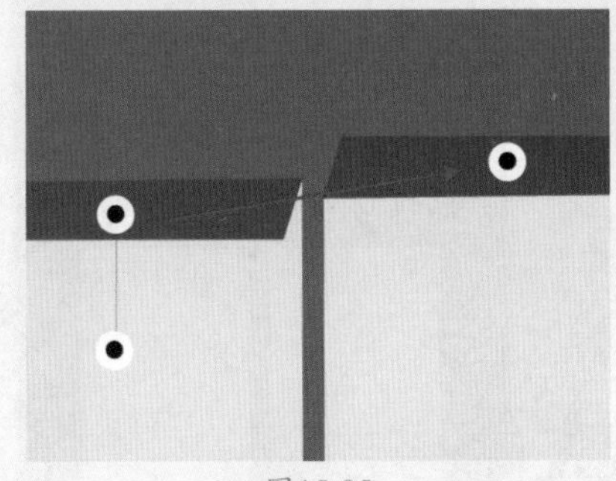

图15-85

08选择工具箱中的“矩形工具”，在右侧浅蓝色矩形中的相应位置绘制一个矩形，并填充为青色，效果如图15-86所示。将标志复制一份，移动到青色矩形中，按快捷键Shift+Ctrl+G将其取消编组，然后选择文字，将其放置在标志图形的右侧，调整标志图形和文字的大小及位置，效果如图15-87所示。

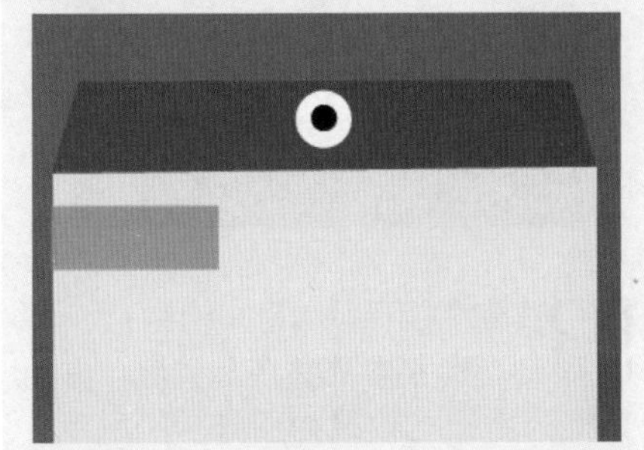

图15-86

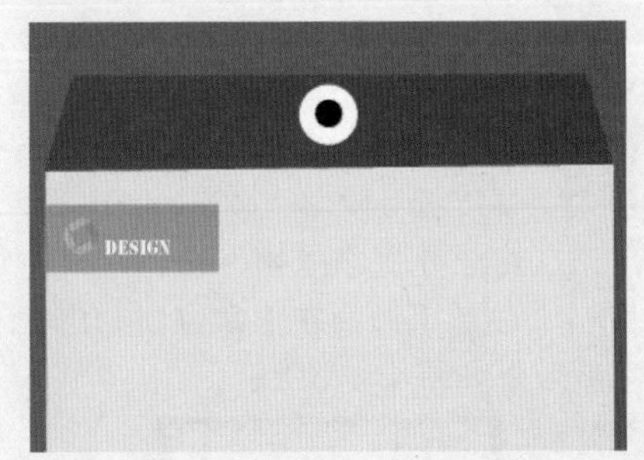

图15-87

09使用“文字工具”输入合适的文字，再次选择“直线段工具”，按住Shift键在文字的右侧绘制直线，然后使用“椭圆工具”在文字的左侧绘制正圆形，效果如图15-88所示。使用“矩形工具”在右侧浅蓝色矩形的下方绘制两个矩形，公文袋完成效果如图15-89所示。

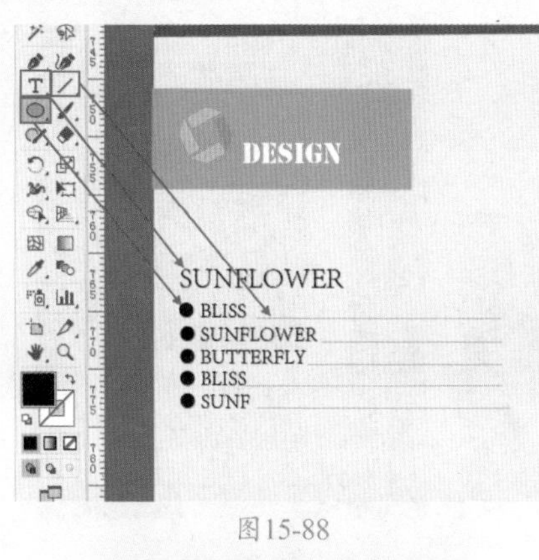

图15-88

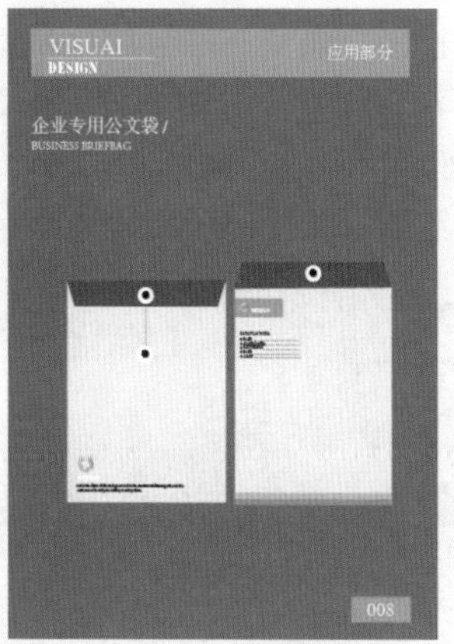

图15-89

实例221 制作工作证

操作步骤

01 下面在“画板11”中制作工作证。使用“文字工具”输入相应的文字，效果如图15-90所示。

图15-90

02 选择工具箱中的“圆角矩形工具”，然后在画面中单击，在弹出的“圆角矩形”对话框中设置“宽度”为35mm，“高度”为50mm，单击“确定”按钮，如图15-91所示。选中绘制的圆角矩形，单击工具箱底部的“描边”按钮，使之置于前面，双击工具箱中的“渐变工具”按钮，在弹出的“渐变”面板中设置“类型”为“线性”，编辑一个灰色系的渐变，然后设置“填色”为无，如图15-92所示。接着在控制栏中设置描边“粗细”为5pt，使用工具箱中的“渐变工具”在圆角矩形上拖动调整渐变效果，效果如图15-93所示。

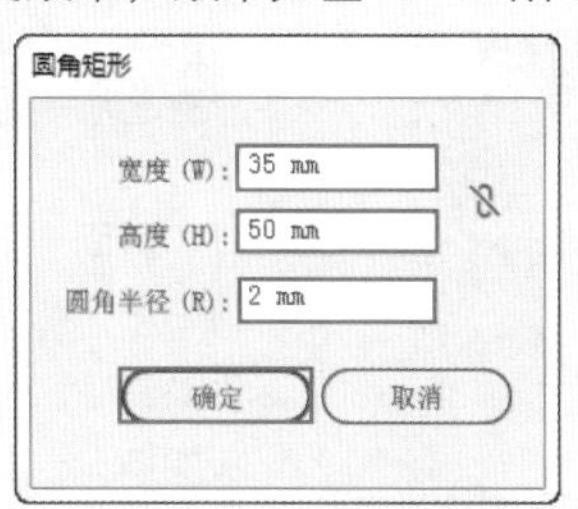

图15-91

图15-92

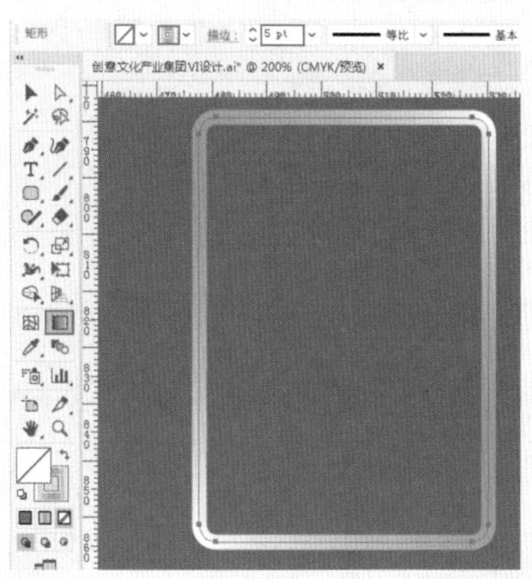
图15-93

03 选择圆角矩形，执行“对象>扩展”命令，在弹出的“扩展”对话框中勾选“描边”和“填充”复选框，单击“确定”按钮，如图15-94所示，此时效果如图15-95所示。

04 使用“圆角矩形工具”在渐变描边圆角矩形中绘制一个稍小的圆角矩形，然后填充灰色系渐变，效果如图15-96所示。

图15-94

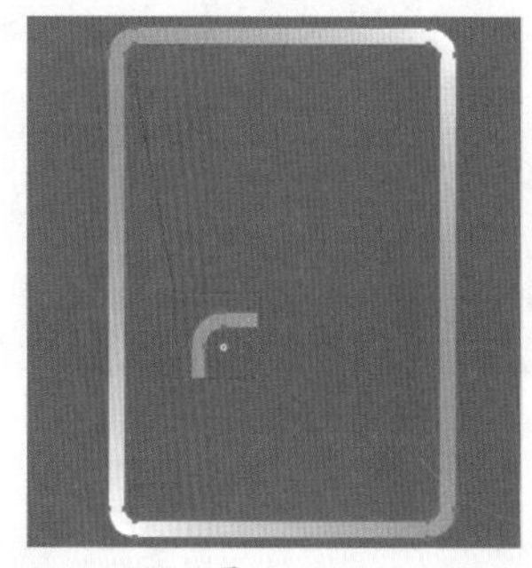
图15-95

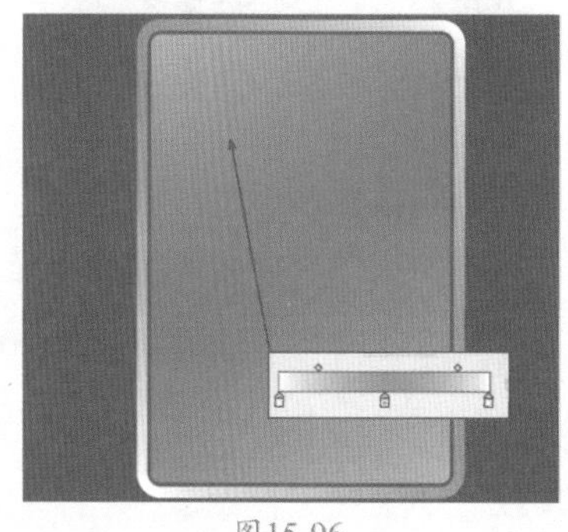
图15-96

05 下面制作工作证顶部的孔。使用“圆角矩形工具”在灰色系渐变圆角矩形的上方绘制一个黑色的小圆角矩形，效果如图15-97所示。将灰色系渐变圆角矩形和黑色圆角矩形加选，执行“窗口>路径查找器”命令，在弹出的“路径查找器”面板中单击“减去顶层”按钮，如图15-98所示，此时效果如图15-99所示。

06 使用“圆角矩形工具”在减去的圆角矩形上绘制一个比其略大一些的圆角矩形，在工具箱的底部设置“填色”为无，“描边”为灰色系渐变，效果如图15-100所示。

07 使用“矩形工具”在灰色系渐变圆角矩形中绘制一个白色的矩形，效果如图15-101所示。继续绘制另外几个矩形，效果如图15-102所示。

图15-97

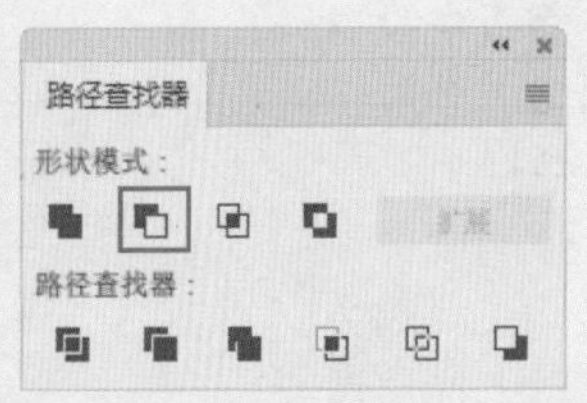

图15-98

图15-99

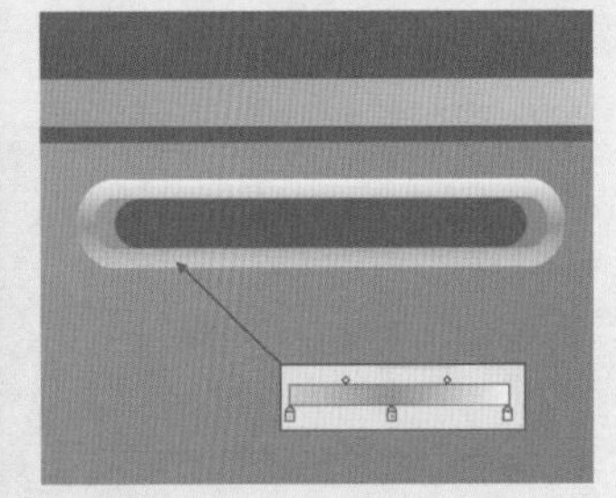

图15-100

图15-101

图15-102

08 下面绘制工作证上的人物形象。使用“椭圆工具”在灰色矩形中绘制正圆形，将其填充为深灰色，效果如图15-103所示。使用“钢笔工具”在正圆形的下方绘制不规则圆形，将其作为人物的身体部分，并将其填充为深灰色，效果如图15-104所示。使用“钢笔工具”绘制一个灰色倒三角形和一个灰色四边形，将其移动至合适的位置，作为人物的领带部分，效果如图15-105所示。

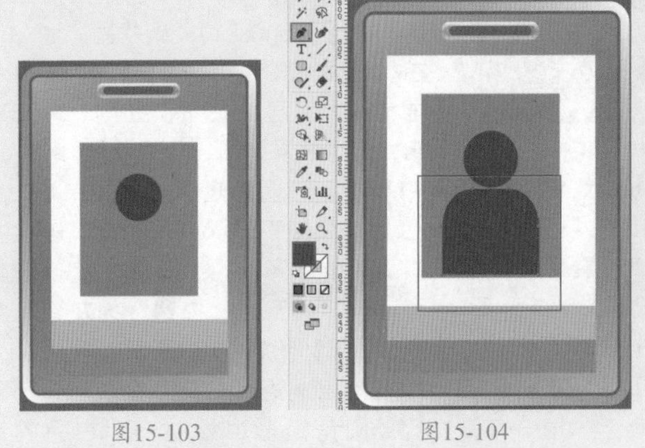

图15-103　　图15-104

09 使用“文字工具”输入相应的文字，效果如图15-106所示。

图15-105

图15-106

10 下面制作工作证上的挂绳。在画面中相应的位置绘制一个青色的矩形，效果如图15-107所示。在青色的矩形上绘制一个稍小的矩形，并填充为浅灰色系的渐变，效果如图15-108所示。

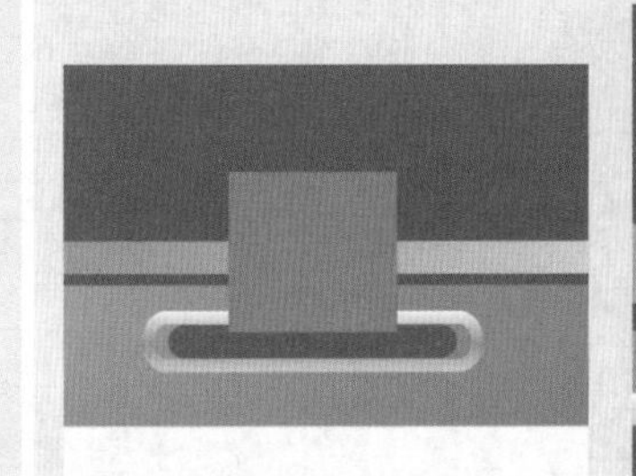

图15-107

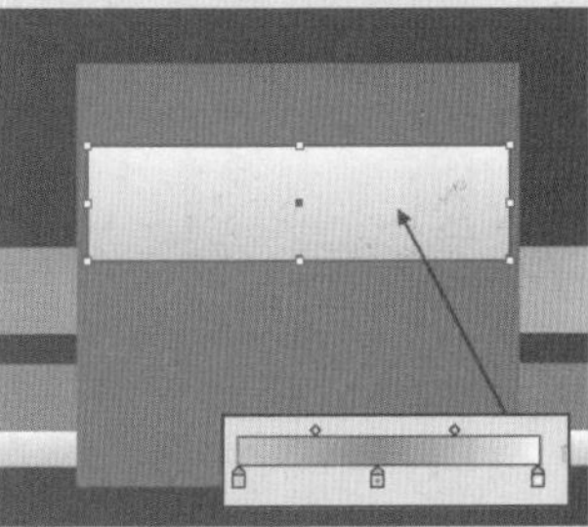

图15-108

11 选择浅灰色系渐变的矩形，执行“窗口>透明度”命令，在弹出的“透明度”面板中设置“混合模式”为“正片叠底”，如图15-109所示，此时效果如图15-110所示。

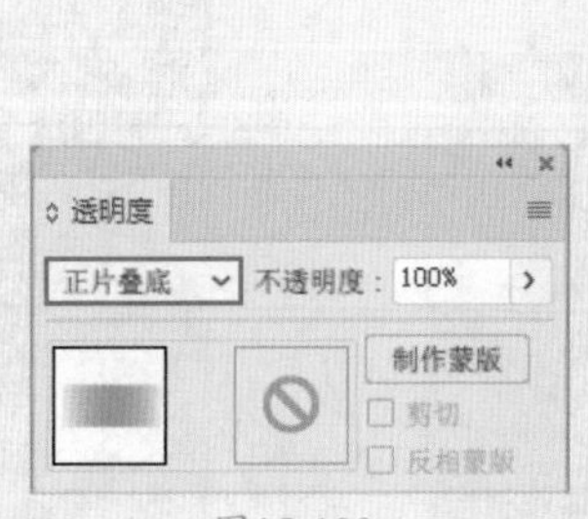

图15-109　　图15-110

12 使用“钢笔工具”绘制一个图形，效果如图15-111所示。选中这个图形，在工具箱的底部设置“填色”为无，“描边”为灰色系渐变颜色，在控制栏中设置其描边“粗细”为3pt，效果如图15-112所示。在该图形被选中的状态下，多次按快捷键Ctrl+[，将该图形移动到青色矩形的后面，效果如图15-113所示。

13 继续使用“钢笔工具”绘制挂绳的绳子部分，效果如图15-114所示。选择刚绘制的图形，将其后移一层，使其在灰色图形的后面。使用同样的方法，绘制另一个绳子图形，此时工作证效果如图15-115所示。

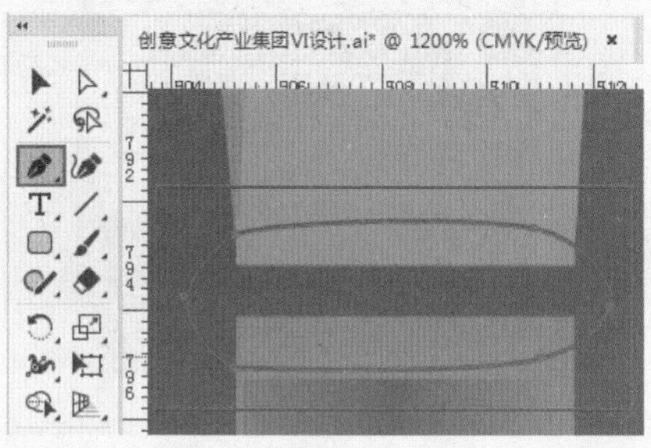
图15-111

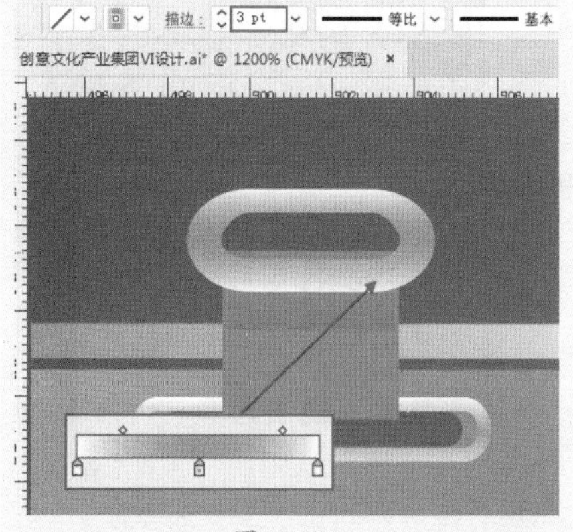
图15-112

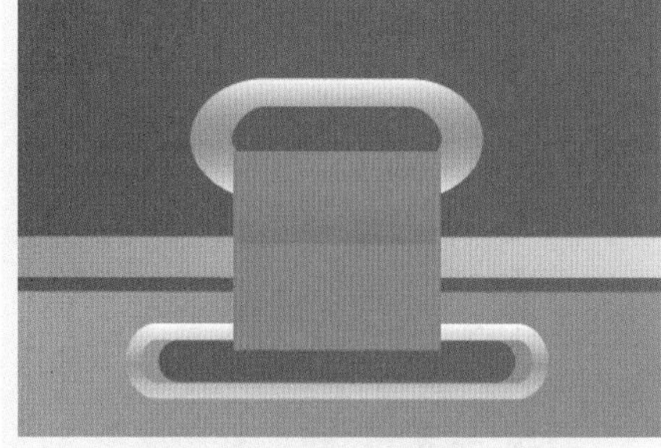
图15-113

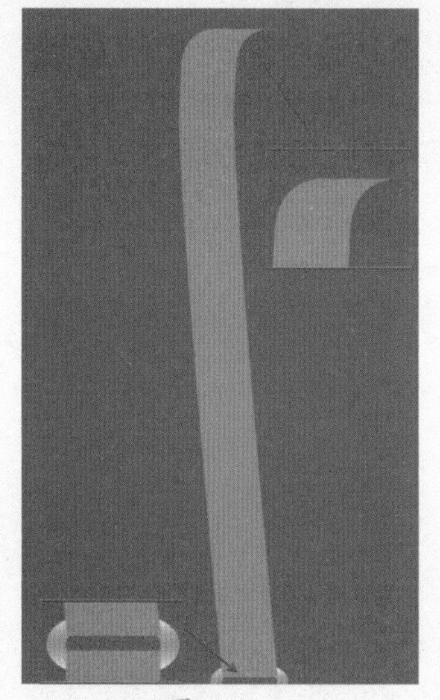
图15-114

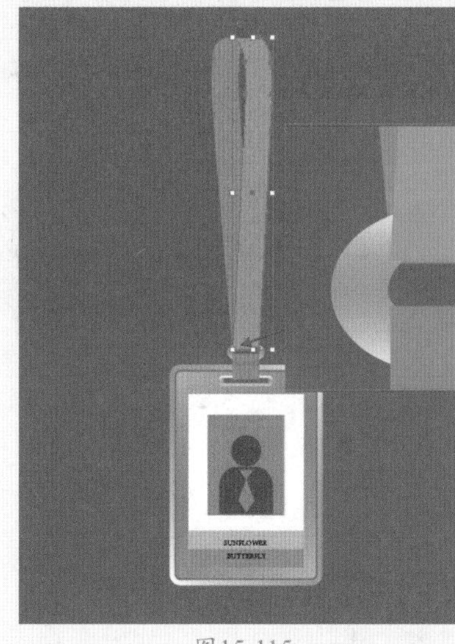
图15-115

14 下面制作工作证的投影。使用“椭圆工具”在工作证的下方绘制一个椭圆形，然后填充灰色系渐变，效果如图15-116所示。选择这个椭圆形，多次执行“对象>排列>后移一层”命令，将其移动至工作证的后面，单击控制栏中的“不透明度”按钮，在其下拉面板中设置“混合模式”为“正片叠底”，投影效果制作完成，效果如图15-117所示。

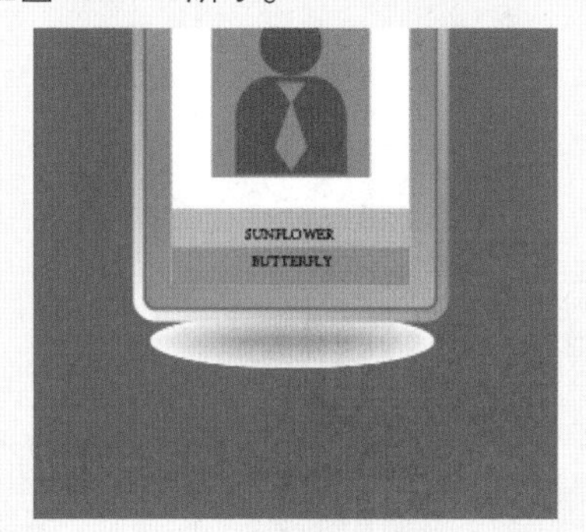
图15-116

图15-117

15 将工作证内所有的图形、文字加选，然后按快捷键Ctrl+G将其编组，并复制一份，放置到原工作证右侧的位置，效果如图15-118所示。将右侧工作证下方的青色矩形和黄色矩形选中，按Delete键删除，将之前做好的彩色方块图案复制一份，将复制得到的图案缩小，并放置在右侧工作证中的下方位置，然后将其移到文字的后面，效果如图15-119所示。工作证制作完成，效果如图15-120所示。

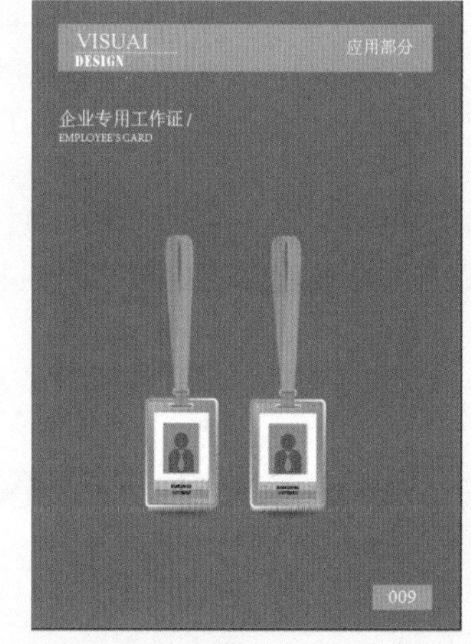
图15-118

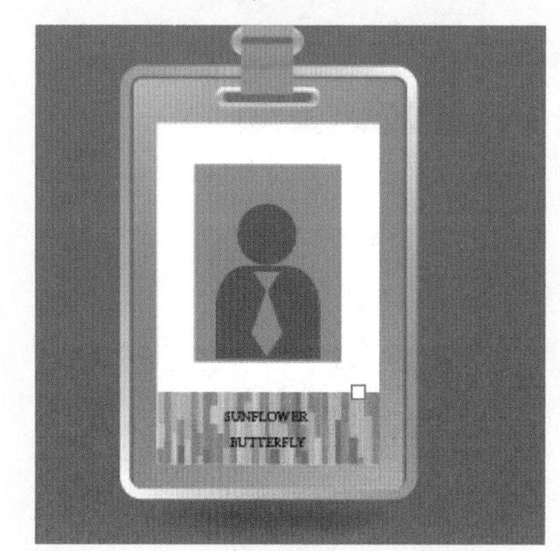
图15-119

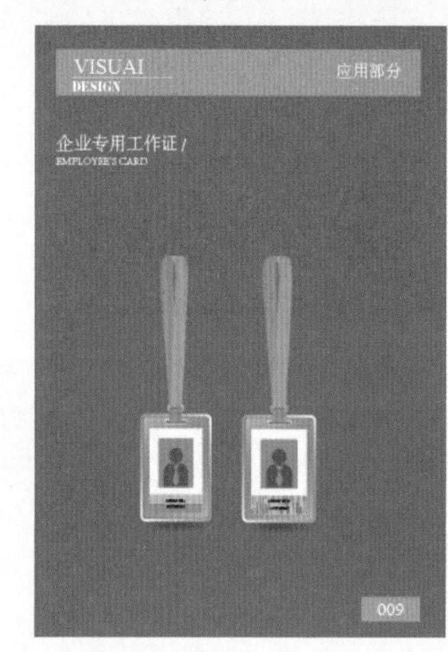
图15-120

实例222　制作办公用品

操作步骤

01 下面在“画板12”中制作办公用品。选择工具箱中的“椭圆工具”，绘制一个椭圆形，在工具箱的底部设置“描边”为无，双击“填色”按钮，在弹出的“拾色器”对话框中设置颜色为青色，单击“确定”按钮，如图15-121所示。选择青色椭圆形，按快捷键Ctrl+C进行复制，按快捷键Ctrl+F将其粘贴到原椭圆形的前面，多次按↓键，将复制得到的椭圆形向下移动少许，并将其填充为稍深一些的青色，效果如图15-122所示。

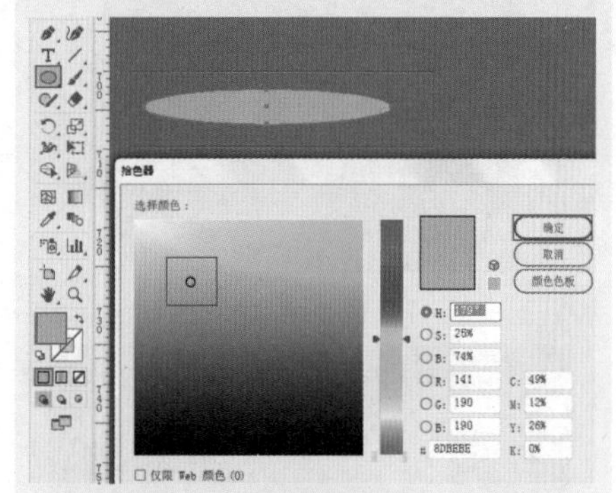

图15-121

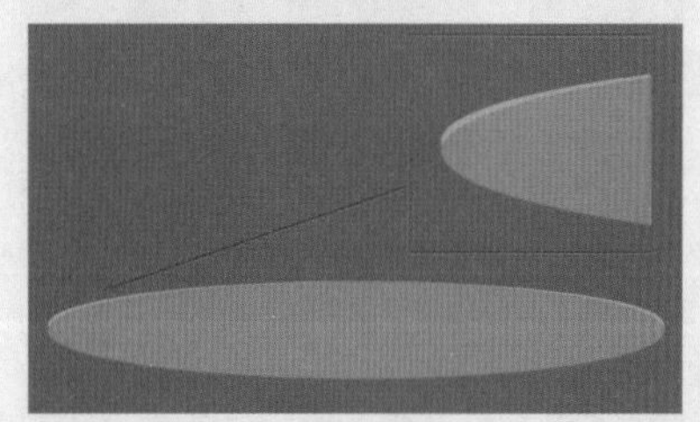

图15-122

02 选择椭圆形，使用同样的方法，将椭圆形复制一份到原椭圆形的前面。选择工具箱中的“直接选择工具”，单击椭圆形右边的锚点，出现控制柄，选择其中一个控制柄的锚点，按住鼠标左键向椭圆形方向拖动，另一个控制柄也用同样的方法拖动。将椭圆形两边的形状制作完成后，将椭圆形填充为深青色，杯口效果制作完成，效果如图15-123所示。

03 选择工具箱中的“钢笔工具”，在椭圆形的下方绘制一个杯身形状的圆形，为其填充灰色系的渐变，效果如图15-124所示。将该图形多次后移至椭圆形的后面，然后使用同样的方法绘制杯子的把手，效果如图15-125所示。

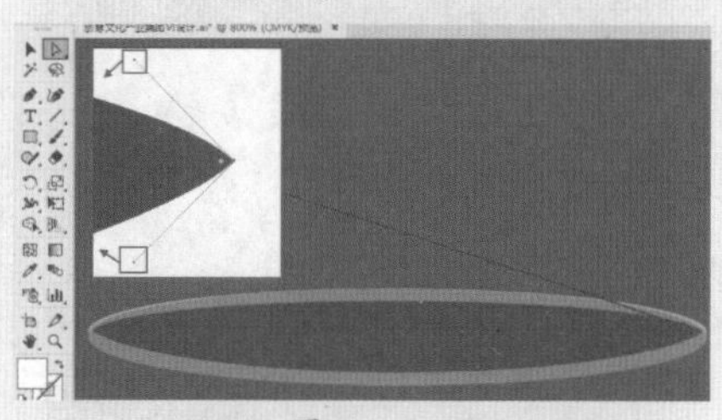

图15-123

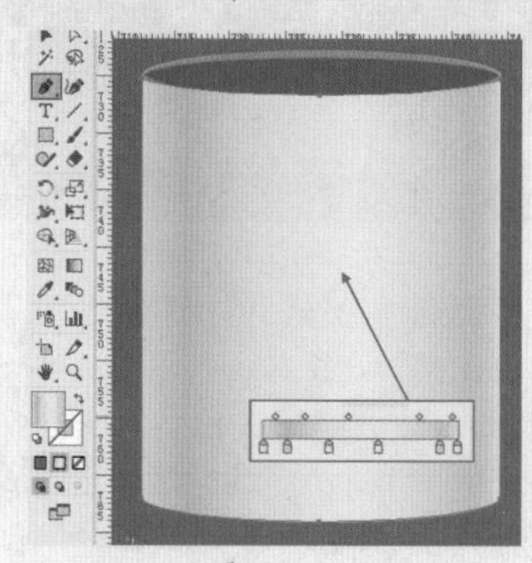

图15-124

图15-125

04 选择杯身图形，将其复制一份到原杯身圆形的前面，并调整图形的形状，将其填充为黑色，效果如图15-126所示。选择工具箱中的“网格工具”，在黑色图形上方左侧的位置单击，出现一条横向的线，继续在黑色图形上方中间的位置单击，出现一条纵向的线，然后选中上方中间的点，在工具箱的底部设置“填色”为浅灰色，在图形上方出现一条灰色的亮边，效果如图15-127所示。

05 选中此图形，将其移动到椭圆形的后面，单击控制栏中的“不透明度”按钮，在其下拉面板中设置“混合模式”为“滤色”，如图15-128所示，此时效果如图15-129所示。使用之前制作工作证投影的方法制作杯子的投影，效果如图15-130所示。

图15-126

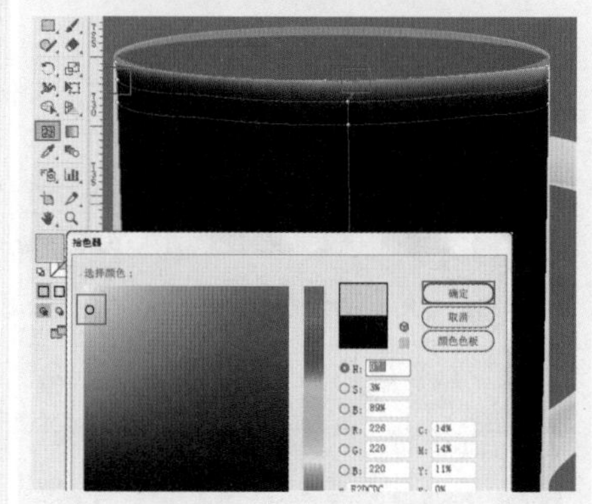

图15-127

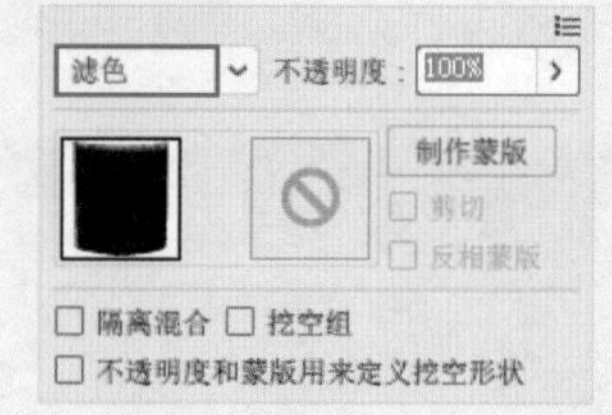

图15-128

图15-129

图15-130

06将标志复制一份，调整合适的大小，并摆放在杯身中的合适位置，效果如图15-131所示。将杯子图形中的所有元素框选，复制一份摆放在原杯子图形的右侧，然后将杯口更改为黄色，效果如图15-132所示。

图15-131

图15-132

07执行“文件>打开”命令，打开素材“1.ai”，选中其中的钢笔图形和铅笔图形，按快捷键Ctrl+C进行复制，回到刚刚操作的文档中，按快捷键Ctrl+V进行粘贴，然后将其移动到杯子图形的下方，调整其至合适大小，效果如图15-133所示。将标志中的图形进行复制，然后将复制的图形移动到钢笔图形和铅笔图形的尾部位置，效果如图15-134所示。

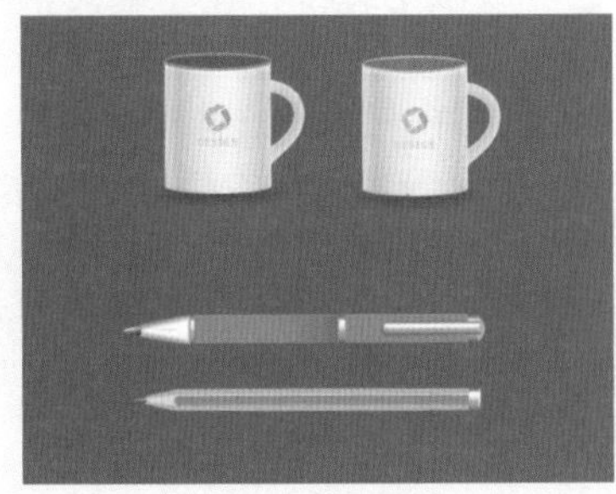

图15-133

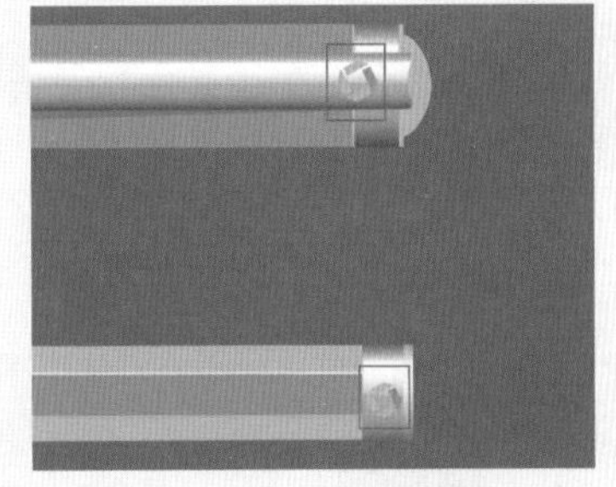

图15-134

08使用同样的方法为钢笔图形和铅笔圆形添加投影，效果如图15-135所示。办公用品的页面效果如图15-136所示。最终完成效果如图15-137所示。

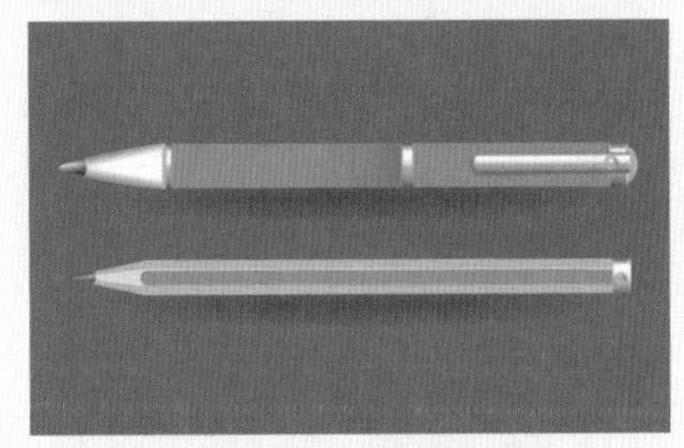

图15-135

图15-136

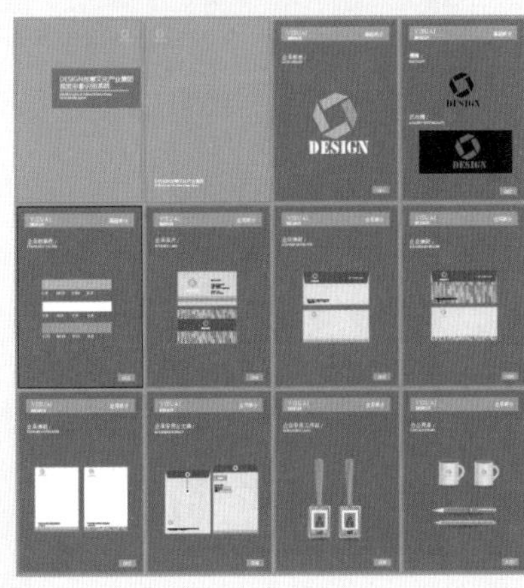

图15-137

15.2 商务酒店导视系统

文件路径	第15章\商务酒店导视系统设计
难易指数	★★★★★
技术掌握	● 矩形工具 ● 钢笔工具 ● 文字工具 ● 置入命令 ● “渐变”面板 ● 椭圆工具

扫码深度学习

操作思路

本案例中的导视系统虽然包含很多部分，但是各个部分的版面布局及制作方法都非常相似。首先使用“矩形工具”与“钢笔工具”绘制导视牌的基本形态，输入文字后添加花纹素材，完成第一块导视牌的制作。圆形导视牌的制作需要利用到“剪切蒙版”功能，使导视牌只显示圆形的区域。其他矩形的导视牌与第一块导视牌的制作方法相同，复制其中可使用的部分，并更换内容即可。

案例效果

案例效果如图15-138所示。

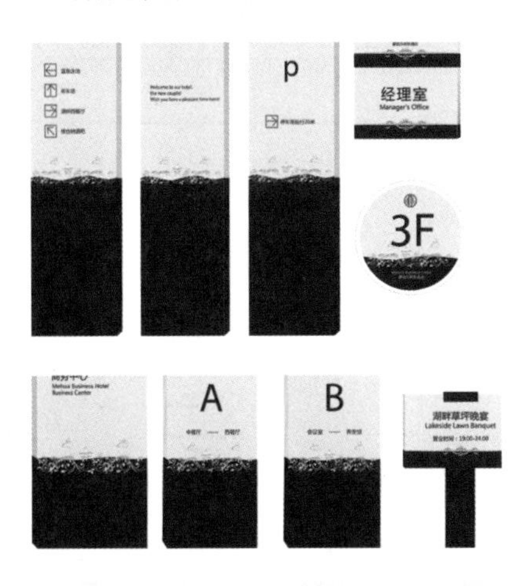

图15-138

实例223 制作立式导视牌正面

操作步骤

01 执行“文件>新建”命令，创建一个A4大小、横向的空白文档。选择工具箱中的“矩形工具”，在工具箱的底部设置“描边”为无，双击“填色”按钮，在弹出的“拾色器”对话框中设置颜色为浅灰色，单击“确定”按钮，如图15-139所示。

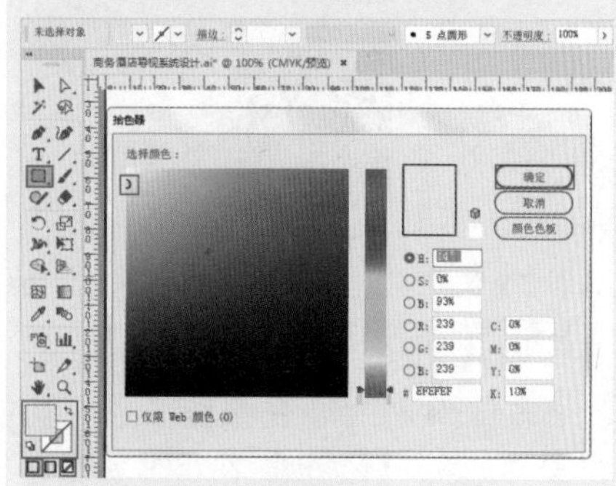

图15-139

02 在使用“矩形工具”的状态下，在画面的左侧单击，在弹出的“矩形”对话框中设置“宽度”为50mm，“高度”为180mm，单击“确定”按钮，如图15-140所示，此时效果如图15-141所示。

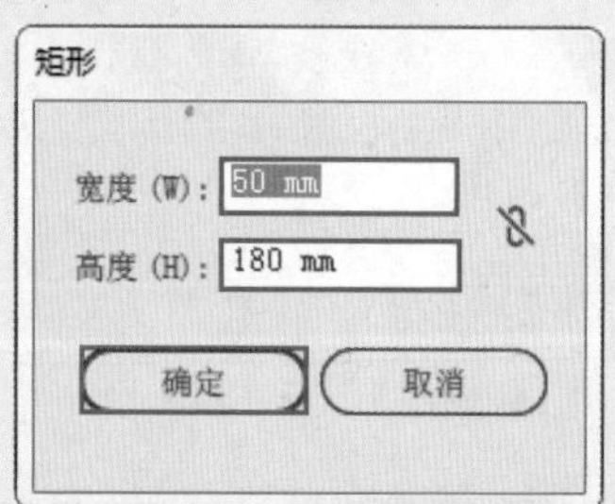

图15-140

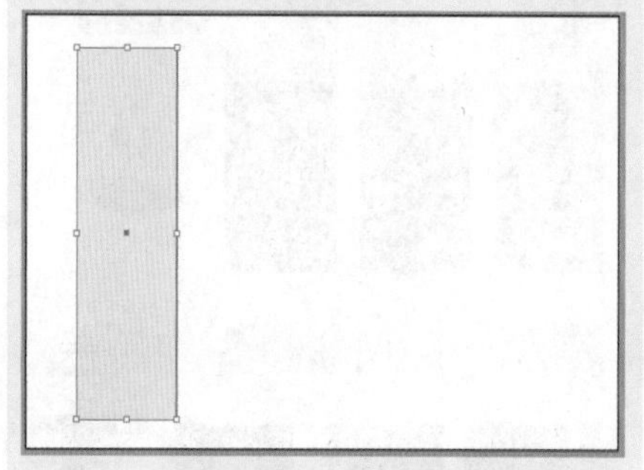

图15-141

03 选择工具箱中的“钢笔工具”，在工具箱的底部设置“填色”为酒红色，“描边”为无，在浅灰色矩形的下方绘制一个不规则图形，效果如图15-142所示。

图15-142

04 选择工具箱中的“钢笔工具”，在工具箱的底部设置“填色”为浅灰色，“描边”为无，在浅灰色矩形的右侧绘制一个四边形，效果如图15-143所示。使用同样的方法，在该四边形的下方绘制一个酒红色的四边形，效果如图15-144所示，得到侧面图形。

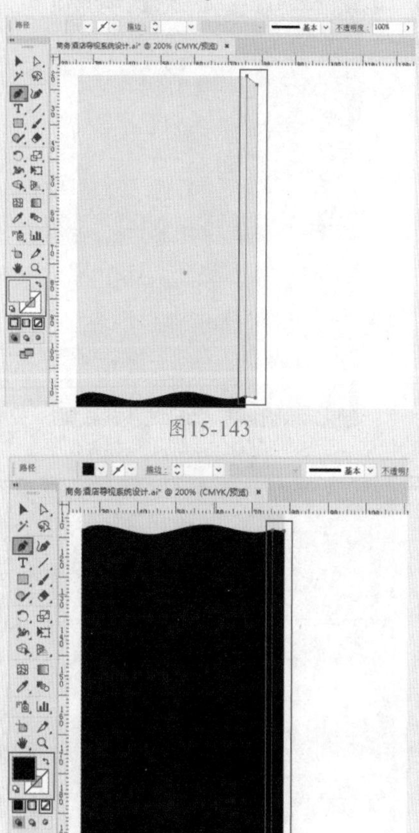

图15-143

图15-144

05 继续使用“钢笔工具”绘制一个与侧面图形一样的图形，并将其填充为黑色，效果如图15-145所示。使用工具箱中的“选择工具”选中黑色图形，然后单击控制栏中的“不透明度”按钮，在弹出的下拉面板中设置“混合模式”为“正片叠底”，“不透明度”为20%，此时效果如图15-146所示。

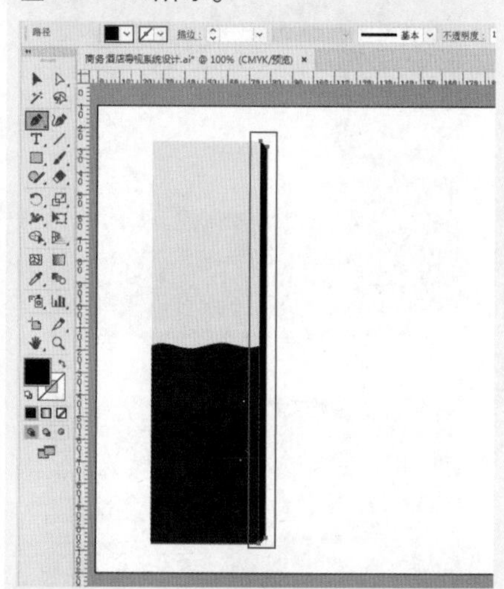

图15-145

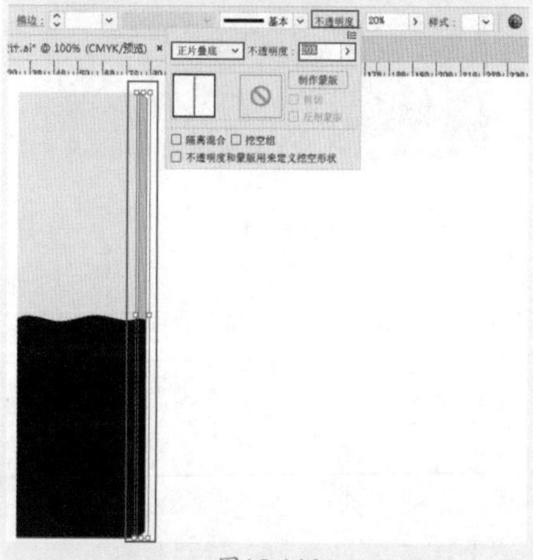

图15-146

06 下面制作标志。选择工具箱中的“椭圆工具”，在工具箱的底部设置“填色”为无，“描边”为酒红色，在控制栏中设置描边“粗细”为1pt，在浅灰色矩形的左上方单击，在弹出的“椭圆”对话框中设置“宽度”为8mm，“高度”为8mm，单击“确定”按钮，如图15-147所示，此时效果如图15-148所示。

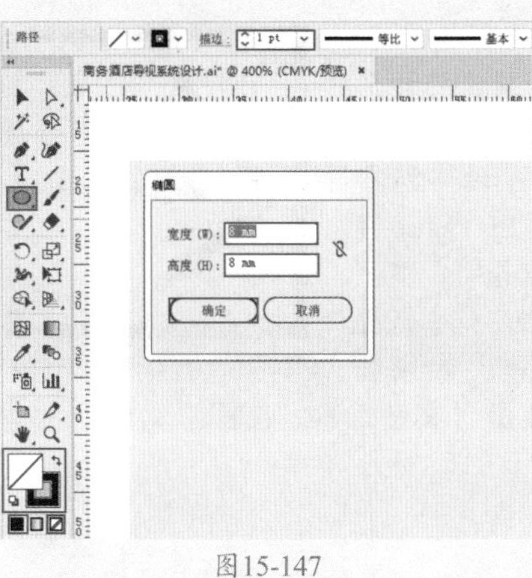

图15-147

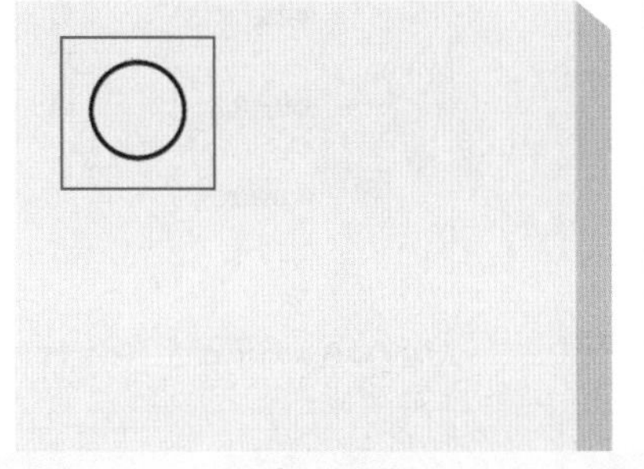

图15-148

提示

了解“图层”面板

“图层”面板常被用于排列所绘制图形的各个对象，可在该面板中查看对象的状态，也可以对对象及相应图层进行编辑。执行“窗口>图层”命令，弹出“图层”面板，如图15-149所示。当前文件中可能包含很多个对象，如果想要找到其中某一个对象，可在“图层”面板中进行查看。

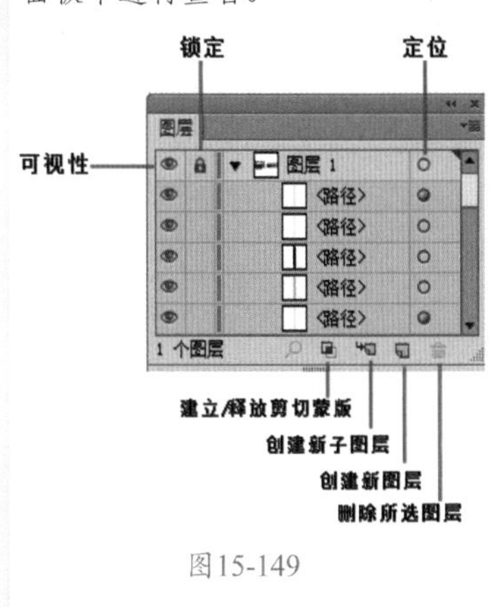

图15-149

07 在该正圆形被选中的状态下，执行“对象>扩展”命令，将正圆形的描边扩展为图形。在弹出的“扩展”对话框中勾选“填充”和“描边”复选框，单击“确定”按钮，如图15-150所示，此时效果如图15-151所示。

图15-150

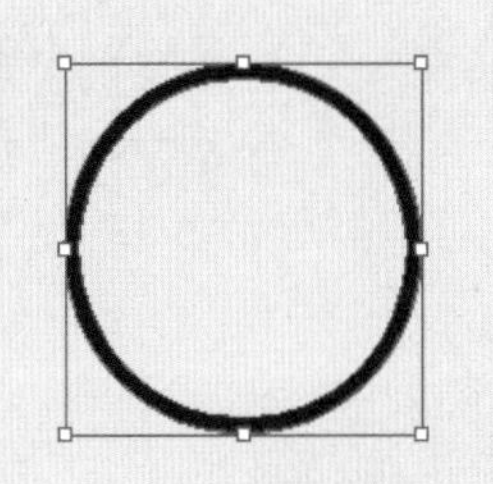

图15-151

08 选择工具箱中的“矩形工具”，在工具箱的底部设置“填色”为酒红色，“描边”为无，在正圆形的内部绘制一个矩形，效果如图15-152所示。使用同样的方法，在正圆形的内部绘制多个不同长度的矩形，效果如图15-153所示。

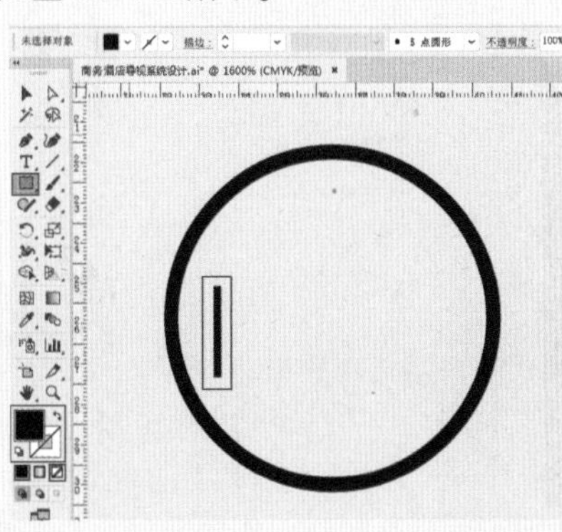

图15-152

图15-153

09 在工具箱中选择“星形工具”，在工具箱的底部设置“填色”为酒红色，“描边”为无，在矩形的上方绘制一个合适大小的星形，效果如图15-154所示。使用工具箱中的“选择工具”选择星形，按住Alt键拖动鼠标指针，将其进行复制。使用同样的方法，多次将星形进行复制，效果如图15-155所示。

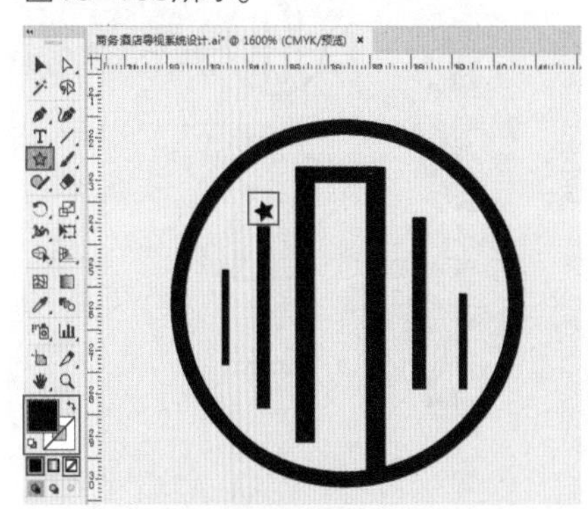

图15-154

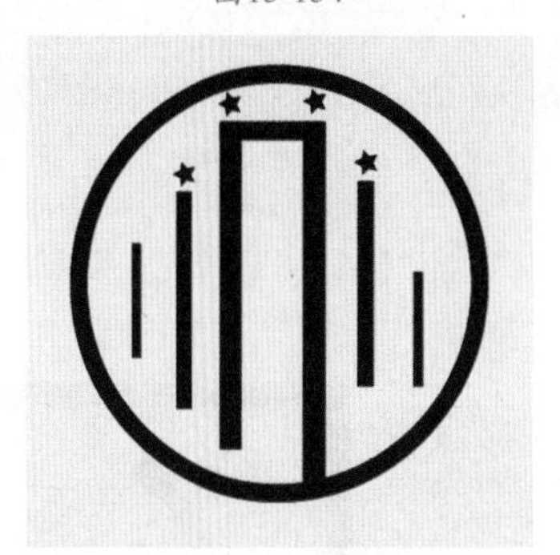

图15-155

10 选择工具箱中的“文字工具”，在正圆形的右侧单击插入光标，在工具箱的底部设置“填色”为深灰色，“描边”为无，然后在画面中输入文字，按快捷键Ctrl+Enter确认输入操作，效果如图15-156所示。

图15-156

11 选择工具箱中的“矩形工具”，在工具箱的底部设置“填色”为无，“描边”为酒红色，在控制栏中设置描边“粗细”为1pt，然后按住Shift键在画面中绘制一个正方形，效果如图15-157所示。

图15-157

12 选择工具箱中的“钢笔工具”，在工具箱的底部设置“填色”为无，“描边”为酒红色，在矩形的内部绘制箭头图形，效果如图15-158和图15-159所示。

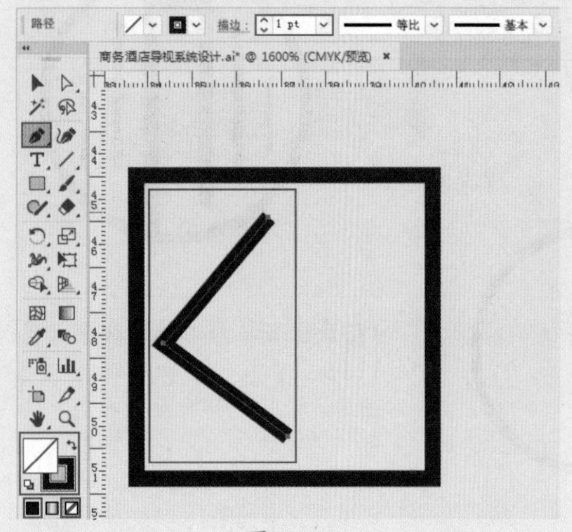
图15-158

13 选择工具箱中的“选择工具”，按住Shift键加选矩形和箭头图形，然后单击鼠标右键，在弹出的快捷菜单中选择“编组”命令。同时按住Shift键和Alt键向下拖动鼠标指针，将图形组平移并复制三个，分别将复制的三个组进行旋转，效果如图15-160所示。使用“文字工具”在图形组的右侧输入文字，效果如图15-161所示。

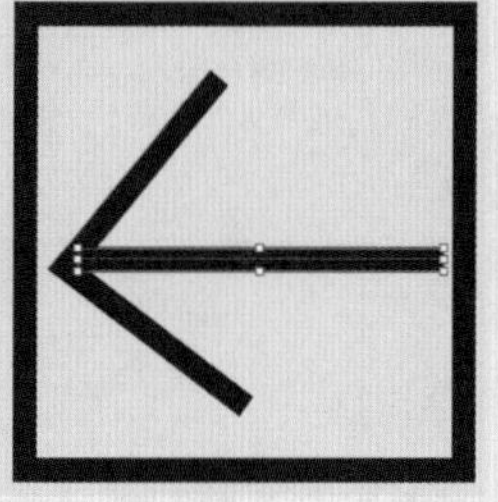
图15-159

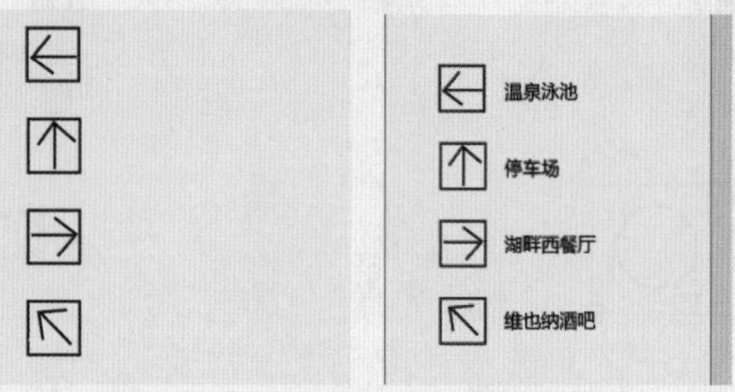

图15-160　图15-161

14 执行“文件>打开”命令，在弹出的“打开”对话框中选择素材“1.ai”，单击“打开”按钮，如图15-162所示，此时效果如图15-163所示。

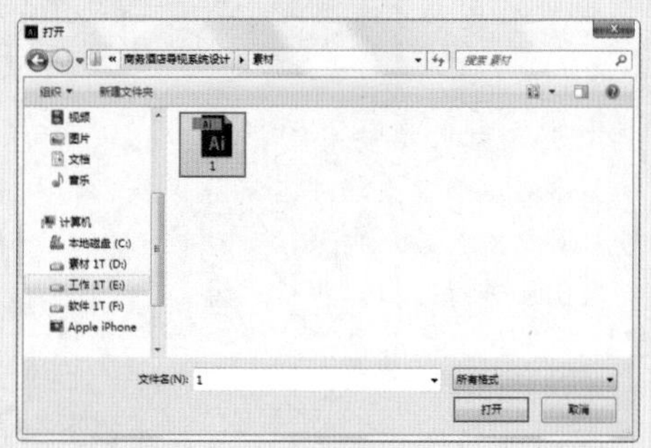
图15-162

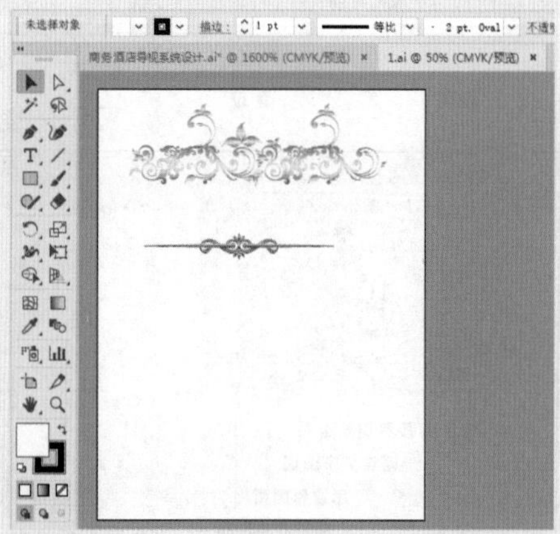
图15-163

15 在素材“1.ai”中选中上方的素材图形，按快捷键Ctrl+C将其进行复制，如图15-164所示。返回刚刚操作的文档中，按快捷键Ctrl+V将其粘贴在画面中，放置在合适的位置并调整至适当的大小，效果如图15-165所示。

图15-164

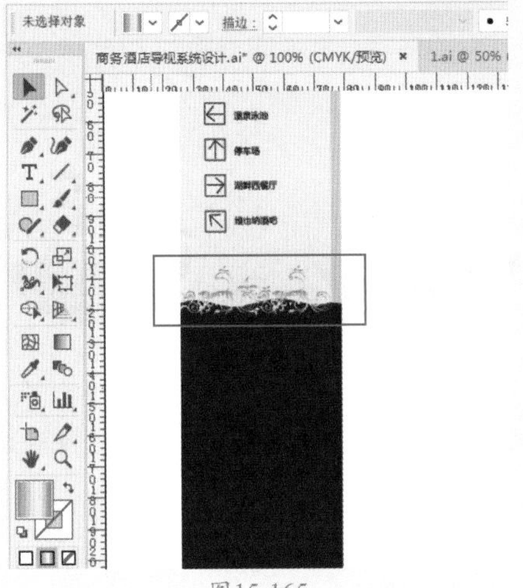

图15-165

> **提示** 为何导视系统设计多采用大色块
>
> 导视系统主要是以导视为主要目的，大色块能够较快地吸引观者的眼球，且导视系统的页面多为导向标识，内容较少，大色块的使用能够让观者更为清晰、快速、准确地识别导向目标。

实例224 制作立式导视牌背面

操作步骤

01 选择工具箱中的“选择工具”，按住Shift键加选方式导视牌正面的所有元素，然后单击鼠标右键，在弹出的快捷菜单中选择“编组”命令。同时按住Shift键和Alt键拖动鼠标指针，将其向左平移并复制，效果如图15-166所示。按住Shift键加选图形组和文字部分，然后按Delete键将其删除，效果如图15-167所示。

02 选择工具箱中的“文字工具”，在浅灰色矩形中的空白处单击插入光标，在工具箱的底部设置“填色”为酒红色，“描边”为无，在控制栏中设置合适的字体、字号，设置“段落”为“左对齐”，然后输入文字，按快捷键Ctrl+Enter确认输入操作，效果如图15-168所示，此时整体效果如图15-169所示。

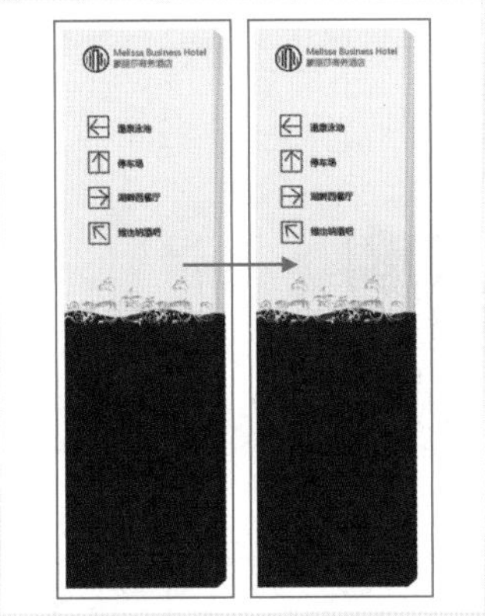

图15-166 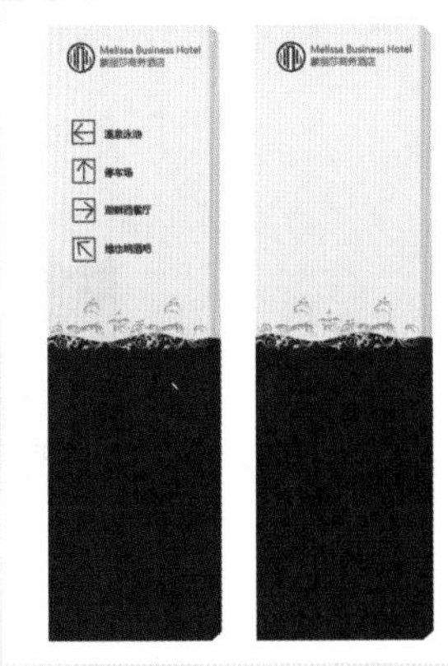 图15-167

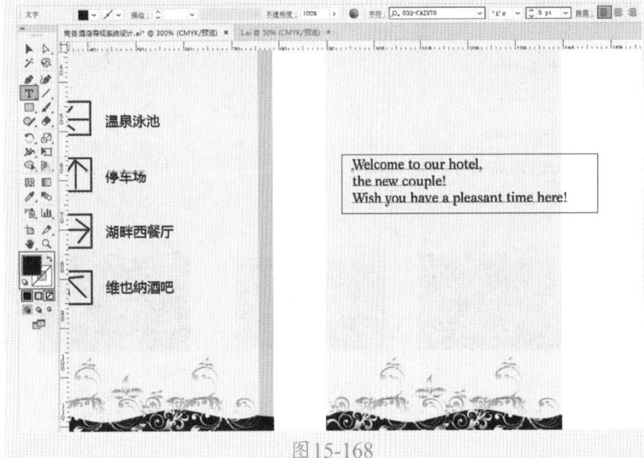

图15-168

图15-169

实例225 制作停车场导视牌

操作步骤

01 使用同样的方法，将立式导视牌背面进行复制，然后将文字删除，效果如图15-170所示。使用工具箱中的

"文字工具"在浅灰色矩形中输入文字，效果如图15-171所示。

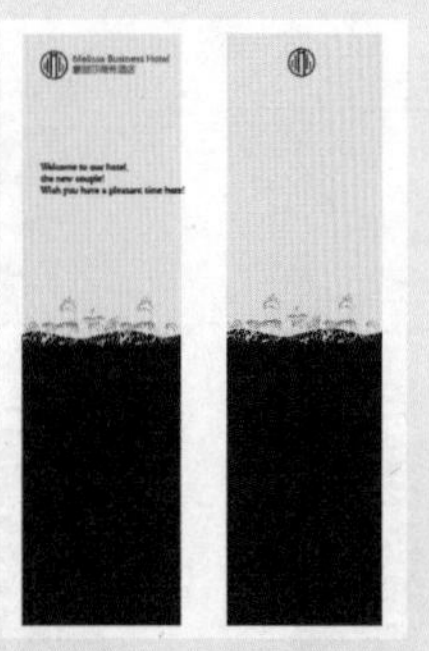

图15-170

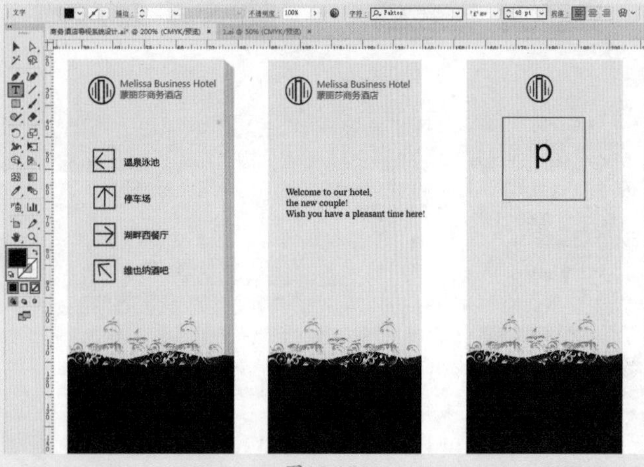

图15-171

02 使用工具箱中的"选择工具"选中最左侧导视牌中的箭头图形组，然后按住Alt键拖动鼠标指针，将其复制到停车场导视牌的中心位置，效果如图15-172所示。使用"文字工具"在箭头图形组的右侧输入文字，效果如图15-173所示。

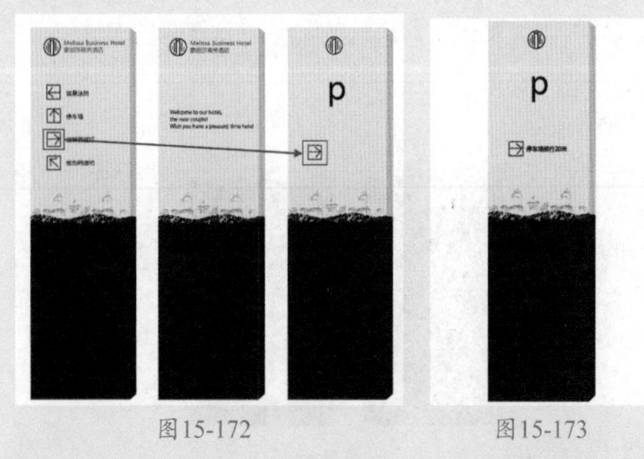

图15-172 图15-173

实例226 制作楼层导视牌

操作步骤

01 将之前制作的导视牌中的背景部分复制一份，效果如图15-174所示。使用工具箱中的"椭圆工具"在其中绘制一个正圆形，效果如图15-175所示。

图15-174 图15-175

02 选择工具箱中的"选择工具"，按住Shift键加选背景部分和正圆形，然后单击鼠标右键，在弹出的快捷菜单中选择"建立剪切蒙版"命令，使导视牌只显示出正圆形内部的形态，效果如图15-176所示。使用"文字工具"输入文字并添加标志，效果如图15-177所示。

图15-176 图15-177

03 选择工具箱中的"椭圆工具"，在工具箱的底部设置"填色"为无，"描边"为灰色，在控制栏中设置描边"粗细"为1pt，按住Shift键在图形的外侧绘制一个正圆形轮廓，将其摆放在合适的位置，效果如图15-178所示。

图15-178

实例227 制作办公区导视牌

操作步骤

01 选择工具箱中的"矩形工具"，在工具箱的底部设置"填色"为浅灰色，"描边"为无，在画面的右侧单击，在弹出的"矩形"对话框中设置"宽度"为60mm，

“高度”为70mm，单击“确定”按钮，如图15-179所示，此时效果如图15-180所示。

图15-179

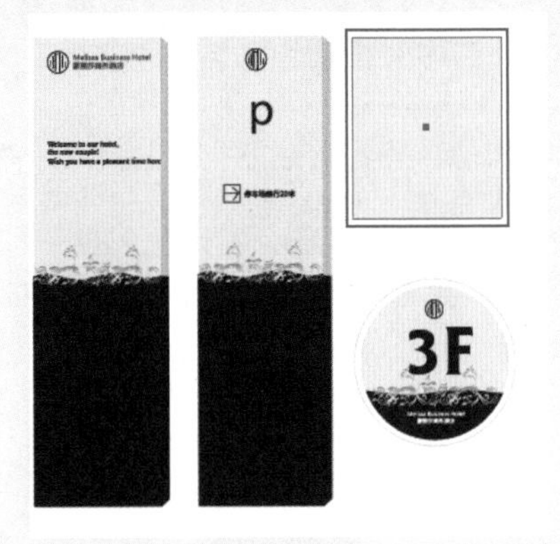
图15-180

02 使用“矩形工具”在浅灰色矩形中绘制两个酒红色的矩形，并放置在合适的位置，效果如图15-181所示。

图15-181

03 选择工具箱中的“钢笔工具”，在工具箱的底部设置“填色”为浅灰色，“描边”为无，在矩形的右侧绘制四边形，效果如图15-182所示。使用同样的方法，继续绘制不同颜色的四边形。使用工具箱中的“选择工具”加选刚刚绘制的四个四边形，然后单击鼠标右键，在弹出的快捷菜单中选择“编组”命令，效果如图15-183所示，得到侧面图形。

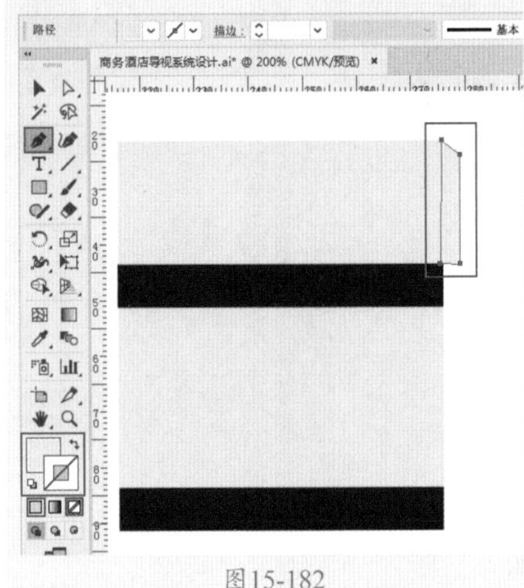
图15-182

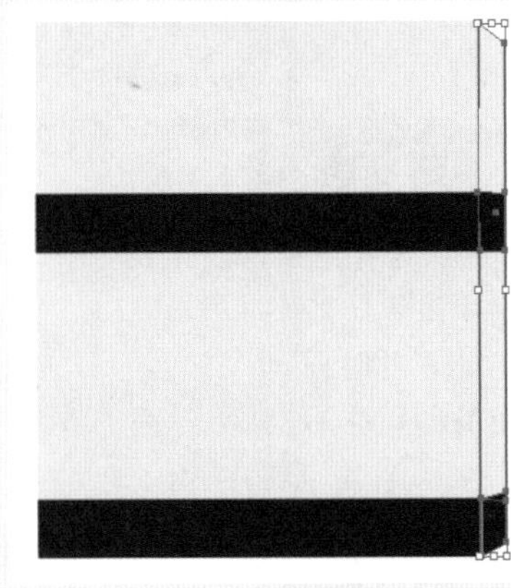
图15-183

04 下面将侧面图形的亮度压暗。使用“钢笔工具”绘制一个与侧面图形等大的图形。在该图形被选中的状态下，单击工具箱底部的“填色”按钮，将其置于前面，然后执行“窗口>渐变”命令，在弹出的“渐变”面板中设置“类型”为“线性”，“角度”为90°，在面板底部编辑一个灰色系的半透明渐变，如图15-184所示，此时效果如图15-185所示。

05 保持该图形的选中状态，单击控制栏中的“不透明度”按钮，在弹出的下拉面板中设置“混合模式”为“正片叠底”，效果如图15-186所示。

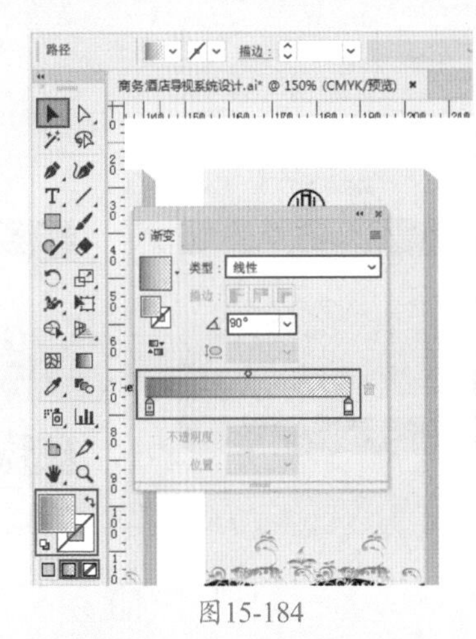
图15-184

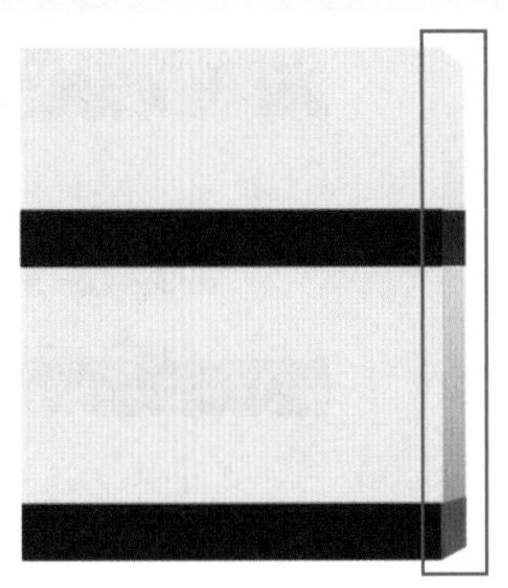
图15-185

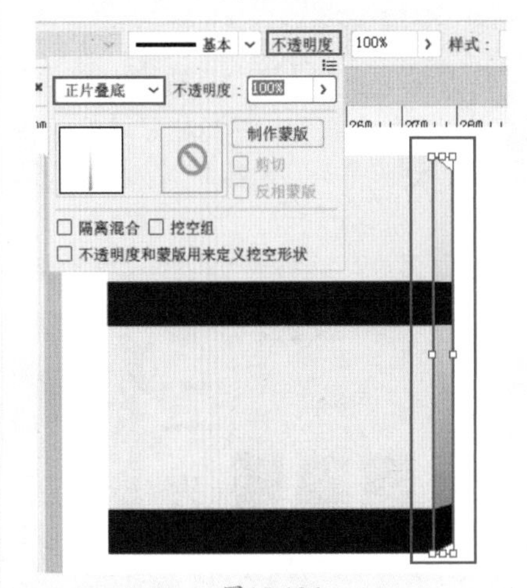
图15-186

06 将标志和标志右侧的文字进行复制，然后使用工具箱中的“选择工具”将其纵向排列，效果如图15-187所示。选择工具箱中的“文字工具”，在适当的位置单击插入光标，设置合适的参数并输入文字，效果如图15-188所示。

07 将素材“1.ai”中下方的花纹图形复制到文档中，并放置在浅灰色与酒红色的区域，效果如图15-189所示。

图15-187

图15-188

图15-189

实例228 制作酒店区域导视牌

操作步骤

01 选择工具箱中的“画板工具”，在控制栏中单击“新建画板”按钮，然后在“画板1”的右侧右击，此时画面中出现一个与“画板1”等大的画板，效果如图15-190所示。

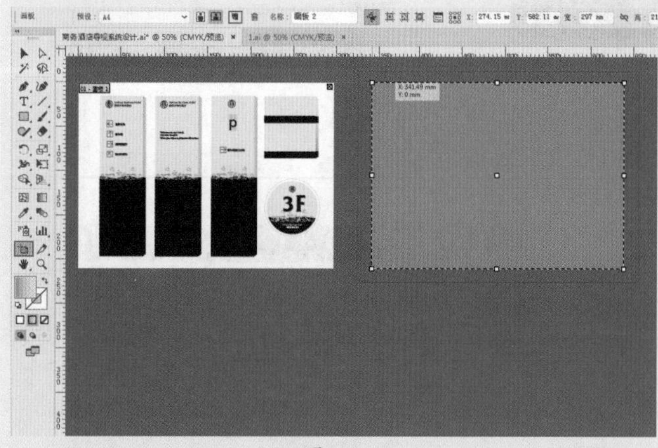

图15-190

02 选择工具箱中的“矩形工具”，在工具箱的底部设置“填色”为浅灰色，“描边”为无，在“画板2”中单击，在弹出的“矩形”对话框中设置“宽度”为60mm，“高度”为100mm，单击“确定”按钮，如图15-191所示，此时效果如图15-192所示。

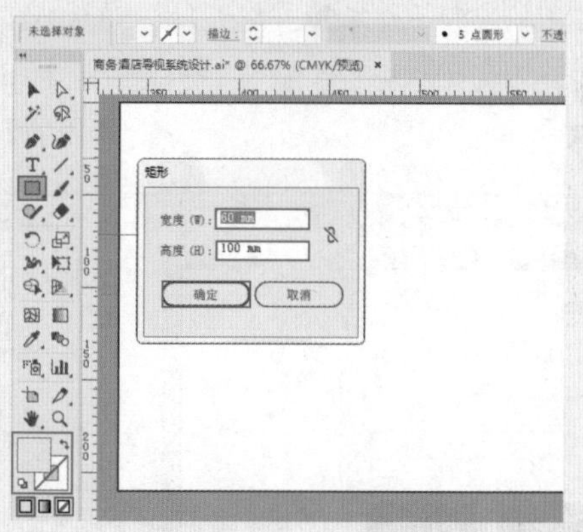

图15-191

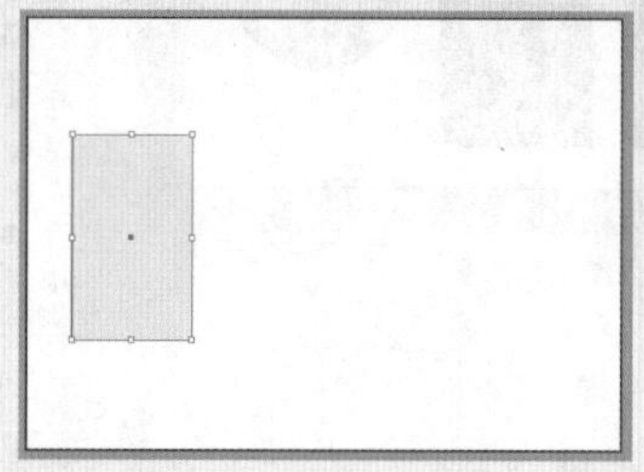
图15-192

03 选择工具箱中的“钢笔工具”，在工具箱的底部设置“填色”为酒红色，“描边”为无，在浅灰色矩形的下方绘制一个不规则图形，并将绘制的不规则图形摆放在合适的位置，效果如图15-193所示。

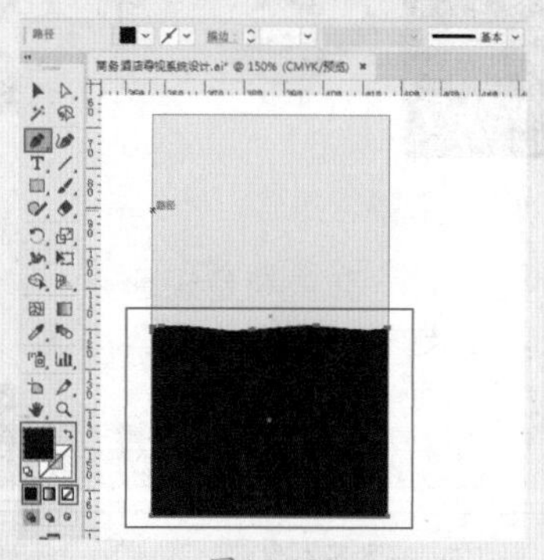
图15-193

04 使用“钢笔工具”绘制导视牌左侧面的图形，效果如图15-194所示。按照之前压暗侧面图形亮度的方法，将该导视牌左侧面的亮度进行压暗，效果如图15-195所示。

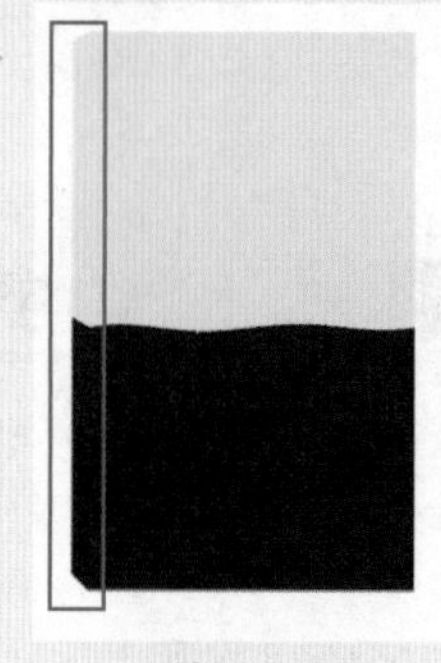
图15-194

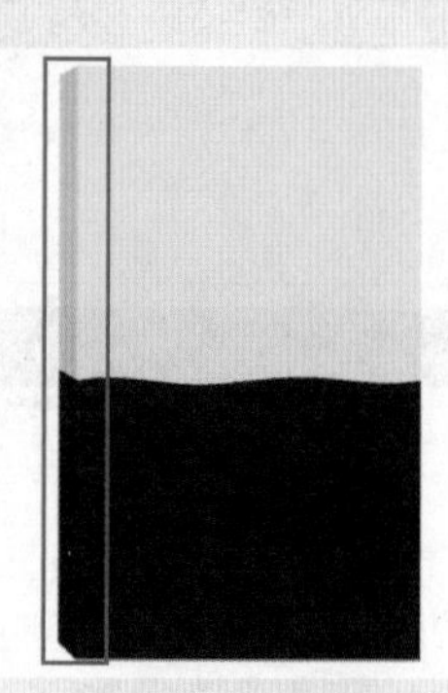
图15-195

05 将之前使用过的花纹图形复制一份，进行适当调整并摆放在浅灰色矩形与酒红色不规则图形交界的位置，效果如图15-196所示。使用“文字工具”在浅灰色矩形的左上方输入文字，效果如图15-197所示。

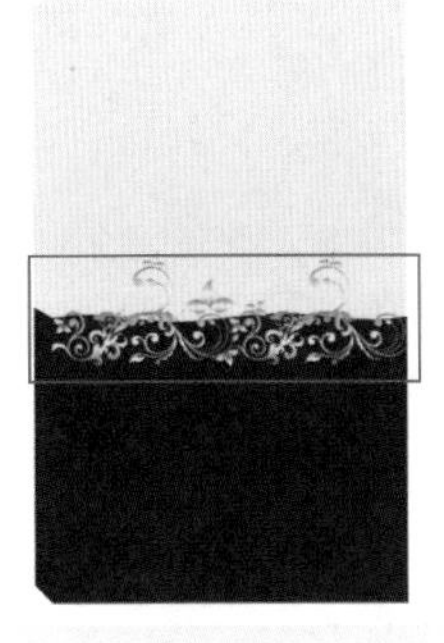

图15-196

图15-197

06 使用同样的方法制作另外两个导视牌，效果如图15-198和图15-199所示。

图15-198

图15-199

07 在工具箱中选择“矩形工具”，设置合适的填充颜色，绘制导视牌的基本形状，效果如图15-200所示。

08 使用“钢笔工具”绘制导视牌的侧面，效果如图15-201所示。压暗该侧面的亮度，效果如图15-202所示。

09 选择“文字工具”，在合适的位置输入三组文字，效果如图15-203所示。将花纹素材复制一份，放置在导视牌中，效果如图15-204所示。

图15-200

10 商务酒店导视系统设计制作完成，最终完成效果如图15-205和图15-206所示。

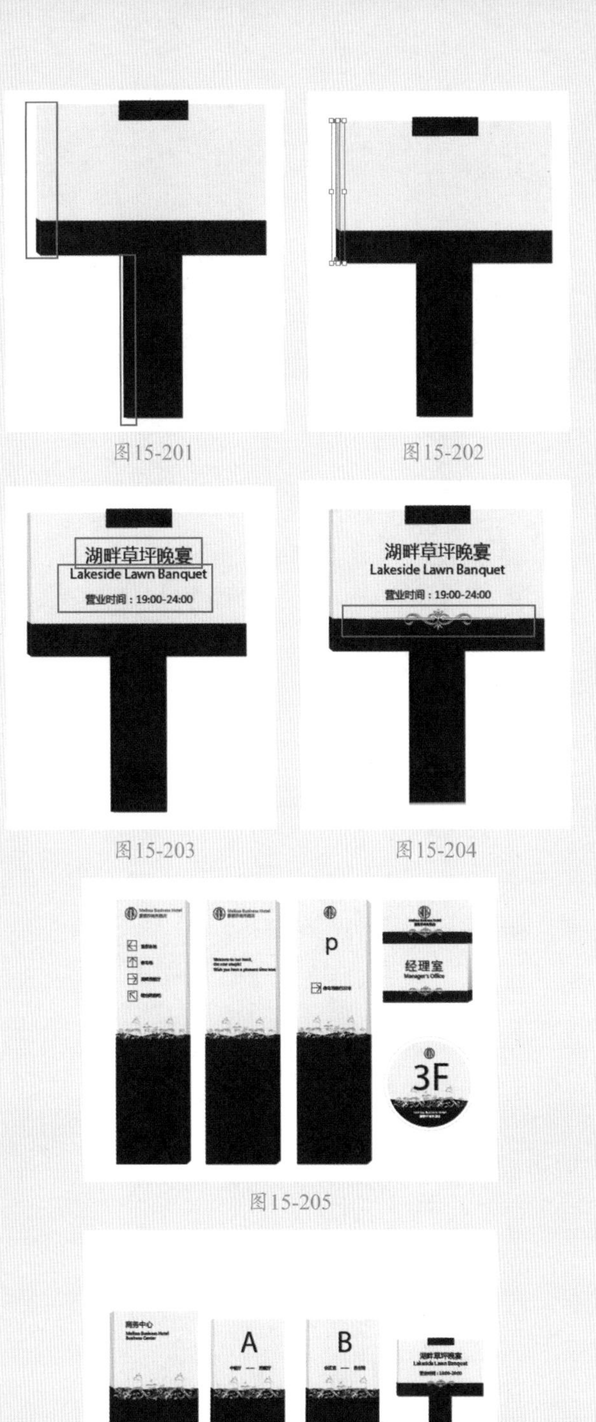

图15-201

图15-202

图15-203

图15-204

图15-205

图15-206